普通高等教育“十一五”国家级规划教材

中国轻工业“十三五”规划教材

高等学校食品质量与安全专业适用教材

现代食品检测技术

（第三版）

邹小波　赵杰文　主编

陈　颖　赵　镭　岳田利　李志华　副主编

中国轻工业出版社

图书在版编目（CIP）数据

现代食品检测技术/邹小波、赵杰文主编. —3版.—北京：中国轻工业出版社，2022.8

普通高等教育“十一五”国家级规划教材

中国轻工业“十三五”规划教材

高等学校食品质量与安全专业适用教材

ISBN 978-7-5184-3241-7

Ⅰ.①现…　Ⅱ.①邹…　②赵…　Ⅲ.①食品检验　Ⅳ.①TS207.3

中国版本图书馆CIP数据核字（2020）第205836号

责任编辑：马　妍　秦　功

策划编辑：马　妍　　责任终审：白　洁　　整体设计：锋尚设计

版式设计：砚祥志远　　责任校对：朱燕春　　责任监印：张　可

出版发行：中国轻工业出版社（北京东长安街6号，邮编：100740）

印　　刷：三河市国英印务有限公司

经　　销：各地新华书店

版　　次：2022年8月第3版第2次印刷

开　　本：787×1092　1/16　印张：31.5

字　　数：700千字

书　　号：ISBN 978-7-5184-3241-7　定价：68.00元

邮购电话：010-65241695

发行电话：010-85119835　传真：85113293

网　　址：http：//www.chlip.com.cn

Email：club@chlip.com.cn

如发现图书残缺请与我社邮购联系调换

220894J1C302ZBW

高等学校食品质量与安全专业教材
编审委员会

本书编委会

主　　编　邹小波（江苏大学）

赵杰文（江苏大学）

副 主 编　陈　颖（中国检验检疫科学研究院）

赵　镭（西南民族大学）

岳田利（西北大学）

李志华（江苏大学）

参编人员（按姓氏汉语拼音排序）

陈冠华（江苏大学）

邓婷婷（中国检验检疫科学研究院）

郭志明（江苏大学）

韩东海（中国农业大学）

韩建勋（中国检验检疫科学研究院）

黄晓玮（江苏大学）

姜　松（江苏大学）

李巧玲（河北科技大学）

李艳肖（江苏大学）

史波林（中国标准化研究院）

石吉勇（江苏大学）

孙全才（江苏大学）

孙宗保（江苏大学）

王加华（武汉轻工业大学）

王　娉（中国检验检疫科学研究院）

王　云（江苏大学）

邢冉冉（中国检验检疫科学研究院）

张　迪（江苏大学）

张九凯（中国检验检疫科学研究院）

张　文（江苏大学）

张新爱（江苏大学）

周晨光（江苏大学）

周　越（江苏大学）

前言（第三版）| Preface

民以食为天,食以安为先。我国党和政府把食品安全提升到保障国家发展战略的高度。食品检测是保障食品安全的重要组成部分，准确可靠的检测技术将有效控制食品安全问题的发生。食品检测技术的发展十分迅速，国内外在这方面的研究开发工作日新月异，食品检测的内容和方法在不断地扩展和更新。因此，在第三届全国食品质量与安全专业教材编写会议上，经过专家论证，确定对《现代食品检测技术》进行第三次修订，并将本书评为中国轻工业“十三五”规划教材。

本书主要在现代食品检测技术精品课程和精品资源共享课程多年教学积累的基础上，在原教材《现代食品检测技术》（第二版）的基础上，将近些年来的新技术、新方法、新仪器充实到本书中，如引入二维色谱技术、组学检测技术、分子印迹与纳米检测技术、光谱成像检测技术、太赫兹技术等近十年来在食品检测领域应用较多的现代检测技术。

本书以检测技术和方法进行章节组织，共十五章，主要由三部分的内容组成。除第一章绪论外，第一部分（第二章到第五章）介绍光谱、色谱、质谱、核磁等现代食品仪器检测技术。第二部分（第六章到第十章）介绍光、声、电、磁等物理学检测技术。第三部分（第十一章到第十五章）介绍现代分子生物学和组学检测技术。本书的内容丰富、知识系统，涉及各种技术手段，体现了多种学科的交叉。书中介绍的大量实例，也大多基于各位编者的科研成果和研究论文，有明显的时代特征和很强的实用价值，很多内容是第一次和读者见面。

本书第一章到第二章由邹小波、李志华、赵杰文、李巧玲、黄晓玮、李艳肖编写；第三章、第四章由陈冠华、孙宗保、周晨光、孙全才编写；第五章由石吉勇编写；第六到第十章由邹小波、姜松、王加华、李志华、韩东海、郭志明、赵镭、史波林编写；第十一章、第十二章由陈颖、岳田利、王云、周越、邓婷婷、韩建勋、张九凯、邢冉冉、王娉、张迪编写；第十三章由张新爱、石吉勇编写；第十四章由周晨光、邹小波编写；第十五章由张文、邹小波编写。全书由邹小波统稿。

由于编者的知识水平有限，书中疏漏和错误在所难免，衷心希望同行和读者不吝指正。

编者

2020 年 10 月

前言（第二版） | Preface

三年前,在大学里，食品质量与安全专业应社会需求而生，部分院校已开始招生，发展势头迅猛。作为新设专业，急需适合本专业特点的统编教材。为此，中国轻工业出版社联合全国38个高等学校的食品院系，于2003年1月8~11日在陕西杨凌西北农林科技大学召开了“第一届全国食品质量与安全专业高校教材研讨会”，74位专家教授参加了会议。在这次会议上，成立了《食品质量与安全》专业教材编写委员会，根据本专业教材需要，决定组织编写17本教材，《现代食品检测技术》为其中之一。2003年8月12~15日，“第二届全国食品质量与安全专业高校教材研讨会”在北京怀柔举行，会议就各教材的教学大纲进行了深入的讨论，17本教材的主编分别介绍了大纲内容和编写要点。专家和教授们提出了各自的观点和建议，本书的详细大纲在这次会议上得到了确认。本书的编委年龄大多在40多岁，是一个有博士或硕士学位的教授群体，都活跃在教学、科研的第一线。

本书共分十五章，主要由三部分的内容组成。除第一章绪论外，第一部分（第二章到第四章）介绍的是物理方法进行检测的内容，习惯上也把此类方法称为无损检测；第二部分（第五章到第十章）介绍的是仪器分析方法进行检测的内容；第三部分（第十一章到第十四章）介绍的是现代分子生物学方法进行检测的内容；第十五章介绍了几种食品微生物自动化检测仪。第一章、第二章由孙永海编写，第三章、第四章由赵杰文、姜松、邹小波编写，第五章由吴彩娥编写，第六章由陈晓平编写，第七章由张桂编写，第八章由王启军编写，第九章由韩东海编写，第十章由陆宁编写，第十一章、第十二章由董明盛、陈晓红编写，第十三章由岳田利编写，第十四章、第十五章由张伟编写，全书由赵杰文统一审定、校阅。

有关食品品质检测的书很多，但是像这样一本内容丰富，几乎涉及食品品质检测方方面面，包括各种技术手段的书，无论是作为大学教材或者是技术参考书，都是第一本，这可以说是本书的一大特点。随着科学技术的进步，食品检测的内容和方法在不断地扩展和更新。本书的另一个特点是：重点反映先进的检测手段和新的检测方法，以及当前的食品安全快速检测技术。以检测技术和方法（不是以检测对象）来进行章节的组织则是本书的第三个特点。

该书自2005年出版以来，受到了广大师生和读者的欢迎。作为教师，可根据所在学校的学科特色，有所舍取，有重点地组织教学；作为学生，除了完成课堂学习外，还可以快速、容易地接触到你所感兴趣或者你所需要的相关内容；作为直接从事食品检测或其他相关工作的工程技术人员和科研人员，这也是一本有价值的技术参考书。

2007年，中国轻工业出版社提出该书修订再版的建议，各位编者通过电子邮件和电话对编写过程和使用过程中的问题进行了多次讨论，相互启发。尽管该书才使用了两年，方方面面的反馈信息量比较少，但各位编者还是对各自的章节进行了认真的修订，有几章在应用实例部分还进行了增减。

在本书行将再版之际，谨向为本书的出版付出辛勤劳动的各位朋友表示衷心的感谢。

由于本书涉及面广，加之水平有限，书中差错在所难免，敬请广大读者批评指正。

编者

目录 Contents

第一章 绪论

CHAPTER 1

食品质量与安全关系到国计民生和人类健康，各国政府都高度重视食品安全。我国党和政府把食品安全提升到保障国家发展战略的高度，2017 年国务院印发《“十三五”国家食品安全规划》、党的十九大报告也提出“实施食品安全战略，让人民吃得放心”。食品检测是保障食品安全的重要组成部分，准确可靠的检测手段将有效控制食品安全问题的发生。因此，我国科技规划中也设立了食品安全重大科技专项、重点研发专项等项目，目的是提高食品质量水平，保障人民身体健康，提高我国农业和食品工业产品的市场竞争力，重点解决我国食品质量与安全中的关键检测、控制和监测技术；建立符合我国国情的食品安全科技支撑创新体系，促进我国食品工业的健康发展。

第一节　食品质量与安全现状及现代食品检测技术的主要内容

一、 食品质量安全现状

近年来，食品质量安全问题已持续成为全社会关注的热点问题，这主要是由于我国人民生活已由温饱型食物结构，转向营养健康型食物结构，全民食品营养卫生知识得到普及，人民的饮食消费观念已由数量型转向质量型，对食品卫生质量标准的要求提高。同时，由于我国治理和环保科技相对于国民经济快速发展的滞后，致使环境污染、水土流失、耕地质量下降、生态恶化及自然灾害增多、农业再生产能力降低；加之，我国工农业生产迅速发展和城市人口的剧增，工业三废、城市废弃物的大量排放，化肥、农药用量增加，许多有毒有害物质渗入土壤中，使土壤中有害物质残留严重。除此之外，由于养殖种植过程中的人为原因，直接影响我国饲料作物、经济作物、畜产品和水产品的质量，加剧了食品工业原料的源头污染。

在过去的几十年中，我国实现了从食品短缺发展到基本解决温饱的重大飞跃。发展中国家的落后农业和食品业产业结构与消费者日益增强的对食品供应质量和安全性的诉求之间，产生了不可避免的矛盾。从国家监管体制、食品安全国家标准、实验室检测能力以及对风险分析框架的认识和应用几个方面来看，应该说近年来（2009 年 6 月到 2015 年 6 月）的中国食品安全监管体制与能力比过去（1995 年到 2009 年 5 月）有了长足的进步。全国食品总合格率在过去的 30 年间从 71. 30%上升到 96. 8%（图 1-1），其中一些主要和最受关注的食品类别的合格率也有明显上升（图 1-2）。这些食品合格率的变化清楚地表明，中国食品供应的安全水平在总体上是稳定地提高，这是与广大食品生产经营者的努力和政府加强监管分不开的。我国政府对食品安全的重视已达到前所未有的高度，国务院设立食品安全委员会是一个明显的标志，国家领导人多次讲话都传达了政府对治理中国食品安全的决心，2015 年新版《食品安全法》的实施将中国食品安全要求提升到一个新的水平。

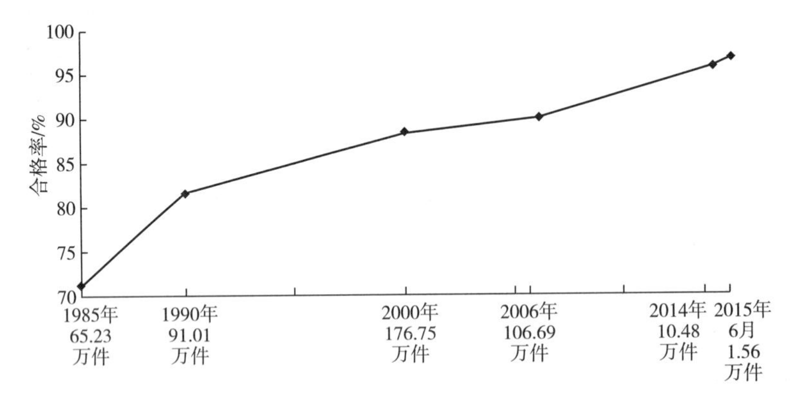

图 1-1　食品抽检总合格率逐渐上升（1985 年到 2015 年）

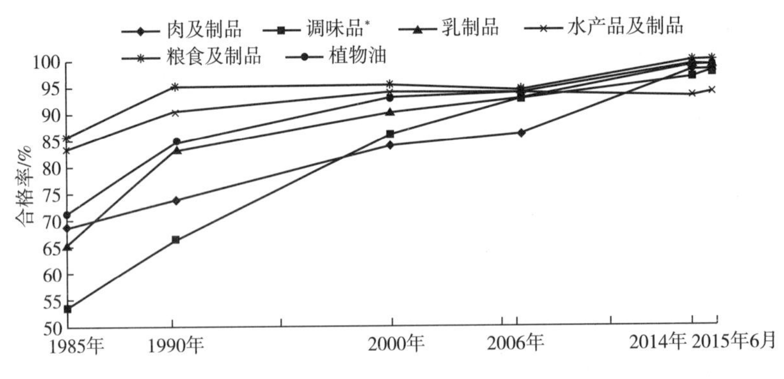

图 1-2　1985—2015 食品合格率的年度变化

（＊ 1985 年、1990 年为酱油合格率）

当前，我国食品安全存在的问题还很多，有的仍然比较严重。从对消费者健康的危害来讲，食源性疾病是最重要的食品安全问题。以 2015 年第二季度为例，3 月 12 日 ~6 月 12 日的食品安全舆情报告指出，3 个月共发生食源性疾病 76 起，其中（有明确患病人数的 62 起）共有 2064 人患病，7 人死亡。由此可见，当前中国的食源性疾病的病因检测与调查，无论是组织架构，还是技术水平，均有待提高。由于我国食品生产加工、运输、储存、销售中卫生的条件欠佳，增加了食源性疾病风险；但由于生产加工规模较小，食源性疾病危害的范围和影响程度较小。在食品的化学污染方面，粮食和蔬菜中的重金属（铅、镉等）、粮食和坚果中的霉菌毒素、畜禽养殖中非法使用的兽药、蔬菜和茶叶种植中非法使用的农药，是我国当前面临的主要问题。产生这些问题的主要原因是环境污染、生产规模小且分散。农业生产的种植和养殖单位主要是数量多达 2 亿多的个体农户，如河南一省的养猪户就有 200 多万户。尽管少数大型乳品企业都已建立了自己的乳牛养殖场，但一家数头的乳牛分散饲养仍是当前的主要模式。考虑到当前中国农民的知识水平和守法意识有待提高，加上不法之徒向农民兜售非法高毒农药和兽药（如瘦肉精），发生少数食品超标（Non-Compliance）事件在所难免。尽管大型食品生产加工企业数量迅速增加，并占领了市场的大部分份额；但是正式在工商部门登记的中小型食品生产加工企业仍有40万户以上，考虑到这些企业的生产规模、素质和追求利润等因素，就不难理解为什么原料以次充好、生产过程不规范、微生物污染、滥用食品添加剂的事件时有发生。

在中国大气、水源、环境污染仍较严重的背景下，原料污染是第一大风险，短期内难以被有效化解。自2012年以来，我国对食品安全的关注，已开始从中间部分向前端发力。2011年舆情关注的热点是“方便食品与非法添加”，2012年关注的热点为“标准与过程控制”，2013年关注的热点为“原料污染与恶意造假”，2014年关注的热点为“微生物污染、原料安全与食品掺假”，涉农企业成为新一轮被舆论关注的“高危群体”。食品安全问题的重心是由于工业高度发展及环境污染而产生的食物中毒事件。食品的污染来源包括了生物性危害物、化学性危害物、物理性危害物以及辐射性危害物等。其中，病原微生物是主要的污染源。

当前，我国食品质量与安全领域中的另一个突出的问题是食品的掺假或欺诈（Food Adulteration or Food Fraud），即假冒伪劣食品。这个问题是世界性的，如2013年的欧洲“马肉事件”。尽管从专业上讲，食品掺假或欺诈不等同于食品安全，因为多数掺假的食品（如用狐狸肉冒充羊肉、用硫黄熏辣椒、面粉中添加柠檬黄冒充玉米粉等）并不会危害消费者健康。但是这种“经济利益驱动”（Economically Motivated Adulteration）的食品掺假或欺诈严重影响了我国消费者对食品供应的信心。中国政府很早就将打击食品违法添加非食用物质和使用禁用药物作为重点监管内容，卫生部公布的《可能违法添加非食用物质和易滥用的食品添加剂名单》（即黑名单）包括三聚氰胺、甲醛、苏丹红、孔雀石绿等数十种，这些物质大多对人体健康具有危害。从2014年的抽检结果看，在酒、蜂蜜中违规添加甜蜜素，以工业胶代替食用胶情况均有发生，在中国台湾地区以饲料用油代替食品用油的问题的本质是原料掺假。近两年，以恶意添加为主、致人以死亡的恶性安全事故已大幅降低；以劣代良、以假乱真的食品造假等诸多安全事件还在不断出现。食品造假已成为食品工业的“毒瘤”。

近年来，食品质量与安全对中国食品工业造成重大影响，表现最突出的是在全球抢购乳粉的“内需变异”。产品出口的通路受阻，使中国食品工业的竞争力下跌。类似的食品质量安全事件之所以接连发生，除了我国有关食品质量安全的法规尚不健全之外，食品检测技术有待提高、检测仪器使用不方便等也是很重要的原因。目前，食品质量安全存在的严重问题既对食品检测技术提出了更高的要求，同时也将促进食品检测技术水平的提高。

二、 现代食品检测技术的内容

食品是指原料不经加工或经过加工改变性状、具有一定营养价值、对人体无害、可供人类食用的物质。食品品质的优劣直接关系到人们的身体健康，而评价食品品质及其安全性是食品检测分析的主要任务。

食品检测的任务是运用物理、化学、生物等学科的基本理论及各种科学技术对食品工业生产中的物料包括食品原料、辅助材料、半成品、成品、副产品等的状态和主要成分含量及微生物状况进行分析检测。在食品检测过程中，由于检测的目的不同及检测对象的性质和状态的差异，所选择的检测方法也各不相同。传统的食品检测方法有感官检验法、化学分析法、仪器分析法、微生物分析法和酶分析法。

随着科学技术的发展，食品检测技术的发展十分迅速，其他学科的先进技术不断应用到食品检测领域中来，由于新技术的引入，食品行业开发出许多自动化程度和精度都很高的食品检测仪器。这不仅缩短了分析时间，减少了人为误差，也大大提高了食品分析检测的速度、灵敏度和准确度。

现代食品检测技术包括如下几个方面的内容：①光谱图像视觉检测技术；②现代仪器分析技术；③食品物性的力学、声学、电学检测技术；④电子传感器技术；⑤生物传感技术；⑥核酸探针检测技术；⑦PCR 基因扩增技术；⑧免疫学检测技术。

第二节　现代食品检测技术的主要特点

科学技术的发展带动了食品检测技术的现代化，现代化食品检测技术把食品检测技术水平提高到一个新的层次。现代化食品检测技术最突出的特点是依靠高新技术，以人为本，仪器设备的人性化设计比重越来越重，具体可概括为如下五个方面。

一、 食品检测技术更加注重实用性和精确性

随着科学技术的发展，食品检测技术更加注重实用性和精确性，食品检测分析仪器是食品检测技术的重要载体，其实用性主要体现如下。

1. 微型化

食品分析仪器从小型化向微型化发展是为了满足用户使用方便的需求，同时微电子学的进展，在技术上提供了向这一方向发展的可能性。这方面的发展涉及检测分析仪器整机的小型化和其某一部件的小型化两个层次。例如，借助现代的纳米、生物、信息技术，改进传统的检测方法，开展合理有效的检测技术研究，开发现代化先进的检测分析技术，实现高效、快速、准确的食品质量安全检测是发展的趋势。

2. 低能耗便携化

检测分析仪器的低能耗化是用户降低使用成本的战略需要。目前应用的某些技术，如感耦等离子体技术已和质谱分析仪、原子发射光谱仪紧密结合，效果良好。但它的致命缺点在于能耗太大、使用成本高，最终必将由其他新技术所取代。从低能耗化出发，电化学、光化学分析仪器有良好的发展前景，特别是发展与智能手机相结合的便携式检测仪器，尤其适用于发展中国家。

3. 功能专用化

检测分析仪器的功能专用化是在总结多年来实行“分析仪器多功能化”效果的基础上提出的。过去仪器制造公司为了获取高额利润，大力推行多功能化产品的路线，认为“一仪多能”比较经济。但实践证明，由于多功能化设计的分析仪器，其精确度受各功能间的相互制约而下降，功能转换装置在转换功能之后恢复原位的再现性也得不到保证，任何极细微的位移足以改变操作条件，从而得出错误的分析数据，因此在高精度检测场合，功能单一有利于仪器的现场使用。

4. 多维化

所谓“多维化”是联用化的一个分支，即在不同种类分析仪器的联用（如气-质联机和液-质联机）基础上发展成同类仪器自身的联用。多维化的优点在于提高分析谱图的分辨率。这是当前使用分析仪器的新趋势，以满足复杂试样的分析需要。例如，这类试样经一次色谱分离后，所出现的色谱峰往往部分重叠，但如串接另一个色谱仪，进行第二次色谱分离，上述缺点则可克服（至少一部分）。因此，新颖的高效液相色谱仪多附有可相互串接的标准化接口。

5. 一体化

为了满足环境分析和过程分析的在线监测需要，检测分析仪器已可以形成一个从取样开始，包括预浓集、分离、测定、数据处理等工序一体化的系统。

6. 成像化

为了改变检测分析仪器以信号形式提供间接信息，需用标准物质进行校正，直观的成像化也是发展方向之一，该项技术已应用于红外和拉曼光谱仪中。

二、 食品检测技术中大量应用生物技术领域的研究成果

核酸探针技术已被用于检验食品中一些常见病源菌。产肠毒素性大肠杆菌（ETEC）是引起人和动物腹泻的主要病源之一。可以用 DNA 探针检测污染食品中产热敏肠毒素（LT）大肠杆菌，其敏感性达 100 个细菌/g。也可以用生物素标记的编码大肠杆菌耐热肠毒素（ST）的 DNA 片段作为基因探针，检测污染食品（包括鲜猪肉、鸡蛋、牛乳）中的产 ST 大肠杆菌。这种方法既敏感又没有放射性，且因不需要进行复杂的增菌和获得纯培养而节省时间，减少由质粒决定的毒力丧失的机会，从而提高检测的准确性。

聚合酶链式反应 PCR 技术自问世以来，就以惊人的速度广泛地应用于生物学科的众多领域，在食品致病性微生物检测方面也有很大的应用价值。对食品中单核细胞增多症李斯特菌的检测，过去一直缺乏简单快速的分离鉴定技术。克隆培养的标准方法往往需要 3~4 周的时间才能得出结果；血清学检测方法也存在着特异性、敏感性差等问题。采用 PCR 技术对食品中李斯特菌的溶血素 O 基因进行扩增，结果可在 12h 内完成整个检测过程，且样品中只需要含有 5~50 个细菌即可被检出。

酶联免疫吸附测定（简称 ELISA）是将酶分子与抗体分子连接成一个酶标分子，当它与固相免疫吸附中的相应抗原或抗体复合物相遇时，形成酶-抗原-抗体结合物，加入酶底物，底物被催化成可溶性或不溶性呈色产物，可用肉眼或分光光度计定性或定量，根据呈色深浅，确定待测抗原或抗体的浓度与活性。不溶性呈色产物则可用光学显微镜或电镜进行检测，ELISA 可分为间接法、竞争法、双抗夹心法，酶-抗酶复合物法及生物素-亲和系统。ELISA 检测微量的特异性抗原和抗体，具有使用简便、检测快速、灵敏度高、性能稳定、重复性及线性关系好等特点，被广泛地使用在测定动物食品的掺杂，测定被有机农药、真菌、细菌、病毒、细菌与病毒产生的毒素、寄生虫以及天然毒素污染了的食品。

三、 食品检测技术与计算机技术结合紧密

随着计算机技术、微制造技术、纳米技术和新功能材料等高新技术的发展，检测分析仪器不仅会具有越来越强大的“智能”，而且正沿着大型落地式→台式→移动式→便携式→手持式→芯片实验室的方向发展，越来越小型化、微型化、智能化，以至出现可穿戴式或甚至不需外界

供电的植入式或埋入式智能仪器。检测分析仪器和专用计算机的界限在今后将变得越来越模糊，许多检测分析仪器实际上就是具有某种检测分析功能的计算机。

科学技术的发展对现代食品检测技术提出了越来越高的要求，人们不仅要求及时、精密、可靠地获得有关食品成分的定量数据，而且要求对食品进行全面快速的分析。现代食品检测技术不仅要解决有关测量数据的获取问题，更需要解决从大量数据中提取有用信息的问题。随着计算机技术向食品检测技术领域的渗透，使得这个问题得到了比较圆满的解决。具体来说，计算机技术对食品检测技术产生的巨大影响体现在如下几个方面。

1. 计算机技术提高了食品检测系统的数据处理能力

人们从事食品检验往往离不开统计学。由于模糊数学、模式识别、多元回归、试验优化设计等现代数学的引入，使得食品检验分析过程计算量相当大。计算机的应用使得这项工作变得十分容易。首先将这些现代化数学方法通过计算机软件来实现，在这些强大的计算机软件支持下，现代食品检测技术以惊人的速度完成了大量数据的采集、归整、变换和处理，并可以解决常规食品分析检验很难解决或不能解决的问题。如谱图识别、多组分混合物分析、实验条件的最优化、多变量拟合、多指标评价等问题。计算机数据处理能力的提高给食品检测技术带来了巨大变化。

2. 计算机技术促进食品检测技术自动化程度的提高

食品检测的自动化早已是多年努力的方向。所谓“自动化”包括动作、信号和结果三个要素。如在上述三要素之外，若有自调节系统，就称自动控制化。

目前大多数食品检测系统均配有计算机完成数据测量、显示与控制的任务。各种工作参数的选择也均由计算机来协调优化。食品检测自动化的进一步发展，不仅仅只是要求操作自动化功能的进一步扩充，而且包括发展管理食品检测实验室的能力，如与分析仪器自动进样器相结合的实验程序的开发，人机友好交互能力的增强，检测数据的自动存档保存等方面。这些工作最终必将导致实验室信息管理系统的出现与完善。

3. 计算机技术使食品检测更趋智能化

智能化是现代食品检测的重要发展方向之一。从信息科学的角度来看，信息技术的发展可分为四个层次，即“数码化”“自动化”“最优化”与“智能化”。数码化是指仅仅把客观的物理概念数值化，这是最低的一层；自动化是按固定的规则进行重复性处理，达到预期目的；最优化是按某一预定指标取得最优解；智能化是信息技术的最高层次，它应包括理解、推理、判断与分析等一系列功能，是数值、逻辑与知识的综合分析结果。目前的智能化食品检测系统多数仍处于智能化的低级阶段，系统只是把计算机技术与传统的食品检测分析仪器结合起来，仅能适应被测参数的变化、自动补偿、自动选择量程、自动校准、自寻故障、自动进行有限的数据处理，使分析过程由手工操作向自动化方向过渡。

随着科学技术的进步，运用人工智能技术建立能识别与解释各种食品化学谱图和光学谱图的食品检测专家系统，成为当前食品检测智能化研究的热点问题之一。这方面的工作以及部分成果已引起国内外食品检测专家们的高度重视。

智能化食品检测系统一般包括食品分析专家咨询系统、食品试验优化系统、食品物料测定分析系统以及相关数据库和决策分析系统。

检测分析仪器微型化与智能化的必然结果是仪器价格的大幅度降低，不仅普通实验室有能力购买，甚至个人也有能力承担。同时，分析仪器的操作也将变得越来越容易，过去需要研究生才能操作的仪器，今后也许普通老百姓稍加培训即可使用。因此食品检测仪器有望走入寻常百姓家，甚至变成家庭和个人的“日用品”。实际上，现在已有重不到1kg的质谱仪，一种只需一滴血就可以在几秒钟内测出许多组分的手持式验血仪也已研制成功。在这种情况下，大型的政府实验室的作用将逐渐减弱，小型的“合同实验室”的作用将增强。随着经济全球化和全球网络化，大型实验室的数量将减少，但其资源将得到更充分的利用。因为它可以面向全世界为所有“网民”服务。

四、　食品检测中不断应用其他领域新技术

1. 现代数学

（1）人工神经网络　人工神经网络是以工程技术手段模拟人类大脑的神经网络结构与功能特征的一种技术，人工神经网络不需要精确的数学模型，没有任何对变量的假设要求，能通过模拟人的智能行为处理一些复杂的、不确定的、非线性的问题，具有很强的容错性和联想记忆功能。由于它是大量神经元的集体行为，因而表现出一般复杂非线性动态系统的特性，可以处理一些环境信息十分复杂、知识背景不清楚、推理规则不明确的问题。它为处理模糊的、数据不完全、模拟的、不明确的模式识别提供了一个全新的途径。其处理非线性问题的能力一般高于传统的统计分析方法，它可以识别自变量与应变量间的复杂的非线性关系。

神经网络在食品检测上的应用包括外来物与掺假物的鉴别，气味分析以及感观评定等方面。利用图像处理技术和人工神经网络方法预报冷却牛肉新鲜度，是在现代食品检测中成功应用人工神经网络的实例。

（2）模式识别　计算机识别就是计算机模拟人对客观环境的认识，事物的性质由其特性决定，人认识事物就是靠这些特征进行识别。不同性质的物体特性在量或质上是不同的，而性质相似的物体特征也相似。因此只要能找到那些与事物性质有关的特征就能将不同性质的事物进行分类，进而对未知性质的事物作出判断，看它属于哪一类，从而预测它的属性。

在食品质量与安全检测过程中，模式识别技术扮演重要角色。在食品质量控制过程中，可以使用现代统计过程控制理论，借助模式识别方法，识别非正常质量模式。

（3）最优化方法　现代最优化方法分为数学方法和经验方法两大类。数学方法包括线性规划、非线性规划、动态规划，将实验结果用实验条件的数学函数表示，这样不仅可知道某一因子对结果是否显著，而且可定量地知道当该因子改变时引起结果的变动有多大。因此即使对这因子的某些未经实验的水平也能做出预测。这种数学方程常称为数学模型。模型可以是理论的，也可以是经验的。有些变量之间在理论上存在一定的关系，可直接利用。但在许多场合下往往并无简单的理论模型可以遵循，需要采用经验模型，即以足够的实验数据，假设一个简单的模型求出参数。数学方法虽然在理论上是可行的，但在实际应用中有时会遇到问题，例如不知道响应函数的形式，这时就可以考虑使用经验法，例如，逐步登高法和单纯形法两种方法。

2. 生理学

食品检测除了对食品质量与安全性进行客观评价之外，有时往往要求检测人员表述心理感受。这就要求我们了解人类在受到外界刺激时，各种感觉器官的生理变动规律。因此生理学的研究成果直接影响食品检测技术的发展。最近，对味觉和嗅觉的电生理学研究的进步十分引人注意。目前电子鼻已经成功应用于区分鱼新鲜度评价、番茄新鲜度评价、红葡萄酒酒香检测等食品分析中。

3. 现代信息技术

（1）大数据与云计算　大数据是指不用随机分析法，如抽样调查，而采用收集所有数据进行调查的方法。大数据有4大特点：大量、高速、多样、价值。从技术上看，大数据与云计算的关系就像一枚硬币的正反面一样密不可分。大数据的特色在于对海量数据的挖掘，但它必须依托云计算的分布式处理、分布式数据库、云存储和虚拟化技术。大数据最核心的价值就是在于对于海量数据进行存储和分析。相比起现有的其他技术而言，大数据的“廉价、迅速、优化”这3方面的综合成本是最优的。

将大数据技术与云平台技术应用到食品质量安全领域，主要通过数据监测、数据整合、数据展示，构建农药残留监测云平台系统，可为食品安全管理提供辅助作用。如利用网络云计算分析检测数据，通过数据共享，形成数据的区域化，帮助普通大众快捷的获取当地各购物超市和农贸市场等食品中的农药残留量。解决信息不对称问题，使得商家们重视食品安全问题，普及食品安全的知识，还可为政府了解商家贩卖商品是否达标提供参考依据，加大对不合格商品的检测力度，进而迫使商家重视食品安全，为广大民众的生命健康安全提供保障。

（2）物联网技术　物联网技术（Internet of Things，IoT）起源于传媒领域，是信息科技产业的第三次革命。物联网是指通过信息传感设备，按约定的协议，将任何物体与网络相连接，物体通过信息传播媒介进行信息交换和通信，以实现智能化识别、定位、跟踪、监管等功能。物联网技术可划分为4个层次，即感知层、传输层、处理层和应用层。物联网技术的发展为构建集全面感知、实时传输、智能决策为食品全产业链一体的追溯系统奠定了基础。物联网食品质量追溯系统充分结合数据同步技术、二维码技术等，对食品的生产制造、物流中的数据信息建立相关数据库，为企业、用户之间的食品信息共享提供了重要渠道。

（3）区块链技术　区块链框架中最核心且最基本的技术是密码学、共识机制和区块链网络。目前区块链从金融领域扩展到数字金融、物联网、智能制造、供应链管理、数字资产交易等多个领域。农产品及食品供应链时空跨度大、参与主体众多且分散、中心化方式管理与运作困难，加之数据采集时缺乏约束机制，易造成信息不透明，导致追溯信息可信度不高。提高追溯可信度已成为追溯系统可持续应用中面临的重要问题。区块链技术具有分布式台账、去中心化、集体维护、共识信任等特点，被证明在解决目前追溯系统可信度问题方面具有先天技术优势。

五、大力发展实时在线、非侵入、非破坏的食品无损检测技术

无损检测技术属现代食品检测技术、现代电子信息技术、人工智能与模式识别等技术交叉渗透的新领域，它具有检测速度快、操作方便和易实现在线检测的优点。从食品品质无损检测所采用的技术手段来看，目前主要有计算机视觉、近红外光谱、高光谱图像、超声波、电子鼻、核磁共振（NMR）、层析成像（CT）等技术。

生命过程、生产、科研和一切社会活动都是一种在时空中进行的连续过程。因此，一切为了保证质量与安全的检测和监控手段最好都不要打断这些过程的自然进行，并能实时反映系统中正在发生的变化。为此，那些离线的、破坏性的或侵入式的分析测试方法将逐步被淘汰，而在线的、非破坏的、非侵入式的，可以进行原位、实时测量的方法将受到欢迎；如果还能提供多维，特别是三维以上化学信息的话（例如各种成像技术，特别是化学成像技术）那就更加先进。这样我们不仅可以测试对象在整体上发生的变化，而且可以观测到这种变化发生的具体

部位、具体化学成分及其随时间的变化情况。这不仅对于生命过程的研究极其重要，对于生产（例如食品化工管道内组分变化的监控，种子质量的鉴别等）和生活（例如室内空气质量变化的监测）也具有重要意义。从技术走向上看，由传统无损检测技术（计算机视觉、近红外光谱、电子鼻）向先进的无损检测技术（高光谱技术、NMR、CT 等）趋势发展。就传统的无损检测技术而言，呈现出由静态取样检测走向动态在线检测、由外观品质检测走向内部品质检测以及内外品质同时检测、由单一常规检测技术走向新的高精检测技术和融合技术的发展趋势。从应用对象层面上看，呈现由早期的食品成品检测延伸到食品精深加工产业链过程实时监控的发展趋势。

第二章 光谱检测技术

CHAPTER 2

第一节 光与光谱

一、 光与光谱的本质

（一） 光的本质

光的本质是一种电磁波。γ 射线、X 射线、微波、无线电波等也是电磁波。电磁波按波长（或频率、能量等）顺序排列成的谱图，称为电磁波谱，各种电磁波参考尺寸、波段及来源见图 2-1。整个电磁波谱的范围极大，常划分成几个较小的区域，如表 2-1 所示。

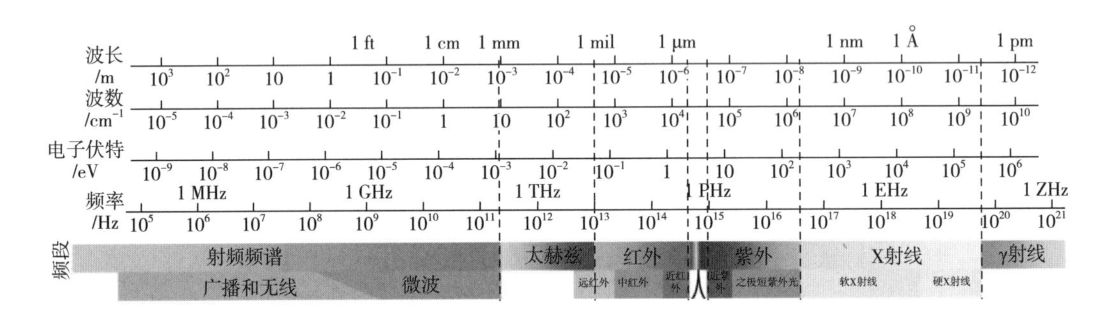

图 2-1　电磁波参考尺寸、 波段及来源示意图

表 2-1　电磁波谱表及相应的光谱分析法

区域	波长	对应能级跃迁类型	相应光谱分析方法
γ 射线	0.0005~0.14nm	核能级	γ 射线发射
X 射线	0.01~10nm	内层电子	X 射线（吸收/发射/荧光/衍射）光谱法
远紫外	10~200nm	价电子	真空紫外吸收光谱法
紫外-可见	180~780nm	价电子	紫外-可见（吸收/发射/荧光）光谱法
红外	0.78~250μm	分子振动与转动	红外吸收和拉曼散射光谱法

续表

区域	波长	对应能级跃迁类型	相应光谱分析方法
远红外	250~1000μm	分子振动与转动	远红外光谱法
微波	0.001~0.3m	分子转动与磁场中电子的自旋	微波吸收光谱法（0.75~3.75mm）及电子自旋共振波谱法（~3cm）
无线电波	0.3m至数千米	磁场中核的自旋	核磁共振波谱法（0.6~10m）

电磁波具有波粒二象性，不同频率的电磁波在真空中传播时，速度（即光速，c=299792458m/s，激光法测得的值）最大。电磁波在真空中传播速度与在空气（20℃）中传播速度的比值为1.00027，因此，一般近似地认为电磁波在空气中的传播速度等于光速。电磁波在介质中的传播速度、波长和频率三者间满足式（2-1）：

$$V = \lambda \upsilon \qquad (2-1)$$

式中 V——电磁波在介质中的传播速度，m/s；

λ——电磁波在介质中的传播波长，m；

υ——电磁波的频率（与传播介质无关，它只取决于辐射源），Hz。

光的波动性能够解释光的干涉、衍射和偏振等现象，也能够解释光与物质相互作用时的部分现象，如吸收、散射和色散等；但不能解释光和物质相互作用的另一些现象，如光电效应、康普顿效应及各种原子和分子发射的特征光谱的规律等，在这些现象中，光表现出粒子性。爱因斯坦通过光电效应建立了光子学说，该学说认为光波具有能量且能量是“量子化”的。光波的能量是由许多分立能量元组成的，这种能量元称为“光量子”，简称“光子”。光子的能量决定于式（2-2）：

$$E = h\upsilon \qquad (2-2)$$

式中 E——光子的能量，J；

h——普朗克（Planck）常数，为6.626×10^{-34}J·s；

υ——光的频率，Hz。

（二）发射光谱

量子理论认为，物质的原子、离子或分子有确定的不连续能级，它们只能处于一定的能级上。当组成物质的原子、离子或分子处于最低能级时，物质则处于基态，当组成物质的原子、离子或分子被激发到较高的能级时，物质则处于激发态。在常温下物质一般都处于基态。当组成物质的粒子（原子、离子或分子）所处的能级发生改变时，则它所吸收或发射的能量应完全等于两能级之间的能量差，当吸收或发射的能量为辐射能时则有：

$$E_a - E_0 = h\upsilon = h\frac{V}{\lambda} \qquad (2-3)$$

式中 E_a——较高能级的能量，J；

E_0——较低能级的能量，J；

h——普朗克常数，为6.626×10^{-34} J·s；

V——电磁波在介质中的传播速度，m/s；

λ——波长，nm；

υ——吸收或发射的辐射的频率，Hz。

物质吸收一定的能量则由基态被激发到激发态。物质处在激发态的寿命很短，在 10^{-15}~10^{-5}s。物质由激发态弛豫回到基态时，一般以辐射的形式放出能量，所产生的光谱称为发射光谱。实现物质由基态改变到激发态的途径有：①用电子或其他基本粒子轰击，一般可以发射 X 射线；②使其暴露在高压交流火花之中，或电弧、火焰、热炉子之中，一般可以产生紫外、可见或红外辐射；③用电磁辐射照射，可以产生荧光或磷光；④放热的化学反应，可以产生化学发光。其中只有电磁辐射的能量是一份一份的，是“不可分割”的，其能量必须恰好等于激发态与基态的能量差，才能发生能级跃迁，而其余 3 种形式的能量只要大于或等于激发态与基态的能量差，就可以引发能级跃迁。

当受激发的物质是单个的气态原子（如钠、钾等金属气态原子）时，则产生紫外、可见光区的线光谱，谱线由一系列宽度约 10^{-5}nm 的锐线组成。与紫外、可见光区的发射不同，元素的 X 射线与它们的环境无关，即产生辐射的物质不一定是单个独立的气态原子，可以是金属、固体粉末或者阳离子的络合物，所得到的 X 射线光谱都是相同的。当受激发的物质中存在气态基团或小分子时会产生带光谱。带光谱是由许多量子化的振动能级叠加在分子的基态电子能级上而形成的。它们由一系列靠得很近的线光谱组成，常因使用的仪器不能完全分辨而呈现出带光谱。

若以热能激发固体物质至炽热时，会发射连续光谱，这类热辐射称为黑体辐射。一般来说，随着温度的升高，最大辐射能向短波方向移动。欲使热激发源发射更多的紫外光，必须有非常高的温度。同时被加热的固体所发射的连续光谱，是红外、可见及近紫外光区分析仪器的重要光源。

（三）吸收光谱

若让波长连续的复合光通过一均匀介质（如固体、液体或气体物质）时，能量（$h\nu$）等于物质的基态 E_0 和某一激发态（E_a）之间能量差的光子则会被物质吸收。当透射出来的光再通过棱镜（或光栅）时，便可得到一组不连续的光谱，这种光谱称为吸收光谱。由于不同物质其量子化的能级差不同，所以吸收频率的研究可提供一种表征物质试样组成的方法。物质的吸收光谱差异很大，特别是原子吸收光谱和分子吸收光谱。一般来说，它与吸收物质的组成、物理状态及其环境有关。

当一单色光被某物质吸收后，该物质则呈现该单色光的互补色。表 2-2 列出了物质的颜色及对应互补色的波长。当两互补颜色的光混合时则产生白色。这里所说的物质颜色和互补色虽是相对人类肉眼而言的可见光，但这种吸收光与互补光的关系不限于可见光。

表 2-2　物质的颜色与吸收光颜色的关系

物质颜色	吸收光（互补色）		物质颜色	吸收光（互补色）	
	颜色	波长/nm		颜色	波长/nm
黄绿	紫	400~450	紫	黄绿	560~580
黄	蓝	450~480	蓝	黄	580~600
橙	绿蓝	480~490	绿蓝	橙	600~650
红	蓝绿	490~500	蓝绿	红	650~750
紫红	绿	500~560			

1. 原子吸收

当一束紫外或可见辐射通过气态自由原子时，例如钠蒸气，只有少数几个非常确定的频率被吸收。这是因为这些粒子只具有很少几个可能的能态。激发作用是通过原子中一个或几个电子跃迁到较高能级后实现的。以钠原子为例，在通常情况下，钠蒸气中的所有原子基本上都处在基态，即它们的价电子位于 $3s$ 能级。如果以含有波长为 588.995nm 和 589.59nm 的光照射钠蒸气，则许多原子的外层电子将吸收光子并跃迁到 $3p$ 的两个能级上。实际上这两个能级的能量差是很小的。若该电子获得更大的能量，它能跃迁到比 $3p$ 更高的 $5p$ 能级上，相对应吸收的波长是 285nm。事实上，285nm 的吸收峰也是双峰，但因两峰的能级差太小，以至许多仪器不能分辨它们。

紫外和可见光区的能量足以引起外层电子或价电子的跃迁，而能量大几个数量级的 X 射线能与原子的内层电子相互作用，故在 X 射线光谱区能观察到原子最内层电子跃迁产生的吸收峰。

一般来说，无论在哪一波长区内产生的原子吸收谱图，都是由有限数量的窄峰组成的。

2. 分子吸收

分子，即使是双原子分子，其吸收光谱也要比原子吸收光谱复杂得多。这是由于分子所具有的可能能级数目比原子的能级数目要多得多。在分子中，每个电子能级上有多个振动能级，而每个振动能级上又有多个转动能级，分子的总能量 $E_{分子}$ 可以用式（2-4）表示：

$$E_{分子} = E_{电子} + E_{振动} + E_{转动} \tag{2-4}$$

式中　$E_{电子}$——分子的电子能量，J；

$E_{振动}$——分子中各原子振动产生的振动能，J；

$E_{转动}$——分子围绕它的重心转动的转动能，J。

分子中电子能级差大于振动能级差，振动能级差大于转动能级差，即 $\Delta E_{电子} > \Delta E_{振动} > \Delta E_{转动}$。处于微波区和远红外区的辐射只能引起气体的基态转动跃迁；中红外区和近红外区的辐射可引起基态振动能级的跃迁，同时会伴有转动能级的跃迁；可见光区和紫外光区的辐射可以使分子中的电子能级发生跃迁，同时伴有振动能级和转动能级的跃迁。当发生电子能级跃迁时，由于每个电子能级上有多个振动能级，而每个振动能级上又有多个转动能级，而且振动能级差和转动能级差很小，使每个电子的跃迁都有几条靠得很近的吸收线。因此，分子光谱不像原子光谱，通常它由一系列靠得很近的吸收线组成，呈带状光谱。此外，在凝聚态或有溶剂分子存在时，谱带会趋向平滑，变宽。

3. 磁场的诱导吸收

当将某些元素放入磁场中时，其电子及核受到强磁场的作用后，它们的磁性质会产生附加的量子化能级。这种诱导能态间的能量差很小，它们的跃迁仅能通过吸收低频区的辐射来实现。对于原子核，一般采用波长为 60~1000cm 的无线电波，对于电子则需采用波长为 3cm 的微波。核磁共振波谱法（NMR）和电子自旋共振波谱法（ESR）的理论基础就在于此。

（四）弛豫过程

通常，吸收辐射能而被激发的原子和分子处在高能态的寿命很短，它们一般要通过辐射弛豫或非辐射弛豫的过程返回到基态。

1. 辐射弛豫

辐射弛豫包括荧光和磷光弛豫，它是通过原子、分子吸收电磁辐射激发后至激发态，当重新返回基态时，以辐射能的形式——荧光和磷光来释放能量。荧光产生比磷光迅速，大约在激发后 10^{-5}s 发射荧光，磷光发射则在超过 10^{-5}s 之后发生，并且在电磁辐射停止照射后，仍能持续数分钟甚至数小时。荧光包括共振荧光和非共振荧光。共振荧光是指与激发辐射的频率完全相同的荧光，非共振荧光是指频率低于激发辐射频率的荧光，这是分子的振动激发态的弛豫（10^{-15}s）先于电子激发态的弛豫（10^{-5}s）而提前消耗了一部分能量而造成的。一般来说，气态原子因没有振动能级叠加在电子能级上，故主要产生共振荧光；对于分子（主要指气态分子或溶液中的分子）而言，可以同时产生共振荧光和非共振荧光，但因其有大量的振动激发态，非共振荧光的产生占优势。

当被激发的分子弛豫到一个亚稳电子激发态（即三重态时），再停留约 10^{-5}s，产生磷光。关于荧光和磷光产生的详细内容请参考相关光学知识。

2. 非辐射弛豫

非辐射弛豫是通过一系列小步骤释放能量，如通过与其他分子的碰撞将激发能转变成动能，结果使体系的温度有微小的升高。

二、朗伯-比尔定律

（一）朗伯-比尔定律

当一束光强为 I_0 的单色光通过一定浓度为 C 且厚度为 L 的溶液时，则一部分光强 I_R 被反射，一部分光强 I_A 被吸收，另一部分光强 I_T 透过溶液，它们之间的关系是：$I_0 = I_R + I_A + I_T$。朗伯（Lambert）在1760年提出：如果溶液的浓度一定，则光的被吸收程度和液层的厚度有关，且成正比关系。而比耳（Beer）于1852年在研究了各种无机盐水溶液对红光的吸收后指出：如果吸收物质溶于不吸光的溶液中，吸光度和吸光物质的浓度成正比。朗伯定律说明了液层厚度与光的吸收程度的关系，比尔定律说明了物质的浓度与光的吸收程度的关系，两者合称为朗伯-比尔定律，朗伯-比尔定律说明了物质对单色光吸收的程度与吸光物质的浓度和厚度间关系。采用空白溶液消除了 I_R 及溶剂、试剂对光吸收程度的影响后，朗伯-比尔定律可用式（2-5）表示：

$$I_T = I_0 \times 10^{-KLC} \tag{2-5}$$

式中 K——比例常数，又称吸收系数；

L——吸收层厚度，cm；

C——吸光物质的浓度，mol/L。

将式（2-5）两边除以 I_0 得：

$$\frac{I_T}{I_0} = 10^{-KLC} \tag{2-6}$$

I_T/I_0 称为透光率（Transmittance），以 T 表示，即透射光强度与入射光强度之比，其数值小于1，用百分透光率则表示为 $T = (I_T/I_0) \times 100\%$。为了方便起见，常用透光率的负对数表示溶液吸收光的强度，称为吸收度（Absorbance，A），过去称消光度（Extinction，E）或光密度（Optical Density，OD），数学表达式如式（2-7）所示。

$$A = -\lg T = \lg(T)^{-1} = \lg(10^{-KLC})^{-1} = \lg(10^{KLC}) = KLC \tag{2-7}$$

（二） 吸收系数

吸收系数（K）即为单位浓度、单位液层厚度的吸收度。在一定条件下（单色光、浓度、溶剂、温度），吸收系数是常数。最大吸收波长（λ_{max}）处的吸收系数常作为物质的定性依据。

吸收系数常用摩尔吸收系数及百分吸收系数表示。摩尔吸收系数用 ε 表示，其意义是 1mol/L 浓度的溶液、液层厚度为 1cm 时的吸收度。百分吸收系数用 $E_{1cm}^{1\%}$ 表示，是指浓度为 1g/100mL的溶液，液层厚度为 1cm 时的吸收度。二者的换算关系为 $E_{1cm}^{1\%}/M=\varepsilon$（$M$ 为吸光物质的相对分子质量）。摩尔吸收系数多用于分子结构研究，百分吸收系数多用于含量测定。摩尔吸收系数一般不超过 10^5数量级，通常将 $\varepsilon>10^4$划为强吸收，$<10^2$划为弱吸收，介乎二者之间的称为中强吸收。摩尔吸收系数不能直接测得，需用准确的稀溶液测得吸收度换算而得。

（三） 吸收度的加和性

在多组分共存的溶液体系中，体系的总吸收度等于各组分吸收度之和，即 $A_{总}=\Sigma A_i$，在任一波长下，共存的多组分中各组分遵守朗伯-比尔定律。利用这一性质经过一定的数学处理，可进行多组分的含量测定。

（四） 比尔定律的偏离

比尔定律指出，如果吸收物质溶于不吸光的溶液中，吸光度和吸光物质的浓度成正比，因此以 A-C 作图绘制的标准曲线或工作曲线应是通过原点的直线。但是在实际工作中，尤其当吸光物质浓度比较高时，直线常发生弯曲，如图 2-2 中虚线所示。此现象称为对比尔定律的偏离。如果在弯曲部分进行测定，将会引起较大的误差。出现偏离的原因主要有以下 4 个。

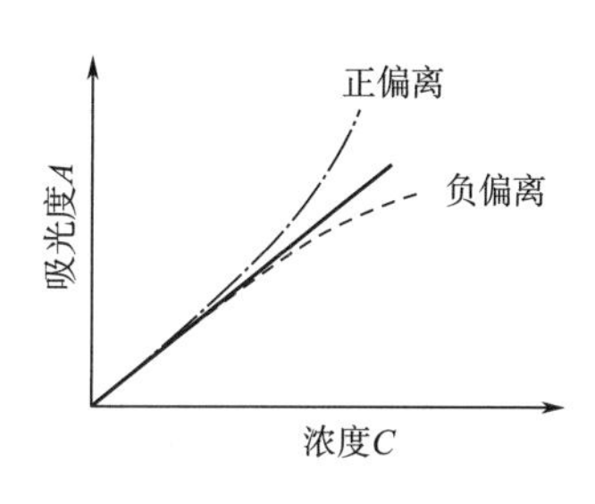

图 2-2　对比尔定律的偏离

（1）吸光物质浓度较高引起的偏离　在浓溶液中，吸光质点的相互碰撞和相互作用较强，这直接影响了它的吸光能力。因此，应选用适当浓度的溶液进行测定，最好使吸收光读数范围落在 0.16~0.80，这样，在假定光度计读数误差为 1%的情况下，仍可以保证浓度测量相对误差不大于 4%。

（2）非单色光引起的偏离　严格地说，朗伯-比耳定律只适用于单色光。但是目前部分光光度仪器所提供的入射光并非是纯的单色光，这些非纯单色光会引起对比耳定律的偏离。

（3）介质不均匀引起的偏离　当吸光物质是胶体溶液、乳浊液或悬浮物时，由于吸光质点对入射光的散射而导致偏离。

（4）吸光物质不稳定引起的偏离　溶液中吸光物质常因条件变化而发生偏离、缔合和形成新的化合物等化学变化，从而使吸光物质的浓度发生变化，导致对比耳定律的偏离。

第二节　紫外-可见分光检测技术

紫外-可见吸收光谱法（Ultraviolet-Visible Absorption Spectrometry，UV-VIS）属于分子吸收光谱法，是利用某些物质在分子吸收 200~800nm 光谱区的辐射来进行分析测定的方法。这种分子吸收光谱产生于价电子和分子轨道上的电子在电子能级间的跃迁，广泛用于有机和无机物质的定性和定量测定。

一、紫外-可见吸收光谱法的基本原理

物质 M（原子或分子）吸收紫外-可见光被激发到激发态 M^*，通过辐射或非辐射的弛豫过程回到基态；弛豫也可通过 M^* 分解成新的组分而实现，这个过程称为光化学反应。值得注意的是 M^* 的寿命一般都非常短，所以在任何时刻其浓度均可以忽略不计。并且所释放的热量往往也无法测量。故除光化学分解发生外，吸光度的测量具有对所研究体系产生扰动最小的优点。

紫外-可见吸收光谱是由分子中价电子的能级跃迁产生的，因此分子的组成不同，特别是价电子性质不同，则产生的吸收光谱也将不同。因此，可以将吸收峰的波长与所研究物质中存在的键型建立相关关系，从而达到鉴定分子中官能团的目的；更重要的是，可以应用紫外-可见吸收光谱定量测定含有吸收官能团的化合物。

根据结构理论，在分子中形成单键的电子称为 σ 电子，形成双键的电子称为 π 电子，未成键的孤对电子称为 n 电子。所有这些价电子在吸收能量后，可跃迁至分子的空轨道，即反键 σ^* 或 π^* 轨道中，反键轨道的能量比成键轨道能量高得多。在紫外-可见光区范围内，有机化合物的吸收带主要由 $\sigma \to \sigma^*$，$n \to \sigma^*$，$\pi \to \pi^*$，$n \to \pi^*$ 的跃迁及电荷迁移而产生；无机化合的吸收带主要由电荷迁移和配位场跃迁（即 d—d 跃迁和 f—f 跃迁）产生。各种跃迁如图 2-3 所示。

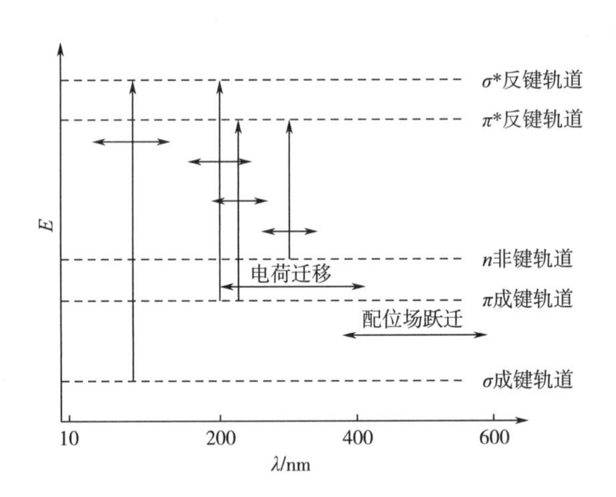

图 2-3　典型电子跃迁类型及其吸收波长范围和相对能量示意图

从图 2-3 可以看出，由于电子跃迁的类型不同，实现跃迁需要的能量不同，因而吸收的波长范围也不相同。其中 $\sigma \to \sigma^*$ 跃迁所需能量最大，配位场跃迁所需能量最小，因此，它们的吸收带分别落在远紫外和可见光区。

（一）有机化合物的电子跃迁类型

（1）$\sigma \to \sigma^*$ 跃迁　所需的能量最大，所以主要发生在远紫外区，吸收谱带都在 200nm 以下，饱和烃类只具有 σ 键，因此饱和烃类化合物在高于 200nm 区域内无吸收光谱，所以常用作可见紫外吸收光谱分析的溶剂。

（2）$n \to \sigma^*$跃迁　发生在含有未成键孤对电子杂原子的饱和烃分子中。由于n电子较σ电子易激发，所以这种跃迁所需能量比$\sigma \to \sigma^*$稍低，但多数还是发生在200nm左右。例如甲烷的$\sigma \to \sigma^*$跃迁，吸收光谱在125~135nm，但CH_3I吸收峰在150~210nm（$\sigma \to \sigma^*$跃迁）和259nm（$n \to \sigma^*$跃迁），其吸收波长向长波长方向偏移。这种能使吸收波长向长波方向移动（红移）的含有未成键孤对电子的杂原子基团，称为助色团，常见的助色团有$—NH_2$、$—NR_2$、—OH、—OR、—SR、—Cl、—Br、—I等，表2-3反映了助色团在饱和化合物吸收光谱中的一些特点。

表2-3　助色团在饱和化合物中的吸收峰

助色团	化合物	溶剂	λ_{max}/nm	ε_{max}
—	$CH_4C_2H_6$	气态	<150	—
—OH	CH_3OH	正己烷	177	200
—OH	C_2H_5OH	正己烷	186	—
—OR	$C_2H_5OC_2H_5$	气态	190	1000
—NHR	$C_2H_5NHC_2H_5$	正己烷	195	2800
—SH	CH_3SH	乙醇	195	1400
—SR	CH_3SCH_3	乙醇	210 229	1020 140
—Cl	CH_3Cl	正己烷	173	200
—Br	$CH_3CH_2CH_2Br$	正己烷	208	300
—I	CH_3I	正乙烷	259	400

（3）$n \to \pi^*$和$\pi \to \pi^*$跃迁　最常遇到的跃迁类型。这类跃迁易发生，相应照射波长多大于200nm，所涉及的基团都具有π不饱和键。这种含π不饱和键的基团被称为生色基团，表2-4列出的是常见的含生色基团的化合物及它们的可见紫外吸收特性。

表2-4　常见生色基团的吸收特性

生色基团	例子	溶剂	λ_{max}/nm	ε_{max}	跃迁类型
烯	$C_6H_{13}CH{=}CH_2$	正庚烷	177	13000	$\pi \to \pi^*$
炔	$C_5H_{11}C{\equiv}CCH_3$	正庚烷	178	10000	$\pi \to \pi^*$
偶氮基	$CH_3N{=}NCH_3$	乙醇	339	5	$n \to \pi^*$
硝基	CH_3NO_2	异辛烷	280	22	$n \to \pi^*$
亚硝基	C_4H_9NO	乙醚	300	100	$n \to \pi^*$
硝酸酯	$C_2H_5ONO_2$	二氧杂环己烷	665	20	$n \to \pi^*$
羰基	CH_3COCH_3	正己烷	195 225	2000 160	$n \to \pi^*$ $n \to \pi^*$
羰基	CH_3CHO	正己烷	186 280	1000 16	$n \to \sigma^*$ $n \to \pi^*$

续表

生色基团	例子	溶剂	λ_{max}/nm	ε_{max}	跃迁类型
酰胺基	CH_3CONH_2	水	180	220	$n\to\sigma^*$
			214	60	$n\to\pi^*$
羧基	CH_3COOH	乙醇	270	12	$n\to\pi^*$
			204	41	$n\to\pi^*$

从 $n\to\pi^*$ 和 $\pi\to\pi^*$ 跃迁比较中发现：前者的吸收峰强度要比后者低。在 $n\to\pi^*$ 跃迁中，摩尔吸收系数 ε 通常比 $\pi\to\pi^*$ 跃迁低 10 倍以上，而且在极性大的溶剂中 $n\to\pi^*$ 跃迁的吸收峰产生紫移现象。而 $\pi\to\pi^*$ 跃迁却常表现出红移现象，即向长波方向位移。

在各类不饱和脂肪烃中，有单个双键（如乙烯），也有共轭双键的烯烃（如丁二烯），都涉及 π 电子及 $\pi\to\pi^*$ 跃迁。共轭双键可形成大 π 键。使各能级间的差距接近，故其电子易激发，所以吸收波长产生红移，生色效应加强。如乙烯的特征吸收为 171nm，丁二烯的吸收波长为 217nm，且其吸收强度也增加。在共轭体系中。共轭双键越多，生色作用也越强。

在芳香烃环状化合物中，具有三个乙烯的环状共轭体系，可产生多个特征吸收。如苯（乙醇中）有 185nm，204nm 和 254nm 三处强吸收带。若在环上增加助色团，如—OH，$—NH_2$，—X等，由于 $n—\pi$ 共轭，则吸收波长会产生红移，而且强度也增加。如增加生色团，并和苯环体系产生 π 共轭，同样会引起波长红移现象。各种取代基对苯的特征吸收的影响见表 2-5。

表 2-5 苯及苯衍生物的吸收特性

化合物	分子式	溶剂	λ_{max}/nm	ε_{max}	λ_{2max}/nm	ε_{max}
苯	C_6H_6	己烷	254	250	204	8800
甲苯	$C_6H_5CH_3$	己烷	262	260	208	7900
六甲基苯	$C_6(CH_3)_6$	己烷	271	230	221	10000
氯苯	C_6H_5Cl	己烷	267	200	210	7400
碘苯	C_6H_5I	己烷	258	660	207	7000
苯酚	C_6H_5OH	己烷	271	1260	213	6200
酚盐离子	$C_5H_5O^-$	稀碱液	286	2400	235	9400
苯甲酸	C_6H_5COOH	乙醇	272	855	226	9800
苯胺	$C_6H_5NH_2$	甲醇	280	1320	230	7000
苯胺盐离子	$C_6H_5NH_3$	稀酸液	254	160	203	7500

对 $n\to\pi^*$ 和 $\pi\to\pi^*$ 跃迁研究发现，可将所涉及的吸收带分为如下几类。

R 吸收带（Radikal 基团）：由生色基团和助色基团的 $n\to\pi^*$ 跃迁产生的。R 吸收带的强度较强。

K 吸收带（Konjugation 共轭）：由 $\pi\to\pi^*$ 跃迁产生的。含共轭生色基的化合物的紫外光谱都含有这种吸收带。

B 吸收带［Benzenoid（苯的）］：是芳香族化合物的特征吸收带。当芳烃和生色基团连接时，就会产生 B 和 K 吸收带，有时还会有 R 吸收带，三者同时存在时则往往 R 带波长更长些。图 2-4 是乙酰苯的吸收光谱，同时具有三种吸收带，这是因为同时有苯环体系和—C ═O 生色基和助色基的缘故。

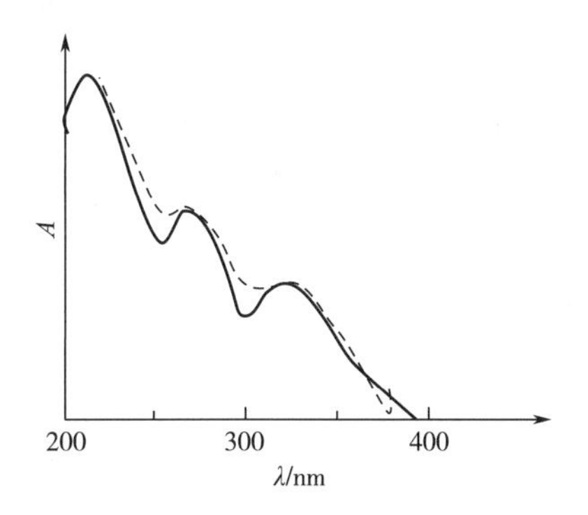

图 2-4 乙酰苯的吸收光谱
——正庚烷溶液 ········甲醇溶液

E 吸收带［Ethylenic Band（乙烯型谱带）］是芳香族化合物的另一类特征吸收带，是由苯环结构中三个乙烯的环状共轭系统的 $\pi \rightarrow \pi^*$ 跃迁所产生，分为 E1 带和 E2 带。

（4）电荷迁移跃迁 所谓电荷迁移跃迁是指用电磁辐射照射化合物时，电子从供体向与受体相联系的轨道上跃迁。因此，电荷迁移跃迁实质是一个内氧化还原过程，而相应的吸收光谱称为电荷迁移吸收光谱。例如，某些取代芳烃可产生这种分子内电荷迁移跃迁吸收带。电荷迁移吸收带的谱带较宽，吸收强度大，最大波长处的摩尔吸收系数 ε_{max} 可大于 10^4。

从广义讲，可以将各种类型的轨道（如 σ、π 等）都看作是电子供体或受体，但其中具有实用意义的是 π 轨道。

（二） 无机化合物的电子跃迁类型

无机化合物的电子跃迁的形式有两大类：电荷迁移跃迁和配位场跃迁。

（1）电荷迁移跃迁 与某些有机化合物相似，许多无机络合物也有电荷迁移跃迁产生的电荷迁移吸收光谱。若用 M 和 L 分别表示络合物的中心离子和配体，当一个电子由配体的轨道跃迁到与中心离子相关的轨道上时，可用下式表示：

$$M^{n+}-L^{b-} \xrightarrow{h\upsilon} M^{(n+1)}-L^{(b-1)} \tag{2-7}$$

这里，中心离子 M 为电子受体，配体 L 为电子供体。一般来说，在络合物的电荷迁移跃迁中，金属离子是电子受体，配体是电子供体。

不少过渡金属离子与含生色团的试剂反应所生成的络合物以及许多水合无机离子，均可产生电荷迁移跃迁。此外，一些具有 d^{10} 电子结构的过渡元素所形成的卤化物及硫化物，如 AgBr、PbI_2、HgS 等，也是由于这类跃迁而产生颜色。

电荷迁移吸收光谱出现的波长位置，取决于电子供体和电子受体相应电子轨道的能量差。若中心离子的氧化能力越强，或配体的还原能力越强，则发生电荷迁移跃迁时所需能量越小；反之，若中心离子还原能力越强，或配体的氧化能力越强，则发生电荷迁移跃迁时所需能量越大。

电荷迁移吸收光谱谱带最大的特点是摩尔吸收系数较大，一般 ε_{max} 大于 10^4，因此许多“显色反应”是应用这类谱带进行定量分析，以提高检测灵敏度。

（2）配位场跃迁 包括 $d-d$ 跃迁和 $f-f$ 跃迁。元素周期表中第四、五周期的过渡金属元素分别含有 $3d$ 和 $4d$ 轨道，镧系和锕系元素分别含有 $4f$ 和 $5f$ 轨道。在配体的存在下，过渡元素五个能量相等的 d 轨道及澜系和锕系元素七个能量相等的 f 轨道分别分裂成几组能量不等的 d

轨道及f轨道。当它们的离子吸收光能后，低能态的d电子或f电子可以分别跃迁至高能态的d或f轨道上去。这两类跃迁分别称为d-d跃迁和f-f跃迁。由于这两类跃迁必须在配体的配位场作用下才有可能产生，因此又称配位场跃迁。

与电荷迁移跃迁比较，由于选择规则的限制，配位场跃迁吸收谱带的摩尔吸收系数小，一般$\varepsilon_{max}<10^2$。这类光谱一般位于可见光区。虽然配位场跃迁并不像电荷迁移跃迁在定量分析上重要，但它可用于研究络合物的结构，并为现代无机络合物键合理论的建立提供了有用的信息。

二、 紫外-可见分光光度计

（一） 仪器基本构造

用可见光源测定有色物质的方法，称为可见光分光光度法，所用的仪器称为可见分光光度计；用紫外光源测定无色物质的方法，称为紫外分光光度法，所用的仪器称为紫外分光光度计。这两种仪器的基本原理相同，故在设计时往往将两种不同的光源及一套分光系统合并在一个仪器中，统称为紫外-可见分光光度计。紫外-可见分光光度计是在紫外-可见光区任意选择不同波长的单色光测定物质吸收度的仪器。目前紫外-可见分光光度计的商品种类很多，但基本构造原理相似，一般由光源、单色器、吸收池、检测器、信号处理器、显示器等几个部分组成。

1. 光源

分光光度计用的光源有一些基本要求。首先能产生足够强度的光辐射，便于后续检测器能检出和测量；第二，要求能提供连续的辐射，其整个光谱中应包含所有可能被使用的波长；第三，光源在使用期间必须稳定。

常用可见光源为碘钨灯及钨灯，发射波长320~2500nm的连续光谱。碘钨灯比钨灯的发射强度强，寿命也长，因此多被采用。钨丝灯光源的辐射强度与温度有关。常用的工作温度为2870K。由于该光源的输出能量随工作电压的四次方而变化，因此为了获得稳定的辐射能，通常采用6V蓄电池或恒压电源供电。

常用的紫外光源有氢灯、氘灯、汞灯及氙灯，能发射150~400nm的连续光谱（汞灯发射不连续光谱）。在相同工作条件下，氘灯的辐射强度大于普通氢灯，因此目前氘灯多被采用。由于玻璃对紫外线有吸收，所以紫外灯的灯管上附有石英窗。

2. 单色器

单色器的功能是把从光源发射出的连续光谱分为波长宽度很窄的单色光。它包括色散元件、狭缝和准直镜三部分。

（1）色散元件　色散元件是分光光度计的关键部件，它是将复合光按波长的长短顺序分散成为单色光的装置，其分散的过程为光的色散。色散后所得的单色光，经反射、聚光后，通过狭缝到达溶液。常用的色散元件是棱镜和光栅。

棱镜由普通玻璃或石英材料做成。当光从空气射入棱镜时，由于不同波长的光在玻璃介质中传播速度的不同，从而将混合光中所包含的各种波长的光从长波到短波依次分散成为一个由红到紫的连续光谱，如图2-5所示。所得到的光谱，短波间的距离较大，长波间的距离较小。玻璃棱镜色散能力大，分辨本领强，但由于玻璃吸收紫外线，所以它只能装置在可见分光光度计中。紫外区的光源必须用石英棱镜色散。

光栅是一种在玻璃表面上刻有许多等宽、等间距的平行条痕的色散元件。紫外-可见光谱用的光栅一般每毫米刻有1200条痕。它是基于复合光通过条痕狭缝后，产生光的衍射与干涉作用，使不同波长的光发生色散。光栅色散元件有如下优点：它可用于从紫外光到近红外光的整个区域，而且其在整个区域的色散率是均匀一致的。所以目前光栅的应用日益趋于广泛。但光栅色散元件也有缺点，即各级光谱有所重叠而相互干扰，因此需要用适宜的滤光片除去杂光。

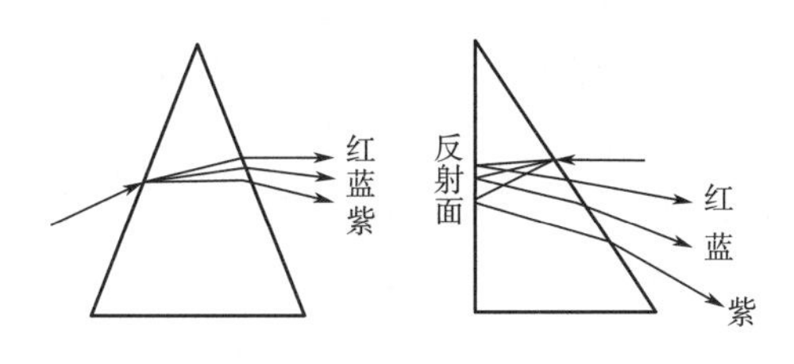

图2-5　棱镜的光散射作用

（2）狭缝与准直镜　从光源发出的光在进入单色器之前，先要经过一个入射狭缝，使光线成为一细长条照射到准直镜上（使光线平行），然后投射到色散元件上使之色散。色散后的光又经准直镜反射到出射狭缝。转动棱镜可使光谱移动，将所需要的单色光从出射狭缝分出，投射到溶液中去。狭缝的制造工艺要求很高，它能直接影响单色光的纯度和能量，也影响单色器的分辨率。

3. 吸收池

吸收池是分光光度分析中盛放溶液样品的容器，材质通常有玻璃和石英两种。对吸收池的主要要求是吸收池的内部空间厚度（即光程）要准确，同一个吸收池的上下厚度须一致，以保证光程不偏移方向。所使用的一组吸收池一定要互相匹配，同一溶液于所有波长下测定其透光度，两两间的误差应在透光度0.2%~0.5%。玻璃吸收池只能用于可见光区，而石英池既可适用可见光区，也可用于紫外光区。此外，还有一次性使用的用于可见光区的塑料材质的吸收池。

4. 检测器

检测器是一个光电转换元件，它是测量光线透过溶液以后强弱变化的一种装置。在分光光度计中，最普遍采用的检测器是光电管或光电倍增管。

①光电管：光电管内装有一个阴极和一个丝状阳极。阴极的凹面涂一层对光敏感的碱金属或碱金属氧化物或两者的混合物。当光照射到阴极时，阴极上即发射电子，光越强，放出的电子越多。与阴极相对的阳极，有较高的正电位，吸引电子而产生电流。此光电流很微弱，需要放大才能检出。目前，国产光电管有两种，一种是紫敏光电管，阴极为铯阴极，适用波长为200~625nm；另一种是红敏光电管，阴极为银氧化铯阴极，适用波长为625~1000nm。

②光电倍增管：光电倍增管与光电管一样，有一个涂有光敏金属的阴极和一个阳极。它们的不同点是光电倍增管含有的倍增极数量（一般是九个），具有电流的放大作用。

光电管或光电倍增管将光信号转变成电信号后，此时的光电流很微弱，需要经与检测器相连的电流放大器放大。

5. 显示器

常用的显示器有电表指示器、图表记录器及数字显示器等。

（二）紫外-可见分光光度计的类型

利用上述各部件，可设计成单光束、双光束、双波长分光光度计及多道分光光度计四种类型。

1. 单光束紫外-可见分光光度计

该类分光光度计用同一单光束依次通过参比池和试样池，以参比池的吸收度为零，测出试样的吸收值。以752型仪器为例，其波长为200~1000nm，氢灯为紫外光源，钨灯为可见光源，光栅为色散元件，检测器有紫敏光电管（适用于波长200~625nm）及红敏光电管（适用于波长625~1000nm）。吸收池配有玻璃与石英制作的两种，分别适用于可见光区和紫外光区。是一类较精密、可靠、适用于定量分析的仪器，可用于吸收系数的换算测定。

如图2-6所示，单光束分光光度计构造相对简单，操作方便，但其缺点是要求光源及检测系统必须具有高度的稳定性，且无法进行自动扫描，每一波长改变都需要校正空白。

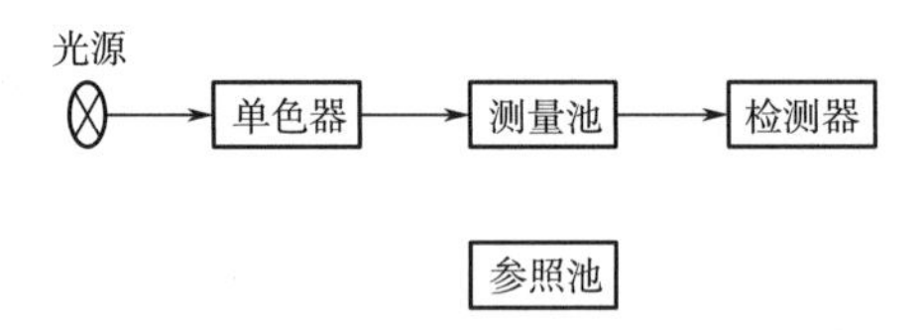

图2-6 单光束分光光度计的光路示意图

2. 双光束分光光度计

双光束光路是被普遍采用的光路，图2-7为日本岛津的UV-2100型双光束分光光度计的光学线路。从单色器射出的单色光，用一个旋转扇面镜（又称斩光器）将它分成两束交替断续的单光束，分别通过空白溶液和样品溶液后，再用同一个同步扇面镜将两束光交替地投射于光电倍增管，使光电管产生一个交变脉冲信号，经过比较放大后，由显示器显示出透光率、吸收度、浓度或进行波长扫描，记录吸收光谱。扇面镜以每秒几十转到几百转的速度匀速旋转，使单色光能在很短时间内交替地通过空白溶液和样品溶液，可以减少因光源强度不稳而引入的误差。测量中不需要移动吸收池，可在随意改变波长的同时记录所测量的光度值，便于描绘吸收光谱。

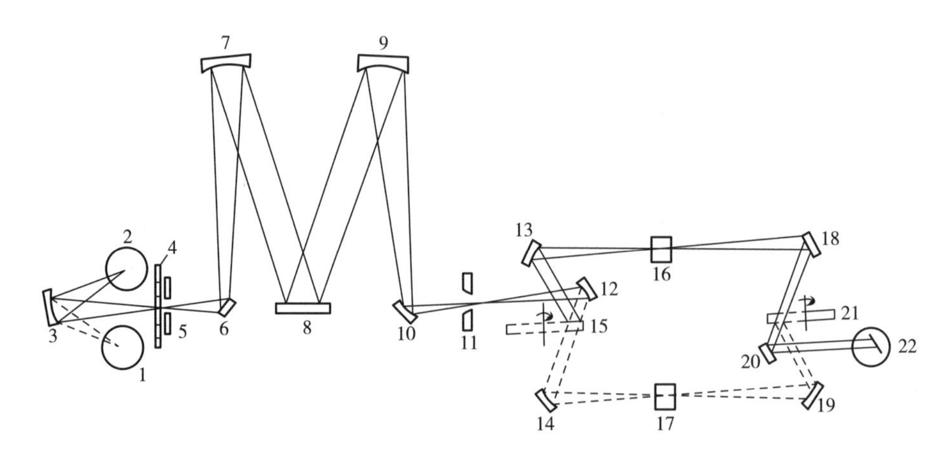

图2-7 岛津UV-2100型的光学线路图

1—钨灯 2—氘灯 3—凹面镜 4—滤光片 5—入射狭缝 6、10、20—平面镜 7、9—准直镜 8—光栅 11—出射狭缝 12、13、14、18、19—凹面镜 15、21—扇面镜 16—参比池 17—样品 22—光电倍增管

3. 双波长分光光度计

在上面介绍的单波长分光光度法测量中，是用两个吸收池，其一装参比溶液，在选定的波长下调其透光度为100%（即吸光度 $A=0$），然后再测量试样溶液的吸光度。当试液中含有两种吸收光谱互相重叠的成分时，用这种单波长分光光度计单独测量待测成分的吸光度就很困难，必须进行萃取分离或加掩蔽剂等才能完成测定。另一方面，由于必须使用两个吸收池，吸收池的差异常会影响测量的精度，使测定更微量的成分受到了限制。双波长分光光度计则克服了上述缺点，其方框图如图 2-8 所示。

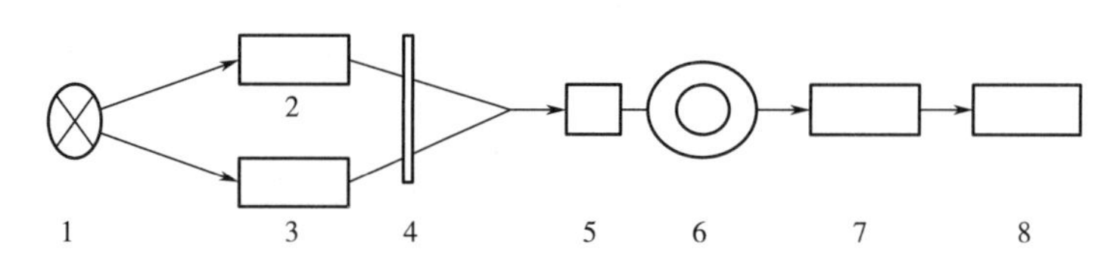

图 2-8　双波长分光光度计的方框图

1—光源　2、3—单色器　4—切光器　5—吸收池　6—检测器　7—电子控制系统　8—数字显示器

从光源发出的光分成两束，分别经过各自的单色器 2、3 后，得到波长为 λ_1 和 λ_2 的两束单色光。借切光器调制，这两束光以一定时间间隔交替照射装有试样溶液的吸收池。经检测器的光电转换和电子控制系统的工作，在数字电压表上显示出 λ_1 和 λ_2 的透光差值 ΔT，或是显示两者的吸光度差值 ΔA。

根据朗伯-比尔定律，试样溶液在两个波长 λ_1 和 λ_2 的吸光度的差值 ΔA 与溶液中待测物质的浓度成比例。双波长分光光度法可将待测成分吸收光谱的任意波长设为零点，测定它与任意其他波长间的吸光度差值。

双波长分光光度法具有下列优点。

（1）因为仅用一个样品池进行测量，不需要用参比吸收池，故可消除参比池与样品池的不同而引起的误差，使分析精度提高数倍。

（2）对混浊样品进行测定时，可消除不同混浊度所引起的背景吸收，即基线的变化几乎完全被消除。

（3）适当选择波长，可掩蔽共存组分的干扰，因此可简化混合组分同时测定的手续及数据处理，并可提高灵敏度和准确度。

（4）由于背景吸收及其他干扰的消除，可测定微小光度，能检测出 0.01～0.005 的消光度值。

（5）可应用于薄层色谱及纸上色谱的定量分析，测定时可消除薄层厚度不均匀所引起的误差，使测量基线平稳。

但由于双波长分光光度计光路结构和电学线路较为复杂，仪器价格比较昂贵，目前国内专用双波长仪器并不普遍。应当指出采用单波长分光光度计进行双波长分光光度法的定量分析也是可行的，只是选择的参比波长 λ_1 和测定波长 λ_2 要适当。

4. 多道分光光度计

多道分光光度计是在单光束分光光度计的基础上，采用多道光子检测器。多道分光光度计具有快速扫描的特点，整个光谱扫描时间不到 1s。为追踪化学反应过程及快速反应的研究提供了极为方便的手段，可以直接对经液相色谱柱和毛细管电泳柱分离的试样进行定性和定量测定。但这类型仪器的分辨率只有1~2nm，且价格较贵。

三、定性与定量分析

（一）紫外-可见吸收光图谱

每一波长的入射光通过样品溶液后都可以测得一个吸光度*A*。以波长作横坐标，以相应的吸光度*A*作纵坐标作图，便可得到如图2-9所示的吸收光谱图。现在很多仪器可以直接给出样品溶液在全波长或选定波长范围内的扫描图谱。

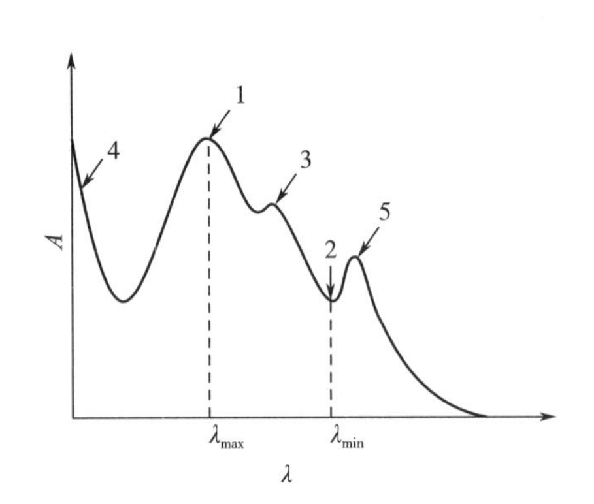

图2-9 吸收光谱示意图

1—最大吸收峰 2—峰谷 3—肩峰

4—末端吸收 5—第二吸收峰

吸收光谱又称吸收曲线。由图2-9可以看出吸收光谱的特征：曲线1处的峰称为最大吸收峰，它所对应的波长称为最大吸收波长（λ 最大），在峰旁边有一个小的曲折（3处）称为肩峰，很多物质是没有肩峰的；曲线2处的峰谷所对应的波长为最小吸收波长（λ 最小）；5处为第二吸收峰；在吸收曲线波长最短的一端，吸收相当强而不成峰形的部分（4处），称为末端吸收。一个物质在吸收光谱上，因为特殊的分子结构，有些物质会出现几个吸收峰，在λ最大处是电子能阶跃迁时所吸收的特征波长，不同物质有不同的最大吸收峰，有些物质则没有吸收峰。光谱上的λ_{max}、λ_{min}、肩峰以及整个吸收光谱的形状，决定于物质的性质，其特征随物质结构而异，所以它是物质定性的依据。

（二）光度测量条件的选择

1. 入射光波长的选择

进行样品溶液定量分析时，关键问题是如何选择适宜的检测波长。将样品溶于适宜的溶剂中，配成适宜浓度，在紫外-可见分光光度计进行上扫描，得紫外-可见吸收光谱曲线。根据吸收光谱，通常应选被测物质吸收光谱中吸收峰处的波长作为测定波长，以提高灵敏度并减少测定误差。被测物如有几个吸收峰，可选不易有其他物质干扰的、较高（百分吸收系数较大）的和较宽的吸收峰波长进行测定。例如核黄素在200~600nm有四个吸收塔峰（图2-10）。它在265nm处吸收强度最大，但它偏向短波长区，易受样品溶液中杂质干扰，另一方面由于在265nm吸收峰的上/下坡处吸光度随波长的变化而变化很大，故不宜选作检测波长，因而常选择444nm波长进行定量分析，虽然其灵敏度差些，但杂质干扰少。

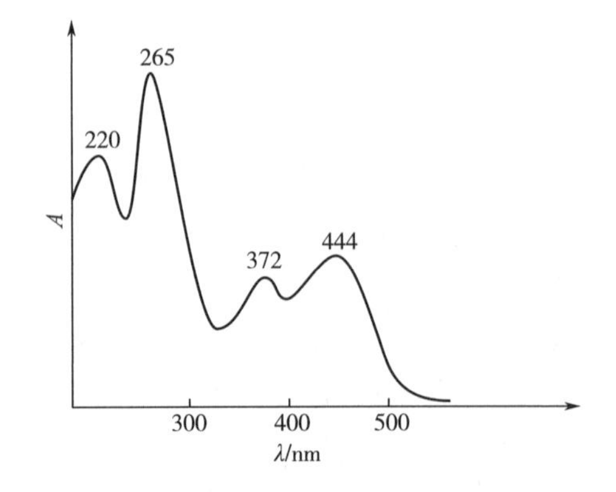

图2-10 核黄素的吸收光谱

另外，对于双波长或多波长分光光度法中测定波长的选择，见下文“计算分光光度法”。

2. 溶剂的选择及处理方法

溶剂的性质对溶质的吸收光谱的波长和吸收系数都有影响。极性溶剂的吸收曲线较稳定，且价格便宜，故在分析中，常用水（或一定浓度的酸、碱及缓冲液）和醇等极性溶剂作为测定溶剂，但水、醇等极性溶剂会引起吸收峰位置及宽度的改变，使用时当注意这一点。测定样品吸收度的溶剂应能完全溶解样品且在所用的波长范围内有较好的透光性，即不吸收光或吸收很弱。许多溶剂在紫外区有吸收峰，只能在其吸收较弱的波段使用，表2-6列出了溶剂的波长极限，当所采用的波长低于溶剂的极限波长时则应考虑采用其他溶剂或改变测定波长。

表2-6 溶剂的使用波长

溶剂	波长极限/nm	溶剂	波长极限/nm	溶剂	波长极限/nm
乙醚	210	乙醇	215	四氯化碳	260
环己烷	200	2，2，4-三甲戊烷	215	乙酸乙酯	260
正丁醇	210	对-二甲六环	220	甲酸甲酯	260
水	210	正己烷	220	二硫化碳	280
异丙醇	210	甘油	220	苯	280
甲醇	200	1，2-二氯乙烷	230	甲苯	285
甲基环己烷	210	二氯甲烷	235	吡啶	305
96%硫酸	210	氯仿	245	丙酮	330

分光光度法要求“光谱纯”溶剂或经检验其空白符合规定者方能使用。烃类溶剂可以通过硅胶或氧化铝吸附，或用化学方法处理以除去杂质。现将几种主要溶剂的处理或注意事项简述如下。

（1）蒸馏水 蒸馏水在210~700nm波长无吸收，故应用范围很广，其局限性是大多数有机化合物不溶于水。在应用前，混悬于水中的微小气泡必须事先煮沸除去，否则因气泡引起的散射光将引起误差。

（2）乙醇 精制乙醇的极限吸收波长为215nm。乙醇中常会有醛类杂质（其吸收峰约在290nm），可先加1%的氢氧化钠及少量硝酸银，回流1h后再进行蒸馏。95%乙醇为常用溶剂，市售无水乙醇常含有微量苯，其在紫外区有吸收，使用时需予以注意。

（3）环已烷和正已烷 其吸收波长在220nm以下，通常含有苯。除去苯的方法是加10%的浓硫酸和1%发烟硝酸，振荡并放置24h后，用稀氢氧化钠溶液和高锰酸钾溶液依次洗涤，再用氯化钙干燥，蒸馏即得。

（4）氯仿 许多不溶于乙醇的物质，能溶于氯仿，氯仿的波长极限为245nm，氯仿容易被光和空气破坏，添加1%乙醇可予以防止。使用前加硫酸振荡，用水洗涤，再用氯化钙干燥后，蒸馏即得。

（5）乙醚 乙醚的应用范围很广，对有机化合物溶解度大为其优点，挥发性大，测量须在封闭条件下进行，操作不便是其缺点。使用前应除去其中的过氧化物。

3. 参比溶液的选择

参比溶液又称空白溶液。在分光光度测定中，常使用参比溶液。其作用不仅是调节仪器的零点，还可以消除由于比色杯、溶剂、试剂、样品基底和其他组分对于入射光的反射和吸收所带来的影响。因此，正确选用参比溶液，对提高分析的正确性有重要的作用。选择参比溶液的一般原则如下。

（1）如果试液和显色剂均无色，可用蒸馏水作参比溶液。

（2）如果显色剂或其他试剂是有色的，应选用试剂（不加试液）作参比溶液。

（3）如果显色剂为无色，而被测试液中存在其他有色离子，可采用不加显色剂的被测试液作参比溶液。

（4）如果显色剂和被测试液均有颜色，则应采用褪色参比。即在一份试液中，加入适当的掩蔽剂，以掩蔽被测组分，使它不再与显色剂作用，而显色剂及其试剂均仍按试液测定方法加入作为参比溶液来消除干扰。例如，铬天青 S 比色测定钢样中 Al^{3+} 时，Ni^{2+}、Co^{2+} 等有色离子及过量铬天青 S（蓝色）均对测定有干扰。按上述方法，在被测试液中加入适量 F^-，以生成无色的 $(AlF_6)^{3-}$，然后按操作方法加显色剂和其他试剂，以此溶液为参比，便可抵消 Ni^{2+}、Co^{2+} 等对入射光的吸收，也消除了显色剂本身颜色的干扰。

4. 吸光度读数范围的选择

光度分析的误差来源有两个方面：首先是分光光度计本身的误差，即光度误差；其次是由各种化学因素引入的误差（如显色剂的选择、干扰离子的影响等）。光度误差主要来源于光源、检测器和读数显示系统的测量误差总和，并最后表现在仪器透光度标尺上的读数误差 ΔT。光度计的读数误差必然会导致一定程度的浓度测定相对误差。那么，光度计的读数应在什么范围内才能使浓度测定的相对误差最小呢？从朗伯-比尔定律出发，根据数学推理得到公式（2-8）：

$$\frac{\Delta c}{c}=\frac{0.434\Delta T}{T\lg T} \tag{2-8}$$

式中 c——样品溶液浓度，mol/L；

T——透光率；

ΔT——读数误差；

$\Delta c/c$——浓度相对误差。

根据该公式，经计算，假定光度计读数误差 $\Delta T=1\%$，而又要求浓度测量的相对误差不大于4%，则被测试液的透光率需选在15%~70%，即吸光度需落在0.16~0.80。在实际工作中常常是改变被测液的浓度以使吸光度 A 落在上述读数范围内，也可以通过改变比色杯的厚度或改变入射光的波长，使吸光度 A 落在上述读数范围内。

（三）定性分析

紫外-可见光吸收光谱可提供化合物的某些能吸收紫外-可见光的基团（大多是共轭的不饱和基团或含有芳香结构）的信息。紫外-可见分光光度法用于定性一般是根据吸收光谱、λ_{max} 和 ε 三者的一致性。由于所用单色光的纯度、样品的纯度、仪器的准确度、所采用的溶剂以及溶液的酸碱性等条件对吸收光谱的形状与数据都会产生影响，所以用分光光度法作定性分析时，要求仪器的准确度高、单色光性能好，试样的纯度要求经过多次重结晶，几乎无杂质，熔点敏锐，熔距短，另外还要求采用规定的溶液条件，这样所获得的结果才能可靠。

但紫外-可见光谱在定性检测方面有一定的局限性，所能提供的定性信息不如红外吸收光谱优越。尽管相同的化合物在同一条件下测得的吸收光谱应相同，但吸收光谱相同不一定为同一化合物。这是由于紫外-可见光谱曲线吸收带不多，常只含 2~3 个较宽的吸收带，光谱的形状变化不大，在成千上万种有机化合物中，若分子中发色团相同，而其他部分结构略有不同，则它们的紫外-可见吸收光谱常常十分相似。所以在得到相同的相似光谱时，应考虑到有并非同一物质的可能性。为了进一步确证，有时可换一种溶剂或采用不同酸碱性的溶剂，再分别将标准品和样品配成溶液，测定光谱图作比较。与红外吸收光谱、质谱、核磁共振谱一起，用以解析物质的分子结构。用紫外-可见分光光度法对化合物进行定性分析时，一般采用与标准品、标准谱图对照、对比吸收光谱特征数据及对比吸收度的比值三种方法。

（1）与标准品、标准谱图对比　将样品和标准品以相同浓度配制在相同溶剂中，在同一条件下分别测定吸收光谱，比较光谱图是否一致。若二者是同一物质，则二者的光谱图应完全一致。如果没有标准品，也可以和标准图谱（如 Sadtler 标准图谱）对照，但这种方法要求仪器准确度、精密度高，而且测定条件要按标准图谱的要求相同。

（2）对比吸收光谱特征数据　最常用于鉴别的光谱特征数据有吸收峰的波长 λ_{max} 和峰值处吸收系数 ε_{max}、$E_{1cm}^{1\%}$。对于具有不止一个吸收峰的化合物，也可同时用几个峰值作为鉴别依据。肩峰或吸收谷处的吸收度测定受波长变动的影响较小，有时也用谷值或肩峰值与峰值同时用作鉴别数据。

（3）对比吸收度的比值　有些化合物的吸收峰较多，如核黄素有四个吸收峰（220nm、265nm、372nm、444nm），就可采用在其中 2~4 个吸收峰处测定吸光度，求出这些吸收度的比值，规定吸收度在某一范围，作为鉴别化合物的依据之一。

（四）定量分析

紫外-可见分光光度法适宜测定微量物质的含量，如果物质的 $E_{1cm}^{1\%}$ 在 300 以上（即相当于浓度为 10μg/mL 的该溶液的吸光度 $A_{\lambda max}$ 在 0.3 以上），就可以进行定量测定。本法具有准确、灵敏、简便和具有一定的选择性等优点，故在定量分析中是应用比较广泛的一种分析方法。

1. 紫外分光光度法定量分析

采用紫外分光光度法进行定量分析时，除另有规定外，应以配制样品溶液的同批溶剂为空白对照，采用 1cm 的石英吸收池，在规定的吸收峰波长±2nm 以内测试几个点的吸收度，以核对样品的吸收峰波长位置是否正确。除另有规定外，吸收峰波长应在样品规定波长±1nm 以内，并以吸收度最大的波长作为测定波长。狭缝宽度的选择，应以减少狭缝宽度时样品的吸收度不再增加为准，或调节狭缝由小到大，直到样品吸收度不变为止。用于含量测定的方法一般有以下几种。

（1）吸收系数法　吸收系数是物质的物理常数，只要测定条件（溶液的浓度、酸度、单色光纯度等）不引起对比尔定律的偏离，即可根据样品测得的吸收度，求出浓度。

$$c = \frac{A}{E_{1cm}^{1\%}} \tag{2-9}$$

式中　c——溶液的质量分数，%；

A——吸光度；

$E_{1cm}^{1\%}$——吸收系数（可由文献查出）。

（2）标准曲线法　不是任何情况都可以用吸收系数 $E_{1cm}^{1\%}$ 来计算样品溶液浓度的，特别是在单色光不纯的情况下，吸收度的值会随所用仪器的不同而在一个相当大的幅度内变化不定，若仍用吸收系数来换算浓度，则将产生很大误差。但对于任一台工作正常的紫外分光光度计，固定其工作状态和测定条件，则浓度与吸收度之间的关系在很多情况下仍然是直线关系或近似于直线的关系。即：

$$A \cong KC \tag{2-10}$$

此时，K 不是物质的常数，不能用作定性依据。K 值只是个别具体条件下的相对常数，不能互相通用。测定时，将一系列（5~10 个）不同浓度的标准溶液在同一条件下测定吸收度，考查浓度与吸收度成直线关系的范围，然后以吸收度为纵坐标，浓度为横坐标，绘制 $A-C$ 曲线，称为标准曲线。也可用直线回归的方法，求出回归直线方程，再根据样品溶液所测得的吸收度从标准曲线来计算浓度。在仪器和方法固定的条件下，标准曲线或回归方程可多次使用。标准曲线法由于对仪器的要求不高，是分光光度法中最常用的简便易行的方法。

（3）直接比较法　该法是在相同条件下配制样品溶液和对照品（可以是标准品，也可以是浓度已知的对照样品）溶液，在所选波长处同时测定吸收度 $A_{样品}$ 及 $A_{对照}$，按式（2-11）计算样品溶液的浓度：

$$\frac{c_{样品}}{c_{对照}} = \frac{A_{样品}}{A_{对照}} \tag{2-11}$$

该法的测定误差比标准曲线法要大些，为了减少误差，应将样品溶液浓度与对照品溶液浓度配制得较为接近。

2. 可见分光光度法定量分析

样品必须是有色溶液，其测定波长在可见光区。可见分光光度法具有高灵敏度，它的选择性也较高，常能在几种物质共同存在的情况下，无须分离或只作简单的处理，就可测定其中某种组分的含量，因而在定量分析中得到广泛的应用。

（1）测定法　对于部分化合物可利用其本身的颜色（如色素等），在其最大吸收波长处，直接测定吸收度，计算含量。在大多数情况下，是加入显色剂使反应生成有色物质，再进行测定。可见分光光度法的测定法同紫外分光光度法。

（2）影响定量分析结果的因素　影响定量分析结果的因素有四种，其中主要包括非单色光、溶液浓度、吸收值的范围、与显色反应有关的因素等。前三种已在前文讨论，在此主要讨论与显色反应有关的因素。

①显色剂浓度的影响：待测组分与显色剂作用生成有色化合物的反应通常是可逆的，因此为了使待测组分尽量转变成有色化合物，应当增加显色剂的浓度。当有色化合物的稳定性较大时，显色剂只要稍许过量就足够了；如果有色化合物的离解度较大，则显色剂必须过量得多一些。但需注意，并不是显色剂用量越多越好，有时由于加入过多的显色剂，而生成另一种化合物，偏离光的吸收定律，从而影响测定。此外，显色剂过多（特别是有色的显色剂）常使空白增高，灵敏度降低，而且还可能与样品中的干扰物作用，影响测定。因此，显色剂加入过多也是不适宜的，显色剂的加入量必须是适当过量、定量。

适宜的试剂加入量是通过实验确定的。建立一个新的方法必须做条件试验，即保持待测组分浓度和其他条件不变，加入不同量的显色剂，测定其吸光度 A 并作图。如图 2-11 所示，开始随着显色剂浓度的增加，吸光度不断增加，当显色剂浓度增加到一定值时，吸光度不再增加，出现平坦部分，这意味着试剂用量已足够了，试剂用量应选择在吸光度不再变化的平坦部分内。

②酸度的影响：酸度对待测组分状态、显色剂及显色反应都有影响，分别讨论如下。

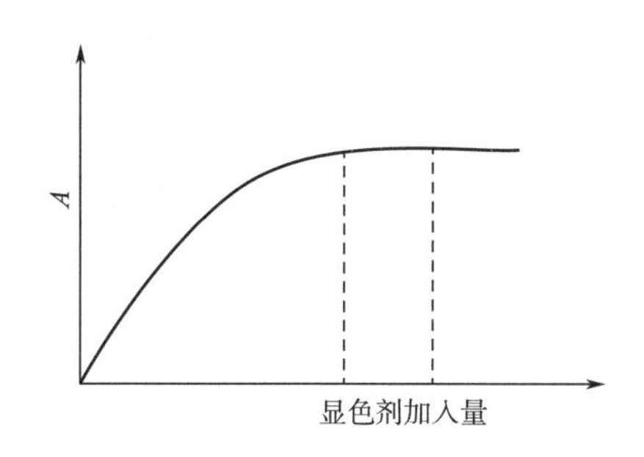

图 2-11　显色剂加入量对吸光度的影响

对溶液中待测组分状态的影响：以金属离子为例，大多数高价金属离子如 Fe^{3+}、Al^{3+}、Th^{4+}、Zr^{4+}在 pH 较高时，会产生碱式盐或氢氧化物，影响分光光度测定。因此，为了避免这类离子与显色剂形成的有色配合物的水解，常需保持一定的酸度。铝试剂测定用 Al^{3+}时，就是采用乙酸和乙酸钠缓冲溶液来控制 pH 为 5 左右，以避免当 pH 高时，逐级水解生成 $Al(OH)^{2+}$、$[Al(OH)_2]^-$、$Al(OH)_3$以及 AlO_2^-等而影响测定。

对显色剂本身颜色的影响：不少有机显色剂带有酸碱指示剂的性质，故在不同酸度下有不同的颜色，使测定得不到正确的结果。例如用二甲酚橙来测定铅的含量，二甲酚橙在 pH＜6.3 时为黄色，pH＞6.3 时为红色，而铅与二甲酚橙配合物的颜色也是红色，因此，必须在 pH＜6.3 的酸性条件下测定。

对显色剂反应的影响：许多有机显色剂本身为弱酸，如磺基水杨酸、铝试剂、二甲酚橙、双硫腙等，它们在水溶液中存在弱酸的电离平衡，当氢离子浓度增大时，显色剂离子浓度要减少，从而会影响与待测组分的显色反应。此外，在待测组分与显色剂的量保持不变，当溶液的 pH 不同时，可以形成具有不同配位数、不同颜色的逐级配合物。如 Fe^{3+}与磺基水杨酸（以 B 表示）作用，在 pH 为 1.8~2.5 时，生成紫红色的 $[Fe(B)]^+$；当 pH 为 4.0~8.0 时，生成橙红色的 $[Fe(B)_2]^-$；当 pH 为 8.0~11.5 时，生成黄色 $[Fe(B)_3]^{3-}$；pH＞12 时，有色配合物被破坏，生成 $Fe(OH)_3$沉淀。可见，必须控制溶液的 pH 才能得到组成稳定的配合物，以保证获得正确的测定结果。

pH 对显色反应的影响是多方面的，也是很复杂的，所以最适宜的 pH 范围还是需通过条件试验加以确定。

③温度的影响：一般显色反应均在室温下完成，但有些显色反应在室温下反应很慢，需要在较高温度下进行，例如，用硅钼蓝法测定硅时，在室温（15~30℃）下形成硅钼黄需要 15~30min，而在沸水浴中只要 30s 即可完成。相反，有些反应需要在低温下进行，例如，用对氨基苯磺酸和 α-萘胺测定亚硝酸盐时，温度不能太高，不然重氮化合物会分解而影响分光光度测定。当温度改变时，某些有色化合物的吸光系数会发生改变，因此待测溶液和标准溶液应尽可能在相同的温度下进行测定。

④时间的影响：有的显色反应可以很快完全发生，即在显色后可立即测定其吸光度；有的显色反应进行较慢，需经过一段时间才能达到稳定的吸光度；在有些情况下，吸光度达到一定值后又慢慢降低，所以在建立一个新的方法时，应先做条件试验，确定吸光度保持稳定不变的时间范围。

⑤共存组分的影响：共存的干扰组分本身有色，或能与显色剂生成有色化合物；或能与待测组分起反应，均会影响分光光度法的准确测定。减少或消除共存组分干扰的方法有以下几种。

尽可能采用选择性高的试剂：例如丁二酮肟与 Ni^{2+}能生成鲜红色的配合物，该反应的选择性较高，其他离子的干扰很少，故广泛用于镍的比色测定。

控制酸度法：例如用磺基水杨酸法测定铁，在碱性溶液中 Cu^{2+}、Al^{3+}、Mn^{2+} 有干扰，但当 pH 为 2~3 时，就可在它们共存下测定铁。

配位掩蔽法：加入配位掩蔽剂，使与干扰离子反应而避免干扰。例如用双硫腙测铅时，铁、铝、铜、锌等离子也与双硫腙生成配合物，而引起干扰。但加入柠檬酸盐及氰化钾等配位掩蔽剂后，就能避免干扰。因为柠檬酸盐能配位铁、铝等离子；氰化钾能与铜、锌等生成稳定的配合物，不影响对铅的测定。

氧化还原法：加入氧化剂或还原剂，改变干扰离子的价态而消除干扰。例如测定钼时，利用 Mo^{5+} 与 SCN^- 反应生成橘红色的 $Mo(SCN)_5$，进行比色定量，当有 Fe^{3+} 存在时，也能与 SCN^- 生成红色物质而产生干扰。如果加入还原剂氯化亚锡或抗坏血酸，使 Fe^{3+} 还原为 Fe^{2+}，就可以消除干扰。

选择适当的测定波长以消除干扰：例如用分光光度法测定 MnO_4^-，当有 $Cr_2O_7^{2-}$ 存在时，$Cr_2O_7^{2-}$ 与 MnO_4^- 的吸收光谱在 525nm 波长有部分重叠，如图 2-12 所示。如在 525nm 波长处，$Cr_2O_7^{2-}$ 会干扰 MnO_4^- 的测定，故选择 545nm 波长，便可消除 $Cr_2O_7^{2-}$ 的干扰。

选择适当的空白溶液以消除干扰：空白溶液的作用及选择的一般原则已在前文讨论过，在此仅介绍几种常用空白溶液。

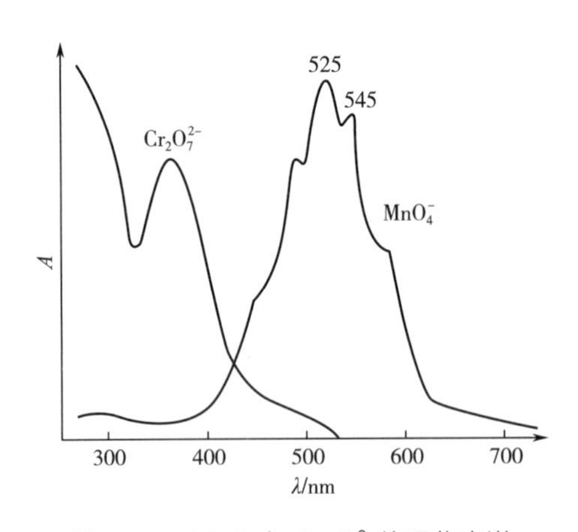

图 2-12　MnO_4^- 与 $Cr_2O_7^{2-}$ 的吸收光谱

a. 溶剂空白：当溶液中只有待测化合物在测定波长下有吸收，试剂（包括显色剂）和样品中其他成分均无吸收时，可用溶剂作空白溶液，简称溶剂空白。

b. 试剂空白：如果除被测组分外只有显色剂在测定波长下对光有吸收，而其他均没有或吸收很小时，可按照与显色反应相同的条件（不加样品），同样加入各种试剂和溶剂作为空白溶液，称为试剂空白。

c. 平行操作空白：用不含待测组分的样品，按照与样品分析相同的条件与样品平行操作，称为平行操作空白。这种空白常被当作一个样品来处理，分析结果应从样品值中减去该空白值。

d. 样品空白：按照与显色反应相同的条件，取同样量的样品溶液，但不加显色剂，这种空白溶液称为样品空白。适于样品有底色，而显色剂无色的情况。

此外，还有改变试剂加入的顺序使显色反应不发生的不显色空白，以及加入褪色剂以破坏待测组分的有色配合物的褪色空白等。

（五） 计算分光光度法

在分光光度分析法中，对于吸收曲线严重重叠的多组分的测定，一般是将组分分离后逐个进行测定，这样既耗费试剂和时间，又增大了工作强度。近年来因计算数学的发展及计算机应用的普及而迅速发展起来的计算分光光度法，则是一种不经分离同时快速测定多组分体系的新方法。

1. 计算分光光度法测定多组分的原理

某一样本有 n 个组分，在 l（$l>n$）个波长点上测得其吸光度值，根据比尔定律及吸光度的加和性，在线性范围内有：

$$\begin{cases} A_1 = \varepsilon_{11}c_1 + \varepsilon_{12}c_2 + \cdots\cdots + \varepsilon_{1n}c_n \\ A_2 = \varepsilon_{21}c_1 + \varepsilon_{22}c_2 + \cdots\cdots + \varepsilon_{2n}c_n \\ \vdots \\ \vdots \\ A_l = \varepsilon_{l1}c_1 + \varepsilon_{l2}c_2 + \cdots\cdots + \varepsilon_{ln}c_n \end{cases}$$

写成矩阵形式：

$$A_{l\times 1} = \varepsilon_{l\times n}c_n \times 1 \tag{2-12}$$

式中　A、ε 和 C——分别是对应的吸光度、吸收系数和组分的浓度值。

如果 ε 矩阵已知并且是非退化矩阵，只要测量出待测样本的吸光度值，理论上便可从式（2-12）解出待测样本的各组分浓度。

2. 计算分光光度法测定多组分的实验方法

（1）吸收系数矩阵 ε 的求解　求 ε 矩阵通常用单一组分标准溶液法及混合组分准样溶液法。

①单一组分标准溶液法：即配制混合物的各组分的单一纯品溶液（组分浓度与待测样品该组分浓度相近），在 l 个波长点上测纯组分的吸光度，由比尔定律 $A=\varepsilon c$ 便能换算出对应波长的吸收系数 ε，再由各组分各波长的 ε 值，便可组成吸收系数 ε 矩阵。这种方法虽然简单，但实验的偶然误差会导致测量结果的精度不高，因此不是理想的方法。

②混合组分准样溶液法：配制 m（$m>n$）个各组分浓度组合不同的混合标准溶液，得到浓度矩阵 $c_{n\times m}$，在 l 个波长点上分别测量它们的吸光度，得到吸光度矩阵 $A_{l\times m}$，便可用根据比尔定律及矩阵算法可推出求解 ε 的公式：

$$\varepsilon = Ac^T(cc^T)^{-1} \tag{2-13}$$

通过式（2-13）从已知的浓度矩阵 $c_{n\times m}$ 和吸光度矩阵 $A_{l\times m}$ 可求出吸收系数矩阵 $\varepsilon_{l\times n}$。

（2）混合标准溶液的配制　在计算分光光度法的各种方法中均要用到混合标准溶液，应使 m 个混合标准溶液具有代表性和覆盖性，因而在具体配制安排中应注意如下几点。

①混合标准溶液的个数 $m\geqslant$（2~3）n（n 为组分数），若能保证精度，m 可选择小些以减少工作量。为使各组分浓度配制得均匀、分散及整齐可比，可用正交试验设计法安排。如三组分可选用 $L_9(3^4)$、$U_7(7^6)$、$U_9(9^8)$，四组分可选用 $L_{16}(4^5)$、$U_{11}(11^{10})$、$U_{13}(13^{12})$。

②混合标准溶液各组分的浓度水平的上下限，应比实际样品浓度变化范围宽。如样品浓度允许的变化范围为其平均值的 80%~120%，则浓度水平的上下限可定为平均值的 130% 和 70%；组分浓度的间隔小一些会提高均匀性，但如果间隔过小（如浓度间隔在 0.01mg/L 以下），水平数过多，实际操作难以控制，试验结果反而不好。这时可以不减少试验次数（即混合标准个数），采用拟水平办法缩小水平数。

③混合标准溶液组分的平均浓度应靠近待测样品组分的浓度，含量最高的混合标准的吸光度值应落在吸光度的线性范围内，一般其吸光度值 $A\leqslant 1.0$ 较好。

（3）检测波长位置的选择　在同时测定多组分的计算分光光度法的应用中，选择恰当的测定波长位置，对改善检测结果也很重要，一般应遵从如下原则。

①各组分吸光度在该波长加和性良好。

②波长点尽可能包含各组分的特征峰。

③波长点应选在组分吸收曲线的峰顶处或混合物吸收曲线的顶部较为平坦处，不应选在曲线上升（或下降）的陡部。

④不同的波长点应突出某个组分的较大的吸收系数，而不应同时突出两个组分的较大的吸收系数，以保证求逆矩阵时计算误差较小。

不同的计算分光光度分析方法对上述诸点的苛求程度不同，但对于测定波长点数 l 较小的方法尤其应注意尽量满足，以提高测量的准确度。

3. 几种计算分光光度分析法

现将文献中报道的七种多组分同时测定方法的原理、特点和适应范围逐一介绍。

（1）AKC 矩阵法　当式（2-13）中测定波长个数 l 等于组分数 n 时，求解各组分浓度的方法，称为 AKC 矩阵法。该法就是经典的线性方程组法。只要知道 ε 矩阵，测定待测样本的 n 个波长上的吸光度值便能通过一次求逆求出 n 个组分的浓度。此法比较简单，理论上适用于任意多组分体系的测定。但由于选择波长点数少，而测量操作也必然存在误差，所以如果某一波长位置选择不当，方程为病态方程组时，测定误差较大。AKC 矩阵法只适用于组分数较小的简单体系的测量。

（2）最小二乘法　当式（2-13）中测量的波长个数 l 大于组分数 n 时，方程个数多于待求未知组分数，便组成矛盾方程组。根据残差平方和最小原理而建立的多元线性拟合法求解多组分浓度的方法，称为最小二乘法。此法可选波长个数 $l=(n+4)\sim(n+6)$。l 过小，提供信息量不足；l 过大，对结果改进作用不大。本法对波长位置的选择无须像 AKC 法那样严格，结果精度也较 AKC 法高。本法的不足之处是有时个别组分的计算结果误差稍大。

（3）CPA 矩阵法　最小二乘法要求进行二次求逆才能求解组分的未知浓度，故计算时的舍入误差有时较大。CPA 矩阵法是将吸收定律的数学表达式变形，用浓度作为吸光度函数的 CPA 矩阵（简称 P 矩阵）法，求解多组分浓度的方法。该法只需一次求逆，波长个数 l 一般也小于最小二乘法而测定结果多数情况会比最小二乘法好。

（4）岭回归法　以上三种方法都采用了求逆计算，但当求逆时的系数矩阵接近退化时，其最小特征根（Y_{min}）接近零，会使得回归法求得的组分浓度严重失真，因此均要求仔细选择测定波长位置。岭回归法人为地引进了一个经计算求得的岭参数 K（$K>0$），使最小特征根变为 $Y_{min}+K$，从而使岭回归估计值优于一般的回归估计值。

岭回归法虽然也采用了求逆计算，但同上述三种方法相比，可以使用较多的波长个数，且对波长位置的选择不太苛求，是对多元线性回归法的改进。岭回归法是解决系数矩阵接近退化时的病态方程组问题极有效的方法之一。

（5）偏最小二乘法（PLS 法）　PLS 法利用 m 个混合标准的浓度矩阵 $c_{m\times n}$ 和 l 个波长点上的吸光度矩阵 $A_{m\times l}$，按照一定的数学算法进行迭代计算而求解组分浓度的多元统计分析法。

PLS 法是一种能充分利用混合标准中的浓度和吸光度信息，不用求逆的数据处理方法。它有较强的抗随机干扰能力，对波长点位置的选择不太苛求，是多组分同时测定的有效方法之一，也是解决系数矩阵接近退化时的病态方程组问题的极有效方法之一。

（6）卡尔曼（Kalman）滤波法　Kalman 滤波法是另一种不用求逆的求解多组分浓度的方法。滤波法就是从一系列含有干扰的吸光度信号中，尽可能滤除干扰，分离出所需的较为准确的浓度值的递推滤波的方法。因 Kalman 法是利用递推计算，故方便与仪器联机使用，但不足之处是抗随机误差能力不理想。

以上各种方法是以线性关系为基础，而 20 世纪 90 年代被广泛应用的能解决非线性拟合的人工神经网络技术，同样能有效求解多组分浓度。

除上述所介绍的测定方法外，在杨祖英教授主编的 2001 年版《食品检验》第五章中较详细地介绍了用于二组分或三组分混合液测定的双波长等吸收点法、双波长系数倍率法、三波长三点一线法、多波长线性回归法、正交函数分光光度法及用于混合溶液或混浊液测定的导数分光光度法。详细内容请参考相关文献。

计算分光光度法的应用将大大减少乃至无须进行物理的或化学的分离过程，通过所谓“数学分离”方法直接对各组分进行测定。计算分光光度法借助于计算机的帮助将使分析测定条件变得优化，操作变得简单，提高了功效，所以计算分光光度法正在受到人们的青睐。但是，计算分光光度法并非很完善，方法本身还需提高，内容尚待进一步提炼和充实，当前，更重要的是如何开发出具有实用价值的“计算分光光度法多组分测量系统”仪器或软件。

（六）紫外-可见分光光度法的特点

1. 入射光接近于单色光

与比色法相比，比色法的入射光是一段谱带较宽（比如 50nm）的光谱带，而分光光度法则不同，其入射光必须接近于单色光，光谱带宽度最多不超过 3～5nm，最窄的在 1nm 以下。所以，分光光度法所需的入射光不是用滤色片（光电比色法采用滤色片分单色光）分离出来的，而是用棱镜或光栅分出不同波长的光。采用分光光度法的仪器称为分光光度计，其结构较光电比色计复杂、精密。

2. 分析对象广

紫外-可见分光光度法应用很广泛，对于有色化合物（或与某种物质反应后能产生有色物质的化合物）和分子含有不饱和键的无色化合物均可进行有效分析。例如食品中维生素 A、维生素 D 可在 328nm、265nm 波长下分别测定，食品中的添加剂苯甲酸可在 225nm 波长下测定，啤酒中的苦味成分异 α-酸可在 275nm 波长下测定。

3. 灵敏度及准确度高

由于分光光度法的入射光是以棱镜或光栅为分色器，同时又用窄缝分出的谱带很窄的一束单色光，因此其测定的灵敏度、选择性和准确度很高。紫外-可见分光光度法可测定微量物质，测定灵敏度可达 10^{-4}～10^{-7}g/mL，定量测定的精密度一般为 0.5%，而在校正过的仪器上测定精密度为 0.2%。

4. 选择性好，操作简便

由于分光光度法使用的是单色光，而且随着计算分光光度法的推广，用它来测定含有两种或两种以上组分的试样时，不必事先进行分离，而只要选用不同种特定波长的单色光即可，分析操作容易掌握。此外，紫外-可见分光光度法还具有仪器设备简单价廉的特点。

尽管紫外-可见分光光度法在定性方面赶不上红外光谱，在定量的准确度、精度及灵敏度等方面赶不上液相、气相、质谱或电子鼻或电子舌等高精度的仪器，但由于该法具有上述等方面的优点，考虑到仪器的性价比良好。因此，在食品分析中，特别是定量分析中，紫外-可见分光光度法的应用还是相当广泛的。

第三节　红外光谱检测技术

红外吸收光谱法（Infrared Absorption Spectrum，IR）是利用物质分子对红外光的吸收及产生的红外吸收光谱来鉴别分子的组成和结构或定量的方法。当以连续波长的红外光为光源照射样品时，引起分子振动能级之间跃迁，所产生的分子振动光谱，称为红外吸收光谱。在引起分子振动能级跃迁的同时不可避免地要引起分子转动能级之间的跃迁，故红外吸收光谱又称振-转光谱。

IR 主要用于分子结构的基础研究以及化学组成的分析，其中应用最广泛的是中红外光区有机化合物的结构鉴定。由于每种化合物均有红外吸收，而且任何气态、液态、固态样品均可进行红外吸收光谱测定，因此红外光谱是有机化合物结构解析的重要手段之一。近年来，红外光谱的定量分析应用也有不少报道，主要是近红外和远红外光区的应用。如，近红外光区用于含有与 C，H，O 等原子相连基团化合物的定量；远红外光区用于无机化合物的定量等。本节主要讨论中红外吸收光谱法。

一、红外光区的划分、主要应用、表示方法及特点

红外光谱在可见光区和微波光区之间，其波数为 12800～10cm^{-1}（波长范围 0.75～1000μm）。根据仪器及应用不同，习惯上又将红外光区分为三个区：近红外光区；中红外光区；远红外光区。每一个光区的大致范围及主要应用如表 2-7 所示。

表 2-7　红外光谱区的划分及主要应用

范围	波长范围 λ/μm	波数范围 ν/cm^{-1}	测定类型	分析类型	试样类型
近红外	0.78～2.5	12800～4000	漫反射	定量分析	蛋白质、水分、淀粉、油、类脂、农产品中的纤维素等
			吸收	定量分析	气体混合物
中红外	2.5～50	4000～200	吸收	定性分析	纯气体，液体或固体物质
			反射	定量分析	复杂的气体，液体或固体混合物
				与色谱联用	复杂的气体，液体或固体混合物
远红外	50～1000	200～10	发射	定性分析	纯固体或液体混合物，大气试样
			吸收	定性分析	纯无机或金属有机化合物

（一）近红外光区

它处于可见光区到中红外光区之间。因为该光区的吸收带主要是由低能电子跃迁、含氢原子团（如 O—H、N—H、C—H）伸缩振动的倍频及组合频吸收产生，摩尔吸收系数较低，检测限大约为 0.1%。近红外辐射最重要的用途是对某些物质进行例行的定量分析。基于 O—H

伸缩振动的第一泛音吸收带出现在 7100cm^{-1}（1.4μm），可以测定各种试样中的水，如甘油、肼、有机膜及发烟硝酸等，可以定量测定酚、醇、有机酸等。基于羰基伸缩振动的第一泛音吸收带出现在 3300~3600cm^{-1}（2.8~3.0μm），可以测定酯、酮和羧酸。它的测量准确度及精密度与紫外、可见吸收光谱相当。另外，基于漫反射测定未处理的固体和液体试样或者通过吸收测定气体试样。

（二）中红外光区

绝大多数有机化合物和无机离子的基频吸收带出现在中红外光区。由于基频振动是红外光谱中吸收最强的振动，所以该区最适于进行定性分析。20 世纪 80 年代以后，随着红外光谱仪由光栅色散转变成干涉分光以来，明显地改善了红外光谱仪的信噪比和检测限，使中红外光谱的测定由基于吸收对有机物及生物质的定性分析及结构分析，逐渐开始转变为通过吸收和发射中红外光谱对复杂试样进行定量分析。随着傅里叶变换技术的出现，该光谱区的应用也开始用于表面的显微分析，通过衰减全发射、漫反射以及光声测定法等对固体试样进行分析。由于中红外吸收光谱，特别是在 4000~670cm^{-1}（2.5~15μm），最为成熟、简单，而且目前已积累了该区大量的数据资料，因此它是红外光区应用最为广泛的光谱方法，通常简称为红外吸收光谱法。

（三）远红外光区

金属-有机键的吸收频率主要取决于金属原子和有机基团的类型。由于参与金属-配位体振动的原子质量比较大或由于振动力常数比较低，使金属原子与无机及有机配体之间的伸缩振动和弯曲振动的吸收出现在＜200cm^{-1}的波长范围，故该区特别适合研究无机化合物。对无机固体物质可提供晶格能及半导体材料的跃迁能量。对仅由氢原子组成的分子，如果它们的骨架弯曲模式除氢原子外还包含有两个以上的其他原子，其振动吸收也出现在该区，如苯的衍生物，通常在该光区出现几个特征吸收峰。由于气体的纯转动吸收也出现在该光区，故能提供如 H_2O、O_3、HCl 和 AsH_3等气体分子的永久偶极矩。过去，由于该光区能量弱，而在使用上受到限制。因此除非在其他波长区间内没有合适的分析谱带，一般不在此范围内进行分析。然而随着傅里叶变换仪器的出现，其具有高的输出，在很大程度上缓解了这个问题，使得化学家们又较多的开始注意这个区域的研究。

（四）红外吸收光谱图的表示方法

红外吸收光谱图一般用 T-λ 曲线或以 T-曲线表示。横坐标是波长 λ（μm）或波数（cm^{-1}），纵坐标是百分透射比 $T\%$。如图 2-13 所示，为乙酰水杨酸（阿司匹林）的红外光谱图。

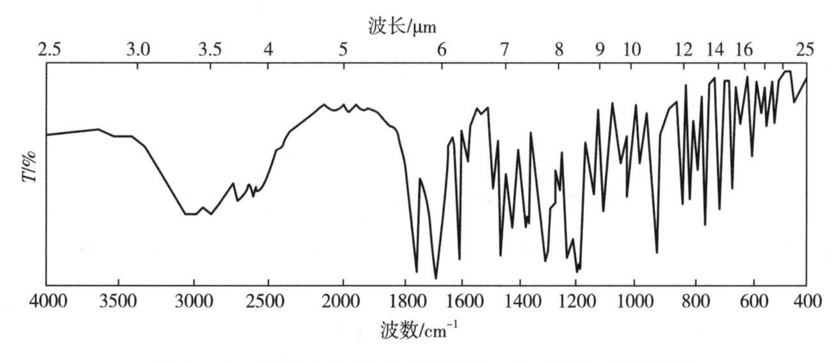

图 2-13　乙酰水杨酸（阿司匹林）的红外光谱图

红外吸收光谱图与其紫外吸收曲线比较，红外吸收光谱曲线具有如下特点：第一峰出现的频率范围低，横坐标一般用波长 λ（μm）或波数（cm^{-1}）表示；第二吸收峰数目多，图形复杂；第三吸收强度低。吸收峰出现的频率位置是由振动能级差决定，吸收峰的个数与分子振动自由度的数目有关，而吸收峰的强度则主要取决于振动过程中偶极矩的变化以及能级的跃迁概率。

（五）红外吸收光谱法的特点

紫外、可见吸收光谱常用于研究不饱和有机化物，特别是具有共轭体系的有机化合物，而红外吸收光谱法主要研究在振动中伴随有偶极矩变化的化合物（没有偶极矩变化的振动在拉曼光谱中出现）。因此，除了单原子和同核分子如 Ne、He、O_2 和 H_2 等之外，几乎所有的有机化合物在红外光区均有吸收。除光学异构体，某些高相对分子质量的高聚物以及在相对分子质量上只有微小差异的化合物外，凡是具有结构不同的两个化合物，一定不会有相同的红外光谱。通常，红外吸收带的波长位置与吸收谱带的强度，反映了分子结构上的特点，可以用来鉴定未知物的结构组成或确定其化学基团；而吸收谱带的吸收强度与分子组成或其化学基团的含量有关，可以进行定量分析和纯度鉴定。

由于红外光谱分析特征性强。对气体、液体、固体试样都可测定，并具有用量少、分析速度快、不破坏试样的特点。因此，红外光谱法不仅与其他许多分析方法一样，能进行定性和定量分析，而且该法是鉴定化合物和测定分子结构的最有用方法之一。一般来说，红外光谱法不太适用于水溶液及含水物质的分析，复杂化合物的红外光谱极其复杂，据此难以做出准确的结构判断，需要结合其他波谱进行判定。

二、红外吸收光谱法的基本原理

（一）红外吸收光谱产生的条件

物质吸收红外光应满足两个条件，即：辐射光子具有的能量与发生振动跃迁所需的跃迁能量相等；辐射与物质之间有偶合作用。为满足第二个条件，分子振动必须伴随偶极矩的变化。红外跃迁是偶极矩诱导的，即能量转移的机制是通过振动过程所导致的偶极矩的变化和交变的电磁场（红外线）相互作用发生的。

由于构成分子的各原子的电负性的不同，也显示不同的极性，称为偶极子。通常用分子的偶极矩（μ）来描述分子极性的大小。当偶极子处在电磁辐射电场时，该电场作周期性反转，偶极子将经受交替的作用力而使偶极矩增加或减少。由于偶极子具有一定的原有振动频率，只有当辐射频率与偶极子频率相匹时，分子才与辐射相互作用（振动耦合）而增加它的振动能，使振幅增大，即分子由原来的基态振动跃迁到较高振动能级。因此，并非所有的振动都会产生红外吸收，只有发生偶极矩变化（$\Delta\mu \neq 0$）的振动才能引起可观测的红外吸收光谱，该分子称为红外活性的；$\Delta\mu = 0$ 的分子振动不能产生红外振动吸收，称为非红外活性的。

当一定频率的红外光照射分子时，如果分子中某个基团的振动频率和它一致，二者就会产生共振，此时光的能量通过分子偶极矩的变化而传递给分子，这个基团就吸收一定频率的红外光，产生振动跃迁。如果用连续改变频率的红外光照射某样品，由于试样对不同频率的红外光吸收程度不同，使通过试样后的红外光在一些波数范围减弱，在另一些波数范围内仍然较强，用仪器记录该试样的红外吸收光谱，进行样品的定性和定量分析。

（二）分子的振动

1. 双原子分子的振动

原子与原子之间通过化学键连接组成分子。分子是有柔性的，因而可以发生振动。我们把不同原子组成的双原子分子的振动模拟为不同质量小球组成的谐振子振动，即把双原子分子的化学键看成是质量可以忽略不计的弹簧，把两个原子看成是各自在其平衡位置附近做伸缩振动的小球，则双原子分子运动可近似地看成一些用弹簧连接着的小球的运动。以经典力学的方法可把两个质量为 m_1 和 m_2 的原子看成钢体小球，连接两原子的化学键设想成无质量的弹簧，弹簧的长度 r 就是分子化学键的长度。则它们之间的伸缩振动可以近似地看成沿轴线方向的简谐振动。因此可以把双原子分子称为谐振子。由经典力学（虎克定律）可导出该体系的基本振动频率（ν）计算公式：

$$\nu = \frac{1}{2\pi c}\sqrt{\frac{k}{\mu}} \tag{2-14}$$

$$\mu = \frac{m_1 m_2}{m + m_2} \tag{2-15}$$

式中　c——光速，2.998×10^{10}cm/s；

k——化学键力常数，定义为将两原子由平衡位置伸长单位长度时的恢复力，N/cm；

μ——原子的折合质量，g。

对应的吸收谱带称为基频吸收峰，单位为 cm^{-1}，力常数的单位为 N · cm^{-1}，μ 以折合相对原子质量 A_r 表示时，式（2-14）可简化为：

$$\nu = 1302\sqrt{\frac{k}{A_r}} = 1302\sqrt{\frac{k}{A_{r(1)} - A_{r(2)}/(A_{r(1)} + A_{r(2)})}} \tag{2-16}$$

式中　$A_{r(1)}$、$A_{r(2)}$——1、2 两原子的相对原子质量。

由式（2-16）可知，双原子分子的振动频率取决于化学键的力常数和原子的质量，即取决于分子的结构特征。化学键越强，相对原子质量越小，振动频率越高，吸收峰将出现在高波数区。

同类原子组成的化学键（折合质量相同），力常数大的，基本振动频率就大；如：C≡C（2222cm^{-1}）＞C＝C（1667cm^{-1}）＞C—C（1429cm^{-1}）；若力常数相近，原子质量大，化学键的振动波数则低，如，C—C（1430cm^{-1}）＞C—N（1330cm^{-1}）＞C—O（1280cm^{-1}）。由于氢的原子质量最小，故含氢原子单键的基本振动频率都出现在中红外的高频率区。

2. 多原子分子的振动

多原子分子由于原子数目增多，组成分子的键或基团和空间结构不同，其振动光谱比双原子分子要复杂。但是可以把它们的振动分解成许多简单的基本振动，即简正振动。在红外光谱中分子的基本振动形式可分为两大类，一类是伸缩振动（v），另一类为弯曲振动（δ）。

（1）简正振动的振动状态　简正振动的振动状态是分子质心保持不变，整体不转动，每个原子都在其平衡位置附近做简谐振动，其振动频率和相位都相同，即每个原子都在同一瞬间通过其平衡位置，而且同时达到其最大位移值。分子中任何一个复杂振动都可以看成这些简正振动的线性组合。

（2）简正振动的基本形式　多原子分子的振动，不仅包括双原子分子沿其核-核（键轴方向）的伸缩振动，还有键角发生变化的各种可能的变形振动。因此，一般将振动形式分为两类：即伸缩振动和变形振动。图 2-14 以亚甲基 CH_2为例，表示了多原子分子中各种振动形式。

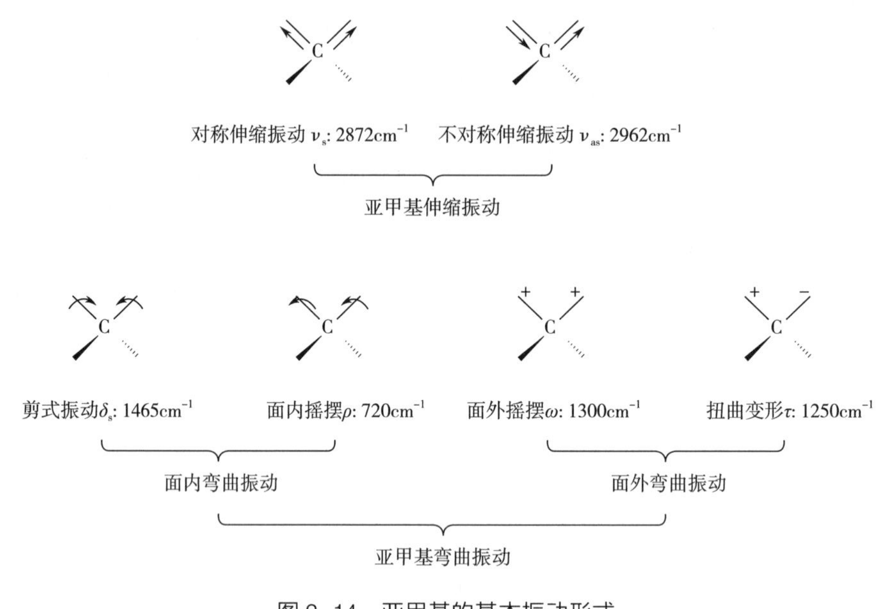

图 2-14　亚甲基的基本振动形式

+、-分别表示运动方向垂直纸面向里和向外

① 伸缩振动：原子沿键轴方向伸缩，键长发生变化而键角不变的振动称为伸缩振动，用符号 v 表示。伸缩振动的力常数比弯曲振动的力常数要大，因而同一基团的伸缩振动常在高频区出现吸收。周围环境的改变对频率的变化影响较小。由于振动偶合作用，原子数 $n \geqslant 3$ 的基团还可以分为对称伸缩振动和不对称伸缩振动，符号分别为 v_s 和 v_{as}。一般 v_{as} 比 v_s 的频率高。

②弯曲振动：用 δ 表示，弯曲振动又称变形或变角振动。一般是指基团键角发生周期性的变化的振动或分子中原子团对其余部分做相对运动。弯曲振动分为面内弯曲振动和面外弯曲振动。面内弯曲振动又分为剪式振动和面内摇摆；面外弯曲振动又分为面外摇摆和扭曲振动。弯曲振动的力常数比伸缩振动的小，因此同一基团的弯曲振动在其伸缩振动的低频区出现。另外弯曲振动对环境结构的改变可以在较广的波段范围内出现，所以一般不把它作为基团频率处理。

由于变形振动的力常数比伸缩振动小，因此，同一基团的变形振动都在其伸缩振动的低频端出现。变形振动对环境变化较为敏感。通常由于环境结构的改变，同一振动可以在较宽的波段范围内出现。

（3）简正振动的理论数　从理论上讲，分子的每一种振动形式都会产生一个吸收峰（基频峰），也就是说一个多原子分子所产生的基频峰的数目应该等于分子所具有的振动形式的数目。理论证明，一个由 N 个原子组成的分子，对于非线性分子应有 $3N-6$ 个自由度（振动形式），对于线性分子有 $3N-5$ 个自由度。例如，三个原子的非线性分子 H_2O，有 3 个振动自由度。红外光谱图中对应出现三个吸收峰，分别为 3650cm^{-1}，1595cm^{-1}，3750cm^{-1}。同样，苯在红外光谱上应出现 $3\times12-6=30$ 个峰。实际上，绝大多数化合物在红外光谱图上出现的峰数，远小于理论上计算的振动数，这是由如下原因引起的：

①没有偶极矩变化的振动，不产生红外吸收，即非红外活性。

②相同频率的振动吸收重叠，简并为一个吸收峰。

③倍频峰和合频峰的产生。

④某些振动吸收强度太弱，或者某些振动吸收频率十分接近，仪器不能检测或不能分辨；某些振动吸收频率超出了仪器的检测范围。

3. 影响吸收峰强度的因素

振动能级的跃迁概率和振动过程中偶极矩的变化是影响谱峰强弱的两个主要因素。从基态向第一激发态跃迁时，跃迁概率大。因此，基频吸收带一般较强；从基态向第二激发态的跃迁，虽然偶极矩的变化较大，但能级的跃迁概率小。因此，相应的倍频吸收带较弱。应该指出，基频振动过程中偶极矩的变化越大，其对应的峰强度也越大。一般来说，极性基团（如O—H，C ═O，N—H 等）在振动时偶极矩变化较大，吸收峰较强；而非极性基团（如 C—C，C ═C 等）的吸收峰较弱，在分子比较对称时，其吸收峰更弱。很明显，如果化学键两端连接的原子的电负性相差越大，或分子的对称性越差，伸缩振动时，其偶极矩的变化越大，产生的吸收峰也越强。例如，$v_{C=O}$的强度大于$v_{C=C}$的强度。因此，反对称伸缩振动的强度大于对称伸缩振动的强度，伸缩振动的强度大于变形振动的强度。

红外光谱的吸收强度一般定性地用很强（vs）、强（s）、中（m）、弱（w）和很弱（vw）等表示。按摩尔吸光系数的大小划分吸收峰的强弱等级，具体如下：

$\varepsilon > 100 L \cdot cm^{-1} \cdot mol^{-1}$非常强峰（vs）

$20 L \cdot cm^{-1} \cdot mol^{-1} < \varepsilon < 100 L \cdot cm^{-1} \cdot mol^{-1}$强峰（s）

$10 L \cdot cm^{-1} \cdot mol^{-1} < \varepsilon < 20 L \cdot cm^{-1} \cdot mol^{-1}$中强峰（m）

$1 L \cdot cm^{-1} \cdot mol^{-1} < \varepsilon < 10 L \cdot cm^{-1} \cdot mol^{-1}$弱峰（w）

三、 基团频率和特征吸收峰

当分子吸收一定频率的红外线后，振动能级从基态（V_0）跃迁到第一激发态（V_1）时所产生的吸收峰，称为基频峰。

如果振动能级从基态（V_0）跃迁到第二激发态（V_2）、第三激发态（V_3）……所产生的吸收峰称为倍频峰。通常基频峰强度比倍频峰强，由于分子的非谐振性质，倍频峰并非是基频峰的两倍，而是略小一些（H—Cl 分子基频峰是 2885.9cm^{-1}，强度很大，其二倍频峰是 5668cm^{-1}，是一个很弱的峰）。还有组频峰，它包括合频峰及差频峰，它们的强度更弱，一般不易辨认。倍频峰、差频峰及合频峰总称为泛频峰。

多原子分子的红外光谱与其结构的关系，一般是通过实验手段得到的。这就是通过比较大量已知化合物的红外光谱，从中总结出各种基团的吸收规律来。实验表明，在有机物分子中，组成分子的各种基团，如 O—H、N—H、C—H、C ═C、 C≡C 、C ═O 等，都有自己特定的红外吸收区域，分子其他部分对其吸收位置影响较小。通常把这种能代表基团存在、并有较高强度的吸收谱带称为基团频率，一般是由基态跃迁到第一振动激发态产生的，其所在的位置一般又称特征吸收峰。

基团的特征吸收峰可用于鉴定官能团。同一类型化学键的基团在不同化合物的红外光谱中吸收峰位置大致相同，这一特性提供了鉴定各种基团（官能团）是否存在的判断依据，从而成为红外光谱定性分析的基础。

（一）基团频率区和指纹区

在红外光谱中吸收峰的位置和强度取决于分子中各基团的振动形式和所处的化学环境。只要掌握了各种基团的振动频率及其位移规律，就可应用红外光谱来鉴定化合物中存在的基团及其在分子中的相对位置。常见的基团在波数 4000~400cm^{-1}都有各自的特征吸收，这个红外范围又是一般红外分光光度计的工作测定范围。在实际应用时，为了便于对红外光谱进行解析，通常将这个波数范围划分为以下几个重要的区段，参考此划分，可推测化合物的红外光谱吸收特征；或根据红外光谱特征，初步推测化合物中可能存在的基团。根据化学键的性质，结合波数与力常数、折合质量之间的关系，可将红外 4000~400cm^{-1}划分为八个重要区段，如表 2-8 所示。

表 2-8　光谱的八个重要区段

波数/cm^{-1}	波长/μm	振动类型
3750~3000	2.7~3.3	v（OH）、v（NH）
3300~2900	3.0~3.4	v（≡C—H）>v（=C—H）≈v（Ar—H）
3000~2700	3.3~3.7	v（C—H）（—CH_3、—CH_2、≡C—H）
2400~2100	4.2~4.9	v（C≡C）、v（C≡N）、
1900~1650	5.3~6.1	v（C=O）（酸、醛、酮、胺、酯、酸、酐）
1675~1500	5.9~6.2	v（C=C）、v（C=N）
1475~1300	6.8~7.7	δ（CH）
1000~650	10.0~15.4	C=C(H) γ(CH)(Ar—H)

按吸收的特征，中红外光谱可划分成 4000~1300（1800）cm^{-1}高波数段基团频率区（官能团区）和 1300（1800）~600cm^{-1}低波数段指纹区两个重要区域。

1. 基团频率区

最有分析价值的基团频率在 4000~1300cm^{-1}，这一区域称为基团频率区、官能团区或特征区。区内的峰是由伸缩振动产生的吸收带，比较稀疏，容易辨认，常用于鉴定官能团。

基团频率区可分为以下三个区域。

（1）4000~2500cm^{-1}为 X—H 伸缩振动区　X 可以是 O、N、C 或 S 等原子。O—H 基的伸缩振动出现在 3650~3200cm^{-1}，它可以作为判断有无醇类、酚类和有机酸类的重要依据。当醇和酚溶于非极性溶剂（如 CCl_4），浓度高于 0.01mol/L 时，在 3650~3580cm^{-1}处出现游离 O—H 基的伸缩振动吸收，峰形尖锐，且没有其他吸收峰干扰，易于识别。当试样浓度增加时，羟基化合物产生缔合现象，O—H 基的伸缩振动吸收峰向低波数方向位移，在 3400~3200cm^{-1}出现一个宽而强的吸收峰。

胺和酰胺的 N—H 伸缩振动也出现在 3500~3100cm^{-1}，因此，可能会对 O—H 伸缩振动有干扰。

C—H 的伸缩振动可分为饱和、不饱和两种。饱和的 C—H 伸缩振动出现在 3000cm^{-1}以下

（3000～2800cm^{-1}），取代基对它们影响很小。如—CH_3基的伸缩吸收出现在2960cm^{-1}和2876cm^{-1}附近；R_2CH_2基的吸收在2930cm^{-1}和2850cm^{-1}附近；R_3CH基的吸收基出现在2890cm^{-1}附近，但强度很弱。不饱和的C—H伸缩振动出现在3000cm^{-1}以上，以此来判别化合物中是否含有不饱和的C—H键。

苯环的C—H键伸缩振动出现在3030cm^{-1}附近，它的特征是强度比饱和的C—H单键稍弱，但谱带比较尖锐。

不饱和的双键═C—H的吸收出现在3010～3040cm^{-1}，末端═CH_2的吸收出现在3085cm^{-1}附近。

三键≡CH上的C—H伸缩振动出现在更高的区域（3300cm^{-1}）附近。

（2）2500～1900cm^{-1}为三键和累积双键区　主要包括—C≡C、—C≡N等三键的伸缩振动，以及—C═C═C、—C═C═O等累积双键的不对称性伸缩振动。

对于炔烃类化合物，可以分成R—C≡CH和R′—C≡C—R两种类型。R—C≡CH的伸缩振动出现在2100～2140cm^{-1}；R′—C≡C—R出现在2190～2260cm^{-1}；R—C≡C—R分子是对称的，则为非红外活性。

—C≡N基的伸缩振动在非共轭的情况下出现在2240～2260cm^{-1}。当与不饱和键或芳香核共轭时，该峰位移到2220～2230cm^{-1}。若分子中含有C、H、N原子，—C≡N基吸收比较强而尖锐。若分子中含有O原子，且O原子离—C≡N基越近，—C≡N基的吸收越弱，甚至观察不到。

（3）1900～1200cm^{-1}为双键伸缩振动区　该区域主要包括三种伸缩振动。

①C═O伸缩振动出现在1900～1650cm^{-1}，是红外光谱中特征且往往是最强的吸收，以此很容易判断酮类、醛类、酸类、酯类以及酸酐等有机化合物。酸酐的羰基吸收带由于振动耦合而呈现双峰。

②C═C伸缩振动。烯烃的C═C伸缩振动出现在1680～1620cm^{-1}，一般很弱。单核芳烃的C═C伸缩振动出现在1600cm^{-1}和1500cm^{-1}附近，有两个峰，这是芳环的骨架结构，用于确认有无芳环的存在。

③苯的衍生物的泛频谱带，出现在2000～1650cm^{-1}，是C—H面外和C═C面内变形振动的泛频吸收，虽然强度很弱，但它们的吸收面貌在表征芳核取代类型上有一定的作用。

2. 指纹区

在1300（1800）～600cm^{-1}，除单键的伸缩振动外，还有因变形振动产生的谱带。这种振动与整个分子的结构有关。当分子结构稍有不同时，该区的吸收就有细微的差异，并显示出分子特征。这种情况就像人的指纹一样，因此称为指纹区。指纹区对于指认结构类似的化合物很有帮助，而且可以作为化合物存在某种基团的旁证。

（1）1800～900cm^{-1}　这一区域包括C—O，C—N，C—F，C—P，C—S，P—O，Si—O等单键的伸缩振动和C═S，S═O，P═O等双键的伸缩振动吸收。其中1375cm^{-1}的谱带为甲基的C—H对称弯曲振动，对识别甲基十分有用，C—O的伸缩振动在1300～1000cm^{-1}，是该区域最强的峰，也较易识别。

（2）900～600cm^{-1}　这一区域的吸收峰是很有用的。例如，此区域的某些吸收峰可用来确认化合物的顺反构型。利用上区域中苯环的C—H面外变形振动吸收峰和2000～1667cm^{-1}区域苯的倍频或组合频吸收峰，可以共同配合确定苯环的取代类型；又如，利用本区域中的某些吸收峰可以指示（$—CH_2—$）$_n$的存在。实验证明，当 $n \geq 4$ 时，$—CH_2—$的平面摇摆振动吸收出现在 722cm^{-1}；随着 n 的减小，逐渐移向高波数。此区域内的吸收峰，还可以鉴别烯烃的取代程度和构型提供信息。例如，烯烃为 $RCH═CH_2$结构时，在 990cm^{-1}和 910cm^{-1}出现两个强峰；为 RC ═CRH 结构时，其顺、反异构分别在 690cm^{-1}和 970cm^{-1}出现吸收。

3. 主要基团的特征吸收峰

在红外光谱中，每种红外活性的振动都相应产生一个吸收峰，所以情况十分复杂。例如，基团除在 3700~3600cm^{-1}有 O—H 的伸缩振动吸收外，还应在 1450~1300cm^{-1}和 1160~1000cm^{-1}分别有 O—H 的面内变形振动和 C—O 的伸缩振动。后面的两个峰的出现，能进一步证明它的存在。因此，用红外光谱来确定化合物是否存在某种官能团时，首先应该注意在官能团区，它的特征峰是否存在，同时也应找到它们的相关峰作为旁证。

（二） 影响基团频率的因素

尽管基团频率主要由其原子的质量及原子的力常数所决定，但分子内部结构和外部环境的改变都会使其频率发生改变，因而使得许多具有同样基团的化合物在红外光谱图中出现在一个较大的频率范围内。为此，了解影响基团振动频率的因素，对于解析红外光谱和推断分子的结构是非常有用的。

影响基团频率的因素可分为内部及外部两类。

1. 内部因素

（1）电子效应

①诱导效应（I 效应）：由于取代基具有不同的电负性，通过静电诱导效应，引起分子中电子分布的变化，改变了键的力常数，使键或基团的特征频率发生位移。例如，当有电负性较强的元素与羰基上的碳原子相连时，由于诱导效应，就会发生氧上的电子转移：导致 C ═O 键的力常数变大，因而使的吸收向高波数方向移动。元素的电负性越强，诱导效应越强，吸收峰向高波数移动的程度越显著，如表 2-9 所示。

表 2-9　　元素的电负性对 $\nu_{C=O}$的影响

R—CO—X	X ═R′	X ═H	X ═Cl	X ═F	R ═F，X ═F
$\nu_{C=O}$/cm^{-1}	1715	1730	1800	1920	1928

②共轭效应（C 效应）：分子中形成大 π 键所引起的效应叫共轭效应。共轭效应的结果使共轭体系中的电子云密度平均化，例如 1，3-丁二烯的 4 个 C 原子都在一个平面上，4 个 C 原子共有全部 π 电子，结果中间的单键具有一定的双键性质，而两个双键的性质有所削弱，由于共轭作用使原来的双键略有伸长，力常数减少，所以振动频率降低。

③中介效应（M 效应）：当含有孤对电子的原子（O、S、N 等）与具有多重键的原子相连时，也可起类似的共轭作用，称为中介效应。在化合物中，C ═O 伸缩振动产生的吸收峰在 1680cm^{-1}附近。若以电负性来衡量诱导效应，则比碳原子电负性大的氮原子应使 C ═O 键的力常数增加，吸收峰应大于酮羰基的频率（1715cm^{-1}）。但实际情况正好相反，所以，仅用诱导效应不能解释造成上述频率降低的原因。事实上，在酰胺分子，除了氮原子的诱导效应外，还同时存在中介效应 M，即氮原子的孤对电子与 C ═O 上 π 电子发生重叠，使它们的电子云密度平均化，造成 C ═O 键的力常数下降，使吸收频率向低波数侧位移。显然，当分子中有氧原子

与多重键频率最后位移的方向和程度，取决于这两种效应的净结果。当 I＞M 时，振动频率向高波数移动；反之，振动频率向低波数移动。

④空间效应：主要包括空间位阻效应和环状化合物的环张力效应等。取代基的空间位阻效应将使得 C ═O 与双键的共轭受到限制，使 C ═O 双键性增加，波数升高。如下所示：

（1）　　（2）

$\nu_{C=O}$　1663cm^{-1}　　1693cm^{-1}

（2）结构中由于立体障碍比较大，使环上双键和 C ═O 不能处于同一平面，结果共轭受到限制，因此它的红外吸收波数比（1）高。

环张力（键角张力作用）效应是指对于环外双键、环上羰基，随着环的张力增加，其波数也相应增加。环酮类若以六元环为准，则六元环为准，则六元环至四元环每减少一元，波数增加 30cm^{-1}左右，如：

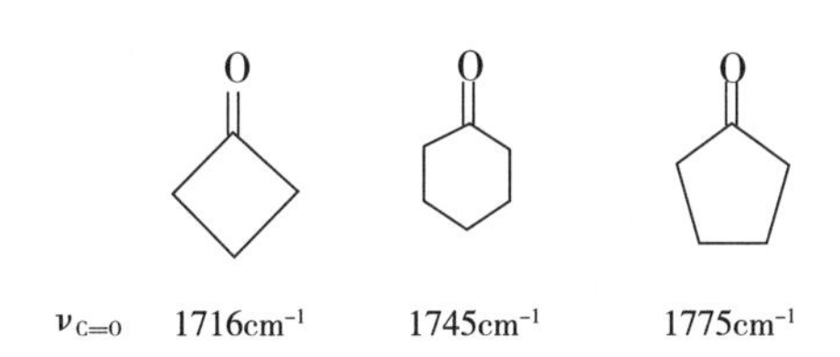

环状的酸酐、内酰胺及内脂类化合物中，随着环的张力增加，$\nu_{C=O}$吸收峰向高波数方向移动。带有张力的桥环羰基化合物波数比较大。

环外双键的环烯，对于六元环烯来说，其 $\nu_{C=C}$吸收位置和 $R_1R_2C═CH_2$型烯烃差不多。但当环变小时，则 $\nu_{C=C}$吸收向高波数方向位移；环内双键的 $\nu_{C=C}$吸收位置则随环张力的增加而降低，且 ν_{C-H}吸收峰移向高波数，如：

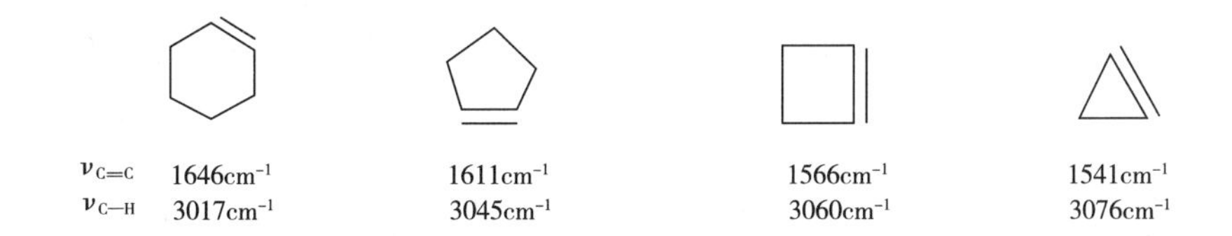

如果双键碳原子上的氢原子被烷基取代，则 $\nu_{C=C}$将向高波数移动。

（3）氢键效应　氢键使参与形成氢键的原化学键力常数降低，吸收频率移向低波数方向，但同时振动偶极矩的变化加大，因而吸收强度增加。氢键的形成，往往对吸收峰的位置和强度都有极明显的影响。这是因为质子给出基 X—H 与质子接受基 Y 形成了氢键：X—H……Y，其 X、Y 通常是 N、O、F 等电负性大的原子。这种作用使电子云密度平均化，从而使键的力常数减少，频率下降。氢键分为分子内氢键和分子间氢键。一般分子内氢键不随溶液浓度的改变而改变，其特征频率也基本保持不变，而分子间氢键谱带强度随溶液浓度增加而增加。

（4）振动耦合效应　当两个振动频率相同或相近的基团相邻具有一公共原子时，由于一个键的振动通过公共原子使另一个键的长度发生改变，产生一个“微扰”，从而形成了强烈的振动相互作用。其结果是使振动频率发生变化，一个向高频移动，另一个向低频移动，谱带分裂，这种相互作用称为振动耦合。振动耦合常出现在一些二羰基化合物中，如，羧酸酐中两个羰基的振动耦合，使 C ═O 吸收峰分裂成两个峰，波数分别为 1820cm^{-1}（反对耦合）和 1760cm^{-1}（对称耦合）。

（5）费米（Fermi）共振效应　当一振动的倍频（或组频）与另一振动的基频吸收峰接近时，由于发生相互作用而产生很强的吸收峰或发生裂分，这种倍频（或组频）与基频峰之间的振动耦合称为费米共振。

例如，苯甲酰氯的 $\nu_{C=O}$ 为 1773cm^{-1} 和 1736cm^{-1}，由于 $\nu_{C=O}$ 1773~1776cm^{-1} 和苯环的 C—C 的弯曲振动 880~860cm^{-1} 倍频发生弗米共振，使 C ═O 裂分。

2. 外部因素

外部因素主要指测定物质的状态、溶剂效应及仪器色散元件的影响。

（1）样品物理状态的影响　同一物质的不同状态，由于分子间相互作用力不同，所得到光谱往往不同。所以在查阅标准谱图时，要注意试样状态及制样方法。在气态时，分子间的相互作用很小，在低压下能得到游离分子的吸收峰，此时可以观察到伴随振动光谱的转动精细结构；在液态时，由于分子间出现缔合或分子内氢键的存在，IR 光谱与气态和固态情况不同，峰的位置与强度都会发生变化；在固态时，因晶格力场的作用，发生了分子振动与晶格振动的耦合，将出现某些新的吸收峰。其吸收峰比液态和气态时尖锐且数目增加，例如，丙酮 $\nu_{C=O}$ 在气态时为 1738cm^{-1}，液态时为 1715cm^{-1}。

（2）溶剂的影响　在溶液中测定光谱时，由于溶剂的种类、溶剂的浓度和测定时的温度不同，同一种物质所测得的光谱也不同。通常在极性溶剂中，溶质分子的极性基团的伸缩振动频率随溶剂极性的增加而向低波数方向移动，并且强度增大。因此，在红外光谱测定中，应尽量采用非极性的溶剂。

（3）仪器色散元件的影响　红外分光光度计中使用的色散元件主要为棱镜和光栅两类，棱镜的分辨率低，光栅的分辨率高，特别在 4000~2500cm^{-1} 波段尤为明显。

四、 红外光谱仪

测定红外吸收的仪器有三种类型：①光栅色散型分光光度计，主要用于定性分析；②傅里叶变换红外光谱仪，适宜进行定性和定量分析测定；③非色散型光度计，用来定量测定大气中各种有机物质。

在 20 世纪 80 年代以前，广泛应用光栅色散型红外分光光度计。随着傅里叶变换技术引入红外光谱仪，使其具有分析速度快、分辨率高、灵敏度高以及很好的波长精度等优点。但因它的价格、仪器的体积及常需要进行机械调节等问题而在应用上受到一定程度的限制。近年来，因傅里叶变换光谱仪器体积的减小，操作稳定、易行，一台简易傅里叶红外光谱仪的价格与一般色散型的红外光谱仪相当。由于上述种种原因，目前傅里叶红外光谱仪已在很大程度上取代了色散型。

（一） 色散型红外分光光度计

色散型红外分光光度计和紫外、可见分光光度计相似，由光源、单色器、试样室、检测器和记录仪等组成。由于红外光谱非常复杂，大多数色散型红外分光光度计一般都是采用双光束，这样可以消除 CO_2 和 H_2O 等大气气体引起的背景吸收。其结构如图 2-15 所示。自光源发出的光对称的分为两束，一束为试样光束，透过试样池；另一束为参比光束，透过参比池后通过减光器。两光束再经半圆扇形镜调制后进入单色器，交替落到检测器上。在光学零位系统里，只要两光的强度不等，就会在检测器上产生与光强差呈正比的交流信号电压。由于红外光源的低强度以及红外检测器的低灵敏度，以至需要用信号放大器。

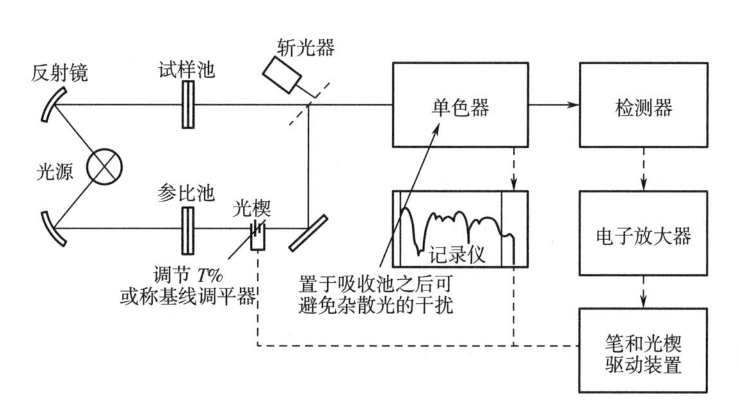

图 2-15　色散型红外吸收光谱仪的基本组成

1. 光源

红外光谱仪中所用的光源通常是一种惰性固体，用电加热使之发射高强度的连续红外辐射。目前在中红外区较实用的红外光源主要有硅碳棒和能斯特灯。

硅碳棒由碳化硅烧结而成。其辐射强度分布偏向长波，工作温度一般为 1300~1500K。因为碳化硅有升华现象，使用温度过高将缩短碳化硅的寿命，并会污染附近的染色镜。硅碳棒发光面积大、价格便宜、操作方便，使用波长范围较能斯特灯宽。

能斯特灯主要由混合的稀土金属（锆、钍、铈）氧化物制成。它有负的电阻温度系数，在室温下为非导体，当温度升高到大约 500℃ 以上时，变为半导体；在 700℃ 以上时，才变成导体。因此要点亮能斯特灯，事先需要将其预热至 700℃。其工作温度一般在 1750℃。能斯特灯使用寿命较长，稳定性好，在短波范围使用比硅碳棒有利。但其价格较贵，操作不如硅碳棒方便。

在 $\lambda > 50\mu m$ 的远红外光区，需要采用高压汞灯。在 20000~8000 cm^{-1} 的近红外光区通常采用钨丝灯。在监测某些大气污染物的浓度和测定水溶液中的吸收物质（如：氨、丁二烯、苯、乙醇、二氧化氮以及三氯乙烯等）时，可采用可调二氧化碳激光光源。它的辐射强度比黑体光源要大几个数量级。

2. 吸收池

红外光谱仪能测定固、液、气态样品。气体样品一般注入抽成真空的气体吸收池进行测定；液体样品可滴在可拆池两窗之间形成薄的液膜进行测定；溶液样品一般注入液体吸收池中进行测定；固体样品最常用压片法进行测定。因玻璃、石英等材料不能透过红外光，红外吸收池要用可透过红外光的 NaCl、KBr、CsI、KRS-5（TlI 58%，TlBr 42%）等材料制成窗片。用 NaCl、KBr、CsI 等材料制成的窗片需注意防潮。固体试样常与纯 KBr 混匀压片，通常用 300mg

光谱纯的 KBr 粉末与 1~3mg 固体样品共同研磨混匀后，压制成约 1mm 厚的透明薄片，放在光路中进行测定。由于 KBr 在 4000~400cm^{-1}光区无吸收，因此可得到全波段的红外光谱图。

用于测定红外光谱的样品需要有较高的纯度（>98%）才能获得准确的结果。此外，红外测定的样品池都是以 KBr 或 NaCl 为透光材料，它们极易吸水而被破坏，所以样品中不应含有水分。

3. 单色器

单色器由色散元件、准直镜和狭缝构成。它是红外分光光度计的心脏，其作用是把进入狭缝的复合光色散为单色光。色散元件常用复制的闪耀光栅。由于闪耀光栅存在次级光谱的干扰，因此，需要将光栅和用来分离次光谱的滤光器或前置棱镜结合起来使用。

4. 检测器

检测器的作用是将经色散的红外光谱的各条谱线强度转变成电信号。常用的红外检测器有高真空热电偶、热释电检测器和碲镉汞检测器。

红外光区的检测器一般有两种类型，热检测器和光导电检测器。红外光谱仪中常用的热检测器有：热电偶、测辐射热计、气体（Golay）检测器和热电检测器等。热电偶和辐射热测量计主要用于色散型分光光度计中，而热电检测器主要用于中红外傅里叶变换光谱仪中，这种检测器利用某些热电材料的晶体。如硫酸三甘氨酸酯（TGS）等，将其晶体放在两块金属板中，当红外光照射到晶体上时，晶体表面电荷分布发生变化，由此可以测量红外辐射的强度。光检测器多采用硒化铅（PbSe）等，当受光照射后导电性能变化从而产生信号。光检测器比热检测器灵敏几倍，它是由一层半导体薄膜，如硫化铅、汞/镉碲化物，或锑化铟等沉积到玻璃表面组成，抽真空并密封以与大气隔绝。当这些半导体材料吸收辐射后，使某些价电子成为自由电子，从而降低了半导体的电阻。除硫化铅广泛应用于近红外光区外，在中红外和远红外光区主要采用汞/镉碲化物作为敏感元件，为了减小热噪声，必须用液氮冷却。在长波段的极限值和检测器的其他许多性质则取决于碲化汞/碲化镉的比值。汞/镉碲化物作为敏感元件的光电导检测器提供了优于热电检测器的响应特征，广泛应用于多通道傅里叶变化的红外光谱仪中，特别是在与气相色谱联用的仪器中。

5. 记录系统

电信号经放大器放大后，由记录系统获得红外吸收光谱图。

色散型红外吸收光谱仪是扫描式的仪器，扫描需要一定的时间，完成一幅红外光谱的扫描需 10min。所以色散型红外光谱仪不能测定瞬间光谱的变化，也不能实现与色谱仪的联用。此外，色散型红外光谱仪分辨率较低，要获得 0.1~0.2cm^{-1}的分辨率已相当困难。

（二）傅里叶变换红外光谱仪

傅里叶变换红外光谱仪（Fourier Transform Infrared Spectrometer，FTIR）是 20 世纪 70 年代问世的，被称为第三代红外光谱仪。

傅里叶变换红外光谱仪是由红外光源、干涉仪、试样插入装置、检测器、计算机和记录仪等部分构成。图 2-16 是 Digilab FTS-14 型傅里叶变换红外光谱仪的光路示意图。其光源为硅碳棒和高压汞灯，与色散型红外分光光度计所用的光源是相同的；检测器为 TGS 和 PbSe；干涉仪采用迈克逊（Michelson）干涉仪，按其动镜移动速度不同，可分为快扫描和慢扫描型。慢扫描型迈克尔逊干涉仪主要用于高分辨光谱的测定，一般的傅里叶红外光谱仪均采用快扫描型的迈克尔逊干涉仪。Michelson 干涉仪是 FTIR 的核心部分，它将光源来的信号以干涉图的形式送往计算机进行 Fourier 变换的数学处理，最后将干涉图还原成光谱图；计算机的主要作用是控制仪器操作、从检测器截取干涉谱数据、累加平均扫描信号、对干涉谱进行相位校正和傅里叶变换计算、处理光谱数据等。它与色散型红外光度计的主要区别在于干涉仪和电子计算机两部分。

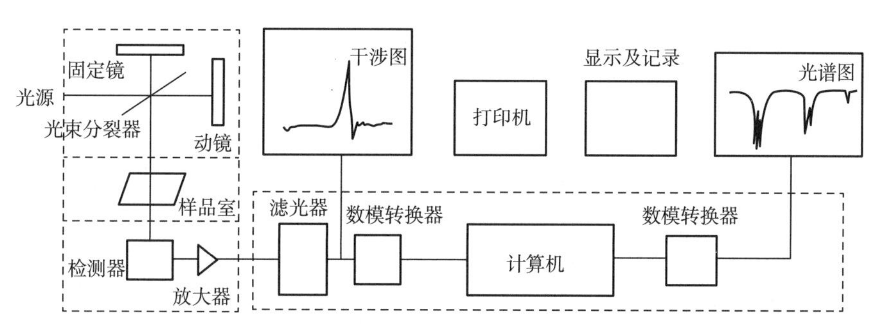

图 2-16　傅里叶变换红外光谱仪工作原理示意图

1. 傅里叶变换红外光谱仪的工作原理

仪器中的 Michelson 干涉仪的作用是将光源发出的光分成两光束后，再以不同的光程差重新组合，发生干涉现象。当两束光的光程差为 $\lambda/2$ 的偶数倍时，则落在检测器上的相干光相互叠加，产生明线，其相干光强度有极大值；相反，当两束光的光程差为 $\lambda/2$ 的奇数倍时，则落在检测器上的相干光相互抵消，产生暗线，相干光强度有极小值。由于多色光的干涉图等于所有各单色光干涉图的加合，故得到的是具有中心极大，并向两边迅速衰减的对称干涉图。

干涉图包含光源的全部频率和与该频率相对应的强度信息，所以，如有一个有红外吸收的样品放在干涉仪的光路中，由于样品能吸收特征波数的能量，结果所得到的干涉图强度曲线就会相应地产生一些变化。包括每个频率强度信息的干涉图，可借数学上的 Fourier 变换技术对每个频率的光强进行计算，从而得到吸收强度或透过率和波数变化的普通光谱图。

2. 傅里叶变换光谱仪的优点

（1）扫描速度极快　傅里叶变换仪器是在整扫描时间内同时测定所有频率的信息，一般只要 1s 左右即可。因此，它可用于测定不稳定物质的红外光谱。而色散型红外光谱仪，在任何一瞬间只能观测一个很窄的频率范围，一次完整扫描通常需要 8、15、30s 等。傅里叶变换红外光谱仪在取得光谱信息上与色散型分光光度计不同的是采用干涉仪分光。在带狭缝的色散型分光度计以 t 时间检测一个光谱分辨单元的同时，干涉仪可以检测 M 个光谱分辨单元，后者在取得光谱信息的时间上比常规分光光度计节省（$M-1$）t，即记录速度加快了（$M-1$）倍，其扫描速度较色散型快数百倍。这样不仅有利于光谱的快速记录，而且还会改善信噪比。不过这种信噪比的改善是以检测器的噪声不随信号水平增高而同样增高为条件。红外检测器是符合这个要求的，而光电管和光电倍增管等紫外、可见光检测器则不符合这个要求，这使傅里叶变换技术难以用于紫外、可见光区。光谱的快速记录使傅里叶变换红外光谱仪特别适于与气相色谱、高效液相色谱仪联机使用，也可用来观测瞬时反应。

（2）具有很高的分辨率　通常傅里叶变换红外光谱仪分辨率达 0.005~0.1cm^{-1}，而一般棱镜型的仪器分辨率在 1000cm^{-1}~3cm^{-1}，光栅型红外光谱仪分辨率也只有 0.2cm^{-1}。因此可以研究因振动和转动吸收带重叠而导致的气体混合物的复杂光谱。

（3）灵敏度高　因傅里叶变换红外光谱仪不用狭缝和单色器，反射镜面又大，故能量损失小，到达检测器的能量大，可检测 10^{-9}g 数量级的样品。为了保证一定的分辨能力，色散型红外分光光度计需用合适宽度的狭缝截取一定的辐射能，经分光后，单位光谱元的能量相当低。而傅里叶变换红外光谱仪没有狭缝的限制，辐射通量只与干涉仪的表面大小有关，因此在同样分辨率的情况下，其辐射通量比色散型仪器大得多，从而使检测器接收到的信号和信噪比增大，因此有很高的灵敏度。由于这一优点，使傅里叶变换红外光谱仪特别适于测量弱信号光谱。

（4）研究的光谱范围很宽　一般的色散型红外分光光度计测定的波长为 400~4000cm^{-1}，而傅里叶变换红外光谱仪可以研究的范围包括了中红外和远红外光区，即 10~1000cm^{-1}。这对测定无机化合物和金属有机化合物是十分有利的。

除此之外，还有光谱范围宽（10~1000cm^{-1}）；波数准确度高（波数精度可达 0.01cm^{-1}），测量精度高；重复性可达 0.1%；杂散光干扰小（在整个光谱范围内杂散光低于 0.3%）；样品不受因红外聚焦而产生的热效应的影响。傅里叶红外光谱仪还适于微少试样的研究。它是近代化学研究不可缺少的基本设备之一。

（三）非色散型红外光度计

非色散型红外光度计是用滤光片，或者用滤光片代替色散元件，甚至不用波长选择设备（非滤光型）的一类简易式红外流程分析仪。由于非色散型仪器结构简单，价格低廉，尽管它们仅局限于气体或液体分析，仍然是一种最通用的分析仪器。滤光型红外光度计主要用于大气中各种有机物质。如：卤代烃、光气、氢氰酸、丙烯腈等的定量分析。非滤光型的光度计用于单一组分的气流监测。如：气体混合物中的一氧化碳，在工业上用于连续分析气体试样中的杂质监测。这些仪器主要适于在被测组分吸收带的波长范围以内，其他组分没有吸收或仅有微弱的吸收时，进行连续测定。

五、试样的处理和制备

要获得一张高质量的红外光谱图，除了仪器本身的因素外，还必须有合适的试样制备方法。下面分别介绍气态、液态和固态试样制备。

（一）红外光谱法对试样的要求

红外光谱的试样可以是液体、固体或气体，一般要求如下。

（1）试样应该是单一组分的纯物质，纯度应＞98%或符合商业规格，才便于与纯物质的标准光谱进行对照。多组分试样应在测定前尽量预先用分馏、萃取、重结晶或色谱法进行分离提纯，否则各组分光谱相互重叠，难于判断。

（2）试样中不应含有游离水。水本身有红外吸收，会严重干扰样品谱，而且会侵蚀吸收池的盐窗。

（3）试样的浓度和测试厚度应选择适当，应使光谱图中的大多数吸收峰的透射比在 10%~80%。

（二）制样的方法

1. 气体试样

气体试样一般都灌注于玻璃气槽内进行测定。它的两端黏合有能透红外光的窗片。窗片的材质一般是 NaCl 或 KBr。进样时，一般先把气槽抽成真空，然后再灌注试样。

2. 液体试样

（1）液体池的种类　液体池的透光面通常是用 NaCl 或 KBr 等晶体做成。常用的液体池有三种，即厚度一定的密封固定池，其垫片可用可自由改变厚度的可拆池以及用微调螺丝连续改变厚度的密封可变池。通常根据不同的情况，选用不同的试样池。

（2）液体试样的制备

①液膜法：在可拆池两窗之间，滴上 1~2 滴液体试样，使之形成一薄的液膜。液膜厚度可借助于池架上的固紧螺丝作微小调节。该法操作简便，适用对高沸点及不易清洗的试样进行定性分析。

②溶液法：将液体（或固体）试样溶在适当的红外红溶剂中，如 CS_2、CCl_4、$CHCl_3$ 等，然后注入固定池中进行测定。该法特别适于定量分析。此外，它还能用于红外吸收很强、用液膜法不能得到满意谱图的液体试样的定性分析。在采用溶液法时，必须特别注意红外溶剂的选择。要求溶剂在较大的范围内无吸收，试样的吸收带尽量不被溶剂吸收带所干扰。此外，还要考虑溶剂对试样吸收带的影响（如形成氢键等溶剂效应）。

（3）固体试样　固体试样的制备，除前面介绍的溶液法外，还有压片法、粉末法、糊状法、薄膜法、发射法等，其中尤以糊状法、压片法和薄膜法最为常用。

①压片法：这是分析固体试样应用最广的方法。通常用 200mg 的 KBr 与 1~2mg 固体试样共同研磨；在模具中用（5~10）$\times 10^7$Pa 压力的油压机压成透明的片后，再置于光路进行测定。由于 KBr 在 400~4000cm^{-1}光区不产生吸收，因此可以绘制全波段光谱图。除用 KBr 压片外，也可用 KI、KCl 等压片。试样和 KBr 都应经干燥处理，研磨到粒度＜2μm，以免散射光影响。

②糊状法：该法是把试样研细，滴入几滴悬浮剂，继续研磨成糊状，然后用可拆池测定。常用的悬浮剂是液状石蜡油，它可减小散射损失，并且自身吸收带简单，但不适于用来研究与液状石蜡油结构相似的饱和烷烃。

③薄膜法：主要用于高分子化合物的测定。可将它们直接加热熔融后涂制或压制成膜。也可将试样溶解在低沸点的易挥发溶剂中，涂在盐片上，待溶剂挥发后成膜。制成的膜直接插入光路即可进行测定。

此外，当样品量特别少或样品面积特别小时，采用光束聚光器，并配有微量液体池、微量固体池和微量气体池，采用全反射系统或用带有卤化碱透镜的反射系统进行测量。

六、定性与定量分析

红外光谱在化学领域中的应用是多方面的。它不仅用于结构的基础研究，如确定分子的空间构型，求出化学键的力常数、键长和键角等；而且广泛地用于化合物的定性、定量分析和化学反应的机理研究等。但是红外光谱应用最广的还是有机化合物的定性鉴定和结构分析。

（一）定性分析

1. 已知物的鉴定

将试样的谱图与标准的谱图进行对照，或者与文献上的谱图进行对照。如果两张谱图各吸收峰的位置和形状完全相同，峰的相对强度一样，就可以认为样品是该种标准物。如果两张谱图不一样，或峰位不一致，则说明两者不为同一化合物，或样品有杂质。如用计算机谱图检索，则采用相似度来判别。使用文献上的谱图应当注意试样的物态、结晶状态、溶剂、测定条件以及所用仪器类型均应与标准谱图相同。在许多 IR 光谱专著中都详细地叙述各种官能团的 IR 光谱特征频率表，但是利用这些特征频率表来解析 IR 光谱，判断官能团存在与否，在很大程度上还要靠经验。因此分析工作者必须熟知基团的特征频率表，如能熟悉一些典型化合物的标准红外光谱图，则可以提高 IR 光谱图的解析能力，加快分析速度。

2. 未知物结构的测定

测定未知物的结构，是红外光谱法定性分析的一个重要用途。如果未知物不是新化合物，可以通过两种方式利用标准谱图进行查对。

（1）查阅标准谱图的谱带索引，与寻找试样光谱吸收带相同的标准谱图。

（2）进行光谱解析，判断试样的可能结构，然后在由化学分类索引查找标准谱图对照核实。在定性分析过程中，除了获得清晰可靠的图谱外，最重要的是对谱图做出正确的解析。所谓谱图的解析就是根据实验所测绘的红外光谱图的吸收峰位置、强度和形状，利用基团振动频率与分子结构的关系，确定吸收带的归属，确认分子中所含的基团或键，进而推定分子的结构。简单地说，就是根据红外光谱所提供的信息，正确地把化合物的结构“翻译”出来。往往还需结合其他实验资料，如相对分子质量、物理常数、紫外光谱、核磁共振波谱及质谱等数据才能正确判断其结构。

现就红外光谱解析的一般原则介绍如下。

①收集试样的有关资料和数据：在进行未知物光谱解析之前，必须对样品有透彻的了解，例如，样品的来源、外观，根据样品存在的形态，选择适当的制样方法；注意观察样品的颜色、气味等，它们往往是判断未知物结构的佐证。还应注意样品的纯度以及样品的元素分析及其他物理常数的测定结果。元素分析是推断未知样品结构的另一依据。样品的相对分子质量、沸点、熔点、折光率、旋光率等物理常数，可作光谱解释的旁证，并有助于缩小化合物的范围。

②确定未知物的不饱和度：由元素分析的结果可求出化合物的经验式，由相对分子质量可求出其化学式，并求出不饱和度，从不饱和度可推出化合物可能的范围。

不饱和度是表示有机分子中碳原子的不饱和程度。计算不饱和度 Ω 的经验公式如式（2-17）所示。

$$\Omega=1+n_4+1/2\ (n_3-n_1) \tag{2-17}$$

式中 n_4、n_3、n_1——分子中所含的四价、三价和一价元素原子的数目（二价原子如 S、O 等不参加计算）。

当计算得：$\Omega=0$ 时，表示分子是饱和的，应有链状烃及其不含双键的衍生物；当 $\Omega=1$ 时，可能有一个双键或脂环；当 $\Omega=2$ 时，可能有两个双键和脂环，也可能有一个三键；当 $\Omega=4$ 时，可能有一个苯环等。

③图谱解析：根据官能团的初步分析可以排除一部分结构的可能性，肯定某些可能存在的结构，并可以初步推测化合物的类别。

习惯上多采用两区域法，它是将光谱按特征区（4000～1350cm^{-1}）及指纹区（1350～650cm^{-1}）划为两个区域，先识别特征区的第一强峰的起源（由何种振动所引起）及可能归宿（属于什么基团），而后找出该基团所有或主要相关峰，以确定第一强峰的归宿。依次再解析特征区的第二强峰及其相关峰，依次类推。有必要时再解析指纹区的第一、第二……强峰及其相关峰。采取“抓住”一个峰，解析一组相关峰的方法。它们可以互为旁证，避免孤立解析。

较简单的谱图，一般解析三、四组相关峰即可解析完毕，但结果的最终判定，一定要与标准光谱图对照。

④注意事项：

a. IR 光谱是测定化合物结构的，只有分子在振动的状态下伴随有偶极矩变化者才能有红外吸收。对应异构体具有相同的光谱，不能用 IR 光谱来鉴别这类异构体。

b. 某些吸收峰不存在，可以确信某基团不存在；相反，吸收峰存在并不是该基团存在的确认，应考虑杂质的干扰。

c. 在一个光谱图中的所有吸收峰并不能全部指出其归属，因为有些峰是分子作为一个整体的特征吸收，而有些峰则是某些峰的倍频或组频，另外还有些峰是多个基团振动吸收的叠加。

d. 在 4000~650cm^{-1}区只显示少数几个宽吸收者，大多数为无机化合物的谱图。

e. 在 3350cm^{-1}和 1640cm^{-1}处出现的吸收峰，很可能是样品中的水引起的。

f. 高聚物的光谱较之于形成这些高聚物的单体的光谱吸收峰的数目少，峰较宽钝，峰的强度也较低。但分子质量不同的相同聚合物 IR 光谱无明显差异。如相对分子质量为 100000 和相对分子质量为 15000 的聚苯乙烯，两者在 4000~650cm^{-1}的一般红外区域找不到光谱上的差异。

g. 解析光谱图时当然首先注意强吸收峰，但有些弱峰、尖峰的存在不可忽略，往往对研究结构可提供线索。

h. 解析光谱图时辨认峰的位置固然重要、但峰的强度对确定结构也是有用的信息。有时注意分子中两个特征峰相对强度的变化能为确认复杂基团的存在提供线索。

i. 在实际工作中，遇到被剖析的物质不仅是单一组分，经常遇到的是二组分或多组分的样品。为了快速准确的推测出样品的组成及结构，还要借助于因子分析法、计算机技术等手段来解决实际问题。

3. 几种标准图谱集

进行定性分析时，对于能获得相应纯品的化合物，一般通过图谱对照即可。对于没有已知纯品的化合物，则需要与标准图谱进行对照。应该注意的是测定未知物所使用的仪器类型及制样方法等应与标准图谱一致。最常见的标准图谱有如下几种。

（1）萨特勒（Sadtler）标准红外光谱集　它是由美国 Sadtler Research Laborationies 编辑出版的。“萨特勒”收集的图谱最多，至 1974 年为止，已收集 47000 张（棱镜）图谱。另外，它有各种索引，使用甚为方便。从 1980 年已开始可以获得萨特勒图谱集的软件资料。现在已超过 130000 张图谱。它们包括 9200 张气态光谱图，59000 张纯化合物凝聚相光谱和 53000 张产品的光谱，如单体、聚合物、表面活性剂、粘接剂、无机化合物、塑料、药物等。

（2）分子光谱文献“DMS”（Documentation Ofmolecular Spectroscopy）穿孔卡片　它由英国和西德联合编制。卡片有三种类型：桃红卡片为有机化合物，淡蓝色卡片为无机化合物，淡黄色卡片为文献卡片。卡片正面是化合物的许多重要数据，反面则是红外光谱图。

（3）“API”红外光谱资料　它由美国石油研究所（API）编制。该图谱集主要是烃类化合物的光谱。由于它收集的图谱较单一，数目不多（至 1971 年共收集图谱 3604 张），又配有专门的索引，故查阅也很方便。

事实上，现在许多红外光谱仪都配有计算机检索系统，可从储存的红外光谱数据中鉴定未知化合物。

（二） 定量分析

红外光谱定量分析是通过对特征吸收谱带强度的测量来求出组分含量。其理论依据是朗伯-比耳定律。由于红外光谱的谱带较多，选择的余地大，所以能方便地对单一组分和多组分进行定量分析。此外，该法不受样品状态的限制，能定量测定气体、液体和固体样品。因此，红外光谱定量分析应用广泛。但红外光谱法定量灵敏度较低，尚不适用于微量组分的测定。

1. 基本原理

（1）选择吸收带的原则

①必须是被测物质的特征吸收带。例如分析酸、酯、醛、酮时，必须选择 >C═O 基团的振动有关的特征吸收带。

②所选择的吸收带的吸收强度应与被测物质的浓度有线性关系。

③所选择的吸收带应有较大的吸收系数且周围尽可能没有其他吸收带存在，以免干扰。

（2）吸光度的测定

①一点法：该法不考虑背景吸收，直接从谱图中分析波数处读取谱图纵坐标的透过率，再由公式 $\lg 1/T=A$ 计算吸光度。

②基线法：通过谱带两翼透过率最大点作光谱吸收的切线，作为该谱线的基线，则分析波数处的垂线与基线的交点，与最高吸收峰顶点的距离为峰高，其吸光度 $A=\lg(I_0/I)$。

2. 定量分析方法

谱带强度的测量方法主要有峰高（即吸光度值）测量和峰面积测量两种，而定量分析方法很多，根据被测物质的情况和定量分析的要求可采用直接计算法、工作曲线法、吸光度比法和内标法等。

①直接计算法：这种方法适用于组分简单，特征吸收谱带不重叠。且浓度与吸收呈线性关系的样品。直接从谱图上读取吸光度 A 值，再按朗伯-比尔定律算出组分浓度 c。这一方法的前提是应先测出样品厚度 l 及摩尔吸光系数 ε 值，分析精度不高时，可用文献报道值。

②工作曲线法：这种方法适用于组分简单，样品厚度一定（一般在液体样品池中进行），特征吸收谱带重叠较少，而浓度与吸光度不成线性关系的样品。

③吸光度比法：该法适用于厚度难以控制或不能准确测定其厚度的样品，例如厚度不均匀的高分子膜，糊状法的样品等。这一方法要求各组分的特征吸收谱带相互不重叠，且服从于朗伯-比尔定律。如有二元组分 X 和 Y，根据朗伯-比尔定律，应存在以下关系：

$$A_x = \varepsilon_x c_x l_x,\quad A_y = \varepsilon_y c_y l_y \tag{2-18}$$

由于是在同一被测样品中，故厚度是相同的，$l_x=l_y$。

其吸光度比 R 为：

$$R = \frac{A_x}{A_y} = \frac{\varepsilon_x c_x l_x}{\varepsilon_y c_y l_y} = k\frac{c_x}{c_y} \tag{2-19}$$

式中　k——吸收系数比。

前提是不允许含其他杂质。吸光度比法也适合于多元体系。

④内标法：此法适用于厚度难以控制的糊状法、压片法等的定量工作，可直接测定样品中某一组分的含量。具体做法如下。

首先，选择一个合适的纯物质作为内标物。用待测组分标准品和内标物配制一系列不同比例的标样，测量它们的吸光度，并用公式计算出吸收系数比 k。

根据朗伯-比尔定律，待测组分 s 的吸光度 $A_s=\varepsilon_s c_s l_s$，内标物 I 的吸光度：$A_I=\varepsilon_I c_I l_I$

因内标物与待测组分的标准品配成标样后测定，故 $l_s l_I$。

$$k=\frac{\varepsilon_s}{\varepsilon_I}=\frac{A_s}{c_s l_s}\cdot\frac{c_I l_I}{A_I}=\frac{A_s}{A_I}\cdot\frac{c_I}{C_s} \tag{2-20}$$

在配置的标样中 c_s、c_I都是已知的，A_s、A_I可以从图谱中得到，因此可求得 k 值。然后在样品中配入一定量的内标物，测其吸光度，即可计算出待测组分的含量 c_s。

$$c_s=c_I\frac{A_s}{A_I}\frac{l}{k} \tag{2-21}$$

式中　c_I——配入样品中的内标物含量，mol/L。

如果被测组分的吸光度与浓度不成线性关系，即 k 值不恒定时，应先做出 A_s/A_I与 c_s/c_I工作曲线。在未知样品中测定吸光度比值后，就可以从工作曲线上得出响应的浓度比值。由于加入的内标物量是已知的，因此就可求得未知组分的含量。

第四节　原子吸收分光光度法

原子吸收分光光度法是一种基于待测基态原子对特征谱线的吸收而建立的一种定量分析方法。具有测定灵敏度高、应用范围广、选择性强、仪器较简单、操作方便、分析速度快等特点。不仅可以测定金属元素，也可以用间接的方法测定非金属化合物及有机化合物。既能用于微量分析又能用于超微量分析。

一、　原子吸收分析的原理

当辐射光通过待测物质产生的基态原子蒸汽时，若入射光的能量等于原子中的电子由基态跃迁到激发态的能量，该入射光就可能被基态原子所吸收，使电子跃迁到激发态。原子吸收光的波长通常在紫外和可见区。

若入射光是强度为 I_0的不同频率的光，通过宽度为 b 的原子蒸气时（图 2-17），有一部分光将被吸收，若原子蒸气中原子密度一定，则透过光（或吸收光）的强度与原子蒸气宽度的关系同有色溶液吸收光的情况完全类似，服从朗伯定律。

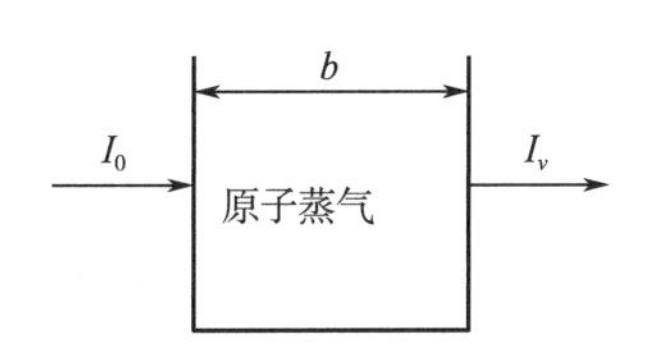

图 2-17　原子吸收示意图

1. 共振线与吸收线

原子可具有多种能级状态，当原子受外界能量激发时，其最外层电子可能跃迁到不同能级，因此可能有不同的激发态。电子从基态跃迁到能量最低的激发态（称为第一激发态）时要吸收一定频率的光。所产生的吸收谱线称为共振吸收线（又简称共振线）。各种元素的原子结构和外层电子排布不同，不同元素的原子从基态激发至第一激发态时，吸收的能量不同，因而各种元素的共振线不同，各有其特征性，所以这种共振线是元素的特征谱线。

这种从基态到第一激发态间的直接跃迁最易发生，因此对大多数元素来说，共振线是元素的灵敏线。在原子吸收分析中，就是利用处于基态的待测原子蒸气吸收光源辐射而产生的共振线来进行分析。

由于物质的原子对光的吸收具有选择性，对不同频率的光，原子对光的吸收也不同，故透过光的强度，随着光的频率不同而有所变化，其变化规律如图 2-18 所示，在频率 ν_0 处透过的光最少，也即吸收最大。我们把这种情况称为原子蒸气在特征频率 ν_0 处有吸收线。如图 2-18 所示，电子从基态跃迁至激发态所吸收的谱线（吸收线）绝不是一条对应某一单一频率的几何线，而是具有一定的宽度，通常称为谱线轮廓（Lineprofile）。

谱线轮廓上各点对应的吸收系数 K_ν 是不同的。如图 2-19，在频率 ν_0 处，吸收系数有极大值（K_0），又称峰值吸收系数。吸收系数等于极大值的一半（$K_0/2$）处吸收线轮廓上两点间的距离（即两点间的频率差），称为吸收线的半宽度（Half-Width），以 $\Delta\nu$ 表示。其数量级为 10^{-3} ~ 10^{-2}nm。通常以 ν_0 和 $\Delta\nu$ 来表征吸收线的特征值。前者由原子的能级分布特征决定，后者除谱线本身具有的自然宽度外，还受多种因素的影响。

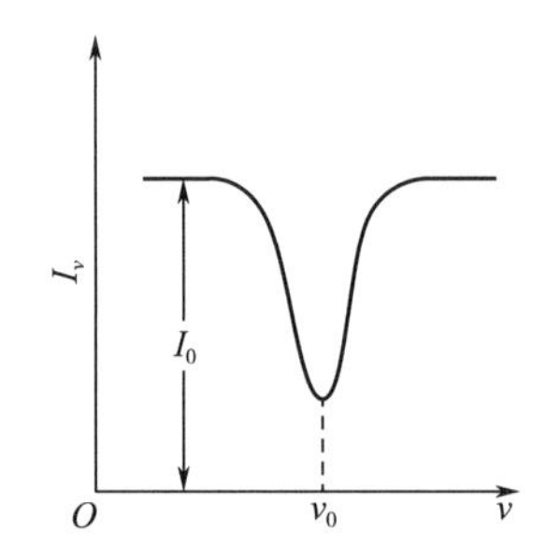

图 2-18 透射光的强度 I_ν 与频率 ν 的关系

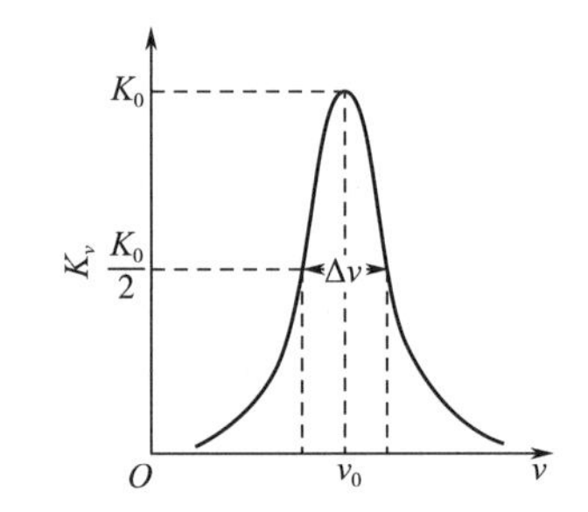

图 2-19 吸收线轮廓与半宽度

在通常原子吸收光谱法条件下，吸收线轮廓主要受多普勒变宽（Doppler Broadening）和劳伦兹变宽（Lorentz Broadening）的影响。劳伦兹变宽是由于吸收原子和其他粒子碰撞而产生的变宽。当共存元素原子浓度很小时，吸收线宽度主要受多普勒变宽的影响。多普勒变宽是由于原子在空间做无规则的热运动产生多普勒效应而引起的，又称热变宽。多普勒变宽计算公式见式（2-22）。

$$\Delta\nu_D = 7.162 \times 10^{-7}\nu_0\sqrt{\frac{T}{M}} \tag{2-22}$$

式中 ν_0——谱线的中心频率，Hz；

T——热力学温度，K；

M——相对分子质量。

如式（2-22）所示，待测原子的相对分子质量越小，温度越高，则吸收线轮廓变宽越显著，导致原子吸收分析灵敏度下降。

2. 热激发时基态原子与总原子数的关系

在原子化过程中，待测元素吸收了能量，由分子离解成原子，此时的原子，大部分都是基态原子，有一小部分可能被激发，成为激发态原子。而原子吸收法是利用待测元素的原子蒸气中基态原子对该元素的共振线的吸收来进行测定的，所以原子蒸气中基态原子与待测元素原子总数之间的关系即分布情况如何，直接关系到原子吸收效果。

在一定温度下，达到热平衡后，处在激发态和基态的原子数的比值遵循玻尔兹曼（Boltzmann）分布：

$$\frac{N_j}{N_0} = \frac{P_j}{P_0} e^{-\frac{E_j - E_0}{KT}} \tag{2-23}$$

式中　N_j——单位体积内激发态原子数；

N_0——单位体积内基态的原子数；

P_j——激发态统计权重，它表示能级的简并度，即相同能级的数目；

P_0——基态统计权重，它表示能级的简并度，即相同能级的数目；

E_j——激发态原子能级的能量，eV；

E_0——基态原子能级的能量，eV；

K——玻尔兹曼（Boltzmann）常数；

T——热力学温度。

对共振线来说，电子是从基态（$E=0$）跃迁到第一激发态，因此在原子光谱中，对一定波长的谱线，P_j/P_0和 E_j（激发能）都是已知值，只要火焰温度 T 确定，就可求得 N_j/N_0值。表 2-10 列出了几种元素共振线的 N_j/N_0值。

表 2-10　　几种元素共振线的 N_j/N_0值

共振线/nm		P_j/P_0	激发能/eV	N_j/N_0	
				$T=2000K$	$T=3000K$
Na	589.0	2	2.104	0.99×10^{-5}	5.83×10^{-4}
Sr	460.7	3	2.690	4.99×10^{-7}	9.07×10^{-5}
Ca	422.7	3	2.932	1.22×10^{-7}	3.55×10^{-5}
Fe	372.0	—	3.332	2.99×10^{-9}	1.31×10^{-6}
Ag	328.1	2	3.778	6.03×10^{-10}	8.99×10^{-7}
Cu	324.8	2	3.817	4.82×10^{-10}	6.65×10^{-7}
Mg	285.2	3	4.346	3.35×10^{-11}	1.50×10^{-7}
Pb	283.3	3	4.375	2.83×10^{-11}	1.34×10^{-7}
Zn	213.9	3	5.795	7.45×10^{-13}	5.50×10^{-10}

如式（2-18）及表 2-10 所示，温度越高，N_j/N_0 值越大。在同一温度下，电子跃迁的能级 E_j 越小，共振线的波长越长，N_j/N_0 值也越大。常用的热激发温度一般低于 3000K，大多数的共振线波长都小于 600nm，因此对大多数元素来说，N_j/N_0 值都很小（＜1%），即热激发中的激发态原子数远小于基态原子数，也就是说火焰中基态原子占绝对多数，因此可以用基态原子数 N_0 代表吸收辐射的原子总数。

3、原子吸收法的定量基础

原子蒸气所吸收的全部能量，在原子吸收光谱法中称为积分吸收，即为图 2-20 中吸收线下所包括的整个面积，其值 $\int k_\nu \times \delta_\nu \propto N_0$，$N_0$为单位体积原子蒸气中基态原子数。理论上如果能测得积分吸收值，便可计算出待测元素的原子数。但是由于原子吸收线的半宽度很小，约为0.002nm，要测量这样一条半宽度很小的吸收线的积分吸收值，就需要有分辨率高达五十万的单色器，这个技术直到目前也还是难以做到的。

而在1955年，瓦尔什（Walsh. A）从另一条思路考虑，提出了采用锐线光源测量谱线峰值吸收（Peak Absorption）的办法来加以解决。所谓锐线光源（Narrow-Line Source）就是能发射出谱线半宽度很窄的发射线的光源。

使用锐线光源进行吸收测量时，其情况如图2-20所示。根据光源发射线半宽度小于吸收线半宽度的条件，考察测量原子吸收与原子蒸气中原子密度之间的关系。若吸光度为A，则：

$$A = Kc \tag{2-24}$$

式中　c——待测元素的浓度，mol/L；

K——在一定实验条件是一个常数。

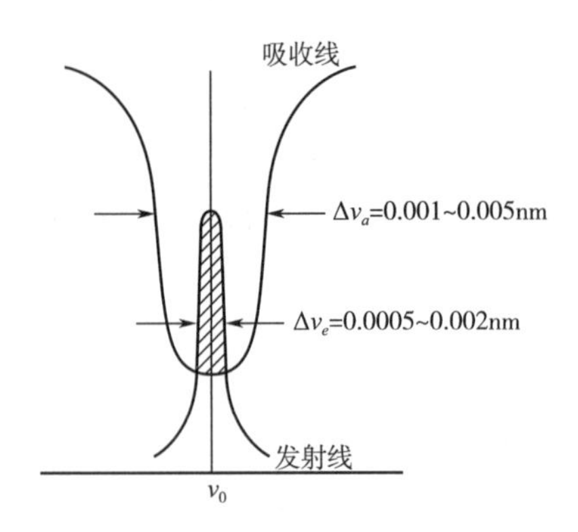

图2-20　峰值吸收示意图
阴影部分表示被吸收的发射线

此式为比尔定律（Beer Law），它指出在一定实验条件下，吸光度与待测元素的浓度呈正比的关系。所以通过测定吸光度就可以求出待测元素的含量。这就是原子吸收分光光度分析的定量基础。

实现峰值吸收的测量，除了要求光源发射线的半宽度应小于吸收线半宽度外，还必须使通过原于蒸气的发射线中心频率恰好与吸收线的中心频率ν_0相重合，这就是在测定时需要使用一个与待测元素同种元素制成的锐线光源的原因。

二、原子吸收分析仪

原子吸收光谱分析仪（原子吸收分光光度计）包括四大部分：光源、原子化系统、分光系统、检测系统（图2-21）。

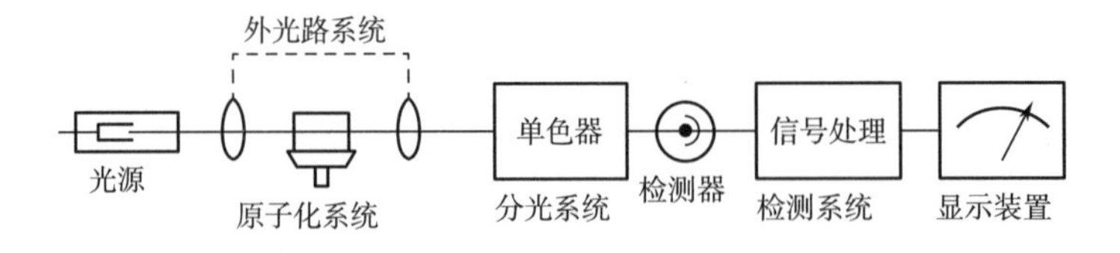

图2-21　原子吸收分光光度计基本构造示意图

1. 光源

光源的作用是辐射待测元素的特征光谱（实际辐射的是共振线和其他非吸收谱线），以供测量用，为了获得较高的灵敏度和准确度，所使用的光源必须满足如下要求。

应用最广泛的空心阴极灯（Hollow Cathode Lamp）能辐射锐线，即发射线的半宽度比吸收线的半宽度窄得多，且能辐射待测元素的共振线，稳定性好，应用最广泛。普通空心阴极灯是一种气体放电管，它包括一个阳极（钨棒）和一个空心圆筒形阴极，两电极密封于充有低压惰性气体的带有石英窗（或玻璃窗）的玻璃管中。其结构见图2-22。

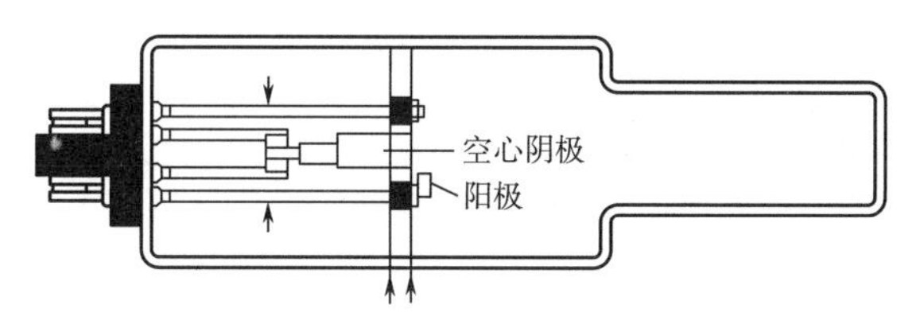

图 2-22　空心阴极灯

其阴极用金属或合金制成阴极衬套，用以发射所需的谱线，空穴内再衬入或熔入所需金属（待测元素）。当阴极材料只含一种元素为单元素灯；含多种元素的物质可制成多元素灯。当给空心阴极灯一适当电压时，可发射所需特征谱线。

为了避免光谱干扰，制灯时，必须用纯度较高的阴极材料或选择适当的内充气体。

空心阴极灯的光强度与灯的工作电流有关。增大灯的工作电流，可以增加发射强度。但工作电流过大，会产生自蚀现象而缩短灯的寿命，还会造成灯放电不正常，使发射光强度不稳定。但如果工作电流过低，又会使灯光强度减弱，导致稳定性、信噪比下降。因此使用空心阴极灯时必须选择适当的灯电流。最适宜的灯电流随阴极元素和灯的设计不同而变化。

空心阴极灯在使用前应经过一段时间预热，使灯的发射强度达到稳定。预热的时间长短视灯的类型和元素的不同而不同，一般在 5~20min。

空心阴极灯具有下列优点：只有一个操作参数（即电流），发射的谱线稳定性好，强度高而谱线宽度窄，并且灯也容易更换。其缺点是每测一种元素，都要更换相应的待测元素的空心阴极灯。

2. 原子化系统

原子化系统是原子吸收光谱仪的核心。原子化系统的作用是将试样中的待测元素转变成基态原子蒸气。待测元素由化合物离解成基态原子的过程，称为原子化过程。目前，使试样原子化的方法有火焰原子化法和无火焰原子化法两种。

火焰原子化法具有简单，快速，对大多数元素有较高的灵敏度和检测极限等优点，因而至今使用仍是最广泛的。无火焰原子化技术具有较高的原子化效率、灵敏度和检测极限，因而发展很快。

（1）火焰原子化装置　例如要测定样品液中镁的含量［图 2-23（1）］，先将试液喷射成雾状进入燃烧火焰中，含镁盐的雾滴在火焰温度下，挥发并离解成镁原子蒸气。再用镁空心阴极灯作光源，它辐射出具有波长为 285. 2nm 镁的特征谱线的光，当通过一定厚度的镁原子蒸气时，部分光被蒸气中基态镁原子吸收而减弱。通过单色器和检测器测得镁特征谱线光被减弱的程度，即可求得试样中镁的含量。火焰原子化装置包括雾化器和燃烧器两部分。

①雾化器：雾化器的作用是将试液雾化，其性能对测定的精密度及测定过程中的化学干扰等产生显著影响。因此要求喷雾稳定，雾滴微小而均匀和雾化效率高。目前普遍采用的是气动同轴型雾化器，其雾化效率可达 10%以上。图 2-23（2）为一种雾化器的示意图。在毛细管外壁与喷嘴口构成的环形间隙中，由于高压助燃气（空气、氧、氧化亚氮等）以高速通过，造成负压区，从而将试液沿毛细管吸入，并被高速气在毛细管外壁与喷嘴口构成的环形间隙中，并被高速气流分散成溶胶（即成雾滴）。为了减小雾滴的粒度，在雾化器前几毫米处放置一撞击球，喷出的雾滴经节流管，碰在撞击球上，进一步分散成细雾。

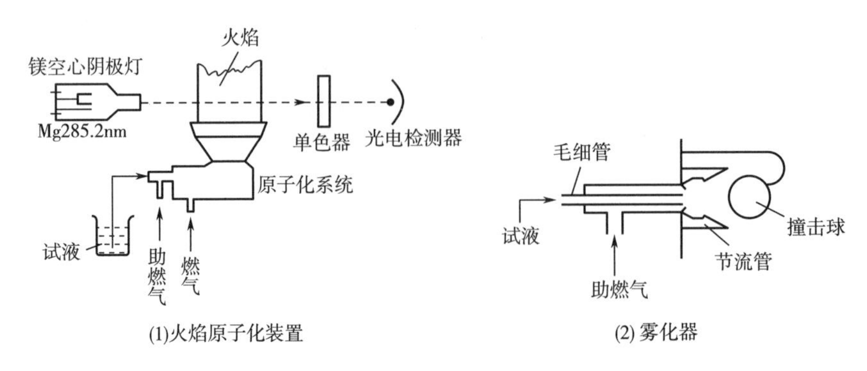

图 2-23　火焰原子化装置与雾化器示意图

②燃烧器：图 2-24 为预混合型燃烧器的示意图，试液雾化后进入预混合室（又称雾化室），与燃气（如乙炔、丙烷、氢等）在室内充分混合，其中较大的雾滴凝结在壁上，经预混合室下方废液管排出，而最细的雾滴则进入火焰中。

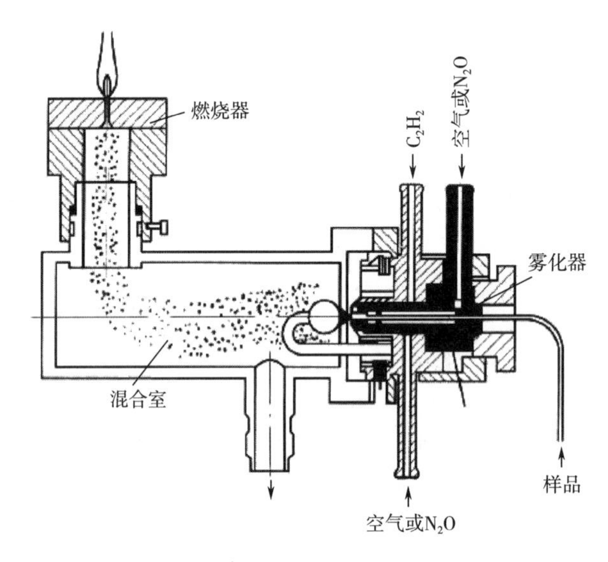

图 2-24　预混合型燃烧器示意图

③火焰：原子吸收光谱分析，测定的是基态原子，而火焰原子化法是使试液变成原子蒸气的一种理想方法。化合物在火焰温度的作用下经历蒸发、干燥、熔化、离解、激发和化合等复杂过程。在此过程中，除产生大量游离的基态原子外，还会产生很少量激发态原子、离子和分子等不吸收辐射的粒子，这些粒子是需要尽量设法避免的。关键的问题是要控制好火焰的温度，只要能使待测元素离解成游离的基态原子就可以了，如果超过所需的温度，激发态原子将增加，基态原子减少，使原子吸收的灵敏度下降。但如果温度过低，对某些元素的盐类不能离解，也使灵敏度下降。

一般易挥发或电离电位较低的元素（如 Pb，Cd，Zn，碱金属及碱土金属等），应使用低温且燃烧速度较慢的火焰；与氧易生成耐高温氧化物而难离解的元素（如 Al，V，Mo，Ti 及 W 等），应使用高温火焰。表 2-11 列出了几种常用火焰的温度。

表 2-11　　火焰温度及燃烧速度

燃料气体	助燃气体	最高温度/K	燃烧速度/（cm/s）
煤气	空气	2110	55
丙烷	空气	2195	82
氢气	空气	2320	320
乙炔	空气	2570	160
氢气	氧气	2970	900
乙炔	氧气	3330	1130
乙炔	氧化亚氮	3365	180

由表 2-11 可见，火焰温度主要决定于燃料气体和助燃气体的种类，还与燃料气与助燃气的流量有关。火焰有三种状态：中性火焰（燃气与助燃气的比例与它们之间化学反应计算量相近时）；贫燃性火焰（又称氧化性火焰，助燃气量大于化学计算量时形成的火焰）；富燃性火焰（又称还原性火焰，燃气量大于化学计算量时形成的火焰）。一般富燃性火焰比贫燃性火焰温度低，但由于燃烧不完全，形成强还原性，有利于难离解氧化物元素的测定；燃烧速度指火焰的传播速度，它影响火焰的安全性和稳定性。要使火焰稳定，可燃混合气体供气速度应大于燃烧速度，但供气速度过大，会使火焰不稳定，甚至吹灭火焰，过小则会引起回火。

火焰的组成关系到测定的灵敏度、稳定性和干扰等，因此对不同的元素应选择不同的恰当的火焰。常用的火焰有空气-乙炔、氧化亚氮-乙炔等。火焰原子化的方法，由于重现性好、易于操作，已成为原子吸收分析的标准方法。

（2）无火焰原子化装置　火焰原子化方法的主要缺点是，待测试液中仅有约 10%被原子化，而约 90%的试液由废液管排出。这样低的原子化效率成为提高灵敏度的主要障碍。无火焰原子化装置可以提高原子化效率，使灵敏度增加 10~200 倍，因而得到较多的应用。

无火焰原子化装置有多种：电热高温石墨管、石墨坩埚、石墨棒、钽舟、镍杯、高频感应加热炉、空心阴极溅射、等离子喷焰、激光等。

①电热高温石墨炉原子化器（Atomization in Ggraphite Furnace）：这种原子化器将一个石墨管固定在两个电极之间，管的两端开口，安装时使其长轴与原子吸收分析光束的通路重合。如图 2-25 及图 2-26 所示，石墨管的中心有一进样口，试样（通常是液体）由此注入。为了防止试样及石墨管氧化，需要在不断通入惰性气体（氮或氩）的情况下用大电流（300A）通过石墨管。石墨管被加热至高温时使试样原子化，实际测定时分干燥、灰化、原子化、净化四步程序升温，由微机控制自动进行。

a. 干燥：干燥的目的是在低温（通常为 105℃）下蒸发去除试样的溶剂，以免导致灰化和原子化过程中试样飞溅。

b. 灰化：灰化的作用是在较高温度（350~1200℃）下进一步去除有机物或低沸点无机物，以减少基体组分对待测元素的干扰。

c. 原子化：原子化温度随被测元素而异（2400~3000℃）。

d. 净化：净化的作用是将温度升至最大允许值，以去除残余物，消除由此产生的记忆效应。

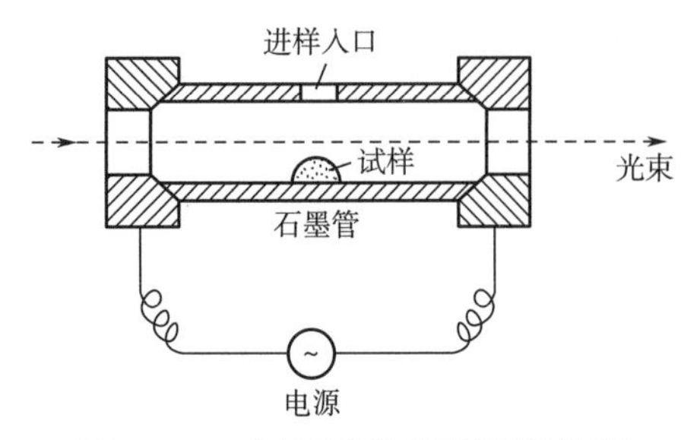

图 2-25 电热高温石墨管原子化器

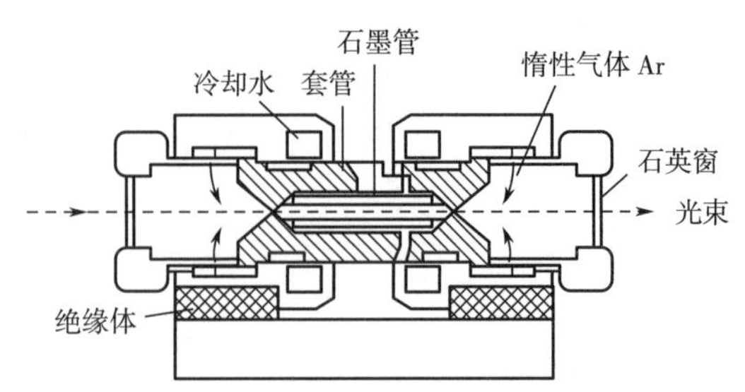

图 2-26 石墨管原子化器的构造

石墨炉原子化方法的最大优点是注入的试样几乎可以完全原子化。特别对于易形成耐熔氧化物的元素，由于没有大量氧存在，并由石墨提供了大量碳，所以能够得到较好的原子化效率。当试样含量很低或只能提供很少量的试样又需测定其中的痕量元素时也可以正常进行分析，其检出极限可达 10^{-12}g 数量级，试样用量仅为 1~100μL。可以测定黏稠或固体试样。

石墨炉原子化方法的缺点是精密度、测定速度不如火焰法高，装置复杂，费用高。

②氢化物原子化装置（hydride atomization）：氢化物原子化法是另一种无火焰原子化法。主要因为有些元素在火焰原子化吸收中灵敏度很低，不能满足测定要求，火焰分子对其共振线产生吸收。如 As、Sb、Ge、Hg、Bi、Sn、Se、Pb 和 Te 等元素，这些元素或其氢化物在低温下易挥发。例如砷在酸性介质中与强还原剂硼氢化钠（或钾）反应生成气态氢化物。其反应为：

$$AsCl_3+4NaBH_4+HCl+8H_2O = AsH_3\uparrow+4NaCl+4HBO_2+13H_2\uparrow$$

生成的氢化物不稳定，可在较低的温度（一般为 700~900℃）分解、原子化，其装置分为氢化物发生器和原子化装置两部分。现已有商品化氢化物装置。

氢化物原子化法由于还原转化为氧化物时的效率高，且氢化物生成的过程本身就是个分离过程，因而此法具有高灵敏度（可达 10^{-9} g）、较少的基体干扰和化学干扰、选择性好等优点。但精密度比火焰法差，产生的氢化物均有毒，要在良好的通风条件下进行。

3. 分光系统

原子吸收分光光度计的分光系统又称单色器，它的作用是将待测元素的共振线与邻近谱线分开（要求能分辨开如 Ni 230.003nm、Ni 231.603nm、Ni 231.096nm）。

单色器是由色散元件（可以用棱镜或衍射光栅）、反射镜和狭缝组成。为了阻止非检测谱线进入检测系统，单色器通常放在原子化器后边。该系统如图 2-27 所示。

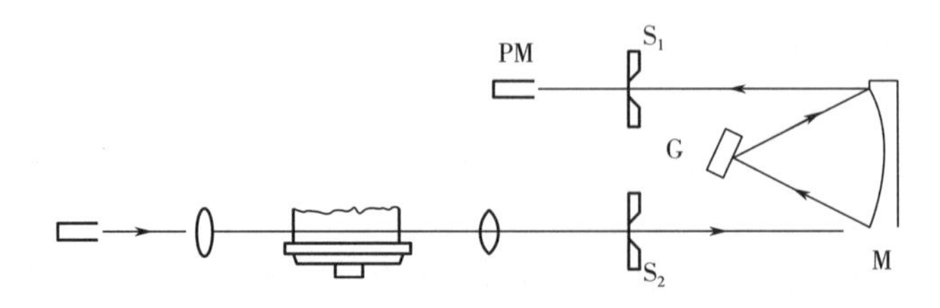

图 2-27 一种分光系统示意图

G—光栅 M—反射镜 S_1—入射狭缝 S_2—出射狭缝 PM—检测器

原子吸收所用的吸收线是锐线光源发出的共振线，它的谱线比较简单，因此对仪器并不要求很高的色散能力，同时为了便于测定，又要有一定的出射光强度，因此若光源强度一定，就需要选用适当的光栅色散率与狭缝宽度配合，构成适于测定的通带（或带宽）来满足上述要求。通带是由色散元件的色散率与入射及出射狭缝宽度（二者通常是相等的）决定的，其表示如式（2-25）：

$$W = D \cdot S \tag{2-25}$$

式中　W——单色器的通带宽度，nm；

D——光栅倒线色散率，nm · mm^{-1}；

S——狭缝宽度，mm。

由式（2-25）可见，当光栅色散率一定时，单色器的通带可通过选择狭缝宽度来确定。

当仪器的通带增大即调宽狭缝时，出射光强度增加，但同时出射光包含的波长范围也相应加宽，使单色器的分辨率降低，这样，未被分开的靠近共振线的其他非吸收谱线，或在火焰中不被吸收的光源发射背景辐射也经出射狭缝而被检测器接收，从而导致测得的吸收值偏低，使工作曲线弯曲，产生误差。反之，调窄狭缝，可以改善实际分辨率，但出射光强度降低。因此，应根据测定的需要调节合适的狭缝宽度。

4. 检测系统

检测系统主要由检测器、放大器、读数和记录系统组成。常用光电倍增管作检测器，把经过单色器分光后的微弱光信号转换成电信号，再经过放大器放大后，在读数器装置上显示出来。

三、 原子吸收分析方法

原子吸收分光光度分析主要用在定量分析中。当待测元素浓度不高，且分析条件固定时，试样的吸光度与待测元素浓度成正比。常用的方法有标准曲线法和标准加入法。

（一） 标准曲线法

配制一组浓度为合适梯度的标准溶液，然后将标准溶液由低浓度到高浓度，依次喷入火焰，分别测定其吸光度 A，以测得的吸光度为纵坐标，待测元素的含量或浓度 c 为横坐标，绘制 $A-c$ 标准曲线。在相同的实验条件下，喷入待测试样溶液，根据测得的吸光度，由标准曲线求出试样中待测元素的含量。如图 2-28 所示。

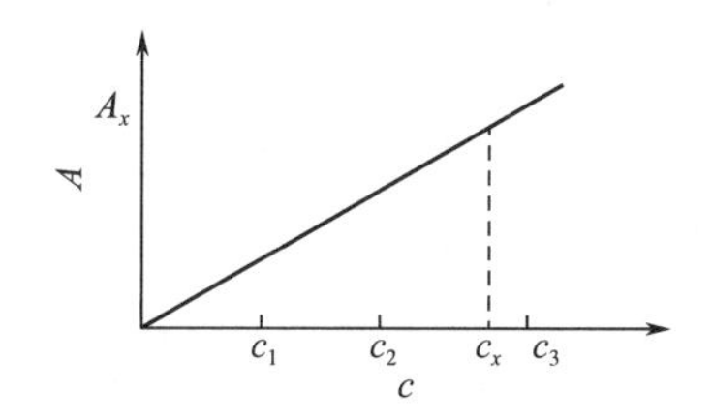

图 2-28　标准曲线法

在使用本法时要注意以下几点。

①所配制的标准溶液的浓度，应在吸光度与浓度呈直线关系的范围内。

②标准溶液与试样溶液都应用相同的试剂处理。

③应该扣除空白值。

④在整个分析过程中操作条件应保持不变。

⑤由于喷雾效率和火焰状态经常变动，标准曲线的斜率也随之变动，因此，每次测定前应用标准溶液对吸光度进行检查和校正。

标准曲线法简便、快速，但仅适用于组成简单、组分间互不干扰的试样。

（二） 标准加入法

对于试样组成复杂，且互相干扰明显的可采用标准加入法。具体做法如下。

取若干份（一般4份以上）体积相同的试样溶液，放入四个容积相同的容量瓶中。第一份，只是试样溶液，定容，设浓度为 c_x；第二份，试样加1份标准样，定容，设浓度为 c_x+c_0；第三份，试样加2份标样，定容，设浓度为 c_x+2c_0；第四份，试样加4份标样，定容，设浓度 c_x+4c_0。分别测 A 值，对应浓度作图，如图2-29。这时曲线并不通过原点，显然，相应的截距所反映的吸收值正是试样中待测元素所引起的效应。如果外延此曲线使与横坐标相交。相应于原点与交点的距离，即为所求的试样中待测元素的浓度 c_x。

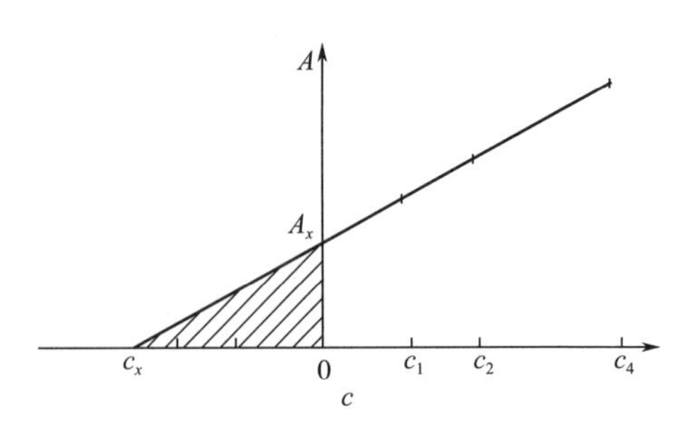

图2-29 标准加入法示意图

使用标准加入法时应注意以下几点：

①待测元素的浓度与其对应的吸光度应在线性范围。

②为了得到较为精确的外推结果，最少应采用4个点（包括试样溶液本身）来做外推曲线。

（三） 原子吸收分析的干扰因素及消除方法

原子吸收分析的干扰因素主要有物理干扰、化学干扰、光谱干扰和电离干扰。

（1）物理干扰（基体效应） 指试样在蒸发和原子化过程中，由于其物理特性如黏度、表面张力、密度等变化引起的原子吸收强度下降的效应。黏度影响待测试样喷入火焰的速度；表面张力影响雾滴大小及分布；溶剂的蒸气压影响蒸发速度和凝聚损失。配制与待测试样组成尽量相似的标准溶液，是消除基体干扰的常用而有效的方法。若待测元素含量不太低，应用简单的稀释试液的方法也可减少以至消除干扰。也可以使用标准加入法或蠕动泵来消除这种干扰。

（2）化学干扰 这是原子吸收分光光度法中的主要干扰。液相或气相中被测原子与干扰物质间形成热力学稳定的化合物，主要影响待测元素的原子化效率。不同的元素、不同的外界条件产生的化学干扰不一样。消除的方法有：①加入保护剂与待测元素形成更加稳定的化合物，将待测元素保护起来，消除干扰元素与待测元素作用的可能性。例如，加入EDTA，使之与钙形成EDTA-Ca络合物，消除磷酸根对测定钙的干扰；②加入释放剂与干扰元素形成更加稳定的化合物而将待测元素释放出来；③加入基体改进剂，与基体形成易挥发的化合物，在原子化前将干扰元素除去。除了上述三种方法之外还可以用标准加入法或对样品进行预处理（如沉淀法、溶剂萃取、离子交换等），将干扰组分在进样前与待测组分分离。

（3）光谱干扰 光谱干扰主要来自光源和原子化器，包括谱线干扰和背景干扰。谱线干扰包括与分析线相邻的是待测元素的谱线，这种情况常见于多谱线元素（如Ni，Co，Fe）。也包括与分析线相邻的是非待测元素的谱线。如果此谱线是该元素的非吸收线，会使待测元素的灵敏度下降，工作曲线弯曲。减小狭缝宽度可改善或消除这种影响。另外由于空心阴极灯的质量不好或长期没有使用，会造成光源本身有连续背景发射，使检测灵敏度降低。克服的方法是将灯反接或更换新灯。背景干扰包括分子吸收和光散射引起的干扰。分子吸收指在原子化过程中生成的气态分子、氧化物和盐类分子等对光源辐射产生吸收而引起的干扰；光散射干扰是在原子化过程中，产生的固体微粒对光产生散射而引起的干扰。在原子吸收光谱仪中采用氘灯扣除背景和塞曼效应扣除背景的方法可消除这种干扰。

（4）电离干扰 在原子化过程中，希望得到较多的原子，这时如果原子得到能量失去电子后，成为离子，将对光源产生的特征谱线不产生吸收，特别是基态原子的电离，干扰更大，使待测元素的基态原子数减少，使测定结果偏低。消除的方法是降低火焰温度或加入消电离剂（比待测元素更容易电离的物质），抑制待测元素电离。

（四） 原子吸收分析测定条件的选择

最佳测定条件应根据实际情况进行选择，主要应从以下几方面考虑。

（1）分析线的选择 通常选择元素的共振线作分析线，可使测定具有较高的灵敏度。而有些元素，例如 As、Se、Hg 等的共振线处于远紫外区，火焰对其吸收很强烈，因而可选择这些元素的次共振线作分析线。另外在分析较高浓度的试样时，为了得到适度的吸收值，有时也选取灵敏度较低的谱线，但是对于微量元素的鉴定，就必须选用最强的吸收线。表 2-12 列出了食品分析常用的各元素分析线。

表 2-12 食品分析常用的各元素分析线

元素	主分析线波长/nm	次分析线波长/nm	原子化方法
Na	589	589.6	空气-乙炔或空气-丙烷火焰
Mg	285.2		富燃空气-乙炔火焰
Al	309.3		富燃空气-乙炔或氧化亚氮-乙炔火焰
Si	251.6		富燃空气-乙炔或氧化亚氮-乙炔火焰
K	766.5		富燃空气-乙炔或空气-丙烷火焰
Ca	422.7		空气-乙炔火焰
Mn	279.5		空气-乙炔或空气-丙烷火焰
Fe	248.3		空气-乙炔火焰
Ni	232.0		空气-乙炔或空气-丙烷火焰
Cu	324.8		空气-乙炔或空气-丙烷火焰
Zn	213.9		空气-丙烷或空气-天然气火焰
As	193.7		空气-乙炔火焰
Cd	228.8		空气-丙烷或空气-天然气火焰
Hg	185.0	253.7	冷原子化法或空气-丙烷火焰
Pb	217.0	283.3	空气-乙炔或空气-丙烷火焰
Sn	286.3		空气-丙烷或空气-天然气火焰

（2）空心阴极灯电流 空心阴极灯的发射特性取决于工作电流，根据商品空心阴极灯均标有允许使用的最大工作电流值与可使用的电流范围，再通过实验，测定吸收值随灯电流的变化而选定最适宜的工作电流。选用时应在保证稳定和合适光强度输出的情况下，尽量选用最低的工作电流。

（3）火焰　火焰的选择和调节是保证高原子化效率的关键之一。选择什么样的火焰，取决于具体任务。不同火焰对不同波长辐射的透射性能是各不相同的。如乙炔火焰在220nm以下的短波区有明显的吸收，因此对于分析线处于这一波段区的元素，是否选用乙炔火焰就应考虑这个因素。已知不同火焰所能产生的最高温度是有很大差别的。显然，对于易生成难离解化合物的元素，应选择温度高的乙炔-空气，甚至乙炔-氧化亚氮火焰；反之，对于易电离元素，高温火焰常引起严重的电离干扰，是不宜选用的，常用元素测定的火焰选择可参考表2-12。选定火焰类型后，应通过实验进一步确定燃气与助燃气流量的合适比例。

（4）燃烧头高度　在测定时必须仔细调节燃烧头的高度（即观测高度），使测量光束从自由原子浓度最大的火焰区通过，以期得到最佳的灵敏度和稳定性。对于不同元素，自由原子浓度随火焰高度的分布不同。

（5）狭缝宽度　在原子吸收分光光度法中，狭缝宽度的选择应考虑一系列因素，首先与单色器的分辨能力有关。当单色器的分辨能力大时，可以使用较宽的狭缝。在光源辐射较弱或共振线吸收较弱时，必须使用较宽的狭缝。但当火焰的背景发射很强，在吸收线附近有干扰谱线与非吸收光存在时，如测定Ca、Mg、Fe等，就应使用较窄的狭缝。合适的狭缝宽度同样应通过实验。

对于石墨炉原子化法，显然还应根据方法特点予以考虑，例如还需合理选择干燥、灰化、原子化及净化阶段的温度及时间等。

在测定食品试样中的各种微量及常量金属元素含量时，原子吸收法往往是一种首选的定量方法，它可以精确定量生物样品中的许多种元素，包括组织中存在的元素。因而它在食品分析领域内已经占有重要地位。

第五节　光谱法在食品中的应用举例

光谱法是近年来食品安全检测中极为流行的检测方法，主要运用样本检测过程中量子化的能级跃迁所产生的发射、吸收、散射的波长和强度进行分析的方法。光谱法对样品不会构成损害，且成本低廉、测量快速。在多种光谱检测法中，紫外光谱、近红外光谱、红外光谱等均可用于食品安全检测。

一、标准曲线法测定肉制品中亚硝酸盐的含量

（一）原理

肉制品捣碎后经处理除去蛋白质及脂肪，将亚硝酸盐分离于溶液中；在酸性条件下，与对氨基苯磺酸重氮化后，再与萘基盐酸二氨基乙烯偶合生成红色络合物，于540nm波长处测光密度，用标准曲线法计算其含量。或者将含亚硝酸盐的溶液，在酸性条件下与对氨基苯磺酸重氮化后，再与α-萘胺偶合生成紫红色，于波长525nm处测光密度，用标准曲线法计算其含量。

（二）样品处理

（1）肉制品（红烧类除外）　称取5g经捣碎混匀的样品于50mL烧杯中，加硼砂饱和溶液12.5mL，搅匀，以70℃左右的水约300mL将样品全部洗入500mL的容量瓶中，置沸水浴中

加热 15min。取出，一面摇动一面滴加 2.5mL 硫酸锌溶液，以沉淀蛋白质。冷至室温，加水至刻度，摇匀，放置片刻，撇去上层脂肪，溶液用滤纸过滤，滤液必须澄清备用。

（2）红烧肉类　按肉制品操作制成滤液后，取滤液 60mL，置于 100mL 容量瓶中，加氢氧化铝乳液至刻度，过滤，滤液应无色透明，备用。

（三） 测定

精密吸取上述样液 40mL 于 50mL 容量瓶中，另精密吸取 5μg/mL 的亚硝酸钠标准溶液 0、0.2、0.4、0.6、0.8、1.0、1.5、2.0 和 2.5mL 分别置于一组 50mL 容量瓶中。样液与标准瓶中各加 0.4%对氨基苯磺酸溶液 2mL，混匀，静置 3~5min 后，各加入 0.2% *N*-（1-萘基）-乙二胺二盐酸盐溶液 1mL，加水至刻度，混匀。静置 15min 后，用不含亚硝酸钠标准溶液的容量瓶中的溶液作空白溶液调节零点，于波长 540nm 处测定样品溶液及标准品溶液的吸光度，绘制标准曲线。

（四） 计算

首先根据样品溶液的吸光度 A 及标准曲线求出样品溶液中亚硝酸盐（以亚硝酸钠计）的浓度 c，再根据稀释的倍数计算肉制品中亚硝酸盐（以亚硝酸钠计）含量 X_1（mg/kg）：

$$X_1 = \frac{c}{m \times \frac{40}{500}} \tag{2-26}$$

红烧肉类中亚硝酸盐（以亚硝酸钠计）含量 X_2（mg/kg）：

$$X_2 = \frac{c}{m \times \frac{60}{500} \times \frac{40}{100}} \tag{2-27}$$

式中　c——测定用样液中亚硝酸盐的含量，以亚硝酸钠计，μg；

m——样品质量，g。

二、 双波长等吸收点法测定银杏果仁中直链淀粉和支链淀粉

银杏是我国的珍贵植物资源，有极大的利用价值，银杏果仁中含有大量淀粉。淀粉有直链淀粉和支链淀粉，支链淀粉含量越高，银杏的品质越好。

（一） 原理

（1）根据朗伯-比尔定律待测溶液在波长对 λ_1 和 λ_2 处的吸光度 $A_{\lambda1}$ 和 $A_{\lambda2}$ 的差值 ΔA 与待测物质的浓度成正比关系：

$$\Delta A = A_{\lambda1} - A_{\lambda2} = (\varepsilon_{\lambda1} - \varepsilon_{\lambda2})Lc \tag{2-28}$$

式中　$\varepsilon_{\lambda1}$、$\varepsilon_{\lambda2}$——吸收系数；

L——光程；

c——待测物质浓度，mol/L。

（2）对于含两个组分 α 和 β 的溶液，当在波长对 λ_1 和 λ_2 处测定混合溶液的吸光度时，根据吸光度加和性，有：

$$\Delta A = A_{\lambda1} - A_{\lambda2} = (A_{\alpha,\lambda1} + A_{\beta,\lambda1}) - (A_{\alpha,\lambda2} + A_{\beta,\lambda2}) = (A_{\alpha,\lambda1} - A_{\alpha,\lambda2}) + (A_{\beta,\lambda1} - A_{\beta,\lambda2}) \tag{2-29}$$

若欲测定组分 α 的含量时，只要选择恰当的波长对 λ_1 和 λ_2，使 $A_{\beta,\lambda1} = A_{\beta,\lambda2}$，则有：$\Delta A = A_{\alpha,\lambda1} - A_{\alpha,\lambda2}$，这时，总吸收度之差已消除了组分 β 的干扰。

同理，若同时想测量组分β的含量时，只要另选一波长对λ_1和λ_2，使$A_{\alpha,\lambda1}=A_{\alpha,\lambda2}$，则有：$\Delta A=A_{\beta,\lambda1}-A_{\beta,\lambda2}$，这时，总吸收度之差就消除了组分$\alpha$的干扰。波长对的选择采用作图法。

（3）在pH 3的条件下，室温显色反应10min以上，直链淀粉和支链淀粉能与碘分别形成稳定的有色复合物，可以采用可见分光光度法进行测量。

（二） 标准溶液的配制

1．标准储藏液

准确称取100mg直链淀粉和支链淀粉标准品于100mL容量瓶中，用2mol/L的KOH溶液10mL在75~80℃水浴中，分散溶解10min，再用浓/稀HCl调节的调节溶液pH 3，用去离子水定容至刻度，即成1mg/mL的标准储藏液。

2. 直链淀粉标准工作液

分别移取0.1、0.2、0.4、0.6、0.8、1.0、1.2、1.4、1.6、1.8mL直链淀粉标准储藏液于50mL容量瓶中，加入1mL碘试剂（碘试剂：按常规方法配制成2mg/mL的碘试剂储存在棕色瓶中，用去离子水稀释至刻度，静置反应15min）。

3. 支链淀粉标准工作液

分别移取1.0、1.5、2.0、2.5、3.0、3.5、4.0、4.5、5.0、5.5mL支链淀粉标准储藏液于50mL容量瓶中，加入1mL碘试剂，用去离子水稀释至刻度，静置反应15min。

（三） 样品溶液的制备

银杏果仁去硬壳和软皮，捣碎烘干，粉碎至60目，用无水乙醚脱脂10min，去除乙醚。精确称取0.1g脱脂样品，加入2mol/L的KOH溶液10mL，在75~80℃水浴中分散溶解10min，用浓/稀HCl调节pH 3，用去离子水定容20mL，静置，吸取1mL上清液于50mL容量瓶中，加入1mL碘试剂，用去离子水稀释至刻度，静置15min。

（四） 测定

仪器采用日本岛津MPS-2000型多用途分光光度计。以50倍去离子水稀释的1mL碘试剂溶液作参比液。

1. 波长对的确定

首先用浓度适中的直链淀粉标准工作液和支链淀粉标准工作液在400~800nm上进行全波长扫描，得到各自的吸收曲线。如图2-30所示，直链淀粉和支链淀粉的最大吸收波长分别为568nm和512nm。按照等吸收点作图法确定测量直链淀粉的波长对为568nm和420nm；测量支链淀粉的波长对为512nm和648nm。

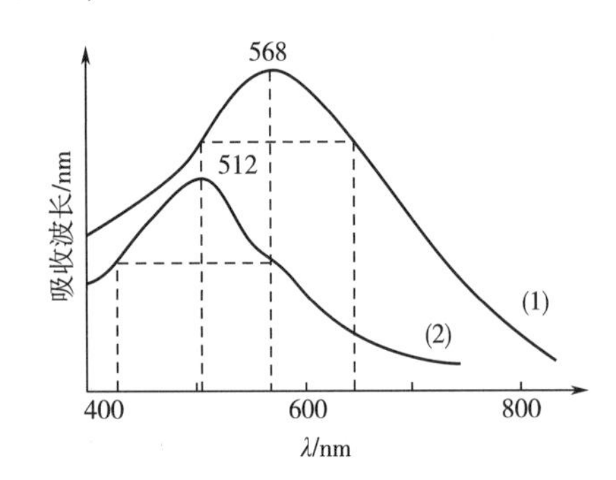

图2-30 碘-直链淀粉（1）和碘-支链淀粉（2）吸收曲线

2. 直链淀粉回归方程

在波长对568nm和420nm处测定直链淀粉标准工作液的吸光度值。以吸光度差值$\Delta A_{直}$对直链淀粉标准工作液的浓度进行一元线形回归，得直链淀粉回归方程。

3. 支链淀粉回归方程

在波长对512nm和648nm处测定支链淀粉标准工作液的吸光度值。以吸光度差值$\Delta A_{支}$对支链淀粉标准工作液的浓度进行一元线形回归，得支链淀粉回归方程。

4. 测定吸光度

在波长对568nm和420nm及波长对512nm和648nm处分别测定样品溶液的吸光度的值，并计算样品溶液在两波长对处吸光度的差值 $A_{样,568}-A_{样,420}$，记为 $\Delta A_{样-直}$；$A_{样,512}-A_{样,648}$，记为 $\Delta A_{样-支}$。

（五） 计算

将 $\Delta A_{样-直}$代入直链淀粉回归方程可以求出样品溶液中直链淀粉的浓度；将 $\Delta A_{样-支}$代入支链淀粉回归方程可以求出样品溶液中支链淀粉的浓度。然后根据提取时稀释的倍数关系求出银杏果仁中直链淀粉和支链淀粉的含量。

三、 原子吸收分光光度法检测食品中铅

目前食品中铅的测定方法很多，比较普遍应用的主要方法有石墨炉原子吸收光谱法、火焰原子吸收光谱法、双硫腙比色法、氢化物原子荧光光谱法、示波极谱法、电感耦合等离子体光谱法和电感耦合等离子体质谱法等。其中石墨炉原子吸收光谱法是目前国际上通用的方法，被大多数国家所采用。该种方法灵敏度高、样品前处理简单方便、检测成本低。在食品及商品检验系统中被广泛应用。而火焰原子吸收光谱法、双硫腙比色法、示波极谱法方法繁杂、样品分析用时长，不是灵敏度不高，就是难于掌握，目前很少使用。氢化物原子荧光光谱法灵敏度高，但并不是铅的特异性高的方法；电感耦合等离子体光谱法使用方便，但仪器昂贵，对于食品中铅及其他重金属的分析灵敏度达不到要求，故很少使用。电感耦合等离子体质谱法是目前最灵敏的方法，但前处理要求严格，仪器昂贵，适用于标准物质定值和标准方法考核。本书主要介绍石墨炉原子吸收光谱法。

1. 原理

样品经灰化或酸消解后，样液注入原子吸收分光光度计石墨炉中原子化，铅原子吸收283. 3nm共振线，在一定浓度范围，其对光源谱线的吸收值与铅含量成正比，可与标准系列比较定量（最低检出浓度为5μg/kg）。

2. 试剂

分析过程中全部用水均为电阻率80万Ω以上的去离子水。所有试剂要求使用优级纯或处理后不含铅的试剂。过硫酸铵、过氧化氢（30%）、高氯酸、硝酸、NO_3溶液（1+1）、HNO_3溶液（0. 5moL/L）：取3. 2mL硝酸，加入水中稀释至100mL。HNO_3溶液（1. 0mol/L）：取6. 4mL硝酸，加入水中稀释至100mL。磷酸铵溶液（20g/L）：取2. 0g磷酸铵，溶于水中定容至100mL。混合酸：硝酸+高氯酸（4+1）。铅标准溶液（自己配制或由国家标准物质研究中心购买铅标准溶液）。铅标准储备液：精密称取1. 000g金属铅（99. 99%）分次加少量硝酸(1+1)，加热溶解，总量不超过37mL，移入1000mL容量瓶，加水至刻度。混匀，此溶液每毫升含1. 0mg铅。

铅标准储备液：精密称取0. 1598g硝酸铅（优级纯），加10mL 1. 0mol/L HNO_3，全部溶解后，移入100mL容量瓶中，加水稀释至刻度，此溶液每毫升相当于1. 0 mg铅。用0. 5mol/L HNO_3（用去离子水）逐级稀释铅标准贮备液成10. 0，20. 0，40. 0，60. 0，80. 0ng/mL铅标准使用液。

3. 仪器

所用玻璃仪器均需以硝酸（1+5）浸泡过夜，用水反复冲洗，最后用去离子水冲洗干净。

原子吸收分光光度计（附石墨炉及铅空心阴极灯）。所用玻璃仪器均需以硝酸（1+5）浸泡过夜，用水反复冲洗，最后用去离子水冲洗干净。另外还需马弗炉或恒温干燥箱，瓷坩埚或压力消化器以及微波消解装置。

4. 操作方法

（1）第一步：样品预处理　采样和制备过程中，应注意不使样品污染。粮食、豆类去壳、去杂物后，磨碎过20目筛，储于塑料瓶中，保存备用。蔬菜、水果洗净，晾干，取可食部分捣碎备用。鱼、肉等用水洗净，取可食部分捣碎，备用。

（2）第二步：样品消解（根据实验条件可任选一方法）

①干灰化法：称取1.00~5.00g样品（根据铅含量而定）于瓷坩埚中。先小火炭化至无烟，移入马弗炉（500±25）℃灰化6~8 h，放冷。若个别样品灰化不彻底，则加1mL混合酸在小火上加热，反复多次直到消化完全，放冷，用硝酸（0.5mol/L）将灰分溶解，少量多次地过滤于10~25mL容量瓶中。并定容至刻度，摇匀备用，同时作试剂空白。

②过硫酸铵法：称取样品1.00~5.00g于瓷坩埚中，加2~4mL硝酸浸泡1h以上，炭化，加2~3g过硫酸铵盖于上面，继续炭化至不冒烟，转入马弗炉，500℃恒温2h，再升至800℃，保持20min，冷却，加1.0mol/L硝酸溶液，少量多次溶解灰分，并定量移入10mL容量瓶中，定容至刻度，混匀备用。同时做试剂空白。

③压力消解罐法：称取0.200~2.000g样品（注意：粮食、豆类干样不得超过1g；蔬菜、水果、动物性样品控制在2g以内，水分大的样品称样后先蒸水分至近干）于聚四氟乙烯罐内，加硝酸2~4mL过夜。再加过氧化氢2~3mL（注意：总量不能超过内罐容积的1/3）。盖好内盖，旋紧外盖，放入恒温箱，120~130℃保温3~4min，自然冷却。将消化液定量转移至10mL（或25mL）容量瓶中。用少量水洗涤内罐，洗液合并于容量瓶中并定容至刻度，混匀。同时做试剂空白。

表2-13　微波消化升温程序

步骤	1	2	3	4	5
平均功率占总功率的百分比/%	100	100	100	100	100
压力/psi	20	40	85	135	175
升压时间/min	10	10	10	10	10
保压时间/min	5	5	5	5	5
排风量/%	100	100	100	100	100

注：1psi=6.89kPa［psi：即$1b/in^2$（$磅/英寸^2$）是进口仪器常用非法定压力单位，为便于使用，本方法不再换算成法定压力单位］。

④湿法消解：称取样品1.000~5.000g于三角烧瓶中，放数粒玻璃珠，加10mL混合酸（或再加1~2mL硝酸），加盖过夜，三角烧瓶上加一小漏斗，用电炉消解，若样品变棕黑色，再加混合酸。直至冒白烟，消化液无色透明、放冷，移入10~25mL容量瓶，用水定容至刻度，摇匀。同时做试剂空白。

⑤微波消解法：精密称取0.3000~0.5000g于微波消化罐中，加1.0mol/L HNO_3 4mL，盖好内盖，旋紧外盖，放入微波消解装置，按照预先设定的程序（表2-13）进行升温消化，待

消化完毕后，取出消化罐，将消化液定量移入 10.0mL 或 25.0mL 比色管中，用双蒸水少量多次洗罐，稀释至刻度，混匀，即供试样液。同样做试剂空白液。

（3）第三步：测定

①仪器参考条件：波长 283.3nm；狭缝 0.2～1.0nm；灯电流 5～7mA；干燥温度 120℃，20s；灰化温度 450℃，持续 15～20s；原子化温度 1700～2300℃，4～5s，背景校正为氘灯或塞曼效应扣背景。

②标准曲线绘制：参考仪器条件，将仪器调至最佳状态。待稳定后分别吸取上面配制的铅标准使用液 10.0、20.0、40.0、60.0、80.0ng/mL 各 10～20μL，或由仪器自动配制后注入石墨炉，同时吸取 20g/L 磷酸铵溶液 5.0μL，进样总体积 20～30.0μL，注入石墨炉，在调整好的仪器条件下测定。测得其吸光值，并求得吸光值与浓度关系的一元线性回归方程或由仪器自动计算出标准曲线数据。

③样品测定：将试剂空白液和样液分别吸 10～20μL 或由仪器自动配制后注入石墨炉，同时吸取 20g/L 磷酸铵溶液 5.0μL，进样总体积 20～30.0μL 注入石墨炉，在调整好的仪器条件下测定。测得其吸光值，代入标准系列的一元线性回归方程中求得样液中铅含量，或由仪器自动计算出样品含量结果。

（4）第四步：计算

$$X = \frac{(\rho_1 - \rho_2) \times V \times 1000}{m_1 \times 1000} \tag{2-30}$$

式中　X——样品中铅含量，μg/kg 或 μg/L；

ρ_1——测定样液中铅含量，μg/L；

ρ_2——空白液中铅含量，μg/L；

m_1——样品质量或体积，g 或 mL；

V——样品定容总体积，mL。

（注意：石墨炉原子吸收测定结果以浓度单位表示，如 ρ_1 和 ρ_2 的单位，样品浓度与进样量无关。）

5. 注意事项

①允许差：相对相差≤20%。

②微波消解或高压消解——石墨炉原子吸收法测定食品中的铅，经多个实验室验证，方法简便、快速，经标准参考物质核对，测得结果与保证值无显著性差异。

③微波消解或高压消解样品具有用酸量少、防污染及损失的优点。操作时应按规定使用，注意样品取样量不可超过规定，严格控制加热温度。

④石墨炉原子吸收光度法测定食品中的微量元素具有高灵敏度的特点，但原子吸收光谱的背景干扰是个复杂问题，除使用仪器本身的特殊装置，例如连续光源背景校正器、氘灯扣背景及塞曼效应背景校正技术外，选用合适的基体改进剂十分重要，经过多年实验，经验认为磷酸铵作为基体改进剂对于改善样品基体、增加灵敏度具有不可替代的作用。对复杂的样品应注意使用标准参考物质核对结果，避免产生背景干扰。

第三章 色谱技术

CHAPTER 3

色谱分析是从分离技术发展成为分离-分析技术的一门综合性学科，是一种物理化学的分离分析方法。它是将分析的混合组分在两相中进行分离，然后顺序检测各组分含量的方法。它是近代分析化学中发展最快，应用最广的分离分析技术。本章主要介绍色谱分析技术中应用最为广泛的气相色谱和高效液相色谱技术。

第一节　气相色谱技术

气相色谱（Gas-Chromatography）是色谱法（Chromatography）中的一种，具有高效能、高选择性、高灵敏度、分析速度快、应用范围广等特点。

气相色谱法可以按不同的方法进行分类。

根据固定相的不同，气相色谱可以分为两种：用固体吸附剂作固定相的称为气-固色谱，用涂有固定液的惰性固体作固定相的称为气-液色谱。

根据分离的原理不同，气相色谱可分为吸附色谱和分配色谱两种。吸附色谱是利用不同组分在固体吸附剂上吸附能力的强弱进行分离的方法，分配色谱是利用不同组分在固定液中溶解度的差异而进行分离的方法。

根据色谱柱的不同，气相色谱可分为填充柱色谱和毛细管柱色谱两类。

一、色谱流出曲线及相关术语

1. 色谱流出曲线和色谱峰

样品产生的电信号随时间变化的曲线（图 3-1）称为色谱流出曲线。流出曲线上突起部分称为色谱峰。如分离完全，每个色谱峰代表一种组分。根据色谱峰的位置（以保留值表示）可以定性，根据峰高（h）或峰面积（A）可以定量，峰宽（以区域宽度表示）可用于衡量色谱柱效能。

色谱峰区域宽度（Peak Width）是流出曲线中一个很重要的参数，它直接反映了分离条件的好坏。通常表示色谱峰区域宽度有三种方法。

（1）标准偏差（δ）　即 0.607 倍峰高处色谱峰宽度的一半，如图 3-1 中 JK 的一半。

（2）半峰宽度（$W_{0.5}$）　即峰高一半处的色谱峰宽度，又称区域宽度、半宽度，如图 3-1

中 EF。

（3）基线宽度（W_b）　即通过色谱峰两侧的转折点（拐点）所作的切线在基线上的截距。如图 3-1 中 GH 所示。基线宽度和标准偏差的关系为：$W_b = 4\delta$。

所谓基线，是在实验操作条件下，色谱仪没有进样时记录器所记录的图线。

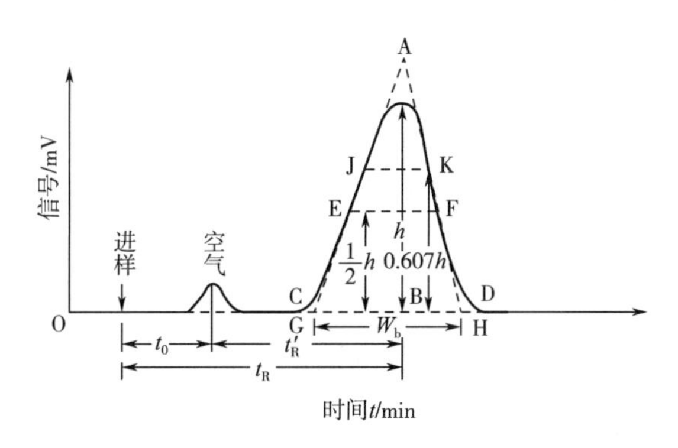

图 3-1　色谱流出曲线

2. 保留值

保留值是表示样品中各组分在色谱柱中停留时间的数值，它反映了各组分在两相间的分配情况，通常用时间来表示。

（1）死时间 t_0、死体积 V_0　t_0是指不被固定相吸附或溶解的气体，即惰性物质（如空气）通过色谱柱后的出峰时间。它表示气体流经色谱柱空隙所需时间。在气-液色谱中就是空气出峰时间。V_0是指惰性物质通过色谱柱后出峰时所需的载气体积。当进样器和检测器的死体积极小时，它近似于色谱柱中气相所占有的体积。通常由死时间和校正到柱温下的载气体积流速的乘积来计算，即：

$$V_0 = t_0 \cdot F_c \tag{3-1}$$

式中　F_c——是校正到柱温下的载气体积流速。

（2）保留时间 t_R、保留体积 V_R　t_R为样品通过色谱柱后的出峰时间，它表示组分通过色谱柱时分配于气相和液相中时间的总和。V_R为使样品通过色谱柱后出峰时所需载气体积。

$$V_R = t_R \cdot F_c \tag{3-2}$$

（3）调整保留时间 t'_R、调整保留体积 V'_R　t'_R表示样品通过色谱柱时为固定相所滞留的时间，即从保留时间中扣去死时间。

$$t'_R = t_R - t_o \tag{3-3}$$

V'_R为 样品通过色谱柱，由于固定相作用所耗费的载气的体积，即保留体积减去死体积。

$$V'_R = V_R - V_0 = (t_R - t_0)F_c \tag{3-4}$$

二、 分离参数

1. 相对保留值 α

α 又称选择性或选择性因子。即在一定的分离条件下，保留时间大的组分 B 与保留时间小的组分 A 的调整保留值之比：

$$a = \frac{t'_{R(B)}}{t'_{R(A)}} = \frac{V'_{R(B)}}{V'_{R(A)}} = \frac{k_B}{k_A} \tag{3-5}$$

α 常用于色谱峰的定性，在动力学分离理论中，α 用来描述一对物质的分离程度优劣。

2. 分配系数 K

K 为在平衡状态时，某一组分在固定液（L）与流动相（G）中的浓度之比：

$$K = \frac{C_L}{C_G} \tag{3-6}$$

3. 分离度 R

R 表示相邻两个色谱峰分离程度的优劣，其定义为：

$$R = \frac{2\Delta t_R}{W_A + W_B} = 2\frac{t_{R(B)} - t_{R(A)}}{W_A + W_B} \tag{3-7}$$

式中 Δt_R——相邻两峰的保留时间之差；

W_A 和 W_B——分别为两峰的峰底宽。

三、气相色谱的分离原理

1. 塔板理论

塔板理论借用蒸馏的塔板概念，将色谱柱形象化地设想成许多小段，每一个小段称为一个塔板。一根色谱柱所具有的小段的数量叫理论塔板数（n）。该理论假设每块塔板中样品组分在流动相和固定相之间的分配很快达到平衡，然后进入下一块塔板。理论板高（TETP）又称板高（H），它是指每个虚拟小段的长度。组分在两相间的分配系数与浓度无关，在各个塔板中均为同一常数。

$$H = \frac{L}{n} \tag{3-8}$$

式中 H——理论板高，m；

L——柱长，m；

n——理论塔板数。

塔板理论形象、定量地描述了色谱柱效，且便于实验测定，但其缺点也是明显的。首先，快速平衡的假设是难以实现的；其次，流动相的不连续流动是不符合实际的；再次，忽略了因浓度差等因素引起的纵向扩散；最后，流出曲线方程未能描述色谱参数如载气流速、固定相性质等对峰展宽的影响。有鉴于此，塔板理论很快被速率理论所取代，只是理论塔板数和理论塔板高度的概念及其测定计算方法沿用至今。

2. 速率理论

速率理论是 1956 年由荷兰人 Van Deemter 提出的，根据数率理论，影响柱效（峰展宽）的几种因素的相互关系为：

$$H = Au^{1/3} + \frac{B}{u} + C_u \tag{3-9}$$

式中 H——理论塔板高度，m；

A——涡流扩散项；

B/u——纵向扩散项（因扩散引起的区带展宽）；

u——流动相的流速，m/s；

C_u——传质阻力项。

（1）涡流扩散项 A　这是因为载气在柱中存在不同的路径或多通道效应而引起的分析物的

扩散，如图 3-2 所示。在填充柱色谱中，固相载体颗粒均匀度较差以及装填不好都会使得载气存在多通道效应，从而导致分析物在柱中产生扩散。因此，可通过使用高性能固相载体和商品化填充粒来改善柱效。

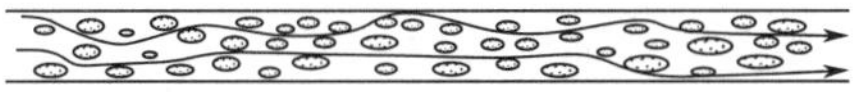

图 3-2 涡流扩散项示意图

（2）纵向扩散项 B/u 又称分子扩散，是样品在色谱柱的轴向上向前后发生扩散。纵向扩散是由于样品组分在浓度梯度的作用下，由高浓度向低浓度扩散的结果（图 3-3）。载气流速越快，纵向扩散越小。

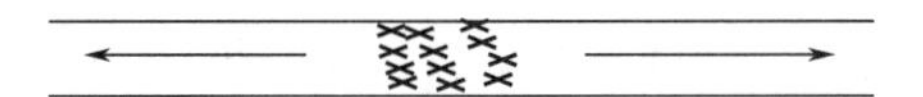

图 3-3 纵向扩散项示意图

（3）传质阻力项 C_u 它由固定相传质阻力和流动相传质阻力两部分构成。样品组分在传质的过程中，如果其中一个分子溶解在固定相中，另一个并没有溶解，那么没有溶解的分子就继续沿着柱长方面移动，而另一个仍然停留在固定相中，这就导致了组分在柱中区带展宽。影响这项的另一个因素是固定相的液膜厚度和在固相载体上涂渍的不均匀度，固定相液膜厚度应兼顾考虑最大分离效率和样品容量两个方面，大多数应用中都采用 0.25～1μm。

3. 气相色谱的分离原理

在气相色谱分析中，混合物中各组分分离与否，常以混合物中相邻二组分的分离情况来判断。

图 3-4（1）中，A、B 色谱峰重叠，二组分没有分离开；（2）中 A、B 二组分的色谱峰间有一定距离，但 A、B 峰形很宽，二峰交叠，两组分仍没有完全分离开；（3）中 A、B 二组分的色谱峰间有一定距离，且峰形较窄，二组分分离完全。

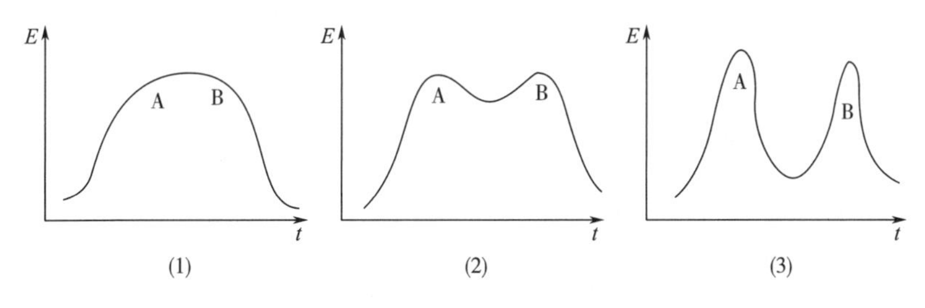

图 3-4 A、 B 两组分的色谱峰比较

由此可见，要使相邻二组分得到分离，其必要条件是：两峰间有一定距离，且峰形较窄。分离度是定量描述这一必要条件的参数。

两峰间的距离由被分离组分在流动相和固定相两相间的分配系数所决定。对于一定试样，在一定温度下，分配系数的大小取决于固定相的性质。峰宽度与组分在色谱柱内的运动情况有关，它取决于分离操作条件。

试样气体由载气携带进入色谱柱，组分在固定相和流动相间发生的吸附—脱附，溶解—挥发的过程称为分配过程。以分配系数的大小来衡量。

在一定温度下，各物质在两相间的分配系数是不同的。分配系数小的组分，随载气前移速度快，在柱内停留时间短；分配系数大的组分，随载气前移的速度慢，在柱内停留时间长；因此经过足够多次的分配以后，组分间便彼此分离。

综上所述，气相色谱的分离原理是利用不同物质在流动相和固定相两相间分配系数的不同，当两相做相对运动时，试样中各组分就在两相中经过反复多次的分配，从而使原来分配系数仅有微小差异的各组分能够彼此分离。

第二节　气相色谱固定相

由于使用气-液色谱分析（Gas Chrowetography，GC）易得到对称性色谱峰，固定液的种类很多，对特定的分析项目易找到合适的固定液，并且组分保留值的重复性好，使气-液色谱成为应用最广泛的色谱法。

一、 固定液

目前有 200 多种固定液用于 GC 中。其中最常用的固定液如表 3-1 所示。

表 3-1　常用固定液及特性

固定液	极性	应　用	温度范围
100%二甲基聚硅氧烷（树脂）	非极性	酚、烃、胺、杀虫剂、含硫化合物、PCB_S、	-60~325℃
100%二甲基聚硅氧烷（液体）	非极性	氨基酸衍生物、香精油	0~280℃
5%苯基，95%二甲基聚硅氧烷	非极性	脂肪酸、甲酯、生物碱药物、卤素化合物	-60~325℃
14%氰丙基苯基甲基聚硅氧烷	中极性	药物、甾类、杀虫剂	-200~280℃
50%苯基，50%甲基聚硅氧烷	中极性	药物、甾类、杀虫剂、二元醇	60~240℃
50%氰丙基苯基，50%苯基甲基聚硅氧烷	中极性	脂肪酸、甲酯、醛醇乙酸	60~240℃
50%三氟丙基聚硅氧烷	中极性	卤素及芳香族化合物	45~240℃
聚乙二醇-TPA 改性	极性	酸、醇、醛、丙烯酸亚硝酸盐、酮	60~240℃
聚乙二醇	极性	游离酸、醇、酯、香精油、二元醇	60~220℃

1. 固定液的分类

在气相色谱中常用极性大小对固定液进行分类。固定液按相对极性，可分为非极性、中等极性、强极性和氢键型等四种类型。

（1）非极性固定液　只含有甲基或亚甲基的化合物，主要是饱和烃等。能溶解非极性和弱极性物质，主要用于分离非极性和弱极性物质。

（2）中等极性固定液　由较大的烷基和少量的极性基团或可以极化的非极性基团所组成的固定液，能溶解极性物质，无特殊选择性，可分析各类物质，最适用于分离中等极性物质。

（3）强极性固定液　含有强的极性基团和小的烷基，对极性物质溶解度很大，不溶或很少溶解非极性物质，主要用于分离极性物质。

（4）氢键型固定液　是极性固定液中的一类，对分析含氟、含氧、含氮化合物时，有显著的氢键作用力，形成氢键能力强的组分，保留时间长。

2. 固定液的选择

固定液的选择，目前尚无严格规律可循，一般认为可以按照“相似相溶”的原则来选择固定液，即根据被分离组分的极性或官能团与固定液的极性或官能团相似的原则来选择。

（1）按极性相似选择

①对于非极性物质的分离：一般用非极性固定液，此时非极性物质中各组分基本上按沸点顺序彼此分离，沸点低的先流出，对于同系物按碳数顺序流出，低沸点或低分子组先流出。如果被分离组分是极性和非极性的混合物，则这时同沸点的极性组分先流出来。

②对于中等极性物质的分离：一般选用强极性固定液。各组分流出色谱柱的次序按极性排列。极性小的先流出，极性大的后流出。如果样品是极性和非极性组分的混合物，则非极性组分先流出，固定液的极性越强，则非极性组分越易先流出，极性组分越晚流出。

③对于能形成氢键的样品，如醇、酚、胺和水等的分离：一般选择极性或氢键型的固定液。形成氢键力弱的组分先流出。

（2）按官能团相似选择　对醇类化合物可选用聚乙二醇等醇类固定液。对酯类化合物则选用癸二酸二异辛酯等酯类固定液。对醚类化合物可选用庚二醇单异壬基苯醚为固定液。

（3）对于同沸点或沸点相近化合物的分离　只能利用固定液的选择性。对于它们的分离，要选择极性完全与它们不同的固定液。例如分离同沸点的碳氢化合物，最好是选择强极性的腈类固定液，如采用β-氧二丙腈、β'-氧二丙腈；分离同沸点的极性物质，可选用非极性或弱极性固定液如角鲨烷、甲基硅油等。

（4）对于同沸点、极性相差较大的组分　既可用非极性固定液，也可用极性固定液，使用非极性固定液时，极性物质先出峰，在极性固定液中，非极性物质先出峰。

（5）使用“混合固定液柱”　包括混涂、混装和串联三种方法。混涂是将两种性质不同的固定液按一定比例混合后，然后涂在担体上；混装是将分别涂有不同性质固定液的担体，按一定比例混合均匀后，装入色谱柱；串联是将装有不同液体固定相的色谱柱，串联起来使用。

二、担体

担体是一种具有化学惰性的多孔固定颗粒，它的作用是承担固定液。由于担体具有一个大的惰性表面，使固定液在其表面上呈薄膜状态，为建立气-液两相分配平衡提供了较大的场所。

1. 担体的分类和性能

担体可分为硅藻土型和非硅藻土型，食品分析中常用的担体是硅藻土型。它又可分为红色担体和白色担体两种。

（1）红色担体　红色担体表面孔穴密集，孔径较小，表面积大，比表面积为 $4m^2/g$，平均孔径为 1μm，机械强度较好，能涂渍较多的固定液。但是，红色担体的表面还存在着吸附活性中心，催化性也强，在分析极性物质时会有拖尾现象，一般红色担体涂渍非极性固定液，分析非极性或弱极性的混合物。

（2）白色担体　白色担体是疏松颗粒，表面孔径较粗，为 8~9μm，比表面积只有 $1.0m^2/g$，机械强度不如红色担体，它的表面活性中心少，催化活性也较小，即有一个较为惰性的表面。一般白色担体涂渍极性固定液，分析强极性或氢键型化合物。

2. 担体的预处理

硅藻土型担体的表面并非是惰性的。表面存在着硅醇基团（Si—OH）和硅醚基团（Si—O—Si）以及少量金属氧化物，因此表面存在着氢键和酸、碱活性作用点，使担体有吸附性能，甚至能产生化学反应或催化反应。这样的担体若与极性固定液相配合，尤其是在固定液用量较低时，当分析极性组分时，极性组分不仅溶解在固定液的液膜中，而且还能被吸附在担体的表面上，造成柱效下降，保留值改变。因此，担体（特别是红色担体）在使用前必须预处理，以除去担体表面吸附活性中心。预处理的方法有以下几种。

（1）酸洗法　用 6mol/L 的盐酸浸煮担体 20~30min，然后用水洗至呈中性，烘干备用。酸洗可除去担体表面的铁等金属氧化物。酸洗担体主要用于分析酸类和酯类化合物。

（2）碱洗法　用 5%的氢氧化钾-甲醇溶液浸泡或回流担体，用水冲洗至中性，烘干备用。碱洗可除去担体表面的氧化铝等酸性作用点，碱洗担体用于分析胺类等碱性化合物。应该注意的是非碱性物质，如酯类，有可能被碱洗担体分解。

（3）硅烷化　将担体与硅烷化试剂［二甲基二氯硅烷（DMCS）和六甲基二硅胺（HMDS）］反应，除去担体表面硅醇所引起的活性吸附中心。在硅烷化担体上，涂布极性固定液时不易均匀，用量如果超过 5%，柱效不好。硅烷化担体只能有效地涂布非极性或弱极性的固定液。硅烷化担体只能在 270℃ 以下使用。

三、固定相制备

1. 固定液的涂渍

将担体过筛后，根据固定液和担体的重量比（固定液配比，又称液担比），准确称取一定量的固定液，将它溶解在适当的溶剂（乙醚、氯仿、乙醇、丙酮等，可根据固定液标签确定种类）中，溶剂量应浸没所取的担体。待完全溶解后，将上述经过筛预处理的（按需要而定）一定量担体一次加入，迅速搅匀（在涂渍过程中，要避免用玻棒搅碎担体）。在适当温度下，不时搅动让溶剂均匀挥发，使固定液能均匀分布在担体表面，然后在通风橱中或红外灯下除去溶剂，待溶剂完全挥发后，则涂渍完毕。

2. 色谱柱的装填

将已洗净烘干的色谱柱的一端，用玻璃棉塞牢，包以纱布，与真空泵连接，在色谱柱的另一端，通过小漏斗，倒入已涂渍好的固定相，在装填的同时边抽气边轻轻敲击柱管，使固定相装得均匀而紧密，直至色谱柱装满为止。

3. 老化

固定相装入色谱柱后，不能马上使用，必须加热老化，以除去残余的溶剂以及某些易挥发性杂质，并使固定液能均匀牢固地分布在担体表面。

老化的方法是将色谱柱接入色谱仪气路中，使色谱柱在通载气情况下，在稍高于操作时的柱温，但又不超过固定液的最高使用温度极限的条件下，处理几小时至十几小时。老化时不得接通检测器。

第三节　气相色谱仪及检测器

一、气相色谱仪

1. 气相色谱仪工作流程

气相色谱仪是一种能够分离、分析多种组分混合物的仪器。气相色谱系统如图 3-5 所示。

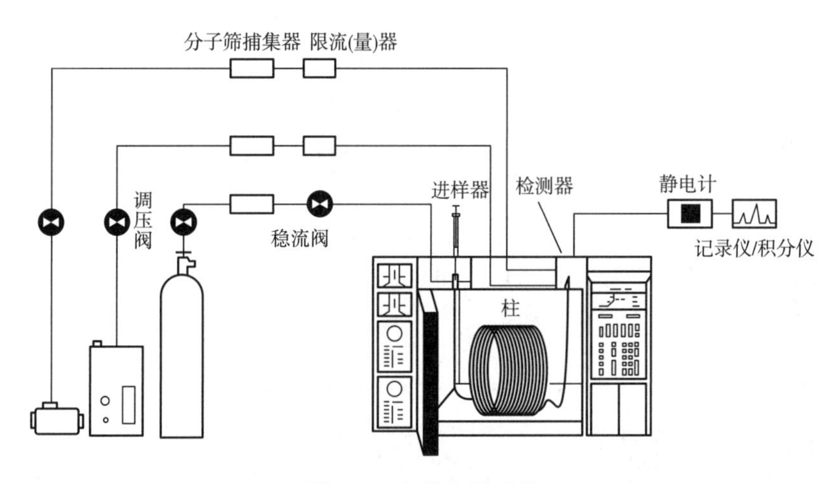

图 3-5　气相色谱系统

在图 3-5 中，载气由载气高压钢瓶来供给，经减压阀减压后，通过净化器净化由进样器进入色谱柱。样品由进样器注入，瞬间汽化后被载气带入色谱柱。分离后的组分随载气依次流出色谱柱进入检测器。检测器将组分的浓度（或质量）的变化转变成相应大小的电压（或电流）信号，由记录器记录下来，得到色谱流出曲线。

2. 气相色谱仪基本配置

气相色谱仪主要由以下几部分组成。

（1）气路系统　包括载气和检测器所用气体的气源以及气流控制装置。

（2）进样系统　GC 进样系统包括样品引入装置和汽化室。

（3）柱系统　包括柱加热箱、色谱柱以及与进样口和检测器的接头。

（4）检测系统　目前主要使用的检测器有热导检测器（TCD）、氢焰离子化检测器（FID）、氮磷检测器（NPD）、电子俘获检测器（ECD）、火焰光度检测器（FPD）、质谱检测器（MSD）、原子发射光谱检测器（ACD）等。

（5）数据处理系统　即对GC原始数据进行处理，画出色谱图，并获得相应的定性定量数据。

（6）控制系统　主要是检测器、进样口和柱温的控制，检测信号的控制等。

其中起分离作用的柱系统和起检测作用的检测系统是仪器的主要部分。

二、气相色谱检测器及其性能指标

检测器是测量载气流中组分的真实浓度（mg/mL）或质量流量（g/s）的一个器件，它是一种换能装置，其作用是将从色谱柱分离流出的载气中的组分及其含量的变化转变成可测量的相应大小的电信号（电压或电流），并自动记录下来，以便对组分进行定性和定量。

根据检测器输出信号与组分含量的关系。检测器可分两类：积分型检测器是用来连续测定色谱柱后流出物总量的；微分型检测器是测定色谱柱后流出载气中的组分及其浓度的瞬间的变化，是目前应用最广泛的一类检测器。

在常用的微分型检测器中，按照不同的检测原理又可分为以下两种。

（1）浓度型检测器　检测器测量的是载气中组分浓度的瞬间变化，检测器信号大小与组分在载气中的浓度成正比，与组分的质量流速（单位时间内进入检测器的组分量）无关。例如热导检测器（TCD）、电子捕获检测器（ECD）等。

（2）质量型检测器　检测器测量的是载气中组分进入检测器的速度变化，检测器信号大小与单位时间内组分进入检测器的质量成正比，与组分在载气中的浓度无关。例如氢焰离子化检测器（FID）、火焰光度检测器（FPD）等。

根据检测器的应用范围，检测器还可以分为通用型和选择型两类。通用型检测器应用范围广，对各种化合物都有信号；而选择型检测器只对特定类型或含有特定基团的化合物才有响应。表3-2为几种常用检测器的性能和指标。

表3-2　常用气相色谱检测器的性能及指标

检测器	符号	类型	最高操作温度/℃	最低检测限	线性范围	主要用途
热导（池）检测器	TCD	浓度型 通用型	400	丙烷：＜400pg/mL； 壬烷：20000mV · mL/mg	10^5（±5%）	适用于各种无机气体和有机物的分析，多用于永久气体的分析
氢焰离子化检测器	FID	质量型 选择型	450	丙烷：＜5pg/s	10^7（±10%）	各种有机化合物的分析，对碳氢化合物的灵敏度高
电子捕获检测器	ECD	浓度型 选择型	400	六氯苯：＜0.04pg/s	＞10^4	适合分析含电负性元素或基团的有机化合物，多用于分析含卤素的化合物

续表

检测器	符号	类型	最高操作温度/℃	最低检测限	线性范围	主要用途
火焰光度检测器	FPD	浓度型 选择型	250	以十二烷硫醇和三丁基磷酸酯混合物测定：＜20pg/s 硫；＜0.9pg/s 磷	硫：＞10^5 磷：＞10^6	适用于含硫、含磷、含氮的化合物的分析。

1. 灵敏度和检测限

灵敏度和检测限是衡量检测器敏感程度的一个重要指标。

（1）灵敏度　当一定浓度或一定质量的物质进入检测器后，就产生一定大小的信号，即响应值（Response）。以进样量 Q 对检测器的信号作图，可得到一条通过原点的直线，见图 3-6。直线的斜率就是检测器的灵敏度，又称响应值，以 S 表示。其公式为：

$$S = \frac{\Delta R}{\Delta Q} \tag{3-10}$$

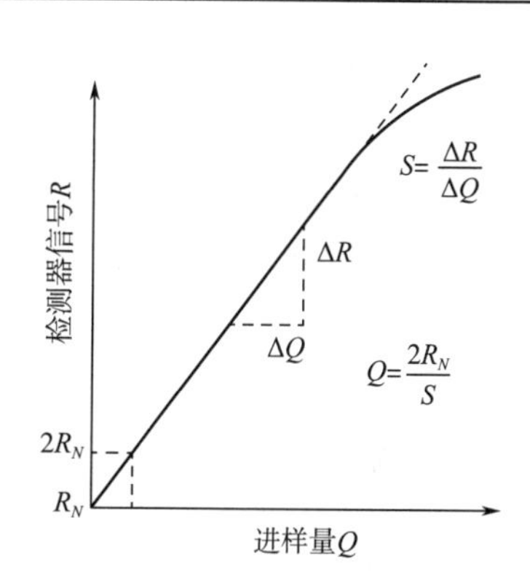

图 3-6　检测器响应信号 R 与进样量 Q 的关系

（2）检测限　由于检测器的灵敏度没有反映检测器的噪声水平。所以评价一些灵敏度较高的检测器，常要用检测限来衡量。

检测限是指检测器恰能产生二倍于噪声（$2R_N$）的信号时，单位体积载气中进入检测器的物质的量，或单位时间内进入检测器的物质的量，以 Q_0表示。

灵敏度，噪声水平和检测限之间的关系为：

$$Q_0 = \frac{2R_N}{S} \tag{3-11}$$

检测限是检测器的重要性能指标，它表示检测器所能检测的最小组分量，主要受噪声制约。一般说来，噪声小，检测极限小，说明检测器敏感、性能好。

2. 稳定性

检测器的稳定性通常用噪声和基线漂移两项指标来衡量。

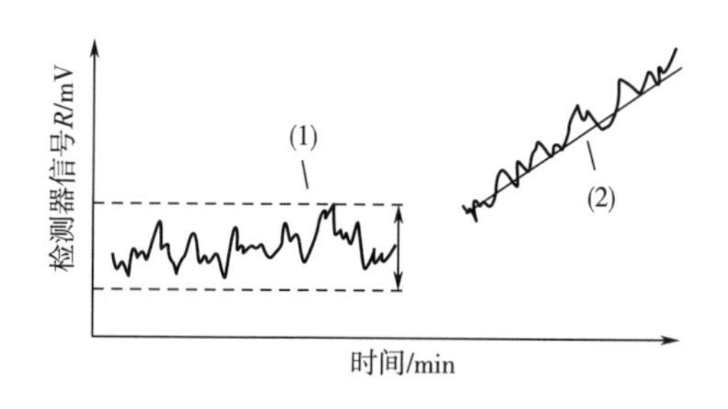

图 3-7　基线波动示意图

（1）—噪声水平 R_N　（2）—基线漂移时的噪声

（1）噪声　在色谱图中基线的无规则的波动，称为噪声，见图 3-7 所示。其大小为峰对峰的平均值，称为噪声水平，以 R_N表示。

噪声的测量通常是取 10～15min 的噪声带来计算。如图 3-7 中（1）所示。此时测得的噪声水平 R_N，单位为 mV。

（2）基线漂移　基线长期的向上或向下的单方向波动则称为基线漂移（Drift）。漂移的测量通常是取 0.5h 或 1h 内基线的变动来计算，单位为 mV/h。

3. 线性和线性范围

（1）线性　不同类型检测器的响应值（R_i）与进入检测器的组分浓度、质量或质量流量（Q）之间的关系，可用如下通式表示：

$$R_i = C \cdot Q^n \tag{3-12}$$

式中　C——常数。

$n=1$ 时，检测器为线性响应；$n \neq 1$ 时，为非线性响应。

（2）线性范围　检测器的线性范围就是检测器的信号与组分浓度的关系呈线性的范围。它是以呈线性响应的样品浓度上下限的比值来表示，反映了检测器对样品不同浓度的适应性，要求检测器的线性范围宽。

4. 响应时间

检测器应当能迅速地和真实地反映通过它的物质的浓度变化，即要求响应时间要短。

三、常用检测器简介

1. 热导检测器（TCD）

热导检测器（Thermal Conductivity Detector，TCD）是利用被测组分和载气的导热系数不同而响应的浓度型检测器。虽然 TCD 灵敏度较低，但对所有物质都有响应，同时它的结构简单、性能可靠、定量准确、价格低廉、经久耐用；又是非破坏性检测器。

TCD 由热导池及其检测电路组成。图 3-8 下部为 TCD 与进样器及色谱柱的连接示意图，上部为惠斯顿电桥检测电路图。载气流经参考池腔、进样器、色谱柱，从测量池腔排出。R_1、R_2为固定电阻；R_3、R_4分别为测量臂和参考臂热丝。

当只有载气通过测量臂和参考臂时，由于二臂气体组成相同，电桥处于平衡状态：$R_1 \cdot R_3 = R_2 \cdot R_4$，M、N 二点电位相等，电位差为零，无信号输出。当从进样器 2 进样，从柱后流出的组分进入测量臂时，引起两臂热丝温度不同，进而使两臂热丝阻值不同，电桥平衡破坏。M、N 二点电位不等，即有电位差，输出信号。

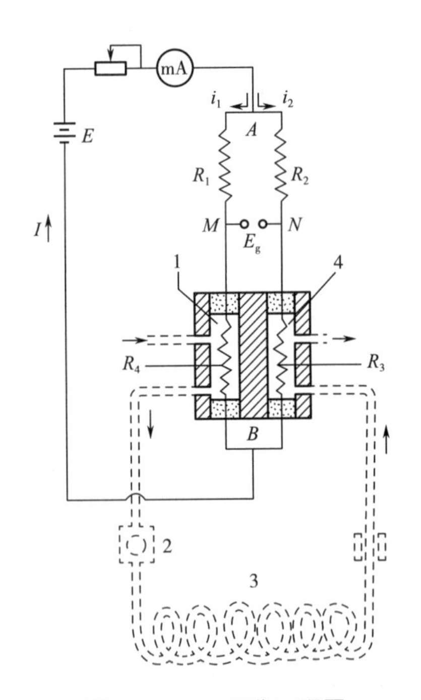

图 3-8　TCD 工作原理图

1—参考池腔　2—进样器
3—色谱柱　4—测量池腔

2. 氢焰离子化检测器（FID）

氢焰离子化检测器（Flame Ionization Detector，FID）是利用氢火焰作电离源，使有机物电离，产生微电流而响应的检测器，又称火焰电离检测器，如图 3-9 所示。

当有机物组分由载气携带从色谱柱流出后，在氢火焰中，有机物组分被电离，在电场的作用下，电离产生的正离子由收集极收集。电子（负离子）被发射极捕获，产生微弱电流，此电流通过高电阻时，就在高电阻两端取得电压信号。此电压信号经

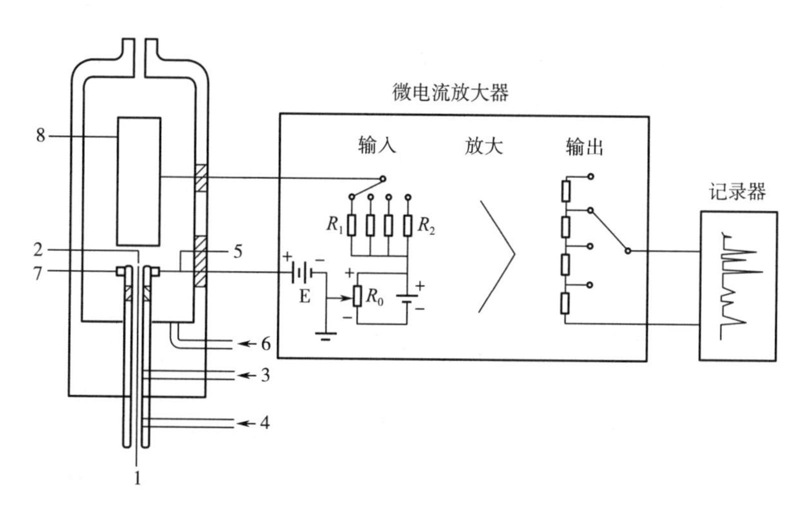

图 3-9　FID 工作原理图

1—色谱柱　2—喷嘴　3—氢气入口　4—尾气收入口　5—点火丝　6—空气入口　7—发射极　8—收集极

放大后由记录器记录下来。

3. 电子捕获检测器（ECD）

电子捕获检测器是灵敏度最高的 GC 检测器，它仅对能俘获电子的化合物，如卤代烃、含 N、O 和 S 的化合物有响应，如图 3-10 所示。

由柱流出的载气及吹扫气进入 ECD 池，在放射源放出 β 射线的轰击下被电离，产生大量电子。在电源、阴极和阳极电场作用下，该电子流向阳极，得到 10^{-9} ~ 10^{-8}A 的基流。当电负性组分从柱后进入检测器时，即俘获池内电子，使基流下降，产生一负峰。通过放大器放大，在记录器记录，即为响应信号。其大小与进入池中组分量成正比。

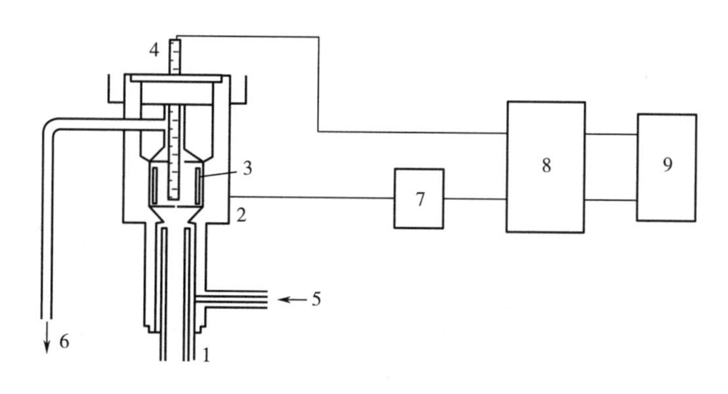

图 3-10　ECD 系统示意图

1—色谱柱　2—阴极　3—放射源　4—阳极　5—吹扫气

6—气体出口　7—电源　8—微电流放大器　9—记录器或数据处理系统

4. 火焰光度检测器（FPD）

检测器的主要结构见图 3-11。其主要部件有燃烧器喷嘴，反射镜、滤光片（对硫为 394nm，对磷为 526nm）及光电倍增管。其主要工作原理是：当含有 P 或 S 的有机物质在富氢

（并含有 O_2）中燃烧时，P 或 S 都会变为激发态的元素而发出其特征光波。P 发射出 526nm，S 发射出 394nm 的特征光波，所发射的光为反射镜收集后，通过滤光片投射到光电倍增管上，产生光电流，经放大可将信号记录下来。

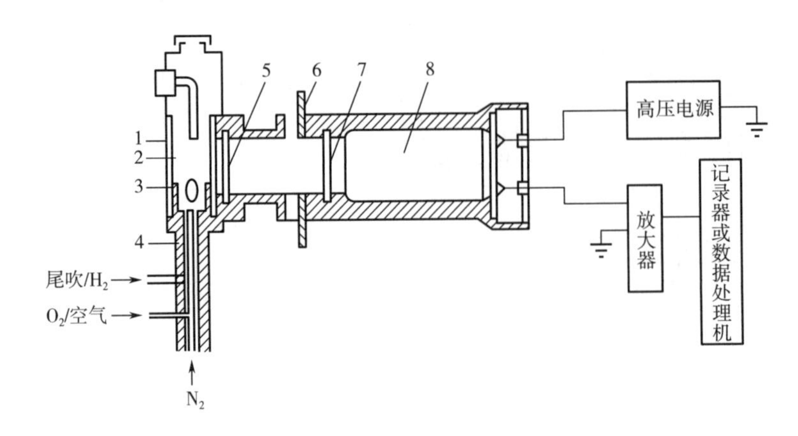

图 3-11 FPD 系统示意图

1—石英管 2—燃烧室 3—遮光罩 4—燃烧器

5—石英窗 6—散热片 7—滤光片 8—光电倍增管

第四节 气相色谱的定性与定量分析

一、气相色谱定性分析

利用气相色谱法分析某一样品得到各组分的色谱图后，首先要确定每个色谱峰究竟代表什么组分，即进行定性分析。

气相色谱法的定性方法很多，主要包括以下几种方法。

1. 用纯物质对照定性

（1）保留值定性 这是最简便的一种定性方法。它是根据同一种物质在同一根色谱柱上，在相同的色谱操作条件下，保留值相同的原理定性。

在同一色谱柱和相同条件下分别测得组分和纯物质的保留值，如果被测组分的保留值与纯物质的保留值相同，则可以认为它们是同一物质。

（2）加入纯物质增加峰高法定性 在样品中加入纯物质，对比加入前和加入后的色谱图，如果某一个组分的峰高增加，表示样品中可能含有所加入的这一种组分。

2. 采用文献数据定性

当没有纯物质时，可利用文献发表的保留值来定性。最有参考价值的是相对保留值。只要能够重复其要求的操作条件，这些定性数据是有一定参考价值的。

3. 保留指数定性

保留指数又称 Kovats 指数（I），是一种重现性较好的定性参数，可根据所用固定相和柱温直接与文献对照，而不需要标准品。

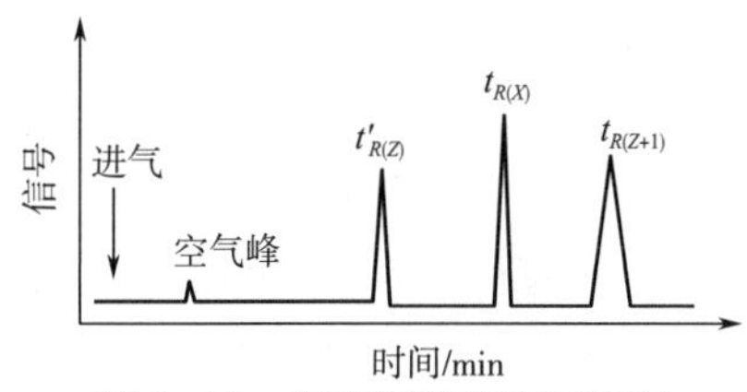

图 3-12　保留指数测定示意图

保留指数的测定方法：将正构烷烃作为标准，规定其保留指数为分子中碳原子个数乘以 100（如正己烷的保留指数为 600）。其他物质的保留指数（I_X）是通过选定两个相邻的正构烷烃，其分别具有 Z 和 $Z+1$ 个碳原子。被测物质 X 的调整保留时间应在相邻两个正构烷烃的调整保留值之间如图 3-12 所示，图中 R 为保留时间。

保留指数的计算式：

$$I_X = 100\left(\frac{\lg t'_{R(X)} - \lg t'_{R(Z)}}{\lg t'_{R(Z+1)} - \lg t'_{R(Z)}} + Z\right) \quad (t'_{R(Z+1)} > t'_{R(X)} > t'_{R(Z)}) \tag{3-13}$$

4. 与其他方法结合定性

（1）与化学方法结合定性　有些带有官能团的化合物，能与一些特殊试剂起化学反应，经过此处理后，这类物质的色谱峰会消失或提前或移后，比较样品处理前后的色谱图，便可定性。另外，也可在色谱柱后分馏收集各流出组分，然后用官能团分类试剂分别定性。

（2）与质谱、红外光谱等仪器结合定性　单纯用气相色谱法定性往往很困难。但可以配合其他仪器分析方法定性。其中仪器分析方法如红外光谱、质谱、核磁共振等对物质的定性最为有用。

二、气相色谱定量分析

在合适的操作条件下，样品组分的量与检测器产生的信号（色谱峰面积或峰高）成正比，此即为色谱定量分析的依据。可写成：

$$m = f \cdot A \tag{3-14}$$

$$m = f \cdot h \tag{3-15}$$

式中　m——物质的量，mol；

A——峰面积；

h——峰高，m；

f——校正因子，其物理意义为单位峰面积或峰高所代表的含量。

一般定量时常采用面积定量法。当各种操作条件（色谱柱、温度、载气流速等）严格控制不变时，在一定的进样量范围内峰的半宽度是不变的。峰高就直接代表某一组分的量或浓度，对出峰早的组分，因半宽度较窄，测量误差大，用峰高定量比用峰高乘半宽度的面积定量更为准确，但对出峰晚的组分，如果峰形较宽或峰宽有明显波动时，则宜用面积定量法。

1. 峰面积的测量方法

峰面积 A 测量的准确度直接影响定量结果，因此对于不同峰形的色谱峰，需要采取不同的测量方法。

（1）峰高（h）乘半宽度（$W_{0.5}$）法　适用于对称峰。

$$A = 1.065 \times h\,W_{0.5} \tag{3-16}$$

（2）峰高（h）乘平均峰宽法　适用由不对称峰。

$$A = 1.065 \times h \times \frac{1}{2}(W_{0.15} + W_{0.85}) \tag{3-17}$$

式中　$W_{0.15}$及 $W_{0.85}$——分别为 0.15h 和 0.85h 处测得的峰宽。

2. 校正因子（f）及其测定

色谱定量的原理是组分含量与峰面积（或峰高）成正比。不同的组分有不同的响应值，因此相同重量的不同组分，它们的色谱峰面积（或峰高）也不等，这样就不能用峰面积（或峰高）来直接计算组分的含量。为此，提出校正因子，选定一个物质做标准，被测物质的峰面积用校正因子校正到相当于这个标准物质的峰面积，再以校正后的峰面积来计算组分的含量。

在气相色谱中，通常多用相对重量校正因子进行校正，它的定义是待测物质（i）单位峰面积相当物质的量和标准物质（S）单位峰面积所相当物质的量之比。以f_w表示：

$$f_i = \frac{m_i}{A_i} \quad f_S = \frac{m_S}{A_S} \quad f_w = \frac{f_i}{f_S} \tag{3-18}$$

式中 A_i、A_s——分别表示待测物质 i 和标准物质 S 的峰面积，kg；

m_i、m_s——分别表示待测物质 i 和标准物质 S 的质量，kg。

第五节 气相色谱法在食品检测中的应用

气相色谱法广泛应用于食品中脂肪酸、农药残留、毒害物质、香精香料、食品添加剂、食品包装材料中的挥发物等成分的分析。

一、 食品中有机氯农药残留量的测定

1. 分析原理

样品中的有机氯农药经提取、净化与浓缩后，进样汽化并由氮气载入色谱柱中进行分离，再进入对电负性强的组分具有较高检测灵敏度的电子捕获检测器中检出，与标准有机氯农药比较定量。

2. 仪器及试剂

（1）仪器 检测器：氚（H^3）源电子捕获检测器。色谱柱：玻璃柱，长 2m，内径 3～4mm，内涂以 1.5% OV－17 和 2% QF－1 混合固定液的 80～100 目白色硅藻土担体（或 Chromosorb W）。温度：进样器 190℃，柱温 160℃，检测器 165℃。载气流速：60mL/min。

（2）试剂 六六六、滴滴涕标准溶液：准确称取甲、乙、丙、丁六六六四种异构体和ρ，ρ'-滴滴涕、ρ，ρ'-滴滴滴、ρ，ρ'-滴滴伊、o，ρ'-滴滴涕（α-666、β-666、γ-666、δ-666、ρ，ρ'-DDT；ρ，ρ'-DDD、ρ，ρ'-DDE、o，ρ'-DDT）各 10mg，溶于苯，分别移入 100mL 容量瓶中，加入苯至刻度，混匀，每毫升含农药 100μg，作为储备液存于冰箱中。将上述标准储备液以己烷稀释至 0.01μg/mL 作为六六六、滴滴涕标准溶液。

3. 测定方法

（1）提取

①粮食：称取 20g 粉碎并通过 20 目筛的样品，置于 250mL 具塞锥形瓶中，加 100mL 石油醚，于电动振荡器上振荡 30min，滤入 150mL 分液漏斗中，以 20～30mL 石油醚分数次洗涤残渣，洗液并入分液漏斗中，以石油醚稀释至 100mL。

②蔬菜、水果：称取200g样品置于捣碎机中捣碎1~2min（若样品含水分少，可加一定量的水），称取相当于原样50g的匀浆，加100mL丙酮，振荡1min，浸泡1h，过滤。残渣用丙酮洗涤三次，每次10mL，洗液并入滤液中，置于500mL分液漏斗中，加80mL石油醚，振摇1min，加2%硫酸钠溶液200mL，振摇1min，静置分层，弃去下层，将上层石油醚经盛有15g无水硫酸钠的漏斗，滤入另一分液漏斗中，再以石油醚少量数次洗涤漏斗及其内容物，洗液并入滤液中，并以石油醚稀释至100mL。

③乳与乳制品：称取100g鲜乳（乳制品取样量按鲜乳折算），移入500mL分液漏斗中，加100mL乙醇，1g草酸钾剧烈振摇1min，加100mL乙醚，摇匀，加100mL石油醚，剧烈振摇2min，静置10min，弃去下层。将有机溶剂层经盛有20g无水硫酸钠的漏斗，小心缓慢地滤入250mL锥形瓶中，再用石油醚少量多次洗涤漏斗及其内容物，洗液并入滤液中。以脂肪提取器或K-D浓缩器蒸除有机溶剂，残渣为黄色透明油状物。再以石油醚溶解，移入150mL分液漏斗中，以石油醚稀释至100mL。

④各种肉类及其他动物组织：称取绞碎均匀20g样品置于乳钵中，加约80g无水硫酸钠研磨，无水硫酸钠用量以样品研磨后呈干粉状为度，将研磨后的样品和硫酸钠一并移入250mL具塞锥形瓶中，加100mL石油醚，于电动振荡器上振荡30min，抽滤，残渣用约100mL石油醚分数次洗涤，洗液并入滤液中，将全部滤液用脂肪抽提器或K-D浓缩器蒸除石油醚，残渣为油状物。以石油醚溶解残渣，移入150mL分液漏斗中，加石油醚稀释至100mL。

（2）净化

①于100mL样品石油醚提取液（富含脂肪的动、植物样品除外）中加10mL硫酸，振摇数下后，倒置分液漏斗、打开活塞放气，然后振摇0.5min，静置分层，弃去下层溶液，上层溶液由分液漏斗上口倒入另一个250mL分液漏斗中，用少许石油醚洗涤原分液漏斗后，并入250mL分液漏斗中，加2%硫酸钠溶液100mL，振摇后静置分层，弃去下层水溶液，用滤纸吸除分液漏斗颈内外的水，然后将石油醚经盛有约15g无水硫酸钠的漏斗过滤，并以石油醚洗涤盛有无水硫酸钠的漏斗数次，洗液并入滤液中，并以石油醚稀释至100mL。

②于25mL富含脂肪的动、植物油样品的石油醚提取液中加25mL硫酸，振摇数下后，倒置分液漏斗，打开活塞放气，再振摇0.5min，静置分层，弃去下层溶液，上层溶液由分液漏斗上口倒于另一500mL分液漏斗中，用少许石油醚洗涤原分液漏斗，洗液并入分液漏斗中，加2%硫酸钠溶液250mL，摇匀，静置分层，以下按①自“弃去下层水溶液”起依法操作。

（3）浓缩　将分液漏斗中已净化的石油醚溶液经过盛有15g无水$NaSO_4$的小漏斗，缓慢滤入K-D浓缩器中，并以少量石油醚洗盛有无水$NaSO_4$的漏斗3~5次，合并洗液与滤液，然后于水浴上将滤液用K-D浓缩器浓缩至约0.3mL（不要蒸干，否则结果偏低），停止蒸馏浓缩，用少许石油醚淋洗导管尖端，最后定容至0.5~1.0mL，摇匀，塞紧，供测定用。

（4）测定

①标准曲线的绘制：吸取BHC与DDT标准混合溶液1、2、3、4、5μL分别进样，根据各农药组分含量（ng）与其相对应的峰面积（或峰高），绘制各农药组分的标准曲线。

②样品测定：吸取样品处理液1.0~5.0μL进样，记录色谱峰，据其峰面积（或峰高）于六六六与滴滴涕各异构体的标准曲线上查出相应的组分含量（ng）。

4. 定性定量分析

根据标准六六六与滴滴涕的各个异构体的保留时间进行定性。六六六与滴滴涕的各个异构体出峰顺序为。α-BHC，γ-BHC，β-BHC，δ-六六六，ρ，ρ'-DDE，o，ρ'-DDT，ρ，ρ'-DDD，ρ，ρ-DDT。

从标准曲线上查出相应含量；计算样品中 BHT、DDT 的不同异构体或衍生物的单一含量，计算公式如下：

$$\text{样品中 BHC、DDT 及其异构体的单一含量（mg/kg 或 mg/L）} = \frac{c}{m} \cdot \frac{V}{V_1} \tag{3-19}$$

式中　c——从标准曲线查出的被测样液中 BHC、DDT 及其异构体的单一含量，ng；

V——样品净化后浓缩液体积，mL；

V_1——样液进样体积，μL；

m——样品质量或体积，g 或 mL。

最后，将六六六、滴滴涕的不同异构体或衍生物单一含量相加，即得出样品有机氯农药六六六、滴滴涕的总量。

二、食品中脂肪酸含量的测定

1. 分析原理

样品中脂肪酸一般以甘油三酯形式存在，经氢氧化钾甲醇液甲酯化，生成相应的脂肪酸甲酯，经气相色谱分离并定量测定。

2. 仪器与试剂

（1）仪器　Sigma 300 气相色谱仪，LCI-100 积分仪，SQF-200B 型氢气发生器。

（2）试剂　AOCS 混合油对照品 RM_3SuPelcs 50 mg、RM_6SuPelcs 50 mg（MATREYA 公司提供）；棕榈酸、硬脂酸、油酸、亚油酸、亚麻酸均为气相色谱标准；乙醚、正己烷、甲醇、氢氧化钾均为分析纯。

3. 测定方法

（1）色谱条件　色谱柱：2.1m×2mm 不锈钢柱，填充 15%CP-SIL84 白色高效担体 100~120 目。载气：N_2。空气：30kPa。氢气：20kPa。检测器：FID。进样口温度：240℃。检测器温度：220℃。程序升温：175℃、180℃、210℃保持时间分别为 7.0、8.0、5.0min。升温速度：30℃/min。

（2）回归曲线制作　精密吸取 AOCS 混合油对照品 RM_3SuPelcs、RM_6SuPelcs，用乙醚-正己烷（2∶1）溶解并稀释至适当浓度，定体积进样，制作标准曲线。

（3）样品制备　取油样 100mg（其他样品称样适当增加），置于 10mL 容量瓶中，加入乙醚-正己烷（2∶1）1mL、甲醇 1mL 及 0.8mol/L 氢氧化钾甲醇溶液 1mL，摇匀，静置 5min，加水至刻度，取上层液进样。

4. 结果计算

以保留时间定性鉴定各种脂肪酸，以峰面积查标准曲线并计算出各种脂肪酸的含量，以上数据由积分仪或计算机处理。

第六节　高效液相色谱技术

高效液相色谱法是20世纪70年代快速发展起来的一项高效、快速的分离分析技术。它是以经典的液相色谱为基础，以高压下的液体为流动相的色谱过程。通常所说的柱层析、薄层层析或纸层析就是经典的液相色谱。在经典的液体柱色谱法基础上，引入了气相色谱法的理论，在技术上采用了高压泵、高效固定相和高灵敏检测器，实现了分析速度快，分离效率高和操作自动化。高效液相色谱法可用来做液固吸附、液液分配、离子交换和空间排阻色谱（即凝胶渗透色谱）分析，应用非常广泛。高效液相色谱法具有以下几个突出的特点。

（1）高压　液相色谱法以液体作为流动相（称为载液），液体流经色谱柱时，受到的阻力较大，为了能迅速地通过色谱柱，必须对载液施加高压。在现代液相色谱法中供液压力和进样压力都很高，一般可达到15～35MPa。

（2）高速　高效液相色谱法所需的分析时间较经典液体色谱法少得多，一般都小于1h，例如分离苯的羟基化合物七个组分，只需要1min就可完成；对氨基酸分离，用经典色谱法，柱长约170cm、柱径0.9cm、流动相流速30mL/h，需用20多小时才能分离出20种氨基酸，而用高效液相色谱法，1h之内可完成。载液在色谱柱内的流速较经典液体色谱法高得多，一般可达1～10mL·min^{-1}。

（3）高效　高效液相色谱法的柱效高，约可达3万塔板/m以上（气相色谱法的分离效能也很高，柱效约为2000塔板/m）。这是由于近年来研究出了许多新型固定相（如化学键合固定相），使分离效率大大提高。

（4）高灵敏度　高效液相色谱法已广泛采用高灵敏度的检测器，进一步提高了分析的灵敏度。如紫外检测器的最小检测量可达纳克数量级（10^{-9}g）；荧光检测器的灵敏度可达10^{-11}g。高效液相色谱的高灵敏度还表现在所需试样很少，微升数量级的试样就足以进行全分析。

由于具有上述优点，因而在色谱文献中又将它称为现代液相色谱法、高压液相色谱法或高速液相色谱法。

高效液相色谱法，只要求试样能制成溶液，而不需要气化，因此不受试样挥发性的限制，对于高沸点、热稳定性差、相对分子质量大（大于400）的有机物（这些物质几乎占有机物总数的75%～80%）原则上都可用高效液相色谱法来进行分离、分析。

同其他色谱过程一样，高效液相色谱也是溶质在固定相和流动相之间进行的一种连续多次的交换过程，它借溶质在两相间分配系数、亲和力、吸附能力、离子交换或分子大小不同引起的排阻作用的差别使不同溶质进行分离。在高效液相色谱过程中的流动相是液体（溶剂），又称洗脱剂或载液。开始时溶质加在柱头，随流动相一起进入色谱柱（图3-13），接着在固定相和流动相之间分配。分配系数小的组分（如组分A），不易被固定相滞留，流出色谱柱较早；分配系数大的（如组分C）在固定相上滞留时间长，较晚流出色谱柱。若一个含有多组分的混合物进入色谱系统，则混合物中各组分便按其在两相间分配系数的不同先后流出色谱柱。不同组分在色谱过程中分离情况首先取决于各组分在两相间的分配系数、吸附能力、亲和力等的差异。不同组分在色谱柱中运动时，谱带随柱长展宽，展宽的程度与溶质在两相的扩散系数、固

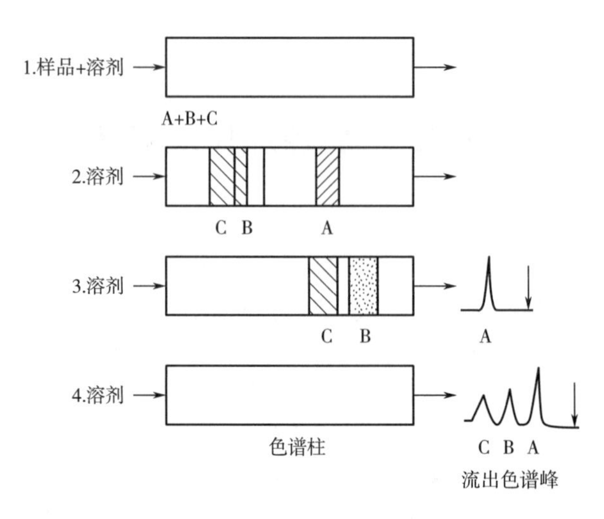

图 3-13 液相色谱分离过程

定相填料的颗粒大小、填充情况和流动相流速等有关。

一、 高效液相色谱的类型

1. 体积排阻色谱

体积排阻色谱（Size Exclusion Chromatography，SEC）是一种纯粹按照溶质分子在流动相溶剂中的体积大小分离的色谱法。填料具有一定范围的孔尺寸，大分子进不去而先流出色谱柱，小分子后流出。在用水系统作为流动相的情况下，又称凝胶过滤色谱（GFC）。用于生物大分子分离的传统 SEC 填料主要是多糖聚合物凝胶，只能在低压下进行慢速分离。目前在很大程度上被微粒型交联的亲水凝胶（如交联琼脂糖 Superose6 和 Superose12）、乙烯共聚物（如 TSK-Gel PW）和亲水性键合硅胶（如 Zorbax GF 250 和 450）所取代。因填料的孔径大小不同，SEC 能分离的分子量级在 1 万到 200 万。对于分析分离或实验室小规模制备，平均粒度在 3~13μm 的规格较适用，有良好的柱效率和分离能力。但对大规模的制备分离和纯化，因要考虑成本和渗透性，可以采用较粗的粒度。体积排阻色谱一般用作原料液的初分离，获取几个分子量级，供进一步分离纯化使用。

2. 离子色谱

离子色谱法（Ion Chromatography，IC）是 20 世纪 70 年代中期发展起来的一项液相色谱技术，主要用于离子型化合物的分析，目前已成为分析化学领域中发展最快的分析方法之一。按照分离机理的不同，离子色谱法可分为离子交换色谱（IEC）、离子排斥色谱（ICE）和流动相离子色谱（MPIC）。IEC 的分离机理主要是离子交换，根据固定相离子交换树脂上可电离的离子与流动相中具有相同电荷的溶质离子进行可逆交换，对待测离子进行分离，一般用于亲水性阴离子、阳离子和碳水化合物的分离，因而又分为阴离子交换色谱法、阳离子交换色谱法等；ICE 的分离机理包括 Donnan 排斥、空间排斥和吸附，是利用待测物质与固定相之间的非离子相互作用进行分离的，其分离柱一般是填充高容量的阳离子交换树脂，树脂表面键合磺酸基团，当水分通过分离柱时，磺酸基团周围形成一个水合层，在水合层和淋洗液之间形成一个类似 Donnan 膜的负电层，非离子型的组分没有受到 Donnan 的排斥而进入树脂微孔，完全解离的物质如盐酸由于带有负电荷而受到排斥，无法在分离柱上保留，从而使物质分离，一般用于无机弱酸、有机酸、氨基酸、醛、醇的分离；MPIC 的分离机理主要是离子对的吸附，用高交联度、高比表面积的中性无离子交换功能基的聚苯乙烯大孔树脂为柱填料，使用强酸和强碱性的离子对试剂淋洗液和化学抑制型电导检测器，将反相离子对色谱法的高分离效率和高选择性与化学抑制型电导检测器测定离子的高灵敏度结合起来，适合于疏水性阴离子、阳离子和过度金属配合物的分离。

3. 反相色谱

反相色谱（Reversed Phase Chromatography，RPC）是基于溶质、极性流动相和非极性固定相表面间的疏水效应建立的一种色谱模式。通常是指以具有非极性表面的担体为固定相，以比固定相极性更强的溶剂系统为流动相的色谱分离技术。一个典型的例子就是在十八烷基硅胶键合相上用甲醇/水混合溶剂冲洗。任何一种有机分子的结构中都有非极性的疏水部分，这部分越大，一般保留值越高。在高效液相色谱中这是应用最广的一种分离模式。在生物大分子的反相液相色谱条件下，流动相多采用酸性的、低离子强度的水溶液，并加一定比例的能与水互溶的异丙醇、乙腈或甲醇等有机改性剂。大量使用的填料为孔径在 30nm 以上的硅胶烷基键合相，除此之外，也有少量高聚物微球。实验表明，烷基链长对蛋白质的反相保留没有显著的影响，但在蛋白质的活性回收上短链烷基（如 C_4、C_8、苯基）和长链烷基（如 C_{18}、C_{22}）反相填料是有区别的。表现在烷基链越长，固定相的疏水性越强，因而为使蛋白质较快洗脱下来，需要增加流动相的有机成分。过强的疏水性和过多的有机溶剂会导致蛋白质的不可逆吸附和生物活性的损失。总体来说，在烷基键合硅胶上的反相色谱，由于其柱效高、分离度好、保留机制清楚，是蛋白质的分离、分析、纯化中广泛使用的一种方法。近年来在农业和食品科学领域又有一些新的应用。

4. 疏水作用色谱

疏水作用色谱（Hydrophobic Interaction Chromatography，HIC）的原理与反相色谱相同，区别在于 HIC 填料表面疏水性没有 RPC 强。所用填料同样分有机聚合物（交联琼脂糖 Superose 12，TSK-PW，乙烯聚合物等）和大孔硅胶键合相两类。疏水配基一般是低密度分布在填料表面上的苯基、戊基、丁基、丙基、羟丙基、乙基或甲基，也有的是在硅胶表面键合聚乙二醇。流动相一般为 pH 6~8 的盐水溶液［如 $(NH_4)_2SO_4$］，作降浓梯度淋洗，在高盐浓度条件下，蛋白质与固定相疏水缔合；浓度降低时，疏水作用减弱，逐步被洗脱下来。和普通反相液相色谱相比，这种表面带低密度疏水基团的填料对蛋白质的回收率高，蛋白质变性可能性小。由于流动相中不使用有机溶剂，也有利于蛋白质保持固有的活性。

5. 亲和色谱

亲和色谱（Affinity Chromatography）是利用生物大分子和固定相表面存在某种特异性吸附而进行选择性分离的一种生物大分子分离方法。通常是在载体（无机或有机填料）表面先键合一种具有一般反应性能的所谓间隔臂（如环氧、联氨等），随后再连接上配基（如酶、抗原或激素等）。这种固载化的配基只能和与其有生物特异性吸附的生物大分子相互作用而被保留，没有这种作用的分子不被保留而先流出色谱柱。此后改变流动相条件（如 pH 或组成），将保留在柱上的大分子以纯品形态洗脱下来。例如，若在间隔臂链段上分别反应上抗原、蛋白质 A 或磷脂酰胆碱，便可分离和回收到相应的抗体、免疫球蛋白或膜蛋白。亲和色谱选择性强、纯化效率高，实际上也可以认为是一种选择性过滤，往往可以一步获得纯品。

二、 高效液相色谱的固定相和流动相

1. 固定相

高效色谱柱是高效液相色谱的心脏，而其中最关键的是固定相及其填装技术。不同的液相色谱法所用的固定相不同。

（1）液-液色谱法及离子对色谱法固定相　液-液色谱法及离子对色谱法所用的担体有以下几种。

①全多孔型担体（Porous Micro Beads Support）：高效液相色谱法早期使用的担体与气相色谱法相类似，是颗粒均匀的多孔球体，例如由氧化硅、氧化铝、硅藻土制成的直径为 100μm 左右的全多孔型担体。填料的不规则性和较宽的粒度范围所形成的填充不均匀性是色谱峰扩展的一个主要原因。另外，孔径分布不一，并存在“裂隙”，在颗粒深孔中形成滞留液体，溶质分子在深孔中扩散和传质缓慢，也进一步促使色谱峰变宽。

从色谱动力学来看，应减小填料颗粒的大小，并从装柱技术上改进，装填出均匀的色谱柱，使之能达到很高的柱效。20 世纪 70 年代初期出现了小于 10μm 直径的全多孔型担体，它是由纳米级的硅胶微粒堆聚而成的 5μm 或稍大的全多孔小球。由于其颗粒小，传质距离短，因此柱效高，柱容量也大。随着对全多孔微粒担体的深入研究和装柱技术的发展，目前粒度为 5~10μm 的全多孔微粒担体是使用最广泛的高效填料。

②表层多孔型担体：又称薄壳型微珠担体（Pellicular Micro Beads Support），它是直径为 30~40μm 的实心核（玻璃微珠），表层上附有一层厚度为 1~2μm 的多孔硅胶。由于固定相仅是表面很薄一层，因此传质速度快，加上是直径很小的均匀球体，装填容易，重现性较好，因此在 20 世纪 70 年代前期得到较广泛使用。但由于比表面积较小，因此试样容量低，需要配备较高灵敏度的检测器。

③化学键合固定相：用化学反应的方法通过化学键把有机分子结合到担体表面得到的固定相称为化学键合固定相。根据在硅胶表面（具有≡Si—OH 基团）的化学反应不同，键合固定相可分为：硅氧碳键型（≡Si—O—C）；硅氧硅碳键型（≡Si—O—Si—C）；硅碳键型（≡Si—C）和硅氮键型（≡Si—N）四种类型。例如在硅胶表面利用硅烷化反应制得≡Si—O—Si—C 键型（18 烷基键合相）的反应为：

$$\text{硅胶表面}\left\{\begin{array}{l}\text{Si—OH}\\ \text{Si—OH}\\ \text{Si—OH}\end{array}\right. + C_{18}H_{37}SiCl_3 \longrightarrow \text{硅胶表面}\left\{\begin{array}{l}\text{Si—O}\\ \text{Si—O}\\ \text{Si—O}\end{array}\right\}\text{Si—}C_{18}H_{37}$$

由于≡Si—O—Si—R—C 型的化学键稳定、耐水、耐热、耐有机溶剂，而且具有表面没有液坑，比一般液体固定相传质快得多；无固定液流失，增加了色谱柱的稳定性和寿命；可以键合不同官能团，能灵活地改变选择性，应用于多种色谱类型及样品的分析；有利于梯度洗提，也有利于配用灵敏的检测器和馏分收集等特点，因而是液相色谱中应用较广泛的固定相（表 3-3）。

表 3-3　　化学键合固定相色谱应用

试样种类	键合基团	流动相	色谱类型	实例
低极性 溶解于烃类	$—C_{18}$	甲醇-水 乙腈-水 乙腈-四氢呋喃	反相	多环芳烃、甘油三酯、类脂、脂溶性维生素、甾族化合物、氢醌
中等极性 可溶于醇	$—CN$	乙腈、正己烷 氯仿	正相	脂溶性维生素、甾族、芳香醇、胺、类脂止痛药
	$—NH_2$	正己烷 异丙醇		芳香胺、脂、氯化农药、苯二甲酸
	$—C_{18}$ $—C_8$ $—CN$	甲醇、水、 乙腈	反相	甾族、可溶于醇的天然产物、维生素、芳香酸、黄嘌呤
高极性 可溶于水	$—C_8$ $—CN$	甲醇、乙腈、 水、缓冲溶液	反相	水溶性维生素、胺、芳醇、抗生素、止痛药
	$—C_{18}$	水、甲醇、乙腈	反相离子对	酸、磺酸类染料、儿茶酚胺
	$—SO_3^-$	水和缓冲溶液	阳离子交换	无机阳离子、氨基酸
	$—NR_3^+$	磷酸缓冲液	阴离子交换	核苷酸、糖、无机阴离子、有机酸

由于存在着键合基团覆盖率问题，化学键合固定相的分离机制既不是全部吸附过程，也不是典型的液-液分配过程，而是双重机制兼而有之，只是按键合量的多少而各有侧重。

（2）液-固吸附色谱法固定相　液-固吸附色谱法采用的吸附剂有硅胶、氧化铝、分子筛、聚酰胺等，仍可分为全多孔型和薄壳型两种。目前较常使用的是 5～10μm 的硅胶微粒（全多孔型）。

（3）离子交换色谱法固定相

①薄膜型离子交换树脂固定相：常用的为薄壳型离子交换树脂，即以簿壳玻珠为担体，在它的表面涂约 1%的离子交换树脂而成。

②离子交换键合固定相：用化学反应将离子交换基团键合在惰性担体表面。它也分为两种形式：一种是键合薄壳型，担体是薄壳玻珠。另一种是键合微粒担体型离子交换树脂，它的担体是微粒硅胶，这是近年来出现的新型离子交换树脂，具有键合薄壳型离子交换树脂的优点，室温下即可分离，柱效高，试样容量较前者大。

薄膜型离子交换树脂固定相和离子交换键合固定相的离子交换树脂又可分为阳离子及阴离子交换树脂。按离子交换功能团酸碱性的强弱，阳离子交换树脂又分为强酸性与弱酸性树脂；阴离子交换树脂也分为强碱性及弱碱性树脂。由于强酸或强碱性离子交换树脂比较稳定，pH 适用范围较宽，因此在高效液相色谱中应用较多。

(4) 排阻色谱法固定相　常用的排阻色谱固定相分为软质、半硬质和硬质凝胶三种。

①软质凝胶：如葡聚糖凝胶、琼脂糖凝胶等，适用于水为流动相。软质凝胶在压强 $1kg \cdot cm^{-2}$ 左右即遭破坏，因此这类凝胶只适用于常压排阻色谱法。

②半硬质凝胶：苯乙烯-二乙烯基苯交联共聚凝胶（交联聚苯乙烯凝胶）是应用最多的有机凝胶，适于非极性有机溶剂，不能用于丙酮、乙醇等极性溶剂，同时，由于不同溶剂其溶胀因子各不相同，因此不能随意更换溶剂。能耐较高压力，流速不宜过大。

③硬质凝胶：如多孔硅胶、多孔玻珠等。多孔硅胶是最常用的无机凝胶，其特点是化学稳定性、热稳定性强，机械强度好，可在柱中直接更换溶剂，缺点是吸附问题，需要进行特殊的处理。可控孔径玻璃珠是近年来受到重视的一种固定相。它具有恒定的孔径和较窄的粒度分布，色谱柱易于填充均匀，对流动相溶剂体系（水或非水溶剂）、压力、流速、pH 或离子强度等都影响较小，适用于较高流速下操作。

(5) 反相色谱法固定相　在反相高效液相色谱中使用的固定相，大量的是各种烃基硅烷的化学键合硅胶。烷基链长可以是 C_2、C_4、C_6、C_8、C_{16}、C_{18}、C_{22} 等，最常用的 C_{18} 又称 ODS，即十八烷基硅烷键合硅胶。键合烷基的链长对键合相的样品负荷量、溶质的 k' 值和其选择性有不同的影响，当烷基键合相的表面浓度（$\mu mol/m^2$）相同时，烷基链长增加，碳含量成比例增加，溶质的保留值增长。当表面覆盖度不一样时，一般说来，长碳链烷基键合相有较大 k' 值，但不一定成比例。烷基链长对选择性的影响有不同的看法，一些学者认为选择性只与溶质的分子结构和流动相的组成有关，而很少与链长有关。但许多研究表明键合相链长 $C_8 \sim C_{12}$ 时，小分子溶质的选择性随链长增加而增加；在 C_{12} 以后选择性趋于常数。因为键合烷基链之间的距离是 0.90~0.95nm，当烷基链较长时，至少对小分子溶质来说可以钻进液珠状的键合烷基簇内，溶质在这种键合层与流动相之间分配则与键长无关。但在烷基链较短的情况下，吸附的因素变化较大，从而引起选择性的变化。

溶质分子的结构对选择性有很明显的影响。短链烷基硅烷（C_6、C_8）由于分子尺寸较小，与硅胶表面键合时可以有比长链烷基更高的覆盖度和较少的残余烃基，因此适合于极性样品分离分析，或者说有利于使用极性较强的流动相。而长链烷基键合相 C_{16}、C_{18}、C_{22} 等，因为有较高的碳含量和更好的疏水性，所以对于各种类型的样品分子结构有更强的适应能力，可利用于从非极性的芳烃到氨基酸、肽、儿茶酚、胺和多种药物的分析。

苯基键合相和短链烷基键合相性质相近，新发展的多环芳烃键合相与长链烷基相接近，在分离芳香化合物时有一定特色。为适应蛋白质、酶等生物大分子分离的需要，一些键合有短链烷基（C_3、C_4）的大孔硅胶（20~40nm）键合相和非极性效应更好的含氟硅烷键合相也已发展起来。

2. 流动相

流动相常称为缓冲液（Buffer），它不仅仅携带样品在柱内流动，更重要的是在流动相与溶质分子作用的同时，也与固定相填料表面作用。正是流动相-溶质-填料表面的相互作用，使得液相色谱成为一项非常有用的分离技术。高效液相色谱中流动相通常是一些有机溶剂、水溶液和缓冲液等。

(1) 流动相的选择　选择好一定的填料后，强溶剂使溶质在填料表面的吸附减少，相对应的容量因子（k'）降低；而较弱的溶剂使溶质在填料表面吸附增大，相应的容量因子升高。因此，k' 值是流动相组成的函数。塔板数 N 一般与选择的流动相的黏度成反比。所以，流动相的选择应考虑：①流动相应不改变填料的任何性质；②流动相纯度要高；③流动相与检测器匹配；④流动相黏度要低；⑤溶解度要理想；⑥样品容易回收。

在选用流动相时，溶剂的极性仍为重要的依据。例如在正相液-液色谱中，可先选中等极性的溶剂为流动相，若组分的保留时间太短，表示溶剂的极性太大。接着可选用极性较弱的溶剂，若组分保留时间太长，则表明溶剂的极性又太小，说明合适的溶剂其极性应在上述两种溶剂之间。如此多次实验，以选得最适宜的溶剂。

常用溶剂的极性顺序排列如下：

水（极性最大）、甲酰胺、乙腈、甲醇、丙醇、丙酮、二氧六环、四氢呋喃、甲乙酮、正丁醇、醋酸乙酯、乙醚、异丙醚、二氯甲烷、氯仿、溴乙烷、苯、氯丙烷、甲苯、四氯化碳、二硫化碳、环乙烷、乙烷、庚烷、煤油（极性最小）。

为了获得合适的溶剂强度（极性），常采用二元或多元组合的溶剂系统作为流动相。通常根据所起的作用，采用的溶剂可分成底剂及洗脱剂两种。底剂决定基本的色谱分离情况；洗脱剂则起调节试样组分的滞留并对某几个组分具有选择性的分离作用。因此，流动相中底剂和洗脱剂的组合选择直接影响分离效率。正相色谱中，底剂采用极性溶剂如正己烷、苯、氯仿等，而洗脱剂可根据试样的性质选择极性较强的针对性溶剂如醚、酯、酮醇和酸等。在反相色谱中，通常以水为流动相的主体，以加入不同配比的有机溶剂作调节剂。常用的有机溶剂时甲醇、乙腈、二氧六环、四氢呋喃等。

（2）液相色谱常用的流动相　一般根据色谱分离条件选择流动相的强度，液-固色谱通常是在极性吸附剂上选用非极性（如己烷）以至极性（如醇）溶剂作为流动相运行，为了减轻由于保留时间增长产生峰形拖尾、柱效和线性容量降低的现象，通常加入一定量的水控制吸附剂的活性，所需的水常加到流动相或吸附剂中，水的量对非极性流动相是非常重要的。

正相色谱，例如键合聚乙二醇-400 填料，一般采用己烷、庚烷、异辛烷、苯和二甲苯等作为流动相。往往还在非极性溶剂中加入一定量的四氢呋喃等极性溶剂。反相色谱大多使用甲醇、乙醇、乙腈、水-甲醇，水-乙腈作为流动相。绝大多数离子交换色谱在水溶液中进行。缓冲液作为离子平衡时的反离子源使得流动相 pH 和离子强度不变。排阻色谱具有排阻和吸附的混合过程，因此，可根据不同的分析对象选择合适的流动相。表 3-4 列出了常用的排阻色谱流动相。

表 3-4　　体积排阻色谱的流动相

流动相	柱温/℃	分离的典型聚合物
水和缓冲剂	25~65	蛋白质、多肽等
甲苯	25~70	弹性体和橡胶等
1，1，2，2-四氯乙烷	25~100	聚氧乙烯、聚苯乙烯等
间甲酚	30~135	聚酯、聚酰胺等
二甲基甲酰胺	25~85	聚丙酰胺等

三、液相色谱的保留机理

样品（或溶质）在柱内保留或滞留的能力可以用保留值来描述，在相同的操作条件下，不同物质有各自固有的保留值，这一特征是色谱定性的基本依据。在高效液相色谱中，保留值主要有以下几种表示法。

1. 保留时间（t_R）和保留体积（V_R）

如图 3-14 所示，从进样开始到柱后出现样品的浓度极大值所需的时间为保留时间，用 t_R 表示。在这段时间内冲洗剂（流动相）流过的体积为保留体积，用 V_R 表示，它和冲洗剂的体积流量有关。

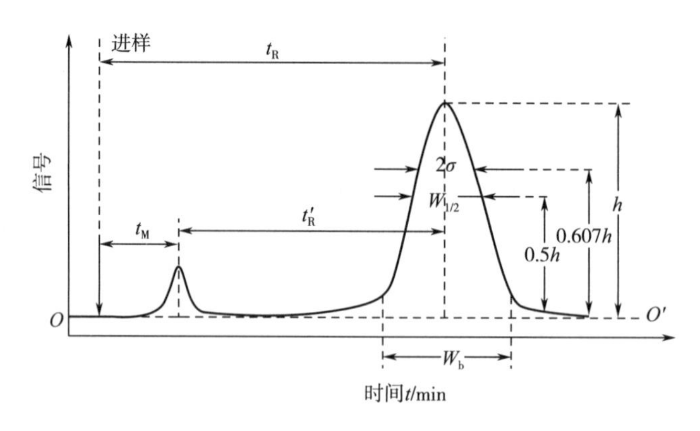

图 3-14　色谱流出曲线及参数

2. 调整保留时间（t'_R）和调整保留体积（V'_R）

t_R 和 V_R 会随着柱体积和填料的孔隙度而发生变化，应扣除“死时间”（t°_R）和“死体积”（V°_R）。扣除“死时间”和“死体积”后的保留值称为调整保留时间（t'_R）和调整保留体积（V'_R）。

3. 容量因子

容量因子（k'）是在色谱法中广泛使用的保留值表示法。k'只与溶质在固定相和流动相的分配性质、柱温以及相空间比（固定相和流动相体积比）有关，而与柱尺寸和流速无关。某物质的k'定义为在分配平衡时该物质在两相中的绝对量之比，即 k' = 物质在固定相的量 q_s / 物质在流动相的量 q_m 。通过热力学公式推导得到一个有实际应用价值的计算公式，$k' = t'_R / t^\circ_R$ 。

4. 相对保留值和选择性

相对保留值可以用来表示两个组分的分离，$a = t'_{R(2)}/t'_{R(1)}$ 。在 HPLC 中，一定条件下测得的具有不同 k' 值物质的理论塔板数基本相同，因而可以用 a' 来考查相邻两峰的分离，$a' = t_{R(2)}/t_{R(1)}$ ，a' 称为选择性。通过改变固定相的种类、柱温以及流动相的组成来调节 a 或 a' ，以达到满意的分离效果。

5. 柱塔板数 N

Martin 在 1941 年首次提出了色谱的塔板理论，他把色谱柱比作蒸馏塔。从统计结果看，在某一段柱长范围内溶质在固定相和流动相之间达到分配平衡，这段柱长就相当于一个理论塔板的高度（H），并认为当色谱柱的理论塔板数足够大时，柱内溶质谱带的浓度分布遵守高斯方程。虽然塔板理论并未反映色谱过程的本质，但却形象地描述了这个过程的主要特征，并给出了衡量色谱效率的指标——塔板高度和塔板数，因而塔板理论这个概念在色谱中沿用了几十年。

峰宽是评价许多色谱方法好坏的指标，而塔板数 N 是衡量柱性能好坏的重要指标。计算塔板数可以有两个方法。

一是测量峰高一半（$h_{0.5}$）的半峰宽（$W_{0.5}$），具体测量是从色谱峰的最高点到基线作垂线；取垂线的$\frac{1}{2}$处作与基线平行的线段。此线段为半峰宽（$W_{0.5}$），按式（3-20）计算 N。

$$N = 5.54\left(\frac{t_{\mathrm{R}}}{W_{0.5}}\right)^2 \tag{3-20}$$

二是测量峰底宽 W_b，按式（3-21）计算塔板数 N。

$$N = 16\left(\frac{t_{\mathrm{R}}}{W_b}\right)^2 W_b \tag{3-21}$$

理论塔板高度（H）为：

$$H = \frac{L}{N} \tag{3-22}$$

式中：L——柱长，m；

N——塔板数。

考虑到样品穿过柱内空隙体积时，并不与固定相发生质量交换，故也常使用扣除死时间的调整保留时间 t'_{R} 来计算有效塔板数 $N_{有效}$ 和有效塔板高度 $H_{有效}$。

$$N_{有效} = 5.54\left(\frac{t'_{\mathrm{R}}}{W_{1/2}}\right)^2 = N\left(\frac{k'}{1+k'}\right)^2 \tag{3-23}$$

或

$$N_{有效} = 16\left(\frac{t'_{\mathrm{R}}}{W_b}\right)^2 = N\left(\frac{k'}{1+k'}\right)^2 \tag{3-24}$$

而

$$H_{有效} = \frac{L}{N_{有效}} = H\left(\frac{k'}{1+k'}\right)^2 \tag{3-25}$$

由此可见，当 k' 比较小的时候（例如 $k' < 0.1$），$H_{有效}$ 比 H 大得多（或 $N_{有效}$ 比 N 小得多）；而当 k' 比较大时（如 $k' > 5$），则两者相差就很小了。

第七节　高效液相色谱仪

一、高效液相色谱流程图

典型的高效液相色谱仪的流程如图 3-15 所示。储器 1 中的流动相溶剂被泵 2 吸入，然后输出，经压力和流量测量 4 后导入进样器 5。被分析样品由进样器处注入，并随流动相一起依次通过保护柱 6（非必须部件）、分离柱 7 后进入检测器 8。检测信号用微处理机 10 采集和进行数据处理，或用积分仪（或记录仪）11 记录色谱峰面积和色谱图。如果不是分析而是制备目的，可以使用馏分收集器 12。遇到复杂样品可以采用梯度淋洗操作（借助于梯度控制器 3），使样品各组分均得到最佳分离，而又不致花费更多的时间。整个仪器也可使用一台微处理机操纵，包括数据处理和操作控制。

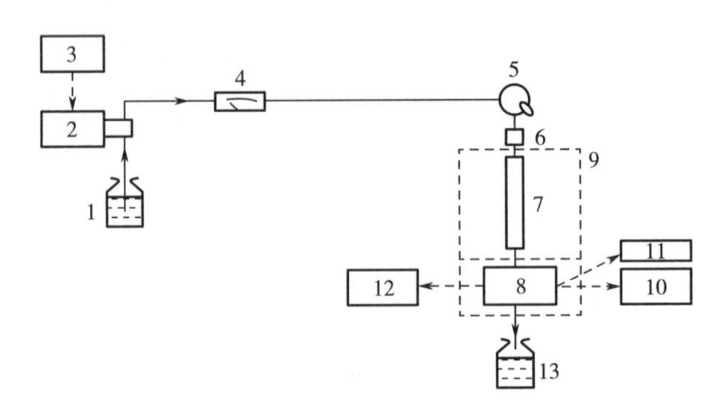

图 3-15 高效液相色谱流程示意图

1—溶剂储器 2—泵 3—梯度控制器 4—压力、流量测量 5—进样阀（器）
6—保护柱 7—分离柱 8—检测器 9—温控设备 10—微处理机 11—积分仪

二、 高效液相色谱装置部件

1. 输液泵

泵是一套高效液相色谱设备中重要的单元部件，是驱动溶剂和样品通过色谱分离柱和检测系统的高压源，其性能好坏直接影响整个仪器和分析结果的可靠性。用于分析目的的泵应当流量稳定、耐高压（30~60MPa）、耐各种流动相，如有机溶剂、水和缓冲液。目前，商品高效液相色谱仪普遍采用体积小、方便多用的往复泵和隔膜泵。

2. 色谱柱

色谱柱是色谱仪的心脏，色谱的核心问题分离是在色谱仪中进行的。为适应不同的分离分析要求，色谱柱有不同的柱型，内装不同性质的填料。最常使用的色谱柱是 10~30cm 长，2~5mm 内径的内壁抛光的不锈钢管柱，内装 5~10μm 高效微粒固定相，采用高压匀浆装柱技术填充。相同柱长的效率远高于气相色谱，例如 2mm 细内径柱、250cm 长的 5μm YWG 硅胶柱柱效可达 20000 理论塔板，而 5μm YQG—CH 反相键合相柱效可达 14000 理论塔板。高效色谱柱的填充需要特殊的设备和技术，各色谱仪和色谱产品厂家均提供预装柱。

3. 进样器

待分析样品从柱头进样器引入的方式可分为注射器进样、停流进样、阀进样和自动进样器进样四种，其中注射器和阀进样最为常用。在 10MPa 以下的进口压力可用 1~10μL 的微量注射器进样，一般能获得最高的柱效率，但进样重复性不佳，特别是在较高压力下。阀进样时进样体积可变也可以固定，但柱效会受些影响。自动进样器适合于多样品重复操作，便于用微处理机控制，实现自动化。

4. 检测器

被分析组分在柱流出液中浓度的变化可通过检测器转化为光学的或电学的信号而被检出，从而完成定性定量任务。HPLC 最常用的检测器包括示差折光检测器（RI）、紫外检测器（UV）、荧光检测器和电化学检测器。示差折光检测器是通过测量流出物折光率的变化对组分的响应值进行检测，是通用型的检测器，但灵敏度较低，适合于常量分析。紫外吸收检测器是

HPLC 中应用最早而又最广泛的检测器之一，它不仅有比较高的灵敏度，而且对环境温度、流动相得波动和组成变化不太敏感，无论等度洗脱或梯度洗脱都可使用，但它只能检出在特定波长下有吸收的化合物。紫外分光光度检测器可适用较宽的范围，可以弥补单波长吸收检测器选择性太强的缺陷，是一种应用面较广的高效液相色谱检测器。近年来发展的二极管阵列紫外检测器，可以对柱中流出物进行不停流的瞬间的波长快速扫描，通过微处理机控制，获得光吸收、波长和时间的三维色谱或光谱图，从而取得更多的定性和色谱峰纯度鉴定的信息，是一种比较理想的检测器。荧光检测器可测量某些样品在紫外光激发下所发射的荧光，是一种选择性好、灵敏度高的检测器，它比紫外吸收检测器的灵敏度要高 10~1000 倍。用来检测能发出荧光的化合物例如芳香族化合物，以及本身虽然不能产生荧光，但含有适当的官能团，可与荧光试剂反应生成荧光衍生物的物质。电化学检测器用来检测一些没有紫外吸收或不能发出荧光但具有电活性的物质，目前已研制出了电导、电位、库仑和安培等多种不同类型的电化学检测器。电化学检测器的灵敏度高；选择性好，可测量大量非电活性物质中的痕量电活性物质；线性范围宽，3~4 个数量级。

色谱柱的恒温控制不必每台必配，许多场合下色谱柱和检测器在环境温度下使用即能满足要求。为了增加柱效、改善分离或者是为了取得更准确的热力学数据，有时在较高温度下恒温操作。紫外检测器经恒温控制后有利于增加稳定性。

5. 馏分收集器

如果所进行的色谱分离不是为了纯粹的色谱分析，而是为了做其他波谱鉴定，或获取少量试验样品，就需要进行馏分收集。用小试管收集，手工操作只适合于少数几个馏分，操作烦琐，易出差错。使用馏分收集器进行馏分收集，便于用微处理机控制，按预先规定好的程序，或按时间，或按色谱峰的起落信号逐一收集和重复多次收集。

6. 数据获取和处理系统

把检测器的信号显示出来的数据系统有多种形式。最简单的是电位差式长图记录器，记录信号随时间变化，得到色谱流出曲线或色谱图。采用积分仪可以进行定性定量，记录保留时间和峰面积。先进的反相液相色谱仪多用微处理机控制，微计算机一是作为数据处理机，输入定量校正因子，按预先选定的定量方法（归一化、内标法和外标法等），将面积积分数换算成实际的成分分析结果，或者给出某些色谱参数；二是作为控制机，控制整个仪器的运转，按预先编好的程序控制冲洗剂的选择、梯度淋洗、流速、柱温、检测波长、进样和数据处理。所有指令和数据通过键盘输入，结果在阴极射线管或绘图打印机上显示出来。更新一代的色谱仪，应当具有某些人工智能的特点，即能根据已有的规律自动选择操作条件，根据规律和已知的数据、信息，进行判断，给出定性定量结果。

第八节　高效液相色谱的定性分析与定量分析

一、 高效液相色谱定性分析

在高效液相色谱中，常用的定性分析有三种方法。

1. 利用已知标准样定性

由于每一种化合物在特定的色谱条件下，有其特定的保留值，如果在相同的色谱条件下，被测物与标样的保留值相同，则可初步认为被测物与标样相同。如果多次改变流动相的组成后，被测物与标样的保留值还是相同，那么就能进一步证明被测化合物与标样相同。

2. 利用紫外或荧光光谱定性

由于不同的化合物有其不同的紫外吸收或荧光光谱，所以有些厂家设计了能进行全波长扫描的紫外或荧光检测器。当色谱图上某组分的色谱峰顶出现时，停泵，然后对停留在检测池中的组分进行全波长（180~800nm）扫描，得到该组分的紫外可见光或荧光光谱图。再用某一标准品，按同样方法处理，也得一个光谱图，比较这两张图谱，即可鉴别该组分是否与标准品相同。对于某些有特征光谱图的化合物，也可与所发表的标准谱图来比较进行定性。

3. 收集柱后流出组分，再用其他化学或物理方法定性

液相色谱常用化学检测器，被测物经过检测器后不受破坏，所以可以收集各组分，然后再用红外光谱、质谱、核磁共振等方法进行鉴定。

4. 建立液相色谱定性方法

可根据以下几点，建立合理的液相色谱分析方法。

（1）选择合适的分析样品的液相色谱方法。

（2）选择合适的柱子。

（3）选择合适的 k'（峰容量因子）的条件。

（4）确定良好的峰位（a 值）。

（5）选择良好的柱条件（最佳 N 值）。

首先根据样品的情况，如相对分子质量是大于2000或是小于2000，其溶于水或是不溶于水，决定选择何种液相色谱方法。具体情况见图3-16。

选择溶剂强度配成适宜的流动相，以得到理想的 k'，应该使 k' 在1~10（特殊情况也允许 $0.5<k'<20$）。表3-5介绍了反相色谱中不同配比流动相的 k'。

表3-5　反相色谱不同配比流动相与 k'

甲醇/水	乙腈/水	四氢呋喃/水	相应的 k'	甲醇/水	乙腈/水	四氢呋喃/水	相应的 k'
0	0	0	100	60	50	37	0.4
10	6	4	40	70	60	45	0.2
20	12	10	16	80	73	53	0.06
30	22	17	6	90	86	63	0.03
40	32	23	2.5	100	100	72	0.01
50	40	30	1				

溶剂的黏度也很重要，一般黏度要小于 2×10^{-3} Pa·s。15种常用HPLC流动相溶剂的性质见表3-6。

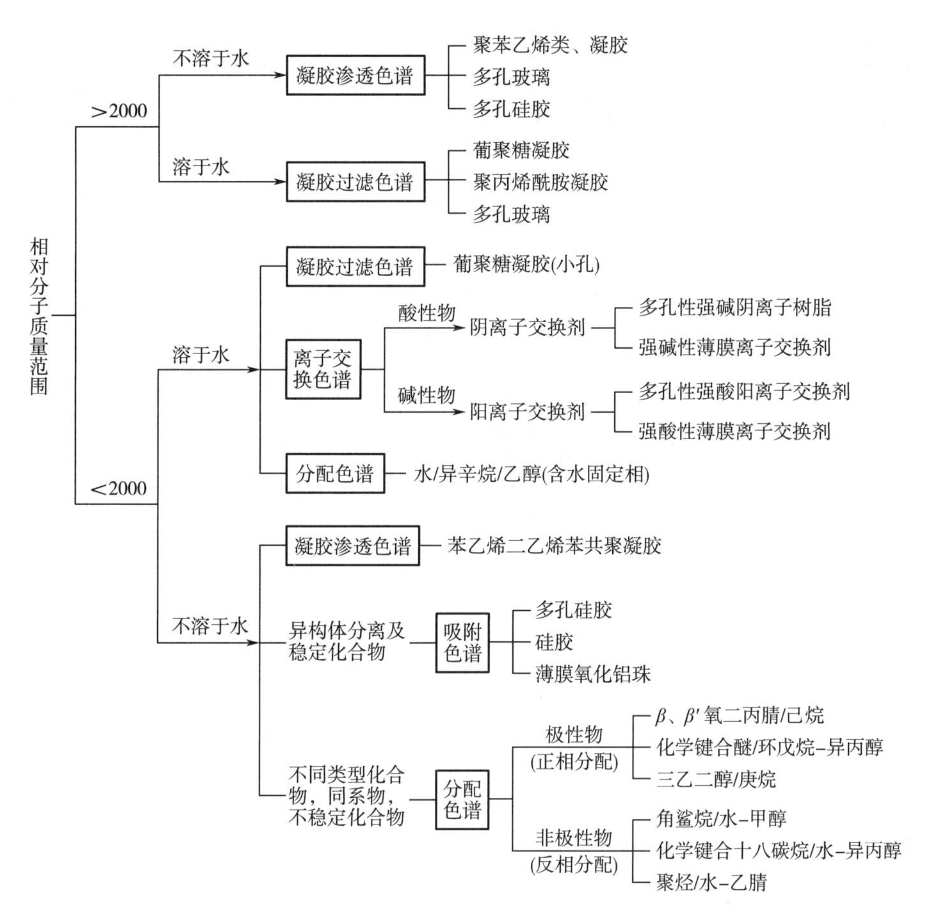

图 3-16　液相色谱方法选择

表 3-6　15 种常用的 HPLC 流动相溶剂的性质

溶剂	紫外吸收波长/nm	折射率（20℃）	沸点/℃	黏度（20℃）/ 10^{-3} Pa · s	相对密度（20℃）/（g/mL）
正己烷	190	1. 375	68. 7	0. 31	0. 659
异辛烷	190	1. 391	99. 2	0. 50	0. 692
四氯化碳	263	1. 460	76. 8	0. 97	1. 594
2-氯丙烷	230	1. 378	34. 8	0. 33	0. 862
氯仿	245	1. 446	61. 2	0. 57	1. 480
二氯甲烷	233	1. 424	39. 8	0. 44	1. 335
四氢呋喃	212	1. 408	66. 0	0. 55	0. 889
乙醚	218	1. 352	34. 6	0. 23	0. 713
醋酸乙酯	256	1. 372	77. 1	0. 45	0. 901
二氧六环	215	1. 422	101. 3	1. 32	1. 034

续表

溶剂	紫外吸收波长/nm	折射率（20℃）	沸点/℃	黏度（20℃）/ 10^{-3} Pa·s	相对密度（20℃）/（g/mL）
乙腈	190	1.344	81.6	0.37	0.782
异丙醇	190	1.378	82.4	2.30	0.785
甲醇	190	1.329	64.7	0.60	0.791
水	190	1.333	100.0	1.00	0.998
醋酸		1.372	117.9	1.22	1.049

二、高效液相色谱定量分析

高效液相色谱分析常用的定量分析方法有下列几种。

1. 外标法

外标法是以被测化合物的纯品或已知其含量的标样作为标准品，配成一定浓度的标准系列溶液。注入色谱仪，得到的响应值（峰高或峰面积）与进样量在一定范围内成正比。用标样浓度对响应值绘制标准曲线或计算回归方程，然后用被测物的响应值求出被测物的量。

2. 内标法

内标法是在样品中加入一定量的某一种物质作为内标进行的色谱分析，被测物的质量（g）或物质的量（mol）响应值与内标物的质量（g）或物质的量（mol）响应值之比是恒定的，此比值不随进样体积或操作期间所配制的溶液浓度的变化而变化，因此得到较准确的分析结果。

具体操作步骤如下。

（1）先准确称取被测组分 a 的标样 W_a，再称取 W_s 内标物，加入一定量溶剂混合，即得混合标样。取任意体积（μL）注入色谱仪，得色谱峰面积 A_a（被测组分 a 标样峰面积）及峰面积 A_s（内标物峰面积），用式（3-26）计算相对响应因子 S_a：

$$S_a = \frac{A_a/W_a}{A_s/W_s} \tag{3-26}$$

（2）称取被测物 W，然后加入准确称重的内标物 W'_s，加入一定体积溶剂混合。取任意体积（μL）注入色谱仪，测得被测组分 a 的峰面积 A'_a，内标物面积为 A'_s。按式（3-27）计算被测物中 a 组分的质量 W'_a。

$$W'_a = \frac{A'_a \times W'_s}{A'_s} \times S_a \tag{3-27}$$

a 组分在被测物中的含量为：

$$\alpha\% = \frac{\frac{A'_a}{A'_s} \times W'_s \times S_a}{W} \times 100 \tag{3-28}$$

第九节　高效液相色谱技术在食品检测中的应用

高效液相色谱由于对挥发性小或无挥发性、热稳定性差、极性强、特别是那些具有某种生物活性的物质提供了非常适合的分离分析环境，因而广泛应用于生物化学、生物医学、食品成分、食品卫生、环境监测和质检等许多分析检验部门。

HPLC 在食品领域中的应用主要包括两个方面：①食品分析，包括食品成分和食品添加剂的分析；②食品中污染物分析。

一、 HPLC 技术在食品分析中的应用

HPLC 技术广泛用于食品成分分析，包括蛋白质、氨基酸、糖类、色素、维生素、脂肪酸、香料、有机酸、有机物、矿物质，以及保健食品成分和食品的营养强化剂如牛磺酸、芦荟苷、冬虫夏草腺苷、褪黑素等。

近年来，由于各种新型高效液相色谱柱填料的研制成功，大大推进了 HPLC 在氨基酸、肽、蛋白质和酶等方面分离分析的应用。除氨基酸和核苷酸外，目前能用 HPLC 分离测定的蛋白质和酶已达上百种。科研人员已成功地用 HPLC 技术对胰岛素、胰高血糖浆、ACTH 前体、β-脂肪酸释放激素、促肾上腺皮质激素、甲状旁激素、甲状腺激励激素、生长激素、酪氨酸酶、细胞色素 C、神经激素、牛血清蛋白、干扰素、胰凝乳蛋白酶原、催乳激素、胰肽酶、胶原蛋白、降血钙素、下丘脑抽提物等物质进行了分离和纯化，并对这些物质适宜的 HPLC 分离柱、流动相等色谱条件进行了详细的研究。

HPLC 技术也广泛用于食品添加剂的分析，包括食品中添加的甜蜜素、苯甲酸、山梨酸、亚硫酸盐、过氧化苯甲酰等添加剂。过量食品添加剂的加入会严重影响到食品的质量，造成食品不安全，因而食品添加剂的使用也纳入食品安全的范围。

（一） 单柱双检测器同时测定食品中甜蜜素、 苯甲酸、 山梨酸

1. 试剂

甲醇用优级醇。

甜蜜素标准溶液：精确称取环已基氨基磺酸钠 0.100g，加水溶解，并稀释至 100mL，摇匀后，备用。

苯甲酸标准溶液：精确称取苯甲酸 0.100g，用乙醇溶解，并稀释至 100mL，摇匀后，备用。

山梨酸标准溶液：精确称取山梨酸 0.100g，用乙醇溶解，并稀释至 100mL，摇匀后，备用。

2. 仪器

高效液相色谱仪，紫外检测器与示差折光检测器，WDL-95 双通道色谱工作站，超声波仪，石英双重纯水器。

3. 测定方法

(1) 样品处理

①液体样品（汽水、果汁、配制酒类）：取 5~10g（mL）试样于小烧杯中，超声除 CO_2

后，用适当的流动相稀释至一定的体积，经孔径为0.45μm滤膜过滤后进样测定。

②固体类食品（凉果、罐头、糕点类）：将样品打碎搅匀后取5~10g（mL）于小烧杯中，用适量流动相稀释至一定体积后超声混合均匀5min，然后上清液移入离心管中，离心5min（2500 r/min），取上清液经孔径0.45μm滤膜过滤后进样测定。

（2）高效液相色谱参考条件

①色谱柱：Shimadzu-PUH 4.0×250mm（Shimadzu Japan）。

②流动相：甲醇/水（5%/95%，体积分数）。

③流速：0.6mL/min。

④检测器：紫外检测，波长230nm。示差折光检测器RID-2A，增益×0.5。紫外检测器与示差折光检测器串联。

（3）测定　按仪器设定的条件进样分析。

（二）食品饮料中亚硫酸的测定（AOAC标准方法990.31）

1. 原理

通过碱性水解，食品中的SO_2被游离出来，在水溶液中形成亚硫酸盐，采用离子排斥色谱柱进行分离，电化学检测器进行测定。该方法可用于测定SO_2含量不少于10mg/kg的食品饮料中SO_2的检测，但不适于测定与SO_2具有很强结合力的深色食品或组分（如含有焦糖色的食品），也不能测定食品中天然存在的亚硫酸盐。所测定结果以SO_2计。

2. 试剂

缓冲溶液（pH 9.0）：用去离子水配制Na_2HPO_4浓度为20mmol/L、D-甘露醇浓度为10mmol/L的缓冲溶液，脱气待用。

硫酸溶液（20mmol/L）：在1000mL的容量瓶中，将1.07mL浓硫酸加入水中，用水定容后脱气待用。

Na_2SO_3标准纯度测定：准确称取约250mg Na_2SO_3，加入盛有50mL 0.05mol/L碘溶液的玻璃烧杯中，在室温条件下放置5min，然后加入1mL HCl，以10g/L的淀粉水溶液为指示剂，采用0.1mol/L Na_2SO_3滴定过量的碘（消耗1mL 0.05mol/L的碘相当于6.302mg Na_2SO_3）。

亚硫酸盐标准溶液：准确称取196.9mg Na_2SO_3，溶于100mL pH 9的上述缓冲溶液中，得到SO_2浓度为1000mg/L的储备溶液，储备溶液要求每日重新配制；采用pH 9的相同缓冲溶液将储备溶液稀释为SO_2浓度0.60mg/L的工作溶液，工作溶液要求每2h由储备溶液重新配制。

3. 仪器

配有离子排斥色谱柱（磺化聚苯乙烯/二乙烯基苯树脂）和电化学检测器（安培检测方式）的高效液相色谱系统或离子色谱系统。淋洗液为20mmol/L硫酸，电化学检测器的测定电位设置为+0.6V（钯工作电极，Ag/AgCl参比电极）。调节积分仪或图表记录仪的衰减，使0.60mg/L SO_2溶液产生的信号大约是满量程的1/2。采用峰高方式定量。

4. 操作步骤

对于液体样品，采用pH 9的缓冲溶液进行稀释；对于固体样品，称取0.2~1.0g样品，加入10~100倍的pH 9的缓冲溶液，在均质器中均质1min，再经0.2~0.45μm滤膜过滤，必要时进行适当稀释。在提取液中加入D-甘露醇，目的在于减少提取过程中亚硫酸盐的氧化损失。对于酸性样品如柠檬汁，如果稀释液pH小于8，应采用稀NaOH溶液将pH调至8~9，或者采用Na_2HPO_4浓度为100mmol/L、D-甘露醇浓度为10mmol/L溶液进行提取。用最终的样品稀释液进样测定。在操作过程中提取液中亚酸根的浓度会逐渐减少，因此提取、过滤、稀释、进样的全部过程应当在 10min 之内完成。

样品溶液多次进样后，检测器灵敏度会逐渐下降。为减少测定误差，可以将工作溶液和样品溶液的进样交替进行。为了减少测定过程中检测器灵敏度的下降，还可以在每次色谱仪运行之前清洗电极，将电位调至-1. 0V，保护几分钟，然后将电位调至+1. 8V，保持更长时间，然后将电位调至+0. 6V，平衡仪器。或者设置程序，在每次进样后自动进行短时间的电极清洗。

5. 结果计算

$$x = 0.60\left(\frac{h_1}{h_2}\right)D \tag{3-29}$$

式中 x——样品中 SO_2 的含量，mg/kg；

h_1——样品溶液的峰高，cm；

h_2——标准溶液的峰高，cm；

D——样品的总稀释倍数。

（三） 面粉中过氧化苯甲酰的测定

1. 原理

样品中过氧化苯甲酰用无水乙醇提取，然后还原成苯甲酸，进 HPLC 系统分离测定，以保留时间定性，峰面积定量。

2. 试剂

无水乙醇、5%盐酸羟胺溶液为分析纯。

过氧化苯甲酰标准使用液：称取过氧化苯甲酰 0. 0500g，用无水乙醇溶解后，转移入 10. 0mL 容量瓶中，加无水乙醇至刻度，摇匀。再吸取此液 1. 0mL 于 10. 0mL 容量瓶中，加无水乙醇至刻度，摇匀，即得 0. 05mg/mL 的过氧化苯甲酰标准使用溶液。

3. 仪器

高效液相色谱仪，紫外检测器。

4. 测定方法

（1）样品处理 称取 10. 00g 样品，置 50mL 比色管中，加 20mL 无水乙醇，剧烈振摇 5min，放置过夜，再振摇混匀 30s，待分层后，用滤纸过滤，取滤液 5mL，加入 5mL 5%盐酸羟胺溶液反复混合，室温下放置 10min 并不断混合，然后过 0. 5μm 滤膜，注入 HPLC 系统进行测定。

（2）高效液相色谱参考条件

①色谱性：C_{18} 10μm，4mm×250mm 不锈钢柱。

②紫外检测器：波长 230nm。

③流动相：甲醇+0. 02mol/L 乙醇铵溶液（1+9）。

④流速：1mL/min。

⑤进样量：20μL。

5. 结果计算

$$x = \frac{m_1 \times 1000}{m_2 \times \frac{v_2}{v_1} \times 1000} \tag{3-30}$$

式中 x——样品中过氧化苯甲酰的含量，g/kg；

m_1——进样体积中过氧化苯甲酰的质量，mg；

v_2——进样体积，mL；

v_1——样品稀释总体积，mL；

m_2——样品质量，g。

二、HPLC技术在食品安全检测中的应用

HPLC可以测定食品中残留的农药、抗生素、杀虫剂、重金属以及霉菌毒素等污染物。

食品中的黄曲霉毒素、赭曲雷毒素、黄杆菌毒素、大肠杆菌毒素等霉菌毒素，都具有荧光，HPLC测定时都采用荧光检测器，具有快速、简便、灵敏等优点。

（一）粮、油、蔬菜中西维因的测定

1. 原理

含有西维因的样品经提取、弗罗里硅土净化后，浓缩，定容作为测定溶液，取一定量注入高效液相色谱仪，紫外检测器检测，与标准系列比较定量。

2. 试剂

苯、二氯甲烷（分析纯）；乙腈为色谱纯；甲醇为优级纯；无水硫酸钠在120℃干燥4h；弗罗里硅土在120℃干燥4h，加入6%（质量分数）蒸馏水，摇匀，放置过夜后使用。

西维因标准溶液：准确称取西维因标准品（99.3%），用甲醇溶解并配制成10.0mg/mL的标准储备液，储于冰箱中，使用时用甲醇稀释成10mL的标准使用液。

3. 仪器

高效液相色谱仪，紫外检测器，溶剂过滤器，超声波仪（用于流动相脱气），K-D浓缩器或旋转式蒸发器。

4. 测定方法

（1）提取　称取20.00g经粉碎过20目筛的粮食试样于250mL具塞锥形瓶中，准确加入50mL苯，浸泡过夜，次日振荡提取1h，提取液过滤，取滤液作下一步净化用。

（2）净化　取直径1.5cm层析柱，先装脱脂棉少许（柱两头装2cm高无水硫酸钠，中间装6g弗罗里硅土），装好的柱先用20mL二氯甲烷预淋，弃去预淋液，然后将5~10mL样品提取液倒入层析柱，用70mL二氯甲烷少量多次淋洗，收集全部淋洗液，用K-D浓缩器进行浓缩至近干（水浴温度30℃），然后用甲醇溶解残余物，并定容至5mL，定容后用滤纸借助于注射器过滤，取10μL滤液注入高效液相色谱仪进行分离，检测。

（3）高效液相色谱参考条件

①色谱性：μBONDAPAK C_{18} 3.9mm×30cm。

②检测器：紫外检测器。

③流动相：乙腈+水（55+45）。

④流速：1mL/min。

⑤波长：280nm。

（4）测定　吸取标准使用液及样品注入色谱仪，以保留时间定性，标准曲线法定量。

5. 结果计算

$$x = \frac{m_1 \times 1000}{m_2 \times \frac{V_2}{V_1} \times 1000} \tag{3-31}$$

式中 x——粮食中西维因的含量，mg/kg；

m_1——从标准曲线求出样液中西维因的质量，μg；

V_1——样品溶液定容体积，mL；

V_2——注入色谱仪的体积，mL；

m_2——样品的质量，g。

（二） 乳品中涕灭威的测定

1. 原理

涕灭威是N-氨基甲酸酯类农药，它是具有杀虫活性的氨基甲酸酯类农药的主要品种。随着在农业上使用用量增加，动物性食品中的残留量问题受到重视。本方法采用一步提取分离，结合凝胶净化，用高效液相色谱法检测，以出峰时间定性、峰高定量。

2. 试剂

甲醇、丙酮、二氯甲烷、乙酸乙酯、环己烷均为分析纯，需重蒸；氯化钠、无水硫酸钠用分析纯；涕灭威、速灭威、西维因、异丙威、呋喃丹纯度均大于 99%；BiO-Beads S-X3，200~400 目。

涕灭威、速灭威、西维因、异丙威、呋喃丹 5 种农药混合标准液：将此 5 种农药分别以甲醇配成一定浓度的储备液。混合标准应用液中，5 种农药的浓度分别为：涕灭威 5mg/L，速灭威 10mg/L，呋喃丹 10mg/L，西维因 1.5mg/L，异丙威 10mg/L。

3. 仪器

高效液相色谱仪，紫外检测器，旋转蒸发仪，凝胶净化柱（长 30cm，内径 2.5cm），带活塞玻璃层析柱，柱底填少量玻璃棉，用乙酸乙酯+环己烷（1+1）浸泡过夜的凝胶以湿法装入柱中，柱中胶床高约 26cm，胶床始终保持在洗脱剂中。

4. 测定方法

（1）样品提取与纯化　称取乳品 20g 于 100mL 具塞三角瓶中。加入 40mL 丙酮，振摇 30min，加入 6g NaCl，振摇 15min，再加入 30mL CH_2Cl_2，振摇 45min。取 50mL 上清液，经无水 Na_2SO_4滤于旋转蒸发瓶中，浓缩至约 1mL，加入 2mL 乙酸乙酯+环己烷（1+1）溶液再浓缩，如此重复 3 次，浓缩至约 1mL。上凝胶柱净化，弃去 35mL 流出液后，收集 30mL。转入旋转蒸发器浓缩至约 1mL，加 5mL 甲醇再浓缩，重复 2 次，将浓缩液移入 5mL 刻度试管中，用甲醇洗蒸发瓶数次，并置于该试管中。用氮气吹至 1mL 左右，定容至 1mL，此液留作 HPLC 分析用。

（2）高效液相参考条件

①色谱柱：ODS 柱，4.6mm×250mm。

②流动相：甲醇+水（45+55）。

③流速：0.5mL/min。

④测定波长：210nm。

（3）测定　将仪器调至最佳条件后，首先作标准曲线，然后测定样品，外标法定量。

5. 结果计算

$$x = \frac{\rho \times \frac{V_1}{V_2} \times 1000}{m} \tag{3-32}$$

式中：x——样品中涕灭威的含量，μg/kg；

ρ——被测液中涕灭威的浓度，μg/mL；

V_1——样品定容体积，mL；

V_2——用作测定液的体积；

m——样品质量，g。

6. 其他

本方法可以同时测定涕灭威、速灭威、呋喃丹、西维因、异丙威5种N-氨基甲酸酯类农药。5种农药的标准曲线线性关系良好（r=0.9944~0.9963），5种农药的检测限（μg/kg）分别为涕灭威12.5，速灭威15，呋喃丹，西维因3.8，异丙威15。按规定的色谱条件，5种农药的出峰时间从16min开始，在35min内结束，保留时间偏差不超过0.5min。

（三）禽肉组织中四环素、土霉素和氯霉素等抗生素残留量的测定

1. 原理

动物组织内抗生素残留量超过一定的量，会影响食用者的健康。本方法采用EDTA+磷酸（1+1）-三氯乙酸提取法，并用C_{18}固相柱富集、净化，取得比较好的分离效果，以峰保留时间定性、峰面积定量。

2. 试剂

甲醇为优级纯；乙腈为色谱纯；三氯乙酸、磷酸、磷酸氢二钠、磷酸二氢钠、磷酸氢二钾、磷酸二氢钾、乙二胺四乙酸二钠（EDTA-2Na）均为分析纯；四环素标准品、氯霉素标准品均由中国药品生物制品检定所提供。

四环素、土霉素、氯霉素标准储备液：分别精确称取0.1000g四环素、土霉素、氯霉素标准品，各放入100mL棕色瓶中，用甲醇溶解，并稀释至刻度（相当于1g/L），在冰箱内保存，此三种标准贮备液均可稳定存放1个月。

流动相缓冲液：

①A液（测四环素类用）：称取3.582g磷酸氢二钠于1L烧杯中，加蒸馏水溶解并稀释到约600mL，用1mL磷酸滴定至pH 2.5，加入0.375g EDTA-2Na，搅拌溶解，定量转移至1L容量瓶中，并用蒸馏水稀释至1L，过0.45μm滤膜，备用。

②B液（测氯霉素用）：称取7.800g磷酸二氢钠于1L烧杯中，加蒸馏水溶解并稀释到约600mL，用1mL磷酸滴定至pH 2.5，定量转移至1L容量瓶中，并用蒸馏水稀释至刻度，过0.45μm滤膜，备用。

③EDTA磷酸提取液：0.01mol/L EDTA-2Na溶液和0.04mol/L磷酸溶液在使用前等量混合（不宜久放，否则会析出沉淀）。

④pH 6.0磷酸盐缓冲液：称取2.0g磷酸氢二钾和8.0g磷酸二氢钾，加蒸馏水溶解，并稀释至1L。

3. 仪器

高效液相色谱仪，紫外检测器，超声波清洗仪。

4. 测定方法

（1）四环素、土霉素的提取　称取切成 1cm 左右的肉样 10.0g 于 100mL 比色管中，加入 0.01mol/L EDTA-2Na+0.04mol/L 磷酸（1+1）混合液 30mL 摇匀，再加入 50%三氯乙酸 2mL。充分摇匀，用 EDTA 磷酸混合液稀释定容至 50mL，样品液全部转移至匀浆瓶中，组织匀浆机高速匀浆 1min，匀浆液于 45℃以下水浴保温 15min，待静置分层后，离心 10min（2500r/min），上清液用快速滤纸过滤，收集滤液 25mL 备用，用甲醇 2mL 温润 Sep-Pak C_{18}小柱（重复使用的柱子用甲醇，5%EDTA 二钠溶液交替冲洗，然后用甲醇浸泡），再用 10mL 蒸馏水置换，然后用 5%EDTA-2Na 水溶液 5mL 流过，最后用 10mL 蒸馏水冲洗，共洗 4 次。然后加 10mL 甲醇溶出，溶出液供高效液相色谱分析。

（2）氯霉素的提取　称取切成 1cm 左右的肉样 10.0g 于 100mL 比色管中，加入磷酸盐缓冲液（pH 6.0）30mL，摇匀，慢慢加入 50%三氯乙酸溶液（边加边摇，避免局部过酸），用磷酸盐缓冲液稀释定容至 50mL，样品液全部转移至匀浆瓶，组织匀浆机高速匀浆 1min，室温放置 15min，用快速滤纸过滤，收集滤液，滤液经 0.45μm 滤膜再过滤，取其滤液进行高效液相色谱分析。

（3）高效液相色谱参考条件

①色谱柱：Nucleosil C_{18}。

②流动相：0.01mol/L 磷酸氢二钠（pH 2.5 含 0.001mol/L EDTA-2Na）+乙腈（75+35）；0.05 mol/L 磷酸二氢钠（pH 2.5）+乙腈（65+35）。

③流速：0.5mL/min。

④波长：265nm。

⑤灵敏度：0.05AUFS（四环素、土霉素），0.1AUFS（氯霉素）。

（4）测定　分别进样品液和标准液于高效液相色谱仪，样品峰面积与标准峰面积比较，利用外标法定量。

5. 结果计算

$$x = \frac{A_1 C}{A_2 m} V \tag{3-33}$$

式中：x——样品中抗生素含量，mg/kg；

A_1——样品峰面积；

A_2——四环素、土霉素、氯霉素标准峰面积；

m——样品质量，g；

C——四环素、土霉素、氯霉素标准液浓度，mg/L；

V——样品溶液稀释体积，L。

6. 其他

（1）分析波长的选择　土霉素在 268nm、358nm 处有最大吸收，四环素在 268nm、358nm 处有最大吸收，氯霉素在 278nm 处有最大吸收，本法选用 265nm 作为检测波长。

（2）标准曲线和线性范围　分别精确量取四环素、土霉素标准溶液适量，制成 5、10、20、30、40mg/L 标准系列浓度。精确量取氯霉素标准溶液适量，制成 10、20、30、40、80、100mg/L 标准系列浓度，分别进样 20μL，在此条件下，均成良好线性关系。

（3）流动相的选择　采用磷酸氢二纳-EDTA-乙腈（加入0.001mol/L EDTA）分离效果更好。

（4）流动相pH值对分离效果的影响　分别配制pH 7.0、4.0、2.5的磷酸二氢钠缓冲液，观察不同pH值的流动相对四环素、土霉素分离效果的影响，实验证明pH 7.0和pH 4.0的情况下，土霉素与四环素的分离效果不好，色谱柱对抗生素有较强的吸附作用，因此选择流动相的pH值为2.5。

（5）提取方法的选择　因三氯乙酸沉淀蛋白质效果较好，离心后的上清液可通过一般滤纸过滤，Sep-PaK C_{18}小柱富集后，甲醇溶出液可直接进行液相分析，操作比较简便，有利于开展大批量样品的分析。但对氯霉素而言，采用Sep-Pak C_{18}小柱富集提取回收率偏低，磷酸缓冲液法可提高氯霉素的回收率。

（四）果蔬及其制品中展青霉素的测定

1. 原理

展青霉素（Patulin，Pat）是由青霉和某些曲霉所产生的有毒代谢物，对人体有较强的三致作用，主要存在于水果、蔬菜及其制品中，样品中的Pat经有机溶剂萃取处理后，经高效液相分离，根据保留时间进行定性，峰高进行定量。

2. 试剂

乙腈、无水硫酸钠（分析纯）。

碳酸钠溶液：称取2.0g碳酸钠（Na_2CO_3），溶于水中，并用水稀释至100mL。

展青霉素标准储备液：精确称取展青霉素10.0mg，用甲醇溶解，并定容至10.0mL。此液每毫升含1.0mg展青霉素。

展青霉素标准使用液：将展青霉素标准储备液用甲醇稀释成含展青霉素0.5、1.0、1.5、2.0、2.5μg/mL的标准系列溶液。

3. 仪器

高效液相色谱仪，紫外检测器，CSF-3A超声仪，800色谱工作站。

4. 测定方法

（1）样品处理　取试样5g于25mL具塞离心管中，加入10mL乙酸乙酯振摇2min，超声萃取5min，1500 r/min离心5min，用滴管吸取有机溶剂于125mL分液漏斗中（再重复上述萃取2次，每次加入乙酸乙酯5mL），于分液漏斗中加入1mL 2% Na_2CO_3溶液，振荡2min，静置分层后弃去Na_2CO_3层，再重复上述操作2次，有机相经盛有1g无水Na_2SO_4的漏斗滤入K-D浓缩器中，N_2气流下50℃蒸干，用甲醇定容至0.5mL，供HPLC用。

（2）高效液相色谱参考条件

①色谱柱：Zobax C_{18} 4.6mm×250mm，5μm。

②柱温：35℃。

③流动相：乙腈+水（5+95）。

④流速：1.0mL/min。

⑤检测波长：275nm。

（3）校正曲线的绘制　分别进样展青霉素标准系列溶液10μL，以不同浓度展青霉素对峰高值制成校正曲线。

5. 结果计算

$$x = \frac{m_1 \times 1000}{m_2 \frac{V_2}{V_1}} \tag{3-34}$$

式中　x——样品中展青霉素的含量，μg/kg；

m_1——进样体积中展青霉素的质量，μg；

V_2——进样体积，mL；

V_1——样品稀释总体积，mL；

m_2——样品质量，g。

（五）　食品中烟曲霉震颤素 B 的测定

1. 原理

样品处理后，直接进入高效液相色谱仪分析，以保留时间定性，峰面积定量。

2. 试剂

乙酸乙酯、三氯甲烷、丙酮、甲醇用分析纯；乙腈用色谱纯。

3. 仪器

高效液相色谱仪，紫外检测器。

4. 测定方法

（1）样品处理　称取 5g 已粉碎的玉米，放入带塞三角瓶中，加入 50mL 三氯甲烷，振荡提取 1 h，直接取少量提取液通过 0. 45μm 滤膜过滤，取滤液 20~50μL 进样。

（2）高效液相色谱参考条件

①色谱柱：BIO-RAD BIO-SIL ODS-5S C_{18} 4mm×250mm 或 BECKMAN spherisorb ODS C_{18} 4. 6mm×250mm。

②流动相：A 液为 10%MeOH~H_2O；B 液为 90%MeOH~H_2O。

流脱程序：0~1min，A 100%从 2. 0mL/min 梯度降到 0. 5mL/min；1~12min，A 0. 5mL/min；12~14min，A 液 100% 0. 5mL/min 梯度转至 B 液 100% 1. 0mL /min；维持 6min 后，在 2min 内流动相由 B 100% 1. 0mL/min 梯度转至 A 100% 2. 0mL/min，在此条件下再维持 10min 后进下一个样品。

③检测波长：225nm。

（3）测定　点进样品提取液 20~50μL。并同时进入烟曲霉震颤素 B（FTB）的标准溶液，与标准比较。以保留时间定性，峰面积定量。

5. 结果计算

$$x = \frac{cV}{m \times 1000} \tag{3-35}$$

式中　x——样品中烟曲霉震颤素 B 的含量，μg/kg；

c——被测液中烟曲霉震颤素 B 的浓度，μg/mL；

V——样品提取液的总体积，mL；

m——样品质量，g。

第十节 二维色谱

二维色谱技术是采用匹配的接口将不同的色谱连接起来，第一级色谱中未分离开的组分由接口转移到第二级色谱中继续分离。一般只要选用两个合适的色谱联用就可以满足对绝大多数有机混合物样品的分离要求。若两种色谱的联用仅是通过接口将前一级色谱的某一组分简单地传递到后一级色谱中继续分离，这是普通的二维色谱（Two-Dimensional Chromatography），一般用C+C表示。若接口不仅承担将前一级色谱的组分传递到后一级色谱中，而且还承担前一级色谱的某些组分（如高浓度和损害下级色谱的组分等）的收集式聚集作用，这种二维色谱称为全二维色谱（Comprehensive Two-Dimensional Chromatography），一般用C×C表示（图3-17）。C+C或C×C两种二维色谱可以是相同的分离模式和类型，也可以是不同的分离模式和类型。原则上，只要有匹配的接口，任何模式和类型的色谱都可以联用，但常见的是根据流动相差异，将二维色谱分成两类。一类是流动相相同的二维色谱，如气相色谱/气相色谱（GC/GC），液相色谱/液相色谱（LC/LC）等。这类二维色谱由于流动相相同，操作和接口的要求都较容易。另一类是流动相不同的二维色谱，如气相色谱/液相色谱（GC/LC）等。这类二维色谱由于流动相不同，操作和接口的要求均较高，至少要处理好两级色谱流动相的有效和合理的分离，因为前级色谱的流动相不能进入后一级色谱中。二维色潜能和单一色谱一样，也可以继续与有机物的结构鉴定仪器如质谱、红外和核磁共振等联用。下面主要对GC/GC和LC/LC二维色谱进行介绍。

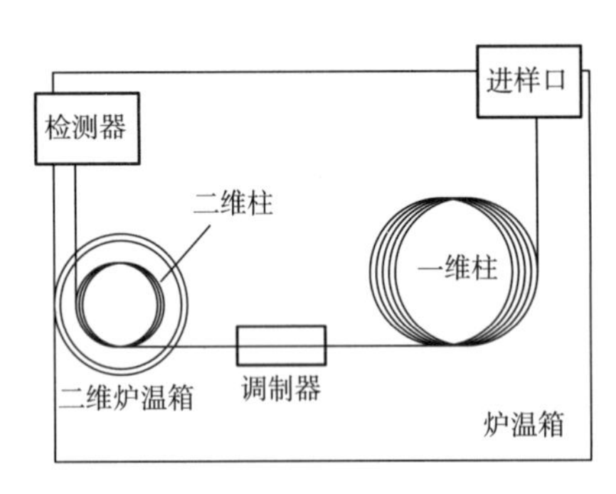

图3-17 全二维气相色谱原理示意图

一、气相/气相二维色谱接口的种类

气相/气相二维色谱的发展已有很长的历史，应用很广泛，技术也非常成熟。气相/气相色谱联用技术的成功，主要在于色谱的流动相均为气体，接口比较简单。

常用的色谱接口主要有以下三类。

1. 阀切换接口

这类接口是采用多通阀门装置，通过不同阀门的切换可以将前一级色谱的某些组分传递到后一级色谱中，而实现两级气相色谱的联用。

这类多通阀的制造材料和密封材料常采用聚四氟乙烯（塑料王）和陶瓷等，使用温度一般可达170℃。若使用聚酰胺密封材料，温度则可达300℃。多通阀可以很容易将前一级色谱的流出组分切换到检测器、下一级色谱收集器或直接放空排出。该类接口的主要问题是需要良好的密封，组分切换大多数情况下需要人工操作。

2. 无阀气控切换接口

这类接口是通过阻力器和外加气流使系统内各组分的流量平衡，所有操作阀在接口系统外部，通过调节外源载气系统内部组分压力改变，而流向规定的通道。若前一级色谱组分直接进入后一级色谱，接口处不必施加载气，组分按原来的流向传递到后一级色谱。但若使前一级色谱的某组分不进入后一级色谱，则需打开接口将高压载气加入，前一级色谱流出的组分会受外来压力而不能再流向后一级色谱，而是进入收集器或放空。这类接口没有密封问题，可以手动或自动操作，是优于多阀切换的接口。

3. 在线捕集器

这类接口主要是要将前一级色谱中某些组分，尤其是微量的组分收集下来。主要通过在线冷阱将所需的组分先凝聚下来，而不是直接进入后一级色谱。从前一级色谱中冷凝收集的组分完成后，将冷阱迅速升温使收集的组分瞬间汽化进入后一级色谱中进行继续分离分析。现在在线捕集器一般采用铂铱金制造，温度在-180~300℃，而且可以在10μs内将冷凝的组分汽化。若采用在线捕集器富集微量和痕量组分并进行分离分析，前一级色谱应尽可能地增大进样量，并使用大容量的柱。也可以多次进样，以保证捕集器中微痕量组分能富集到足够后一级色谱分离分析量。

二维气象色谱具有分辨率高、峰容量大；灵敏度高；分析时间短等特点。组分复杂的有机样品采用GC/GC二维色谱是非常有效的分离分析方法。如对一些含有对映体的挥发油，若用常规的气相色谱一般只能分离各种萜烯及其衍生物的种类，而很难对各种萜烯的旋光异构体进行分离，此时采用GC/GC二维色谱就不仅能分离各种萜烯种类，而且还可以分离这些萜烯的对映体。

二、 气相/气相二维色谱在食品检测中的应用

二维气相色谱分析加热处理番茄洋葱泥过程中的气味活性化合物

番茄和洋葱是加工食品中常用蔬菜，Koutidou采用气相色谱-质谱联用仪（GC-MS）和全二维飞行时间质谱（GC×GC-TOF MS）测定了在加热处理番茄洋葱泥过程中的气味活性化合物，其中GC-MS仅鉴定出18种化合物，为了提高分离效果，解决共洗脱问题，改善一维色谱分离后未确定气味活性化合物的鉴定情况，利用全二维气相色谱进行分离，以Rxi-5-Sil MS（30m×0. 25mm×0. 25μm）为第一根柱，BPX-50（1. 15 m×0. 1mm×0. 1μm）为第二根柱，共鉴定出27种化合物。

镇江香醋是我国受欢迎的传统调味品，Zhou等采用GC×GC-TOF MS和气相色谱-嗅觉测量法（GC/O）分析镇江香醋中的芳香性气味，并通过质谱匹配因子、结构信息和线性保留指数共确证了360种化合物，其中酮类物质最多，其次为酯类、醛类、醇类和呋喃类衍生物。将该结果与GC/O相应区域的气味测定结果进行结合，确认甲硫醇、2-甲基-丙醛、2-甲基-丁醛、3-甲基-丁醛、辛醛、1-辛烯-3-酮、二甲基三硫化物、三甲基吡嗪、乙酸、3-（甲硫基）丙醛、糠醛、苯乙醛、3-甲基丁酸、2-甲基丁酸和乙酸苯乙酯为镇江香醋特征的风味成分，该研究表明从复杂基质中快速识别关键性气味可通过GC×GC-TOF MS和GC/O的联合使用来实现。

三、 液相/液相二维色谱

因为液相色谱有正反相和离子交换等许多分离模式，导致两种不同分离模式联用的困难。

常见的LC/LC联用是采用多通阀接口装置进行切换。LC/LC多通阀接口装置和GC/GC多通阀接口装置原理是一致的，也是通过多通阀门的切换将前一级液相色谱分离出的某种组分传递到后一级液相色谱中继续分离。尽管二维液相色谱技术目前还没有被广泛使用，但这方面的潜力是巨大的。大型公司，如安捷伦和岛津，都在投入资金开发这种仪器，让科学家能够回答之前无法回答的问题。目前，一些优秀的产品已上市。这种强大的技术可用在各种不同的领域，如制药、生物制药、天然产物的研究和食品分析等。二维液相色谱有望成为分析中等至高度复杂的混合物的强大工具（图3-18）。

LC/LC联用主要功能是可以实现对有机样品中某些组分的多次循环分离，也可以净化样品和富集痕量组分。和气相色谱不同的是，液相色谱的柱都较短，一般不超过30cm，而气相色谱的毛细管柱已超过30m，相差100倍。增加液相色谱的柱长可以提高分离效果，但长柱填充和制作困难大。若将相同短柱半联使用，或将短柱流出组分返回柱中再分离，操作和效果都不理想。这样，利用六通阀接口，将两台液相色谱仪联用可以解决这个问题。另外，对于反相分配液相色谱，水相组分中的微量有机物的富集也可以通过LC/LC联用自动实现，操作和成本均比目前固相萃取（Solid Phase Extraction，SPE）技术要好得多。因此，现在分析环境和水中痕量农药残留一般用LC/LC联用技术。

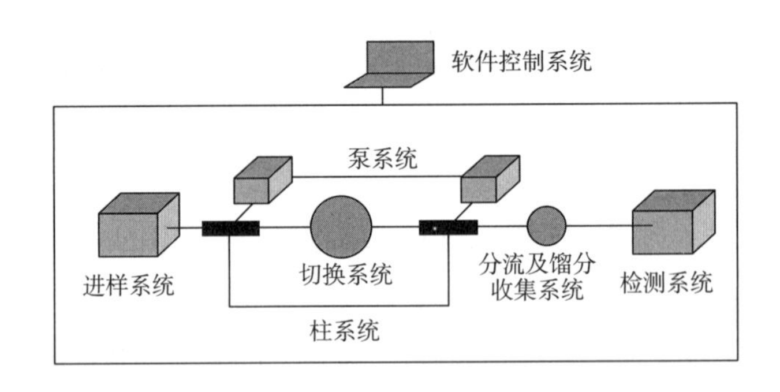

图3-18　二维液相色谱系统组成

四、液相/液相二维色谱在食品检测中的应用

1. 二维液相色谱法在鹿茸蛋白分离中的应用

（1）目的　建立SAX-RP模式的在线二维液相色谱系统，并将其应用于鹿茸蛋白的分离、分析中。

（2）方法　样品首先由第一维强阴离子交换色谱（COSMOGEL QA Glass Packed Column，75mm×8.0mm I.D）在pH 9.16的Tris-HCl缓冲体系中以0.8mL/min的流速洗脱分离，采用不连续的逐步增加盐浓度的8步台阶梯度方式洗脱，洗脱产物富集在与反相柱相同填料的捕集柱顶端，通过阀切换将富集在捕集柱上的组分反向冲入第二维反相分析柱（Shodex Rspak RP18~415，150mm×4.6mm I.D）继续分析。

（3）结果　鹿茸蛋白在所构建的二维系统上得到了较好的分离，与一维色谱相比，系统的总峰容量、分辨率在一定程度上得到了提高，系统总出峰数为30，总峰容量为240。

（4）结论　使用常规尺寸的色谱柱构成的二维液相色谱系统仪器要求简单，对鹿茸为代表的动物类中药的分离、分析有一定指导意义。

2. 在线净化二维液相色谱快速检测食品中维生素 A、维生素 D、维生素 E

（1）目的　利用三泵两阀二维液相色谱系统，建立食品中维生素 A、维生素 D、维生素 E 在线二维液相色谱快速检测方法。

（2）方法　采用中心切割方法搭建在线二维液相色谱分离系统，以高聚合物为填料的具有耐强碱溶液能力的 PLRP-S 色谱柱作为净化样品皂化液的固相萃取（Solid Phase Extraction，SPE）柱，以 C_{18}为一维色谱柱分离维生素 A 和维生素 E，以多环芳烃（Polycyclic Aromatic Hydrocarbon，PAH）色谱柱为二维色谱柱分离维生素 D_2 和维生素 D_3。一维色谱确立维生素 D 的切割时间，由 C_{18}小柱捕获维生素 D，建立在线二维液相色谱分析方法。利用样品和标品液对建立的方法进行方法学验证，同时比较该方法与 GB 5009. 82—2016 对实际样品的测试结果。

（3）结果　维生素 A、维生素 D、维生素 E 在试验标准曲线范围内线性系数 $r>0.999$，定量限分别为 30μg/100g，2μg/100g 和 120μg/100g，与国标一致；该方法 3 水平加标回收率为 90. 4%～101. 7%，可以满足目前食品中维生素 A、维生素 D、维生素 E 的检测需求。

（4）结论　本文建立的测试方法操作简单高效、自动化程度高、准确度高、重复性好，适合于大批量样品的测试。

第四章

CHAPTER 4

质谱及色谱-质谱联用检测技术

质谱分析法（Mass Spectrometry，MS）是将被测样品转化为运动的气态离子，并通过离子的质荷比（Mass To Charge Ratio，m/z）大小和强度对单个分析物的结构和含量进行测定的一种分析方法，质谱仪（Mass Spectrometer）则是完成该定性定量过程的质量分析仪。从 1912 年英国物理学家 Joseph John Thomson 研制的第一台质谱仪雏形装置问世至今，质谱技术和质谱仪在这近百年来已得到飞速发展。质谱仪具有结构鉴定能力强、灵敏度高、适用范围广、与色谱分离技术兼容性好等特点，已成为石油化工、生物医药、环境科学、食品安全等学科领域不可或缺的分析仪器。

第一节　质谱技术概述

一、质谱工作原理

质谱分析的基本原理是被测样品中各组分在高真空度中发生电离，生成不同质荷比的带电离子。这些带电离子在电场或磁场的作用下，由于质荷比不同而在空间或时间上发生分离，随后依次通过检测器产生信号，得到以质荷比为横坐标，相对强度为纵坐标的质谱图（Mass Spectrum），如图 4-1 所示。利用质谱图和分子质量测定结果对待测组分进行定性分析，通过离子强度则可完成定量分析。

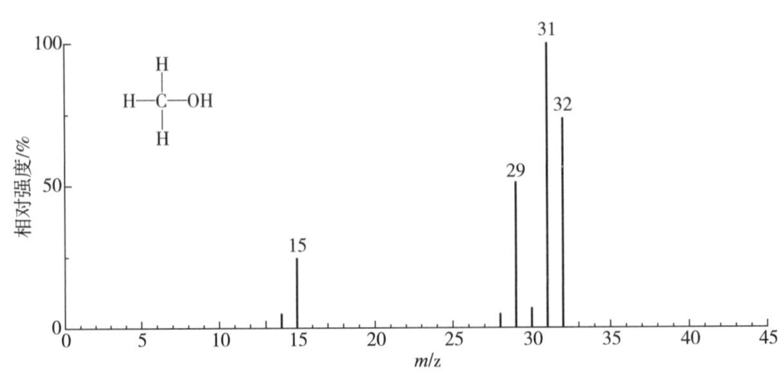

图 4-1　甲醇的电子电离质谱图

二、 质谱相关术语及概念

1. 离子类型

（1）离子（Ion）　指携带一定数目电荷的原子或分子。离子的生成可以通过在带偶数电荷的中性分子上添加或移除电荷，也可以通过向中性原子或分子添加带正电荷的离子（如 Na^+、K^+、NH_4^+）和带负电荷的离子（如 Cl^-）而形成。

（2）分子离子（Molecular Ion）　分子失去一个电子后形成分子离子，其质荷比在数值上等于相对分子质量。分子离子一般表示为 M^+或 $M^{\overset{+}{\bullet}}$，其中 M 的“·”代表分子在离子化过程中生成的一个未配对电子。

（3）前体离子（Precursor Ion）　能够通过单分子解离、离子/分子反应或电荷状态改变，生成特定产物离子（Product Ions）或发生特定中性丢失（Neutral Losses）的离子。

（4）加合离子（Adduct Ion）　前体离子与一个或多个原子/分子反应后生成的带电微粒。常见的加合离子有 $[M+H]^+$、$[M+Na]^+$、$[M+K]^+$以及 $[M+NH_4]^+$等。

（5）碎片离子（Fragment Ion）　通过前体离子或较大碎片离子的单分子裂解反应形成的离子。在具有足够能量的情况下，碎片离子还可以进一步分解。

（6）亚稳离子（Metastable Ion）　是指能够在离子源中稳定存在，但会在质量分析器（Mass Analyzer）中发生裂解的离子。一般情况下，稳定的离子会在离子源中形成后稳定存在，之后通过质量分析器并被顺利检测；而不稳定的离子则会在离子源内裂解为其他离子。亚稳离子的状态介于上述两种离子之间，质荷比不为整数，在质谱图中相对强度较低，一般跨越 2~5 个质量单位。

（7）重排离子（Rearrangement Ion）　在离子化过程中，某些原子或基团从一个位置转移到另一个位置的分子重排过程中所产生的离子。转移的基团一般为氢原子，最常见的重排过程为麦氏重排（McLafferty Rearrangement），发生麦氏重排的化合物通常包括醛、酮、酸、酯、长链烯烃以及烷基苯等。

2. 离子质量

（1）准确质量（Accurate Mass）　实验测定的带电离子的质量，可以在测量条件所限定的准确度和精密度内确定离子的元素构成。

（2）理论质量（Exact Mass）　针对已知元素/同位素组成的离子或分子，通过计算求得的质量。这里需要注意准确质量和理论质量的区别：准确质量属于测量数值，而理论质量则通过计算所得，属于理论值。

（3）单一同位素质量（Monoisotopic Mass）　由各元素中丰度最高的同位素的质量计算所得的原子或分子的理论质量。

（4）名义质量（Nominal Mass）　元素的名义质量是指最高丰度的稳定同位素的整数质量；离子或分子的名义质量则是其元素组成中元素名义质量的总和。

（5）平均质量（Average Mass）　根据原子或分子的各同位素组成，计算所得的质量加权平均值。

（6）质量差值（Mass Defect）　原子、分子或离子的名义质量与单一同位素质量之差。根据元素组成，质量差值既可为正值，也可为负值。

3. 质谱分析

分辨率通常是指质谱图中相邻两质荷比的质谱峰分离情况。美国质谱学会对于分辨率提出了以下两种定义方法。

（1）10%峰谷定义［图 4-2（1）］ 对于两个峰强度相等的相邻质谱峰，当两峰之间的峰谷不大于其峰高的 10%时，可认定两峰已达到分离状态，相应的分辨率 R 计算公式为：

$$R = \frac{M_1}{M_2 - M_1} = \frac{M_1}{\Delta M_{10\%}} \tag{4-1}$$

式中 M_1 和 M_2——第一个和第二个质谱峰的 m/z 值，且 $M_1 < M_2$；

ΔM——两峰 m/z 值差。

由于在实际质谱测量过程中，很难找到相邻且峰强度相等，同时满足峰谷不大于峰高的 10%这一条件的两个质谱峰。在这种情况下，一般则使用半峰宽定义来描述质谱仪的分辨率。

（2）半峰宽定义［图 4-2（2）］ 对于某一质谱峰，其峰高 50%处定为半峰宽，相应的分辨率 R 计算公式为：

$$R = \frac{M_1}{\Delta M_{50\%}} \tag{4-2}$$

式中 M_1——指定质谱峰的 m/z 值；

$\Delta M_{0.5}$——半峰宽相对应的 m/z 值差。

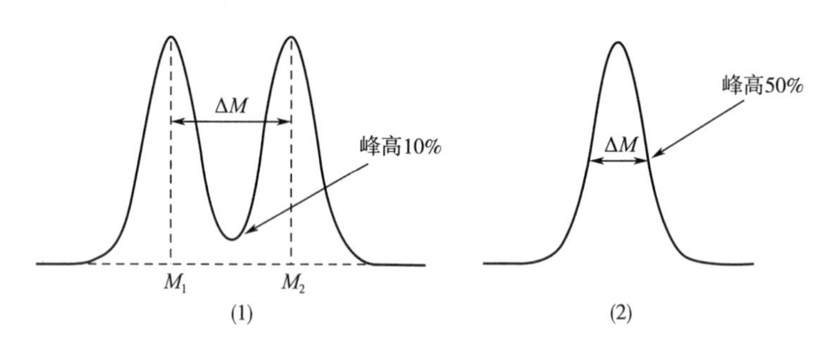

图 4-2 质谱图的分辨率示意图

解析能力是指质谱仪能够分开相邻质量数离子的能力。其着重强调的是仪器的分析能力，需要与对质谱图而言的分辨率（Resolution）加以区分。

灵敏度是指质谱仪能够给出样品定性信息的信号响应值，即最少样品量的检出程度。当测试条件固定的情况下，完成定性分析所用的样品量越小，表明仪器的灵敏度越高。

准确度是指离子的实验测量质量与理论计算质量的质量误差。通常会将此质量差值 ΔM 除以理论计算质量后乘 10^6。

质量测定范围是指质谱仪能够测定的离子质荷比下限和上限之间的范围。

第二节 质谱仪

质谱仪种类多样，但基本结构相同，主要包括进样系统、离子源、质量分析器、检测器以及数据分析系统这五个部分，其中离子源和质量分析器是质谱仪的核心部分。

如图 4-3 所示，质谱仪工作的一般流程是：组分构成简单的样品直接通过进样系统进入质谱仪；当样品为较复杂的混合物时，则先利用分离技术（如气相色谱或液相色谱）对样品组分进行分离，再由进样系统导入质谱仪。当样品进入质谱仪后，会在离子源的作用下被电离，转化为气相的带正电阳电离子或带负电阴离子。生成的离子经适当加速后进入质量分析器，由于其不同的质荷比发生分离，随后依次到达检测器。检测器会将检测到的离子流转化放大为电信号记录下来，并转换为以质荷比为横坐标、相对强度为纵坐标的质谱图。

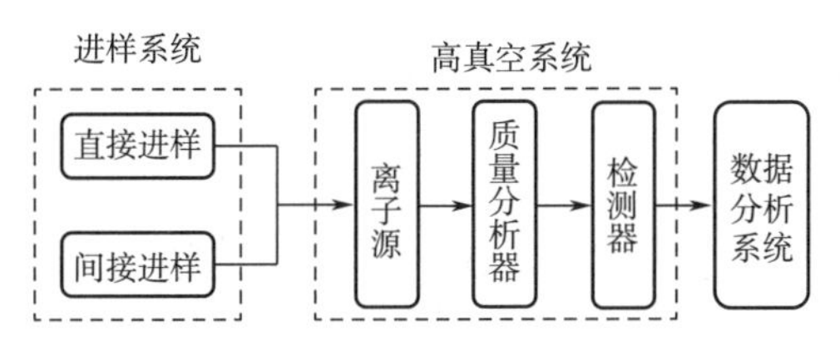

图 4-3　质谱仪的基本结构

质谱仪的正常工作必须是在一个高真空状态下（10^{-6}~10^{-5}Pa）。如果真空度过低，经离子化生成的样品离子可能会与其他残留的气体分子发生碰撞并造成能量损失，导致其运动轨道发生改变而影响测量结果。为了达到满足质谱工作的高真空状态，一般先利用低真空机械泵（如旋片真空泵和涡旋真空泵）将压力降至一定程度，然后再通过高真空泵（如涡轮分子泵和油扩散泵）运转让真空度达到质谱仪工作的所需范围。

一、离子源

分析物能够被质谱仪检测到的前提是必须离子化，而离子源则是将样品分子转化为气相离子的器件。离子源类型多样，对于离子源的选择主要取决于样品的相对分子质量大小、极性、挥发性以及热稳定性（图 4-4）。本节将重点介绍几种常见离子化方法。

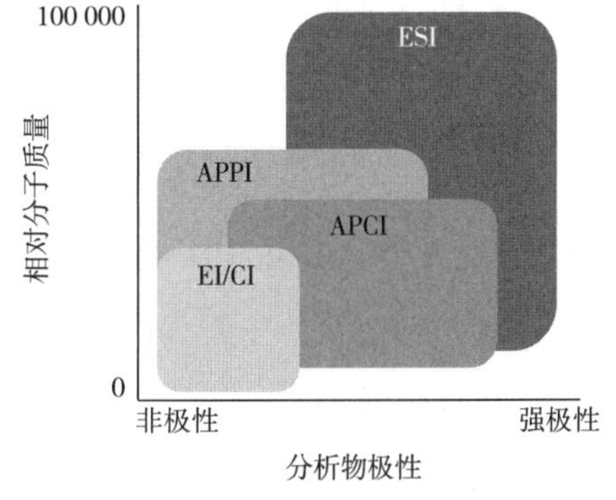

图 4-4　不同离子源的适用范围

EI—电子电离　CI—化学电离　APPI—大气压光电离
APCI—大气压化学电离　ESI—电喷雾电离

1. 电子电离（Electron Ionization，EI）

电子电离是利用加热灯丝（Filament）发射的电子束与中性气态待测分子相互作用并使其电离的技术，是一种经典的离子化方法。电子电离的离子源基本机构如图 4-5 所示，主要包括灯丝、离子腔、离子反射板、电子接收板和一对磁极。其主要的工作原理是，用钨或者铼制作的灯丝（负极）经电流加热后发射电子，电子经加速电压加速后向位于离子腔另一侧的电子接收板（正极）运动。同时，汽化后的中性待测分子从与加速电子垂直的方向引入离子腔内。在外加磁场的作用下，高能电子束以螺旋方式运动，增加了与中性待测分子相互作用的概率，并将所携带的能量转移至中性分子，从而导致分子丢失一个电子后形成正离子：

$$M+e^- \longrightarrow M^{\overset{+}{\bullet}}+2e^-$$

生成的分子离子（$M^{\overset{+}{\bullet}}$）则被离子反射板推送进入质量分析器中。

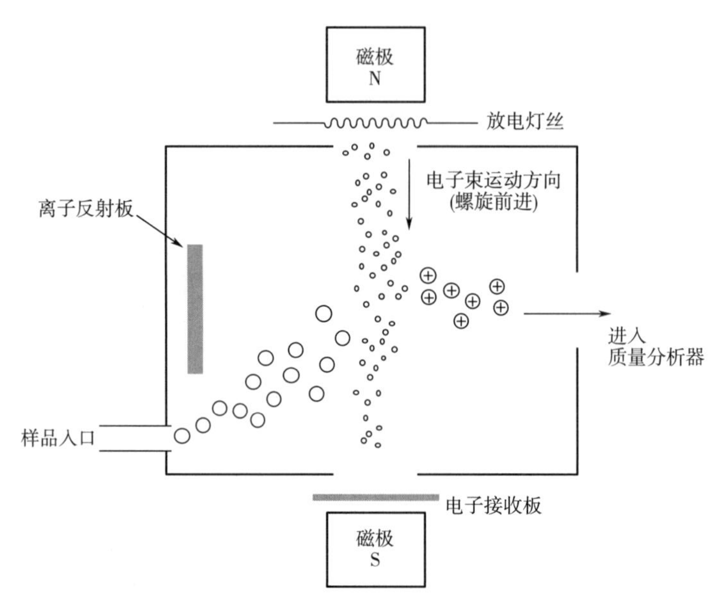

图 4-5　电子电离式离子源

关于电子电离的发生机理，早期被认为是通过电子“轰击”（Impact）中性待测分子而完成离子化过程，分子离子是由于电子和分子发生碰撞而产生的，因此该离子化方式又称电子轰击离子化（Electron Impact Ionization）。但是，科研人员在之后的研究中发现，电子是通过引起分子共价键发生共振的方式，将所携带的能量转移至中性分子，从而使分子内能提高、激发产生一个电子，从而完成分子离子化。由此可见，“电子轰击”这一说法并不准确，应避免使用这一错误描述。

大多数情况下，EI 离子源电子动能的设定值为 70eV。根据物质的波粒二象性原理，电子具有德布罗意方程（De Broglie Equation）计算得到的波长：

$$\lambda = \frac{h}{mv} \tag{4-3}$$

式中　m——电子质量，kg；

v——电子速度，km/s；

h——普朗克常量（Planck's Constant）。

由该公式计算可知，当电子动能为 70eV 时，电子波长为 1.4Å，与有机分子的键长（约 0.14nm）非常接近，从而引起有机分子共价键的共振，使分子离子化。图 4-6 显示了恒压状态下乙炔、氮气和氦气在不同电子动能作用下所产生的离子数，由此可知，分子的电离效果并非电子动能越高越好，且在 50~100eV 的离子化效率最好。当电子动能过低则无法达到分子离子化所需的能量，而电子动能太高则会导致电子波长过短、能量无法有效传递。EI 离子源的电子动能一般会设定为 70eV，为理想离子化效率动能区的中间值，可提供重现性较高的质谱图结果。

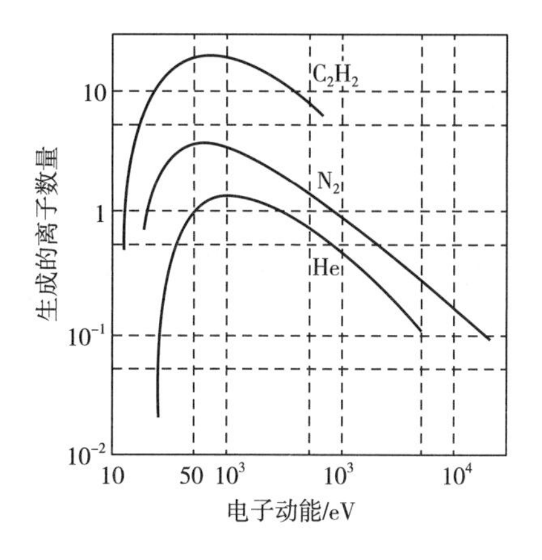

图 4-6　电子动能与生成离子数的关系

电子电离法的离子化效率高、产生的碎片离子重现性好，由美国国家标准与技术研究院（National Institute of Standards and Technology，NIST）、美国环境保护署（Environmental Protection Agency，EPA）和美国国立卫生研究院（National Institutes of Health，NIH）共同发布的最新版 EI 质谱数据库共包含了 267376 种化合物的电子离子质谱图，可以为未知化合物的定性分析提供检索对比。

电子电离法的主要缺点是对待测组分要求较高，必须为沸点低且热稳定性好的化合物。对于相对分子质量过大，或无法通过衍生化手段来改善热稳定性和挥发性的化合物，则不能利用电子电离法进行检测。

2. 化学电离（Chemical Ionization，CI）

电子电离法由于电子动能较高，会促使分子离子进一步裂解，从而可能导致其检测难度增加，而化学电离法的开发则弥补了这一技术的不足。化学电离法先将反应气体（如甲烷、氨或异丁烷）电离，随后生成的气体离子通过质子转移（Proton Transfer）或电子转移（Electron Transfer）等反应使样品分子离子化。在化学电离法中，灯丝产生的电子不直接与样品分子相互作用，因此该离子化过程中生成的样品分子离子不易发生进一步裂解。

化学电离的离子源构造与电子电离的离子源构造大体相似，主要的区别在于化学电离的离子腔内增加了一个引入反应气体的通道。此外，为了维持离子腔内试剂气体的分压，同时避免其外逸扩散，与电子电离的离子源相比，化学电离的离子源腔体的通道出入口明显偏小。

在化学电离过程中，离子腔中试剂气体的浓度远大于样品分子的浓度，200~500eV 的高能电子束优先将试剂气体离子化，以甲烷（CH_4）试剂气体为例，首先发生初级离子化反应：

$$CH_4+e^- \longrightarrow CH_4^{+\bullet}+2e^-$$

初级反应进而引发次级反应，例如：

$$CH_4^{+\bullet} \longrightarrow CH_4^{+\bullet}+H_2$$

$$CH_4^{+\bullet} \longrightarrow CH_3^{+}+H^{\bullet}$$

$$CH_4^{+\bullet} + CH_4 \longrightarrow CH_5^{+}+CH_3^{\bullet}$$

$$CH_3^{+}+CH_4 \longrightarrow C_2H_5^{+}+H_2$$

对于甲烷离子和分子之间发生的多种次级反应，最重要的是上述最后两个反应。这两个反应中生成的试剂离子 CH_5^+ 和 $C_2H_5^+$ 为稳定的复合离子，其不再与甲烷分子反应，而是迅速与样品分子 M 反应形成质子化分子：

$$M+CH_5^{+} \longrightarrow MH^{+}+CH_4$$

$$M+C_2H_5^{+} \longrightarrow MH^{+}+C_2H_4$$

上述质子化分子的形成过程，与样品分子的质子亲和力（Proton Affinity，PA）密切相关。当样品分子的质子亲和力大于试剂气体的质子亲和力时，质子才能够从试剂离子转移至样品分子。样品分子的质子亲和力大越大，质子与样品分子的结合就越稳定。通常情况下，多数由C、H、O构成的有机物分子的质子亲和力约为836 kJ/mol，这些化合物能够通过甲烷或异丁烷作试剂气体完成离子化，而氨则不行（表4-1）。

表4-1 常见化学电离试剂气体的特征

试剂气体	主要反应离子	质子亲和力/（kJ/mol）
He/H_2	HeH^+	177.8
H_2	H_3^+	422.3
CH_4	$C_2H_5^+$	680.5
H_2O	H_3O^+	691.0
CH_3OH	$CH_3OH_2^+$	754.3
NH_3	NH_4^+，$(NH_3)_2H^+$，$(NH_3)_3H^+$	853.6
$(CH_3)_2NH$	$(CH_3)_2NH_2^+$，$(CH_3)_2H^+$，$C_3H_8N^+$	929.5
$(CH_3)_3N$	$(CH_3)_3NH^+$	948.9

3. 快原子轰击（Fast Atom Bombardment，FAB）

快原子轰击是由电子电离发展而来的一种软电离（Soft Ionization）技术，其主要原理是利用惰性气体的高速中性原子束轰击样品分子后使其离子化。该技术主要适用于高极性、易挥发、热稳定性较差的有机物分析，例如寡糖、多聚核苷酸、多肽、卟啉以及抗生素的分析检测。

快原子轰击离子源的结构主要是在EI离子源的基础上改造而来，其示意图如图4-7所示。

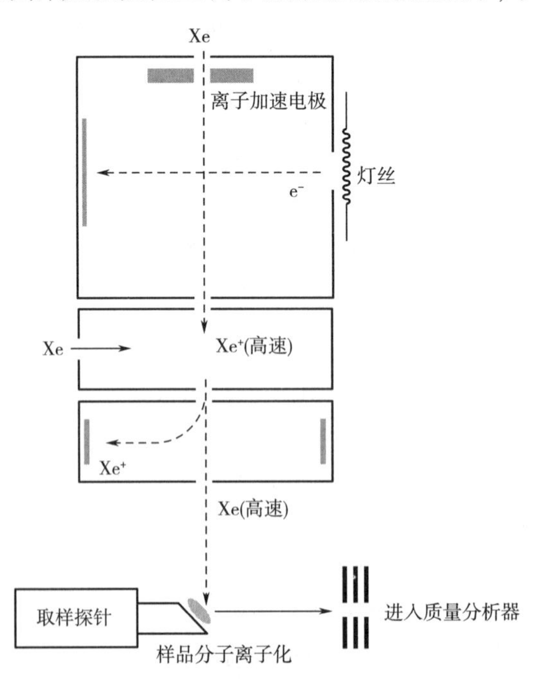

图4-7 快原子轰击离子源

在快原子轰击离子化过程中，灯丝加热产生的电子，在离子腔中撞击氙气（Xe）或氩气（Ar）分子后形成 Xe^+或 Ar^+离子，随后 Xe^+或 Ar^+经加速电压作用形成的高速离子撞击其他 Xe 或 Ar 原子，通过电荷转换生成高速运动的 Xe 或 Ar 中性原子束，并利用此原子束撞击取样探针上溶于液体基质的分析物，完成样品分子的离子化。以 Xe 为例高速原子的形成过程如下所示：

$$Xe+e^- \xrightarrow{\text{离子化}} Xe^+ +2e^-$$

$$Xe^+ \xrightarrow{\text{加速}} Xe^+\text{（高速离子）}$$

$$Xe^+\text{（高速离子）}+Xe \xrightarrow{\text{电荷转化}} Xe\text{（高速原子）}$$

通常情况下，快原子轰击优先选择氙气作为惰性气体，这是由于氙的原子半径和质量均大于氩，在同样的加速电场条件下能够获得更高的动能，从而更容易使样品分子发生电离、提高分析结果的灵敏度。除惰性气体外，铯离子（Cs^+）也是一种理想的高速离子源。当碘化铯或其他铯盐类化合物在高温加热后，生成的铯离子（Cs^+）经电场加速形成 5~25keV 的离子束，撞击分析物完成分子离子化。Cs 离子束能量高，扩大了快原子轰击质谱的分析范围，尤其适用于有机大分子的检测分析。

在使用快原子轰击技术分析化合物时，必须要先将待测样品溶于液相基质后，再将其置于取样探针上，溶解比例通常是 1∶1000~1∶10000。液相基质的主要作用是通过溶剂化效应减小待测组分间的分子作用力，保证待测物能够在较长时间内稳定附着于取样探针上，同时提高分析物的离子化效率。作为快原子轰击的液相基质，一般需要满足以下条件：①对待测样品有良好的溶解性，能与待测样品均匀混合；②挥发性足够低，以免造成真空系统的破坏；③黏滞性低，确保待测样品能够混合体系的液滴表面；④具有良好的热稳定性；⑤化学结构相对简单，不会对待测物的质谱分析造成干扰。表 4-2 列出了几种常见的液相基质及其应用范围。

表 4-2 常见液相基质及其应用范围

液相基质	化学结构式	适用范围
甘油	HO–CH₂–CH(OH)–CH₂–OH	最传统液相基质，适用于极性化合物
硫代甘油	HO–CH₂–CH(OH)–CH₂–SH	与甘油类似，适用于大分子和高度离子化的化合物
3-硝基苯甲醇	HO–CH₂–C₆H₄–NO₂（间位）	适用于低极性化合物
二硫赤藓糖（DTE）和二硫苏糖醇（DTT）等量混合物	HS–CH₂–CH(SH)–CH(OH)–CH₂–OH（两种立体异构体）	适用于大分子的极性化合物

4. 电喷雾电离（Electrospray Ionization，ESI）

电喷雾电离是在强静电场中利用毛细管喷雾使样品溶液形成带电雾滴，并将其进一步转化为气相离子的一种离子化方法。在电喷雾电离发展的初期阶段，该技术被普遍认为仅适合于蛋白质等大分子物质的分析，但研究人员随后发现这种离子化方法对极性小分子也同样适用。与传统的电离方法相比，电喷雾电离具有其明显的技术优势，易于（超）高效液相色谱（Ultra-High Performance Liquid Chromatography，UHPLC）和毛细管电泳（Capillary Electrophoresis，CE）在线联用，能够使非挥发性和热稳定性较差的化合物高效转化为气相离子，为蛋白质类大分子中非共价键结合（如蛋白质-蛋白质、酶-底物）的研究提供了可能性。由于电喷雾电离方法的建立对生物大分子鉴定和结构分析具有里程碑式的意义，该技术的发明人 John Bennett Fenn 教授于 2002 年获得诺贝尔化学奖。

电喷雾电离的主要步骤包括液滴形成（Droplet Formation）、液滴缩小（Droplet Shrinkage）和气相离子形成（Formation of Gas Phase Ion）这三个阶段（图 4-8）。当样品溶液在通过带有 3~6kV 高电压的金属毛细管时，溶液内形成的负离子在电场作用下流向金属毛细管管壁，而溶液中的正离子则由于电场作用向毛细管出口聚集并形成圆锥状，称为泰勒椎体（Taylor Cone）。当电场对样品液体正离子的牵引力超过其表面张力时，泰勒椎体顶端的溶液则会从椎体脱离，形成带有大量电荷的液滴，这一连续释放带有电荷雾滴的过程即为电喷雾现象。

生成的带电雾滴在电场作用下向质量分析器方向运动的同时，液滴中的溶剂由于通入加热气体（N_2）而逐渐蒸发，液滴体积进一步缩小，所携带电荷的密度逐渐增加。当液滴电荷密度超过其表面张力时，高密度的电荷由于互斥作用而引发库伦爆炸（Coulomb Explosion），产生更多稳定性更好的小液滴，新的液滴在去溶剂化后再次发生库伦爆炸。上述过程反复循环直到溶剂彻底蒸发、形成气态离子，进入质量分析器中（图 4-8）。

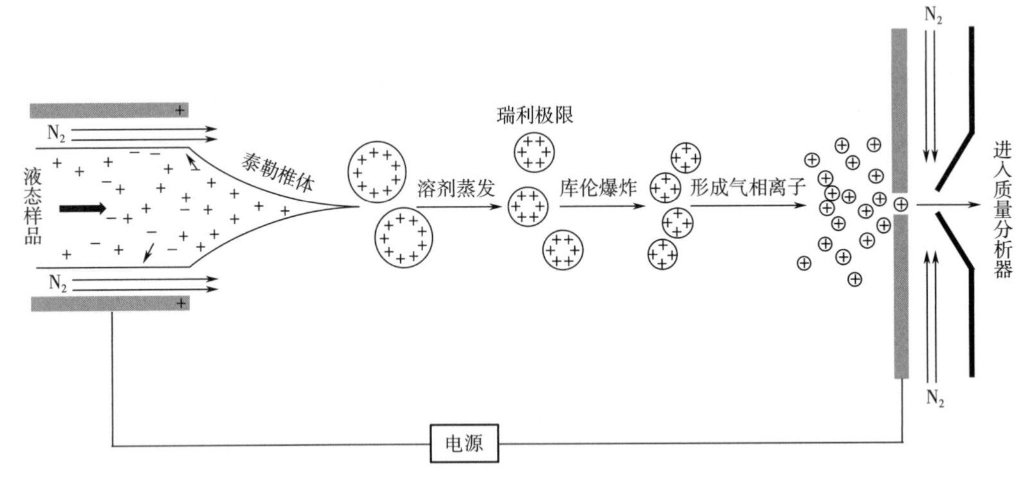

图 4-8　正离子模式下电喷雾电离工作原理示意图

通常情况下，经电喷雾电离后的小分子化合物一般为单电荷离子。而对于蛋白质、多肽以及核酸等具有多个活性位点的生物大分子，其 ESI 质谱图中一般会呈现出若干多电荷质谱峰，且所携带电荷数通常会随着相对分子质量的增大而增加。这些多电荷质谱峰通常为质子加合物（Adduct），或者是质子被钠离子（Na^+）、钾离子（K^+）等取代而形成加合物。经电喷雾电离形成的常见加合离子如表4-3所示。

表4-3　电喷雾电离形成的常见加合离子

质子加合	金属离子加合	复合离子加合
$(M+H)^+$	$(M+Na)^+$	$(M+nH+xNa+yK)^{(n+x+y)+}$
$(M+nH)^{n+}$	$(M+nNa)^{n+}$	$(M+MH_4)^+$
$(mM+H)^+$	$(mM+Na)^+$	$(mM+MH_4)^+$
	$(M+K)^+$	
	$(M+nK)^{n+}$	
	$(mM+K)^+$	

5. 大气压化学电离（Atmospheric Pressure Chemical Ionization，APCI）和大气压光电离（Atmospheric Pressure Photoionization，APPI）

与需要在真空状态下才能进行的传统电离技术相比，大气压电离（Atmospheric Pressure Ionization，API）是指在常压条件下即可完成的离子化方法。大气压化学电离技术于20世纪70年代问世，主要分析对象为极性较弱、热稳定性好、相对分子质量小于1500Da的物质，如类固醇、杀虫剂以及小分子药物等。大气压光电离是于2000年开发的一种较新的电离技术，主要用于分析弱极性和非极性化合物。

（1）大气压化学电离　大气压化学电离与CI化学电离原理基本类似，主要区别在于在电离技术是在大气压条件下进行，利用的电离方式为电晕放电（Corona Discharge）而非灯丝放电。大气压化学电离的离子源结构如图4-9所示，其主要包括喷雾探针（Nebulizer Probe）、加热器（Heater）和电晕放电电极（Corona Discharge Electrode）三部分。

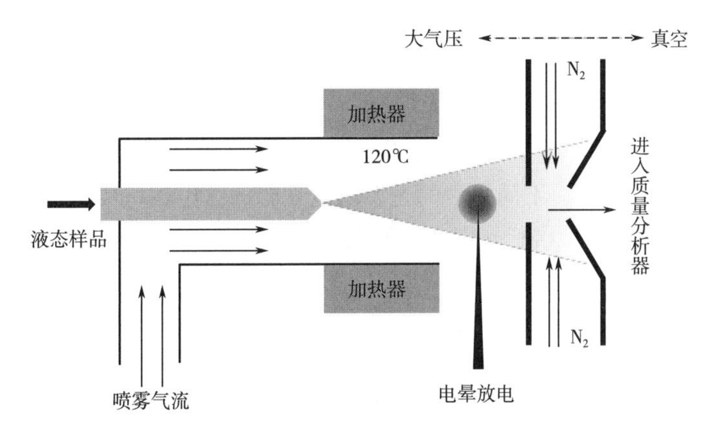

图4-9　大气压化学电离离子源结构示意图

在APCI电离过程中，样品溶液经直接进样或液相色谱分离后以0.2~2.0mL/min的流速进入雾化器并形成细密雾状液滴，随后在加热器（设定为120℃）和雾化气流（N_2）共同辅助下形成样品气流、进入离子化阶段。由于在大气压下加热灯丝会导致其燃烧，因此该离子化过程是以电晕放电电极（2~3kV）代替灯丝来完成。以氮气作试剂气体为例，其经电晕放电形成

N_2^+ 和 N_4^+ 两种初级离子（Primary ions）的过程如下所示：

$$N_2+e^- \longrightarrow N_2^+ +2e^-$$

$$N_2^+ +2N_2 \longrightarrow N_4^+ +N_2$$

生成的初级离子 N_2^+ 和 N_4^+ 再与溶剂中的 H_2O 分子作用形成 $H^+(H_2O)_n$ 离子簇（Cluster Ions）：

$$N_4^+ +H_2O \longrightarrow H_2O^+ +2N_2$$

$$H_2O+H_2O^+ \longrightarrow H_3O^+ +OH^\bullet$$

$$H_3O^+ +H_2O+N_2 \longrightarrow H^+(H_2O)_2+N_2$$

$$H^+(H_2O)_{n-1}+H_2O+N_2 \longrightarrow H^+(H_2O)_n+N_2$$

随后样品分子 M 在水分子离子簇作用下发生质子化，并在离开大气压离子、进入高真空质量分析器后去分子离子簇，最终完成样品分子的离子化过程：

$$H^+(H_2O)_n+M \longrightarrow MH^+(H_2O)_m+(n-m)H_2O$$

$$MH^+(H_2O)_m \longrightarrow MH^+ +mH_2O$$

传统的 APCI 电离技术一般与液相色谱进行串联。近年来随着 APCI 技术的发展，研究人员也尝试将气相色谱与 APCI 串联，开发的 GC-APCI-QTOF 高分辨率串联质谱已经成功应用于农产品中杀虫剂残留的分析。

（2）大气压光电离　大气压光电离是利用光能激发气态样品分子离子化的一种电离技术。该技术主的主要分析对象是多环芳烃和类黄酮等不易被 ESI 和 APCI 离子化的化合物。大气压化学电离与大气压光电离的基本原理类似，均利用通过离子/分子反应使待测组分离子化。其在进样模块均利用喷雾探针将液态样品转化为雾状液滴，并利用雾气流和加热器完成去溶剂化，使待测样品形成气态分子。这 APCI 和 APPI 两种电离技术的主要区别在于产生试剂离子的方式有所不同：APCI 利用电晕放电电极得到初级氮气离子 N_2^+ 和 N_4^+，随后初级离子在与汽化溶剂碰撞产生二级溶剂离子簇，再将质子转移至样品分子，完成离子化过程；相比之下，APPI 则是通过元素灯的光能直接激发被分析物，得到其自由基离子后再与汽化溶剂进行质子转移反应，或先完成掺杂剂分子的质子化，再利用质子转移反应完成样品分子的离子化。

大气压化光电离的离子源结构如图 4-10 所示。样品溶液进入离子源后，在雾化器并形成细密雾状液滴，经过加热石英管完成去溶剂化。紫外灯光源的选择范围较广，如氩（Ar）灯、氪（Kr）灯、氙（Xe）灯等，不同元素的光源产生光能的大小有所不同，通过选择光源可以完成样品分子的选择性电离。当紫外灯产生的光能强于样品分子的电离能（Ionization Energy，IE）时，样品分子（M）首先吸收光能形成自由基离子，再与气化溶剂分子（S）发生质子交换，完成离子化过程，上述反应可表示为：

$$M+h\nu \longrightarrow M^+ +e^-$$

$$M^+ +S \longrightarrow [M+H]^+ +(S-H)^\bullet$$

在上述离子化过程中，空气分子和溶剂分子会吸收光能，对电离过程造成干扰，显著降低样品分子的离子化效率，导致生成的质谱信号强度大大降低。针对这一问题，可以加入甲苯、甲醇或正己烷等掺杂剂（Dopant），从而大幅提高样品分子的质谱信号强度。当离子腔中有掺杂剂存在的情况下，掺杂剂分子首先吸收光子能量转化为自由基离子，随后再与溶剂分子进行质子转移反应，最后质子被转移到样品分子上，完成样品分子的离子化：

$$D+h\nu \longrightarrow D^+ +e^-$$

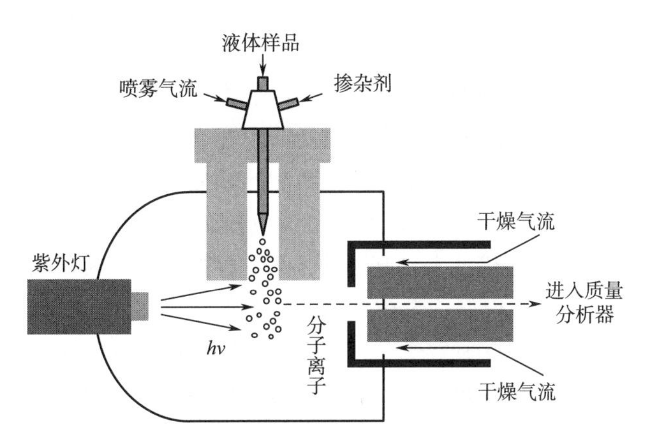

图 4-10　大气压光电离离子源结构示意图

$$D^{+}+S \longrightarrow [S+H]^{+}+(D-H)^{\bullet}$$

$$M+[S+H]^{+} \longrightarrow [M+H]^{+}+S$$

化合物分子的电离能（IE）取决于其分子大小和结构。表 4-4 中列出了一些 APPI 电离中常见的溶剂和掺杂剂及其电离能大小。

表 4-4　　APPI 电离中常见溶剂和助剂及其电离能

化合物	电离能/eV	化合物	电离能/eV
甲苯	8.83	正己烷	10.13
丙酮	9.70	甲醇	10.84
苯	9.24	乙腈	12.20
氨气	10.07	水	12.62

从大气压化学电离法原理可以看出，该方法形成样品分子离子的途径较为单一，仅能通过溶剂气体离子 H_2O^+、$H^+(H_2O)_2$等的质子转移来完成，而该质子转移过程能顺利进行的前提是样品分子的质子亲和力须大于水分子的质子亲和力。然而，对于非极性分子或弱极性分子而言，其结构对称、电荷较为分布均匀，因此其质子亲和力相对偏低，故无法轻易通过大气压化学电离法完成离子化。相比之下，大气压光电离产生的自由基离子活性较强，能够与非极性分子或弱极性分子进行电荷交换，顺利进行样品分子的离子化。由此可见，大气压光电离技术擅长分析非极性和弱极性物质的能力，在极大程度上弥补了大气压化学电离法的不足之处。

（3）基质辅助激光解吸电离（Matrix-Assisted Laser Desorption/Ionization，MALDI）　基质辅助激光解吸电离是利用激光激发固态样品形成气态离子的一种电离方法，与快原子轰击、电喷雾电离以及大气压化学电离均属于软电离技术。该电离技术主要适用于非挥发性的固态或液态样品的分析，尤其是对极性或离子态分析物的电离效果最好。此外，MALDI 离子化过程较为温和，能够获得大量质子化或去质子化的完整样品分子。该技术的另一个优势是样品制备方法简单快速，且微量样品（约 2μL）所提供的离子数量即可满足检测分析。这些特点使得 MALDI 电离技术成为为蛋白质等生物大分子质谱分析的理想工具。

基质辅助激光解吸电离过程主要涉及两个步骤（图4-11）。首先，待测样品与小分子基质以一定比例混合后置于一个高电压金属样品板电极上，紫外激光束在真空条件下轰击样品板上的样品-基质混合物、诱导产生解吸，基质吸收紫外激光发射的能量，导致基质上层（0~1μm）的消融。该过程中形成的热羽流包含了大量的中性或离子化基质分子、质子化或去质子化基质分子以及机制簇。其次，样品分子在热羽流中样品分子完成离子化过程后进入质量分析器。然而，对于MALDI电离技术中基质分子如何参与样品分子离子化的具体机制目前尚不明确，现阶段研究人员提出的机理模型主要有两种：第一种模型被称为非线性光电离模型（Non-linear Photoionization Model），该模型认为是激光引发基质离子化后，形成的基质离子便在短时间内将电荷转移给样品分子；第二种离子化机理被称为团簇模型（Cluster Model），该理论认为样品分子在基质结晶时就已经呈现出离子状态，而激光束的作用仅仅是在结晶瞬间通过加热的方式释放离子。

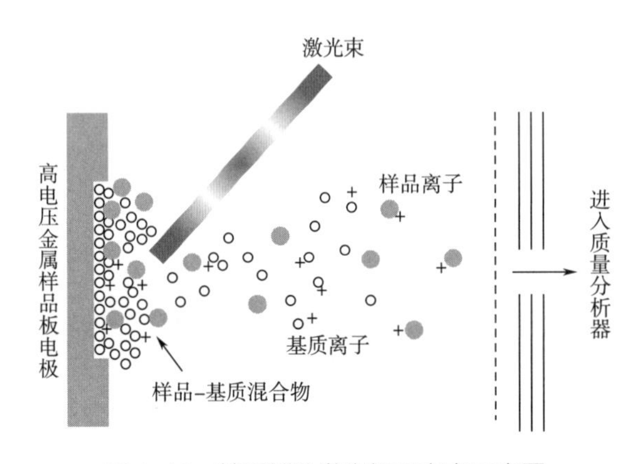

图4-11 基质辅助激光解吸电离示意图

基质辅助激光解吸电离技术的核心为激光和基质这两个各部分。其中，激光是具有极高密度能量的单一波长光束（单色光），为样品分子的激发提供能量。MALDI电离技术中所使用的激光依据光源波长的不同可以分为紫外（Ultraviolet，UV）激光和红外（Infrared，IR）激光两种，且前提是所选用的基质必须能够吸收该波长的激光。常用的紫外激光为波长337nm的氮激光和波长355nm的Nd：YAG（掺钕钇铝石榴石）激光；而红外激光则主要是在早期研究中的筛选适宜基质时较为常见，当利用红外激光进行MALDI电离实验，其所需的激光能量密度远高于紫外激光所需要的能量密度。表4-5中列出了MALDI电离技术中常见的激光源及其物理特性。

表4-5 MALDI电离技术中常见激光源

激光	波长	光子能量/（kcal/mol）	光子能量/eV	脉冲宽度/ns
N_2	337nm	85.0	3.68	<1
Nd：YAGμ3	355nm	80.0	3.49	5
Nd：YAGμ4	266nm	107.0	4.66	5
Excimer（XeCl）	308nm	93.0	4.02	25

续表

激光	波长	光子能量/（kcal/mol）	光子能量/eV	脉冲宽度/ns
Excimer（KrF）	248nm	115.0	5.00	25
Excimer（ArF）	193nm	148.0	6.42	15
Er：YAG	2.94μm	9.7	0.42	85
CO_2	10.6μm	2.7	0.12	100

注：1kcal=4.18kJ。

基质（Matrix）作为MALDI电离技术中的另一核心元素，主要作用是吸收激光能量后将其转化为热能，并转移至待测分子使之发生电离。同时，基质的加入能够改善质谱分析结果，显著提高解吸的分辨率、灵敏度和重现性。作为一种理想的MALDI基质通常需要满足以下条件。

①溶解性：所选用基质必须能够与样品互溶（液态基质）或共结晶（固态基质）；②稳定性：基质对于待测样品不能具备化学活性，能够与样品分子形成共价键的化合物不能作为基质使用；③解吸作用：被激光束辐射后，能够促进样品分子解吸。表4-6中列出了MALDI电离技术的一些常用基质。

表4-6　MALDI电离技术的常用基质

基质名称	结构式	吸收波长/nm	分析对象
2，5-二羟基苯甲酸（DHB）	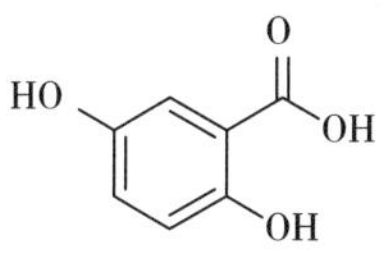	337，355，266	多肽 核苷酸 寡核苷酸 低聚糖
4-羟基-3，5-二甲氧基肉桂酸（芥子酸，SA）	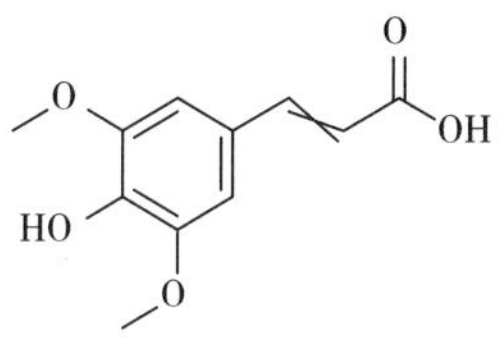	337，355，266	多肽 蛋白 脂类
4-羟基-3-甲氧基肉桂酸（阿魏酸）	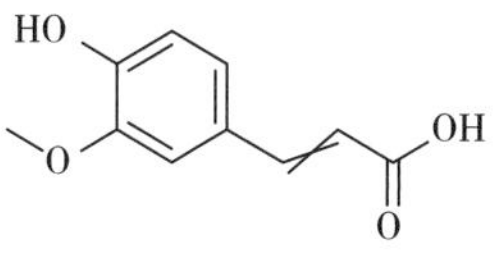	337，355，266	蛋白
α-氰基-4-羟基肉桂酸（CHCA）	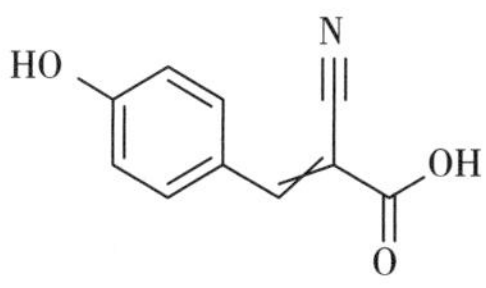	337，355	多肽 脂类 核苷酸
吡啶甲酸（PA）	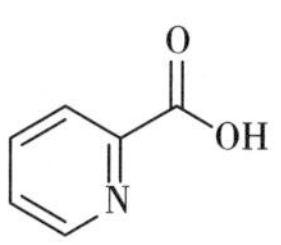	266	寡核苷酸

续表

基质名称	结构式	吸收波长/nm	分析对象
3-羟基吡啶甲酸（HPA）	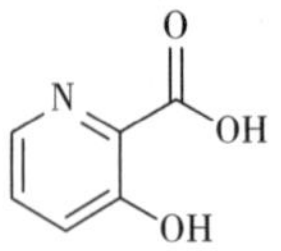	337，355	寡核苷酸

随着 MALDI 电离技术的进一步发展，近年来研究人员研发了大气压 MALDI（Atmospheric Pressure MALDI，AP-MALDI）电离方法。AP-MALDI 的离子化原理与 MALDI 基本相同，其最大的区别在于 MALDI 离子源处于高真空环境中，而 AP-MALDI 的离子源则处于仪器真空室之外的大气压条件下。由于 AP-MALDI 的离子化过程是在常压环境下进行，因此在检测过程期间可快速更换样品电极板，从而实现大分子样品的高通量分析。

二、质量分析器

质量分析器是质谱仪中的另一核心部件，位于离子源和检测器之间，其主要作用是将离子源产生的离子按照质量（实际上为 m/z 值）大小将其分离。质量分析器根据离子的质荷比，以及离子的空间位置、时间先后以及运行轨道将其分析后，从而获得按照离子质荷比大小依次排列的质谱图。质量分析器依据其工作原理主要分为扇形磁场质量分析器、四级杆质量分析器、是飞行时间质量分析器、离子阱质量分析器以及傅里叶变换离子回旋共振质量分析器等。

1. 扇形磁场（Magnetic Sector）质量分析器

扇形磁场质量分析器是历史上最早出现的质量分析器。早期的扇形磁场质量分析器是利用单一扇形磁场来分析离子质量，因此又称“单聚焦”（Single-Focusing）质量分析器（图 4-12）。离子源产生的离子经加速后通过狭缝入口，进入一个与其运动方向垂直的磁场区域。离子由于在磁场力作用下发生圆周运动。在磁场一定的情况下，不同质量（如 m_1、m_2 和 m_3）的离子运动半径有所不同，只有特定荷质比大小的离子才能够通过狭缝出口到达检测器；在这个过程中，通过改变磁场强度（扫描方式）即可让不同质荷比的离子依次通过狭缝出口、进入检测器，从而达到分离不同质荷比离子的目的。单聚焦质量分析器结构简单，操作方便，但对于质量相而动能不同的离子而言，会在经过磁场区域时以不同的半径做圆周运动，因此到达检测器时会分散在不同位置，导致质量分辨能力下降。

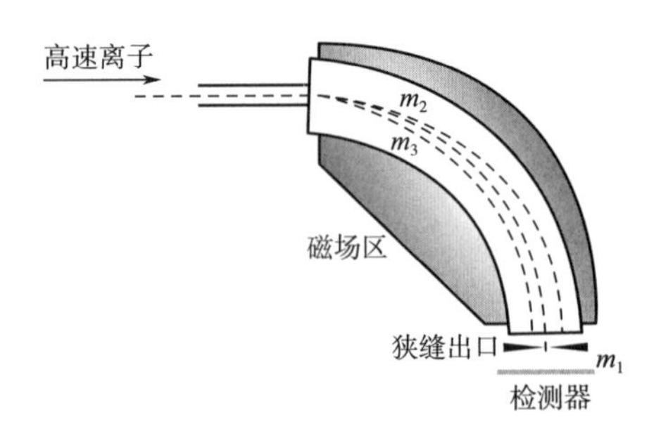

图 4-12　单聚焦质量分析器结构示意图

为了改善离子能量分散对质谱分辨率的影响，研究人员在单聚焦质量分析器前增添了一个扇形电场。当两个离子以不同的角度进入静电场后，会分别以不同的半径做圆周运动，靠近电场外侧的离子运动轨迹较长，而靠近电场内侧的离子运动轨迹相对较短，因此两离子会在某一点发生“方向聚焦”。同时，对于质量相同、动能不同的离子，在进入静电场后会彼此分离，发生能量分散现象；而由于扇形磁场对离子分散作用的大小相等、方向相反，与静电场分散作用相互抵消，如此一来就达到了方向与能量的同时聚焦。基于该原理制造的质量分析器则被称为“双聚焦”（Double-Focusing）质量分析器（图4-13），它解决了单聚焦质量分析器的能量聚焦问题，从而提高了仪器的分辨率。

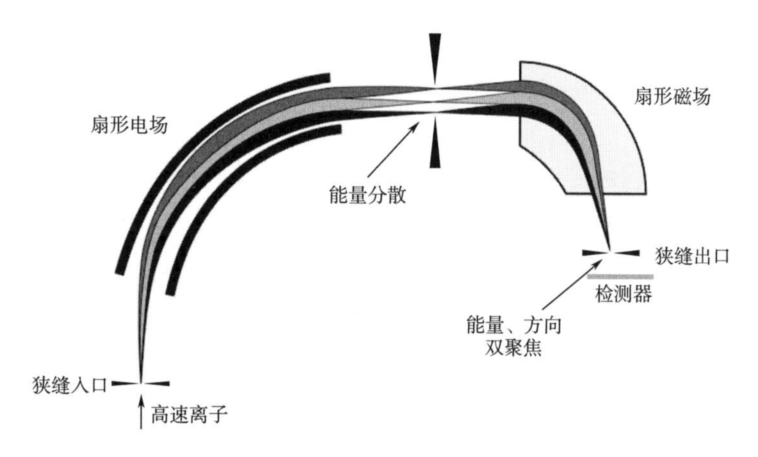

图4-13　双聚焦质量分析器工作原理

2. 四级杆（Quadrupole）质量分析器

四级杆质量分析器的主体结构是由平行且与中心轴等距的四根圆柱形金属杆组成两组正负电极杆（图4-14）。四级杆质量分析器的工作原理是通过在两组电极杆上施加直流电压（DC）和射频电压（RF），让进入四级杆的离子在交、直流电场作用下发生旋转振荡。由于在一定的电场作用下，离子的旋转振荡轨迹与其质荷比有关，因此不同质量的离子在进入四级杆中后则会呈现出不一样的运动轨迹。对于给定的直流和射频电压，如果某种离子在四级杆内能够保持稳定的运动轨迹，则可以顺利通过四级杆并进入检测器，其他离子则由于运动轨迹不稳定而撞击到四级杆上（图4-14）。利用这一原理，通过控制外加电场使不同质荷比大小的离子依次稳定通过四级杆，实现离子的质量分离。四级杆质量分析器体积小巧、结构简单、价格低廉，易于操作和维护。与扇形磁场质量分析器相比具有更快的扫描速度，能够在数毫秒内完成一次扫描，适合于气相色谱和液相色谱等分离技术在线联用。

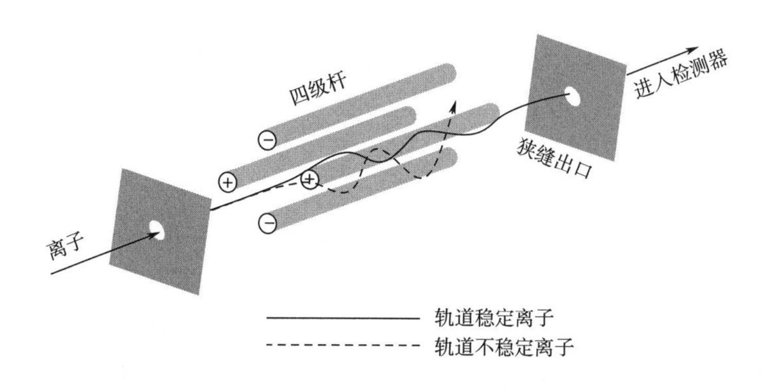

图4-14　四级杆质量分析器

3. 飞行时间（Time of Flight，TOF）质量分析器

飞行时间质量分析器在是离子获得加速动能后，根据其在真空管中飞行速度的差异，对不

同质荷比的离子进行区分的一种质量分析仪器（图 4-15）。离子源中产生的离子在加速电压作用下获得初始动能：

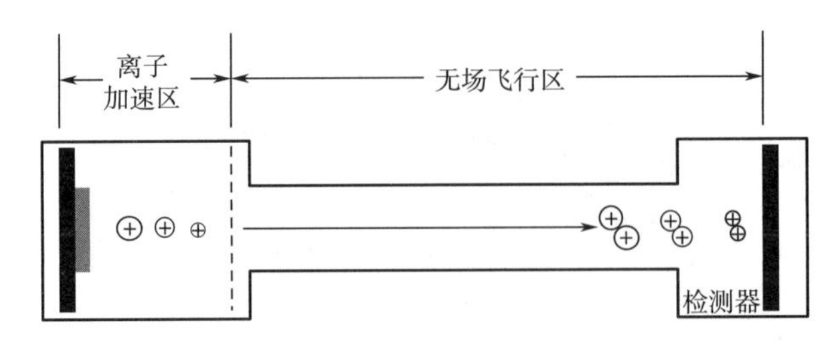

图 4-15　直线型飞行时间质量分析器

$$\frac{1}{2}m\nu^2 = zeV \tag{4-4}$$

式中　m——离子质量，kg；

ν——离子速度，m/s；

z——电荷数；

e——电荷单位；

V——加速电压，kV。

由上式可得离子速度为：

$$\nu = \sqrt{\frac{2zeV}{m}} \tag{4-5}$$

当离子以速度 ν 进入长度为 L 的真空飞行管中，从离子源到达检测器所需时间 t 为：

$$t = \frac{L}{\nu} = L\sqrt{\frac{m}{2zeV}} \tag{4-6}$$

重排式可得：

$$\frac{m}{z} = \frac{2eV}{L^2}t^2 \tag{4-7}$$

由于离子是在一个没有磁场和电场作用的真空管中飞行，因此由上式可知离子的质荷比（m/z）与其在无场空间中飞行时间的平方成正比。离子的质量越大，飞行时间越长，则到达检测器的时间越晚；相比之下，质量较小的离子则会较早地被检测器所检测到。根据此原理，不同质量的离子通过飞行时间的差异而发生分离。从理论上来说，如果允许时间足够长，飞行时间质量分析器的质量检测范围是没有上限的。这也是飞行时间质量分析器相比于其他质量分析器最显著的优势。但是，由于在实际情况中大部分检测器对于质量过大、速度过慢的离子灵敏度很低，因此飞行时间质量分析器也有其所适用的离子质量测定范围。在离子源高压电为 20~30kV 的条件下，通常情况下适用于 1MDa 分子质量以下的样品检测。

在直线型飞行时间质量分析器中，离子源所产生的相同质荷比的离子可能会发生初始位置和初始动能存在差异的情况，从而影响直线型飞行时间质量分析器的分辨能力。反射型飞行时间（Reflectron Time-Of-Flight，RTOF）质量分析器的问世则有效地改善了这一问题。与直线型飞行时间质量分析器相比，反射型飞行时间质量分析器在离子真空飞行管中增加了一个电场式反射器，并将检测器转移至离子经反射后的路径末端（图 4-16）。

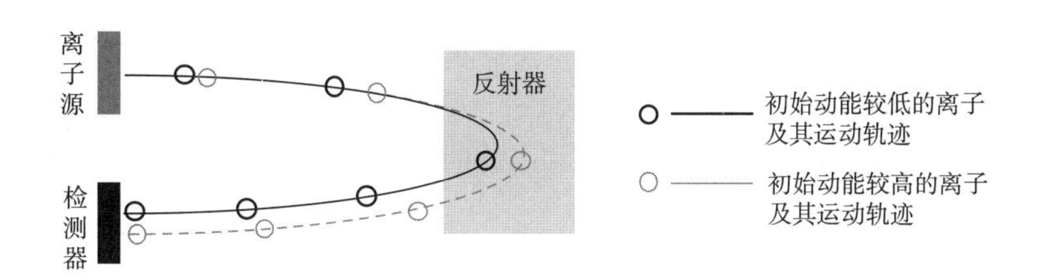

图 4-16　反射型飞行时间质量分析器原理示意图

当具有不同初始动能的相同质荷比离子运动经过无场飞行区后，动能较高的离子首先进入反射器，动能相对较低的相同质荷比离子则稍晚进入反射器。高能离子由于动能较大、在反射区内穿透较深，因此在反射区滞留时间较长；而低能离子动能较低、在反射区滞留时间较短，因此能够花更短的时间折返至检测器（图 4-16）。通过这种技术，具有不同初始动能的相同质荷比离子便能够在同一时间抵达检测器，从而提高了反射型飞行时间质量分析器的分辨率。相比于直线型模式，反射型模式虽然分辨率较高，但是离子在反射器上发生折返时可能会造成损失，从而导致灵敏度下降，这种影响在分析大分子物质尤为明显。目前，商业飞行时间质谱仪通常会同时配备直线型与反射型质量分析器，当不加反射电场式为直线型模式，具有较高的灵敏度和检测范围，但分辨能力较低；在添加反射电场后则转换为反射型模式，虽然灵敏度和检测范围有所下降，但仪器可以获得更良好的分辨能力。

4. 傅里叶变换离子回旋共振（Fourier Transform Ion Cyclotron Resonance，FTICR）质量分析器

傅里叶变换离子回旋共振质量分析器的工作原理是基于离子在均匀磁场中做回旋运动的规律来测量离子的质荷比，其核心结构是由超导磁铁组成的强磁场和置于磁场中的分析器组成。当离子在进入静磁场中会产生回旋运动，在这种情况下离子如果受到一个与其回旋频率相同的射频场作用时，则会发生共振现象并沿着一个半径逐渐增大的螺旋形轨迹运动，从而产生可以被检测到的像电流（Image Current）信号。这种信号随后在计算机端通过傅里叶变换处理，转换为以质荷比为横坐标的质谱图。对于傅里叶变换离子回旋共振质量分析器而言，仪器本身就是检测器，因此无须额外添加离子检测器（图 4-17）。

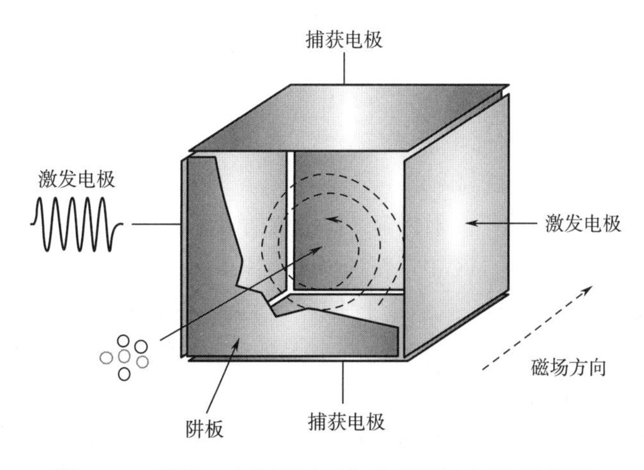

图 4-17　傅里叶变换离子回旋共振质量分析器示意图

傅里叶变换离子回旋共振质量分析器是目前分辨能力最高的质量分析器，但是该技术对真空度要求极高，操作压力必须在 10^{-7}Pa，真空度要求高出其他质量分析器 100~1000 倍。此外，该技术中所需的强磁场是由超导磁铁产生，而超导磁铁的冷却和维护也需要高昂费用。因此，傅里叶变换离子回旋共振质谱仪庞大的体积和高昂的使用和维护费用限制了它的普及。

5. 轨道离子阱（Orbitrap）质量分析器

轨道离子阱是利用直流电场将离子局限于纺锤形离子阱中，通过傅里叶变换技术将离子运动产生的时域（Time Domain）信号转换为频域（Frequency Domain）谱图，再经换算得到离子质荷比信号的一种质量分析方法，其工作原理与 FTICR 质量分析器相类似。由于在该方法中，待测离子被局限在固定的轨道内进行长时间、周期性的高速运动（1s 内飞行数十万千米），因此可以通过对离子长时间观测得到非常精确的质谱结果，该质量分析器和 FTICR 均属于高分辨的质量分析器（图 4-18）。

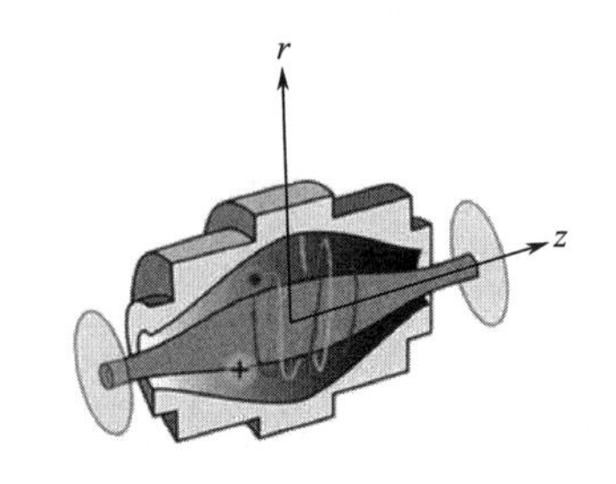

图 4-18 轨道离子阱质量分析器示意图

Orbitrap 和 FTICR 的最大区别在于，前者在进行质量分析时所加的是直流电场，而后者利用的是稳定性更好、分辨能力更高的强磁场作用力。但是，由于 FTICR 在进行质量分析过程中使用的超导磁铁必须维持在液态氦温度以下（<4K），其运行和维护成本相当昂贵。相比之下，Orbitrap 技术无磁场或高频电场只需常规静电场条件下即可工作，因此使用和维护费用大大降低，且其精密度和分辨率已经完全能够满足大部分质量分析的要求。

6. 串联质谱法（Tandem Mass Spectrometry）

串联质谱或多级质谱通常是指由两个或两个以上的质量分析器结合在一起形成的分析方式，英文缩写可表示为 MS/MS 或 MS^n。在最常见的串联质谱 MS/MS 分析中，第一个质量分析器（一级质谱）主要用于选择和分离一个前体离子（Precursor Ion），随后采用适当激发方式使该离子碎裂形成产物离子（Product Ion）中性碎片（Neutral Fragment）：

$$m^+_{\text{precursor}} \longrightarrow m^+_{\text{product}} + m_{\text{neutral}}$$

随后前体离子碎裂产生的大量离子群传送至串联的第二个质量分析器（二级质谱）中进一步分析，该过程如图 4-19 所示。当 m/z 为 386 的前体离子在第一个质量分析器中被选定后，可通过离子活化（Ion Activation）方式裂解产生 m/z 分别为 122、150、180、222 和 265 等多个产物离子。这些产物离子在第二个质量分析器中经扫描检测，即可得到串联质谱的谱图数据。由于二级质谱图比一级质谱图要简单得多，在很大程度上排除了基体和其他离子干扰，因此谱图结果的选择性和灵敏度均大幅提高。

串联质谱的 MS 分析次数并不受限为第二次形成的离子产物（MS^2），如果再串联一个质量分析器，则可以从二级产物离子 MS^2 中重新选择一个离子再次进行裂解、产生三级离子，同时可将其表示为 MS/MS /MS 或 MS^3。从理论上来说，当级数一直增加达到 n 次即为 MS^n。但在实际过程中需考虑仪器设计和规格等实际情况，并且离子经多次裂解形成的产物数目会发生快速递减，从而导致信号过低而无法检测。

一般而言，串联质谱分析方法有两种不同的串联方式，第一种是将两个实体质量分析器连接起来，即空间串联质谱法，如三重四级杆、飞行时间串联质谱、四级杆-飞行时间质谱等；

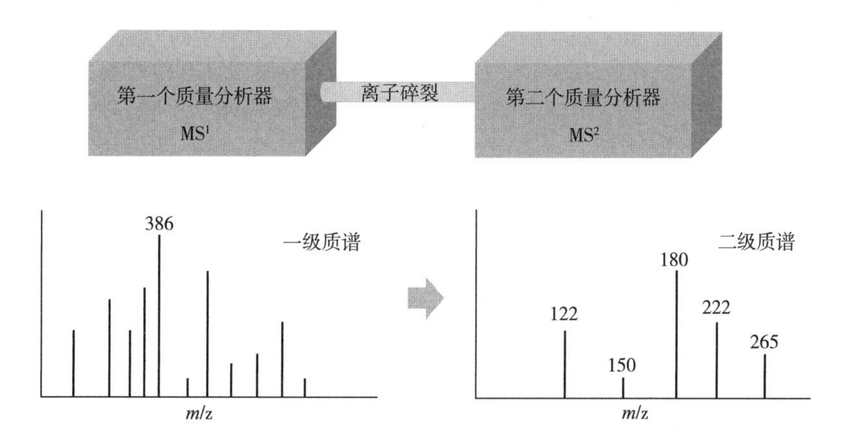

图 4-19　串联质谱工作原理示意图

另一种则是在同一个离子储存装置中进行一系列的子里选择、裂解与质量分析等步骤，仅仅是在质谱分析的时间先上后有所区别，因此称为时间串联质谱法，主要以离子阱质谱为主。

目前常见的同类型空间串联质谱仪以三重四级杆（Triple Quadruple，QqQ）质谱仪和飞行时间串联质谱仪（Tandem Time-Of-Flight，TOF/TOF）为主。QqQ 是目前食用最为广泛的空间串联质谱，是由三个四级杆质量分析器组成，其中第一个（Q）和第三个（Q）质量分析器的作用是质量分析、具有特定离子质量选择的功能；而第二重四级杆则被当作碰撞室（Collision Chamber）使用，不同离子均可以通过此区域，并无质量分析功能，因此用 q 来表示（图 4-20）。离子在第二重四级杆中碰撞的能量高低是通过四级杆之间的点位进行调控的，其大小一般在数百电子伏特的范围内。虽然该能量小于磁场分析器的碰撞室，但由于三重四级杆中碰撞室的气体压力高出近百倍，因此三重四级杆中的离子和中性气体分子仍然能够达到较高的碰撞次数。

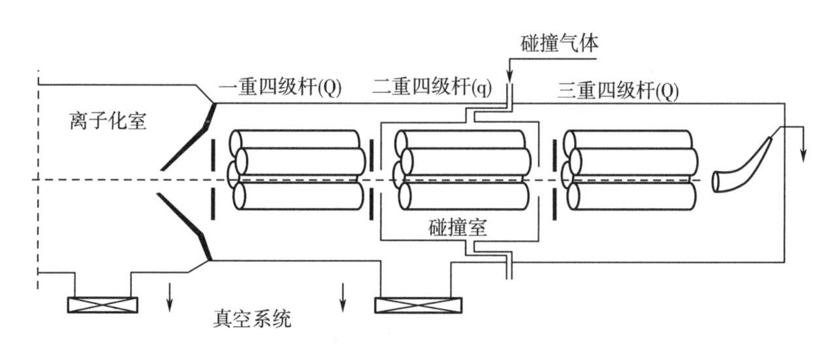

图 4-20　三重四级杆串联质谱仪结构示意图

飞行时间串联质谱仪（Tandem Time-Of-Flight，TOF/TOF）的设计主要是为了解决单一 TOF 利用线性反射器工作过程中，裂解离子无法一次聚焦并在无场区彻底分离的问题。TOF/TOF 通过将两段时间飞行质量飞行器进行串联后，前一段配备了离子源、加速区和相对较短的无场飞行管，其中离子选择器和碰撞室也处于该段的无场区内；第二段 TOF 则配备了更长的飞行管和反射电场（图 4-21）。由于在一级 TOF 中形成的离子碎片在二级 TOF 中再次获得电场加速，因此可以获得解析度更高的碎皮离子谱图。目前较为常见的 TOF/TOF 质谱技术为 MALDI-TOF/TOF。

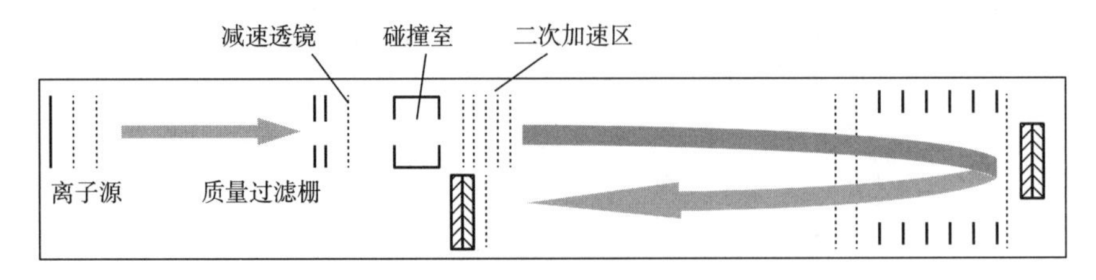

图 4-21　飞行时间串联质谱仪结构示意图

对于空间串联质谱仪而言，如果串联的质量分析器为不同类型则被称为杂合质谱仪（Hybrid Mass Spectrometer）。这类串联质谱仪的最大特点是能够综合不同质量分析器的特点和优势，经过串联技术从而获取更高质量分辨能力、更准确质量测定结果或是更快速的离子扫描速度。目前使用最广泛的杂合质谱仪为四级杆-飞行时间串联质谱（Q-TOF），这种仪器可看作是将 QqQ 中的最后一级 Q 替换为飞行时间质量分析器 TOF 而构成的。Q-TOF MS/MS 是分辨能力高、准确度好的强大串联质谱仪，是分析生物分子和小分子化合物的理想工具（图 4-22）。现阶段商业型 Q-TOF 串联质谱通常与 ESI 或 MALDI 这两种软电离离子源相搭配，利用 MS 与 MS/MS 两种模式即能够同时获得生物样品分子的完整相对分子质量以及相应的离子碎片信息，近年来常用于蛋白质组、代谢组以及脂质组等高通量、高精度的组学分析检测中。

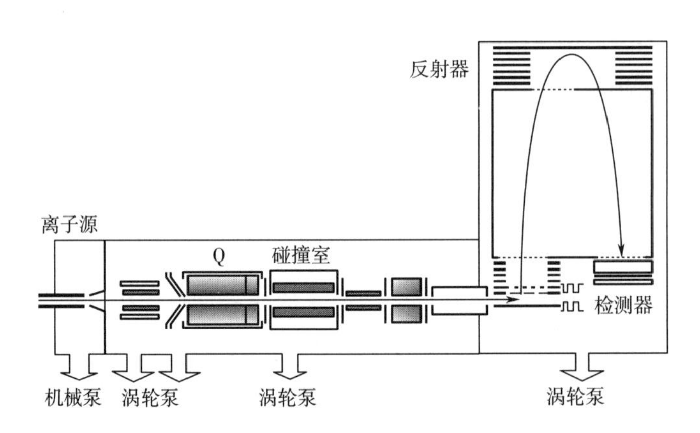

图 4-22　四级杆-飞行时间串联质谱结构示意图

三、检测器

离子源中产生的离子在通过质量分析器后抵达检测器，通过检测器将极微弱的离子流转换和放大为电信号，才能够被质谱仪的数据采集系统记录下来，形成质谱及相关信息。理想的离子检测器通常应具有信号放大倍率高、自身噪音低、检测灵敏度高以及输出信号稳定等特点。目前质谱仪中最常用的离子检测器为法拉第杯和电子倍增器。

法拉第杯（Faraday Cup）是一种加有电压的杯状或筒状金属体，主要由检测离子的电极和尾部的信号放大电路这两部分构成［图 4-23（1）］。离子通过质量分析器狭缝出口后进入法拉第杯，与杯壁发生碰撞，形成的电流转换为电压后进行放大和记录［图 4-23（2）］。法拉第杯作为质谱仪的离子检测器，结构简单、价格低廉、结实耐用，但缺点是灵敏度相对较低。

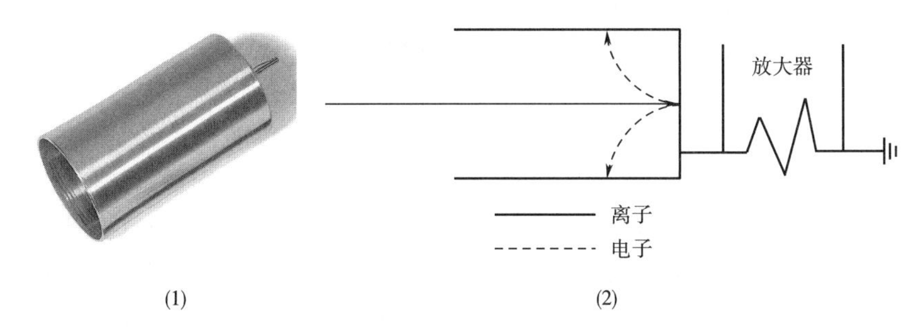

图 4-23　法拉第杯离子检测器（1）及其工作原理示意图（2）

电子倍增器（Electron Multiplier）是目前商用质谱仪中使用频率最高的离子检测器，其基本的工作原理是对离子撞击后释放的次级电子进行放大，从而达到放大离子信号的效果。通常情况下，非连续式（Discrete）电子倍增器由 12~20 个具有良好次级发射特性的电子倍增器电极（Dynode，也音译为“打拿极”）构成，且这些依次排列的电极负电势逐渐降低［图 4-24（1）］。从质量分析器出来的正离子与第一个电子倍增器电极（转化电极）撞击后产生次级电子，该次级电子随后撞击下一个电子倍增器电极从而形成更多的次级电子。经过在多个电子倍增器电极之间连续撞击，最终使得一个入射离子产生了百万个以上的次级电子，从而达到放大离子信号的效果。

连续式（Continuous-Dynode）电子倍增器又称通道式电子倍增器（Channeltron），其性状类似弯曲的漏斗［图 4-24（2）］，一般是由表面镀了一层半导体薄膜的玻璃构成。挡在连续式电子倍增器的两端施加电压，便可利用自身涂层形成的电阻而对电子进行加速。当离子离开质量分析器并撞击“漏斗”内壁的最前端后，产生的次级电子会继续加速向内部撞击，如此反复经过多次撞击并形成大量电子束后，由尾部输出至信号收集器，达到放大信号的目的。连续式电子倍增器体积小巧，信号放大效率较高。但缺点是由于内部空间体积有限，次级离子容易发生饱和，造成动态测量范围的下降。

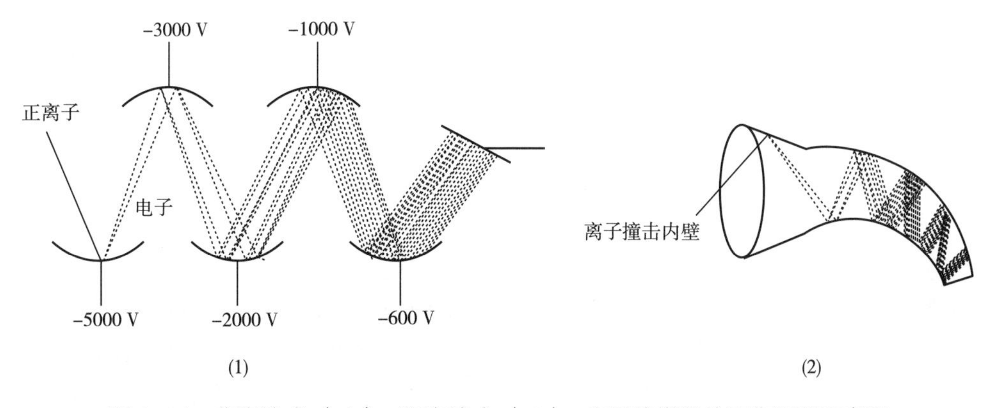

图 4-24　非连续式（1）和连续式（2）电子倍增器的工作原理示意图

第三节　色谱-质谱联用技术

对于分离成分较为复杂的混合物而言，色谱法具有其显著的技术优势，通过样品分子在固定相和流动相之间进行的连续多次的交换过程，混合物中各组分能够得到良好的分离。但是，由于受到色谱仪检测器的条件限制，单纯的色谱法对待测样品的定性手段只能依靠与标准品进行保留时间的对比来完成，通过这种方法得到的待测物分子信息非常有限。在这种情况下，如果将色谱法与擅长分子质量和结构分析的质谱仪进行串联，则可以在对组成复杂的混合物进行组分分离的同时，获得其相应相对分子质量与该分子碎片离子的信息，从而快速准确地完成待测样品的定性和定量分析。目前，除了激光解析电离-飞行时间质谱仪和傅里叶变换离子回旋共振质谱仪外，大部分质谱仪都已经与气相色谱、液相色谱或毛细管电泳组合成为联用仪器，色谱-质谱联用技术已发展成为食品中复杂组分定性定量分析的最重要方法之一。

一、 气相色谱-质谱联用

在 20 世纪 50 年代气相色谱问世后，气相色谱-质谱联用（Gas Chromatography Mass Spectrometry，GC-MS）技术的研究就已经开始。由于样品在气相色谱和质谱仪中的工作条件下均为气体状态，不存在物态上的差别，因此它们之间的联用比较容易实现，在色谱-质谱联用中出现较早。经过数十年的发展，GC-MS 已成为技术成熟、应用最广泛的一种色谱-质谱联用技术。GC-MS 的质谱离子源以 EI 离子源最为经典和常见，此外还有 CI 离子源以及 APCI 离子源等，但由于其电离方式相对温和，谱图重现性不如 EI 离子源好，因此使用相对较少。GC-MS 的质量分析器通常有四级杆质谱、离子阱质谱或飞行时间质谱，其中以四级杆质谱最为常见。

在气相色谱法中，载气一般为氢气、氮气或氦气。但对于 GC-MS 而言，由于氮气相对分子质量较大，电离后会对低相对分子质量组分的质谱结果造成干扰，因此不宜采用；氢气由于安全性问题，也极少在 GC-MS 中被作为载气使用；相比之下，氦气具有良好的化学惰性，且电离能（24.6eV）较高，不会对质谱结果造成比较大的背景干扰，是最为理想的 GC-MS 载气。

气相色谱-质谱联用的另一个问题是气相色谱的出口压力和质谱高真空环境之间的匹配过渡。气相色谱出口的压力通常高于一个大气压，而质谱仪的工作环境一般为 $10^{-4} \sim 10^{-3}$ Pa。因此，必须使用在 GC 和 MS 之间使用一个接口装置（Interface）维持质谱仪所需要的真空环境。GC-MS 中常见的接口类型有开口分流型接口、分子分离型接口和直接导入型接口。

1. 开口分流型接口

仅将一部分气相色谱柱的洗脱物送入质谱仪的接口装置称为分流型接口，其中以开口分流型接口最为常见（图 4-25）。气相色谱柱的末端插入该分流接口，其出口正对一根限流毛细管，该毛细管将一部分的色谱柱洗脱物引入毛细管另外一端的质谱仪接口。接口的内管嵌套在一根外管之中，管内充满氦气充当保护气体。当色谱柱的流量高于质谱仪的工作流量，则色谱柱中多余的洗脱物随氦气一同流出接口装置；当色谱柱的柱流量低于质谱仪工作流量时，氦气则作为补充气体一同进入质谱仪中。在这种接口模式的优势在于色谱与质谱的运行互不干扰，在线更换色谱仪也不会影响质谱的正常运转。但是，这种接口模式降低了进入质谱仪的待测物浓度，在一定程度上影响了质谱仪的灵敏度。

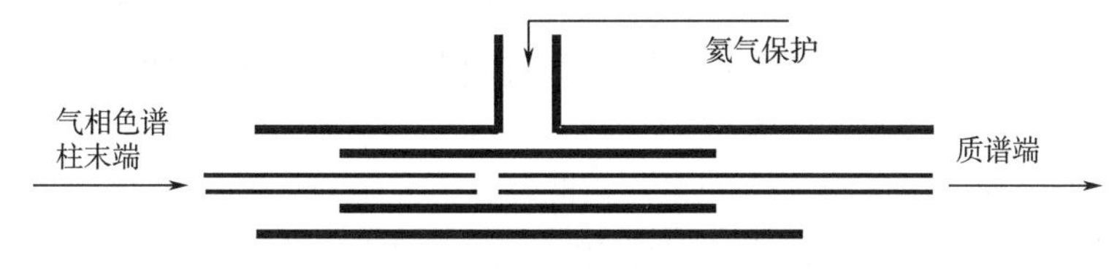

图 4-25　开口分流型接口示意图

2. 喷射式分子分离型接口

喷射式分子分离型接口兼容性强，从填充柱到大孔径毛细管的气相色谱柱均可使用，其工作原理如图 4-26 所示，样品分子和载气分子离开色谱柱后通过喷嘴进入低压室内。在该喷射过程中，不同质量的分子携带的动量大小不同，动量较小的分子容易偏离喷射方向，被真空泵抽走；而动量较大的样品分子则能够保持沿喷射方向运动，得到一定程度的浓缩并进入质谱接入口。喷射式分子分离型接口的优点是体积偏小、热解和记忆效应小，样品分子在分离器中停留时间较短。但是，该类型接口对易挥发化合物的质谱传输效率偏低，同时连接质谱端的限流毛细管在工作过程中可能会被凝集的有机物堵塞。

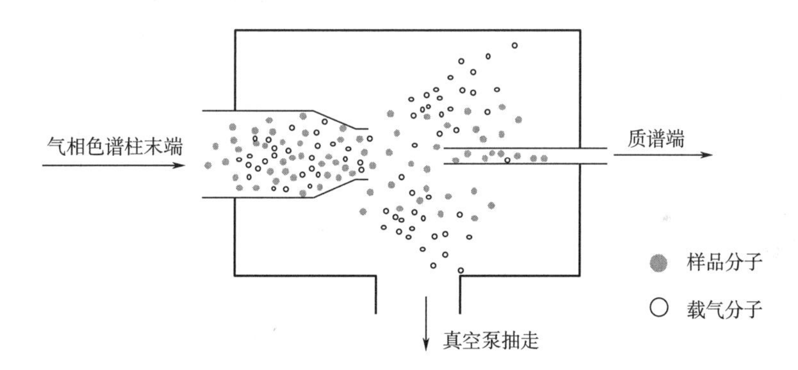

图 4-26　喷射式分子分离型接口示意图

3. 直接导入型接口

目前常见的气相毛细管色谱柱的内径为 0.10~0.53mm，工作中载气流速通常为 1~2mL/min，这类毛细色谱柱可通过一根金属细管直接导入质谱仪内。这种接口方式是目前 GC-MS 中使用范围最广的。在直接导入型接口上，毛细管色谱柱末端 1~2mm 经金属细管桥接连入质谱仪，样品分子和载气（He）分子从毛细管色谱柱流出后直接进入质谱离子源的真空腔内，样品分子经电离后再在电场作用下进入质量分析器，未发生电离的惰性氦气分子则被真空泵抽走。此外，金属桥接管的温度一般设定为接近或略低于毛细管色谱柱的最高正常工作温度，从而保证色谱柱流出物不会发生冷凝。

二、 液相色谱-质谱联用

尽管 GC-MS 技术极大解决了多种复杂体系样品的定性与定量问题，但该技术主要的分析对象是易挥发、热稳定性好的小相对分子质量化合物，而这些物质仅占有机物总量的 20%左右。对于其余占庞大数量的挥发性低、亲水性强、热稳定差的化合物以及生物大分子而言，GC-MS 检测手段并不适用。液相色谱-质谱联用（Liquid Chromatography Mass Spectrometry，LC-MS）是以液相色谱作为分离系统、质谱仪作检测系统的一种联用技术，与 GC-MS 相比，LC-MS 在检测分析极性高、热稳定性低、挥发性较差的化合物以及生物大分子方面具有绝对优势。

但是，LC 与 MS 这两种技术的联用也存在许多难点，其中第一个需要考虑的就是真空度的问题。液相色谱中分离得到的样品为液态流出物，而质谱的实验对象为高真空下的气态离子，因此必须要将液相色谱中的液态流出物汽化。但是，液体经汽化后体积和压力均会显著增大，例如 LC 系统中流量为 1mL/min 的甲醇溶液汽化后的体积则会增加至 350mL/min。只有当液相色谱在极其微弱的流量下（10~20μL/min）时，流动相汽化后形成气体的体积才能够与 GC 相持平。因此，解决 LC-MS 联用中的接口问题显得至关重要。LC-MS 中常见的接口类型有粒子束型、连续流动快原子轰击以及大气压电离法，其中大气压电离法包括了 ESI、APCI、APPI 等技术（详见本章第二节“离子源”部分）。大气压电离源既是离子源，同时也是目前在 LC-MS 联用中应用最为广泛的接口装置，其中以 ESI 和 APCI 最为常见。这两种离子源技术在本章第二节已做详细介绍，此处不再赘述。本小节对其他几种 LC-MS 接口类型做简要介绍。

1. 粒子束接口

粒子束接口的基本结构如图 4-27 所示。离开液相色谱柱的流动相，借助雾化辅助气（氦气）形成气溶胶微滴后在脱溶剂室内蒸发，溶剂、载气以及样品分子在动量分离器作用下相互分离，溶剂分子和载气分子由于动量较低而被真空泵抽走，动量较大的样品分子则沿传输管进入质谱仪中。这种接口通常适用于非极性或极性较低的化合物。通常配有 PB 接口的 LC-MS 联用仪的离子化手段为 EI 电离，因此得到的质谱测定结果可以通过商业化的标准 EI 谱库直接进行检索。PB 接口的主要缺点在于其线性响应浓度范围较窄，且工作过程中高流速氦气的使用成本偏高。

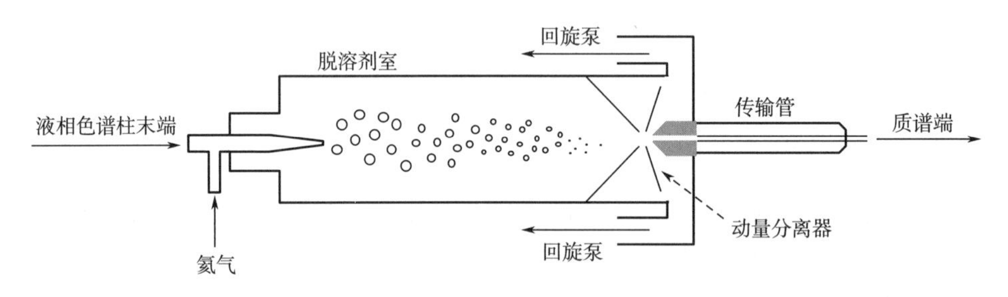

图 4-27　离子束接口示意图

2. 连续流动快原子轰击

在 20 世纪 80 年代，随着快原子轰击（Fast Atom Bombardment，FAB）电离技术（详见本章第二节）的问世，连续流动快原子轰击型接口在 LC-MS 联用技术中也得到了快速发展。以 CFFBA 为接口的 LC-MS 联用技术，需要向流动相中加入 1%~5%的甘油作为轰击基质。在测定过程中，被轰击靶面因为流动相的稳定流出而得到不断更新，所以物理化学性质能够保持相对稳定；同时由于混合物组分在前期已经经过液相色谱分析，因此靶面上不会有共存物同时出现的情况。干扰因素被大大降低，检测灵敏度也得到了相应的提高。CFFBA 技术的主要缺陷在于只能在较低的流速下工作（<5μL/min），从而严重影响了色相色谱柱的分离效果；此外，流动相中加入的甘油会造成毛细管堵塞和离子源污染。

三、 色谱-质谱的数据采集

色谱-质谱联用技术中的数据采集方式与单纯的色谱数据采集具有显著区别。待测组分经色谱系统分离后其流出浓度随时间而变化，因此质谱需要具有较快的扫描速度才能在较短时间内完成多次质量扫描。质谱数据的基本采集方式可分为全扫描（Full Scan）、选择离子监测（Selected-Ion Monitoring，SIM）和选择反应监测（Selected-Reaction Monitoring，SRM）这三类。

全扫描模式是指对于指定质量范围内（如200～700amu）的所有分子离子和碎片离子的质量进行扫描。这种扫描主要是针对未知化合物的检测，从而确定其相对分子质量，并进行相应的谱库检索以获取未知物质的信息。

选择离子监测又称单离子检测。对于某个已知化合物而言，为了提高某一离子的灵敏度并排除其他离子的干扰，通常无须对某一范围的质量进行连续扫描，而是只要有针对性地扫描某几个选定的质量数即可。

选择反应监测是针对二级质谱或者多级质谱的某两级之间的扫描模式，即母离子选择监测一个离子发生碰撞后，在形成的子离子中也只选择一个离子进行监测。这种方法能够排除掉质谱结果中的大量干扰信息和噪声，从而可以得到较高的灵敏度。

第四节 电感耦合等离子体质谱技术

一、 电感耦合等离子体质谱定义及特点

电感耦合等离子体质谱（Inductively Coupled Plasma Mass Spectrometry，ICP-MS），是20世纪80年代发展起来的分析测试技术。它以独特的接口技术将ICP-MS的高温（7000K）电离特性与四级杆质谱计的灵敏快速扫描的优点相结合而形成一种新型的元素和同位素分析技术，可分析地球上几乎所有元素。ICP-MS技术的分析能力不仅可以取代传统的无机分析技术如电感耦合等离子体光谱技术、石墨炉原子吸收进行定性、半定量、定量分析及同位素比值的正确丈量等。还可以与其他技术如HPLC、HPCE、GC联用进行元素的形态、分布特性等的分析。随着这项技术的迅速发展，现已被广泛地应用于环境、半导体、医学、生物、冶金、石油、核材料分析等领域。

1. 电感耦合等离子体质谱的定义

电感耦合等离子体质谱是将ICP高温电离特性与四级杆质谱仪的灵敏快速扫描的优点相结合，形成的一种新型的元素和同位素分析技术。电感耦合等离子体质谱分析，可提供最低的检出限、最宽的动态线性范围，干扰少、精密度高、分析速度快，可进行多元素同时测定以及可提供精确的同位素信息等。

电感耦合等离子体质谱可以分析元素周期表中所有金属元素，检出限在1ng/kg以下；同时可以分析绝大部分非金属元素，例如As、Se、P、S、Si、Te等，检出限低于1μg/kg，如果

配合使用氢化物发生器，这些非金属的检出限可以改善 10 倍以上。质谱图非常简单，每个元素的同位素出现在其不同的质量上（比如，1 会出现在 27amu 处），其峰强度与该元素在样品溶液中同位素的初始浓度直接成正比。1～3min 内可以同时分析从低质量的锂到高质量数的铀范围内的大量元素。用 ICP-MS，一次分析就可以测量浓度水平从 ng/kg 级到 mg/kg 级的很宽范围的元素。

2. 电感耦合等离子体质谱的特点

电感耦合等离子体质谱自 20 世纪 80 年代发展至今，已逐渐取代电感耦合等离子体发射光谱（ICP-AES），占据了元素分析的主要地位。电感耦合等离子体质谱的主要特点如下。

（1）多元素测量　可对多于 70 种的元素（从 Li 到 U）进行微量和痕量分析，检测范围从小于 1ng/kg 到大于 50mg/kg，可达 9 个量级。

（2）光谱简单　每一种元素（In 除外），均有一种同位素的谱线不受其他元素的谱线干扰，即在多元素测定时干扰少；此外，样品中的有机相干扰较小，因此，可以测量有机相中的元素。

（3）灵敏度高　样品用量少，同时试剂用量少。

（4）检测速度快　通常的分析时间 1～5min（含清洗 1～2min）。

（5）方法应用灵活　用标准溶液校正而进行定量分析，可自动设置并自动优化测定条件；这是在日常分析工作中应用最为广泛的功能。

（6）快速半定量分析　通过谱线全扫描测定所有元素的大致浓度范围，即半定量分析，不需要标准溶液，多数元素测定误差小于 20%；定量标定少量元素之后，仪器还可根据同位素的相对灵敏度测定全部元素的含量，方便进行元素筛选。

（7）同位素测定　通过谱线的质荷比进行定性分析；可进行稳定同位素或放射性同位素的比值分析；可用于地质学、生物学及中医药学研究上的追踪来源的研究及同位素示踪。

二、电感耦合等离子体质谱的组成及其基本原理

1. 电感耦合等离子体质谱的组成

电感耦合等离子体质谱由 ICP 焰炬、接口装置和质谱仪三部分组成；典型四级杆 ICP-MS 仪器结构如图 4-28 所示。

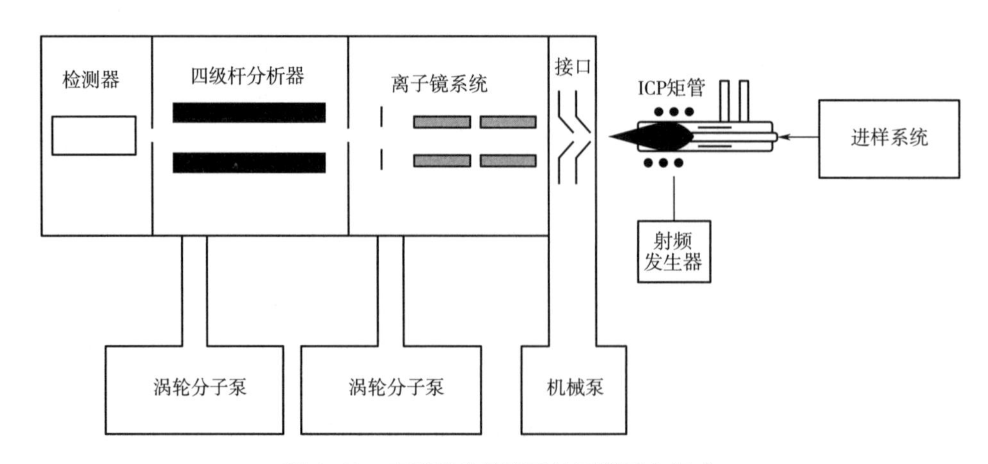

图 4-28　电感耦合等离子体质谱基本组成

2. 电感耦合等离子体质谱的工作原理

电感耦合等离子体质谱的工作原理是：ICP 作为质谱的高温离子源（7000K），样品在通道中进行蒸发、解离、原子化、电离等过程。离子通过样品锥接口和离子传输系统，进入高真空的 MS 部分，MS 部分为四级快速扫描质谱仪，通过高速顺序扫描分离测定所有离子，扫描元素质量数为 6~260，并通过高速双通道分离后的离子进行检测，浓度线性动态范围达 9 个数目级，从 ng/kg 到 10^3mg/kg 直接测定。

与传统无机分析技术相比，电感耦合等离子体质谱（ICP-MS）技术提供了非常低的检出限和很宽的动态线性范围；检测过程干扰较少，分析精密度高，分析速度快，可进行多元素同时测定，并可提供精确的同位素信息等分析特性。

3. 电感耦合等离子体质谱的工作参数

若使电感耦合等离子体质谱具有较好的工作状态，必须使各部分的工作条件处于优良的状态，现分述如下。

（1）ICP-MS 电离源　如图 4-29 所示，ICP-MS 所用电离源为感应耦合等离子体（ICP），其主体是一个由三层石英套管组成的炬管，炬管上端绕有负载线圈，三层管从里到外分别通载气、辅助气和冷却气，负载线圈由高频电源耦合供电，产生垂直于线圈平面的磁场。如果通过高频装置使氩气电离，则氩离子和电子在电磁场作用下又会与其他氩原子碰撞产生更多的离子和电子，形成涡流。强大的电流产生高温，瞬间使氩气形成温度可达 10000K 的等离子焰炬。样品由载气带入等离子体焰炬会发生蒸发、分解、激发和电离，ICP 功率一般为 1kW，辅助气用来维持等离子体，用量为 1L/min；冷却气以切线方向引入外管，产生螺旋形气流，使负载线圈处外管的内壁得到冷却，冷却气流量为 10~15L/min，调节载气流量可影响测量灵敏度。

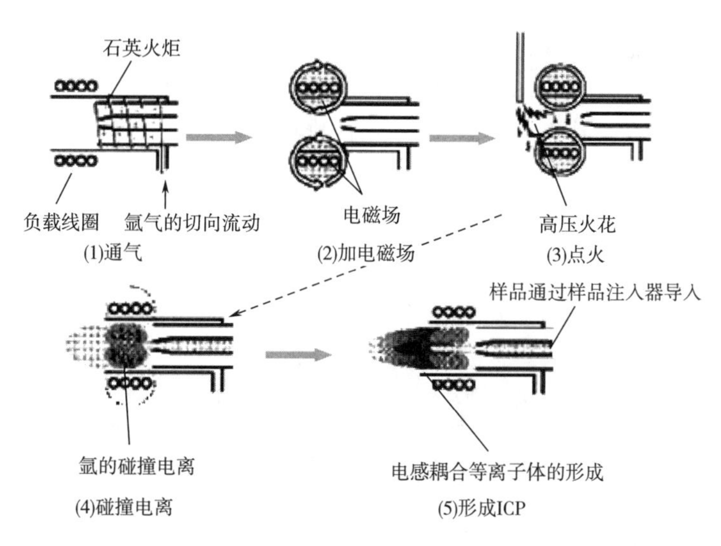

图 4-29　ICP-MS 电离源

常用的进样方式是利用同心型或直角型气动雾化器产生气溶胶，在载气携带下喷入焰炬，样品由蠕动泵送入雾化器，进样量约为 1mL/min；负载线圈上面约 10mm 处，焰炬温度约为 8000K，在此温度下，电离能低于 7eV 的元素完全电离，电离能低于 10.5eV 的元素电离度大于 20%。由于大部分重要的元素电离能低于 10.5eV，因此分析灵敏度较高，少数电离能较高的元素，如 C、O、Cl、Br 等也可检测，但灵敏度稍低。

（2）ICP-MS 接口装置　ICP 产生的离子通过接口装置进入质谱仪，接口装置的主要参数是采样深度，即采样锥孔与焰炬的距离，要调整两个锥孔的距离和对中，同时要调整透镜电压，使离子有很好的聚焦。

接口装置工作条件：真空由差式抽真空系统维持：被分析离子通过一对接口（称为采样锥和截取锥）被提取。ICP 产生的离子通过接口装置进入质谱仪，接口装置的主要参数是采样深度，也即采样锥孔与焰炬的距离，要调整两个锥孔的距离和对中，同时要调整透镜电压，使离子有很好的聚焦。

等离子体离子源：通常，液体样品通过蠕动泵引入到一个雾化器产生气溶胶。双通路雾化室确保将气溶胶传输到等离子体。在一套形成等离子体的同心石英管中通入氩气（Ar）。炬管安置在射频（RF）线圈的中心位置，RF 能量在线圈上通过。强射频场使氩原子之间发生碰撞，产生一个高能等离子体。样品气溶胶瞬间在等离子体中被解离（等离子体温度为 6000~10000K），形成被分析原子，同时被电离。将等离子体中产生的离子提取到高真空（一般为 10^{-4}Pa）的质谱仪部分。

（3）ICP-MS 质谱仪　ICP-MS 质谱仪如图 4-30 所示。质谱仪的工作条件：主要是设置扫描的范围。为了减少空气中成分的干扰，一般要避免采集 N_2、O_2、Ar 等离子，进行定量分析时，质谱扫描要挑选没有其他元素及氧化物干扰的质量。同时还要有合适的倍增器电压。事实上，在每次分析之前，需要用多元素标准溶液对仪器整体性能进行测试，如果仪器灵敏度能达到预期水平，则仪器不再需要调整，如果灵敏度偏低，则需要调节载气流量、锥孔位置和透镜电压等参数。

例如，使用四级杆质谱仪时，被分析离子由一组离子透镜聚焦进入四级杆质量分析器，按其质荷比进行分离。之所以称其为四级杆，是因为质量分析器实际上是由四根平行的不锈钢杆组成，其上施加 RF 和 DC 电压。RF 和 DC 电压的结合允许分析器只能传输具有特定质荷比的离子。最后，采用电子倍增器测量离子，由一个计数器收集每个质量的计数。

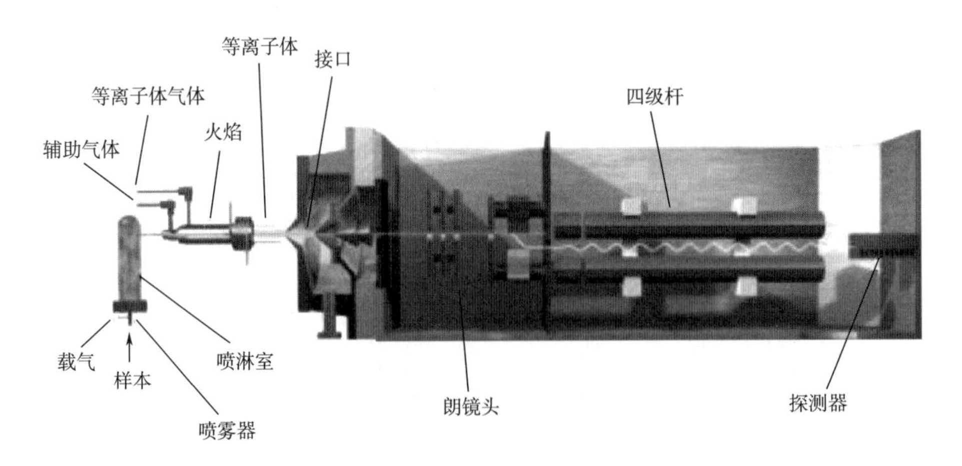

图 4-30　ICP-MS 结构示意图

近年来，随着分析技术的不断发展，现在“ICP-MS”的概念已经不仅仅是最早起步的普通四级杆质谱仪（ICP-QMS），还包括后来相继推出的其他类型的等离子体质谱技术，如多接收器的高分辨磁扇形等离子体质谱（ICP-MC/MS）、等离子体飞行时间质谱仪（ICP-TOF/MS）以及等离子体离子阱质谱仪（ITMS-MS）等。四级杆ICP-MS仪器也不断升级换代，动态碰撞反应池（DRC）等技术的引入使分析性能大大改善。各种联用技术，如液相和气相色谱以及毛细管电泳等分离技术与ICP-MS的联用，激光剥蚀ICP-MS等联用技术的发展非常迅速。这些ICP-MS较新技术除了大量引用于元素分析外，在同位素比值分析、形态分析等方面的研究和应用也非常活跃。

第五节　在食品安全检测中的应用

一、色谱-质谱联用技术检测食品中黄曲霉毒素

食品安全问题关系国计民生。随着经济不断增长，我国食品安全事件频频出现，引起消费者广泛关注，如何准确、深入、高效地进行食品安全分析检测，是防控食品安全事件发生的重要基础和保障。色谱-质谱联用技术作为高效的分离和检测手段，是目前食品安全分析领域最重要、最主流的技术手段，色谱-质谱联用技术已广泛应用于食品中氯霉素、四环素等抗生素，黄曲霉毒素、赭曲霉毒素等真菌毒素，以及三聚氰胺、瘦肉精等非法添加剂的检测分析，检测限一般能够达到ng/g的范围水平。本节将以色谱-质谱联用技术在食品安全检测中的具体案例进行说明。

黄曲霉毒素是由黄曲霉、寄生曲霉和模式曲菌等在合适的温度和湿度条件下产生的真菌毒素，对人畜有强烈的致病性和致畸性。谷物、坚果和香辛料等食品中常见黄曲霉毒素有B_1、B_2、G_1和G_2等（图4-31），其中黄曲霉毒素B_1的毒性和致癌性最强，其毒性高于氰化钾，也是目前最强的化学致癌物之一，因此对黄曲霉毒素开展快速、灵敏、高效地检测尤为重要。本案例以玉米粉、面粉、花生和核桃仁四种食品为基质，开发一种灵敏准确的黄曲霉毒素检测方法。

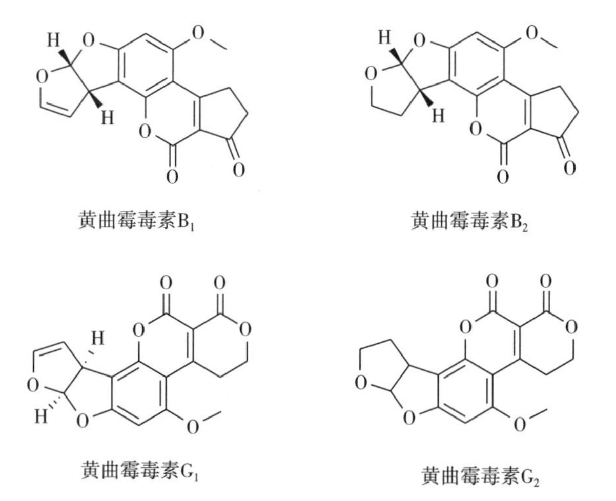

图4-31　黄曲霉毒素B_1、黄曲霉毒素B_2、黄曲霉毒素G_1和黄曲霉毒素G_2的化学结构

1. 仪器与条件

（1）仪器　本方法使用的液相色谱-质谱串联系统是 Agilent 1200SL 液相色谱（配有超低残留自动液体进样器）和 Agilent 6460 三重串联四级杆质谱仪。

（2）色谱条件　色谱柱 Agilent ZORBAX Eclipse Plus C_{18}（2.1×50mm，1.8μm）；柱温 40℃；进样量 5μL；自动进样器温度 4℃；流动相 A 为 10mmol/L 醋酸铵溶液，流动相 B 为 100%甲醇；流速 0.6mL/min；梯度洗脱程序：0~5min，5%~100%流动相 B，5~6min，100%流动相 B；平衡时间 1.5min。

（3）质谱条件　喷雾电压 4000V（正离子模式）；干燥气（氮气）10L/min；干燥器温度 325℃；雾化气（氮气）344.7kPa；鞘气温度 350℃；鞘气流速 11L/min；喷嘴电压 0V；Q1 和 Q2 分辨率 0.7amu（自动调谐模式）；Delta EMV 400V。

三重串联四级杆液质联用多反应监测模式（MRM）参数见表 4-7。质谱随机仪配置的自动参数优化软件（MassHunter Optimizer）可自动得到每种待测组分的最佳碰撞电压和二级质谱碰撞能量，并确定最优的子离子。

表 4-7　黄曲霉毒素和对应内标的 MRM 参数

项目	保留时间/min	碰撞电压/V	母离子（m/z）	子离子（m/z）
黄曲霉素 B_1	4.68	130	313.1	241.1 285.1 269.1
黄曲霉素 B_2	4.57	130	315.1	287.1 259.1 243.1
黄曲霉素 G_1	4.40	130	329.1	243.1 311.1 283.1
黄曲霉素 G_2	4.26	130	331.1	245.1 285.1 313.1
内标同位素 B_1	4.68	130	330.1	301.1 255.1
内标同位素 B_2	4.57	130	332.1	303.0 273.0
内标同位素 G_1	4.40	130	346.1	257.1 299.1
内标同位素 G_2	4.26	130	348.1	330.1 259.1

2. 样品前处理和回收率测定

取玉米粉、面粉、花生和核桃仁样品各 10g，然后添加四种黄曲霉素标准品，浓度分别为 5ng/g。室温条件下，用甲醇-水（84：16，体积比）混合液 40mL 震荡提取 30min。利用十八烷基硅烷化（ODS）固相萃取柱对样品溶液吸附净化后，取 0.4mL 上清液加入 0.6mL 10mmol/L 醋酸铵溶液。样品溶液经 14000r/min 高速离心 3min，准备 LC-MS/MS 进样分析。

3. 结果与讨论

经液相色谱系统梯度洗脱，黄曲霉毒素混合物 B_1、B_2、G_1和 G_2在 6min 内得到良好分离，相对应离子流图如图 4-32 所示。其中，图 4-32（1）为浓度 1μg/kg 的四种黄曲霉素，图 4-32（2）为浓度 2.5μg/kg 的相应同位素标记黄曲霉毒素。该离子流图是多反应监测模式下提取的叠加图。

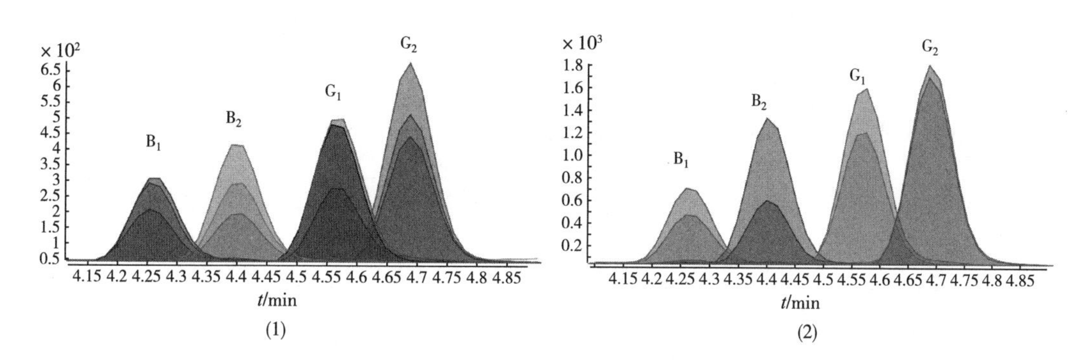

图 4-32　黄曲霉毒素 B_1、黄曲霉毒素 B_2、黄曲霉毒素 G_1和黄曲霉毒素 G_2 及其同位素标记物的 LC-MS/MS 离子流图

在该分析方法中，黄曲霉毒素 B_1、黄曲霉毒素 B_2、黄曲霉毒素 G_1和黄曲霉毒素 G_2在 0.1~10μg/kg 均显示出良好的线性趋势（$R^2>0.999$），图 4-33 为在同一水平上，在内标校正前后的四种黄曲霉毒素标准曲线叠加图，内标矫正的目的是为了在一定程度上消除样品在检测过程中的基质效应。

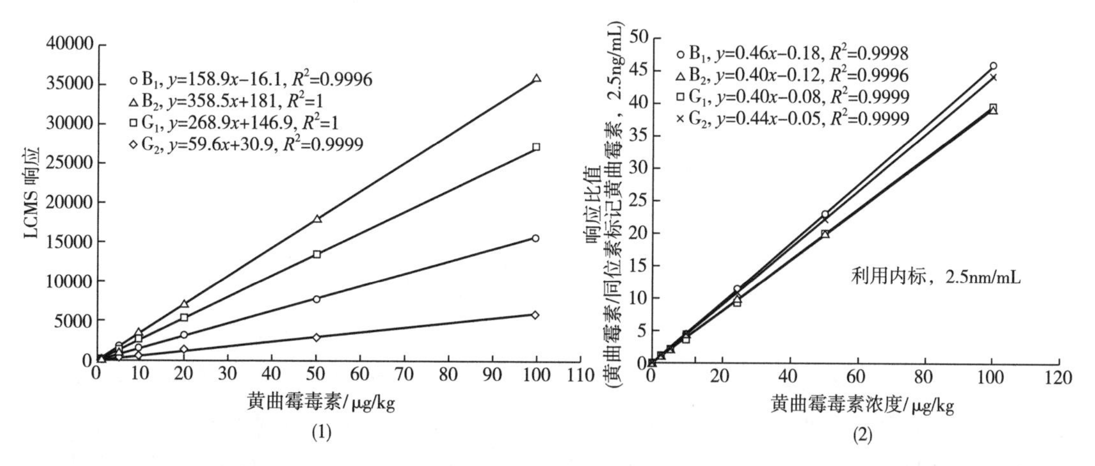

图 4-33　黄曲霉毒素 B_1、黄曲霉毒素 B_2、黄曲霉毒素 G_1和黄曲霉毒素 G_2的标准曲线叠加图

为确定该方法的检测限（Limit Of Detection，LOD）与定量限（Limit Of Quantitation，LOQ），对玉米粉，面粉，花生和核桃仁四种样品基质重复7次上述样品前处理和LC-MS/MS测定。表4-8所示的LOD和LOQ结果分别为信噪比（Signal to Noise Ratio，S/N）大于3和大于10的条件下测得。由表可知，对于每一种基质，黄曲霉毒素的检测限均小于0.15μg/kg，定量限均小于0.5μg/kg。

表4-8　　不同食品基质中四种黄曲霉毒素的LOD和LOQ值

样品	黄曲霉毒素	LOD/（μg/kg）	LOQ/（μg/kg）	样品	黄曲霉毒素	LOD/（μg/kg）	LOQ/（μg/kg）
玉米粉	B_1	0.060	0.20	花生	B_1	0.056	0.19
	B_2	0.085	0.28		B_2	0.069	0.23
	G_1	0.10	0.35		G_1	0.05	0.15
	G_2	0.033	0.11		G_2	0.14	0.45
面粉	B_1	0.012	0.042	核桃仁	B_1	0.093	0.31
	B_2	0.037	0.12		B_2	0.098	0.33
	G_1	0.15	0.50		G_1	0.12	0.40
	G_2	0.11	0.36		G_2	0.04	0.13

对不同样品基质中的黄曲霉毒素回收率进行测定，添加浓度为5ng/g，每个样品分析重复四次。回收率结构如表4-9所示，利用该检测方法得到的加标回收率结果良好，均在85%~110%。

表4-9　　不同食品基质中四种黄曲霉毒素的加标回收率

样品	黄曲霉毒素	加标回收率	样品	黄曲霉毒素	加标回收率
玉米粉	B_1	102.3±2.9	花生	B_1	101.8±3.6
	B_2	100.0±7.9		B_2	102.5±5.5
	G_1	107.3±3.5		G_1	105.7±7.3
	G_2	101.3±5.6		G_2	107.5±10.9
面粉	B_1	100.9±3.6	核桃仁	B_1	106.5±4.9
	B_2	85.2±7.7		B_2	99.0±5.4
	G_1	110.6±7.8		G_1	103.2±5.9
	G_2	108.4±6.2		G_2	100.2±6.2

4. 结论

本方法建立了一种样品前处理简单快速、基于LC-MS/MS平台用于检测玉米粉，面粉，花生和核桃仁样品中黄曲霉毒素B_1、黄曲霉毒素B_2、黄曲霉毒素G_1和黄曲霉毒素G_2的方法。该方法灵敏程度高，针对不同食品基质的黄曲霉毒素检测限均小于0.15μg/kg、定量限均小于0.5μg/kg，且黄曲霉毒素B_1、黄曲霉毒素B_2、黄曲霉毒素G_1和黄曲霉毒素G_2在0.1~100μg/kg

均显示出良好的线性趋势（$R^2 > 0.999$），黄曲霉毒素的加标回收率在 85%~110%。

二、 电感耦合等离子体质谱在食品分析中的应用

ICP-MS 在食品检测中应用较为广泛，最重要的检测方向是安全卫生项目的检测。检测元素主要是痕量的、危害大的元素，如 Pb、As、Hg、Cd、Cr、Cu、Sn、Al、Ni 等，主要以总量的测量为主，有时也需要检测元素的形态。ICP-MS 总体是非常适合食品中痕量元素的测量，ICP-MS 对非金属元素的测定主要包括：P、Br（包括溴酸盐形态）、I 等；对有害元素的形态测定主要包括：各种基质中甲基汞、无机砷、硒形态、铬的价态、有机锡等；对营养元素测定主要包括 Na、K、Fe、Ca、Mg 等。ICP-MS 在食品分析检测中，对各种检测要求的响应度如表 4-10 所示。ICP-MS 食品检验相关国标及行业标准（SN）中的部分应用，如表 4-11 所示。

表 4-10 ICP-MS 对食品分析检测各种要求的响应度

项目	食品检测要求	ICP-MS 检测
检测灵敏度要求	高	符合
稳定性要求	好	符合
抗干扰能力	强	基本符合
多元素同时检测	检测元素多	符合
高通量快速检测	流程要求高	符合
进行形态分析	需要	基本符合

表 4-11 部分 ICP-MS 食品检验相关标准

标准编号	标准名称	发布时间	实施时间
GB/T 18932.11—2002	蜂蜜中钾、磷、铁、钙、锌、铝、钠、镁、硼、锰、铜、钡、钛、钒、镍、钴、铬含量的测定方法—电感耦合等离子体原子发射光谱（ICP-AES）法	2002-12-30	2003-06-01
GB/T 21918—2008	食品中硼酸的测定（第二法）—电感耦合等离子体原子发射光谱法和电感耦合等离子体质谱法	2008-05-16	2008-11-01
GB/T 23372—2009	食品中无机砷的测定—电感耦合等离子体质谱法	2009-03-16	2009-05-01
GB/T 23374—2009	食品中铝的测定—电感耦合等离子体质谱法	2009-04-08	2009-08-01
DB33/T 647—2007	农产品中钠、镁、钾、钙、铬、锰、铁、镍、铜、锌、砷、镉、钡、铅含量的测定—电感耦合等离子体原子发射光谱（ICP-AES）法	2007-08-10	2007-09-10

续表

标准编号	标准名称	发布时间	实施时间
NY/T 1653—2008	蔬菜、水果及制品中矿质元素的测定—电感耦合等离子体发射光谱法	2008-07-14	2008-08-10
SN/T 2208—2008	水产品中钠、镁、铝、钙、铬、铁、镍、铜、锌、砷、锶、钼、镉、铅、汞、硒的测定—微波消解-电感耦合等离子体-质谱法	2008-11-18	2009-06-01
SN/T 2210—2008	保健食品中六价铬的测定—离子色谱-电感耦合等离子体质谱法	2008-11-18	2009-06-01
SN/T 2316—2009	动物源性食品中阿散酸、硝苯砷酸、洛克沙砷残留量检测方法—液相色谱-电感耦合等离子体/质谱法	2009-07-07	2010-01-16
SN/T 0448—2011	进出口食品中砷、汞、铅、镉的检测方法—电感耦合等离子体质谱（ICP-MS）法	2011-02-25	2011-07-01
SN/T 3041—2011	出口食品接触材料 高分子材料 硼酸及四硼酸钠的测定—ICP-MS 法	2011-09-09	2012-04-01
SN/T 3154—2012	出口藻类植物中碘含量的测定—电感耦合等离子体质谱法	2012-05-07	2012-11-16
SN/T 3933—2014	出口食品中六种砷形态的测定方法—高效液相色谱-电感耦合等离子体质谱法	2014-04-09	2014-11-01
QB/T 4711—2014	黄酒中无机元素的测定方法—电感耦合等离子体质谱法和电感耦合等离子体原子发射光谱法	2014-07-09	2014-11-01
DBS50/ 027—2016	包装饮用水中溴酸盐的测定—高效液相色谱-电感耦合等离子体质谱法	2016-05-20	2017-01-01

此外，在生命科学研究中，ICP-MS 与其他技术的联用也有较多的应用。由于元素的形态不同，其作用的机理完全不同，因此，仅研究体系中元素的总含量，已经不能表征该元素在体系中的生理和毒理作用。例如：Cr（Ⅲ）对人体大有益处，而 Cr（Ⅵ）则会引起皮肤病、肺癌等，ICP-MS 技术与离子色谱技术联用分别测定 Cr（Ⅲ）和 Cr（Ⅵ）已经是一种成熟的方法，其检测限可以达 ng/kg 级。又比如：HG-ICP-MS（氢化物发生器与 ICP-MS）联用技术，在海水中超痕量污染物如 As、Se、Sb 等易受干扰难测元素的分析中，具有明显的优越性。而 GC-ICP-MS 技术已被用于多种污染物的形态分析，如：船用涂料中有机 Sn 的影响，使牡蛎大量死亡，用 GC-ICP-MS 技术可分离出不同形态的有机锡代谢产物，从而推动了船用涂料的改进。在污泥中也曾用 GC-ICP-MS 联用技术分离测定二甲基铅、二乙基铅等多种有机铅形态，推动汽车污染的环境迁移研究。GC-ICP-MS 技术的另一个应用领域是研究生物对 Hg 的甲基化

及富集作用。

三、GC-MS 与 GC-O 食品香气活性成分检测

在过去的几十年里，人们一直期望通过测量化学组成来确定食品的香味质量，许多检测技术都与气相色谱有关，GC-MS 等分析方法因此得到了较为广泛的应用，但是 GC-MS 并不能用来直接分析出食品的香气活性化合物，而且，食品香味体系中一些特征香气化合物由于含量很低以至于无法用 GC-MS 加以鉴定，GC-O（气相色谱嗅觉测量）技术是解决这些问题的一种理想的方法，GC-O 技术是将人的嗅觉与分离挥发性物质的气相色谱仪结合的一种技术，开创了现代风味化学的新时代。

目前，GC-O 嗅觉测量技术中已经被广泛使用的分析方法，主要有稀释法（香气提取稀释分析法（AEDA）和 CHARM 分析）、探测频率法（DF）和直接强度法。稀释法是通过连续稀释样品或者香味萃取物，直到嗅闻人员在嗅觉测量口没有闻到气味为止，根据某化合物的稀释倍数（稀释因子）来确定它对总体香气的贡献，稀释倍数越大对总体香气的贡献越大，稀释法在评判化合物对样品整体风味贡献大小方面很具说服力，但是工作量很大、耗时；探测频率法是通过一定数量（通常 6~12 人）的嗅闻人员的嗅闻，某化合物能被嗅闻到的频率越高（嗅闻到该化合物的嗅闻人员越多）表示该化合物对总体香气的贡献越大，频率检测法耗时最少，最容易进行，但准确度不高；直接强度法将嗅闻气味强度分成不同等级，嗅闻人员记录所嗅闻到各化合物的嗅闻强度，强度越大对总体香气的贡献越大，该方法法对评价员的要求很高。GC-O解决了一些 GC-MS 在食品香气化合物检测中的难题，然而它却无法也不可能完全取代 GC-MS 在食品香气检测中的重要地位，由于 GC-O 和 GC-MS 二者各自突出的优点，将二者结合来的 GC-O/GC-MS 技术分析食品的香气正得到越来越广泛的应用，使得人们对食醋的风味信息有更深入和更全面的了解。例如科研人员采用 GC-O/GC-MS 技术通过探测频率和 AEDA 确定雪利醋香气活性成分，其中乙酸异戊酯、双乙酰、乙酸和葫芦巴内酯的探测频率和稀释因子最高，乙酸乙酯的稀释因子很低但探测频率很高。将这几种化合物加入到含 7%的乙酸水溶液中，从总的印象和感官刺激性等六个方面考察加入关键香气组分后的该溶液同原始醋样的相似度，发现当双乙酰、乙酸和葫芦巴内酯同时加入到含 7%的乙酸水溶液时与原始醋样的相似度最高，并且在总的印象方面相似度很高，从而认为双乙酰、乙酸和葫芦巴内酯这三种组分在雪利醋的总体香味特征起着非常重要的作用。同样的原理，采用顶空固相微萃取提取了镇江香醋的挥发性成分，用气相色谱-质谱联用技术结合气相色谱-嗅觉测量法以及化合物的保留指数，鉴定了镇江香醋的主要香气成分；同时利用气相色谱-嗅觉测量技术，采用探测频率和探测强度相结合的办法，初步确定了乙酸、3-甲基丁酸、乙酸乙酯、乙酸-3-甲基-丁酯、乙酸苯乙酯、苯乙醇、2，3-丁二酮、二氢-5-戊基-2(3H)-呋喃酮、2-甲基丙醛、3-甲基丁醛、糠醛、苯甲醛、三甲基噁唑、2，3-二甲基吡嗪、三甲基吡嗪、四甲基吡嗪 16 种化合物为镇江香醋的特征香味物质。

第五章 核磁共振波谱、毛细管电泳及热分析技术

CHAPTER 5

第一节 核磁共振波谱分析技术

一、核磁共振波谱分析技术的基本原理

核磁共振波谱法（Nuclear Magnetic Resonance，NMR）是一种极其重要的现代仪器分析方法。该法基于原子核在外磁场中受到磁化，可产生某种频率的震动。当外加能量与原子核震动频率相同时，原子核吸收能量发生能级跃迁，产生共振吸收信号，这就是核磁共振的基本原理。

核磁共振波谱分析法是1945年由F. Bloch和E. M. Purcell共同发现的，他们因此分享了1952年的诺贝尔物理奖。如今核磁共振方法的灵敏度已实现μg级样品的分析，可满足绝大多数有机样品的分析需要。

在有机结构分析的各种谱学方法中，核磁共振方法给出的结构信息最为准确和严格。在一张已知结构的核磁共振波谱图上，物质的每个官能团和结构单元均可找到确切对应的吸收峰。结构比较简单的小分子物质，在获取核磁共振波谱信息，适当参考其他谱学信息，即可推测和排列出化学结构式，且有较为准确的结果。

原子核在磁场中发生共振吸收的现象是一种纯物理过程，这个过程的描述涉及许多量子力学和波动力学的原理以及微波脉冲技术和傅里叶变换的数学方法。核磁共振波谱分析法应用于物质分析，主要研究分子中不同原子之间的相互联结，由此引起共振频率的位移——化学位移；各原子核之间相互作用产生的耦合裂分；另外产生共振吸收的原子核数目，决定共振吸收峰的强度和峰的积分面积，由此得出分子中各原子以及组成的官能团数目，此即定量分析的依据。这些是通过积分线来反映的。因此化学位移、耦合裂分和积分线是核磁共振波谱分析方法中最重要的三个参数。

二、质子核磁共振谱

质子核磁共振（^{1}H-NMR）谱，又称核磁共振氢谱，是研究最多、应用最为广泛的一种核磁共振波谱。

由于氢原子外围仅有一个电子，与其他所有核相比，在自然界中丰度较大，达 99.9%以上，且其灵敏度最高。在有机化合物中，氢原子是分布最广的原子之一，几乎所有官能团都直接或间接与氢原子密切相关，因此，通过对氢原子的测定，即可表达各种官能团之间的联系。

（一） 化学位移

由于分子中各原子核周围都有电子绕核旋转，形成一定的电子云密度，这种电子云对磁场中的原子核具有一定的屏蔽作用。同一种原子在分子中与不同原子连接形成了不同的化学微环境，原子周围的电子云密度就会产生一定的差异，由此导致 NMR 共振吸收的频率产生的位移称为化学位移，常用碳原子的位移来表示。一些主要含氢基团的化学位移如图 5-1 所示。

测定和表述化学位移的绝对数值是比较麻烦的，通常选择一种标准物，设其共振吸收值为零，其他原子的化学位移与其进行比较，得到化学位移的相对值。核磁共振分析中，通常用四甲基硅烷（TMS）中的氢或碳的化学位移作为零，有机化合物中的绝大部分原子的化学位移与标准物四甲基硅烷（TMS）相比，均出现在低磁场一端，即 δ 值（电性）一般为正值。

分子中各种氢原子的化学位移都是取决于氢原子周围的化学环境，若原子或基团使氢原子核外的电子密度降低，则使氢原子的屏蔽减小，产生去屏蔽作用，由此导致氢原子的化学位移向低磁场方向，即化学位移数值增加；反之，若原子或基团使氢原子核外的电子密度增加，则产生屏蔽作用，并导致氢原子的化学位移向高磁场方向。

影响氢化学位移的因素主要包括：

①取代基的电负性：取代基电负性越强，与取代基联结于同一碳原子上的氢原子的共振吸收峰越向低磁场方向位移；②共轭体系中环电流的影响：共轭分子内产生环电流，这种环电流产生的磁力线在环的上下方与外磁场方向相反，即在磁场中某些化学键与官能团出现磁的空间方向性；③分子周围介质的影响：不同溶剂有不同的磁化率，样品分子在不同的溶剂中受到的磁场强度也各不相同。即核磁共振结果必须注明溶剂的种类，其化学位移的数值才有意义。此外，通过选用不同的溶剂系统，可使某些相互重叠的峰彼此分开。

（二） 原子自旋耦合裂分与耦合常数

分子中的质子在磁场中以其固有的频率做自旋运动。若两组磁不等价质子之间的距离足够近时，两者即会产生自旋耦合并分裂成两个峰。相互耦合作用程度的大小以耦合常数表示。

耦合常数不受仪器、溶剂等外界因素的影响，是和分子结构有关的一个参数；耦合裂分的数目、裂分后各谱线的强度以及各峰的裂距（耦合常数），是核磁共振波谱中重要的结构参数。

（1）耦合裂分峰的数目　分析核磁共振图谱，每一个质子裂分的数目受到质子周围存在的相互耦合作用的质子数目影响。一个质子在磁场中有顺、反两个取向，两种取向能级不同，对周围质子就会产生两种不同的耦合作用，因此被耦合的质子裂分为双重峰。两个质子存在时，则产生三种不同的取向：两个质子平行于外磁场方向、两个质子反平行方向，或一个质子平行而另一个质子反平行，这三种不同的取向，使被耦合的质子产生三重裂分；依次类推，若 n 个质子存在，就会出现（n+1）重裂分峰。

若与质子耦合的不是质子，是其他磁性核，核的自旋量子数为 I，核的数目为 n，此时产生的质子裂分数目为（$2nI$+1）重峰。若在质子周围存在磁不等价的质子，其化学位移和耦合常数不同，两类质子的数目分别为 n 和 n'，其裂分数目为（n+1）·（n'+1）。裂分遵循（n+1）或（n+1）·（n'+1）规律的核磁共振波谱称为一级谱；耦合裂分不遵循（n+1）或

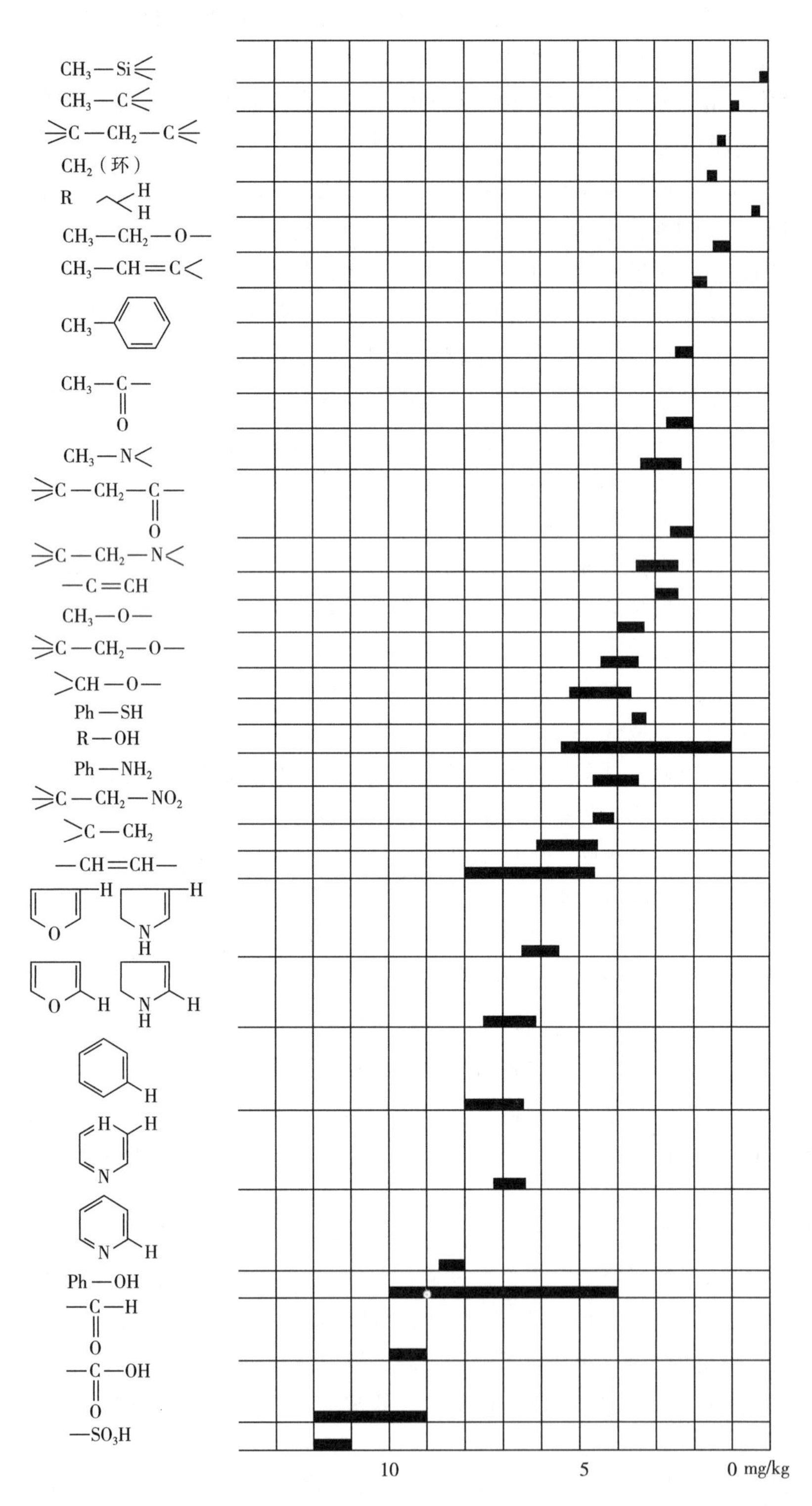

图 5-1 一些主要含氢基团的化学位移

$(n+1)\cdot(n'+1)$规律的核磁共振波谱称为二级谱。

（2）耦合裂分峰的强度关系　耦合裂分生成的各个峰的强度在一级谱中遵循二项式 $(a+b)^n$ 展开后各项系数的规律，即：二重裂分两个峰的强度为 1∶1；三重峰的强度比为 1∶2∶1；四重峰的强度比为 1∶3∶3∶1；五重峰的强度比为 1∶4∶6∶4∶1。

（3）裂分峰的距离——耦合常数　同组核耦合裂分后各峰之间的距离相等，其间距称为耦合常数。耦合常数也是一个重要的结构常数，但它与结构的相关性及变化规律，还不够严格。常见基团的耦合常数如表 5-1 所示。

表 5-1　　耦合常数表

系　统	偶合常数 f/Hz	
	可能范围	通常值
$>C<^{H}_{H^+}$	0~25	10~15
$>CH—CH<$（自由旋转）	0~8	~7
$CH_3—CH_2—$（自由旋转）	6~8	~7
$(CH_3)_2CH^+—$（自由旋转）	5~7	~6
$>CH—C—CH<$	0~1	0
$>C—CH—CH<$	4~10	5~7
$>C—CH—CH^+═C<$	6~13	10~13
$>CH—CH^+O$	0~3	2
$C═CH—CH^+O$	5~8	7

系　统	偶合常数 f/Hz	
	可能范围	通常值
$H(—)C—C(—)H^+$（同侧）	0~12	7~10
$H(—)C—C(—)H^+$（异侧）	12~18	14~16
苯环（H、H^+）	$J_{H,H}$6~10	8
	$J_{H,H'}$0~3	2
	$J_{H,HC}$0~1	1
$—C<^{H}_{H^+}$	0~35	2
$—CH═C—CH<$	0~3	0.5~2
$>CH—C—C—CH<$	0~2	1
$>CH—C═CH^+$	2~3	2.5

（三）质子核磁共振（^{1}H-NMR）谱的一般解析步骤

由于氢谱最容易获得，其灵敏度也最高，因此质子核磁共振（^{1}H-NMR）谱的解析是核磁共振技术中最基本的环节。若从氢谱中获得的信息足以进行结构的判断，则可减少其他复杂的核磁共振分析。常规解析步骤如下。

（1）检查图谱的效果　主要检查获得图谱峰的对称性、分辨率、线性及信噪比等参数。

若峰的对称性不好，会影响面积积分的准确度；分辨率和线性主要由仪器匀场操作的优化程度决定，由溶剂或内标信号峰的宽度，可知仪器匀场操作的效果。在核磁共振分析过程中，灵敏度与分辨率成正比，分辨率越高，信号的灵敏度也越高，因此匀场操作是核磁共振分析过程中的首要环节。

（2）辨认图谱中的有效峰与无效峰　辨认出图谱中的溶剂峰、旋转边带峰、^{13}C 卫星峰及微量组分杂质峰。溶剂峰由使用的溶剂加以确认；旋转边带峰由改变样品管的转速加以确认；^{13}C卫星峰是由$^{13}C-^{1}H$之间的耦合裂分引起的。微量组分杂质峰主要由溶剂引起，样品中的信号峰，在强度、位移及裂分数目等方面有较为合理的相关性。

（3）给出各峰代表的质子数及总质子数　将此结果与质谱、元素分析等方法得到的结果进行比较。

（4）由各组峰的位移推测结构中存在的基团　根据化学位移的一般规律，可对待测物质的结构类型及主要官能团进行分类判断。进一步确定各峰所代表的基团及各基团间的关系，可参考相关专著中有关化学位移的经验图表。典型基团的化学位移如图 5-2 所示。

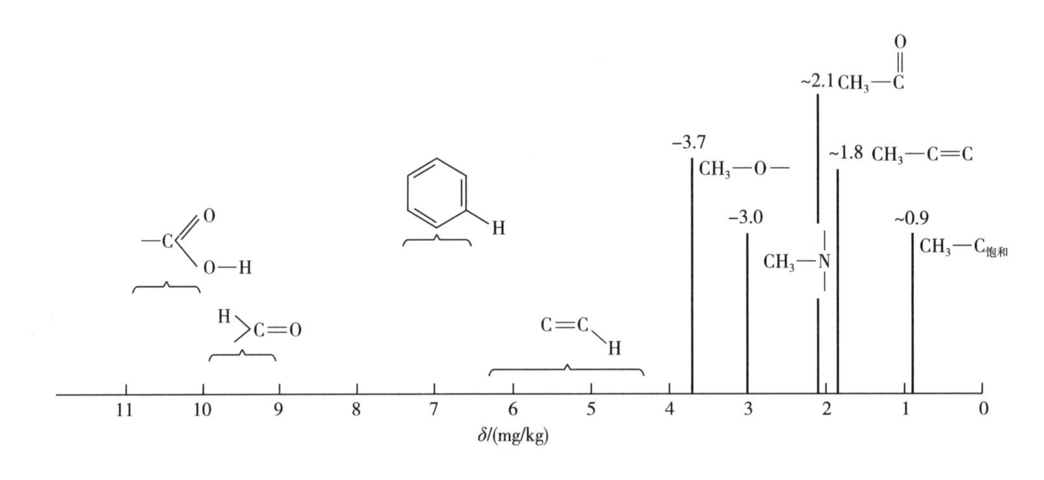

图 5-2　典型基团的化学位移

（5）由耦合裂分结果找出各基团间的关联性，进行更为仔细的结构分析　测定各峰的裂距、峰形及峰面积，推测这些基团之间的连接关系，在一维谱图中分析比较困难，在二维谱图分析中，较为容易分析。

（6）进行复杂裂分峰的分析　有时谱图中会出现裂分较多或重合严重的峰，这些常常是由化学位移相近叠加、各种氢之间的强耦合及核磁共振中出现的磁不等价所引起的。

需要指出的是：分子立体结构中的磁不等价引起的峰的裂分，是核磁共振中的一个特殊现象。分子中两个相同的原子或基团在相同的化学环境时，它们的化学性质相同（即化学等价），但它们在磁场中并不一定是磁等价的。例如：若分子中存在手性碳时，与手性碳相连的前手性两个基团，在立体化学中，通过对称操作，不能重合，这种非对映异位的基团是磁不等价的，在核磁共振分析图谱中将产生不同的位移。此外，某些单键不能快速自由旋转时，虽然联结了两个相同的基团，化学等价，但磁是不等价的。

（7）分子对称性研究　若分子中存在完全相同、对称的中心时，峰的数目会成倍减少；

某些完全磁等价的对称基团，其化学位移重合，峰的强度将成倍增加。

（8）物质结构的综合分析　综合核磁各种分析数据，推测各种结构单元及各单元间可能的连接方式，组合出可能的结构式，再用核磁共振的各种数据进行验证，也可结合由质谱得到的相对分子质量、元素组成、碎片结构信息以及紫外、红外得到的官能团信息，选择最为可能的结构式。必要时，还可进行核磁碳谱的测定。

（9）结果检验　为了保证结果的准确性，最终确定的物质结构结果还需再用标准样品、标准图谱及标准数据进行验证。将标准样品在相同条件下采用多种谱学测定，并加以判断，是最为可靠的方法。

三、碳的核磁共振谱

上面讨论的核磁共振氢谱是应用最多的一种，其他可用于核磁共振法测定的原子核有：^{31}P、^{19}F、^{13}C 及 ^{15}N 等，其中以天然丰度为 1.1%的 ^{13}C 最为重要。因为 C 原子是有机分子的骨架，在鉴定有机分子结构中起着重要作用。碳谱信息的广泛应用，开阔了有机结构分析的新天地，在许多有机结构分析的现代谱学方法中，碳谱取代了紫外光谱的地位，与红外光谱、质谱、氢谱共称为新的“四大光谱”。

（一）碳谱的特点

（1）碳谱的化学位移范围较大，一般比氢谱大 10~30 倍，因此碳谱的分辨能力高，物质结构中的微小差别也可在图谱中得到反映，且碳谱线重叠较少，解释容易。

（2）可以得到一些不包括 H 原子的基团的信息，如羰基、腈基等。

（3）由于碳原子是构成分子骨架的重要原子，通过碳谱中有关碳原子连接顺序的测定，可以得到分子中骨架结构的信息，而氢谱或其他谱线均无法实现。

（4）由于 ^{13}C 的丰度小，一般在碳谱中不考虑 $^{13}C—^{13}C$ 之间的耦合，从碳谱中可以得到的信息包括：各种碳原子的化学位移、结构类型（如：伯、仲、叔、季碳原子的数目等）和官能团的类型。

（5）碳原子的弛豫时间较长，从 0.1s 至数十秒，且弛豫时间是有机结构的一个重要参数。由于各种碳的弛豫时间各不相同，且不同的实验条件，得到的碳谱峰强度也不同，因此碳谱中峰的信号强度与碳原子数目之间没有确定的线性关系。对碳谱中峰的信号强度进行定量时，需采用特殊的技术，在此不做详述。

（二）碳谱化学位移的规律

碳谱中碳核的化学位移与分子结构的关系如表 5-2 所示。

碳谱化学位移主要受下列因素的影响。

（1）取代基的电负性　与碳原子相连的取代基的电负性增加时，碳原子上的电子云密度降低，造成屏蔽减少，使化学位移向低场移动。

（2）空间效应　电负性的基团引入，使烷烃中 α、β 碳原子的共振移向低场，但使 γ 碳原子的位移移向高场。当碳原子的取代基体积增大时，如多侧链的基团，也使碳原子的化学位移增大。

（3）介质的影响　溶液的浓度及不同溶剂会造成碳原子的 δ 值改变，特别是有氢键效应的溶剂和化合物，这种影响就会更大。

表 5-2　　碳谱中碳核的化学位移总表

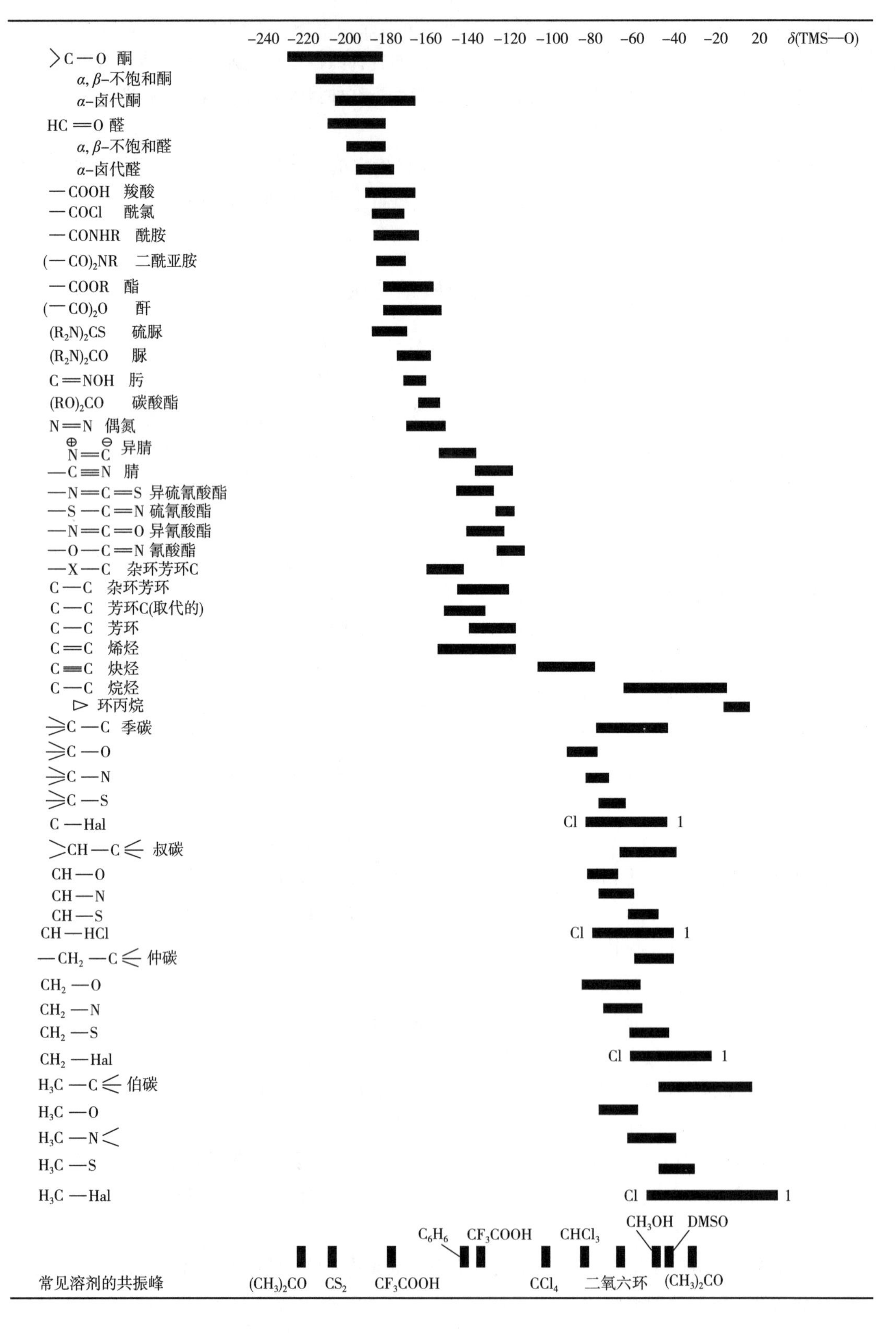

（三） 碳谱解析的一般过程

（1）辨认图谱中的有效峰与无效峰　首先应辨别谱图中与样品分子结构无关的溶剂峰、杂质峰等。

（2）碳谱分区解释及结构类型推测

① $\delta>150$：羰基和叠烯区

$\delta=160\sim170$：附近出现的可能是酸、酐、酯中的羰基峰；

$\delta>200$ 出现的是醛、酮中的羰基峰。

② $\delta=100\sim150$：不饱和芳烃、烯烃区。

③ $\delta<100$：饱和碳原子数区

$\delta=50\sim100$：连接杂原子 O、N、X 等碳的峰；

$\delta<50$：不连杂原子的饱和烃的信号。

（3）碳原子级数确定　若存在偏共振去耦，则可确定 C、CH、CH_2、CH_3，也可采用调制技术（Attached Proton Test，APT）、不灵敏核极化转移增强技术（Insensitive Nuclear Enhanced by Polarization Transfer，INEPT）及不失真极化转移增强技术（Distortionless Enhancement by Polarization Transfer，DEPT）来确定碳原子的级数。

（4）碳原子数目定量测定　采用抑制奥弗豪塞尔核效应（Nuclear Overhause Effect，NOE）的门控去耦技术（Gated Decoupling With Suppressed NOE）绘出碳的谱线强度与碳原子数目成正比，因此可以得到碳原子的定量信息。

（5）确认结果　综合碳谱数据并结合氢谱数据，将各种结构单元组成可能的结构式，同时参考质谱、元素分析及相对分子质量信息，排出可能的合理结构，最后用标准图谱和标准物进行比较，从而得出最终结论。

四、 核磁共振波谱分析技术在食品分析中的应用

（一） 大分子与水的连接以及水流动性的研究

食品中水的物理状态对食品的质量和稳定性有着十分重要的影响，由于自旋-晶格弛豫时间（Time of Spin Lattice Relaxation）和自旋-自旋弛豫时间（Time of Spin Spin Relaxation）与水分子转动有关，因此通过测定自旋-晶格弛豫时间和自旋-自旋弛豫时间即可得到被部分固定的不同部位的水分子的流动性质及其结构特征，且自旋-晶格弛豫时间和自旋-自旋弛豫时间与水分含量和流动性有较好的对应关系。核磁共振波谱分析技术是分析食品体系中大分子与水连接的敏感方法之一。

（二） 淀粉糊化程度的研究

淀粉的糊化是淀粉颗粒吸水膨胀和水化的过程，淀粉糊化后，淀粉颗粒的双折射性质丧失，流变性质、溶解性均发生改变，因此水的流动性反映了淀粉的糊化程度及其他性质。自旋-自旋弛豫时间可预示水的流动性，且随着流动性的降低而降低，通过测定自旋-自旋弛豫时间在淀粉糊化过程中的变化，即可研究不同条件对淀粉糊化过程的影响。近年来，人们还使用相关液化指数（Relative Liquefying Index，RLI）评价淀粉的糊化程度。相关液化指数是指存在于液相和固相中质子数的比例，它可通过脉冲核磁共振测得。

（三） 乳状液的研究

水包油乳状液（O/W）体系中，当油分子在水相中扩散时，引起水分子的转动受到限制，

水的流动性降低，从而使相关的磁共振吸收信号降低；若油的扩散受到液滴粒径大小的影响时，则信号随时间降低的趋势将直接受到乳状液液滴粒径的影响。因此，可以利用核磁共振波谱信息研究表面活性剂浓度、离子强度、酸碱度等因素对乳状液液滴粒径的影响，并由此进一步研究乳状液的性质。

（四） 食品中油脂含量的研究

（1）宽线核磁共振法（WL-NMR） 由于质子在不同环境中以不同的共振频率自旋，对质子施加射频，使其吸收能量，并在磁场内的高低能量之间振荡，射频激发能量的吸收与脂肪固-液相中质子存在的数量成正比，并可用频率接收线圈测定。WL-NMR 法测定固-液油脂混合物的响应曲线如图 5-3 所示。此法可用于脂肪固脂成分及固-液成分的分析、固脂含量测定及固-液比例分析等。

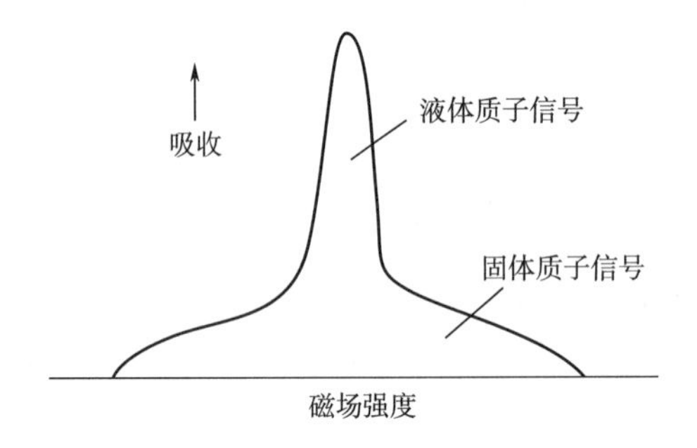

图 5-3 WL-NMR 测定固-液油脂混合物响应曲线

（2）脉冲低分辨核磁共振法（PLR-NMR） 此法采用较高的功率，在较短的脉冲时间内使全部质子受到激发，提高了分析的灵敏度。PLR-NMR 法测定的液-固油脂混合物曲线如图 5-4 所示。此法的准确性和重现性较好，可用于油脂中固脂含量的测定、油-水的同时测定以及脂肪固-液比测定等。

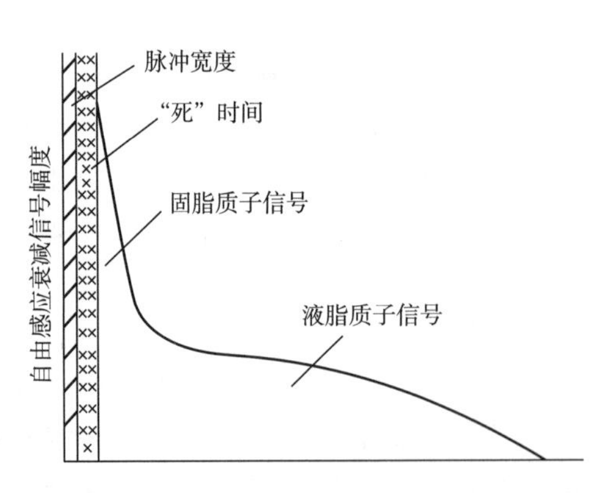

图 5-4 固-液油脂混合物 PLR-NMR 曲线

（五） 食品中氨基酸的研究

（1）^{1}H-NMR 法 氨基酸分子中既有氨基，又有羧基，是典型的两性化合物。由于 pH 影响到氨基酸分子的电离，各种氨基酸在不同溶剂中就有不同的化学位移，因此 NMR 谱图直接受到 pH 的影响，溶液的 pH 不同，反映氨基酸 α 氢的化学位移也不同。

(2) ^{13}C-NMR 法　由于氨基酸是两性化合物，分子中碳核的化学位移也受 pH 的影响，以羰基及 α 碳的影响较大，因此各种氨基酸不同碳核的 ^{13}C-NMR 具有不同的化学位移。此外，NMR 方法还可进行氨基酸电离平衡（pK）和等电点（pI）的测定，通过测定个碳核的自旋-晶格弛豫时间，还可进行氨基酸动态分析。

（六） 食品中糖的分析研究——^{1}H-NMR 法

(1) 单糖和低聚糖的分析　糖在水溶液中能产生旋光互变，形成 α 和 β 两种差向异构体混合物，1-位质子峰面积反映了两者的相对比例。如图 5-5 为 D-葡萄糖 α 和 β 两种差向异构体混合物的图谱，将 α 异构体的 1-位质子和 β 异构体的 1-位质子进行积分比较，可得 α 和 β 异构体的相对比例为 40∶60。糖在进行 NMR 分析时常用 D_2O 为溶剂，使各羟基间的变换较慢，从而可记录各自的吸收峰，此外糖的变旋光作用也较慢，测定结果实际上反映出了结晶态时糖的构型和纯度。

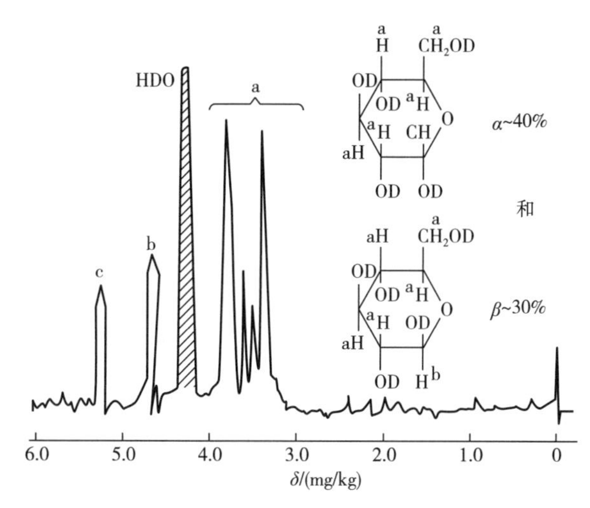

图 5-5　D-葡萄糖 α 和 β 差向异构体混合物图谱

(2) 多糖的分析　采用 ^{1}H-NMR 法测定多糖，常采用四甲基硅（TMS）为内标物，D_2O 为溶剂，并在较高温度条件下进行。通过 ^{1}H-NMR 法可知多糖糖苷键的构型；根据 C_1 上质子的峰面积比可知不同糖苷键之比，进而可知多糖中各残基之比。

（七） 食品中其他物质的分析

(1) 酒的质量分析　由于劣质酒中，水和乙醇的羟基没有形成均匀的氢键，在 ^{17}O-NMR 图谱中表现为宽峰，而好酒中水和乙醇的羟基形成了均匀的氢键，在 ^{17}O-NMR 图谱中表现为较窄的单峰；此外劣质酒中，水和乙醇的羟基在 ^{1}H-NMR 图谱中表现为两个峰，而符合质量标准的酒中水和乙醇的羟基只出现一个窄峰。因此可以通过 ^{17}O-NMR 谱和 ^{1}H-NMR 谱对酒的品质进行评价。

(2) 肉的质量分析　^{1}H-NMR 方法检验肉类样品的质量是通过测定样品中水质子的自旋-晶格弛豫时间和自旋-自旋弛豫时间完成的。水质子的自旋-晶格弛豫时间和自旋-自旋弛豫时间的长短反映了肉的等级；水质子的自旋-晶格弛豫时间是用于辨别肉的新鲜程度的有效手段。由于 ^{13}C-NMR 具有较好的分辨率，常用于评价肉中脂肪酸链的不饱和度。

（3）食品中污染物及农药残留物的分析 采用NMR方法可进行黄曲霉毒素、棒曲霉素和黄杆菌毒素及系列物的分析；^{19}F-脉冲傅里叶变换核共振技术（PET-NMR）可用于含氟农药的测定；^{31}P-NMR可用于含磷农药的测定。

第二节 毛细管电泳技术

一、 毛细管电泳的定义及特点

1. 毛细管电泳

毛细管电泳（Capillary Electrophoresis，CE），又称高效毛细管电泳（High Performance Capillary Electrophoresis，HPCE），是以弹性石英毛细管为分离通道、以高压直流电场为驱动力、依据样品中各组分之间淌度和分配行为上的差异而实现分离的一种新型液相分离技术。毛细管电泳实际上包含电泳、色谱及其交叉内容，它使分析化学得以从微升水平进入纳升水平，并使单细胞分析，乃至单分子分析成为可能。

2. 毛细管电泳的发展历程

毛细管电泳，是近年来发展最快的分析化学研究领域之一，1981年Jorgenson等在75μm内径的毛细管内用高电压进行分离，创立了现代毛细管电泳。1984年Terabe等发展了毛细管胶束电动色谱（MECC）。1987年Hjerten建立了毛细管等电聚焦（CIEF），Cohen和Karger提出了毛细管凝胶电泳（CGF）。1988—1989年出现了第一批CE商品仪器，1989年第一届国际毛细管电泳会议召开，标志了一门新的分支学科的产生。短短的几年内，由于CE符合以生物工程为代表的生命科学各领域中对生物大分子（肽、蛋白、DNA等）的高度分离分析的要求，得到了迅速发展，正逐步成为生命科学及其他学科实验室中一种常用的分析手段。

3. 毛细管电泳的特点

与传统的分离方法相比，毛细管电泳具有高效、快速、灵敏、样品用量少等特点，毛细管电泳技术也因此成为极为有效的分离技术，广泛应用于分离蛋白质、糖类、核酸等多种物质。

与经典电泳技术相比，毛细管电泳法克服了由于焦耳热引起的谱带宽、柱效较低的缺点，确保引入高的电场强度，改善分离质量，具有分离效率高、速度快和灵敏度高等特点，而且所需样品少、成本低，更为重要的是，它是一种自动化的仪器分析方法。

毛细管电泳法与高效液相色谱一样，本质上都属于液相分离技术，且在很大程度上两者互为补充，但无论从效率、速度、样品及试剂用量和成本来说，毛细管电泳法都显示出明显的优势。如毛细管电泳法使用成本相对较低，且可通过改变操作模式和缓冲液成分，根据不同的分子性质（如大小、电荷数、手性、疏水性等）对极广泛的物质进行有效分离，而高效液相色谱法则要用价格昂贵的柱子和溶剂。充分显示出毛细管电泳法具有仪器简单、分离模式多样化、应用范围广、分析速度快、分离效率高、灵敏度高、分析成本低、环境污染小等特点。

毛细管凝胶电泳与传统的板式或管式凝胶电泳相比，具有以下特点：① 分辨率高，因为毛细管电泳可以施加比板式电泳高10~100倍的场强，且毛细管本身已经具有抗对流作用，不必再使用具有抗对流性的凝胶；② 分析速度快；③ 定量更加准确，避免了电泳染色时因时间、温度、染色剂浓度和放置时间不同而产生的误差；④ 灵敏度更高，毛细管电泳为柱上检测，如使用激光诱导荧光检测器，检测限可以提高至 10^{-18} ~ 10^{-21} mol/L；⑤ 实现自动化操作。板式凝胶电泳的优点是能够进行制备性分离，而毛细管电泳使用大孔径毛细管和低场强，只可以进行少量制备，因此，毛细管电泳技术更适合于高灵敏度快速分析的要求。

二、 毛细管电泳的组成及工作原理

1. 毛细管电泳的组成

毛细管电泳仪的基本结构包括：0~30kV 可调稳压稳流电源（高压电源），内径 10~100μm（常用 50~75μm）、长度一般为 30~100cm 的弹性（聚酰亚胺）涂层熔融石英毛细管、一个检测器及两个供毛细管两端插入而又可和电源相连的电极槽以及进样装置（图 5-6）。检测器有紫外/可见分光检测器、激光诱导荧光检测器和电化学检测器，前者最为常用。进样方法有电动法（电迁移）、压力法（正压力、负压力）和虹吸法。若是成套仪器还配有自动冲洗、自动进样、温度控制、数据采集和处理等部件。

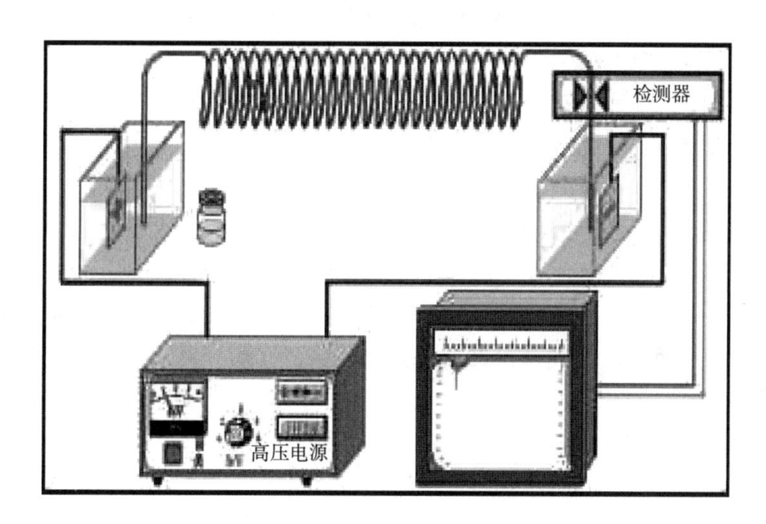

图 5-6　毛细管电泳工作示意图

毛细管是毛细管电泳仪分离的心脏。理想的毛细管必须是电绝缘、紫外/可见光透明且富有弹性的，目前可以使用的有玻璃、熔融石英或聚四氟乙烯塑料等，其中弹性熔融石英毛细管已被普遍使用。由熔融石英拉制的毛细管很脆、易折断，而用一层保护性的聚酰亚胺薄膜包盖毛细管外壁，就可使其富有弹性，这就是目前常用的商品毛细管。进行毛细管电泳分析时，应根据被分离的溶质及检测系统的需要，选择毛细管的制作材料及内径。毛细管截面结构如图 5-7 所示。

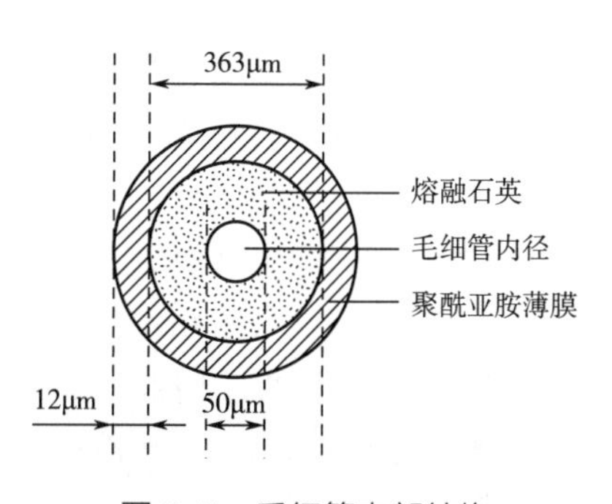

图 5-7　毛细管内部结构

2. 毛细管电泳的工作原理

毛细管电泳是以高压电场为驱动力，以毛细管为分离通道，依据样品中各组成之间淌度和分配行为上的差异，而实现分离的一类液相分离技术。在电解质溶液中，带电粒子在电场作用下，以不同的速度向其所带电荷相反方向迁移的现象称电泳。毛细管电泳所用的石英毛细管柱，在 pH>3 情况下，其内表面带负电，和溶液接触时形成一双电层。在高电压作用下，双电层中的水合阳离子引起流体整体朝负极方向移动的现象称为电渗。粒子在毛细管内电解质中的迁移速度等于电泳和电渗流（EOF）两种速度的矢量和。正离子的运动方向和电渗流一致，故最先流出；中性粒子的电泳速度为“零”，故其迁移速度相当于电渗流速度；负离子的运动方向与电渗流方向相反，但因电渗流速度一般都大于电泳流速度，故它将在中性粒子之后流出；由于上述各种粒子迁移速度不同而实现分离。

3. 毛细管电泳的分离模式

毛细管电泳根据分离模式不同可以归结出多种不同类型的毛细管电泳，毛细管电泳的多种分离模式，给样品分离提供了不同的选择机会，这对复杂样品的分离分析是非常重要的。常见毛细管电泳分离模式主要包括如下方式。

（1）毛细管区带电泳（Capillary Zone Electrophoresis，CZE） 这是最常见的一种分离模式，用以分析带电溶质。样品中各个组分因为迁移率不同而分成不同的区带。为了降低电渗流和吸附现象，可将毛细管内壁做化学修饰。

（2）毛细管凝胶电泳（Capillary Gel Electrophoresis，CGE） 是指在毛细管中装入单体，引发聚合形成凝胶，主要用于测定蛋白质、DNA 等大分子化合物。另有将聚合物溶液等具有筛分作用的物质，如葡聚糖、聚环氧乙烷，装入毛细管中进行分析，称为毛细管无胶筛分电泳，故有时将此种模式总称为毛细管筛分电泳，下分为凝胶和无胶筛分两类。

（3）胶束电动毛细管色谱（Micellar Electrokinetic Capillary Electrophoresis，MECE） 是指在缓冲液中加入离子型表面活性剂如十二烷基硫酸钠，形成胶束，被分离物质在水相和胶束相（准固定相）之间发生分配并随电渗流在毛细管内迁移，达到分离。这种分离模式能用于中性物质的分离。

（4）亲和毛细管电泳（Affinity Capillary Electrophoresis，ACE） 是指在毛细管内壁涂布或在凝胶中加入亲和配基，以亲和力的不同达到物质分离的目的。

（5）毛细管电色谱（Capillary Electrochromatography，CEC） 是指将 HPLC 的固定相填充到毛细管中或在毛细管内壁涂布固定相，以电渗流为流动相驱动力的色谱过程，这种模式兼具电泳和液相色谱的分离机制。

（6）毛细管等电聚焦电泳（Capillary Isoelectric Focusing，CIEF） 是指通过内壁涂层使电渗流减到最小，再将样品和两性电解质混合进样，两个电极槽中分别为酸和碱，加高电压后，在毛细管内建立了 pH 梯度，溶质在毛细管中迁移至各自的等电点，形成明显区带，聚焦后用压力或改变检测器末端电极槽储液的 pH 值使溶质通过检测器。

（7）毛细管等速电泳（Capillary Isotachophoresis，CITP） 是指采用先导电解质和后继电解质，使溶质按其电泳淌度不同得以分离。

4. 毛细管电泳分离效果的影响因素

毛细管电泳的分离效果主要受到进样方式、缓冲液种类、pH、分离电压、温度以及添加剂等因素的影响。

（1）进样方式 毛细管电泳常规进样方式有两种：电迁移进样和流体力学进样。

电迁移进样是在电场作用下，依靠样品离子的电迁移和（或）电渗流将样品注入，这种方法会产生电歧视现象，可能会降低分析的准确性和可靠性，但此法尤其适用于黏度大的缓冲液和毛细管凝胶电泳。

流体力学进样是常规的进样方法，可以通过虹吸、在进样端加压或检测器端抽空等方法来实现，但这种进样方法选择性差，样品及其背景同时被引入毛细管，对后续分离可能产生影响。通过进样时间可以改善分离效果，进样时间过短，峰面积太小，分析误差大。进样时间过长，导致样品超载，进样区带扩散，会引起峰之间的重叠，与提高分离电压一样，分离效果变差。

此外，毛细管电泳技术的高分离性能以及消耗试剂少等特点，使其分析领域得到了广泛的应用，但是其常规分析的灵敏度不能适应痕量分析的要求，限制了它的应用和推广。样品前处理技术可以提高样品通量或将痕量分析物进行预富集，去除样品基质，样品前处理技术与毛细管电泳技术联用，不仅可以提高分析的灵敏度，同时也消除了大部分可能的基质干扰，是一种比较理想的富集分离检测技术。常用的有毛细管电泳与流动注射联用技术、固相萃取-毛细管电泳联用技术、固相微萃取-毛细管电泳联用技术、液相微萃取-毛细管电泳联用技术、微透析-毛细管电泳联用技术和膜萃取-毛细管电泳联用技术等。

（2）缓冲液种类　缓冲液的选择主要由所需的 pH 决定，在相同的 pH 下，不同缓冲液的分离效果不尽相同，有的可能相差甚远。毛细管电泳中常用的缓冲试剂有：磷酸盐、硼砂或硼酸、醋酸盐等。

缓冲盐的浓度直接影响到电泳介质的离子强度，从而影响 Zeta 电势，而 Zeta 电势的变化又会影响到电渗流。缓冲液浓度升高，离子强度增加，双电层厚度减小，Zeta 电势降低，电渗流减小，样品在毛细管中停留时间变长，有利于迁移时间短的组分的分离，分析效率提高。同时，随着电解液浓度的提高，电解液的电导将大大高于样品溶液的电导而使样品在毛细管柱上产生堆积的效果，增强样品的富集现象，增加样品的容量，从而提高分析灵敏度。但是，电解液浓度太高，电流增大，由于热效应而使样品组分峰形扩展，分离效果反而变差。此外，离子还可以通过与管壁作用以及影响溶液的黏度、介电常数等来影响电渗，离子强度过高或过低都对提高分离效率不利。

（3）pH　缓冲体系 pH 的选择应根据样品的性质和分离效率而定，是决定分离成败的关键因素之一。不同的样品，需要不同 pH 的分离条件，控制缓冲体系的 pH，一般只能改变电渗流的大小。pH 影响样品的解离能力，样品在极性强的介质中离解度增大，电泳速度也随之增大，从而影响分离选择性和分离灵敏度。pH 还会影响毛细管内壁硅醇基的质子化程度和溶质的化学稳定性，pH 在 4~10，硅醇基的解离度随 pH 升高而升高，电渗流也随之升高。因此，pH 是进行毛细管电泳分离条件优化时，不可忽视的重要因素。

（4）分离电压　进行毛细管电泳的样品分析过程中，分离电压是控制电渗的一个重要参数。高电压是实现毛细管电泳快速、高效的前提，电压升高，样品的迁移加大，分析时间缩短，但高压导致毛细管中焦耳热增大，基线稳定性降低，灵敏度降低；分离电压越低，分离效果越好，分析时间延长，峰形变宽，导致分离效率降低。因此，相对较高的分离电压会提高分离度和缩短分析时间，但电压过高又会使谱带变宽而降低分离效率。电解质浓度相同时，非水介质中的电流值和焦耳热均比水相介质中小得多，因而在非水介质中允许使用更高的分离电压。

（5）分析温度　温度影响分离重现性和分离效率，控制温度可以调控电渗流的大小。分析温度升高，导致缓冲液黏度降低，管壁硅氢基解离能力增强，电渗速度变大，分析时间缩短，分析效率提高。但温度过高，会引起毛细管柱内径向温差增大，焦耳热效应增强，引起柱效降低，分离效率也会降低。

（6）添加剂　在电解质溶液中加入添加剂，例如中性盐、两性离子、表面活性剂以及有机溶剂等，可引起电渗流的显著变化。表面活性剂常用作电渗流的改性剂，通过改变表面活性剂的浓度可控制电渗流的大小和方向，但当表面活性剂的浓度高于临界胶束浓度时，将形成胶束。加入有机溶剂会降低离子强度，使 Zeta 电势增大，溶液黏度降低，改变管壁内表面电荷分布，使电渗流降低。在电泳分析中，缓冲液一般用水配制，但用水与有机试剂组成的混合溶剂，常能有效改善分离度或分离选择性。

三、毛细管电泳分析技术在食品分析中的应用

由于毛细管电泳的分离模式多、分离效率高、分析速度快、试剂和样品用量少、对环境污染小等优点，因此，该技术在食品安全分析方面的应用日趋广泛。例如，毛细管电泳在食品中非食用添加剂、农药残留、兽药残留、重金属离子污染、食品毒素以及食品包装材料中双酚 A 和塑化剂的检测方面均有应用。此外，毛细管电泳在食品分析中的应用主要包括糖类、氨基酸、脂肪酸、有机酸、矿物质、维生素、食品添加剂、农药残留量、生物毒素、抗生素残留量等食品成分的分析等。现举一例说明毛细管电泳的实际应用方法——毛细管电泳用于蛋白质和肽相对分子质量测定。

蛋白质和肽的分离一般可用 SDS-凝胶电泳进行，蛋白质或肽与 SDS-形成带负电的 SDS-蛋白质复合物，并使蛋白质或肽按按照相对分子质量的不同进行分离。蛋白质或肽的对数相对分子质量与迁移时间或迁移率呈线性关系，因此，可用这种方法进行蛋白质或肽相对分子质量的测定。在测定相对分子质量前需用 β-巯基乙醇破坏二硫键，对蛋白质进行变性处理，一般方法如下。

（1）用去离子水将蛋白样品配制成 10mg/mL 溶液。

（2）变性溶液为：2%SDS+2%β-巯基乙醇水溶液。

（3）将蛋白溶液（10mg/mL）与变性溶液 1∶1 混合，对毛细管电泳分析时达到 100μL 以上即可。

（4）加热上述溶液至 90℃，保持 15min，使蛋白质变性。

（5）取变性后的蛋白质溶液用去离子水稀释 10 倍。

（6）最后得到的溶液为 0.5mg/mL 蛋白质，0.1%SDS，0.1%β-巯基乙醇；可直接进样分析。

在样品溶液、缓冲溶液和凝胶缓冲溶液中均需有 SDS，一般为 0.1%，常用的缓冲溶液有 Tris，Tris-磷酸盐，Tris-甘氨酸等。不同相对分子质量蛋白质，需采用不同浓度的聚合物网络，如对 10~40kDa 分子质量的蛋白质，可采用 5%~10%（T）3.3%（C）的交联聚丙烯酰胺凝胶，对 100~200kDa 分子质量蛋白质，可采用 5%聚乙烯醇缠绕聚合物溶液。测定中应注意 SDS 可能与某些水溶性聚合物作用，引起凝胶基质不稳定。另外，由于大部分水溶性聚合物在 230nm 以下有吸收，所以在毛细管凝胶电泳中一般都在 230nm 以上检测。

第三节　热分析技术

一、热分析的概念及分类

热分析技术（Thermal Analysis，TA）是指在程序温度条件下，测量物质的物理性质与温度之间关系的一类分析技术。热分析定义包括如下三个方面的内容：一是物质要承受程序控温的作用，通常是指以一定的速率等速升（降）温。二是要选择一种观测的物理量 P，这种物理量可以是热学的、力学的、光学的、电学的、磁学的和声学的等。这就使得热分析方法本身所涉及的范围极其广泛。三是测量物理量 P 随温度 T 的变化。具体的函数形式往往并不十分显露，在许多情况下，不能由测量直接给出它们的函数关系。

热分析技术的起源可以追溯到 19 世纪末。1887 年法国人第一次用热电偶测温的方法研究了黏土矿物质在升温过程中热性质的变化。1899 年，英国人第一次使用了差示热电偶和参比物，大大提高了热分析的灵敏度，并发明了差热分析（Differential Thermal Analysis，DTA）技术。1915 年日本人在分析天平的基础上，研制了"热天平"即热重分析（Thermal Gravimetry，TG）技术。20 世纪 40 年代中期到 60 年代中期，热分析仪逐渐向着自动化、定量化、微型化、商品化的方向发展，且热分析技术的研究领域不断扩展，研究队伍不断扩大，资料日渐积累，技术日臻完善，逐步形成了一门独立的、跨越许多领域的边缘学科。1964 年美国人在 DTA 技术的基础上，发明了差示扫描量热法（Differential Scanning Calorimetry，DSC），其本质是通过测定物质的焓变而反映物质有关性质的一项检测技术。随后美国最先生产出了差示扫描量热仪，为热分析方法的应用做出了贡献。目前 DSC 技术已被广泛应用于食品热分析领域中。

热分析技术根据所测定的物理量的性质可分为如下几种。

（1）测定物质的质量　主要有热重法（Thermal Gravimetry，TG）、等压质量变化测定法（Isobaric Mass-Change Determination，IMCD）、逸出气体检测（Evalved Gas Detection，EGD）、逸出气体分析（Evalved Gas Analysis，EGA）、放射热分析（Emanation Thermal Analysis，ETA）和热微粒分析（Thermal Particulate Analysis，TPA）等。

（2）测定物质的温度　包括升温曲线测定（Heating Curve Determination，HCD）和差热分析（Differential Thermal Analysis，DTA）技术两种。

（3）测定物质的热量　主要指差示扫描量热法（Differential Scanning Calorimetry，DSC）。

（4）测定物质的尺寸　即热膨胀法（Thermodilatometry，TD）。

（5）测定物质的力学量　包括热机械分析（Thermomechanical Analysis，TMA）和动态热机械法（Dynamic Thermomechanometry，DTM）两种。

（6）测定物质的声学量　包括热发声法（Thermosonimetry，TS）和热传声法（Thermoaconstimetry，TA）两种。

（7）其他方法　包括测定物质光学量的热光学法（Thermoptometry，TP）、测定物质电学量的热电学法（Thermoelectrometry，TE）以及测定物质磁学量的热磁学法（Thermomagnetometry，TM）等。

二、常用热分析技术及原理

（一）热重法

热重法的定义为：在程序控温条件下，测量物质的质量与温度间关系的技术。检测样品可以是固体或液体，检测时以某速率升温或降温或在某一固定温度保持恒温。热重法可用于测定分解、氧化、还原、蒸发、升华以及其他质量变化。典型热重法测量装置如图 5-8 所示。

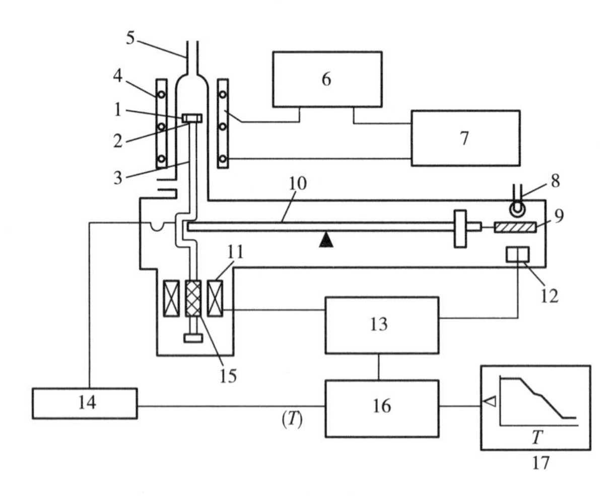

图 5-8 热重装置系统示意图

1—试样 2—热电偶 3—试样支持器 4—炉子 5—玻璃保护管 6—升温程序
7—PID 温度控制器 8—灯 9—狭缝 10—天平梁 11—差动变压器 12—光电传感器
13—质量测量系统 14—冷接点 15—铁氧体 16—数据处理机 17—绘图仪

具有记录功能的热天平是最为重要的部分。由于热天平结构特殊，与一般天平在称量功能上有显著差别。常规分析天平只能进行静态称量，即样品的质量在称量过程中是不变的，称量时的温度大多是室温，周围气氛是大气。热天平则不同，它能自动、连续地进行动态称量与记录，并在称量过程中能按一定的温度程序改变试样的温度，试样周围的气氛也是可以控制或调节的。利用试样受热后发生重量变化这一现象，即可进行试样组分的定量分析。尽管热分析方法有重复性不够理想、测定误差比较大等缺点，但通过提高热分析操作水平，仪器制造水平，包括微机数据处理技术等，上述问题可以得到部分改善。

由于用热分析做试样组成的定量分析有其独到之处，例如试样不需要预处理，分析不用试剂，操作及数据处理较为方便等，这些均为一般化学分析和其他方法所不及，所以应用越来越广，发展速度也很快。由于热重法计算失重率受操作条件影响较小，所以往往比差热分析法更准确。为了使某一特定失重过程的失重量与其组分含量建立定量关系，常需要了解热失重机理，为此需了解试样的化学成分及其在受热过程中可能发生的化学变化。用 TG-DTA 联用仪或配合逸出气分析（EGA）、红外光谱、X 射线衍射分析等常是很有帮助的。典型的热重分析曲线如图 5-9 所示。

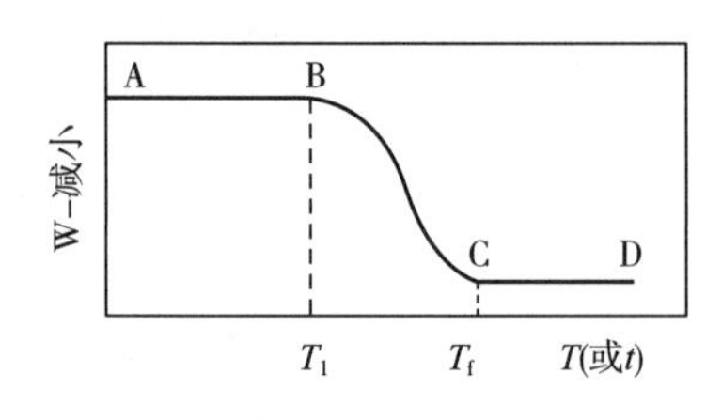

图 5-9 TG 曲线

如图 5-9 中的 AB 和 CD 称为平台（Plateau），是

TG 曲线上质量基本不变的部分。

B 点称为起始温度（Initial Temperature），是当累积质量变化达到热天平能够检测时的温度 T_1。C 点称为终止温度（Final Temperature，T_f），是累积质量变化达到最大值时的温度。

（T_1-T_f）称为反应区间（Reaction Interval），是起始温度与终止温度间的温度间隔。

（二）差热分析法

差热分析（DTA）是在程序控制温度下测量物质和参比物之间的温度差与温度（或时间）关系的一种技术。描述这种关系的曲线称为差热曲线或 DTA 曲线。

物质在加热或冷却过程中，会发生一系列物理变化或化学变化，与此同时，往往还伴随着吸热或放热现象。伴随热效应的变化，物质有晶型转变、沸腾、升华、蒸发、熔融等各种物理变化，还有氧化、还原、分解、脱水、解离等化学变化。此外，还有一些特殊的物理变化，这些物理变化无热效应发生，但物质的比热容等某些物理性质却发生了改变（如玻璃化转变等）。当物质发生某种性质改变时，其质量并非发生改变，但其温度必定发生变化。差热分析即是在物质的这类性质基础上建立起来的一种分析检测技术。它是在程序控温条件下，测定物质与参比物之间的温度差与时间关系的一种技术。由于待测物与参比物之间的温差主要取决于样品温度的变化，因此就其本质而言，差热分析主要测定物质的焓变，并据此了解物质有关性质。典型的差热装置如图 5-10 所示。

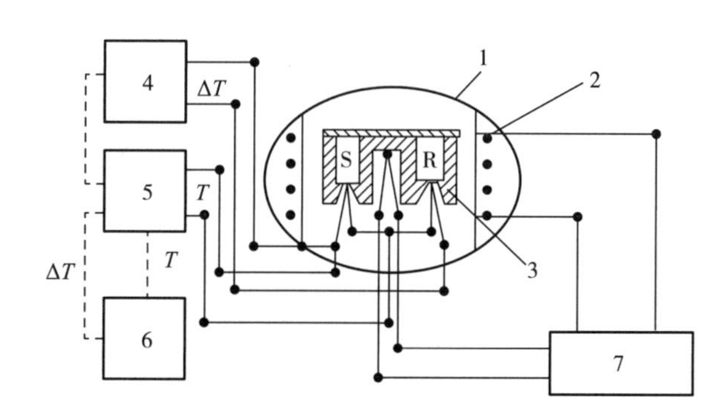

图 5-10　典型差热装置原理图

1—测量系统　2—加热炉　3—均温块　4—信号放大器　5—量程控制器　6—记录仪　7—温度程序控制仪

差热分析法具有如下特点。

（1）由于差热分析主要与试样是否发生伴有热效应的状态变化有关，这就决定了它能表征变化的性质，即该变化是物理变化还是化学变化，是一步完成的还是分步完成的，以及质量有无改变等，但变化的性质和机理则需要依靠其他方法才能进一步确定。

（2）差热分析在本质上仍是一种动态量热，即量热时的温度条件不是恒定的，而是变化的，因而测定过程中体系处于不平衡状态，测得的结果不同于热力学平衡条件下的测定结果。此外，试样和参比物之间的温度差这一参数，比其他热分析方法中的温度差更为重要。

差热曲线直接提供的信息主要有：峰的位置、峰的面积、峰的形状和个数。通过这些信息不仅可以对物质进行定性和定量分析，而且还可以研究变化过程的动力学。峰的位置是由导致热效应变化的温度和热效应种类（吸热或放热）决定的；热效应变化的温度体现在峰的起始温度上，热效应种类则体现在峰的方向上；不同的物质，其热性质是不同的，相应地在差热曲线上峰的位置、峰的个数和形状就不同。这就是用差热分析对物质进行定性分析的依据。差热分析可应用于单质和化合物以及混合物的定性和定量分析、反应动力学和反应机理研究、反应热和比热容的测定等。典型的差热曲线如图 5-11 所示。

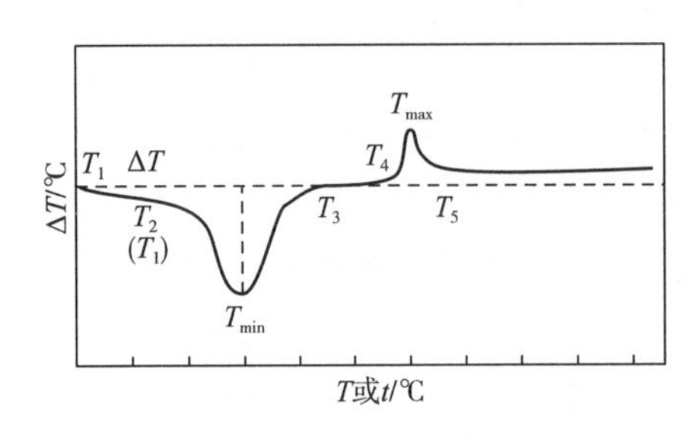

图 5-11 典型差热曲线图

如图 5-11 所示，当试样和参比物在相同条件下一起等速升温时，在试样无热效应的初始阶段，试样和参比物间的温度差 ΔT 为近似于零且基本稳定，得到的差热曲线是近似于水平的基线（T_1至 T_2）。当试样吸热时，所需的热量由炉子传入或依靠试样降低温度得到。由于存在传热阻力，在吸热变化的初始阶段，传递的热量不能满足试样变化所需的热量，因此试样的温度降低。若ΔT 达到仪器已能测出的温度时，开始出现吸热峰的起点（T_2），在试样变化所需的热量等于炉子传递的热量时，曲线到达峰顶（T_{min}）。当炉子传递的热量大于试样变化所需的热量时，试样温度开始升高，曲线折回，直到 ΔT 不再能被测出，试样转入热稳定状态，吸热过程结束（T_3）。反之，若试样发生放热变化时，释放出的热量除了由传热导出一部分外，也使试样温度升高，在 ΔT 达到仪器检出限时，曲线偏离基线，出现放热峰的起点（T_4）。当释放出的热量和导出的热量平衡时，曲线到达峰顶（T_{max}）。若导出的热量大于释放出的热量，曲线又开始折回，直至试样与参比物的温度差接近零，仪器无法测出为止。此时曲线回到基线，成为放热峰的结束点（T_5）。T_1至 T_2，T_3至 T_4及 T_5以后的基线均对应着一个稳定的相或化合物。但由于与反应前的物质在热容等热性质上的差别，因而它们通常不在一条水平线上。图中曲线上的 T_X是产生热效应的物理或化学变化的结束点，它在 DTA 曲线上的位置一般是不确定的。

差热分析的结果明显受仪器类型、待测物质的物理化学性质和采用的实验技术等因素的影响。这些影响因素主要如下。

（1）试样性质的影响　样品因素中，试样的性质最为重要。可以说试样的物理和化学性质，特别是它的密度、比热容、导热性、反应类型和结晶等性质决定了差热曲线的基本特征：峰的个数、形状、位置和峰的性质（吸热或放热）。

（2）参比物性质的影响　作为参比物的基本条件是在试验温区内具有稳定的性质，为获得 ΔT 创造条件。与试样一样，参比物的导热系数也受许多因素影响，例如比热容、密度、粒度、温度和装填方式等。这些因素的变化均能引起差热曲线基线的偏移。即使同一试样用不同参比物实验，引起的基线偏移也不一样。因此，为了获得尽可能与零线接近的基线，应选择与试样导热系数尽可能相近的参比物。

（3）惰性稀释剂性质的影响　惰性稀释剂是为了实现某些目的而掺入试样、覆盖或填于试样底部的物质。理想的稀释剂应不改变试样差热分析的任何信息，但稀释剂的加入或多或少会引起差热峰的改变并往往降低差热分析的灵敏度。

（4）试样量的影响　试样量对热效应的大小和峰的形状有着显著的影响。一般地：试样量增加，峰面积也相应增加，并使基线偏离零线的程度增大。增加试样量还将使试样内的温度梯度增大，并相应地使变化过程所需的时间延长，从而影响了峰在温度轴的位置。此外，试样量的增加，也会改变测温热电偶与试样中心的相对位置，从而影响峰温。总之，试样量小，差热曲线出峰明显、分辨率高，基线漂移也小，此时对仪器灵敏度的要求也较高。但试样量过少，将会使本来就很小的峰消失，在试样均匀性较差时，还会造成试验结果缺乏一定的代表性。

（5）升温速率的影响　温度程序包括加热方法、升温速率以及线性加热或冷却的线性度和重复性，它是影响差热曲线最重要的实验条件之一。升温速率对差热曲线的影响可以归结为以下几点。

①对有质量变化的反应（如化学反应）和没有质量变化的反应（如相变反应），其影响途径有着明显的差别，且对前者的影响更大，加热速率的增加使峰温、峰高和峰面积均增加，而与反应时间对应的峰宽减小。

②若以在试样中直接测量的温度作温度轴，对没有质量变化的反应，升温速率对峰温 T_P 基本无影响，但会影响峰的振幅和曲线下部的面积。

（6）炉内气氛的影响　这种影响由气氛与试样变化关系所决定。当试样的变化过程有气体释出或与气氛组分作用时，气氛对差热曲线的影响就特别显著。在实际差热分析时，通过选择不同气氛的组成、压力和温度，即可达到预期的实验目的。

（7）试样预处理的影响　为了实现某一研究目的，在测定前需要对试样进行某些化学处理或磨碎等物理处理，这些处理均可能对差热分析带来一定的影响。

（8）仪器的影响　主要包括加热方式、加热炉的形状、样品支持物（均温块）及坩埚的影响、温度测量及热电偶的影响、电子仪器工作状态的影响等。

总之，影响差热分析的因素较多，在实际测量前，必须根据样品和实验条件，正确选择实验方案，才能得到有价值的结果。

（三）　差示扫描量热法

1. 差示扫描量热法的定义

在程序控温条件下，测量输入到物质和参比物的功率差与温度关系的方法称为差示扫描量热法。差示扫描量热法按所用的测量方法不同，又可分为功率补偿型差示扫描量热法和热流型差示扫描量热法两种，两种方法分别测量输入试样和参比物的功率差及试样和参比物的温度差。测得的曲线称为差示扫描量热曲线或 DSC 曲线。

2. 差示扫描量热仪的工作原理

（1）功率补偿型差示扫描量热仪　仪器由两个交替工作的控制回路组成。平均温度控制回路用于控制样品按预定方式变化温度，差示温度控制回路用于维持两个样品支持器的温度始终保持一致。功率补偿型差示扫描量热仪的工作原理如图 5-12 所示。

上述使试样和参比物的温度差始终保持为零的原理称为动态零位平衡原理。这样得到的 DSC 曲线，反映了输入试样和参比物的功率差与试样和参比物的平均温度即程序温度（或时间）的关系，峰面积与热效应成正比。

（2）热流型差示扫描量热仪　热流型差示扫描量热仪是测量试样和参比物的温度差与温度（或时间）关系的，采用差热电偶或差热电堆测量温度差，用热电偶或热电堆检测试样的温度，用外加热炉实现程序升温，其显著特点是定量测量性能较好。

3. 差示扫描量热法的影响因素

影响差示扫描量热法的因素主要是样品、实验条件及仪器因素。其中样品因素主要是试样性质、粒度以及参比物的性质；实验条件因素主要是升温速率，它直接影响到差示扫描曲线的

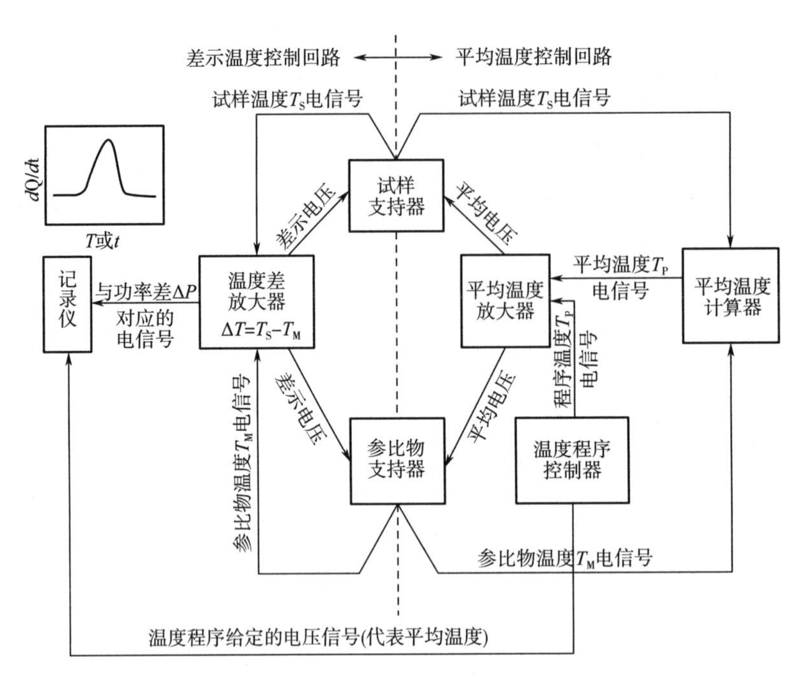

图 5-12 功率补偿型差示扫描量热法原理

峰温和峰形；仪器因素主要是炉内气氛类型和气体性质。

三、 热分析技术在食品分析中的应用

在食品研究领域中，近年来热分析技术已引起人们的重视。它能够分析比热容、质量变化、能量变化、容积变化以及黏弹性、流变性等方面的变化，主要应用于研究水、蛋白质、脂类及碳水化合物等组分的各种性质。样品在加热过程中典型的热转化图如图 5-13 所示。

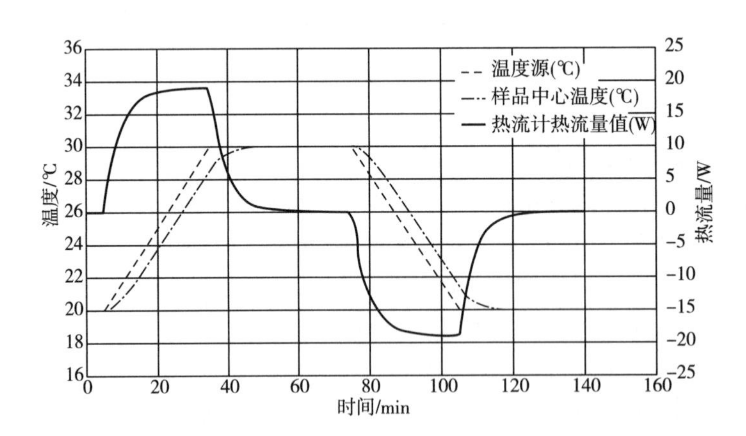

图 5-13 样品加热过程中的热转化图

（一） 热分析技术在食品样品水分分析中的应用

采用热重法能方便地检测食品中的含水量，在与差热分析或差示扫描量热法联用时，还能确定水分的结合状态。图 5-14 是某种苹果的 DSC 曲线和 TG 曲线。

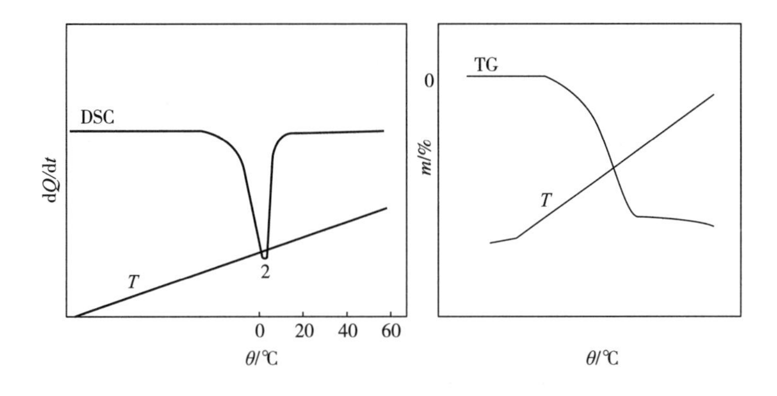

图 5-14　苹果的 DSC 和 TG 曲线

（二）　热分析技术在样品蛋白质研究中的应用

蛋白质的热变性是食品加工中最典型的变性形式，热是食品加工中最重要的加工参数，也是对蛋白质的稳定性影响最大的因素之一。蛋白质在热变性过程中，吸收热量后从有序状态变为无序状态，分子内固有结构被破坏，多肽链展开。若加热温度达到蛋白质的变性温度，在热分析图谱上出现一个吸热峰。通过吸热峰的起始温度、峰面积，可以确定蛋白质的变性温度、变性热等参数。这些参数反映出了蛋白质的稳定性，也反映了蛋白质的变性动力学。

热分析应用于样品蛋白质分析的主要研究内容包括：研究蛋白质的变性温度；研究蛋白质的变性温度，从而确定蛋白质的组成成分；区分食品蛋白质的热稳定性和可逆变性等。图 5-15 为牛肉和鳕鱼肌肉组织的热分析图，三个峰分别表示了肌球蛋白的起始、可变区和结束范围的变性情况。

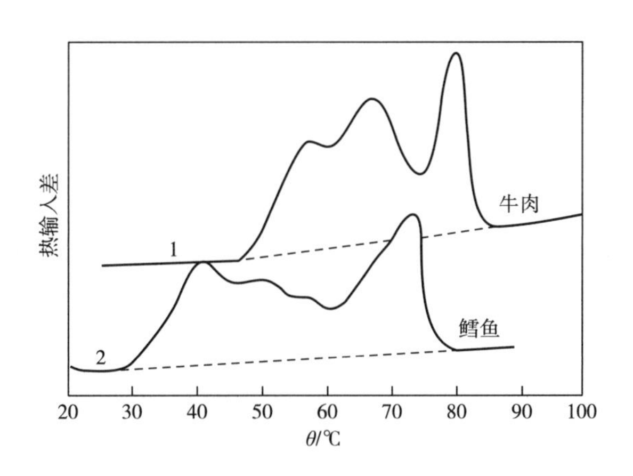

图 5-15　牛肉和鳕鱼在加热时肌肉组织肌球蛋白的变性

（三）　热分析技术在食品碳水化合物研究中的应用

采用热分析技术，可以研究淀粉的凝胶化过程、玻璃化转化温度及改性淀粉的热性质等。图 5-16 为淀粉的黏度曲线。

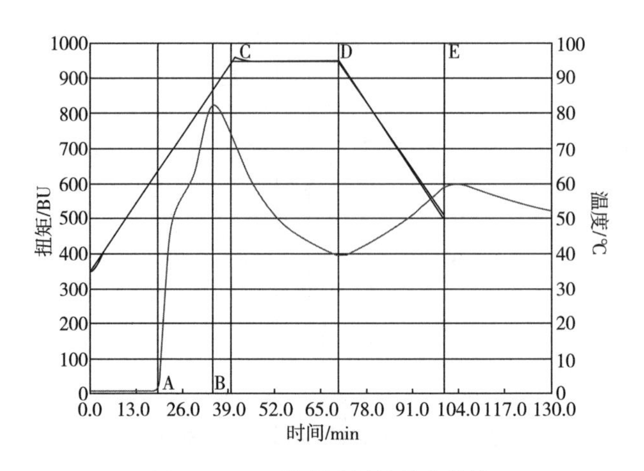

图 5-16　马铃薯淀粉的黏度曲线

（四）　热分析技术在食品乳化剂研究中的应用

根据食品乳化剂的物理性质和热动力性质，可辨别其同质多晶体。图 5-17 为典型的 DSC 曲线。

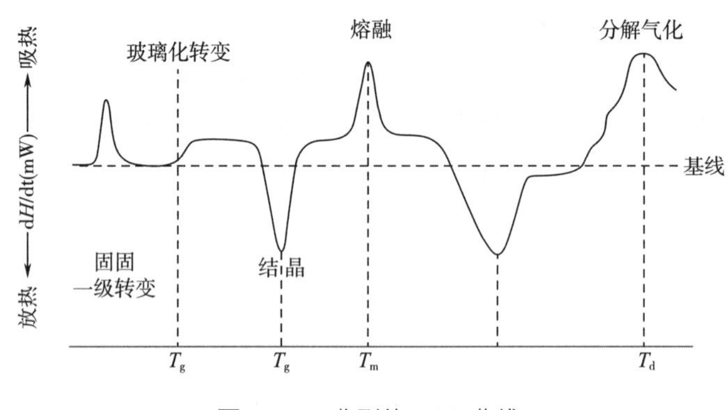

图 5-17　典型的 DSC 曲线

此外，热分析技术还可用于研究食品的糊化特性及添加剂的影响，油脂的氧化稳定性，混合油脂中的组分含量等。

第六章

计算机视觉技术

计算机视觉技术是通过光学传感器获取物体的图像，将图像转换成数字矩阵，再利用计算机模拟人的判别准则去理解和识别图像，通过图像分析做出相应结论的实用技术。计算机视觉技术一般包含二维图像获取、处理和分析等过程。图像处理和图像分析是计算机视觉技术的核心。

图像处理包括模拟图像处理和数字图像处理，本章主要讨论数字图像处理。图像处理着重强调在图像之间进行的变换。而图像分析主要则是对图像中感兴趣的目标进行检测和测量，以获得它们的客观信息从而实现对图像的描述。如果说图像处理是一个从图像到图像的过程，图像分析则是一个从图像到数据的过程。

图像理解的重点是在图像分析的基础上，进一步研究图像中各目标的性质和它们之间的相互联系，并对图像目标的含义进行解释，从而发现其内在的规律性。

图像处理、图像分析和图像理解处在三个抽象程度和数据量各有特点的不同层面上，图像处理是比较低层的操作，它主要在图像像素级上进行处理，处理的数据量非常大。图像分析则进入了中层，分割和特征提取把原来以像素描述的图像转变成比较简洁的非图形式的描述。图像理解主要是高层操作，基本上是对抽象出来的符号进行运算，其处理过程和方法与人类的思维推理有许多相似之处。

计算机图像处理技术涉及计算机、光学、数学、信息论、模式识别、数学形态学、人工智能、自动化、CCD 电荷耦合器件技术、视觉学、心理学、数字图像处理等众多学科，以下几个方面将是研究的重点。

（1）从静态研究到动态研究　目前绝大多数研究的对象均是静态的农产品个体，效率较低。而在实际生产中所采集的应该是动态的农产品群体图像，此时的图像处理和分析将更复杂。如何从快速运动的农产品群体中提取有效图像信息并对其进行处理，还需进一步研究。

（2）在线检测中图像处理的精度和速度的研究　一方面，由于许多农产品是近似球体，在其二维图像中，中部的灰度值往往要远大于边缘的灰度值，这就使得图像中部损伤部位的灰度值仍大于边缘的灰度值，从而带来损伤检测的误差，必须加以矫正。多年来，国际上许多学者对此做了大量的研究工作，但到目前为止，还只能靠改善光照条件来实现对单个静止球形物体图像的矫正，对动态的农产品群体图像的矫正方法还正在研究。另一方面，在对农产品的多个品质指标进行检测时，大多采用串行算法，这大大影响了处理速度的提高。急需研究农产品品质检测中所需的多种图像处理算法的并行实时处理方法，以提高检测效率。

（3）由外观品质走向内部品质的研究　农产品的内部品质是农产品分级的重要依据，目前大多只对农产品的外观品质计算机图像处理技术自动识别进行研究，而对农产品内部品质的计算机图像处理技术的研究仅涉及桃子和番茄的成熟度、苹果内部的水芯、桃核的裂纹、玉米的应力和肉牛的脂肪厚度等少量指标，结果不太理想。这说明要利用计算机图像处理技术对农产品品质进行全面（包括内部品质和外部品质）检测，还有很长的路要走。国内在利用计算机图像处理技术进行农产品品质自动识别方面的研究起步较晚，无论在硬件还是软件上都还有待提高。

第一节　计算机视觉的图像处理技术

完整的数字图像处理流程一般包括图像信息的获取、图像信息的存储、图像信息处理、图像信息的输出和显示等几个方面。

一、图像数字化

（一）图像数字化输入设备

图像信息的数字化主要目的是把一幅图像转换成适合输入计算机或数字设备的数字信号，这一过程包括光电转换、图像摄取及图像数字化等几个步骤。通常图像获取设备有 CCD 摄像机、数码相机、扫描鼓、扫描仪等。

（二）图像信息的存储

图像信息的突出特点是数据量巨大。一般档案存储主要采用磁盘、光盘等。为解决海量存储问题，需要研究数据压缩、图像格式及图像数据库技术等。

（三）图像的输出与显示

图像处理的最终目的是为人或机器提供一幅更便于解译和识别的图像。因此，图像输出也是图像处理的重要内容之一。图像的输出有二种，一种是硬拷贝，另一种是软拷贝。通常的硬拷贝方法有照相、激光拷贝、彩色喷墨打印等多种方法；软拷贝方法有 CRT 显示、液晶显示器、场致发光显示器等几种。

（四）计算机视觉系统

一般的计算机视觉系统如图 6-1 所示。

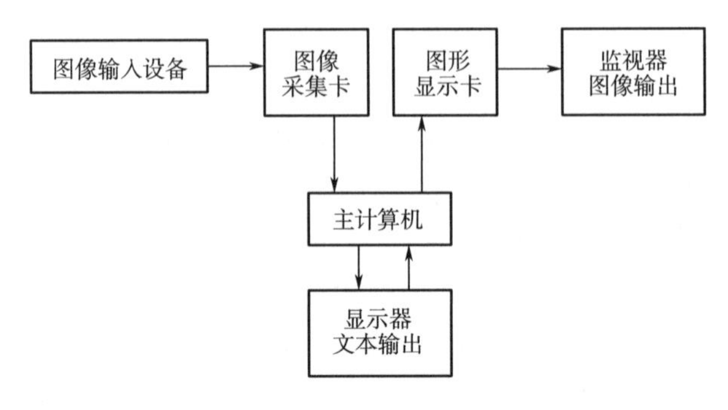

图 6-1　计算机视觉系统

主机配以图像采集卡及显示设备就构成了最基本的微型计算机视觉系统。微型计算机视觉系统成本低、设备紧凑、应用灵活、便于推广。特别是微型计算机的性能逐年提高，使得微型计算机视觉系统的性能也不断升级，加之软件配置丰富，使其更具实用意义。

二、 数字图像文件格式

数字图像由一系列在二维空间分布的像素点矩阵组成，本质上是带有一定标识信息的数字矩阵，如图 6-2 所示，每个像素点对应 1 个（灰度图像）或 3 个（彩色图像）灰度数据，通过数据的大小交替标识图像中的明暗交替（灰度级数）。最常见的灰度级数是 2、16 或 256，对应于每像素 1、4 或 8bit 存储空间。

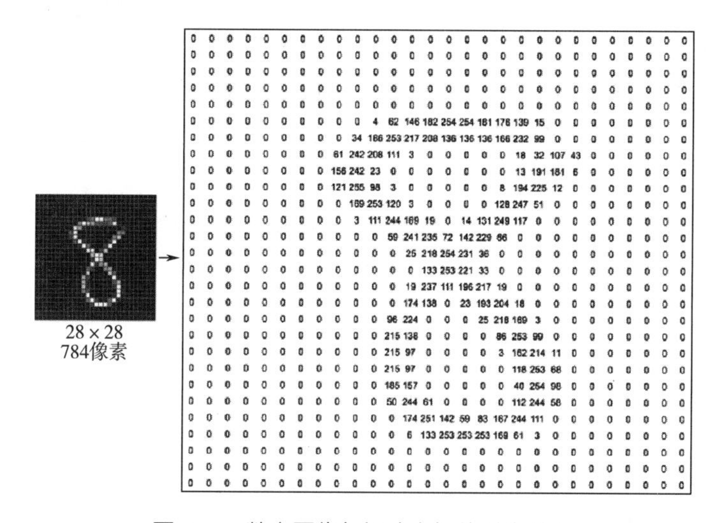

图 6-2　数字图像与矩阵之间的对应关系

数字图像处理通常会产生大量的含有数字的图像文件，而且每个文件数据量相当大。它们必须被存档，而且经常需要在不同的用户及系统间交换。这就要求有一些用于数字文件存储和传送的标准格式，常用的有 jpeg、bmp、gif、tiff 等。大多数图像文件格式除图像数据外还存储标签注释信息，这可能包括关于图像创建及格式的数据，以及用户提供的注释。

单色显示设备通常使用 8bit 数模转换器电路产生视频信号，控制屏幕上所显示像素的亮度，这就提供了 256 级灰度能力。彩色显示设备使用三个 8bit 数模转换器产生三个视频信号，分别控制所显示图像的红、绿和蓝分量的亮度。因此，它们具有 2^{24} 即超过 1600 万种不同颜色的能力。但考虑到显示管的不完善及人眼的局限性，实际上可辨别的颜色要少得多。

调色板是一个查找表，它使每个像素值与对应的显示颜色联系起来。因而一幅 4bit 图像使用调色板后，可以从显示器理想状态下能显示的 1600 万种颜色中选择 16 种特定颜色进行显示。定义具体图像映射方式的调色板通常包含在图像数据文件中，并且控制着观察图像或打印图像时所用的显示设备。

三、 彩色图像处理

（一） 光度学和色度学基础

在食品图像分析中经常要用计算机视觉系统判断食品质量的优劣。因此了解一些光度学和色度学知识十分必要。

1. 颜色的表示方法

颜色的表示大体上有两套方法。一种是设置一套作为标准的颜色样本，被试的颜色与样本进行比较，然后用特殊的记号来表示，具有代表性的例子就是孟塞尔（Munsell）表示系统。另一种方法是基于刺激光的物理性质和人眼颜色感觉的对应关系，根据许多观察者的颜色视觉实验进行规定，这就是国际照明委员会制定的 CIE 颜色系统。

2. 三基色及色度表示原理

几乎所有的颜色都能由三种基本色彩混配出来，这三种色彩称为三基色。由三基色混配各种颜色的方法通常有两种：相加混色和相减混色。彩色电视机上的颜色是通过相加混色产生的，而彩色电影和幻灯片等与绘画原料一样是通过相减混色产生各种颜色的。相加混色和相减混色的主要区别表现在以下三个方面：第一，相加混色是由发光体发出的光相加而产生各种颜色，而相减混色是先有白色光，然后从中减去某些成分得到各种彩色；第二，相加混色的三基色是红、绿、蓝，而相减混色的三基色是黄、青、品红，也就是说相加混色的补色就是相减混色的基色；第三，相加混色和相减混色有不同规律。

著名的格拉斯曼定律反映了视觉对颜色的反应取决于红绿蓝三输入量的代数和这一事实。格拉斯曼定律包括如下四项内容。

（1）所有颜色都可以用互相独立的三基色混合得到。

（2）假如三基色的混合比相等，则色调和色饱和度也相等。

（3）任意两种颜色相混合产生的新颜色与采用三基色分别合成这两种颜色的各自成分混合起来得到的结果相等。

（4）混合色的光亮度是原来各分量光亮度的总和。

3. CIE 的 RGB 颜色表示系统

国际照明委员会（CIE）选择红色（λ=700.00nm），绿色（λ=546.1nm）和蓝色（λ=435.8nm）三种单色光作为表色系统的三基色。这就是 CIE 的 RGB 颜色表示系统。

在数字图像处理中的终端显示通常用显像管（CRT），也就是用彩色监视器显示。由相加混色原理可知白光（W）可由红（R）、绿（G）、蓝（B）三种基色光相加得到。产生 1lm（流明数）的白光所需要的三基色的近似值的亮度方程可表示为：

$$1\text{lm}(W) = 0.30\text{lm}(R) + 0.59\text{lm}(G) + 0.11\text{lm}(B) \tag{6-1}$$

由式（6-1）可见，产生白光时三基色的比例关系是不等的，这显然给实际使用带来一些不方便。为了克服这一缺点，使用了三基色单位制，就是所谓的 T 单位制。在使用 T 单位制时，认为白光是由等量的三基色组成。因此，式（6-1）表示的亮度方程可改写为：

$$1\text{lm}(W) = 1T(R) + 1T(G) + 1T(B) \tag{6-2}$$

比较式（6-1）和式（6-2）可以看出：1T 单位红光=0.30lm；1T 单位绿光=0.59lm；1T 单位蓝光=0.11lm。由此可知 T 单位与 lm（流明数）的关系，在需要的时候可以很容易地进行转换。T 单位的采用避免了复杂数字带来的麻烦。

（二）颜色模型

通常使用的多数彩色模型或者是面向硬件设备，或者是面向应用的。以下介绍的 RGB 和 CMY 两种颜色模型都是面向硬件的，而 HSI 颜色模型则是面向用户的。在食品工程中常用的是 RGB、CMY、HSI 和 CIE 这四种模型，这里重点介绍这四种模型相关的内容。

根据三原色原理，彩色的颜色方程可写为

$$F = \alpha(\mathrm{R}) + \beta(\mathrm{G}) + \gamma(\mathrm{B}) \tag{6-3}$$

式中 α、β、γ——红、绿、蓝三色的混合比例，一般称为三色系数。

所谓颜色模型是指某个三维颜色空间中的一个可见光子集，它包含某个色彩域的所有色彩。任何一个色彩域都只是可见光的子集，所以，任何一个颜色模型都无法包含所有的可见光。

1. RGB 颜色模型

根据三原色原理，RGB 颜色模型是最容易想到的颜色模型。RGB 颜色模型是三维直角坐标颜色系统中的一个单位正方体，如图 6-3 所示。在正方体的主对角线上，各原色的量相等，产生由暗到亮的白色，即灰度。(0，0，0) 为黑，(1，1，1) 为白，正方体的其他 6 个角点分别为红 (R)、黄 (Y)、绿 (G)、青 (C)、蓝 (B) 和品红 (M)。

RGB 颜色模型构成的颜色空间是 CIE 原色空间的一个真子集，通常用于彩色阴极射线管和彩色光栅图形显示器。RGB 三原色是加色原色。

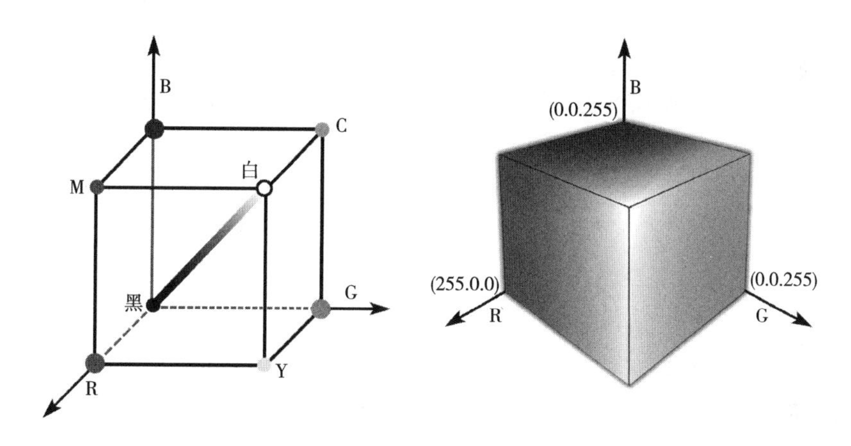

图 6-3 RGB 颜色模型

2. CMY 颜色模型

CMY 颜色模型是以红、绿、蓝三色的补色青、品红、黄为原色构成的颜色模型，常用于从白光中滤去某种颜色，故称为减色原色空间。CMY 颜色模型对应的直角坐标系的子空间与 RGB 颜色模型对应的子空间几乎完全相同。CMY 在原色的减色效果如图 6-4 所示。

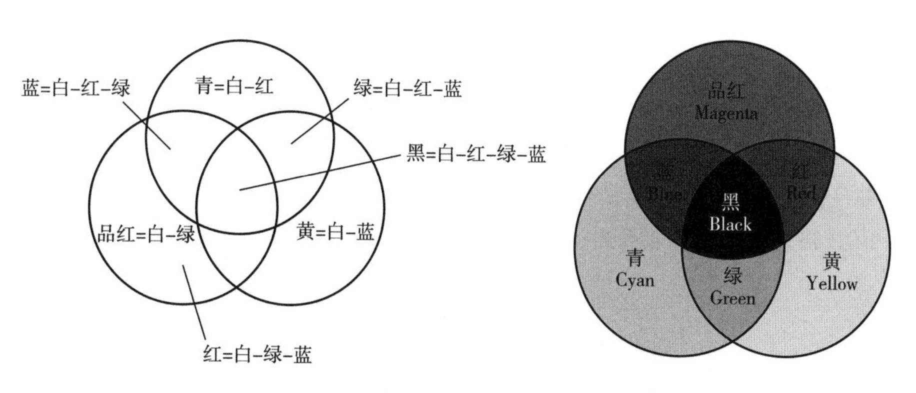

图 6-4 CMY 在原色的减色效果示意图

3. HSI 颜色模型

HSI 模型中，H 代表色调，S 代表饱和度，I 代表光强度。色调是描述纯色（纯黄、橘黄或红）的颜色属性，而饱和度提供了由白光冲淡纯色程度的量度。HSI 颜色的重要性在于两方面，第一，去掉强度成分 I 在图像中与颜色信息的联系；第二，色调和饱和度成分与人眼感知颜色的原理相似。这些特征使 HSI 模型成为一个理想的研究图像处理运算法则的工具。因此在食品工程中计算机视觉系统多用到 HSI 模型。

4. CIE 颜色模型

CIE 颜色模型是由国际照明委员会提出的，是基于人的眼睛对 RGB 的反应，被用于精确表示对色彩的接收。这些颜色模型被用来定义所谓的独立于设备的颜色，它能够在任何类型的设备上产生真实的颜色，例如，CIE 模型被广泛地使用在扫描仪、监视器和打印机上，因为它们很容易用于计算机描述颜色。

其中最有名的模型是：CIE XYZ 和 CIE $L^*a^*b^*$。

（1）CIE XYZ　XYZ 三刺激值的概念是以色视觉的三原色理论为根据的，它说明人眼是具有接收三原色（红、绿、蓝）的感受器，而所有的颜色均被视作该三原色的混合色。1931 年 CIE 制定了一种假想的标准观察者，配色函数 $\overline{x(\lambda)}$、$\overline{y(\lambda)}$ 和 $\overline{z(\lambda)}$。XYZ 三刺激值是利用这些标准观察者配色函数计算得来的。在此基础上，CIE 规定了 Y_{xy} 颜色空间，其中 Y 为亮度，x，y 是从三刺激值 XYZ 计算得来的色坐标。它代表人类可见的颜色范围。

（2）CIE $L^*a^*b^*$　$L^*a^*b^*$ 颜色空间是在 1976 年制定的，它是 CIE XYZ 颜色模型的改进型，以便克服原来的 Y_{xy} 颜色空间存在的在 x、y 色度图上相等的距离并不相当于所觉察到的相等色差的问题。它的“L^*”（明亮度）、“a^*”（绿色到红色）和“b^*”（蓝色到黄色）代表许多的值。与 XYZ 比较，CIE $L^*a^*b^*$ 颜色更适合于人眼的感觉。利用 CIE $L^*a^*b^*$，颜色的亮度（L^*）、灰阶和饱和度（a^*，b^*）可以单独修正，这样，图像的整个颜色都可以在不改变图像或其亮度的情况下发生改变。

（三）各种颜色模型之间的转换算法

1. RGB 与 CMY 颜色模型之间的转换算法

RGB 的取值通常是 0~255 的整数。从 RGB 颜色模型到 CMY 颜色模型之间的转换方法是非常容易的，如式（6-4）~式（6-6）所示。反之亦然。

$$C=255-R \tag{6-4}$$

$$M=255-G \tag{6-5}$$

$$Y=255-B \tag{6-6}$$

2. RGB 与 HSI 颜色模型之间的转换算法

RGB 颜色模型到 HSI 颜色模型之间转换的算法要复杂一些，式（6-7）至式（6-9）可以把图像的 RGB 格式转换成 HSI 格式。

$$I=\frac{1}{3}(R+G+B) \tag{6-7}$$

$$S=1-\frac{3}{(R+G+B)}[\min(R,G,B)] \tag{6-8}$$

$$H = \arccos\left\{\frac{\frac{1}{2}[(R-G)+(R-B)]}{[(R-G)^2+(R-B)(G-B)]^{\frac{1}{2}}}\right\} \tag{6-9}$$

3. RGB 与 CIE XYZ 颜色模型之间的转换算法

RGB 颜色转换到 CIE XYZ 颜色一般用式（6-10）计算：

$$\begin{pmatrix} X \\ Y \\ Z \end{pmatrix} = \begin{pmatrix} 0.608 & 0.714 & 0.200 \\ 0.299 & 0.587 & 0.144 \\ 0.000 & 0.066 & 1.112 \end{pmatrix} \begin{pmatrix} R \\ G \\ B \end{pmatrix} \tag{6-10}$$

反之亦然。

4. CIE XYZ 与 CIE $L^*a^*b^*$ 颜色模型之间转换算法

L 在 0~100，a，b 在 -300~300。从 -a 到 +a 表示由绿到红过渡，-b 到 +b 表示由蓝到黄过渡。

$$L^* = 116f(Y/Y_n) - 16 \tag{6-11}$$

$$a^* = 500[f(X/X_n) - f(Y/Y_n)] \tag{6-12}$$

$$b^* = 200[f(Y/Y_n) - f(Z/Z_n)] \tag{6-13}$$

式中　X_n，Y_n，Z_n ——白颜色对应的该参数的值。

$$f(x) = \begin{cases} x^{1/3} & x > 0.008856 \\ 7.787x + 16/116 & x \leqslant 0.008856 \end{cases} \tag{6-14}$$

四、计算机图像分割方法

一幅图像可以根据某种颜色、几何形状、纹理和其他特征分成多个区。在应用中，为了便于进行图像分析，必须把图像分解成一系列的非重叠区，这种操作称为图像分割。图像分割是在图像分析和理解过程中的前期处理之一。在数字图像处理中，图像分割定义为从图像中分离目标的过程。有时，分割又称目标隔离。尽管图像分割的工作与人类视觉经验毫无相同之处，它在数字图像分析中占有相当重要的位置。

（一）图像的阈值分割

使用阈值进行图像分割是一种区域分割技术，阈值法对区分目标和背景尤其有效。假设目标放在对比度明显的背景上，使用阈值规则，每个像素的灰度值与阈值“T”比较，所有小于或等于阈值“T”的像素，认为是背景区，所有大于阈值“T”的像素认为是目标区，在把背景区与目标隔离开以后，背景区的信息将被删除。最优阈值的选择在图像分析中是一项重要和困难的工作，直方图技术是最优阈值选择的基础。在直方图技术中，图像所有的灰度值发生的频率被计算并绘制成图，背景和目标具有明显灰度差异的图像，直方图一般呈双峰状。筛选优化阈值的工作是在峰值之间选择一个灰度值，以便这个特殊的阈值尽可能把目标和背景分割开来，否则在后继对图像中的目标进行尺寸测量分析时将引起误差。

如果感兴趣的物体具有比较一致的灰度值，并分布在一个具有另一个灰度值的均匀背景上，使用阈值方法效果就很好。如果物体同背景的差别在于某些性质（如纹理等）而不是灰度值，那么，可以首先把那个性质转化为灰度，然后，利用灰度阈值化技术分割待处理的图像。

通常有两种技术可用来筛选优化阈值，一是自动选择技术。二是人工选择技术，在自动选择技术中，阈值的选择是以数学和统计学的方法为基础，选择过程没有人的干预。在人工选择技术中，操作者用试凑的方法由眼睛观察直方图的分布，选择一个分割效果较佳的灰度值作为阈值，由于人工选择阈值方法简单，在实际中有广泛的应用。

1. 全局阈值化

采用阈值确定边界的最简单做法是在整个图像中将灰度阈值的值设置为常数。如果背景的灰度值在整个图像中可合理地看作为恒定，而且所有物体与背景都具有几乎相同的对比度，那么，只要选择了正确的阈值，使用一个固定的全局阈值一般会有较好的效果。

2. 自适应阈值

在许多的情况下，背景的灰度值并不是常数，物体和背景的对比度在图像中也有变化。这时，一个在图像中某一区域效果良好的阈值在其他区域却可能效果很差。在这种情况下，把灰度阈值取成一个随图像中位置缓慢变化的函数值是合适的。

3. 最佳阈值的选择

除非图像中的物体有陡峭的边沿，否则灰度阈值的取值对所抽取物体的边界的定位和整体的尺寸有很大的影响。这意味着后续的尺寸（特别是面积）的测量对于灰度阈值的选择很敏感。由于这个原因，我们需要一个最佳的或至少是具有一致性的方法确定阈值。

（1）直方图技术　一幅含有一个与背景明显对比的物体的图像具有包含双峰的灰度直方图（图6-5）。两个尖峰对应于物体内部和外部较多数目的点，两峰间的谷对应于物体边缘附近相对较少数目的点。在类似这样的情况下，通常使用直方图来确定灰度阈值的值。

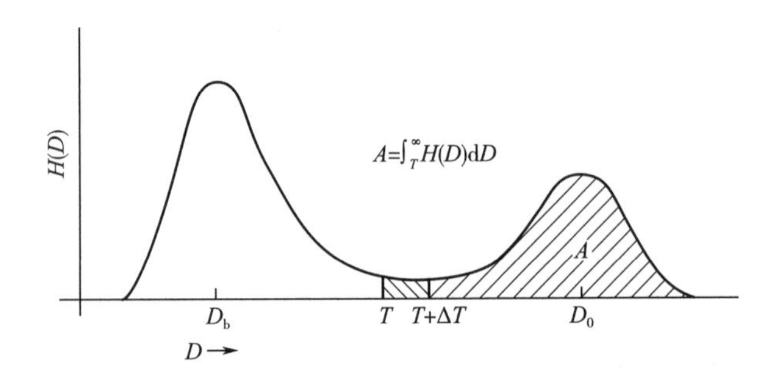

图6-5　双峰灰度直方图

利用灰度阈值 T 对物体面积进行计算的定义为：

$$A = \int_{T}^{\infty} H(D)\,\mathrm{d}D \tag{6-15}$$

显然，如果阈值对应于直方图的谷，阈值从 T 增加到 $T+\Delta T$ 只会引起面积略微减少。因此把阈值设在直方图的谷，可以把阈值选择中的小偏差对面积测量的影响降到最低。

如果图像或包含物体图像的区域面积不大且有噪声，那么，直方图本身就会有噪声。除了凹谷特别尖锐的情况外，噪声会使谷的定位难以辨认，或至少是不同幅图像得到的结果不稳定。这个问题在一定程度上可以通过用卷积或曲线拟合过程对直方图进行平滑加以解决。如果两峰大小不一样，那么，平滑化可能会导致最小值的位置发生移动。但是，在平滑化程度适当的情况下，峰值还是容易定位并且也是相对稳定的。一种更可靠的方法是把阈值设在相对于两峰的某个固定位置，如中间位置上，这两个峰分别代表物体内部和外部点典型（出现最频繁）的灰度值。一般情况下，对这些参数的估计比对最少出现的灰度值，即直方图的谷的估计更可靠。

可以构造一个只包含具有较大的梯度幅值的像素的直方图，例如取最高的10%。这种方法排除了大量的内部和外部像素，而且可能会使直方图的谷点更易检测到。还可以用各灰度级像素的平均梯度值除直方图来增强凹谷，或利用高梯度像素的灰度平均值来确定阈值。

拉普拉斯滤波是一个二维的二阶导数算子。使用拉普拉斯滤波，并随之进行平滑，然后将阈值设在灰度值为0或略偏正，可以在二阶导数的过零点处分割物体。这些过零点对应于物体边缘上的拐点。由灰度—梯度组成的二维直方图也可以用来确定分割准则。

（2）自动确定阈值方法　Ots是一种自动确定阈值方法。该方法的基础是辨别分析，这种方法的特点是并不要求任何有关阈值的前期信息。下面介绍这种方法的实施过程。首先计算图像的直方图，标准化后的灰度值直方图可由式（6-16）表示。

$$P_i = n_i/N \tag{6-16}$$

$$P_i > 0,\quad \sum_{i=0}^{255} P_i = 1 \tag{6-17}$$

式中　i——灰度值；

n_i——灰度值为 i 的像素数；

P_i——灰度值直方图；

N——像素总数，为 $\sum_{i=0}^{255} n_i$。

图像的像素可以根据阈值“T”分成两类，背景和目标，背景区的像素由具有0~T的像素组成，目标是指灰度值为T+1~255区域，背景和目标的概率分布由式（6-18）、式（6-19）、式（6-20）、式（6-21）表示

$$w_0 = \mathrm{Prob}\{x \leqslant T\} = w(T) \tag{6-18}$$

$$w_1 = \mathrm{Prob}\{x > T\} = 1 - w(T) \tag{6-19}$$

$$\mu_0 = \sum_{i=0}^{T} i \cdot \mathrm{Prob}\{x \leqslant T\} = \mu(T)/w(T) \tag{6-20}$$

$$\mu_1 = \sum_{i=T+1}^{255} i \cdot \mathrm{Prob}\{x > T\} = \mu_T - \mu(T)/(1 - w(T)) \tag{6-21}$$

式中　$w(T)$——阈值以下像素直方图的零阶累加矩，为 $\sum_{i=0}^{T} P_i$；

$\mu(T)$——阈值以下像素直方图的一阶累加矩，为 $\sum_{i=0}^{T} i \cdot P_i$；

μ_T——图像总均值，为 $\sum_{i=0}^{255} i \cdot P_i$；

Prob——概率分布；

x——背景区像素。

背景和目标的方差可表示为：

$$\sigma_0^2 = \sum_{i=0}^{T} (i - \mu_0)^2 P_i/w_0 \tag{6-22}$$

$$\sigma_1^2 = \sum_{i=T+1}^{255} (i - \mu_1)^2 P_i/w_0 \tag{6-23}$$

σ_w^2、σ_B^2、σ_T^2 分别为域内方差、域间方差、总方差，阈值“T”可根据下列不同的测量进行选择。

$$\eta = \sigma_B^2/\sigma_T^2,\ \eta_1 = \sigma_B^2/\sigma_W^2,\ \eta_2 = \sigma_B^2/\sigma_T^2 \tag{6-24}$$

式中 σ_B^2——$w_0 w_1(\mu_1 - \mu_0)^2$；

σ_T^2——$\sum_{i=0}^{255}(1-\mu_T)^2 P_i$；

σ_W^2——$w_0\sigma_0^2 + w_1\sigma_1^2$。

σ_w^2、σ_B^2 是阈值“T”的函数，但 σ_T^2 与阈值“T”无关，σ_w^2 由二阶统计获得，σ_B^2 由一阶统计获得。因此，η 是关于阈值“T”的最简单测量，可作为选择标准，来评估阈值的优劣，使 η 取最大值的最优阈值“T_s”可由式（6-25）得到：

$$T_s = \max_{0\leqslant T\leqslant 255}\{\sigma_B{}^2(T)\} \tag{6-25}$$

式中 $\sigma_B^2(T)$——$[\mu_T w(T) - \mu(T)]^2/\{w(T)[1-w(T)]\}$。

阈值确定以后，即可对图像进行分割处理。

（二） 基于梯度的图像分割方法

阈值分割法是利用阈值来实现分割，而边界方法是利用边界具有高梯度值的性质直接把边界找出来。这里介绍三种这样的方法。

1. 边界跟踪

假定从一个梯度幅值图像（图 6-6）着手进行处理，这个图像是一幅与背景具有较大色度差的单一物体的图像。因为图像中梯度值最高的点必然在边界上，所以可以把这一点作为边界跟踪过程的起始点。

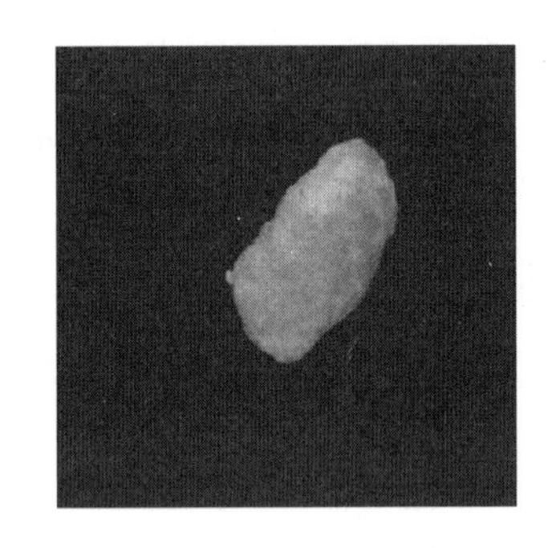

图 6-6 膨化果图像

接着，搜索以边界起始点为中心的 3×3 邻域，找出具有最大灰度级的邻域点作为第 2 个边界点。如果有两个邻域点具有相同的最大灰度级，就任选一个。从这一点开始，启动一个在给定当前和前一个边界点的条件下寻找下一个边界点的迭代过程。在以当前边界点为中心的 3×3 邻域内，考察与前一个边界点位置相对的邻点和这个邻点两旁的两个点（图 6-7）。下一个边界点就是上述三点中具有最高灰度级的那个点。如果所有三个或两个相邻边界点具有同样的最高灰度级，则选择中间的那个点。如果两个非邻接点具有同样的最高灰度级，可以任选其一。

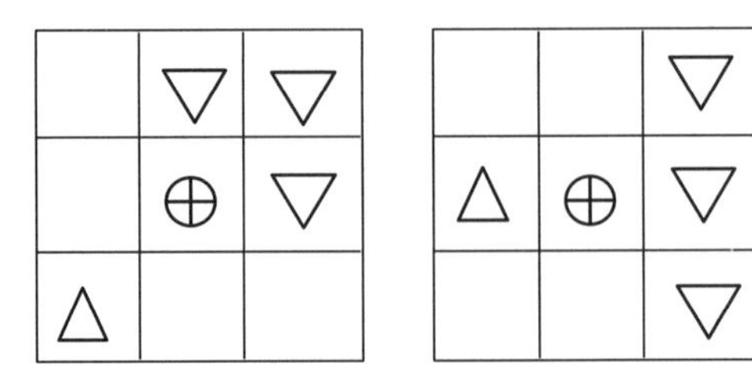

图 6-7 边界跟踪

⊕— 当前边界点 △— 上一个边界点 ▽— 下一个边界点候选

在一个无噪声的单调点状物图像中，这个算法将描画出最大梯度边界；但是，即使少量的噪声也可能使跟踪暂时或永远偏离边界。噪声的影响可以通过跟踪前对梯度图像进行平滑的方法来降低。即使这样，边界跟踪也不能保证产生闭合的边界，并且算法也可能失控并走到图像边界外面。

2. 梯度图像二值化

如果用适中的阈值对一幅梯度图像进行二值化，那么，将发现物体和背景内部的点低于阈值而大多数边缘点高于它（图 6-8）。Kirsch 的分割法利用了这种现象。这种技术首先用一个中偏低的灰度阈值对梯度图像进行二值化，从而检测出物体和背景，物体与背景被处于阈值之上的边界点带分开。随着阈值逐渐提高，就引起物体和背景的同时增长，当物体和背景区域几乎接触而又不至于合并时，可用接触点来定义边界。这是分水岭算法在梯度图像中的应用。

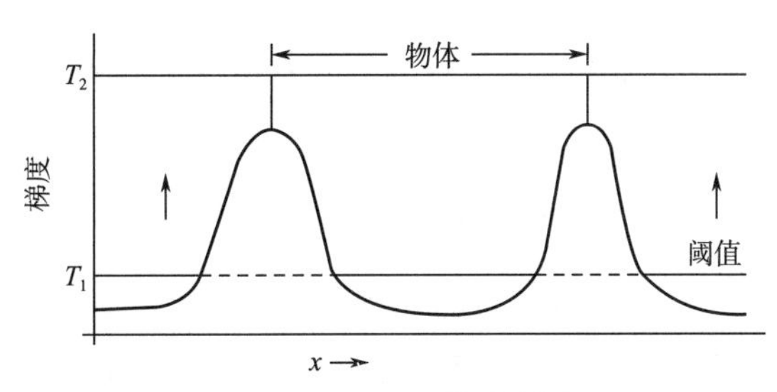

图 6-8　Kirsch 的分割法

虽然 Kirsch 方法比二值化的计算开销大，但它可以产生最大梯度边界。对包含多个物体的图像来说，在初始二值化步骤中分割正确的情况下，才能保证该分割的正确。预先对梯度图像进行平滑会产生较平滑的边界。

3. 拉普拉斯边缘检测

拉普拉斯算子是对二维函数进行运算的二阶导数标量算子。它定义为：

$$\nabla^2 f(x, y) = \frac{\delta}{\delta x^2} f(x, y) + \frac{\delta}{\delta y^2} f(x, y) \tag{6-26}$$

式中　x，y——二维平面上的笛卡尔坐标。

它通常以数字化方式用图 6-9 所示的卷积核（模板）之一来实现。

0	−1	0
−1	4	−1
0	−1	0

−1	−1	−1
−1	8	−1
−1	−1	−1

图 6-9　拉普拉斯卷积核

如果一个无噪声图像具有陡峭的边缘，可用拉普拉斯算子将它们找出来。对经拉普拉斯算子滤波后的图像用零灰度值进行二值化会产生闭合的、连通的轮廓，并消除了所有的内部点。由于是二阶微分算子，对噪声更加敏感，故对有噪声的图像，在运用拉普拉斯算子之前需要先进行低通滤波降噪。

选用高斯低通滤波器进行预先平滑是很合适的。由卷积的结合律可以将拉普拉斯算子和高斯脉冲响应组合成一个单一的高斯拉普拉斯核：

$$-\nabla^2 \frac{1}{2\pi\sigma^2} e^{-\frac{x^2+y^2}{2\sigma^2}} = \frac{1}{\pi\sigma^4}\left[1 - \frac{x^2 + y^2}{2\sigma^2}\right] e^{-\frac{x^2+y^2}{2\sigma^2}} \tag{6-27}$$

这个脉冲响应对 x 和 y 是可分离的，因此可以有效地加以实现。

第二节　食品质量计算机图像分析方法

从一个复杂的图像中分割出物体之后，接着就要着重解决物体的度量问题，通过测量达到识别物体、理解物体性质的目的。

一、 物体尺寸分析

首先，选用像素数量表示空间尺度，从灰度级计算光量度，然后对实际物体进行标定。数字化仪中的光量度校准曲线提供了一种将灰度级转换为光量度单位的方法。通常，这是一个简单的线性方程。对图像进行的任何点运算也必须使用光量度校准。

（一） 面积和周长

面积是物体总尺寸中一个比较方便的度量。面积只与该物体的边界有关，而与其内部灰度级的变化无关。物体的周长在区别具有简单或复杂形状物体时特别有用。面积和周长可以很容易地从已分割的图像提取物体的过程中计算出来。

最简单的面积计算方法是统计边界内部（也包括边界上）的像素的数目。与这个定义相对应，周长就是围绕所有这些像素的外边界的长度。通常，测量这个距离时包含了许多 90°的转弯，从而夸大了周长值。

（1）多边形的周长　一个让人更满意的测量物体周长的方法是将物体边界定义为以各边界像素中心为顶点的多边形。而相应的周长就是一系列横竖向（$\Delta p=1$）和对角线方向（$\Delta p=1$）的间距之和。一个物体的周长可表示为：

$$p = N_e + \sqrt{2}N_o \tag{6-28}$$

其中 N_e和 N_o分别是边界链码中走偶步与走奇步的数目。周长也可以简单地从物体分块文件中通过计算边界上相邻像素的中心距的和得到。

（2）多边形的面积　按像素中心定义的多边形的面积等于所有像素点的个数减去边界像素点数目的一半加 1，即：

$$A = N_a - [(N_b/2) + 1] \tag{6-29}$$

N_a和 N_b分别是物体的边界内像素数目和边界上像素的数目。这种以像素点计数法表示面积的修正方法是基于这样的认识：在通常情况下，一个边界像素的一半在物体内而另一半在物体外；而且，绕一个封闭曲线一周，由于物体总的说来是凸的，相当于一半像素的附加面积是落在物体外的。换句话说，我们可以通过减去周长的一半来近似地修正这种由像素点记数导出的面积。

1. 计算面积和周长

有一种简单的计算方法，可在对多边形的一次巡查中算出其面积和周长。图 6-10 表明一个多边形的面积等于由各顶点与内部任意一点的连线所组成的全部三角形的面积之和，不失一般性，可以令该点为图像坐标系的原点。由图 6-11 可建立一个公式来计算有一个顶点在原点的三角形的面积。图中的水平和垂直线将区域划分为若干个矩形，其中有些以三角形的边作为其对角线，因而，这种矩形有一半面积落在三角形之外。因此，有式（6-30）：

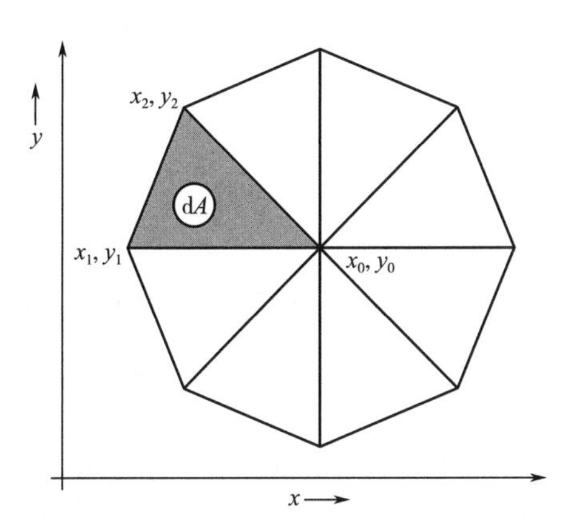

图 6-10　计算一个多边形的面积

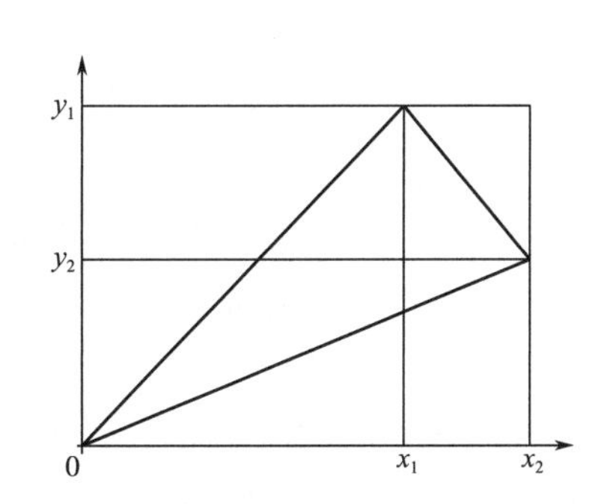

图 6-11　计算三角形面积

$$dA = x_2y_1 - \frac{1}{2}x_1y_1 - \frac{1}{2}x_2y_2 - \frac{1}{2}(x_2 - x_1)(y_2 - y_1) \tag{6-30}$$

展开并整理该公式可简化为：

$$dA = \frac{1}{2}(x_1y_2 - x_2y_1) \tag{6-31}$$

而整个多边形的面积为：

$$A = \frac{1}{2}\sum_{i=1}^{N_b}(x_iy_{i+1} - x_{i+1}y_i) \tag{6-32}$$

需注意的是，如果原点位于物体之外，任意一个特定的三角形都包含了一些不在多边形内的面积。还应注意一个特定三角形的面积可以为正或负，它的符号是由巡查边界的方向来决定的。当对边界做了一次完整的巡查后，落在物体之外的面积都已被减去。

相应的周长等于多边形各边长之和。如果该多边形的所有边界点都用作顶点，周长将成为前面所得出的所有横竖向和对角线方向测量值之和。

2. 边界平滑

通常，由于图像噪声和边界点被限制在矩形采样网格内，周长的测量值人为的偏高。因此，边界需要进一步平滑。可以在只用边界像素的一个子集作为顶点来计算面积和周长时实现，尤其是在曲率很小的区域上，可以简单地跳过一些边界像素。但是，过分使用这样的处理，会使物体的真实形状受损而且会降低测量的精确性。

边界平滑也可以用参数形式表示边界的方式实现。如果物体凹陷不严重，边界可以通过以物体内某点为极点的极坐标表示。在这种情况下，边界可用 $\rho(\theta)$ 形式的函数表示，唯一的要求是对每个 θ，ρ 值必须唯一。

如果形状过于复杂以至于这样的极点不存在，边界可以用更一般的复数边界函数表示：

$$B(p_i) = x_i + jy_i \tag{6-33}$$

这里 p_i 是从边界上任意一个起点到第 i 个边界点的距离，$i=1, 2, \cdots, N_b$ 是边界点的序号。

在这两种情况中，参数边界函数都是周期性的。它的一个周期可以在频域中以下列步骤进行低通滤波：①傅里叶变换；②与一个无相位（实的和偶的）低通传递函数相乘；③傅里叶逆变换。

（二） 平均和综合密度

综合密度是物体所有像素的灰度级之和。

$$IOD = \int_0^a \int_0^b D(x, y)\mathrm{d}x\mathrm{d}y \tag{6-34}$$

式中 a、b——划定图像区域的边界。

IOD 反映了物体的“质量”或“重量”，从数量上等价于面积乘以物体内部的平均灰度级。平均密度等于 IOD 除以面积。

（三） 长度和宽度

当一个物体从一幅图像中提取出来后，计算它在水平和垂直方向的跨度是很容易的，只需知道物体的最大和最小行/列号即可计算。但对具有随机走向的物体，水平和垂直并不一定是感兴趣的方向。在这种情况下，有必要确定物体的主轴并测量与之有关的长度和宽度。

当物体的边界已知时，有几种方法可以确定一个物体的主轴：实践中可以通过统计物体内部点获得一条最佳拟合直线；主轴线也可以从矩的计算中获得；第三种方法是应用物体的最小外接矩形（MER）。

应用 MER 技术，物体的边界以 3°左右的增量旋转 90°，每次旋转一个增量后，用一个水平放置的 MER 来拟合其边界。为了计算需要，只需记录下旋转后边界点的最大和最小 x、y 值。在某个旋转角度，MER 的面积达到最小值。这时的 MER 的尺寸可以用来表示该物体的长度和宽度。MER 最小时的旋转角度绘出了该物体的主轴方向，这种技术对于矩形形状的物体特别有用，对于普通形状的物体也能给出满意的结果。

二、 形状特征分析

通常，可以通过一类物体的形状将它们从其他物体中区分出来。形状特征可以独立地或与尺寸测量值结合使用。下面讨论一些常用的形状参数。

（一） 矩形度

反映一个物体矩形度的一个参数是矩形拟合因子：

$$R = A_O/A_R \tag{6-35}$$

式中 A_O——该物体的面积，cm^2；

A_R——其 MER 的面积，cm^2。

R 反映了一个物体对其 MER 的充满程度。对于矩形物体 R 取得最大值 1，对于圆形物体 R 取值为 $\pi/4$，对于纤细弯曲的物体取值变小。矩形拟合因子的值限定在 0~1。

另一个与形状有关的特征是长宽比：

$$A = W/L \tag{6-36}$$

它等于 MER 的宽（W）与长（L）的比值。这个特征可以把较纤细的物体与方形或圆形物体区分开。

（二） 圆形度

有一组形状特征称为圆形度指标，因为它们在对圆形形状计算时取最小值。它们的幅度值反映了被测量边界的复杂程度。最常用的圆形度指标为：

$$C = P^2/A \tag{6-37}$$

式中 P——周长，cm；

A——面积，cm^2。

这个特征对圆形形状取最小值 4π，越复杂的形状取值越大。圆形度指标 C 与边界复杂性概念有一定的联系。

（三） 矩

函数的矩（Moments）在概率理论中经常使用，几个从矩导出的期望值同样适用于形状分析。

定义具有两个变元的有界函数 $f(x, y)$ 的矩集被定义为：

$$M_{jk} = \int_0^{\infty}\int_0^{\infty} x^j y^k f(x, y)\mathrm{d}x\mathrm{d}y \tag{6-38}$$

这里 j 和 k 可取所有的非负整数值。由于 j 和 k 可取所有的非负整数值，它们产生一个矩的无限集，而且，这个集合完全可以确定函数 $f(x, y)$ 本身。换句话说，集合 $\{M_{jk}\}$ 对函数 $f(x, y)$ 是唯一的，也只有 $f(x, y)$ 才具有该特定的矩集。

为了描述形状，假设 $f(x, y)$ 在物体内取值 1 而在其他均为 0。这种剪影函数只反映了物体的形状而忽略了其内部的灰度级细节。每个特定的形状具有一个特定的轮廓和一个特定的矩集。

参数 $j+k$ 称为矩的阶。零阶矩只有一个：

$$M_{00} = \int_{-\infty}^{\infty}\int_{-\infty}^{\infty} f(x, y)\mathrm{d}x\mathrm{d}y \tag{6-39}$$

显然，它是该物体的面积。1 阶矩有两个，高阶矩则更多。用 M_{00} 除所有的 1 阶矩和高阶矩可以使它们和物体的大小无关。

一个物体的重心坐标是：

$$\bar{x} = \frac{M_{10}}{M_{00}} \qquad \bar{y} = \frac{M_{01}}{M_{00}} \tag{6-40}$$

1. 主轴

使二阶中心矩 M_{11} 变得最小的旋转角 θ 可以由式（6-41）得出：

$$\tan 2\theta = \frac{2M_{11}}{M_{20} - M_{02}} \tag{6-41}$$

对 x，y 轴旋转 θ 角得坐标轴 x'，y'，称为该物体的主轴。等式（6-41）中在 θ 为 90°时的不确定性可以通过指定式（6-42）得到解决。

$$M_{20} < M_{02} \qquad M_{30} > 0 \tag{6-42}$$

如果物体在计算矩之前旋转 θ 角，或相对于 x'，y' 轴计算矩，那么矩具有旋转不变性。

2. 不变矩

相对于主轴计算并用面积规范化的中心矩，在物体放大、平移、旋转时保持不变。只有三阶或更高阶的矩经过这样的规范化后不能保持不变性。这些矩的幅值反映了物体的形状并能够用于模式识别。

不变矩无疑具备了好的形体特征所应该具有的某些性质，但它们并不能确保在任意特定的情况下都具有所有这些性质。一个物体形体的唯一性体现在一个矩的无限集中，因此，要区别相似的形体需要一个很大的特征集。这样所产生的高维分类器对噪声和类内变化十分敏感。在某些情况下，几个阶数相对较低的矩可以反映一个物体的显著形状特征。如果既可靠又能区别形体特征的不变矩的确存在的话，通常可以通过实验找到。

如果我们令 $f(x, y)$ 为一个物体的灰度图像而不是一个二值轮廓函数，我们可以和上面一样计算不变矩。零阶矩变为累积的光密度，而不是面积。对灰度图像来说，不变矩不仅反映物体的形状，还反映其内部的密度分布。

对各个具体的物体识别问题来说，相当少数几个不变矩就可以用来可靠地区分不同物体是至关重要的。

三、纹理特征分析

纹理也是图像的一个重要属性。一般来说，纹理在图像中表现为灰度或颜色分布的某种规律性，纹理大致可分为两大类：一类是规则纹理，另一类是准规则纹理。即便是准规则纹理，从整体上也能显露出一定的统计特性。

（一）空间自相关函数纹理测定法

纹理常用它的粗糙性来描述。粗糙性的大小与局部结构的空间重复周期有关，周期大的纹理粗，周期小的纹理细。这种感觉上的粗糙与否不足以作为定量的纹理测度，但至少可以用来说明纹理测度变化的倾向。即小数值的纹理测度表示细纹理，大数值测度表示粗纹理。

用空间自相关函数作为纹理测度的方法如下。

设图像为 $f(m, n)$，自相关函数可定义为：

$$C(\varepsilon, \eta, j, k) = \frac{\sum_{m=j-\bar{\omega}}^{j+\bar{\omega}} \sum_{n=k-\bar{\omega}}^{k+\bar{\omega}} f(m, n) f(m-\varepsilon, n-\eta)}{\sum_{m=j-\bar{\omega}}^{j+\bar{\omega}} \sum_{n=k-\bar{\omega}}^{k+\bar{\omega}} [f(m, n)]^2} \tag{6-43}$$

它是对 $(2\bar{\omega}+1) \times (2\bar{\omega}+1)$ 窗口内的每一像点 (j, k) 与偏离值为 $\varepsilon, \eta = 0, \pm 1, \pm 2, \cdots, \pm T$ 的像素之间的相关值作计算。一般粗纹理区对给定偏离 (ε, η) 时的相关性要比细纹理区高，因而纹理粗糙性应与自相关函数的扩展成正比。自相关函数的扩展的一种测度是二阶矩，即：

$$T(j, k) = \sum_{\varepsilon=-T}^{j} \sum_{\eta=-T}^{k} \varepsilon^2 \eta^2 C(\varepsilon, \eta, j, k) \tag{6-44}$$

纹理粗糙性越大则 T 就越大，因此，可以方便地用 T 作为度量粗糙性的一种参数。

（二）傅里叶功率谱法

计算纹理要选择窗口，仅一个点是无纹理可言的，所以纹理是二维的。设纹理图像为 $f(x, y)$，其傅里叶变换可由式（6-45）表示：

$$F(u, v) = \int_{-\infty}^{+\infty} \int_{-\infty}^{+\infty} f(x, y) \exp\{-j2\pi(ux+vy)\} dxdy \tag{6-45}$$

二维傅里叶变换的功率谱的定义如式（6-46）所示：

$$|F|^2 = FF^* \tag{6-46}$$

式中　F^*——F 的共轭。

功率谱 $|F|^2$ 反映了整个图像的性质。如果把傅里叶变换用极坐标形式表示，则有 $F(r, \theta)$ 的形式。如图 6-12（1）所示，考虑到距原点为 r 的圆上的能量为：

$$\Phi_r = \int_0^{2\pi} [F(r, \theta)]^2 \mathrm{d}\theta \tag{6-47}$$

由此，可得到能量随半径 r 的变化曲线如图 6-12（2）所示。

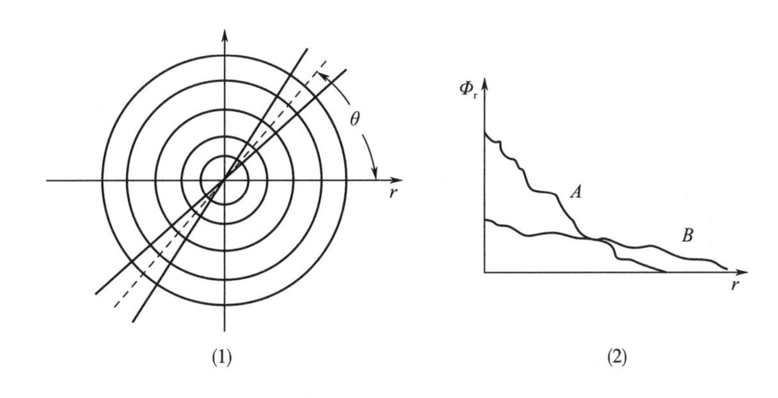

图 6-12　纹理图像的功率谱分析

对实际纹理图像的研究表明，在纹理较粗的情况下，能量多集中在离原点近的范围内，如图中曲线 A 那样，而在纹理较细的情况下，能量分散在离原点较远的范围内，如图中曲线 B 所示。由此可总结出如下分析规律：如果 r 较小、Φ_r 很大，或 r 很大，Φ_r 反而较小，则说明纹理是粗糙的；反之，如果 r 变化对 Φ_r 的影响不是很大，则说明纹理是比较细的。

另外，如图 6-12（1）所示，研究某个 θ 角方向上的小扇形区域内的能量。这个能量随角度变化的规律可由下式求出：

$$\Phi_\theta = \int_0^{2\pi} [F(r, \theta)]^2 \mathrm{d}r \tag{6-48}$$

当某一纹理图像沿 θ 方向的线、边缘等大量存在时，则在频率域内沿 $\theta + \frac{\pi}{2}$，即与 θ 角方向成直角的方向上能量集中出现。如果纹理不表现出方向性，则功率谱也不呈现方向性。因此，$|F|^2$ 值可以反映纹理的方向性。

（三）联合概率矩阵法

联合概率矩阵法是对图像所有像素进行统计调查，以便描述其灰度分布的一种方法。

取图像中任意一点 (x, y) 及偏离它的另一点 $(x+a, y+b)$，设该点对的灰度值为 (g_1, g_2)。

令点 (x, y) 在整个画面上移动，则会得到各种 (g_1, g_2) 值，设灰度值的级数为 k，则 g_1 与 g_2 的组合共有 k^2 种。对于整个画面，统计出每一种 (g_1, g_2) 值出现的次数，然后排列成一个方阵，再用 (g_1, g_2) 出现的总次数将它们归一化为出现的概率 $P(g_1, g_2)$，称这样的方阵为联合概率矩阵。

图 6-12 为一个示意的简单例子。图 6-13（1）为原图像，灰度级为 16 级，为使联合概率矩阵简单些，首先将灰度级数减为 4 级。这样，图 6-13（1）变为图 6-13（2）的形式。g_1、g_2 分别取值为 0、1、2、3，由此，将 (g_1, g_2) 各种组合出现的次数排列起来，就可得到图

6-13（3）~（5）所示的联合概率矩阵。

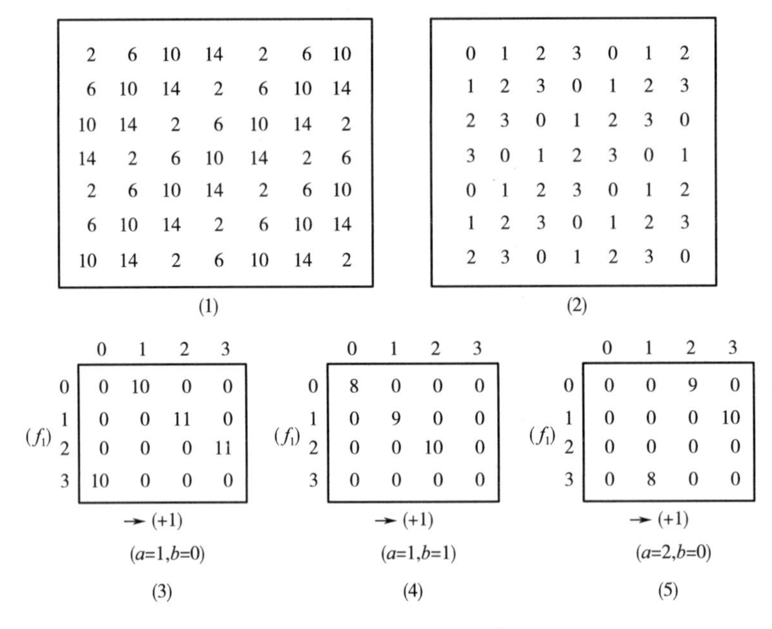

图 6-13　联合概率矩阵计算示例

由此可见，距离差分值（a，b）取不同的数值组合，可以得到不同情况下的联合概率矩阵，图6-12（3）~（5）即为（$a=1$，$b=0$）、（$a=1$，$b=1$）、（$a=2$，$b=0$）三种（a，b）取值组合对应的三个联合概率矩阵。a、b 的取值要根据纹理周期分布的特性来选择，对于较细的纹理，选取（1，0）、（1，1）、（2，0）等这样小的差分值是有必要的。当 a，b 取值较小时，对应于变化缓慢的纹理图像，其联合概率矩阵对角线上的数值较大，而对应于变化较快的纹理图像，则对角线上的数值较小，对角线两侧上的元素值增大。

（四）灰度差分统计法

设（x，y）为图像中的一点，该点与和它只有微小距离的点（$x+\Delta x$，$y+\Delta y$）的灰度差值为：

$$g_{\Delta}(x, y) = g(x, y) - g(x + \Delta x, y + \Delta y) \tag{6-49}$$

g_{Δ} 称为灰度差分。设灰度差分值的所有可能取值共有 m 级，令点（x，y）在整个画面上移动，计 $g_{\Delta}(x, y)$ 取各个数值的次数，由此可以做出 $g_{\Delta}(x, y)$ 的直方图。由直方图可以获得 $g_{\Delta}(x, y)$ 取值的概率 $p_{\Delta}(i)$ 。

当取较小 i 值的概率 $p_{\Delta}(i)$ 较大时，说明纹理较粗糙；概率较平坦时，说明纹理较细。

一般采用下列参数来描述纹理图像的特性：

（1）对比度

$$CON = \sum_{i} i^2 p_{\Delta}(i) \tag{6-50}$$

（2）角度方向二阶矩

$$ASM = \sum_{i} [p_{\Delta}(i)]^2 \tag{6-51}$$

（3）熵

$$ENT = -\sum_{i} p_{\Delta}(i) \lg p_{\Delta}(i) \tag{6-52}$$

（4）平均值

$$MEAN = \frac{1}{m}\sum_{i} i p_{\Delta}(i) \tag{6-53}$$

在上述各式中，$p_{\Delta}(i)$ 较平坦时，*ASM* 较小，*ENT* 较大，$p_{\Delta}(i)$ 越分布在原点附近，则 *MEAN* 值越小。

（五）行程长度统计法

设点（x，y）的灰度值为 g，与其相邻的点的灰度值可能也为 g。统计出从任一点出发沿 θ 方向上连续 n 个点都具有灰度值 g 这种情况发生的概率，记为 P（g，n）。在某一方向上具有相同灰度值的像素个数称为行程长度（Run Length）。由 P（g，n）可以引出一些能够较好地描述纹理图像变化特性的参数。

（1）长行程加重法

$$LRE = \frac{\sum_{g,n} n^2 p(g,n)}{\sum_{g,n} p(g,n)} \tag{6-54}$$

（2）灰度值分布

$$GLD = \frac{\sum_{g}\left[\sum_{n} p(g,n)\right]^2}{\sum_{g,n} p(g,n)} \tag{6-55}$$

（3）行程长度分布

$$RLD = \frac{\sum_{g}\left[\sum_{n} p(g,n)\right]}{\sum_{g,n} p(g,n)} \tag{6-56}$$

（4）行程比

$$RPG = \frac{\sum_{g,n} p(g,n)}{N^2} \tag{6-57}$$

式中　N^2——像素总数。

第三节　计算机视觉技术在食品检测中的应用

一、食品膨化质量的自动检测

食品双螺杆挤压膨化机是食品膨化加工的主要设备。颜色和体积是膨化食品的重要质量特征，体积反映了膨化食品的膨胀度和密度；颜色则是膨化食品内部结构和其他物理性质的外部反映。因此，在膨化食品加工中，经常选择膨化食品的颜色和体积作为监控产品质量的参数。

实验用玉米面由美国伊利诺劳豪夫谷物公司提供。物料在挤压腔内受高温、高压的作用，经圆形模头挤出机外，成连续圆柱条，由旋转刀片切成段状。由于膨化玉米段近似为旋转体，故当玉米段平躺在输送带上时，其俯视投影面积直接反映膨化玉米段体积的大小。颜色间接反映膨化玉米段的口感质量，经感官评定实验，中黄色口感最好，黄色、淡黄、浅黄次之，黄白最差。为了测量膨化玉米的俯视投影面积和颜色，开发了一个计算机视觉系统，分别用 RGB、CMY 和 HSI 模型对膨化玉米的颜色和投影面积进行了对比分析。

用直方图刺激值的平均值作为颜色特征对膨化果质量进行评价。为了研究图像直方图的均值随膨化系统输入参数变化的规律，对 120 幅在不同条件下摄取的样本图像进行了统计分析，如表 6-1 所示。结果说明图像的均值特征是加工系统输入参数的函数，并随系统参数的不同而变化。当喂入量为 45.4 kg/h，含水量由 21%变到 17%时，膨化果的黄色成分减少，颜色由黄变为黄白，均值有较大幅度的变化。如，由 215 变到 202，最大差值为 13。而当含水量为 19%、喂入量由 40.9 kg/h 变到 49.9 kg/h 时，各刺激值也随之变化，但变化幅度较小，变化范围仅在 207~209。由此可知，与喂入量相比，含水量对膨化果的颜色影响较大。

表 6-1 刺激值均值和投影面积随系统参数的变化

工况	系统参数		产品特征		各彩色模型刺激值均值 x_i								
	喂入量/（kg/h）	含水量/%	表面颜色	投影面积/mm^2	R	G	B	I	S	H	C	M	Y
1	45.4	21	黄	275	215	206	141	189	164	165	57	70	165
2	45.4	19	中黄	306	209	200	137	184	163	166	63	76	163
3	49.9	19	淡黄	309	207	199	136	183	162	167	63	76	159
4	40.9	19	浅黄	344	208	198	140	184	163	166	64	78	158
5	45.4	17	黄白	424	202	190	135	178	161	169	67	83	153

由表 6-1 可知：①在含水量为 19%，喂入量由 40.9kg/h 变到 49.9kg/h 过程中，黄色刺激的均值在喂入量为 45.4kg/h 处取得极值。②在相同条件下，RGB、CMY 的刺激值变化大于 HSI 的变化，具有较好的可区别性。③膨化果的投影面积随含水量和喂入量的变化而改变，变化的幅度比颜色大得多，且产品的颜色越黄投影面积越小，膨化果投影面积的变化在二维平面内反映了膨化果体积的差别，膨化过程中，投影面积随颜色有规律变化的结果，说明膨化果的颜色和体积是相关的。

二、基于计算机视觉技术的苹果外观品质的快速检测

中国是一个农业大国，水果产量居世界之首，尤以苹果为最。基于计算机视觉技术的苹果外观品质检测具有快速、无损、准确等特点。

1. 苹果在线检测系统硬件系统

如图 6-14 所示，计算机视觉系统主要包括相机、镜头、采集卡、光源和计算机。将图像采集卡通过 PCI 插槽安装在计算机上，CCD 相机为模拟相机，通过高速数据线路和采集卡相连。系统工作时，由图像采集卡发出抓拍控制信号给 CCD 相机，CCD 相机收到控制信号后便开始抓拍图像，由于该 CCD 相机为模拟相机，抓拍的信号为模拟图像信号，CCD 相机将该模

拟信号传输给图像采集卡，采集卡再将其转换为数字图像信号给计算机进行处理。当然为了较好的获取检测物的图像，必须要给予在一定的光照，工业上一般用稳定性很好的 LED 光源。

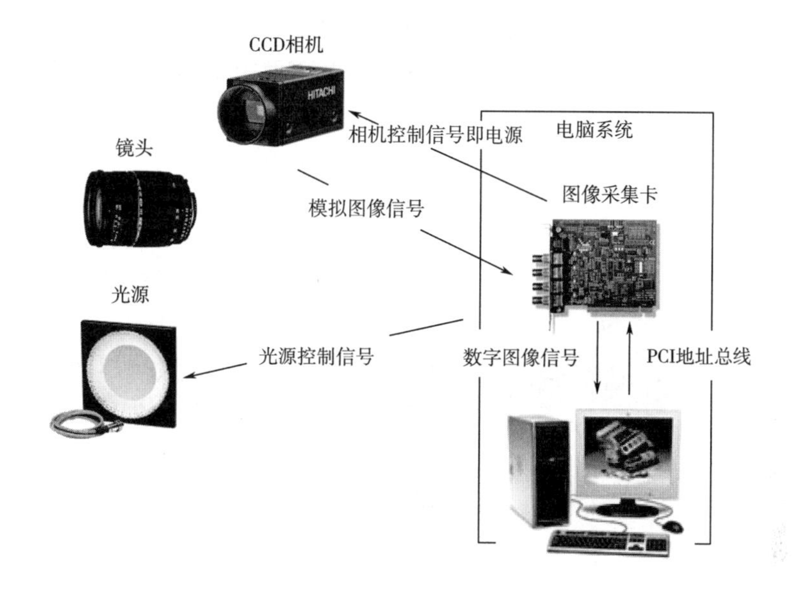

图 6-14　工业上典型的计算机视觉系统装备

为了提高苹果外观品质检测的准确性和全面性，刘文彬等基于三摄像头系统设计了一套苹果在线检测装置，旨在在线获取苹果的大小、颜色、形状和缺陷四种特征参数。如图 6-15 所示，该系统装置主要包括输送线、光照箱、摄像头、计算机、采集卡和触发器，并采用 3 个摄像头从不同侧面抓拍苹果外观图像。

图 6-15　在线检测三摄像系统硬件装置

2. 苹果图像背景去除

苹果图像去除采用了上下夹逼算法，如图 6-16 所示。

采用纵向扫描的方式，从整个图像最左端开始依次扫描图像的每一列，对图像的每一列采用由上而下和由下而上两个方向进行扫描，如图 6-16（1）所示。对每一列扫描的基本方法

是：从一列的顶端扫描，当扫描到某像素点不满足条件 $R<90 \| (S<0.20, R<200)$ 时，即该点是苹果点，立即停止往下扫描，并记录该点为1点；再从该列的最底端开始扫描，同样当扫描像素点不满足上述条件使，即为苹果点时停止扫描，记录这点为2点，那么1点和2点之间就为苹果区域，1点或2点之外的为背景。这是理想状况，正如图6-16（2）所示的第三列的扫描情况。如图6-16（2）第一列，该列的像素全为背景点，则只需要从上而下扫描一次；图6-16（2）的第二列，该列能够扫描到一个噪声和苹果区域，这种情况下必须能够区分出哪是噪声，哪是苹果区域。

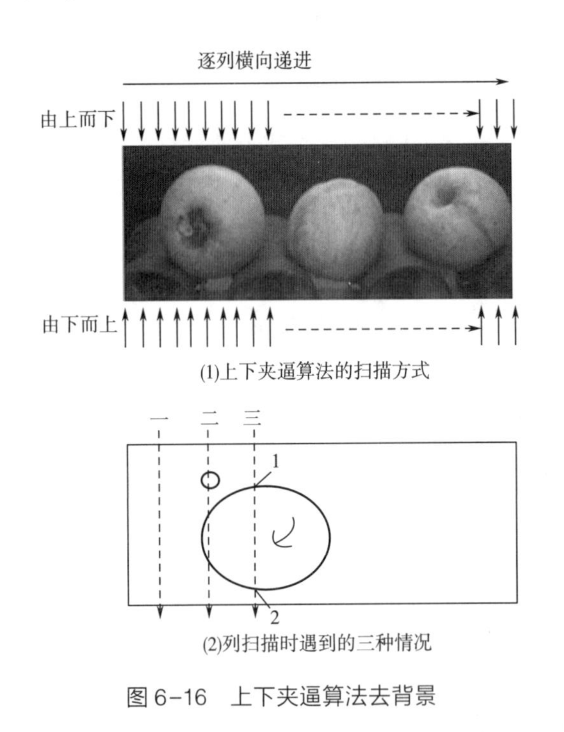

图6-16 上下夹逼算法去背景

具体处理的方法为开始扫描某一列，当从顶端一直扫描到最底端底像素，所有的像素都满足条件 $R<90 \| (S<0.20, R<200)$，即该列所有的像素为背景点，设置一个标志 flag 为假，表示没有找到苹果点，则不再由下而上反向扫描，该列所有像素的 RGB 分量值被赋值为255，即置为白色。当扫描过程中遇到不满足条件 $R<90 \| (S<0.20, R<200)$ 的像素，则 flag 置为真，记录该点坐标为 *before*，并继续往下扫描，若接下来的像素依然不满足上述条件，且累积这些连续的苹果点计数为 *count*，继续往下扫描，当又扫描到背景点时，此时 *count* 若大于10则被认为这段像素为苹果像素，并停止往下扫描；若小于10，则继续往下扫描，若连续扫描到的两个以上像素依然为背景点，则上面 *count* 个数的不满足条件 $R<90 \| (S<0.20, R<200)$ 的像素为噪声，此时将 flag 置为假，继续往下扫描，重复上面的过程，直到找到真正的苹果点而停止往下扫描或者没有找到苹果点而扫描到最底端；由上而下扫描结束后，开始由下而上扫描，方法同上，直到找到第一个苹果点 *after*，则介于 *before* 和 *after* 之间的像素为苹果点，其余的像素点为背景点并将其置白。通过此次扫描，可以基本判定苹果边界，并据此分离出单个苹果子图像。

3. 苹果特征参数提取

（1）苹果面积特征提取　我们设置一个累计值 *sum*，其初试值为0，开始从子图像的左上角扫描，当像素点的 RGB 值不全为255即不为白色背景点而为苹果点时，*sum* 累加1；如果像素点的 RGB 值全为255即为白色背景点时直接跳过到下一个像素点，如此下去直到子图像扫描结束，此时的 *sum* 即为 S 的大小。

求得 S 后，便可利用公式（6-58）求得当量直径 D。

$$D = 2 * (S/\pi)^{\frac{1}{2}} \tag{6-58}$$

通过标定后，确定像素与实际尺寸之间的关系为 $\lambda = 0.4456\text{mm/pixel}$。则苹果当量直径的

毫米数 D_0 为 $D_0=D\times\lambda$。每一个苹果有 9 幅图像，求出这 9 幅图像的苹果当量直径 D_1、D_2、…、D_9，那么该苹果的最终当量直径为 $D=(D_1+D_2+\cdots+D_9)/9$（图 6-17）。

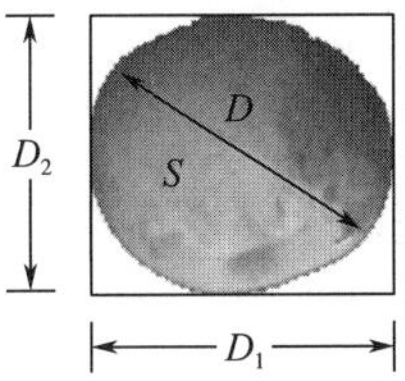

（2）苹果圆形度计算　对于一个连续区域，其圆形度 R_0 用来描述区域形状接近圆形的程度，其计算式为：

$$R_0 = 4\pi S/L^2 \tag{6-59}$$

图 6-17　面积和当量直径的计算

其中，S 为图形面积；L 为图形周长；R_0 值为 $0<R_0\leqslant 1$，R_0 值越大，则图形越接近于圆形。对于经去背景后的苹果图像来说，某像素的 R、G、B 值不全为 255，即不全为白色，而与其相邻的 8 个像素中只要有一个像素的 R、G、B 值全为 255，即为白色，则该像素为边缘点，累计这样的边缘点，便可以得到周长 L。一个苹果经三个摄像头在连续三个不同的位置拍摄三次，获得 9 幅图像，便对应有 9 个图像圆形度值。

（3）苹果红色特征提取　下面是按照标准人工挑选出来的不同颜色等级苹果及其色度直方图统计。如图 6-18（1）表示精品果及其色度分布图，通过统计得到其色度在 359°~43°，其中在 359°~20°占 98%，峰值在色度值 10 处；图 6-18（2）表示为一级果及其色度分布图，其色度在 357°~44°，其中 357°~20°占 92%，峰值在 12 处；图 6-18（3）表示为二级果及其色度分布图，其色度在 5°~38°，其中色度值 5°~21°占 60%，5°~21°占 70%，其中峰值在 20 处；图 6-18（4）表示为三级果及其色度分布图，其色度在 5°~46°，其中 5°~24°的占 60%，5°~25°的占 70%，其峰值在 25 处；图 6-18（5）表示为等外果及其色度分布图，其色度值在 11°~55°，其中在 11°~20°只占 0.25%，峰值在色度值 35 处。从以上的分析可以看出，不同颜色等级的苹果，其色度直方图的峰值是不同，等级越高其峰值所对应的色度值越小；基本上可以用色度为 20 的阈值来分割苹果的红颜色，但是对于二、三级果来说，由于其红颜色不是很明显，若采用其峰值所对应的色度值为阈值则能够比较准确分割出苹果的红颜色。

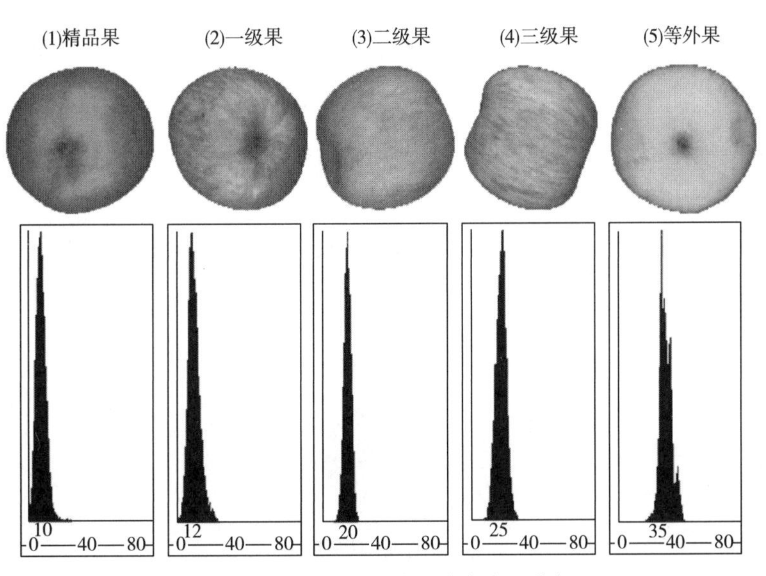

图 6-18　苹果颜色特征的直方图分析

4. 苹果缺陷的分割和识别

苹果缺陷是指苹果由于碰压伤、枝叶磨伤、水锈、药害、日烧、裂纹、雹伤、病虫等原因在苹果表明形成一定范围的暗色区域，从而大大影响了苹果内外在品质，因此苹果缺陷检测是苹果外观检测的一个重要指标。

（1）苹果缺陷可疑区的检测　一般来说，缺陷可疑区总体相对苹果表面非可疑区来说具有颜色较深，损坏程度较深的缺陷以及颜色较暗的梗萼区与非可疑区对比较鲜明的特点。为了准确地找到可疑区，确定可疑区的边缘是一种有效的方法。为了确定可疑区的边缘，并基于可疑区的颜色较深的先验知识，可以利用边缘检测算子来检测苹果图像中的可疑区边缘。边缘检测的微分算子包括梯度算子、拉普拉斯算子、Canny 算子等，其中梯度算子又包括 Roberts 算子、Prewitt 算子、Sobel 算子等。

为了有效地对彩色苹果子图像进行边缘检测，需选取最能够突出可疑区的颜色分量。通过对大量图像的试验，选取 R 分量作为边缘检测的对象分量。表 6-2 为几种边缘检测算子的检测效果对比。通过实验结果表明，Roberts 边缘检测得到的梯度图像没有较好的突出边缘，且边界闭合不够理想；拉普拉斯边缘检测能较好地闭合外边界，但是不能较好突出果梗和缺陷，在边缘检测后基本上没有找到缺陷；Prewitt 和 Sobel 微分算子是属于同一类型的边缘检测算子，其分割的效果基本相似，而 Sobel 算子突出边缘的效果好于 Prewitt 算子，Sobel 边缘检测后能较好地闭合边缘，并突出了缺陷边缘和果梗、果萼的边缘；Canny 算子检测精度高，并得到单边缘，但 Canny 算子检测速度慢，并不适合在线检测快速的原则。从实验的结果可以看出，Sobel 从算法的精度和速度上来说，在苹果边缘检测中优于其他算子，故本研究采用 Sobel 边缘检测的方法。

表 6-2　不同微分算子的检测效果

边缘检测算子	检测前的原始图像	检测后的结果图像
Roberts 算子	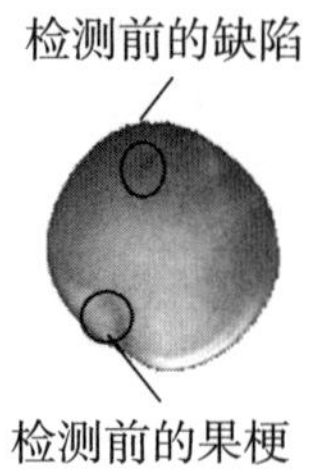 检测前的缺陷 检测前的果梗	 检测后的缺陷 检测后的果梗
拉普拉斯算子	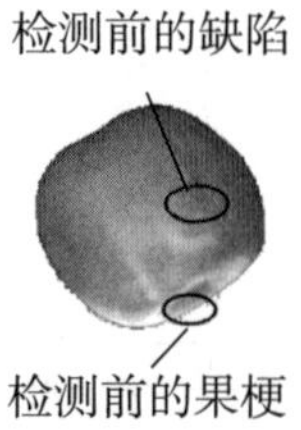 检测前的缺陷 检测前的果梗	 检测后的缺陷

续表

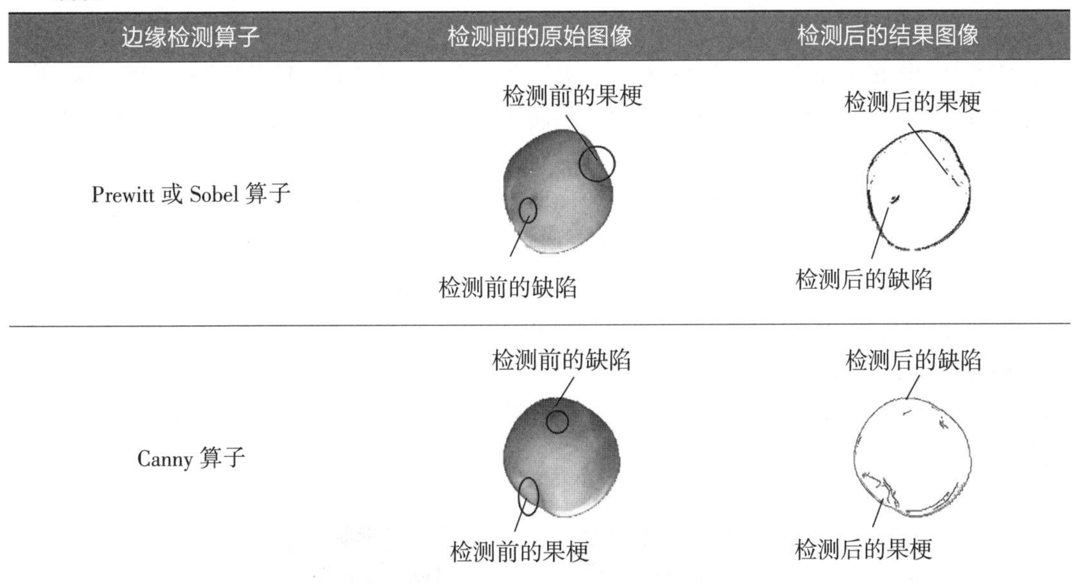

边缘检测算子	检测前的原始图像	检测后的结果图像
Prewitt 或 Sobel 算子	检测前的果梗 检测前的缺陷	检测后的果梗 检测后的缺陷
Canny 算子	检测前的缺陷 检测前的果梗	检测后的缺陷 检测后的果梗

（2）苹果缺陷可疑区的区域标示　图像经滤波去噪后，果梗、果萼和缺陷等可疑区可以被较好突显出来，接下来就是对这些可疑区进行区域的标示，如图 6-19 所示，其果梗和缺陷的可疑区基本上在圆圈的范围内。为了有效地标示可疑区，必须消除外边界对标示算法的影响。本研究采用数学形态学的方法尽可能连通可疑区或者外边界，这样便于对可疑区进行标记。

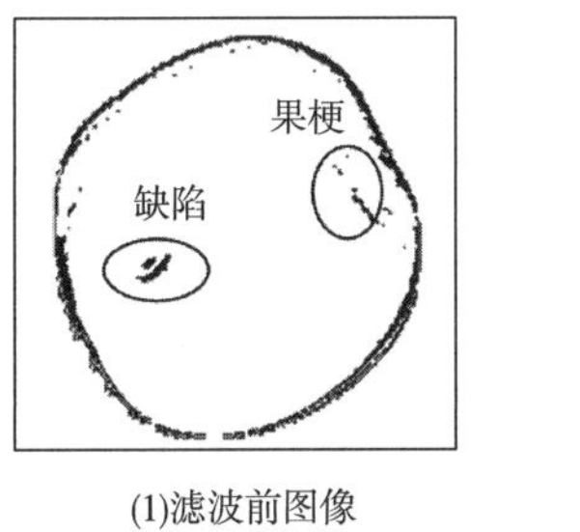

(1)滤波前图像

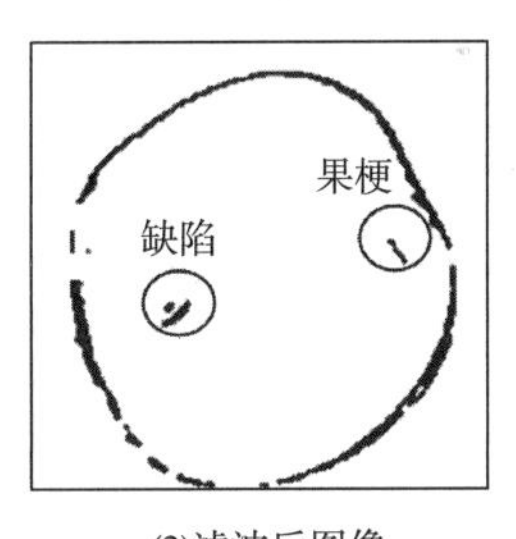

(2)滤波后图像

图 6-19　图像的滤波去噪

数学形态学利用了点集的性质、积分几何的结果和拓扑学，采用非线性代数工具，作用对象为点集合以及它们之间的连通性及其形状。形态学运算简化了图像，量化并保持了物体的主要形状特征。形态学运算主要有腐蚀、膨胀、开运算和闭运算。对于给定的图像用集合 X 表示，另一个小点集（也就是结构元素）用 B 表示。形态学运算可以如下表示。

腐蚀：
$$X\Theta B = \{p \in \varepsilon^2: p + b \in X, \text{对于每一个 } b \in B\} \tag{6-60}$$

膨胀：
$$X \oplus B = \{p \in \varepsilon^2: p = x + b, x \in X \text{ 且 } b \in B\} \tag{6-61}$$

腐蚀和膨胀的串行复合又可以得到形态开运算和闭运算两种运算：

开运算：
$$X \circ B = (X\Theta B) \oplus B \tag{6-62}$$

闭运算：
$$X \cdot B = (X \oplus B)\ \Theta B \tag{6-63}$$

对滤波后的图像进行腐蚀容易去除较小的可疑区，考虑到经滤波去噪后，图像中的细小噪声基本去除，便可以直接对图像膨胀使得图像中的可疑区和外边界连通为单一区域。图像膨胀后，便可以对图像中连通的区域进行标示，对区域进行标示采用常用的顺序法。经膨胀和顺序法标记后，图像不同的区域的像素值被赋予不同的值，通过这些不同的像素值便能够知道图像中不同区域的个数，如图 6-20（1）所示，可以看出缺陷和果梗区已经被精确标记出来，但外边界没有被完全连接，而是被切割成三段，这样被标记出的区域数为 5 个（其中有 3 个是被切断的边界）。由于外边界并不是可疑区，因此必须忽略边界，也就是要区分哪些是边缘的区域，哪些是缺陷或果梗、果萼区域。考虑到外边界经膨胀后，必然会扩大到图像的上下左右 4 个边界，因此分别扫描图像各个被标记的区域，如果该区域和图像的边缘相切，那么就认为该区域是苹果边界区域，并将该区域的像素值赋值为 0。图 6-20（2）是去外边界后的图像，可以看出图像中仅剩下了缺陷区和果梗区，即缺陷区和果梗区被精确的定位了，这样便可以得到可疑区的个数为 2。

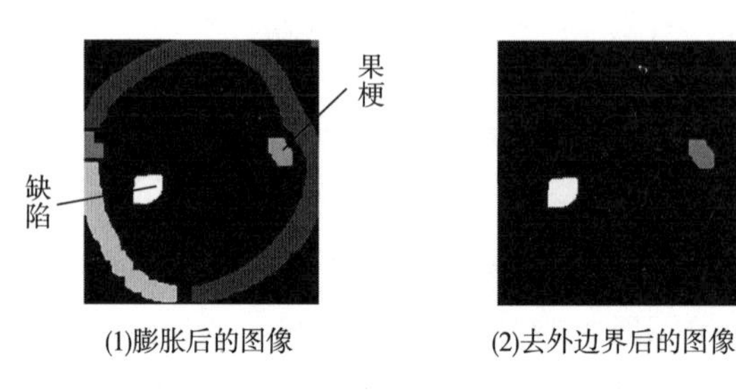

图 6-20　可疑区的标示

第七章 近红外光谱与成像技术

CHAPTER 7

近红外光谱（Near Infrared Spectroscopy，NIRS）分析理论日趋成熟和完善，近年来实践应用证明，近红外光谱技术作为过程分析技术在工业信息化与自动化融合发展的过程中起到了决定性作用，它可以实时、快速地为最优化控制提供数据基础，在保障产品质量一致性的同时降低生产成本和资源消耗。

近红外光谱成像（Near Infrared Spectroscopic Imaging，NIRSI）技术又称近红外化学成像技术，能够获取物料表面浅层空间信息和光谱信息。通过近红外图像不但可以得到生物组织的清晰纹理、轮廓和化学成分分布信息，还可以通过化学计量学方法进行目标成分的定量或定性分析，以及构成样品目标物含量分布图像。

NIRS 和 NIRS 集物性学、化学、光学、计算机科学、信息科学及相关技术于一体，已经发展成为一个十分活跃的研究领域。近红外仪器、数据处理技术也获得飞速发展，在农业、食品、制药、化工、纺织、医学等领域得到广泛应用。

第一节　近红外光谱分析技术

近红外光（Near Infrared，NIR）是介于紫外-可见光（Ultraviolet-Visible，UV-Vis）和中红外光（Middle Infrared，MIR）之间的电磁波，根据 ASTM 光谱范围定义为 780~2526nm，而在一般应用中往往把波长在 700~2500nm（波数 14286~4000cm^{-1}）的电磁波称为近红外谱区，是人们最早发现的非可见光区域。习惯上又将近红外光划分为短波近红外（700~1100nm）和长波近红外（1100~2500nm）两个区域。

一、近红外光谱产生机理

近红外光谱主要是由物质吸收光能使分子振动从基态向高能级跃迁时产生的。近红外光谱记录的是分子中单个化学键的基频振动的倍频和合频信息，它常受含氢基团 X—H（X，C、N、O）的倍频和合频的重叠主导，所以在近红外光谱范围内，测量的主要是含氢基团 X—H 振动的倍频和合频吸收。由于动植物性食品和饲料的成分大多由这些基团构成，基团的吸收频谱表征了这些成分的化学结构。主要基团合频与倍频吸收带的近似位置见表 7-1。

表 7-1　　主要基团合频与各级倍频吸收带的近似位置

单位	波数/cm⁻¹				波长/nm			
基团	C—H	N—H	O—H	HO—H	C—H	N—H	O—H	HO—H
合频	4250	4650	5000	5155	2350	2150	2000	1940
一级倍频	5800	6670	7000	6940	1720	1500	1430	1440
二级倍频	6500	9520	10500	10420	1180	1050	950	960
三级倍频	11100	12500	13500	1330	900	800	740	750
四级倍频	13300				750			

红外光线的能量要被分子基团所吸收，必须满足两个条件：①光辐射的能量恰好满足分子振动能级跃迁所需的能量，即只有当光辐射频率与分子中基团的振动频率相同时，辐射才能被吸收；②振动过程中，必须有偶极矩的改变，只有偶极矩发生变化的振动形式才能吸收红外辐射。

二、 近红外光谱测定的基本原理

近红外光照射到被测对象上时，主要有 6 种作用模式，如图 7-1 所示。漫透射光和漫反射光承载了样品内部信息，采用不同的收集方式即可获得样品漫透射光谱和漫反射光谱。漫透射光的光程较漫反射要大，获得的信息更加丰富，但是信号较弱，需要大功率的光源；而漫反射获得的是样品浅层信息，但是信号较强，对光源要求不严格。在实际应用中，针对不同检测要求，可以灵活选择光谱采集模式。

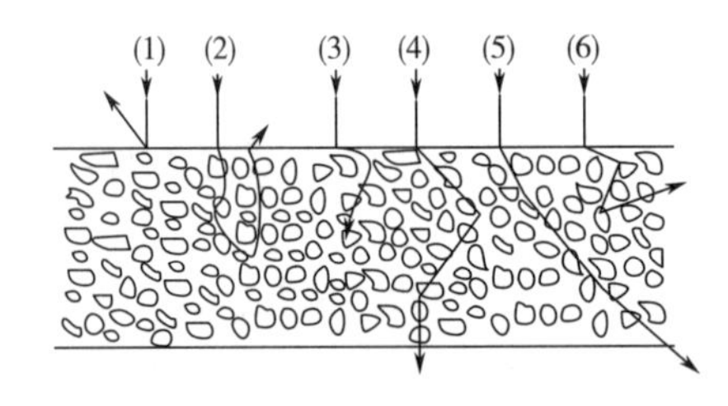

图 7-1　近红外光谱与固体样品作用示意图

（1）全反射　（2）漫反射　（3）吸收　（4）漫透射　（5）折射　（6）散射

近红外光谱的测定方法主要有：透射光谱法和反射光谱法。透射光谱法（多指短波近红外区，波长一般在 700~1100nm）是指将待测样品置于光源与检测器之间，检测器所检测的光是透射光或与样品分子相互作用后的光（承载了样品的结构与组成信息，见图 7-2）。

物体对光的反射又分为规则反射（镜面反射）与漫反射。规则反射是指光在物体表面按入射角等于反射角的反射定律发生的反射；漫反射是指光投射到物体后（常是粉末或其他颗粒物体），在物体表面或内部发生方向不确定的反射。漫反射光谱法（多指长波近红外区，波长一般在 1100~2500nm）是指将检测器和光源置于样品的同一侧，检测器所检测的

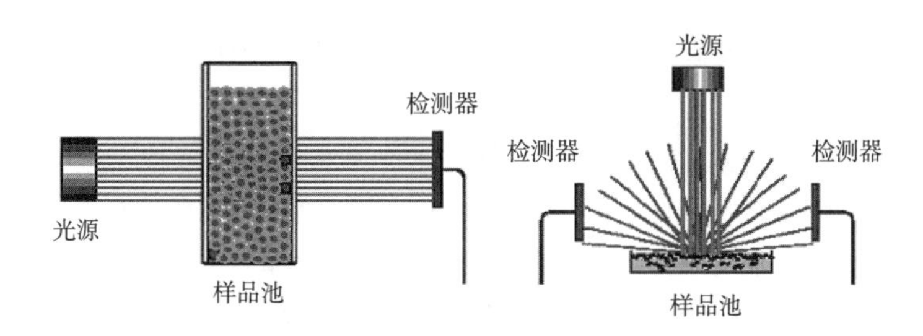

图 7-2　漫透射光谱技术示意图

是样品以各种方式反射回来的光（图 7-2）。应用漫反射光进行的分析称为漫反射光谱法。

在漫反射条件下，由于库贝尔卡-蒙克（Kubelka-Munk）函数（与浓度 c 成比例关系）与吸光度之间不是线性关系，因此吸光度与试样浓度 c 之间也不是线性关系。但是在定量分析中所用到的吸光度变化范围都很小，并且当影响散射系数的因素（粒径、温度、颜色、组织疏密均匀度等）变化不大时，可以忽视散射影响，吸光度与浓度 c 之间可近似地按线性关系对待。包括反射率 R 在一定条件下，也可认为与试样浓度呈线性关系，实践和试验都证明了这一点。

三、 近红外光谱的技术特点及应用难点

1. 近红外光谱的技术特点

近红外光谱技术之所以成为一种快速、高效、适合过程在线分析的有力工具，是由其技术特点决定的。近红外光谱分析的主要技术特点如下。

（1）测试方便，无须进行样品预处理　对于流动性较好的液体测量，可选用 2~10mm 光程的比色皿进行测量（牛乳、酒、醋等），甚至可以直接采用普通玻璃试管、烧杯、烧瓶等盛装进行测量（牛乳、蜂蜜、果汁等）；对于流动性较差的半液态物料，可采用聚乙烯薄膜包装进行漫反射测量（如调料、胶质、冰淇淋等）；对于粉体和小颗粒物料，直接采用漫反射测量（面粉、乳粉、果珍、大豆等）；对于表面不规则物料，可采用非接触式漫反射测量（如腐竹、烟草、方便面饼等）；对于大块状物料以及水果，可以采用接触式漫透射或非接触式漫反射模式测量（如马铃薯、红薯、苹果、梨、桃、柑橘等）。

（2）分析效率高，分析成本较低　近红外光谱承载了来自样品的综合信息，包括物理性指标（硬度、色泽等）和化学性指标（蛋白质、脂肪、碳水化合物等）的特征吸收，通过构建数学模型，可实现多指标同时定性或定量测量，时间往往在几秒之内。

（3）使用维护成本低，适用于在线分析和质量过程控制　仪器受环境（湿度、粉尘、振动等）干扰小，环境温度变化可采用仪器自身恒温和模型补偿等方法进行修正，仪器和测量附件的价格较低。通过一次光谱测量和已建立的相应校正模型，可同时对样品的多个组分或性质进行测定，提供定性、定量结果。另外，近红外光可在低羟基石英光纤中进行传输，适合于有毒材料或恶劣环境的远程在线分析，也促进光谱仪和测量附件的设计更小型化。

（4）可进行原位测量且对样品无损伤　近红外技术可以在活体分析和医药临床领域广泛应用，如在脑功能、动物营养代谢、果蔬生长期品质检测等领域。

2. 近红外光谱的应用难点

当然，任何分析技术都具有其自身优势，同样也伴随着局限性，近红外光谱技术具有以下应用难点。

（1）近红外光谱分析技术是一种二次分析技术，其预测结果依赖于数学模型的适用性和稳定性。数学模型的构建需要采集大量的有代表性样本，而在后期的应用中，可能测试对象的属性超出原模型中建模样本的属性，如受产地变化、气候差异、工艺条件改变等引起的物理属性和化学属性变化，可能导致模型输出结果不准确，往往需要专业技术人员进行模型修正和维护。因此近红外技术适合经常性的、稳定状态下生产的质量控制，不适于非常规性、非稳态下生产的质量控制。

（2）近红外技术在应用过程中要求仪器具有长期的稳定性，仪器的各项性能指标不能发生显著变化，光谱仪光路中任何一个光学部件的更换，都可能引起模型失效。在仪器使用过程中，部件（光源）更换后要进行仪器校准处理，以便模型误差在可接受范围内。

（3）由于模型构建成本较高（建模样本标准值测试成本高），在大规模应用时，不可能对每台仪器进行数据采集并分别建立模型，往往由主机模型向子机进行传递。在模型传递中，要求近红外仪器之间有很好的一致性，否则将带来较大的甚至不可接受的预测误差。尽管化学计量学方法可以在一定程度上解决模型传递问题，但不可避免地会降低模型的预测精度。

（4）近红外易受复杂体系干扰，光谱中信息强度低，组分在近红外光谱中谱峰强度较弱，往往不适用对痕量指标的直接测量。为了克服检测限问题，可以进行样本预处理（固相微萃取、层析分离等）提高检测限。

第二节　近红外光谱仪器

近红外光谱仪器处于近红外光谱技术应用“金字塔”结构的底层，是近红外技术应用的根本基础，没有稳定、可靠的仪器作为支撑，近红外技术将只会是空中楼阁。近红外仪器类型众多，根据分光系统可分为滤光片型、光栅色散型（快速扫描型和阵列检测器型）、傅里叶变换型和声光可调滤光型等四种类型；按照用途可分为实验室光谱仪、便携式光谱仪和在线光谱仪等。在此主要介绍仪器的基本构成、仪器类别、测量附件以及部分仪器性能指标。

一、近红外光谱仪的基本构成

一台近红外光谱仪一般由六个部分组成：光源系统、分光系统、样品室（测量附件）、检测器、控制和数据处理系统及记录显示系统（图 7-3）。

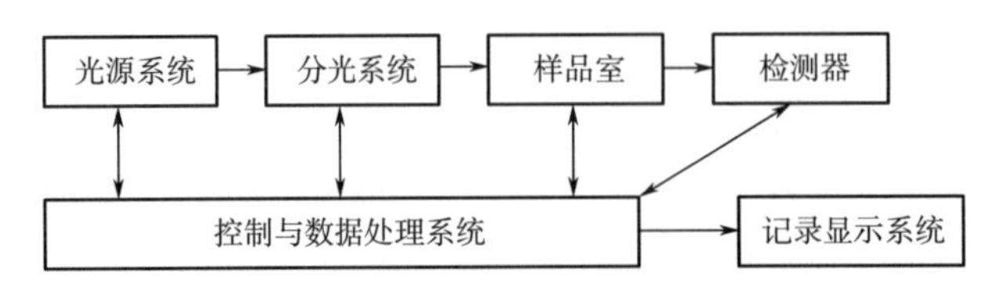

图 7-3　近红外光谱仪基本构成图

1. 光源系统

近红外光谱仪器的光源系统主要由光源和光源稳压电路组成。常用光源为卤钨灯，在2800K灯丝温度下，卤钨灯的光谱辐射亮度峰值约为1000nm，它们的光谱覆盖整个近红外谱区，强度高，性能稳定，寿命也较长。在一些专用近红外仪器上，也有使用发光二极管（LED）作为光源，铝砷化镓（AlGaAs）材料制成的LED光源的光谱功率分布为中心波长为830~950nm，半峰带宽约40nm。常用红外发射管波长有850nm、870nm、880nm、940nm、980nm。

为提高光源的稳定性，光源供电必须有高性能稳压电路，另外，可通过调制光源、监测光源强度反馈补偿或增加参比光路来提高光强测量的准确性，从而提高仪器的信噪比。

2. 分光系统

分光系统又称单色器，是将光源发射的复合光转变成单色光，要求单色光波长准确、单色性好。事实上，单色器输出的光并非是真正的单色光，也具有一定的带宽。色散型仪器的单色器通常由准直镜、狭缝、光栅（或棱镜）等构成。另外常见的单色器是干涉仪，如迈克尔逊干涉仪等，也有些专用仪器采用滤光片得到单色光。分光系统关系到近红外光谱仪器的分辨率、波长准确性和波长重复性，是近红外光谱仪器的核心部分之一。

3. 样品室（测量附件）

样品室又称测量附件，是用来放置样品并进行光谱采集的部件。液体样品池材料一般用普通玻璃或石英玻璃，形状根据具体样品而定。此外，根据需要可加恒温、低温、旋转或移动装置等。

4. 检测器

一般由光敏元件构成，作用是把光信号转变为电信号，再通过A-D转换成数字形式输出。用于近红外区域的检测器有单点检测器和阵列检测器两种。响应范围、灵敏度、线性范围是检测器的三个主要指标，取决于它的构成材料和使用条件，如温度等。

在短波区域，多采用Si检测器，长波近红外区常采用PbS或InGaAs检测器。其中，InGaAs检测器的响应速度快，信噪比和灵敏度也较高，但响应范围较窄，价格相对较高。PbS检测器的响应范围较宽，响应呈较高的非线性特征，价格相对较低。实际使用时，为了提高检测器的灵敏度、扩展响应范围，往往采用半导体制冷或液氮制冷。

5. 控制和数据处理系统

控制系统主要控制仪器各个部分的工作状态，如控制光源系统发光状态、调制或补偿，控制分光系统的扫描波长、扫描速度，控制检测器的数据采集、A/D转换，有时还控制样品室旋转、移动或温度。数据处理系统主要对所采集的光谱进行分析处理，实现定性或定量分析。近红外光谱仪器的数据处理软件通常由光谱数据预处理、校正模型建立和未知样品分析三大部分组成。

6. 记录显示系统

显示或打印样品光谱或测量结果。

二、 近红外光谱仪的分类

1. 根据分光系统分类

根据分光系统或单色器类型，近红外光谱仪主要可以分为滤光片型、发光二极管型、光栅色散型、傅里叶变换型、声光可调滤光器型、阵列检测器型等。国内市场主流近红外仪器的主要性能指标可参考《近红外光谱分析技术实用手册》（机械工业出版社），在此不做赘述。

2. 根据用途分类

根据用途，近红外光谱仪器被分为实验室型仪器、便携式仪器、在线仪器、成像仪器等。实验室型仪器一般具有多种测试附件，满足多种状态的样品测量，一般精确度高，常作为获得标准光谱图的仪器来使用，主要适用于科研机构和大型企业的实验室，对用户的操作水平要求较高。便携式仪器一般体积较小，功能专一，只能满足某些特点物料或特定场合使用，其具有的便携性可以满足用户野外或现场使用。在线仪器一般只有一种测试模式，根据现场使用要求专门进行测试附件设计，稳定性好，分析速度快，可以大大提高测量效率，常用于生产工艺关键点的指标监测，可以保证产品的一致性。

三、近红外光谱仪的测量附件

一般情况下，可直接对样品采集近红外光谱，无须做预处理。由于样品的物态、形状各式各样，需要采用不同的测量附件在不同的采集模式下完成。近红外光谱的测试模式主要有透射和反射两种。根据具体测量模式，又可细分为透（反）射、漫透（反）射、漫反射等，在此介绍一些商品化的测量附件。

1. 透射及透反射测量附件

对于较均匀的流动性较好的液态样品，如酒、牛乳、醋、酱油、果汁等，透射是较好的测量模式。最常用的测量附件是由石英（或玻璃等）制成的比色皿或玻璃管。对于温度敏感的样本，常采用恒温式测量，如恒温样品室或者直接水浴等。在自动进样测量时，需要进行消泡处理，避免假吸收现象。测试一些黏稠、较难清洗的样本，建议选用较低成本玻璃质试管或比色皿。

常见的用于液体测试的透射模块如图 7-4 所示，测样支架能够进行恒温处理，根据软件设置该附件可以加热到预设温度再进行光谱采集，以消除温度对光谱影响。该采样模块可以固定圆形样品管和方向样品池，以满足不同的测试需求。

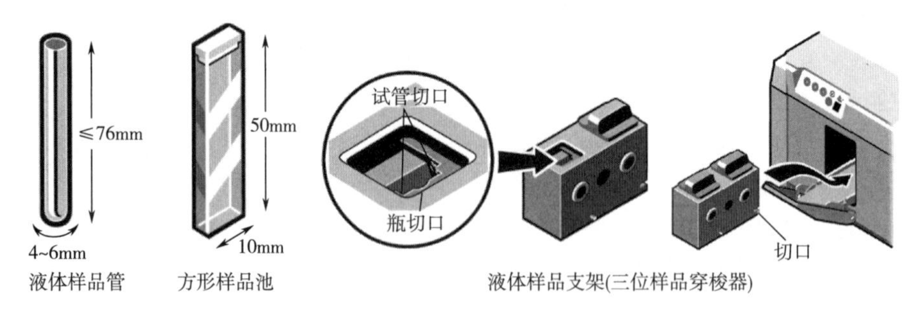

图 7-4　Antaris 近红外光谱仪透射采样模块（液体）

另外用于叶片等物料测试附件如图 7-5 所示，样品卡片可以用于固定叶片等样品，插入固定架用于采集透射光谱。

有些片状固体样品，如药片和胶囊，其 NIR 光谱的采集除了使用漫反射方式外，还可以使用漫透射方式，如图 7-6 所示。对于经过包衣的药片、胶囊和表面有涂膜的样品，需要对其内部成分进行分析时，其透射光谱能够富含更多更完整的样品信息，进而能够得到更为准确的分

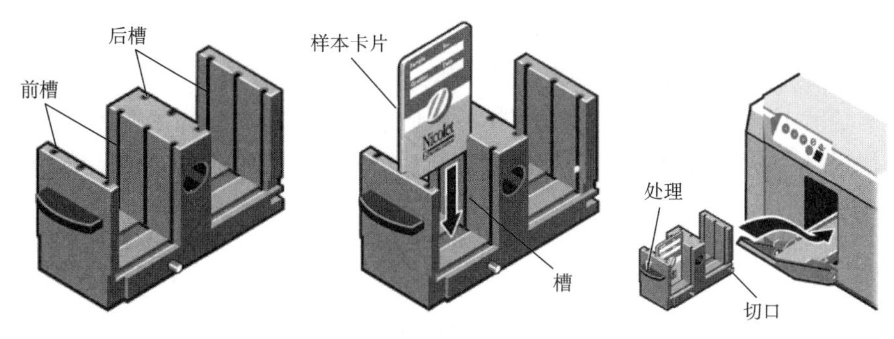

图 7-5　Antaris 近红外光谱仪透射采样模块（片状）

析结果。

透反射附件一般有两种模式：积分球漫透反射和光纤透反射。对于黏度较高的液态物料，采用透射法时样品杯不易清洗回收利用，可以直接带包装进行积分球透反射测量，如图 7-7 所示。对于透过率高且容易清洗的液体样品，还可以使用光纤透反射模式，其测量附件如图 7-8 所示，该测量附件是安装在光纤探头上，以增加测试时的光程，以便获取更加有代表性光谱信息，可用于酒、牛乳、醋等物料测量，该测量附件的透反射光程可以根据物料透过性进行调节，测试时可直接将探头插入测试物料中，测试方便无须装样。

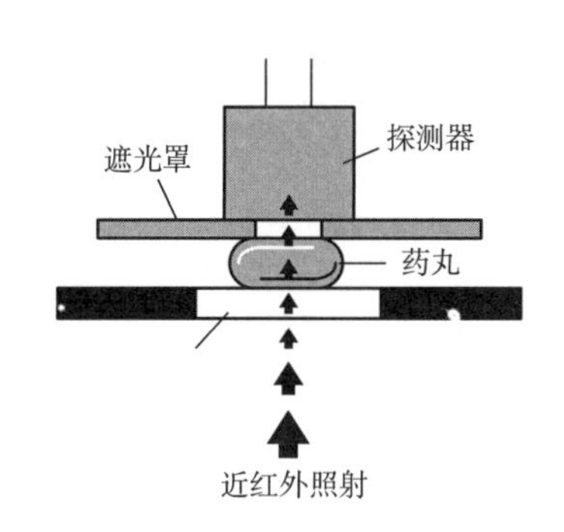

图 7-6　Antaris 近红外光谱仪漫透射采样模块（片剂或胶囊）

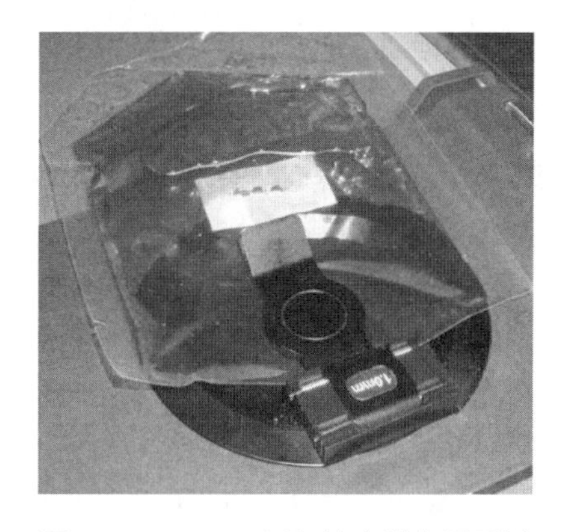

图 7-7　Antaris 近红外光谱仪透反射采样模块（积分球漫透反射附件）

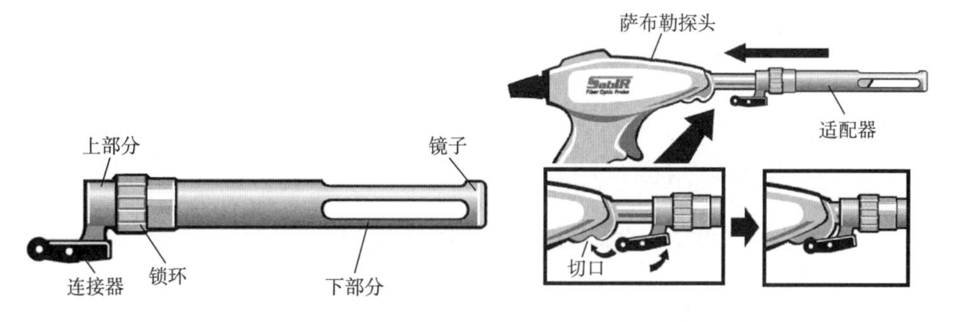

图 7-8　Antaris 近红外光谱仪透反射采样模块（光纤透反射附件）

2. 漫反射测量附件

对于固体颗粒、粉末、包装材料等样品，如谷物、豆类、肉类等，漫反射是最常用的近红外光谱测量模式。漫反射过程中，光与样品表面或浅层内部发生相互作用，方向不断变化，最终携带信息的光又回到光源一侧，被检测器感应。目前主要有以下三种类型的测量附件。

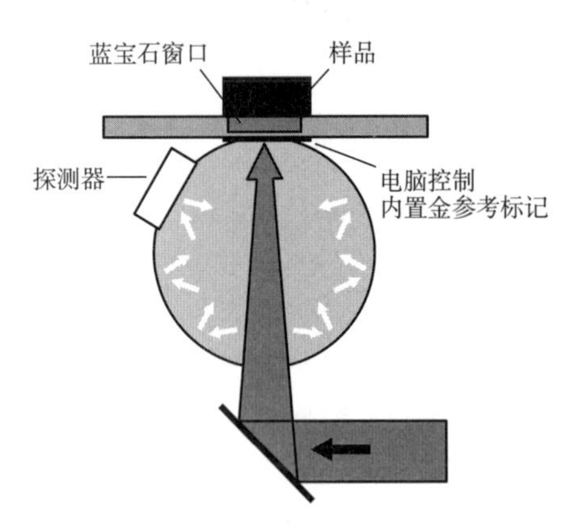

图 7-9　积分球附件光路示意图

（1）普通漫反射测量附件　图 7-9 是一种典型的漫反射测量附件光路示意图，来自分光系统的光照射到样品上，检测器与入射光成一定夹角，为收集更多的漫反射光，可在一定方向上安装多个检测器。为了减少样品不均性，可以将样品杯设计成旋转样品杯，以得到更有代表性样品光谱。

（2）积分球附件　对于固体、颗粒或粉体样品反射光谱测量，还常用积分球测样附件，其光路示意图如图 7-9 所示。当光照射到固体、颗粒或粉体样品上时，反射回来的光是不规则的，方向无序的，积分球的作用是可以将从物料反射回来的光经过多次反射，最终到达检测器进行信号累积，相对普通漫反射积分球可以收集更多的反射光，从而信噪比、重复性相对较高。

（3）光纤漫反射探头　光纤漫反射探头可以用来测量多类型的固体样品和液态样本，如水果、面粉、蜂蜜、牛乳等。为了有效收集样本漫反射的光，漫反射探头多采用光纤束。光线束根据功能分为光源光纤（传输来自光源或单色器的光）和检测光纤（传输来自样品的漫反射光）。光线束的排列有规则状的，如设计成同心圆，圆心为检测光纤，外圆环为光源光纤，或光源光纤和检测光纤按照一定规则均匀间隔排列；也有无规则状，随意排列。

测量时，光纤探头可以方便地对样品进行测量，如可以直接插入料桶，也可以直接对包装的样品进行测量。

3. 漫透射附件

对于牛乳、果汁等物料，当一束光照射到样品（非均匀相）上时，与均匀透明液体相比，除了吸收外，还有光的散射，因此对这类样品进行透射分析时，称为漫透射。它的测量方式与透射相同，只是光与物料的作用形式不同。对于这类物料进行漫透射测量时，所用附件与透射附件一致。

另外对于瓜果类物料，如苹果、梨、桃、番茄、西瓜、甜瓜等，由于物料水分含量高，对光有较好的透过性，且内部组织结构不均一，存在显著的散射现象。为了获取较深层的信息，对于此类物料也常用漫透射模式测量，如图 7-10 所示，安装遮光罩后，漫透射光纤探头紧贴物料表面，可以防止外部光干扰。

四、 近红外光谱仪的主要性能指标

1. 波长范围

仪器的波长范围是指该近红外光谱仪器所能记录的光谱范围，主要取决于仪器的光源种

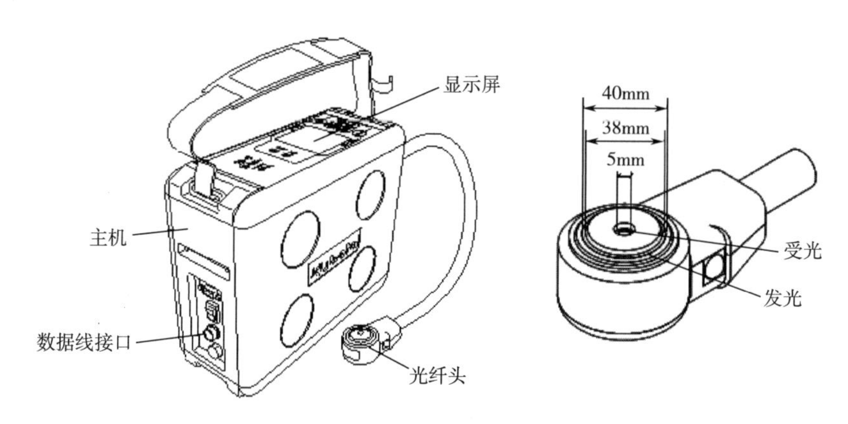

图 7-10　便携式可见/近红外光谱仪及漫透射光纤头附件示意图

类、分光系统、检测器类型和光学材料等。一般有三种类型：700（500）~1100nm 的短波（可见）近红外区，1100~2500nm 的长波近红外区，以及 700~2500nm 的全谱近红外区。对于长波近红外的单位也常用波数（cm^{-1}）来表示，波数和波长的关系为 $v=1/\lambda$（注意 $1cm=10^7nm$）。

2. 分辨率

光谱分辨率是指仪器区分相邻吸收峰可分辨的最小波长间隔，表示仪器实际分开相邻两谱线的能力，往往用仪器的单色光带宽来表示，它是仪器最重要的性能指标之一，也是仪器质量的综合反映。通常在 $16cm^{-1}$或 10nm（在 2500nm）的分辨率就可满足绝大多数分析对象的应用要求。

3. 波长的准确度

波长准确度是指仪器所显示的波长值和分光系统实际输出单色光的波长值之间的相符程度。波长准确度可用上述两值之差来表示，即波长误差。波长准确度对保证近红外光谱仪器间的模型传递非常重要。

4. 波长的精确度

波长精确度又称波长重复性，是指对同一样品进行多次扫描，光谱谱峰位置间的差异程度或重复性，通常用多次测量某一标准物谱峰所得波长的标准差来表示。波长精确度是体现仪器稳定性的一个重要指标，取决于光学系统的结构，与波长准确度一样，也会影响分析结果的准确性。

5. 吸光度准确性

吸光度准确性是指仪器对某物质进行透射或漫反射测量时，所测吸光度值与该物质真实值之差。主要是由检测器、放大器、信号处理电路的非线性引起。

6. 信噪比

信噪比就是样品吸光度与仪器吸光度噪声的比值。仪器吸光度噪声是指在一定的测量条件下，在确定的波长范围内对样品进行多次测量，得到光谱吸光度的标准差。仪器的噪声主要取决于光源的稳定性、放大器等电子系统的噪声、检测器产生的噪声及环境噪声。

7. 杂散光强度

杂散光是指分析光以外被检测器接收的光，主要是由于光学器件表面的缺陷、光学系统设计不良或机械零部件加工不良与位置不当等引起的，尤其是光栅型近红外光谱仪器的设计中，杂散光的控制非常关键，往往是导致仪器测量出现非线性的主要原因。

8. 分析速度

近红外光谱仪器往往被用于实时、在线检测或监测，分析样品的数量往往较多，所以分析速度也是值得注意的一项重要指标。仪器的分析速度主要由仪器的扫描速度决定。仪器的扫描速度是指在仪器的波长范围内，完成一次扫描、得到一个光谱所需要的时间。

9. 软件功能及数据处理能力

软件是近红外光谱仪器的主要组成部分。近红外光谱仪器的软件一般由两部分组成，一部分是仪器控制平台软件，它控制仪器的硬件，进行光谱数据采集，另一部分是数据处理软件，近红外光谱仪器的数据处理软件通常由光谱数据预处理、校正模型建立和未知样品分析三大部分组成，其核心是校正模型建立部分软件，它是光谱信息提取的手段，将直接影响到分析结果的准确性。

第三节　化学计量学方法与建模流程

近红外光谱分析技术是一种快速分析技术，能够在很短的时间内完成样品的分析，但这一切很大程度上依赖于数学模型的准确性和适应性。在近红外光谱分析中，最为耗时的是近红外光谱的数据分析。化学计量学是一门化学与统计学、数学、计算机科学交叉兴起的学科，可以用以对近红外测量数据处理和解析，最大限度地获取物质组成信息、结构信息。由于近红外光谱本身的多重共线性，仪器噪声的存在，以及环境的干扰，需要对光谱进行适当的异常数据识别及剔除，再进行优先数据挖掘，提取信息变量，以削弱非信号以及非正常样本引起的干扰，维护模型的准确性和适应性，从而达到建立一个相对稳定的预测模型。

一、常用的化学计量学方法

在近红外技术应用中，常用的化学计量学方法主要包括光谱预处理方法、光谱信息选择方法、定量建模方法三大类，具体的原理与计算方法请参阅《化学计量学》等相关专著，在此只做简要总结。

1. 光谱预处理方法

检测器检测到的光谱信号除含样品待测组分信息外，还包括各种非目标因素，如高频随机噪声、基线漂移、杂散光、样品背景等。因此，在数据分析前，首先应针对特定的光谱测量和样品体系，对测量的光谱进行合理的处理，减弱或消除各种非目标因素对光谱信息的影响，为稳定、可靠的校正模型的建立奠定基础。常用的光谱预处理方法包括：平滑、求导、标准正态化（Standard Normal Variate，SNV）、多元散射校正（Multiplicative Signal Correction，MSC）、小波变换（Wavelet Transform，WT）、正交信号校正（Orthogonal Signal Correction，OSC）和净分析物预处理（Net Analyte Preprocessing，NAP）等。

2. 光谱信息选择方法

光谱信息选择方法可以排除不相关或者非线性变量，同时减少建模变量达到简化模型的目的。在近红外定量和定性分析中，光谱信息变量选择方法主要有相关系数法（Correlation Coefficient，CC）、逐步回归分析（Stepwise Regression Analysis，SRA）、无信息变量消除法（Uninformative Variables Elimination，UVE）、竞争性自适应权重取样（Competitive Adaptive Reweighted Sampling，CARS）、连续投影算法（Successive Projections Algorithm，SPA）、区间偏最小二乘法（Interval Partial Least Squares，IPLS）、移动窗口偏最小二乘法（Moving Windows Partial Least Squares，MWPLS）、遗传算法（Genetic Algorithm，GA）等。大量文献给出了相关方法的具体算法和应用，在此介绍几种常用方法的特点如表 7-2 所示。

表 7-2　近红外光谱信息变量选择方法的特点和作用

方法	特点	作用
CC	光谱与目标值直接进行相关分析，计算简单。	可结合已知的化学知识给定一阈值，选取相关系数大于该阈值的波长参与模型建立。
SRA	按一定显著水平筛选出统计检验显著的波长，再进行多元线性回归。	用于 MLR 模型变量选择。
UVE	基于偏最小二乘法（PLS）回归系数 b 建立的一种波长选取方法，集噪声和浓度信息于一体。	常用于 PLS 模型的信息变量选取。
CARS	是基于回归系数进行波长选择，将波长看作个体模仿适者生存原则，对变量进行逐步淘汰。	筛选出 PLS 模型中回归系数绝对值大的波长变量，去掉权重小的变量，选出 *RMSECV* 最小的子集。
SPA	是一种向前循环选择方法，从一个波长变量开始，每次循环都计算它在未入选波长上的投影，将投影向量最大的波长引入到波长组合。每一个新入选的波长变量，都与前一个线性关系最小。	利用向量的投影分析，选择含有最小冗余度和最小共线性的有效波长，常用于 PLS 建模。
iPLS	将整个光谱等分为 n 个子区间，在每个区间进行 PLS 建模，分别计算 *RMSECV* 值。	以最小 *RMSECV* 值确定最佳信息区间，常用于 PLS 建模。
MWPLS	选取一定窗口的区间，移过整个光谱区间，不尽为一个数据点，在每个窗口下建立 PLS 模型，计算 *SSR* 值。	以最小 *SSR* 值定位出窗口所在位置，即为最佳信息区间，常用于 PLS 建模。
GA	经光谱数据进行编码，一个数据点代表一个基因，模拟生物进化，以适应度函数评价进化结果。	输出染色体为“1”的数据表示被选择，否则去掉，用于选择信息变量，常用于 PLS 和 MLR 建模。

3. 定量建模方法

定量建模方法又称多元定量校正方法，是建立光谱与物质浓度（或属性）之间的定量数学关系的一类算法。在近红外定量分析中常用的定量建模方法有多元线性回归（Multiple Linear Regression，MLR）、主成分回归（Principal Component Regression，PCR）、偏最小二乘回归

（Partial Least Squares，PLS）、人工神经网络（Artificial Neural Network，ANN）、支持向量机（Support Vector Machine，SVM）等。其中 PLS 法在近红外光谱分析中应用最为广泛，MLR 常用于专用仪器和便携仪器，而 ANN 和 SVM 等方法也越来越多地用于非线性的近红外光谱分析。

MLR、PCR、PLS、ANN 和 SVM 等建模方法对比如表 7-3 所示，每种方法都有其特点，在使用时根据数据特点进行选择，最终使用所建模型对未知样品进行预测，预测结果满足生产需要即可。

表 7-3 几种近红外常用建模方法的特点和作用

方法	特点	作用
MLR	需要进行变量选择，光谱变量与化学指标的关系易解释，模型简单，物理意义明确。	适用于样本数大于参与回归变量数的线性建模分析，常用于专用仪器。
PCR	通过提取测量矩阵中的有效主成分，有效降低噪声的影响，充分利用光谱信息。	适合于变量数大于样本数的系统建模分析。
PLS	对数据信息进行分解和筛选的方式，提取对因变量的解释性最强的综合变量，辨识系统中的信息与噪声，更好地克服变量多重相关性。	适合于变量数大于样本数的系统线性建模分析。
ANN	依靠系统的复杂程度，通过调整内部大量节点之间相互连接的关系，进行分布式并行信息处理。	适合于变量数大于样本数的系统非线性建模分析。
SVM	根据有限的样本信息在模型的复杂性（即对特定训练样本的学习精度）和学习能力（即无错误地识别任意样本的能力）之间寻求最佳折中，以期获得最好的推广能力。	解决小样本、非线性及高维的系统非线性建模分析。

4. 定量模型评价指标

（1）建模评价参数　近红外模型的评价一般采用相关系数（Correlation Coefficient of Calibration，R_C）、校正均方根误差（Root Mean Square Error of Calibration，*RMSEC*）、交互验证均方根误差（Root Mean Square Error of Cross Validation，*RMSECV*）以及相对分析偏差（Relative Prediction Deviation of Calibration，RPD_C）来评定。

① 相关系数（R_C）：

$$R_C = \frac{\sum_{i=1}^{I_C}(y_{ci}-\bar{y}_i)(\hat{y}_{ci}-\bar{\hat{y}}_c)}{\sqrt{\sum_{i=1}^{I_C}(y_{ci}-\bar{y}_i)^2}\sqrt{\sum_{i=1}^{I_C}(\hat{y}_{ci}-\bar{\hat{y}}_c)^2}} \tag{7-1}$$

$$\bar{y}_c = \frac{1}{I_C}\sum_{i=1}^{I_C} y_{ci},\ \bar{\hat{y}}_c = \sum_{i=1}^{I_C}\hat{y}_{ci}$$

式中　$\hat{y}_{ci}$——样品 i 模型计算值；

y_{ci}——样品标准值；

I_C——校正集样品数。

②校正均方根误差（*RMSEC*）：

$$RMSEC = \sqrt{\frac{\sum (y_{ci} - \hat{y}_{ci})^2}{I_C - p - 1}} \tag{7-2}$$

③交互验证均方根误差（*RMSECV*）：

$$RMSECV = \sqrt{\frac{\sum (y_{ci} - \hat{y}_{ci})^2}{I_C}} \tag{7-3}$$

式中　I_C——校正集样品数；

p——模型维度。

④相对分析偏差（RPD_C）：

$$RPD_C = \frac{SD}{RMSEC} = \frac{\sqrt{\sum_{i=1}^{n} (y_{ci} - \bar{y}_c)^2/(I_C - 1)}}{\sqrt{\sum_{i=1}^{n} (y_{ci} - \hat{y}_{ci})^2/(I_C - p - 1)}} \tag{7-4}$$

当 $R^2 \geqslant 0.90$ 时，模型具有良好精度；当 $0.70 \leqslant R^2 < 0.89$ 时，模型具有较好精度；当 $0.50 \leqslant R^2 < 0.69$ 时，模型可用于定性；当 $R^2 < 0.49$ 时，模型稳健性较差。*RPD* 值越大，表明模型的预测性能越好。

（2）预测评价参数　预测主要以外来未知样品集对模型进行评价，主要有：预测相关系数（Correlation Coefficient of Prediction，R_P）、预测均方根误差（Root Mean Square Error of Prediction，*RMSEP*）、预测相对分析偏差（Ratio of Prediction Deviation of Prediction，RPD_p）。

①预测相关系数（R_P）：

$$R_P = \frac{\sum_{i=1}^{I_p} (y_{pi} - \bar{y}_i)(\hat{y}_{pi} - \bar{\hat{y}}_p)}{\sqrt{\sum_{i=1}^{I_p} (y_{pi} - \bar{y}_i)^2} \sqrt{\sum_{i=1}^{I_p} (\hat{y}_{pi} - \bar{\hat{y}}_p)^2}} \tag{7-5}$$

$$\bar{y}_p = \frac{1}{I_p} \sum_{i=1}^{I_p} y_{pi}, \quad \bar{\hat{y}}_p = \sum_{i=1}^{I_p} \hat{y}_{pi}$$

式中　y_{pi}——样品 i 的真实值；

$\hat{y}_{pi}$——样品 i 的预测值；

I_p——预测集样品数。

②预测均方根误差（*RMSEP*）：

$$RMSEP = \sqrt{\frac{\sum (y_{pi} - \hat{y}_{pi})^2}{I_p}} \tag{7-6}$$

③预测相对分析偏差（RPD_p）：

$$RPD_P = \frac{SD}{RMSEP} = \frac{\sqrt{\sum_{i=1}^{m} (y_{pi} - \bar{y}_p)^2/(I_P - 1)}}{\sqrt{\sum_{i=1}^{m} (y_{pi} - \hat{y}_{pi})^2/I_P}} \tag{7-7}$$

当 R_p越大，趋近于1，*RMSEP* 值越小，RPD_p越大则模型的适应性越好。当 *RPD* 值大于3时认为模型的预测能力是完美的，在1.5~3时认为模型可以进行指标的定量控制，当该值小于1.5时认为模型只能进行相关指标的定性判别，当该值为1时认为该模型不能进行准确的预测。

5. 定性建模方法

在实际工作中，经常遇到一些只需要知道样品的类别或等级，并不需要知道样品的组分及其含量的情况。有时，即使使用定量分析的方法测出了样品中某些组分的含量，也很难确定样品属于哪一类。而且定量分析模型的精度常取决于标准方法的准确度，如果标准方法的准确度不高，定量分析将不可能得到准确而理想的结果。定性分析是依靠已知样品及未知样品谱图的比较来完成的，已有一些方法可以应用于近红外光谱的定性分析。

光谱的定性分析常利用模式识别方法，该方法又可分为有监督的方法、无监督的方法和图形显示识别三类。

有监督的方法需要有训练集，通过训练集建立数学模型，用经过训练的数学模型来识别未知样本，未知样本的分类数由训练集确定。具体方法包括线性学习机（Linear Learning Machine，LLM）判别分析，K最邻近法（K-Nearest Neighbour，KNN），族类独立软模式（Soft Independent Modeling of Class Analogy，SIMCA），人工神经网络、偏最小二乘判别（Partial Least Squares-Discriminant Analysis，PLS-DA）等。

无监督的方法不需要训练集训练模型，未知样本的分类数可以预先给定，也可以根据实际分类结果确定。聚类分析是无监督方法的典型代表。该方法特别适用于样本归属不清楚的情况。

图形识别是一种直观有效的方法。在实际中，可以利用人类在低维数空间对模式识别能力强的特点，将高维数据压缩成低维数据，实现图形识别。

二、近红外分析模型的构建流程与方法

一般近红外光谱技术的应用包括三大过程（图7-11）：校正过程、验证过程、预测过程。一个成熟的近红外模型的建立往往需要收集大量样本，特别是农产品一般包括不同品种、不同产地、不同年份等，同时需要借助多种化学计量学方法的辅助，但一旦建成一个较为成熟的模型，就可以在一段时间内用于样品的快速、精准分析，大大节省分析成本，提高效率。

1. 具有代表性的建模样品的收集

建模样品为从总体中抽取的有限个（一般是几十个）能代表研究对象总体的适合分析的样品。这里说的代表性是指同一材料（如同一种作物）中的不同类型、不同品种、不同来源以及待测组分含量分布等。待测组分含量范围应覆盖被测样品中该组分的含量范围，而且在这范围内建模样品的分布尽量是均匀的。如果有足够的数量，同一类型的品种可做单独建模，这样会得到更好的效果。

2. 光谱数据的测量

在测定光谱数据时，应注意到仪器状态和环境因素的变化，测量条件尽量保持一致。另外，根据样品的物化性质，选择最佳的采谱方式。合适的光谱测量方式应满足以下条件：①光谱的重复性和再现性好；②测试方便、快捷；③光谱的信噪比高；④光谱包含的样本物化信息完整。

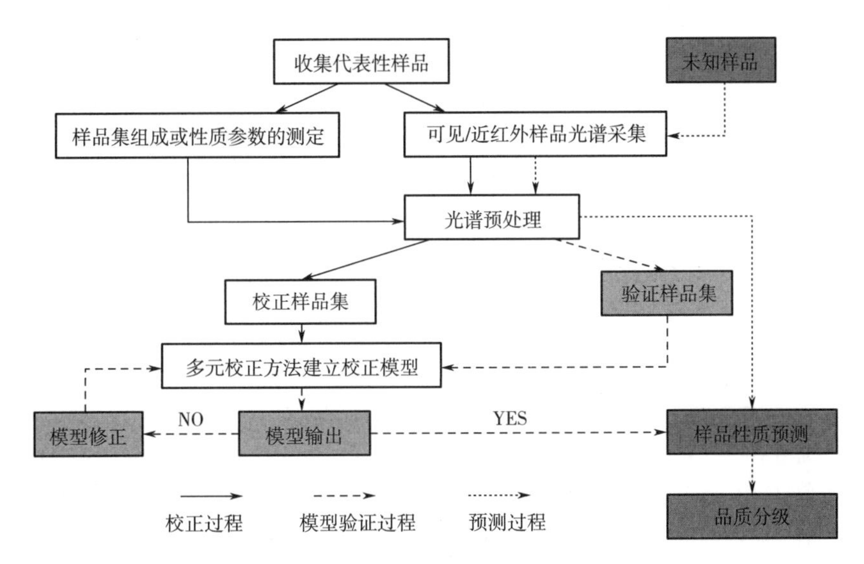

图 7-11　近红外光谱分析技术应用流程

由于食品物料类型较多，评价的角度和需求不一样，因此选择一种合适的采谱模式就显得尤为重要，针对不同样品应选择合适的采谱模式，请参阅近红外光谱仪的测量附件章节。

3. 建模样品被测组分化学分析值的测定

校正模型是由建模样品被测组分的化学值和相关近红外光谱的吸光度或光密度值经回归得到的，因此模型预测结果的准确性很大程度上取决于标准方法测得的化学值的准确性，只有准确的化学值才能得到可靠的回归模型，从而保证未知样品预测的准确性。

参考化学值测定时，须注意以下几点：①参考国际或国家标准方法测定建模样品的化学值；②食品取样测定光谱后及时测定化学值，特别是果蔬生鲜样品，且要保证光谱测试点和化学测试点一致；③尽可能在一台仪器上，用熟练的工作人员测定化学参考值；④为得到准确性高的基础数据，有时需要多次测量取平均值。

4. 异常样本识别

样本异常是指由于实验操作（光谱测量和化学值测量）不当而引起的样本光谱或化学值异常，以及样本本身离群而超出设定的置信度范围。因此，在建立校正模型前，须先对异常样品进行剔除。计算所有样品光谱的马氏距离（Mahalanobis Distance，MD），并从小到大排列，在 95%的置信度下采用 Chauvenet 检验来识别异常光谱。另外样品杠杆值（Leverage 值）与学生残差（Studentized Residual）也用于样品异常判别，样品的杠杆值大小表明了样品对模型的影响程度，位于被测组分浓度和性质两端（高端和低端）的样品具有较大的杠杆值，位于被测组分和性质均值附近的样品杠杆值较小。通常以杠杆值平均值的 3 倍和学生残差值 3 作为异常判定阈值。

5. 样本分集

样本分集是指将所为样本分为校正集和预测集，校正集用于建立模型，预测集用于验证模型。如样本数较少时，也可以采用留一法的内部交互验证来评估模型。样本分集一般有三种方法。

（1）随机分类（RS）法　RS 方法随机性大，并不能保证所选出的样本有足够的代表性。

而且存在选择的建模集样本属性范围小于预测集样本的属性，致使模型预测外延而不准确。

（2）Kennard-Stone（KS）法　KS方法是将光谱差异大的样本选入校正集，其余样本归入验证集。但是对于低含量或者低浓度的范围，样本之间光谱变化很小，往往选出的样本也不具有代表性。

（3）浓度排序（CS）法　CS方法是依据浓度或化学值大小排序，按照设定的比例（如3∶1或2∶1）将样本分为校正集和预测集，化学值的最大和最小样本归为校正集。牛乳样本根据CS法分集后，其成分量和样品数的分布如图7-12所示，可以看出校正集覆盖了预测集，而且分布规律相同，都满足正态分布。

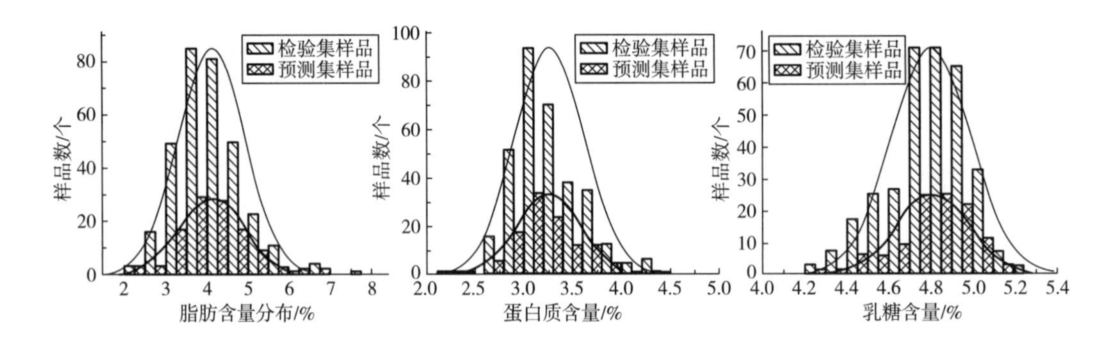

图7-12　根据成分含量分集后样品分布图

6. 光谱数据的预处理及模型构建

光谱数据预处理方法同上，在此不做赘述。

对于特定的应用环境，应根据数据的特点恰当地选择建模方法，在能满足生产要求的条件下，模型越简单越有利。

7. 模型验证

在模型建立完后，需要对模型的准确性、重复性、稳健性、传递性进行评估。

准确性：在相同条件下测试验证集光谱和化学参考值（不少于28个样本），用前述的R_P、$RMSEP$、RPD_P等参数来评价。

重复性：从验证集中选择少量样本（一般不少于5个），这些样本应是均匀分布且覆盖校正集浓度范围的95%及以上。对每个样本进行多次（一般不少于10次）连续测量，光谱采集时要重复装样，用所建模型进行预测，通过平均值、极差和标准偏差来评价模型的重复性。

稳健性：稳健性是指模型抗外界干扰的能力，这些因素包括测试器皿的更换、光线弯曲差异、光源更换、参比更换、装样条件变化、温湿度变化以及物料物理状态不一致等。对于温度的因素变化，可以考虑在模型中引入这些变量，做温度修正的处理。对于考察装样器皿变化，可以采用不同批次同规格的器皿装样，通过平均值、极差和标准偏差来评价。

传递性：模型的传递很大程度上取决于仪器硬件的一致性，但在使用中不可避免地要进行部件更换，特别是分光系统部件、检测器部件、光源部件等。为了考察模型的传递性，可以采用一个模型分别对不同仪器上测量的光谱进行预测，以平均值、极差和标准偏差来评价模型的传递性。

8. 模型维护与更新

在实际使用过程中，如果样品本身发生改变，需要判定模型是否可用。样本是否在模型覆盖范围，可以通过以下 3 种方法判定：①马氏距离：如果待测样本马氏距离大于校正集的最大马氏距离，则说明待测样本的化学值浓度超出了模型范围；②光谱残差：如果样本的光谱残差大于规定阈值，则说明待测组分含有校正集所没有的组分；③最邻近距离：若待测样本与所有校正集样本之间的最小距离（最邻近距离）超出规定阈值，则说明待测样本落入到了校正集分布比较稀疏的区域，其预测结果可能不准确。

不论仪器多么稳定，算法多么先进，模型库有多强大，其所建模型都不可能一劳永逸，因此需要对模型进行维护或更新，方法主要有：①遇到界外样本时，如果是样本本身发生了变化，则需要将该样本扩充到模型中；②遇到界外样本时，如果是非样本本身发生了变化，如光谱仪改变、光源异常、温度波动等引起，则需要明确具体因素并加以控制，保证分析条件的一致性；③在后期模型扩充时，应该添加一定量的新类型样本，以避免被识别为异常排除。

第四节　近红外光谱分析技术在食品领域中的应用

随着光学、计算机数据处理技术、化学计量学理论和方法的发展，以及新型 NIR 仪器的不断出现和软件版本的翻新，近红外光谱技术的稳定性、实用性和准确性不断提高，其非破坏、快速、简便及可同时测定多成分的优点不断被人们所认可。利用近红外光谱技术可以进行食品成分的定量分析、缺陷识别、加工特性的测定。测量的食品形态可以是固态、液态、粉状、糊状。通过多种多样的测样附件及不同的光路组合，几乎可实现对所有食品的定性或定量测量。

一、 近红外光谱在粮食及加工中的应用

1. 小麦籽粒成分的 NIR 定量分析

样品：某产区选择 31 个小麦种植点，连续采集 3 年，共有 93 份样品（每份样品不少于 500g）。

光谱仪器：Antaris Ⅱ 型傅里叶变换近红外光谱仪（Thermo Nicolet，美国），配备积分球附件，使用 InGaAs 检测器，光谱范围 12000~3800cm^{-1}，分辨率为 2~16cm^{-1}。

光谱数据采集：采用积分球模式测量漫反射光谱，其光谱分辨率为 8cm^{-1}，旋转杯偏心距为 8mm，扫描 32 次取平均输出。不重复装样测量 3 次，取其平均光谱作为样品最终光谱。其光谱如图 7-13 所示。

标准值测定：蛋白质、水分、湿面筋含量、沉降值均采用国标测定。

模型构建：采用前述方法进行，依照浓度排序（CS）法将数据集分为建模集和预测集，建立 PLS 模型。小麦籽粒蛋白质、水分、湿面筋含量、沉降值的 PLS 模型统计结果如表 7-4 所示。预处理方法选用了多元散射（MSC）、二阶导数（2D）和 Norrise 导数滤波［N（5，5）］。

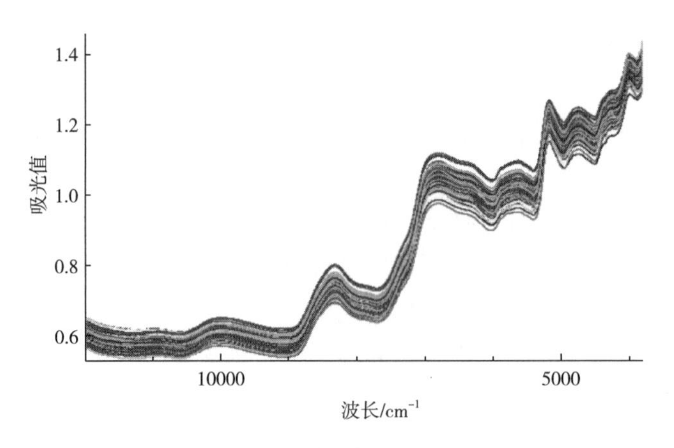

图 7-13　小麦籽粒漫反射光谱图

表 7-4　小麦籽粒蛋白质、水分、湿面筋含量、沉降值的 PLS 模型统计结果

成分	建模光谱区间/cm^{-1}	预处理方法	因子数	R	$RMSEC$	r	$RMSEP$
蛋白质	4000~10000	MSC+2D+N（5，5）	5	0.990	0.424	0.984	0.550
水分	4000~10000	MSC+2D+N（5，5）	5	0.994	0.098	0.986	0.104
湿面筋	4000~10000	MSC+2D+N（5，5）	5	0.986	1.210	0.978	1.660
沉降值	4000~10000	MSC+2D+N（5，5）	5	0.983	2.280	0.965	2.830

从表 7-4 可以看出，小麦籽粒 4 种指标的模型均选择了同样的预处理方法，这在后期的应用时可以实现采集一次光谱实现 4 个指标同时输出。从结果来看，模型的稳健性和准确性都较高，可以用于实际生产。

2. 谷物品质在线 NIR 分析

将近红外光谱检测器安装在联合收割机上，用于检测谷物中水分及蛋白质含量。近红外传感器安装在洁净的谷仓旁管上（图 7-14），采用漫反射模式采集近红外光谱。采用 PLS 分别建立水分和蛋白质定量模型，其 *RMSECV* 分别为 0.57%和 0.31%，具有良好的精度，满足实际生产需要。

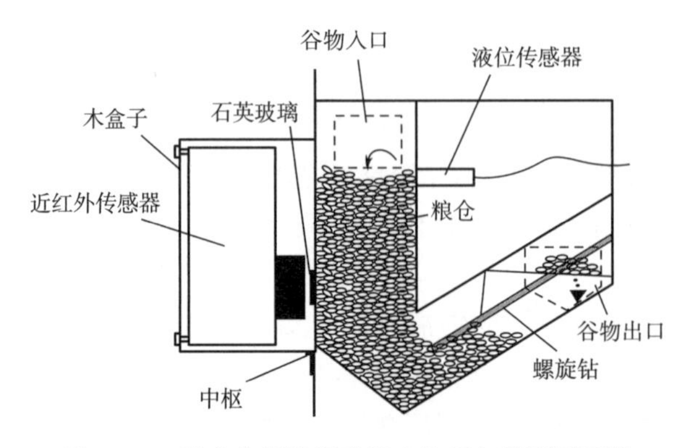

图 7-14　联合收割机提升器上的近红外测量系统

一种基于近红外技术的大米品质自动检测系统（图 7-15），这个系统可依据大米品质将其分为 6 个等级，采用了大功率光源，采集漫透射光谱。对大米（精米/糙米）水分和蛋白质含量进行检测，其模型预测标准偏差分别为小于 0.7 和 0.4。单粒糙米品质近红外高速检测系统（图 7-16），采用的是小窗口漫反射光谱采集模块，其近红外采集采取透射方式（1100～1800nm），PLS 和 MLR 模型具有相近精度，糙米的干基水分和干基蛋白质含量预测偏差分别为 0.24%和 0.40%。

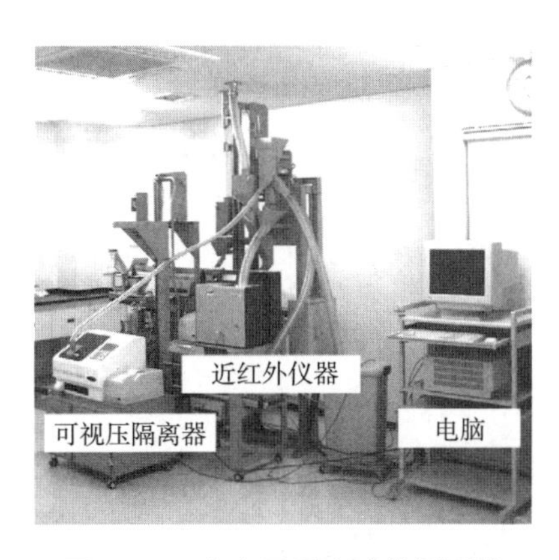

图 7-15　大米品质自动监测系统

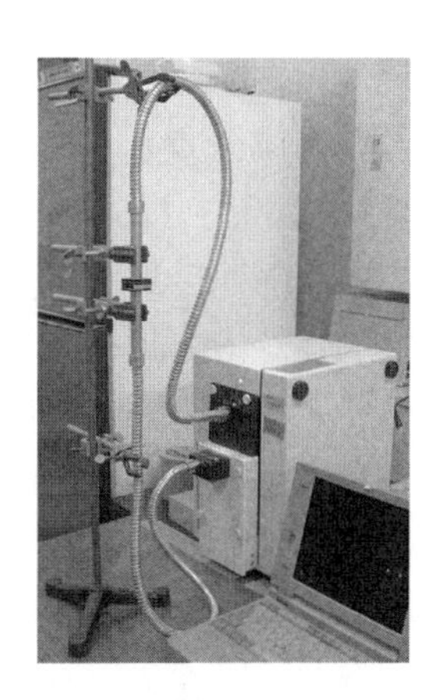

图 7-16　单粒糙米品质近红外检测装置

二、近红外光谱在其他食品加工中的应用

1. 牛乳品质监控系统

基于光纤传感技术的近红外光谱实时牛乳监控系统，该系统光谱范围为 600～1050nm，用于挤乳过程非均质牛乳的成分，如脂肪、蛋白质和乳糖监测。该系统不仅可以为乳牛生产者提供牛乳品质的信息，而且还可以提供每头牛生理状况的实时信息。

图 7-17 是以色列的 S. A. E Afikim 公司开发的基于近红外透射的牛乳检测魔盒，其功能多样，在挤乳的同时，能在线检测原料乳的各种成分，包含乳脂、乳蛋白、乳糖、总固体、尿素，血、体细胞。乳脂、乳蛋白的含量只要发生细微的变化，魔盒就能马上检测出来，这又间接反映了牛的消化功能或其他方面的疾病，便于牛场管理。

图 7-17　挤乳过程牛乳品质近红外在线检测系统

2. 啤酒原辅料及成品酒分析

近红外技术可用啤酒原辅料（大麦、麦芽、酒花）和啤酒的成分分析。大麦作为啤酒酿造必不可少的原料，近红外分析的主要有：蛋白质、水分、淀粉和脂肪等。近红外分析麦芽的品质指标主要有：浸出率、库值、糖化力、总氮、总酸、α-氨基氮、黏度、水分、脆

度、总酸等指标，麦芽各品质指标近红外模型的交叉检验均方差均满足生产要求。

麦芽的浸出物是指麦芽经过糖化过程溶解的物质总量（包括糖、糊精、含氮物质、多酚物质、麦胶物质、矿物质等），而库值是指麦芽中可溶性氮占总氮的比例。采用 Antaris Ⅱ型近红外光谱仪（Thermo Fisher，USA）积分球附件，实现浸出物和库值检测，其结果分别为 $R=0.947$，$RMSECV=0.54$ 和 $R=0.955$，$RMSECV=1.25$。

分别在空气背景和蒸馏水背景下使用不同光程样品池（1.5mm），选择不同光谱分辨率（$8cm^{-1}$，$16cm^{-1}$，$32cm^{-1}$）采集 83 个不除气啤酒样品的近红外光谱，并应用 PLS 和 SMLR 方法，对啤酒的真实浓度、原麦汁浓度以及酒精度三种主要成分进行回归分析，并建立相应的定标与预测模型。结果发现：不同背景、不同分辨率、不同光程条件下的定标预测结果相近，SMLR 模型预测结果优于 PLS，最优状态下的真实浓度、原麦汁浓度以及酒精度的交叉验证均方差（*RMSECV*）分别为 0.091、0.115 和 0.050。

3. 水果（苹果、梨）品质评价

样品：富士苹果、砂梨、洋梨来源于不同产区，挑选大小一致、外观无明显缺陷果用于实验，建立近红外模型。其样品信息统计结果如表 7-5 所示。

表 7-5 果品信息统计表

类别	品种	来源	样品数	糖度/%		硬度/N	
				范围	标准偏差（*SD*）	范围	标准偏差（*SD*）
苹果	富士	新疆阿克苏地区	660	10.4~23.8	2.03	—	—
沙梨	丰水、圆黄、黄金	北京大兴区	720	9.7~17.6	1.70	—	—
洋梨	阿巴特，凯斯凯德，康佛伦斯，红考密斯，五九香	北京大兴区	468	11.3~18.5	1.14	1.85~71.19	58.1

光谱仪器：Antaris Ⅱ型傅里叶变换近红外光谱仪（Thermo Nicolet，美国）和 K-BA100R 型便携式近红外光谱仪（Kubota 株式会社，日本）。

光谱采集：①采用 Antaris Ⅱ型傅里叶变换近红外光谱仪的光纤附件，采集苹果、砂梨漫反射光谱（$4000\sim12000cm^{-1}$），分辨率 $8cm^{-1}$，扫描 16 次取平均，光谱保存为 Log（$1/R$），R 为反射比。②由于洋梨果皮厚，不利于近红外光穿透，因此采用 K-BA100R 型便携式近红外光谱仪的光纤探头，采集洋梨漫透射光谱。样品和背景积分时间分别为 200ms 和 50ms，采集光谱范围为 500~1010nm，间隔为 2nm，共有 256 个数据点。在每个梨的标示位置测定，累积 5 次取平均值作为输出光谱。

标准值测定：①采集洋梨光谱后，在光谱采集位置，去掉果皮后，采用 TA-XT2i 型组织分析仪（Stable Micro Systems，Surrey，英国）测定洋梨硬度真实值，测试探头选用直径 6.0mm 的圆平头，加载速度 2.0mm/s，测试深度 8.0mm。②糖度参照食品卫生检验方法理化部分总则（GB/T 5009.1—2003），在对应光谱采集面上取直径约 40mm 果肉挤汁测定 *SSC* 标准值，手持数字式糖度仪 PAL-1 型（Atago，日本）用于测量可溶性固形物含量，读数结果为%Brix，具备自动温度校正功能。

模型构建：采用前述方法进行，依照浓度排序（CS）法将数据分为建模集和预测集，采用前述预处理方法进行数据处理，建立预测模型。其苹果、沙梨、洋梨模型及预测结果如表 7-6 所示。

表 7-6　苹果、沙梨、洋梨模型及预测结果

类别	模型	建模变量	*R*	*RMSEC*	*RMSEP*	预处理方法
苹果	PLS	4355 ~ 4983，5303 ~ 5932，8466~9727，10047~10676	0.940	0.669	0.701	DT+SNV
沙梨混合	PLS	11714 ~ 11185，8786 ~ 8524，7455 ~ 7193，6657 ~ 6395，5326~5064，4794~4266	0.863	0.627	0.641	MSC
洋梨混合	MLR *	650，756，784，830，886，904	0.892	0.569	0.557	2D+S-G 平滑+OSC
	MLR#	632，676，772，828，942	0.782	9.106	9.133	2D+S-G 平滑+OSC

注：* 为洋梨 SSC 模型；#为洋梨硬度模型。

4. 苹果水心及腐心病检测

水心苹果是一种生理失调现象，最后可能自吸收或者导致褐变，但其风味独特越来越受到人们青睐。图 7-18 为三类苹果样品照片，外观毫无差异，剖面图可以看出有明显不同，褐腐病发部位在果核周围，水心病发部位在果肉区；轻度水心苹果在储藏中水心可以自吸收，而中度水心果可发生褐变。短波近红外透射光谱仪（500~1100nm）（图 7-19）用于采集苹果漫透射光谱。并直接采用可见-近红外能量光谱建立苹果褐腐病、水心鉴别的新方法，水心苹果判别正确率达 98.1%，褐腐病苹果判别正确率为 100%，该方法对仪器光源稳定性要求较高，否则需要对光谱进行校正。

图 7-18　三种苹果样品外观及剖面照片（左）及水心苹果在储藏后期变化（右）

5. 基于近红外技术的果品在线分级

果品近红外在线分选技术不但可以对每个果实进行大小等级分选，还可进行糖酸度、内部褐变等评价。日本 CITRUS SENSOR 系统如图 7-20 所示，该系统主要以柑橘为检测对象，采用了透射方式。

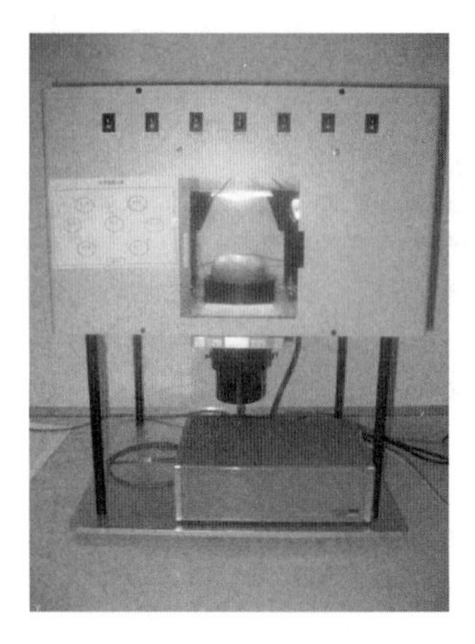

图 7-19　短波近红外透射光谱仪及光源布局

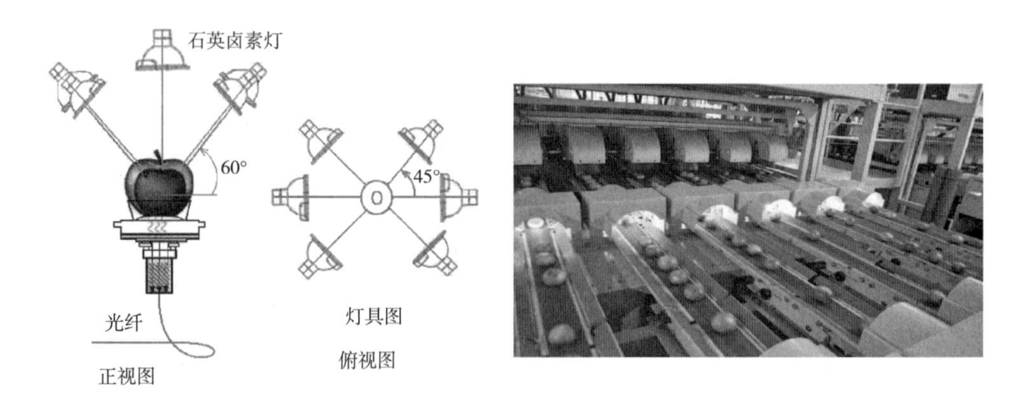

图 7-20　近红外在线果品品质分选系统

第五节　近红外光谱成像技术

近红外光谱图像实际上是获取了样本测试面上两个空间维度和一个波长维度的近红外光的吸收或透射强度，称为“超立方体（Hypercube）”。

按照光谱分辨率的高低，近红外光谱成像技术可分为多光谱成像和高光谱成像；依据空间分辨能力的高低和成像方式，近红外光谱成像又可分为用于常规尺寸样本分析的近红外成像技术和微区分析的显微近红外成像技术。在食品领域，主要是采用了近红外光谱区高分辨率的高光谱成像技术，在本节中主要介绍高光谱成像技术原理和分析方法。

一、　高光谱成像原理

高光谱成像（Hyperspectral Imaging，HSI）技术是由高光谱遥感成像技术发展起来的一项技术。高光谱图像是在特定波长范围内由一系列波长处的光学图像组成的三维图像块，如图

7-21 为高光谱图像三维数据块的示意图，x 和 y 表示二维平面像素信息坐标轴，第三维（λ 轴）是波长信息坐标轴。从中可以看出，高光谱图像既具有某个特定波长 λ_i 下的图像信息，并且针对 x-y 平面内某个特定像素，又具有不同波长下的光谱信息。

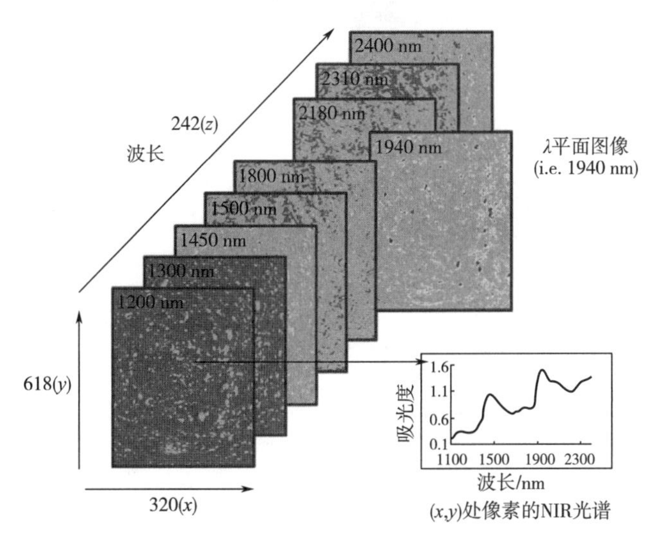

图 7-21　高光谱图像的空间与波长三维数据块示意图

HSI 是针对某个测试目标，在每个空间点位置由数百个连续波长下的反射（或透射）值的叠加而成。HSI 集样品的图像信息与光谱信息于一身。由于光谱信息能充分反映样品内部的物理结构、化学成分，内部结构的差异可以通过特定波长下的光谱值来表现，在每个特定波长下，x-y 平面内每个像素点的灰度值又与其在该波长下的光谱值之间一一对应。图像信息可以反映样品的形状、缺陷等外部品质特征，由于不同成分对光谱吸收也有不同的影响，在某个特定波长下图像对某个缺陷会有较显著的反映。这些特点决定了高光谱图像技术在农产品内外部品质的检测方面的独特优势。

二、　高光谱成像仪器及实验技术

高光谱成像系统一般由近红外光源、光学成像系统、分光系统、检测器、移动样品台和计算机系统组成，如图 7-22 所示。

高光谱成像仪器一般采用近红外卤素灯光源。分光系统可以采用滤光器、光栅、可调滤光器或干涉仪。在宏观成像系统中，成像光学系统常采用聚焦透镜。检测器有单点、线阵和面阵检测器（FPA）3 种类型，材料主要有硅、铟镓砷（InGaAs）、锑化铟（InSb）、硒化铅（PbSe）等。单点、线阵和面阵检测器对应的 3 种成像模式如图 7-23 所示。对于近红外光谱图像信息获取，铟镓砷面阵检测器效果最好，但出于成本考虑，目前仪器常用线阵检测器，结合快速光谱扫描和移动平台实现图像获取；硅检测器一般用于面阵检测器（如 256×256 像素），用于短波近红外光谱成像。

目前没有同时获取三维光谱图像的方法，面阵检测器可以同时采集二维数据，然后按照第三个维度方向将数据片段拼接起来；而单点或线阵检测器则需要更加复杂的拼接方法。因此，高光谱图像的扫描模式有适用于单点、线阵检测器的绘图方式，以及适用于面阵的推扫式和凝

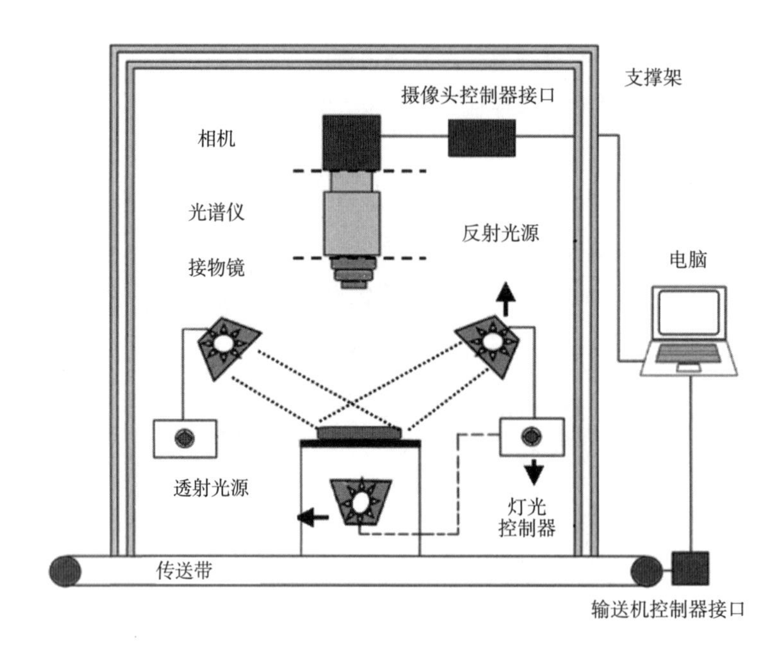

图 7-22 高光谱成像系统示意图

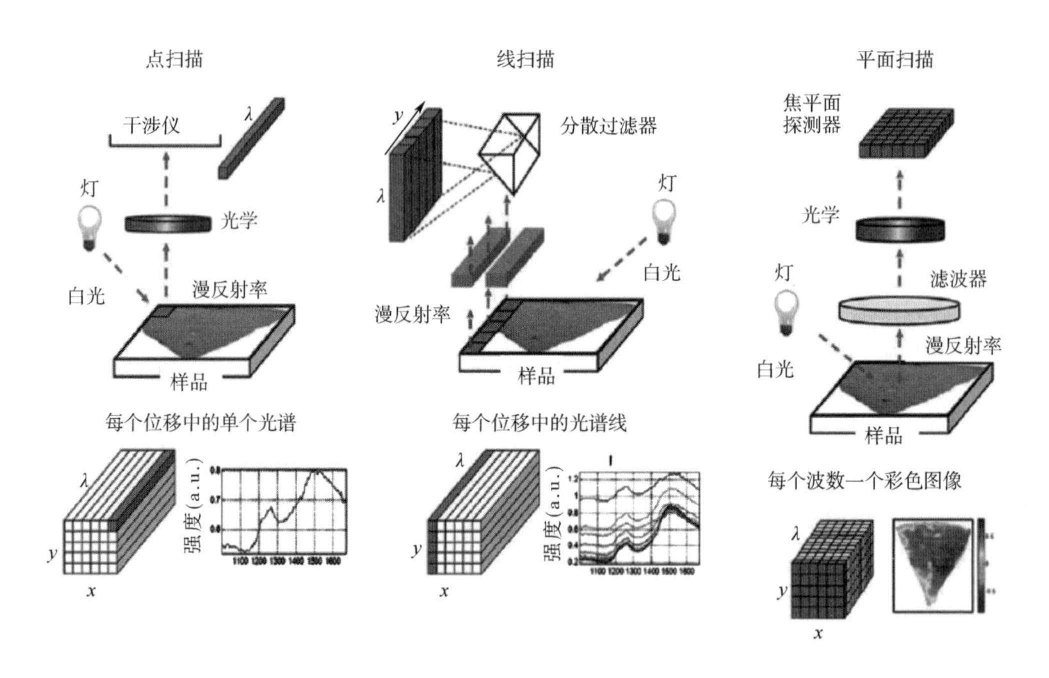

图 7-23 3 种检测器成像模式的工作原理

视成像方式。推扫式和凝视式成像速度快，高端仪器往往配套的是面阵检测器。对于显微近红外成像，使用的是线阵列或焦平面阵列检测器。

近红外高光谱成像一般有透射、漫反射和衰减全反射（ATR）三种测量模式。三种测量模式的特点及应用领域如表 7-7 所示。

表 7-7　　近红外高光谱成像测量模式特点及应用

成像模式	特点	应用领域
透射	检测器与光源位于样本两侧。可控制成像焦点以实现透过玻璃容器和包装膜直接采集样本图像。	薄膜或生物组织等透明或半透明的物料。液体样本需置于载玻片或培养皿内，固体样本需切片或压片。
漫反射	检测器与光源位于样本同侧。样本无须稀释、切片或表面处理。样本厚度要求不小于1mm，对于小颗粒已发生瑞利（Rayleigh）和米尔（Mie）散射。要求较高的光源强度和检测器灵敏度。	可用于食品、药品、农作物及艺术品表面成像。粉末样品需控制颗粒大小或压样力度，数据处理时需采用散射校正。
衰减全反射	ATR 成像无须控制光程，多用于显微成像技术，是表层成像。受晶体与样品折射率影响，测量时晶体与物料表面紧密结合，不适合表面不平整的硬质物体。	适合材料涂层、生物组织、医疗诊断领域。比较适合质地柔软材料或组织。

近红外光具有较强的热效应，在对活体组织测定时，注意避免长时间定点扫描致使样本脱水，使得组织收缩，焦距发生改变使得图像模糊。对于高水分含量的生物组织或有可挥发性物质的样品，可采用覆膜处理，减少脱水或挥发，保证采集的图像正确和清晰。

三、高光谱成像表达方法

1. 总吸收成像（TAI）

TAI 是一种用每个像素的光谱在各波数（或波长）处的吸收强度值总和进行成像的图像数据可视化表达方式。在 TAI 中，高亮度像素表示该位置的总吸收强度大，低亮度像素表示该位置的总吸收强度低。总吸收成像反映出图像视区范围内每个像素的总体吸收强度情况，但对于复杂体系，TAI 不能直接表达各像素位置的组分成分。

2. 单波数（或波长）成像（SWI）

SWI 是一种采用显微近红外成像中各像素光谱在指定波数（或波长）处的吸收率（或透过率）值进行成像的图像数据可视化表达方式。在 SWI 中，各像素值的本质是特征峰的峰高值（或吸收值）或者是相对峰高值（或相对吸收值）。在成像前，可以指定参考波数（或波长），用相对峰高值（或吸收值）进行单点成像，以减少光谱平移对成像结果的影响。在 SWI 中，高亮度像素表示在指定波数（或波长）前提下，该位置的峰高值（或吸收值）或相对峰高值（或相对吸收值）较大，低亮度像素表示该位置的峰高值（或吸收值）或相对峰高值（或相对吸收值）较小。单点成像可以比较直观地反映出目标化合物在显微近红外成像范围内的分布情况，但对于吸收峰特征不明显的体系，成像效果欠佳。

3. 峰面积成像（AI）

AI 是一种采用显微近红外成像中各像素光谱在指定吸收峰的积分面积或相对积分面积值进行成像的图像数据可视化表达方式。在获取峰面积成像前，可以指定吸收峰的左、右波数（或波长）作为积分范围。用相对积分面积值进行成像，可强化谱峰特征，减小光谱平移对成像结果造成的影响。峰面积成像中，高亮度像素表示在指定特征峰的积分面积或相对积分面积值较大，低亮度像素表示在指定特征峰的积分面积或相对积分面积值较小。峰面积成像可以直观地反映出特征化合物在显微近红外成像范围内的分布情况，但对于特征峰积分面积或相对积分面积值差异不大的体系，成像效果不佳。

4. 峰比值成像（BRI）

BRI 是一种采用显微近红外成像中各像素光谱在指定两个位置的峰高值（或积分面积）或相对峰高值（或相对积分面积）的比值进行成像的图像数据可视化表达方式。在获取 RBI 前，指定特征吸收峰及参比吸收峰的左、右参考波数（或波长）作为峰面积积分范围，用来强化谱峰特征。在 BRI 中，高亮度像素代表该位置物质的特征峰与参比吸收峰的积分面积值（或相对积分面积值）较大，低亮度像素代表该位置物质的特征峰与参比吸收峰的积分面积值（或相对积分面积值）较小。BRI 可以直观地反映出特征化合物在成像范围内的分布情况，对研究物质的官能团变化过程作用重大。

5. 相关成像（CCI）

CCI 是一种采用显微近红外成像中各像素光谱数据与制订的参比光谱数据的相关系数进行成像的图像数据可视化表达方式。CCI 中，各像素信息的本质是该像素光谱数据与参比光谱数据的相关系数。获取 CCI 前，需要指定参比光谱，以该参比光谱的指定波数（或波长）范围为基准，将各像素的光谱在指定波数（或波长）范围内的数据与参比光谱数据计算相关系数，再按原坐标位置用相关系数进行成像。CCI 中，高亮度像素表示该位置物质的光谱数据与参比光谱数据具有较高的相关性，低亮度像素表示该位置物质的光谱数据与参比光谱数据具有较低的相关性。相关成像可以充分利用光谱信息进行成像，可直观反映特征化合物在显微近红外成像范围内的分布情况。

四、 高光谱图像数据处理方法

高光谱数据分析方法与前述相似，在此介绍几种高光谱图像重构方法。

（1）等高线图　等高线图是将显微近红外成像图上邻近的具有相同或相近成像值的像素用平滑曲线进行连接的成像表达式。如以相关成像图来处理，则等高线数字表示该成像范围的相关系数。

（2）投影图　显微近红外光谱成像的数据包括了二维空间坐标、波数维、吸光度维的多维数据。而单点成像、峰面积成像、峰比值成像、相关成像由 3 个维度组成，即二维空间、坐标、成像数值维。为了将显微近红外成像数据在二维空间进行可视化表达，将高维数据向二维空间投影的图像，即为“投影图”。

常用的投影图表现形式有：伪彩色图、等高线图、伪彩色等高线图、灰度图、网面投影图、三维投影图。

（3）填图法　填图法是将显微近红外成像视野范围内的各种像素按照一定算法分类后，分别赋予不同颜色，再按原始空间坐标回填的成像数据可视化的表达方式。该方法的结果在一定程度上类似于二值化图，忽略了细节差异，反映了成像的主要特征。

第六节　近红外成像技术在食品领域中的应用

在宏观层面，近红外光谱成像技术主要用于果蔬、肉类、水产品、谷物、饲料等方面的质量分析以及成分分布情况，另外异物污染、表面损伤、病原体感染监测也成为研究热点。显微近红外成像方面，主要用于食品违法添加物、食品掺杂等方面识别。本书主要介绍其在水果品质检测方面的应用。

1. 水果品质评价

采用空间变换高光谱散射成像评价苹果硬度和可溶性固形物含量（SSC）。高光谱成像系统如图 7-24 所示，系统配备一个高性能的 Model C4880-21 黑背景 CCD 相机（Hamamatsu Photonics，Hamamatsu Corp.，Japan）和一个 Inspector V9 光谱仪（Spectral Imaging Ltd.，Lulu，Finland），光谱范围为 450~1000nm。特殊设计的卤素灯（Oriel Instruments，Stratford，CT，USA）作为光源，光源发射 1.5mm 的光柱，其扩散角小于 15°。

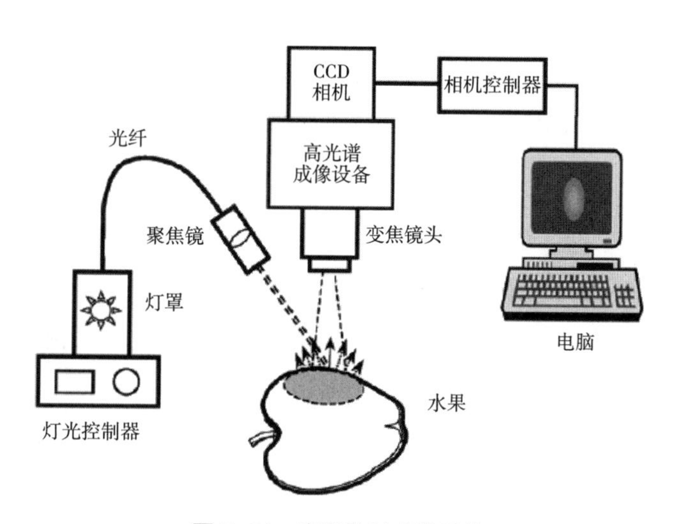

图 7-24　光谱散射成像系统

苹果高光谱散射图像如图 7-25（2）所示，其在不同空间位置下的光谱特征（450~1000nm）和不同波长下的散射强度如图 7-25（3）和（4）所示。采用修正的洛伦兹分布函数来拟合散射特征曲线，并建立了不同参数条件下的 MLR 回归模型，其最优的 SSC 模型采用了 20 个波长点，模型的 R_{CV} 和 *SECV* 分别为 0.884 和 0.75；最优的硬度模型采用了 18 个波长点，模型的 R_{CV} 和 *SECV* 分别为 0.896 和 6.42。

2. 水果表面缺陷识别

高光谱成像系统用于在线检测苹果碰伤，系统的原理和外观图如图 7-26 所示。系统配备（AD-080 GE 型 CCD 多光谱渐进扫描相机，JAI Ltd.，Yokohama，Japan），光谱范围 400~1000nm。

苹果碰伤的 RGB 图像及其代表性的观测区反射光谱如图 7-27 所示。同等程度碰伤的苹果

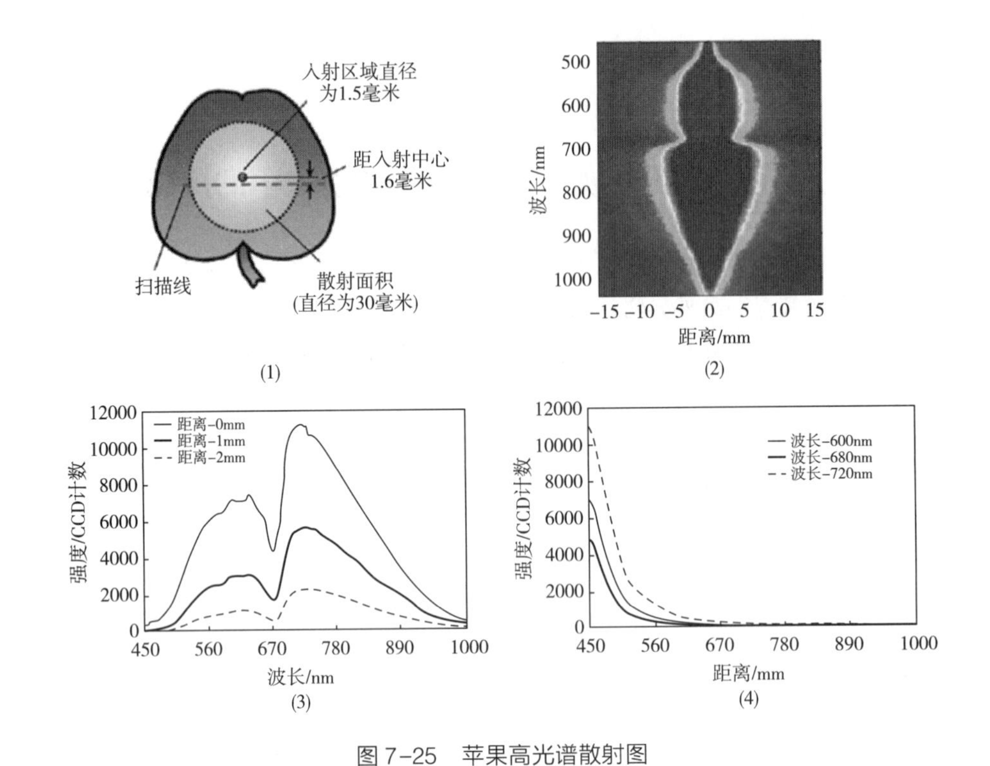

图 7-25　苹果高光谱散射图

（1）扫描线和扫描区域　（2）原始散射图像　（3）三个不同空间位置的光谱特征　（4）三个波长下的空间散射特征

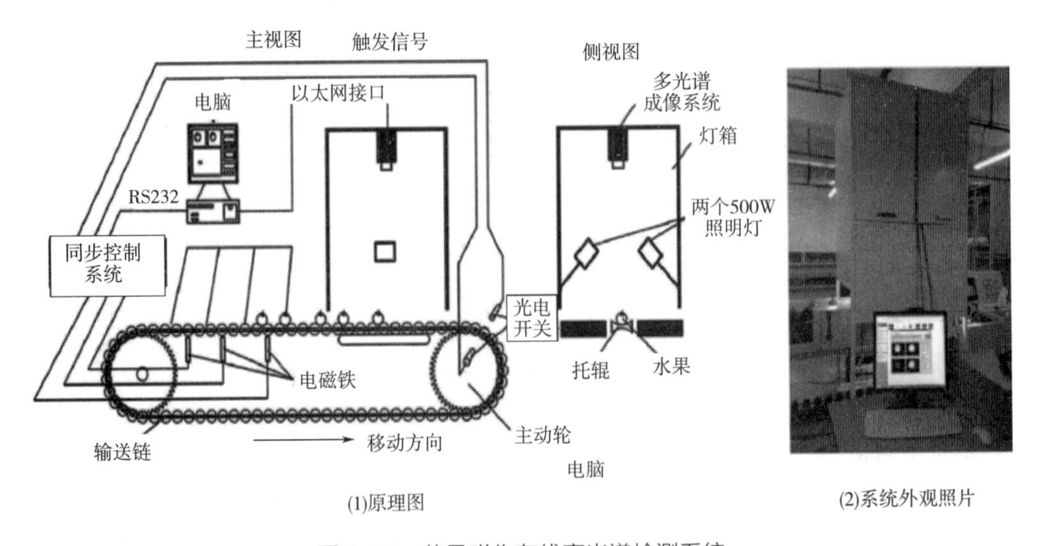

图 7-26　苹果碰伤在线高光谱检测系统

在碰后 1、12、24h 的 RGB 图像分别如图 7-27（1）、（2）和（3）所示，而某样品的平均观测区的反射光谱如图 7-27（5）所示，随着时间的延长，其反射值逐渐降低。不同碰伤程度的苹果 RGB 图像如图 7-27（4）所示，其某苹果的平均观测区的反射光谱如图 7-27（6）所示，随着碰伤程度的加重，其反射值逐渐降低。

对图像进行 PCA 后，发现在全谱区域（450～1000nm）范围内的第 6 主成分，近红外区（780～1000nm）范围内的第 4 主成分和可见区（450～780nm）范围内的第 6 主成分下的主成分

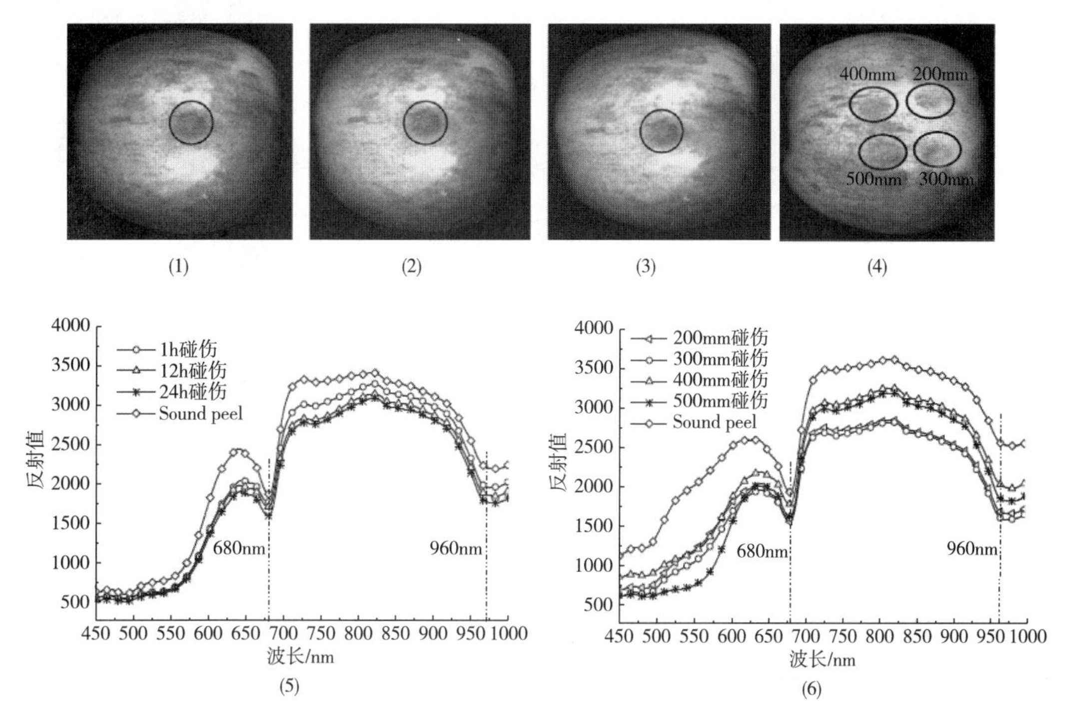

图 7-27　苹果碰伤 RGB 图像及观测区平均反射光谱

高光谱具有较显著识别特征，而在三个主成分下的光谱在 780、850、960nm 处具有较高的权重系数，因此在 3 个特征波长下的进行主成分分析，其主成分图像如图 7-28 所示。最终采用 59 个样品分别在碰前和碰后条件下，在线采集高光谱图像，对模型进行验证，其在线识别率达到 87.3%。

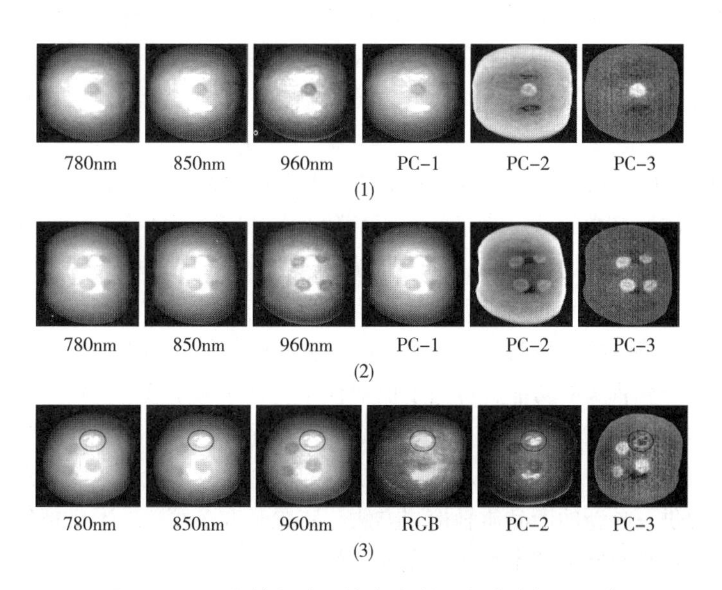

图 7-28　3 个特征波下的高光谱及主成分提取图像

第八章

CHAPTER 8

人工嗅觉、人工味觉检测技术

第一节　人工嗅觉、人工味觉检测技术概述

现实生活中，酒类、茶叶、卷烟等食品的质量是靠人类自身的嗅觉和味觉来进行判断的。这类工作通常需要训练有素、经验丰富的专家来完成。人工鉴别带有很大的主观性，判断结果随着年龄、性别、识别能力及语言文字表达能力的不同存在相当大的个体差异。即使是同一鉴别人员也会随其身体状态、情绪变化的不同产生不同的鉴别结果。嗅觉鉴别是一种吸入的过程，而味觉鉴别是一种品尝的过程，因此长期工作对身体健康有一定影响。某些难闻、难喝或令鉴别人员特别敏感的食品，往往得不到仔细的品闻而造成结果有误。人工鉴别的时间不能太长，否则敏感度易减退，甚至丧失殆尽。而化学分析方法如色谱法等得到的结果与人的感官感受如茉莉香、玫瑰香、酸、甜、苦、辣等之间还存在很大距离，其试样前处理的复杂性性、实验本身的耗时性又是许多场合所不允许的。因此要求有一种客观准确的鉴别方法来代替人工品闻食品是人们多年来的期望。随着生命科学和人工智能的研究发展，人们试图模仿动物及人类的嗅觉和味觉功能研制出人工嗅觉系统（电子鼻）及人工味觉系统（电子舌）的想法正在逐步变为现实。

人工嗅觉和人工味觉技术是近年来发展起来的新颖的食品分析、识别和检测的技术。它们与普通化学分析方法（如色谱法、光谱法、毛细管电泳法等）不同，得到的不是被测样品中某种或某几种成分的定性与定量结果，而是样品的整体信息，又称“指纹”数据。它们模拟人和动物的鼻子和舌头，得到的是目标的总体信息。它们不仅可以根据各种不同的食品测到不同的信号，而且可以将这些信号与经学习建立的数据库中的信号加以比较，进行识别判断。因而它们具有类似鼻子和舌头的功能，可用于识别食品的气味和味道、鉴别产品真伪，从而控制从原料到产品的整个生产过程的工艺，使产品质量得到保证。人工嗅觉和味觉是涉及多传感器融合技术、计算机技术和应用数学以及食品科学等的综合性技术。人工嗅觉和味觉技术可为农产品、食品行业提供一种新的产品质量检测方法与装置。许多发达国家已把生物嗅觉和味觉的模仿技术——人工嗅觉和味觉技术列入优先发展的研究课题。

一、生物嗅觉与味觉

人工嗅觉和人工味觉又称电子鼻和电子舌，其工作原理是建立在模拟生物的嗅觉和味觉形

成过程的基础上的。化学物质引起的感觉不是化学物质本身固有的，而是化学物质与感觉器官反应后出现的。比如说，味觉可看成由味觉物质与味蕾的感受膜的物理、化学反应引起的。人类有三种主要的化学感受，它们是味觉、嗅觉和三叉神经感觉。味觉通常用来辨别进入口中的不挥发的化学物质；嗅觉是用来辨别易挥发的物质；三叉神经的感受体分布在黏膜和皮肤上，它们对挥发与不挥发的化学物质都有反应，更重要的是能区别刺激及化学反应的种类。在香味感觉过程中三个化学感受系统都参与其中，但嗅觉起的作用远超过了其他两种感觉。人工嗅觉和人工味觉的基本思想就包含了这些反应的人工再现。因此我们首先介绍一下生物嗅觉与生物味觉。

（一）生物嗅觉

嗅觉是挥发性物质散发出的气体分子与鼻腔内嗅觉神经反应所引起的刺激感，是一种生理反应，这种生理反应的传导过程如图 8-1 所示。这个过程大致可分为三个阶段：首先，是信号产生阶段。玫瑰花的芳香物分子经空气扩散到达鼻腔后，被嗅觉小胞中的嗅细胞吸附到其表面上，嗅细胞表面的部分呈负电性的电荷发生改变，产生电流，使神经末梢接受刺激产生兴奋。其次，是信号传递与预处理阶段。兴奋信号在嗅球中进行一系列加工放大后输入大脑。最后，是大脑识别阶段。大脑把输入的信号与经验进行比较后做出识别判断，这是咖啡、玫瑰的香味或其他的气味。大脑的判断识别功能是由孩提时代起在不断与外界接触的过程中学习、记忆、积累、总结而形成的。费里曼通过对神经解剖学、神经生理学和神经行为的各个水平的实验研究，确证嗅觉神经网络中的每个神经元都参与嗅觉感知，认为人和动物在吸气期间，气味会在鼻腔的嗅觉细胞阵列上形成特定的空间分布，随后嗅觉系统中以抽象的方式直接完成分类。当吸入熟悉的气味时，脑电波比以前变得更为有序，形成一种特殊的空间模式。当不熟悉的气味输入时，嗅觉系统的脑电波就表现出低幅混沌状态，低幅混沌状态等价于一种“我不知道”的状态。

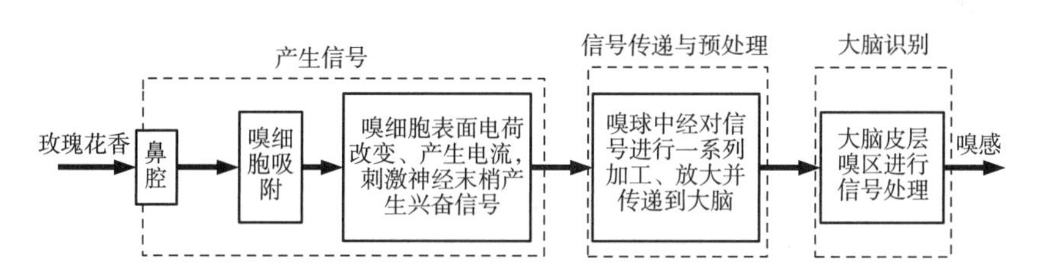

图 8-1　人的嗅感产生过程框图

生理研究表明，人的一个鼻腔中约有 5000 万个嗅细胞，每个嗅细胞的生存期一般只有 22d 左右，其灵敏度并不很高，选择性差，至今还没有发现只对一种化学成分有反应的嗅细胞。正是靠后继的神经信号处理系统将整个嗅觉系统的选择性、灵敏度、重复性等性能大大提高，并能除去信号漂移。这说明，人的嗅觉系统对气味的识别能力是由大量性能彼此重叠的嗅细胞、嗅球中神经元和大脑共同作用的结果，大脑和嗅球中神经元在其中起到关键的作用。一般来讲，从气味分子被嗅细胞表面吸附到产生嗅觉反应仅需 0. 2~0. 3s。

气味可以是单一的也可以是复合的，单一的气味是由一种有气味的物质分子形成的，而复合气味则是由许多种（有可能是上百种）不同的气味分子混合而成的。实际上自然产生的气味都是复合的，单一气味是人造的。分子的大小、形状和极性决定了气味的性质。人的嗅觉能够分辨出的气味大约有10000种，但是，对嗅觉感受气味的具体过程尚未彻底弄清，还需更深入的研究。

（二）生物味觉

味觉的感受器是味蕾，主要分布在舌背部表面和舌缘，口腔和咽部黏膜的表面也有零散的味蕾存在。儿童时期味蕾较成人更多，老年时期因味蕾萎缩而逐渐减少。味蕾由味觉细胞和支持细胞组成（图8-2）。人的舌面上约有50万个香蕉形的味觉细胞，味觉细胞顶端有纤毛，称为味毛，从味蕾表面的孔伸出，是味觉感受的关键部位。味觉的敏感度往往受食物或刺激物本身温度的影响，在20~30℃，味觉的敏感度最高。另外，味觉的辨别能力也受血液化学成分的影响，如肾上腺皮质功能低下、血液中低钠的人喜食咸味食物。

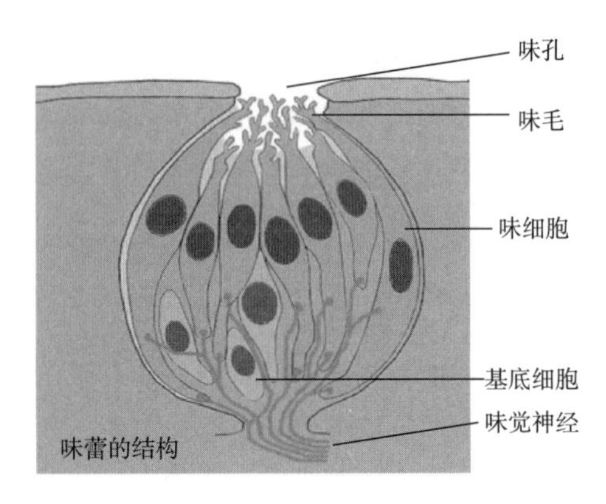

图8-2 味蕾的结构

和嗅感形成相似，味感的形成过程也可分为三个阶段：①舌头表面味蕾上的味觉细胞的生物膜感受味觉物质并形成生物电信号；②该生物电信号经神经纤维传至大脑；③大脑识别。众多的味道是由四种基本的味觉组合而成的，即甜、咸、酸和苦。国外有些学者将基本的味觉定为甜、咸、酸、苦和鲜五种，近年来又引入了涩和辣味。通常甜味主要是由蔗糖、葡萄糖等引起的；咸味主要是由NaCl引起的；酸味由氢离子引起的，比如盐酸、氨基酸、柠檬酸等；苦味是由奎宁、咖啡因等引起的；鲜味是由海藻中的谷氨酸单钠（MSG）、鱼和肉中的肌苷酸二钠（IMP）、蘑菇中的鸟苷酸二钠（GMP）等引起的。不同物质的味道与它们的分子结构形式有关，如无机酸中的H^+是引起酸感的关键因素，有机酸的味道与它们带负电的酸根有关；甜味的引起与葡萄糖的主体结构有关；而奎宁及一些有毒植物的生物碱的结构能引起典型的苦味。味刺激物质必须具有一定的水溶性，能吸附于味觉细胞膜表面上，与味觉细胞的生物膜反应，才能产生味感。该生物膜的主要成分是脂质、蛋白质和无机离子，还有少量的糖和核酸。对不同的味感，该生物膜中参与反应的成分不同。实验表明：当产生酸、咸、苦的味感时，味觉细胞的生物膜中参与反应的成分都是脂质，而味觉细胞的生物膜中的蛋白质有可能参与了产生苦味的反应；当产生甜和鲜的味感时，味觉细胞的生物膜中参与反应的成分只是蛋白质。

二、人工嗅觉、人工味觉

（一）人工嗅觉简介

1. 人工嗅觉系统

人工嗅觉模拟生物的嗅觉器官，因而其工作原理与嗅觉形成相似，气味分子被人工嗅觉中的传感器阵列吸附，产生信号。信号经处理加工与传输，再经模式识别系统做出判断。典型的人工嗅觉系统（Artificial Olfactory System，AOS）由传感器阵列、数据处理分析系统及支持部件——微处理机和接口电路等组成，如图8-3所示。气体传感器阵列由多个相互间性能有所重叠的气体传感器构成，在功能上相当于彼此重叠的人的嗅觉感受细胞。与单个气体传感器相比，气体传感器阵列不仅检测范围更宽，而且其灵敏度、可靠性都有很大的提高。气体传感器阵列产生的信号传送到数据处理分析系统，先进行预处理（滤波、变换、放大和特征提取等），再通过模式识别实现气体组分分析。数据处理分析系统相当于人的嗅觉形成过程中的第 2、第 3 两个阶段，起着人的嗅球中经和大脑的作用，具有分析、判断、智能解释的功能。数据处理分析系统由 A/D 转换数据采集、阵列数据预处理器、数据处理器、智能解释器和知识库组成。

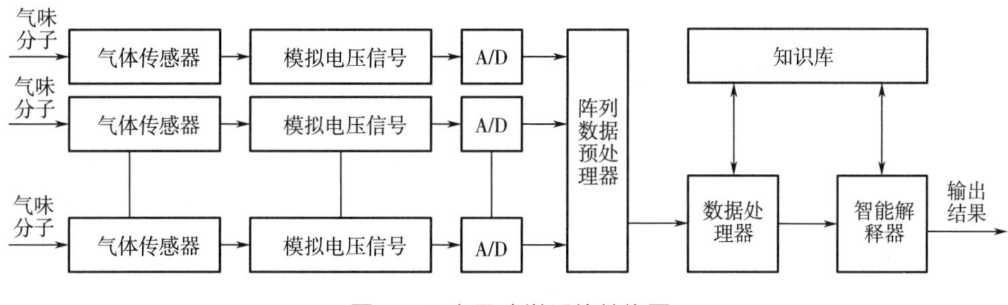

图 8-3　电子嗅觉系统结构图

被测嗅觉的强度既可用每个传感器输出的绝对电压、电阻或电导等信号来表示，也可用相对信号值如归一化的电阻或电导值来表示。传感器阵列输出的信号经专用软件采集、加工、处理后与经“人为学习、训练”后得到的已知信息进行比较、识别，最后得出定量的质量因子，由该质量因子来判断被测样品的类别、真伪、优劣、合格与否等。

人工嗅觉系统 AOS（同样，对于人工味觉系统 ATS）采用的识别方法主要包括统计模式识别（如线性分类、局部最小方差、主元素分析等）和人工神经网络模式识别。统计方法要求有已知的响应特性解析式，而且常需进行线性化处理。由于嗅觉传感器阵列的响应机理较为复杂，给响应特性的近似及线性化处理带来相当大的困难，难以建立精确数学模型，因而限制了它的识别精度。人工神经网络则可以处理较复杂的非线性问题，且能抑制漂移和减少误差，故自 20 世纪 80 年代以来，一直得到较广泛的应用。

2. 人工嗅觉研究进展

人们对人工嗅觉系统的研究，最早起始于 1961 年，当时 Moncrieff 制成了一种机械式的气味检测装置。1964 年 Wilkensh 和 Hatman 等根据气味在电极上发生氧化还原反应的原理研制了一种基于电导率变化的气味检测装置。但是，人工嗅觉系统作为一种智能测试仪器对气味进行识别和分类这一新概念则是在 1982 年才被提出。1989 年在北大西洋公约组织（North Atlantic Treaty Organization，NATO）的一次关于化学传感器信息处理会议上对人工嗅觉系统做了如下定义：人工嗅觉系统是由多个性能彼此重叠的气敏传感器和适当的模式分类方法组成的具有识别单一和复杂气味能力的装置。自 1990 年第一届人工嗅觉国际学术会议召开以来，人工嗅觉系统的研究取得了长足进展，1994 年商品化的人工嗅觉系统问世。受敏感膜材料、制造工艺、数据处理方法等方面的限制，目前，人工嗅觉系统的检测与识别范围与人们的期望还存在距离，但这丝毫不妨碍它在很多领域取得成功，将其应用于食品、化妆品、香料香精等的香气质量评定的时机已经逐步成熟。人工嗅觉的研究需要关注以下三个方面。

（1）研究对微量、痕量气体分子瞬时敏感的检测器，以得到与气体化学成分相对应的信号。

(2) 研究对检测得到的信号进行识别与分类的数据处理器，以便将有用信号与噪声加以分离。

(3) 研究将测量数据转换为感官评定指标的智能解释器，以得到与人的感官感受相符的结果。

（二） 人工味觉简介

受味觉传感器研究的制约，人工味觉系统（Artificial Taste System，ATS）是最近几年才提出来的。目前某些传感器可感知实现味觉的某些感觉，如 pH 计可用于酸度检测，导电计可用于咸度的检测，比重计或屈光度计可用于甜度的检测等。这些传感器只能检测味觉物质的某些物理化学特性，一方面测得的物理化学参数要受到外界非味觉物质的影响，另一方面这些参数也不能反映出味觉物质之间的交互作用产生的影响，如协同和抑制效应等，因此不能模拟出实际的生物味觉感观功能。另外，精确的数字量化值与人类对外界事物的模糊式描述，如对甜味的描述"有点甜""较甜""很甜""甜得发腻"等，不能统一。于是出现了多通道类脂膜味觉传感器阵列和模式识别算法组成的人工味觉系统。

多通道类脂膜味觉传感器阵列是根据类脂/高聚物膜对味觉物质溶液产生电势变化的原理制成的，该传感器阵列部分再现了人的味觉对味觉物质溶液的反应，且该传感器阵列具有较好的仿真效果和分辨率。典型的多通道类脂膜味觉传感器阵列结构和人工味觉实验装置如图 8-4 所示，多通道类脂膜味觉传感器阵列是采用敏感膜电极分析法对样品溶液实现检测的，该识别系统能对人的五种基本味道（酸、甜、苦、鲜、咸）进行有效的识别。它能把咖啡、啤酒、日本米酒、牛乳一一分辨出来。敏感膜电极分析法具有以下主要特点：操作简便、快速，可在不破坏测试液体系的情况下完成测定，也能在有色或混浊试样液中进行分析，该系统适用于酒类检测；因为膜电极直接给出了电位信号，故较易实现连续测定与自动检测。采用微型化膜电极以及提高灵敏度实现微量分析使味敏传感器进一步微型化、集成化是发展的方向。在人工味觉系统的研究中，模式识别有以下两种方法：神经网络和混沌识别。由于神经网络比较接近人的味觉感受机理，所以人们常用人工神经网络来模拟味觉感受。混沌是一种遵循一定非线性规律的随机运动，它对初始条件敏感，混沌识别具有很高的灵敏度，是新的发展方向。

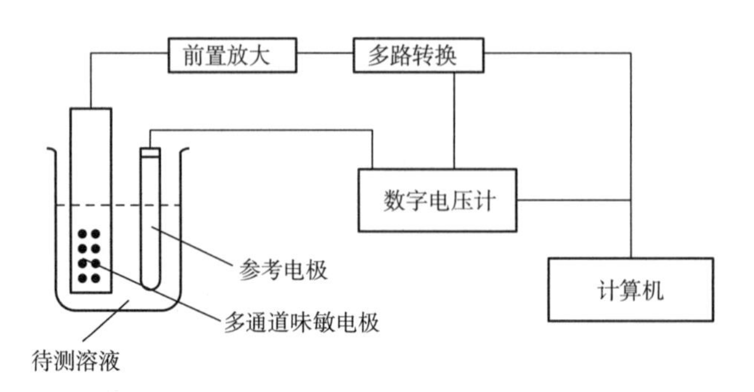

图 8-4　人工味觉实验装置

第二节　人工嗅觉、人工味觉的传感器阵列及模式识别

第一节提到人工嗅觉和人工味觉的工作原理是建立在模拟生物的嗅觉和味觉形成过程的基础上的，也就是说人工嗅觉和人工味觉是一种仿生过程。表 8-1 列出了人的嗅觉、味觉系统与人工嗅觉、人工味觉系统之间的对应关系。人的嗅觉、味觉系统要完成信号接收、预处理及识别功能，所以人工嗅觉、人工味觉系统的信号产生、采集以及后续的数据处理（数据预处理与模式识别）是研究人工嗅觉、人工味觉系统的重要内容。

表 8-1　　人的嗅觉、味觉系统与人工嗅觉、人工味觉之间的对应关系

人的嗅觉、味觉系统	人工嗅觉系统	人工味觉系统
初级嗅觉、味觉神经元：嗅细胞、嗅神经、味细胞、味蕾	气体传感器阵列	多通道类脂膜味觉传感器阵列
二级嗅觉、味觉神经元：对初级嗅觉、味觉神经元来的信号进行调节、抑制	运放、滤波等电子线路	运放、滤波等电子线路
大脑：对二级嗅觉、味觉神经元得到的信号进行处理，做出判断	计算机	计算机

一、人工嗅觉、人工味觉传感器及传感器阵列

（一）嗅觉传感器及嗅觉传感器阵列

嗅觉传感器又称气体传感器。早期对气体的检测主要采用电化学法或光学法，检测速度慢、设备复杂、成本高、使用不方便。随着科学技术的迅速发展，在工农业生产和社会生活中，气体污染环境的问题越来越受到重视。随着煤气、液化石油气和天然气的开发利用，各种气体灾害的危险性也随之增加，人们需要对各种易燃、易爆和有毒气体进行及时的检测和监控。因此，气体传感器在节能、环保、防灾等方面的应用获得了迅速的发展。此外，气体传感器在食品加工、酒类检测、化妆品生产、保健卫生防控等领域也有着十分广泛的应用前景。

嗅觉传感器通常是指由气敏元件、电路和其他部件组合在一起所构成的传感装置。气敏元件是指能感知环境中某种气体（如 CO、CO_2、O_2、Cl_2等）及其浓度的一种元件。在实际应用中，气体传感器应满足下列要求：①具有较高的灵敏度和宽的动态响应范围，在被测气体浓度低时，有足够大的响应信号，在被测气体浓度高时，有较好的线性响应值；②性能稳定，传感器的响应不随环境温度、湿度的变化而发生变化；③响应速度快，重复性好；④保养简单，价格便宜等。目前研制的半导体气体传感器还不能完全满足上述要求，尤其是在稳定性和选择范围方面还有不少问题，有待进一步解决。

用作人工嗅觉气体传感器的材料必须具备两个基本条件。

（1）对多种气味均有响应，即通用性强，要求对成千上万种不同的嗅味在分子水平上做

出鉴别。

（2）与嗅味分子的相互作用或反应必须是快速、可逆的，不产生任何“记忆效应”，即有良好的还原性。

根据材料类型的不同，现有的传感器（指气体传感器，下同）可分为金属氧化物型半导体传感器、有机导电聚合物传感器、质量传感器（包括石英晶体谐振传感器和声表面波传感器）、金属氧化物半导体场效应管传感器、红外线光电传感器和金属栅 MOS 气体传感器等。

金属氧化物型半导体传感器（图 8-5）是目前世界上生产量最大、应用最广泛的气体传感器，它是利用被测气味分子吸附在敏感膜材料上，导致金属氧化物半导体的电阻发生变化这一特性而实现检测的。这种传感器选择性不高，恢复时间长，工作时需要加热，体积大，组成阵列时不易布置，并且信号响应的线性范围很窄；但是由于这类传感器的制造成本低廉，信号检测手段简单，工作稳定性较好，检测灵敏度高，因此是当前应用最普遍、最具实用价值的一类气体传感器。其主要测量对象是各种还原性气体，如 CO、H_2、乙醇、甲醇等。

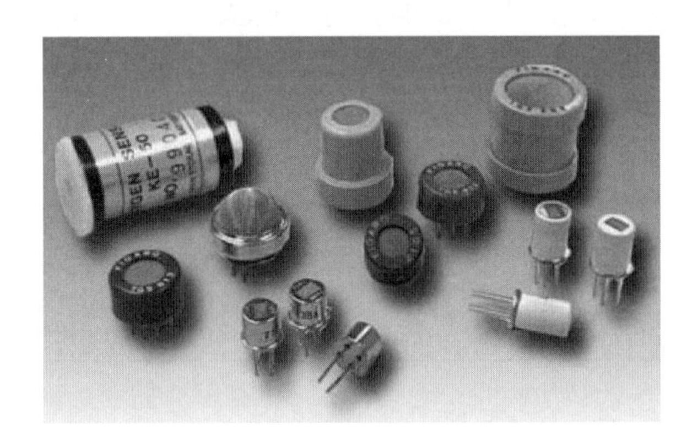

图 8-5　金属氧化物型半导体传感器

有机导电聚合物传感器的工作原理是：工作电极表面上杂环分子涂层在吸附和释放被测气体分子后导电性发生变化。导电聚合物材料是有机敏感膜材料，如吡咯、苯胺、噻吩等。这种传感器的特点是体积小、能耗小、工作时不需加热、稳定性好、吸附和释放快、被测对象的浓度与传感器的响应在很大范围内几乎呈线性关系，给数据处理带来极大的方便。近年来，这类传感器阵列的应用有增加的趋势。

脂涂层传感器又称质量传感器，典型的脂涂层传感器有声表面波型和石英晶体谐振型两种。声表面波（Surface Acoustic Wave，SAW）气体传感器发展至今已有二十多年的历史，1979 年由 Wohhjen 和 Dessy 成功地将表面涂有有机聚合物的 SAW 元件用作气相色谱分析仪的检测器，从而揭开了 SAW 气体传感器的第一页。声表面波型传感器工作原理是在压电晶体上涂敷一层气体敏感材料，当被测气体在流动过程中被吸附在敏感膜上时，压电晶体基片的质量发生变化，由于质量负荷效应而使基片振荡频率发生相应的变化，从而实现对被测气体检测。SAW 虽然也可以检测某些无机气体，但主要的测量对象是各种有机气体，其气敏选择性取决于元件表面的气敏膜材料，它一般用于同时检测多种化学性质相似的气体，而不适于检测未知气体组分中的单一气体成分。石英晶体谐振型传感器的工作原理是在石英振子上涂敷一层敏感膜（如脂类、赛璐珞等），当敏感膜吸附分子后，由于质量负荷效应，谐振子的振荡频率就成比例变化，从而实现对被测气体的检测。谐振子上涂敷的敏感膜材料不同，传感器的性能就不同。

红外线光电传感器的工作原理是：在给定的光程上，红外线通过不同的媒质（这里是气体）后，光强以及光谱峰的位置和形状均会发生变化，测出这些变化，就可对被测对象的成分和浓度进行分析。其特点是在一定范围内，传感器的输出与被测气体的浓度基本呈线性关系，但这类装置的体积大、价格昂贵、使用条件苛刻等，使其应用范围受到限制。

这几种传感器的共同特点是对温度和湿度的敏感性强，所以测试时必须严格控制温湿度的影响。

如前所述，生物嗅觉系统中的单个嗅觉受体细胞的性能（如灵敏度、感知范围等）并不高，但是，生物嗅觉系统的整体性能却极高。所以不应刻意追求单个气体传感器的性能越高越好，而应把多个性能有所重叠的气体传感器组合起来构成嗅觉传感器阵列。第一节中提到嗅觉传感器阵列与单个气体传感器相比，不仅检测范围更宽，而且其灵敏度、可靠性都有很大提高。因此，近年来对气体或气味进行检测时，大多数人都趋向于用嗅觉传感器阵列装置。嗅觉传感器阵列装置的发展趋势是集成化、监测范围宽和携带方便。表 8-2 列出了常用的嗅觉传感器阵列装置及有关特性。

表 8-2 常用的嗅觉传感器阵列及特性

气体敏感材料	传感器类型	传感器个数	典型的被测对象
金属氧化物	化学电阻	6，8，12	可燃气体
有机导电聚合物	化学电阻	12，20，24，32	NH_3，NO，H_2，酒精
脂涂层	声表面波，压电材料	6，8，12	有机物
红外线	光能量吸收	20，22，36	CH_4，CO_x，NO_x，SO_2

（二） 味觉传感器阵列

与人在表达味觉时并不必区分每一种化学物质一样，人工味觉传感器所测得的也不是某一化学成分的定性定量结果，而是整个所测物质味道的整体信息。另一方面，在食物中大致有1000 种以上的化学物质，并且味觉物质之间还存在着相互作用，因而使用这么多的化学传感器也是不切实际的。前面提到，实现人工味觉的最有效、研究得最多的是多通道类脂膜味觉传感器阵列，它能部分再现人的味觉对味觉物质的反应。在四种基本的味觉（甜、咸、酸和苦）中，最难检测的是苦味，因此这里着重讨论一下多通道类脂膜味觉传感器阵列对苦味的检测机理。常用的各种类脂膜材料见表 8-3。

表 8-3 常用的类脂膜材料

类脂膜材料英文名称	类脂膜材料中文名称
Dioctylphosphate（DOP）	二辛基磷酸盐
Cholesterol	胆固醇
Oleicacid	油酸
decylalcohol	癸基乙醇

续表

类脂膜材料英文名称	类脂膜材料中文名称
Trioctylmethylammoniumchloride（TOMA）	三辛基甲基氯化铵
Oleylamine	油烯酸
Diatearyldimethyammoniumbromide	二磺胺二甲基溴化铵
trimethylstearylammoniumchloride	三甲基磺胺氯化铵
DOP：TOMA ＝ 9：1	按 9：1 配 DOP 和 TOMA
DOP：TOMA＝5：5	按 5：5 配 DOP 和 TOMA
DOP：TOMA＝3：7	按 3：7 配 DOP 和 TOMA

油酸的基本性质：油酸的分子式为 $C_{18}H_{34}O_2$，相对分子质量为 282.5，结构式为 $CH_3(CH_2)_7CHCH(CH_2)_7COOH$，即油酸由 18 个碳原子组成，在 9、10 位之间有一个不饱和双键，该不饱和双键极易被强氧化剂氧化。胆固醇也为不饱和醇，易被氧化。当油酸和胆固醇作为电活性物质被固定在聚合物上时，由于与待测溶液发生氧化还原反应导致膜中不同电荷的聚集，失去电中性而产生道南电位，从而实现对待测液检测。

研究结果表明苦味物质能使磷脂膜的阻抗增加。从食品化学可知，产生苦味的物质很多，主要有奎宁、马钱子碱或尼古丁等有机苦味物质和卤盐等含碱土金属离子（Ca^{2+}、Mg^{2+}）的无机苦味物质。虽然他们具有不同的分子特性，但都可以引起磷脂膜阻抗增加，如奎宁、马钱子碱或尼古丁是强抗水的，它们是通过进入膜的烃基链层，占据膜上的小孔，使类脂膜呈压缩状态，从而使膜的阻抗增加；而含碱土金属离子的苦味物质由于 Ca^{2+}、Mg^{2+} 等碱土金属离子易受磷脂分子束缚，一方面，该苦味物质在磷脂膜的分子间的窄槽内压缩类脂分子，使膜的阻抗增加，另一方面，该苦味物质和类脂分子之间的离子交换使膜阻抗增加。因此可以认为磷脂膜的阻抗增加可以模拟生物生理系统苦味感觉产生的过程。但是基于磷脂膜阻抗测量的苦味传感系统尚有以下几个问题。

（1）有些并不产生苦味感的味觉物质，比如蔗糖、谷氨酸钠（味精），也能使磷脂膜阻抗增加，可能是它们对磷脂膜有很高的亲和力，可以吸附在膜表面。因此，目前的传感系统不能很好地将苦味物质从高吸附性物质中区分出来。

（2）具有相对低的毒性的苦味物质，比如咖啡因、可可碱和 L-氨基酸，它引起膜阻抗的增加量比那些高毒性物质的要小。目前的传感系统的灵敏度对检测低毒性苦味物质还不够有效。

（3）一些苦味物质引起的阻抗变化虽然较大，但它们引起的阻抗变化在特定浓度点时是不连续的，我们称这种不连续变化为“跃迁”，即浓度与膜阻抗变化呈现极强的非线性。这种变化的不连续性对检测苦味带来了困难。

（4）$CaCl_2$ 和 $MgSO_4$ 都含碱土金属离子，它们引起跃迁的浓度低于人体对苦味产生感觉的阈值浓度。除 $CaCl_2$、$MgSO_4$ 外，苦味物质引起膜阻抗跃迁的浓度比人体内相应的阈值浓度高。因此，阐明机理，找出苦味物质固有响应是很必要的。

基于目前研究情况，多通道类脂膜味觉传感器阵列还有待进一步研究。

（三） 人工嗅觉和味觉传感器阵列的微结构化

最近有一些研究者利用微机械制造技术及微电子技术将微型传感器阵列、电子线路和微处理器集成为一个完整的微结构系统。与分立元件形成的阵列相比，采用微结构可形成较大的阵列，且微结构具有结构一致性和成膜一致性，使整个系统的鲁棒性得以增强。然而随着结构尺寸的变小，敏感单元之间的相互影响变大，尤其是发热造成的不均匀的温度分布使传感器不能在所需的工作温度下工作，因而降低了传感器的选择性、灵敏性和重复性等。

由于对微结构传感器进行热分析较难，一般需要用仿真方法进行优化。有限元分析（Finite Element Analysis，FEA）是用得最多的仿真方法，该方法最早应用于力学分析，近年来也开始应用于热分析。U. Dillner 曾用 FEA 分析一个多层膜的静态热分布，并将结果与解析方法的结果进行了比较，他认为当遇上较复杂的几何形状和载荷情况时，用解析方法较难获得热模型的解，这时 FEA 方法就具有优势。Samuel K. H. Fung 将 FEA 方法用于分析集成气体传感器的热行为，并提出了一种新的气体传感器阵列，它具有较好的隔热效果，但集成较难且容易损坏。DukDonglee 应用 FEA 仿真了一个方形膜的热分布，并由此得到了膜长度与加热层长度的最佳比率。P. Maccagnani 等研制了以多孔硅为热隔离层材料的微结构气体传感器，并用 FEA 分析其热机械行为。

由以上可知工作温度对传感器的特性有很大的影响，而且在传感器的阵列实现中，可通过调整阵列中的各个传感器的工作温度实现对不同气体的最佳识别，所以选择最佳的工作温度是一个很重要的问题。很少有人从事有关这方面的工作，大多数人是通过实验数据来寻找最佳工作温度的。

二、 人工嗅觉、 人工味觉的模式识别

（一） 人工嗅觉的响应表达式

人工嗅觉、人工味觉的数学模型非常复杂，目前人工味觉的数学模型还在研究中，因此这里只介绍人工嗅觉的响应表达式。设由 m 个气体传感器组成阵列，检测对象为 h 种不同成分、不同浓度的气体组成的混合气体。

第 $i(i=1,\ 2,\ \cdots,\ m)$ 个气体传感器的灵敏度 k_i 与单一化学成分 $j(j=1,\ 2,\ \cdots,\ h)$（浓度为 b_j）之间关系的数学表达式是：

$$k_i = \frac{G_{ij}^W}{G_{ij}^S} = a_{ij}\,(b_j + p_{ij})^{t_j} \tag{8-1}$$

式中　G_{ij}^S、G_{ij}^W——传感器在标准状态和工作状态的电导；

t_j——0~1 之间的常数；

a_{ij}、p_{ij}——待定系数。

第 i 个气体传感器对由各种成分浓度为 $b_j(j=1,\ 2,\ \cdots,\ h)$ 组成的混合气体的总响应 q_i 之间关系的表达式为：

$$q_i = a_{i0} + a_{i1}b_1^{t_1} + \cdots + a_{ij}b_j^{t_j} + \cdots \tag{8-2}$$

式中　a_{i0}——常数项。

由 m 个气体传感器组成的阵列对某种气体混合物进行一次测量，得到一个数值向量：

$$\begin{pmatrix} q_1 \\ q_2 \\ \vdots \\ q_m \end{pmatrix} = \begin{bmatrix} a_{11} & a_{12} & \cdots & a_{1h} \\ a_{21} & a_{22} & \cdots & a_{2h} \\ \cdots & \cdots & \cdots & \cdots \\ a_{m1} & a_{m2} & \cdots & a_{mh} \end{bmatrix} \begin{pmatrix} b_1^{t_1} \\ b_2^{t_2} \\ \vdots \\ b_h^{t_h} \end{pmatrix} + \begin{pmatrix} a_{10} \\ a_{20} \\ \vdots \\ a_{m0} \end{pmatrix} \tag{8-3}$$

式（8-2）可认为是一个气体传感器对气体混合物的响应模型；式（8-3）则描述了气体传感器阵列对气体混合物的响应模型。这说明传感器的测量值与气体浓度之间关系非常复杂，待定系数很多，用常规的数据处理方法很难找到式（8-3）中的参数。对于具有高度选择性的气体传感器阵列，系数矩阵可简化为对角矩阵，则当 $h<m$ 时，方程有唯一解。即该系统可以准确地进行成分分析，但要求混合气体成分不超过 m 种。实际上，由于组成传感器阵列的传感器的选择性不高，在性能上相互重叠，因此，系数矩阵往往是不可对角化的，即存在大量非零的非对角元。此时，系统可以监测更多种气体，但精度将降低。实际的传感器特性，还受到温度等环境因素影响［这些变化反映在待定系数 $a_{ij}(j=1\cdots m)$ 上］，使得气体传感器阵列对气体混合物的响应模型更趋复杂，这也是以后数据处理用神经网络的原因。

（二） 数据的预处理

1. 特征提取、选择和归一化

在模式识别中，特征提取是一个重要的问题。如果从输入数据中得到了能区分不同类别的所有特征，那么模式识别和分类也就不困难了。但实际上只需要提取对区分不同类别最为重要的特征，即可有效的分类和计算，这称为特征的选择。特征可分为三种：物理特征、结构特征和数学特征。前两种特征用接触、目视观察或其他感觉器官检测得到。数学特征如统计均值、相关系数、协方差矩阵的特征值和特征向量等，常用于机器识别。

采样后的传感器输出是一个时间序列，其稳态响应值和瞬态响应值是提取特征的依据。常用的特征提取方法如表 8-4 所示。实验表明，相对法和差商法有助于补偿敏感器件的温度敏感性。对数分析常用于浓度测定，可将高度非线性的浓度响应值线性化。表中 x_{ij} 为第 i 个传感器对第 j 种气体的响应特征值，V_{ij}^{max} 为第 i 个传感器对第 j 种气体的最大响应值，V_{ij}^{min} 为第 i 个传感器对第 j 种气体的最小响应值。

表 8-4　　气体传感器响应的常用特征提取方法

方法	公式	传感器类型
差分法	$x_{ij}=(V_{ij}^{max}-V_{ij}^{min})$	金属氧化物化学电阻，SAW
相对法	$x_{ij}=(V_{ij}^{max}/V_{ij}^{min})$	金属氧化物化学电阻，SAW
差商法	$x_{ij}=(V_{ij}^{max}-V_{ij}^{min})/V_{ij}^{min}$	金属氧化物电阻，导电聚合物
对数法	$x_{ij}=\log(V_{ij}^{max}-V_{ij}^{min})$	金属氧化物电阻

传感器阵列中不同传感器的不同特征值之间数据差异性可能会很大，有时会相差几个数量级。因此，在提取传感器特征的基础上，还得将传感器响应值归一化，即使得传感器响应特征值处于［0，1］，几种常见的归一化方法见表 8-5，表中 y_{ij} 为归一化的特征值，x_{ij}^{max} 为第 i 个传感器对第 j 种气体响应最大特征值，x_{ij}^{min} 为第 i 个传感器对第 j 种气体的响应最小特征值。$\bar{x}_{ij}$、

σ_{ij}为第 i 个传感器在第 j 种气体中多次响应特征值的平均值和方差。

表 8-5　　特征值归一化方法

方法	公式
一般归一化（Sensor Normalization）表达	$y_{ij} = \frac{x_{ij} - x_{ij}^{\min}}{x_{ij}^{\max} - x_{ij}^{\min}}$
矢量归一化（Vector Array Normalization）表达	$y_{ij} = \frac{x_{ij}}{\sqrt{x_{1j}^2 + x_{2j}^2 + \cdots + x_{nj}^2}}$
自归一（Autoscaling）表达	$y_{ij} = \frac{x_{ij} - \overline{x_{ij}}}{\sigma_{ij}}$

2. 主成分分析

国内外对人工嗅觉、人工味觉的数据进行统计处理时，使用最多的是主成分分析法。主成分分析（Principal Component Analysis，PCA）是一种把原来多个指标化为少数几个新的互不相关或相互独立的综合指标的一种统计方法，可以达到数据简化、揭示变量之间的关系和进行统计解释的目的，为进一步分析总体的性质和数据的统计特性提供一些重要信息。对于总体$X=(x_1, \cdots, x_p)'$，提出 X 的综合指标 y_1，…，y_k（$k \leqslant p$）的原则：

（1）y_i（$i=1$，…，k）是 X 的线性函数。

（2）要求新特征值 y_i（$i=1$，…，k）的方差尽可能大，即 y_i 尽可能反映原来数据的信息。

（3）要求 y_i（$i=1$，…，k）互不相关，或者说 y_1，…，y_k 之间尽可能不含重复信息。

这样 y_1，…，y_k 均称为 X 的主成分。

PCA 的基本目标是减少数据的维数。维数减少有许多的用处：首先，后续处理步骤的计算被减少了；第二，噪声可被减少，因为没有被包含在前面几个主成分里的数据可能大都是噪声，有利于特征数据的优化；第三，投影到一个非常低维的（比如二维）子空间对于数据的可视化是有用的。正因为主成分分析法有以上功能，因此，在人工嗅觉和人工味觉特征值的简化中得到了广泛的应用。

3. 独立分量分析

独立分量分析（Independent Component Analysis，ICA）理论是由法国学者 Jeanny Herault 和 Christian Jutten 于 1983 年提出的，其最初用来解决信号分析处理中的“盲源分离”问题（图 8-6）。独立分量分析集探索性数据分析与模式识别于一体，已在信号处理、影像判识、数据特征提取等方面得到应用。独立分量分析（ICA）是一种基于统计理论的信号处理技术。正如其名字所指，独立分量分析的基本目标是确定一种线性变换，通过 n 个观测值来发现潜在的 d 个变量的模型，且要求这 d 个变量尽可能的独立。ICA 的概念可以看作是 PCA（主元分析）的一般化。在 PCA 中，成分独立与否只是放在第二位来考虑的。ICA 的基本思想是用基函数来表示一个随机变量集合，其成分是基于统计独立的，或者尽可能的独立。假设 n 个观测变量 x_1，x_2，…，x_n。为随机变量，类似的有随机向量 S，为其 d 个独立元素：s_1，s_2，…，s_d 的线性组合。独立元素之间相互基于统计独立且具有 0 均值。定义观测变量 X 为一个观测向量 $X=(x_1, x_2, \cdots, x_n)^T$。则 S 和 X 之间的关系可表示为：

$$X = MS \tag{8-4}$$

这里 M 是未知的 $d*n$ 满秩矩阵，称为混合矩阵或者特征矩阵。M 的列向量表示特征，s_i 表示 X 的第 i 个特征的幅值。

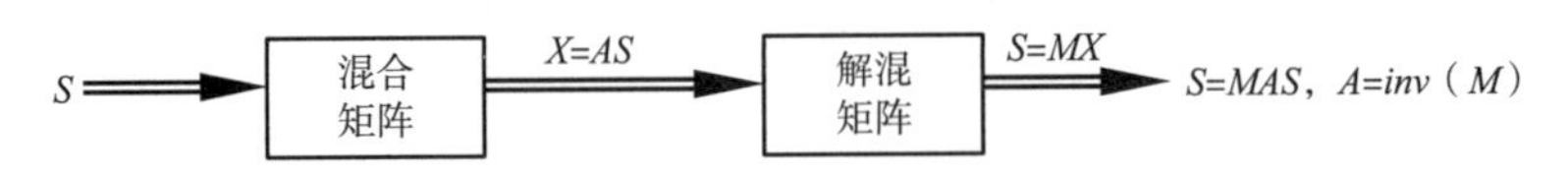

图 8-6　独立分量分析模型

独立分量分析的目的便是，从混合观测向量 X 中，估计出独立源成分 s_i，也即估计出混合型矩阵 M。假设观测向量与随机向量间存在如下关系：

$$X = AS \tag{8-5}$$

式中 A 是一个待估矩阵，可以看作式（8-4）中矩阵 M 的逆阵。这里独立分量 s_i 是非高斯（Non-Gaussian）分布量。ICA 的一个基本限制是独立分量必须是非高斯分布的。

根据国内外相关研究，独立分量分析在数据处理中主要发挥以下几个方面的作用。

(1) 独立分量分析有效地压缩了原始数据信息；可以提取少数几个独立分量来反应原始信息，达到数据降维、压缩数据的目的。

(2) 独立分量分析与 $K-L$ 变换和主成分分析相比，后者只要求分解出来的各个分量互相正交（不相关），但并不要求它们相互独立；也就是说，后者只考虑数据的二阶统计特性。而前者则要全面考虑概率密度函数的统计独立性，其目的是寻找一个线性但不一定正交的坐标系来表示多维数据。后者按能量（信息）大小排序来考虑被分解分量的重要性，这样的分解虽然在数据压缩和去除噪声方面有其优点，但分解的结果往往很难直接展示其函数特性；而当观测值确实是由若干独立信源混合而成时，前者分解的结果往往具有更好的物理和几何解释。

(3) 独立分量分析实际上是一种优化问题，它是在信息损失最小前提下，除去原数据中“冗余”，要求信源数目只能少于或等于观测通道个数，信源数目大于观测通道个数情况目前尚未解决。

（三）人工神经网络

模式识别是对所要研究的对象根据其共同的特征或属性进行识别和分类。在人工嗅觉和人工味觉中，常用的模式识别方法是人工神经网络数据处理方法。

1. 人工神经网络简介

人工神经网络（Artificial Neural Network，ANN）是模拟人的大脑进行工作的，如图 8-7 所示。人工神经网络信息处理技术的兴起，为人工味觉、人工嗅觉检测技术的发展注入了活力。英国的 Shumer、Gardner 等人率先将 ANN 用于嗅敏传感器阵列信息处理，并较好地解决了信息的并行处理、变换、环境的自学习和自适应，特别是由于传感器交叉响应带来的非线性严重等难题，在一定程度上可抑制传感器的漂移或噪声，有助于气体检测精度的提高。目前人工神经网络用于人工嗅觉信息处理中面临的问题是：在网络构造上尚缺乏一定的指导，网络的训练时间较长，特别是在感受器件特性不够稳定或出现疲劳时往往不能满足要求等。未来的人工嗅觉和人工味觉将是传感器阵列与处理电路的大规模集成，神经网络的硬件实现将是首选方案之一，因此，发展新的神经网络算法及与其他模式识别及信号处理方法相结合以解决 ANN 在人工嗅觉和人工味觉应用中的实际问题成为该领域的又一热点。

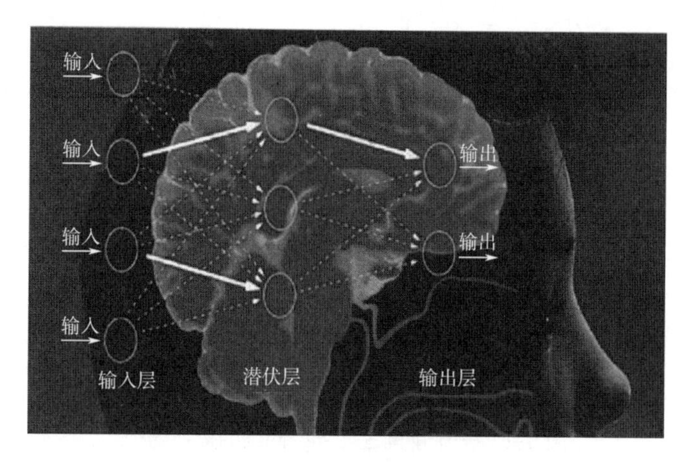

图 8-7　人工神经网络

在人工神经网络的研究过程中，以误差反传（Back-Propagation，BP）算法为数学模型的前向多层神经网络（Multi-layer Neural Networks，MLNNs）在模式识别和分类、非线性映射、特征提取等许多领域中获得了成功的应用。

前向多层网络模型可以追溯到 20 世纪 50 年代，Rosenblatt 提出的具有学习能力的感知机（Percerption）模型，它是一种多层的层状模型。网络某一层中的各个神经元接受上一层的输入信号，通过自己进行处理后，将其输出到下一层。由于输入节点和输出节点可与外界相连，直接受到环境的影响，所以人们常称其为可见层，或按信息传播方向称为输入层和输出层，而称其他不与外界交换信息的中间层为隐层。除输入层外，其他各层的单个神经元可以有任意一个输入，但只有一个输出。前向多层网络是一种映射网络，它把 m 维空间的有界子集 A 映射到 n 维空间的有界子集 B。

误差反传算法最早是由 Werbos 于 1974 年提出来的，由 Rumelhart 等人 1985 年进行了推广，是迄今为止人们认识最为清楚的一种算法。它克服了 Minsky 等人在 1969 年列举的感知机算法的许多缺陷。因而一经出现立即引起了神经网络研究工作者的极大兴趣，为人们提供了一种新的改善和提高神经网络能力的有效的计算方法。从本质上讲，这种算法可以看成是最小二乘法（Least Mean Square，LMS）的推广。

下面对前向三层神经网络和误差反传算法加以说明。

2. 人工神经网络拓扑结构

图 8-8 为一个前向三层神经网络的拓扑结构示意图，它由一个输入层、一个隐层和一个输出层所组成。当然，隐层可以不止一层。同一层各单元之间不存在相互连接，相邻层单元之间通过权值进行连接。假设一个输入模式的维数为 m，则网络输入层的节点数为 m。输出层节点数与研究对象有关，如果该网络被用来分类，则输出节点数一般等于已知的模式类别数。隐层节点数可以根据需要进行选择。输入层单元是线性单元，即该层的神经元输出直接等于输入。隐层和输出层各单元的常用的传递函数为 Sigmoid 函数，即若该单元的网络输入为 x，则输出为：

$$f(x) = \frac{1}{1 + e^{-x}} \tag{8-6}$$

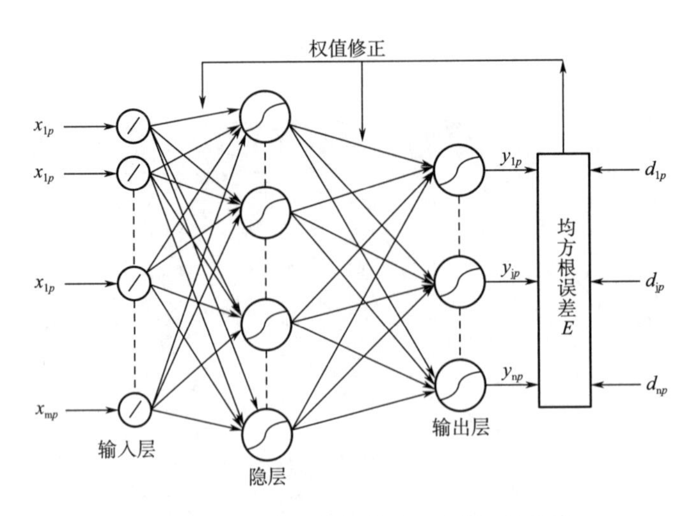

图 8-8　一个前向三层神经网络的拓扑结构

误差反传算法的前向多层神经网络的工作原理是，设训练集的模式个数为 N，其中某一个模式的下标为 p，即 $p=1, 2, \cdots, N$。当输入层各单元接收到某一个输入模式 $X_p=(x_{1p}, x_{2p}, \cdots, x_{ip}, \cdots, x_{mp})$，不经任何处理直接将其输出，输出后的各变量经加权处理后送入隐层各单元，隐层各单元将接收到的信息经传递函数处理后输出，再经加权处理后送入输出各单元，经输出各单元处理后最终产生一个实际输出向量。这是一个逐层更新的过程，称为前向过程。如果网络的实际输出与期望的目标输出之间的误差不满足指定的要求，就将误差沿反向逐层传送并修正各层之间的连接权值，这称为误差方向传播过程。对于一组训练模式，不断地逐一输入模式训练网络，重复前向过程和误差反向传播过程。当对整个输入训练集，网络的实际输出与期望的目标输出之间的误差满足指定的要求时，我们就说该网络已学习或训练好了。由于这种网络的前一层各单元的输入是后一层所有单元输出的线性加权和，故又称线性基本函数（Linear-Basis Function，LBF）神经网络。

3. 误差反传（BP）算法

BP 算法是典型的有教师学习算法，设输入层和输出层的节点数分别为 m、n，选择隐层节点数为 L。对应于一个输入模式 $X_p=(x_{1p}, x_{2p}, \cdots, x_{ip}, \cdots, x_{mp})^T$，的目标输出为 $d_p=(d_{1p}, d_{2p}, \cdots, d_{jp}, \cdots, d_{np})^T$，$p=1, 2, \cdots, N$，$N$ 为训练集的模式个数。图 8-9 为第 h 个隐层单元的放大图，图中，θ_h 为该单元的阈值，$W_h=(w_{h1}, w_{h2}, \cdots, w_{hi}, \cdots, w_{hm})^T$ $(h=1, 2, \cdots, L)$ 为连接各输入单元与第 h 个隐层单元之间的权重，则第 h 个隐单元的输入为：

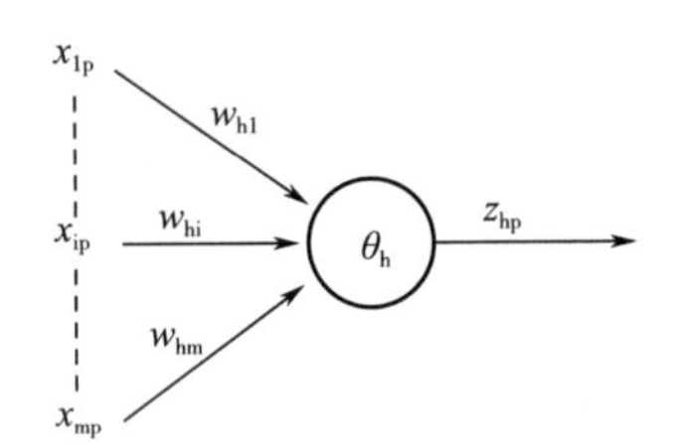

图 8-9　第 h 个隐单元放大

$$\Phi(X_p, W_h) = \sum_{i=1}^{m} x_{ip} w_{hi} - \theta_h \tag{8-7}$$

则第 h 个隐单元输出为：

$$z_{hp} = f(\Phi(X_p, W_h)) = \frac{1}{1 + e^{-\Phi(X_p, W_h)}} \tag{8-8}$$

图 8-10 为第 j 个输出单元的放大图，图中，θ_j 为该单元的阈值，$W_j=(w_{j1}, w_{j2}, \cdots,$

w_{jh}，…，w_{jL}）（$j=1$，2，…，n）为连接各隐层单元与第 j 个输出单元之间的权重，则第 j 个输出单元的输入为：

$$\Phi(z_p, W_j) = \sum_{h=1}^{L} z_{hp} w_{jh} - \theta_j \tag{8-9}$$

第 j 个输出单元的输出为：

$$y_{jp} = f(\Phi(z_p, W_j)) = \frac{1}{1 + e^{-\Phi(z_p, W_j)}} \tag{8-10}$$

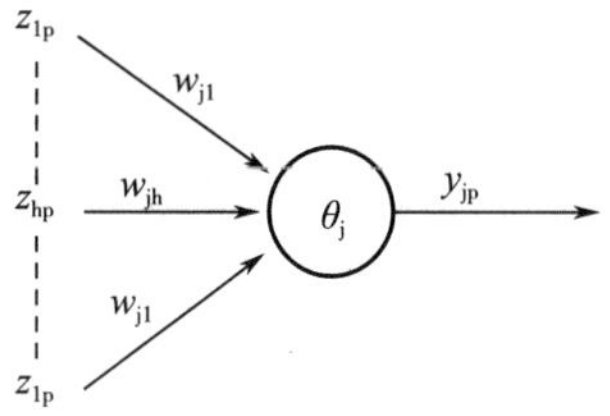

图 8-10　第 j 个输出单元放大

于是，第 j 个输出单元的实际输出与目标输出之间的差为：

$$\Delta_{jp} = d_{jp} - y_{jp} \tag{8-11}$$

对模式 X_p，网络的实际输出与目标输出之差的平方和为：

$$E_p = \frac{1}{2}\sum_{j=1}^{n} \Delta_{jp}^2 = \frac{1}{2}\sum_{j=1}^{n} (d_{jp} - y_{jp})^2 \tag{8-12}$$

式中的$\frac{1}{2}$是为了使后续求导运算变得简捷而设的，对训练集中的所有模式，网络的实际输出与目标输出之差的总平方和为：

$$E = \frac{1}{2}\sum_{p=1}^{N} E_p = \frac{1}{2}\sum_{p=1}^{N}\sum_{j=1}^{n} \Delta_{jp}^2 = \frac{1}{2}\sum_{p=1}^{N}\sum_{j=1}^{n} (d_{jp} - y_{jp})^2 \tag{8-13}$$

E 即为误差函数，根据链式求导法则，得：

$$\frac{\partial E}{\partial w_{jh}} = \sum_{p=1}^{N} \frac{\partial E_p}{\partial y_{jp}} \frac{\partial y_{jp}}{\partial w_{jh}} = -z_{jh}\sum_{p=1}^{N}((d_{jp} - y_{jp})y_{jp}(1 - y_{jp})) \tag{8-14}$$

$$\frac{\partial E}{\partial w_{hi}} = \sum_{p=1}^{N}\sum_{j=1}^{n} \frac{\partial E_p}{\partial y_{jp}} \frac{\partial y_{jp}}{\partial z_{hp}} \frac{\partial z_{hp}}{\partial w_{hi}} = -\sum_{p=1}^{N}\sum_{j=1}^{n}((d_{jp} - y_{jp})y_{jp}(1 - y_{jp})w_{jh}z_{hp}(1 - z_{hp})x_{ip}) \tag{8-15}$$

BP 算法的实质是利用梯度下降算法，使权值沿误差函数的负梯度方向改变，这就是所谓的 δ 学习规则。用公式表示即：

$$\Delta w = -\eta \frac{\partial E}{\partial w} \tag{8-16}$$

式中　η——学习因子。

在实际应用中，考虑到学习过程的收敛性，η 的取值不宜过大。η 的值越大，意味着每次权值的改变越剧烈，可能会导致学习过程发生振荡，但 η 的值也不宜太小，太小易使收敛速度变慢，因此，为了使学习因子 η 的值尽可能大一些，又不至于产生振荡，通常在权值修正公式中再增加一个势态项，于是，权值修正公式可表示为：

$$w_{jh}(t+1) = w_{jh}(t) - \eta\partial E/\partial w_{jh} + \alpha(w_{jh}(t) - w_{jh}(t-1)) \tag{8-17}$$

$$w_{hi}(t+1) = w_{hi}(t) - \eta\partial E/\partial w_{hi} + \alpha(w_{hi}(t) - w_{hi}(t-1)) \tag{8-18}$$

式中　t——迭代次数；

α——常数，称为动态因子，表示上一次学习的权值变化对本次权值更新的影响程度，权值修正是在误差向后传播过程中逐层进行的，当网络的所有权值都被更新一次后，我们说网络经过了一次学习周期。

4. BP 算法的步骤

（1）初始化网络的权值，一般取［0，1］区间的随机值。选择网络的学习参数如最大迭代次数 T、允许误差 ε、学习因子 η 和动态因子 α。

（2）前向传播过程：对于给定的模式，计算网络的是输出，并与目标输出进行比较，如果两者之间的误差超过允许误差，则转向后传播过程。

（3）反向传播过程：根据网络的实际输出与目标输出之间的误差，计算误差梯度，并据此修正权值和阈值。

（4）重复第（2）步和第（3）步，直至网络收敛到允许误差范围内或迭代次数达到最大次数为止。

5. 网络性能的测试

前向多层神经网络采用BP算法进行学习时，不仅需要一个训练集，而且还要有一个评价其训练效果的测试集。训练集和测试集都来源于同一研究对象的由输入目标输出对构成的集合。训练集用于训练网络，使网络按照BP算法调整其权值和阈值，以达到指定的要求；而测试集则是用来评价已训练好的网络的性能。如果已训练好的网络对测试集效果很差，那么，或者是训练集或测试集不具代表性。

（四） 支持向量机

统计学习理论是建立在一套较坚实的理论基础之上的，为解决有限样本学习问题提供了一个统一的框架。它能将很多现有方法纳入其中，有望帮助解决许多原来难以解决的问题（比如神经网络结构选择问题、局部极小点问题等）；同时，在这一理论基础上发展了一种新的通用学习方法——支持向量机（Support Vector Machine 或 SVM），它已初步表现出很多优于已有方法的性能。一些学者认为，SVM 正在成为继神经网络研究之后新的研究热点，并将有力地推动机器学习理论和技术的发展。支持向量机简称 SVM，是统计学习理论中最年轻的内容，也是最实用的部分。其核心内容是在 1992—1995 年提出的，目前仍处在不断发展阶段。

支持向量机（Support Vector Machine）起源于统计学习理论，是一个很强大的机器学习算法。在模式分类中，支持向量机遵循结构风险最小化（Structural Risk Minimization，SRM）准则构造决策超平面使得正样本和负样本之间的分类间隔（Margin）最大。

SRM 准则认为：学习机对未知数据分类所产生的实际风险（Actual Risk or Test Error）是由两部分组成的，一是经验风险（Empirical Risk or Training Error），第二部分称为置信范围，它和学习机器的 VC 维（Vapnik-Cherovnenkis）及训练样本数有关。

为判断一个学习机的识别分类效果，我们定义了学习推广能力（Generalization）。所谓学习推广能力是指训练好的学习机不仅对训练样本有良好的分类能力，对新的识别数据分类准确率也很高。也就是学习机的实际风险和经验风险都小。

训练寻找一个学习机使其实际风险很小，从而具有良好的学习推广能力是机器学习的最终目的。从上文我们知道，一个学习机的实际风险是由学习机的经验风险和置信范围两个部分决定的，所以要取得小的实际风险，必须同时考虑这两个因素。支持向量机能够同时减少经验风险和置信范围。

由于 SVM 通过核函数映射，可以把输入数据非线性变换到高维空间去构造超分类面，原始的气体传感器特征经过非线性映射可以在高维特征空间实现不同的两类样本划分。另外，由于结构风险最小化保证 SVM 具有良好的学习推广能力，在样本相对较少的条件下，SVM 通过训练，能够形成一种分类结构，使经验风险和 VC 维的和达到最小，保证训练好 SVM 对实际未知数据分类能力也强。SVM 对小样本、高维模式识别中将发挥更大的作用。

（五） 深度学习

深度学习（Deep Learning）的概念源于人工神经网络的研究，含多个隐藏层的多层感知器就是一种深度学习结构。深度学习通过组合低层特征形成更加抽象的高层表示属性类别或特征，以发现数据的分布式特征表示。研究深度学习的动机在于建立模拟人脑进行分析学习的神经网络，它模仿人脑的机制来解释数据。

通过设计建立适量的神经元计算节点和多层运算层次结构，选择合适的输入层和输出层，通过网络的学习和调优，建立起从输入到输出的函数关系，虽然不能100%找到输入与输出的函数关系，但是可以尽可能的逼近现实的关联关系。目前主要涉及三类方法。

（1）卷积神经网络（CNN） 基于卷积运算的神经网络系统。

（2）自编码神经网络（Auto Encoder） 基于多层神经元的自编码以及近年来受到广泛关注的稀疏编码两类（Sparse Coding）。

（3）深度置信网络（DBN） 以多层自编码神经网络的方式进行预训练，进而结合鉴别信息进一步优化神经网络权值。

下面重点通过卷积神经网络来介绍深度学习。卷积神经网络是一种多层非全连接的高性能非线性深度学习方法，相比于传统机器学习方法，该方法能够通过卷积和池化等操作对输入数据进行内部特征提取。其基本结构由卷积层、池化层和全连接层组成，卷积层可以提取输入数据的特征；池化层可对卷积层提取的特征进行降维，提高模型的训练速度；全连接层将提取的特征还原，供输出层进行分类。在正向传播过程中利用卷积层和池化层相互交替学习实现原始数据特征提取；在反向传播过程中则利用梯度下降法最小化误差函数实现参数调整，以此完成权值更新。

卷积层中，通过利用设定的卷积核进行卷积运算，主要工作原理是通过卷积核对上一层特征图的每个局部接受域进行卷积计算，然后使用激活函数激活卷积结果。

池化即通过设定的池化窗口进行特征降采样，然后将所筛选的特征值按照池化方向按序输出，根据池化计算方式的不同，常用的池化方式包括最大池化和平均池化两种池化策略。

对于图像等二维形式的数据，一般采用 $n \times n$ 大小的卷积核和池化核进行特征提取；对于数据是一维的，因此采用一维卷积神经网络（One-dimensional Convolutional Neural Networks，1-D CNN）进行特征分析。其一维卷积和池化分析过程如图 8-11 所示。

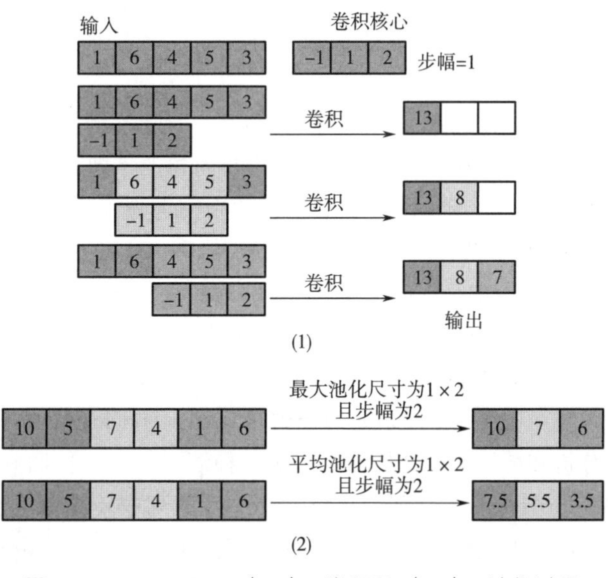

图 8-11 1-D CNN（1） 卷积及（2） 池化过程

区别于传统的浅层学习，深度学习的不同在于：

（1）强调了模型结构的深度　通常有5层、6层，甚至10多层、上百层的隐层节点。

（2）明确了特征学习的重要性　通过逐层特征变换，将样本在原空间的特征表示变换到一个新特征空间，从而使分类或预测更容易。与人工规则构造特征的方法相比，利用大数据来学习特征，更能够刻画数据丰富的内在信息。

第三节　人工嗅觉、人工味觉技术在食品检测中的应用

目前，在国内外对人工嗅觉和人工味觉的应用研究中，人工嗅觉的应用相对更广泛，产品也更成熟。下面分别介绍下人工嗅觉、人工味觉在食品检测中的应用。

一、人工嗅觉在食品检测中的应用

（一）人工嗅觉技术应用简介

目前食品气味测定方法中用的最多的是气相色谱法（Gas Chromatography，GC），气相色谱仪是重要的理化分析仪器，它几乎可用于所有化合物的分离和测定。灵敏度高（10^{-12}g/s），分离和测定可一次完成，也可以和多种波谱分析仪器联用，这些优点使它在各类化学分析方法中占有十分重要的地位。但它也有不足之处：需要制备和处理样品，选择合适的萃取溶剂以及合适的色谱分离条件，分析时间通常要几十分钟至几小时；由于挥发物浓度一般比较低，用氢火焰离子化检测器（FID）检测有时不能满足要求；而且面对未知物检测时，一般要有标准样品，否则无法定性，即使能对某种或某几种成分定性鉴别，也不能获得整体的嗅觉信息。与气相色谱法相比，人工嗅觉技术操作快速简便，样品不需要前处理，也不需要任何有机溶剂进行萃取，因此是一项有利于环境保护，不影响操作人员健康的“绿色”分析技术。测定一个样品通常需要几分钟至几十分钟，但很少超过半小时，而且，能获得未知样品整体的信息，具有人工智能的识别作用。与传统的感官评定方法相比，人工嗅觉技术更客观、重复性更高。

国外对人工嗅觉的研究异常活跃，主要应用在酒类、茶叶、鱼和肉等食品挥发气味的识别和分类中，其目的是进行质量分级和新鲜度判别。根据对象的不同，气敏传感器阵列及分析方法也不同。另外在环保监测、临床诊断、香水香型的判别等方面也有所应用。例如Kyuchung Lee等用金属氧化物气敏传感器阵列，采用主成分分析法和人工神经网络对数据进行分析，识别了CH_3SH，$(CH_3)_3N$，C_2H_5OH和CO这4种气体（每种气体浓度分别为0.1、1、100μg/kg），识别率为100%，另外对6种气味样品（胡萝卜、洋葱、女士香水、男士香水、25%的韩国Soju溶液和40%威士忌溶液）进行了识别，识别率达93%；C. Di Natale等用质量气敏传感器阵列组成的人工嗅觉系统对番茄酱和牛乳进行新鲜度判别；HidehitoNanto用石英晶体谐振传感器阵列，采用主成分分析和神经网络分析方法，对三种酒（红酒、白酒和玫瑰酒）进行分类，识别率达到100%；Martin Holmberg等研究了气敏传感器阵列中传感器零点漂移现象，区分那些传统识别技术识别不出来的气体，如牛乳变质产生的气味；D. Khl等利用多种类型气敏传感器组合成的高分辨率传感器阵列鉴别特殊食品的气味。以上的研究都是在实验室进行，但现在

国外已研制出商品化的人工嗅觉系统（表 8-6）。

人工嗅觉系统在常规理化分析和传统感官评定这两种检测手段之间的某些领域发挥着重要作用，或者说它在食品的气味研究方面可以作为常用的仪器分析法和感官测试方法的补充。它在大多数方面提供了比人的鼻子更敏感、更客观、更具重复性的气味辨别方法，解决了食品评价手段对食品工业自动化的制约，在食品工业的各领域都将发挥越来越大的作用。

表 8-6　　商品化的人工嗅觉系统

人工嗅觉系统名称	所在国家	所用传感器类型	所用传感器数目
Airsense	德国	MOS	10
Alpha MOS	法国	MOS/CP/QCM	达到 24
AromaScan	英国	CP	32
Bloodhound Sensor	英国	CP	14
HKRSensorSysteme	德国	QCM	6
Lennartz electronic	德国	MOS/QCM	达到 40
Neotonics	美国，英国	CP	12
Nordic Sensor Technologies	瑞士	MOSFET/MOS/IR/QCM	达到 15
RST Rostock	德国	QCM/MOS/SAW	达到 6

注：表中 MOS（Mental Oxide Semiconductors）为金属氧化物传感器；CP（Conducting Ploymer）为导电聚合物传感器；QCM（Quartz Crystal Microbalance）为石英晶体谐振传感器；IR（InfraRed）为红外线光电传感器；SAW（Surface Acoustic Wave）为声表面波传感器；MOSFET（Mental Oxide Semiconductor Field Effect Transistor）为金属氧化物半导体场效应管传感器。

（二）对啤酒香味检测的人工嗅觉系统

英国化学家 PhilipN. Bartlett 和 NeilBlair 研究认为啤酒的香味大约是由 700 种挥发或不挥发的化合物产生的。啤酒的香味辨别是个复杂的问题，在所含的几百种化合物中，有一些物质浓度极低，甚至低于多数气相色谱法的最低测量浓度值。测量啤酒的香味通常采用常规的理化分析方法（例如气相色谱法）或器官感觉的方法。这些方法昂贵、费时、灵敏度不高并且缺乏定量的信息，英国 Warwick 大学的人工嗅觉专家 Gardner 教授领导的研究小组用自行研制的人工嗅觉系统来测量啤酒的气味，以取代现有的分析方法。所研制的人工嗅觉系统的气体传感器阵列由 12 个导电聚合物气体传感器组成，每一个导电聚合物气体传感器具有很宽的气体响应范围，它由两个薄的金电极和两电极缝隙间的敷有电化学沉积物的导电聚合体薄膜组成，能对啤酒的顶空饱和气体的部分成分发生响应。来自传感器阵列的信号经过适合的接口和调理电路，再由分类器处理，最后用多变量统计法得出结果。这种人工嗅觉系统能区分不同品牌的啤酒，也能区分合格的与腐败的啤酒。

图 8-12 是啤酒的顶端气体取样示意图，该取样系统由恒温水浴装置、样本容器、传感器头三个分离元件组成，样本容器体积为 2. 0L，它浸在温度为 30℃恒温水浴装置中，传感器头固定在一个用来密闭样本容器的盖子上，旁边装有一个以均和混合气体的启动风扇。传感器头

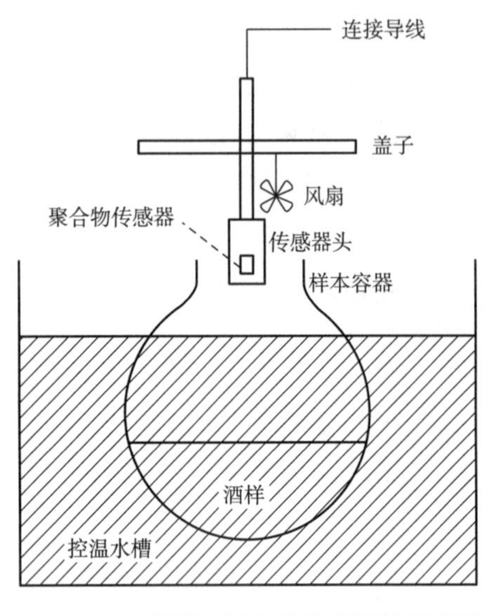

图 8-12　啤酒的顶端气体取样图解示意图

四个侧面上都有一个传感器座，座子的一面装有三个导电聚合物气体传感器，另一面连接导线。这样传感器头上总共装有 12 个导电聚合物气体传感器组成传感器阵列。测试时盖子与样本容器密闭，使传感器头在封闭的环境中进行测试。

该装置对三种不同品牌的啤酒进行了鉴别，三种啤酒分别为淡啤酒 1（标准强度的淡啤酒）、淡啤酒 2（增强强度的淡啤酒）和淡色啤酒（低乙醇啤酒）。啤酒的测试过程如下：首先，样本容器放入水浴中，再注入 100mL 的啤酒，密封后停留 20min，直到液体和顶端气体达到均衡状态。使传感器头位于容器中啤酒样本的顶端气体中，10min 后移出传感器头。样本容器用水洗净然后用纯净的空气吹干以去掉任何杂质。再将传感器头放入干净的试管中，停留 30min 使传感器还原。这样就完成了对一种啤酒的一次测试，典型的测试时间总共约 40min。

该人工嗅觉系统分别对这三种淡啤酒中每一品牌五个不同批次的样品进行了测试，通过元素分析（CA）识别分析，结果表明可以将这三种啤酒区分成三个明显的类别，人工嗅觉系统的识别率为 100%。该人工嗅觉还对同一批淡啤酒随时间的变化进行了跟踪试验。这项研究表明，使用导电聚合物气体传感器阵列和相关的模式识别技术发展的人工嗅觉系统，能区别各种商业啤酒的香味，也能确定偏离标准啤酒香味的程度，可以应用于酿酒厂的质量控制。

（三） 用于食物分析的人工嗅觉系统

人工嗅觉系统在食品分类或识别方面有广泛的应用。意大利 RomeTorVergata 大学的人工嗅觉系统采用覆盖有非金属卟啉和相关化合物的 8 个石英晶体谐振气体传感器（QMB）组成气体传感器阵列。该传感器阵列中的每个传感器具有较宽的响应范围，且每个传感器均是针对所测食物散发的特殊气味的不同而有不同的选择性响应，因此整个传感器阵列的响应范围比较宽。这些特殊的气味是由多种有代表性的化合物形成的，例如有机酸、乙醇、胺、硫化物、羰基化合物。具有呋喃和吡咯的有机酸和羰基化合物是糖的裂解产物，而胺、乙醇和硫化物是氨基酸降解的产物。各个传感器对于上述几种物质的灵敏度彼此不同，灵敏度的不同不仅是由于分子内部固有的选择性，也与相对分子质量有关。例如，传感器对长链醇和短链醇的灵敏度差异较大。在检测鱼的新鲜度时，长链的羰基和乙醇的数量与新鲜鱼的气味相联系，而短链的醇、羰基、硫化物和氮化物的数量与坏鱼气味相联系。

意大利罗马大学的人工嗅觉系统已应用于鳕鱼、番茄酱等食品的检测。所有测量都是在室温、40%的相对湿度和标准大气压下进行的。对于鳕鱼的检测，主要是对产品的新鲜度进行分类和识别存储天数。取 20g 鳕鱼样品放人 250mL 的密闭瓶中，并将瓶子保存在 5℃ 的恒温器中。每天用带刻度的注射器从每个瓶子的顶端空间抽取一定量的气体注入测试容器中，进行测试。每一次测量后，从周围的空气中抽取同体积的空气注入密闭瓶中，以补偿所损失的空气。

连续收集 6d 数据，用主成分分析法（PCA）对 6d 收集的数据进行分析，结果如图 8-13 所示，开始的 3d 可以清楚地观察到鳕鱼新鲜度的阶段性变化，而后 3d 的数据则混杂到一起。

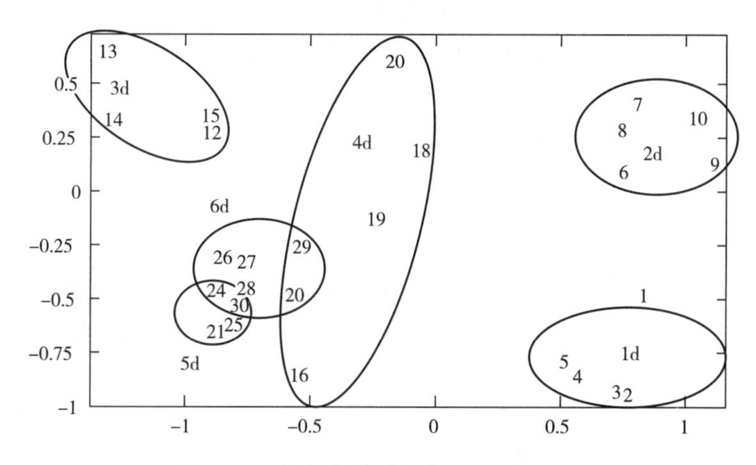

图 8-13　鳕鱼存储时间的 PCA 分析结果

该人工嗅觉系统还对番茄酱产生的醋酸进行了检测，并对人工嗅觉系统检测和现行人工品尝检测间的灵敏度进行了比较。醋酸是在番茄酱变质时产生的最重要的化合物，它是初步分析番茄酱质量的主要指标。通常对番茄酱变质的检测是由受过训练的品尝专家人工品尝来实现的。实验结果表明一个品尝专家对番茄变质所产生的醋酸最低分辨率大约为 90×10^{-6}，而人工嗅觉系统的分辨率可达到 50×10^{-6}，人工嗅觉的分辨率高于人的分辨率。

以上应用实例表明，人工嗅觉系统不但能检测食品的新鲜度（如鳕鱼的实验），还能得到比现有人工品尝更高的分辨率（如番茄酱的实验）。随着研究的不断深入，人工嗅觉系统将在食品检测与监测方面发挥越来越大的作用。

二、人工味觉在食品检测中的应用

（一）人工味觉的应用概况

目前应用人工味觉系统可以很容易地区分几种饮料，比如咖啡，啤酒和离子饮料。使用人工味觉系统的一大优点是不需要对食物进行任何预处理，把饮料倒入杯子里很快就可以测出味道。人工味觉系统也可以用来检测脂状食物或固体食物的味道，如检测番茄时，测量之前使用搅拌器打碎番茄，再进行测试，然后可以通过输出电势模式的形状区分不同品种的番茄。

近来人们对饮用水的质量越来越关注，大多数人要求安全且味道好的饮用水，对饮用水的安全的快速检测是非常必要的，然而，目前还没有一个满意的评定饮用水质量的测量系统。人工味觉可以对许多化学物质有敏感性，可以检测出水的硬度，以及其中是否含有有害物质。同样，人工味觉也可以用于对工厂排水污染物的检测，许多污染物质，比如 Fe^{3+}、Cu^{2+} 等离子在几分钟之内就可以检测出来，试验结果表明人工味觉在水质环境检测方面有应用的可能性。现在国际上已经把味觉传感器的研究列为重要的发展目标，用人工的方法实现生物味觉的功能，向不能检测的生物量——味觉挑战，人工味觉有着广阔的发展前途。下面简单介绍目前应用比较成功的一种多通道人工味觉系统在食品味道检测中的应用实例。

（二）多通道人工味觉系统在食品味道检测中的应用

多通道人工味觉系统的传感器用类脂膜构成的多通道电极制成，多通道电极通过多通道放大器与多通道扫描器连接，从传感器得到的电于信号通过 A/D 转换为数字信号，然后送入计算机进行模式识别处理，得到相应的味道。试验装置见图 8-14，其中，采用了 8 个味觉电极，电极上面有一层类脂/聚合物敏感膜，缓冲液为 3mol/L 的 KCl 溶液，上部用 Ag/AgCl 标准电极。整个传感器阵列是密封的，通过测量多通道类脂膜和参考电极之间的电压差来反映味觉信号。

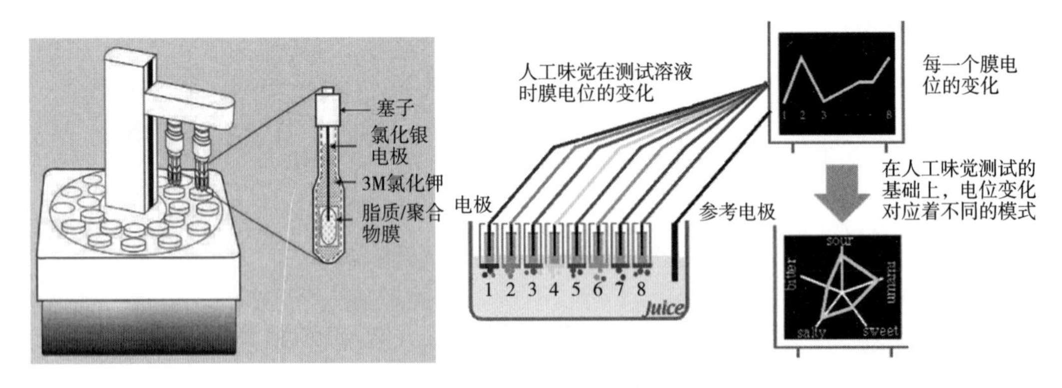

图 8-14　多通道人工味觉装置及其响应过程示意图

图 8-15 所示的为该人工味觉区分 2 种酸（醋酸、柠檬酸）和 3 种产生鲜味化合物［谷氨酸钠（MSG）、肌苷酸二钠（IMP）、鸟苷酸二钠］的结果。该人工味觉中应用了 7 种不同的类脂膜电极，从图中可以看出，对柠檬酸和醋酸的测试中，由于它们都是酸，所以响应的趋势是大致相同的，但由于这两种酸的成分不同，各膜的响应强度不一样。海藻、鱼、肉、蘑菇都能产生鲜味，但各自产生鲜味的成分不同，海藻中的谷氨酸钠（MSG）、鱼和肉中的肌苷酸二钠

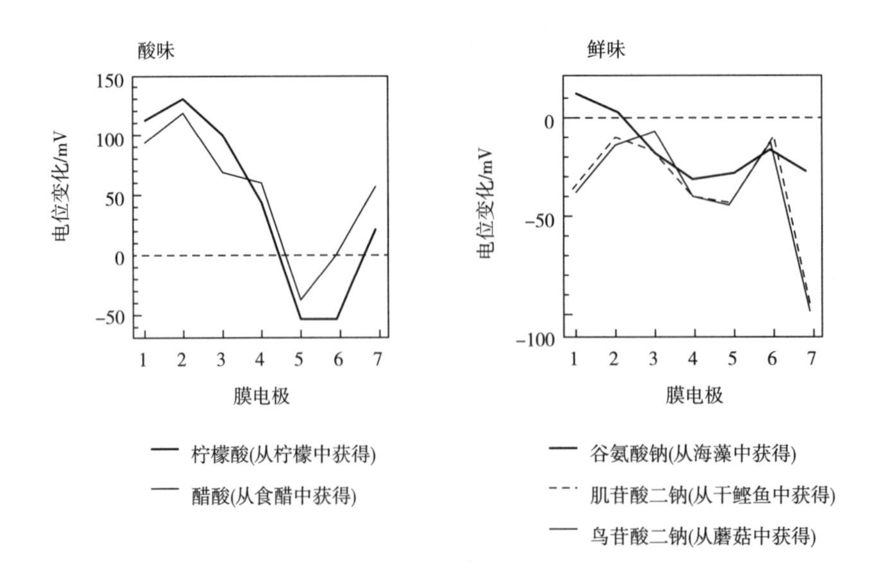

图 8-15　人工味觉测试 2 种酸和 3 种鲜味化合物

(IMP)、蘑菇中的鸟苷酸二钠(GMP)等都产生相应的鲜味。人工味觉对这三种鲜味物质响应趋势是相似的，但响应的强度不同。从图 8-15 中两幅图比较可以看出，人工味觉对食品中的“酸”和食品中的“鲜”响应不论是从强度还是趋势都是不同的。用该人工味觉测试食品时，对那些产生相同味道的食品人工味觉的响应相同，而那些产生不同味道的食品，人工味觉产生不同模式的响应。

(三) 人工味觉和人工嗅觉的结合

在人体内，味觉与嗅觉通常是一起使用的，只是二者是从不同角度分析同一种物质。人工嗅觉是由气体传感器阵列和数据处理组成，对不同的气味具有信号处理、模式识别等功能；人工味觉是基于膜电势的变化对液体进行分析。尽管人工嗅觉与人工味觉可以分别区分物质，但是它们的结合可以更进一步提高识别能力，二者的集成化可以广泛应用于食品的检测和监测，目前这方面的研究正处在初级阶段。

第九章

CHAPTER 9

食品声学、电学和力学检测技术

食品与农产品的声学、电学和力学特性，是其物理性质中十分重要的内容。它不仅是设计相关加工机械、加工工艺的理论依据，还是对食品与农产品进行品质评价的主要指标。食品与农产品的声学、电学和力学特性与其生化变化、变质情况密切相关，通过声学、电学和力学性质的测定，可以把握食品与农产品的品质变化。

第一节　食品的声学检测技术

利用食品与农产品声学特性对其进行无损检测和分级是现代声学、电子学、计算机、生物学等技术在食品与农产品生产和加工中的综合应用，它具有适应性强、检测灵敏度高、对人体无害、使用灵活、设备轻巧、成本低廉、可在野外及水下等各种环境中工作和易实现自动化等优点，是一项正在飞速发展的技术，在不少发达国家该技术经过多年的研究和发展，已逐步进入实际应用阶段。在我国，声波检测技术在工业和医学上的应用已比较广泛，但在食品与农产品生产和加工中的应用研究尚处于起步阶段，应充分利用发达国家已取得的经验，对食品与农产品的声学特性与其品质之间的关系进行深入研究，以便尽早实现在食品与农产品进行无损检测和分级中的应用。

一、声学特性检测技术

（一）食品与农产品的声学特性及检测原理

食品与农产品的声学特性是指食品与农产品在声波作用下的反射特性、散射特性、透射特性、吸收特性、衰减系数和传播速度及其本身的声阻抗与固有频率等，它们反映了声波与食品或农产品相互作用的基本规律。食品与农产品声学特性的检测装置通常由声波发生器、声波传感器、电荷放大器、动态信号分析仪、微型计算机、绘图仪或打印机等组成。检测时，由声波发生器发出的声波连续射向被测物料，反射、散射或从物料透过的声波信号被声波传感器接收，经放大后送到动态信号分析仪和计算机进行分析，即可求出食品与农产品的有关声学特性，并在绘图仪或打印机上输出结果。食品与农产品的声学特性随食品与农产品内部组织的变化而变化，不同食品与农产品的声学特性不同，同一种类品质不同的食品与农产品其声学特性往往也存在差异，故根据食品与农产品的声学特性即可判断其内部品质的状况，并据此进行分类、分级。

（二）声学特性检测技术的应用

1. 基于声学特性检测西瓜内部空心

西瓜声学检测系统如图 9-1 所示，硬件系统主要包括信号发生装置（由塑料包裹的金属球敲击西瓜表面）、信号接收装置（利用传感器贴在样品表面，感应振动信息）、信号处理装置（电荷放大器、数据处理器、内含集成电路板）和数据分析处理系统（电脑及数据采集控制系统）。软件部分采用 C 语言编程设计数据采集窗口，输入编号和敲击点，与触发装置连接，完成数据采集。

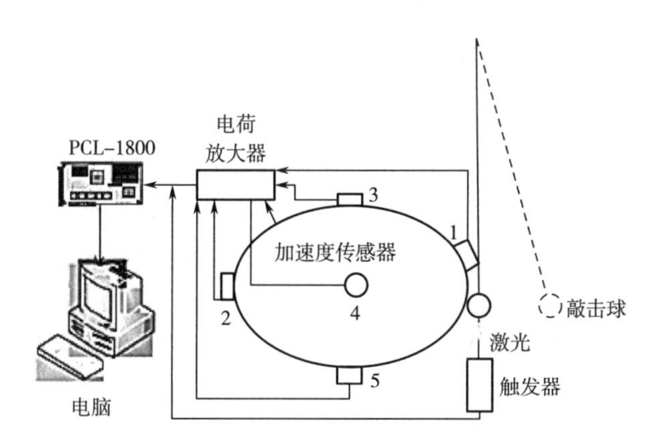

图 9-1　西瓜声学检测系统

在采集声信号之前，先在西瓜上标记几个待测点（图 9-2）。西瓜梗部标记 1 号，蒂部标记 2 号。在西瓜上画一条赤道线，其上每隔 90°标定 3~6 号点（3 号所在部位为西瓜自然生长状态的靠地点附近）；在介于赤道和西瓜梗部之间画一条纬线 L_1，其上标记 7~10 号点；在赤道和西瓜蒂部之间画一条纬线 L_2其上标记 11~14 号点。敲击是用来考察声学方法是否可用于空心的方位测定手段。这些点组合成不同的信号敲击-接收组合，用 ij 表示，其中 i 表示信号敲击点，j 表示信号接收点。

西瓜切开后情况如图 9-3 所示。声信号采集完毕之后，采用傅里叶变换将时域信号转换成频域信号，得到信号幅频谱。然后，对敲击点和接收点幅频谱上每个频率（下称频率点）对应的幅值计算其透过率：

$$\delta_{ij} = A_j/A_i \tag{9-1}$$

式中　δ_{ij} ——敲击点为 i，接收点为 j 时敲击-接收点组合 ij 间的声透过率；

A_i ——敲击点 i 幅值；

A_j ——接收点 j 幅值。

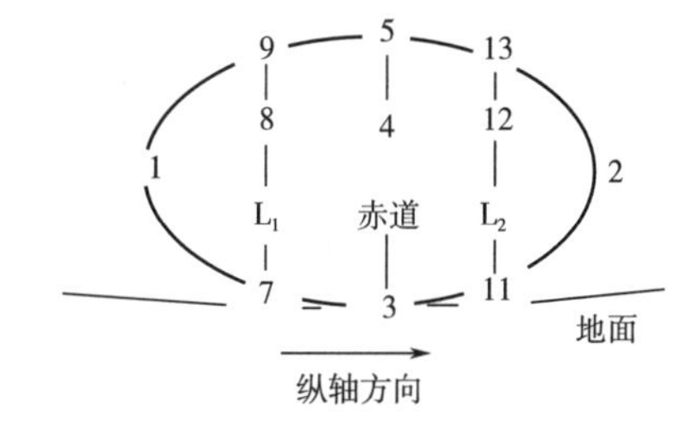

图 9-2　西瓜标号示意图

借助判别分析函数建立声透过率值与样品间空心测定的关系，并将理论判定结果与实际空心结果相比较，计算出模型判定空心准确率。结果表明赤道部位可以获得更好的空心检测结果。这是因为空心主要发生赤道部位，声传递过程中容易发生回波、共振、透射或反射。声信号在西瓜内部传递相对复杂，声振动在赤道部位的传递能更好进行，所以能更好地反映西瓜内部情况。

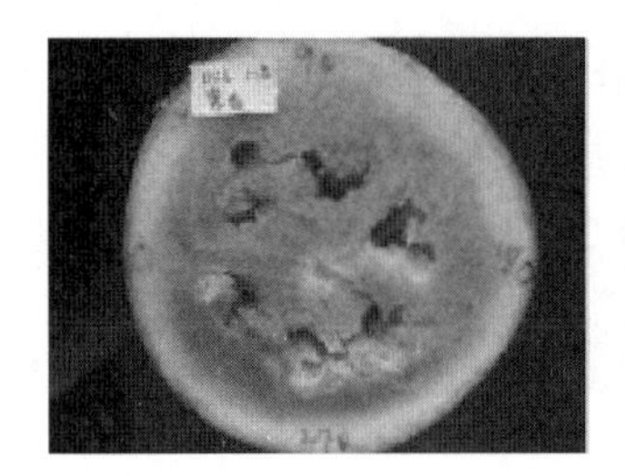
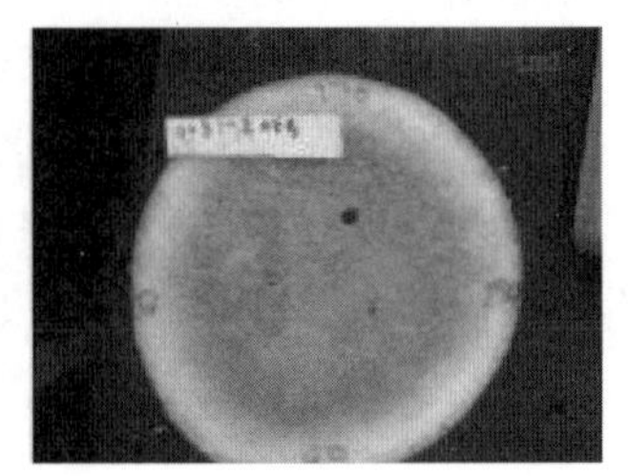

图 9-3　西瓜内部瓜瓤状态

2. 利用声学特性检测西瓜的成熟度

通过拍打听声是挑选西瓜的传统方法之一。这是因为随着西瓜的生长和成熟，瓜瓤细胞间的组织结构会逐渐由紧密变松散，所以其音频特性也会随组织结构的改变而改变。目前已经证明与西瓜成熟度有显著相关性的音频特性有基频、功率谱峰值频率、音频波形对称度、衰减时间等。西瓜音频特性与成熟度的相关性已经有多位学者通过研究和试验进行了证明。

图 9-4 是不同成熟度西瓜的打击音波曲线。未熟西瓜在打击瞬时，其音波振幅达到最大，随后急剧衰减，呈不规则的衰减波形。而适熟西瓜和过熟西瓜的最大振幅出现在打击之后的某一时刻，其波形上下对称，呈有规律的衰减。两者波形相比，过熟西瓜的音波持续时间比适熟西瓜的稍长。为定量比较不同成熟度的音波波形，可以分别计算出波形对称度和对数衰减率 β。

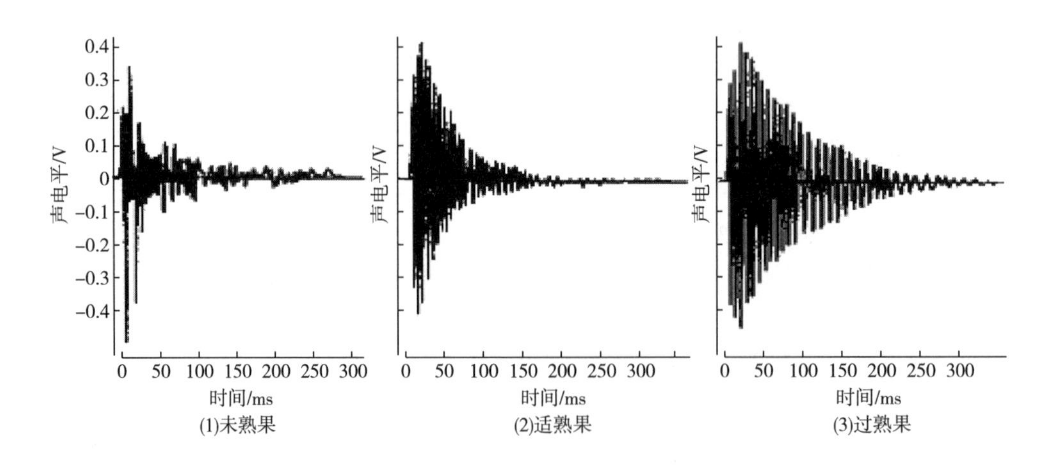

图 9-4　西瓜果实打击音波波形

图 9-5 是西瓜的打击音波功率谱密度曲线。分析打击音波功率谱密度可知，未熟西瓜的打击音波含有多种频率成分，而且峰值频率 f_t 较高，为 164~280Hz，随着成熟度增加，f_t 逐渐减少，在收获适期，为 132~164Hz，仅有一种频率成分。过熟果的 f_t 进一步减小，在 f_t 上下出现一些较小的峰值。

目前智能手机已普及，其内置摄像头、麦克风、全球定位系统、加速度计等功能，已使移

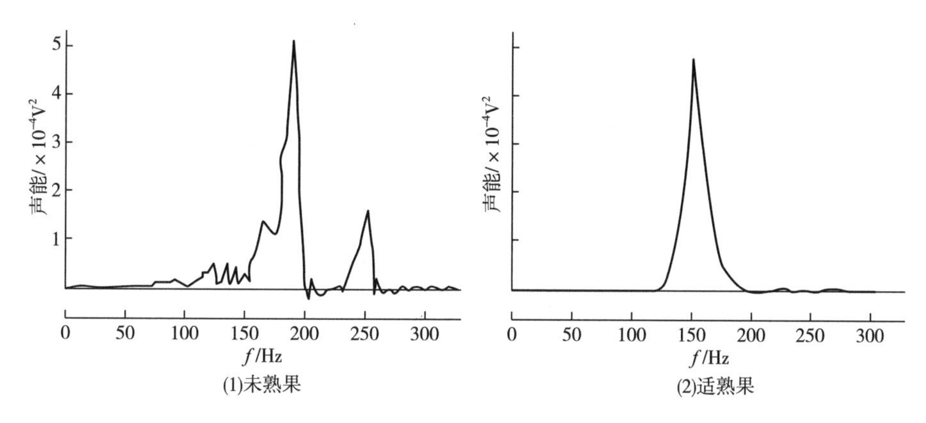

图 9-5 西瓜打击音波功率谱密度

动感测频具应用开发潜力。采用智能手机采集不同成熟度西瓜拍打声信号（图 9-6），提取有效判别成熟度的特征参数，构建定性判别模型，开发出可判别西瓜成熟度的应用软件，实现西瓜成熟度的快速检测。

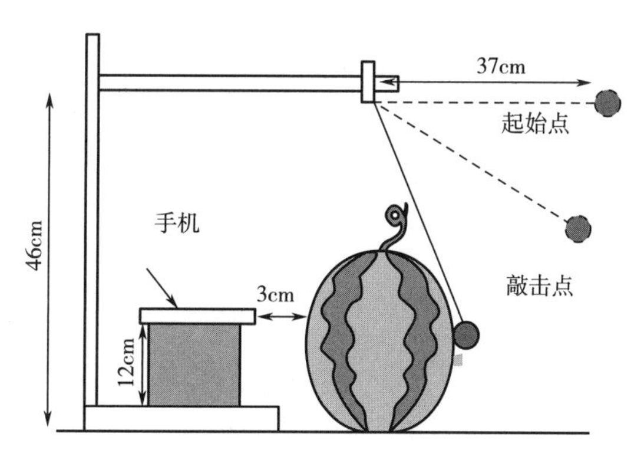

图 9-6 基于智能手机的西瓜成熟度检测系统

二、 超声波检测技术

（一） 超声波检测原理

在各种各样的无损快速检测技术中，超声波检测技术是各种行之有效的途径之一。工业中应用的超声波技术可分为两种类型，一是利用高能量超声波破坏处理对象的结构和组织，如清洗设备和管道、破坏生物细胞、化学反应的乳化等操作，这类技术所利用的超声波特征是频率较低（不超过 100 kHz）、能量较高以及其操作过程大多连续；另一类技术是利用低能量超声波对处理对象进行无损检测（NDT），其特点是频率较高（介于 0.1～0.2 MHz）、能量较低，大多采用脉冲式操作。后一类技术，因为能量低，所以声波通过时不会根本改变介质的物理或化学性质。

超声波检测技术是利用高频声波与物质之间的相互作用检测物质内部物理化学性质的一种技术。这种技术目前已比较成熟地运用在医学、海洋学、材料工业和化工操作过程中的生物和非生物物质的检测和研究，但如何应用到食品与农产品的无损检测及分级中去，还是一个较新课题。根据超声波检测的原理以及在其他方面应用的实绩，这种运用应该是可行的。尤其在光学不透明体系（绝大部分食品与农产品体系都具有该性质）有着广泛的应用前景。

超声波通过介质时大致表现为 3 种形式：压缩波、表面波和切变波。在无损检测（NDT）应用中，压缩波是最常用的超声波形式，其他两种形式的超声波使用较少。这是因为压缩波在介质中的传递是通过介质的压缩和膨胀进行的，介质质点在声波作用下以原始位置为原点所发生的振荡仍服从虎克定律，换言之，介质结构在声波传递过程中未发生任何根本性的破坏。

超声波检测技术最为常用的两个测量参数是通过介质的声速和振幅衰减。超声波检测技术也分为连续式和脉冲式，前者操作较复杂，对仪器和技术要求较高，测量精度也相应高，主要使用在一些专门的研究领域。工业上比较实用的是脉冲式，其优点是操作简单、快速，易于实现自动化。

1. 超声波的声速检测技术

当一个平面波通过介质时，超声波性质与介质的物理性质可用一个简单的数学式关联：

$$(k/\omega)^2 = \rho/E \tag{9-2}$$

式中 k——介质的复合波数，cm^{-1}；

ω——角频率，$\omega=2\pi f$，其中 f 是声波频率，Hz；

E——介质的弹性模量，MPa；

ρ——介质密度，kg/m^3。

声学均匀体系（大多数食品与农产品体系如水、分子溶液或油脂类均属于这类体系）的衰减很小，介质的物理性质 E 和 ρ 基本上与声波频率无关，动态和静态测定的数值相差很小。因此，令 $C=\omega/k$，上式简化为：

$$C^2 = E/\rho \tag{9-3}$$

所以只要测出介质的声速，即可检测介质的物理性质。对固态介质，其弹性模量可表达为：

$$E = K + \frac{4}{3} \times G \tag{9-4}$$

式中 K——体积弹性模量，MPa；

G——刚性模量，MPa。

对液态介质，由于不具有刚性或刚性很小（如凝胶），此时从上述两式得到：

$$C^2=K/\rho \tag{9-5}$$

即声速只取决于介质的体积弹性模量和密度 ρ。在 ρ 已知的情况下，通过声速的测定就可直接反映出介质的内部结构。

在超声波技术中，常使用绝热压缩率 β 表述介质的弹性和结构特点。事实上，$K=1/\beta$，即：$C^2=(\rho\beta)^{-1}$，由于不同介质（或介质在发生物理或化学反应前后）的组织结构不同，其绝热压缩率 β 也不同，因而其物理性质和超声波性质均有所区别，所以通过检测超声波性质的区别和变化，可定性或定量检测介质的物理性质甚至是分子水平上的变化。

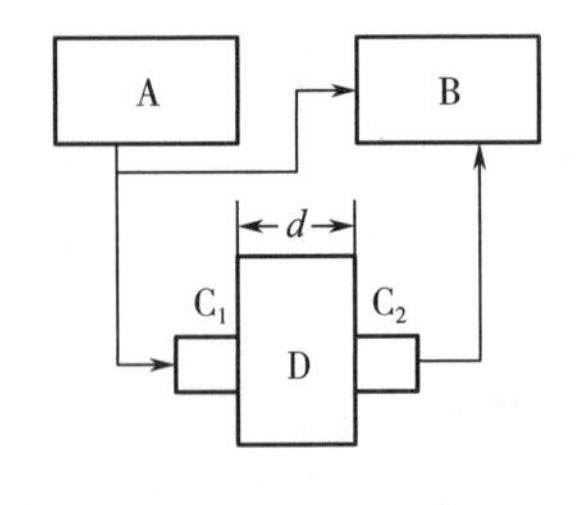

图 9-7 超声波检测原理示意图

超声波检测原理如图 9-7 所示，A 为脉冲信号发生器；B 为时间计数器；C_1 为发送探头；C_2 为接收探头；D 为样品。从信号发生器产生一个具有一定频率和振幅的脉冲电子波，在传至发送探头的同时，也传至时间计数器记录开始时间 T_1；脉冲电子波在发送探头被转化成相应频率的超声机械波通过样品压缩传递，被接收探头接收并再次转化成电子波，然后送至时间计数器记录停止时间 T_2；则 $\Delta T = T_2 - T_1$ 即为超声波通过样品的时间。而样品的距离 d 可利用已知声速的物质准确测知，所以声速即可求出。

在两相的界面处，声波可能透过或反射，所以在测量中往往只使用一个探头（既作为发送，也作为接收使用），此时测到的是声波到达某一选定界面后再反射折回探头的时间，即 $C = 2d/\Delta T$。因为探头位置的移动操作是十分简便的，所以这种技术的操作费用极低，而且非常适用于在线检测。

2. 超声波的衰减检测技术

当声波通过介质时，其振幅会出现减小，几乎所有物质均不同程度地会使超声波产生这种衰减。这种声波衰减主要是由于传递过程中声波能量发生吸收和散射。造成的吸收的机理可能是声能在传递过程中被转化成了其他形式的能量。而散射则是当声波入射到一个介质的不连续处（如分散粒子的表面或其他两相界面）时，它会被散射而偏移入射波方向。在散射过程中超声波的能量形式并不发生改变，但由于被散射到其他方向以及相位发生了变化，所以接收器难以检测到这些能量。通常超声波在液态介质中的吸收表现为 3 种基本形式：热传导、黏滞耗散和分子弛豫。这些形式均反映了介质分子水平的性质及其相互作用，所以可以从衰减的程度对这些性质进行研究。在不均匀体系中散射是一个十分重要的超声波现象，体系的微结构以及许多物理性质均对超声波散射有着特定的影响。食品与农产品的许多体系均不同程度地存在散射，通过检测吸收和散射可以探知这些体系的性质和内部结构。

通过介质后振幅的衰减满足下列关系式：

$$A = A_0 e^{-\alpha d} \tag{9-6}$$

式中　α——衰减系数；

A——声波通过介质后检测到的振幅，mm；

A_0——初始振幅，mm；

d——超声波通过的距离，mm。

衰减系数的测定与测量声速的原理相同，此时测量的参数是相邻回波的振幅及其变化。由于声速测定可以简化为距离和时间的测定，所以测量误差仅来自这两个项目的测定操作，而衰减系数的测定则由于导致衰减的机理的复杂性，使得较难正确判定误差的来源。因此，在实际的超声波测量技术中，速度的测量比衰减的测定要简单得多，而且对测定结果的分析也更容易明了，故而使用也更普遍。

从原理上讲，超声波技术主要能用于下面各项目的检测。

（1）物质的体积弹性模量和刚性弹性模量。

（2）物质的复合剪切黏度，尤其适于黏弹性的介质。

（3）分散体系和胶体体系的分散相粒度大小及其他性质。

（4）不同超声波性质的混合物体系的组分含量。

（5）不同超声波性质的介质层的厚度或深度。

（6）物质的流动速度。

（7）物质的相转变。

（二） 超声波检测技术的应用

1. 超声波检测技术在乳状液体系中的应用

乳状液体系由于分散相粒子的散射光作用，所以体系呈现浊而不透明（如牛乳），尤其是分散相所占容积比较大时，利用光学仪器是无法观察粒子的状况的。比如，储藏或加工过程中体系是否发生分层？粒子是否发生聚集或结晶？常用的检测手段很难判断，另外操作也会干扰和破坏原体系的状态，但是使用超声波技术则能极为方便地解决这个问题。

静止状态下，粒子会由于重力作用而发生迁移。对食品中的油与水乳状液，由于油相密度小于水相密度，故而油珠会向上迁移而聚集在体系的顶端，即体系发生分层。传统的检测方法是把整个体系（或取部分样品试验）在选定的时间内快速冷冻以固定油珠的位置，然后再一层一层地沿样品高度取样，检测油的含量以确定它沿样品高度的分布，进而得出在不同时间段的分布变化，然后获得该体系分层的动力学结果。显然这种操作不仅费时，而且要破坏体系。但使用超声波技术则可以在很短的时间内完成上述的检测过程。如图 9-8 所示，超声波探头贴向样品容器外壁，并从容器底部向顶部快速移。由于油与水的超声波速度不同，在油和水比例不同的区域，超声波的速度就不一样。所以沿样品高度方向速度分布是不均匀的（随着油分含量的上升，声速而下降）。对样品沿高度扫描测定，可得到油珠沿高度的分布图；通过规定时间间隔的测定，可获体系的分层动力学性质，进而可对体系做出评价并及时反馈信息到其他加工操作过程。这种方法的优点在于操作简便、快速，且不影响样品。适于产品（或中间制品）过程的质量评价和操作控制监测。

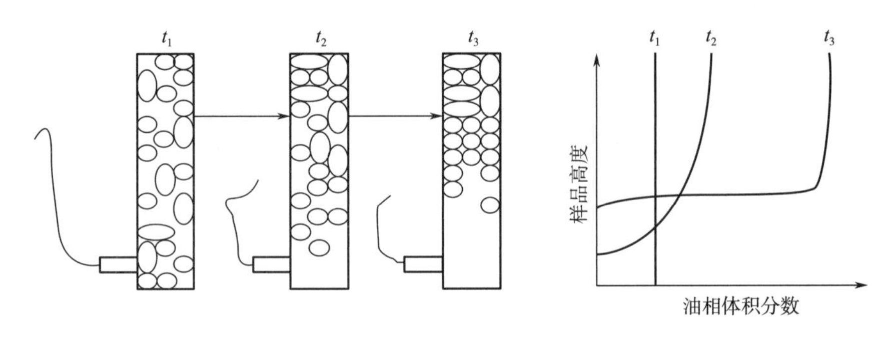

图 9-8 超声波检测乳状液分层的示意图

2. 利用超声波检测马铃薯空心

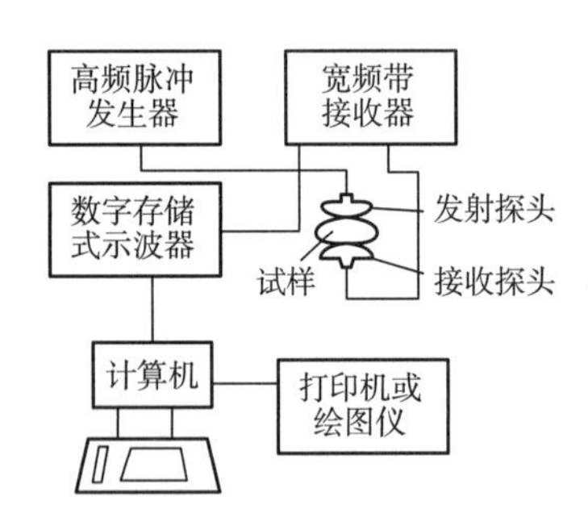

图 9-9 马铃薯空心的超声波检测系统

在外表正常的马铃薯块茎的中心部形成不规则的空洞是生理紊乱的一种表现，这是马铃薯主要质量缺陷之一，会对生产者和加工者带来严重的经济损失。马铃薯内部品质的超声无损检测系统如图 9-9 所示。在该系统中，超声探头经耦合剂直接与马铃薯表面接触，测试时高频脉冲发生器产生的脉冲电信号，由发射探头转换为宽频带超声波，射入到马铃薯中，遇到不连续组织时，一部分波能被反射，另一部分继续传播，穿过马铃薯的超声波则被另一侧的接收探头接收，放大后在示波器上显示，经计算机分析可求出超声波穿过马铃薯所需的时间和透射信号的强弱。由于马铃薯中的空心会导致超声波的多次反射，所以通过空心马铃薯的信号比通过实心马铃薯的信号弱，波动时间长，有更多的波峰和波谷，而且透射信号的幅值和功率谱密度都要小得多。根据这些差异，我们就可以将空心与实心马铃薯区分开来。

（三）超声成像技术的应用

超声成像技术为超声检测技术的一个重要分支，其不仅具有超声检测技术的常规优点，而且还具有一些特性，例如直观性强、灵敏度高等。超声成像技术是运用检测超声波采集试样表面及内部可见图像的技术，是检测试样内部情况与缺陷的有效手段。超声成像检测系统如图 9-10 所示，主要包括精密 *X*、*Y*、*Z* 轴运动装置、超声换能器（探头）、信号发射/接收装置、工业控制计算机和耦合剂槽。计算机触发信号发射/接收器发出驱动信号，探头通过内部压电材料的压电效应使得电压转换为超声波。声透镜将超声波聚焦成球面波（称为超声束）并将焦点置于耦合剂（例如水、甘油）中的试样表面或内部，超声波在试样表面或内部声阻抗间断处发生反射。反射回波被探头又转换为电压，被接收器接收。电压信号通过滤波、放大等处理后送至数据采集中的 A/D（模数转换）卡，转成数字信号，并进行相应处理。反射信号包括泄漏发射波、内部反射波（来自声透镜和匹配层之间反射）和样品反射波。因此，将成像闸门置于感兴趣的回波信号处（例如样品表面回波信号），并根据该信号的强度，转换为有着灰度值大小的像素点，并在计算机上实时显示。为获取试样的二维图像则需进行 *X*-*Y* 平面或者 *Y*-*Z* 和 *X*-*Z* 平面扫描，最终获取试样的表面或内部的二维灰度图像。

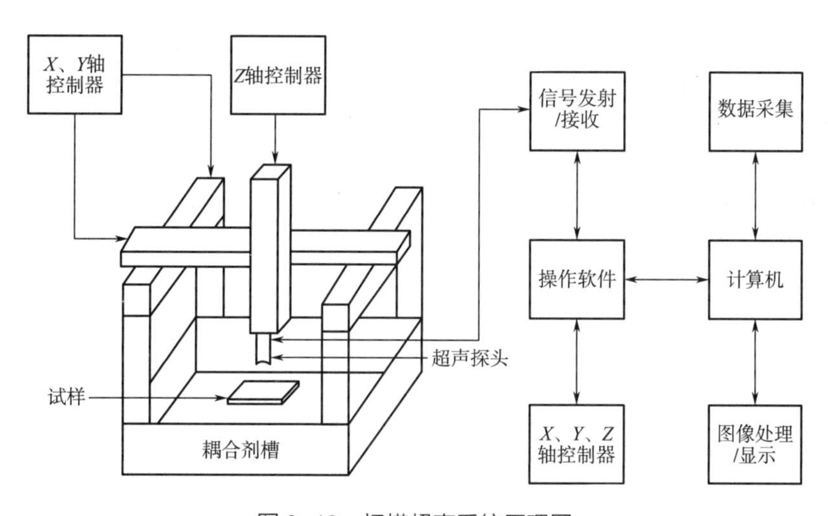

图 9-10　扫描超声系统原理图

1. 超声成像技术在火腿肠等级标定和异物检测中的应用

火腿肠作为人们生活中最常见的食品，以各种各样的形式存在于市场。为了规范市场，国标依据火腿肠各组分（蛋白质、淀粉、水分等）含量差异把火腿肠划为特级、优级、普通级等。火腿肠作为常见的肉糜蒸煮制品之一，组分含量差异极大的影响着火腿肠内部的凝胶体系结构，导致不同等级火腿肠的质构（硬度、脆性、黏着性等）情况有所差别，为超声成像技术识别火腿肠等级提供了依据。图 9-11 为品牌 A、B 的特级、优级、普通级火腿肠超声图像。观察图像可知，同一品牌的特级、优级、普通级火腿肠超声图像在回波整体强度、分布上均具有一定差异；品牌 A、B 同等级火腿肠的超声图像区别不大，超声回波在强度与分布上有一定的类似；特级火腿肠的超声图像与其他等级相比超声回波平均强度小，但产生回波的区域较少且分布随机，最终导致图像均一性较差；优级火腿肠的超声图像的回波平均强度相对特级火腿肠较大，回波区域增多，图像直观均一性较好；普通级火腿肠相对其他等级平均回波强度最大，由于图像中回波区域的急剧增加，使得较多的局部区域回波强度过大，最终图像直观均一性比优级稍差，比特级稍好。由超声波在介质内部发生反射的原理可知，介质内部质构发生变化时（主要是密度和绝热压缩量）将会引起超声波发生反射，且质构变化越为剧烈时，超声波反射回波强度越大；特级火腿肠内部结构稳定，且内部结合力强，因此各部位之间质构变化较小，引起的超声波反射较少，且回波强度也较小；普通级火腿肠内部结构松散，内部结合力小，且由于淀粉含量较高在储藏时易老化形成微晶束，导致各部位之间质构变化较为剧烈，使得超声波在其内部传播时反射情况大幅增加且回波强度增大。

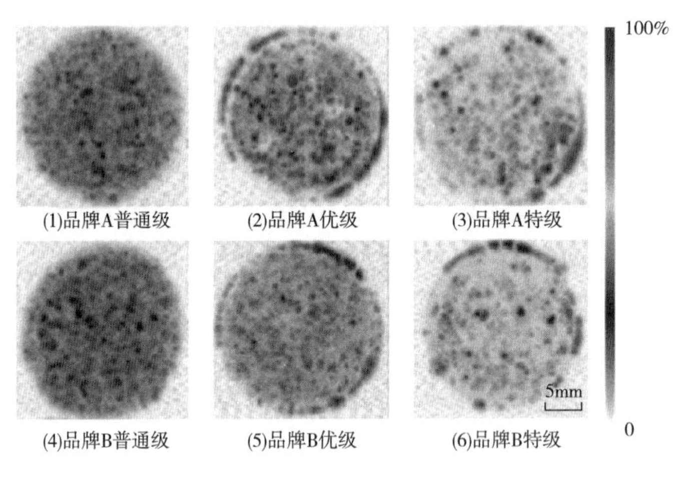

图 9-11　各级火腿肠截面超声图像

随着市场需求量的不断增加，火腿肠加工与生产已由传统的手工作坊式发展为大规模机械化生产。机械化生产促进了火腿肠产业的发展，但机械设备在长时间运转过程中会不可避免地出现磨损、老化、零部件脱落等问题，导致火腿肠中出现异物；同时火腿肠生产原料中也难免会混入一定的异物。现有的火腿肠品质分析技术侧重理化指标的分析而忽略了异物的检测，这导致了极大的安全隐患。图 9-12 为不同尺寸异物在火腿肠不同深度时的超声图像，是将获取的 x-y 平面扫描区域回波强度归一化处理再映射到 0~255 灰度级并进行彩色编码后所得，其中标尺为反射信号大小。图中空白部分区域有微弱的回波信号，可能是火腿肠内部颗粒回波与外部噪声造成的；异物超声图像中除异物区域明显的回波信号外，其他区域也具有较小的回波信号，可能造成原因与空白中相同。从图中可以看出在 5mm 的深度时各尺寸异物检测情况良好，基本呈现异物实际形状；在 10mm 深度时尺寸为 3mm×3mm 的塑料异物检测效果急剧下降，其他尺寸异物基本被检出；在 15mm 深度时各尺寸异物检测效果较差，异物基本被检出，但实际形状基本无法判断；同时不同异物在同一深度下检出情况也具有较大差异，从图中可直观判断金属异物的平均回波幅值最大，塑料异物平均回波幅值最小，这与回波信号分析结果相符。同种异物在不同尺寸时检出情况也具有较大差异，从图中可以看到尺寸越大检出情况越好。

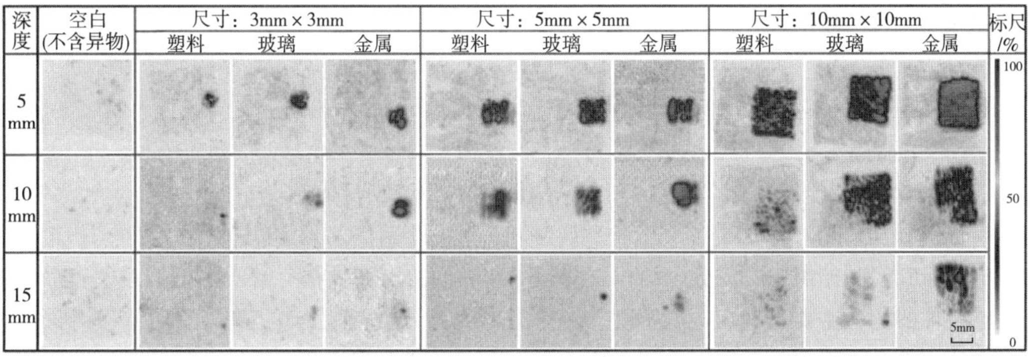

图 9-12　不同尺寸塑料、玻璃及金属在火腿肠中不同深度时超声图像

2. 基于超声成像技术的冰鲜和冻融三文鱼鉴别

三文鱼肉质鲜美、营养丰富，被誉为“鱼中至尊”。冰鲜贮运（0~4℃保藏）可最大限度保持三文鱼的口感及风味，赋予冰鲜三文鱼远高于冰冻三文鱼（-18℃保藏）的销售价格。为了防止冻融三文鱼“以假乱真”、变质冰鲜三文鱼“以次充好”，有必要对三文鱼的品质进行检测。冻融三文鱼在冰冻贮藏时，鱼体内部形成冰晶，导致肌肉中的部分空间网状结构及膜结构就会被破坏；随着贮藏时间的增加，伴随着冰晶的生长，肌肉组织结构及膜结构的破坏越严重，导致肌原纤维间的间隙增大甚至发生分离、变形甚至断裂，解冻后这种破坏不会恢复。而冰鲜鱼虽然也是低温贮运，但没有冰冻-解冻过程，内部组织结构完整。由超声波在介质内部反射的原理可知，介质内部质构发生变化时将会引起超声波发生反射，且质构变化越为剧烈超声波反射回波强度越大。

三文鱼样本超声图像如图 9-13 所示，超声图像颜色表征反射强度的大小，反射强度越大，颜色越来越深，颜色值越大。F 组冰鲜三文鱼样本与 T 组冻融三文鱼样本的超声图像颜色有明显的差异，且随着贮藏天数的增加，颜色等高线的颜色值越来越大，从浅蓝到深蓝甚至到竹绿色变化；F 组和 T 组三文鱼样本超声图像在回波整体强度和分布上均具有一定差异；同一样本的超声图像在反射强度上总体相似，因样本的生物多样性，同一样本的不同部位反射强度存在一定的差异。冰鲜鱼较冻融鱼超声图像的反射回波强度明显偏小，反射回波的聚集较少，图像的均一性较好；F1、F2、F3 冰鲜三文鱼和 T1、T2、T3 冻融三文鱼随贮藏天数的延长超声反射回波平均强度逐渐变大，回波区域逐渐增加，且较多的局部区域回波强度过大，使得图像的均一性越来越差。综上所述，F 组和 T 组三文鱼样本的超声图像在回波整体强度和分布上均具有

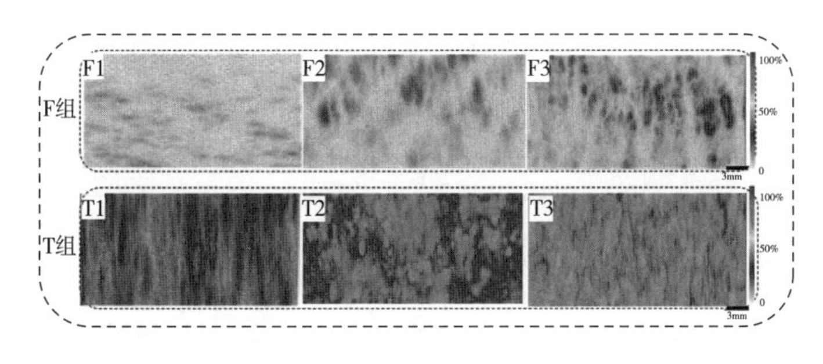

图 9-13　不同处理条件下三文鱼片的超声图像

一定差异，同一样本的超声图像在反射强度上总体相似。因此，通过超声图像信息能够实现冰鲜和冻融三文鱼的鉴别。

第二节 食品的电学检测技术

食品与农产品的组织、成分、结构、状态等和它们的电特性都有着密切的关系，食品与农产品电特性的变化主要表现在电流密度、磁导率、绝对介电常数（电容率）、电导率等的变化方面。从广义上可将食品与农产品的电特性分为主动电特性和被动电特性两种类型。前者是食品与农产品物料中存在的某些能量源产生的电特性，其能量源可能产生一个电动势或电势差，在生物系统中表示为生物电势，在压电晶体中表现为应变诱导电势；后者则反映了影响物料所占空间内电场和电流（电荷）的分布特性，它是由物料的化学成分和物理结构所决定的固有特性。不仅取决于其自身的性质，通常还受环境因素的影响。

一、电学检测的方法

食品与农产品电特性的检测方法主要有 4 种：切片法、突刺法、接触法和非接触法，如图 9-14 所示。切片法是将被测物料加工成规则的形状后，放入平行电极间检测其电特性；突刺法是将针状电极刺入被测的物料中检测其电特性；接触法是将被测物料直接放入平行电极且保持电极与物料的接触检测其电特性；非接触法则是将被测物料放于一组平行电极间，在不与电极直接接触或通过其他介质（如采用水槽）的情况下检测物料的电特性。切片法主要适用于可切成片的水果、面食制品等，突刺法和接触法以及非接触法则能适用几乎所有的食品与农产品的快速检测，并且不受其形状的影响。

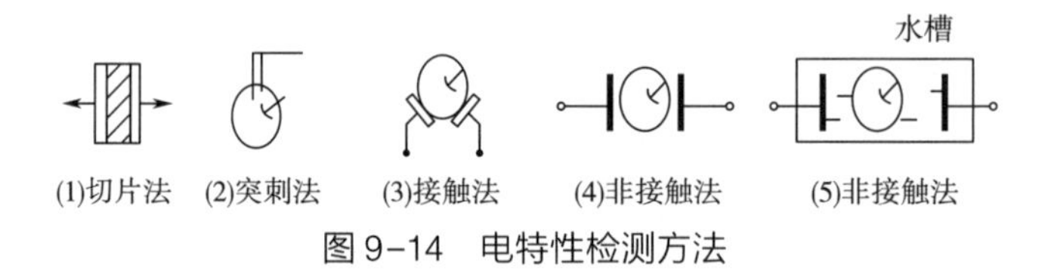

图 9-14 电特性检测方法

检测阻抗特性时，可采用如图 9-15 所示的伏安法、补偿法、电桥法等多种方法。当检测直流阻抗特性时，给被测物料加上直流电压，通过欧姆定律即可求出直流阻抗；检测交流阻抗时，给被测物料加上交变电压，通过改变施加电压的频率，求出每个频率下的阻抗值，做出阻

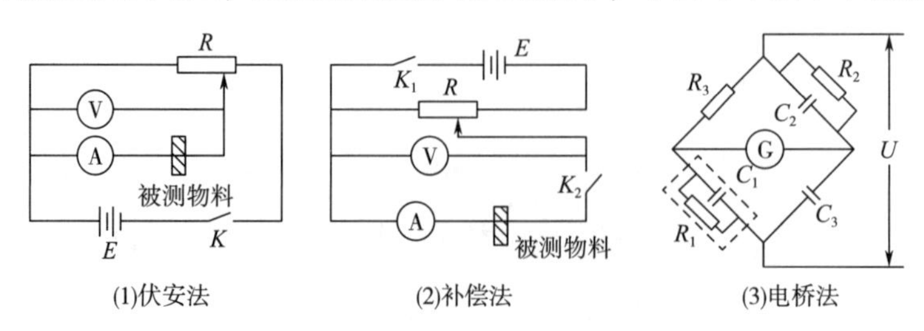

图 9-15 常用阻抗检测电路

抗与频率（Cole-Cole）关系曲线。

在检测食品与农产品介电常数的方法中，电桥法是最常用的方法之一，如图 9-15（3）所示。其中 3 个阻抗臂已知，调节电桥达到平衡，根据平衡条件可求出被测物料的并联等值电容和电阻，从而计算出物料的介电常数和耗散正切。该方法简单易行，但影响因素较多，误差较大，较难实现各种频率下的介电常数检测。

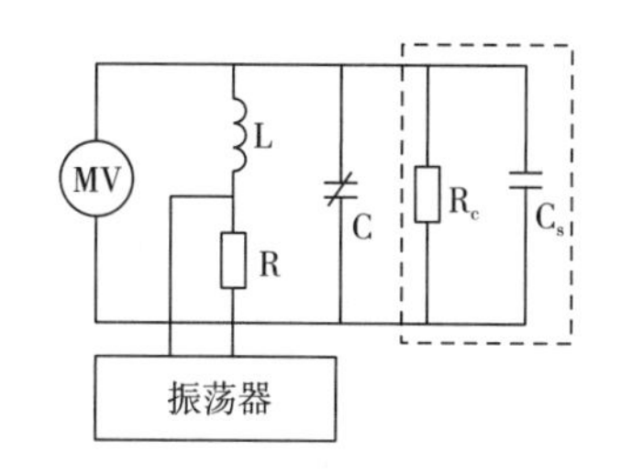

图 9-16　谐振法检测介电常数

谐振法检测介电常数的方法是通过可调频率的振荡器激励 RLC 谐振电路加以实现的（图 9-16）。当回路加上电压 U 时，调节 C 使电路达到谐振（在某个频率下电流最大）$I_{max}=U/R$，记录下此时的 Q_1、C_1；接入被测物料平板电容，调整电路达到谐振，同时记录此时的 Q_2、C_2、ε_r，然后根据下面的计算公式计算出相对介电常数和耗散的正切值。

$$\varepsilon_r' = \frac{C_S d}{\varepsilon_0 A} \tag{9-7}$$

$$\tan\delta = \frac{C}{C_1 - C_2} \times \left(\frac{1}{Q_1} - \frac{1}{Q_2}\right) \tag{9-8}$$

式中　Q——电容器的电量，C；

C_S——电容器的电容值，$C_S=C_2-C_1$，F；

C_1——加物料前的电容值，F；

C_2——加物料后的电容值，F；

S——电容器的平板面积，m^2；

d——平板电极间的距离，m。

谐振法检测介电常数的方法简单易行，但较难准确地检测出各种谐振频率下的介电常数。上述两种方法都存在物料不能充满极板，介电常数和极板间电容值不成正比关系，计算复杂等不足之处。

微波检测介电常数的方法分为时域检测法和频域检测法两种。时域检测法是通过检测反射系数来推算介电常数的方法，将时域检测得到的响应经傅里叶变换为频域中的响应。频域法检测是在频域范围内，用连续周期电磁波作为探测源，研究被测信号的稳态影响。其具体的方法又可分成波导法、谐振腔法和自由空间法等多种。

二、　电学检测技术的应用

利用食品与农产品的电特性进行快速检测品质的研究已经历了一段较长时间的发展阶段。其在 20 世纪 40 年代就在农植物的形状、种类及生长过程的检测中得到了应用。发展至今已扩展到水果、蔬菜的成熟度和损伤的快速检测，饮料、啤酒、乳制品的细菌检测和保存期安全期的控制等方面。随着检测理论的完善和方法的改进、检测仪器的发展和计算机的应用，很多实验室的研究成果会逐步走向实用化。

利用电特性快速检测水果的成熟度和损伤度的研究已取得令人满意的结果。在300~900kHz，人们发现苹果的介电常数与其成熟度有着十分密切的关系，不成熟的苹果的介电常数值在全频率范围内几乎不变化，大约为 44，而成熟的苹果则在该频率范围内随着频率的增加从 34 左右下降到 20 附近。对于无伤的苹果，其阻抗随着储存时间的延长有较大的增加，而损伤的苹果，其阻抗却随着储存时间的延长有所下降。

在 500~5000kHz 检测梨的电特性发现，随着频率的增加，梨的介电常数和耗散正切均呈下降的趋势，此趋势也与梨的成熟度有关。番茄的检测结果也有相同的结论。

蔬菜的电特性的检测方法与水果电特性的检测方法相同。马铃薯的电导率（交流）与所施加的频率有十分密切的关系。当频率较小时，电导率的值变化较小，当频率 f 值大于 10^5 Hz 时，它的电导率迅速增大，直到频率达到 5×10^7 Hz 附近时才趋于平稳。

在频率为 0.018~5000kHz，胡萝卜介电常数、电导率与其含水率的关系很大，当含水率在 6%~8%（湿基），介电常数随着含水率的增大增加很少。当含水率达到 8%时，介电常数随之迅速增大。在低温条件下，电导率也有相同的变化规律。

用电导率对饮料进行品质评价和成分分析较为方便。据国外有关资料报道，利用电导率（交流）进行柑橘果汁有机酸含量和含糖量以及番茄果汁有机酸含量等的定量分析理论已经较为成熟，并正在进入实用阶段。

利用物料的电特性与水分、温度、密度的相关性，开发和研制了新型蔬菜种子水分快速测定仪、烟草及茶叶水分智能仪、微水分仪、粮食品质检测仪等。

（一） 利用生物电特性鉴别受精蛋

新鲜蛋孵化 72 h 后，就不适合加工成蛋制品，这造成大量食用蛋和能量的浪费，而且孵不出雏鸡的蛋中的细菌又污染正常的孵化蛋。因此，人们利用各种方法检测种蛋中的无精蛋和死胚蛋，目前国内种蛋孵化场都是用传统的人工光照法剔除无精蛋和死精蛋，在孵化的第 5d 进行光照，剔出无精蛋。光透射率、热像图、红外辐射以及计算机图像处理技术等也是识别种蛋受精情况的几种常用的方法。生物电现象是生命组织普遍存在的一种生理现象，凡有生命的细胞都会产生生物电流。研究表明：种蛋的生物电与其受精与否、鸡胚雌雄性别以及蛋品新鲜度之间存在较大的相关性，可以成为鉴别和剔除无精蛋、弱精蛋和死胚蛋的一种新的技术和方法。

1. 鸡蛋生物电测试系统

鸡蛋的各种内容物（胚胎、蛋黄、蛋白）之间的电位差产生一个电场，其电场的变化可在蛋壳外测得。但鸡蛋的生物电信号很微弱，为了将其精确地检测并记录下来，需要有一套高性能的测试系统。因蛋壳的阻抗可达 100MΩ 以上，为保证在蛋壳外测得的电信号不失真，放大器的输入阻抗要高，同时要求检测系统有较高的信噪比和实时记录信号的功能。鸡蛋生物电位测量方法及等效电路图如图 9-17 所示。通过两个电极测得的上述电位的矢量和，即为鸡蛋的生物电位。

鸡蛋生物电测试系统框图如图 9-18 所示。它包括电极、鸡蛋夹紧装置、放大器、A/D 采集器、计算机和监控示波器等。电极从蛋壳外采集的电信号送入放大器后分成两路，一路接示波器，一路接 A/D 采集器。采样后数据送入 PC 机，供处理分析用。

2. 鸡蛋生物电信号的测试及分析

种蛋在实验室用孵化器孵化，温度为 37.8℃，湿度为 50%，在室温下进行测试。检测时，先将电极的海绵套浸入生理盐水，将鸡蛋小头朝下插入夹紧装置，1min 后，待示波器上显示生命电信号后启动 A/D 采集器，记录数据。每次测定时间为 2min，每天 1 次，持续 10d，然后打开蛋壳，检查胚胎。

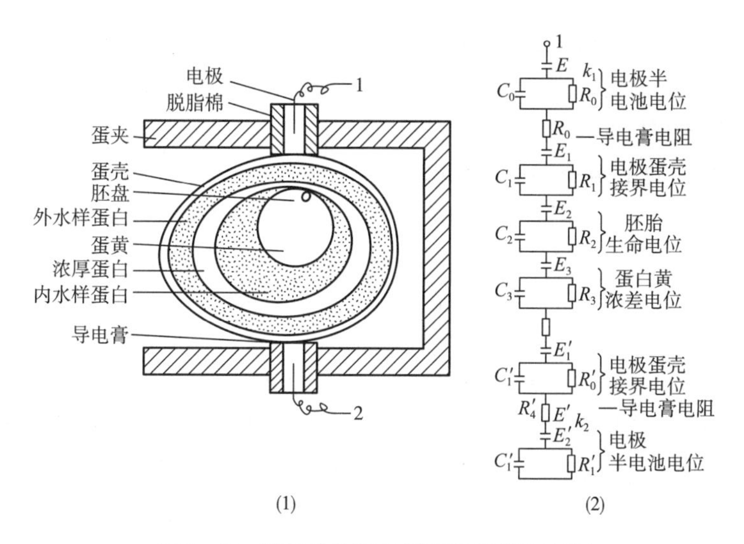

图 9-17　鸡蛋生物电检测方法及等效电路

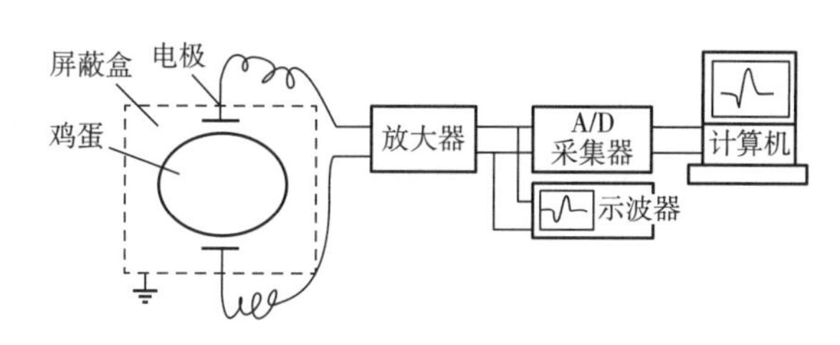

图 9-18　鸡蛋生物电检测系统

受精蛋与无精蛋的生物电信号的波形有较大的差异。通过 100 只样本（60 只种蛋和 40 只无精蛋）连续 10d 的跟踪观测，发现无精蛋的电信号的波幅很小，其时域信号大多近乎直线；受精蛋的生物电信号较为丰富，其时域信号波形如图 9-19 所示。大部分受精蛋孵化 48h 后，直流电位发生特征性变化，其波形呈现方波。在检测过程中始终未测到电信号的蛋为无精蛋；开始检测到但经过一段时间电信号消失的蛋，一般为弱精蛋或死胚蛋。孵化 10d 的无精蛋的卵黄还完好，内容物缓慢地变质；弱精和死胚蛋的卵黄都已混浊，变质较快；发育正常的受精蛋卵黄也是完整的，并有丰富的血网膜和胚胎点。这几类蛋的生物电特征反映了与其相应的内容物状态。因此，根据鸡蛋生物电信号的特征就可判断鸡蛋是否受精，剔出无精蛋、弱精蛋和死胚蛋。

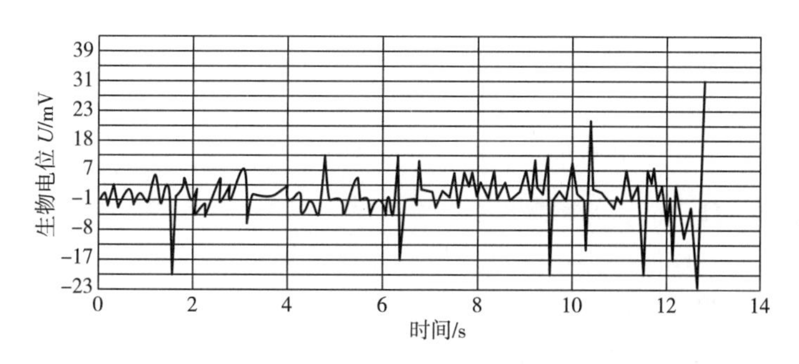

图 9-19　受精蛋的时域信号

用该方法在某一种鸡场对 120 只三胚龄孵化蛋进行了实测考核，并与第 5d 和第 10d 人工光照的结果进行了跟踪对比。实为受精蛋误判为无精蛋的是 8 只，实为无精蛋误判为受精蛋的是 2 只，用受精蛋检测装置判别的准确率为 91.7%。

（二） 利用谷物的电特性检测含水率

谷物的电特性主要包括电阻特性和电容特性。其主要与含水率、品种和测试频率等因素有关。干燥状态下的谷物，像电介质一样，其电阻值高达 10^8 Ω 以上，而潮湿时，却像导体或半导体一样。因此，这就决定了谷物既有电阻特性又有电容特性。根据谷物的结构和生物膜电特性研究成果，*RC* 并联电路可作为谷物的等效电路。

谷物的电特性研究常采用交流电测定法测定谷物的电阻率和介电常数，因为这两个参数的实用价值较大。交流电测量原理如图 9-20 所示。首先由信号发生器将交流信号输入 *AC* 端，并用频率计测量输入信号的频率，然后，用毫伏表同时测量出输入端电压 U_{AC} 和标准电阻 R_H 上的电压降 U_{BC}，再用相位计测量出 U_{AB} 与 U_{BC} 的相位差。由电学和矢量知识可得：

$$\vec{U}_{AC} = \vec{U}_{AB} + \vec{U}_{BC}, \vec{I}_H = \vec{I}_R + \vec{I}_C \tag{9-9}$$

$$R = \frac{R_H\sqrt{U_{AC}^2 + U_{BC}^2 - 2U_{AC}U_{BC}\cos\theta}}{U_{BC}\cos(\theta+\delta)} \tag{9-10}$$

$$C = \frac{U_{BC}\sin(\theta+\delta)}{2\pi f R_H\sqrt{U_{AC}^2 + U_{BC}^2 - 2U_{AC}U_{BC}\cos\theta}} \tag{9-11}$$

$$\delta = \arcsin\frac{U_{BC}\sin\theta}{\sqrt{U_{AC}^2 + U_{BC}^2 - 2U_{AC}U_{BC}\cos\theta}} \tag{9-12}$$

式中 *R*——谷物的电阻，Ω；
C——谷物的电容，F；
δ——谷物的介电损耗角；
f——测试频率，Hz。

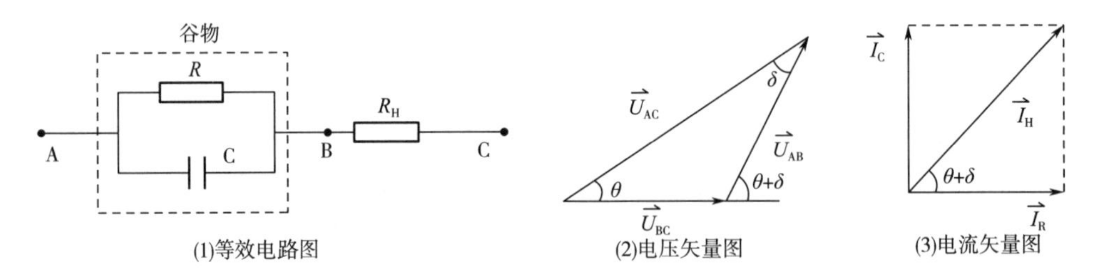

图 9-20 谷物的交流电检测原理

经转换，上式分别变为：

$$\rho = R\frac{S}{L},\quad \varepsilon = \frac{CL}{\varepsilon_0 S},\quad \tan\delta = \frac{1}{2\pi\varepsilon_0 f\varepsilon\rho} \tag{9-13}$$

式中 *ρ*——电阻率，Ω · m；
ε——介电常数，F/m；
tan*δ*——介电损耗角正切；
S——测量容器截面面积，mm^2；
L——电极之间距离，m。

谷物的电阻率主要与其含水率和测试频率有关。谷物的电阻率ρ与其含水率ω的关系如下：

$$\ln\rho = -a_{\omega}\omega + C_{\omega} \tag{9-14}$$

式中　a_{ω}、C_{ω}——实验常数，由被测谷物的品种、容重、测试频率，环境的温度和湿度等因素决定，其值通过实验确定。

由上式可看出：谷物的电阻随其含水率的增加以指数形式减少。这是因为谷物作为生命体，当含水率很低时，其细胞中的原生质呈凝胶状态，细胞中的离子运动十分缓慢，生命体的生理活动极其微弱。此时，细胞电阻很大，谷物的宏观电阻率也很大。随着谷物含水率的增加，细胞水势急剧上升。在水的作用下，谷物代谢加快，包括酶的活化与重新合成，细胞中的离子运动迅速增大，从而降低了细胞的电阻，谷物的宏观电阻率也随之迅速下降。

谷物的介电常数是在散粒集合条件下测定的。用特制的电容器与交流电测定法可以一次性测出谷物的电阻率、介电常数和耗散正切。谷物的介电常数，除与含水率有关外，还与检测的频率、谷物的品种和容重等因素有关。

有人做过谷物介电常数ε与含水率ω之间关系的研究，认为两者之间存在如下关系：

$$\varepsilon = 1 + \exp(a_{\varepsilon}\omega + b_{\varepsilon}) \tag{9-15}$$

式中　a_{ε}、b_{ε}——实验常数。

由上式可看出，谷物的介电常数在其含水率较低时，变化较小，随着含水率的增大，介电常数变化较大。其原因是当谷物的含水率较低时，谷物的细胞处于休眠状态，原生质呈凝胶态，这时，导电离子和水分子多以结合态存在，导致水分对谷物的介电常数影响较小，此时的介电常数与干态值接近。随着含水率的增加，谷物吸收水分，使其中细胞的原生质溶解，细胞膨胀、体积扩大、代谢速率增加，因而谷物的介电常数增加。另外，水的介电常数（71～81）远大于干物料的介电常数，所以，随着谷物含水率的增加，介电常数也增大。但谷物的介电常数随含水率的增加而增大并不是无限的，它同谷物的生理过程有着十分密切的关系。

（三）利用番茄的电特性无损检测成熟度

番茄属于生物体，故它也可以看成是电介质。电介质都可以用理想电容和电阻组成的并联电路或串联电路来等效。由于电介质的等效电阻很大，因此，并联等效电路与电介质的实际性能相符合。番茄电特性的检测系统如图9-21所示。该系统的主要组成部分是LCR电桥测量仪和电极系统。其中LCR电桥测量仪内置信号发生器，输出频率为0.02～150kHz，输出信号的电压为0.01～2.55V。可选择并联或串联模式来测量电容、等效阻抗、品质因素、介质耗散角等多项电特性参数。电极系统是特制的，采用厚0.3mm，半径为45mm的圆形铁皮制成，导线皆采用屏蔽电缆。

采用新鲜的青（未成熟）、微红（微成熟）和红（已成熟）3组不同成熟度且形状规则、大小一致和无损伤的番茄为分析检测样品。当固定两电极板间距时，由于番茄在高度上微小差异会引起检测数据较大的变化，因此，实际检测时需要保持番茄的顶部与上电极板的距离为定值。试验选取的频率段为4～150kHz，频率点分别是4、5、7.5、10、12、15.7、20、30、37.5、50、75、100、150kHz，共13个频率点。交变信号的有效值为1V。

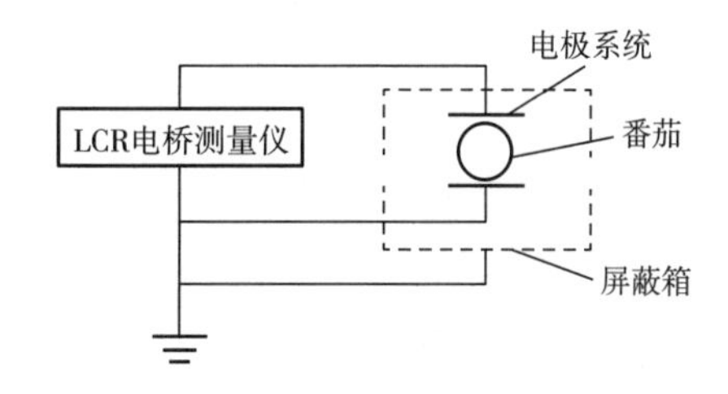

图9-21　番茄电特性检测系统图

图 9-22 和图 9-23 给出了不同成熟度番茄的相对介电常数和等效阻抗与检测频率之间的关系。在图 9-22 中可以看到，在某一频率下，成熟的番茄（红色组）的相对介电常数最小，微成熟（微红组）的相对介电常数处于中间的位置，而未成熟的番茄（青色组）的相对介电常数最大。虽然随着检测频率的增加，相对介电常数略有减少，但 3 组的变化趋势一致且 3 者之间的差值基本为一常量，因此，在 4~150kHz 的频率，通过检测某一个频率下的相对介电常数来判断番茄的成熟度是可行的。

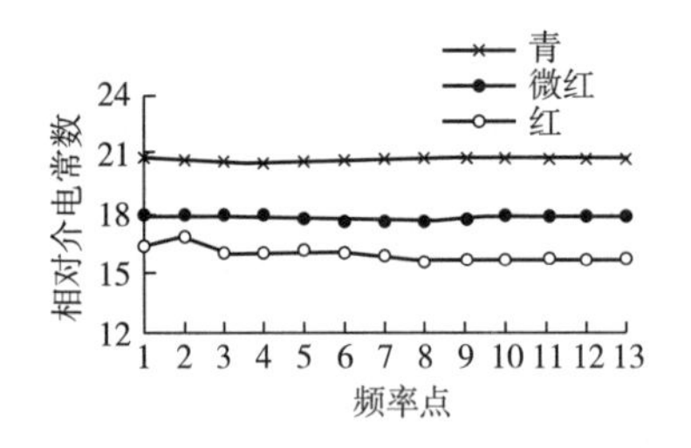

图 9-22　番茄相对介电常数与频率的关系

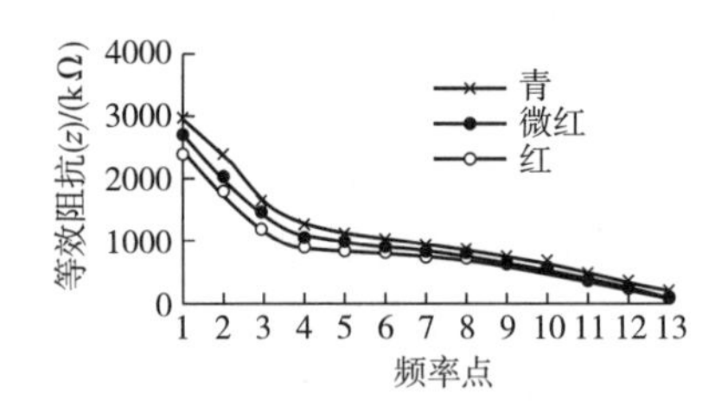

图 9-23　番茄等效阻抗与频率的关系

在图 9-23 中可以看出，在整个频率范围内，随着频率的增加，等效阻抗减小。其中在频率较低时，等效阻抗变化较快，而在高频时，等效阻抗变化较慢。另外，在一定的频率下，青色组番茄的等效阻抗最大，微红组的在中间，红色组的等效阻抗最小，在低频段 3 组的差距较大。所以可以用低频时的等效阻抗来判断番茄的成熟度。

试验研究表明：在一定频率下，番茄的成熟度与相对介电常数和等效阻抗之间有明显的相关关系存在，可以通过检测番茄的相对介电常数和等效阻抗来判断其成熟度。

（四）基于阻抗技术的猪肉新鲜度检测

生物阻抗是生物组织一个基本生理参数，能够在一定在程度上反映生物器官、组织、细胞甚至整个机体的电学性质。猪肉属于生物肌肉组织，和其他组织一样含有大量不同形态的细胞。细胞由细胞膜和细胞内液组成，细胞间存在细胞外液和细胞间质（图 9-24）。细胞内液和外液是含有各种细胞器的半流动性物质，从其电特性来看可以当成电解液。细胞膜是包围整个细胞的膜，化学成分主要是脂类和蛋白质，其电压和电流特性较为复杂，但在外加电流下可近似为电介质。把细胞内液和细胞外液看作导体，细胞膜看成电容器的介质，这样细胞和细胞外液均可近似看成电容器。

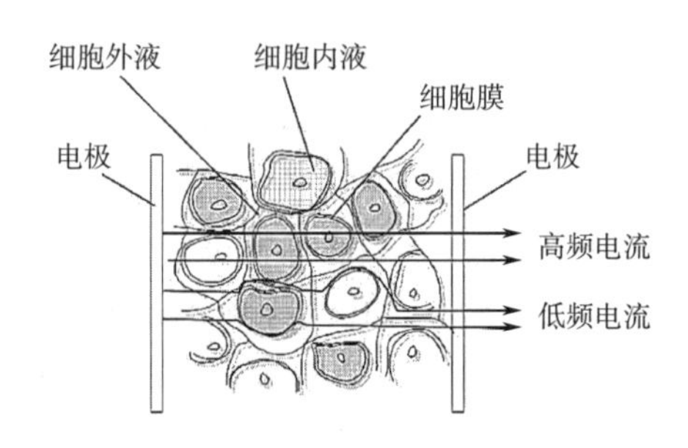

图 9-24　生物组织的导电通路

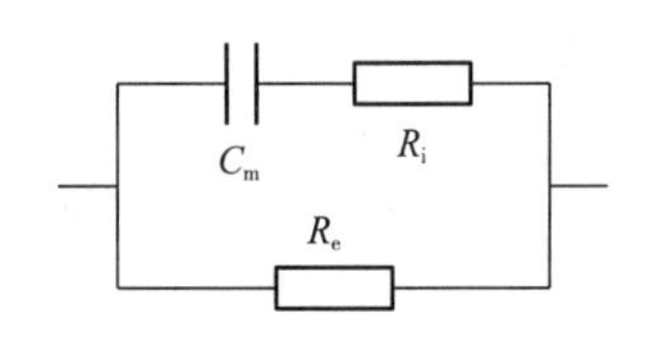

图 9-25　生物组织等效电路图

生物组织的电路模型如图 9-25 所示，R_i、R_e、C_m 分别代表整个生物组织的等效内、外电阻和膜电容，即所谓的三元件生物电阻抗模型。测定猪肉在多个频率下的阻抗值，根据三元件模型可知，生物阻抗谱不仅反映肉品中细胞间和细胞内电解质的变化（电阻），还反映了细胞结构的变化（电容），即反映组织变化的信息和猪肉品质的信息。猪肉新鲜度与细胞结构变化密切相关，随着时间的推移，肉质发生腐败，其组织结构发生变化，如肌纤维肿胀、颗粒形变、横纹消失，细胞膜发生溶解破裂，肌肉纤维呈泡沫状溶解，只有少数肌纤维正常。猪肉组织的阻抗大小取决于肌肉组织内体液的含量、细胞膜的完整性、细胞内外分布的电阻率及广泛存在的分布电容。猪肉组织微观结构复杂导致阻抗特性复杂化，多种复杂因素导致猪肉组织阻抗更像是一张复杂的电路网络。在该电路网络中细胞内外液、细胞膜会随着肌肉组织腐败变质而发生显著特性，进而影响阻抗谱特性。因此，利用生物组织的阻抗特性能够间接评定猪肉新鲜度。

（五）基于阻抗谱技术的冰鲜与冻融三文鱼鉴别研究

生物组织在冻结过程中，细胞膜会受到冰晶不同程度的损伤，使生物组织的内部结构发生改变，从而引起生物组织电特性的改变。图 9-26 为电极结构图，该电极主要由使用聚四氟乙烯板固定的两对互相垂直的镀金铜质探针（直径 $\varphi=1$mm）组成。考虑到市场上鱼片的尺寸，每对探针所设置间距为 15mm，长度为 10mm。阻抗谱测试过程中，将四根电极垂直插入鱼片，使其中一对电极的电流方向平行肌纤维方向，另一对电极的电流方向垂直于肌纤维方向。

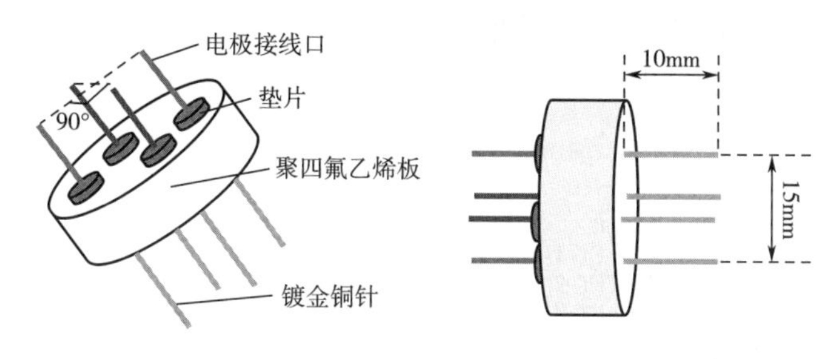

图 9-26　电极结构示意图

生物组织具有显著的阻抗各向异性，即阻抗会因电流在肌肉中的流通方向改变而改变。这种各向异性是由于动物特殊的肌肉组织结构造成的，肌肉组织由一系列细长的肌束复合网络组成，肌束中充满不规则形状的肌细胞，肌束和肌细胞分别被肌膜和细胞膜等结缔组织包裹着，因此电流从不同方向通过生物组织时所流经的组织结构并不相同。不同组织的导电性具有差异，其中结缔组织的导电性接近绝缘体，而细胞内液以及外液基质中由于含有丰富的导电离子，因此具有良好的导电性。当电流通路中膜组织较多时，生物阻抗和容抗会偏大，通路中膜组织较少时则生物阻抗和容抗偏小。因电流流通方向的不同而产生的介电性质差异的特性就是生物组织的阻抗各向异性，而这种差异的大小则与组织内部膜结构的完整性有关。膜结构完整的生物组织不同测试方向的介电特性差异较大，膜结构被破坏的生物组织，其不同测试方向的介电特性差异较小。三文鱼在冷冻过程中，肌体的膜结构极易受到破坏，尖锐的冰晶导致膜结构破裂、膜孔隙率增加、细胞基质流出等后果，结缔组织系统的被破坏会使电流在各个方向的通路差异变得不明显，导致冻融三文鱼的各向异性降低，这可以作为冰鲜与冻融三文鱼的鉴别指标。

采用求商法对阻抗各向异性进行量化。i 为某一特定检测频率，MP_i 为该频率下平行肌纤维方向的阻抗模值，MV_i 为该频率下垂直肌纤维方向的阻抗模值，PP_i 为该频率下平行肌纤维方向的相位值，PV_i 为该频率下垂直肌纤维方向的相位值。正交各向异性特征参数 OCP 计算方法如下。

计算测试频率 i 下的阻抗模值正交各向异性特征参数 $MOCP_i$：

$$MOCP_i = \left| 1 - \frac{MP_i}{MV_i} \right| \tag{9-16}$$

计算测试频率 i 下的相位值正交各向异性特征参数 $POCP_i$：

$$POCP_i = \left| 1 - \frac{PP_i}{MV_i} \right| \tag{9-17}$$

MOCP 和 *POCP* 值越大，代表样品不同方向电特性差异越显著。冰鲜与冻融三文鱼的 *MOCP* 和 *POCP* 如图 9-27 所示，冰鲜样本的 *MOCP* 值在 0.1~10Hz 频段要高于四组冻融三文鱼，在 10~100Hz 频段与 FT 样本曲线发生重叠，可能是样品在冻融 15d 时品质差异比较于冰鲜样品不明显。在检测频率大于 100Hz 时，冰鲜样本的 *MOCP* 曲线渐高于四组冻融样本。冰鲜样本的 *POCP* 值在 0.1~1Hz 频段内高于四组冻融样本，随检测频率的升高，冰鲜与四组冻融样本的 *POCP* 特征曲线逐渐靠近，发生交叉与重叠。总体来看，冰鲜三文鱼和四组不同处理的冻融三文鱼提取的特征指标有较明显的差异。在较低检测频率下，冰鲜三文鱼的 *MOCP* 值和 *POCP* 值都要高于冻融三文鱼，说明冰鲜样本相比冻融样本具有明显的阻抗各向异性。可能是因为冰鲜样本具有较完整的膜结构，而冻融处理后的三文鱼内部细胞膜结构受到了破坏，从而导致不同方向的电流流经的组织结构差异减小，阻抗各向异性随之降低。

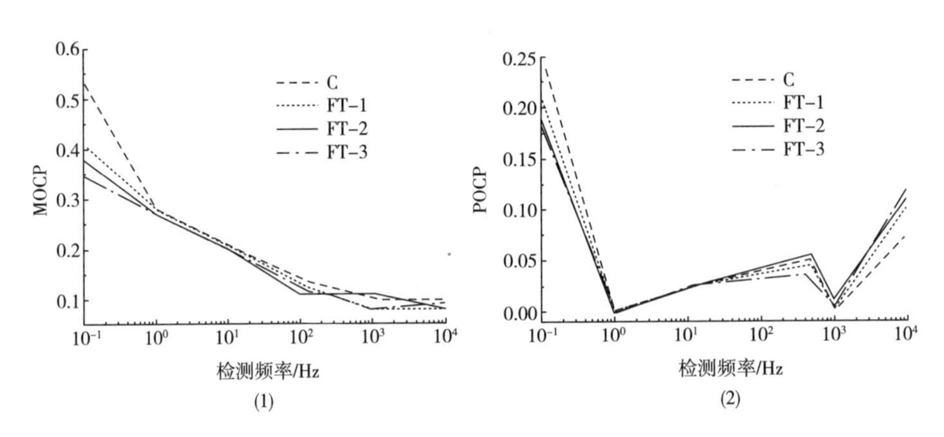

图 9-27 冰鲜与冻融三文鱼的（1）*MOCP* 谱和（2）*POCP* 谱

（六）基于电阻抗成像的酸乳中异物检测

电阻抗成像技术是近年来发展起来的一种基于计算机断层成像的影像技术，通过电极在成像域边界加激励电流，测量分布电压信号，应用成像算法计算得到成像域的电阻抗图谱。这种成像方法具有无损、功能成像特点，主要作为监测物体电阻抗分布的传感器。近几年来，电阻抗成像技术也逐渐应用于食品工业领域。我国目前乳制品主要是机械加工，在加工中会接触到金属、玻璃、塑料等材料，难免会在乳制品中出现此类异物。

电阻抗成像系统包括硬件系统和软件系统。硬件系统用于成像数据的测量和采集，硬件系统中电极是注入电流和测量电压的载体，其参数如电极数、电极宽度和电极距离等会影响成像域中电压信号的分布，从而影响成像域内的电阻抗信息。软件系统用于图像的重建。选取不同直径塑料异物，直径分别为 5、10、15、20、25、30、35、40mm 放入有酸奶的实验容器中，异物中心所在位置相同，激励电流大小为 10mA，频率为 10kHz，实验得到重建图像如图 9-28 所示，(1) 为实际异物，(2) 为异物示意图，(3) 为二值化处理后的重建图像。从图中可看出，用电阻抗成像的方法可以检测出酸奶中的异物，并可在一定程度上反映出异物的大小和位置。

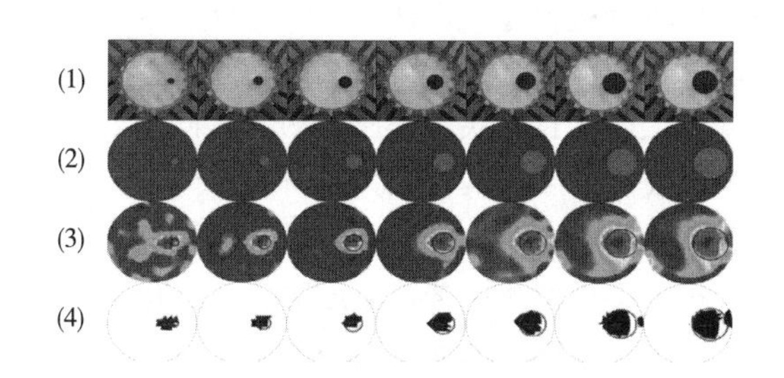

图9-28　不同大小异物

(1) 实验图　(2) 示意图　(3) 重建图像　(4) 二值化图

三、电化学检测技术的应用

电化学分析方法是通过测量发生在电极表面电化学反应过程中产生的电流、电位、电导等一系列参数以及它们与其他化学参数之间的相互作用关系得以实现的。电化学分析法因具有设备简单、分析速度快、灵敏度高等优点而被广泛应用。目前，在食品快速检测的研究中应用的电化学分析方法主要包括：电化学伏安分析法、电化学阻抗分析方法和电化学安培分析法等。

(一) 电化学技术在水产品重金属检测中的应用

重金属是累积性污染物，广泛存在于生态环境中，一旦被动物摄食，可通过食物链逐级传递和富集，在某些条件下可能会转化成毒性更大的金属-有机化合物，影响人的健康。水产品对重金属，特别是铅、镉、汞、砷等元素，具有较强的富集能力。

电化学溶出伏安法一直被认为是检测水环境中重金属最为有效的方法。溶出伏安法包含电解富集和电解溶出两个过程。电解富集过程是将工作电极固定在产生极限电流电位上进行电解，使被测物质富集在电极上。为了提高富集效果，可同时使电极旋转或搅拌溶液以加快被测物质快速达到电极表面。溶出过程是在富集结束静止一段时间后，再在工作电极上施加一个反向电压进行电位扫描，使原来富集在电极上的物质重新氧化为离子进入溶液，在氧化过程中将产生氧化电流，记录电压与电流的关系曲线（图9-29）。该曲线的峰值电流与溶液中被测离子的浓度成正比，这正是溶出伏安法进行定量分析的依据，而峰值电位可作为定性分析的有力证据。

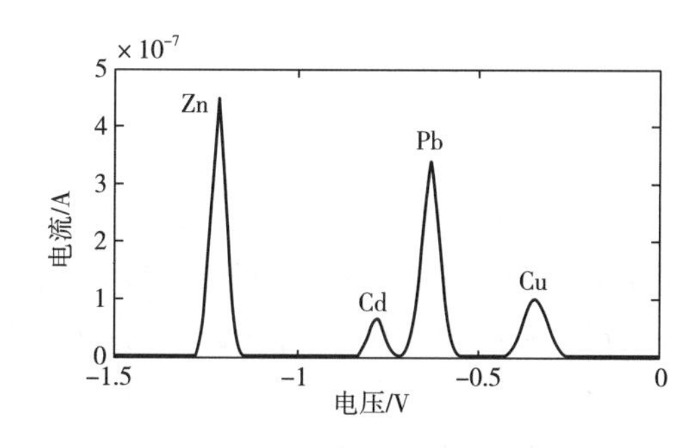

图9-29　锌、镉、铅、铜的溶出伏安图

样品前处理是复杂食品重金属检测必不可少的重要步骤，前处理效果会直接影响到检测结果的准确性。常用的样品前处理方法主要有湿法消解、干灰化、高压消解和微波消解等。对水产品中重金属测定时，首先要对其进行消解，使待测的金属元素转化为金属离子。然后，利用电化学溶出伏安技术对样品消解液中的重金属进行测定。

（二） 电化学技术在农产品农药残留检测中的应用

农药的滥用对食品安全和人类健康等产生很大威胁，传统的气相、液相色谱检测方法准确可靠，不足之处在于其检测设备昂贵、检测程序复杂、专业技术性强以及检测成本高等。随着现代分析化学和微电子技术的提高，农药残留快速检测技术得到迅速的发展，电化学分析技术作为一种可以实时在线监测农残量的手段具有较大的研究价值。目前基于电化学分析技术的食品、农产品的农药残留检测主要包括三个方面：一是在一定的电位窗口下，利用农药分子自身的氧化还原特性，使其在电极上发生氧化或者还原反应产生电化学信号，从而实现农药残留的直接、快速检测；二是利用农药对生物酶活性的抑制作用来降低酶对底物的催化能力，从而降低电极上酶催化生成产物的电化学信号，最终实现对农药的定量检测；三是通过人工合成的农药抗体来特异性地结合农药分子，再结合酶催化以及电化学信号放大技术或电化学阻抗技术来实现农药分子浓度高灵敏检测。

（三） 电化学技术在食品添加剂检测中的应用

食品添加剂是在食品的生产中，出于技术性目的而人为添加到食品中的任何物质，广泛应用于食品生产。亚硝酸盐是一种环境中广泛存在的有害物质，但因其具有抗菌防腐的作用，因而常作为添加剂应用到食品中，但亚硝酸盐进入人体会产生强致癌的亚硝酸铵，为监控食品安全，需要对食品中的亚硝酸盐含量进行检测。

伏安法测定亚硝酸盐的原理是根据亚硝酸的氧化来进行测定，且要保证体系中的硝酸盐和分子氧等物质对测定无干扰等特点。所用电极多为碳材料电极，但在测定亚硝酸盐时，会出现一些其他组分毒化固态电极，从而降低了电极的灵敏度和准确度。随着化学修饰电极的出现拓宽了电化学法的分析对象，使电极表面具有较大和较高的活性面积，提高了电极选择性、灵敏度、重现性和稳定性等分析性能。近年来，特别是纳米材料的广泛应用，修饰电极在亚硝酸盐的检测方面有了新的进展。

极谱法是指测定电解过程中所得到的极化电极的电流与电位的曲线关系来确定溶液中被测物质浓度的一类电化学分析方法。极谱分析法在食品痕量亚硝酸盐测定中取得了一定的进展，但是由于亚硝酸根还原电位太低，直接测定亚硝酸盐有一定的困难，所以一般采用间接测定法。间接法测定主要分为三类：一是利用亚硝酸根与变价金属离子形成配合物，催化变价金属离子电还原产生极谱催化波来间接测定亚硝酸根；二是利用亚硝酸根与某些有机物形成电活性的亚硝基化合物来间接测定亚硝酸根；三是利用亚硝酸根与某些有机物形成重氮化合物或偶氮化合物来间接测定亚硝酸根。

（四） 电化学技术在食源性致病菌检测中的应用

食源性致病菌是危害食品安全的主要因素，食品中的致病菌是影响人类健康和公共安全的重要有害物质。电化学生物传感器已成为用来定性和定量检测食源性致病菌的一条有效途径，并在食品安全监管和疾病的预防控制等方面具有广泛的应用前景。

电化学生物传感器是识别并转换生物分子信息信号为电信号的一种分析检测装置（图 9-30），主要由两部分组成：生物感受器和换能器。生物感受器识别生物分子，由具有分子识别功能的生物受体或识别靶分析物的生物识别元件构成，生物受体主要包括微生物、组织、细胞、细胞器、抗体抗原、酶、核酸等。生物受体接受对应生物响应或识别元件识别靶分析物，通过换能器等转换元件将其转换为电信号。根据电化学生物传感器最终测量信号的不同，可分为电流型、电阻型、电导型和电位型。

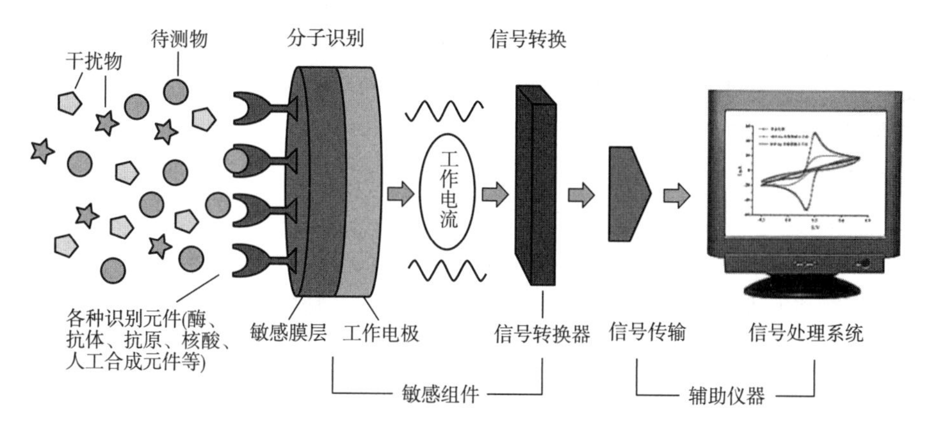

图 9-30 电化学生物传感器工作原理图

第三节 食品的力学检测技术

一、 食品与农产品品质检测中常用的力学特性

力学检测研究的是物料的力学特性，它包括质量、应力、硬度、振动以及冲击作用下的各种响应，每个项目包括的内容都很丰富。

利用食品与农产品的力学特性进行品质检测是无损检测最为常用的方法之一，在生产过程中许多力学特性需要及时的检测，以便及时控制其生产过程。例如，泊松比可以衡量面包等膨松食品的膨松程度；在面包生产中，面团的流变特性（弹性、延迟弹性、压力松弛等）直接影响到面包的质量；在乳制品生产中，乳制品的表观黏度具有重要意义，如在浓缩过程中，可以用表观黏度的变化确定其浓缩点，在炼乳生产中，更需要精确地控制其黏度，因为表观黏度过大会导致变稠，过低则可能出现脂肪分离与糖沉淀。因此，在生产过程中及时快速地检测各种力学特性变化，对提高产品的质量和生产水平起到至关重要的作用。

农产品的力学特性是其成熟状态和品质的一个重要指标。果蔬生长和存储过程中，细胞间的结合力变小。除此之外物料的重量、表面和内部颜色、形状、硬度、黏度等物理指标均会产生一系列的变化。

如坚实度检测。坚实度是反映细胞间结合力变化的物理指标。目前坚实度检测的常用方法是 M-T 戳穿试验方法（Magness-Taylor Puncturetest）。该方法是用一定直径的钢制压头，按一定的压缩速度对果蔬进行压缩试验，同时测量压缩力，压缩力的最大值称为其坚实度。M-T 戳穿试验简单易行，但 M-T 戳穿试验是损伤性的，不可能逐个检验，故大样本的试验无法实现。另外，果蔬不同位置的 M-T 试验的结果有较大的差异。

再如硬度的检测。硬度是表示物体软硬程度的量。它主要取决于物体本身的弹性模量、屈服强度、塑性、脆性以至内部分子结构、结晶状态及原子间的键结合力等因素。硬度的检测方法可以分为静负荷和动负荷两种。

而振动是物体在某一个位置做往复运动的物理现象。物体的振动可用振幅、振动速度、振动加速度、振动频率等振动参数来表征。振动检测往往把振动的机械能转换成电量来检测。

食品与农产品种类繁多，组成复杂，对于不同状态的食品与农产品进行品质检测时，常用的力学特性主要有以下内容。

（1）固体物料的力学特性主要包含质量（重量）、密度、应力-应变规律、冲击、振动、屈服强度、硬度、蠕变、松弛、流变模型等。

（2）散粒体的力学特性包含摩擦、黏附、变形、流动、离析等。

（3）液体物料的力学特性主要包含流体力学特性、流变特性、黏性、黏弹性等。

二、力学特性的检测技术

果蔬坚实度、硬度与成熟度的关系极大，下面着重介绍它们的无损检测方法。

随着果蔬的生长期和储藏时间的不同，果蔬的坚实度也在不断地变化，坚实度的变化可以客观地反映出果蔬内部品质的变化。坚实度的检测主要应用在以下三方面。

（1）对生长中果蔬的成熟度进行监测和分析，决定合适的收获期。

（2）对收获的果蔬按其成熟度分级，以便存储。

（3）果蔬内部品质的检测，保鲜、存储期的确定。

在果蔬坚实度无损检测中，果蔬组织的杨氏模量是一个重要参数。由于果蔬组织材料的复杂性，模量测量结果受其形状、大小、密度等因素影响。另外测量传感器和施加力的位置和方向也会影响其测量结果。在较早的研究中，一般将果蔬视为各向同性的线性材料，在 20 世纪 70 年代，就有人注意到果蔬切割的方法、位置及方向会影响对其物理参数的估计，并对苹果的材料性能做了详细的研究，证实了果蔬组织的时变特性和各向异性。

（一）利用振动频率检测果蔬坚实度的方法

利用果蔬振动的固有频率检测其坚实度为众多学者所关注。虽然他们的测量方法和技术不完全相同，但其原理是一致的。Cooke 等建立了简化为线弹性球体的果蔬动力学模型，并通过理论分析得到了各向同性线弹性球状果蔬的固有频率与其材料杨氏模量 E 的关系为：

$$E = \left[\frac{\rho(6\pi^2)^{2/3}2(1+\mu)}{\Omega^2}\right]f^2 m^{2/3} \tag{9-18}$$

式中 E——果蔬的杨氏模量，MPa；

ρ——果蔬的密度，g/cm^3；

μ——果蔬的泊松比；

m——果蔬的质量，g；

Ω——归一化频率，Hz；

f——果蔬的固有频率，Hz。

经测量得到固有频率 f 后，由上式可以估算出果蔬的杨氏模量 E，从而确定其坚实度。

Armstrong 等用冲击振动产生的噪声和振动信号分别研究了苹果和桃子的坚实度。将测得的杨氏模量与试样压缩试验得到的杨氏模量和 M-T 坚实度试验结果进行对比，结果表明前两种方法得到的杨氏模量相关性较好。相关系数均在 0.75 以上，但与 M-T 试验结果相关性较差，相关系数仅为0.27。Shmulevich 等用压电薄膜作为传感器研究了苹果的固有频率与坚实度的关系，目的是要开发一种能满足果蔬在线分级要求（达到5~10个/s）的技术，他们指出，期望无损检测的坚实度与M-T试验结果有良好相关是不现实的，因为M-T测量的是果蔬组织材料压缩和剪切共同引起的破坏强度。因此，M-T试验结果受压缩和剪切弹性模量的共同影响，而振动固有频率无损检测的坚实度仅与压缩弹性模量有关。

通过理论分析也有认为坚实度指数应为 $S=2m/3f_2^2$（f_2为物料的第二固有频率）。Van Woensel 等对存储苹果定期进行0~600Hz宽带随机激励，对用压电晶体传感器和加速度传感器所测量的信号进行频谱分析，其结果表明在存储期内坚实度指数 $S=2m/3f_2^2$ 有明显变化。

对西瓜的坚实度研究也取得了较好的结果，西瓜的固有频率随成熟度的增加而降低，坚实度指数与含糖量也存在明显的相关关系。

果蔬坚实度的研究对果蔬按成熟度分级、果蔬存储过程的检测有很大的实用价值。但目前的研究成果距实用仍有较大的差距，有些基本的理论问题尚不清楚。从发展趋势来看，无损检验方法将会替代M-T等损伤检验方法。

（二）利用冲击力检测果蔬坚实度的方法

利用冲击力检测果蔬坚实度的力学原理是弹性球体对刚性平面的跌落冲击问题。冲击力与弹性球（即果蔬）的质量、几何尺寸、材料杨氏模量等参数有关。通过测得的冲击力估计或计算出材料的杨氏模量，并与坚实度联系起来是研究的核心。有些科技工作者提出了一种非线性的球体与平板冲击的力学模型，并通过最小二乘法拟合出球体的刚度。利用这一原理开发了一种可记录梨、桃等果蔬受力与变形的试验装置。这种方法需要抓取果蔬，并在果蔬表面安装传感器，所以用于自动在线分级比较困难。Bluberry 等设计了测量果蔬跌落在刚性平板的冲击力的装置，可利用冲击力的特征预测果蔬的坚实度。通过对冲击力信号进行傅里叶变换，发现未成熟的坚硬果蔬冲击力响应中含高频成分较多。Delwiche 研究了桃子杨氏模量与冲击力时域和频域特征量的相关性。Nahir 和 Stephenson 研究了番茄的冲击力时域特征并用于番茄坚实度分级。他们开发了一种传送带，将番茄从7cm高度落在力传感器上，根据冲击力估计番茄的坚实度，可将番茄分成3个等级。Delwider 利用铁摩辛柯弹性理论建立了弹性球与平面冲击的位移与力的数学模型，并将数值模拟结果与实际测量结果进行了比较。研究表明，冲击速度对结果的影响很大，因此在果蔬自动分级时要求将冲击速度控制为一常数。

采收后的水果往往是不同成熟度（过成熟、刚成熟和未成熟）相混杂的。过熟的水果极易受机械损伤、变质腐烂，影响其他水果；不同成熟度的水果其品味不一样，其储藏、运输和加工要求也不同。因此，实现水果按成熟度分级十分必要。

通常成熟度判断大都采用破坏方法，如硬度、糖酸度测量。也有非破坏法，如按颜色、呼吸强度进行分类等，但一般只能做定性判断，不适用于机械化自动分级。而用手工和目测进行成熟度分级，精确度差、生产率低。一般来说，成熟度与硬度之间也有相关关系，为此，通过研究与硬度有关的水果冲击力学特性，建立起恢复系数、能量吸收率和冲击力时间特性参数等与硬度关系的数学模型。可为设计水果快速检测仪和自动分级机提供科学依据。

用于测定桃子力学特性的测试系统如图9-31所示。在金属平板下安装3只压力传感器，等边三角放置，边长为20cm。压力传感器型号为CL-YB-11，量程5kg，精度等级0.3。采用YD-15型动态电阻应变仪。光线示波器为SC-16型，可用1m/s、2.5m/s速度自动记录，其纵坐标记录力值、横坐标为时间，试验前对纵坐标刻度进行标定。桃子在一定高度（最低表面到

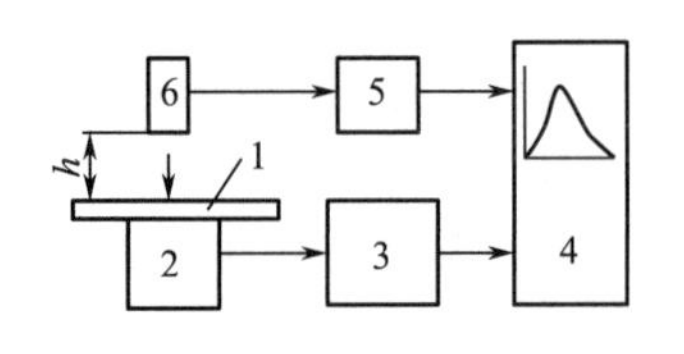

图 9-31 果蔬力学测试系统示意图

1—金属平板 2—压力传感器 3—动态电阻应变仪 4—光线示波器 5—触发器 6—取果器

金属平板垂直距离）自由下落至金属平板上，下落同时由触发器引发光线示波器拍摄记录。桃子的硬度由 TG-2 型水果硬度计测得。

果蔬的冲击力特性参数主要有恢复系数、能量吸收率和冲击力时间特性参数。

1. 典型冲击力特性参数

下面以桃子的冲击特性检测为例，介绍有关冲击特性检测中的基本定义和方法。在下落高度和质量一定时，桃子硬度不同，冲击力特性也不同。图 9-32 为桃子的典型冲击力特性图，图 9-32（1）由上下两个小图组成，分别记录了硬度较高及硬度较低的两个桃子连续 2 次冲击的时间间隔（下落冲击后回弹至再次开始冲击），从图 9-32（1）可看出，桃子硬度越高，连续 2 次冲击的时间间隔越长。图 9-32（2）反映了桃子与金属板整个接触过程中，接触冲击力开始由零快速升到峰值，随后又快速下降，这期间力作用时间较短。

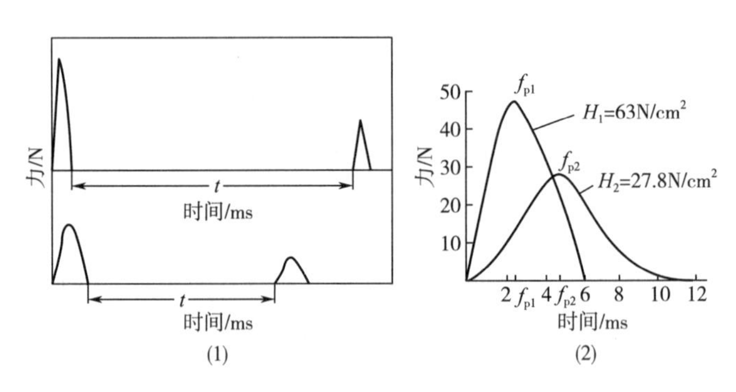

图 9-32 典型的冲击力特性图

（1）恢复系数 桃子恢复系数 r 的测定类似于工程材料中的恢复系数的测定，可由自由下落至金属平板的试验测得。恢复系数的定义为：

$$r = \frac{v_2}{v_1} \tag{9-19}$$

式中 r——恢复系数，%；

v_1——物料冲击前的速度，m/s；

v_2——物料冲击后的速度（v_1与v_2方向相反，这里仅考虑大小，不考虑方向），m/s。

如果能测得自由下落第一次碰撞结束时到回弹后再次开始碰撞时的时间间隔 t，在不计空气阻力时有：

$$v_2 = g \cdot \frac{t}{2} \tag{9-20}$$

代入式（9-19）中有：

$$r = \frac{v_2}{v_1} = \frac{g(t/2)}{\sqrt{2gh}} = \sqrt{\frac{g}{8h}} \cdot t \tag{9-21}$$

式中 h——物料的自由下落高度，m；

g——重力加速度，m/s^2。

硬度高，t 值大，r 值变大。实际上，恢复系数为下落后最初两次碰撞中的第二次碰撞冲量与第一次碰撞冲量之比，故 r 是与冲量有关的参数。

（2）能量吸收率　设第一次碰撞后回弹高度为 h_1，则物料碰撞前后具有的机械能之比等于 h 与 h_1 两个高度之比。

由于金属平板质量远大于桃子质量且冲击变形极小，其能量吸收可不计。因此物料本身的能量吸收率 E 为：

$$E = \frac{h - h_1}{h} \times 100\% \tag{9-22}$$

桃子硬度高，t 值大，h_1 大，E 值变小。E 是与能量有关的参数。

（3）冲击力时间特性参数　冲击力时间特性参数定义为冲击力峰值与到达冲击力峰值所经过的时间之比。由图 9-32（2）可得物料的冲击力峰值 f_p、达到最大力峰值所需时间 t_p。由此可算得冲击力时间特性参数 c：

$$c = \frac{f_p}{t_p}p \tag{9-23}$$

式中　c——物料的冲击时间特性参数，N/s；

f_p——物料的最大冲击力，N；

t_p——到达最大冲击力的时间，s。

硬度越高，f_p 值也越高，t_p 值越短，故时间特性 c 值越大。

2. 冲击力特性参数与硬度的关系

（1）恢复系数 r 与硬度 H 的关系　图 9-33 所示为某品种桃子的恢复系数与硬度之间的关系。由图 9-33 可知，桃子硬度高，恢复系数也高，二者关系类似于指数曲线或双曲线。设：指数曲线模型为：

$$r = ae^{b/H} \tag{9-24}$$

双曲线模型为：

$$\frac{1}{r} = a + \frac{b}{H} \tag{9-25}$$

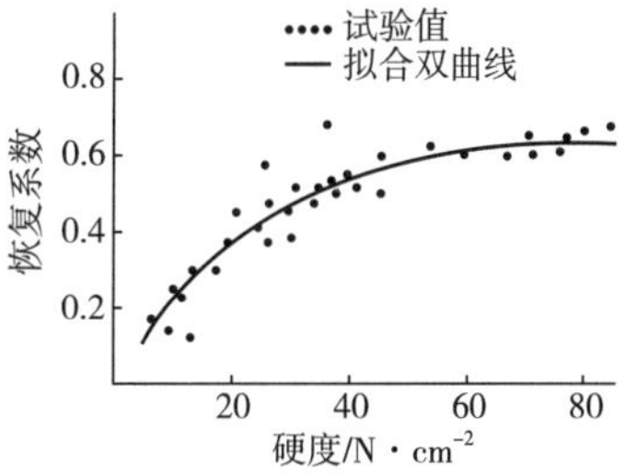

图 9-33　恢复系数与硬度的关系

式中　H——为桃子硬度，N/cm^2；

a、b——待定系数。

然后将试验所得的一批桃子的数据采用上述两种模型进行回归分析，结果表明恢复系数与桃子硬度符合指数曲线模型或双曲线模型。通过 F 检验发现，采用双曲线模型来拟合更接近桃子的恢复系数与硬度之间的客观内在关系。

（2）能量吸收率 E 与硬度 H 的关系　图 9-34 表示了桃子能量吸收率与硬度之间的关系曲线。硬度越高，桃子的吸收能量下降。试验所得数据符合指数模型 $E = ae^{b/H}$ 和双曲线模型 $\frac{1}{E} = a + \frac{b}{H}$，通过 F 检验发现，采用指数模型来拟合更接近桃子的能量吸收率与硬度之

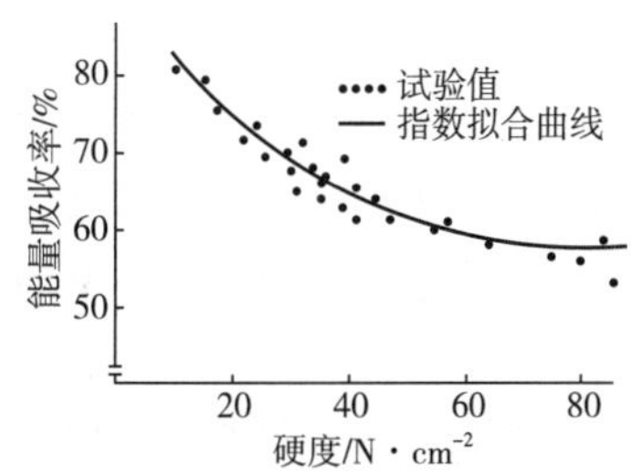

图 9-34　能量吸收率与硬度的关系

间的客观内在关系。

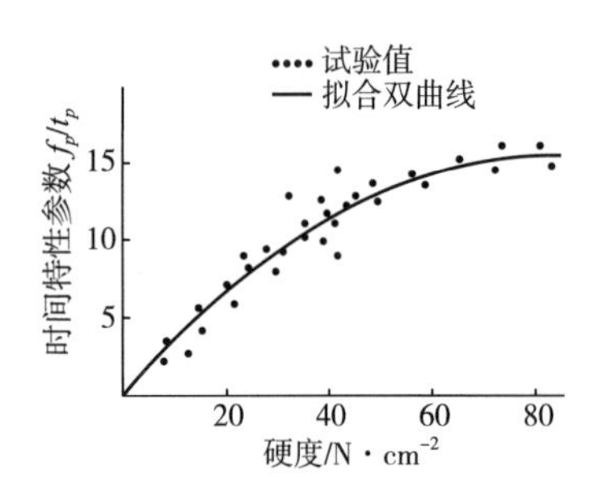

图 9-35　冲击力时间特性与硬度的关系

（3）冲击力时间特性参数 C 与硬度 H 的关系　图 9-35 表示了桃子的冲击时间特性与硬度之间的关系曲线。硬度增加，冲击力时间特性参数值变大。试验所得数据试验所得数据符合指数模型 $c = f_p/t_p = ae^{b/H}$ 和双曲线模型 $\frac{1}{c}=a+\frac{b}{H}$，通过 F 检验发现，采用双曲线模型来拟合更接近桃子的冲击力时间特性参数与硬度之间的客观内在关系。

（4）3 个冲击力参数比较　为便于结果分析，将桃子按硬度（成熟度）不同分成 3 个等级：①过于成熟，$H<35\text{N/cm}^2$；②刚成熟和已成熟，$H=35\sim55\text{N/cm}^2$；③未成熟，$H>55\text{N/cm}^2$。然后分别进行冲击力特性试验，结果表明 3 个冲击力参数均可以作为按硬度（成熟度）分级的参数（即预测硬度），且不受桃子本身质量影响。

三、　动态力学特性检测技术的应用

（一）　梨的动态力学特性的检测

在研究梨的动态特性时发现，在不同预加载荷、激振功率、成熟程度等条件下梨果实动态试验的弹性模量和相位角明显不同。在相同频率下，随预加载荷的增加弹性模量增加；在相同预载荷、激振功率和频率下，未成熟梨的动态试验相位角较小，成熟梨的相位角较大，未成熟梨的动态试验弹性模量较大，成熟梨的弹性模量较小。

新鲜梨果肉的动态弹性模量与梨的硬度和弹性有一定的联系，因此，有必要了解不同成熟程度梨整个果实的动态特性及其对相位角和弹性模量的影响，以便根据动态试验结果来探讨梨的有关力学特性以及用其特性进行品质评价。

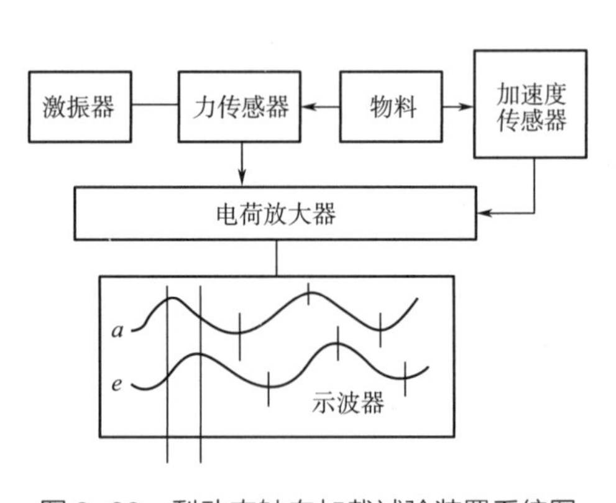

图 9-36　梨动态轴向加载试验装置系统图

梨的动态特性试验系统的结构方框图如图 9-36 所示。主要设备有：激振器、力传感器、加速度传感器以及电荷放大器等。正弦交变力通过正弦波发生器经过功率放大器放大后，由电动式激振器产生。加速度和力传感器的信号经放大，通过水平和垂直通道输入示波器。通过调节功率放大器改变激振功率。

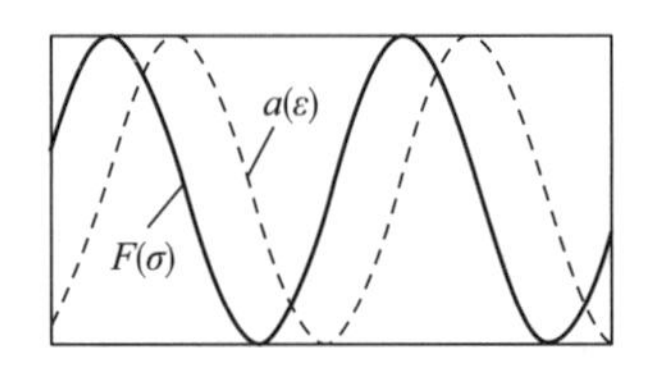

图 9-37　梨的应力与应变相位角图

实验表明：在动态试验时梨的应力与应变间存在一个相位角（图 9-37），利用动态试验应力与应变间的相位角和弹性模量可评价梨的成熟程度。梨的动态综合弹性模量与坚实度之间存在相关性，弹性模量增加，坚实度的值也增加。弹性模量的值与坚实度的对应关系可以采用二次多项式拟合。当激振频率在 60Hz 和 140Hz 时，随相位角增大，梨的坚实度下降。相位角与坚实度的关系，也可以采用二次多项式拟合。

（二） 利用冲击振动检测西瓜的成熟度

一种传统、公认、客观地描述西瓜成熟度的检验方法是测量其果汁的含糖量。但这种方法需要切开西瓜，是具有损坏性的，不可能大样本数检测，更不能逐个检验。

在西瓜成熟度无损检测方面，人类已经积累了丰富的经验，如“计算生长期”“观察外部形态”“触、拍、压、闻”等无损检验法等，但这些方法依赖于个人经验等主观因素，一般消费者难以掌握。因此，如何科学地、客观地无损检验，按西瓜成熟度分组销售，对销售者和消费者都是有益的。

西瓜内部结构分为瓜皮和瓜瓤。从力学角度看，瓜瓤各部位性能相差较大，瓜瓤又可分为 3 层，第 1 层为接近瓜皮部分，第 2 层为中间层，第 3 层为中心部分。西瓜在成熟过程中，瓜皮的硬度和弹性模量逐渐增加，但内部瓜瓤组织细胞间的结合力随西瓜的逐渐成熟而变小。因此，瓜瓤变得松、脆，瓜瓤的弹性模量随西瓜的成熟逐渐变小。为了了解西瓜各部位的力学性能和数值模拟计算的方便，对某一品种西瓜的皮、瓤弹性模量进行了试验测量，表 9-1 给出了对应的检测数据。

表 9-1　　某一品种西瓜各部位材料的弹性模量

西瓜部位	弹性模量 E/MPa	
	1#西瓜，含糖 9.0%	2#西瓜，含糖 11.0%
瓜皮（硬皮内侧）	2.20	2.40
外层（瓜瓤外层）	0.51	0.42
中间层（瓜瓤中间）	0.44	0.32
中心层（瓜瓤中心）	0.40	0.30

注：1#西瓜含糖量为 9.0%，成熟度为中等；2#西瓜含糖量为 11.0%成熟度为较好。

试验表明，瓜皮的弹性模量是瓜瓤的 5 倍左右，瓜瓤的各部分弹性模量也不相同，但差异不显著；从两个西瓜的对比来看，瓜皮之间的弹性模量差别不大（10%），而瓜瓤的弹性模量则差别较大（20%以上）。所以，可以采用冲击振动方法无损检测西瓜的成熟度。

1. 冲击振动响应方法无损检测西瓜成熟度的原理

西瓜外形一般为不规则的椭球状，但其长、短轴相差较小，作为近似和简化，西瓜可以视为多层球状弹性体。当其受到瞬态冲击时，球体将产生振动响应。按照弹性体振动理论，由冲击造成的振动响应的频率是弹性体的固有频率。球体的固有频率与其材料的密度、几何尺寸和弹性模量等因素有关，可由球体振动的微分方程解出，也可通过实验得到。

可以证明，球体的拉压弹性模量 E 与固有频率 f、质量 m 之间的关系为：$E \propto f^2 \cdot m^{\frac{2}{3}}$，可见，当已知西瓜的固有频率和质量后，就可以确定其弹性模量。

西瓜成熟后，瓜瓤的弹性模量变小，对某个质量一定的西瓜来说，固有频率必然降低，所以利用固有频率可以估算西瓜的成熟度，这就是冲击振动响应法进行西瓜成熟度无损检测的基本原理。

2. 西瓜固有频率的测量

西瓜固有频率测量试验装置如图 9-38 所示。为了得到西瓜的固有频率，试验中采用锤击激励，测量其瞬态激励力，由加速度计测量瞬态激励产生的响应。激励力和振动响应信号经电荷放大器放大后，送至 B&K2032 动态信号分析仪，经快速傅里叶变换运算（FFT），得到西瓜的频率响应函数（图 9-39）。从实部和虚部曲线中，可得到各阶固有频率和幅值。激振点选择在西瓜直径最大的截面，测量位置位于同一截面激振点的对面。由图 9-39 可见，西瓜在冲击激励下产生的振动有多阶固有频率，经过对西瓜前 4 阶固有频率和幅值与其含糖量相关性的研究，发现仅基频（第 1 阶固有频率）与含糖量有较好的相关性（相关系数为 0.80），故以基频作为振动参数来研究西瓜的成熟度比较合适。

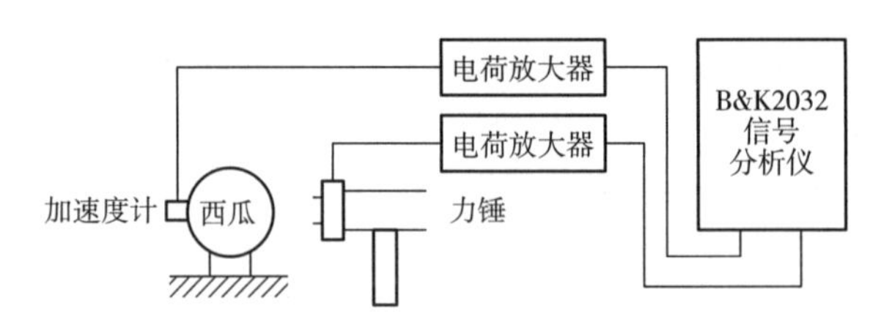

图 9-38　西瓜固有频率测试系统框图

采用冲击振动的方法，得到了与西瓜含糖量相关的基频振动参数，可实现西瓜的无损检验。但西瓜的质量对其基频也有一定影响，在含糖量一定的情况下，质量小的西瓜比质量大的西瓜基频高。因此仅用基频一个参数来估计西瓜的成熟度（含糖量）是不完全的，必须考虑质量的影响。可采用$f^2 \cdot m^{\frac{2}{3}}$来表示西瓜的成熟度，可称为西瓜的成熟度指数，这与其他果蔬（如桃、梨、苹果等）的成熟度指数是一致的。

图 9-40 为试验样本西瓜的成熟度指数与含糖量的关系。从图中可以看出，成熟度指数与含糖量有较为接近的线性关系（r=0.82）。因此，用西瓜成熟指数来检验西瓜的成熟程度是一种比较有效的无损检验方法，易于生产和流动等过程中的应用。

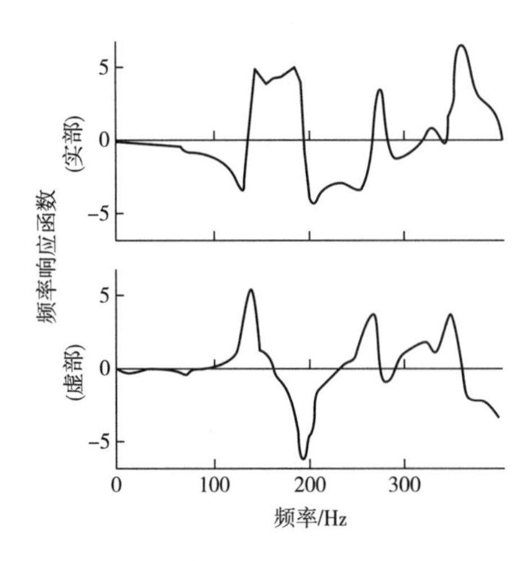

图 9-39　西瓜的频率响应函数

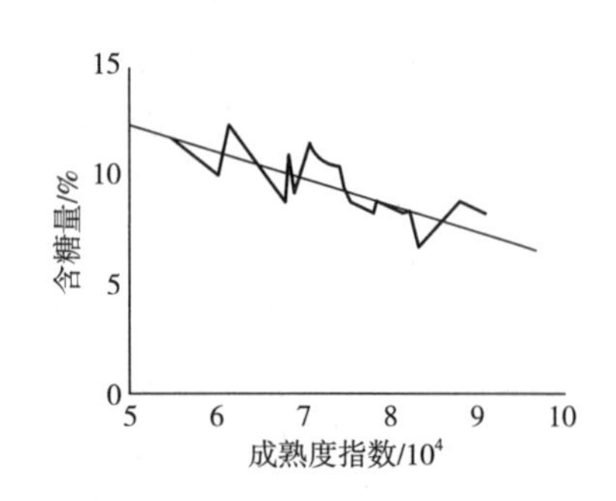

图 9-40　西瓜成熟度指数与含糖量的关系

四、 基于质地仪的静态力学特性检测

目前，国内使用的质地测定仪器可分成国产的、科研教学单位自制的和进口的三类质地分析仪。由于进口质地测定仪功能多、测试精度高，在科研教学单位和企业占有较高的使用比例。现在国内主要使用的进口质地测定仪是英国 Stable Micro System（SMS）公司的 TA. XT 系列、英国 CNS Farnell 公司的 QTS 系列、美国 Instron 公司生物材料万能试验机 2340 系列万能材料试验机、美国 Brookfield 博力飞质地仪（冻力仪）等（图 9-41）。

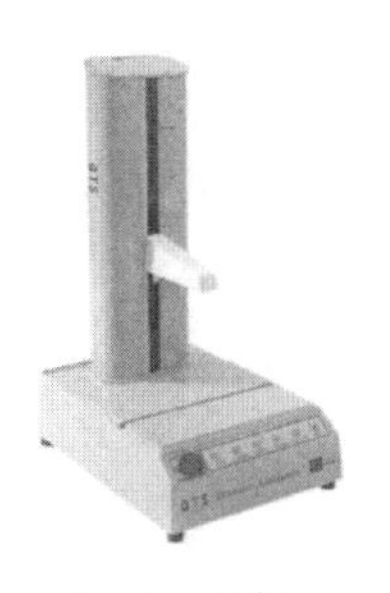

CNS Farnell公司
QTS系列

Instron公司
2340系列万能材料试验机

Stable Micro System公司
TAXT系列

FTC公司
TMS-PRO系列

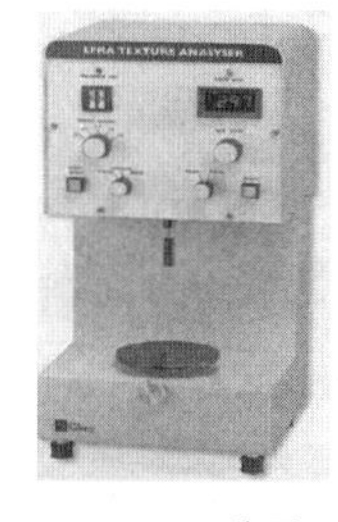

Brookfield公司
质地仪(冻力仪)

Lloyd公司
TAPlus食品类专用试验机

图 9-41　质地测试仪

以 Stable Micro System（SMS）公司设计、生产的 TAXT 系列食品质地测试仪为例介绍仪器功能。该仪器对产品可以进行多种特性的测试，如：硬度、脆性、黏聚性、咀嚼性、胶黏性、黏牙性、回复性、弹性、凝胶强度以及流变特性等。

质地测试仪主要包括主机、备用探头及附件。主机主要由机座、传动系统、传感器等组成；专用软件主要由实验设置、数据显示、编辑宏、结果文件模块和质地测试模块（如蠕变、TPA）等功能模块组成；探头的形式十分丰富。

质地测试仪是通过计算机程序控制，自动采集测试数据，可以得到变形、时间、作用力三者关系数据及测试曲线，计算机可以生成力（变形）与时间的关系曲线，也可以转换成应力-应变关系曲线，利用测试数据测试者就可以对被测物进行质地分析。

质地测试仪可以检测食品多方面的物理特征参数，并可以和感官评定参数进行比较。检测的方式包括压缩、拉伸、剪切、弯曲、穿刺等，如图 9-42 所示。

1. 脆性测试

薯片、饼干、膨化小食品等食品的脆性是该类食品重要质地指标。脆性物料的检测以往采

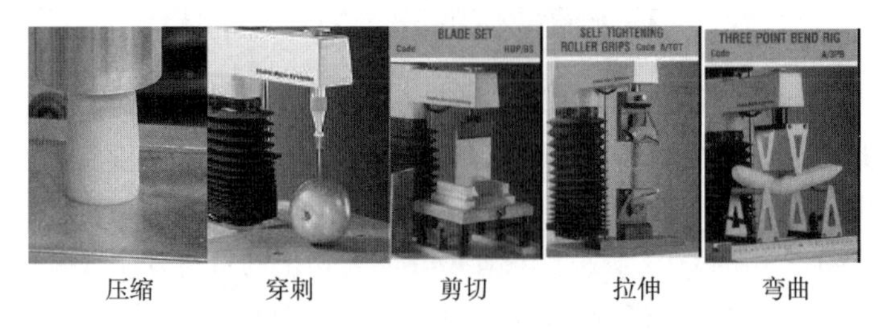

压缩　　穿刺　　剪切　　拉伸　　弯曲

图 9-42　质地测试仪基本测试形式

用曲线上的峰数量，它表征物体的脆性程度。近些年人们试验发现用力与变形曲线的真实长度更能反映物料的脆性。由质地测试仪自带的专用软件能自动计算出统计长度。

2. 弯曲强度测试

弯曲强度是评价饼干、干面条、干米线、粉丝、巧克力等食品品质的重要指标。对于弹性细长类直条型食品的抗弯能力评价用压杆后屈曲法更合适，如挂面、直米线、直粉丝的抗弯能力评价。

食品的弯曲断裂试验如图 9-43 所示。试验时，缓慢加载，测定试样断裂的载荷 P，用下列公式计算弯曲断裂最大应力 σ。

圆形截面：
$$\sigma = \frac{8PL}{\pi D^3} \tag{9-26}$$

矩形截面：
$$\sigma = \frac{3PL}{2ab^2} \tag{9-27}$$

空心圆截面：
$$\sigma = \frac{8PLD_2}{\pi(D_2^4 - D_1^4)} \tag{9-28}$$

图 9-43　弯曲断裂试验

式中　L——支座间距离，mm；

D——圆形试样的直径，mm；

a、b——矩形试样的宽度和厚度，mm；

D_1、D_2——空心圆截面试样的内外直径，mm。

在食品材料弯曲试验中，加载速度、试样的有效长度 L、支承座的形状和尺寸对破坏应力测试有影响。一般要求支承座的直径 d 与试样有效长度 L 的比值在 1%范围内，挠度 Y 与有效长度 L 的比值在 5%~10%，几种面条的测试条件如表 9-2 所示。

表 9-2　几种面条的弯曲测试条件

面条名称	跨度 L/mm	支承座的直径 d/mm	加载速度/（mm/s）
通心粉	130	7.5	8
冷　面	130	5	8
荞麦面	60	3	8
挂　面	40	3	8

3. 干直条食品的抗弯能力与弹性模量测试——压杆后屈曲法

直条食品是直条型食品的简称，是指挂面、直条干米线、直条粉丝（条）等类食品，截面形状为圆形、方形等，也包含它们的花色品种。这类食品具有较好的弹性。在抗弯能力测试中，除三点弯曲外，另一种形式属于压杆后屈曲法，如图 9-44 所示。由于压杆后屈曲形变行为是稳定的，因此形变参数之间是一一对应关系。将直条食品弯曲折断看成工程力学中两端铰支的细长压杆，运用压杆后屈曲大挠度理论建立直条食品后屈曲形变参数关系，直条型食品后屈曲状态参数，如图 9-45 所示。直条食品后屈曲形变的主要参数为端部转角 θ_0、端部轴向位移量 Δl、中点挠度 w_{max} 和端部轴向压力 P，它们之间的关系如下：

图 9-44 压杆后屈曲变形

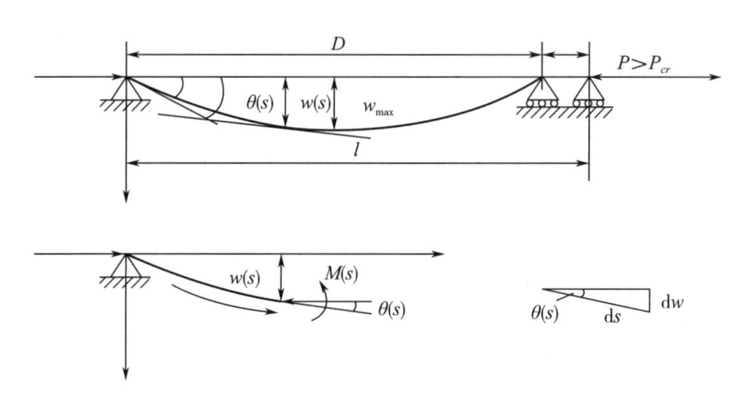

图 9-45 直条型食品后屈曲状态参数

端部轴向位移量 Δl：

$$\frac{\Delta l}{l} = 2\left(1 - \frac{E(a, \frac{\pi}{2})}{F(a, \frac{\pi}{2})}\right) \text{（无量纲形式）} \tag{9-29}$$

中点挠度 w_{max}：

$$\frac{w_{max}}{l} = \frac{a}{F(a, \frac{\pi}{2})} \text{（无量纲形式）} \tag{9-30}$$

端部轴向压力 P：

$$\frac{P}{P_{cr}} = \frac{4}{\pi^2}\left(F(a, \frac{\pi}{2})\right) \text{（无量纲形式）} \tag{9-31}$$

式中 Δl——端部轴向位移量，mm；

l——直条食品的长度，mm；

w_{max}——中点挠度，mm；

P——端部轴向压力，N；

P_{cr}——端部轴向临界压力，N；

$F(a, \frac{\pi}{2})$——第一类完全椭圆积分；

$E(a, \frac{\pi}{2})$——第二类完全椭圆积分，其中 $a = \sin\frac{\theta_0}{2}$，$\theta_0$为端部转角。

从上述前两式可知，$\Delta l/l$、w_{max}/l 都是端部转角 θ_0的函数。因此，当试样长度 l 一定时，端部轴向位移量 Δl、中点挠度 w_{max}与端部转角 θ_0之间是一一对应关系。

$\Delta l/l$、w_{max}/l、P/P_{cr}三个比值都是无量纲量，都与直条型食品的弹性模量、截面尺寸、形状无关，仅仅与挠曲线的端部转角 θ_0 有关。端部转角 θ_0 与三个比值对应的数值通解如表 9-3。

表 9-3　　大挠度理论的数值通解

θ_0（°）	a	F（π/2，a）	E（π/2，a）	w_{max}/l	P/P_{cr}	$\Delta l/l$
0	0.0000	1.5708	1.5708	0.00000	1.00000	0.0000
5	0.0436	1.5716	1.5700	0.02775	1.00102	0.0020
10	0.0872	1.5738	1.5678	0.05538	1.00383	0.0076
15	0.1305	1.5776	1.5641	0.08274	1.00868	0.0172
20	0.1736	1.5828	1.5589	0.10971	1.01534	0.0302
25	0.2164	1.5898	1.5522	0.13615	1.02428	0.0472
30	0.2588	1.5981	1.5442	0.16195	1.03507	0.0675
35	0.3007	1.6083	1.5347	0.18697	1.04832	0.0916
40	0.3420	1.6200	1.5238	0.21112	1.06363	0.1188

（1）直条食品抗弯能力压杆后屈曲形变参数评价法　从表 9-3 可以看到，端部转角 θ_0 与端部轴向位移量 Δl 是一一对应关系，因此，在检测直条食品抗弯能力时，可以直接用端部轴向位移量 Δl 评价直条食品的抗弯能力；也可以端部转角 θ_0 评价直条型食品的抗弯能力。

（2）直条食品抗弯能力压杆后屈曲断裂应力评价法　用弯曲应力（忽略剪切应力和压应力）评价直条食品抗弯能力，其断裂弯曲应力为：

$$\sigma = \frac{Pb}{2I}w_{max} \tag{9-32}$$

式中　σ——直条食品试样中点弯曲应力，N/mm²；

P——端部轴向压力，N；

b——试样弯曲方向的厚度，mm；

w_{max}——中点挠度，mm；

I——试样压杆惯性矩（矩形截面的 $I = \frac{ab^3}{12}$，圆形截面的 $I = \frac{\pi d^4}{64}$，椭圆形截面的 $I = \frac{\pi ab^3}{64}$），mm⁴。

挂面抗弯能力评价时，挂面标准 LS/T 3212—2014 规定，厚度小于 0.9mm，长度为 180mm 的挂面，端部转角 θ_0 达到 30°未断，则该根挂面合格。用端部轴向位移量评价时，对应于端部转角 30°的端部轴向位移量 Δl 为 12.14mm，即端部轴向位移量达到 12.14mm，则该根挂面合格。详细分析参阅相关文献。

（3）直条食品弹性模量压杆后屈曲法测定

$$E = \frac{Pl^2}{4\left(F(\alpha, \frac{\pi}{2})\right)^2 I} \tag{9-33}$$

式中　E——直条食品试样弹性模量，N/mm²；

　　a——试样的宽度，mm。

挂面后屈曲弹性模量测定方法（压杆后屈曲法）的最佳测试条件是挂面长度为150mm、压弯端部轴向位移量4.53mm（端部转角20°）。测定试样在该条件下的压力P，查表9-3得F为1.5828，计算得到该试样的弹性模量值。挂面弹性模量一般为2000~3000N/mm²。

4. 穿刺硬度测试

穿刺硬度是衡量食品品质的重要指标，如GB 10651—2008《鲜苹果》国家标准中，通过穿刺测定苹果硬度（是指果实胴部单位面积去皮后所承受的试验压力），作为苹果达到可采成熟度时应具有的硬度。如表9-4所示。检测时应用果实硬度计测试，图9-46是常用的手持式硬度计。

表9-4　　苹果的硬度值

品种	果实硬度/（N/cm²）	品种	果实硬度/（N/cm²）
元帅	63.7	富士	78.4
红星	63.7	红玉	68.6
红冠	63.7	祝光	58.8
国光	78.4	伏花皮	58.8
金冠	68.6	鸡冠	78.4
青香蕉	78.4	秦冠	58.8

在质地测试仪上，用柱状、针状、圆锥状探头，以一定速度将探头插入试样，则可以测到相应的力和时间（变形）的关系曲线。图9-47、图9-48是检测苹果穿刺硬度。

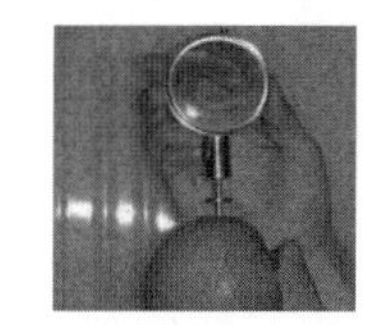

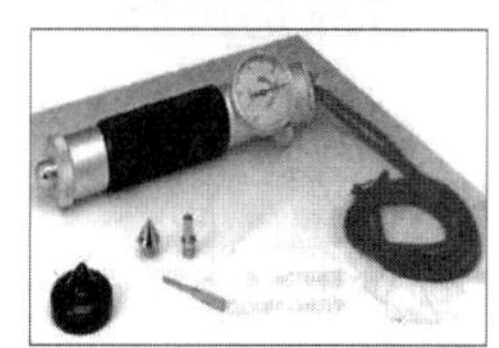

图9-46　两种手持式硬度计

图9-47　检测苹果穿刺硬度

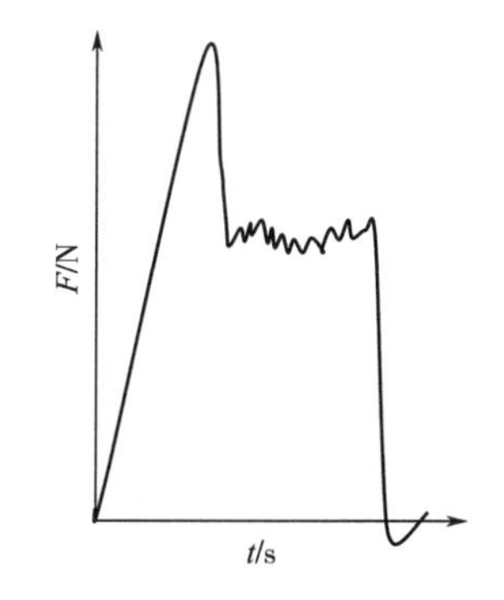

图9-48　苹果穿刺力示意图

5. 凝胶强度测定

凝胶是食品中非常重要的物质状态，食品中除了果汁、酱油、牛乳、油等液态食品和饼干、酥饼、硬糖等固体食品外，绝大部分食品都是在凝胶状态供食用的。因此，凝胶食品质地决定着食品的品质。另外，食品制造中常用胶体添加剂，如果胶、琼脂、明胶、阿拉伯胶、海藻胶、淀粉、大豆蛋白等，这些添加剂的凝胶性能对制品品质起着重要作用。凝胶性能表征指标之一是凝胶强度。

图 9-49　凝胶强度测试装置

（1）凝胶强度测定原理　用直径为 12.7mm 的圆柱探头，压入含 6.67%明胶的胶冻表面以下 4mm 时，所施加的力为凝胶强度。图 9-49 凝胶强度测试装置。

（2）胶体试样的制备　取一定量胶体，首先将规定的水量加入，在 20℃左右，放置 2h，使其吸水膨胀，然后置于（65±1）℃水浴中在 15min 之内溶成均匀的液体，最后使其达到规定浓度 6.67%的胶液 150mL（在三角烧瓶中配制）。将 120mL 测定溶液放入标准测试罐中（容积 150mL），加盖，在（10±0.1）℃低温恒温槽内冷却 16~18h。

（3）测定　完成样品的准备后，将测试罐放置在探头的中心下方。质地测试仪工作参数设定成，测前速度为 1.5mm/s，测试速度为 1.0mm/s，返回速度为 1.0mm/s，测试距离为 4mm，触发力为 5g，数据采集设定为 200pps，探头为柱型探头（P/0.5R 即直径 12.7mm）。启动仪器，探头将 1.0mm/s 的速度插入胶体，直至 4mm 深，测得探头插入胶体过程中力与时间（深度）曲线，如图 9-50 所示，4s 或 4mm 处的力值即为凝胶强度。

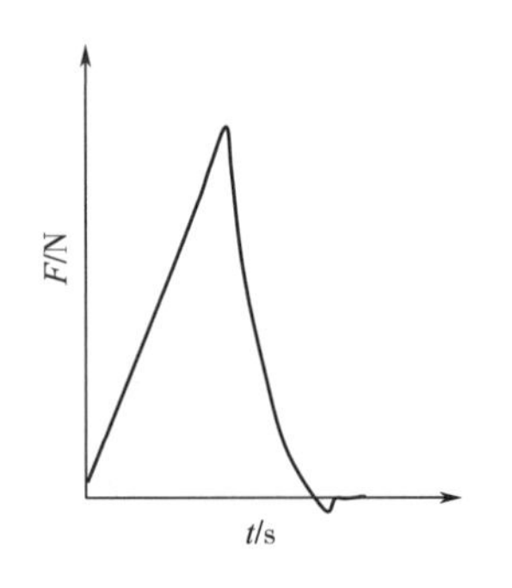

图 9-50　凝胶强度测试曲线示意图

6. 嫩度测定——剪切力测定法

嫩度（Tenderness）是指物料在剪切时所需的剪切力。

（1）测试原理　通过质地测试仪的传感器及数据采集系统记录刀具切割试样时的用力情况，并把测定的剪切力量峰值（力的最大值）作为试样嫩度值。下面以肉嫩度的测定——剪切力测定法为例说明测试过程。

（2）肉嫩度的测定

①仪器及设备：采用配有 WBS（Warner-Bratzler Shear）刀具的相关质地测试仪；直径为 1.27cm 的圆形钻孔取样器；恒温水浴锅；热电耦测温仪（探头直径小于 2mm）；刀具的规格为 3mm，刃口内角 60°，内三角切口的高度≥35mm，砧床口宽 4mm 如图 9-51 所示。

图 9-51　剪切刀具

②取样及处理：取中心温度为 0~4℃，长×宽×高不少 6cm×3cm×3cm 的整块肉样，剔除肉表面的筋、腱、膜及脂肪。放入 80℃恒温水浴锅（1500W）中加热，用热电耦测温仪测量肉样中心温度，待肉样中心温度达到 70℃时，将肉样取出冷却至中心温度 0~4℃。用直径为 1.27cm 的圆形

取样器沿与肌纤维平行的方向钻切试样，孔样长度不少于 2.5cm，取样位置应距离样品边缘不少于 5mm，两个取样的边缘间距不少于 5mm，剔除有明显缺陷的孔样，测定试样数量不少于 3 个。取样后立即测定。

③测试：将孔样置于仪器的刀槽上，使肌纤维与刀口走向垂直，启动仪器，以剪切速度为 1mm/s 剪切试样，测得刀具切割孔样过程中的最大剪切力值（峰值）为孔样剪切力的测定值。图 9-52 为肉样剪切力示意图。

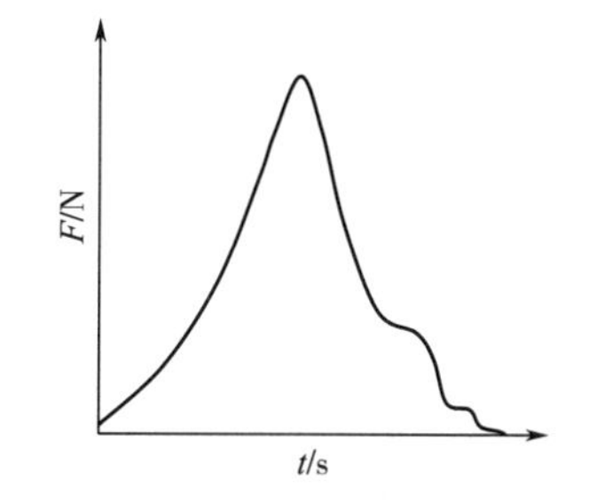

图 9-52　肉样剪切力示意图

④嫩度计算：记录所有的测定数据，取各个孔样剪切力的测定值的平均值扣除空载运行最大剪切力，计算肉样的嫩度值。

肉样嫩度的按计算公式：

$$X = \frac{X_1 + X_2 + X_3 + \cdots\cdots + X_n}{n} - X_0 \qquad (9-34)$$

式中　X——肉样的嫩度值，N；

$X_{1\cdots\cdots n}$——有效重复孔样的最大剪切值，N；

n——有效孔样的数量；

X_0——空载运行最大剪切力（仪器空载运行时受到的最大剪切力应≤0.147N），N。

7. 综合测试——TPA 测试

“TPA”（Texture Profile Analyser）质地分析是让仪器模拟人的两次咀嚼动作，所以又称“二次咀嚼测试”。它可对样品一系列特征进行量化，将诸如黏附性、黏聚性、咀嚼度、胶着度和弹性等参数建立标准化的测量计算方法。图 9-53 是典型的 TPA 测试质地图谱示意图。

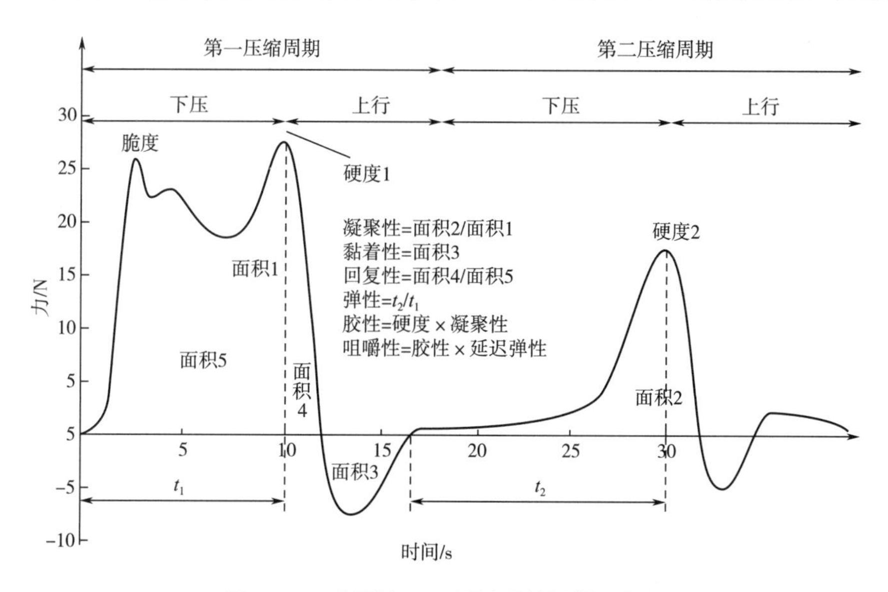

图 9-53　典型的 TPA 测试质地图谱示意图

（1）TPA 特征参数定义　美国质地资深研究者 Mzlcolm Bourne 博士在其所著作的《食品质地和黏性》（Food Texture and Viscosity）一书和相关论文中对 TPA 质地特性参数进行了明确定义。

脆性（Fracturability）：压缩过程中并不一定都产生破裂，在第一次压缩过程中若是产生破裂现象，曲线中出现一个明显的峰，此峰值就定义为脆性。在 TPA 质地图谱中的第一次压缩曲线中若是出现两个峰，则第一个峰定义为脆性，第二个定义为硬度；若是只有一个峰值，则定义为硬度，无脆性值。与试样的屈服点对应，表征在此处试样内部结构开始遭到破坏，反映试样脆性。

硬度（Hardness）：是第一次压缩时的最大峰值，多数食品的硬度值出现在最大变形处，有些食品压缩到最大变形处并不出现应力峰。反映试样对变形的抵抗能力。

黏附性（Adhesiveness）：第一次压缩曲线达到零点到第二次压缩曲线开始之间的曲线的负面积（图 9-53 中的面积 3），反映的是由于测试样品的黏着作用探头所消耗的功。反映对接触面的附着能力。

内聚性（Cohesiveness）：又称黏聚性。表示测试样品经过第一次压缩变形后所表现出来的对第二次压缩的相对抵抗能力，是样品内部的黏聚力，在曲线上表现为两次压缩所做正功之比（面积 2/面积 1）。反映试样内部组织的黏聚能力，即试样保证自身整体完整的能力。

弹性（Elasticity）：样品经过第一次压缩以后能够再恢复的程度。恢复的高度是在第二次压缩过程中测得的，从中可以看出两次压缩测试之间的停隔时间对弹性的测定很重要，停隔的时间越长，恢复的高度越大。弹性的表示方法有多种，最典型的就是用第二次压缩中所检测到的样品恢复高度和第一次的压缩变形量之比值来表示，在曲线上用 t_2/t_1 的比值来表示。原始的弹性的数学描述只是用恢复的高度，那样对于不同测试样品之间的弹性比较就产生了困难，因为还要考虑他们的原始高度和形状，所以用相对比值的表示方法来表示弹性更为合理、方便。反映试样在一定时间内变形恢复的能力。

胶黏性（Gumminess）：只用于描述半固态的测试样品的黏性特性，数值上用硬度和内聚性的乘积表示。反映半固态试样内部组织的黏聚能力。

耐咀性（Chewiness）：只用于描述固态的测试样品，数值上用胶黏性和弹性的乘积表示。耐咀性和胶黏性是相互排斥的，因为测试样品不可能既是固态又是半固态，所以不能同时用耐咀性和胶黏性来描述某一测试样品的质地特性。反映试样对咀嚼的抵抗能力。

回复性（Resilience）：表示样品在第一次压缩过程中回弹的能力，是第一次压缩循环过程中返回时的样品所释放的弹性能与压缩时的探头耗能之比，在曲线上用面积 5 和面积 4 的比值来表示。反映试样卸载时快速恢复变形的能力。

硬度 2（Htardness 2）：TPA 曲线第二压缩周期内试样所受最大力，表征试样第二压缩时对变形的抵抗的能力。

（2）TPA 测试　TPA 测试需要对控制程序中的触发力、测试前探头速度、测试探头速度、测试后探头速度、下压距离、两次下压间隔时间等参数进行设置。TPA 测试时，测试程序将使探头按照如下步骤动作。探头从起始位置开始，先以测前速率（Pre-Test Speed）向测试样品靠近，直至达到所设置触发力，并记录数据；触发后以测试速率（Test Speed）对样品进行压缩，达到设定的下压距离后返回到压缩的触发点（Trigger）；之后处于两次下压间隔时间的等待状态；间隔时间结束后，继续向下压缩同样的距离，而后以测后速率（Post Test Speed）返回到探头测前的起始位置。质地分析仪记录并绘制力与时间的关系曲线，通过分析数据得出特征参数的量值。

如果需要全面获得样品在测试中表现出的数据及分析结果，建议使用仪器自带软件中的方案处理。

上面介绍的测试过程是下压条件下的 TPA 测试，在拉伸条件下的 TPA 测试应参考仪器说明书。

质地分析的仪器检测结果与试验方法有密切关系。下压距离和测试速度以及二次压缩间的停留时间等参数设定非常重要，直接影响到整个质地分析结果。在 TPA 测试中下压距离（压缩比）参数特别重要，Bourne 博士认为，为模拟人牙齿的咀嚼运动，应进行深度压缩，压缩比达到 90%。不同的物料应采用不同的压缩比，需要在测试中对压缩比要进行优化，其他设置参数也需要。目前，压缩比采用较多的是 30%~70%。当然，试样大小和形状是否标准和一致对质地分析影响也非常大。

8. 质地完整测试

根据地质国家标准定义，用机械的、触觉的方法或在适当条件下用视觉的、听觉的接收器可接收到所有产品的机械的、几何的和表面的特性。机械特性与对产品压迫产生的反应有关，它们分为五种基本特性：硬性、黏聚性、黏性、弹性、黏附性。从定义中可知，质地除通过触觉感觉以外，还包含视觉和听觉，而前面介绍的仪器质地检测主要是模拟人的触觉。在实际测试过程中，试样在受力时发生形变，不同的材料会发生不同的形变；有些物料在受力破坏时发出声音。如果把这些信息融合起来表征物料的质地，则将更科学、全面，也更符合定义要求，更符合人的感官评定。图 9-54 是英国 Stable Micro System 公司开发的可以采集力、声、图像信息质地分析仪，它由力信息采集系统、声音信息采集系统和图像信息采集系统三部分组成。

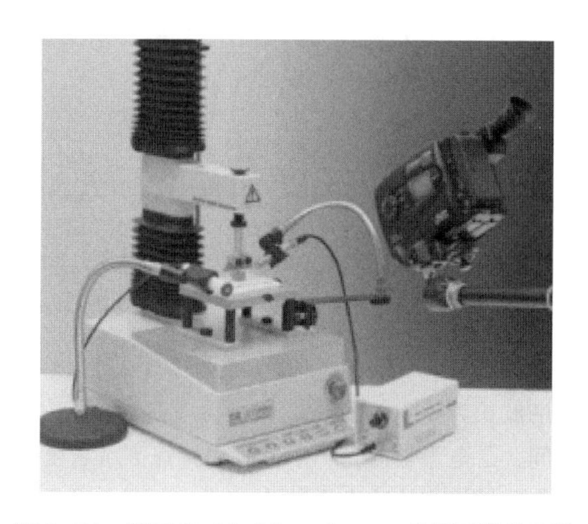

图 9-54　英国 Stable Micro System 公司开发的可以采集力、声、图像信息质地分析仪

9. 流变特性测试

据估计，描述食品品质的术语有 350 多种，其中 25%与流变特性有关。例如，硬度、柔软度、脆度、嫩度、成熟度、咀嚼性、松脆性、鲜度、沙性、面性、酥性等。因此，基础流变特性试验是非常重要。如黏弹性物料的蠕变、应力松弛等特性，而且通过建立流变模型可更形象地表征质地。具体测试方法见第三章相关内容。

第十章 太赫兹及其他食品无损检测技术

CHAPTER 10

第一节 太赫兹检测技术

一、太赫兹的基本概念

太赫兹（Terahertz，THz）波是一个特定波段的电磁辐射的统称，其频率为 0.1～10THz，对应的波长为 3000～30μm，波数为 3.3～3300cm^{-1}。在电磁波谱中，THz 波位于微波和红外辐射之间，是电子学向光子学过渡的特殊区域。由于其光子能量较低，THz 波不会使包括生物组织在内的被检测物质发生光致电离，也不会对其造成伤害，因此与 X 射线相比，THz 技术比较安全，不会对操作人员生命健康产生伤害。THz 光谱学作为一种无损检测方法受到科学界的广泛关注，这种低光子能量法尤其适用于食品活性物质的检验。

THz 辐射对于水分子有强烈的吸收，因此其在食品检测领域通常用于分析产品中水分的含量，以此来对产品的质量进行控制。同时，许多的非金属非极性材料对 THz 射线的吸收较小，THz 辐射也可以用于食品中异物的检测。Jordens 等人利用 THz 技术成功地检测巧克力中直径 1mm 的金属螺丝钉、小石子和玻璃碎片等杂质，并进行 THz 光谱和成像分析。随后他们进一步对时域 THz 波形进行分析，将坚果以及其他杂质从果仁巧克力中区分出来，并通过对 THz 图像的处理分析，成功地检测出果仁巧克力中混入的玻璃碎片。另外，许多分子例如氨基酸、生物肽和农药分子的振动和转动能级间的间距正好处于 THz 频率范围，THz 辐射还可以用于食品中杀虫剂的检测、牛乳中抗生素检测。

虽然已有不少研究证明 THz 可以用于食品检测分析，但该技术仍存在一定的不足。其中最大的局限性在于 THz 辐射在极性液体（比如水）中穿透率非常低并且对水分有较高的吸收，因而不适合用于厚度大于 1mm 高水分含量样本的湿度检测。THz 技术走向实用性面临的另一个挑战是对材料折射率（如粒子尺寸）物理变化的影响，当固体颗粒大小可与 THz 波长相比较时，消光光谱受到散射损失的严重影响，所产生的散射效应可能对某些材料中 THz 吸收的测量产生不利影响。

微波是指波长为 1～300mm、频率为 300～300000MHz 的电磁波，具有频率高、直线传播，空间衰减少、能被金属良好反应等特点。微波在食品检测中主要用于水分含量的测定，利用微波作用于食品物料产生功率、幅度、相位或功率改变信息推算食品物料的水分含量，微波测定水分一般采用微波加热烘干法，该法测定方法时间短，尤其适合用于生产过程中食品物料水分含量的在线检测。微波用于水分含量的检测方法主要有：透射法、反射法、腔体微扰法。对于散体食品物料，如谷物等的水分含量检测通常采用微波反射法和透射法；对于单体食品物料的水分含量检测通常采用微波谐振腔体微扰法。根据检测信号强度要求，低浓度水分用微波透射技术，高浓度水分用微波反射技术。微波水分含量测定法可以用于肉类、果蔬、谷物和坚果中水分含量的测定。

二、 基于太赫兹光谱技术的不同产地橄榄油的鉴别

作为一种新兴的光谱测量技术，THz 在食品监测和质量控制等诸多领域有着广泛应用，THz 技术可以同时提供时域和频域的信息，而且对热背景辐射不敏感，不需要样品前处理，比如稀释，这对油脂分析是有必要的。因此，基于太赫兹时域光谱的几种方法已被用于油脂质量的定性和定量测量。利用 THz 光谱结合不同的化学计量方法，包括最小二乘支持向量机（LS-SVM）、反向传播神经网络（BPNN）和随机森林（RF），建立不同产地特级初榨橄榄油（Extra Virgin Olive Oil，EVOO）的鉴别模型。同时讨论了基于主成分分析（PCA）和遗传算法（GA）的最优太赫兹光谱特征筛选问题，寻找降低 THz 光谱数据高维的最佳方法。国际橄榄油理事会（International Olive Oil Council，IOOC）将橄榄油分为初榨橄榄油（Virgin Olive Oil）和精炼橄榄油（Lampante Olive Oil 或 Refined Olive Oil）两大类。初榨橄榄油或天然橄榄油是直接采用新鲜、健康的橄榄果实，通过机械冷榨、过滤、离心等处理提取油脂，加工过程中完全不经化学处理。也就是说，橄榄油相当于鲜榨果汁，这是它和普通油脂的最大区别，也是它可以直接饮用的原因。特级初榨橄榄油（Extra Virgin Olive Oil，EVOO）是最高级别、质量最高的橄榄油，提取过程不添加任何溶剂，也没有任何初步精炼工艺，非热处理防止了橄榄油中大量维生素被破坏，从而最大限度地保存了其营养成分，它是可以在原生状态下直接食用的植物油。精炼橄榄油：榨过第一遍油的橄榄渣里仍含有大量橄榄油，可采用溶剂浸出法从中提取，这种“二次油”一般被称为精炼橄榄油，但质量不及初榨油，橄榄油的风味减少。在橄榄油品质的化学参数中，脂肪酸组成是最重要的一种，油中各脂肪酸的含量，因产地不同而有所差异。希腊、意大利和西班牙橄榄油中亚油酸和棕榈酸含量低，油酸相对含量较高，突尼斯橄榄油中的亚油酸、棕榈酸和油酸含量较低。Cerretani 等研究发现初榨橄榄油中棕榈酸和油酸的含量占所有脂肪酸含量的 85%，亚麻酸含量则低于 1%，纯橄榄油中脂肪酸组成与初榨橄榄油类似，而橄榄果渣油中亚油酸、亚麻酸和多不饱和脂肪酸等显著高于初榨和纯橄榄油。西班牙、希腊和意大利的市场份额占全球的 50%以上，作为非地中海国家，特别是在澳大利亚，近年来 EVOOs 的生产和消费增长迅速，故本研究购买了澳大利亚、西班牙、希腊和意大利四个典型的地理产地的 EVOOs 样本。

1. 四种产地橄榄油脂肪组成分析

本实验首先对四种不同产地的 EVOOs 进行脂肪酸组成分析。用移液枪取少量纯品橄榄油，在离心管中加入油样 1~2 滴，加入色谱级纯正己烷 3mL，再加入 500μL 1moL/L $KOH-CH_3OH$ 溶液，剧烈摇晃 2min，加入 3mL 蒸馏水静置，待两相分层后，用无水 Na_2SO_4 干燥上清液，吸取上清至样品瓶中，每个产地橄榄油做 3 个重复。色谱柱条件：DB-WAX 毛细管柱（30m×0.25mm×0.25mm）；载气：高纯氦；进样口温度：230℃；检测器温度：250℃；升温程序：

100℃保持1min，以20℃/min升至200℃，保持1min后，以3℃/min升至230℃，保持12min；氮气流速为0.8mL/min，进样量为1μL；分流比为30∶1。质谱仪是在电子碰撞电离（70eV）、全扫描（40~800m/z）模式下运行的，通过比较它们的保留指数和质谱来鉴定化合物，用峰面积归一化法检测各脂肪酸的相对含量。

2、太赫兹光谱获取

本研究采用透射模式，在测量前，光谱系统需要预热半小时达到稳定状态，应在干燥的空气下进行整个测试。实验使用的油样容器是由具有高透光率的聚乙烯圆片制成的密封槽，聚乙烯圆片的直径为2cm，厚度为3mm，两片聚乙烯之间有厚度分别为50μm、100μm的垫圈，垫圈形成一定的空间用于盛放测试样品。该样品杯外形是一个大约1.5cm厚的圆柱体，周围是不锈钢圈，边缘上有四个螺丝孔，用来拧紧两个部件并排除液体中的气泡。螺丝孔中间还有两个对称的小孔，每次测试加入500μL的EVOOs样本，拧紧螺丝后能观察到油样从两边的小孔中溢出，从而确保样本厚度的一致性和均匀性。测试开始之前，先采集空气背景作为对照，之后在采集装有油样的样本信息。将装好EVOOs样品的聚乙烯样品杯放置在TAS7500TS HF1的测试台上，获取3个不同位置的THz信号，利用傅里叶快速变换（FFT）的时域谱得到频率域光谱，最后取平均值作为一个样本信息。

吸收光谱可表示为：

$$A(\omega) = [P_{Log\_ref}(\omega) - P_{Log\_sam}(\omega)]/10 \tag{10-1}$$

式中 $P_{Log\_ref}(\omega)$——反射信号的THz电磁波的功率，W；

$P_{Log\_sam}(\omega)$——透过率信号的功率，W。

每个产地的橄榄油有80个样本，共有320个样本，并随机分配240个为校正集，80个为预测集。

3. 结果分析与讨论

（1）不同产地橄榄油的脂肪酸组成　四种不同产地EVOOs的主要脂肪酸组成如表10-1所示。研究中，我们发现了六种主要的脂肪酸，包括棕榈酸、棕榈油酸、硬脂酸、油酸、亚油酸和亚麻酸。四种EVOOs的不饱和脂肪酸都很高，尤其是油酸的含量，但是从表10-1可以看出，不同EVOOs样品之间的脂肪酸含量也存在一定差异，对于棕榈酸、棕榈油酸和亚油酸，意大利产地的EVOOs含量最高；对于硬脂酸和油酸，西班牙产地的EVOO是最高的；对于亚麻酸，澳大利亚产地的EVOO是最高的。这些脂肪酸含量的差异可能会引起EVOOs的THz光谱的差异。

表10-1　对不同产地EVOOs脂肪酸组成的分析　单位：%

脂肪酸	地理起源			
	澳大利亚	西班牙	希腊	意大利
棕榈酸（C16∶0）	12.52±0.18	10.90±0.10	11.99±0.14	13.81±0.12
棕榈油酸（C16∶1）	0.66±0.01	0.77±0.03	0.96±0.02	1.28±0.04
硬脂酸（C18∶0）	2.17±0.06	3.73±0.06	2.58±0.04	2.83±0.09
油酸（C18∶1）	74.97±0.12	78.55±0.47	74.89±0.51	70.14±0.65
亚油酸（C18∶2）	8.97±0.17	5.46±0.10	8.26±0.11	11.28±0.13
亚麻酸（C18∶3）	0.71±0.01	0.59±0.01	0.66±0.01	0.67±0.02

注：数据表示为三个平行检测的平均值±标准差。

（2）不同产地橄榄油太赫兹光谱分析 图 10-1（1）在时域上显示了四种不同产地 EVOOs 样本的 THz 传输平均振幅，可以看出，不同产地 EVOOs 的波形是相似的，但在振幅和时间延迟上有一些差异。经过傅里叶转换得到频域光谱图［图 10-1（2）］和吸收光谱图［图 10-1（3）］，图 10-1（2）中四种 EVOOs 之间存在细微的差异，（3）中的差异明显大于（1）和（2），而且差异最明显的波段是 1.0～2.5THz，这可能是由于不同产地 EVOOs 的化学成分差异，受高维特征数据影响，简单线性的分类方法难以对它们进行区分。在大量的数据处理过程中，化学计量方法已被证明是有效的，并已被广泛应用于产品产地、质量或品种的描述或分类中。因此，本研究使用吸收光谱结合化学计量方法对不同产地的 EVOOs 进行鉴别。

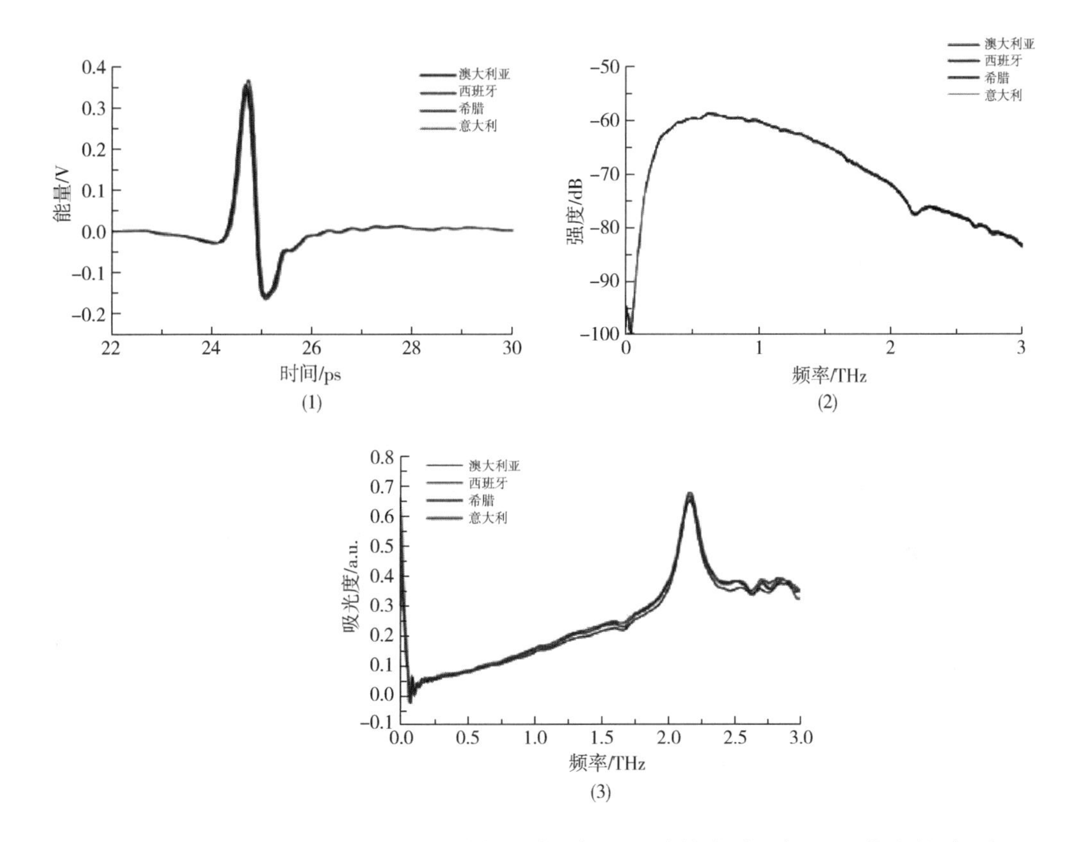

图 10-1 四种不同产地 EVOOs 的时域光谱（1）、频率域谱（2）和吸收光谱（3）

（3）不同产地橄榄油的鉴别分析 首先运用主成分分析方法，基于 THz 时域光谱、频域光谱和吸光光谱对四种不同产地的特级初榨橄榄油样品进行定性分析。分别选取时域谱中 22～30ps（共 4001 个数据）、频域谱中 0～3.0059THz（共 380 个数据）用于 PCA 分析，对于吸收光谱，我们使用了所有的原始光谱数据。样品三种光谱的主成分得分三维图如图 10-2 所示，很明显，不同产地橄榄油有着明显的类聚现象，可能是由于前三个主成分只占所有光谱变量的 75.7%（主成分 1、主成分 2 和主成分 3 分别为 52.5%、14.4%和 8.8%），为了得到更好的识别模型，必须有更多的特征光谱信息，因此，选择原始光谱数据主成分变化超过 96%的前 5 个主成分。

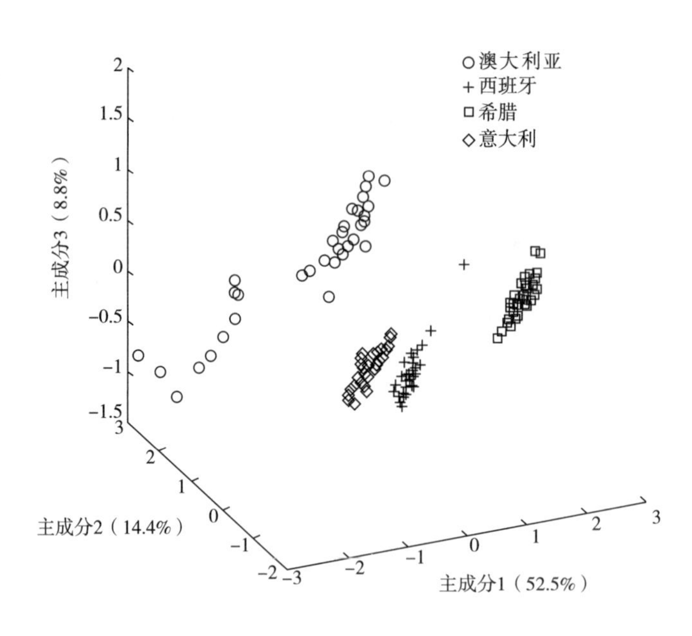

图 10-2 来自澳大利亚、西班牙、希腊、意大利 EVOOs 吸收光谱的前三个主成分三维得分图

为了对四种 EVOOs 进行分类，利用 LS-SVM、BPNN 和 RF 建立识别模型。同时，利用 PCA 和 GA 进行特征波长选择。GA 筛选出 28 个与四种产地 EVOOs 最相关的光谱数据，将这 28 个光谱数据连同前 30 个主成分作为特征输入。在 BPNN、PCA-BPNN 和 GA-BPNN 模型中，BPNN 的目标误差和迭代时间参数分别为 151×10^{-8} 和 200，而在 PCA-LS-SVM 和 GA-LS-SVM 模型中，参数（γ，σ^2）的最优值分别为（4，0.0017002），（21.1121，1.31951）和（337.794，0.143587）。对于 RF、PCA-RF 和 GA-RF 模型，所需分类树和变量的数目分别为 500、30 和 28。鉴别结果见表 10-2。表 10-2 将不同鉴别和特征波长筛选方法的判别性能进行比较，并对建模和预测集所获得的准确度进行相应的总结。结果表明，LS-SVM 与 GA 结合，建模和预测集的判别精度分别达到了 100% 和 96.25%，是最优的模型。使用相同的化学计量方法，经过特征波长筛选的模型要优于使用全部波长的模型，这可能是因为全波长包含太多干扰信息，较多的输入会导致模型不稳定。在特征波长筛选的模型中，GA-LS-SVM、GA-BPNN 和 GA-RF 模型的预测精度分别为 96.25%、86.25% 和 82.5%，均优于 PCA。

表 10-2 使用 LS-SVM、BPNN、RF 和特征选择模型鉴别性能的比较

校准模型	特征选择方法	建模集错判数量	预测集错判数量	建模集准确率/%	预测集准确率/%
LS-SVM	—	0	16	100	80
	PCA	2	5	99.17	93.75
	GA	0	3	100	96.25

续表

校准模型	特征选择方法	建模集错判数量	预测集错判数量	建模集准确率/%	预测集准确率/%
BPNN	—	12	36	95	55
	PCA	0	25	100	68.75
	GA	0	11	100	86.25
RF	—	6	18	97.5	77.5
	PCA	7	18	97.08	77.5
	GA	5	14	97.92	82.5

表 10-3　使用 LS-SVM 和 GA 方法对四种不同产地 EVOOs 的混淆矩阵的鉴别结果

实际产地	预测产地			
	澳大利亚	西班牙	希腊	意大利
澳大利亚	20	0	0	0
西班牙	0	18	2	0
希腊	0	1	19	0
意大利	0	0	0	20
敏感性/%	100	90	95	100
特异性/%	100	98.33	96.67	100

为了分析哪个产地的 EVOOs 更容易与其他产地的混淆，我们使用最优模型 GA-LS-SVM 来评估其分类性能。表 10-3 列出每个产地预测集的检测样本数、敏感性和特异性，结果表明，西班牙和希腊的 EVOOs 更容易被错误分类，有 2 个西班牙 EVOOs 样本被错判为希腊 EVOOs，有 1 个希腊 EVOOs 样本被错判为西班牙 EVOOs，而所有澳大利亚和意大利产地的 EVOOs 样本都被正确分类。

EVOOs 的产地是决定其质量和商业价值的最相关因素之一。本文的主要目的是利用 THz 光谱技术来区分不同产地的 EVOOs。THz 光谱能够捕获不同产地 EVOOs 之间差异，特别是在吸收光谱中，再结合 PCA、GA 等特征波长筛选方法，建立最优的判别模型，便可以实现对 EVOOs 产地的鉴别。使用吸光度光谱回归模型的结果表明，GA-LS-SVM 模型有最好的鉴别能力，预测集的准确度高达 96.25%。使用 THz 光谱技术结合最优化方法鉴别不同产地 EVOOs 是一个非常有吸引力的平台，因其操作方法快速、简单，且不需要样品前处理，具有广泛应用于实时和在线鉴别的潜力。

第二节　拉曼光谱检测技术

一、拉曼光谱检测技术简介

拉曼散射是光通过介质时由于入射光与分子运动相互作用而引起的频率发生变化的散射，拉曼光谱常用来表征分子的结构特征，又称分子的“指纹谱”。与红外光谱产生的机制不同，拉曼光谱是由于分子极化率变化诱导产生的，而红外光谱是由于分子偶极矩变化产生的，同一化合物的某个特定化学键的红外吸收波数与拉曼位移完全相同，红外吸收波数与拉曼位移均在红外光区，两者都反映分子的结构信息。但是红外检测的是偶极矩的变化；拉曼检测的是极化率的变化。有些基团振动时偶极矩变化非常大，红外吸收峰很强如 C—O 和 O—H 的吸收；有些基团振动时偶极矩没有变化，不出现红外吸收峰，这种振动拉曼峰会非常强，如 C ═C 和非极性官能团。拉曼光谱不仅能对物质的结构和成分进行定性定量，而且在检测过程中不会破坏样本且分析速度快，为食品检测和分析领域带来了很大的便利但普通拉曼光谱信号弱，再加上背景荧光的干扰，导致痕量物质的定量检测灵敏度低，限制了其在分析、检测领域的应用。当前研究大多利用表面增强拉曼光谱技术（Surface-Enhanced Raman Spectroscopy，SERS），SERS 技术是指光照射到粗糙的纳米基底表面，产生化学或者物理变化，从而引起拉曼信号显著增强的现象（图 10-3）。它是将拉曼技术与纳米技术结合，以构筑的 SERS 金属纳米基底材料调控信号增强，与拉曼光谱技术相比，该技术具有更高的灵敏度以及光谱分辨率，能够实现 10^{14} 倍单分子拉曼信号的增强，在痕量物质检测上具有更大的应用潜力。SERS 现象首次出现于 1974 年，英国学者 Martin Fleischman 等发现吸附在粗糙化银电极上的吡啶分子具有很强的拉曼散射效应，而且拉曼信号强度随着周围电场电位的变化而变化，但是当时他们把这种现象归因于粗糙电极表面积增大引起的吸附分子的增多，从而导致吡啶分子拉曼信号的增强。直到 1977 年，Jeanmaire 等通过进一步深入的研究与总结，发现粗糙电极上吸附的吡啶分子相较于光滑电极上吡啶分子的拉曼信号强度最高可增强 10^{6} 倍。SERS 方法在低浓度样本检测方面表现出的巨大优势，使其得到了广泛的关注，适合用于食品中微痕量物质的检测。

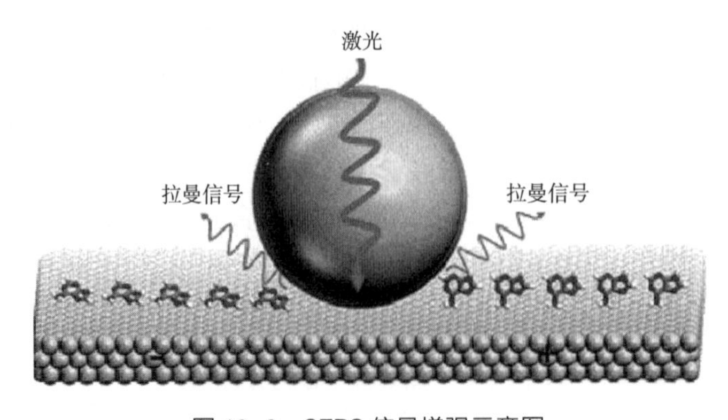

图 10-3　SERS 信号增强示意图

二、 牛乳中食源性致病菌的 SERS 检测方法研究

食源性致病菌是导致食源性疾病的首要原因。在我国，食源性致病菌引起的食品安全问题不断出现。2000—2002 年中国疾病预防控制中心营养与食品安全所对全国部分省市的生肉、熟肉、乳和乳制品、水产品、蔬菜中的致病菌污染状况进行了连续的监测，结果显示，由微生物污染引起的食物中毒居首位，占 39.62%。而在上述食品中，牛乳的消费群体广，并且包括婴幼儿等免疫力低下的人群，消费者对产品质量的依赖性强，再加上牛乳中丰富的营养成分导致其面临更为严峻的微生物污染威胁。目前，牛乳中常见的食源性致病菌主要有大肠杆菌、金黄色葡萄球菌以及沙门氏菌。严格执行牛乳品质分析与检测是减少食源性疾病的重要途径，而快速、特异、准确、灵敏检测方法的开发已成为研究热点。目前常用的牛乳食源性致病菌检测方法主要有分子生物学检测技术、免疫学检测技术和仪器分析技术。上述这些检测方法虽各具一定优势，但仍有较多弊端，如费时费力、处理复杂、仪器昂贵、均不适用现场快速检测。近年来，随着科学技术的进步，研究者将 SERS 技术应用到食源性致病菌的快速无损检测中。SERS 在合适的增强基底上定量样本能达到 10^{-9}（浓度），可实现高达 10^{14}倍的单分子拉曼信号增强。

研究利用基于粒距调控的竞争免疫 SERS 方法实现了牛乳中食源性致病菌的高灵敏、高特异性检测。研究方法如图 10-4 所示。研究以鼠伤寒沙门氏菌为检测对象，首先制备了长径比适中、拉曼增强效果明显的金纳米棒（GNRs）作为 SERS 基底，然后通过静电吸附作用将鼠伤寒沙门氏菌特异性核酸适配体吸附至 PATP 修饰的 GNRs 表面；该核酸适配体保护 GNRs 在盐离子环境下的单分散状态，对巯基苯胺（PATP）作为标记分子报告 SERS 信号。当鼠伤寒沙门氏菌与核酸适配体互补 DNA 共同存在时，它们竞争性地与核酸适配体发生特异性结合，导致核酸适配体构象严重变化，从而失去对 GNRs 的保护，导致 GNRs 在盐离子环境下发生聚集，粒子间距减小，拉曼信号增强，以此实现检测。最后，将本实验设计方法用于牛乳中鼠伤寒沙门氏菌的检测。

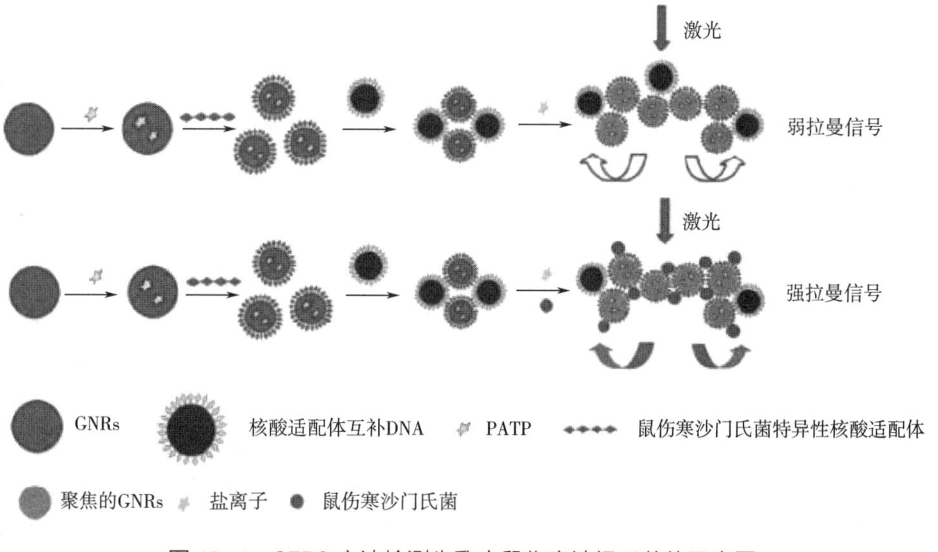

图 10-4　SERS 方法检测牛乳中鼠伤寒沙门氏菌的示意图

（一） 实验方法

（1）对巯基苯胺修饰的金纳米棒的制备　研究采用种子生长法合成金纳米棒。具体操作步骤如下：首先，在十六烷基三甲基溴化铵（0.2mol/L）胶束水溶液中加入硝酸银；混合物磁力搅拌下反应20min，待颜色变成酒红色。接着，将硫酸钠加入至混合溶液中进行进一步生长，随后将硫化处理后的金纳米棒收集离心（9000g，30min），并将沉淀用超纯水清洗数次，最后分散在超纯水中。金纳米棒合成之后，取对巯基苯胺（100μL，1.2mmol/L）与1mL已制备金纳米棒混合，连续超声震荡反应5h，得到以对巯基苯胺修饰的金纳米棒。

（2）鼠伤寒沙门氏菌样本准备　首先将鼠伤寒沙门氏菌的菌株接于LB液体培养基在37℃环境下过夜培养，然后用移液枪移取20mL培养液在6000g室温下离心10min，将上清液弃去，使用去离子水将沉淀物清洗3次，而后再分散于去离子水中。最后对已获得的细菌菌液按照10倍比例进行梯度稀释8个梯度，并以此作为实验待检样本，同时利用常规的平板计数方法确定其细菌数量，只选取菌落数在30~300的平板进行计数。

（3）检测原理　本实验的检测原理主要包含以下几点：①GNRs在盐离子环境下发生聚集，粒子距离减小，单分散的GNRs聚集后产生表面等离激元（LSP）效应，形成很多的拉曼热点，进而增强了SERS信号；②核酸适配体保护GNRs在盐离子环境下不发生聚集；③鼠伤寒沙门氏菌与核酸适配体互补DNA竞争性与核酸适配体结合，核酸适配体构象发生严重变化，从而导致GNRs失去保护，发生聚集，SERS信号增强。

（4）检测步骤　SERS法检测鼠伤寒沙门氏菌的基本步骤如下：首先，将氯化钠溶液（100μL，20mmol/L）及核酸适配体溶液（10μL，10mmol/L）依次加入到含有80μL对巯基苯胺修饰的金纳米棒混合物中，随后，将150μL核酸适配体互补DNA与不同浓度鼠伤寒沙门氏菌（$56 \sim 6 \times 10^7$cfu/mL）依次分别加入至上述相同体积混合溶液中，37℃连续震荡反应3h后，采集各样本的拉曼光谱。

（5）实际牛乳样品的前处理　向含有牛乳样本的离心管中添加鼠伤寒沙门氏菌菌液，得到浓度分别为1×10^2、1×10^3、1×10^4、1×10^5cfu/mL的鼠伤寒沙门氏菌牛乳溶液，然后在20℃，8000g转速条件下离心10min，将上层乳脂倒掉，沉淀物使用纯净水稀释20倍，静置30min后，用针筒式过滤器过滤上清液，使用滤液进行接下来检测实验。最后将本实验方法用于已制备牛乳样本中的鼠伤寒沙门氏菌的检测，同时将检测结果与所添加的浓度进行比较，计算回收率。

（二） 结果与讨论

（1）表征　本实验采用种子生长法合成GNR，并用透射电子显微镜（TEM）、选区电子衍射（SAED）和紫外可见光谱（UV-Vis）对GNR的微观形貌、多晶结构以及吸光度曲线进行表征。图10-5（1）和（2）分别为GNR的TEM和SAED图像，可以看出所合成的GNR分散性较好，呈棒状结构，平均长度为44.35nm，宽度为8.7nm，长径比为5.1；同时，SEAD表征图中出现的布拉格衍射峰分别对应（111）、（200）、（220）和（311）晶面，表明了合成的GNR为多晶结构。图10-6为GNR的紫外吸收光谱图，显示GNR的特征表面等离子体共振吸收峰位于505nm和842nm，分别对应着横轴和纵轴的吸收峰。相对于金纳米颗粒，GNR具有广泛的光谱吸收；当它们拥有相同的光谱吸收强度时，GNR的稳定性和水溶性均优于金纳米颗粒，因此，研究选用GNR作为SERS基底。

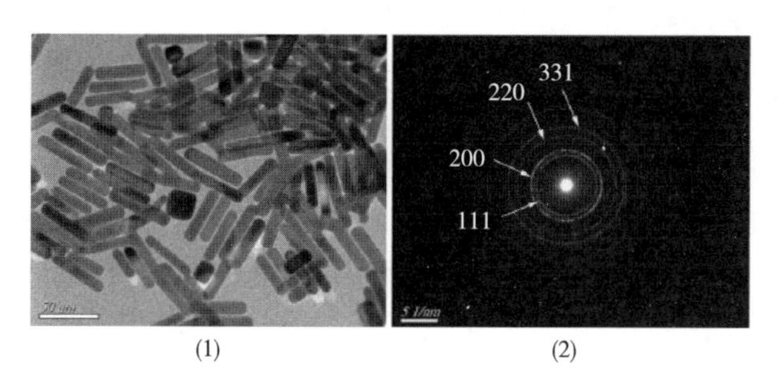

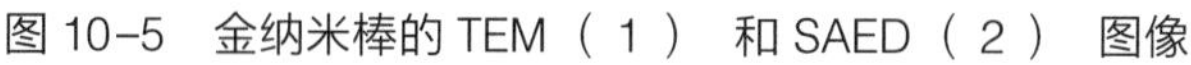
图 10-5 金纳米棒的 TEM（1）和 SAED（2）图像

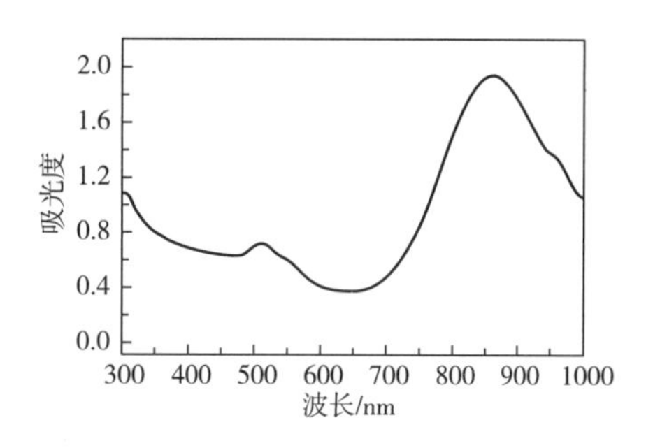

图 10-6 金纳米棒的紫外吸收光谱图

SERS 基底合成成功后，为了验证本实验构建 SERS 方法的可行性，研究对不同体系的拉曼光谱进行了测定。图 10-7 为拉曼信号报告分子 PATP 在不同检测体系下的拉曼光谱图。如图 10-7 所示，吸附了 PATP 的 GNRs（GNRs-PATP）SERS 信号相对较弱（曲线 1），说明 GNRs-PATP 间距太远不能够诱导表面等离激元（LSP）效应的产生。然而当盐离子存在时，GNRs-PATP 发生聚集并产生了显著的 SERS 信号增强现象（曲线 2），这说明团聚的 GNRs-PATP 产生 LSP 效应，形成拉曼热点，SERS 信号大大增强。曲线 3 为核酸适配体-GNRs-PATP 复合体系的拉曼光谱图，从图中得知核酸适配体能够保护 GNRs 在盐离子环境下不发生聚集，因而导致拉曼信号强度较弱。这一现象产生的原因是由于核酸适配体在保护 GNRs 时抑制了其粒子间距离的减少，使得 GNRs 保持着单分散状态，从而抑制了 LSP 效应的发生。然而鼠伤寒沙门氏菌与核酸适配体互补 DNA 共同存在时，由于鼠伤寒沙门氏菌与核酸适配体互补 DNA 竞争性与核酸适配体结合，核酸适配体构象发生严重变化，从而导致 GNR 失去保护，发生聚集，所以，再次出现了 SERS 信号增强的现象（曲线 4）。

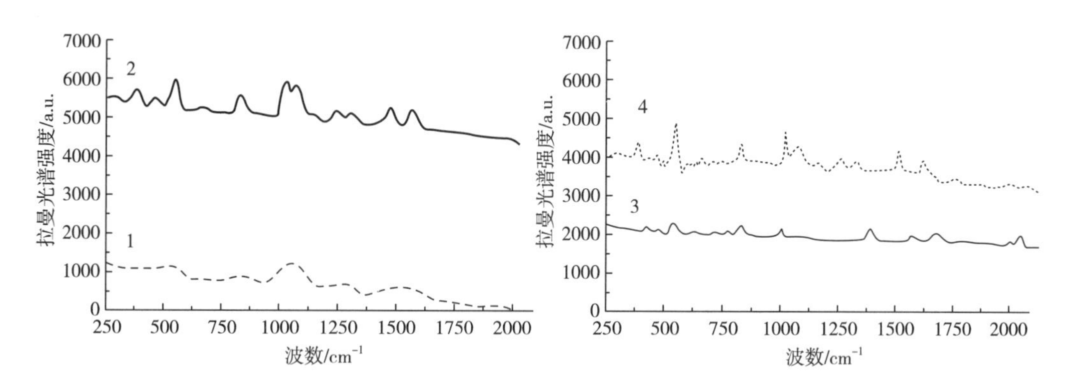

图 10-7 不同检测体系的拉曼光谱图

同样，为了验证鼠伤寒沙门氏菌与核酸适配体互补 DNA 共同存在时，核酸适配体构象确实发生严重变化，对不同体系的圆二色谱进行了考察。从图 10-8 可知，核酸适配体在 232nm 出现一个负峰，这与报道的 CD 图谱一致。当鼠伤寒沙门氏菌与适配体结合形成复合物后，扫描 CD 图谱发现在 232nm 处的特征峰明显增大而且出现了“蓝移”现象，说明单链 DNA 的螺旋性程度增大，结合以上现象说明与鼠伤寒沙门氏菌结合后核酸适配体构象发生了变化，说明鼠伤寒沙门氏菌与核酸适配体特异性结合成功，同时间接证明了本实验方法对鼠伤寒沙门氏菌检测的特异性。当鼠伤寒沙门氏菌与核酸适配体互补 DNA 共同存在时，扫描 CD 图谱发现在 232nm 处的特征峰出现了更为显著的增大，说明单链 DNA 的螺旋性程度增大更为剧烈，即由于这两种物质与核酸适配体的竞争性结合，导致核酸适配体构象严重变化。间接证明了本实验检测原理的可行性。综上，因体系拉曼信号强度可以被 GNRs 的存在状态调控，而 GNRs 的存在状态是受核酸适配体影响的，而核酸适配体结构又会被鼠伤寒沙门氏菌与核酸适配体的竞争性结合影响。基于此，本实验成功构建了利用 GNRs 间距调控的以 SERS 信号强度为定量基准的鼠伤寒沙门氏菌快速检测方法。

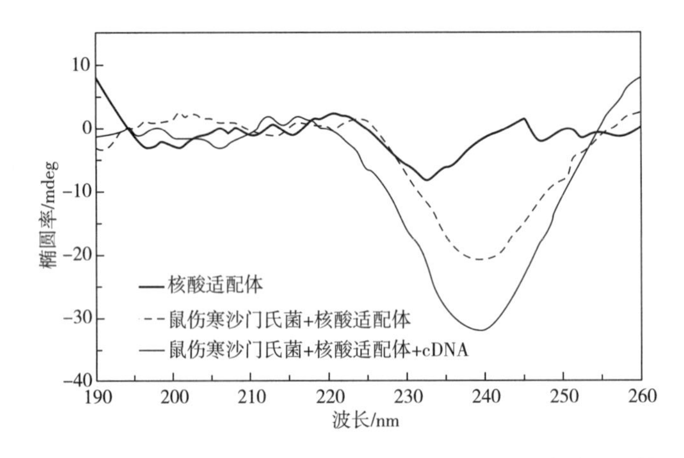

图 10-8 核酸适配体分别与鼠伤寒沙门氏菌及鼠伤寒沙门氏菌、核酸适配体互补 DNA 混合物结合前后的圆二色谱图

（2）实验条件的优化 为了获得最佳的检测结果，对实验条件进行了优化。优化参数主要包括标记分子 PATP 的浓度、氯化钠盐溶液的浓度及核酸适配体的浓度。研究得到不同实验条件检测体系在 566.43cm^{-1}波数下（PATP 特征峰位置）拉曼光谱强度的变化结果如图 10-9 所示。首先，我们对拉曼标记分子 PATP 的浓度进行了优化。从图 10-9（1）可以看出，随着 PATP 浓度的增加，体系在 566.43cm^{-1} 处的拉曼强度先增加后减少，当 PATP 浓度达到 1.2mmol/L 时，其值最大。该结果的产生是由于在鼠伤寒沙门氏菌存在时，高浓度的 PATP 会吸附在 GNRs 表面，从而影响核酸适配体对 GNRs 的保护，导致 GNRs 团聚，粒子间距减小，从而大幅度地增加了拉曼光谱强度，然而过高的浓度会造成体系的不稳定，降低方法的灵敏度，因此研究选择 1.2mmol/L 的 PATP 浓度应用于后期实验。同样地，从图 10-9（2）可知，随着 NaCl 盐离子浓度的增加，体系在 566.43cm^{-1}处的拉曼强度先增加后减少，当盐离子浓度达到 20mmol/L 时，拉曼光谱强度达到最大，因此 NaCl 盐离子的最佳浓度选为 20mmol/L。该现象可被解释为若 NaCl 盐离子的浓度过低，则不易引起 GNRs 的团聚；若 NaCl 盐离子的浓度过高，则会导致体系的稳定性不高，引起 SERS 方法灵敏度降低，拉曼强度减弱。图 10-9（3）为核酸适配体浓度的优化结果，由图可知，低浓度的核酸适配体不能很好地稳定 GNRs 而若核酸适配体浓度过高则会导致 GNRs 在 NaCl 盐离子环境下不能很好地团聚，从而影响 SERS 增强效果，产生过高的背景信号。因此研究选择 10μmol/L 的核酸适配体浓度应用于后期实验。

（3）标准曲线的建立 经过参数优化后，本实验根据 SERS 标记分子 PATP 的拉曼特征光谱与 GNRs 聚集状态的关系，利用所构建的 SERS 方法建立鼠伤寒沙门氏菌的标准曲线。图

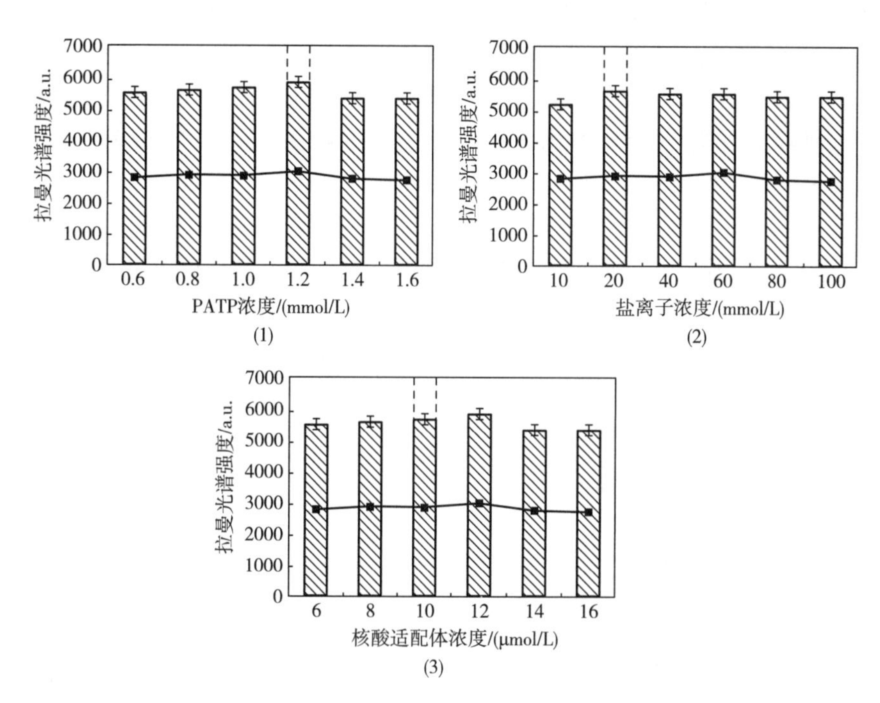

图 10-9　标记分子 PATP 浓度、氯化钠盐溶液浓度以及核酸适配体浓度优化结果

10-10（1）为核酸适配体-GNRs-PATP 与各浓度梯度的鼠伤寒沙门氏菌及固定浓度核酸适配体互补 DNA 混合物在 20mmol/L 盐溶液下反应后的拉曼光谱曲线，从图中可知，随着鼠伤寒沙门氏菌浓度的增加体系拉曼信号逐渐增强。同时，研究根据 PATP 产生的信号最强峰 566.43cm^{-1}处的拉曼强度，建立其与鼠伤寒沙门氏菌浓度对数值的标准曲线，结果如图 10-10（2）所示，相关系数（R^2）为 0.971，线性回归方程为 $y=369.1x+2308.4$（x =Log 鼠伤寒沙门氏菌浓度，y= 566.43cm^{-1}处的拉曼光谱强度），鼠伤寒沙门氏菌线性检测范围为 56～56×10^7cfu/mL。此外，本实验也研究了所构建 SERS 方法的灵敏度，结果以检测限（LOD）表征。检测限可以定义为 $LOD=3S_0/K$，其中 S_0为 n 次空白本实验的标准偏差（$n=10$），K 为标准曲线的斜率。经计算，本实验的检测限 LOD = 9cfu/mL。

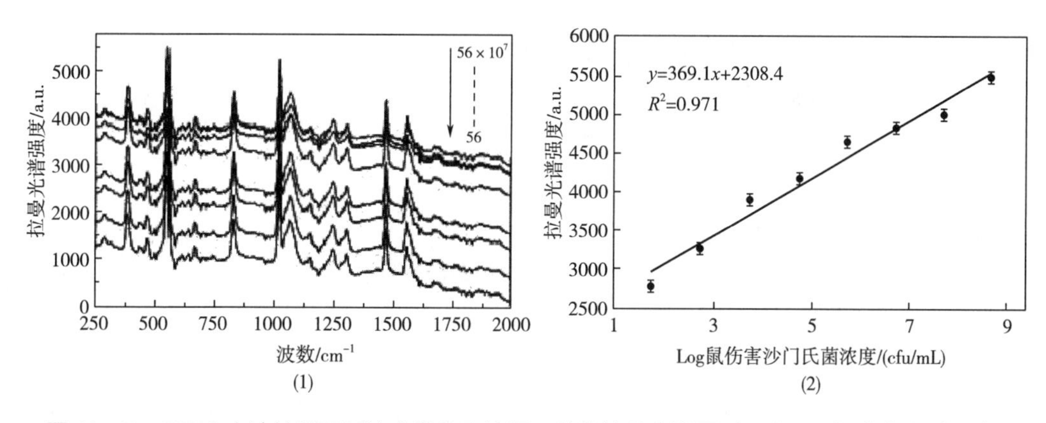

图 10-10　SERS 方法检测不同浓度鼠伤寒沙门氏菌的拉曼光谱图（1）和标准曲线（2）

（4）特异性评估　为了评估本实验构建SERS方法的特异性，研究选取了另外四种常见的食源性致病菌，大肠杆菌、金黄色葡萄球菌，李斯特菌及绿脓杆菌用于验证SERS法检测鼠伤寒沙门氏菌时的特异性，并选取566.43cm^{-1}特征峰下的拉曼光谱强度用于后续的数据处理。结果如图10-11所示，在检测体系中加入大肠杆菌、金黄色葡萄球菌、李斯特菌或绿脓杆菌时，特征峰处的拉曼光谱强度均不会发生显著变化，仅当目标物为鼠伤寒沙门氏菌时才会引起体系拉曼光谱强度的显著变化。这说明只有鼠伤寒沙门氏菌可以使核酸适配体构象发生变化，导致GNR的聚集，粒子间距减小，拉曼信号增强。因此，本实验所构建的SERS方法选择特异性良好。

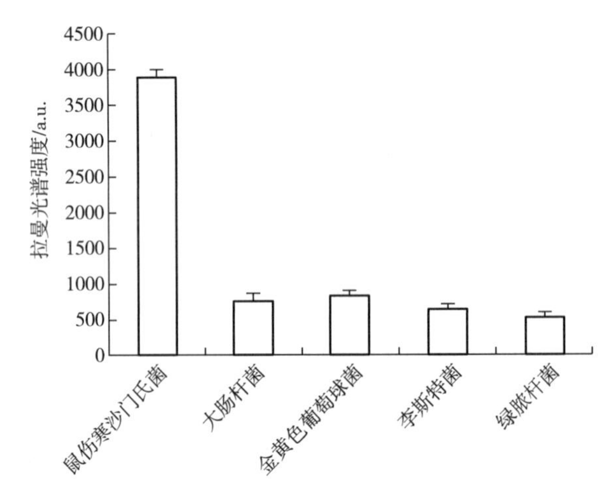

图10-11　本实验构建方法的特异性评估

（5）实际牛乳样本中鼠伤寒沙门氏菌的检测　实验利用标准加入法对该SERS方法在实际牛乳样本中鼠伤寒沙门氏菌检测的可行性及可靠性进行了评估；使用公式计算回收率：回收率=检测浓度/添加浓度×100%。标准加入法的实验结果如表10-4所示，数据显示在牛乳样本中鼠伤寒沙门氏菌的加标回收率为98%~126%，平均回收率为111.5%。研究表明利用本实验设计方法能够实现牛乳样本中致病菌的检测，结果准确可靠。

表10-4　本实验设计方法用于实际牛乳样本中鼠伤寒沙门氏菌的检测

样本	添加浓度/（cfu/mL）	检测浓度/（cfu/mL）（平均值±标准偏差）	回收率/%
牛乳	1.0×10^2	$(1.05\pm0.11)\times10^2$	105
	1.0×10^3	$(1.17\pm7511)\times10^3$	117
	1.0×10^4	$(1.26\pm6711)\times10^4$	126
	1.0×10^5	$(0.98\pm9811)\times10^5$	98

该方法主要通过调整GNR纳米粒子间距来控制SERS信号强度检测牛乳中鼠伤寒沙门氏菌检测。此外，本研究在方法建立过程中引入拉曼信号分子对巯基苯胺，利用它的特征峰报告目

标分子的特征峰，以提高本方法的灵敏度。实验结果表明，鼠伤寒沙门氏菌检测范围为56~56×10^{7}cfu/mL，*LOD* 为9cfu/mL。证实该SERS方法检测范围广，灵敏度高。同时，将本实验方法用于实际牛乳样本中鼠伤寒沙门氏菌检测，平均加标回收率为111.5%。研究表明，该SERS方法可以用于牛乳中食源性致病菌的检测。本章构建的SERS方法不仅探索了高灵敏、稳定的基底材料的合成，同时为牛乳生产、加工企业及质量安全监管部门提供了一种快速、灵敏的食源性致病菌检测新思路。而且，该SERS法还可通过结合不同食源性致病菌核酸适配体以适用更广泛的食源性致病菌检测应用。

第三节　嗅觉可视化检测技术

一、嗅觉可视化技术简介

电子鼻技术作为气味无损检测手段具有很多优势，但是电子鼻对低浓度的挥发性成分检测较差，同时易受环境湿度和酸度的影响。近年来一种基于化学响应色素作为传感器单元的嗅觉可视化技术被广泛应用于气味和挥发性成分的检测。嗅觉可视化技术是根据化学响应色素与待测物挥发性物质发生反应后，导致自身或者载体光信号、电信号等发生变化，并依据变化的信号来定性定量分析待测物的一种技术。嗅觉可视化技术主要是依赖于化学响应色素分子的共价键、离子键和氢键等强作用力，具有不易受环境中水蒸气等干扰因素影响的优点。常用的化学响应色素为卟啉、金属卟啉、酞菁和pH指示剂等。为了能够更好地区分结构、功能相似的化合物，针对这一问题，电子鼻技术采用通过基于某组聚合物的性质（例如，质量，体积，电导率）或一组加热的金属氧化物上的电化学氧化的变化的多个传感器组成交叉响应的传感器阵列，能够有效提高嗅觉可视化传感器的灵敏度和选择性。

由于嗅觉可视化传感器阵列不易受环境湿度、温度和酸度的影响，对固体和液体的样本的气味检测效果优于金属氧化物气敏传感器，因此嗅觉可视化技术能够为具有不同品质的食品绘制指纹图谱。嗅觉可视化技术已成功地应用于肉、水产品的新鲜度检测，区分不同种类和年份的酒、醋以及不同种类的咖啡、糖和蜂蜜。

二、基于嗅觉可视化技术的肴肉新鲜度检测

水晶肴肉作为一种秉承中式传统工艺的肉制品，具有丰富独特的文化内涵、良好的风味性、营养性、健康性和安全性，体现了我国传统肉制品的有形和无形价值，具有非常大的竞争力和发展潜力。同时肴肉与现代的低温肉制品加工工艺相结合，使其加工工艺和销售方式有新的发展。但是由于肴肉原、辅料种类多，来源复杂，加之肴肉水分活度高，营养丰富，并且加工过程中未经高温杀菌，这些原因导致肴肉易变质，因此寻求一种快速、无损、在线的肴肉新鲜度检测方法显得尤为重要。气味在很大程度上直接影响着消费者的购买意向，更重要的是气味能够反馈肴肉的新鲜度及安全性，是指导生产商、零售商以及消费者区别新鲜产品和变质产品最直观有效的一项指标。国内外已有的肉制品新鲜度的检测方法存在检测过程耗时耗力、成本高，会对样品造成破坏，或通过间接的检测手段，检测灵敏度较低、易受待测物及环境中水

分的干扰等问题。嗅觉可视化传感器不易受环境中水蒸气等干扰因素的影响，并且响应速度快、灵敏度高、制备成本低，体积小，是一种肉制品新鲜度快速无损检测的理想工具，为解决精确监控肉制品变质过程的瓶颈技术提供新的手段，能够增强我国传统肉制品的国内、国际市场竞争力及推动我国肉制品行业的加速发展。

（一） 实验方法

（1）嗅觉可视化阵列传感器的制备　8 种 pH 指示剂：①结晶紫；②孔雀绿；③百里香酚；④甲基黄；⑤ 溴酚蓝；⑥刚果红；⑦甲基橙；⑧次甲基橙。8 种卟啉：①卟啉锰（Ⅲ）氯化物；②2，3，9，10，16，17，23，24-八（辛氧基）-29H，31H-酞菁染料；③5，10，15，20-四（4-磺基苯基）-21H，23H-卟啉锰（Ⅲ）氯化物；④5，10，15，20-四苯基-21H，23H-卟啉；⑤5，10，15，20-四（4-磺基苯基）-21H，23H-卟啉；⑥5，10，15，20-四（4-磺基苯基）-21H，23H-卟啉铁（Ⅲ）氯化物；⑦锌 29H，31H-四苯并［b，g，l，q］卟啉；⑧5，10，15，20-四（4-氰基苯基）卟啉（4-吡啶）-21H，23H-卟啉四（甲基氯化物），采购自 Sigma 公司。

将 8 种卟啉、金属卟啉和酞菁分别溶于氯仿，配置成 0.05mol/L 的溶液；8 种 pH 指示剂分别溶于乙醇，配置成 0.05mol/L 的溶液。使用 100mm 微量取样器（成长×直径）的毛细管取微量的卟啉、金属卟啉、酞菁和 pH 指示剂溶液逐一固定到 C_2反相硅胶板上，制成 4 相硅嗅觉可视化阵列传感器；将点样后的传感器阵列在室温条件氮气气氛中烘干，装入样品袋密封、避光保存，备用。制备的嗅觉可视化阵列传感器如图 10-12 所示。

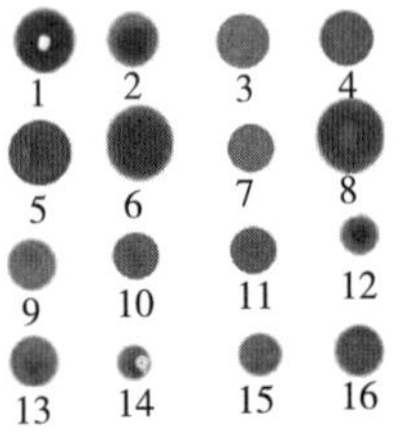

图 10-12　反相硅胶板基底的嗅觉可视化阵列传感器

（2）嗅觉可视化阵列传感器检测系统装置　图 10-13 为嗅觉可视化阵列传感器检测系统示意图，系统由硬件和软件两个部分组成。硬件系统包括：包括载气提供装置（氮气瓶）、样品室、反应室、图像采集装置（扫描仪，惠普 HP ScanJet G4050）、气路控制系统和电脑等。具体工作流程如下：①调整样品室的温度和湿度，将样品放置于样品室中，如果检测单一气体，直接将标准气体发生器放置于样品室与整个系统的管路连接；②嗅觉可视化阵列传感器放置于反应室；③测试开始前三通阀 A 处于 1-3 导通状态，三通阀 B 处于 1-3 导通状态，用氮气清洗气路和反应室，用扫描仪获取传感器反应前的图像；④检测开始时，将三通阀 A 处于 2-3 导通状态，三通阀 2 处于 1-2 导通；⑤软件控制扫描仪每隔 20s 扫描一次传感器阵列的图像，利用图像处理程序和模式识别算法分析待测挥发性成分。

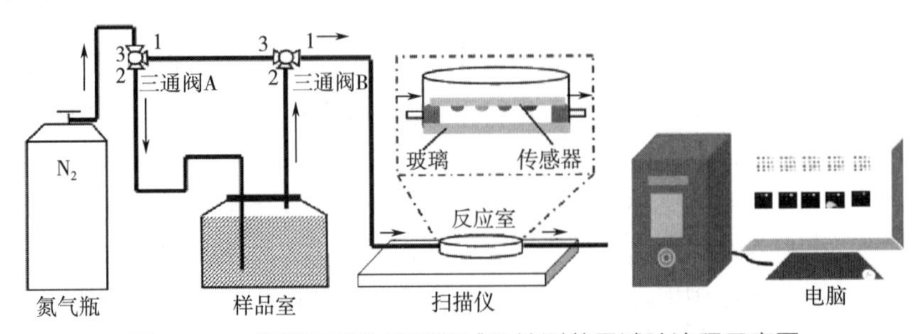

图 10-13　视觉可视化阵列传感器检测装置试验流程示意图

色素气敏检测系统的软件设计主要包括四个部分：硬件控制系统，图像处理，模式识别和数据库建立的设计。图 10-14 展示了各个软件的功能。

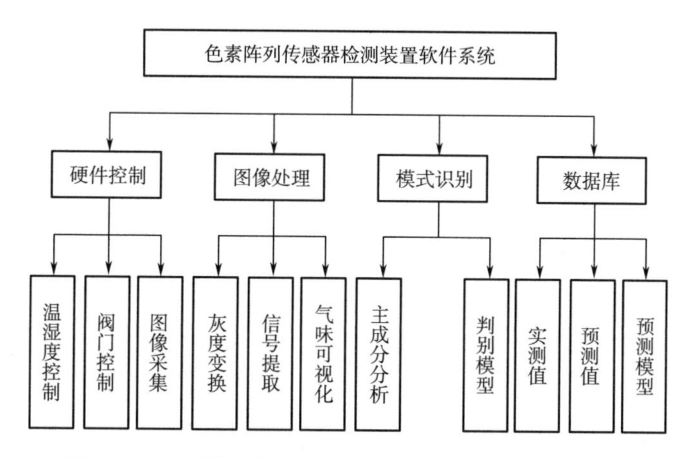

图 10-14　嗅觉可视化阵列传感器检测系统软件功能图

①硬件控制系统：硬件控制主要包括整个检测系统阀门控制和信号的采集，阀门控制的作用是操纵待测气体和洗脱气体交替进入反应室。硬件控制系统控制扫描仪每隔 20s 采集一次传感器的图像，扫描仪通过 USB 接口将图像传输给电脑。嗅觉可视化阵列传感器图像采集及处理界面如图 10-15 所示。

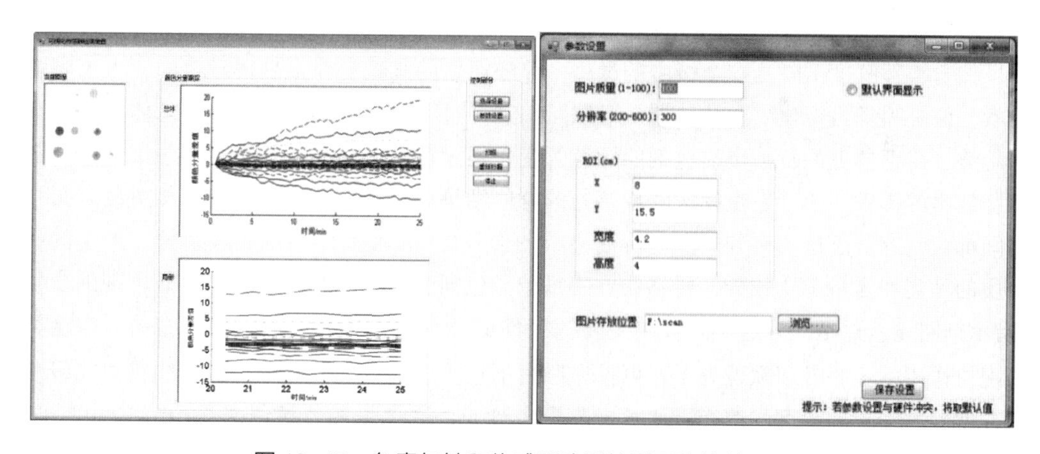

图 10-15　色素气敏和传感器阵列检测系统软件界面

②嗅觉可视化阵列传感器图像特征提取与处理：嗅觉可视化阵列传感器检测系统的图像处理过程，首先是将采集到的原始嗅觉可视化阵列传感器图像和反应后的图像通过图像校正、去噪等一系列预处理，将阵列上显色剂整齐排列并从图像的背景中分割出来，然后分别提取每个显色剂中心点附近 100 个像素点取平均值，将反应前后的传感器上每个显色剂做差得到 RGB 差值（ΔR、ΔG、ΔB），ΔR、ΔG、ΔB 计算公式见（10-2）至（10-4）。每个显色剂的 RGB 差值作为后续数据处理方法的输入数据，对待检测气体进行识别。在图像处理完成后，为了实现检测结果的可视化，将图像处理获得的光谱信号以标准模板图像的形式显示。

$$\Delta R = |R_a - R_b| \qquad (10\text{-}2)$$

$$\Delta G = |G_a - G_b| \tag{10-3}$$

$$\Delta B = |B_a - B_b| \tag{10-4}$$

式中　R、G、B——红绿蓝三原色；

ΔR、ΔG、ΔB——显色剂某一像素点三原色分量相减的绝对值；

a（after）——嗅觉可视化阵列传感器与待检测气体反应前的图像；

b（befoe）——嗅觉可视化阵列传感器与待检测气体反应后的图像。

③模式识别：首先用主成分分析对嗅觉可视化阵列特征信号进行降维处理。最终取前 m 个主成分通过合适的模式识别方法进行分类，如线性判别、支持向量机，反向神经网络等。

④数据库建立：将常规方法测定的肴肉储藏过程中的新鲜度评价指标的变化情况作为实测值，利用化学计量学方法建立新鲜度评价指标的定量预测模型。

（3）嗅觉可视化阵列传感器用于肴肉新鲜度的检测研究　取新鲜加工后的水晶肴肉成品置于4℃避光储藏，在其包装后的第1天、第5天、第10天、第15天、第20天、第25天、第30天、第35天取样测定。测定时将肴肉样品从冰箱取出，在室温（25℃）条件下称取10g，放入嗅觉可视化阵列传感器检测系统中的样品室，同时将嗅觉可视化阵列传感器放入反应室，平衡10min。每个取样日期选取12包肴肉进行检测。嗅觉可视化阵列传感器用于肴肉检测，实验装置示意图如图10-13所示，软件控制扫描仪每隔20s扫描一次传感器阵列的图像，采集到的图像传输至电脑后进行后续处理。

（二）结果与分析

（1）嗅觉可视化阵列传感器颜色特征信号分析　将嗅觉可视化阵列传感器与肴肉反应后的特征值还原成特征图像，如图10-16所示，特征图像随着肴肉样本储藏时间的延长发生变化。虽然肴肉新鲜度下降是一个缓慢的过程，伴随产生的气味变化也是很微量的，人工嗅觉难以觉察，但是嗅觉可视化阵列传感器是可以跟踪这一过程的。传感器反应范围总体呈现逐渐扩大的趋势，传感器上的每一个显色剂的颜色的变化强度都由弱变强，这表明每一个显色剂都与肴肉释放出的挥发性成分发生反应，传感器的响应结果和每个显色剂都是密切相关的。每个取样时间都对应有属于这一时刻的颜色特征指纹图像：1~5d肴肉样品还比较新鲜，产生的挥发性物质的种类和含量都比较少，传感器上的每个显色剂变化都不明显，卟啉类显色剂的变化比pH指示剂明显，这是因为这一阶段的主要挥发性成分为 C_2-C_5 的烷烃和醇类物质，在这类分子的配位作用下，卟啉和酞菁分子在可见光照射下产生 π-π^* 电子跃迁，其前线轨道能级和对称简并度等发生不同程度的改变，使其吸收光谱改变，最终表现为颜色变化；10~25d，pH指示剂的变化更明显，这是因为10~25d胺类和氨类物质大量增加，改变了肴肉挥发性成分的总体pH，pH指示剂对环境pH的变化有明显的响应；30~35d已超过肴肉货架期，肴肉样本严重变质产生的挥发性物质增多，每个色素点颜色变化都比较明显。这些结果都表明嗅觉可视化阵列传感器对不同储藏时间的肴肉响应程度是不同的。

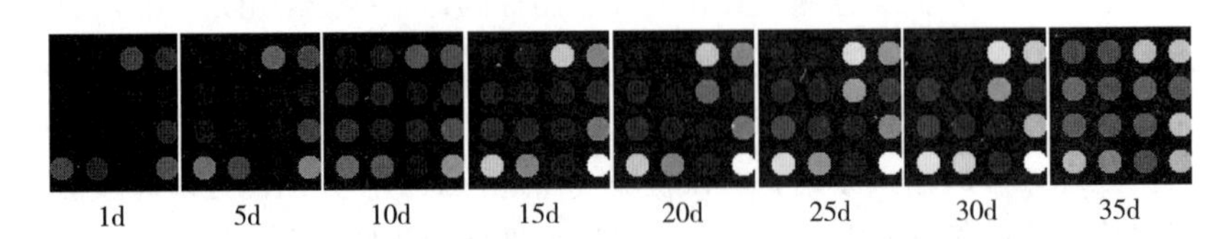

图10-16　嗅觉可视化阵列传感器在与不同取样时间肴肉反应后的差值图像

嗅觉可视化阵列传感技术与传统的挥发性成分分析技术不同，所选的显色剂不具有特定的灵敏性，对所检测的挥发性成分有交叉响应。传感器阵列上的每种显色剂能够同时对多种挥发性成分同时产生响应，并且不同的显色剂也能够对某一挥发性成分产生响应。在肴肉储藏过程中气味变化分析时，嗅觉可视化阵列传感技术不能像 GC-MS、GC 等技术一样对特定挥发性成分进行检测，因此嗅觉可视化阵列传感技术以图像作为实验的最初结果时，由于图像中包含大量的无用信息，只能根据差值图像中看出不同取样时间肴肉挥发性成分是有差异的，不能仅依靠图像信息定量预测肴肉的新鲜度，所以需要进行图像处理，从图像中提取必要的特征数字信息，简化数据量，实现快速、准确地识别实验对象。

（2）肴肉新鲜度等级的定性判别　对所测 96 个样本的传感器图像经特征提取后得到了一个 96×16×3（96 代表样本数，16 代表传感器阵列中显色剂的种类，3 代表 RGB 三分量）维的数据。该数据作为输入值对所测 96 个样本的传感器数字信息进行主成分分析（PCA）、线性判别（LDA）、支持向量机（SVM）和反向传播神经网络（BPNN）分析。

①主成分分析：主成分分析（Principal Components Analysis，PCA）是一种分析和简化数据集的多元统计方法，主要通过少数几个主成分来揭示原始变量的结构，并尽可能多地保留原始变量的信息，且彼此间互不相关。

主成分分析经常被用于嗅觉可视化传感器信号的数据分析，将传感器与样品反应前后差值图像的信号转换为数字信号后作为主成分分析的输入变量。对所测 96 个样本的传感器差值图像的特征数字信息进行主成分分析。第 1 主成分的贡献率为 41.78%；第 2 主成分的贡献率为 11.99%；第 3 主成分的贡献率为 6.46%，前 3 主成分的累积贡献率为 63.10%，前 10 个主成分的累积贡献率为 94.19%。图 10-17 是前 10 个主成分的贡献率图。

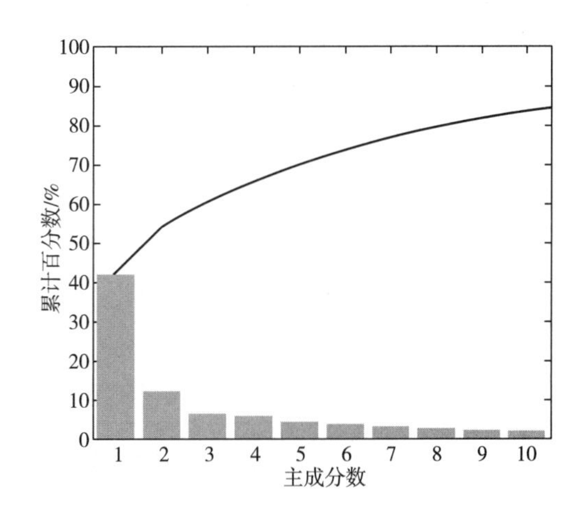

图 10-17　前 10 个主成分的累积贡献率图

所有样本经过 PCA 分析后，前 3 个主成分的三维投影如图 10-18 所示。从图中样本的分布趋势可以看出，8 个不同取样时间的样本可以分为三类：1~5d，10~25d，30~35d，这与新鲜度评价指标的结果相一致。储藏第一阶段 1~5d 时肴肉新鲜度较高，TVC 值、TVB-N 含量、BAI 及 TMA 含量都处于较低的值，在这一阶段肴肉主要的挥发性成分为芳香烃和酯类物质等，主要是肴肉生产过程中加入的一些香料以及肉制品自身的挥发性成分；第二阶段 10~25d，肴肉仍

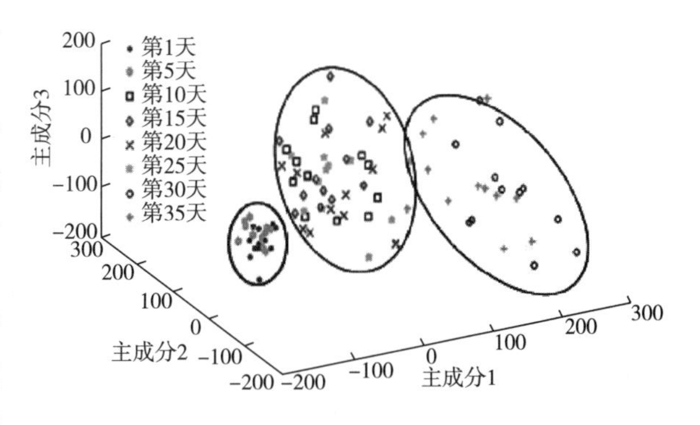

图 10-18　PCA 主成分三维得分图

可食用，这一阶段肴肉挥发性成分中的酯类、酮类、醛类和醇类含量急剧增加，含氮和含硫化合物开始出现，氮含量甚微；第三阶段 30~35d，在芳香烃含量下降，含氮和含硫化合物含量增加，因此醇、酯类物质含量下降，酮类物质含量上升，这一阶段根据各项理化指标的检测肴肉已不可食用，但是由于肴肉在制作过程中加入了很多调料，挥发性成分复杂，人的嗅觉和味觉都很难判别肴肉的新鲜度。

主成分分析的三维投影图上虽然能够清楚地将储藏 1~35d 的肴肉分为三个等级，但是这只能表明嗅觉可视化阵列传感器对不同新鲜度等级的肴肉具有良好的分类趋势，不能具体量化分类效果，因此需要进一步借助模式识别方法分析嗅觉可视化阵列传感器对不同新鲜度等级肴肉的识别率。因此本研究使用线性判别（LDA）、支持向量机（SVM）和反向神经网络（BPNN）的方法对不同储藏天数的肴肉样本进行识别。

②肴肉新鲜度等级的 LDA 判别模型：线性判别分析（Linear Discriminant Analysis，LDA）是模式识别中最简单常用的一种方法。线性判别属于监督型学习方法中的一种，即样本的所属类别必须是已知的。

用 LDA 构建不同肴肉新鲜度等级区分模型，校正集和预测集的分组方法同上。将变量经过主成分分析后的 10 个主成分得分作为 LDA 模型的输入，模型的校正集的期望输出为 0 代表新鲜、1 代表次新鲜、2 代表变质。96 个肴肉样本 24 个为新鲜级，48 个为次新鲜级，24 个为变质级，研究从所得到新鲜级中随机取 16 个样本，次新鲜等级中随机取 32 个样本，变质级中随机取 16 个样本，共 64 个样本组成校正集，其余 32 个为预测集数据。所选取的主成分数的多少对模型的稳定性有一定的影响，所以在模型建立过程中，先对主成分因子数进行优化，选择最佳的主成分因子数来建立模型，具体结果如表 10-5 所示。主成分数为 6 时，校正集和预测集的识别率分别为 84.38%和 65.63%，接着以前 7 个主成分得分作为输入时，校正集和预测集的识别率不变。输入前 6 个主成分所建的分类模型识别率最高、主成分数最少，因此为最优模型。

表 10-5　　不同主成分数对肴肉新鲜度 LDA 分类结果的影响

主成分数	校正集		预测集	
	识别率/%	误判样本数	识别率/%	误判样本数
2	70.31	19	65.63	12
3	71.88	18	62.50	12
4	76.56	15	62.50	12
5	81.25	12	65.63	11
6	84.38	10	65.63	11
7	84.38	10	65.63	11
8	84.38	10	65.63	11
9	84.38	10	65.63	11
10	84.38	10	65.63	11

③肴肉新鲜度等级的 SVM 判别模型：支持向量机（Support Vector Machine，SVM）起源于统计学习理论，以结构风险最小化准则为理论基础，通过适当地选择函数子集及该子集中的判别函数，使学习机器的实际风险达到最小，保证了通过有限训练样本得到小误差分类器，是一个具有最优分类能力和推广能力的学习机器。

用 SVM 构建不同肴肉新鲜度等级区分模型，校正集和预测集的分组方法同上。将变量经过主成分分析后的 10 个主成分得分作为 SVM 模型的输入，表 10-6 为分别以前 2~10 个主成分得分作为输入的分类模型结果。从表中可以看出，随着主成分数的增加，模型的校正性能在逐步改善，到输入为前 8 个主成分时，校正集和预测集的识别率分别为 93.75%和 75.00%，接着以前 9 个主成分得分作为输入时，校正集和预测集的识别率不变。输入前 8 个主成分所建的分类模型识别率最高、主成分数最少，因此为最优模型。

表 10-6　不同主成分数对肴肉新鲜度 SVM 分类结果的影响

主成分数	参数		校正集		预测集	
	γ	σ^2	识别率/%	误判样本数	识别率/%	误判样本数
2	64.58	2.14	68.75	20	62.5	12
3	47.54	2.98	71.88	18	65.63	11
4	57.25	1.36	76.56	15	62.5	12
5	96.54	2.35	81.25	12	65.63	11
6	74.54	2.11	84.38	10	65.63	11
7	69.54	1.97	90.63	6	68.75	10
8	101.3	3.68	93.75	4	75.00	8
9	96.54	2.87	93.75	4	75.00	8
10	41.22	1.65	93.75	4	75.00	8

④肴肉新鲜度等级的 BPNN 判别模型：反向传播神经网络（Back-Propagation Neural Network，BPNN）最早由 D. E. Rumelhart 研究小组在 D. E. Rumelhart 等人的研究基础上于 1986 年研究并设计出来的，它具有自组织、自学习、自适应能力以及很强的容错能量和非线性表达能力。

将变量经过主成分分析后的 10 个主成分得分作为 BPNN 模型的输入，模型的期望输出为 0 代表新鲜、1 代表次新鲜、2 代表变质。从所有的样本随机地抽取训练样本 64 个，测试样本 32 个。因主成分数的多少对模型的稳定性有一定的影响，所以在模型建立过程中，以 2~10 个不同的主成分数作为 BP 神经网络的输入来优化模型，具体结果见表 10-7。从表中可以看出，随着主成分数的增加，模型的校正性能在逐步改善，到输入为前 5 个主成分时，校正集和预测集的识别率分别为 93.75%和 90.63%，接着以前 6~10 个主成分得分作为输入时，校正集和预测集的识别率不变。输入前 5 个主成分所建的分类模型识别率最高、主成分数最少，因此为最优模型。

表 10-7　　不同主成分数对肴肉新鲜度 BPNN 分类结果的影响

主成分数	校正集		预测集	
	识别率/%	误判样本数	识别率/%	误判样本数
2	71.88	18	62.50	12
3	81.25	12	78.13	7
4	84.38	10	81.25	6
5	93.75	4	90.63	3
6	93.75	4	90.63	3
7	93.75	4	90.63	3
8	93.75	4	90.63	3
9	93.75	4	90.63	3
10	93.75	4	90.63	3

从 3 种模式识别方法的分类结果可以看出，线性判别 LDA 的识别效果最差。这是由于肴肉经过热处理后，几乎所有的酶都已失活，因此导致肴肉变质的主要原因是微生物的作用。在微生物的繁殖代谢过程中产生的挥发性成分的含量和组成时刻处于一个动态的变化过程，挥发性成分和肴肉的新鲜度应该趋于非线性相关性。BPNN 的识别效果最好，这是因为 SVM 适合用于小样本的分析，本研究样本量较大，因此 BPNN 呈现出最好的识别效果。

第四节　X 射线检测技术

一、 X 射线检测技术简介

X 射线是由高速运动的电子撞击金属靶时急剧减速、动能转换为电磁辐射而产生，所以 X 射线和可见光、无线电、γ 射线一样属于电磁辐射，但其波长比可见光短得多，介于紫外线与 γ 射线之间。X 射线的频率大约是可见光的 10^3 倍，所以它的光子能量比可见光的光子能量大很多，现出明显的粒子性。X 射线的波长在 10^{-2}～10nm，对应频率在 30pHz～30eHz，能量在 0.1～100keV。X 射线中波长较短的部分能量大，穿透物体的能力最强；波长较长的部分能量小，穿透能力相对较弱。X 射线划分只是相对而言，没有严格的科学区分。通常将 X 射线按照产生的管电压的不同划分为软 X 射线（光子能量 100e～10keV，波长略大于 0.5nm）和硬 X 射线（光子能量在 10～100keV，波长略短于 0.1nm）。

基于 X 射线的食品质量和安全的检测主要有四种技术：①透射成像，例如，检测食品中异物时，当产品通过垂直的 X 射线平面时，用医学或线扫描方法获得的二维射线扫描；②用于显微结构检测的 X 射线显微断层扫描；③X 射线荧光光谱检测法，主要用于食品中微量元素的检测；④对食物成分结构分析的小角度测量，如蛋白质结构、过敏源、淀粉结构等的检测。在这四种技术中，X 射线透射成像技术被广泛应用于食品工业。

对于食品工业而言，异物和外源污染物是消费者投诉最多的原因，在整个食品供应链中应用良好的生产实践和危害分析是预防和减少污染最有效的方法，以达到从而保护消费者的目的。X 射线具有很强的穿透性，当射线穿透物质时，由于射线和构成物质的原子相互作用而产生吸收和散射的衰减称为物质引起的衰减。由于食品和外源物的密度不同，导致 X 射线透射过食品和外源物能量的衰减程度不同，因此所成图像上会呈现出不同的颜色。Zwiggelaar 等人应用 X 射线成像技术检测食品中的有机玻璃、软塑料和纤维素。McFarlane，N. J. B 等人利用康普顿散射 X 射线（Compton Scattered X-rays）检测食品中的异物，这种方法可以快速检测出水、速溶咖啡和慕斯里 4mm 大小的玻璃片。Mery 等人开发了一种 X 射线机视觉方法，可以自动检测鱼片中的鱼骨；Nielsen，Lauridsen 等人展示了一种用光栅干涉仪对食品中混入的纸张和昆虫等有机异物进行检测的新方法。

另外，通过 X 射线成像的图像还可以直接反映食品和农产品的内部缺陷、结构组织的变化等，X 射线透射成像检测技术作为一种快速无损检测技术，在食品、农产品内部质量方面具有巨大的潜力，并已广泛应用于食品工业检测食品质量和安全。对于水果蔬菜的一些肉眼不可见的内部损伤问题，也可以用 X 射线检测，如患有木栓斑病、苦心病、水心和腐朽病的苹果；冻伤的柑橘；空心、发青、发芽以及黑心的马铃薯等。由于这种方法主要依赖于组织的密度，而不是化学成分，所以可用于的检测领域是有限的，很难区分密度相近的不同物质。

二、 计算机辅助 X 光断层扫描对半甜韧性饼干的质构无损量化检测

半甜韧性饼干（简称饼干），如各种早餐饼干、手指饼干等，是一种深受消费者喜爱的方便食品，这类饼干的配方及工艺特征在于较高的含糖量以及在面团搅拌及成形过程中会形成弹性的面筋网络，这使得饼干在生产过程中必须加入一定的添加剂来减弱面筋以避免饼干坯的变形。此类饼干吸引人之处除了香甜可口的味道以外，蓬松酥脆的口感也是其区别于其他食品的重要特征，而这一特殊口感主要来源于饼干独特的多孔性组织特征。因此对饼干组织结构的研究，是产品质量控制以及新产品研发的重要内容。但饼干的易碎特性导致无法对其像面包或蛋糕一样进行切片并对内部组织进行观察和定量计算，因而对其质构特征的研究方法仅限于表象或总体研究，如通过电子显微镜扫描、总体的感官研究（质构仪）或者表观物理指标研究，能够精确量化饼干内部组织结构的方法尚鲜见报道，因而对不同原辅料及生产工艺所产生的饼干内部组织的变化无法进行系统的对照研究。由于利用 CT 技术对物质结构进行研究具有非侵入、结果无赝像以及样品无须特殊处理等优点利用工业微焦距 CT 仪对由添加不同剂量的蛋白酶或焦亚硫酸钠（以下简称焦亚）的面团所制备的饼干进行了质构分析，将其结果与饼干常规物理特性进行相关性分析，期望对饼干内部组织结构的衡量与评价的方法有所突破。

（一） 实验方法

（1）CT 测试　从每组饼干样品随机取 3 个分别进行扫描测试。扫描时将饼干直接垂直固定于泡沫样品台上表面中心位置，饼干正面垂直面对 X 光源，饼干中心字体“MARIE”保持垂直于水平面。由于泡沫样品台密度非常小，由此带来的噪声可以轻易消除。扫描开始后，样品以样品（台）中心线为轴，以 0.25°为递增量，从 0°旋转至 360°，每个递增量停顿时，由 X 射线管发射 X 光对样品在平板感应器进行投影，共获得 1440 张投影。扫描过程中采用两种不同的 X 光射线管工作电压：140kV 和 200kV。工作时，需在 X 射线管管口加盖 3 片 0.5mm 厚的

铜片以减少光柱硬化。

（2）饼干的三维结构观察　对 CT 所得 1440 张投影利用重构软件进行组合，并根据 Feld-kamp 算法重构成为样品的三维结构数据，即以 1024 张厚度为 1 像素的二维图像（每张图像分辨率 1024×1024）堆叠形式保存。从三维结构数据中提取可以将整个饼干样品完全包含的 100×700×700 区域［图 10-19（1）］，并利用 Otsu 的方法计算确定整个饼干用于区分气泡与固体物质的灰度阈值。利用 CT 重构软件的分割功能，可以对饼干内部任意 3 个维度上剖面结构进行观察［图 10-19（2）］，利用这一功能对有代表性的蛋白酶饼干和焦亚饼干样品的三维立体重构图进行对比分析。

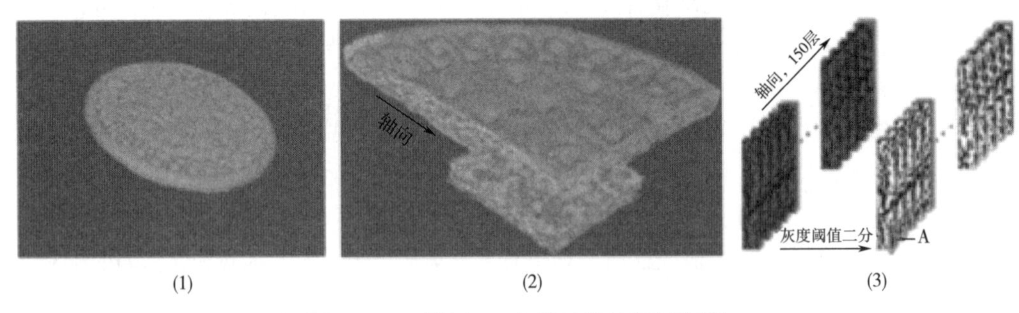

图 10-19　饼干 CT 扫描结果处理示意图

（1）用于确定灰度阈值的 100×700×700 像素饼干扫描区域；（2）由饼干中心部位抽取研究区域（region of interest，ROI，150×150×25 像素）；（3）ROI 区域由轴向处理为图像堆叠，并利用灰度阈值进行二分后得到的二分位图像（黑色为气泡部分，白色为固体物质）

（3）饼干轴向垂直截面气泡的二维形态观察　为避免边界以及打孔产生影响，从饼干样品的中心部位提取一个 150×150×25 像素的长方体 ROI［图 10-19（2））］用于计算饼干的孔隙率（气泡占饼干总体积的比例）和气泡轴向垂直截面平均面积。利用灰度阈值对组成 ROI 的轴向垂直截面图像堆叠（含 150 张图像）中的每张原始图像进行二分位处理［图 10-19（3）］，从而可对饼干轴向垂直截面的气泡二维形态进行观察。为观察不同饼干气泡结构特征，从不同样品的 ROI 轴向图像堆叠中随机提取二分位图像进行对比。

（4）饼干常规物理常数及 CT 参数的测定　由于面团的收缩导致饼干呈现椭圆形，需要对饼干的厚度、长轴直径与短轴直径分别通过游标卡尺测定；饼干的变形率通过长轴直径与短轴直径的比值计算得到。饼干的表观密度测定参考谢婧等测定饼干比容的方法。测定时，从每一批次饼干中随机取 10 个饼干进行测量和计算，计算结果以平均值计。在 ROI 的轴向垂直截面图像的二分位处理的基础上，利用 ImageJ Freeware 软件的颗粒分析功能计算每个堆叠图像中的气泡轴向垂直截面（厚度为 1 个像素）的面积（A_{xy}）。根据式（10-5）、式（10-6）计算孔隙率和气泡轴向垂直截面平均面积。

$$P = \frac{\sum_{x=1}^{150}\sum_{y=1}^{K_y} S_{xy}}{562500} \times 100 \tag{10-5}$$

$$S_a = \frac{\sum_{x=1}^{150}\sum_{y=1}^{K_y} S_{xy}}{\sum_{x=1}^{1500} K_x} \times 0.0094 \tag{10-6}$$

式中　S_a——气泡轴向垂直截面平均面积，mm^2；

K_x——图像堆叠中任何一张图像中的独立气泡截面数量，个；

S_{xy}——一个堆叠图像上的一个气泡轴向垂直截面（厚度为一个像素）的面积，mm^2；

x——该气泡截面所处的图像在堆叠中的序号，其值为 1~150；

y——该气泡截面在所处的图像上的序号，其值为 $1 \sim K_x$；

P——饼干的孔隙率,%；

562500——ROI 中总像素数量；

0.0094——一个像素的面积/mm^2。

（5）饼干气泡分布的测定　为研究不同饼干样品中气泡大小分布特征，利用 ImageJ Freeware 软件对每个样品 ROI 中的所有气泡轴向垂直截面面积（S_{xy}）进行统计分析，计算不同大小的气泡截面在所有气泡截面中所占比例。另外根据 Kelkar 等的方法，计算各饼干样品的 CT 密度。

（二）结果与分析

（1）饼干质构的三维观察分析　观察不同样品发现，当饼干变形率为 1.05 时，不易察觉其轻微的变形，外观基本表现为圆形。当进一步增加蛋白酶或焦亚硫酸钠的量时，由于面团面筋网络被破坏，饼干表面光滑度变差，组织疏松度变差；因此，选择变形率为 1.05 的 PRO14 和 SMS06 样品（表 10-8）分别作为蛋白酶饼干和焦亚硫酸钠饼干的代表，通过其 ROI 三维重构图观察其组织构造。由图 10-20 可知，三维重构图可以清晰地将饼干内部的三维立体结构呈现出来。半甜韧性饼干的气泡数量少、近似球形或椭球形，不同气泡间具有高度的连通度，但与其他常见的多孔类食品结构差别显著，如面包面团、蛋糕、巧克力马芬、巧克力棒及草莓奶油慕斯类食品中的气泡多为独立的圆球形气泡，连通度较低。另外，对比两种饼干发现，整体上，蛋白酶饼干的组织更为疏松，而焦亚硫酸钠饼干的组织明显更为致密。从气泡外形特征来看，蛋白酶饼干的组织结构更为疏松，存在较大的孔洞，气泡更为接近球形；而焦亚硫酸钠饼干的组织结构更为致密，气泡多为扁平型。这一区别可能是由于两种不同的添加剂具有不同的减筋原理所致。

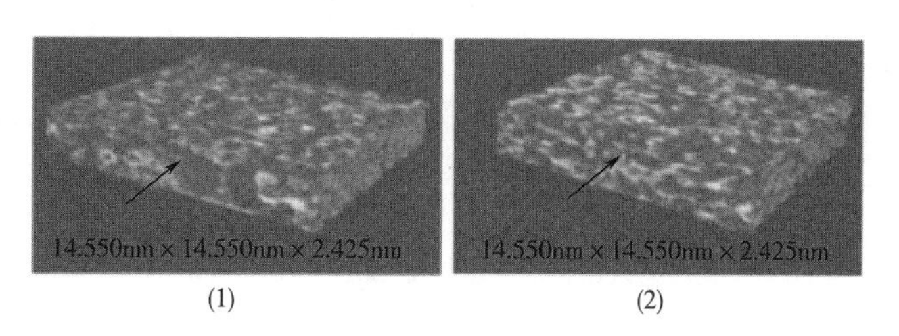

图 10-20　样品 PRO14（1）和 SMS06（2）中 ROI 的三维重构图

注：箭头方向为饼干轴向。

（2）饼干质构的轴向垂直截面二维形态观察分析　由于饼干内部组织孔洞高度通连，因此按照常规气孔研究方式计算其气泡三维直径以及气泡壁厚等指标没有实际意义，本研究参照 Lim 等的方法对饼干气泡在轴向垂直截面上的二维特征进行研究。图 10-21 是从 11 个代表性样品的 ROI 图像堆叠中抽取的有代表性的轴向垂直截面二分位图。通过观察各样品轴向垂直截面结构发现，饼干的气泡截面多为长条形，少有圆形，且均为不规则形状，这与饼干三维重构图反映出的结构特征相同，即饼干内气泡为不规则的扁平形。随着蛋白酶或焦亚硫酸钠的添加量增加，饼干层次感变差，气泡的相对尺寸逐渐减小，可能是蛋白酶或焦亚硫酸钠导致面筋网

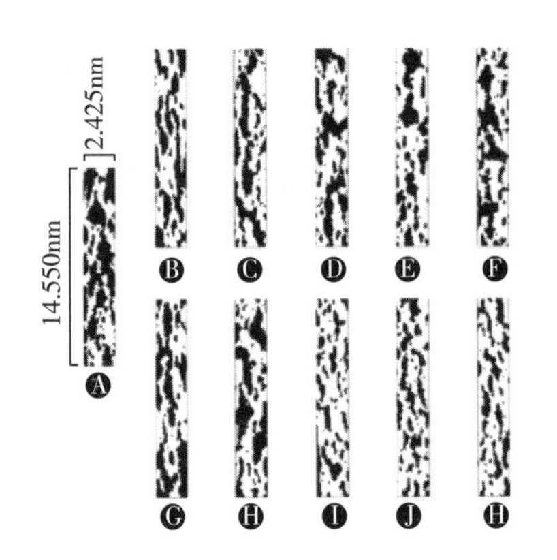

图 10-21 代表样品 ROI 的气泡垂直轴向截面

A 为对照组；B～F 分别为 PRO04、PRO08、PRO12、PRO16、PRO20；G～K 分别为 SMS01、SMS03、SMS05、SMS07、SMS09。黑色为气泡部分；白色为固体物质部分。

络被破坏，其延展性减弱，因而气体保持能力减弱。虽然蛋白酶和焦亚硫酸钠的减筋作用都使得饼干气泡尺寸减小，但是前者剂量的增加使饼干内部出现更大的气泡，饼干层次感变差；而后者剂量的增加则使饼干内部出现更多细碎的气泡，但仍多为扁平状，使饼干截面仍有较明显的层次感，这方面的差异与三维重构图所表现出的特征相一致。蛋白酶饼干和焦亚硫酸钠饼干气泡大小具有差别的原因可能在于，随着蛋白酶添加量的增加，面筋蛋白分子被降解，分子长度减小，但不影响分子间二硫键的交联形成，面团中仍然可以形成连续的面筋蛋白分子网络，并保持了一定的延展性，因而能形成相对较大的气泡；而焦亚硫酸钠的作用在于切断面筋蛋白分子间的二硫键，因而面团中连续的面筋蛋白分子网络无法形成，面团延展性较差，无法形成较大气泡。

（3）饼干常规物理参数及 CT 参数结果　由表 10-8 可知，随着蛋白酶或焦亚硫酸钠剂量的增加，饼干变形率和厚度均逐渐减小，表观密度逐渐增加，反映了烘烤过程中面团保持气体的能力降低；并且当蛋白酶剂量增加至 1.2g 或焦亚硫酸钠剂量增加至 0.6g 时，饼干变形率较低，这表明饼干面团筋力减弱、弹性变小，面团收缩现象得到有效控制。观察饼干的 CT 参数结果，可以发现饼干 CT 密度与表观密度变化趋势一致，孔隙率、气泡截面平均面积的变化则与饼干厚度变化趋势一致。其中 CT 密度逐渐增大及孔隙率逐渐减小反映出饼干面团保持空气能力逐渐减小。

表 10-8　　饼干常规物理参数及 CT 参数结果

种类	编码	变形率	厚度/cm	表观密度/(g/cm^3)	CT 密度/(g/cm^3)	孔隙率/%	气泡截面平均面积/mm^2
蛋白酶饼干	对照组	1.13±0.03	5.82±0.15	0.41±0.01	0.40±0.01	46.52±0.21	0.58±0.06
	PRO04	1.11±0.03	5.49±0.07	0.41±0.02	0.41±0.01	44.63±0.18	0.58±0.05
	PRO06	1.10±0.02	5.12±0.08	0.42±0.01	0.41±0.02	44.33±0.24	0.52±0.03
	PRO08	1.10±0.02	4.87±0.16	0.43±0.02	0.42±0.01	44.12±0.15	0.46±0.02
	PRO10	1.08±0.01	4.50±0.11	0.43±0.01	0.43±0.01	43.26±0.07	0.46±0.04
	PRO12	1.05±0.01	4.22±0.15	0.44±0.02	0.43±0.01	42.28±0.11	0.46±0.03
	PRO14	1.05±0.02	4.24±0.08	0.43±0.01	0.44±0.01	42.03±0.21	0.43±0.02
	PRO16	1.05±0.01	4.10±0.11	0.44±0.02	0.45±0.01	41.52±0.22	0.42±0.02
	PRO18	1.04±0.01	3.92±0.12	0.45±0.01	0.45±0.02	40.23±0.12	0.42±0.01
	PRO20	1.03±0.01	3.85±0.15	0.45±0.02	0.45±0.01	39.54±0.15	0.41±0.02

续表

种类	编码	变形率	厚度/cm	表观密度/（g/cm^3）	CT 密度/（g/cm^3）	孔隙率/%	气泡截面平均面积/mm^2
焦亚硫酸钠饼干	SMS01	1.12±0.02	5.44±0.15	0.42±0.01	0.43±0.01	42.47±0.22	0.54±0.03
	SMS02	1.10±0.01	5.23±0.12	0.44±0.02	0.44±0.01	40.37±0.32	0.45±0.02
	SMS03	1.08±0.01	4.80±0.12	0.45±0.01	0.45±0.02	35.06±0.18	0.42±0.02
	SMS04	1.07±0.01	4.45±0.12	0.47±0.02	0.46±0.01	33.75±0.26	0.36±0.04
	SMS05	1.06±0.02	4.10±0.12	0.46±0.03	0.47±0.02	32.75±0.15	0.32±0.02
	SMS06	1.05±0.01	3.96±0.12	0.48±0.04	0.47±0.02	32.05±0.09	0.31±0.01
	SMS07	1.03±0.01	3.87±0.12	0.49±0.02	0.48±0.01	30.47±0.12	0.30±0.02
	SMS08	1.04±0.01	3.44±0.15	0.49±0.03	0.49±0.01	30.03±0.15	0.29±0.01
	SMS09	1.03±0.01	3.43±0.12	0.51±0.03	0.50±0.02	29.53±0.16	0.29±0.02

当饼干变形率小于 1.05 时，饼干面团收缩形变可以忽略，表明蛋白酶和焦亚硫酸钠对面团产生了效果相当的减筋作用。表 10-9 中是蛋白酶饼干（PRO12~PRO20）和焦亚硫酸钠饼干（SMS06~SMS09）的物理参数及 CT 参数的对比结果。结果表明，焦亚硫酸钠饼干厚度显著小于蛋白酶饼干，表观密度显著大于蛋白酶饼干（$P<0.05$），这表明在同等减筋效果条件下，蛋白酶和焦亚硫酸钠由于其对面筋网络不同的作用方式给饼干的物理特性带来不同影响。观察 CT 参数，这一差别同样可以反映出：蛋白酶面团饼干具有更小的 CT 密度以及更大的孔隙率值和气泡截面平均面积值。

表 10-9　变形率不大于 1.05 的蛋白酶及焦亚饼干物理参数、CT 参数的平均值

编码	变形率	厚度/cm	表观密度/（g/cm^3）	CT 密度/（g/cm^3）	孔隙率/%	平均面积气泡截面/mm^2
PRO12~PRO20	1.04±0.01^{a}	4.07±0.18^{a}	0.44±0.01^{b}	0.44±0.01^{b}	41.12±1.19^{a}	0.428±0.018^{a}
SMS06~SMS09	1.04±0.01^{a}	3.68±0.28^{b}	0.49±0.01^{a}	0.49±0.01^{a}	30.52±1.09^{b}	0.298±0.009^{b}

注：同一列不同字母表示差异显著。

表 10-10　饼干物理特性与 CT 参数结果相关性分析

参数	种类	CT 密度/（g/cm^3）	孔隙率/%	气泡截面平均面积/mm^2
添加量	蛋白酶饼干	0.981	-0.991	-0.939
	焦亚饼干	0.973	-0.941	-0.941
厚度	蛋白酶饼干	-0.964	0.958	0.968
	焦亚饼干	-0.980	0.970	0.970
表观密度	蛋白酶饼干	0.915	-0.937	-0.933
	焦亚饼干	0.968	-0.955	-0.950

相关性分析表明（表 10-10），3 项 CT 参数结果与蛋白酶或焦亚硫酸钠添加量均表现出显

著相关性（$R>0.9$，$P<0.05$），同时与饼干物理测试所得到的参数（厚度及表观密度）之间也有显著相关性（$R>0.9$，$P<0.05$）。以上结果表明，饼干 CT 参数不仅能够很好地反映蛋白酶或焦亚硫酸钠剂添加量不同所导致饼干质构方面产生的差异，也可以反映出减筋原理不同所导致饼干质构方面产生的差异。

（4）饼干气泡分布规律　为进一步研究蛋白酶饼干与焦亚硫酸钠饼干质构特征差异性，从变形率较小的饼干样品中，选取等距剂量梯度的蛋白酶饼干（PRO12、PRO16、PRO20）和焦亚硫酸钠饼干（SMS05、SMS07、SMS09）样品作为代表，分析样品 ROI 中轴向垂直截面上不同截面积（即 ROI 内所有 *Sxy* 的面积）气泡的分布特征。由图 10-22 可知，对于变形率较小的饼干样品，蛋白酶饼干 ROI 中，截面积小于 0.188mm^2的气泡数量占总计数量的不足 50%，而焦亚硫酸钠饼干中的气泡数量均超过了 70%；蛋白酶饼干 ROI 中，气泡截面积超过 0.564mm^2的气泡数量超过 15%，而焦亚硫酸钠饼干中不足 2.5%。以上数据充分显示出，在水平相当的减筋作用下，焦亚硫酸钠面团饼干中的二维气泡以较细碎的形式存在，而蛋白酶面团饼干中的则以更大孔洞形式存在。通过 CT 测试所获取的饼干二维气泡截面积分布特征结果精准地量化了前述由于不同减筋原理导致的饼干三维及二维结构的差异，显示了 CT 测试饼干质构方法的独特优势。

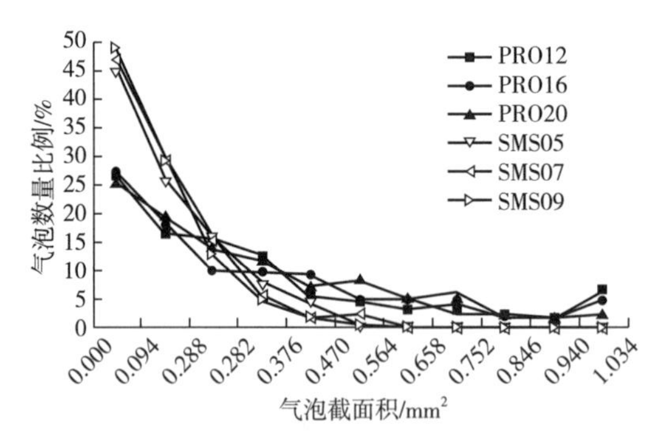

图 10-22　理想变形条件下饼干轴向气泡截面积分布图

利用 CT 法对半甜韧性饼干质构进行测试，能够很好地对饼干质构的变化加以量化，所得数据与饼干的常规物理参数具有高度的相关性，表明其结果能够客观地反映饼干质构特征。同时，通过 CT 以无损和重构的方式对饼干结构进行研究，有利于更直观地观察饼干内部各处局部构造特征，大大地提高了饼干组织结构信息的获取量。因此，CT 测试有效地解决了饼干这类松脆易碎食品的质构测定与观察问题，对饼干的品质研究以及控制具有独特的应用价值。

三、食品无损检测未来发展趋势

随着计算机技术的发展，无损检测技术日益广泛地用于食品质量安全的保障，它可以提供检测对象的组织结构、物理和机械性能、组成和化学成分等特性信息，对样本进行实时在线检测，满足消费者对食品质量安全不断增长的要求，因而被视为未来食品工业和市场的理想检测工具。表 10-11 为无损检测技术用于食品质量安全保障的特点，每种技术都有自己的优劣势，如何充分发挥每种技术在食品质量与安全检测优势，并与食品供应链结合起来，是未来无损检测技术的一个重要发展方向。

表 10-11　用于食品质量安全的无损检测技术特征

类别	技术	检测目标	检测深度	价格	应用场合	缺点
光学技术	计算机视觉	颜色、大小、形状、表面缺陷	表面	便宜	实验室、便携、商业	不能检测化学信息
	红外光谱	组成、活性成分、物理性质	1~10mm	适中	实验室、便携、商业	易受湿度影响，只能检测单点，需要建立预测模型
	紫外/荧光	化学成分、缺陷、腐败	1~10mm	适中	实验室、便携、商业	易受光线和其他化学物质的影响，需要建立预测模型
	拉曼	组成、活性成分、物理性质	1~10mm	昂贵	实验室、便携	对极性物质不敏感，价格昂贵，需要建立预测模型
	多/高光谱	化学成分、分布、物理性质	1~10mm	适中偏昂贵	实验室、便携	数据量大，需要建立预测模型
声学技术	声音	内部物理性质	1~10cm	便宜	实验室、便携	仅限于声阻抗
	超声	内部物理性质和化学成分	1~10cm	适中偏昂贵	实验室、便携	
核磁	核磁共振	内部化学成分、分布	1~10cm	适中偏昂贵	实验室	设备昂贵
辐射	软 X 射线	内部异物	1~10cm	适中偏昂贵	实验室、商业	有辐射危险
	双能量 X 射线	密度、厚度、化学成分	1~10cm	适中偏昂贵	实验室	
电学技术	电导率	物理性能、含水量	1~10cm	便宜	实验室、便携	需要建立预测模型
	介电性能	物理结构、化学成分	1~10cm	便宜	实验室、便携	
微波		水分含量	1~10cm	便宜	实验室、便携、商业	易受湿度影响
太赫兹		组成、活性成分、物理性质	1~10cm	昂贵	实验室	
生物传感器	电子鼻	气味成分	—	适中	实验室、便携	需要建立预测模型
	电子舌	滋味成分	—	适中	实验室、便携	
	嗅觉可视化	气味成分	—	便宜	实验室、便携	需要建立预测模型

从检测食品特性的角度来看，机器视觉、光谱成像技术可以用于检测食品的外部属性如颜色、大小、缺陷等，现在已广泛用于食品的在线分拣；光谱、超声、X射线和核磁共振等可以用于食品内部质量的检测；电子舌和电子鼻技术模拟人类感觉系统，可以用于食品风味和滋味的评价。

从传感器研究的角度来看，无损检测技术用于食品质量安全检测具有较大的应用潜力，但仍处于发展的早期阶段，特别是生物传感器技术，想要将其应用到实际生产中，还需要更深入的研究。无损检测技术用于食品质量检测最大的挑战是提高灵敏度和信噪比，以及可穿戴式系统的开发，无损检测技术与智能手机相结合，一方面将开启全民监督食品质量与安全的模式，另一方面将获得一种食品质量与安全检测的全新视角，食品质量与安全将得到进一步保障。另外，传感器表面污染、信号漂移和校准稳定性问题也亟待解决。

从技术的角度来看，将多种无损检测技术融合用于食品质量安全检测具有极大市场应用潜力，能够更全面的分析食品特征，也能够最大限度地减少生物多样性给食品品质分析带来的影响。融合多种传感器所采集到的信号，通过人工智能技术加以分析及综合判断，可以有机整合各种传感器的优点和缺点，扬长补短。与单一技术相比，多技术融合已经成为提高食品检测准确性的发展趋势。然而多技术融合面临的最大挑战就是信号兼容性问题，另外数据的获取和筛选、组织和存储、处理和应用等各个环节的计算也需要寻求有效的方式。以计算为中心的数据管理和处理模式由于其自身的局限性，难以有效应对数据体量大、数据来源和类型繁多、数据增加和变化的速度快、数据的真实性难以保证等，在此过程中，可能需要转变传统的计算模式及其计算系统演进方式。

从食品产业链角度来看，无损检测技术可以跟踪食品生产中的每一个环节，并且能在全球供应链中的食品溯源问题中发挥作用。如图10-23所示，传感器可以部署在卫星、无人机、机器人以及生产线上。遥感测量传感器（例如高光谱成像和微波成像）部署在卫星上可以用于监视气候变化对农业的影响，监视全球农作物和天然植被状况，以及用于指导喷洒农药和灌溉等等；光谱仪、空气超声传感器和微波传感器等部署在无人机上可以用于田间或温室内的精细农作，如根据土壤水分来实施播种和灌溉等操作；将无损检测传感器部署在机器人上，可以用于温室、工厂等环境里在线操作，无损检测传感器作为机器人的眼睛，并与数据集成技术融合来实现“视觉新途径”，指导机器运行和传感器部署。

随着计算机、机械等行业的快速发展，无损检测技术在食品质量安全领域的应用也越来越广泛。凭借着不破坏样本、检测速度快、成本低、便携等优势，无损检测技术为食品工业的发展带来了极大的便利。同时，为实现无损检测技术的在食品领域在线应用的进一步发展，需要提出一些新的无损检测理念和新的检测思路。以数字化、图像化和信息化为典型标志的绿色无损检测将是未来食品质量安全检测领域的发展方向。

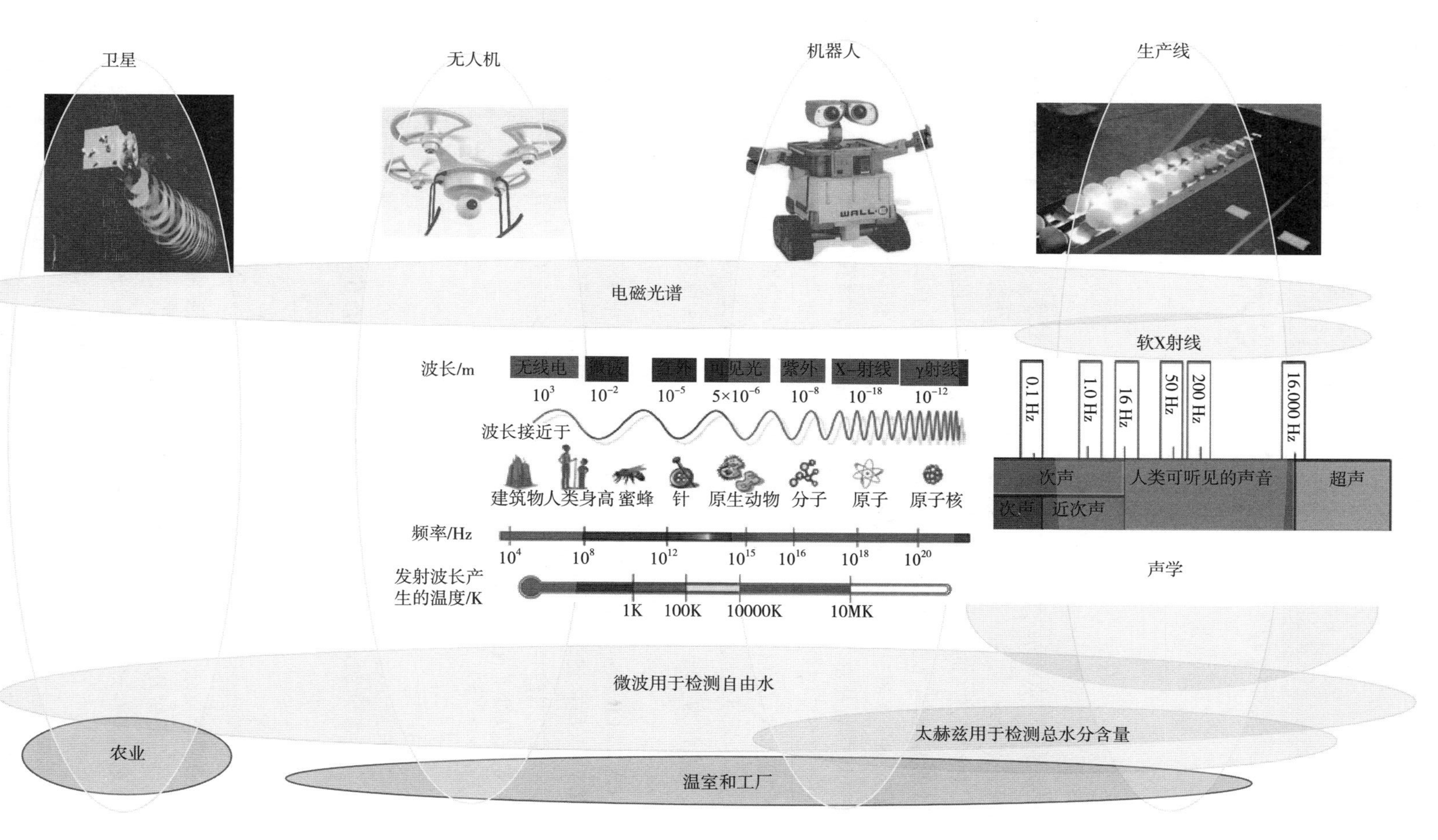

图 10-23　无损检测技术的应用领域

第十一章

PCR 基因扩增技术

聚合酶链反应（Polymerase Chain Reaction）简称 PCR 技术，是由美国 Cetus 公司人类遗传学研究室的科学家 Kary B. Mullis 在 1985 年发明的一种在体外快速扩增特定 DNA 片段的方法。Mullis 等在建立 PCR 方法的初期，仅采用非常简单的三种温度的水浴进行实验，应用大肠杆菌 DNA 聚合酶 I 的 Klenow 片段催化引物的延伸反应。由于此酶在变性温度下易失活，所以每一轮反应都需重新加一次酶，这样反应只能扩增短片段，产量不高，操作烦琐，常规应用受到限制。1988 年 Saiki 等将从水生嗜热杆菌（*Thermusaquaticus*）分离获得的耐热 DNA 聚合酶（*Taq* 酶）引入 PCR，整个反应只需要加一次酶，使扩增特异性和效率都得到明显改善，操作大为简化。随着自动化 PCR 仪的发明和发展，PCR 技术得到了极大的推广应用，近年更是迅速渗透到生命科学的各个领域，成为分子生物学最重要的研究技术之一。因此，在该技术问世不久，即被 Science 杂志评为 1989 年度十大科技新闻之一。Mullis 也因此荣获 1993 年度诺贝尔化学奖。

自诞生以来，PCR 技术已由最初的单纯扩增已知 DNA 序列之间的片段逐渐发展到基因克隆、修饰，cDNA 文库构建，遗传病、传染病诊断，病原菌鉴定，法医学鉴定，过敏源检测，生物物种鉴别，转基因检测，生物进化分析等各个领域的多种 PCR 方法，为生命科学领域的新突破和技术变革提供了有力的技术支撑。

第一节　PCR 技术的原理

一、 PCR 的基本原理

PCR 的原理并不复杂，实际上它是在体外试管中模拟生物细胞 DNA 复制的过程。PCR 反应极其迅速，可在短短几小时内将极少量的基因组 DNA 或 RNA 样品中的特定基因片段扩增上百万倍。PCR 的特异性是由两个人工合成的引物序列决定的。所谓引物就是与待扩增的 DNA 片段两翼互补的寡核苷酸，其本质是单链 DNA 片段。在微量离心管中，除加入与待扩增的 DNA 片段两条链两端已知序列分别互补的两个引物外，还需加入适量的缓冲液、微量的 DNA 模板、四种脱氧核糖核苷酸（dNTP）溶液、耐热 *Taq*DNA 聚合酶、Mg^{2+} 等。反应时首先将上述溶液加热，使模板 DNA 在高温下变性，双链解开为单链状态，称为变性；然后降低溶液温度，使合成引物在低温下与其靶序列特异配对（复性），形成部分双链，称为退火；此时，两引物的 3′相对，5′相背，在合适的条件下，以 dNTP 为原料，由耐热 *Taq*DNA 聚合酶催化引导引物沿 5′-3′方向延伸，形成新的 DNA 片段，该片段又可作下一轮反应的模板，此即引物的延伸。如此重复改变温度，由高温变性、低温复性和适温延伸组成一个周期，反复循环，使目的基因得以迅速扩增。因此 PCR 是一个在引物介导下反复进行热变性—退火—引物延伸三个步骤而扩增 DNA 的循环过程（图 11-1）。

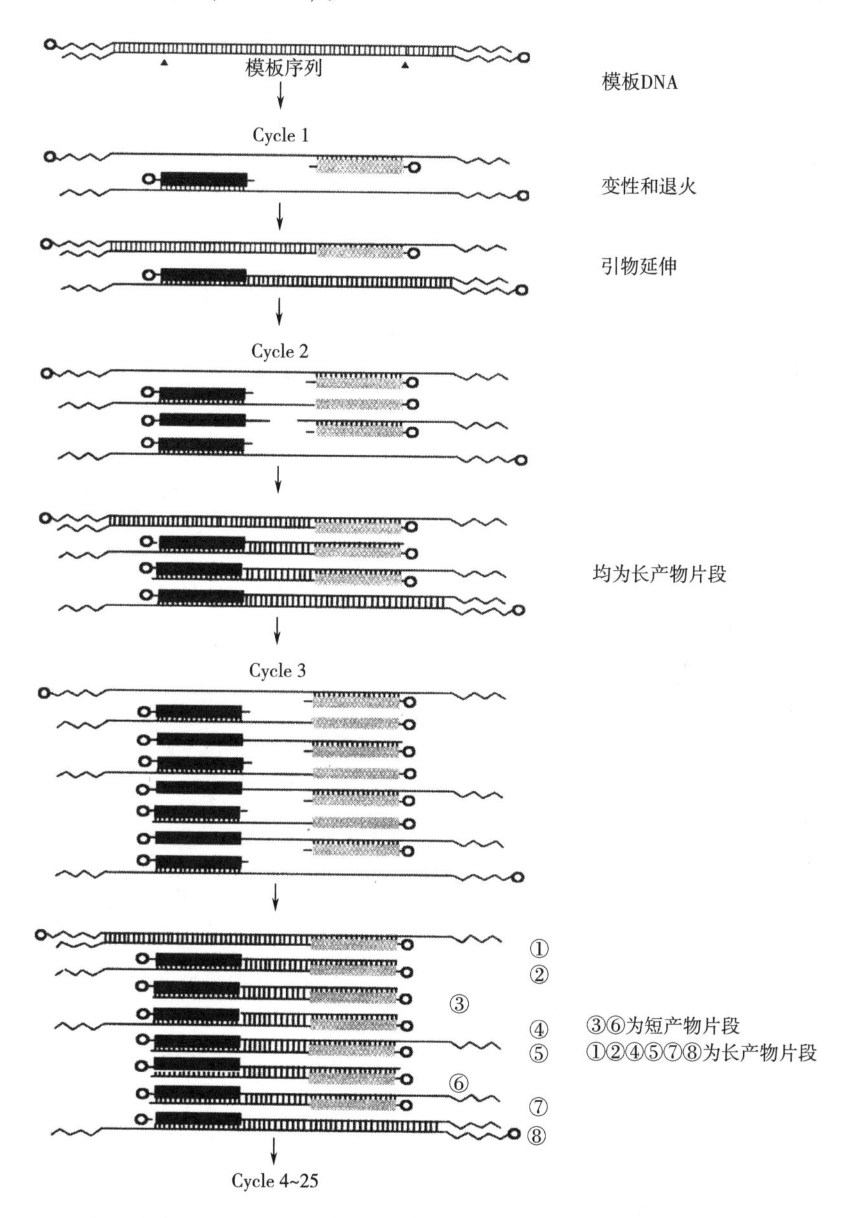

图 11-1　PCR 反应原理及其长产物片段和短产物片段

（一） 模板 DNA 变性

模板 DNA 在加热到 90~95℃时，DNA 双螺旋结构的碱基对之间氢键断裂，双链解开成为单链，称为 DNA 的变性。变性温度与 DNA 中 G-C 含量有关，因为 G-C 之间由三个氢键连接，而 A-T 之间只有两个氢键相连，所以 G-C 含量高，其解链温度（T_m）就高。一般 G-C 含量每增加 1%，解链温度增加 0.4℃。哺乳动物基因组 DNA 中 G-C 含量在 40%时，T_m约为 87℃；其含量在 60%时，T_m约为 95℃。DNA 变性所需要的温度和时间取决于 DNA 的复杂性、G-C 的含量和 PCR 反应的体积等。在一般 PCR 中，变性温度为 90~95℃，加热时间 1~2min。

（二） 模板 DNA 与引物的退火（复性）

将反应混合物降温（37~65℃），使寡核苷酸引物与单链 DNA 模板（或从 mRNA 逆转录而来的 cDNA）上互补的序列配对，形成模板-引物复合物，即退火。退火所需要的温度和时间取决于引物与靶序列的同源性程度及其碱基组成。一般要求引物的浓度要远高于模板 DNA 的浓度。并由于引物的长度远短于模板 DNA 的长度，因此在退火时，引物与模板中的互补序列的配对速度比模板之间重新配对成双链的速度要快得多，退火时间一般为 1~2min。

（三） 引物的延伸

PCR 扩增过程中，链的延伸是有方向性的。它总是以引物的 3′端为起点，DNA 模板-引物复合物在 *Taq*DNA 聚合酶的作用下，以靶序列为模板，dNTP 为底物，按碱基配对与半保留复制原理，合成一条与模板 DNA 链互补的新链，新链延伸的方向是 5′→3′，延伸所需要的时间取决于模板 DNA 的长度。

经过上述高温变性—低温退火—中温延伸这样一个循环，模板 DNA 拷贝数增加一倍，新合成的 DNA 链在下一轮循环中也起着模板的作用，因此，每经过一个循环，DNA 拷贝数便增加一倍。n 次循环后，拷贝数增加 2^n 倍，进行 25~30 个循环，拷贝数即可扩增上百万倍（10^6），扩增的 DNA 片段长度基本上都限定在两引物 5′端以内，在凝胶电泳上显示为一条特定长度的 DNA 区带。每完成一个循环需 2~4min，一次 PCR 经过 30~40 次循环，2~3h。

（四） PCR 的反应动力学

PCR 反应过程中的 DNA 扩增量可用 $Y=(1+X)^n$计算。Y 代表 DNA 片段扩增后的拷贝数，X 表示平均每次的扩增效率，n 代表循环次数。平均扩增效率的理论值为 100%，但在实际反应中，扩增产物的指数式增加不是无限制进行的，平均效率达不到理论值。反应初期，靶序列 DNA 片段的增加呈指数形式。随着 PCR 产物的逐渐积累，被扩增的 DNA 片段不再呈指数增加，而进入线性增长期或静止期，即出现“停滞效应”，又称“平台效应”，此时称为平台期（图 11-2）。由于引物和底物的消耗、*Taq* DNA 聚合酶活力下降等因素的影响，大多数情况下，平台期的到来是不可避免的。一般 PCR 反应中，进行 30 个循环后，扩增产物的拷贝数一般可达 10^6~10^7。如想进一步提高扩增产物的量，可将产物 DNA 做适当稀释（如稀释 1000~10000 倍），作为新的模板再进行第二次 PCR 扩增，采用这种方法，经二次 PCR（共 60 次循环），目的 DNA 的拷贝数可增加至 10^9~10^{10}。

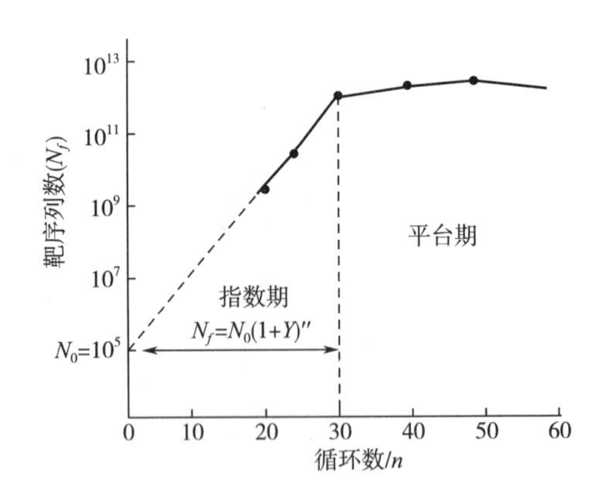

图 11-2 PCR 过程中靶序列的累积与循环数的函数关系

二、 PCR 技术的特点

（一） 特异性强

PCR 反应的特异性决定因素为：①引物与模板 DNA 的正确结合；②碱基互补配对原则；③*Taq* DNA 聚合酶催化反应的忠实性；④靶基因的特异性与保守性。其中引物与模板的正确结合是关键，它取决于所设计引物的特异性及退火温度。在引物确定的条件下，PCR 退火温度越高，扩增的特异性越好。由于 *Taq* DNA 聚合酶的耐高温性质使反应中引物能在较高的温度下与模板退火，从而大大增加 PCR 结合的特异性。

（二） 灵敏度高

从 PCR 的原理可知，PCR 产物的生成是以指数方式增加的，即使按 75%的扩增效率计算，单拷贝基因经 25 次循环后，其基因拷贝数也在 10^6倍以上，即可将极微量（pg 级）DNA，扩增到紫外光下可见的水平（μg 级）。

（三） 简便快速

现已有多种类型的 PCR 扩增仪，只需把反应体系按一定比例混合，置于仪器上，反应便会按所输入的程序进行，整个 PCR 反应在数小时内就可完成。扩增产物的检测也比较简单，可用电泳分析，不用同位素，无放射性污染且操作简便。

（四） 对标本的纯度要求低

不需要分离病毒或培养细胞，DNA 粗制品及总 RNA 均可作为扩增模板。可直接用各种生物标本，如血液、体腔液、洗漱液、毛发、细胞、活组织等粗制的 DNA 扩增检测。

第二节　PCR 引物的设计

引物是指与待扩增的靶 DNA 区段两端序列互补的人工合成的一对寡核苷酸片段。两引物在模板 DNA 上的结合位点之间的距离决定了扩增片段的长度。扩增的特异性依赖于引物序列的设计，因此，引物的选择对 PCR 成功与否具有决定性意义。

一、 引物的选择

位于高保守区互补的引物，可以特异性扩增某一目标 DNA，可用于目标基因的分离或鉴定（而随机引物可导致多区域扩增），产生特征性 PCR 扩增指纹图谱，从而用于快速基因分型。

待扩增的目标 DNA 不同，使用的引物也不相同。常用的引物选择方法有三种，一是根据文献选择，文献作者已使用过某对引物，并对其进行了灵敏度、特异性、循环参数、反应条件等诸多研究，可直接引用其序列，合成后做 PCR 扩增，此法的成功率很高；另一种方法是根据文献的 DNA 序列或基因数据库（如 NCBI 数据库）查询的 DNA 序列自行设计引物；第三是对获得的目的 DNA 片段做核苷酸分析，然后自行设计引物。

二、 引物设计的原则

引物设计的总原则是：提高特异性扩增，抑制非特异性扩增。主要标准有：

（1）长度　应为15~30bp，一般为18~24bp，与模板序列互补。引物的有效长度［Ln=2（G+C）+（A+T）］不能大于38，因Ln>38时，最适延伸温度会超过*Taq* DNA聚合酶的最适温度（74℃），不能保证产物的特异性。

（2）碱基随机分布　引物中四种碱基的分布最好是随机的，避免嘌呤、嘧啶一连串堆积。尤其在3′端不应超过三个连续的G或C，以免引物在G+C富集序列区错误引发。

（3）G+C含量　在40%~60%，以45%~55%为宜，太少扩增效果不佳，G-C过多易出现非特异条带。引物的T_m是寡核苷酸的解链温度。有效启动温度（T_p）一般高于T_m 5~10℃。T_m可以用式（11-1）简单地计。有效引物的T_m应为55~80℃，其T_m最好接近72℃，以使复性条件最优。

$$T_m=4(G+C)+2(A+T) \tag{11-1}$$

（4）引物本身　不应存在互补序列，否则引物自身会折叠成发夹状结构或引物本身复性，引物本身互补序列不能连续超过三个碱基；避免引物内部出现二级结构，因这种二级结构会由于空间位阻而影响引物与模板的复性结合。

（5）引物之间　两引物间不应有互补性，尤应避免3′端重叠，这样可避免形成引物二聚体，产生非特异的扩增条带。引物间的连续互补不应超过4个碱基。

（6）引物的3′端　引物的延伸是从3′末端开始的，3′末端的碱基，特别是最末及倒数第二个碱基，严格要求配对。实验表明，引物的3′末端末位碱基在错误配对时不同碱基的引发效率存在很大差异，当末位碱基为T时，即使在错配的情况下，也能引发链的合成，而末位碱基为A时，错配时引发效率最低，G、C居于中间，所以3′末端末位碱基最好选A、G、C，而不选T，尤其避免出现连续2个以上的T。

（7）引物的5′端　引物5′末端对扩增的特异性影响不大，只要与DNA结合的长度足够即可，因此5′末端碱基可以不与模板DNA匹配而呈游离状态。在引物设计时可在5′末端加上限制性内切酶位点、进行标记、引物DNA结合蛋白序列、引入突变位点、插入与缺失突变序列、引入一些启动子序列，以及一些特殊目的序列等。如有可能，酶切位点最好加在引物的中间。

（8）避开简并位点　如扩增编码区域，不要使引物3′端终止于密码子的第三位，因该位置易发生简并，而影响扩增的特异性与效率。

（9）引物的特异性　引物与非特异扩增序列的同源性不要超过70%或有连续8个互补碱基。而引物要与特异性扩增序列有较高的同源性。选自靶DNA序列两端保守区，可设计出不同特异性的引物，如检测病原微生物，可选择出针对属、种、型的共同抗原基因保守区的引物。应查出亲缘关系密切的微生物相关基因进行比较，以免交叉扩增。为保证引物扩增的特异性，应在待分析基因组中的高度保守区内设计引物。另外有的病原体不同的保守区域内的引物的扩增敏感度不同，应加以注意。

（10）扩增片段的长度　在临床检测中扩增片段长度一般在100~800bp，多在200~600bp，以利于循环参数的统一及扩增产物分析。

cDNA引物设计除以上应注意的条件外，还应注意：①两个引物应跨越一个或两个内含子，或选择两个外显子剪接处的顺序，这样可以避免基因组DNA的污染而影响结果；②不宜选用3′端非翻译部位的顺序作为引物，这部分顺序的差异较大。

三、引物合成的质量

引物序列确定之后，由专门实验室和专门的技术人员用核苷酸合成仪合成引物。合成的引物必须经聚丙烯酰胺凝胶法、离子交换法、高效液相色谱法（HPLC）、寡聚核苷酸纯化柱法或反向 HPLC 纯化，否则，合成的引物中含有相当数量的“错误序列”，其中包括不完整的序列和脱嘌呤产物以及可检测到的碱基修饰的完整链和高分子量产物。这些序列可导致非特异扩增和信号强度降低。因此，PCR 中所用引物质量要高，而且要纯化、定量。

第三节　PCR 反应条件与程序优化

一、PCR 反应体系

（一）模板

作为 PCR 模板的核酸标本来源广泛，用于提取核酸的材料种类可能差异很大，如 1000 多万年前的木兰科叶子化石、已灭绝动物皮中发现的肌肉、单根人类毛发和石蜡包埋的活组织标本等，也可以从培养的细胞和微生物中提取。虽然大多数 PCR 对模板的要求不高，纯度要求也不严，用量也低，待扩增核酸仍需要部分纯化以除去核酸标本中的蛋白酶、核酸酶、*Taq*DNA 聚合酶抑制物以及能结合 DNA 的蛋白。纯化核酸的目的主要在于：①除去杂质，特别是除去干扰 *Taq* 酶活性的物质；②使待扩增的靶序列 DNA 暴露和浓缩，从而保证有足量的 DNA 模板启动 PCR 反应；③有利于评价扩增体系的灵敏度并根据产物对靶 DNA 进行定量分析。

DNA 的提取一般是在乙二胺四乙酸（EDTA）存在的条件下，用蛋白酶 K 及 SDS 裂解细胞，消化蛋白质，使核蛋白解聚及胞内 DNA 酶失活；然后用酚、氯仿多次抽提以去除蛋白质，在 DNA 中若混有少量 RNA，可用 RNA 酶去除；最后用乙醇沉淀得到 DNA：在提取中应尽量保持 DNA 完整性和纯度，防止 DNA 降解。被扩增的 DNA 特定序列不需要事先从样品 DNA 中分离，因为 PCR 产物的序列，即反应的特异性是由寡核苷酸引物所决定的。单、双链 DNA 和 RNA 都可作为 PCR 的模板，如果起始模板为 RNA，须先通过逆转录得到第一条 cDNA 链后才能进行 PCR 扩增。理论上 PCR 可以扩增极其微量的核酸样品（甚至是单个细胞的 DNA），但是为了保证反应的特异性，PCR 反应中的模板加入量一般为 10^2～10^5个拷贝靶序列，即一般宜用 ng 量级的克隆 DNA，μg 级的染色体 DNA 或 10^4倍的待扩增片段来做起始材料，1μg 人类基因组 DNA 相当于 3×10^5个单拷贝靶分子，1ng 大肠杆菌 DNA 相当于 3×10^5个单拷贝靶分子。因此扩增不同拷贝数的靶序列时，加入的含靶序列的 DNA 量也不同。另有资料认为，用小相对分子质量和线性模板 DNA 扩增效果较好。因此当使用极高相对分子质量的 DNA（如基因组 DNA）时，可以使用低频率酶切位点的限制性内切酶（如 Not I 或 Sat I）先进行酶解，再做扩增效果好；闭合环状质粒作 PCR 模板时最好先线性化处理，以提高扩增效率。

（二）引物

一般 PCR 反应中每条引物的浓度为 0.1～1.0μmol/L 或 10～100pmol/L，在此范围内 PCR 产物量基本相同。引物浓度过低则 PCR 扩增产量降低，引物浓度过高又会促进引物的错误引发，导致非特异扩增，还会增加引物二聚体的形成，非特异产物和引物二聚体又可作为 PCR 反应的底物，与靶序列竞争 DNA 聚合和 dNTP 底物，从而使靶序列的扩增量降低，且不经济。

实验证明，低浓度引物不仅经济而且特异性好。

（三） dNTP

dNTP 是 dATP，dCTP，dGTP，dTTP 的总称，dNTP 储存液必须为 pH7.0 左右，其浓度一般为 2mmol/L。dNTP 的质量与浓度和 PCR 扩增效率有密切关系。dNTP 粉呈颗粒状，如保存不当易变性失去生物学活性。dNTP 溶液呈酸性，使用时应配成高浓度储存液后，以 1mol/L 的 NaOH 或 1mol/L 的 Tris-HCl 缓冲液将其 pH 调节到 7.0~7.5，最初的储存液可配置成 100mmol/L，小量分装后于-20℃冻存。多次冻融会使 dNTP 降解。PCR 反应体系中每种 dNTP 的终浓度为 50~200μmol/L，在此范围内，扩增产物量、特异性与合成忠实性之间的平衡最佳。dNTP 浓度过高会引起错误掺入，过低又影响产量。理论上，100μL 反应液中每种 dNTP 的浓度为 20μmol/L 时，足以合成 12.5μg DNA 或合成 10pmol 400bp 的 DNA 片段。四种 dNTP 的终浓度应该相同，任何一种的浓度明显偏高或偏低时，都会导致链延伸时的碱基错误掺入增加，过早终止合成反应。另外，dNTP 的类似物也可加入 PCR 反应体系中，如 5-溴化脱氧尿嘧啶、生物素化脱氧尿嘧啶核苷或地高辛化脱氧尿嘧啶核苷，与 dNTP 的比例以 1∶3 加入，生成的 PCR 产物即为非放射性标记的核酸探针，用于核酸探针杂交试验。

dNTP 会络合溶液中的 Mg^{2+}，而且大于 200μmol/L 的 dNTP 会增加 *Taq* DNA 聚合酶的错配率。如果 dNTP 的浓度达到 1mmol/L 时，则会抑制 *Taq*DNA 聚合酶的活性。

（四） PCR 反应缓冲液

目前最为常用的缓冲体系为 10~50mmol/L 的 Tris-HCl（pH 8.2~8.3，20℃），PCR 标准缓冲液含有：10mmol/L 的 Tris-HCl（pH8.3）、50mmol/L 的 KCl、1.5mmol/L 的 $MgCl_2$、0.1g/L 的明胶。

Tris-HCl 是一种双极性离子缓冲液，该缓冲液于 72℃时，pH 由 8.3（20℃）下降到 7.3。反应液中 50mmol/L 以内的 KCl 有利于引物退火，50mmol/L 的 NaCl 或 50mmol/L 以上的 KCl 则抑制 *Taq* 酶的活性。有的反应液以氯化铵或醋酸铵中的 NH_4^+代替 K^+，其浓度为 16.6mmol/L。明胶有保护 *Taq* 酶的作用，有的反应中以小牛血清白蛋白（100μg/mL）或 Tween-20（0.5~1.0g/L）代替明胶。反应中加入 5mmol/L 的二硫苏糖醇（DTT）也有类似作用，尤其在扩增长片段延伸时间较长时，加入这些酶保护剂对 PCR 反应是有利的。有的实验室推荐在 PCR 缓冲液中加 100g/L 二甲基亚砜（DMSO），其作用是打开 DNA 的二级结构，使模板 DNA 易于变性。

PCR 标准缓冲液对大多数模板 DNA 及引物都是适用的。但对某一特定模板和引物的组合，标准缓冲液并不一定就是最佳条件。因此各实验室可在此条件上根据具体扩增项目进行改进。其中 Mg^{2+}浓度对扩增作用的特异性和产量有明显影响。*Taq* 酶是一种 Mg^{2+}依赖酶，Mg^{2+}浓度一般为 1.5mmol/L 左右，Mg^{2+}浓度过低时，酶活力明显降低；过高时，酶可催化非特异性扩增。由于反应体系中的 DNA 模板、引物和 dNTP 都可能与 Mg^{2+}结合，因此降低了 Mg^{2+}的实际浓度。所以建议反应中 Mg^{2+}加量至少要比 dNTP 浓度高 0.5~1.0mmol/L。

（五） *Taq* DNA 聚合酶

Taq 酶是一种耐热的 DNA 聚合酶，92.5℃时半衰期至少是 130min。在不同的实验条件下，此酶的聚合酶活性为每秒 35~100 个碱基。在 70℃延伸时，链的延伸速度每秒可达 60 个碱基。在 100μL 标准体积的 PCR 反应液中，一般加 *Taq* 酶 2.5U，足以达到每分钟链延伸 1000~4000 个碱基。*Taq* 酶除了聚合作用，还具有 5′→3′外切酶活性，但缺乏 3′→5′外切酶活性，因此不能纠正链延伸过程中核苷酸的错误掺入。估计每 9000 个碱基出现一次错误掺入，而合成 41000

个核酸可能导致一次移码突变。由于错误掺入碱基有终止链延伸的倾向，这就使得发生了的错误不会继续扩大。

在DNA的高温合成过程中，*Taq*DNA聚合酶和其他热稳定DNA聚合酶的酶促特性、生化和结构特性及其辅助蛋白的复制识别的特性等，都有待于作更深一步的研究，只有全面了解了这些特性，才能提高PCR合成产物的产量，提高其特异性，并增强检测微量靶DNA的敏感性。

（六）其他因素

1. 热启动（Hot Start）

由于*Taq*NDA聚合酶在低温下仍具有活性，因此在一般PCR反应的开始，加热变性DNA后再加酶的过程中，引物可与模板或引物与引物之间发生非特异复性。这些非特异复性在达到72℃前就由*Taq*聚合酶在其3′端聚合上几个碱基，并稳定了这种非特异复性引物。因此，可出现非特异延伸和扩增。采用热启动法便可克服这一缺点，即使*Taq*聚合酶仅在反应达到较高温度（>70℃）时才发挥作用。这可通过在高温（70℃）下加入某些必需因子（DNA聚合酶、模板DNA、Mg^{2+}或引物等）来控制。这种方法不仅可以增加PCR的特异性还能增加其敏感性，并可减少引物二聚体的形成和引物的自我复性。这是因为在扩增前，加热可促进引物的特异复性与延伸，因此增加了有效引物的长度。

2. 添加剂

PCR反应中加入一定浓度的添加剂如DMSO（二甲基亚砜）、甘油或甲酰胺等，可提高PCR扩增效率及特异性。但目前关于添加剂对PCR扩增效率的影响机制尚不清楚。可能是添加剂消除了引物和模板的二级结构，降低DNA双链的解链温度，使DNA双链变性完全。同时，添加剂还可增进DNA复性时的特异配对，增加或改变DNA聚合酶的稳定性提高PCR扩增效率。现已发现不同温度条件下，添加剂会影响*Taq*酶的半衰期。反应中加入小牛血清白蛋白（100μg/mL）或明胶（0.01%）或Tween20（0.05%~0.1%）有助于酶的稳定，反应中加入5mmol/L的二硫苏糖醇（DTT）也有类似作用，尤其在扩增长片段（此时延伸时间长）时，加入这些酶保护剂对PCR反应是有利的。

对于不同的PCR反应体系，添加剂的浓度及其对PCR扩增的影响是不同的，当添加剂的浓度超过某一范围时，反而会抑制PCR扩增。表11-1归纳了几种添加剂对PCR反应的影响。

表11-1　影响PCR反应的添加剂浓度

名称	抑制	促进	名称	抑制	促进
DMSO	>10%	5%	甘油	>20%	10%~15%
PEG	>20%	5%~15%	Tween20	未测定	0.1%~2.5%
甲酰胺	>10%	5%			

（1）二甲基亚砜（DMSO）　许多耐热DNA聚合酶厂家推荐在PCR反应中加入10% DMSO，这可能是DMSO有促进DNA变性的作用。DMSO的使用对大肠杆菌DNA聚合酶Ⅰ Klenow片段是有益的，但对*Taq* DNA聚合酶有抑制作用，一般反应中应尽量不用DMSO。不过，在多重PCR中可以用。

（2）甘油　有报道，反应中加入5%~15%甘油有助于PCR反应的复性过程，尤其对G+C含量高和二级结构多的靶序列以及扩增长片段（>1500bp）更适用，应注意的是，DMSO和甘油并非对所有 PCR 均有益，因此，是否加这些试剂应根据具体情况而定，也需要操作者的探索。

（3）氯化四甲基铵（TMAC） 在反应中加入 $1\times10^{-5}\sim1\times10^{-4}$mol/L 的 TMAC 可降低 PCR 的非特异扩增，而不抑制 *Taq* DNA 聚合酶。

（4）T4 噬菌体基因 32 蛋白质（gp32） 加入 0.5～1.0μL 1nmol/L 的 gp32（Pharmacia 公司），可使 *Taq* 聚合酶对长片段 DNA 的扩增改善至少 10 倍。

3. 液体石蜡

反应中所用液体石蜡质量要高，不能含抑制 *Taq* DNA 聚合酶活性的杂质。加入液体石蜡目的是防止反应液蒸发后引起的冷却与反应成分的改变，液体石蜡的有无对反应影响较大。但新研制的几种 PCR 仪如 PE-9600（或 9700）型基因扩增 PCR 系统自带热盖功能，反应体系中可以不加入液体石蜡。

二、循环参数

（一）变性时间和温度

模板 DNA 和 PCR 产物的变性不充分是 PCR 失败的主要原因。DNA 在其解链温度 T_m时的变性只需几秒钟，但反应管内达到 T_m还需一定时间，变性温度太高会影响酶活性。适宜的变性条件是 95℃，30s 或 97℃，15s，若低于 94℃，则需延长变性时间。使用较高的温度是适宜的，特别是对 G+C 比较丰富的模板序列。变性不完全，DNA 双链会很快复性，因而减少产量。在变性中，温度太高或反应时间过长，又会导致酶活性的损失。为提高起始模板的变性效果，保存酶活性，常在加入 *Taq* 酶之前 97℃先变性 7～10min，再按 94℃的变性温度进入循环方式，这对 PCR 的成功有益处。*Taq*DNA 聚合酶活性半衰期在 92.5℃为 2h 以上，95℃为 40min，97℃为 5min。

（二）引物的退火

退火温度和所需时间取决于引物的碱基组成、长度和浓度。实际使用的退火温度要低于扩增引物在 PCR 条件下真实 T_m，为 5℃。引物越短（12～15bp），退火温度越低（40～45℃）。*Taq*DNA 聚合酶的活性温度范围很宽，退火温度在 55～72℃会得到好的结果。在典型的引物浓度时（如 0.2μmol/L），退火仅需数秒即完成。若降低复性温度（37℃）可提高扩增产量，但引物与模板间错配现象会增多，导致非特异性扩增上升；若提高复性温度（56～70℃），虽扩增反应的特异性增加，但扩增效率下降。理想的方法是：设置一系列对照反应，以确定扩增反应的最适复性温度。一些 PCR 的研究者建议 PCR 的扩增使用两种温度范围效果较好，55～75℃为退火和延伸温度，94～97℃为变性温度。

（三）引物的延伸

*Taq*DNA 聚合酶虽能在较宽的温度范围内催化 DNA 的合成，但不合适的温度可对扩增产物的特异性、产量造成影响。延伸温度一般选择在 70～75℃（较复性温度高 10℃左右），此时 *Taq*DNA 聚合酶具有最高活性。

延伸时间长短取决于模板序列的长度和浓度以及延伸温度的高低。在最适温度下，核苷酸的掺入率为 35～100nt/s，这也取决于缓冲体系、pH、盐浓度和 DNA 模板的性质等，延伸 1min 对长达 2kb 的扩增片段是足够的，延伸时间过长会导致非特异扩增带的出现，但在循环的最后一步延伸时，为使反应完全，提高产量，可将延伸时间延长 4～10min。如果底物的浓度非常低时，较长的扩增时间对初期的循环是十分有帮助的，在稍后的循环中，当扩增产物的浓度超过酶的浓度（约 1μmol/L），dNTP 减少，适当增加引物延伸时间对扩增有较好的帮助。所以最后一轮延伸时间常定为 5~7min。

（四） 循环次数

PCR 的循环次数主要取决于模板 DNA 的浓度，一般为 25~35 次，此时 PCR 产物的积累即可达最大值，刚刚进入“平台期”。即使再增加循环次数，PCR 产物量也不会再有明显的增加。“平台期”是指 PCR 后期循环产物的对数积累趋于饱和，并伴随 0.3~1pmol 靶序列的累计。随着循环次数的增加，一方面由于产物浓度过高，以致自身相结合而不与引物结合，或产物链缠结在一起，导致扩增效率的降低；另一方面，随着循环次数的增加 *Taq*DNA 聚合酶活性下降，引物及 dNTP 浓度下降，易发生错误掺入，非特异性产物增加。因此，在得到足够产物的前提下应尽量减少循环次数。

第四节　PCR 扩增产物的检测分析

目前检测 PCR 扩增产物的方法包括凝胶电泳、层析技术、核酸探针杂交、酶切图谱分析、单链构型多态性分析、核酸序列分析等。

一、 琼脂糖凝胶电泳

琼脂糖凝胶电泳是检测 PCR 扩增产物最常用的方法之一。不同目的的电泳可使用各种浓度的凝胶。不同浓度的琼脂糖凝胶可以分离 DNA 片段大小的范围参数列于表 11-2。

表 11-2　　不同浓度琼脂糖凝胶分离 DNA 片段的范围

琼脂糖浓度/%	DNA 分子有效分离范围	琼脂糖浓度/%	DNA 分子有效分离范围
0.3	—	1.2	150bp~6kb
0.5	700bp~25kb	1.5	80bp~4kb
0.8	500bp~15kb	2.0	100~3kb
1.0	250bp~12kb		

核酸凝胶电泳结果的检测方法有溴化乙锭染色、银染色及同位素放射自显影等，其中溴化乙锭染色法较为普遍。溴化乙锭（Ethidium Bromide，EB）是一种荧光剂，由于溴化乙锭分子插入在 DNA 双螺旋结构的两个碱基之间后，能形成一种在紫外光激发下发出很强橙红色荧光的络合物，所以十分容易观察。检测的灵敏度非常高，1μg/mL 的溴化乙锭溶液可检出 10ng 或更少的 DNA 样品。溴化乙锭产生的荧光在紫外光源下放置时间过长能被淬灭，也容易受一些化学物质的污染而淬灭。溴化乙锭是一种 DNA 诱变剂，使用时应注意避免与皮肤接触。实验室中的 EB 污染物应妥善处理。EB 溶液的污染物不能直接倒入下水道及垃圾中，含有 EB 的凝胶应在干燥后烧毁。

用琼脂糖凝胶电泳法测定 DNA 片段的相对分子质量。在同一块凝胶板上样品槽中加待测样品，加一个标准相对分子质量样品同时进行电泳。然后用溴化乙锭染色，通过生物凝胶成像分析系统或紫外灯下比较样品与标准品的位置，即可估计出待测样品的相对分子质量大小范围。实验室常用的 DNA 相对分子质量标准只有质粒 pBR322 和 λDNA 的酶切片段。

二、聚丙烯酰胺凝胶电泳

聚丙烯酰胺凝胶电泳具有琼脂糖凝胶电泳所不具备的优点：①分辨力很强，长度仅相差 0.2%（即 500bp 中的 1bp）的 DNA 分子即可分开；②能装载的 DNA 量远大于琼脂糖凝胶，一个加样槽（1cm×1cm）中加入 10μg DNA 也不会明显影响分辨力；③从聚丙烯酰胺凝胶中回收的 DNA 纯度很高。另外可以采用银染色法染聚丙烯酰胺凝胶中的 DNA 和 RNA，其灵敏度比溴化乙锭染色法高 2~5 倍，而且避免溴化乙锭迅速褪色的弱点，银染的凝胶干燥后可长期保存。PCR 扩增指纹图，多重 PCR 扩增，PCR 产物的酶切分析及利用产物的限制性片段长度多态性（PCR-RFLP）进行基因分型等时，聚丙烯酰胺凝胶电泳是一种理想的手段。不同浓度的聚丙烯酰胺凝胶可以分离 DNA 片段大小的范围参数列于表 11-3。

表 11-3　不同浓度聚丙烯酰胺凝胶分离 DNA 片段的范围

聚丙烯酰胺浓度/%	有效分离范围/bp	溴酚蓝位置相当于双链 DNA 片段/bp	聚丙烯酰胺浓度/%	有效分离范围/bp	溴酚蓝位置相当于双链 DNA 片段/bp
3.5	1000~2000	100	12.0	40~200	20
5.0	80~500	65	15.0	25~150	15
8.0	60~400	45	20.0	6~100	12

三、层析技术

层析技术是制备、纯化生物高分子物质的最重要和最常用的手段之一。其类型主要分为两大类别：一是常压软胶系统，包括离子交换层析、凝胶过滤（分子筛层析）、亲和层析及吸附层析；二是新近发展起来的高压液相（刚性胶体）与高效液相层析。离子交换层析以静电吸附为理论基础；凝胶过滤为分子筛效应；亲和层析则是根据待分离组分与配体之间的特异性相互作用。

高效液相色谱（HPLC）是在常压层析基础上发展起来的一项现代化分析技术，其特点是分离速度快、效果好，是目前基因片段分离纯化所广泛采用的方法之一。离子交换层析（ICE）是根据被分离组分所带电荷的差异进行分离的技术，是从高度复杂的混合物中分离相似的生物大分子的有效手段之一。DNA 是两性化合物，碱基组成不同决定了其等电点（p*I*）的差异性，在特定 pH 条件下，不同 DNA 分子所带电荷性质、电荷量各不相同。因此，ICE 分析广泛应用于 DNA 的合成及其扩增后的分离纯化。

四、核酸探针杂交鉴定法

为了确定 PCR 产物是否是预先设计的目的片段，或产物是否有突变，都需要做分子杂交检测。分子杂交包括点杂交和 Southern 印迹杂交。点杂交无须进行电泳，直接对产物进行分析鉴定，还可将样品稀释成一系列不同浓度，对扩增产物进行定量分析。该法灵敏度较高，特别适用于特异性不高的 PCR 扩增产物分析。其基本过程是将扩增产物固定到尼龙膜或硝酸纤维素膜上，用放射性或非放射性标记的探针杂交，还可将不同的探针固定到膜上，用标记的扩增产物进行杂交，称为“反向点杂交法”，该法可同时检测多个突变位点或多种病原体。目前主要用寡核苷酸探针杂交（ASO）检测点突变。

采用常规的 Southern 印迹杂交可鉴定 PCR 产物的大小和特异性，检测灵敏度可达 10ng。基本过程是 PCR 产物进行常规的琼脂糖凝胶电泳，然后，印迹转移到尼龙膜上，再用标记的探针进行杂交检测。

五、 微孔板夹心杂交

首先是固定于微孔板的捕获探针与 PCR 产物的某一区域特异杂交，使 PCR 产物间接固定于微孔板上，再用非放射性核素标记的检测探针与 PCR 产物的另一区域杂交，该法需经过 2 个杂交过程检测一个 PCR 产物，因此特异性较一次杂交强。

六、 限制性内切酶分析

酶切分析是鉴别 PCR 扩增产物特异性的一种简便方法。根据目标基因的已知序列资料可以查出包含的酶切位点，用某种限制性内切酶消化扩增产物后进行电泳，观察消化片段的数目及大小是否与序列资料相符，从而确定产物的特异性。酶切分析的另一种用途是遗传病的诊断和传染病病原体的基因分型。酶切位点的改变是序列差异的遗传标记，因此可利用高频率切点的限制酶消化 PCR 扩增产物，根据限制性片段长度多态性（RFLP）进行目标基因分析和分型。

特异性鉴别可选用识别 6 个碱基的限制性内切酶，从已知序列资料中查出。基因分型可用识别 4 个碱基的限制性内切酶，常用的有 *Alu* I，*Msp* I，*Taq* I，*Hinf* I，*Mbo* I，*Dde* I，*Mse* I，*Bbu* I，*Mae* I，*Mae* III，*Fnu* 4HI，*Hha* I，*Rsa* I 等。

七、 酶免疫法检测 PCR

DNA 酶免疫试验（DNA Enzyme Immunoassay）是一种以特异杂交的双链 DNA 为抗原，用一般标记的抗体进行显色反应，检测 PCR 扩增产物的技术。该技术是 Mantero 等于 1991 年创建的。其特点是结合了 PCR 扩增的敏感性及酶联免疫反应的简便性，特别适用于普通实验室及同时对大量扩增产物的分析。

PCR 扩增为微量核酸标本的杂交检测提供了敏感、特异的方法，但 PCR 扩增产物的检测仍是普通临床实验室所面临的困难问题。用放射性核素标记的探针进行各种杂交、限制性内切酶分析、测序等，这些方法虽然敏感性、特异性较强，但需要特殊的仪器、设备及试剂，普通临床实验室一般无条件进行。特别是制备对每个靶 DNA 扩增片段有特异性的标记探针，常需要一系列较为繁杂的步骤。而另一类检测方法，如琼脂糖凝胶电泳后溴化乙锭显色，虽然操作简便、实用，但敏感性较低，对扩增产物的特异性也无法证实。

DNA 酶免疫试验是一种利用抗体检测扩增 DNA 与探针特异性结合后产生信号的检测方法。它克服了用放射性核素或其他非放射性核素大分子标记探针的繁杂步骤，也弥补了溴化乙锭-琼脂糖电泳敏感性、特异性较低的不足，为提高临床标本 PCR 扩增产物的检测水平创造了条件。

DNA 酶免疫试验的本质是特异性抗原、抗体的结合反应，即将探针-DNA 产物的杂交体作为一种抗原进行免疫学检测。首先将特异性探针包被在固相载体上（如酶标板），加入待测 PCR 扩增产物。如果产物中含有探针特异性的 DNA 片段，则这些变性的单链 DNA 就会与探针互补，形成扩增 DNA-探针双链杂交物。加入抗 DNA 抗体后，抗体与扩增 DNA-探针双链杂交物结合形成复合物，再加入普通酶标的二抗（如兔抗鼠 Ig）就可进行显色反应，通过光密度测定，即可对 PCR 扩增产物进行特异性判定。

其中抗 DNA 抗体只选择性地与双链 DNA 结合，而不与单链 DNA 结合。因此，只有与包被在固相载体上的探针发生特异互补的单链 DNA 扩增片段，才能形成双链杂交体，被抗体识别和结合；而与 DNA 探针无互补性的非特异性 DNA 片段，由于不能与探针结合形成杂交体，所以不被抗体识别，只能在反应体系中呈游离型或吸附型，而游离型片段在操作冲洗过程中被洗脱，吸附型由于不发生反应，因而也不被显色。抗双链 DNA 抗体的主要特点是只识别 DNA/DNA双链杂交物，而与杂交物的特异性序列无关，即任何一种探针，只要与其特异的互补 DNA 片段形成杂交体，均可被抗双链 DNA 抗体识别并结合。另外，结合过程也不需要标记扩增的 DNA 产物或扩增引物，因此适用范围非常广泛。

八、 单链构型多态性分析法

单链构型多态性分析性（PCR-Single Strand Conformation Polymorphism，PCR-SSCP）是一种简便快速的 PCR 扩增产物分析方法。其基本原理是双链 DNA 的 PCR 扩增产物，变性处理成单链 DNA，加样于非变性聚丙烯酰胺凝胶进行电泳，由于 DNA 在凝胶电泳中的迁移率与其相对分子质量和空间构型有关，在非变性条件下，单链 DNA 因分子内力作用形成卷曲构型，这种二级结构与单链 DNA 的序列有关，因此单链 DNA 的电泳迁移率受到 PCR 产物二级结构的影响。电泳结束后，单链 DNA 带在凝胶中位置的差异反映了 PCR 产物序列的差异。

九、 PCR 扩增产物的直接测序

PCR 技术在进行分子克隆和模板制备的大部分工作中显示了极大的优势。它不仅省略了通常制备 DNA 片段的烦琐步骤，也避免了使用亚克隆的经典程序。结合自动化测序技术，PCR 将为了解核苷酸序列信息提供最快和最有效的手段。直接序列分析是指在 PCR 扩增基因组 DNA 序列的基础上，直接进行基因核苷酸序列分析的方法，是检测基因突变最有效、最直接的方法。用于直接序列分析的方法主要有化学降解法、*Taq*DNA 聚合酶测序法、三引物法、不对称 PCR 法等。

第五节　PCR 技术的发展

随着分子生物学技术的发展，常规 PCR 方法也得到了不断地改进和变换，许多 PCR 改良方法相继出现，如巢式 PCR、逆转录 PCR、多重 PCR、不对称 PCR、反向 PCR、实时荧光 PCR 以及数字 PCR 等。

一、 巢式 PCR 技术

有时由于扩增模板含量太低，为了提高检测灵敏度和特异性，可采用巢式 PCR（Nested FCR，nPCR 或 N-PCR）。nPCR 是 PCR 改良方法中最常用的方法。nPCR 能够极大地增加 PCR 扩增反应的敏感性和特异性，而这种高敏感性和高特异性是通过第二对引物（内引物）与由第一对引物（外引物）在第一轮扩增中产生的靶 DNA 内的序列进行退火杂交后进行的第二轮扩增而达到的。对应的序列在模板的外侧的引物，称为外引物（Outer-Primer），互补序列在同一模板的外引物的内侧引物，称为内引物（Inter-Primer），即外引物扩增产物较长，含有内引物扩增的靶序列，这样经过两次 PCR 放大，可将单拷贝的目的 DNA 片段检出。

nPCR 优点是：第一，克服了单次扩增"平台期效应"的限制，使扩增倍数提高，从而极大地提高了 PCR 扩增的敏感性。第二，由于模板和引物的改变，降低了非特异性反应连续放大进行的可能性。保证了反应的特异性。第三，内侧引物扩增的模板是外侧引物扩增的产物，第二阶段反应能否进行，也是对第一阶段反应正确性的鉴定，因此可以保证整个反应的准确性及可行性。

nPCR 的缺点是：进行二次 PCR 扩增引起交叉污染的概率大。为了克服此缺点，可采用同一反应管中巢式 PCR（One-Tube Nested Pcr），主要利用内外引物 T_m 不同。外引物 T_m 高，内引物 T_m 低，PCR 反应开始的若干轮循环采用较高的退火温度，内引物由于 T_m 低，高温下无法与模板结合不能延伸，而外引物可与模板退火延伸，再采用较低的退火温度进行后面的循环，内引物则可与模板退火延伸，这样实际上进行了二次扩增，但只进行一次操作，可减少交叉污染的机会。

在典型的 nPCR 扩增方法中，第一轮 PCR 扩增使用外引物扩增 15~30 个循环；然后将第一轮扩增产物转移至一个新的反应管内，使用一对内引物进行第二轮扩增反应，第二轮扩增一般为 15~30 个循环，最后用凝胶电泳鉴定扩增产物。nPCR 常用于检测低拷贝的病原体及某些细菌。

二、 反转录 PCR 技术

自从 1987 年 Powell 等报道了 mRNA 的反转录并对所合成的 cDNA 进行 PCR 扩增以后，反转录 PCR（RT-PCR）已经作为一种快速、敏感和特异性的技术被广泛地作为在检测癌细胞、遗传疾病和许多不同的病原体的实验室检测方法，为疾病的诊断、疾病的进程、疾病愈后的判断以及药物的疗效提供了有价值的信息。目前 RT-PCR 在我国临床分子诊断中主要用于 RNA 病毒的检测。有些病毒基因组只以 RNA 形式存在，而且在它们的病毒复制周期中不经过 RNA 反转录至 DNA 的过程，因此检测病毒的 RNA 可以诊断由这类病毒感染而引起的传染病。另外，RNA 的检测也可以应用到鉴定含有数千个 mRNA 或 rRNA 分子的较高级的微生物，如细菌和真菌。

从 RNA 反转录至 cDNA 需要反转录酶，然而这些酶不耐高温，在 42℃以上容易失活，并由于单链模板 RNA 易形成稳定的二级结构，以使 RNA 反转录成为 cDNA 的效率变化很大。反转录的最低效率只有 5%，因此反转录酶的低效率是影响特异性检测 RNA 靶序列的一个大障碍。1994 年已经上市的重组 Tth DNA 聚合酶（rTth 酶）能够同时进行反转录和 PCR 扩增。在 cDNA 合成之前，高温破坏 mRNA 二级结构，使用热稳定性酶，如 rTth 酶增加了 RT-PCR 检测的敏感性而产生极其有效的反转录。高温也能够增加反转录的特异性。在高温下只有特异性引物与靶 mRNA 退火杂交。使用具有反转录和 DNA 扩增两种功能的酶可以避免 cDNA 的转移和降低污染的可能性，简化了操作过程。

三、多重 PCR 技术

多重 PCR（Multiplex PCR）是在普通 PCR 的基础上加以改进，于一个 PCR 反应体系中加入多对特异性引物，针对多个 DNA 模板或同一模板的不同区域扩增多个目的片段的 PCR 技术。由于多重 PCR 同时扩增多个目的基因，具有节省时间、降低成本、提高效率的优点，特别是节省珍贵的实验样品，所以一经提出，即得到众多研究者的青睐，并且发展迅速，在生命科学基础研究和分子检测的各个领域得到广泛应用。

由于多重 PCR 是在同一个 PCR 反应体系中加入了多对特异性引物，对多个目标片段进行扩增，因此与普通 PCR 相比，多重 PCR 实验设计远比单个 PCR 复杂，并不是简单地将多对特异性引物混合成一个反应体系。多重 PCR 的反应体系和反应条件需要在多方面分析检测目的片段的基础上，对进行反复试验、优化、验证，获得最优反应体系。必须根据以下要求对多重 PCR 进行优化。

（1）多重 PCR 扩增目标片段的选择　必须有高度特异性，且需确保所有靶位点可以利用相同的 PCR 程序在单个反应中得到有效扩增；各片段长度要有明显的差异，便于后续进行分析鉴别。

（2）多重 PCR 的引物设计　必须有高度特异性，彼此无同源性，引物的长度一般为 18~25bp，G+C 含量一般为 40%~60%。

（3）*Taq*DNA 聚合酶的反应浓度　多重 PCR 是多个扩增反应同时进行，各个扩增反应之间会相互竞争 *Taq*DNA 聚合酶，因而扩增效率相对较低的扩增反应将会受到抑制，添加适量浓度的 *Taq*DNA 聚合酶可以有效地减弱抑制作用。

（4）反应体系引物终浓度　筛选出最优引物终浓度组合，使之对每个靶位点都能获得足够的扩增量。

四、不对称 PCR 技术

不对称 PCR（Asymmetric PCR）的目的是扩增产生特异长度的单链 DNA。其原理为 PCR 反应中采用两种不同浓度的引物，经若干轮循环后，低浓度的引物被消耗尽，以后的循环只产生高浓度引物的延伸产物，结果产生大量单链 DNA（图 11-3）。因 PCR 反应中使用的两种引物浓度不同，因此称为不对称 PCR，此法产生的单链 DNA 可用做杂交探针或 DNA 测序的模板。

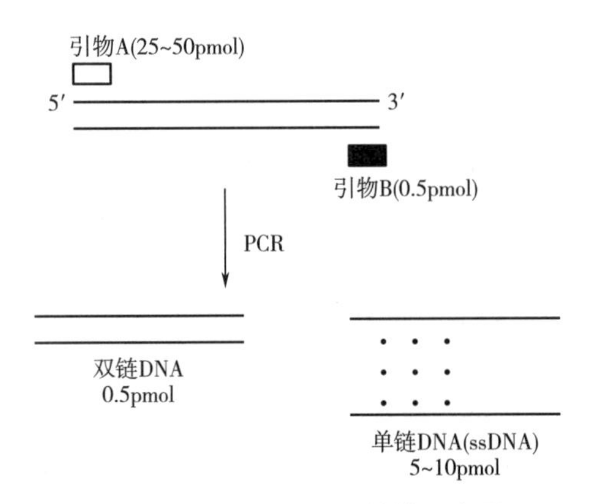

图 11-3　不对称 PCR 扩增示意图

进行不对称 PCR 有两种方法：①PCR 反应开始时即采用不同浓度的引物。②进行二次 PCR 扩增，第一次 PCR 用等浓度的引物，以期获得较多的目的 DNA 片段，提高不对称

PCR 产率，取第一次扩增产物（含双链 PCR 片段）用单引物进行第二次 PCR 扩增产生单链 DNA。

第一种方法的缺点是只能用限定浓度的引物，大大地降低了 PCR 产率，此外，当引物缺乏、有游离 dNTP 存在时，PCR 的特异产物和非特异产物会相互引发新链的合成，降低反应的特异性。所以，不对称 PCR 反应中，dNTP 浓度应比标准 PCR 反应低。

第二种方法由于第一次扩增产生了大量的目的 DNA，直接将目的 DNA 片段从琼脂糖凝胶中回收，除去不需要的引物及非特异产物，用单引物进行第二次 PCR 扩增，此法可将单链 DNA 的产率提高达皮摩尔（pmol）级。不足之处是二次分离步骤增加 PCR 污染的概率。为了克服上述方法的缺点，有人设计同一反应管中的不对称 PCR，即设计第 3 个引物，位于前一对引物内侧，其 T_m 比前一对引物 T_m 高 10℃，前若干轮循环采用低温退火，产生大量双链 DNA，后面的循环高温退火，只有第 3 个引物可与模板结合、延伸，结果产生单链 DNA。

五、 反向 PCR 技术

对于已知序列的 DNA 片段只要设计合适的引物，常规 PCR 就可扩增位于两个引物之间的 DNA 片段，但不能扩增引物外侧的 DNA。然而在分子生物学研究中，经常需要鉴定紧邻已知顺序的 DNA 片段，如编码 DNA 的上游及下游区域、转位因子插入位点等。在 PCR 技术出现以前，要测定已知基因两侧未知的序列是非常繁杂的。一般都需先用限制性内切酶进行消化，再用已知顺序的侧翼区段作为探针进行 Southern 杂交，来鉴定合适大小的末端片段，然后从制备性凝胶上纯化这些片段，克隆到载体上，得到的重组子进一步与已知顺序的侧翼区探针杂交以鉴定合适的克隆。为测定未知的侧翼区顺序还常需亚克隆出各种片段。

反向 PCR（Inverse PCR，IPCR）可以扩增一个已知的 DNA 片段的未知旁侧序列。该方法的基础是将侧翼区 DNA 转变成为引物内围区域。其做法是首先用合适的限制性内切酶在已知 DNA 序列之外切割，再将形成的限制性 DNA 片段自身连接成环状分子。所用的引物仍然和已知序列两端顺序同源，不同的是它们的 3′端方向转向侧翼区的未知 DNA 序列。经过一般的 PCR 扩增之后，其产物就是该环状分子中未知序列的 DNA 片段。也可将环化 DNA 线性化后再进行 PCR，有报道认为，用线性化 DNA 进行 IPCR 扩增效率可提高 100 倍。

限制性内切酶的选择对 IPCR 很重要，将已知的 DNA 序列称为核心 DNA，第一步消化基因组 DNA 模板时，必须选择核心 DNA 上无酶切位点的限制性内切酶，若产生黏性末端 DNA 片段则更易于环化。此外，限制性内切酶消化后产生的 DNA 片段大小要适当，太短（＜200～300hp）则不能环化，太长的 DNA 片段则受 PCR 本身扩增片段有效长度的限制。

反向 PCR 主要优点是简单、快速，可以研究许多独立的克隆。但也有其局限性，第一，由于旁侧序列是未知的，故在选择合适的限制性内切酶时，常需要用几种酶做预试验或选择几种可以产生片段大小合适的酶；第二，许多常用的限制性内切酶不但在插入序列上有酶切位点，同时在载体上不合适的位置也有酶切位点。

六、 实时荧光定量 PCR 技术

经过二十多年来的发展，PCR 技术已经成为分子生物学领域的一项关键技术和常规技术，并由传统的体外合成及定性、半定量技术发展成为一种高灵敏、高特异性和精确定量的基因分析技术。实时荧光 PCR（Real-Time Fluorescent PCR）是在 PCR 定性技术基础上发展起来的核酸定量技术。实时荧光PCR技术是指在PCR反应体系中加入荧光基团（染料或探针），利用荧光信号积累实时监测整个PCR进程。荧光染料能特异性掺入DNA双链，发出荧光信号，从而保证荧光信号的增加与PCR产物增加完全同步。荧光探针是在探针的5′端标记一个荧光报告基团（R），3′端标记一个淬灭基团（Q），二者可构成能量传递结构，即5′端荧光基团所发出的荧光可被淬灭基团吸收或抑制，当二者距离较远时，抑制作用消失，报告基团荧光信号增强，荧光监测系统可收到荧光信号。实时荧光PCR技术分为荧光标记探针和双链DNA特异的荧光染料两大类。探针类实时荧光PCR技术主要是利用与靶序列特异杂交的探针来指示扩增产物的增加，如TaqMan探针、分子信标等；染料类实时荧光PCR技术主要是利用与双链DNA小沟结合发光的理化特征指示扩增产物的增加，常用的有Evagreen、SYBR Green I等。

实时荧光PCR技术除了可以定性的进行靶标序列检测外，还可以对目的序列进行半定量分析，其定量的原理是靶基因初始拷贝数越多，所产生的循环阈值（Cycle Threshold，CT）越小。这里有2个问题需要明确：①荧光阈值的设定：在定量PCR中，需要经过数个循环后荧光信号才能够被检测到，一般以前15个循环的荧光信号作为荧光本底信号；②CT值为PCR过程中扩增产物的荧光信号达到设定的阈值时所经过的循环次数。利用荧光信号积累监测整个PCR反应的进程，最后通过标准曲线对未知模板进行定量的方法。

七、数字PCR技术

Vogelstein等（1999）首先提出了数字PCR（Digital PCR，dPCR）的概念，发展了微升级的PCR扩增方法用于定量分析，实现了单分子DNA绝对定量。数字PCR数字PCR是在实时荧光PCR基础上发展起来的微量DNA分子定量技术，通过将单个DNA样品反应液分成几百到百万份，分配到不同的反应单元，每个单元包含一个或多个拷贝的目标分子（DNA模板），在每个反应单元中分别对目标分子进行PCR扩增，扩增结束后对各个反应单元的荧光信号进行统计学分析（Corbisier，2009；Ross，2013）。与实时荧光PCR不同的是，数字PCR技术不依赖于校准物制备的标准曲线确定未知样品的浓度，因此，在实际应用中，不受到校准品与样品间背景不同产生偏差的影响，实现绝对定量分析，并且可以检测到低拷贝数的目标DNA分子，极大程度地提高了PCR的扩增效率。

数字PCR一般包括两部分内容，即PCR扩增和荧光信号分析。在PCR扩增阶段，与传统技术不同，数字PCR一般需要在扩增前将样品稀释到单分子水平，并平均分配到几百至几万、百万个单元中，保证每个单元中平均含有一个或两个DNA模板，随后在扩增过程中荧光探针产生特异性信号，完成PCR扩增反应。在荧光信号分析阶段，数字PCR采用直接计数的方法进行定量分析，也就是在PCR扩增结束后有荧光信号（产物）记为1，无荧光信号（产物）记为0，有荧光信号的反应单元中至少包含一个目标分子。理论上，在样品中的目标DNA浓度极低的情况下，有荧光信号的反应单元数目等于目标DNA分子的拷贝数。但是，通常情况下，数字PCR的反应单元中可能包含两个或两个以上的目标分子，这时可以采用泊松概率分布公式进行计算（Morisset，2013；Sanders，2011；White，2015）。该技术通过PCR扩增前的样品单分子间稀释分离，消除了本底信号的影响，提高低丰度靶标的扩增灵敏度（Sanders，2011），能在不依赖于标准物质的情况下准确检测出DNA的模板拷贝数，其检测灵敏度高、定量准确。

第六节　PCR 技术在食品微生物检测中的应用

近年来，PCR 作为一种新技术以其快速、简便、敏感性高、特异性高、对标本要求不高、结果分析简单等诸多优势被广泛应用于食品微生物检测之中，替代了许多传统的鉴定方法，成为该领域的有力工具，以 PCR 技术为基础的相关技术也得到了很大的发展，在关键技术上也有所进步，如 PCR 仪在质量和技术上的发展；引物的设计可通过计算机和网络来实验；已发展出多种具有各种不同特性的聚合酶体系和酶反应体系；一系列的 DNA 聚合酶试剂盒面世简化了 PCR 操作，提高了实验的重复性。在此仅以几种主要的食源性致病菌的检测以及几种主要的食品级益生菌的鉴定为例简单介绍 PCR 技术在食品微生物检测中的应用。

一、 PCR 技术及其衍生技术在食源性致病菌检测中的应用

传统方法检测食品中致病菌的步骤烦琐，且具有一定的局限性。首先要对样品进行被检测微生物的富集培养，当其数量在样品中达到可检测水平后才能进行微生物的分离、形态特征观察及生理生化鉴定。此外，传统样品无法对那些人工难以培养的微生物进行检测。PCR 技术较之传统微生物的分离鉴定方法更快速、灵敏，因此被广泛应用于食源性病原微生物的检测中。

多重 PCR 除了具有普通 PCR 快速、灵敏的优点外，还可以同时检测和鉴定多种微生物。食品中的很多病原菌易于发生一至多个毒力基因变异缺失现象，普通 PCR、荧光 PCR 检测单基因易呈现假阴性结果，王娉等（2011）建立了同时检测金黄色葡萄球菌的特异基因、耐甲氧西林基因和 4 种肠毒素基因的 6 重 PCR 反应体系，检测结果与单重 PCR 鉴定结果完全一致。利用多重结合巢式 PCR 方法对多基因（hlyA、plcB、prfA、iap）复合扩增检测食品中的单增李斯特菌，能大大降低假阴性出现的可能性。Paola 等（2005）用多重 PCR 方法扩增金黄色葡萄球 23S rRNA、编码耐热核酸酶 nut 基因、肠毒素基因，不通过前增菌直接检测牛乳和其他日常食品中的金黄色葡萄球菌。

PCR 技术除单独进行检测外，还可与分子信标技术、表面等离子共振（Surface Plasmon Resonance，SPR）传感器技术等结合应用于微生物检测，PCR 与新技术的结合使其得到了更好发展，其应用也将会越来越广泛。白素兰等（2010）采用 PCR 结合可视芯片的检测方法，可以同时检测 11 种食源性病原菌。选用金黄色葡萄球菌 16S rRNA 基因反义链第 1435 至 1458 位作为检测靶点，对利用不对称 PCR 方法在 SPR 微生物核酸检测方面的应用进行研究，结果表明利用不对称 PCR 法可以制备直接用于 SPR 检测的核酸样本，检测结果能够获得理想的杂交信号。通过对产物进行变性处理，能够更加有效地提高金膜表面核酸杂交效率。并且相对于经淬火处理普通 PCR 产物，能够获得更好的杂交检测信号。病毒的遗传物质是单链 RNA，RT-PCR 技术应用于病毒检测领域具有快速有效、简便等优点。赵贵明等（2003）的研究建立了一种 RT-PCR 检测某些动物性产品中冠状病毒的方法，通过将冠状病毒从食品中进行富集、分离，提取冠状病毒 RNA、RT-PCR 等手段建立了灵敏、特异和操作便利的食品中冠状病毒快速检测方法。曹娜娜（2010）建立了检测肠出血性大肠埃希菌 O157：H7 的免疫 PCR 技术，检测线仅为 10cfu/mL，具有很高的灵敏度；He 等（2010）建立了免疫 PCR 技术检测牛肉液态鸡

蛋及牛乳中的蓖麻毒素，结果表明用免疫 PCR 检测鸡蛋、牛乳、牛肉的检测限分别为 10、10、100pg/mL；Leenalitha 等（2009）采用了免疫 PCR 信号放大技术分别检测牛乳柠檬奶油派、金枪鱼沙拉及火鸡中的金黄色葡萄球菌肠毒素，其检测限均低至 7.5fg/mL；Rajkovic 等（2012）用定量免疫 PCR 方法分别检测含 1%牛血清白蛋白（BSA）的磷酸盐缓冲液（Phosphate Buffer Solution，PBS）及半脱脂牛乳中的肉毒杆菌神经毒素（Clostridium Botulinum Neurotoxins，BoNT）A、B，结果表明定量免疫 PCR 检测 BoNT/A 的检测限均为 0.09ng/mL，检测 BoNT/B 的检测限分别为 0.37、0.75pg/mL。

二、 实时荧光 PCR 技术在食源性病原微生物检测领域的应用

David 等（2014）运用实时荧光 PCR 技术建立了沙门氏菌的快速检测方法，可用于肉制品、乳制品及蔬菜食品中沙门氏菌的快速筛查。Kainz 等（2010）研究了多重实时荧光 PCR 技术，能同时快速检测新鲜猪肉中的沙门氏菌、志贺氏杆菌以及金黄色葡萄球菌。Grady 等（2009）采用先培养富集再用实时荧光定量 PCR 技术的方法，快速检测了单核细胞增生李斯特菌，检出限达到 1~5cfu/25g。孔繁德等人（2009）应用 *Taq*Man 探针定量 PCR 检测方法，建立了快速检测沙门氏菌的 RT-PCR 方法，其检测灵敏度比常规 PCR 方法高 100 倍，为沙门氏菌的检测提供了一种更加快速和灵敏的检测方法。谭翰清等（2014）研究建立的克罗诺杆菌实时荧光定量 PCR 检测方法，能快速、特异、灵敏地检测克罗诺杆菌 MMS 基因，可用于婴幼儿乳粉中克罗诺杆菌的快速筛查和鉴定。基于沙门氏菌属高度保守的 fimY 基因序列建立的实时荧光定量 PCR 方法，可应用于动物性食品中沙门氏菌的快速检验（李丹丹 2014）。郑秋月等人（2014）研究了实时荧光 PCR 检测丙型副伤寒沙门氏菌和猪霍乱沙门氏菌的方法，分析结果表明，该方法可快速检测食品中丙型副伤寒沙门氏菌和猪霍乱沙门氏菌。

三、 数字 PCR 在食源性病原微生物检测方面的应用

数字 PCR 技术可以应用于病原微生物、动植物病诊断、环境微生物和兽药生物制品微生物的检测，还初步应用在食源性病原微生物的检测中。Rothrock 等（2013）对家禽类产品生产企业水样中的几种细菌（沙门氏菌、空肠弯曲杆菌和单增李斯特菌）进行检测，连续 3d 比较不同时间、不同检测方法的准确性，结果表明基于分子生物学的微滴式数字 PCR 和实时荧光 PCR 比传统的平板培养法更灵敏，相比于传统定量 PCR 微滴式数字 PCR 由于其绝对定量的方式，对这三种常见食源传染细菌的检测更灵敏准确。国外有学者采用数字 PCR 技术检测分别检测人类孢疹病毒 HHV-6 的保守区域 U67 与宿主细胞的 RPP30 基因，最终通过 HHV-6/cell 的数值来判断 ciHVV-6 的状态，结果重复性好，对血浆样品测试的灵敏度达到 100%，特异性 88%（Sedlak，2014）。数字 PCR 技术以其高灵敏度和准确扩增分析的优点使得食源性病原细菌单细胞的灵敏检测得以实现。

四、 存在的问题及应用展望

PCR 技术虽是一种快速、特异、灵敏、简便、高效的检测新技术，但其广泛运用会受限于：①操作过程中样品间的交叉污染和极少量外源性 DNA 的污染，都会对检测结果产生很大影响；②从各种食品原料中高效率的 DNA 抽提方法有待于开发；③活菌和死菌不能区别；

④容易受到食品基质、培养基成分的干扰，残留食物成分会抑制 PCR 酶反应；⑤引物的设计及 PCR 反应条件是影响特异性和敏感性的重要因素。在实际应用中也存在不少问题，污染问题就是其中之一。由于 PCR 是一种极为灵敏的反应，一旦有极少量外源性 DNA 污染，就可能出现假阳性结果；此外，各种实验条件控制不当，很容易导致产物突变；还有，引物的设计及靶序列的选择不当等都可能降低其灵敏度和特异性。因而，实验室操作的规范化在 PCR 技术中是极其重要的。但由于其快速、特异、敏感的特点，PCR 技术作为一种检测手段仍有巨大的运用价值。而且随着研究不断深入，PCR 检测方法也会得到发展和改善，并将在食品微生物检测中得到更多的应用。

第七节　PCR 技术在转基因食品检测中的应用

随着现代生物技术的发展，转基因食品已逐步进入普通百姓的生活。由于转基因食品所具有的潜在安全性问题，为保护广大消费者的权益，满足其选择权、知情权以及出于国际贸易的需要，转基因食品的检验越来越引起各国政府和有关食品监督机构的重视。目前，基于 GMO（Genetically Modified Organism）特异 DNA 片段的定性 PCR 筛选方法已广泛应用于 GMO 食品的检测，一些国家将此作为本国有关食品法规的标准检测方法。

一、 转基因食品的定性检测

核酸检测方法是目前转基因食品检测领域的最常用方法，众多的转基因成分如筛选基因、结构特异性基因和品系特异性基因均有 PCR 检测方法的报道。陈颖等（2004）将 PCR 技术应用于食品中转基因成分的检测中，分别建立大豆加工食品和玉米加工食品中转基因成分的检测方法。如针对牛线粒体 16S rRNA 基因、转基因动物常用标记基因新霉素磷酸转移酶基因、人乳铁蛋白编码基因、人乳清蛋白编码基因和人溶菌酶编码基因建立了一种快速检测转基因牛的多重 PCR 方法。又如建立检测含有 35S 启动子、NOS 终止子和 EPSPS（5′-烯醇丙酮酸-3′-磷酸莽草酸合成酶）基因的转基因大豆多重 PCR 方法，同时以大豆外源凝集素基因和肌动蛋白基因为内部对照评价 PCR 反应的效率。

（一） PCR-ELISA 法用于转基因食品的定性检测

PCR-ELISA 是一种将 PCR 高效性与 ELISA 高特异性结合在一起的转基因检测方法。利用共价交联在 PCR 管壁上的寡核苷酸作为固相引物，在 *Taq* 酶作用下，以目标核酸为模板进行扩增，产物一部分交联在管壁上成为固相产物，一部分游离于液体中成为液相产物。固相产物可用标记探针与之杂交，再用碱性磷酸酯酶（Alkaline Phosphatase，AP）标记的链亲和素进行 ELISA 检测，通过凝胶电泳对液相产物进行分析。该方法灵敏度高，可靠性强，易于操作，适于批量检测，是适合推广的一种快速转基因检测方法。

已有的研究报道，在应用 PCR-ELISA 法快速检测转基因食品的方法中，关键因素主要是以下几个方面。

1. 固相引物的包被

利用特殊试剂将 5′磷酸化或氨基化的引物特异性地固定在附着物上，通常用处理过的 PCR

管壁充当附着物，目的是方便随后的 PCR 扩增。一般认为，理想的固定是 DNA 分子的单一位点共价固定在附着物上，包被上的 DNA 分子可以通过同位素标记探针进行定量，通常有 20~50ng 的核酸分子可以吸附到管壁上并排成 1~2nm 长，高浓度的寡核苷酸并不能提高吸附量。包被的效果与温度、时间、核酸分子的浓度以及缓冲液的种类和 pH 等有关。

2. PCR 扩增

在包被寡核苷酸的管内进行 PCR 扩增，扩增条件因目的片段而异，对 35S 启动子和 NOS 终止子，PCR 反应体系一般为：10×缓冲液 5μL，25mmol/L Mg^{2+} 4μL，10mmol/L dNTPs 1μL，25μmol/L 引物 11μL，8μmol/L 引物 2（固相引物）1μL，*Taq* 酶 2U，加水至 50μL。固相引物与液相引物的浓度比值决定了两种产物的量，1∶1 利于琼脂糖凝胶电泳检测，8∶1 利于杂交检测。同时也适合凝胶电泳分析。35S 启动子和 NOS 终止子的扩增条件一般为：94℃、5min，54℃、55s，72℃、1min，1 个循环；94℃、30s，54℃、50s，72℃、30s，35 个循环；72℃延伸 8min。卡那霉素抗性基因 *npt* Ⅱ的退火温度为 50℃。

3. ELISA 检测

变性后的固相产物在 5×SSC 缓冲液（含 0.5%BR）中杂交 1h，杂交后用 0.5 倍 SSC，0.1%吐温-20 洗掉非特异性结合的探针，加入 100μL 氨肽酶（AP）（1∶2500）使之与探针上的地高辛结合，10mg/mL 的对硝基磷酸酚（PNPP）显色 30min 后，通过酶标仪读数（波长为 405nm）。去掉空白对照，高于 10 为阳性，低于 0.1 为阴性。

PCR-ELISA 法将 PCR 扩增的高效性和 ELISA 的高特异性结合在一起，灵敏度高达 0.1%，足以达到欧盟的要求（转基因检测阈值为 1%）。欧盟利用 PCR 技术对转基因玉米和大豆的 35S 启动子和 NOS 终止子进行水平测试时，检测灵敏度达到 2%，而对于含量为 0.5%的 105 个阳性样品则出现 3 个假阴性结果，并且许多电泳条带模糊。而利用 PCR-ELISA 对转基因大豆的检测灵敏度比欧盟推荐 PCR 方法提高 5~10 倍。

（二）反转录 PCR（RT-PCR）用于转基因食品的定性检测

最早报道 RT-PCR 的是 Larrick（1992），他利用该法检测外源基因在植物细胞内的表达情况。RT-PCR 的原理是以植物总 RNA 为模板进行反转录，然后在经过 PCR 扩增，如果从细胞总 RNA 提取物中得到的特异 cDNA 扩增带，则表明外源基因得到了表达。该方法适用于通过检测外源基因表达情况来检测是否为转基因食品。实验可以以总 RNA 为材料，也可以以 mRNA 为材料，不同的材料在方法上不同，以下的具体操作供参考。

1. 以总 RNA 为材料的 RT-PCR 方法

（1）cDNA 第一链合成　取 0.5mL 新的无菌硅化的 Eppendorf 管，加入 100ng~5μg 的总 RNA 样品，再加入蒸馏水至 12.5μL，混匀。加入 3μL Oligo（dT），混匀，68℃保温 5min，降温至 30℃。保温 5min，最后降至 0℃，保温 5min。取出加入如下试剂：2μL dNTPs，10 倍 RT 缓冲液 2μL，M-MLV（100U/μL）0.5μL，混匀，37℃下反应 45min，-20℃放置。

（2）PCR 反应　取 0.5mL 新的无菌硅化的 Eppendorf 管，依次加入如下试剂，cDNA 反应混合液 3μL，10 倍 PCR 缓冲液（无 Mg^{2+}）8μL，25mmol/L $MgCl_2$ 1.2μL，2mmol/L dNTPs 2μL，引物（100ng/μL）各 1μL，*Taq* 酶 1.5U，加双蒸水至 20μL，混匀，加矿物油一滴（约 50μL），置 PCR 扩增仪中，94℃变性 40s，55℃退火 1min，72℃延伸 1.5~2min，循环 25~35 次，72℃延伸 10min。用 Parafilm 将矿物油移去。

（3）取 5μL 电泳检测

2. 以 mRNA 为材料的 RT-PCR 方法

（1）逆转录反应　取 0.5mL 新的无菌硅化 Eppendorf 管中依次加入以下试剂：10 倍 PCR 缓冲液 2μL，dNTPs 2μL，Oligo（dT）1μL，RNasin 1μL，mRNA 1μL，$MgCl_2$ 2μL，逆转录酶 100U，重蒸水加至 2μL，混匀，42℃保温 1h。

（2）终止逆转录反应　95℃水浴加热 5min，取出离心管，置离心机中，数千转离心数秒，备用。

（3）PCR 扩增　依次加入以下试剂：10 倍 PCR 缓冲液 3μL，3′引物 2.5μL，5′引物 2.5μL，dNTPs 2μL，Taq DNA 聚合酶 1μL，混匀后加入 50μL 矿物油，95℃变性 1min，45～50℃退火 1.5min，65～72℃延伸 1.5～2min，循环 25～35 次，72℃延伸 10min。

（4）电泳检测

（三）多重 PCR（Multiplex PCR，MPCR）用于转基因食品的定性检测

MPCR 即是在同一反应管中含有一对以上引物，可以同时针对几个靶位点进行检测的 PCR 技术。该技术不仅效率高，而且因为它是针对多个靶位点进行同时检测，所以其检测结果较之普通 PCR 更为可信。该技术对植物的转基因背景进行检测具有较高的灵敏度。已有的报道经过对 DNA 方法的选择、对各种 PCR 程序的比较以及对引物的修饰，建立了一种快速检测转基因植物的技术，利用该技术对 5 个大豆样品、6 个豆粕样品进行实验检测，同时利用普通 PCR 方法对上述样品进行检测，二者的结果完全一致。

二、转基因食品的定量检测

但是，随着人们对转基因食品重视程度和量化要求的提高，各国有关 GMO 标签法对食品中的 GMO 含量的下限已有所规定，定性检测方法已经不能满足需要。另外，定性筛选 PCR 本身也具有局限性，所采取的 PCR 法因其高敏感性或操作上的误差常伴有假阳性或假阴性现象。为此，研究者们在定性筛选 PCR 方法的基础上，发展了不同的定量 GMO 的 PCR 检测方法。目前，国外较为成熟的方法主要有半定量 PCR（Semi-Quantitative PCR）法、定量竞争 PCR（Quantitative Competitive PCR，QC-PCR）法和实时定量 PCR 法（Real-Time PCR）法。在此将介绍这三种方法在转基因食品检测中的应用。

（一）半定量 PCR 法

PCR 反应具有高度特异性和敏感性，只需对少量的 DNA 进行测定便可检测 GMO 成分，但对实验技术的要求很高，其结果易受许多因素的干扰而产生误差，因此，一般 PCR 只用作转基因食品的定性筛选检测。针对所存在的问题，研究人员在实验设计中引入内部参照反应，以消除检测时的干扰，并与已知含量的系列 GMO 标准样的 PCR 结果进行比较，从而可以半定量地检测待测样品的 GMO 含量。操作流程如下。

1. 样品 DNA 的提取和定量

按常规的方法提取 DNA 后，取部分样品 DNA 在 0.8%琼脂糖凝胶中电泳，与已知含量的 Marker 比较，用计算机凝胶成像分析系统处理结果，以确定所提取的 DNA 量。

2. PCR 反应及检测

（1）样品 DNA 的质量分析　设计合适引物，对样品基因组中的保守序列进行 PCR 扩增，确定获得纯化 DNA 的质量和模板量，同时判定 PCR 反应抑制因素的影响。

（2）建立内部参照反应体系　将高纯度的 pBI 121 质粒（含两个 35S 启动子）与待测样品

DNA 以同一对引物共扩增，消除假阴性现象的影响，分析扩增结果，得到可靠的半定量结果。

（3）测定 35S 启动子的 PCR 反应　为避免操作误差，每个样品 PCR 实验重复三次，所用的 DNA 模板量为 15～20ng。在对待测样品 PCR 扩增的同时，进行空白对照、0.1%、0.5%、1%、2%、5%GMO 含量的标准样的 PCR 反应，根据凝胶电泳的结果建立工作曲线，由工作曲线判定待测样品的 GMO 含量。

（二）定量竞争 PCR 法

先构建含有修饰过的内部标准 DNA 片段（竞争 DNA），与待测 DNA 进行共扩增，因竞争 DNA 片段和待测 DNA 的大小不同，经琼脂糖凝胶可将两者分开，并可进行定量分析。一般流程如下。

1. 样品 DNA 的提取和定量

按常规方法提取 DNA，DNA 含量可用紫外分光光度计测定。

2. 竞争 DNA 的构建

按常规分子生物学的方法，用基因重组技术构建竞争 DNA 片段作为内部标准 DNA，此片段除含有转基因成分外（如 35S 启动子、NOS 终止子），还插入几十 bp 的 DNA 序列（或缺失几十 bp 的 DNA 序列）。

3. 标准工作曲线的建立

取定量模板 DNA，所含 GMO 量分别为 0%～100%的系列参考样，分别与定量的竞争 DNA 在同一反应体系进行 PCR 扩增。特异转基因 DNA 与竞争 DNA 竞争反应体系中的相同底物、引物，PCR 反应获得相差数十个 bp 的两条凝胶电泳带，两条带浓度随转基因成分含量的不同而有差异。当两条带浓度相等，则说明此参考样 GMO 浓度与竞争 DNA 浓度相等。通常实验时竞争 DNA 浓度调整到与含 1%转基因成分的参考样相当。通过凝胶成像分析系统对琼脂糖凝胶电泳的结果进行分析，得到每条带的相对浓度，以此数据作目标数图，线性回归分析后得出工作曲线图。

4. 待测样品的测定

将 500ng 待测 DNA 与经过定量的竞争 DNA 共扩增，凝胶电泳后经扫描分析得到两条带，得到目标 DNA 与竞争 DNA′的比值，依此数据在工作曲线图上求得待测样品的 GMO 含量。

（三）实时定量 PCR（Real-time PCR）法

此方法须设计一个内部探针，该探针包含 5′端荧光报告因子和 3′端淬灭因子。PCR 反应前，由于猝灭因子与荧光报告因子的位置相近，使荧光受到抑制而检测不到荧光信号。随着 PCR 反应从上游的 PCR 引物开始，引物和标记探针与目标 DNA 分子中对应的互补序列复性，聚合酶与探针相遇，利用其 5′核酸外切酶活性使报告因子释放，产生的荧光可被内设的激光器记录，记录到的荧光强度可反映 PCR 的产物量，从而实现实时定量分析。

此方法需要专门的仪器，如 PE Applied Biosystems 公司的 ABI Prism 7700 实时荧光定量 PCR 仪，实验中所需要的试剂供应商有试剂盒提供。

三、发展趋势

随着 PCR 技术本身的不断进步，可靠性不断提高，以 PCR 技术为基础的相关技术得到了很大的发展。如反相 PCR（Inverse-PCR）、随机扩增多态性 DNA 技术（RAPD），免疫 PCR（lmmuno-PCR），不对称 PCR（Asymmetric PCR）、多重 PCR（Multiple primer PCR）、固相 PCR

等。在关键技术上也有所进步，如热循环仪在质量和技术上的发展；引物的设计可通过计算机和网络来实现；已发展出多种具有各种不同特性的聚合酶体系和酶反应体系；目前已开发出一系列的 DNA 聚合酶试剂盒，简化了 PCR 操作，提高了实验的重要性，因此以 PCR 技术为基础的一系列检测技术将在转基因食品的检测中得到更大发展。但作为目前转基因检测的金标方法，实时荧光 PCR 在转基因检测领域仍存在许多问题：①PCR 的固有缺点，PCR 反应可以被存在于特定样本中的物质所抑制；② 探针制备的成本和新的荧光染料的开发；③分析灵敏度的进一步提高及重复性问题；④ 自动化仪器和试剂成本较高；⑤深加工样品的检测问题等。但随着实时荧光 PCR 技术与生物芯片技术、肽核酸技术，荧光探针定量技术等先进技术的整合，其应用前景将越来越广阔，将继续在转基因检测中发挥不可替代的作用。

第十二章 核酸探针与免疫学检测技术

CHAPTER 12

第一节 核酸探针检测技术

在化学及生物学意义上的探针（Probe），是指能与特定的靶分子发生特异性相互作用的分子，并可以被特殊的方法所探知。例如，抗体-抗原、生物素-抗生物素蛋白等的相互作用都可以看作是探针与靶分子的相互作用。核酸探针就是一段带有检测标记的已知核苷酸片段，能与未知核苷酸序列杂交，因此可以用于待测核酸样品中特定基因序列的探测。

核酸分子杂交的基本原理是：具有一定同源性的两条核苷酸单链在一定条件下（适宜的温度及离子强度等）按碱基互补原则杂交形成双链，此杂交过程是高度特异性的。核酸分子杂交发生于两条DNA单链之间者（ssDNA：ssDNA）为DNA杂交；发生于RNA链与DNA链单链之间者（RNA：ssDNA）为RNA：DNA杂交。因此，如果把一段已知基因（DNA或RNA）的核苷酸序列，用合适的标记物（放射性同位素、荧光色素、生物素和地高辛等）标记以后，可作为探针与变性后的单链基因组DNA进行杂交反应，并用合适的方法（如放射自显影技术或免疫组织化学技术）把标记物检测出来，如果二者的碱基完全配对，它们即结合形成双链，从而表明被测基因组DNA中含有已知的基因序列（同源序列或片段）；如果检测不出结合则不含已知序列。该项技术不仅具有特异性、灵敏度高的优点，而且兼备组织化学染色的可见性和定位性，从而能够特异性地显示细胞的DNA或RNA，从分子水平去研究特定生物有机体之间是否存在着亲缘关系，并可揭示核酸片段中某一特定基因的位置。目前这项在20世纪70年代基因工程学基础上发展起来的技术，已被广泛应用于分子生物学领域中克隆筛选、酶切图谱制作、DNA序列测定、基因点突变分析以及疾病的临床诊断等各方面。近年来随着食品微生物检测技术的发展，核酸探针技术已被越来越多地用于食品中沙门氏菌、金黄色葡萄球菌、副溶血性弧菌等食源性病原菌的快速检测。

一、 核酸探针的种类及其制备方法

根据核酸分子探针的来源及其性质可分为基因组DNA探针、cDNA探针、RNA探针及人工合成的寡核苷酸探针等。实际应用中可以根据目的和要求不同，来选择不同类型的核酸探针。并不是任意一段核酸片段都可作为探针，选择探针最基本的原则是是否具有高度特异性，

来源是否方便等。

1. 基因组 DNA 探针

这类探针多采用分子克隆或聚合酶链反应（PCR）技术从基因文库筛选或扩增方法制备，就是通过酶切或 PCR 从基因组中获得特异的 DNA 后，将其克隆到质粒或噬菌体载体中，随着质粒的复制或噬菌体的增殖而获得大量高纯度的 DNA 探针。由于真核生物基因组中存在高度重复序列，制备基因组 DNA 探针应尽可能选用基因的编码序列（外显子），避免选用内含子及其他非编码序列，否则将引起非特异性杂交而出现假阳性结果。

2. cDNA 探针

cDNA 探针是以 RNA 为模板，在反转录酶的作用下合成的互补 DNA。因此，它不含有内含子及其他非编码序列，是一种较理想的核酸探针。cDNA 探针包括双链 cDNA 探针和单链 DNA 探针。双链 cDNA 探针的制备方法是首先从细胞内分离出 mRNA，然后通过逆转录合成 cDNA，cDNA 再通过 DNA 聚合酶合成双链 cDNA 分子；将双链 cDNA 分子插入质粒或噬菌体载体中进行克隆、筛选、扩增、纯化，然后标记即可。单链 DNA 探针的制备相对来说要简单些，即将 cDNA 导入 M13 衍生载体中，产生大量单链 DNA，标记后即成。用单链 DNA 探针杂交，可克服双链 cDNA 探针在杂交反应中的两条链之间复性的缺点，使探针与靶 mRNA 结合的浓度提高，从而提高杂交反应的敏感性。

3. RNA 探针

mRNA 作为核酸分子杂交的探针是较为理想的，因为：①RNA/RNA 和 RNA/DNA 杂交体的稳定性较 DNA/DNA 杂交体的稳定性高，因此杂交反应可以在更为宽松的条件下进行（杂交温度可提高 10℃左右），杂交的特异性更高；②单链 RNA 分子由于不存在互补双链的竞争性结合，其与待测核酸序列杂交的效率较高；③RNA 中不存在高度重复序列，因此非特异性杂交也较少；④杂交后可用 RNase 将未杂交的探针分子消化掉，从而使本底降低。但是，大多数 mRNA 中存在多聚腺苷酸尾，有时会影响其杂交的特异性，此缺点可以通过在杂交液中加入 Poly（A）将待测核酸序列中可能存在的 Poly（dT）或 Poly（U）封闭而加以克服。另外，RNA 极易被环境中大量存在的核酸酶所降解，因此不易操作也是限制其广泛应用的重要原因之一。事实上，极少使用真正的 mRNA 作为探针，因为其来源极不方便，一般是通过 cDNA 克隆，甚至基因克隆经体外转录而得到 mRNA 样或 anti-mRNA 样探针。

制备的 RNA 探针方法是：首先把目的基因 cDNA 片段插入到含有特异的 RNA 聚合酶启动子序列的质粒中，再将重组质粒扩增、纯化，用限制酶将质粒模板切割，使之线性化；然后在 RNA 酶的作用下，从启动子部位开始，以 cDNA 为模板进行体外转录。在体外转录反应体系中只要提供有标记的核苷酸原料，经过体外转录后就能获得标记的 RNA 探针。

4. 寡核苷酸探针

采用人工合成的寡聚核苷酸片段作为分子杂交的探针，其优点是可根据需要随心所欲地合成相应的序列，避免了天然核酸探针中存在的高度重复序列所带来的不利影响；由于大多数寡核苷酸探针长度只有 15~30bp，其中即使有一个碱基不配对也会显著影响其熔解温度（T_m），因此它特别适合于基因点突变分析；此外，由于序列的复杂性降低，因此杂交所需时间也较短。需要注意的是，短寡核苷酸探针所带的标记物较少，特别是非放射性标记时，其灵敏度较低，因此当用于单拷贝基因的 Southern 印迹杂交时，采用较长的探针为好。

寡核苷酸探针是以核苷酸为原料，通过 DNA 合成仪合成的。合成寡核苷酸探针的长度一般为10~50个核苷酸，较长探针杂交时间较长，合成量低；较短探针特异性会差些；探针分子内G+C含量为40%~60%，超出此范围则会增加非特异杂交；避免单一碱基的重复出现（不能多于4个）；探针分子内不应存在互补区，否则会出现抑制探针杂交的“发夹”状结构；探针序列应与含靶序列的核酸杂交，而与非靶区域的同源性不能超过70%或有连续8个或更多的碱基的同源。如果靶DNA或mRNA的序列是已知的，合成寡核苷酸的序列就很容易确定。如果仅仅知道氨基酸的序列，由于遗传密码的兼并性，一个氨基酸兼有几个密码子编码，如以氨基酸顺序推测核苷酸顺序，则可能与天然基因不完全一致，因此探针的设计就复杂得多。在确定寡核苷酸序列时，一定要使该探针与靶基因序列特异性结合，而与无关序列不产生杂交反应。目前有专门的计算机软件帮助设计合成寡核苷酸探针。可用5′末端标记法、3′末端标记法或引物延伸法标记寡核苷酸探针。

二、 探针标记物与标记方法

（一） 核酸探针标记物种类及其特点

标记探针的目的是为了跟踪探针的去向，确定探针是否与相应的基因组DNA杂交，即显示出与核酸探针具有同源性序列的精确位置，从而判断阳性菌落的位置、靶核酸在细胞中的位置（原位杂交），或特异性片段的大小（转移印迹杂交）等。

一种理想的探针标记物，应具备以下几种特性：①高度灵敏性；②标记物与核酸探针分子的结合，绝对不能影响其碱基配对特异性；③应不影响探针分子的主要理化特性，特别是杂交特异性和杂交稳定性，杂交体的解链温度（T_m）应无较大的改变；④当用酶促方法进行标记时，应对酶促活性（K_m）无较大的影响，以保证标记反应的效率和标记产物的比活性，当标记探针还继续作为下一步酶促反应的底物（如用于DNA序列测定）时，应不能影响此步骤的酶活性；⑤检测方法除要求高度灵敏性外，还应具有高度特异性，尽量降低假阳性率。如果要求更严一些，它还应具有较高的化学稳定性，保存时间较长；标记及检测方法简单；对环境无污染，对人体无损伤，价格低廉等特性。常用的探针标记物有两类：放射性核素和非放射性核素标记物。

1. 放射性核素。

放射性核素是目前应用较多的一类探针标记物，包括^{32}P、^{3}H和^{35}S等，主要优点是：①放射性核素的灵敏度极高，可以检测到10^{-18}~10^{-14}g的物质，在最适条件下，可以测出样品中少于1000个分子的核酸含量；②放射性核素与相应的元素具有完全相同的化学性质，因此对各种酶促反应无任何影响，也不会影响碱基配对的特异性与稳定性和杂交性质；③放射性核素的检测具有极高的特异性，少数假阳性结果的出现，极少是由于放射性核素引起的，而主要是由杂交过程本身导致的。按严格规程操作（主要是预杂交和洗膜）则假阳性率极低。放射性核素标记的主要缺点是：易造成放射性污染；当标记活性极高时，放射线可以造成核酸分子结构的破坏；多数放射性核素的半衰期都较短，因此必须随用随标，标记后立即使用，不能长期存放（^{3}H与^{14}C除外）。

（1）^{32}P　^{32}P放射性强，其所释放的β粒子能量高，穿透力较强，因此放射自显影所需时间短，灵敏度高，被广泛应用于各种滤膜杂交以及液相杂交中，特别适合于基因组中单拷贝基因的检测。其缺点是半衰期短；射线散射严重，导致X线片上带型轮廓不清，有时会影响到结果的分析，特别是当要求高分辨率时（如DNA序列测定和细胞原位杂交）。^{32}P大多是以标记的各种核苷酸（^{32}P-NTP）和脱氧核糖核苷酸（^{32}P-dNTP）的形式提供的。

（2）^{35}S　^{35}S 原子可以取代磷酸分子上的一个氧原子，从而形成^{35}S 标记的核苷酸分子。核苷酸分子结构上的这种改变，对于大多数核酸修饰酶（如 DNA 和 RNA 聚合酶、激酶和磷酸酶等）的活性没有太大的影响，是其适宜的反应底物，可以直接替代^{32}P 标记的核苷酸用于探针标记。也有报道表明，这种结构上的改变会抑制 DNA 聚合酶的活性，使其掺入速率下降。

（3）^{3}H　^{3}H 释放的β粒子能量极低，散射极少，因此在感光乳胶上的成影分辨率最高，本底较低，最适用于细胞原位杂交，但放射自显影所需时间较长。目前也有较多的人用^{32}P 和^{35}S 代替^{3}H 进行原位杂交。^{3}H 的另一优点是半衰期长，标记的探针可存放较长时间。

（4）^{125}I 和^{131}I　碘放射性同位素在 20 世纪 70 年代曾被广泛用于核酸探针的标记，现已极少被采用，但碘放射性同位素仍然有其特有的优点：①可以用化学方法直接进行标记，操作简单，特别适合于 RNA 探针的标记；②放射线的散射作用较弱，分辨率较高，与^{3}H 差不多，而曝光时间则短得多，比较适合于细胞原位杂交；③其来源方便，价格低廉。比较而言，^{125}I 较^{131}I好，因为^{125}I 的半衰期较长、射线的能量较低。碘同位素最大的缺点是具有挥发性，虽然碘同位素一般是以不具有挥发性的碘化钠形式提供的，但在反应过程中还是有可能产生挥发性碘，被吸入后蓄积在甲状腺中不易被排出，致使机体接受长期照射。

2. 非放射性标记物

非放射性指示系统是基于选用特异的互补探针的相互作用来检测各种生物靶分子。适宜的检测系统是与这些探针配对的，直接通过共价结合，或间接地通过附加的特异、高亲和力的相互作用。新近发展起来的非放射性系统大多数是基于报告基团的酶学、生物化学或化学的结合。这些基团能被具有高灵敏的光学的、发光的、荧光的或金属沉淀的检测系统检测出来的。

不同的非放射性系统可以分类为直接系统和间接系统两种类型，它们之间的差别在于检测反应的成分种类及其反应步骤的次数。直接系统大多是被用于检测标准化的靶生物分子，而间接系统常被用于检测具有变异特性的不同靶生物分子。

用于直接系统的报告基团是直接地与探针结合，常使用的直接报告基团是荧光染料［如荧光素及碱性蕊香红（Rhodamine）］和标志酶［如碱性磷酸酶（AP）或辣根过氧化物酶（HRP）］与化学发光检测结合。

在间接系统中报告基团是通过探针的修饰基团和被结合到修饰探针的特异的指示剂分子之间非共价键的相互作用，间接地结合在一起。因此，间接系统首先要求用于特异分析的探针需预先导入特殊修饰基团。用做修饰基团的已知系统有维生素（如生物素）或各种半抗原，如地高辛、荧光素、二硝基苯基（DNP）、溴脱氧尿核苷或免疫金（Immunogold）等。

在间接的非放射性系统中最重要的系统是地高辛配基、生物素和荧光素系统。

（1）地高辛配基系统　异羟基洋地黄毒苷配基，简称地高辛配基（Digoxigenin，DIG）是一种类固醇半抗原，自然界存在于洋地黄植物。dUTP 是通过间臂连接类固醇半抗原地高辛配基（DIG-Dutp）。杂交反应后，杂交的靶 DNA 通过酶联免疫法与一个抗体复合物［抗地高辛配基碱性磷酸酶复合物（AIG-AP）］结合，接着在 5-溴-4-氯-3-吲哚酸盐（X-磷酸盐）和硝基蓝四唑盐（NBT）存在下，由酶催化生成颜色反应。

（2）生物素系统　在生物素（Biotin）系统中，结合的成分被加入的生物素所修饰，而结合的生物素可用于与它相黏合的指示剂蛋白即抗生物素蛋白（Avidin）或链抗生物素蛋白（Streptavidin）进行测定。抗生物素蛋白来自鸡蛋蛋白，链抗生物素蛋白分离自链酶菌属抗生物素蛋白。每种蛋白质有四个与生物素高亲和力的结合位点，结合常数为 $K=10^{15}/mol$。标记的生物素已广泛地被用于多种不同的检测，包括核酸、蛋白质和聚糖在印迹在溶液或原位中的检测，其检测类型包括直接或间接两种形式。

（3）荧光素系统　荧光系统（Fluorescein）是另一种基础抗体系统，在此系统中荧光素标签（Fluorescein Tag）被用做修饰基团，以其高亲和力抗体与标志酶（如碱性磷酸酶 A）相结合。检测核苷酸的灵敏度可达皮克（pg）级以下。如同 DIG 系统一样，特殊的荧光素抗体的特异性是高的。荧光素修饰对光是敏感的，因此应用这种修饰基团标记的试剂应注意避免光照。联合使用 DIG 生物素和荧光素标记的探针可以达到同时对三种不同特异序列的多颜色检测。

（4）二硝基苯基系统　二硝基苯基（Dinitrophenyl，DNP）指示剂系统的建立主要是为了用 DNP 作为修饰基团的原位方法和特异的 DNP 鼠单克隆 IgG 抗体，最终的荧光信号或酶的信号，被用合适的抗鼠 IgG 结合而产生。

（5）碱性磷酸酶和辣根过氧化酶系统　除了直接的荧光标签如荧光素碱性蕊香红、香豆素（Coumarin）或它们各自的衍生物外，最常使用的非放射性指示剂系统是用碱性磷酸酶（Alkaline Phosphatase，AP）作为标志酶。在简单的一步反应中它与寡脱氧核苷酸直接结合，寡脱氧核苷酸的 5′位置与 AP 的耦合是以双功能键作为媒介。用辣根过氧化酶（Horseradish Peroxidase，HRP）直接标记寡核苷酸效率低，因此 HRP 主要用于标记多核苷酸片段。直接标记的 AP 探针，能达到与放射性标记或间接非放射性标记寡核苷酸同样高的特异性，这是因为 AP 虽然必须与每单个寡核苷酸探针结合，但是它省略掉间接系统中特定的探针修饰基团与相结合成分之间的结合反应，就是用 AP 修饰具有确定序列的寡核苷酸的例子。被检测的样品经琼脂糖凝胶电泳和膜印迹后，所形成的序列梯状带能直接地被用 AP 催化的光学反应或发光反应观察到。

（二）探针标记方法

1. 探针的放射性核素标记法

这里主要以放射性核素 ^{32}P 为例介绍核酸探针与标记的连接方法（标记方法）。其他核素的标记方法与之相似，可参照此进行。

（1）缺口平移法（Nick Translation）　缺口平移法的原理是将 DNA 酶 I（DNase I）的水解活性与大肠杆菌 DNA 聚合酶 I（DNA pol I）的 5′→3′的聚合酶活性和 5′→3′的外切酶活性相结合。首先用适当浓度的 DNase I 在探针 DNA 双链上造成缺口，然后再借助于 *E. coli* 的 DNA pol I 的 5′→3′的外切酶活性，切去带有 5′-磷酸的核苷酸；同时又利用该酶的 5′→3′聚合酶活性，使生物素或同位素标记的互补核苷酸补入缺口。DNA 聚合酶 I 的这两种活性的交替作用，使缺口不断向 3′的方向移动，同时 DNA 链上的核苷酸不断为标记的核苷酸所取代，成为带有标记的 DNA 探针，再经纯化除去游离的脱氧核苷酸，即成为纯化的标记 DNA 探针，如图 12-1 所示。缺口平移标记法可对环状或线状双链 DNA 进行标记。

需要注意的是，DNase I 活性控制到什么程度是缺口平移标记法成败的关键。最合适的切口平移片段一般为 50~500 个核苷酸，用此法标记的核苷酸的掺入率可达 20%~30%。另外，缺口平移标记法产生的探针是双链 DNA，用时要预先变性后再使用。

（2）随机引物法（Random Priming）　随机引物是含有各种可能排列顺序的寡聚核苷酸片段的混合物，因此它可以与任意核酸序列杂交，起到聚合酶反应的引物的作用。目前市售的试剂盒中的随机引物是用人工合成方法得到的，寡核苷酸片段长度为 6 个核苷酸残基，含有各种可能的排列顺序（4^6= 4096 种排列顺序）。

将待标记的DNA探针片段变性后与随机引物（一些六核苷酸）一起杂交，然后以此杂交的寡核苷酸为引物，在大肠杆菌DNA聚合酶Ⅰ大片段（E. *coli* DNA Polymerase I Klenow Fragment）的催化下，按碱基互补配对的原则不断在其3′-OH端添加同位素标记的单核苷酸（α-^{32}P-dNTp）修补缺口，即形成放射性核素标记的DNA探针。

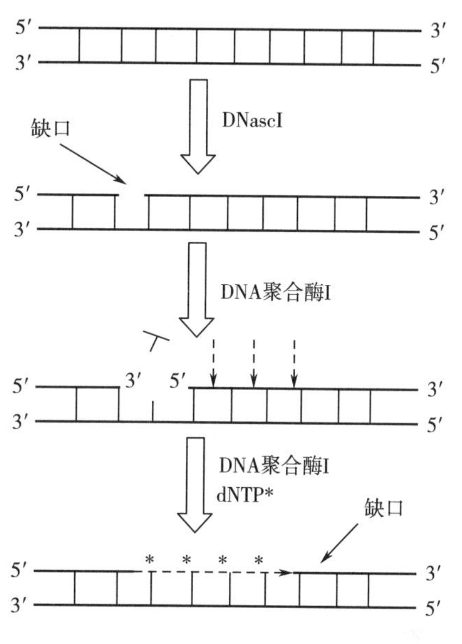

图12-1　缺口平移标记法

注：＊表示同位素标记。

除能进行双链DNA标记外，随机引物法也可用于单链DNA和RNA探针的标记。当采用单链DNA片段或RNA作为模板时，必须注意所得到的标记探针并不是其本身，而是与其互补的单链DNA片段。如果需要其本身作为探针，则必须采用其互补链或双链DNA作为模板。当以RNA为模板时，操作方法同上，但必须采用反转录酶，得到的产物是标记的单链cDNA探针。此法得到的探针放射活性极高，而高放射性会造成DNA链的破坏，因此标记好的DNA探针应立即使用。

（3）单链DNA探针的标记　单链DNA探针与双链DNA探针相比，其杂交效率更高。这是由于双链DNA探针在杂交时，除了与目的基因序列杂交外，双链DNA探针两条链之间还会形成自身的无效杂交；而单链DNA探针就避免了这种缺点。单链DNA探针的标记主要适用于克隆于M_{13}噬菌体中的DNA片段的标记，选用适当的引物也可用于质粒DNA中插入顺序的标记。

一般采用M_{13}噬菌体体系进行单链DNA探针的标记：人工合成的寡核苷酸作为引物首先与克隆了特异基因片段的M_{13}噬菌体DNA杂交，在α-^{32}P-dNTP的存在下，利用大肠杆菌DNA聚合酶Ⅰ大片段的链延伸反应合成高放射性的单链DNA探针；再用适当的限制性内切酶酶切所需探针序列，然后用变性胶电泳分离得到单链DNA探针。双链RP型M_{13}DNA也可方便地用于单链DNA探针的制备，选择适当的引物可得到相应的正链或负链DNA单链探针。作为引物的寡核苷酸一般采用互补于M_{13}噬菌体多克隆位点3′端序列的“通用引物”（正链引物：5′-CACAATTCCACACAAC-3′，负链引物：5′-TCCCAGTCACGACGT-3′）；也可以人工合成一段互补于插入序列的寡核苷酸片段作为引物。

（4）cDNA探针的标记　来源于鸟类髓母细胞病毒（AMV）的反转录酶是一种依赖于RNA的DNA聚合酶，具有多种酶促活性，包括5′→3′DNA聚合酶活性及RNA/DNA杂交体特异的RNase H酶活性。此酶主要将mRNA反转录成cDNA而应用于cDNA克隆，也可用于RNA或单链DNA模板的^{32}P标记探针的制备。当以poly（A）mRNA为模板时，反转录酶的引物可以是Oligo-dT，也可采用特异的寡核苷酸引物，还可采用随机寡核苷酸作为引物。反转录得到的产物RNA/DNA杂交双链经碱变性后，RNA单链可被迅速降解成小片段，经Sephadex G-50柱层析即可得到单链DNA探针。

（5）寡核苷酸探针的标记　人工合成的寡核苷酸片段作为分子杂交的探针已日益为更多的研究者所青睐。利用寡核苷酸探针可以检测到靶基因上单个核苷酸的点突变。多种酶促反应可用于寡核苷酸探针的末端标记，如T4多核苷酸激酶、Klenow DNA聚合酶、末端脱氧核苷酰转移酶等。

① T4多核苷酸激酶标记法：T4多核苷酸激酶的作用是催化ATP分于上的γ-磷酸基团转移到DNA或RNA分子的5′-OH基团上。因此，采用γ-^{32}p-ATP为底物，即可将寡核苷酸5′末端标记。该法的缺点是在每个探针的5′末端多加了一个磷酸，理论上，这会影响其与DNA的杂交。因此，有人建议使用Klenow DNA聚合酶的链延伸法获得高放射活性的寡核苷酸探针。

② Klenow DNA聚合酶标记法：对于带黏性末端的双链寡核苷酸，可利用Klenow DNA聚合酶的填充反应进行末端标记；而对于单链寡核苷酸，则可预先合成一小段（如8-mer）与此探针互补的寡核苷酸作为引物，然后利用Klenow DNA聚合酶的链延伸反应获得标记的寡核苷酸探针。此法的特点是模板DNA与标记的DNA探针的长度不相同，因此可采用电泳方法将它们分离开来。

③末端脱氧核苷酰转移酶标记法：末端脱氧核苷酰转移酶能催化dNTP在单链DNA 3′末端的多聚化。在Co^{2+}替代正常辅助因子Mg^{2+}的情况下，也可利用双链DNA作为底物。

2. 探针的非放射性标记法

非放射性标记物主要有两种类型：一类是预先已连接在NTP或dNTP上，因此可像放射性核素标记的核苷酸一样用酶促聚合方法掺入到核酸探针上，如生物素、地高辛（DIG）等；另一类是直接与核酸进行化学反应而连接在核酸探针上。这里重点介绍非放射性DIG标记方法。

（1）PCR标记法　在PCR反应中，热稳定聚合酶（如*Taq*聚合酶）能数以百万倍地快速扩增靶DNA，聚合酶以DNA为模板催化dNTP的聚合反应，其中掺入适宜比例的DIG-dUTP，扩增的DNA片段即被DIG标记，敏感性和特异性都很高，PCR标记反应的特异性使得这种技术特别适合于合成短序列的探针（图12-2）。PCR标记的探针特别适合于在基因组Southern印迹中检测单拷贝基因序列和Northern印迹中稀有mRNA的检测。当然，也适合于文库筛选、斑点/狭缝印迹和原位杂交。

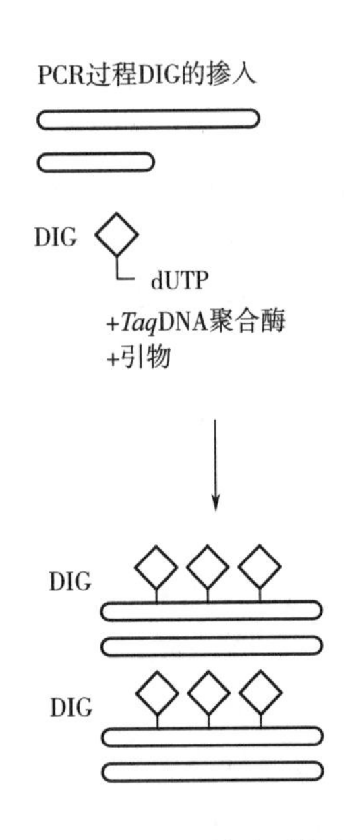

图12-2　PCR法合成探针

PCR标记法（PCR Labeling）可以从非常少量的模板产生大量的标记探针，模板的量从10~100pg、质粒或1~50ng基因组DNA均可。然而，就经验而言，10pg质粒或10ng基因组DNA产生的结果最佳，克隆质粒的插入序列比基因组DNA会产生更好的结果。PCR引物序列的特异性决定了哪一区域被扩增和标记。模板的质量一般不影响PCR标记反应，甚至煮沸法获得的质粒也可用作模板。这也意味着与其他标记方法相比，其反应条件更需要优化。当模板数量非常有限，或模板不是很纯，或模板很短时，首选PCR法制备DIG标记探针。

（2）体外转录标记 RNA 探针　体外转录标记 RNA 探针（RNA labeling）是在体外由 DNA 模板转录产生。DNA 片段被插入到载体的多克隆位点中，在其两边有不同的 RNA 聚合酶启动子（如 T7、SP6、T3RNA 聚合酶），反应前模板需要线性化（在插入序列附近），在 RNA 聚合酶作用下则插入的 DNA 序列转录成互补的 RNA 序列，反应中加入 DIG-dUTP，模板 DNA 可被转录许多次（可达 100 倍之多），从而产生出大量的全长的 DIG 标记的 RNA 探针（在标准反应中，1μg DNA 可产生 10~20μg RNA）。每 25~30 中核苷酸可掺入一个 DIG 标记的 UTP（图 12-3）。

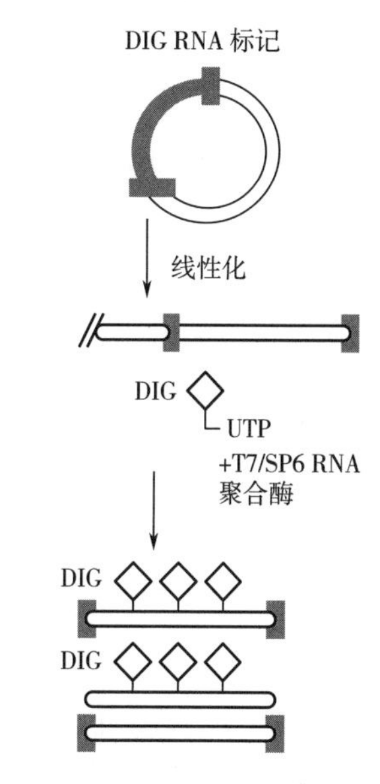

图 12-3　体外转录法合成 RNA 探针

特异性模板序列位于启动子（如 T7、SP6 或 T3 RNA 聚合酶）的下游。模板可以是高度纯化的线性化的质粒 DNA 或有启动子序列的 PCR 产物。标记的 RNA 探针非常敏感，事实上，对于检测 RNA 标本而言，DIG 标记的 RNA 探针比 DIG 标记的 DNA 探针更敏感。所以，RNA 探针特别适合于 Northern 印迹中稀有 mRNA 的检测，也适用于 Southern 印迹、文库筛选、斑点/狭缝印迹和原位杂交。

比较而言，产生 DIG 标记 DNA 探针最灵活和强有力的方法是 PCR 的方法，特别是得不到高纯度的模板时。如果能得到高纯度的模板，则随机引物标记法也能产生出同样敏感的探针。DIG 标记的 RNA 探针则在检测 RNA 靶基因时最敏感。

（三） 探针的纯化

DNA 探针标记反应结束后，反应液中仍存在未掺入到 DNA 中去的 dNTP 等小分子，需纯化将之去除，否则会干扰下一步反应。探针纯化方法分述如下。

1. 凝胶过滤柱层析法

利用凝胶的分子筛作用，可将大分子 DNA 和小分子 dNTP、磷酸根离子及寡核苷酸（＜80bp）等分离。大分子 DNA 流出，而小分子则滞留于凝胶层析柱中。常用的凝胶基质是 Sephadex G-50 和 Bio-GelP-60。

2. 反相柱层析法

反相柱层析法是一种分离效果极好的层析方法。具体步骤是：将注射器套在 Nensorb 柱上，吸取 1mL 甲醇洗柱，活化树脂；用 2mL 0.1mol/L Tris-HCl（pH8.0）溶液平衡层析柱；DNA 样品用 0.1mol/L Tris-HCl（pH8.0）溶液稀释至 1mL，推过层析柱。收集流出液后重新过柱 1 次；用 2mL 0.1mol/L Tris-HCl（pH8.0）洗柱，再用 2mL 水洗柱，最后用 0.5mL 50%乙醇洗脱层析柱，收集流出液用乙醇或异丙醇沉淀。DNA 沉淀重溶于 TE 中。

3. 乙醇沉淀法

DNA 可被乙醇沉淀，而未掺入 DNA 的 dNTP 则保留于上清中，因此反复用乙醇沉淀可将二者分离。用 2mol/L 乙酸铵和乙醇沉淀效果较好，连续沉淀两次就可去除 99%的 dNTP。蛋白质在此条件下多不会被沉淀。如果 DNA 浓度较稀（＜10μg/mL），则可加入 10μg 酵母 tRNA 共沉淀。

（四） 探针标记效率的评估

通过测定标记产物的量来估计每一次标记反应的效率，可以准确了解杂交液中应加入的探针的量。如果在杂交液中使用的探针量不准确，后果将很严重。因为探针太多会导致严重的背景问题，探针太少则会导致杂交信号减弱或没有。以 DIG 标记为例，表 12-1 列出了估计标记探针产量的方法。

表 12-1　　估计探针产量的推荐方法

标记方法	估计方法	标记方法	估计方法
随机引物法	直接检测	RNA 探针	直接检测
PCR 标记法	琼脂糖凝胶电泳	3′末端标记（寡核苷酸）	直接检测
缺口平移法	直接检测	3′加尾标记（寡核苷酸）	直接检测

直接检测法是粗略估计绝大多数标记核酸探针的方法（PCR 标记法除外），其步骤是用一系列稀释度的 DIG 标记探针直接点在膜上，同时把一系列已知稀释度的 DIG 标记的对照探针也点在膜上，通过标准检测过程显示出来。

琼脂糖凝胶电泳分析主要用于估计 PCR 标记探针的效率，它是通过琼脂糖凝胶电泳（Gel-Electrophoresis）来快速估计的，整个操作过程需要时间短。为了估计 PCR 法标记探针的效率，必须做一个 PCR 反应，反应中不加 DIG-dUTP，其他成分不变。每一个加样孔里上 5μL PCR 产物（DIG 标记探针和未标记探针），电泳结束后，凝胶用 EB 染色，可观察到以下现象：①DIG标记的探针比未标记探针迁移速率慢（DNA 中 DIG 的存在，使得其迁移速率比同样大小不含标记物的 DNA 慢）；②标记的探针 DNA 位于可预测的相对分子质量位置；③紫外灯下观察，DIG 标记与未标记的 DNA 探针条带强度相近或稍弱（因为反应混合物中 DIG 的存在会削弱聚合酶的能力，降低标记反应的效率）。

如果遇到以上情况，说明探针的标记效率足以满足杂交的需要，杂交反应中使用标记探针的标准量即可（2μL PCR 产物/mL 杂交液）。如果在同一块凝胶上用的是 DIG 标记的相对分子质量标志物，则可以粗略估计 DIG 标记探针的量，根据标记探针与相对分子质量标志物中大小相近的条带的相对强度；以及凝胶上相对分子质量标志物条带的量可计算出来。

三、 探针杂交与信号检测

核酸分子杂交的方法有多种。根据支持物的不同可分为固相杂交和液相杂交，根据核酸品种的不同分为 Southern 印迹杂交和 Northern 印迹杂交等，其原理基本相同。在大多数的核酸杂交反应中，经过凝胶电泳分离的 DNA 或 RNA，都是在杂交之前通过毛细管作用或电导作用被转移到滤膜上，而且是按其在凝胶中的位置原封不动地“吸印”上去的。常用的滤膜有尼龙滤膜、硝酸纤维素滤膜、叠氮苯氧甲基纤维素滤纸（DBM）和二乙氨基乙基纤维素滤膜（DE-AE）等。之所以采用滤膜进行核酸杂交，是因为它们易于操作，同时也比脆弱的凝胶容易保存。一般来说，在核酸分子杂交中，究竟选用哪一种滤膜，这是由核酸的特殊性、分子大小和在杂交过程中所涉及的步骤的多寡以及敏感性等参数来决定的。早期比较喜欢选用硝酸纤维素滤膜，但由于它不能滞留小于 150bp 的 DNA 片段，又不能同 RNA 结合，所以在使用上受到一定的限制。1980 年 G. E. Smith 等人发现，应用 1mol/L 的醋酸铵和 0. 2mol/L 的 NaOH 缓冲液代替 SSC 缓冲液，可改善硝酸纤维素滤膜对小片段 DNA 的滞留能力。随后 P. S. Thomas（1983）报道，经广泛变性之后的 RNA，也可十分容易地转移到硝酸纤维素滤膜上去。尼龙滤膜也是目前较为理想的固相支持物，其结合核酸能力强，可重复使用，其上每次杂交的探针可以洗去而结合的 DNA 酶切片段不易被洗去；缺点是杂交信号的本底较高，但可以加大预杂交液中的非特异性封闭剂的量以降低本底。

（一） 核酸杂交

1. Southern 印迹杂交

此项技术是 E. Southern 于 1975 年首先设计的，他根据毛细管作用的原理，使在电泳凝胶中分离的 DNA 片段转移并结合在适当的滤膜上，然后通过同标记的单链 DNA 或 RNA 探针的杂交作用检测这些被转移的 DNA 片段，故命名为 DNA 印迹杂交技术，又称 Southern DNA 印迹转移技术（Southern Blotting）。

具体步骤是：首先分离纯化获得基因组 DNA，以一种或多种限制性核酸内切酶进行消化，再行琼脂糖凝胶电泳分离，使得 DNA 片段按相对分子质量大小排列，然后将作为 DNA 电泳分离的琼脂糖凝胶，经过碱变性等预处理之后平铺在已用电泳缓冲液饱和了的两张滤纸上，在凝胶上部覆盖一张硝酸纤维素滤膜，接着加上一叠干滤纸，最后再压上一重物；这样由于干滤纸的吸引作用，在凝胶中的单链 DNA 便随着电泳缓冲液一起转移。这些 DNA 分子一旦同硝酸纤维素滤膜接触，就会牢牢地结合在滤膜上面，而且是严格地按照它们在凝胶中的谱带模式，原样地被吸印到滤膜上。在 80℃ 条件下烘烤 1~2h，DNA 片段就会稳定地固定在硝酸纤维素滤膜上。图 12-4 所示毛细管虹吸法印迹转移 DNA。

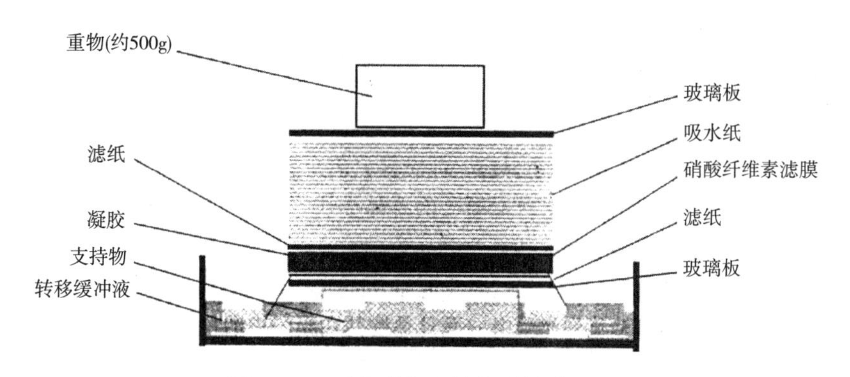

图 12-4　毛细管虹吸法印迹转移 DNA

为了进行有效的 SouthernDNA 印迹转移，对电泳凝胶作一定的处理是十分必要的。因为超过 10kb 的较大相对分子质量的 DNA 片段与较短的小相对分子质量 DNA 相比，需要更长的转移时间。为了使不同大小的 DNA 片段能够同步地从电泳凝胶转移到硝酸纤维素滤膜上，通常将电泳凝胶浸泡在 0. 25mol/L 的 HCl 溶液中做短暂的脱嘌呤处理，使 DNA 分子断裂成短片段；然后，再进行碱变性，使 DNA 片段保持单链状态而易于同探针分子发生杂交作用，从而被检测出来；最后，电泳凝胶需放置在中和溶液中经平衡之后再做印迹转移。

另一种印迹转移方法是应用紫外线交联法固定 DNA，其基本原理是：DNA 分子上的一小部分胸腺嘧啶残基同尼龙膜表面上的带正电荷的氨基基团之间形成交联键，然后将此滤膜移放在加有放射性同位素标记探针的溶液中进行核酸杂交。

早期常使用硝酸纤维素滤膜进行 Southern DNA 印迹，但它容易碎裂，因而近年来常有被尼龙膜所取代的趋势。尼龙膜不仅具有很强大抗张性，易于操作，而且也有更大的同核酸分子的结合能力。然而，为了消除尼龙膜所带的正电荷，需要延长电泳凝胶的预处理时间。值得注意的是，在使用尼龙膜的情况下，DNA 是以天然的形式而不是变性的形式，从电泳凝胶中转移到膜上的，因此 DNA 是在尼龙膜上进行原位碱变性的。

探针是能与被吸印的 DNA 序列互补的 RNA 或单链 DNA。探针一旦同滤膜上的单链 DNA 杂交之后，就很难再解链，因此可以用漂洗法去掉游离的没有杂交上的探针分子。用 X 光底片曝光后所得的放射自显影图片，与溴化乙锭染色的凝胶谱带做对照比较，便可鉴定出究竟哪一条限制性片段是与探针的核苷酸序列同源的，如图 12-5 所示。Southern DNA 印迹杂交方法十分灵敏，在理想的条件下，应用放射性同位素标记的特异探针和放射自显影技术，即使每条电泳条带仅含有 2ng 的 DNA 也能被清晰地检测出来。它几乎可以同时用于构建出 DNA 的酶切图谱和遗传图，因此在分子生物学及基因克隆实验中的应用极其广泛。

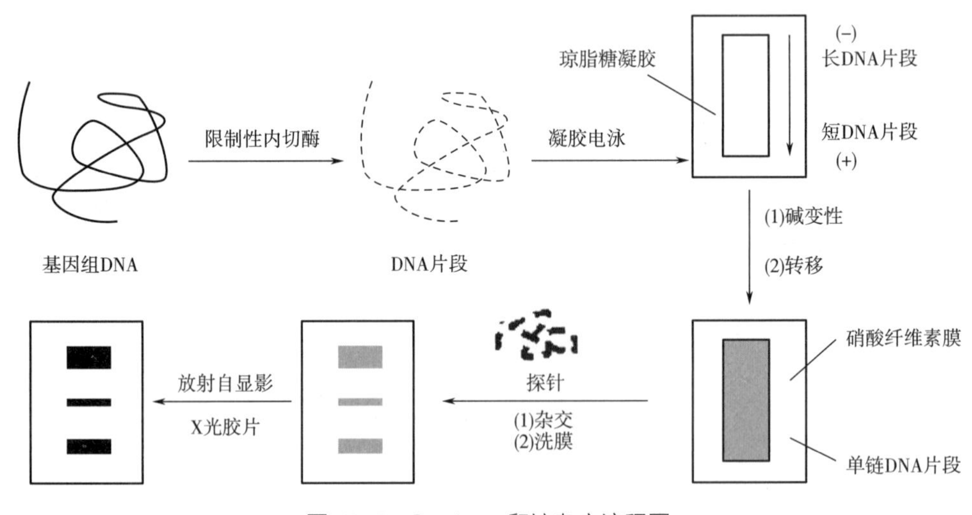

图 12-5 Southern 印迹杂交流程图

2. Northern 印迹杂交

Northern 印迹杂交的基本原理与 Southern 印迹杂交基本相同，不同之处包括如下。

①RNA 在进行凝胶电泳之前需经变性处理，且在电泳过程中保持变性状态；而 DNA 在电泳前和电泳过程中均未变性。

②电泳结束后，凝胶中的 RNA 不经任何处理，就可将其直接转移到硝酸纤维素滤膜上；而 DNA 在转移前需经碱变性及中和处理。

③RNA-DNA 杂交不如 DNA-DNA 杂交那么强，用于 RNA-DNA 的杂交液中含有较多的成分以促进 RNA-DNA 结合；杂交后，洗脱条件也不像 DNA-DNA 杂交那样强烈。

④在 DNA 凝胶电泳中用标准 DNA 参照物来确定样品 DNA 的大小；而在总 RNA 中，则含有 28SrRNA 和 18SrRNA，其含量远远高于其他 RNA，因此可将这二者形成的条带作为参照物，在杂交后来确定目的 mRNA 的大小，并可显示 RNA 在制备过程中是否已降解。故该法用于检测 mRNA。

早期由于 RNA 分子不能同硝酸纤维素滤膜结合，所以 Southern 印迹技术不能直接地应用于 RNA 的吸印转移。1979 年，J. C. Alwine 等人发展了一种方法，其基本步骤是将电泳凝胶中的 RNA 转移到叠氮化的或其他化学修饰的活性滤纸上，通过共价交联作用而使它们永久地结合在一起。此法由于与 Southern DNA 印迹杂交技术十分相似，故称为 Northern 印迹杂交技术（Northern Blotting）。

3. 斑点印迹杂交和狭线印迹杂交

斑点印迹杂交（Dot Blotting）和狭线印迹杂交（Slot Blotting），是在 Southern 印迹杂交的基础上发展起来的两种类似的快速检测特异核酸（DNA 或 RNA）分子的核酸杂交技术。它们的基本原理和操作步骤是相同的，都是通过抽真空的方式将加在多孔过滤进样器上的核酸样品，直接转移到适当的杂交滤膜上，然后再按如同 Southern 或 Northern 印迹杂交一样的方式同核酸探针分子进行杂交。由于在实验的加样过程中，使用了特殊设计的加样装置，使得众多待测的核酸样品能够一次同步转移到杂交滤膜上，并有规律地排列成点阵或线阵，因此人们通常又称此两种核酸杂交方法分别为斑点印迹杂交和狭线印迹杂交。

4. 原位杂交

1975 年，M. Grunstein 和 D. Hogness 根据检测重组体 DNA 分子的核酸杂交技术原理，对 Southern 印迹技术做了一些修改，发展出了一种菌落杂交技术。在 1977 年，W. D. Benton 和 R. W. Davis 又发展了与此类似的筛选含有克隆 DNA 的噬菌斑杂交技术。这类技术是把菌落或噬菌斑转移到硝酸纤维素滤膜上，使溶菌变性的 DNA 同滤膜原位结合。这些带有 DNA 印迹的滤膜烤干后，与放射性同位素标记的特异性 DNA 或 RNA 探针杂交，漂洗除去未杂交的探针，再同 X 光底片一道曝光。根据放射自显影所揭示的与探针序列具有同源性的 DNA 的印迹位置，对照比较原来的平板，便可以从中挑选出含有插入序列的菌落或噬菌斑。

菌落杂交或噬菌斑杂交有时又称原位杂交（*In Situ* Hybridization），因为生长在培养基平板上的菌落或噬菌斑，是按照其原来的位置不变地转移到滤膜上的，并在原位发生溶菌、DNA 变性和杂交作用。要从成千上万个由大量的菌落或噬菌斑组成的真核基因组克隆库中，鉴定出含有期望的重组体分子的菌落或噬菌斑，原位杂交技术有着特殊的应用价值。这样的实验中往往要检测大量的菌落或噬菌斑，其工作量是相当大的。

（二） 杂交信号检测

1. 放射性核素探针的检测——放射自显影

利用放射线在 X 胶片上的成影作用来检测杂交信号，称为放射自显影。主要步骤是：①将滤膜用保鲜膜包好，置于暗盒中；②在暗室中，将磷钨酸钙增感屏前屏置于滤膜上，其光面向上；然后压上一至两张 X 胶片，再压上增感屏后屏，其光面面向 X 胶片，盖上暗盒，于-70℃曝光适当的时间；③根据放射性的强度曝光一定的时间后，在暗室中取出 X 胶片，显影，定影。如曝光不足，可再压片重新曝光。

2. 非放射性核素探针的检测

对于非放射性标记的探针，除酶直接标记的探针外，其他非放射性标记物并不能被直接检测，而需先将非放射性标记物与检测系统偶联，再经检测系统的显色反应来检测杂交信号。前者称为偶联反应，后者称为显色反应。

（1）偶联反应　大多数非放射性标记物是半抗原，因此可以通过抗原-抗体免疫反应系统与显色体系偶联。另一类非放射性标记物如生物素，作为抗生物素蛋白（avidin）的配体，则可通过亲和法进行检测。avidin 是一种糖蛋白，其分子中有 4 个与生物素结合的位点，与生物素的亲和力极高。但由于体内存在内源性生物素的干扰，同时由于 avidin 等电点偏碱性（pH10.5），在中性环境下带正电荷，易与其他带负电荷的生物大分子非特异性结合，从而导致假阳性结果，特别是细胞原位杂交。近年来大多使用链亲和素（Streptavidin），它不是糖蛋白，等电点为中性，因此较少形成非特异性结合使其特异性较高。

根据偶联反应的不同，可分为直接法、间接免疫法、直接亲和法、间接亲和法和间接免疫-亲和法几类。

（2）显色反应　通过连接在抗体或抗生物素蛋白上的显色物质（如酶、荧光素等）进行杂交信号的检测。常用的检测物质与方法有以下几类：

①酶法检测：这是最常用的检测方法，通过酶促反应使其底物形成有色反应产物。最常用的酶是碱性磷酸酶和辣根过氧化酶，也偶见有使用酸性磷酸酶和β-半乳糖苷酶。

碱性磷酸酶可使其作用底物 BCIP 脱磷并聚合，在此过程中释放出的 H^+ 使 NBT（硝基蓝四氮唑）还原而形成紫色化合物。

辣根过氧化物酶（HRP）的底物有 DAB（二氨基联苯胺）和 TMB（四甲基联苯胺）。DAB 经 HRP 催化反应后形成一种红棕色沉淀物，TMB 的反应产物为蓝色。

酸性磷酸酶可作用于其底物/色素混合物而形成紫色沉淀。

β-半乳糖苷酶作用于其底物 X-gal 形成蓝色沉淀产物积集在反应部位。

②荧光检测：荧光检测法主要用于非放射性探针的原位杂交检测。在目前应用的荧光素中，异硫氰酸荧光素（FITC）是应用最广的，其他荧光素如罗丹明类（如 RBITC、TMRITC 等）也常被采用，但荧光强度较低。新一代的荧光素德克萨斯红（Texas Red）现也被广泛采用。RPE（Rhodymenia Phy-Coerythrin）是一种重要的荧光蛋白，它的吸收光谱广，荧光强度高（大约为荧光素的 20~50 倍），当需要通过高灵敏度有效提升检测能力时，最常使用该荧光蛋白。

③化学发光法：化学发光是指在化学反应过程中伴随的发光反应。应用化学发光反应对于检测固相支持物上的 DNA 杂交体最为适宜。目前最有前途的是辣根过氧化物酶催化鲁米诺（Luminol）伴随的发光反应。最近，德国 Boehringer Mannheim 公司生产了一种利用化学发光作用进行滤膜杂交检测的试剂盒 ECL，灵敏度高，特异性强，操作简单可靠，其在胶片的显影清晰、快速，可适用于 Southern，Northern 及斑点杂交的检测。

四、 核酸探针在食品微生物检测中的应用

近年来，随着我国国民经济的发展，肉食品的消费量增加，随之而来的因肉食品所引起的食物中毒病例也不断增加，这严重地威胁着人民身体的健康。目前我国肉食品中致病菌的检验普遍采用传统的细菌学检验方法（如细菌分离培养等）和血清学方法（如凝集试验、沉淀试验、琼脂扩散试验等）。采用上述常规方法检验肉食品一般都烦琐而又费时费力，报告检验结果需 4~5d，且检验的准确性和灵敏度不高。这不仅成为检验部门的一项沉重负担，而且也越来越不能满足日益发展的社会需求。因此，建立一些快速、准确检验食品中致病菌的方法已成为当务之急。核酸探针技术由于其敏感性高（可检出 10^{-12}~10^{-9}的核酸）和特异性强等优点，已广泛地应用于基因工程及医学、兽医学的实验室诊断和进出口动植物及其产品检验方面，包括用于沙门氏菌、弯曲杆菌、轮状病毒、狂犬病毒等多种病原体的检验上。在食品微生物领域研究较多的主要集中在用于检验食品中一些常见的致病菌。

（一） 大肠杆菌检测

产肠毒素性大肠杆菌（ETEC）是引起人和动物腹泻的主要病原之一。在常规的食品中大肠杆菌检测时，产耐热肠毒素（ST）的大肠杆菌常用乳鼠试验来鉴定，该方法操作复杂，耗时多，不适于进行大样本的检测，并且所用增菌方法还常导致质粒相关毒力的丧失。近几年，放射性同位素标记的核酸探针正越来越多地用于 ETEC 的快速检测。Hill 等人曾用［α^{32}P］标记的 DNA 探针检测污染食品中产热敏肠毒素（LT）大肠杆菌，其敏感性达 100 个细菌/g，此法虽适于大样本的检测，但半衰期短，对人体有危害，作为常规诊断，特别是在食品检验实验室很不适用。周志红等用生物素标记的编码大肠杆菌耐热肠毒素（ST）的 DNA 片段作为基因探针，检测污染食品（包括鲜猪肉、鸡蛋、牛乳）中的产 ST 大肠杆菌，本法特异、敏感而又没有放射性，且因不需要进行复杂的增菌和获得纯培养而节省了时间，减少了由质粒决定的毒力丧失的机会，从而提高了检测的准确性。

（二） 金黄色葡萄球菌检测

细菌分离培养是金黄色葡萄球菌检测的常规方法，该方法虽然可靠，但费时、费力，不能满足快速检测的需要。检测金黄色葡萄球菌的免疫学方法主要有免疫荧光（IFA）、放射免疫检测（RIA）和酶联免疫吸附试验（ELISA）等，这些方法虽然具有一定的特异性和敏感性，但通常需要结合细菌分离才能进行，也难满足快速检测的需要。

金黄色葡萄球菌能产生多种与毒力和致病力有关的毒素和酶，其中由 *nuc* 基因编码的耐热核酸酶［The Rmostable Nuclease，The Rmonuclease（Tnase）］，是金黄色葡萄球菌产生的一种胞外酶，能耐受 100℃/h，而酶活不受影响，该酶不仅为金黄色葡萄球菌所特有，而且在不同菌株之间具有较高的保守性。高正琴等人根据已经发表的金黄色葡萄球菌耐热核酸酶 *nuc* 基因序列设计引物，用 PCR 技术从金黄色葡萄球菌菌株中扩增 *nuc* 基因的特异片段，经生物素标记作为核酸探针，建立了斑点杂交试验。采用半抗原的 DNA 标记技术与增强化学发光（ECL）检测系统，可将非放射性方法的安全、易处理等优点与快速半定量检测相结合，然后直接应用荧光素半抗原的物理特性进行检测，这样所制备的核酸探针为金黄色葡萄球菌的检测提供了一种安全、简便、快速、经济的检测手段。

法国生物梅里埃公司的 GEN-PROBE 系统，采用杂交保护分析法（HPA）研制成金黄色葡萄球菌检验和鉴定试剂盒，已成功应用于检测食品中的金黄色葡萄球菌。此试剂盒主要原理是：检测菌的细胞经溶解后，释放出目标 rRNA；目标 rRNA 在 60℃ 与标记物（Acridinium Ester，AE）探针杂交，形成有标记物的杂交 DNA；在选择性试剂的作用下，游离探针的化学发光标记物溶化，杂交 DNA 的化学发光标记物受到保护；加入检测试剂（H_2O_2/OH^-），化学发光分子被氧化/水化发出强光，可用发光计量仪检测光强度。

（三） 李斯特菌检测

应用 DNA 探针技术检测李斯特菌或单增李斯特菌的试剂盒目前有：生物梅里埃公司的"Accuprobe Listeria Monocytogenes"和 GENE-TRAK 的"GENE-TRAK Listeria"。梅里埃公司的 GenProb 在李斯特菌的检测中，用于单增李斯特菌的鉴定。目前这一方法也正在申请 AOAC 认可。该法原理是用特异的 DNA 探针进行李斯特菌核糖体 RNA（rRNA）的检测：待检样品经前增菌、选择性增菌和后增菌后后溶解细菌，加入标记好的李斯特菌特异性的 DNA 探针用于液相杂交；如果待检样品中存有李斯特菌 rRNA，荧光素标记的检测探针和多聚脱氧腺嘌呤核苷酸（poly dA）末端捕获探针将与目标 rRNA 序列进行杂交；然后把包被有多聚脱氧胸腺嘧啶核苷酸（poly dT）的塑料测杆（固相）插入杂交溶液。poly dA 和 poly dT 之间进行碱基配对，便于探针的捕获，目标杂交核酸分子会结合在固体载体上，未结合的探针则被冲洗掉；测杆被培养在辣根过氧化物酶-抗荧光素接合剂中，接合剂与存在于杂交检测探针上荧光素标记物结合，未结合的接合剂被冲洗掉，并将测杆培养于酶底物-色原溶液中；辣根过氧化物酶与酶底物反应，将色原转变为蓝色化合物，一旦遇酸反应便停止，色原的颜色变为黄色，可在 450nm 处测量其吸收值，吸收值大于临界值则表明在检测的样品中有李斯特菌存在。

（四）存在的问题及展望

核酸探针技术虽为一种快速、敏感、特异的检测新技术，但其在实际应用中仍存在不少问题。放射性同位素标记的核酸探针具有半衰期短、对人体有危害等缺点，作为常规诊断，特别是在食品检验实验室很不适用。生物素标记的核酸探针虽然对人畜无害，但其不足之处在于受紫外线照射易分解。另外，临床标本（如食品）中的内源性生物素化蛋白质和其他糖蛋白类物质常引起背景加深和非特异性反应。同时，菌落杂交的敏感性也受其他因素的影响。但是随着该技术的发展与完善，其在食品微生物检验中将会成为一种有效的检测技术。

第二节　免疫学检测技术

免疫学检测技术是食品检验技术中的一个重要组成部分，特别是三大标记免疫技术即荧光免疫技术、酶免疫技术、放射免疫技术在食品检测中得到了广泛应用。利用免疫学检测技术可检测细菌、病毒、真菌、毒素、寄生虫等，还可用于蛋白质、激素、其他生理活性物质、药物残留、抗生素等的检测。其检测方法简便、快速、灵敏度高、特异性强，特别是单克隆抗体技术的发展使得免疫学检测方法特异性更强，结果更准确。本章主要介绍荧光免疫技术、酶免疫技术、放射免疫技术和单克隆抗体技术在食品检验中的应用。

一、免疫学检测技术原理

抗原（Antigen）：凡能刺激机体产生抗体和致敏淋巴细胞，并能与之结合引起特异性免疫反应的物质称为抗原。刺激机体产生抗体和致敏淋巴细胞的特性称为免疫原性（Immunogenicity）；与相应抗体结合发生反应的特性称为反应原性（Reactinogenicity）或免疫反应性（Immunoreactivity），二者统称为抗原性（Antigenicity）。既具有免疫原性又具有反应原性者称为完全抗原（Complete Antigen）；只有反应原性而没有免疫原性者称为不完全抗原（Incomplete Antigen），又称半抗原（Hapten）。半抗原又有简单半抗原（Simple Hapten）和复合半抗原（Complex Hapten）之分。

抗体（Antibody）：抗体是在抗原刺激下产生的，并能与之特异性结合的免疫球蛋白。抗体在体内存在的形式有许多种。体液性抗体是由 B 细胞系的抗体产生细胞所产生的，存在于组织液、淋巴液、血液和脑脊髓液等体液中，又称免疫球蛋白（Immunoglabulin，Ig）。

（一）抗原或抗体检测原理

抗原或抗体检测是借助抗原和抗体在体外特异结合后出现的各种现象，对标本中的抗原或抗体进行定性或定量的检测。定性检测比较简单，即用已知的抗体和待检样品混合，经过一段时间，若有免疫复合物形成的现象发生，就说明待检样品中有相应的抗原存在；若无预期的现象发生，则说明样品中无相应的抗原存在。同理也可用已知的抗原检测样品中是否有相应抗体。对抗原或抗体进行定量检测时，反应中加入抗原和抗体的浓度与形成免疫复物的浓度呈函数关系；根据免疫复合物产生的多少来推算样品中抗原（或抗体）的含量。在一定的反应条件下，加入的已知抗体（或抗原）的浓度一定，反应产生的免疫复合物多少与待检样品中含有相应抗原（或抗体）量成正比，也就是抗体浓度一定时，免疫复合物越多则样品中的抗原量也越多，可用实验性标准曲线推算出样品中抗原（或抗体）的含量。如免疫单向扩散试验、免疫比浊试验和酶联免疫检测等都属于这类方法。可作为抗原进行检测的物质分为以下四类。

（1）各种微生物及其大分子产物　细菌、病毒、真菌、各种毒素等。

（2）生物体内各种大分子物质　各种血清蛋白（如各类免疫球蛋白、补体的各种成分）、可溶性血型物质、多肽类激素、细胞因子及癌胚抗原等均可作为抗原进行检测。

（3）人和动物细胞的表面分子　包括细胞表面各种分化抗原（如 CD 抗原）、同种异型抗原（ABO 和 Rh 血型抗原）、肿瘤相关性抗原等。

（4）各种半抗原物质　某些药物、激素和炎症介质等属于小分子的半抗原，可以分别将它们偶联到大分子的载体上，组成人工结合的完全抗原。用其免疫动物，制备出各种半抗原的抗体，可应用于各种半抗原物质的检测，例如对某些病人在服用药物后进行血中药物浓度的监测，对运动员进行服用违禁药品的检测，都是应用半抗原检测的方法。在食品检验中可用于畜产品药物残留和激素的检测。

（二）抗原或抗体检测的方法

抗原或抗体检测方法不同，实验结果的现象也会不同。广泛应用的方法有沉淀反应、凝集反应、补体参与的抗原抗体反应、用标记抗体或抗原进行的抗原、抗体反应等。下面主要介绍敏感性高的标记抗体或抗原进行的抗原、抗体反应：用荧光素、同位素或酶标记抗体或抗原，用于抗原或抗体检测是目前广泛应用的敏感、可靠的方法。上述三种常用的标记物与抗原或抗体用化学方法连接之后不改变后者的免疫特性，并可用于定性、定量或定位检测。

1. 免疫荧光技术

免疫荧光技术（Immunofluorescence Technique）是用化学方法使抗体（或抗原）标记上荧光素，形成荧光标记抗体（或抗原），荧光标记的抗体（或抗原）再与组织或细胞中的相应抗原（或抗体）结合，可进行定性定位检查抗原或抗体。

（1）直接荧光法　把荧光抗体加到待检的细胞悬液，细胞涂片或组织切片上进行染色，经抗原抗体反应后，洗去未结合的荧光抗体，将待检标本在荧光显微镜下观察，有荧光的部位即有相应抗原存在。此法可用于病毒感染细胞、带某种特异抗原的细胞（如 T 细胞和 B 细胞）或病原菌的检查。本法的缺点是检查多种抗原，就需分别制备相应的多种标记抗体。反应式如下：

$$\text{Ag+Ab-荧光} \longrightarrow \text{Ag. Ab-荧光}$$

（2）间接荧光法　可克服直接法需制备多种荧光抗体的复杂操作。将组织或细胞上的抗原直接与相应抗体（不标记荧光）结合，此为第一抗体；再把能与第一抗体特异结合的荧光标记的抗免疫球蛋白抗体加入，此为荧光标记的第二抗体，观察结果与直接法相同。间接法比直接法敏感性高，如果用于检查抗原的第一抗体是人或动物的只需制备一种抗人或动物的免疫球蛋白荧光抗体，反应式如下：

Ag+Ab→Ag. Ab+G-荧光→Ag. Ab. G-荧光

2. 酶联免疫分析法

酶联免疫分析法（Enzyme Immunoassay，EIA）是当前应用最广泛的免疫检测方法。本法是将抗原抗体反应的特异性与酶对底物高效催化作用结合起来，根据酶作用底物后显色，以颜色变化判断试验结果。可经酶标测定仪做定量分析，敏感度可达纳克水平。常用于标记的酶有辣根过氧化物酶（Horseradish Peroxidase）、碱性磷酸酶（Alkaline Phosphatase）等，它们与抗体结合不影响抗体活性。这些酶具有一定的稳定性，制成酶标抗体可保存较长时间。目前常用的方法有酶标免疫组化法和酶联免疫吸附法。前者测定细胞表面抗原或组织内的抗原；后者主要测定可溶性抗原或抗体。本法既没有放射性污染又不需昂贵的测试仪器，所以较放射免疫分析法更易推广。

酶联免疫吸附测定（Enzyme Linked Immunosorbent Assay，ELISA）：将抗原或抗体吸附在固相载体表面，加入酶标抗体或抗原，使抗原抗体反应在固相载体表面进行，形成酶标记的免疫复合物，经过洗涤后，游离的酶标抗体或抗原被冲掉，而形成的酶标记免疫复合物不能被冲掉，加入底物显色后，用肉眼或分光光度计判断结果。可用间接法、双抗体夹心法或竞争法测定抗原或抗体。

3. 放射免疫分析法

放射免疫分析法（Radioimmunoassay，RIA）应用竞争性结合的原理，使放射性同位素标记抗原（或抗体）与相应抗体（或抗原）结合，通过测定抗原抗体结合物的放射活性来判断结果。本方法可进行超微量分析，敏感性高。本法常用的同位素有^{125}I和^{131}I。反应式如下：

Ag+ Ab-^{125}I ⟶Ag. Ab-^{125}I（测定其放射性）或 Ag-^{125}I + Ab→Ag. ^{125}I. Ab（测定其放射性）

放射免疫分析常用的方法有液相法和固相法两种。

（1）液相法　将待检标本（例如含胰岛素抗原）与定量的同位素标记的胰岛素（抗原）和定量的抗胰岛素抗体混合，经一定作用时间后，分离收集抗原抗体复合物及游离的抗原，测定这两部分的放射活性，计算结合率。在反应系统中，待检标本的胰岛素抗原与同位素标记的胰岛素竞争性的与胰岛素抗体结合。非标记的抗原越多，标记抗原与抗体形成的复合物越少；且非标记抗原含量与标记抗原抗体复合物的量呈一定的函数关系。预先用标准的非标记抗原作标准曲线后，即可查出待检标本中胰岛素的含量（图 12-6）。

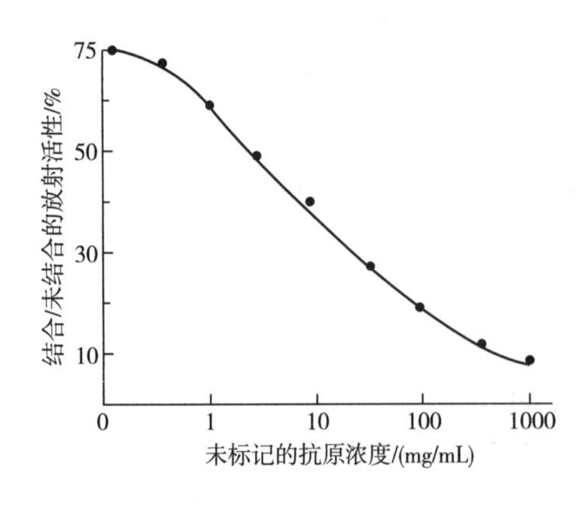

图 12-6　液相放射免疫分析法原理及标准曲线

（2）固相法　将抗原或抗体吸附到固相载体表面，然后加待检标本和标记抗体或标记抗原，保温后形成标记抗原抗体复合物，通过冲洗后洗去游离的标记抗体或抗原，而形成的标记抗原抗体复合物因吸附到固相载体上，所以不能被缓冲液洗掉。通过测定固相载体的放射性即可定性或定量测定抗原或抗体。常用的固相载体有聚苯乙烯小管或硝酸纤维素膜。放射免疫分析法应用范围广泛，可测定多种激素（胰岛素、生长激素、甲状腺素等）、维生素、药物、IgE 等。

二、免疫荧光技术在食品检测中的应用

免疫荧光分析（Immunofluorescence Assay，IFA）始创于 20 世纪 40 年代初，1942 年 Coons 等多次报道用异硫氰酸荧光素标记抗体，检查小鼠组织切片中的可溶性肺炎球菌多糖抗原。当时由于此种荧光素标记物的性能较差，未能推广使用。直至 20 世纪 50 年代末期，Riggs 等（1958）合成性能较为优良的异硫氰酸荧光黄。Mashall 等（1958）对荧光抗体的标记方法又进行改进，从而使免疫荧光技术逐渐推广应用。免疫荧光细胞化学技术是采用荧光素标记的已知抗体（或抗原）作为探针，检测待测组织、细胞标本中的靶抗原（或抗体），使形成的抗原抗体复合物带有荧光素，在荧光显微镜下，由于受高压汞灯光源的紫外光照射，荧光素发出明亮的荧光，这样就可以分辨出抗原（或抗体）的所在位置及其性质，并可利用荧光定量技术计算抗原的含量，以达到对抗原物质定位、定性和定量测定的目的。

（一）基本原理

抗体与荧光素结合后，并不影响其和相应抗原发生特异性结合反应。事先将待测抗原固定于载玻片上，滴加荧光标记抗体，若荧光标记抗体与相应抗原发生特异性结合反应，不能被缓冲液冲掉，在荧光显微镜下就可观察到荧光；否则，荧光抗体被缓冲液冲掉，在荧光显微镜下观察不到荧光。

（二）抗体的荧光标记

荧光是指一个分子或原子吸收了给予的能量后，即刻引起发光；停止能量供给，发光也瞬即停止。荧光素是一种能吸收激发光的光能产生荧光，并能作为染料使用的有机化合物，又称荧光色素。目前用于标记抗体的荧光素主要有异硫氰酸荧光素（FITC）、四乙基罗丹明及四甲基异硫氰酸罗丹明等。

1. 荧光抗体的制备

用于标记的抗体，要求是高特异性和高亲和力的，所用抗血清中也不应含有针对标本中正常组织的抗体，一般需经纯化提取 IgG 后再做标记。作为标记的荧光素应符合以下要求：①应具有能与蛋白质分子形成共价键的化学基团，与蛋白质结合后不易解离，而未结合的色素及其降解产物易于清除。②荧光效率高，与蛋白质结合后，仍能保持较高的荧光效率。③荧光色泽与背景组织的色泽对比鲜明。④与蛋白质结合后不影响蛋白质原有的生化与免疫性质。⑤标记方法简单、安全无毒。⑥与蛋白质的结合物稳定，易于保存。

常用的标记蛋白质的方法有搅拌法和透析法两种。以 FITC 标记为例，搅拌标记法的步骤为：先将待标记的蛋白质溶液用 0.5mol/L pH 9.0 的碳酸盐缓冲液平衡，随后在磁力搅拌下逐滴加入 FITC 溶液，在室温持续搅拌 4~6h 后，离心，上清即为标记物。此法适用于标记样品量较大，蛋白含量较高的抗体溶液。搅拌法的优点是标记时间短，荧光素用量少。但本法的影响因素多，若操作不当会引起较强的非特异性荧光染色。

透析法适用于标记样品量少，蛋白含量低的抗体溶液。此法标记比较均匀，非特异染色也较低。步骤为：先将待标记的蛋白质溶液装入透析袋中，置于含 FITC 的 0.01mol/L，pH9.4 碳酸盐缓冲液中反应过夜，以后再用 PBS 透析法去除游离色素；低速离心，取上清液。

标记完成后，还应对标记抗体进一步纯化，以去除未结合的游离荧光素和过多结合荧光素的抗体。纯化方法可采用透析法或层析分离法。

2. 荧光抗体的鉴定

荧光抗体在使用前应加以鉴定。鉴定指标包括效价及荧光素与蛋白质的结合比率。抗体效价可以用琼脂双扩散法进行测定，效价大于1∶16者较为理想。荧光素与蛋白质结合比率（F/P）的测定和计算的基本方法是：将制备的荧光抗体稀释至$A_{280}\approx1.0$，分别测读A_{280}（蛋白质特异吸收峰）和标记荧光素的特异吸收峰，按公式计算。

$$(\mathrm{FITC})F/P=\frac{2.87\times A_{495}}{A_{280}-0.35\times A_{495}} \tag{12-1}$$

$$(\mathrm{RB200})F/P=\frac{A_{515}}{A_{280}} \tag{12-2}$$

F/P值越高，说明抗体分子上结合的荧光素越多，反之则越少。一般用于固定标本染色的荧光抗体以$F/P=1.5$为宜，用于活细胞染色的以$F/P=2.4$为宜。

抗体工作浓度的确定方法将荧光抗体自（1∶4）~（1∶256）倍比稀释，对切片标本作荧光抗体染色。以能清晰显示特异荧光且非特异染色弱的最高稀释度为荧光抗体工作浓度。

荧光抗体的保存应注意防止抗体失活和防止荧光猝灭。最好小量分装，-20℃冻存，这样就可放置3~4年。在4℃中一般也可存放1~2年。

（三） 标本的制作

食品卫生检验中，荧光标记抗体检测标本的制作方法是将样品增菌液涂在载玻片上，涂片应薄而均匀，干燥后用化学方法固定，然后进行荧光染色。固定的目的有两个，一是防止被检材料从玻片上脱落，二是消除抑制抗原抗体反应的因素，如脂肪之类。最常用的固定剂为丙酮和95%的乙醇。经丙酮固定后，许多病毒、细菌的定位研究常能得到良好的结果。乙醇对可溶性蛋白抗原的定位也较好。8%~10%福尔马林较适合于脂多糖抗原，因为这类抗原可溶于有机溶剂。固定的温度和时间要凭经验确定，一般用37℃、10min，室温、15min或4℃、30min。某些病毒最好以丙酮在-40~-20℃条件下固定30min。固定后应随即用PBS反复冲洗，干后即可用于染色。

（四） 荧光抗体染色方法

1. 直接法

这是荧光抗体技术中最简单和基本的方法。滴加荧光抗体于待检标本片上，经反应和洗涤后在荧光显微镜下观察；标本中如有相应抗原存在，即与荧光抗体特异结合，在镜下可见有荧光的抗原抗体复合物（图12-7）。直接法的优点是操作简单、特异性高，但其缺点是检查每种抗原均需制备相应的特异性荧光抗体，且敏感性低于间接法。

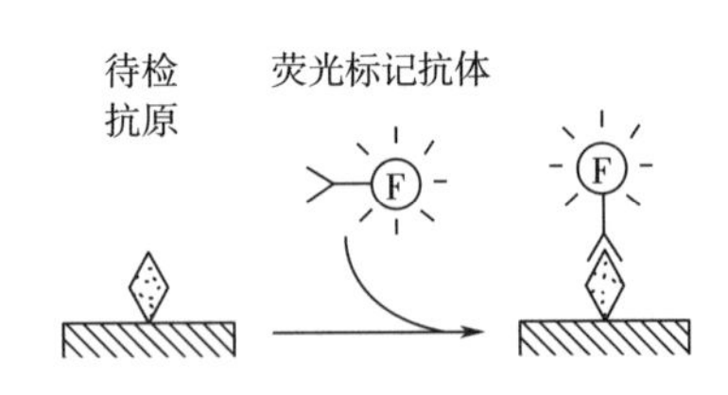

图12-7　直接免疫荧光法原理示意图

2. 间接法

根据抗球蛋白试验的原理，用荧光素标记抗球蛋白抗体（简称标记抗抗体）的方法。检测过程分为两步：第一步，将待测抗体（第一抗体）加在含有已知抗原的标本片上作用一定时间，洗去未结合的抗体；第二步，滴加标记抗抗体，如果第一步中的抗原抗体已发生结合，此时加入的标记抗抗体就和已固定在抗原上的抗体（一抗）分子结合，形成抗原-抗体-标记抗抗体复合物，并显示特异荧光（图12-8）。间接法的优点是敏感性高于直接法，而且无须制备一种荧光素标记的抗球蛋白抗体，就可用于检测同种动物的多种抗原抗体系统。也可用荧光素标记葡萄球菌 A 蛋白，代替标记抗球蛋白抗体用于间接法荧光染色，且不受第一抗体来源的种属限制，但敏感性低于标记抗抗体法。间接法的缺点是有时易产生非特异性荧光。此法常用于各种自身抗体的检测，如果第一抗体为已知，也可用于鉴定未知抗原。

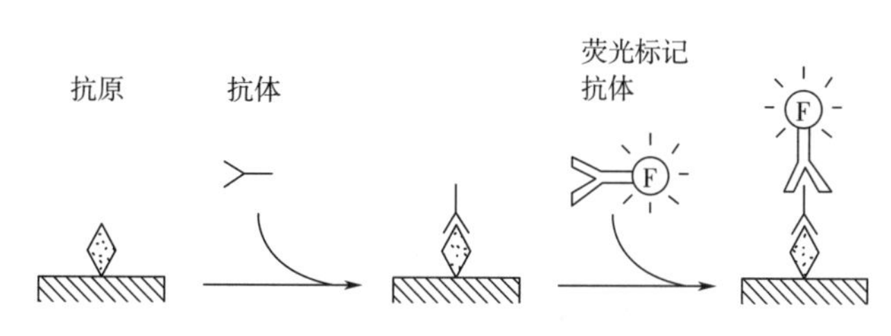

图 12-8 间接免疫荧光法原理示意图

（五） 荧光显微镜检查

经荧光抗体染色的标本，需要在荧光显微镜下观察。最好在染色当天即作镜检，以防荧光消退而影响结果。荧光显微镜检查应在通风良好的暗室内进行。首先要选择好光源或滤光片，滤光片的正确选择是获得良好荧光观察效果的重要条件。在光源前面的一组激发滤光片，其作用是提供合适的激发光。激发滤光片有两种，MG 为紫外光滤片，只允许波长 275~400nm 的紫外光通过，最大透光度在 365nm；BG 为蓝紫外光滤片，只允许波长 325~500nm 的蓝外光通过，最大透光度为 410nm。靠近目镜的一组阻挡滤光片（又称吸收滤光片或抑制滤光片）的作用是滤除激发光，只允许荧光通过，透光范围为 410~650nm，代号有 OG（橙黄色）和 GG（淡绿黄色）两种。观察 FITC 标记物可选用激发滤光片 BG12，配以吸收滤光片 OG4 或 GG9；观察 RB200 标记物时，可选用 BG12 与 OG5 配合。

（六） 在食品检验中的应用

免疫荧光检测技术已经广泛应用于医药卫生领域，可检测细菌、病毒、寄生虫等，在食品卫生领域也应用的越来越多。下面以沙门氏菌的荧光抗体检验为例说明免疫荧光抗体技术在食品检验中的应用。

1. 试验器材及试剂

除沙门氏菌增菌所需物品外，另需：

①载玻片：76×26mm，厚 0.8~1.0mm，事先刻好 4×2 个小方格，并编号。先用洗涤剂彻底洗净油污，经滴检察证实无油污，再浸于 95%酒精中备用。

②盖玻片：22×22mm，厚 0.13~0.17mm，同上洗净，浸于 95%酒精中备用。

③荧光显微镜。

④溶液与试剂：磷酸盐缓冲生理盐水：0.01mol/L（pH9.0）PBS-0.85% NaCl；固定液：按顺序将无水乙醇 60mL、三氯甲烷 30mL 混匀，再加入 36%~38%甲醛 10mL，混匀于 4℃ 储存，重复使用次数以不超过三次为宜；pH 9.0 碳酸盐缓冲甘油：无水 $Na_2CO_3$6g、无水 Na_2HCO_3 37g 溶于蒸馏水中，加水至 100mL，混匀后即成 pH 9.0 碳酸盐缓冲液，以此一份再加九份甘油混匀即成，4℃下储存不超过 2 周为宜；沙门氏菌多价荧光抗体试剂：选用经国家进出口商品检验局批准的以 FITC 标记的沙门氏菌 A-67 全价“OH”免疫球蛋白（或沙门氏菌 A-60 多价“OH”免疫球蛋白），染色时应按试剂所标明的常规程序配制染色工作浓度和按照稀释方法进行稀释后使用，稀释后的荧光抗体试剂置 4℃ 储存可使用 1 个月左右，依然保持其固有的染色

亮度不变。

2. 操作步骤

荧光抗体技术是一种利用已知的标记有荧光素的抗体来检测相应抗原的特异、敏感的方法。它可直接用于细菌混杂培养物的检验，因而比常规的血清学方法优越。

本法对实验中试样制备、增菌培养方法、涂片、染色镜检及溶液试剂的配制、标记抗体的贮存和染色效价测定等各项都有严格规定，以尽量减少非特异性着染，避免造成失误。其操作方法如下。

（1）试样制备　对规定的直接增菌培养的肉类样品，可采用剪碎法或棉拭涂抹法而不宜用均质器打碎法，以免细微颗粒过多干扰镜检效果。

（2）增菌培养　试样以 SF 或 MM 培养基增菌，培养 18h 左右。

（3）涂片、固定、染色　①以直径为 2mm 的接种环取已接种的最后培养物 1 环，制成较薄的标本涂片，置于 37℃温箱或室温完全晾干后，用乙醇-三氯甲烷-甲醛固定液固定 5~10min，再用 95%乙醇浸洗后晾干（此乙醇以不重复利用三次为宜）。②将沙门氏菌 A-67 全价“OH”免疫球蛋白试剂（染色工作浓度）滴加于各标本涂片上，置湿盒内经 37℃ 、30min 后取出，用 0.01mol/L、pH9.0 PBS 冲去多余的荧光抗体，另换相同的 PBS 浸洗 10min，再以蒸馏水冲洗后晾干。③滴加 pH9.0 碳酸盐缓冲甘油后，加盖玻片。

（4）镜检　先以低倍镜后以高倍镜观察，记录染色亮度与菌量情况等封片。

①菌体荧光染色亮度评定标准：

++++：黄绿色闪亮荧光，菌体周围及中心轮廓清晰；

+++：黄绿色明亮荧光，菌体周围及中心轮廓清晰；

++：黄绿色荧光较弱，周围及中心轮廓清晰；

+：仅有暗淡的荧光，菌形尚可见；

-：无荧光，或菌形不清。

②结果判定：

阳性：菌体荧光亮度达到++~+++菌体形态特征符合沙门氏菌，多数视野中均能检出数个菌体以上。

疑似阳性：a. 菌形符合，荧光亮度在++以上，但单位视野中菌量过少或仅个别视野见到有部分菌体聚集现象；b. 荧光亮度在++以上，但菌体荧光不完整或形态不典型；c. 菌形符合，荧光亮度在+~++，但菌量较多且分布较均匀。

阴性：荧光亮度在++以下，且不属于疑似阳性范围者，均为阴性。

3. 报告

（1）镜检阴性　报告为“未检出沙门氏菌”，或“未检出亚利桑那菌”或“未检出沙门氏菌和亚利桑那菌”。

（2）镜检阳性　按 GB 4789.4—2016《食品安全国家标准　食品微生物学检验　沙门氏菌检验》继续进行培养检查，并根据结果做出报告。若培养法与荧光法结果不一致，应以原增菌液重新进行纯分离培养检查，并根据该结果报告。

（3）镜检疑似阳性　以原增菌液重新涂片、染色、镜检，如仍不能确定时，同样以原增菌液按原方法继续培养检查，并根据培养法检查结果做出报告。

三、免疫酶技术在食品检测中的应用

酶免疫实验技术是20世纪60年代在免疫荧光和组织化学基础上发展起来的一种新技术，最初是用酶代替荧光素标记抗体，进行生物组织中抗原的鉴定和定位。随后发展为用于鉴定免疫扩散及免疫电泳板上的沉淀线。到1971年，Engvall等用碱性磷酸酶标记抗原或抗体，建立了酶联免疫吸附测定（ELISA），这一技术的建立被认为是血清学实验的一场革命，是目前令人瞩目的有发展前途的一种新技术。

一个抗体分子与靶抗原结合之后，形成的抗原抗体复合物肉眼是不可见的，如将抗体（或抗原）与某种显色剂偶联，抗原与抗体结合形成的复合物就由不可见而成为可见，从而可以确定样品中是否存在某种抗原（或抗体）。免疫酶技术就是用酶（如辣根过氧化物酶）标记已知抗体（或抗原），然后与样品在一定条件下反应，如果样品中含有相应抗原（或抗体），抗原抗体相互结合形成的复合物中所带酶分子遇到底物时，能催化底物水解、氧化或还原，从而产生显色反应，这样就可以定性、定量测定样品中的抗原（抗体）。免疫酶技术发展迅猛，种类繁多，酶免疫技术分为酶免疫组化技术和酶免疫测定技术，酶免疫测定技术又分为均相酶免疫测定和异相酶免疫测定技术，异相酶免疫测定技术又分为固相酶免疫测定技术和液相酶免疫测定技术（请参考免疫学教材）。本节主要讨论应用最广泛的固相酶免疫测定技术中的酶联免疫吸附测定技术。

（一）酶联免疫吸附测定的基本原理

酶联免疫吸附测定（Enzyme-Linked Immunosorbent Assay，ELISA）是在免疫酶技术（Immunoenzymatic Techniques）的基础上发展起来的一种新型的免疫测定技术，其基本原理是抗体（抗原）与酶结合后，仍然能和相应的抗原（抗体）发生特异性结合反应，将待检样品事先吸附在固相载体表面称为包被，加入酶标抗体（抗原），酶标抗体（抗原）与吸附在固相载体上的相应的抗原（抗体）发生特异性结合反应，形成酶标记的免疫复合物，不能被缓冲液冲掉，当加入酶的底物时，底物发生化学反应，呈现颜色变化，颜色的深浅与待测抗原或抗体的量相关，可借助分光光度计的光吸收计算抗原（抗体）的量，也可用肉眼定性观察，因此可定量或定性的测定抗原或抗体。

（二）ELISA的种类

ELISA常用的方法直接法、间接法、双抗体夹心法、双夹心法和竞争法，见图12-9。

1. 直接法测定抗原

A. 将待测抗原吸附在载体表面；

B. 加酶标抗体，形成抗原-抗体复合物；

C. 加底物。底物的降解量与抗原量呈正相关。

2. 间接法测定抗体

A. 将抗原吸附于固相载体表面；

B. 加待测抗体，形成抗原-抗体复合物；

C. 加酶标二抗（抗抗体）；

D. 加底物。底物的降解量与抗体量呈正相关。

3. 双抗体夹心法测定抗原

A. 将已知特异性抗体吸附于固相表面；

B. 加待测抗原，形成抗原-抗体复合物；

C. 加酶标抗体形成抗体-抗原-抗体复合物；

D. 加底物。底物的降解量与抗原量呈正相关。

4. 竞争法测定抗原

A_1、A_2、A_3将抗体吸附在固相载体表面；

B_1加入酶标抗原；

B_2、B_3加入酶标抗原和待测抗原；

C_1、C_2、C_3加底物。样品孔底物降解量与待测抗原量呈负相关。

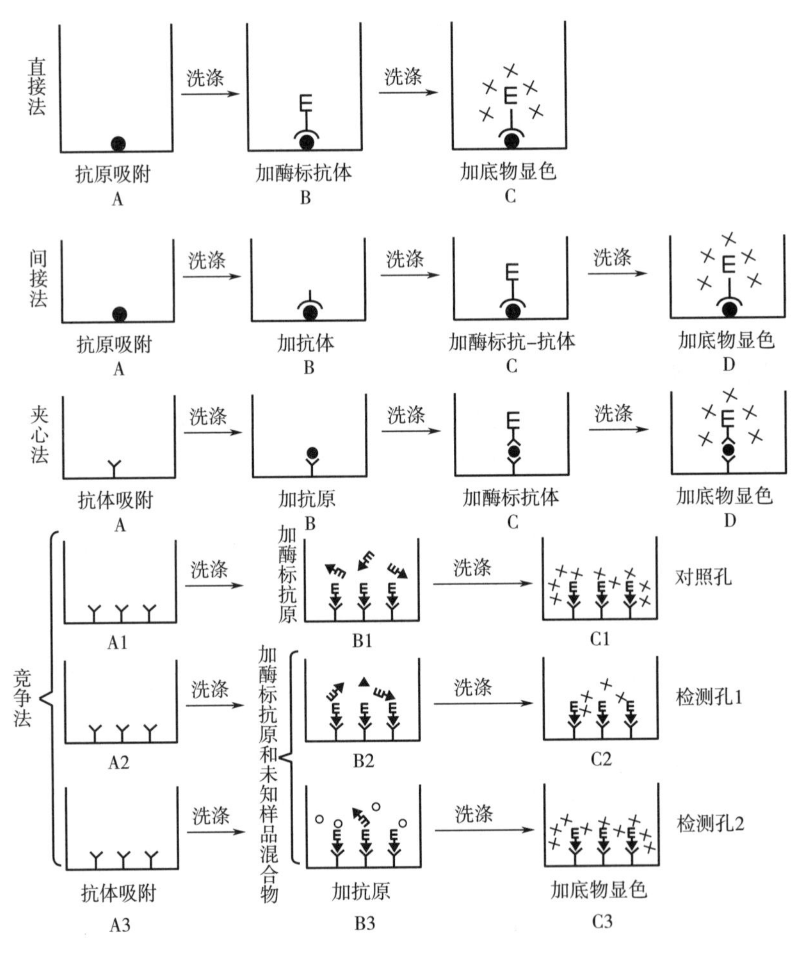

图 12-9　ELISA 常用方法图示

（三） 抗体的酶标记

用于免疫酶技术的酶有很多，如过氧化物酶、碱性磷酸酯酶、β-D-半乳糖苷酶、葡萄糖氧化酶、碳酸酐酶、乙酰胆碱酯酶、6-磷酸葡萄糖脱氧酶等。常用于ELISA法的酶有辣根过氧化物酶、碱性磷酸酯酶等，其中尤以辣根过氧化物酶为多。由于酶催化的是氧化还原反应，在呈色后须立刻测定，否则空气中的氧化作用使颜色加深，无法准确地定量。辣根过氧化物酶交联在抗体上的方法主要有两种，即戊二醛法和过碘酸氧化法。

1. 戊二醛法

戊二醛作为双活性试剂可将酶与抗体交联在一起，但戊二醛与蛋白质反应的机理各说不一，有的认为可能形成 Michael 加合物，也有人认为可能是产生不饱合醛，再与—NH_2反应成双 Schiff 碱蛋白衍生物。

$$2OHC—(CH_2)_3—CHO$$

$$\downarrow$$

$$OHC—(CH_2)_3—CH—C(CHO)—CH_2—CH_2—CHO$$

$$\downarrow\ OHC—(CH_2)_3—CHO$$

$$OHC—(CH_2)_3—CH—CH(CHO)—CH_2—C(CHO){=}CH(CH_2)_3—CHO$$

$$\downarrow\ \text{蛋白质}—NH_2(HRP)$$

$$OHC—(CH_2)_3—CH(NH(HRP)\text{—蛋白质})—CH(CHO)—CH_2—CH(CHO)—CH{=}CH—(CH_2)_3—CHO$$

$$\downarrow\ \text{蛋白质}—NH_2(Ab)$$

$$OHC—(CH_2)_3—CH(NH(HRP)\text{—蛋白质})—CH(CHO)—CH_2—CH(CHO)—CH(NH\text{—蛋白质}(Ab))—(CH_2)_3—CHO$$

（Michael 加合物）

$$OHC—(CH_2)_3—CHO$$

$$\downarrow\ \text{酶}—NH_2$$

$$\text{酶}—N{=}CH—(CH_2)_3—CHO$$

$$\downarrow\ \text{抗体/抗原}—NH_2$$

$$\text{酶}—N{=}CH—(CH_2)_3—CH{=}N—\text{抗体/抗原}$$

（α，ω-双 Schiff 碱衍生物）

戊二醛交联法有一步法和二步法之分。一步交联法是把一定量的酶、抗体和戊二醛一同加入溶液中，在一定温度下反应一段时间，然后用透析法或凝胶过滤除去未结合的戊二醛即可得到酶结合物。在蛋白质与戊二醛的交联反应中，蛋白质赖氨酸基团是戊二醛最可能的反应部位，组成辣根过氧化物酶（HRP）的 300 多个氨基酸中只有 6 个赖氨酸。市售的 HRP 中，只有 1~2 个赖氨酸基团可供交联，而抗体分子中，赖氨酸基团含量要大得多，因此在一步交联中，HRP 反应性不强。抗体分子在戊二醛作用下易形成聚合物，因此交联反应后必须用 50%饱和硫酸铵沉淀或用凝胶过滤除去聚合物。一步法酶结合物产率仅 6%~7%，其中 HRP 约占 5%。在正常情况下，HRP 只有一个戊二醛分子的一个醛基反应，而第二个醛基不能与同一个或其他酶反应，即不发生聚合，故可将戊二醛先与 HRP 反应，透析除去未反应的戊二醛，再加入抗体，这样就不会产生聚合现象，此为二部交联法。产生的酶结合物中，其酶和抗体的摩尔比接近 1∶1，标记活性的损失比一步法少，但该法效率也不高，仅有 2%~5%的 HRP 标记在抗体分子上，标记的抗体只占 25%，酶结合物的产率仅为 10%~15%。在实际运用中，酶与抗体摩尔比在 1~2 为宜，但未标记的抗体严重干扰检测结果，因此常用聚丙烯酰胺-琼脂糖凝胶（Ultrogel ACA-4A）过滤法除去未标记的抗体，如无此凝胶，也可 Sephadex G-200 代替。

2. 过碘酸盐氧化法

辣根过氧化物酶（HRP）是一种带糖的酶，糖含量约占 18%。过碘酸盐可将糖中的羟基氧化成醛基，再与抗体直接连接。然后加硼氢化钠还原形成稳定的酶结合物。该法交联效果比戊二醛法好，结合物中 HRP 与抗体的物质的量的比在 2～3，参与酶结合物中的 HRP 可达 70%，而抗体则可达 99%。但在标记过程中，酶活性和抗体的免疫活性损失较多。

用戊二醛交联时，戊二醛的质量至关重要。戊二醛易挥发，久置可发生聚合和氧化，降低交联作用。由于戊二醛单体的光吸收峰是 280nm，而聚合体则在 235nm，戊二醛其 A_{235nm}/A_{280nm} 的比值小于 3。故戊二醛应避光低温保存。

辣根过氧化物酶是一种糖蛋白，每个分子含有一个氯化血红素（Protonhemin）区作辅基。酶的浓度和纯度常以辅基的含量表示。氯化血红素辅基的最大吸收峰是 403nm，HRP 酶蛋白的最大吸收峰是 275nm，所以酶的浓度和纯度计算式为：

$$\text{酶结合物中 HRP 浓度（mg/mL）} = \frac{\text{酶结合物的 } A \text{（403nm）} \times \text{稀释倍数}}{\text{HRP 的 } A \text{（403nm）}}$$

$$= \text{酶结合物的 } A \text{（403nm）} 0.4 \times \text{稀释倍数} \quad (12-3)$$

已知 HRP 的 A（403nm，1%）= 25，式中 1%是指 HRP 百分浓度为 100mL 含酶蛋白 1g，即 10mg/mL，所以，酶浓度以 mg/mL 计算 HRP 的 A（403nmmg/mL 为 2.5）。

$$\text{HRP 纯度}（RZ）= A_{403nm}/A_{275nm} \quad (12-4)$$

纯度 RZ（Reinheit Zahl）值越大说明酶内所含杂质越少。高纯度 HRP 的 RZ 值在 3.0 左右，最高可达 3.4。用于 ELISA 检测的 HRP 的 RZ 值要求在 3.0 以上。

（四） 酶与底物

酶结合物是酶与抗体或抗原、半抗原在交联剂作用下联结的产物，是 ELISA 成败的关键试剂，它不仅具有抗体抗原特异的免疫反应，还具有酶促反应，显示出生物放大作用。

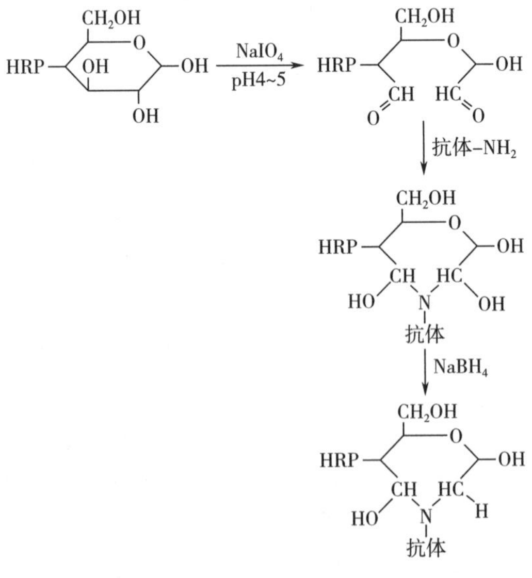

但不同的酶选用不同的底物（表 12-2）。最常用的酶是辣根过氧化物酶，辣根过氧化物酶常用的底物是 OPD，但 OPD 有致癌作用，显色也不稳定，因此近年来人们更愿意用性质稳定

又无致癌作用的 TMB 作为辣根过氧化物酶的底物。辣根过氧化物酶可催化下列反应：

$$HRP+H_2O_2 \longrightarrow 复合物+AH_2 \longrightarrow HRP+A+H_2O$$

其中，AH_2为无色底物，供氢体；A 为有色产物。

表 12-2　　免疫技术常用的酶及其底物

酶	底　物	显色反应	测定波长/nm
辣根过氧化物酶（HRP）	邻苯二胺（OPD）	橘红色	492*，460**
	3，3′，5，5′-四甲基联苯胺（TMB）	黄色	450
	5-氨基水杨酸（5-AS）	棕色	449
	邻联苯甲胺（OT）	蓝色	425
	2，2′-连胺基-2（3-乙基-并噻唑啉-6-磺酸）铵盐（ABTS）	蓝绿色	642
碱性磷酸酯酶	4-硝基酚磷酸盐（PNP）	黄色	400
	萘酚-AS-Mx 磷酸盐+重氮盐	红色	500
葡萄糖氧化酶	ABTS+HRP+葡萄糖	黄色	405，420
	葡萄糖+甲硫酚嗪+噻唑兰	深蓝色	
β-D-半乳糖苷酶	4-甲基伞酮基-半乳糖苷（4-MUG）	荧光	360，450
	硝基酚半乳糖苷（ONPG）	黄色	420

注：*终止剂为 2mol/L H_2SO_4；**终止剂为 2mol/L 柠檬酸，不同的底物有不同的终止剂。

（五）　固相载体

可作 ELISA 中载体的物质很多，最常用的是聚苯乙烯。聚苯乙烯具有较强的吸附蛋白质的性能，抗体或蛋白质抗原吸附其上后保留原来的免疫活性。聚苯乙烯为塑料，可制成各种形式；在 ELISA 测定过程中，它作为载体和容器，不参与化学反应；加之它的价格低廉，所以被普遍采用。

ELISA 载体的形状主要有三种：小试管、小珠和微量反应板（酶标板）。小试管的特点是还能兼作反应的容器，最后放入分光光度计中比色。小珠一般为直径 0.6cm 的圆球，表面经磨砂处理后吸附面积增加。如用特殊的洗涤器，在洗涤过程中使圆珠滚动淋洗，效果更好。最常用的载体为微量反应板，专用于 ELISA 测定的产品又称 ELISA 板，国际通用的标准板形是 8×12孔的 96 孔式。为便于作少量标本的检测，有制成 8 联或 12 联孔条的，放入座架后，大小与标准 ELISA 板相同。ELISA 板的特点是可以同时进行大量标本的检测，并可在特定的比色计上迅速读出结果。现在已有多种自动化仪器用于微量反应板型的 ELISA 检测，其加样、洗涤、保温、比色等步骤皆可实现自动化，对操作的标准化极为有利。

良好的 ELISA 板应该吸附性能好、空白值低、孔底透明度高，各板之间和同一板各孔之间性能相近。聚苯乙烯 ELISA 板由于配料的不同和制作工艺的差别，各种产品的质量差异很大，因此每一批号的聚苯乙烯制品在使用前须检查其性能。常用的检查方法为：以一定浓度的人 IgG（一般为 10ng/mL）包被 ELISA 板各孔后，每孔内加入适当稀释的酶标抗人 IgG 抗体，保温后洗涤，加底物显色，终止酶反应后分别测每孔溶液的吸光度，控制反应条件使各读数在

0.8 左右，并计算所有读数的平均值，所有单个读数与平均读数之差应小于 10%。与聚苯乙烯类似的塑料为聚氯乙烯，作为 ELISA 固相载体，聚氯乙烯板的特点为质软板薄，可切割，价廉，但光洁度不如聚苯乙烯板。聚氯乙烯对蛋白质的吸附性能比聚苯乙烯高，但空白值有时也略高。

除塑料制品外，固相酶免疫测定的载体还有两种材料：一是微孔滤膜，如硝酸纤维素膜、尼龙膜等，这类测定形式将在本节第五部分“膜载体的酶免疫测定”中介绍；另一种载体是以含铁的磁性微粒制作的，反应时固相微粒悬浮在溶液中，具有液相反应的速率，反应结束后用磁铁吸引作为分离的手段，洗涤也十分方便，但需配备特殊的仪器。

（六）最适工作浓度的选择

在建立 ELISA 测定中，应对包被抗原或抗体的浓度和酶标抗原或抗体的浓度予以选择，以达到最合适的测定条件和节省测定费用。下面以夹心法测抗原为例，介绍最适工作浓度的选择方法。

在夹心法 ELISA 中可用棋盘滴定法同时选择包被抗体和酶标抗体的工作浓度，举例见表 12-3。

表 12-3　夹心 ELISA 包被抗体和酶标抗体工作浓度的选择

包被抗体的浓度及酶标抗体稀释度	参考抗原		
	强阳性/（25ng/mL）	弱阳性/（1.5ng/mL）	阴性
10μg/mL			
1∶1000	1.17	0.15	0.09
1∶5000	0.46	0.03	0
1∶25000	0.12	0	0
1μg/mL			
1∶1000	>2	0.25	0.10
1∶5000	0.91	0.12	0.01
1∶25000	0.25	0.01	0
0.1μg/mL			
1∶1000	0.42	0.13	0.13
1∶5000	0.11	0.03	0.02
1∶25000	0.03	0	0

（1）抗体免疫球蛋白用包被缓冲液稀释至蛋白浓度为 10、1、0.1μg/mL，分别在 ELISA 板上进行包被，每一浓度包括三个纵行，包被完成后进行洗涤。

（2）在一个横行各包被孔中加入强阳性抗原液，另一横行加入弱阳性抗原液，第三横行加入阴性对照液，保温，洗涤。

（3）将酶标抗体用稀释液稀释成三个浓度，例如 1∶1000、1∶5000 和 1∶25000。分别加入每一包被浓度的一个纵行中，保温，洗涤。

（4）加底物显色。加酸终止反应后，读取 A 值。

（5）以强阳性抗原的 A 值在 0.8 左右、阴性参考的 A 值小于 0.1 的条件作最适条件，据此选择包被抗体和酶标抗体的工作浓度。从表 12-3 可看出包被抗体浓度可选用 1μg/mL，酶标抗体的稀释度可选为 1∶5000。为了进一步节省试剂，可以此浓度为基点，缩小间距再做进一步的棋盘滴定。

（七） ELISA 测定方法

要使 ELISA 测定得到准确的结果，不论是定性的还是定量的，必须严格按照规定的方法制备试剂和实施测定。主要试剂的制备要点已如前述，其他一般性试剂，如包被缓冲液、洗涤液、标本稀释液、结合物稀释液、底物工作液和酶反应终止液等，配制时也不可掉以轻心。缓冲液可于冰箱中短期保存，使用前应观察是否变质。蒸馏水的质量在 ELISA 中也至关重要，最好使用新鲜重蒸馏的，不合格的蒸馏水可使空白值升高。

测定的实施中，应力求各个步骤操作的标准化。下面以板式 ELISA 为例，介绍有关注意事项。

1. 加样

在 ELISA 中除了包被外，一般需进行 4~5 次加样。在定性测定中有时不强调加样量的准确性，例如规定为加样一滴。此时应该使用相同口径的滴管，保持准确的加样姿势，使每滴液体的体积基本相同。在定量测定中则加样量应力求准确。标本和结合物的稀释液应按规定配制。加样时应将液体加在孔底，避免加在孔壁上部，并注意不可出现气泡。

2. 保温

ELISA 中一般有二次抗原抗体反应，即加标本后和加结合物后，此时反应的温度和时间应按规定的要求，保温容器最好是水浴箱，可使温度迅速平衡。各 ELISA 板不应叠在一起。为避免蒸发，板上应加盖，或将板平放在底部垫有湿纱布的湿盒中。湿盒应该是金属的，传热容易。如用保温箱，空湿盒应预先放在其中，以平衡温度，这在室温较低时更为重要。加入底物后，反应的时间和温度通常不做严格要求。如室温高于 20℃，ELISA 板可避光放在实验台上，以便不时观察，待对照管显色适当时，即可终止酶反应。

3. 洗涤

洗涤在 ELISA 过程中不是反应步骤，但却是决定实验成败的关键。洗涤的目的是洗去反应液中没有与固相抗原或抗体结合的物质以及在反应过程中非特异性吸附于固相载体的干扰物质。聚苯乙烯等塑料对蛋白质的吸附作用是普遍性的，因此在 ELISA 测定的反应过程中应尽量避免非特异性吸附，而在洗涤时又应把这种非特异性吸附的干扰物质洗涤下来。在标本和结合物的稀释液和洗涤液中加入聚山梨酯（吐温，Tween）一类物质即可达到此目的。聚山梨酯是聚氧乙烯去水山梨醇脂肪酸酯，为非离子型的表面张力物质，常作为助溶剂。根据脂肪酸的种类而对聚山梨酯编号，结合月桂酸的为聚山梨酯 20，在 ELISA 中最为常用，它的洗涤效果好，并具有减少非特异性吸附和增强抗原抗体结合的作用。

洗涤如不彻底，特别在最后一次，如有酶结合物的非特异性吸附，将使空白值升高。另外，在间接法中如血清标本内的非特异性 IgG 吸附在固相上而未被洗净，也将与酶标抗体作用而产生干扰。

ELISA 板的洗涤一般可采用以下步骤：①吸干孔内反应液；②将洗涤液注满板孔；③放置 2min，略作摇动；④吸干孔内液，也可倾去液体后在吸水纸上拍干。洗涤的次数一般为 3~4

次，有时甚至需洗 5~6 次。

4. 比色

ELISA 实验结果可用肉眼观察，也可用酶标仪测定（图 12-10）。肉眼观察也有一定准确性。将凹孔板置于白色背景上，用肉眼观测结果。每批实验都需要阳性和阴性对照，如颜色反应超过阴性对照，即判断为阳性。如用不同稀释度的标本做实验，也可获得滴度。欲获精确实验结果，须用酶标仪来测量光密度。所用波长随底物而异。国内外生产的酶标仪价格从几千元到几万元不等，有人工检测机器打印结果的，也有全自动检测的，另外，还有自动化洗板设备。

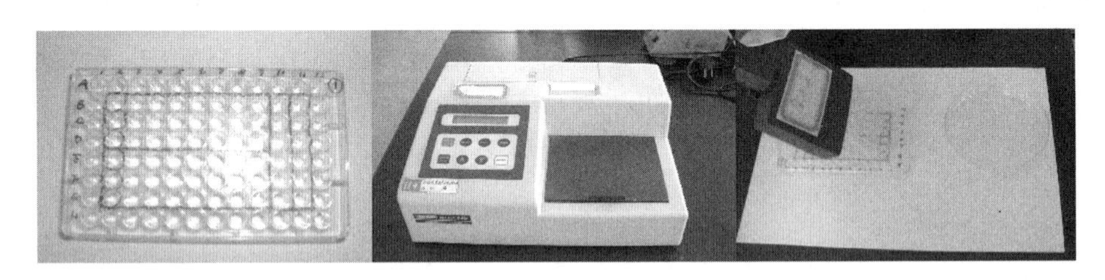

图 12-10　酶标检测仪

5. 结果判定

（1）用“+”或“-”表示　超过规定吸收值（0.2~0.4）的标本均属阳性，此规定的吸收值是根据事先测定大量阴性标本取得的，是阴性标本的均值加两个标准差。

（2）直接以吸收值表示　吸收值越大，阳性反应越强，此数值是固定实验条件下得到的结果，而且每次都伴有参考标本。

（3）以终点滴度表示　将标本稀释，最高稀释度仍出现阳性反应（即吸收值仍大于规定吸收值时），为该标本的滴度。

（4）以 P/N 表示　求出该标本的吸收值与一组阴性标本吸收值的比值，大于 1.5、2 倍或 3 倍，即判为阳性。

（八）酶免疫技术在食品检验中的应用

目前食品受农药、兽药污染的问题仍比较严重，给人们的身体健康带来了危害，尽管国家和政府对此已做了大量的工作，投入了人力、物力，但执行情况仍不尽人意。其主要原因之一就是缺乏快速、灵敏、简便的检测方法，相关的检测试剂研发速度太慢。免疫分析技术如酶联免疫分析法、胶体全免疫层析试纸法是一种快速、灵敏、简便的分析方法，在国外已被用于食品安全检测，我国也已在临床检验中应用多年。

酶免疫测定具有高度的敏感性和特异性，几乎所有的可溶性抗原抗体系统均可用于检测，它的最小可测值达纳克（ng）甚至皮克（pg）水平。与放射免疫分析相比，酶免疫测定的优点是标记试剂比较稳定，且无放射性危害。因此，酶免疫测定的应用日新月异，酶免疫测定的新方法、新技术不断发展，但酶免疫测定在食品检验中的应用应归功于商品试剂盒和自动或半自动检测仪器的问世。酶免疫测定步骤复杂，试剂制备困难，只有用符合要求的试剂和标准化的操作，才能获得满意的结果。

商品 ELISA 试剂盒中应包含包被好的固相载体、酶结合物底物和洗涤液等。先进的试剂盒不仅提供全部试剂成分，而且所有试剂均已配制成应用液，并在各种试剂中加色素，使之呈现不同的颜色。ELISA 操作步骤多，所需试剂也多，这种有色试剂既方便操作又有利于减少操作错误。ELISA 所有仪器中除定量测定中必需的出色仪（专用的称为 ELISA 测读仪）外，洗涤板也极有用。洗涤机的使用不仅省时省工，而且也利于操作标准化，对中小型实验室是实用且易于接受的。但应注意在采用洗板机前，应先对洗板机的性能加以检定，确认各孔的洗涤效果是否彻底，且重复性好。

半自动和自动化 ELISA 分析仪也日趋成熟，并在大中型临床检验实验室中取得应用。自动化 ELISA 分析仪有开放系统（Open System）和封闭系统（Close System）两类。前者适用于所有的 96 孔板的 ELISA 测定；后者只与特定试剂配套使用。

（1）酶免疫技术用于细菌及毒素、真菌及毒素、病毒和寄生虫的检测　如沙门氏菌、单核细胞增生李斯特菌、链球菌、结核分枝杆菌、布氏杆菌、金黄色葡萄球菌肠毒素、黄曲霉毒素等。肝炎病毒、风疹病毒、疱疹病毒、轮状病毒等；寄生虫如弓形体、阿米巴、疟原虫等。

（2）酶免疫技术用于蛋白质、激素、其他生理活性物质、药物残留、抗生素等的检测　如近年来有关使用酶免疫法测定乳和血浆中有机化学残留物已有报道，这标志着本法在动物性食品卫生监测方面具有新的应用趋势。因其优点，酶免疫法已引起了世界各国的重视，并已着手这方面的研究，虽然该法在动物性食品卫生监测中还存在着许多问题，不过前景还是广阔的。世界卫生组织（WHO）和世界粮农组织（FAO）对这方面的研究给予了大力支持，只要对实际问题进行细致的科学研究并努力寻求改进的方法，酶免疫法定会以新的姿态在食品卫生监测领域出现，标准化、商品化的酶免疫试剂盒也将会问世，将给整个食品卫生事业带来新的前景。

目前药物残留免疫分析技术主要分为两大类：一为相对独立的分析方法，即免疫测定法（Immunoassays，IAs），如 RIA、ELISA、固相免疫传感器（Solid Phase Immunosensor）等；二是将免疫分析技术与常规理化分析技术联用，如利用免疫分析的高选择性作为理化测定技术中的净化手段，典型的方式为免疫亲和色谱（Immunoaffinity Chromatography，IAC）。与常规的理化分析技术相比，免疫分析技术最突出的优点是操作简单，速度快、分析成本低。以使用微量滴板的 ELISA 为例，免疫测定法取样量小、前处理简单、容量大、仪器化程度低，检测乳与 GC/MS 或 GC/ECD 相似，可方便地达到 ng/g～pg/g 级，分析效率则为 HPLC 或 GC 的几十倍以上。目前大部分抗生素已经建立了免疫测定法，如磺胺二甲基嘧啶、氯霉素、沙拉沙星、链霉素、四环素、莫能菌素等。

免疫分析能与其他技术联用。在联用方法中，免疫分析技术既可作为 HPLC 或 GC 等测定技术的样品净化或分离手段，如 IAC/HPLIAC/GC、HOIAC/HPLC；也可作为其离线或在线检测方法，如 HPLC/IA、TLC/IA、CZE/IA、SFC/IA、FIA/IA 等，这些方法结合了免疫分析的选择性、灵敏度与 HPLC、GC 等技术的高速、高效分离和准确检测能力，使分析过程简化、分析成本下降，拓展了待测物范围。在 HPLC/IA 等分析中，IA 一般作为离线检测方法，又称免疫图谱法（Immunograms），适用于液相检测器无响应或分离困难的残留组分的检测。FIA/IA 可以实现 IA 的动态、实时和自动检测，分析速度快，已发展为一种专门的免疫测定技术——流动注射免疫分析法（FIIA）。ELISA 试剂盒是目前乳牛场和牛乳公司使用最广泛、快速、灵敏的检测抗生素残留的方法。各类抗生素试剂盒为国外生产，这使得国内的乳及乳制品公司花费较大。如德国拜发公司生产的抗生素检测试剂盒，一个 96 次检测试剂盒需要 3800 元，每个样品的检测需要 30～50 元。对一家中小型乳制品企业而言，每年在抗生素等药物的检测上需要

20万元以上。因此很有必要研制和开发出国产的试剂盒，以降低成本，提高经济效益。

以ELISA法检测致泻性大肠埃希氏菌肠毒素为例，说明ELISA在食品检验中的应用。

（1）产毒培养　将菌株和阳性及阴性对照菌株分别接种于0.6mL CAYE培养基内，37℃振荡培养过夜。加入20000IU/mL的多黏菌素B 0.05mL，于37℃，离心1h，分离上清液，加入0.1%硫柳汞0.05mL，于4℃保存待用。

（2）LT检验方法（双抗体夹心法）　①包被：先在产肠毒素大肠埃希氏菌LT和ST酶标诊断试剂盒中，取出包被用LT抗体管，加入包被液0.5mL，混匀后全部吸出于3.6mL包被液中混匀，一每孔100μL量加入到40孔聚苯乙烯硬反应板中，第一孔留空作对照，于4℃冰箱湿盒中过夜。②洗板：将板中溶液甩去，用洗涤液Ⅰ洗3次，甩尽液体，翻转反应板，在吸水纸上拍打，去尽孔中残留液体。③封闭：每孔加100μL封闭液，于37℃水浴中1h。④洗板：用洗涤液Ⅱ洗3次，操作同上。⑤加样品：每孔分别加各种试验菌株产毒培养液100μL，37℃水浴中1h。⑥洗板：用洗涤液Ⅱ洗3次，操作同上。⑦加酶标抗体：先在酶标LT抗体管中加0.5mL稀释液，混匀后全部吸出于3.6mL稀释液中混匀，每孔加100μL，37℃水浴中1h。⑧洗板：用洗涤液Ⅱ洗3次，操作同上。⑨酶底物反应：每孔（包括第一孔）各加基质液100μL，室温下避光作用5~10min，加入终止液50μL。⑩结果判定：以酶标仪在波长492nm下测定吸光度*OD*值，待测标本*OD*值大于3倍以上为阳性，目测颜色为橘黄色或明显高于阴性对照为阳性。

（3）ST检测方法（抗原竞争法）　①包被：先在包被用ST抗原管中加0.5mL包被液，混匀后全部吸出于1.6mL包被液中混匀，以每孔50μL加入于40孔聚苯乙烯软反应板中。加液后轻轻敲板，使液体布满孔底。第一孔留空作对照，置4℃冰箱湿盒中过夜。②洗板：用洗涤液Ⅰ洗3次，操作同上。③封闭：每孔分别加100μL封闭液，37℃水浴1h。④洗板：用洗涤液Ⅱ洗3次，操作同上。⑤加样品及ST单克隆抗体：每孔分别加各实验菌株产毒培养液50μL，稀释的单克隆抗体50μL（先在ST单克隆抗体管中加0.5mL稀释液，混匀后全部吸出于1.6mL稀释液中，混匀备用），37℃水浴1h。⑥洗板：用洗涤液Ⅱ洗3次，操作同上。⑦加酶标记兔抗鼠IG复合物：先在加酶标记兔抗鼠IG复合物管中加0.5mL稀释液，混匀后全部吸出于3.6mL稀释液中混匀，每孔加100μL，37℃水浴1h。⑧洗板：用洗涤液Ⅱ洗3次，操作同上。⑨酶底物反应：每孔（包括第一孔）各加基质液100μL，室温下避光5~10min，再加入终止液50μL。⑩结果判定：以酶标记仪在波长492nm下测定吸光度（*OD*）值：

$$\frac{\text{阴性对照}\ OD\ \text{值}-\text{待测样本}\ OD\ \text{值}}{\text{阴性对照}\ OD\ \text{值}}\times 100\% \geqslant 50\% \tag{12-5}$$

目测无色或明显淡于阴性为阳性。

四、放射免疫技术在食品检测中的应用

放射免疫分析（Radioimmunoassay，RIA）是以放射性核素为标记物的标记免疫分析法，是由Yalow和Berson于1960年创建的标记免疫分析技术。由于标记物放射性核素的检测灵敏性，本法的灵敏度高达ng甚至pg水平。测定的准确性良好，ng量的回收率接近100%。本法特别适用于微量蛋白质、激素和多肽的精确定量测定，是定量分析方面的一次重大突破，于1977年荣获诺贝尔生物学医学奖。

（一）基本原理

放射免疫分析的基本原理是标记抗原Ag^*和非标记抗原Ag对特异性抗体Ab的竞争结合反

应。它的反应式为：

$$
\begin{array}{c}
Ag^{*}+Ab \rightleftharpoons Ag^{*}Ab \\
+ \\
Ag \\
\updownarrow \\
AgAb
\end{array}
$$

在这一反应系统中，作为试剂的标记抗原和抗体的量是固定的。抗体的量一般取用能结合40%~50%的标记抗原，而受检标本中的非标记抗原是变化的。根据标本中抗原量的不同，得到不同的反应结果。

假设受检标本中不含抗原时的反应为：

$$4Ag^{*}+2Ab \rightarrow 2Ag^{*}Ab+2Ag^{*}$$

在标本中存在抗原时的反应为：

$$4Ag^{*}+4Ag+2Ab \rightarrow 1Ag^{*}Ab+3Ag^{*}+1AgAb+3Ag$$

当标记抗原、非标记抗原和特异性抗体三者同时存在于一个反应系统时，由于标记抗原和非标记抗原对特异性抗体具有相同的结合力，因此二者相互竞争结合特异性抗体。由于标记抗原与特异性抗体的量是固定的，故标记抗原抗体复合物形成的量就随着非标记抗原的量而改变。非标记抗原量增加，相应地结合较多的抗体，从而抑制标记抗原对抗体的结合，使标记抗原抗体复合物相应减少，游离的标记抗原相应增加，也即抗原抗体复合物中的放射性强度与受检标本中抗原的浓度呈反比（图 12-11）。若将抗原抗体复合物与游离标记抗原分开，分别测定其放射性强度，就可算性结合态的标记抗原（B）与游离态的标记抗原（F）的比值（B/F），或算出其结合率［B/（B+F）］，与标本中的抗量呈函数关系。用一系列不同剂量的标准抗原进行反应，计算相应的 B/F，可以绘制出一条剂量反应曲线（图 12-12）。受检标本在同样条件下进行测定，计算 B/F 值，即可在剂量反应曲线上查出标本中抗原的含量。

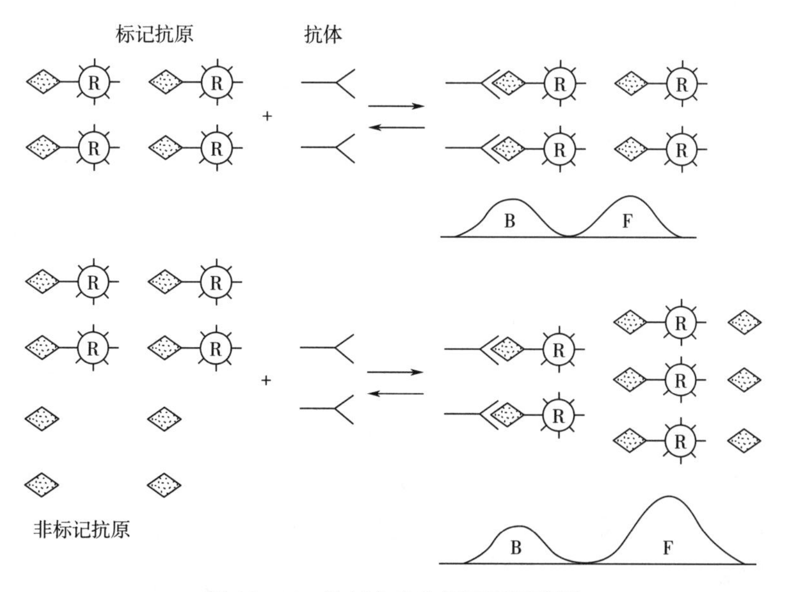

图 12-11　放射免疫分析原理示意图

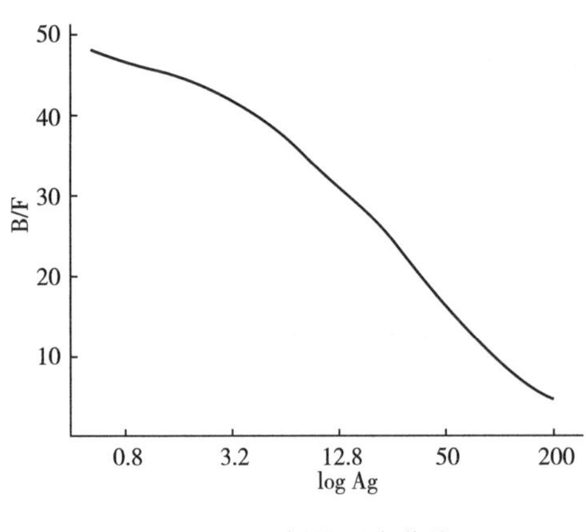

图 12-12　剂量反应曲线

（二）放射免疫测定技术的种类

放射免疫测定法可分两大类，即液相放射免疫测定和固相放射免疫测定。液相放射免疫测定需要加入分离剂，将标记抗原抗体复合物 B 和游离标记抗原 F 分离；而固相放射免疫测定测试程序简单，通常无须离心操作。即使没有经过严格训练的工作人员，在采用固相分离方法进行测定时，也很少产生分离误差。因此，固相放射免疫测定是体外放射免疫发展的主要方向。液相放射免疫测定的基本过程为：①适当处理待测样品；②按一定要求加样，使待测抗原与标记抗原竞相与抗体结合或顺序结合；③反应平衡后，加入分离剂，将 B 和 F 分开；④分别测定 B 和 F 的脉冲数；⑤计算 B/F、B%等值；⑥在标准曲线上查出待测抗原的量。固相放射免疫测定是将抗体吸附在固相载体上，分竞争性和非竞争性。竞争性又分为单层竞争法、双层竞争法，非竞争性又分为单层非竞争法和双层非竞争法。

1. 单层竞争法

预先将抗体连接在载体上，加入标记抗原（Ag^*）和待检抗原（Ag）时，二者竞争与固相载体结合。若固相抗体和 Ag^* 的量不变，则加入 Ag 的量越多，B/F 值或 B%越小。根据这种函数关系，则可作标准曲线。

2. 双层竞争法

先将抗原与载体结合，然后加入抗体与抗原结合，载体上的放射量与待测浓度成反比。此法较繁杂，有时重复性差。

3. 单层非竞争法

先将待测物与固相载体结合，然后加入过量相对应的标记物；经反应后，洗去游离标记物测放射量，即可算出待测物浓度。本法可用于抗原、抗体，方法简单，但干扰因素较多。

4. 双层非竞争法

预先制备固相抗体，加入待测抗原使成固相抗体-抗原复合物，然后加入过量的标记抗体，与上述复合物形成抗体-抗原-标记抗体复合物，洗去游离抗体，测放射性，便可测算出待测物的浓度。与 ELISA 的双抗体夹心法相似，见图 12-13。

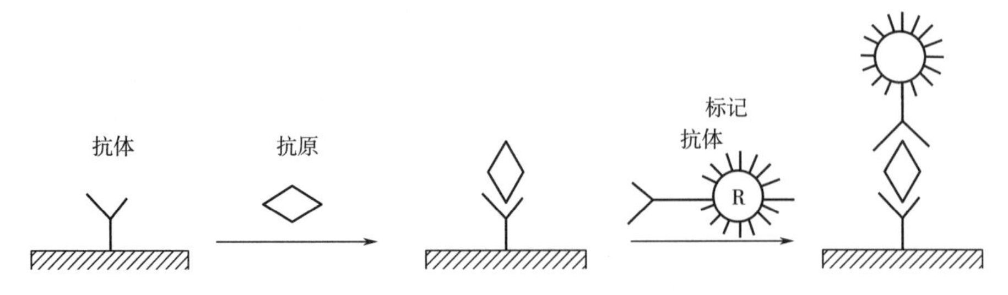

图 12-13　双层非竞争法示意图

（三）抗体的同位素标记

1. 标记物

标记用的核素有放射γ射线和β射线两大类。前者主要为^{131}I、^{125}I、^{57}Cr和^{60}Co；后者有^{14}C、^{3}H和^{32}P。放射性核素的选择首先考虑比活性。例如^{125}I比活性的理论值是64.38×10^{4} GBq/g（1.74×10^{4} Ci/g），有较长半衰期的^{14}C最大比活性是166.5GBq/g（4.5Ci/g）。二者相比，1mol ^{125}I或^{14}C结合到抗原上，^{125}I的敏感度约比^{14}C大3900倍。又因为^{125}I有合适的半衰期，低能量的γ射线易于标记，因而^{125}I是目前常用的RIA标记物。

2. 标记方法

标记^{125}I的方法可分两大类，即直接标记法和间接标记法。

直接标记法是将^{125}I直接结合于蛋白质侧链残基的酪氨酸上。此法优点是操作简便，为^{125}I和蛋白质的单一步骤的结合反应，它能使较多的^{125}I结合在蛋白质上，故标记物具有高度比放射性。但此法只能用于标记含酪氨酸的化合物。此外，含酪氨酸的残基如具有蛋白质的特异性和生物活性，则该活性易因标记而受损伤。

间接标记法（又称连接法）是以^{125}I标记在载体上，纯化后再与蛋白质结合。由于操作较复杂，标记蛋白质的比放射性显著低于直接法。但此法可标记缺乏酪氨酸的肽类及某些蛋白质。在直接法标记引起蛋白质酪氨酸结构改变而损伤其免疫及生物活性时，也可采用间接法。它的标记反应较为温和，可以避免因蛋白质直接加入^{125}I液引起的生物活性的丧失。下面介绍最常用的氯胺T直接标记法。

氯胺T是对甲苯磺基酰胺的N-氯衍生物的钠盐，在水溶液中逐渐分解形成次氯酸，是一种氧化剂。在偏碱溶液中（pH 7.5），氯胺T将^{125}I的I^{-}氧化为I^{+}，I^{+}取代蛋白质酪氨酸苯环的氢，形成二碘酪氨酸。反应式如下：

—NHCHONH—　　　　　　　　—NHCHONH—
CH_2　　　　　　　　　　　CH_2
氨胺T
$\xrightarrow{Na^{125}I\ 4℃}$
^{125}I　　I^{125}
OH　　　　　　　　　　　　OH
酪氨酸残基　　　　　　　　二碘酪氨酸

放射性碘标记率的高低与抗原（蛋白质或多肽）分子中酪氨酸的含量及分子中酪氨酸的暴露程度有关，当分子中含有较多的酪氨酸，又暴露在外时，则标记率就高。

标记方法：将纯化抗原和^{125}I加入小试管底部，然后将新鲜配制的氯胺T快速冲入，混匀振荡数10s~2min后加入偏重亚硫酸钠终止反应。再加入KI溶液稀释。然后在葡聚糖G柱上分离，逐管收集。分别用井型闪烁计数器测定放射性强度（脉冲数/min，cpm），前部为标记抗原峰，后部为游离^{125}I峰。在标记抗原峰试管内加等量1%白蛋白作稳定剂，此即为标记抗原液。

3. 标记物的鉴定

（1）放射性游离碘的含量用三氯醋酸（预先在受鉴定样品中加入牛血清白蛋白）将所有蛋白质沉淀，分别测定沉淀物和上清液的cpm值。一般要求游离碘在总放射性碘的5%以下。标记抗原在贮存过久后，会出现标记物的脱碘，如游离碘超过5%则应重新纯化去除这部分游离碘。

（2）免疫活性标记时总有部分抗原活性损失，但应尽量避免。检查方法是用小量的标记抗原加过量的抗体，反应后分离 B 和 F，分别测定放射性，算出 BT%。此值应在 80%以上，该值越大，表示抗原损伤越少。

（3）放射性比度标记抗原必须有足够的放射性比度。比度或比放射性是指单位重量抗原的放射强度。标记抗原的比放射性用 mCi/mg（或 mCi/mmol）表示。比度越高，测定越敏感。标记抗原的比度计算是根据放射性碘的利用率（或标记率）：

$$^{125}\text{I 标记率（利用率）} = \frac{\text{标记抗原的总放射性}}{\text{投入的总放射性}} \times 100\%$$

$$\text{比度（}\mu\text{Ci}/\mu\text{g）} = \frac{\text{投入的总放射性} \times \text{标记率}}{\text{标记抗原量}}$$

4. 抗血清的鉴定

含有特异性抗体的抗血清是放射免疫分析的主要试剂，常以抗原免疫小动物诱发产生多克隆抗体而得。抗血清的质量直接影响分析的灵敏度和特异性。抗血清质量的指标主要有亲和常数、交叉反应率和滴度。

（1）亲和常数（Affinity Constant） 常用 K 表示。它反映抗体与相应抗原的结合能力。K 的单位为 mol/L，即表示 1mol 抗体稀释至若干 L 溶液中时，与相应的抗原结合率达到 50%。抗血清 K 越大，放射免疫分析的灵敏度、精密和准确度越佳。抗血清的 K 达到 $10^9 \sim 10^{12}$ mol/L 时，才适合用于放射免疫分析。

（2）交叉反应率 放射免疫分析测定的物质有些具有极为类似的结构，例如甲状腺素的 T3、T4，雌激素中的雌二醇、雌三醇等。针对一种抗原的抗血清往往对于其类似物会发生交叉反应。交叉反应率是使标记抗原与抗体反应最大结合率抑制下降 50%时，特异性抗原与类似物的剂量（ED_{50}）之比。如胰岛素标准品使 ^{125}I 胰岛素与抗血清的最大结合下降 50%的用量为 0.5ng，而类似物（前体）胰岛素原的用量为 500ng，则相应的交叉反应率（%）为：0.5/500 = 0.1%。因此交叉反应率反映抗血清的特异性，交叉反应率过大将影响分析方法的准确性。

（3）滴度 是指将血清稀释时能与抗原发生反应的最高稀释度。它反映抗血清中有效抗体的浓度。在放射免疫分析中，滴度为在无受检抗原存在时，结合 50%标记抗原时抗血清的稀释度。

（四） 放射免疫测定方法

1. 液相放射免疫测定

（1）抗原抗体反应 将抗原（标准品和受检标本）、标记抗原和抗血清按顺序定量加入小试管中，在一定的温度下进行反应一定时间，使竞争抑制反应达到平衡。不同质量的抗体和不同含量的抗原对温育的温度和时间有不同的要求。如受检标本抗原含量较高，抗血清的亲和常数较大，可选择较高的温度（15~37℃）进行较短时间的温育；反之应在低温（4℃）做较长时间的温育，形成的抗原抗体复合物较为牢固。

（2）B、F 分离技术 在 RIA 反应中，标记抗原和特异性抗体的含量极微，形成的标记抗原抗体复合物（B）不能自行沉淀，因此需用一种合适的沉淀剂使它彻底沉淀，以完成与游离标记抗原（F）的分离。另外对小相对分子质量的抗原也可采取吸附法使 B 与 F 分离。

①第二抗体沉淀法：这是 RIA 中最常用的一种沉淀方法。将产生特异性抗体（第一抗体）

的动物（例如兔）的IgG免疫另一种动物（例如羊），制得羊抗兔IgG血清（第二抗体）。由于在本反应系统中采用第一、第二两种抗体，故称为双抗体法。在抗原与特异性抗体反应后加入第二抗体，形成由抗原-第一抗体-第二抗体组成的双抗体复合物。但因第一抗体浓度甚低，其复合物也极少，无法进行离心分离，为此在分离时加入一定量的与一抗同种动物的血清或IgG，使之与第二抗体形成可见的沉淀物，与上述抗原的双抗体复合物形成共沉淀。经离心即可使含有结合态抗原（B）的沉淀物沉淀，与上清液中的游离标记抗原（F）分离。

②聚乙二醇（PEG）沉淀法：最近各种RIA反应系统逐渐采用了PEG溶液代替第二抗体作沉淀剂。PEG沉淀剂的主要优点是制备方便，沉淀完全；缺点是非特异性结合率比用第二抗体为高，且温度高于30℃时沉淀物容易复溶。

③PR试剂法：是一种将双抗体与PEG二法相结合的方法。此法保持了二者的优点，节省了二者的用量，而且分离快速、简便。

④活性炭吸附法：小分子游离抗原或半抗原被活性炭吸附，大分子复合物留在溶液中。如在活性炭表面涂上一层葡聚糖，使它表面具有一定孔径的网眼，效果更好。在抗原与特异性抗体反应后，加入葡聚糖-活性炭。放置5～10min，使游离抗原吸附在活性炭颗粒上，离心使颗粒沉淀，上清液中则含有结合的标记抗原。此法适用于测定类固醇激素，强心糖苷和各种药物，因为它们是相对非极性的，又比抗原抗体复合物小，易被活性炭吸附。

（3）放射性强度的测定　B、F分离后，即可进行放射性强度测定。测量仪器有两类，液体闪烁计数仪（β射线，如^{3}H、^{32}P、^{14}C等）和晶体闪烁计数仪（β射线，如^{125}I、^{131}I、^{57}Cr等）。

计数单位是探测器输出的电脉冲数，单位为cpm（计数/分），也可用cps（计数/秒）表示。如果知道这个测量系统的效率，还可算出放射源的强度，即dpm（衰变/分）或dps（衰变/秒）。

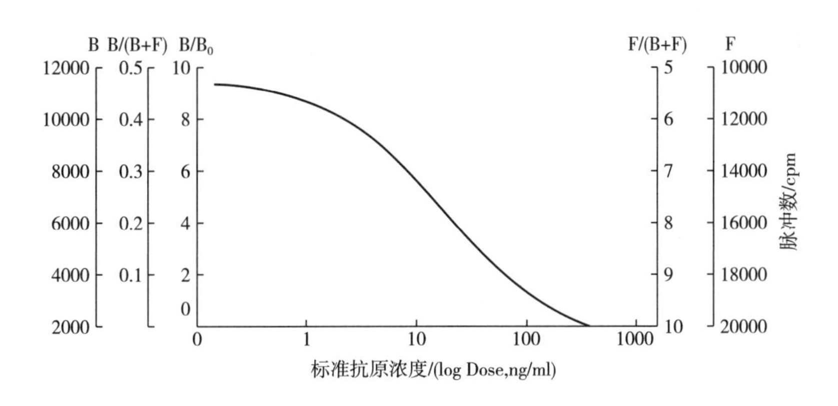

图12-14　放射性强度测定标准曲线

每次测定均需作标准曲线图，以标准抗原的不同浓度为横坐标，以在测定中得到的相应放射性强度为纵坐标作图（图12-14）。放射性强度可任选B或F，也可用计算值B/（B+F）、B/F和B/B_0。标本应作双份测定，取其平均值，在制作的标准曲线图上查出相应的受检抗原浓度。

2. 固相放射免疫测定方法（以双层非竞争法为例）

（1）抗体的包被　先将抗体吸附于固相载体表面，制成免疫吸附剂。常用的固相载体为聚苯乙烯，形状有管、微管、小圆片扁圆片和微球等。还可根据自己的工作设计新的形状，以适应特殊的需要。

（2）抗原抗体反应　免疫吸附剂与标本一起温育时，标本中的抗原与固相载体上的抗体发生免疫反应。当加入^{125}I标记的抗体后，由于抗原有多个结合点，又同标记抗体结合最终在固相载体表面形成抗体-抗原-标记抗体免疫复合物。

（3）B、F分离　用缓冲液洗涤除去游离的标记抗体，使B、F分离。

（4）放射性强度的测定　测定固相所带的放射性计数率（*cpm*），设样品*cpm*为*P*，阴性对照标本*cpm*为*N*，则*P/N*大于等于2.1为阳性反应。标本中的抗原越多，最终结合到固相载体上的标记抗体越多，其*cpm*也就越大；反之则小。当标本中不存在抗原时，其*cpm*应接近于仪器的本底计数。

（五）放射免疫在食品检测中的应用

放射免疫分析由于敏感度高、特异性强、精密度高、不仅可以检测经食品传播的细菌及毒素、真菌及毒素、病毒和寄生虫，还可测定小相对分子质量和大相对分子质量物质，因此在食品检验中应用极为广泛。南京农业大学等单位用放射免疫测定牛乳中的天花粉蛋白。从20世纪80年代开始，农药的免疫检测技术作为快速筛选检测得到许多发达国家的高度重视，成为食品生物技术的一个重要分支，得到了快速发展。放射免疫等技术由于可以避免假阴性，适宜于阳性率较低的大量样品检测，在食品农药残留检测中得到了应用。

放射免疫检测技术对所测样品的前处理要求简单，多数样品可直接用于测试。目前，研制成功了许多检测试剂，运用这一技术开展了对食品农药残留的生物技术检测研究，可对水产品，肉类产品、果蔬产品中的农药残留量进行监测。

五、单克隆抗体技术在食品检验中的应用

免疫反应是人类对疾病具有抵抗力的重要因素。当动物体受抗原刺激后可产生抗体。抗体的特异性取决于抗原分子的决定簇，各种抗原分子具有很多抗原决定簇，因此，免疫动物所产生的抗体实为多种抗体的混合物。用这种传统方法制备抗体效率低、产量有限，作为检测试剂，特异性差，且动物抗体注入人体可产生严重的过敏反应。此外，要把这些不同的抗体分开也极困难。

体内免疫法很难获得单克隆抗体（Monoclonal Antibody，McAb）。如能将所需要的抗体形成细胞选出并能在体外进行培养即可获得已知特异的单克隆抗体。1975年，Kohler和Milstein发现将小鼠骨髓瘤细胞和绵羊红细胞免疫的小鼠脾细胞进行融合，形成的杂交细胞既可产生抗体，又可无限增殖，从而创立了单克隆抗体杂交瘤技术。这一技术上的突破不仅为医学与生物学基础研究开创了新纪元，也为临床疾病的诊、防、治提供了新的工具。应用这种方法可制备单一抗原决定簇的单克隆抗体。单克隆抗体技术的出现，是免疫学领域的重大突破。

（一）单克隆抗体的基本概念

抗体主要由B淋巴细胞合成。每个B淋巴细胞有合成一种抗体的遗传基因。动物脾脏有上百万种不同的B淋巴细胞系，含遗传基因不同的B淋巴细胞合成不同的抗体。当机体受抗原刺激时，抗原分子上的许多决定簇分别激活各个具有不同基因的B细胞。被激活的B细胞分裂增殖形成该细胞的子孙，即克隆由许多个被激活B细胞的分裂增殖形成多克隆，并合成多种抗体。如果能选出一个制造一种专一抗体的细胞进行培养，就可得到由单细胞经分裂增殖而形成

细胞群，即单克隆。单克隆细胞将合成一种决定簇的抗体，称为单克隆抗体。

（二）单克隆抗体技术的基本原理

要制备单克隆抗体需先获得能合成专一性抗体的单克隆B淋巴细胞，但这种B淋巴细胞不能在体外生长。而实验发现骨髓瘤细胞可在体外生长繁殖，应用细胞杂交技术使骨髓瘤细胞与免疫的淋巴细胞二者合二为一，得到杂交的骨髓瘤细胞即杂交瘤细胞。这种杂交细胞继承两种亲代细胞的特性，它既具有B淋巴细胞合成专一抗体的特性，也有骨髓瘤细胞能在体外培养无限增殖的特性，用这种杂交瘤细胞培养增殖的细胞群，可制备抗一种抗原决定簇的特异单克隆抗体，这种用杂交瘤技术制备的单克隆抗体称为第二代抗体。只要抗原能引起小鼠的抗体应答，应用杂交瘤技术可获得几乎所有抗原的单克隆抗体。

（三）单克隆抗体技术方法

1970年Sinkovics等人已经报道过产生特异性病毒抗体的淋巴细胞和由病毒引起的肿瘤细胞可以自然地在体内形成杂交瘤分泌特异性抗体。1973年Schwaber与Coken首次报道了鼠-人杂交瘤的成功。1974年Bloom与Nakamura首次应用人的B细胞与人的骨髓瘤细胞融合产生淋巴因子。1975年，阿根廷科学家米尔斯坦（Cesar Milstein）和德国科学家柯勒（Georges Kih1er）在前人工作的基础上，继续探索和尝试，并且充分发挥想象力，设计了一个极富创造性的实验方案。他们想到，如果用一种能在体外培养条件下大量增殖的细胞，如小鼠骨髓瘤细胞，与某一种B淋巴细胞融合，所得到的融合细胞就能大量增殖，产生足够数量的特定抗体，根据这个设想，他们首先将抗原注射入小鼠体内，然后从小鼠脾脏中获得能够产生抗体的B淋巴细胞，与小鼠骨髓瘤细胞在灭活的仙台病毒或聚乙二醇的诱导下融合，再在特定的选择性培养基中筛选出杂交瘤细胞。由于杂交瘤细胞继承了双亲细胞的遗传物质，因此，它不仅具有B淋巴细胞分泌特异性抗体的能力，还有骨髓瘤细胞在体外培养条件下大量增殖的本领。他们培养杂交瘤细胞，从中挑选出能够产生所需抗体的细胞群，继续培养，以获得足够数量的细胞，在体外条件下做大规模培养或注射到小鼠腹腔内增殖。这样，从细胞培养液或小鼠的腹水中，就可以提取出大量的单克隆抗体了。制备单克隆抗体过程为动物免疫、细胞融合、选择杂交瘤、检测抗体、杂交瘤细胞的克隆化、冻存以及单克隆抗体的大量生产。

1980年Luben与Molle证明，在体外培养10d的小鼠胸腺细胞能够产生淋巴因子，并能代替在体外培养中产生初次免疫（Primary Immunization，又称原发性免疫）反应所需要的免疫T细胞。他们应用这种胸腺细胞培养液（称为条件培养液）加到小鼠脾细胞培养物中，并加入抗原（淋巴因子-破骨细胞激活因子）刺激脾细胞产生免疫反应，随后用这种细胞与鼠骨髓瘤细胞杂交而产生破骨细胞激活因子的单克隆抗体，建立了体外初次免疫反应，缩短了在体内免疫的时间。1978年Miller与Lipman应用EB病毒转形人的B淋巴细胞产生单克隆抗体，使杂交瘤单克隆抗体技术向前迈进了一步。

（四）单克隆抗体技术在食品中的应用

单克隆抗体在食品检测中的最大优点是特异性强，不易出现假阳性，在食品检验中具有广阔的应用前景。目前，人们已经制备出了各种经食品传播和引起食物中毒的细菌及毒素，真菌毒素，病毒、寄生虫、农药、激素等的单克隆抗体，并建立了检测方法。

磺胺二甲嘧啶是畜禽生产中常用的抗菌药物，但在饲料中长期添加或滥用可导致动物性食品中的药物残留，人食用含有磺胺二甲嘧啶残留的动物性食品后，会引起再生障碍性贫血，并有致癌等毒副作用。克伦特罗是畜禽生产中严格禁用的β-兴奋剂类药物，俗称瘦肉精，人食用含有克伦特罗残留的动物性食品后，会产生骨骼肌震颤、心跳过速、头痛等不良反应，严重的甚至危及生命。欧美各国和我国均将这两种药物列为兽药残留监控的重点。目前在残留监控中主要使用进口的试剂盒，检测成本高、推广难度大。国内研制出了用于动物性食品中磺胺二甲嘧啶残留检测的单克隆抗体试剂盒和克伦特罗残留检测的多克隆抗体试剂盒。经有关单位进行复核和应用后表明，该项目研制出的试剂盒灵敏度高，准确度好、特异性强，磺胺二甲嘧啶单克隆抗体试剂盒检测限达 1.3μg/kg，远低于联合国食品法典委员会和我国农业部制定的磺胺类药物残留限量标准（100μg/kg）。克伦特罗多克隆抗体试剂盒检测限为 0.1μg/kg，达到我国农业部规定的检测要求。通过与国外试剂盒的对比试验，该项目研制出的两个试剂盒的各项技术指标均达到国外同类试剂盒的水平，填补了国内空白。磺胺二甲嘧啶和克伦特罗试剂盒成本低，与常规仪器检测方法相比，具有特异性强、仪器化程度低、样品前处理简单、检测时间短、可同时检测多个样品的优点，适用于现场监控和大规模样本的快速筛选，在实际生产中具有广阔的应用前景。

另外，单克隆抗体快速检测技术，可对农产品中农药及激素残留快速检测，在 10min 内快速检测有机磷类、氨基甲酸酯类、有机氯类、拟除虫菊酯类及激素类的残留量，为农产品的优质、安全生产提供技术支持，为国家实施的“无公害食品公司行动计划”提供快速检测技术和手段。

沙门氏菌是肉品污染中一种典型的病原微生物。目前出现的许多快速检测沙门氏菌的方法是利用酶免疫方法。最新的检测方法是采用特殊材料制成固相载体，聚酯布结合单抗放置在层析柱的底部富集鼠伤寒沙门氏菌，然后直接做斑点印迹试验；还有用单抗结合到磁性粒子（直径 28nm）检测卵黄中的肠炎沙门氏菌。英国公司最新推出了一种全自动沙门氏检测系统，其原理是将捕捉抗体包被到凹形金属片的内面上，吸附被检样中的沙门氏菌，仅需把样品加到测定试剂孔中，其余全部为自动分析，仅 45min，比传统的方法省时、方便。人们还制出单核增生李斯特菌的单克隆抗体，用单抗 ELISA 检测该菌。

食品在储藏过程中会受到霉菌等微生物的污染，其结果不仅导致感官品质和营养价值的降低，更重要的是某些霉菌能产生毒素。对霉菌的检测一般采用培养、电导测量、测定耐热物质如几丁质以及显微观察等，均烦琐而费时。现在已从青霉、毛霉等霉菌中提取耐热性抗原制成单克隆抗体。用 ELISA 方法也可检出加热和未加热的食品中的霉菌。

第十三章 CHAPTER 13

纳米探针与分子印迹技术

蓬勃发展的纳米技术，特别是各种具有特殊性质纳米材料的出现及应用，为新型的测试原理、发展灵敏的食品安全检测技术的提出打开了一片广阔的天地。所谓纳米材料是指三维空间中至少有一维处于纳米尺度（1~100nm）或由它们作为基本单元构成的具有特殊性能的材料。由于纳米材料的小尺寸以及特殊的表面状态，使其表现出许多既不同于微观粒子又不同于宏观物体的特性，例如量子尺寸效应、表面效应、体积效应和宏观量子隧道效应等。这些特殊的性能使得纳米材料在诸多方面得到了应用，尤其是将纳米材料作为标记物用于构建纳米探针，来指示特定物质（如核酸、蛋白质、细胞结构等）的性质或物理状态，有效解决了传统标记物的缺陷，为生物标记技术的发展拓宽了方向。

然而，由于食品基质复杂、背景干扰大，样品中待测组分的分析检测通常需要复杂的前处理技术。近年来，分子印迹技术（Molecular Imprinting Technique，MIT）在提升食品安全检测方法的选择性能方面发挥了极大作用。分子印迹技术是指为获得在空间结构和结合位点上与某一目标分子（模板分子、印迹分子）完全匹配的高分子聚合物的制备技术。该技术是在抗原-抗体作用机理的影响下发展起来的新型分离方法，其雏形是 20 世纪 40 年代 Pauling 提出以抗原为模板合成抗体的设想，为分子印迹理论奠定了基础；直到 1977 年，Wulff 开创性地合成了共价型分子印迹聚合物（Molecularly Imprinted Polymer，MIP），使分子印迹技术取得了突破性的进展；1993 年，茶碱分子印迹聚合物的成功制备，使得分子印迹技术有了新发展并成为国内外的研究热点。分子印迹技术因具有构效预定性、特异识别性、广泛实用性等优势，在固相萃取、色谱分离、仿生传感以及模拟酶催化等领域具有出巨大的应用潜力。

分子印迹纳米探针是将上述分子印迹技术的高选择性和纳米探针的光/电特性相结合，进而将微观分子识别过程转化为光信号或电信号的一种功能材料。该类探针是在传统分子印迹技术基础上取得的重大突破，具有识别选择性高、稳定性好、制备简单、灵敏度高、实用性强等特点，对发展高效、快速、灵敏的食品安全检测技术具有极大的推动作用。

第一节　纳米探针技术

纳米探针技术因其具有高灵敏、高通量的特性，为食品安全检测提供了有效方法。依据纳米探针所使用的纳米材料类型，可将其分为纳米金探针、磁性纳米探针、量子点探针、上转换发光纳米探针、碳基纳米探针、纳米酶探针、金属-有机框架基纳米探针。

一、纳米金探针

纳米金又称胶体金，可分为纳米金球、纳米金棒及纳米金花等。通常所说的纳米金探针，是指将免疫球蛋白、核酸适配体、凝集素等结合在纳米金表面制备的功能化纳米金粒子。利用纳米金探针可以对待测组分进行定性、定位及定量研究（图 13-1）。由于胶体金在可见区呈现特征的酒红色，通过电子显微镜可清楚地观察抗原-抗体反应、DNA 杂交和免疫组化反应。当纳米金分散在溶液中时，溶液颜色会随着纳米金颗粒之间距离的变化而变化。基于纳米金的这一特性，可实现特定多核苷酸序列的检测；其原理是利用纳米金与巯基（—SH）间强的作用力（Au—S 键），将末端连有—SH 的单链 DNA 固定于纳米金表面制备 DNA 探针，并将其与靶序列杂交形成伸展的纳米金和多核苷酸的聚集体；通过溶液颜色的变化实现特定多核苷酸序列的测定，该方法属于光学比色分析法。

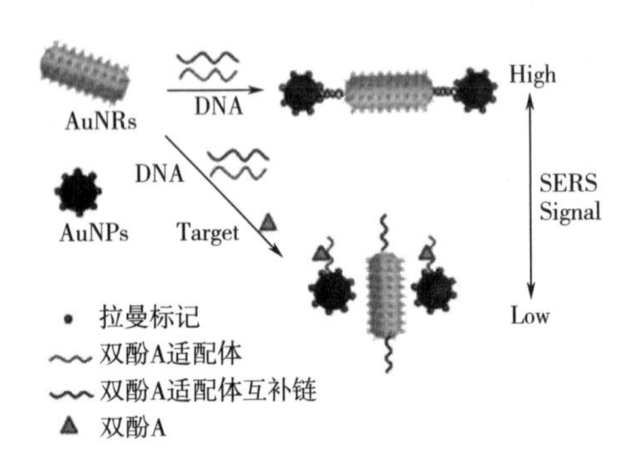

图 13-1　纳米金探针在传感分析中的应用

1. 纳米金的制备

化学还原法：包括抗坏血酸还原法、柠檬酸钠还原法、硼氢化钠还原法及鞣酸-柠檬酸钠还原法。还原剂的选择与制备的纳米金粒径有关。一般来说，利用抗坏血酸还原氯金酸可制得粒径在 5~12nm 的纳米金；用柠檬酸钠还原氯金酸可制得粒径大于 12nm 的纳米金。在用同一种还原剂时，制备的纳米金粒径可通过调节还原剂的用量来控制，还原剂用量的多少与制备的纳米金粒径成反比。在纳米金的形状控制合成中，以棒形纳米金的研究居多。一般是在阳离子表面活性剂存在的体系中，采用电化学或化学还原氯金酸制备纳米棒。

晶种生长法：以预先合成的单分散小颗粒作为晶种，使后续加入的金前体在晶种表面还原，从而实现金纳米颗粒的二次生长。晶种生长法将成核与生长阶段分开进行，可以在较宽尺寸范围内逐级控制颗粒的尺寸。为避免晶种生长合成中新还原的金属原子独立成核导致较宽的颗粒尺寸分布，需要尽可能降低金前体与晶种间的比例。

2. 纳米金的修饰

纳米金的表面修饰方法主要分为物理修饰法和化学修饰法，常用的修饰剂有硫醇、胺类、表面活性剂和天然大分子（糖类、核酸、蛋白质等），以及无机类聚合物（如硅酸酯或钛酸酯的醇解和缩聚产生的二氧化硅或二氧化钛）等。

物理修饰法：通过吸附、涂敷和包覆等物理手段对纳米金表面进行改性，包括表面吸附和表面沉积。表面吸附是通过范德华力将异质材料（以十二烷基磺酸钠、油酸等表面活性剂为主）吸附到纳米金表面进而对其包覆改性。表面沉积是在纳米金表面沉积一层与表面无化学结合的异质包覆层。

化学修饰法：通过纳米金表面原子与修饰剂分子发生化学反应，改变其表面结构和状态，达到纳米粒子分散、稳定、复合及赋予其新功能的目的。在纳米金表面发生的化学反应通常有三种类型：①酯化反应，是指酯化剂与纳米金表面原子反应，由原来的亲水疏油表面变为亲油疏水表面；通常适用于表面为弱酸性或中性的纳米粒子。②偶联反应，是指用偶联剂处理表面活性高的纳米粒子，使其与有机物具有更好的相容性。③表面接枝改性反应，分为偶联接枝、聚合生长接枝、聚合和接枝同步三种；偶联接枝反应是高分子物质与纳米金表面官能团直接反应实现接枝；聚合生长接枝反应是聚合物单体在纳米金表面聚合生长，形成对纳米金的包裹；聚合和接枝同步是聚合物单体在聚合时被纳米金表面强自由基捕获，形成高分子链与纳米金表面的化学连接；该法能大大提高纳米金在有机溶剂和高分子物质中的分散性，制备出高性能的纳米金复合材料。

3. 纳米金探针的应用

致病菌检测：相关学者利用荧光纳米粒子和纳米金分别标记李斯特菌序列特异性分子信标探针的5′端和3′端，成功构建了荧光纳米探针，并将其用于食品样品中李斯特氏菌目标DNA的高灵敏检测。同时，研究人员利用纳米金探针也实现了福氏志贺氏菌、大肠杆菌的灵敏、准确检测。

毒素检测：基于银增强纳米金标记探针的免疫分析方法，相关学者利用化学发光技术和免疫层析试纸，分别实现了食品中黄曲霉毒素B1、玉米赤酶烯酮的快速检测。与传统直接竞争酶联免疫吸附法相比，该法简便快捷、适用性强。

农药、兽药残留检测：有机磷和氨基甲酸酯这两类杀虫剂均能抑制乙酰胆碱酯酶的活性，利用罗丹明B（荧光物质）标记纳米金，通过荧光和比色两种分析手段分别实现了西维因、二嗪农、马拉硫磷、甲拌磷几种农药的灵敏检测。同时，相关学者将联吡啶和克伦特罗抗体修饰于纳米金表面，作为增强拉曼散射探针，构建了竞争型表面增强拉曼散射免疫分析法；基于拉曼光谱信号强度的变化，实现了克伦特罗的灵敏检测，检出限为0.10 pg/mL。同时，纳米金也可用于农药残留的电化学检测（图13-2）：将纳米金沉积在裸金电极表面上，并在其表面修饰啶虫脒的核酸适配体，利用6-巯基-1-己醇封闭裸金电极极表面的非特异性位点；当加入啶虫脒时，电极表面形成的啶虫脒-适配体复合物会引起电子传递阻抗值（Resistance of Electron Transfer，R_{et}）增大，且R_{et}的变化与啶虫脒浓度呈现正相关性，基于此，能够实现对啶虫脒的定量分析。

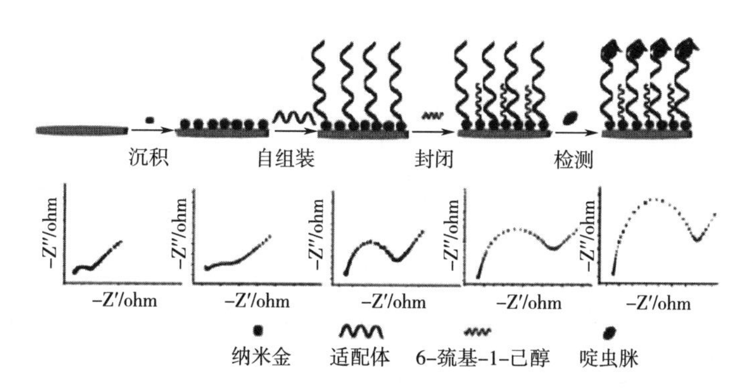

图13-2　基于电化学法的纳米金传感器用于啶虫脒的检测

重金属检测：以鞣酸（Gallic Acid，GA）为还原剂和稳定剂，通过一步法合成纳米金。当Pb^{2+}存在时，会形成Pb-GA复合物，从而使纳米金发生聚集，溶液的颜色由酒红色变为紫色，最终变为蓝色；该方法测定Pb^{2+}的检出限为5.8μg/L，无须在纳米金表面修饰配体即可实现

Pb^{2+}的检测。

二、 磁性纳米探针

磁性纳米颗粒是指含有磁性金属或金属氧化物且具有超顺磁性的纳米粒子，通常包括氧化铁、氧化铬、氧化钴等，其中氧化铁（γ-Fe_2O_3、Fe_3O_4）磁性材料应用最多。磁性纳米粒子通过表面共聚和表面改性的方法，能与有机物、高分子聚合物及无机材料结合，形成核壳结构的磁性复合粒子，并偶联细胞、酶、抗体及核酸等多种生物分子。在外加磁场的作用下，磁性粒子易于和底液分离，具有操作简便、分离效率高，且不易被体内和细胞内各种酶降解等优点。

1. 磁性纳米粒子的制备

磁性纳米粒子制备方法有共沉淀法、微乳液法、热溶剂法、高温分解法等。共沉淀法操作简单、原料易获取且反应条件温和，能够完成批量制备，且产物纯度高，是目前最为常用的方法之一。微乳液法制备产物尺寸小、粒径均匀，且由于加入表面活性剂使得磁性纳米粒子不易团聚；但由于反应过程在低温下进行，粒子结晶性较差且晶型多样，其磁富集性能有待于进一步提高。热溶剂法制备的产物晶型较好、纯度高且尺寸可控；但反应条件需高温高压，产物的分散性与溶解性较差。高温分解法制备的产物分散性好、粒径均匀，但成本高、毒性强。

2. 磁性纳米粒子的表面修饰

磁性纳米粒子的表面修饰主要有两种途径：一种是依靠化学键合作用，利用有机小分子化合物进行修饰；另一种是用有机或无机材料直接包裹磁性纳米粒子。常见磁性纳米粒子的表面修饰有硅烷化修饰、高分子聚合物修饰和有机分子修饰。

硅烷化修饰：首先，在磁性纳米粒子外部包覆硅层，可以保护 Fe_3O_4 纳米粒子，防止其进一步氧化；其次，无毒的二氧化硅具有良好的亲水性和生物相容性；最后，由于二氧化硅表面含有硅烷醇基团，易于再次与硅烷化试剂发生耦合反应，在其表面引入—NH_2、—COOH 和—SH等活性基团，使其能够与抗体、蛋白质、酶和核酸适配体等多种生物分子发生相互作用。

高分子聚合物修饰：将 Fe_3O_4 纳米粒子与氨基酸类（多肽、蛋白等）、多糖类（葡聚糖、壳聚糖等）、聚乙二醇及聚丙烯醇等高分子聚合物偶联，能够防止 Fe_3O_4 氧化和团聚，同时又可以使其直接与生物分子连接。

有机分子修饰：加入有机小分子作为分散剂和稳定剂，使磁性纳米材料的合成与修饰同步实现。

3. 磁性纳米探针的应用

致病菌检测：免疫磁分离技术普遍应用于致病菌检测研究的分离阶段，其筛选结果可与显色反应、酶联免疫吸附测定、聚合酶链式反应、生物传感器等技术相联用。其中 Fe_3O_4 作为核壳结构磁珠的内核，在检测前对微生物进行分离与富集，避免了传统方法长时间的微生物培养和扩增过程，并克服了快速检测方法中假阳性高、食品复杂基质等问题，提高了检测的时效性、灵敏度和准确度。

毒素检测：通过结合 Fe_3O_4 的磁性和纳米金颗粒的催化活性，建立了高灵敏的蓖麻毒素检测体系，即分别在 Fe_3O_4 纳米颗粒和金纳米颗粒上标记识别蓖麻毒素 A 链和 B 链的 6A6 和 7G7 抗体，在检测体系中形成 Fe_3O_4-蓖麻毒素-Au 的夹心结构，从而能够利用 Fe_3O_4 的磁性分离夹心复合物，并利用金颗粒催化银离子还原，形成放大的电信号，达到检测的目的（图 13-3）。相对于传统的聚合酶联免疫方法，该方法的检测限度提高了 5 倍，检测时间缩短为原来的 1/3，能够很好地用于食品和水中的蓖麻毒素的检测。

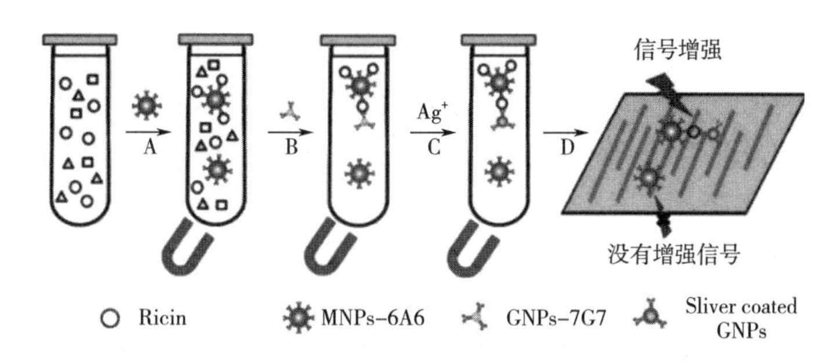

图 13-3 磁性 Fe_3O_4 和纳米金用于蓖麻毒素的检测

农药、兽药残留检测：相关学者将磁性纳米粒子与荧光免疫分析方法相结合，实现了白菜、胡萝卜、菠菜等蔬菜样品中三唑磷农药的灵敏检测。基于 ZrO_2 和有机磷之间的强吸附作用，制得的 Fe_3O_4-ZrO_2 复合粒子对有机磷农药的富集倍数可达 20~50 倍，并可重复使用；将其用于有机磷农药的电化学检测，取得了满意的结果。同时，将磁性纳米粒子与酶联免疫分析方法相结合，实现了牛乳中氯霉素的灵敏检测。

三、 量子点探针

量子点是一种三维团簇，由有限数目的原子组成，其三个维度尺寸均在纳米数量级，具有类似于体相晶体的规整原子排布。常见的荧光量子点有 A 族半导体（CdSe、CdS 和 ZnS 等）和 IA、VA 族半导体（如 InP 和 InAs 等）。量子点的粒径较小，其电子和空穴被量子限域，因而表现出许多独特的物理性质，其中以优异的光学性质最为突出：①量子点荧光发射波长可通过控制尺寸及成分进行调节；②量子点的激发光谱宽且连续分布，可实现“一元激发、多元发射”；③尺寸均一的量子点发射光谱呈对称的高斯分布，半峰宽较窄；④量子点的荧光量子产率高、光稳定性好，可经受反复多次激发而不易发生光漂白，适用于对标记对象进行实时、长时、动态监测；⑤量子点具有很好的空间兼容性，一个量子点可以偶联两种或两种以上生物分子或配体，能够制备多功能的成像及检测探针；⑥量子点可用于多光子荧光显微成像。总之，量子点的激发光谱宽且连续分布、发射光谱窄、化学稳定性高、生物相容性好，是一种理想的荧光探针。

1. 量子点的合成

有机金属合成法：在无水无氧的条件下，使金属有机化合物在具有配位性质的有机溶剂环境中生长而形成纳米晶粒，即反应前驱体注入高沸点的溶剂，然后通过调节反应温度控制微粒的成核与生长过程。较为常用的有机相合成量子点的体系是三辛基膦（Three Octyl Phosphine，TOP）/三辛基氧化膦（Trioctylphosphine Oxide，TOPO）组成的混合溶液，其中 TOP 为还原剂和溶剂，而 TOPO 为金属离子的络合剂。

水相合成法：主要包括①水相回流法，是用水溶性巯基羧酸为稳定剂，通过加热回流前驱体混合溶液使量子点逐渐成核并成长；②水热/溶剂热合成法，是指在特制的密闭反应器（高压釜）中，采用水或其他溶剂作为反应体系，通过将反应试剂加热至临界温度或接近临界温度，在体系中产生高压环境，从而合成量子点；③微波辅助合成法，是利用微波辐射从分子内部加热，克服了普通水浴或油浴局部过热以及量子点生长速度缓慢的不足。

2. 量子点的修饰

羧基化法：利用量子点表面元素（如 Zn、Cd 等）与巯基之间较强的络合作用力，使量子点与巯基乙酸、巯基丙酸、巯基丁二酸等巯基羧酸类化合物络合在其表面修饰羧基。羧基官能团在量子点表面的修饰有助于改善量子点的亲水性，并能够与带有氨基的生物分子偶联，且不破坏所标记生物材料的活性。

硅烷化法：利用巯基与量子点的配位作用，以（巯基丙基）三甲氧基硅烷取代量子点表面包覆的 TOPO，再将溶液调为碱性，使甲氧基硅烷水解，从而在量子点表面生长二氧化硅层。二氧化硅层的修饰能够提高量子点的稳定性及其在水相中的溶解度。同时，通过改变亲水溶液中三甲氧基硅烷的成分，可以获得表面带有不同电荷的水溶性量子点，从而结合不同结构的生物分子。

聚合物修饰法：相关学者将 CdSe/ZnS 量子点包覆在由聚乙二醇-磷脂酰乙醇胺（Polyethylene Glycol-Phosphatidyl Ethanolamine，PEG-PE）和磷脂酰胆碱形成的嵌段共聚物胶囊中，然后用氨基 PEG-PE 取代 50%的 PEG-PE 磷脂，从而在胶囊表面引入伯胺，使量子点胶囊与氨基修饰的 DNA 共价连接，从而制备特异性的 DNA 杂交探针。采用聚合物高分子修饰的量子点，提高了量子点的水溶性和稳定性，并可以通过聚合物末端的功能基团（如—COOH、—NH_2等）偶联生物分子制备纳米探针。

3. 量子点探针的应用

致病菌检测：利用不同荧光量子点标记不同的致病菌抗体，基于免疫学方法实现食品中多种致病菌的同时检测，从而缩短检测时间、提高测定效率。相关学者将不同粒径的量子点（发射波长为 525nm 和 705nm）分别与大肠杆菌和沙门氏菌抗体偶联，从而制备量子点探针。该探针荧光信号稳定，所结合的抗体生物活性高，能特异识别混合体系中相应的生物菌。基于此，利用荧光分析法实现大肠杆菌和沙门氏菌的特异检测。

转基因检测：*CaMV* 35S 基因是来源于花椰菜花叶病毒的 35S 启动子，是转基因植物的一种非常重要的外源启动子基因。相关学者以 PbSe-壳聚糖为载体用于固定 DNA，利用电活性物质亚甲紫为杂交指示剂，实现了 *CaMV* 35S 启动子基因片段的电化学测定，检出限为 1.6×10^{-11}mol/L。

四、上转换发光纳米探针

上转换发光纳米材料（Up-Conversion Nanoparticle，UCNP）是指受到能量较低的长波激发时，能够发射能量较高的短波荧光的材料。相对于传统以有机染料和半导体量子点作为下转换发光材料，UCNP 作为新一代生物荧光标记材料具有显著优势：①化学稳定性高，不易被光漂白，易于长时间观察。②水溶性好、毒性低。③采用近红外作为其激发源，解决了穿透深度低、伤害生物组织的问题。④发射光谱特性突出，荧光量子产生率高（3.1%），anti-Stokes 位移较大，一般在 200nm 以上。⑤荧光寿命较长（约 1ms），是生物背景荧光寿命的 $10^5\sim10^6$倍。⑥检测灵敏度高、超高选择性，解决了自发荧光干扰的问题。UCNP 作为一种理想的检测材料，其多色发光性质为高灵敏度荧光探针的设计提供了新的方法。

1. 上转换发光纳米材料的制备

高温固相法：将原料按一定比例称量，充分混合均匀之后装入坩埚中，然后放入高温炉。

在特定的条件（温度、气氛、反应时间）下进行烧结得到产品。其中，温度，压力和添加剂等都会影响固相反应。该方法制得的微晶表面缺陷少、发光效率高、操作简便，便于进行工业化制备。

水热合成法：在水热条件下，反应物以各种配合物的形式进行溶解，水分子本身参与了这个过程，属于液相反应。这种方法所需的温度低，材料生成过程容易控制，且合成材料晶相好、物相均匀、产物产率高。

溶胶-凝胶法：是一种湿化学合成法，将金属醇盐或无机盐经水解直接形成溶胶或经解凝形成溶胶，溶质聚合凝胶化，再将凝胶干燥、焙烧去除有机成分，从而得到无机材料；该方法所用起始原料比较灵活，许多无机盐可作为前驱物。

共沉淀法：又称化学沉积法，是以水溶性物质为原料，通过液相化学反应，生成难溶物质前驱化合物从水溶液中沉淀出来，经过洗涤、过滤、煅烧热分解而制得超细粉体发光材料的方法。该方法操作简单、流程短，且可精确地控制粒子的成核与长大，从而制备粒度可控、分散性较好的粉体材料。

2. 上转换发光纳米材料的表面修饰

原始配体的改性：直接在颗粒表面上将疏水配体改性为亲水配体。这种方法主要是对基于油酸或油胺配体的材料进行 C ══C 的氧化，形成羧基基团或环氧基团，所得颗粒在水中的分散性显著增强。该方法使用的氧化剂为 Lemieux-von Rudloff 试剂、臭氧和 3-氯过氧苯甲酸等。此外，疏水基团可以与其他亲水物质偶联在颗粒表面形成共价键，以便控制药物传递或者为聚乙二醇赋予生物相容性。

两亲性配体修饰：采用两亲性长烷基链分子修饰 UCNP 表面，在范德华力的作用下，疏水性油酸盐与配体之间形成稳定的双分子层。这类配体具有很强的范德华力，能够使表面电荷发生改变，并以多层交替电荷的形式进行逐层沉积（层包层）。用长链两亲性配体修饰表面为油酸盐的 UCNP，将它们的疏水尾部嵌入油酸链之间，而亲水性头部向外，有效增强了 UCNP 的水溶性和生物应用性。

无机材料表面修饰和改性：在 UCNP 的疏水表面沉积亲水壳层，从而实现水分散性，这是亲水性修饰的常用方法之一。典型的壳材料包括氧化物二氧化硅和二氧化钛，及贵金属金和银等。如在近红外光激发下，银壳层具有优良的光热转换性能，既实现了上转换成像，又可以进行肿瘤治疗，是多功能复合纳米材料设计的重要模型。二氧化硅非常适合作为包覆层来提高纳米材料的亲水性，这是因为无论 UCNP 的表面是亲水还是疏水，都可以使用 Stöber 方法或反向微乳液法进行包覆；包覆过程中通常加入氨作为催化剂，形成浓度高于成核浓度的硅酸溶液，以保证二氧化硅壳的稳定生长；所得二氧化硅包覆的颗粒（$UCNP@SiO_2$）易分散在水中且具有表面电荷，能够表现出低细胞毒性。

配体交换：配体交换是修饰 UCNP 表面的通用方法。已知的方法主要有两种：一种是基于第一配体的直接替代法；另一种是两步替代法，使用 $NOBF_4$或 HCl 除去油酸盐或油胺，随后附着新包覆层。

3. 上转换纳米探针的应用

上转换纳米探针需要与适当的识别实体相结合后才能显示出高特异性，从而实现待测物的快速响应及灵敏检测。待测物主要包括离子（CN^-、Hg^{2+}等）、气体小分子（CO_2、氨等）和生物分子（抗生物素蛋白、DNA 等）。大多数生物检测研究是基于发光共振能量转移（Luminous

Resonance Energy Transfer，LRET）机制。LRET 是在能量供体和能量受体之间发生的能量传递过程。当上转换纳米材料连接相应的识别基团后，根据上转换荧光的位置选择相应的能量受体材料，通过共振能量的产生或者消失来实现对生物物质的高灵敏度检测（图 13-4）。

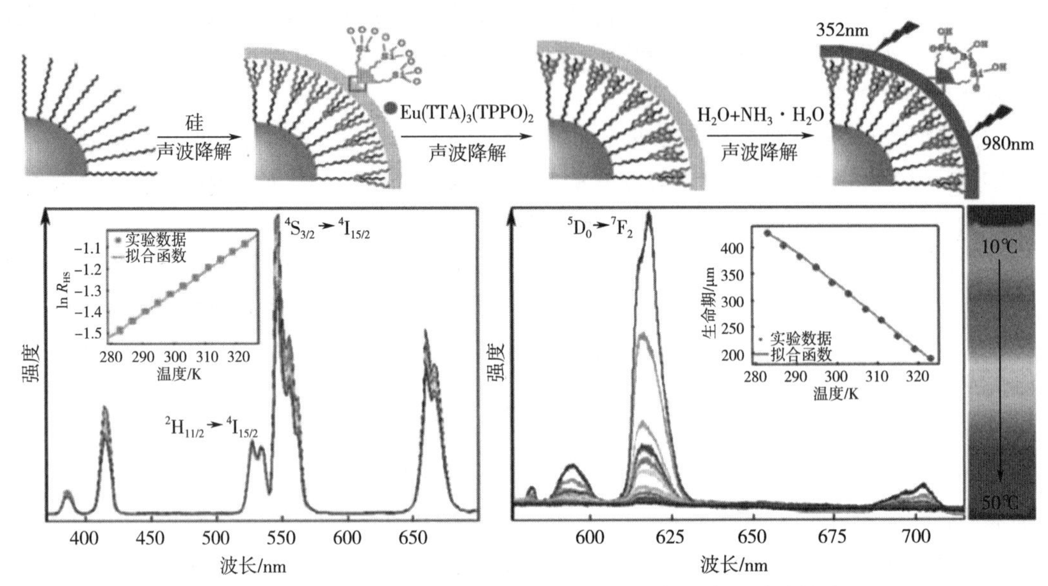

图 13-4　上转换荧光和 Eu 离子的下转换荧光在温度传感中的应用

五、 碳基纳米探针

碳基材料由于其优异的电子性能、化学稳定性和物理稳定性受到了人们越来越多的关注。另外，碳基材料具有较快的电子转移速度、良好的电荷储存能力和高的电催化活性，且其表面很容易通过共价键或非共价键的方法进行修饰，这使碳基材料在化学传感和光催化方面有着较广泛的应用前景。

碳基材料可以依据维数可分为四大类：①零维纳米材料，指在空间上有三维均处于纳米尺寸范围，其中包括量子点和纳米颗粒等；②一维纳米材料，指在空间有两维处于纳米尺寸范围，其中包括纳米管、纳米线和纳米棒等；③二维纳米材料，指在三维空间中有一维处于纳米尺寸范围，其中包括超薄膜和多层膜等；④三维纳米材料，其空间尺寸不处于纳米尺寸范围。作为碳基材料的重要成员，碳量子点材料（C-dots）和石墨相氮化碳材料由于其荧光稳定性好、结构稳定和能带隙可调等优点，使得这些碳基材料在荧光传感和光催化等领域有着越来越多的研究。

1. 碳量子点的制备及应用：

C-dots 的制备可分为一般可概括为自上而下法（电化学法、化学刻蚀法）和自下而上法（微波辅助合成法、热解法、激光消融法、水热法）；其中自上而下法通常是分解结构较大的碳材料，该方法易于操作、原材料丰富、成本低和不涉及任何有害或有毒化学品。但是这种合成方法得到的 C-dots 的荧光量子产率（Fluorescence Quantum Yield，FLQY）并不高，主要是因为大的碳结构不能被完全的分解。而自下而上法则是通过碳化处理柠檬酸等小分子来合成 C-dots，这种方法高效、简单和成本低廉。

科研人员合成了硫原子和氮原子共掺杂的碳量子点（SN co-doped C-dots），所合成的 SN co-doped C-dots 具有较强的荧光，其 FLQY 为 73%。通过实验发现，在酸性条件下，Fe^{2+}与 H_2O_2发生芬顿（Fenton）反应产生强氧化性的羟基自由基，所生成的强氧化性的羟基自由基能够氧化 SN co-doped C-dots 表面的给电子基团，使 SN co-doped C-dots 的荧光发生明显猝灭。尿酸（Uric Acid，UA）在尿酸氧化酶（Urate Oxidase，UAO）的催化作用下，分解产生 H_2O_2。基于 Fenton 反应、酶促反应和 SN co-doped C-dots 优异的荧光性能，构建了一种荧光猝灭型传感器用于 UA 的检测；在最佳条件下，当 UA 浓度为 0.08～10μmol/L 和 10～50μmol/L 时，SN co-doped C-dots 荧光猝灭率与 UA 浓度呈现出良好的线性关系，检测限达到 0.07μmol/L。

2. 石墨相氮化碳材料的制备及应用

氮化碳（Carbon Nitride，CN）材料是一种具有二维层状结构的无机半导体聚合物，其层内的 C、N 通过 sp^2轨道杂化的方式形成 π 共轭体系，使其高度离域，形成三嗪环结构，每个环之间以氮原子相连接，形成类似于石墨烯层状的二维网状结构，并且经过多层堆积，形成块状 CN。依据维数，CN 材料包括二维石墨相氮化碳和零维石墨相氮化碳量子点。目前研究最多的是石墨相氮化碳（$g-C_3N_4$），合成方法主要有高温高压法、热缩聚法、溶剂热法及电化学沉积法。

通过在三维有序大孔（3DOM）$g-C_3N_4$骨架的内外表面分别加载纳米金和 CoP 纳米片，制备了双助催化剂增强的新型光催化剂，以显著促进电荷有序转移，从而使其具有较高的表观量子效率和光催化产 H_2活性。同时，采用简单的热磷化方法，用磷原子部分取代碳原子，对 $g-C_3N_4$的结构进行了改性。与原 $g-C_3N_4$相比，经磷酸化后的 $g-C_3N_4$具有带隙窄、导带边缘升档、光生电荷的分离和转移增强的优点，使得磷酸化后的 $g-C_3N_4$具有更高的光催化产氢活性。

六、 纳米酶探针

一般情况下，纳米材料被认为是化学惰性物质，自身不具备生物效应。直到 2007 年，研究人员首次发现无机纳米材料 Fe_3O_4 具有类似辣根过氧化物酶（Horseradish Peroxidase，HRP）的催化特性（图 13-5），并将这类具有催化活性的无机纳米材料称为纳米酶。纳米酶融合了天然酶和传统人工模拟酶的优点，具有催化活性可调节、结构稳定、制备简单、再生能力强等特性，使其成为最具研究价值和应用潜力的“新材料”之一。目前已有的纳米酶主要具有氧化还原类酶的活性，例如过氧化物酶、过氧化氢酶、超氧歧化酶等，也有研究发现某些纳米酶具有碳酸酐酶、葡萄糖醛酸酶等非氧化还原类酶的活性。

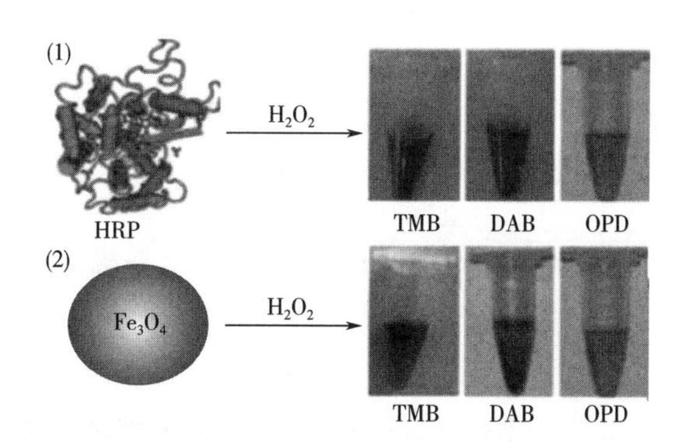

图 13-5　Fe_3O_4 纳米酶具有类似天然氧化蛋白酶的催化活性

1. 纳米酶的催化性能优化

纳米酶的催化功能与其本身的纳米效应，如尺寸效应和表面效应等有关，同时这些效应也为模拟酶的优化提供了可操作的途径，即通过控制这些纳米效应调控纳米酶的催化活性和底物选择性。

尺寸效应优化：有研究表明，Fe_3O_4 纳米酶的催化活性与其尺度效应相关。相同单位质量的纳米酶，粒径越小，催化效率越高；对于单个纳米颗粒而言，其规律是颗粒越小，表面积越小，催化能力越小。一个直径为300nm的单颗粒的表面积是150nm颗粒表面积的4倍，其催化活性（K_{cat}）也是150nm颗粒的4倍。因此，可以通过控制纳米酶的尺度调节其催化活性。

形貌结构优化：纳米酶的形貌结构也是影响其催化活性的重要因素。研究人员对比了不同结构过氧化物纳米酶的催化活性，包括 Fe_3O_4 纳米颗粒结构体、三角片状纳米结构体、八面体纳米结构。经研究发现在相似纳米尺度下，这三类纳米结构表现出不同的催化能力，其中颗粒结构的催化活性最大，八面体结构的催化活性最小；这种差别可能是由不同纳米结构表面的铁原子晶格排列方式不同引起的。

表面修饰优化：纳米酶的催化活性还受到其表面微环境的影响，包括表面电荷、亲水、疏水及其他弱相互作用等。酶反应动力学分析表明，纳米酶表面经过一些修饰后将改变对底物的亲和力。如 Fe_3O_4 纳米酶表面引入氨基后，提高了对底物2，2′-联氮-双-（3-乙基苯并噻唑啉-6-磺酸）（ABTS）的亲和力；引入巯基则提高了对 H_2O_2 的亲和力；用柠檬酸、羧甲基葡聚糖和肝素修饰后其表面电势为负的纳米酶催化底物3，3′，5，5′-四甲基联苯胺（TMB）的活性较高；而用甘氨酸、聚赖氨酸和聚乙烯亚胺修饰后其表面电势为正的纳米酶催化底物ABTS活性较高；在 Fe_3O_4 纳米酶表面引入普鲁士蓝分子，可极大地提高其催化活性，与未修饰的 Fe_3O_4 纳米酶相比，其单位表面积的催化能力提高了近三个数量级；用葡聚糖和聚乙二醇修饰的纳米酶其催化活性高于氨基和二氧化硅修饰的纳米酶，但均低于无修饰 Fe_3O_4 纳米酶。

2. 纳米酶的种类

纳米酶的种类如表13-1所示，主要有铁基纳米酶、非铁金属纳米、酶非金属纳米酶三类。

表13-1 纳米酶的催化类型

催化类型	催化反应	纳米酶种类
过氧化物酶	催化 H_2O_2 产生自由基	Fe_3O_4、Ferritin-Pt、氧化石墨烯
过氧化氢酶	分解 H_2O_2 产生 O_2 和 H_2O	Fe_3O_4、Ferritin-Pt、Co_3O_4、碳点
氧化酶	在 O_2 存在时直接氧化底物	CeO_2、Au@Pt、MnO_2、$CoFe_2O_4$
超氧化歧化酶	催化氧阴离子产生 H_2O_2 和 O_2	纳米Ce、纳米Pt、纳米Au
硝酸还原酶	还原硝酸盐为亚硝酸盐	CdS、CdSe-Pt

铁基纳米酶：最初的研究多集中在铁磁纳米材料的过氧化物酶催化活性，研究 Fe_3O_4 和 Fe_2O_3 纳米材料的尺度大小、形貌（如纳米颗粒、纳米线、纳米片、纳米棒等）以及表面修饰等因素对其催化活性的影响。随后，发现铁与其他纳米材料形成的氧化物也具有类似过氧化物酶的催化活性，比如铁铋氧化物纳米粒、铁钴氧化物纳米粒和铁锰氧化物纳米粒；除了铁氧化物纳米颗粒外，硫化铁、硒化铁纳米材料也具有过氧化物酶催化活性。

非铁金属纳米酶：除了铁基纳米酶外，还发现许多其他非铁金属纳米酶。比如，二氧化铈纳米粒、二氧化锰纳米颗粒、氧化铜纳米粒、四氧化三钴纳米颗粒、五氧化二钒纳米线等都具有过氧化物酶催化活性，硫化铜纳米粒和硫化镉纳米粒也具有类似的催化活性；这表明金属氧化物等纳米材料的催化活性具有普遍性。贵金属纳米材料同样具有过氧化物酶催化活性，包括金纳米颗粒和纳米棒、铂纳米颗粒以及多金属形成的复合纳米材料。

非金属纳米酶：许多非金属材料具有过氧化物酶活性，尤其是碳基纳米材料，如碳纳米管、氧化石墨烯、碳纳米点等；多孔聚合物纳米材料也具有模拟酶活性。这些新型纳米酶的发现进一步表明许多纳米材料具有潜在过氧化物酶催化活性。

3. 纳米酶的应用

与传统的模拟酶相比，纳米酶的催化效率高，耐高温、抗酸碱能力强。基于纳米酶研制的纳米探针具有独特的物理、化学和生物特性，在重金属检测、农药检测、免疫检测等方面具有潜在的应用价值。

免疫检测：基于纳米酶的双抗夹心法，不仅能够取代 HRP，更重要的是纳米酶能够富集抗原，在提高检测灵敏度方面具有较大优势。例如，Fe_3O_4 纳米酶兼具催化活性和超顺磁性，在外加磁场作用下能够定向移动。利用 Fe_3O_4 可建立一种集分离、富集和检测三功能于一体的新型酶联免疫检测方法。该方法将抗体偶联在 Fe_3O_4 表面制备的免疫磁珠，既可捕获待测样品中的抗原分子，又可在外加磁场时迅速分离抗原并富集抗原/抗体复合物，然后将这一复合物与固定在 96 孔板表面的另一抗体共同孵育形成“三明治”夹心结构。当加入底物时，Fe_3O_4 纳米酶催化底物显色反应并产生光信号或电信号，实现痕量甚至超痕量抗原的检测。同时，利用纳米酶建立的酶联免疫检测方法，可实现多种抗原（如蛋白质、核酸、病毒、细菌和细胞）的快速、灵敏检测，在食品安全检测方面具有巨大的应用前景。

重金属检测：相关学者利用 Fe_3O_4 纳米酶检测 Hg^{2+}，首先将富含胸腺嘧啶（Thymine，T）碱基的单链 DNA 通过静电吸附作用包覆到纳米酶的表面；当与 DNA 结合后，纳米酶的催化活性降低。由于 DNA 序列中的 T-T 错配碱基对能够与 Hg^{2+} 结合形成特异性高、稳定性好的 T-Hg^{2+}-T 配合物，Hg^{2+} 会与 DNA 结合，将 DNA 从 Fe_3O_4 纳米酶表面置换下来，恢复过氧化物纳米酶的催化活性。依据 Hg^{2+} 加入前后纳米酶催化活性的变化，从而实现 Hg^{2+} 检测的目的。

神经毒剂和农药检测：有报道用纳米酶检测高毒性神经毒剂及有机磷杀虫剂。这种检测系统是由纳米酶、乙酰胆碱酶和胆碱氧化酶组成的（图 13-6）。乙酰胆碱酶和胆碱氧化酶在底物乙酰胆碱存在的条件下，催化底物分解产生 H_2O_2，后者在过氧化物纳米酶的催化作用下，产

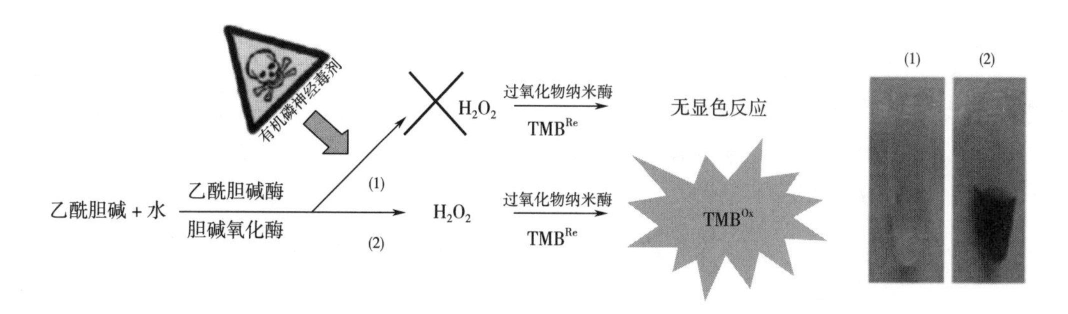

图 13-6　纳米酶用于有机磷神经毒剂的检测

生自由基并进一步催化过氧化物酶底物 H_2O_2 产生颜色；当有机磷神经毒剂存在时，乙酰胆碱酶的活性被抑制，从而降低过氧化物酶底物 H_2O_2 的产生，使催化显色变弱，这些颜色变化反映了有机磷神经毒剂的含量。基于这种纳米酶的新型检测方法，相关学者实现了对乙酰甲胺磷、甲基对氧磷和神经麻痹性毒剂沙林三种有机磷农药的高灵敏检测，且测定结果与传统的酶活性分析方法一致。

七、 金属-有机框架基纳米探针

金属-有机框架材料（Metal-Organic Frameworks，MOFs），又称多孔配位聚合物或者多孔配位网络结构，是由有机配体、金属离子（簇）两部分次级结构单元通过配位作用而构成的有机无机杂化材料，在几何学和结晶学上都有着定义明确的拓扑结构。利用不同的有机配体和金属盐在特定条件下通过配位自组形成的 MOFs 是一种孔隙率超高、比表面超大，且拥有有机和无机两种性质的多孔材料；通过改变有机配体和金属离子可以达到孔径调节和形成不同结构的目的（图 13-7）。因此，MOFs 较传统的多孔材料拥有更好的调节性和可控性，使研究者可以根据需要进行材料的设计；同时自身又拥有较好的化学与热稳定性，使其在气体储存、吸附、气体和液体的选择性分离、催化、离子交换、传感等领域也得到了进一步的应用。

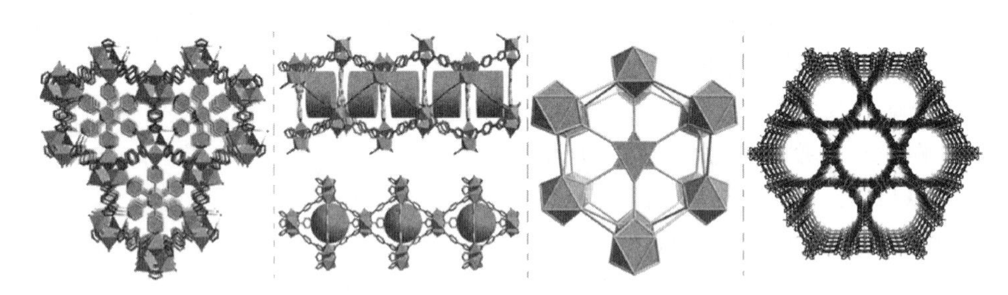

图 13-7 一些典型的 MOFs 单元结构

1. 金属-有机框架材料的分类

依据金属-有机框架材料的组分不同，通常将其分为以下 6 种：CPLs（Coordination Pillared-Layer）、MILs（Material of Institute Lavoisier）、PCNs（Porous Coordination Network）、UIOs（University of Oslo）、IRMOFs（Isoreticular Metal-Organic Framework）以及 ZIFs（Zeolitic Imidazolate Framework）等系列，其特点和典型代表材料如表 13-2 所示。

表 13-2 金属有机框架材料的分类、特点及典型材料

分类	特点	典型材料
CPLs 系列	材料结构会在吸附客体分子时发生转变，吸附客体分子的能力也随之变化	CPL-1
MILs 系列	发生呼吸现象，即在外界因素刺激下材料结构会发生大孔和小孔的转变	MIL-47
PCNs 系列	孔道直径大，较好的热稳定性和化学稳定性	PCN-14

续表

分类	特点	典型材料
UIOs 系列	孔道尺寸大、孔隙率高	UIO-66
IRMOFs 系列	孔道结构规整，孔容积和表面积大	IRMOF-1
ZIFs 系列	永久的孔道性质和较高的热稳定性	ZIF-8

2. MOFs 及其薄膜的合成

（1）MOFs 的合成

①水（溶剂）热法：指通过在高温高压下，利用有溶剂的密闭容器合成 MOFs 的方法。常选用 DMF 作为水（溶剂）热法制备 MOFs 的溶剂，通过高温高压的方法加速晶体的成晶过程，偶尔也会使用一些其他溶剂（乙醇、甲醇）帮助晶体的析出。该法的优势在于操作简单、成本较低，是目前最为常用的方法；但在制备过程中，降温速率对晶体的形成有一定影响，且形成的 MOFs 纯度相对稍低。

②缓慢扩散法：指将金属盐、有机配体和溶剂三者按一定的比例混合，然后在密闭的容器中反应一段时间生成配合物晶体。该法制备的单晶体较大，操作简便；但耗时较长，并对反应物的溶解性要求极高。

③微波加热合成法：是较为新颖的一种 MOFs 材料合成方法。由于其具有选择性加热、快速、均质等特点，被广泛地应用在多种有机合成中。该法可以加快成核速率、缩短反应时间，且合成的晶体形态具有较高的可控性；但合成的晶体大。

④超声波合成法：是指通过调节超声波能量控制化学合成的结晶过程。其优点是合成的晶体粒径均匀；但副产物较多。

⑤机械化学合成法：又称研磨法，是指在机械球中将有机配体与无机组分（金属盐、硝酸盐等的混合物）进行研磨制备 MOFs。该法的整个反应过程中无须加热处理，不使用有机溶剂，适合进行规模化生产。

（2）MOFs 薄膜的合成

①液相外延生长法：是将基底材料交替浸入金属离子和有机配体溶液中进行层层生长，这种技术可以得到较为有序的晶体薄膜。

②Langmuir-Blodgett（LB）层层自组装法：首先是利用一种 LB 装置，将 MOFs 薄膜通过 $\pi-\pi$ 堆积作用在液面上组装成薄膜，然后将薄膜转移到基底表面上。

以上两种方法可以制备出非常薄的 MOFs 薄膜，并且易于在分子水平上控制薄膜的定向性。

③直接合成法：是将空的或者修饰过的基底直接置于原料中，在适当的条件下，直接在基底的表面生长薄膜。

④种子生长法：又称二次生长法，首先在基底表面修饰一层种子颗粒，然后在其上继续生长薄膜。由于 MOFs 在多孔材料如陶瓷、Al_2O_3、TiO_2 等表面异相成核比较困难，因此种子的使用使得均匀 MOFs 薄膜易于在基底表面制备。

3. 金属-有机框架材料的应用

气体的吸附和分离：多孔 MOFs 具有较大的比表面积及未配位的不饱和金属位点，且孔洞的尺寸、形状和表面环境易于调控，因此可以用于气体分子的吸附和分离。由于气体分子的尺寸和极性差异，不同的气体小分子在多孔结构孔腔内的吸附热力学和动力学行为会有较大的不同，从而导致不同的气体分子在多孔材料内表现出吸附行为的选择性。目前多孔 MOFs 在气体的吸附与分离方面研究较多的是能源气体（如 H_2、CH_4和烃类分子等）的储存以及 CO_2的选择性分离。

发光材料和荧光检测：发光 MOFs 在感光材料、荧光检测等方面都有潜在的应用价值。MOFs 材料主要有以下几种发光机理：①有机配体内部的发射；②无机金属中心的发射；③金属到配体的电荷转移；④配体到金属的电荷转移；⑤不同有机配体之间的电荷转移；⑥客体分子诱导发光。目前研究较多的是具有 d^{10}电子构型的过渡金属构筑的配位聚合物以及稀土金属构筑的配合物的发光性能。其中配体到金属的电荷转移通常发生在金属 Zn（Ⅱ）和 Cd（Ⅱ）所构筑的配合物发光中，而金属到配体的电荷转移则在 Cu（Ⅰ）和 Ag（Ⅰ）配合物发光中较为常见。基于 MOFs 的光学性质，相关学者通过卟啉作为有机配体与 Zr-O 结合制备了 MOFs 材料（图 13-8），基于荧光猝灭机制实现了水相中硝基类化合物的快速、特异检测。

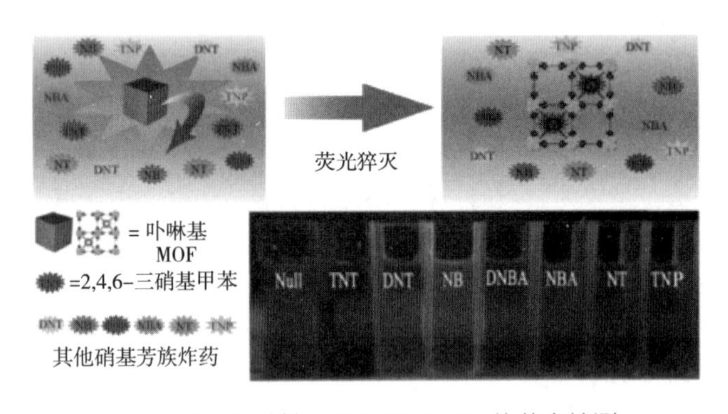

图 13-8 卟啉基 MOFs 用于 TNT 的荧光检测

有机催化：MOFs 在有机催化方面具有潜在的应用价值，是因为其具有①不饱和的金属活性位点：该类 MOFs（如 MIL-101、HKUST-1 等）的催化活性源于其金属组分，可以是孤立的金属中心或是金属簇。其中有些 MOFs 只包含一种金属中心，它可以同时作为 MOFs 的构成组分和催化活性位；而有些 MOFs 则包含两种不同的金属中心，其中一个是催化活性中心，另一个金属中心不具有催化活性，仅作为结构构成组分。②催化功能基团：该类 MOFs（如 IRMOFs-3、NH_2-MIL-53 等）的催化活性中心是有机配体的功能基团，该基团是自由基团，不参与配位，可以催化某一个特定的有机反应。用于构造该类 MOFs 的有机配体通常包含两种基团，一种用于与金属离子配位构造骨架结构，另一种是作为催化活性中心起催化作用。③纳米反应空穴：有些 MOFs 材料（如 MOF-5）既没有不饱和的金属位点，又没有自由的活性有机基团，但其孔隙里可以负载具有催化活性的纳米金属或者金属氧化物等，因此可以提供物理空间，使得催化反应发生。如相关学者在 MOF-5 的孔隙里载入纳米 Pd，该产物对有机反应如氢化反应等具有催化活性。基于 MOFs 的上述催化特性，相关学者制备了催化活性优异的 MOFs，并实现了对特定 DNA 的电化学检测；近期，我们课题组也合成了以铜离子为金属催化活性中心的 MOFs 仿生酶（图 13-9），基于该 MOFs 对葡萄糖的催化氧化作用，实现了乳品中汞离子的电化学检测，检出限可达 0.001ammol/L。

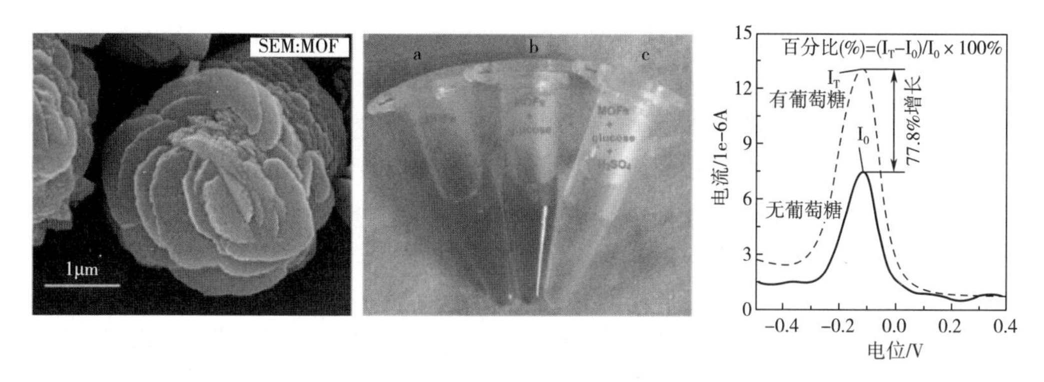

图 13-9　MOFs 仿生酶的形貌及催化性能表征

第二节　分子印迹技术

一、分子印迹技术的基本原理

分子印迹技术可以将功能单体和目标分子通过非共价或者共价的方式共聚生成聚合物，通过溶剂将目标分子洗脱，最终在聚合物中可以留下独特的“记忆”空穴，此空穴在空间形状以及确定官能团上可与原来目标分子完全相匹配，从而能够与混合物中的目标分子进行可逆的特异性结合，该聚合物称为分子印迹聚合物（图 13-10）。首先，在一定溶剂（致孔剂）中，目标分子（模板分子或者印迹分子）与功能单体的预组装，即模板分子与功能单体通过共价或者非共价键相互作用形成具有多重作用位点的主客体配合物；其次，加入交联剂，通过引发剂引发进行光或热聚合，使配合物与交联剂在模板分子周围聚合形成高交联的聚合物。最后，在一定条件下，将聚合物中的印迹分子洗脱出来。这样在聚合物中便留下了与目标分子大小和形状相匹配的立体空穴，从而赋予该聚合物特异的“记忆”功能，提供了对模板分子的特定结合位点和选择性吸附能力，类似抗体-抗原的分子识别作用机制。

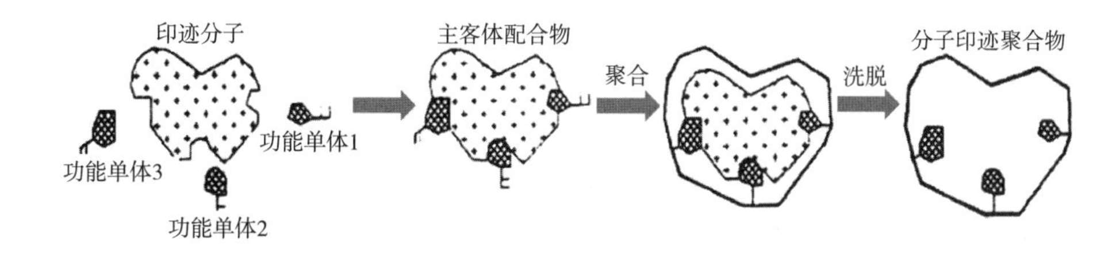

图 13-10　分子印迹聚合物的制备流程图

二、分子印迹技术的分类

根据功能单体与目标分子官能团之间的作用力形式不同，当前分子印迹技术分为：共价法、非共价法以及半共价法三类。

（1）共价法　即预组织法，该方法是目标分子与单体通过共价键结合，在加入交联剂聚合之后，用化学方法断裂共价键将目标分子除去。目标分子与功能单体之间的可逆共价键是该聚合物的制备以及分子识别过程的关键。优点在于共价键作用力较强，目标分子可与功能单体完全作用，聚合后可获得空间精确、固定排列的结合基团，在识别过程中降低了非特异性作用，且形成的复合物稳定。由于共价键作用力较强，在目标分子自组装或识别过程中结合以及解离速度较慢，很难达到热力学平衡、不适合快速识别，而且识别水平与生物识别相差甚远。

（2）非共价法　即自组织法，此方法是目标分子与功能单体之间先进行自组织排列，以较弱的非共价键自发形成带有多重作用位点的分子复合物，再经过与交联剂作用之后，除去目标分子。优点在于方法简便易行，印迹分子易于除去，在印迹过程中可以同时使用多种单体以使分子印迹系统多样，识别过程与天然的分子识别系统接近。其缺点在于聚合物的选择性低于非共价法。

（3）半共价法　结合了共价法和非共价法的特点，即在制备分子印迹聚合物时，功能单体和目标分子以共价键作用力结合；而在洗脱目标分子之后，其所形成的分子印迹聚合物则是以非共价作用来识别目标分子。

三、分子印迹聚合物的制备

分子印迹聚合物的制备一般包括印迹分子、功能单体、交联剂、溶剂（致孔剂）等主要原料，取料种类及引发方式都会影响分子印迹聚合物的性能。

1. 分子印迹聚合物制备原料及引发方式的选择

（1）印迹分子　理论上讲只要有合适的功能单体，任何分子都可作为印迹分子。但由于受到功能单体分子种类的限制，现合成的分子印迹聚合物的印迹分子主要是一些带有强极性基团（羟基、羧基、氨基等）等化合物，如碳水化合物、氨基酸及其衍生物、羧酸类、甾族、维生素、蛋白质及一些生物大分子。

（2）功能单体　对于给定的印迹分子，依据其结构一般就可以选择适合的功能单体。碱性印迹分子选择酸性功能单体（如三氟甲基丙烯酸、甲基丙烯酸等），酸性印迹分子选择碱性功能单体（如4-乙烯基吡啶等），中性模板分子选择中性或酸性的功能单体（如丙烯酰胺、甲基丙烯酸、甲基丙烯酸甲酯等）。对于比较特殊的印迹分子选择双功能单体或多种功能单体，这是由于多种功能单体可以形成多种类型的结合位点。

（3）溶剂　溶剂的性质会影响聚合物的比表面积，从而影响其识别与结合能力。溶剂选择需遵从：①对印迹分子具有较高的溶解能力，低浓度印迹分子制备的聚合物可能会出现非特异性吸附增加；②根据印迹分子和功能单体之间作用力类型选择合适的反应溶剂；③高极性溶剂会降低印迹分子与功能单体的结合，特别是干扰氢键的形成，应尽可能采用苯、甲苯、二甲苯、二氯甲烷等极性较低的溶剂。

（4）交联剂　交联剂种类、用量会影响聚合物的刚性，从而影响聚合物孔穴形状及功能基团排列的稳定性。使用多官能团的交联剂能提高聚合物的交联度、增强聚合物的刚性，有利于保持识别点的整体性，从而提高识别和结合能力。如使用季戊四醇三丙烯酸酯为交联剂制备的印迹聚合物，其识别与结合能力均大于以新戊二醇二丙烯酸酯为交联剂合成的聚合物。

（5）引发方式　分子印迹聚合物的制备通常借助热、光或辐射线来引发，一般以偶氮二异丁腈或者偶氮二异庚腈为引发剂；以低温光引发最为普遍，优点如：①可以印迹热稳定性差的化合物；②可稳定印迹分子和功能单体形成的复合物；③可改善分子印迹聚合物的物理性能以提高其选择性。热引发也是常用的引发方式，但只对热稳定物质适用。

2. 分子印迹聚合物的合成方法

（1）本体聚合　是指将模板分子、功能单体、交联剂及溶剂按一定比例混合，然后采用热引发或光引发的方式聚合制得多孔、坚硬的大块聚合物。聚合物经过研磨、筛分得到直径在微米级的颗粒，最后洗脱除去印迹分子。这种方法简单直接，是合成分子印迹聚合物最常用的方法。

（2）原位聚合法　将模板分子、功能单体、交联剂、引发剂、溶剂按照一定比例混合，然后放在特定的容器中（液相色谱柱、毛细管柱）直接聚合。这种方法得到的聚合物不需要研磨、过筛、沉降等烦琐的处理步骤，可以直接用于分析。

（3）悬浮聚合法　在液态全氟烃中形成非共价键印迹聚合物乳液，采用氟化的表面活性剂或含氟的表面活性聚合物作为分散剂，得到稳定的含有功能单体、模板分子、交联剂、致孔剂的乳液液滴，可以直接制备粒径均匀的聚合物微球。

（4）沉淀聚合法　又称非均相溶液聚合，是指聚合反应所使用的功能单体、交联剂及引发剂可溶于分散剂中，产生的聚合物易于沉淀。由于该方法不需要在反应体系中加入任何稳定剂，因此制备的聚合物微球表面洁净，可以避免由稳定剂或表面活性剂对印迹分子的非选择性吸附。

（5）表面印迹　分为识别金属离子和其他物质的两种制备方法。识别金属离子是以中孔的硅胶树脂为基质，将模板金属离子和功能单体形成的配合物利用缩合聚合引入到硅胶表面。当金属离子除去后，在硅胶或聚合物的表面留下可结合该金属离子的位点；另一种表面印迹的方法又称基质修饰法，是将模板分子通过反应（如偶联反应）连接到硅胶的表面，加入功能单体和交联剂后聚合，最后用氢氟酸将聚合物中的硅胶腐蚀掉得到分子印迹聚合物。

（6）乳液聚合法　是指将模板分子、功能单体、交联剂溶于有机溶剂中；然后将溶液转移入水中，搅拌乳化；最后加入引发剂交联、聚合，可以直接制备粒径较为均一的球状分子印迹聚合物。

（7）膜印迹　分子印迹膜的制备方法主要有以下四种。①直接合成在传感器装置的表面；②原位聚合法合成膜型分子印迹聚合物；③将含有羧基等官能团的聚合物溶解于溶有模板分子的溶剂中，通过相转移获得分子印迹膜；④PVC 成膜法。

四、 分子印迹技术的优势及应用概况

分子印迹技术具有许多诸多优点：①构效预定性：因为模板分子和功能单体形成的自组装结构是在聚合之前预定形成的，所以这种预定性就决定了人们可以按照目的制备不同的聚合物，以满足各种不同的需要；②特异识别性：因为聚合物是按照模板分子的结构定做的，它具有能识别该模板分子的特定识别空腔结构和识别位点；③实用性强：是指分子印迹聚合物的稳定性好，不易受高温、酸碱的影响；同天然生物分子识别系统（如酶-底物、抗原-抗体、受体-激素）相比，该聚合物能够抵御比较恶劣环境的影响，而且贮存条件温和，可以长时间的

保留识别性能。由于上述优点，使分子印迹技术在固相萃取、色谱分离、仿生传感、模拟酶催化等方面得到了广泛的应用。

（1）固相萃取　将分子印迹聚合物作为固相吸附剂，结合固相萃取技术可实现食品中残留物的分离与检测。相关学者将其用于饲料中 5 种磺胺类药物的检测，在最佳条件下，5 种磺胺类药物的检出限可达到 0.14~0.23mg/kg。利用雌二醇分子印迹聚合物固相萃取结合液相色谱-紫外分光光度法，可实现乳类和肉类食品中痕量雌二醇的检测，检出限为 0.116~0.461nmol/kg。将制备的橄榄醇分子印迹聚合物在优化的固相萃取条件下，固相萃取柱对加标麦麸中橄榄醇的回收率达到 97.8%~98.8%，相对标准偏差为 2.8%~4.2%（$n=5$），线性范围为 0.10~100mg/L，检出限为 0.062mg/L，表明该方法具有良好的选择性和灵敏度。

（2）色谱分离　分子印迹聚合物作为一种新型的固定相，具有稳定性好、选择性高等优点。常见的高效液相色谱存在理论塔板数低的问题，若将分子印迹聚合物应用于毛细管电色谱，则能够有效克服此问题。同时，由于分子印迹聚合物具有立体选择性和对映体选择性，已广泛应用于多种化学物质如多肽、核苷酸碱基、氨基醇和类固醇糖类等的分离。如相关学者以甲醛为模板分子，在最优聚合条件下，采用本体聚合法合成了对甲醛分子具有选择性吸附能力的分子印迹聚合物；并将其作为固定相的填料制得萃取柱，实现了样品中甲醛的特异性吸附；该方法操作简便、灵敏度高，可将其应用于水产品的前处理。

（3）仿生传感　分子印迹聚合物具有预定性好、稳定性强、对印迹分子选择性高的优点，因此能够作为仿生传感器的分子识别元件，再由物理或化学的信号转化器将此识别作用输出，然后在光、电、热等作用下转换成可测的信号，从而实现各种小分子有机化合物的分析。相关学者采用自由基热聚合法，在石墨烯修饰的玻碳电极表面合成有机磷杀虫剂毒死蜱分子印迹聚合膜，并将其用于构建分子印迹电化学传感器；在最佳的检测条件下，传感器的响应峰电流与毒死蜱的浓度在 2.0×10^{-7}~1.0×10^{-5}mol/L 呈线性关系，检出限为 6.7×10^{-8}mol/L。分子印迹电化学传感器也实现了盐酸金霉素的测定，该传感器对于干扰物氯霉素及青霉素没有响应，显示了其良好的选择性；在牛乳和鸡肉实际样品中所测得的盐酸金霉素加标回收率为 86.4%~96.9%。

（4）模拟酶催化　将功能单体与待催化的反应物结合形成过渡态复合物，然后在该复合物的周围交联制得分子印迹聚合物；洗去模板分子后，分子印迹聚合物留下的识别位点能够与待催化反应的反应物重新形成活化能较低的过渡态，因而起到了催化的作用。但由于单体与反应物之间形成的过渡态复合物极不稳定，限制了分子印迹聚合物在该领域的应用。

第三节　分子印迹纳米探针及其应用

分子印迹纳米探针是在制备纳米探针的过程中，引入分子印迹技术以赋予纳米探针特殊的识别功能，该类探针兼具分子印迹技术的高度专一性和纳米材料的光/电特性，为食品安全检测提供了有效途径。

一、分子印迹纳米探针的检测原理

分子印迹纳米探针技术是在保证对模板分子具有特异识别能力的基础上，通过对分子印迹合成方法的巧妙设计与改进，将纳米材料的光/电特性引入进来。利用分子印迹纳米探针进行识别与检测，通常需要以下三个步骤：首先，将印迹分子与功能单体在纳米材料表面通过相互作用（如氢键、离子键、静电相互作用等）形成复合物后，再加入交联剂与引发剂对复合物和纳米材料进行固定聚合；其次，利用萃取、酸解等适当的洗脱技术将印迹分子抽提除去后，在聚合物内部留下与模板在分子形状、尺寸以及官能团的固定排列相互补的印迹位点，可以重新识别印迹分子；最后，将经过洗脱处理后的探针置于待测样品中，探针通过印迹效应会对目标分子进行快速捕捉与富集，进而把微观的分子识别过程转化成可通过仪器定量读取的光信号/电信号，实现对待测组分质的定性与定量分析。

二、 分子印迹纳米探针的合成方法

基于纳米材料的分子印迹聚合物由于其优越的特性得到了广泛的应用，其合成方法也是由分子印迹聚合法发展而来，大致有 5 种，即沉淀聚合法、表面分子印迹法、溶胶-凝胶聚合法、原位聚合法以及磁性纳米粒子聚合法。

（1）沉淀聚合法　又称均相溶液聚合法，是将功能单体、模板分子、交联剂和引发剂混合均匀而制备分子印迹聚合物的方法。该法体系浓度较低，聚合物可以独自增长，一旦形成聚合物就会以沉淀的形式从溶液中析出；最大的特点是使用溶剂量多，聚合后不用经过研磨从而保证了颗粒粒径的均匀性，结合位点不易损坏，印迹效果比较好。

（2）表面分子印迹法　将模板分子在聚合物表面发生聚合反应，以产生更多的印迹空穴。通常以适当的纳米材料作为载体，利用合适的手段如接枝、螯合等在载体表面引入含有双键的功能单体，再将模板分子、交联剂、引发剂等经过高度交联在载体表面发生聚合反应，最后便得到了表面分子印迹聚合物。表面分子印迹聚合物大部分的印迹位点都在表面，有利于模板分子的吸附-脱附过程。

（3）溶胶-凝胶法　利用高活性的物质作为前驱体（如正硅酸乙酯等），将原料混合均匀后反应，放置一段时间，使胶粒进行聚合，形成具有三维网络结构的刚性材料的过程。该方法反应条件简单，在室温条件下无须光引发或热引发就能进行，采用的溶剂均是环境友好型试剂如水、甲醇等。

（4）原位聚合反应　是以色谱柱或毛细管柱为基础，通过简单的聚合反应在其上面直接合成分子印迹聚合物。该方法以色谱柱等容器为分散相，将功能单体、模板分子、交联剂、引发剂填充到容器的空隙内，让其在空隙内发生聚合反应而形成高度交联的聚合物。制得的印迹识别位点遍布在色谱柱的空隙中，增加了比表面积，使得流动相能与分子印迹聚合物充分接触，提高了聚合物的吸附能力。

（5）磁性分子印迹技术　是分子印迹技术的分支，此法制备的聚合物多为纳米级材料。它是将具有磁性的材料与分子印迹巧妙地结合起来，制备出具有磁性的分子印迹纳米粒子，然后在外加磁场的作用下，聚合物能很快地从基质中分离出来，不需要借助其他如离心、抽滤等外在工序。最常用的磁性材料是 Fe_3O_4（图 13-11），为了使制备的聚合物性能更加优异，通常需要对磁性材料进行修饰，如利用表面改性、共聚方法在其表面引入官能团等。

三、 分子印迹纳米探针的优势

分子印迹纳米探针是纳米技术与分子印迹技术的有机结合，因此分子印迹纳米探针能够表

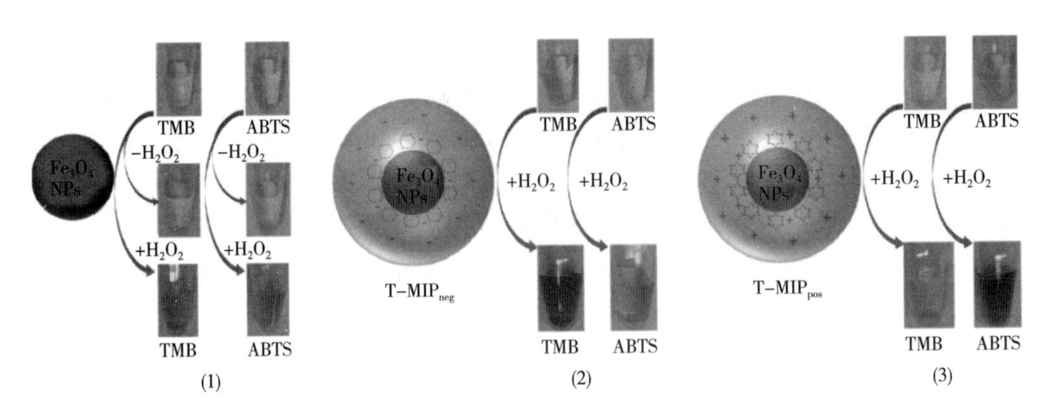

图 13-11　以 Fe_3O_4 为内核的分子印迹纳米探针性能研究

现出纳米探针与分子印迹聚合物的双重优点。

（1）识别专一性　分子印迹纳米探针可根据需求进行化学合成，探针中的印迹位点可根据不同印迹分子的化学结构和官能团进行定制，因此分子印迹纳米探针对目标分子表现出高度的识别专一性。

（2）稳定性高　与天然生物识别分子功能化的纳米探针相比，由于分子印迹纳米探针是通过化学方法制备的，无须动物实验，制备过程简单，更重要的是其具有天然识别分子所不具备的抗恶劣环境的能力，如耐高温、抗酸碱能力强等，从而表现出高度的稳定性和较长的使用寿命。

（3）灵敏度高　分子印迹纳米探针将高灵敏的荧光检测/电化学检测与分子印迹技术相结合，且纳米粒子本身的比表面积比较大，能够增大与待测组分的界面连接作用，起到了信号放大的作用，从而提高了检测灵敏度。

（4）实用性强　与传统的分子印迹聚合物相比，分子印迹纳米探针最大的优点是在保留原有识别功能的同时，引入了信号转换的功能，进而实现识别与信号传感同时进行。这样可省去先将待测组分富集吸附、再解吸附、最后借助其他仪器检测的复杂过程，实用性更强。

四、 分子印迹纳米探针的应用

1. 样品前处理

复杂食品中痕量目标物的准确分离与基质干扰的有效去除，是提高检测精准度，加快检测速度的关键。目前，以半导体基、碳基、金属基纳米材料为载体制备的表面分子印迹聚合物都被成功地用于食品基质的前处理过程，同时结合高效液相色谱、气相色谱和毛细管电色谱等检测手段，实现了对农兽药残留、非法添加剂、重金属等有毒有害物质的分析。

相关学者在碱性环境下水解四乙氧基硅烷制备了直径约 300nm 的纳米 SiO_2，经氨丙基修饰后将其作为内核载体，在其表面包覆分子印迹聚合壳层。值得注意的是，研究使用的氨丙基修饰后的 SiO_2 表面保留了足够多的硅烷醇基，不仅可继续在载体表面缩聚，抑制了载体在印迹过程中的泄漏，而且可作为一种辅助单体驱使模板分子进入聚合物壳层中，在一定程度上提高了印迹效率。所制备的 MIP@ SiO_2 材料可用于蔬菜等样品中甲基对硫磷的选择性吸附，实现了简单、快捷和高效的检测。

近年来，以碳纳米管（Carbon Nano Tube，CNT）作为印迹载体用于制备固相前处理材料的研究多有报道，相关技术也逐渐成熟。将表面印迹与溶胶-凝胶技术结合，在多壁 CNT 表面制备了一种苏丹Ⅳ印迹聚合物，并与高效相色谱联用，实现了辣椒样品中苏丹Ⅳ的在线萃取与分析。所制备的印迹聚合物对模板苏丹 IV 的容量可达到 63.2μmoL/g，明显高于其他结构类似物（苏丹红Ⅰ、Ⅱ和Ⅲ），表明其具有良好的特异性；作为固相萃取材料与高效液相色谱联用时，对目标物分子的富集倍数达到 741，达到了良好的目标物富集与基质净化效果。

相关学者合成了形貌规则、分散性好的 UiO-66-NH_2，并用其制备了分子印迹 MOFs 探针，结合高效液相色谱法实现了红花样品中胭脂红的吸附、富集、分离和检测；该探针的使用在很大程度上增加了体系的比表面积、孔隙率和稳定性；使得胭脂红的检出限为 2.7×10^{-4} μg/mL，富集倍数为 73 倍。

以 Fe_3O_4 为内部载体制备的分子印迹聚合物，将磁分离固相萃取的高效性、便捷性与分子印迹的特异性识别结合起来，实现了对猪肉、鱼、虾等样品中 6 种大环内酯类抗生素的快速分离与检测。以功能化的 Fe_3O_4 为磁芯，采用表面分子印迹聚合法，以橙皮素为模板分子，*n*-异丙基丙烯酰胺为功能单体成功制备了橙皮素磁性分子印迹聚合物，对橙皮素具有较高的选择识别性能，可从柑橘干果皮中富集并提取橙皮素，回收率可达 90.5%~96.9%，相关系数大于 0.9991。此外，核-壳结构的磁性聚合物具有较大的比表面积，一定程度上解决了聚合物交联体系中识别位点不足和不均匀的问题；这类聚合物性质稳定、耐用性好和记忆效应强，能够满足液相体系中目标物的分离富集。例如，通过聚合反应合成的磁性分子印迹聚合物纳米探针能够选择性预浓缩替扎尼定，通过固相萃取对超纯水和尿液中替扎尼丁进行了测定，检测限分别为 1.13×10^{-6} 和 1.68×10^{-6} mol/L，相对标准偏差分别为 2.21% 和 2.58%。

2. 分子印迹仿生传感分析

以纳米材料为内部载体的表面印迹聚合物含有较多均匀的活性位点，改善了识别位点与模板分子结合的动力学程，从而缩短了响应时间并降低了检出限，有利于待测组分的高灵敏、实时在线传感分析。此外，纳米材料由于具有小尺寸效应、表面效应及宏观隧道量子效应，赋予了表面印迹聚合物独特的光、电、磁等性质。基于此，将分子印迹纳米探针作为仿生识别元件，结合电化学（电流、电位、电导、阻抗等）、光学（荧光、电致发光、拉曼光谱、表面等离子体共振等）、质量等不同响应信号，构建的分子印迹仿生传感器，不仅发挥了表面分子印迹的高特异性、高稳定性的优点，又能与传感器检测的快速、高通量、实时分析等优势相结合，在食品安全检测方面有了较为深入的研究。

3. 电化学传感分析

以苯甲酸功能化聚噻吩为载体，将含有丙烯酰胺和氨基苯基硼酸的分子印迹聚合物固定在丝网印刷电极表面，制备了一种基于分子印迹聚合物结合导电聚合物层的非酶电势葡萄糖传感器。Fe_3O_4@SiO_2表面包裹了印迹纳米层，并将其修饰在玻碳电极表面，结合差分脉冲伏安法实现了果汁粉中日落黄的选择性检测；整个检测过程不需要复杂的样品前处理过程，且具有较高的检测速度和灵敏度。将邻氨基硫酚预功能化的纳米金修饰在金电极表面，通过电沉积制备了具有高比表面积的西玛津分子印迹聚合物膜，该聚合物膜电催化活性高，且能够快速地还原模板分子；由于纳米金的存在，降低了分子印迹聚合物交联层的电子传递阻抗，增加了印迹位点的数目和均匀性。

4. 荧光传感分析

以具有荧光特性的纳米材料如量子点、碳点、上转换纳米材料、金属团簇等为载体，在其表面制备分子印迹聚合物，将荧光检测的高灵敏度与分子印迹的高特异性相结合，实现对目标物的灵敏、快速、简便检测。研究报道了在碲化镉（CdTe QDs）表面分别以两种硅烷偶联剂和甲基丙烯酸为功能单体，制备了 3 种针对四环素药物的表面分子印迹荧光探针；基于荧光淬灭原理，检测四环素的检出限为 4.5×10^{-6}mol/L；该研究详细讨论了不同荧光印迹聚合物在平衡时间、印迹因子和荧光淬灭机理的差异，论证了功能单体在分子印迹交联体系中识别位点形成过程中的重要作用。同时，将 CdTe QDs 包裹在纳米 SiO_2的介孔中，有选择地形成双酚 A 分子印迹特异性结合位点，制备了高灵敏度的分子印迹荧光传感器；该材料由于缩短了 QDs 与结合位点间的距离，在双酚 A 存在的情况下，可观察到显著的荧光猝灭；所制备的分子印迹荧光探针对模板双酚 A 的猝灭常数要比其类似物的猝灭常数大得多（10 倍以上），表明对双酚 A 有较高的特异性。采用表面接枝法在 UCNPs 表面包裹分子印迹聚合物膜，该材料荧光强度高、稳定性强，并可重复使用，为牛乳样品中有害物己烯雌酚提供了一种便捷、灵敏的荧光仿生传感检测方法。

5. 电化学发光传感分析

基于电化学和化学发光原理的电化学发光技术具有灵敏度高、重现性好、便于操作等优势，与表面分子印迹的特异性分离相结合，为食品中痕量有害物的分析检测提供了一种新的策略。相关学者在电极表面固载 UCNPs，并在其表面包覆了“瘦肉精”克伦特罗的印迹识别层；利用基底层优异的导电性、电子传递速率和大比表面积，提高了 UCNPs 在印迹层中的电化学发光强度，对克伦特罗具有良好的灵敏度和选择性，检出限为 6.3×10^{-9}mol/L。

6. 表面等离子体共振传感

在等离子体共振芯片（Surface Plasma Resonance，SPR）表面修饰分子印迹聚合物膜，为食品中待测组分的灵敏、快速、实时分析检测提供了有效方法。采用表面热引发聚合的方式直接在 SPR 金片上制备嵌有纳米金的三聚氰胺分子印迹膜；由于纳米金的 SPR 信号放大作用，实现了对乳制品三聚氰胺的有效识别和可再生检测。同时，也可以在 SPR 芯片上修饰具有高亲和力的仿生受体，用于分析牛乳样品中的糖肽类抗生素；实验证明合成的仿生受体与靶分子之间的亲和力优于天然受体和其他合成受体，离解常数达到 1.8×10^{-9}mol/L。在直接法和间接竞争法分析实验中，该 SPR 传感器对万古霉素的检出限分别为 4.1μg/L 和 17.7μg/L，且检测成本较低、不需复杂的样品前处理。

7. 压电石英晶体微天平传感

微天平芯片（Quartz Crystal Microbalance，QCM）是基于石英晶体的压电效应能够实时、在线检测石英晶体表面的质量变化，是一种非常灵敏的质量检测仪器，检测精度可达到 ng 级。分子印迹 QCM 传感器构造简单，并可与计算机等辅助设备联用，在微观过程作用机理分析、在线检测研究方面有无可比拟的优势。相关学者采用计算机模拟和光谱手段，证实了分子迹过程中模板与单体间的预聚合物的形成，进而确定了分子印迹薄膜的沉积参数；该印迹薄膜的吸附容量达到了非印迹膜的 7 倍，显示出了良好的模板亲和力。通过在纳米金修饰的金电极表面电沉积邻氨基硫酚膜，制备了莱克多巴胺分子印迹 QCM 传感器，并用于猪肉等样品中莱克多巴胺的分析检测；该分子印迹膜对莱克多巴胺有较高的识别专一性，对猪肉样品中莱克多巴胺的检出限达到了 1.17×10^{-6}mol/L，并具有良好的重现性和检测稳定性，进而证明了该分子印迹模对传感器检测性能的提升作用。

8. 碳点表面分子印迹制备及其对苯醚甲环唑的检测实例

（1）材料与方法　材料：碳点、无水甲醇、乙酸乙酯、氨水、无水乙醇、3-氨丙基三乙氧基硅烷（APTES）、正硅酸四乙酯（TEOS）、氧环唑、丙环唑、乙环唑、苯醚甲环唑；仪器：荧光光谱仪、透射电子显微镜。

基于碳点表面的苯醚甲环唑分子印迹的合成：烧瓶中分别加入 40mL 乙醇碳点溶液，100mg 苯醚甲环唑，0.8mL APTES，搅拌 30min 后加入 1.4mL TEOS 和 1mL 5%的氨水溶液，反应 24h，得到的固体经离心分离后，在 30℃真空干燥箱中干燥得到固体，将固体使用体积比为 9∶1（乙酸∶甲醇）的洗脱液进行超声洗涤，洗涤三次后将其离心分离，得到固体并干燥，即为碳点印迹聚合物（C-dot@ MIP）。

碳点印迹聚合物的荧光分析方法：将合成的碳点印迹聚合物配制成 100μg/mL 的胶体溶液，将苯醚甲环唑配制成 500、250、200、125、50、25、10、5、0.5μg/mL 浓度的溶液，取 1mL 之前配制好的碳点分子印迹聚合物胶体溶液，随后加入 2mL 不同浓度的苯醚甲环唑溶液，在 1mL 的印迹聚合物溶液中加入 2mL 的甲醇溶液作为空白参比，静置 10min 后，在荧光分光光度计上进行荧光分析，以 280nm 波长为激发光，平行试验三次。

（2）结果与分析　C-dot@ MIP 的透射电镜图及红外光谱特征：图 13-12（1）为合成的 C-dot@ MIP 在 100μg/mL 胶体溶液中的透射电镜图，从图中可以看出制得的 C-dot@ MIP 分散性较好，印迹聚合物的形貌呈现球形。图中的聚合物边缘比较粗糙，这可能是由于清洗掉模板分子苯醚甲环唑后引起的缺陷。通过图 13-12（2）中 C-dots@ MIP 洗脱模板分子前后的红外图谱对比，可以证明模板分子苯醚甲环唑已经成功的嵌入印迹聚合物的空穴中，在 $1050cm^{-1}$ 处较宽的特征峰为 Si-O-Si 伸缩峰（a），$1414cm^{-1}$ 处的特征峰属于模板分子苯醚甲环唑的芳香环；通过洗脱剂的超声清洗后，洗脱后的 C-dots@ MIP 芳香环特征峰消失（b）。

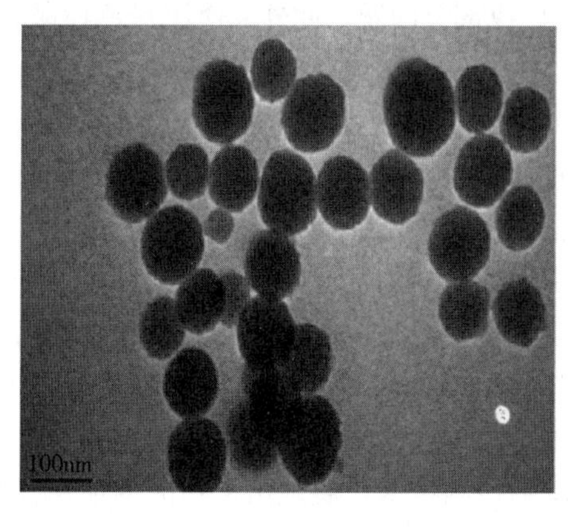

(1)

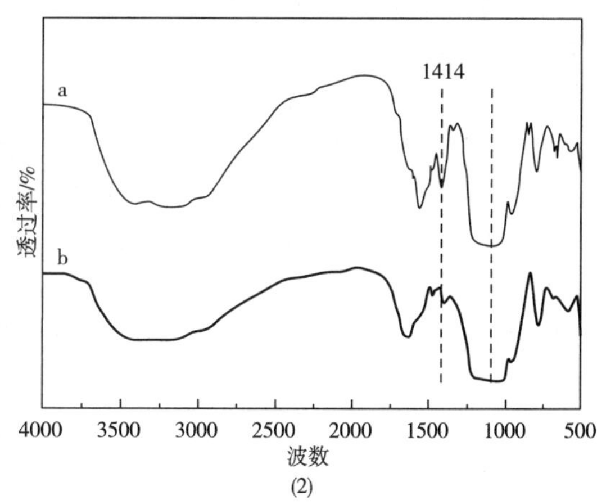

(2)

图 13-12　（1）C-dot@ MIP 的透射电镜图；（2）清洗掉模板分子前（a）和清洗掉模板分子后（b）的 C-dots@ MIP 红外图谱

C-dot@ MIP 对农药分子的检测：随着苯醚甲环唑浓度的增加，C-dot@ MIP 的荧光强度在逐步降低；荧光强度对苯醚甲环唑浓度在 5～500μg/mL 时呈良好的线性关系，检出限为 0.93μg/mL。加入 250、200、125、50、25、10、5、0.5μg/mL 的氧环唑，丙环唑，乙环唑、苯醚甲环唑于 C-dot@ MIP 胶体溶液中，并在其中加入同样的苯醚甲环唑溶液，从而研究 C-dot@ MIP 的选择性。结果表明，随着苯醚甲环唑浓度的增加，荧光猝灭效果比较明显，而对于结构类似物浓度的增加，并没有发生明显的荧光猝灭效果，这是由于 C-dot@ MIP 是以苯醚甲环唑为模板分子制备的印迹聚合物，氧环唑，丙环唑，乙环唑不能进入其网格中，无法对碳点的荧光强度造成影响，因此可以实现苯醚甲环唑的特异性检测。

为了验证 C-dot@ MIP 对苯醚甲环唑的实际应用效果，分别以超纯水和湖水做加标回收实验，通过标准曲线计算回收率。研究表明，在超纯水水样中，苯醚甲环唑的回收率在 86.4%～96.54%，湖水水样的回收率在 76.4%～106.56%。以上数据可以看出，合成的 C-dot@ MIP 对苯醚甲环唑有较好的检测效果。

为了增加荧光碳点对农药分子的选择性，采用“溶胶-凝胶”法，在室温下合成了一种分子印迹纳米探针 C-dots@ MIP。通过比较苯醚甲环唑的结构类似物对分子印迹纳米探针的荧光猝灭效果，发现合成的印迹聚合物具有良好的特异性选择功能，且能够实现对苯醚甲环唑荧光检测；同时，该方法用于实际样品中苯醚甲环唑的检测取得了满意的结果，在农药残留检测方面具有较好的应用前景。

五、 分子印迹纳米探针发展趋势

与传统检测方法相比较，分子印迹纳米探针因具有灵敏度高、特异性强等优点，在食品安全检测领域展现出不可比拟的优势和广阔的应用潜力。然而，该技术尚处于起步阶段，仍需要不断改进和完善：

在技术方面，由于成本效益等原因，分子印迹纳米探针还无法实现大规模生产，该技术仍局限于实验室阶段。

在合成方法上，分子印迹纳米探针需要使用大量的模板分子，而对于那些价格昂贵或不易得到的化合物，目前只能从回收模板分子的角度才能解决部分问题。此外，使用绿色环保的方法合成分子印迹纳米探针是下一步研究的方向。

在实际应用中，目前分子印迹纳米探针技术主要集中于农药、兽药等小分子目标物的检测，而在其他食品安全因子，特别是针对食源性致病菌的研究与应用较少。扩展检测范围，实现对食源性致病菌的直接快速检测也是需要解决的难题。

此外，在食品复杂基质中，两种或多种残留物质同时存在的情况非常普遍，经常需对同一样本中的不同待测组分进行多次检测。因此，通过调控探针尺寸、元素组成、合成方式等，进而开发同时检测食品中多种安全因子的复合型分子印迹纳米探针，是该技术今后发展的一个重要方向。

总之，分子印迹纳米探针技术作为一种新型的识别检测技术，展现出了强大的应用优势，为食品复杂基质中有害物质的分析带来新的思路与发展契机。

第十四章 组学技术

随着人类基因组计划的完成，生命科学研究的热点已逐渐从解析全套的遗传信息转移到基因的功能和多个“组学”研究领域，即以基因、mRNA、蛋白质以及代谢产物为研究对象的基因组学（Genomics）、转录组学（Transcriptomics）、蛋白质组学（Proteomics）和代谢组学（Metabolomics）。随后，研究人员在此基础上提出了“系统生物学”概念，其主要包括了基因组、转录组、蛋白质组和代谢组学等分子生物学分析，以及分析过程中所涉及的数学分析、计算机应用、模型建立等相关方面的研究。

组学技术的基本思路是通过研究成千上万的DNA、RNA、蛋白质以及生物小分子代谢物等物质，筛选出与某一具体生命活动过程相关的DNA、RNA、蛋白质或代谢产物，进而对其进行分析和评估。组学技术近年来发展迅速，尤其是蛋白质组学和代谢组学，已经从生物医学领域逐渐发展到食品科学领域。蛋白质是多数食品的重要组成成分，蛋白质组的分析能够为决定食品品质的蛋白质结构和功能的鉴定提供重要信息。代谢组学通过研究脂类、多糖、酚类等食品基质中重要的小分子代谢物，分析代谢产物的代谢路径和变化规律，揭示其生理活动的代谢机制。尽管蛋白质组学和代谢组学在食品科学领域的应用时间相对较晚，但大量研究成果已经证明了该技术在食品科学领域具有广阔的应用前景。

第一节　蛋白质组学

蛋白质组（Proteome）一词来源于蛋白质（Protein）和基因组（Genome）的组合，主要是指一个由基因组表达产生相应的全套蛋白质，而蛋白质组学（Proteomics）则是指对某一生物或细胞在特定生理状态下表达的所有蛋白质的特征、数量和功能进行系统性的研究。由于蛋白质组学是研究生物体在特定状态下蛋白整体水平的存在状态和活动规律，并在分子水平上解析蛋白质的表达、修饰、功能，因此蛋白质组学又可以细分为表达蛋白质组学、结构蛋白质组学和功能蛋白质组学三大类。表达蛋白质组学（Expression Proteomics）主要是研究某组织或细胞中蛋白质的整体表达，分析不同条件下蛋白质表达量的变化情况；结构蛋白质组学（Structural Proteomics）侧重于在活性构象下对蛋白质氨基酸序列以及相应空间结构的解析；功能蛋白质组学（Functional Proteomics）则主要是针对蛋白质功能模式的研究，包括蛋白质的功能和蛋白质之间的相互作用。

常见的蛋白质组学可分为两种研究模式：第一种模式被称为“完全蛋白质组学”（Global Proteomics），该模式是利用高通量蛋白质组技术，系统性、大规模地分析生物体内尽可能多的甚至所有的蛋白质；但是，由于蛋白质在生物体内的表达会随时间和空间而不断发生变化，因此“所有的蛋白质”实际上是“某一特定时间或条件下的全体蛋白质”。第二种研究模式为“差异蛋白质组学”（Differential Proteomics），又称“比较蛋白质组学”（Comparative Proteomics），主要是通过寻找并筛选出由于某些内因或外因引起的生物样本之间的蛋白质表达差异图谱，寻找差异蛋白位点，揭示生物体特定生理下某些关键蛋白的性质和功能。

蛋白质组学在食品科学领域的应用，主要是基于差异蛋白质组学技术对食品在不同状态或条件下的蛋白质组分和含量的变化进行对比，以及对蛋白经糖基化、磷酸化等修饰后的变化进行特征性描述，该研究手段在食品加工与贮藏、食品营养与品质分析、食品过敏源检测以及食品真伪鉴别等方面得到广泛应用。

一、蛋白质组学技术

随着蛋白质样品制备技术、蛋白质组分分离技术、质谱分析技术以及蛋白数据分析工具的快速发展，以质谱技术为核心的蛋白质组学技术日渐成熟，具体研究的基本流程如图 14-1 所示。样品中蛋白质组分经提取后，通常采用自下而上或自上而下两种策略进行分析。

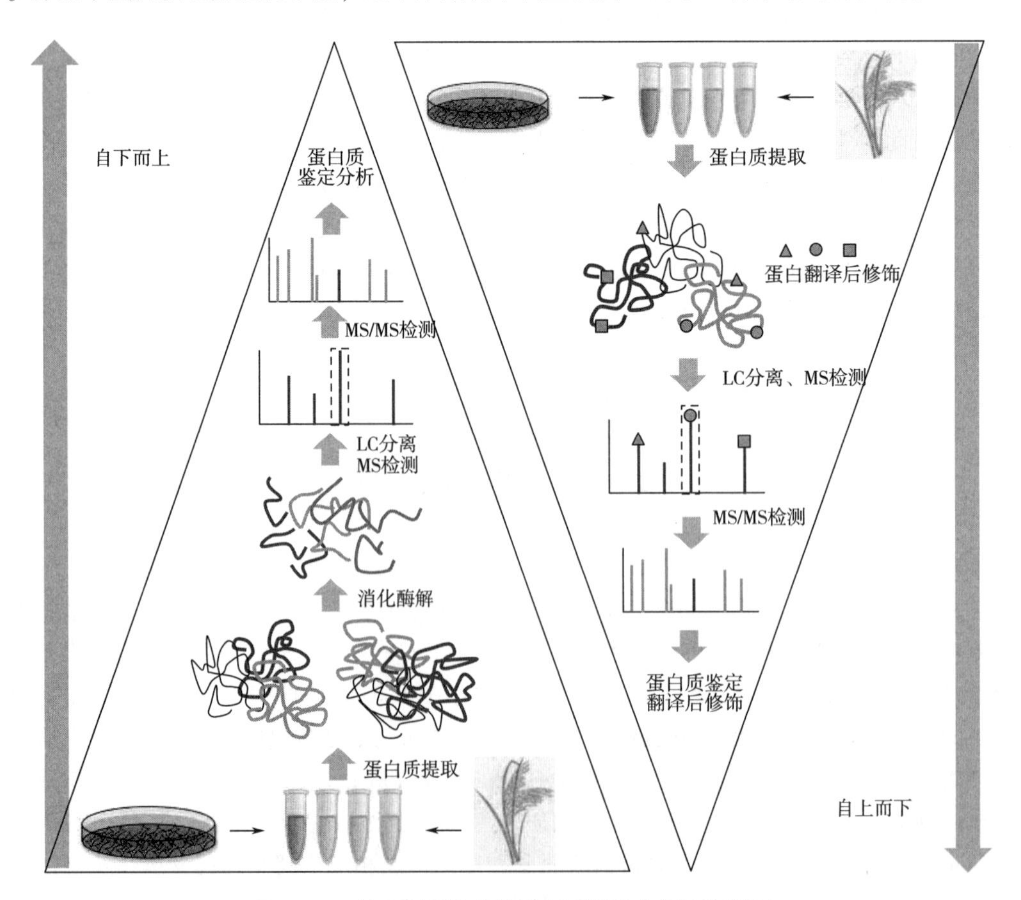

图 14-1　基于质谱技术的蛋白质组学分析流程简图

自下而上（Bottom-Up）这一模式是现阶段蛋白质组学分析应用最广的方法，由于其类似于基因组测序的鸟枪法，所以又称鸟枪法蛋白质组学（Shotgun Proteomics）。该方法中的“Bottom”指肽段，而“Up”则是由肽段推理蛋白质的过程。在自下而上的方法中，蛋白质单体首先在蛋白酶的水解作用下分解成为不同大小的肽段，然后通过色谱技术将肽段混合物分离，随后利用质谱技术将肽段碎裂，并根据碎裂谱图中的离子峰信息，结合相关数据库对肽段进行搜索和鉴定，最后将得到的肽段组装合并形成蛋白质。该分析方法发展较为成熟，对应的软件工具选择范围广，适合分析复杂样本，但缺点是蛋白序列的覆盖度并不完整，不适合对蛋白翻译后修饰（Post-Translational Modifications，PTMs）的检测分析。

在自上而下（Top-Down）这一蛋白质组分析策略中，“Top”是指对完整蛋白质分子的分析测定，“Down”则是指对完整蛋白的碎裂。随着近年来质谱仪解析能力的大幅提高和新型串联质谱 MS/MS 离子裂解技术的出现，这种不采用酶解反应，而是直接通过完整蛋白质的质量及其碎裂谱图信息来完成蛋白质鉴定的分析方法，针对蛋白质序列的覆盖度很高，比较适合对蛋白质的翻译后修饰位点进行分析。但该方法不适合分析复杂样本，无法满足高通量蛋白分析，并且对于仪器的解析能力要求较高。

上述两种蛋白组学研究方法中主要包括了蛋白质组分的分离技术、蛋白质组分的鉴定技术以及利用蛋白质信息学进行蛋白质结构和功能的分析与预测这三个部分，下面对这三方面技术分别予以简要介绍。

1. 蛋白质分离技术

蛋白质组分的成功分离是蛋白质组学研究的基础，也是影响蛋白质表征结果的关键因素之一。良好的蛋白质分离技术，针对不同类型的蛋白质，如碱性蛋白、酸性蛋白、疏水性蛋白、亲水性蛋白、大相对分子质量蛋白以及小相对分子质量蛋白，均能有效分离。目前常用的蛋白质分离技术主要包括电泳技术（一维电泳、双向电泳、荧光差异显示凝胶电泳、毛细管电泳）和液相色谱技术（离子交换色谱、亲和色谱、多维液相色谱），这些分离技术均可与下游质谱技术联用。

（1）一维电泳分离技术　一维电泳分离技术是一种最为常见的蛋白质分离技术。该技术基本原理是蛋白质样品首先溶解在还有十二烷基磺酸钠（Sodium Dodecyl Sulfonate，SDS）的缓冲液中后，不同蛋白质组分按照一定比例与 SDS 结合形成复合物。由于 SDS 是一种阴离子去污剂，能够断裂分子内和分子间的氢键，破坏其折叠结构，与蛋白质形成络合物所携带的负电荷数目远大于蛋白质分子自身电荷量，消除了不同蛋白质分子间的原有电荷差别。带有负电荷的 SDS-蛋白质复合物通过外加电场的作用，以具有网状立体结构的聚丙烯酰胺凝胶为支持物进行电泳。复合物的电泳迁移率取决于其相对分子质量，因此在电泳一段时间后，各蛋白质组分便会按照相对分子质量大小依次排列为条带状（图 14-2）。一维电泳分离技术所需设备简单、操作简便、重复性好，但对于蛋白质构成较复杂的样品分离效果不甚理想。

（2）蛋白质双向凝胶电泳技术（Two-Dimensional Gel Electrophoresis，2-DE）　从 20 世纪 70 年代问世至今，蛋白质双向凝胶电泳技术已经在蛋白质组学研究中的得到广泛应用。该技术能够同时将上千种蛋白质分离并展示出来，是目前分离复杂蛋白质组分的高分辨率工具，因此受到研究人员的广泛关注。双向凝胶电泳的实际上是分别利用蛋白质等电点（Isoelectric Point，IP）和相对分子质量大小这两个特性对蛋白质进行分离：首先，蛋白质在外加电场作用下，在固相 pH 梯度凝胶（Immobilized pH Gradient，IPG）中不断移动，且所带的电荷数和迁

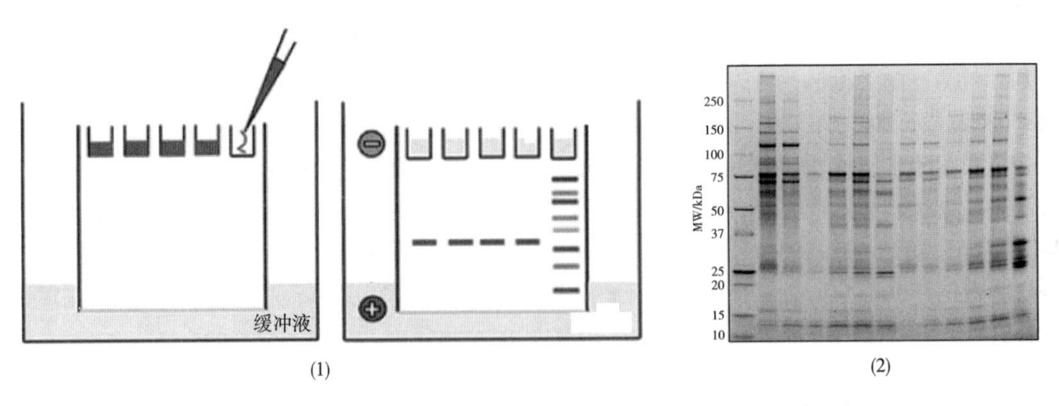

图 14-2 一维电泳分离技术示意图（1）及其结果示例（2）

移速度下降；当蛋白质迁移至其等电点 pH 位置时，蛋白质携带净电荷数为零、在电场中不再移动。在该等电点聚焦（Isoelectric Focusing，IEF）过程中，蛋白质可以从各个方向移动到它的恒定位点。蛋白质等电点除了受自身氨基酸序列影响外，翻译后修饰以及蛋白质构型变化也会改变等电点。其次，将 IPG 胶条中经过第一向分离的蛋白转移到 SDS-PAGE 凝胶上，依据蛋白质相对分子质量大小再次对聚焦蛋白质进行分离（图 14-3）。通常而言，2-DE 利用不同尺寸的凝胶和 pH 梯度范围能够同时检测和分离成百上千个蛋白，其分辨率和信息获取量远高于一维电泳分离技术。但是，利用 2-DE 技术分离蛋白质组分时，疏水性蛋白质、相对分子质量极小（＜10Da）或极大（＞100Da）的蛋白质以及极端等电点的蛋白质不易被检测到。

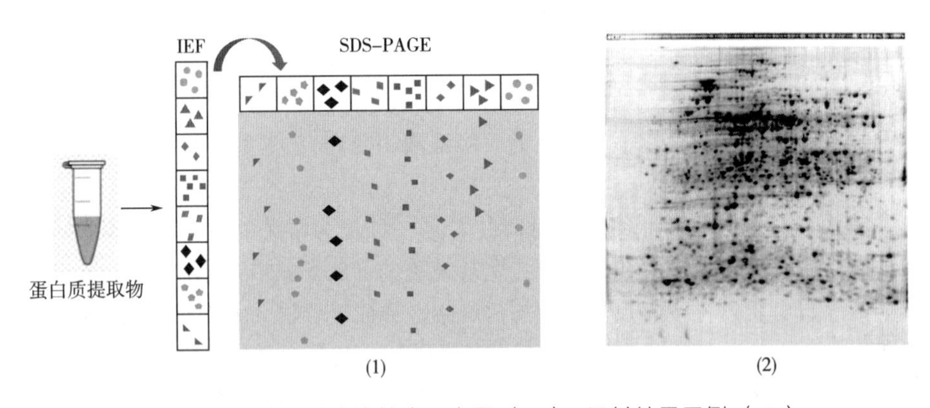

图 14-3 双向凝胶电泳技术示意图（1）及其结果示例（2）

（3）双向荧光差异凝胶电泳（Two-Dimensional Fluorescence Difference In Gel Electrophoresis，2D-DIGE） 双向荧光差异凝胶电泳是在传统双向电泳 2-DE 的基础上发展而来的新型蛋白质分离技术。该技术结合多重荧光分析方法，在同一块凝胶上分别对多个由不同荧光标记的蛋白进行分离，并首次将内标概念引入该分离过程，显著提高了分离结果的准确性和重复性。在双向荧光差异凝胶上，每个蛋白质点均有其对应内标，并且仪器机会根据相应的内标对蛋白表达量进行校准，确保了蛋白丰度变化情况的准确性。2D-DIGE 技术的分辨率对比上述提到的其他蛋白分离技术具有明显优势，能够检测到小于 10%的蛋白差异量。

2D-DIGE 的蛋白分离过程与普通 2-DE 基本类似，主要区别在于 2D-DIGE 利用荧光染料对不同组分的蛋白进行了标记。该过程中使用的荧光染料有别于普通荧光染料，蛋白质被其标记后等电点不能发生的变化，相对分子质量的变化需保持在最小范围内，并且不同荧光染料引起的相对分子质量改变程度应保持一致。常见的 2D-DIGE 荧光染料为花青染料（Cyanine Dye，CY）中 Cy2、Cy3 和 Cy5 这三种，其化学结构和相对分子质量大小非常接近，活性基团能够与赖氨酸残基侧链的 ε-氨基基团发生亲核取代反应。由于三种荧光染料分别携带的一个正电荷与赖氨酸残基被取代的电荷相匹配，蛋白质的等电点保持不变，确保了不同样品中同一类蛋白可移动至相同位置。在 2D-DIGE 分离过程中，Cy3 和 Cy5 分别标记对照组和实验组蛋白样品，Cy2 标记所有组别蛋白的混合物作为内标使用。三组蛋白样品等量混合后在同一二维电泳中进行分离，随后在激光扫描仪中分别利用相应波长的激光进行扫描，即可在同一张凝胶中获得三组蛋白样品的图谱。随后利用影像分析软件对比不同类别的荧光在每个点的强度，从而确定蛋白表达量的差异（图 14-4）。该方法通过一块凝胶分离多个样品，提高了分析过程的重复性，降低了由于实验因素、生物样本个体差异所引起的误差，且不会影响后续的胶内酶切与质谱鉴定。

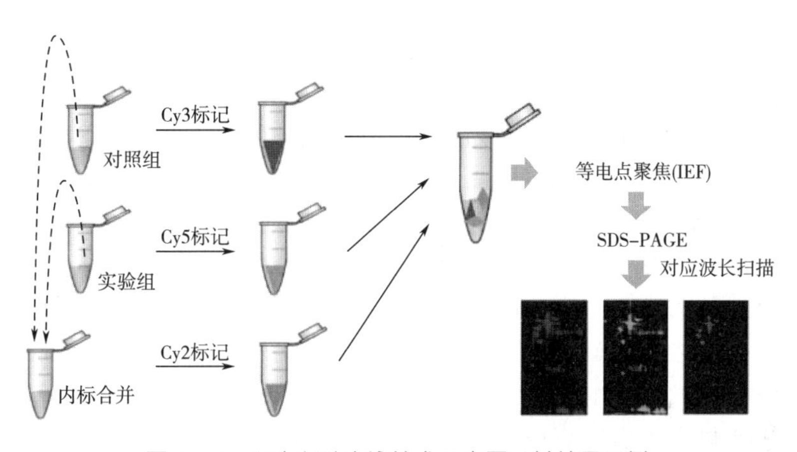

图 14-4　双向凝胶电泳技术示意图及其结果示例

不过需要注意的是，在利用 2D-DIGE 进行蛋白分离的过程中，荧光标记染料如果加入量过多会导致蛋白质疏水性增加而不易溶解；只有当 1%～2%的蛋白质的赖氨酸残基被荧光染料标记修饰，才能够较好地维持标记蛋白在电泳过程中的溶解性。因此，调整合适的蛋白质和染料比例，确保每个蛋白质分子最多标记一个染料分子、保证蛋白相对分子质量变化程度降至最低，对于 2D-DIGE 分离技术的顺利完成至关重要。

（4）毛细管电泳（Capillary Electrophoresis，CE）　毛细管电泳又称高效毛细管电泳（High Performance Capillary Electrophoresis，HPCE），是从 20 世纪 80 年代发展起来的一种高效液相分离技术，是经典的电泳分离方法和现代微柱分离手段相结合的产物，相比传统的蛋白质电泳分离方法，CE 具有检测灵敏度高、抗污染能力强、自动化程度高、分离效率高、分析速度快以及样品和溶剂用量少等特点，目前已经广泛应用于生命学科中的多个领域。毛细管电泳是以毛细管为分离通道、以高压直流电为驱动力，根据样品中各个组分间的淌度和分配行为差异而实现组分分离的一类液相分离技术。在 CE 系统作用下，缓冲液中离子的电泳迁移速度与电场强度和淌度呈正比。其中，淌度又称迁移率（Electrophoretic Mobility），是指溶质离子在一定电场强度的作用下在一段时间内的移动距离，其大小取决于离子自身的电荷密度、介质的黏度和介电常数等因素。

CE 系统中的石英毛细管柱在 pH＞3 时其内表面带负电，与溶液接触后即与抗衡离子在固液界面形成双电层（图 14-5）。在外加高压电的作用下，双电层中的水合阳离子引起溶液在毛细管内整体向负极流动，即电渗现象（Electroosmosis）；离子在石英毛细管内电解质溶液中的迁移速度等于电泳速度和电渗流速度的矢量和。由于正离子和电渗流的运动方向一致，因此会最先从毛细管中流出；而中性离子的相对流速为零，因此其迁移速度和电渗流相同；带负电的离子由于和电渗流运动方向相反，因此最后从毛细管中流出，基于不同离子在毛细管中迁移速度的差异便可以达到分离的目的。

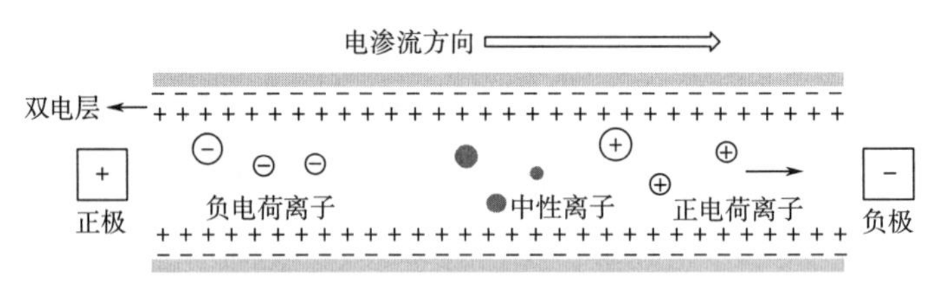

图 14-5　毛细管电泳分离原理

毛细管电泳根据不同的分离机制可划分为多种分离模式，常见的毛细管电泳类型包括毛细管区带电泳（Capillary Zone Electrophoresis，CZE）、毛细管等速电泳（Capillary Isotachophoresis，CITP）、胶束电动毛细管色谱（Micellar Electrokinetic Capillary Chromatography，MEKC）、毛细管等电聚焦（Capillary Isoelectric Focusing，CIEF）、毛细管筛分电泳（Capillary Sieving Electrophoresis，CSE）、毛细管电色谱（Capillary Electrochromatography，CEC）等。近几年，以毛细管电泳技术为核心、以微芯片为操作平台的微芯片毛细管电泳技术（Microchip-Based Capillary Electrophoresis）也得到了广泛关注。这种技术可以在几分钟甚至更短的时间内进行上百个样品的同步分析，利用其快速分析能力和分离泳道的阵列化，可以得到待测样品极高的单位信息量。微芯片毛细管电泳操作简单、分离效率高、分析速度极快、样品试剂消耗极少，且具有高度集成化、微型化、便携化等特点，相比传统的电泳技术，其在蛋白质、脱氧核糖核酸（Desoxyribonucleic Acid，DNA）等生物大分子的分离分析中展示出了显著的优越性。

（5）高效液相色谱（High Performance Liquid Chromatography，HPLC）　作为一种重要的混合物分离方法，高效液相色谱由于其种类多样且与质谱技术兼容性高而被广泛应用于蛋白质组学研究中。液相色谱可在双向电泳技术的上游对蛋白质样品进行预分级；也可以在双向电泳的下游使用，对单个蛋白质中的多肽混合物进行细分；还可以代替双向电泳技术，直接对蛋白质进行分离分析。不同的液相色谱技术，其分离原理也有一定的区别，通常需要根据蛋白质的大小、电荷数、疏水性以及配基的亲和力等特点进行选择。HPLC 按待分离组分在固定性和流动相之间分离机理的不同，主要可分为离子交换色谱、尺寸排阻色谱、反相色谱、疏水作用色谱、亲和色谱以及色谱聚焦等。

针对一些蛋白质样品组成较为复杂的情况，一维液相色谱有限的峰容量和单一的分离方式无法提供足够的解析能力，因此会导致目标分析物的色谱峰发生重叠。因此，研究人员在此基础上将不同类型的液相色谱分离技术组合构成多维液相色谱（Multidimensional HPLC，MHPLC），从而使复杂蛋白质组分得到更大程度的分离。目前 MHPLC 主要以二维液相色谱的应用最为普遍，其基本工作流程是混合样品首先经过第一维色谱柱分离洗脱后，经过接口利用高压切换阀将某个色谱峰或混合组分峰的一部分或全部切换至二维色谱柱，再次进行分离。这种在线串联（On-Line）模式的优势在于自动化程度高、分析时间短，系统内部即可实现样品组分的二次分离。

多维液相色谱的组合不仅需要注意多维液相色谱之间的分离选择性，同时还需要考虑多维色谱流动相的兼容性、色谱柱的峰容量和样品容量以及分析速度等问题。第一维液相色谱通常选择峰容量和样品容量较大的液相色谱较为合适，如离子交换色谱和亲和色谱等；而第二维液相色谱适合选用分离分析速度较快的液相色谱如尺寸排阻色谱和反相色谱。目前常见的二维液相色谱偶联方式有离子交换色谱-反相液相色谱、亲和色谱-反相液相色谱、色谱聚焦-反相液相色谱等。

（6）稳定同位素标记法（Stable Isotope Labeling）　虽然高效液相色谱技术克服了二维电泳手段分离蛋白质组分的一些缺点，但其无法像二维电泳技术可以通过影像确定蛋白质的表达量。为解决这一问题，目前发展了多种蛋白质定量方法，其中应用最为广泛的是稳定同位素标记法。该技术主要原理是利用含有同位素的标签来造成质量差异，用不同的同位素标签对蛋白组分别标记后再进行比较。由于同位素除了质量差以外，在结构和化学性质上均非常相似，因此其保留时间在液相色谱中也非常接近，经依次流出液相色谱后进入质谱仪，并形成特定质量差异的多肽对，通过质谱信号的强度大小来完成相对定量。

同位素编码亲和标签（Isotope-Coded Affinity Tag，ICAT）技术是稳定同位素化学标记法中的常用定量方法之一，该标签试剂结构如图 14-6 所示，主要包括可以与半胱氨酸（Cysteine）键合的硫醇基（Thiol）特异性反应基团、含不同同位素的定量标记链接部分（Linker）以及用于标记蛋白质和多肽亲和纯化的生物素（Biotin）这三个部分，其中标记链接部分上共有 8 个氢原子（X），分别连接同位素氢原子（^{1}H）或重同位素氘原子（^{1}D）构成轻链试剂（Light ICAT）和重链试剂（Heavy ICAT）。

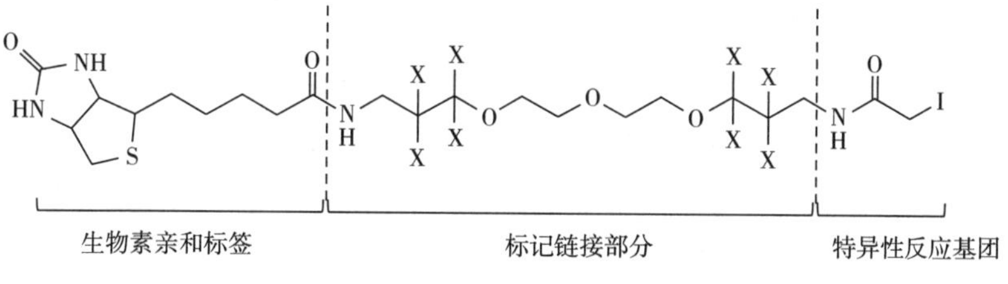

生物素亲和标签　标记链接部分　特异性反应基团

图 14-6　ICAT 标签试剂结构

当采用 ICAT 技术对蛋白质进行定量分析与鉴定时，首先利用 ICAT 标签对蛋白质进行标记，随后进行蛋白质酶切，并对蛋白质酶切后得到的多肽复合物通过亲和色谱进行分离。大部分肽段经色谱洗脱后分离，只有被同位素标记的肽段能够被色谱柱保留并进入质谱仪。通过质量分析器的测定，分别得到标记了轻链和重链标签肽段的质谱信号强度大小，从而实现对差异表达蛋白的定量分析；利用 MS/MS 串联质谱技术则可以通过肽段序列测定完成蛋白质鉴定。该分析过程的原理示意图如图 14-7 所示。

ICAT 技术可通过纯化反应后含半胱氨酸的多肽蛋白，降低样品的复杂性，显著提高低丰度蛋白质的检测灵敏度，尤其是膜蛋白等疏水性蛋白质。但是，ICAT 标签试剂本身存在一定缺陷：标签试剂的相对分子质量偏大，其在串联质谱分析过程中产生的离子碎片会影响对多肽

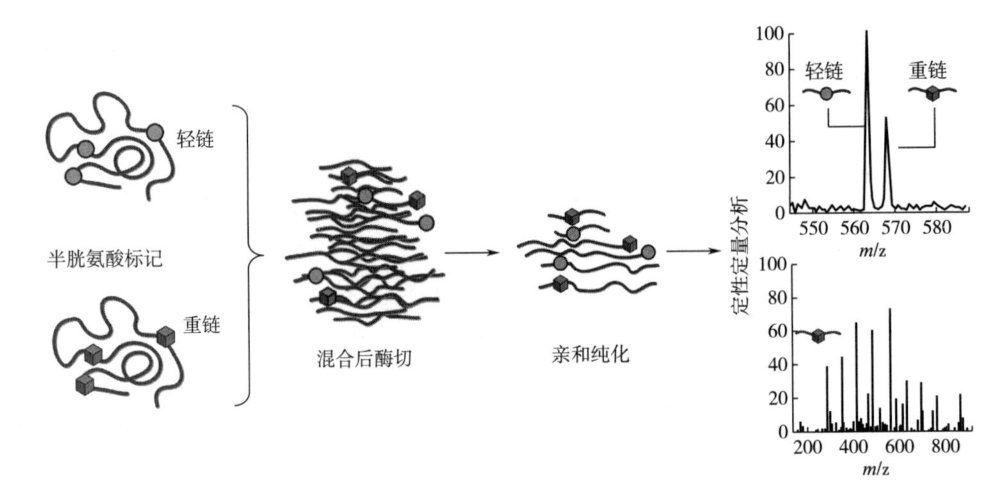

图 14-7 基于 ICAT 技术的蛋白质定量方法原理示意图

片段的鉴定；另外试剂中氘原子引起的同位素效应（Isotope Effect）会造成多肽在色谱柱上的保留时间发生偏差。基于上述问题，研究人员开发了一种标记端可酸解的二代同位素编码亲和标签 cICAT（Cleavable ICAT）。cICAT 技术流程与 ICAT 基本相同，主要区别在于进行质谱分析前通过酸切步骤将生物素和被标记的肽段进行分离。cICAT 试剂标签由 ^{12}C 和 ^{13}C 组成，由于相对分子质量差异相对较小，因此可以降低同位素效应的影响、提高相对定量的准确性。除化学标记法之外，细胞培养条件下稳定同位素标记技术（Stable Isotope Labeling by Amino Acids in Cell Culture，SILAC）和酶标记技术（Enzymatic Labeling）在稳定同位素标记法中也经常被使用。

2. 蛋白质鉴定技术

蛋白质是由 20 种氨基酸按照一定顺序、通过肽键形成长链，并通过链内、链间的离子键、疏水作用等进行折叠和卷曲形成，而氨基酸的排列顺序即蛋白质的一级结构决定了蛋白质的高级结构和功能。因此，测定蛋白质的氨基酸序列是进行蛋白质组学研究中的重要环节。目前，分析蛋白质一级结构的主要方法为蛋白质测序法和质谱测序法。

蛋白质 N 端测序是以 Edman 化学降解法为基础的一个循环式化学反应过程，主要包括以下三个步骤（图 14-8）：首先，蛋白质和多肽的自由 N 端残基与异硫氰酸苯酯（Phenyl Isothiocyanate，PITC）试剂在碱性条件下，偶联形成苯氨基硫甲酰（Phenylthiocarbamyl，PTC）衍生物，即 PTC-蛋白质/肽；其次，PTC-蛋白质/肽发生环化裂解，N 端残基被选择性切断，释放出该残基的噻唑啉酮苯胺（Aniline Thiazolinone，ATZ）衍生物，即 ATZ-氨基酸；最后 ATZ-氨基酸转化为苯异硫脲（Phenyl Thiourea，PTH）-氨基酸。每组循环反应汇总中，从蛋白质或多肽裂解一个氨基酸残基，同时暴露出新的游离氨基酸进行下一个 Edman 降解，最后通过转移的 PTH-氨基酸的依次鉴定，来完成蛋白质或多肽的序列测定过程。与 N 端测序技术形成互补的 C 端测序，该方法主要适用于基因重组蛋白表达结果的鉴定以及 N 端封闭蛋白的分析。与 N 端的 Edman 化学降解原理相类似，C 端分析利用化学试剂与蛋白质或多肽的 α-羧基反应，形成的 C 端衍生物被切割下来后经 HPLC 系统分离分析，该过程主要包括活化、酰胺化保护侧链氨基酸、烷基化、羟基修饰、裂解和衍生这几个步骤。

尽管传统蛋白质测序法（N 端或 C 端）能够对蛋白质的一级结构进行有效分析，但却存

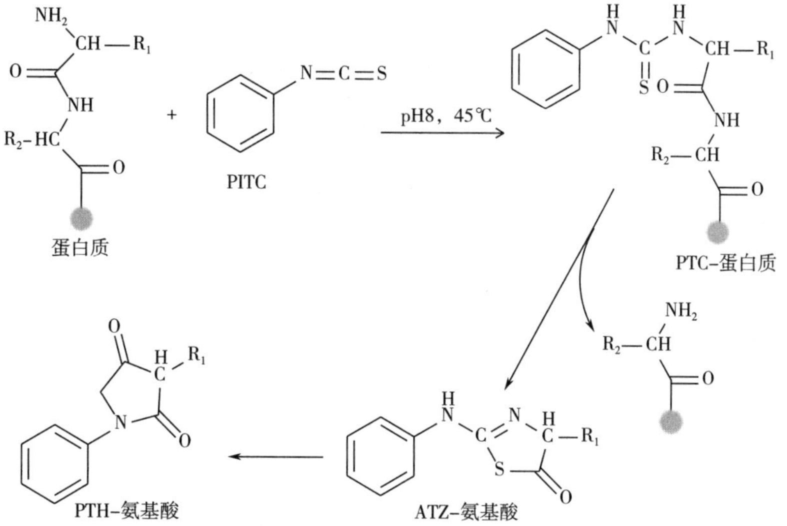

图 14-8　蛋白质 N 端测序的化学反应过程

在一些显著缺陷，例如要求待测蛋白质或多肽必须是高纯度的（95%以上），不能解决 N 端封闭的测序问题（环化、封闭），灵敏度较低，且不适合高通量分析。与传统蛋白质测序法相比，质谱技术则能够有效解决上述问题。应用质谱分析进行蛋白质鉴定和序列测定的过程中，较常采用的离子化方法为电喷雾离子化（Electrospray Ionization，ESI）基质辅助激光解吸离子化（Matrix Assisted Laser Desorption Ionization，MALDI）等软电离方法，样品在电离过程中能保留整个分子的完整性，而不会形成碎片离子。通常 ESI 离子源会与离子阱或三重四级杆质量分析器联用，通过碰撞诱导解裂（Collision-Induced Dissociation）获取肽段的碎片信息；MALDI 则与 TOF 质量分析器联用来测定肽段的精确质量。

3. 蛋白质组的生物信息学分析

通过质谱技术完成生物样本内蛋白质组的大规模分离和鉴定、获得蛋白质组原始数据后，需要利用蛋白质组信息学数据库进行序列比对，获得相应的样品蛋白信息；同时，借助计算机技术通过分子模拟和同源建模的方法对蛋白质的序列进行分析比对，预测其结构和功能，是蛋白质组生物信息学的核心内容。

随着蛋白质组学的发展，相关蛋白质组信息学资源不断增加。UniProt 是目前国际上序列数据最完整、注释信息最丰富的非冗余蛋白质序列数据库，由欧洲生物信息研究所（European Bioinformatics Institute，EBI）、瑞士生物信息研究所（Swiss Institute of Bioinformatics，SIB）和蛋白质信息资源数据库（Protein Information Resource，PIR）整合而成（图 14-9），其数据主要来自于基因组测序项目完成后获得的蛋白质序列，以及来自文献和人工注释的蛋白质生物功能的信息。该数据库主要包括 UniProtKB 知识库、UniRef 参考序列集和 UniParc 归档库三部分，其中 UniProtKB 由 Swiss-Prot 和 TrEMBL 两个子库构成，其作为 UniProt 的核心主要涵盖了蛋白质序列数据和大量注释信息；UniParc 归档库将存储于不同数据库的同一个蛋白质归档至一个记录，并赋予蛋白序列唯一性的特定标识符；UniRef 参考序列集则是按照相似性程度将 UniProtKB 和 UniParc 中的序列分为 UniRef100、UniRef90 和 UniRef50 三个数据集。

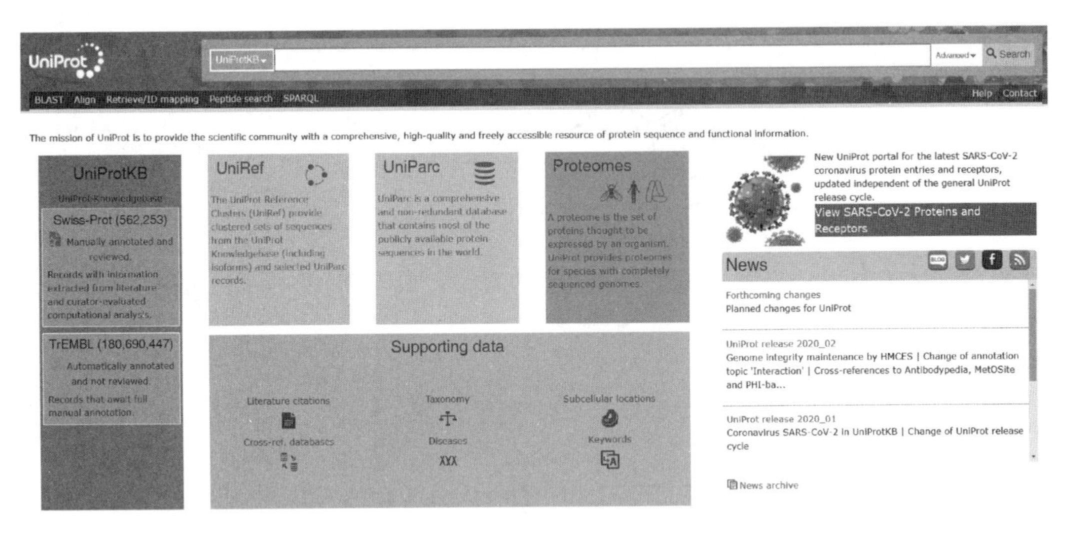

图 14-9　UniProt 数据库主界面

除此之外，有关蛋白质位点和序列模式的数据库 PROSITE、有关蛋白质结构的数据库 PDB 和 SCOP，有关蛋白质互作网络的数据库 BIND 和 DIP 等也为研究人员对蛋白组的生物信息学分析提供了丰富的信息和极大的帮助。同时，蛋白质组学的快速发展而出现的很多先进数据处理算法和软件，例如谱图库的检索软件 Pepitome、Spectra ST，方法开发辅助软件 Skyline、Spectronaut 等也为蛋白质鉴定提供了更加方便快捷的方法和平台。

二、蛋白质组学在食品检测中的应用

1. 食品中过敏源的鉴定和表征

食物过敏是人类常见的一种过敏性疾病，其中大部分是由食物中的蛋白质组分引起、免疫球蛋白 E（IgE）介导的 I 型超敏反应。作为一个全世界关注的公众性健康问题，联合国粮食及农业组织（The Food and Agriculture Organization of the United States，FAO）发布报告指出，世界范围内约有 2%的成人和 8%的儿童存在食物过敏现象，其中成人主要以海鲜类食物过敏为主，儿童多以牛乳和鸡蛋过敏为主。随着食物过敏的发生率日益增长，食物过敏源的风险评估与安全管理的迫切性不断提高。基于高灵敏度和高精密度质谱平台的蛋白质组学技术鉴定和表征食品中的过敏源成分，相较于现有的基因技术和免疫学技术具有更加明显的优势。

小清蛋白（Parvalbumins beta，β-PRVBs）被视为主要的鱼类食物过敏源之一，主要存在于鱼类白色肌肉中。Carrera 等（2012）建立了一种可在 2h 内快速检测任何食物中鱼源 β-PRVBs 的方法。该技术通过热处理法快速分离 β-PRVBs，利用高强度聚焦超声法加速样品中的胰蛋白酶消化，基于离子阱质谱的选择离子监测模式，实现了对 19 种常见的 β-PRVBs 肽段生物标记物的快速检测。由于 PRVBs 具有一定的热稳定性，因此该方法也能够直接检测经预煮加工处理的食品中 β-PRVBs 成分。詹丽娜等（2017）基于 UHPLC-Orbitrap 高分辨质谱系统，通过数据依赖采集（Data-Dependent Acquisition，DDA）和平行反应监测模式对目标肽段分别进行了全扫描和定量分析，建立了针对食品中的 α-酪蛋白、β-酪蛋白和 k-酪蛋白的快速筛查和定量检测方法，能够用于果汁饮料、果酱、面包、早餐谷物中酪蛋白的检测分析。

2. 食品品质评价中的应用

蛋白质组学技术除了应用于食品中过敏源的鉴定和表征之外，还能够用于鉴定预测肉类感官品质的生物标记物，从而有助于增加对肉类品质变化这一生化过程的理解和认识。Wu 等（2016）比较了不同贮藏期（5d、10d 和 15d）内中国鲁西黄牛的 M. *Longissimuss Lumborum*（牛背最长肌，肉色稳定性好）和 M. *Psoas Major*（腰大肌，肉色不稳定）肌浆蛋白的差异蛋白组。结果显示蛋白质组成的差异丰度与肉色特性密切相关，其中甘油-3-磷酸脱氢酶、果糖-二磷酸醛缩酶 A 型异构体、磷酸化酶、过氧化物酶-2、葡萄糖磷酸变位酶、超氧化物歧化酶(Cu-Zn)及热休克同源蛋白（71 kDa）可以作为肉色的生物标记物，用来预测贮藏期间肌肉的颜色稳定性。谢遇春等（2019）以 DDA 和 SWATH（Sequential Windowed Acquisition of All Theoretical Fragment Ions）非标记蛋白组学定量技术对察哈尔羊背最长肌和臀肌进行蛋白质鉴定和定量检测，鉴别出背最长肌中 115 个高表达差异蛋白，并采用 GO（Gene Ontology）功能富集分析和差异蛋白网络互作分析，筛选得到肌球蛋白分子 MYH1、MYH2、MYH8 可以作为察哈尔羊肉品质的重要分子标志物。

3. 食品掺假鉴定中的应用

利用蛋白组学技术对乳肉制品中的蛋白质组成、蛋白质多样性以及活性成分进行比较研究，对于掺假乳（如复原乳）和掺假肉类的鉴伪应用效果良好。研究人员利用双向电泳技术对比了生鲜乳、超高温处理乳、巴氏杀菌乳及复原乳中的蛋白质，结果显示不同乳制品的 2-DE 凝胶经考马斯亮蓝染色后，蛋白质点的颜色具有明显区别。复原乳中包括酪蛋白、乳球蛋白等在内的 10 个蛋白点颜色明显低于巴氏杀菌乳，而差异凝胶法结果显示这两种乳品中主要蛋白含量仍处于相似水平。该结果证明双向电泳技术能够应用于生鲜乳与复原乳的鉴别分析。Naveena 等（2017）利用 OFFGEL 电泳技术结合 MALDI-TOF 串联质谱对牛肉、水牛肉和羊肉的熟肉混合物进行蛋白质组鉴定，从肌浆球蛋白中筛选出的生物特异性肽段，可作为分子标记物检测出羊肉中掺假量低至 0.5%的生肉混合物。此外，研究人员还利用蛋白组学技术对海产品、葡萄酒以及高附加值食品如人参、蜂王浆、燕窝等进行掺假鉴定并取得准确结果。

第二节　代谢组学

代谢组学（Metabolomics）是继基因组学、转录组学和蛋白质组学后迅速发展起来的一门新兴学科。作为系统生物学的重要分支，代谢组学技术能够对生物样本在某一时期内大量小分子代谢物同时进行定性和定量分析，考察其内源性代谢物的动态变化，识别该生化过程中的特征性标志物，深入分析差异代谢物所涉及的代谢网络和调控机制。目前，代谢组学的应用范围已从疾病诊断、药物研发、植物学等逐渐推广到食品科学领域。

传统的食品化学检测手段是以靶向分析（Target Analysis）为主，其明显的缺陷在于“人为”地事先主观挑选特定组分进行分析，而这可能会导致检测结果无法全面准确地反映待测样品的化学组分构成特点。相比之下，代谢组学技术的最大特点是无偏倚对样品中尽可能多的化合物全部进行检测分析，再利用数据统计分析手段，找出其中具有显著意义或代表性的化合物（即生物标志物），并加以阐述分析，或建立数学模型用于其他样品的判别或者预测。近年来，代谢组学技术快速发展，在食品的品质特征鉴定、贮藏过程监控、安全防伪评估、产地溯源追踪等方面显示出极大地技术优势，为食品安全检测提供了新思路和新方法。

一、代谢组学技术

1. 代谢组学的质谱分析平台

目前用于代谢组分析的质谱系统主要有气相色谱-质谱（Gas Chromatography-Mass Spectrometry，GC-MS）、液相色谱-质谱（Liquid Chromatography-Mass Spectrography，LC-MS）以及毛细管电泳-质谱（Capillary Electrophoresis-Mass Spectrometry，CE-MS）。其中，GC-MS 作为最早应用于代谢组学技术的质谱平台，具有解析能力高、灵敏度好，重现性好等特点，且使用和维护成本相对低廉，同时配备了完善的标准物谱库用于检索对比，因此 GC-MS 目前依然是代谢组学最主要的研究平台之一。

与 GC-MS 相比，LC-MS 平台能够分析挥发性差、热稳定性低的代谢物，且样品前处理过程无须衍生化步骤，对于不同极性和相对分子质量大小的化合物，LC-MS 的测检测覆盖范围更加广泛。随着超高效液相色谱分离（Ultra-High Performance Liquid Chromatography，UPLC）技术的发展，更高的分离效率和检测灵敏度进一步推广了基于 LC-MS 平台的代谢组技术研究范围。此外，LC-MS 平台常用的 ESI 电离技术搭配的正负离子两种电离模式，为代谢物的鉴定分提供了更加丰富的信息。

基于毛细管电泳-质谱代谢组学的研究虽然明显少于上述 GC-MS 和 LC-MS 平台，但 CE-MS 具有样品前处理简单、溶剂消耗量少、分析时间段等特点，在代谢组学研究中同样具有不可替代的优势之处。但是，与 GC-MS 和 LC-MS 相比，CE-MS 系统稳定性相对较低，在进行高通量代谢组分析时可能会发生保留时间漂移较严重的显现，对代谢组数据前处理中的峰对齐（Alignment）步骤产生较大影响，因此，CE-MS 平台较常用来研究靶向代谢物的检测分析。

需要注意的是，虽然代谢组学强调的是对待测样品中的小分子化合物进行全面、无偏倚、高通量的定性定量分析，但是目前还没有单一的质谱平台能够如此全面地满足这一技术要求。因此，研究人员也在尝试将多种质谱分析技术进行整合，发挥不同质谱分析平台的技术优势，以此来弥补单一检测技术的不足。

2. 代谢组学分析基本流程

代谢组学的主要分析流程如图 14-10 所示，其主要包含了样品前处理、色谱-质谱仪器分析与数据采集、代谢组原始数据处理、代谢物鉴定、代谢组数据分析以及生物学阐释和解析。下面将对该流程的主要环节进行简要说明。

（1）样品前处理　代谢组学中样品前处理的好坏直接关系到最终数据结果的准确性。对于非靶向（Untargeted）代谢组学而言，样品中小分子化合物均为目标检测物，因此前处理步骤越简单越好，从而避免过多干扰因素的引入和样品的自身损失；对于靶向（Targeted）代谢组而言，由于目标检测物为类型确定的化合物，因此可以通过优化提取步骤使得检测分析更加具有针对性。此外，为了排除多余基质的干扰，固相萃取（Solid Phase Extraction，SPE）和液液萃取（Liquid-Liquid Extraction，LLE）在样品前处理中也经常被用到。

（2）原始数据预处理　样品在收集、前处理和质谱检测中往往存在干扰因素和误差的影响，此外海量的质谱信息也会给统计分析造成较大负担，因此，对得到的所有样品质谱信息，需要在统一标准下进行数据预处理以便后续分析。原始数据处理主要包括数据过滤（Data Filtering)、峰提取（Peak Detection）、峰对齐（Peak Alignment）、缺失值填充（Missing Value Imputation)、数据标准化（Data Normalization）以及数据缩放（Data Scaling）等。

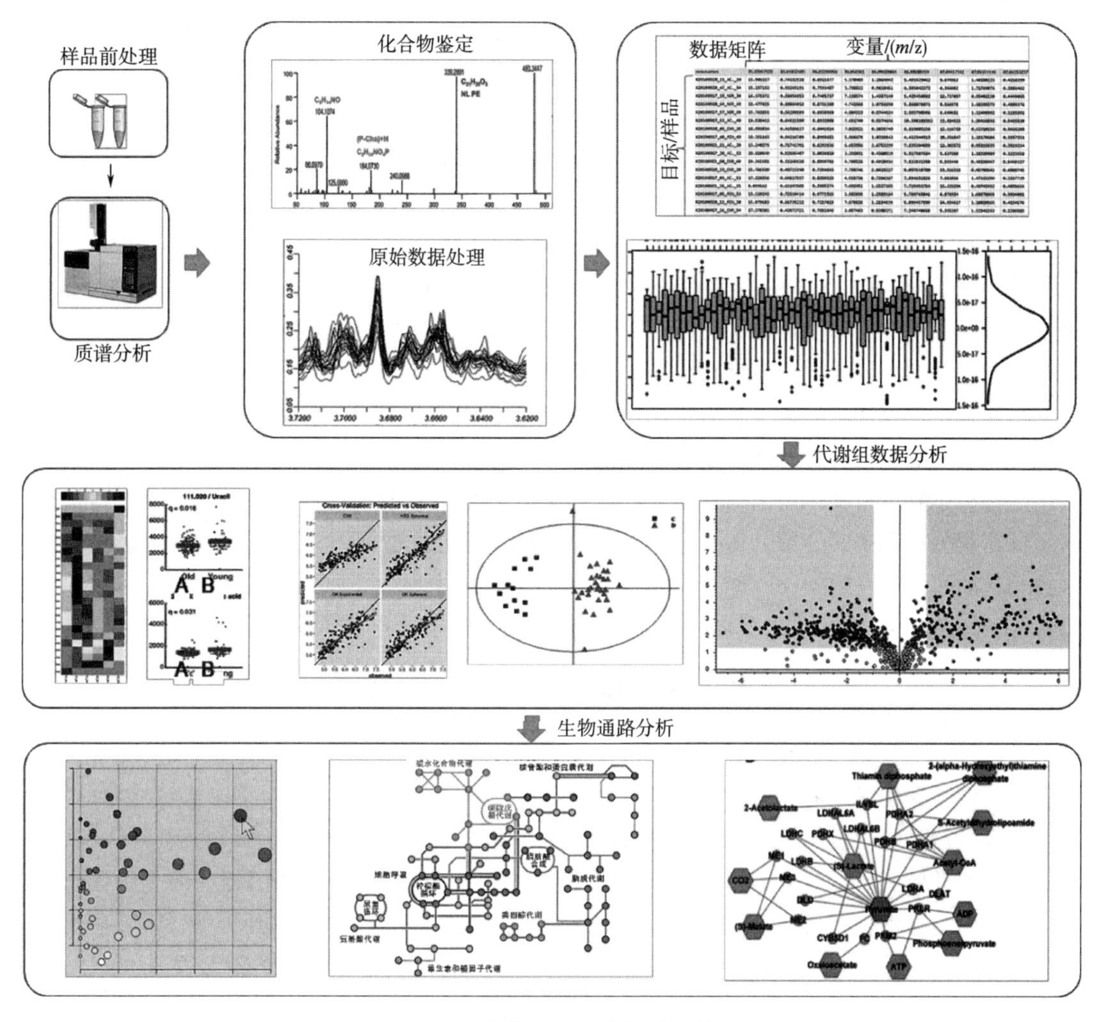

图 14-10　代谢组学的分析流程简图

数据过滤主要是为了剔除质谱仪在工作过程中产生的噪音信号，以及在样品检测过程中的无效信息值，如极小值、异常值以及标准偏差过大值等。峰提取是数据预处理中的关键步骤，需要从海量质谱数据中挑选出真实离子信号，同时还要避免假阳性信号。不同批次质谱测定结果，化合物的谱峰保留时间会发生漂移，通过峰对齐处理可以对不同批次的化合物保留时间进行校正。代谢组原始数据另一个常见问题是数据矩阵中存在一定数量的缺失值，对于这种情况，一般会利用均值填充（Mean Replacement）、邻近算法（K-Nearest Neighbors，KNN）随机森林（Fandom Forest，RF）等方法对缺失值进行填补。数据标准化是将不同批次样品的特征峰强度进行转化为统一标准，从而消除在整个测定过程中的样品浓度波动或仪器波动；获得的矩阵数据，只有经过标准化处理，不同批次间样本数据的横向比较才会有意义。数据缩放是为了消除不同特征峰由于浓度大小而对多元统计结果影响权重不同的现象，常见的数据缩放方法有中心化法（Centering）、帕雷托法（Patero Scaling）、距离法（Range Scaling）、对数法（Log

Transformation）等。

（3）代谢组数据分析　通过质谱平台得到的样品代谢组信息属于高度复杂的多维矩阵数据，传统的单变量数据分析手段无法对其进行有效的信息提取和数据分析。因此，通常需要借助多元变量统计分析方法（Multivariate Statistical Analysis）从海量数据中发掘提炼多个对象和多个指标之间的互相关联和变化趋势。元变量统计分析可分为非监督（Unsupervised）模式和监督（Supervised）模式，其中监督模式主要包括主成分分析法（Principal Component Analysis，PCA）和分层聚类分析法（Hierarchical Clustering Analysis，HCA），通常用于代谢组矩阵数据降维后的无偏倚预判、模型初步探究以及异常样品鉴别；而监督模式主要包括（正交）偏最小二乘-判别分析［（Orthogonal）Partial Least Squares-Discriminant Analysis，（O）PLS-DA］、人工神经网络（Artificial Neural Network，ANN）以及支持向量机分析（Support Vector Machine，SVM）等，该模式与非监督模式的区别在于，首先人为地将样品按类别分组后再进行分析，从而尽可能忽略组内差异、突显组间区别，并能够基于模型筛选出对形成组间差异贡献较显著的差异代谢物。需要注意的是，非监督模型有时可能会出现过拟合（Over-Fitting）现象，因此必须对所建立的模型进行交叉验证（Cross Validation）。

生物标志物分析和生物学阐释：通过多元变量分析筛选出差异代谢物后转为靶向分析，完成定性定量分析和单元变量（Univariate）数据分析，确定生物标志（Biomarker）的详细信息，结合相应的代谢通路数据库，如京都基因与基因组百科全书（Kyoto Encyclopedia of Genes and Genomes，KEGG），进一步对代谢组数据结果进行生物学层面的阐释说明。

二、代谢组学技术在食品检测中的应用

1. 在食源性致病菌检测中的应用

食源性致病菌导致的食品中毒在我国食品安全事件中占比较高，针对食源性致病菌的监测控制研究亟待加强。食源性致病菌在繁殖过程会合成和分泌一些小分子有机物，利用代谢组学技术对食源性致病菌在整个生长过程中的全体代谢产物进行解析，筛选出相应的生物标志物，从而达到通过对致病菌代谢产物的早期识别来减少食物中毒等恶性事件的发生。

通过基于GC-MS代谢组技术检测对被大肠杆菌和炭黑曲霉菌污染的罐装番茄可以发现，β-月桂烯、邻甲基苯乙烯、甲基庚烯酮和辛醇这几种挥发性物质可作为生物标志物，用来区分未受污染和被上述致病菌污染的罐装番茄；经电子鼻对两种罐装番茄挥发性成分的靶向验证实验，结果显示基于代谢组数据建立的预测模型与电子鼻的测定结果完全吻合。研究人员利用喷雾质谱技术对16种致病细菌进行直接进样检测，结果显示以磷脂类化合物为代谢差异的PCA模型能够对革兰氏阳性菌和革兰氏阴性菌进行快速鉴别区分（2min），且利用所建立模型对两类细菌的分析-预测准确率分别达到了98%和87%。

2. 在食品掺杂掺假中的应用

部分食品生产商在经济利益驱动下做出向食品中掺杂掺假的违法行为，会对消费者的切身利益甚至生命安全造成巨大伤害。然而，食品加工工艺复杂、原料种类来源多样，传统检测方法目标单一、无法应对种类繁多的掺假物质。在这种情况下，由于代谢组学技术是以非靶向检测为出发点、对食品的全组分进行扫描，因此可以不论任何原料、任何环节地对掺杂掺假食品做出有效鉴别，对比传统的单一性鉴别检测具有显著优势。代谢组学技术已经成为食品真实属性鉴别的一种新兴的研究工具。

研究人员利用 UPLC-MS 手段分析了菠萝、橙子、葡萄、苹果、小柑橘和柚子的代谢组轮廓，并结合多元统计分析手段筛选鉴定出 15 种能够对上述不同类型果汁进行显著区分的生物标志物，该研究中建立的 OPLS-DA 模型对果汁掺杂比例低至 1%的样品仍能够做出准确鉴别。此外，也有研究利用 Q-TOF 质谱结合 PCA-DA 化学计量学模型对名贵中药材冬虫夏草的掺假问题展开研究。研究通过代谢组技术对比了来自不同产地的冬虫夏草，以及市场常见的掺假物虫草、虫草花和草石蚕，筛选出 18 种能够有效区别冬虫夏草和掺假物的化合物，并结合二级质谱结果完成了其中 15 种生物标志物的结构鉴定。基于质谱平台的代谢组学在对白葡萄酒、蜂蜜等食品真伪鉴别中也展现出快速、准确的技术特点。

3. 在食品产地溯源中的应用

地理标志产品的知名度和附加值远高于其他同类农产品，常有一些不法商贩为牟取暴利而假冒标识，严重损害消费者权益和市场健康。因此，对农产品建立有效的产地鉴别方法具有非常重要的意义。利用代谢组学技术对比了 18 种林下山参（即野生人参）和 6 种园参（即人工培育人参）的结果显示，林下山参中人参皂苷、肌醇、柠檬酸、丙氨酸等 11 中代谢物含量显著高于园参，而果糖、蔗糖、菜油甾醇以及色氨酸等 14 种代谢物含量显著低于园参；在此基础上建立的质谱检测结合多元变量统计分析的方法能够对林下山参和园参进行快速准确的区分判别。以 Q-TOF 质谱平台结合 PLS-DA 模型对宁夏中宁枸杞和其他产地枸杞的代谢组数据进行对比后发现，中宁枸杞和非中宁枸杞的代谢组轮廓区别显著，且筛选出的生物标志物槲皮苷、琥珀酸等对枸杞样品产地溯源的准确率均在 90%以上。

4. 在转基因食品安全中的应用

随着生物技术飞速发展，新型转基因农产品不断涌现、转基因农产品的种植面积快速增加，其相应的食用安全问题也持续引发热议，早期对于转基因农产品“实质等同”这一评估方法由于其偏倚特性也受到越来越多的质疑。在这种情况下，具有无偏向性检测特点的代谢组学技术逐渐开始在转基因农产品的安全性评价中崭露头角，该技术的另一个显著优势是能够对转基因农产品中由于基因修饰而引发的非期望性效应（Unintended Effect）进行检测和评估。通过基于 GC-MS 代谢组学对比转基因与非转基因玉米后发现，转基因技术并未使玉米产生新型内源代谢物，且因转基因而导致的非期望性代谢物变化差异率（4%）远小于由种植地域和种植时间等外界因素而引发的代谢物变化差异率（42%）。此外也有研究人员利用代谢组学技术对其他常见转基因农作物，如大豆、小麦以及水稻的安全性评价展开研究。

第三节　脂质组学

脂类化合物的传统定义是指生物有机体中一类难溶于水、易溶于有机溶剂的小分子化合物。但是这种描述方法存在一些缺陷，因为有相当一部分脂质，如溶血性甘油磷脂、神经节苷脂以及脂肪酰辅酶 A 等，在水中也具有良好的溶解性。因此根据溶解性来定义脂质并不十分准确。2003 年由美国国立卫生研究院资助的“脂质代谢途径研究计划”（Lipid Metabolites and Pathways Strategy, LIPID MAPS）项目根据脂质的来源和结构将脂质定义为：一类完全或者部分由硫酯的负碳离子缩合（脂肪酰类、甘油酯类、甘油磷脂类、鞘脂类、糖脂类和聚酮化合物）

和（或）由异戊二烯的正碳离子缩合（异戊烯醇和固醇类等）产生的疏水性或两亲性的小分子。根据这一定义，LIPID MAPS 项目脂质分类系统（Lipid Classification System）将脂质分为八大类，即脂肪酰类（Fatty Acyls，FA）、甘油酯类（Glycerolipids，GL）、甘油磷脂类（Glycerophospholipids，GP）、鞘脂类（Sphingolipids，SP）、固醇脂类（Sterol Lipids，ST）、异戊烯醇类（Prenol Lipids，PL）、糖脂类（Saccharolipids，SL）和多聚乙烯类（Polyketides，PK）（图 14-11）。目前 LIPID MAPS 中的数据库中包含了八大类共计 4 万多个脂类化合物。

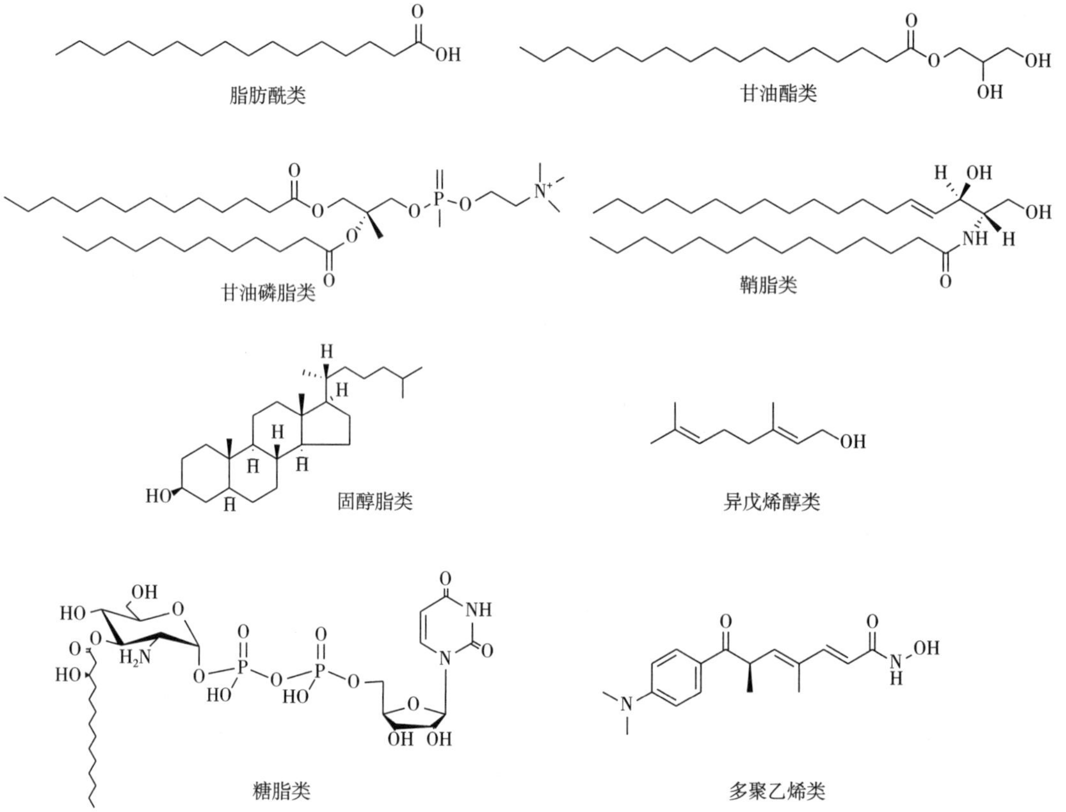

图 14-11　八类脂质化合物的化学结构式示例

随着生命科学领域研究的不断深入以及基因组、蛋白质组、代谢组等各种组学技术的出现，脂质组学（Lipidomics）这一概念于 2003 年被相关研究人员正式提出，其研究目标为系统、全面地分析研究生物体、组织或细胞中的脂质，比较不同生理状态下脂代谢网络的波动，推测与脂质相互作用的生物分子的变化情况，进而识别代谢调控中关键的脂质生物标志物，并最终揭示其在各种生命活动中的作用机制；这一理念涵盖了脂质及其代谢物分析鉴定、脂质功能与代谢调控（包括关键基因/蛋白质/酶）和脂质代谢途径及网络这三个脂质组学研究的主要内容。脂质组学概念自提出以来，便广泛出现在疾病诊断及预防控制、药物研发、植物分子生理学、环境学等众多领域。在食品科学领域中，甘油酯类、磷脂类、糖脂类和固醇脂类为主要研究对象。

从严格意义上来说，脂质属于一大类生物代谢物，因此“脂质组学”也涵盖在“代谢组学”的范畴之内。但是，相比其他生物代谢物，脂质种类多样、结构复杂，具有多种重要的生物学功能：①是生物细胞膜的重要组成成分（如磷脂双分子层维持细胞完整性和相对独立性）；②是维持细胞基本生理活动和功能的能量来源，既可氧化供能又可在能量过剩时储存能量（如甘油三酯）；③通过氧化代谢、调节能量及线粒体电子传递链来调控细胞功能；④在不同的生理活动中充当信号分子（如类花生酸、内源性大麻素等可作为二级信号传递分子）。脂质化合物由于其独特性和功能特异性而受到越来越多的研究人员关注，脂质组学也逐渐发展成为一门较为独立的新兴学科。

一、脂质组学技术

目前，质谱技术是脂质组学研究中最主要的分析手段，基于质谱技术的脂质组分析方法主要有以下三种：一是利用质谱直接进样检测的“鸟枪法”（Shotgun Lipidomics），二是质谱与其他分离技术结合的联用方法（LC-MS），第三种是脂质样品空间分布的质谱成像（Mass Spectrometric Imaging，MSI）分析方法。

脂质组“鸟枪法”是在质谱技术的基础上，利用离子源内分离原理，建立的一种无须预先进行色谱分离就可以直接进样的检测方法。该方法的最大特点是脂质样品是在恒定浓度的溶液中进行 ESI-MS 分析，因此某一类待测脂质中各个分子之间的离子峰强度能够维持在一个恒定比率，且该结果能够在不同实验条件、不同质谱仪以及不同实验室等外界因素影响下保持相对稳定；同时还可以将脂质聚集控制在最低水平，减少脂质定量过程中的干扰。“鸟枪法”在脂质组分析中也存在一些不足，未经色谱分离的脂质组在离子化过程中，低丰度和难电离脂质组分的电离会受到明显抑制，导致该部分脂质无法检出；此外，仅使用“鸟枪法”对某些脂质异构体（如位置异构和对映异构）难以进行区分，脂质结构信息发生缺失。

色谱-质谱联用技术是脂质组分析使用最广泛的手段。研究人员在早期阶段多以薄层色谱-质谱（Thin Layer Chromatography-Mass Spectrometry，TLC-MS）和 GC-MS 平台进行全脂质分析，但是由于 TLC-MS 分离效率相对偏低，而 GC-MS 在分析前需要对样品进行衍生化处理、步骤复杂耗时，因此现在已较少使用。LC-MS 分离模式选择多样，适合复杂脂类组分分析、无须衍生化，目前已成为脂质组学研究的主流平台。在利用 LC-MS 平台进行脂质组检测方法开发的过程中，通常需要考虑以下三个要素：①根据样品脂质组分含量和构成特点，选择较为合适的色谱柱（正相、反相、亲水相互作用、离子交换），从而实现不同类别的脂质分子在最大程度上分离；②注意 LC 分析过程中的洗脱条件，如在正相色谱中引入电离改性剂来促进加合物的形成，或是在反相色谱中采用低离子梯度洗脱，避免由于离子抑制作用影响脂质组分的离子化效率；③在设定质谱参数时，由于洗脱液中脂质浓度在不断发生变化，因此必须在较短时间内尽可能多地对洗脱得到的脂质分子进行定性定量分析，根据具体情况使用选择离子监测（Selected-Ion Monitoring，SIM）、选择反应监测（Selected-Reaction Monitoring，SRM）以及多反应监测（Multiple Reaction Monitoring，MRM）等不同的质谱扫描模式。

成像分析（Imaging Analysis）是指对生物样品中的脂类化合物的分布进行可视化分析，从而获得其动态变化的数据，为脂质组学的研究提供了新方法和新思路。针对脂质组学的成像分析主要分为荧光成像和质谱成像，其中荧光成像虽然灵敏度高，但需要衍生化等耗时费力的样品前处理，且一次成像仅能够获取一种或几种化合物信息，并不适合高通量检测分析；而基于 MS 质谱技术的成像技术虽然灵敏度相对较低，但是前处理操作简单，分析快速便捷，以 MALDI-MS 成像方法较为常见。尽管该技术在脂质组学的研究中占有十分重要的地位，但相比之下，目前绝大多数的脂质组学研究仍然是以“鸟枪法”和LC-MS分析为主要手段。

基于质谱技术的脂质组学分析流程与代谢组学基本类似，主要包括样品前处理、质谱分析和数据采集、数据处理分析、生物标志物的筛选和生物学的阐释说明这几个部分（详见本章第二节），本节不再赘述与代谢组分析流程相似的部分，仅着重针对脂质组分析过程中有明显的区别的若干环节予以说明讨论。

1. 样品的采集与前处理

样品前处理是顺利进行质谱分析样品脂质组的关键步骤之一。与传统的脂质分析方法相比，现有的高灵敏质谱分析法只需要极少的样品量即可满足分析要求，因此在采样过程中必须确保所取的少量样品必须能够代表整体生物样本来源。在取得组织样品后，通常应该尽快进行脂质萃取，以减少脂质在保存过程中各类物质发生变化。否则，样品应立刻使用液氮快速冷冻后放入-80℃低温环境贮存，在分析前于4℃条件下复溶后萃取脂质。在脂质萃取过程中，应特别注意需要在最大程度上减少多不饱和脂肪酸和缩醛磷脂等脂质的氧化，而氧化反应一旦开始，便会自动进行下去。因此，在提取脂质的过程中可以在氮气保护下操作，或者加入丁羟甲苯（Butylated Hydroxytoluene，BHT）等易挥发、对质谱分析影响较小的抗氧化剂。

常用的脂质萃取技术主要包括LLE和SPE这两种方式。不同于普通的单相溶剂萃取手段，LLE是利用待分析物在两种互不相溶的溶剂中分配系数的差异来实现物质分离的，这种方法也是目前脂质组学适用范围最广的萃取方法。LLE按照溶剂的不同可分为Folch法、Bligh-Dyer法和Matyash法，其中Folch法使用了氯仿-甲醇-水（8∶4∶3，体积比）的混合液对样品中的脂质进行提取；Bligh-Dyer法在此基础上将混合提取液的体积调整至2∶2∶1.8，减少了有毒试剂氯仿的使用量和提取时间。使用这两种方法萃取脂质时，始终面临着溶剂毒性和氯仿层样品较难收集这两个问题。针对这一情况，可以使用Matyash法以甲基叔丁基醚-甲醇-水（10∶3∶2.5，体积比）的混合液为提取剂，该方法毒性较小且含有脂质的有机相位于上层，大大简化了相分离步骤，加快了样品前处理速度。

SPE固相萃取方法是利用不同物质在固相和液相中相互作用的差异来实现物质分离的（图14-12），具体操作流程是先使待分离混合组分吸附在固定相中，之后再使用不同洗脱能力的溶剂（流动相）将待分离组分一次洗脱下来，从而实现样品的分离、富集和纯化，目前脂质组学分析中常见的商业化SPE固相萃取小柱为C_8和C_{18}硅胶柱。通常LLE法提取得到的是全脂质组分，适用于非靶向全脂质组分析；而SPE法在脂质样品分离和富集的过程中，除去了干扰物质并对一类或几类脂质进行了特异性富集，因此更适合靶向脂质组学分析。除LLE和SPE方法外，研究人员还利用超临界流体萃取（Supercritical Fluid Extraction，SFE）、微波辅助提取（Microwave-Assisted Extraction，MAE）以及压力流体萃取（Pressurized Fluid Extraction，PFE）等技术，尝试对脂质样品实施自动化高通量的萃取处理。

2. 脂质组生物信息学

随着脂质组学研究的发展和越来越多研究人员的加入，脂质组的相关软件和数据库也逐步建立并日臻完善。LIPID MAPS结构数据库是目前世界上最全面的脂质组学分析公共数据库，此外，LipidBank、AOCS Lipid Library等不同类型的脂质数据库也为研究人员提供了丰富的脂质研究参考信息。表14-1列出了开展研究组学较常使用的脂质数据库和分析工具以及其网址和相关信息简介。

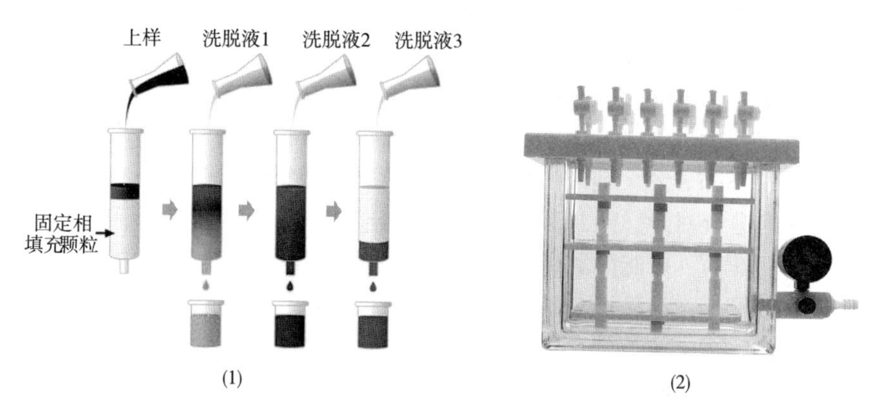

图 14-12　SPE 萃取原理示意图（1）和设备装置（2）

表 14-1　脂质组常用数据库和分析工具

名称	网址	简介
LIPID MAPS	http：//www. lipidmaps. org/	目前国际上最权威的脂质数据库，包含了各类脂质的定性定量方法、生物代谢路径、质谱数据分析工具以及 44138 种脂质化合物的结构信息。
LipidBank	http：//www. lipidbank. jp/	日本脂类生化数据库，包含 7009 种天然脂质化合物的分子结构、名称和谱图（MS、UV、IR、NMR），相关信息均经过人工甄别核验。
AOCS Lipid Library	https：//lipidlibrary. aocs. org/	综合类脂质数据库网站，主要包括脂质分析方法、食用油加工、油脂理化特性、脂质营养等方面的信息资料。
SphinGOMAP	http：//www. sphingomap. org/	主要包含了 450 余种鞘脂类化合物的生物合成代谢路径信息
LipidIMMS Analyzer	http：//imms. zhulab. cn/	中国科学院朱正江课题组建立的开源网站，用于脂质组自动化数据处理，以及基于精确质量数、保留时间、碰撞截面积（Collision Cross-Section，CCS）和二级质谱图等数据库的脂质鉴定
LipidSearch	Thermo Scientific 公司	涵盖超过 170 万个脂质离子及其预测碎片离子数据库，包括了脂质加合物离子和 MS^n 的指纹信息；可用于子离子、母离子和中性丢失扫描的识别算法，能够快速实现脂质自动鉴定和相对定量分析。

二、脂质组学技术在食品检测中的应用

1. 外源性污染物影响食品原料安全性的研究

生物体内脂质化合物的代谢变化通常被视为机体对外界环境因素影响的响应，因此可通过

追踪脂质代谢物的波动来阐述外界干扰对机体的作用以及对应靶点，而借助脂质组学技术对生物样本进行快速、灵敏、高通量的脂质组分定性定量分析，对于评价环境内分泌干扰物（Environmental Endocrine Disrupting Chemicals，EDCs）对食品原料安全性的影响具有显著优势。

广泛存在于自然水环境中的 EDCs 会对鱼类脂质代谢过程造成干扰，导致脂肪沉积异常，影响鱼类的食品品质和安全性。研究人员利用高分辨质谱技术对洁净水域和受工业废水污染水域中鲇鱼的脂质组进行对比，结果发现两组鱼的脂质组存在明显区别，尤其是胆固醇酯（Cholesteryl Esters，CEs）、磷脂酰胆碱（Phosphatidyl Cholines，PCs）和磷脂酰乙醇胺（Phosphatidyl Ethanolamines，PEs）及其溶血磷脂（Lyso）在含量上差异显著。进一步的靶向脂质检测结果显示，污染水域中鲇鱼的几种多不饱和 PCs（36∶5，36∶6，38∶6，40∶6，40∶7）的含量显著低于对照组鲇鱼，而若干 Lyso-PCs（16∶1，18∶1，22∶4）和 CEs（16∶0，18∶0，20∶4）含量则高于对照组鲇鱼。该结果显示脂质组技术可用于测定鱼肉品质来源和安全性评估。研究人员基于 NMR 脂质组研究对比发现，受重金属类 EDCs（镉、铅、砷）严重污染水体中的鱼肉样品，其甘油磷脂类、固醇类和鞘脂类等于细胞膜组分密切相关脂质化合物合成受到明显抑制，而与能量代谢相关的脂质化合物如甘油三酯和脂肪酸类的含量则明显升高，该结果证实重金属污染能够导致鱼类线粒体功能发生障碍、脂质代谢活动紊乱，脂质组分可作为生物标志物用于快速鉴定鱼肉制品是否受到重金属污染。

2. 在高脂质食品品质评价中的应用

对于脂类化合物含量较高的食品与农副产品而言，其脂质组分构成和含量高低与食品的风味和营养品质密切相关。因此，基于质谱技术的脂质组学不仅可以作为对食品成分检测分析的手段，同时还可用于高脂质食品的品质鉴别与研究。Song 等（2018）基于亲水作用色谱-离子阱飞行时间质谱对杏仁、腰果、山核桃、开心果、核桃和花生六种坚果的磷脂（Phospholipids，PLs）组分进行了轮廓分析，并完成了对 ESI^+ 和 ESI^- 两种模式下鉴定出的 165 种磷脂类化合物分子表征和半定量分析。结果显示，开心果、腰果和核桃 PLs 种类构成多样、含量较高，是理想的膳食性磷脂来源；花生虽然 PLs 种类组成丰富，但含量较上述三种坚果略低；杏仁和山核桃虽磷脂种类与含量均无显著优势，但可作为良好的多不饱和脂肪酸来源。此外，也有研究人员基于 Q-TOF 质谱平台对菜籽油、橄榄油、椰子油、葵花油、亚麻油米糠油等共计 18 种食用植物油的脂肪酸（Fatty Acids，FAs）和甘油三酯（Triacylgycerols，TAGs）进行了指纹图谱分析，鉴定出的各类植物油中共计 18 种 FAs 和 48 种 TAGs。不同种类的植物油的脂质构成类型较为相似，但 FAs 和 TAGs 的 *sn*-2 位上亚油酸含量对于不同种类的油脂而言含量差异显著。此外，La-La-La 型 TAGs 在椰子油和棕榈油中的含量极高，而在其他多种植物油中未有检出；橄榄油、菜籽油和山茶油中 TAGs 构成为则以 O-O-O 和 O-O-L 为主；米糠油和小麦胚芽油中 L-L-L 和 P-L-L 型 TAG 含量最为丰富。该结果表明 TAGs 的含量组分差异可作为区分不同种类植物油的重要衡量标准之一，基于 TAGs 的快速指纹图谱技术能够用于食用植物油的营养品质评价和掺杂掺假检验。

三、 组学技术发展趋势

随着社会经济的发展和食品工业的不断进步，一方面，消费者生活水平的显著提高，使得公众对食品安全越来越重视、要求越来越高；另一方面食品行业的快速发展和国际食品贸易的日趋频繁，让食品安全问题已呈现全球化模式。目前，针对传统化学污染物和食源性致病菌等已知危害物的分析检验技术已发展得比较成熟完善，而未知和潜在的食品安全危害物鉴别及成分鉴定、食品产地溯源、高附加值农产品掺杂掺假等问题依然是食品安全检测技术面临的难题，食品安全检测迫切需要新方法和新手段来解决这些难题和挑战，这也为食品安全检测的研究工作提出了更多、更新、更高的要求。

近年来，蛋白质组、代谢组和脂质组等组学技术的飞速发展极大地丰富了食品安全领域的分析检测手段，这些技术方法能够对于食品属性、品质、风味、营养、功能以及安全性的各种形成机制中所涉及的蛋白质、小分子代谢产物和脂质组分提供高通量、高分辨率、高精度的质谱检测分析，并结合组学数据手段对海量谱图进行有效信息提取和结果分析。这一综合技术体系已成功应用于食品真伪鉴别、产地溯源、品质评价鉴定、产品质量控制、转基因农作物、农药兽药残留、蛋白过敏源和食品微生物毒素检测，在食品安全检测领域发挥着越来越重要的作用，并极大地拓展了该研究领域的进一步发展，同时也为现行的食品安全风险评价体系提供一种新技术、新方法和新思路。

相比传统的食品安全检测技术，蛋白组学、代谢组学和脂质组学技术具有显著优势，但是我们同样需要认识到，组学技术从研究阶段到真正走向日常化、商业化检测依然任重而道远，组学技术中有关样本采集、实验重复性准确性、方法耐用性、实验室间验证、生物标志物的筛选以及生物信息学分析等方面还需进一步完善，从而加快推动组学技术在食品安全检测领域的实际应用。

第十五章

CHAPTER 15

生物芯片与自动化仪器检测技术

第一节　生物芯片技术

一、 生物芯片的基本概念

生物芯片（Biochip）的概念源自于计算机芯片。狭义的生物芯片是指包被在固相载体（如硅片、玻璃、塑料和尼龙膜等）上的高密度 DNA、RNA、蛋白质、细胞等生物活性物质探针的微阵列（Microarray）。这些微阵列由生物活性物质以点阵的形式有序地固定在固相载体上形成；由于探针的结构和固定位置已知，将待测物在芯片表面培养，即可实现对核酸、蛋白质、细胞等生物组分的高通量定量分析，并可用化学荧光法、酶标法、同位素法等方法获取信息，再用光谱仪、光度计等光学仪器进行数据采集，最后通过专门的计算机软件进行数据分析。对于广义生物芯片而言，除了上述被动式微阵列芯片之外，还包括利用光刻技术和微加工技术在固体基片表面构建微流体分析单元或装置，以实现对生物分子进行智能化大信息量并行处理分析的微型固体薄型器件。这类广义生物芯片包括核酸扩增芯片、阵列毛细管电泳芯片、主动式电磁生物芯片等。

根据特异性探针在载体上空间分布的不同，生物芯片可以分为二维芯片和三维芯片。上述探针分布特征规律通常由生物芯片基片表面活性官能团特性决定。二维芯片可以通过载体表面化学修饰醛基、环氧基、异硫氰酸基等官能团制备得到，官能团呈现平面分布，具有良好的经济性和有效性。但是受到活性面积限制，探针灵敏度、检出限等指标往往较低。引入新型多孔材料如石墨烯、氧化锌纳米颗粒等作为载体，可以实现三维芯片制备，从而扩大探针容量，进一步提升检测性能。

典型生物芯片的外观形貌如图 15-1 所示，其机械点样过程如图 15-2 所示。

在生物技术领域里，一个完整的实验分析过程通常包括三个步骤：样品制备、生化反应以及结果检测。目前这三个步骤往往是在不同的实验装置上进行的。而生物芯片发展的最终目标是将这三个过程通过微加工技术整合到一块芯片上去，以实现所谓的微型全分析系统或称缩微芯片实验室（Lab-on-a-Chip）。

与传统的研究方法相比，生物芯片技术具有以下优点。

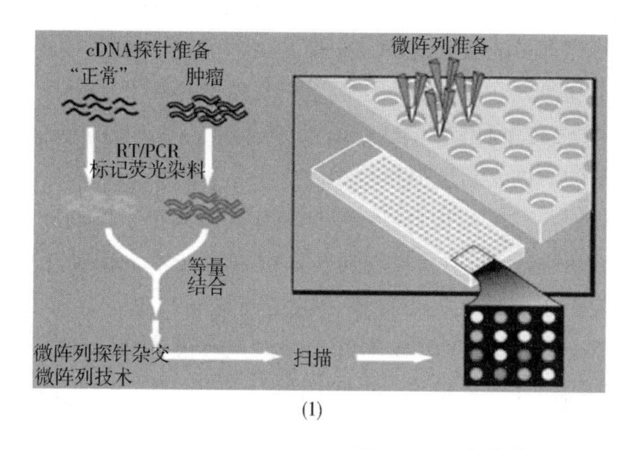

(1)

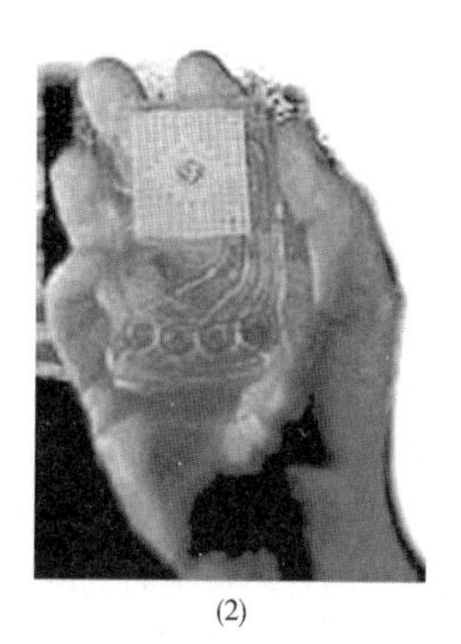

(2)

图 15-1　生物芯片外观图

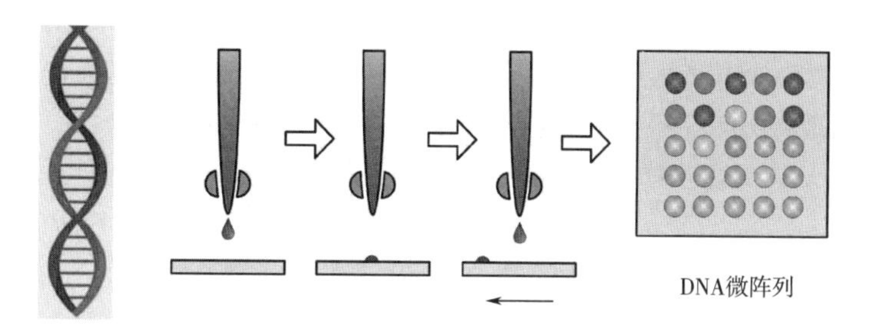

图 15-2　生物芯片机械点样图

①信息的获取量大、效率高：目前生物芯片的制作方法有接触点加法、分子印章 DNA 合成法、喷墨法和原位合成法等，能够实现在很小的面积内集成大量的分子，形成高密度的探针微阵列。这样制作而成的芯片就能并行分析成千上万组杂交反应，实现快速、高效的信息处理。

②生产成本低：由于采用了平面微细加工技术，可实现芯片的大批量生产；集成度提高，降低了单个芯片的成本；可以引入柔性制造技术，在同一生产线上实现多种不同功能芯片的同时生产。

③所需样本和试剂少：因为整个反应体系缩小，相应样品及化学试剂的用量减少，且作用时间短。

④容易实现自动化分析：生物芯片发展的最终目标是将生命科学研究中样品的制备、生物化学反应、检测和分析的全过程，通过采用微细加工技术，集成在一个芯片上进行，构成所谓的微型全分析系统，或称为在芯片上的实验室，实现了分析过程的全自动化。

二、 生物芯片技术研究的背景

原定于 2005 年竣工的人类 30 亿碱基序列的测定工作（Human Genome Project，基因组计划）由于高效测序仪的引入和商业机构的介入，在 2000 年 6 月人类基因组的草图完成，2003 年底完成基因的全部测序工作，人类遗传信息已一览无遗。怎样利用该计划所揭示的大量遗传信息去探明人类众多疾病的起因和发病机理，并为其诊断、治疗及易感性研究提供有力的工具，成为继人类基因组计划完成后生命科学领域内又一重大课题。现在，以功能研究为核心的后基因组计划已经悄然走来，为此，研究人员需要设计和利用更为高效的硬软件技术来对如此庞大的基因组及蛋白质组信息进行加工和研究。建立新型、高效、快速的检测和分析技术就势在必行了。这些高效的分析与测定技术已有多种，如 DNA 质谱分析法，荧光单分子分析法，杂交分析等。其中以生物芯片技术为基础的许多新型分析技术发展最快也最具发展潜力。早在 1988 年，Bains 等人就将短的 DNA 片段固定到支持物上，以反向杂交的方式进行序列测定。当今，随着生命科学与众多相关学科（如计算机科学、材料科学、微加工技术、有机合成技术等）的迅猛发展，为生物芯片的实现提供了实践上的可能性。生物芯片的设想最早源于 20 世纪 80 年代中期，90 年代美国 Affymetrix 公司实现了 DNA 探针分子的高密度集成，即将特定序列的寡核苷酸片段以很高的密度有序地固定在一块玻璃、硅等固体片基上，作为核酸信息的载体，通过与样品的杂交反应获取其核酸序列信息。

自从 1991 年福多尔（S. P. A. Fodor）等人提出 DNA 芯片至今，以 DNA 芯片为代表的生物芯片技术已经得到了快速的发展。目前生物芯片技术除了 DNA 芯片技术外，还包括免疫芯片分析技术、芯片核酸扩增技术、细胞芯片分析技术和以芯片为平台的高通量药物筛选技术等。这些新兴技术的出现将为生命科学研究、食品卫生检验、疾病诊断与治疗、新药开发、国防、司法鉴定、航空航天等领域带来一场革命。

第二节 生物芯片的主要类型

现在学术界从不同角度对生物芯片的分类有多种。通常的生物化学反应过程包括三步，即样品的制备、生化反应、结果的检测和分析，将这三个不同的步骤集成为不同用途的生物芯片，所以按此种分类可将生物芯片分成不同的类型，即：用于样品制备的生物芯片、生化反应生物芯片及各种检测用生物芯片（图 15-3）。

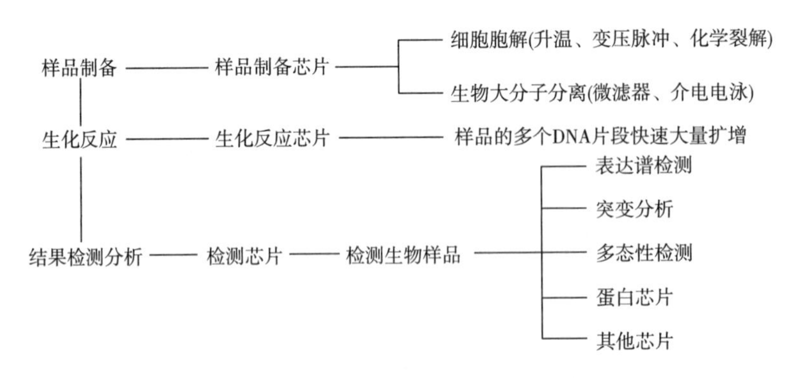

图 15-3 按照生物化学反应过程分类的生物芯片类型

①样品制备芯片：将通常需要在实验室进行的多个操作步骤集成于芯片上，通过升温、变压脉冲以及化学裂解等方式对细胞进行破碎，通过微滤器、介电电泳等手段实现生物大分子的分离；通常采用微机电技术（MEMS）制备片基芯片，通过掩膜、溅射和光刻等通用半导体制

备工艺，实现微米甚至亚微米级别的反应池、测试腔和通路的加工。如 Cepheid 公司应用湿法蚀刻、反应离子蚀刻、等离子蚀刻等工艺在硅片上加工出含有 5000 个高 200μm、直径 20μm 的细柱式结构的 DNA 萃取芯片，专门用于 DNA 的萃取。

②生化反应芯片：在芯片上完成生物化学反应，与传统生化反应过程相比，高效、快速，如 PCR 反应芯片可以节约实验试剂，提高反应速度，完成多个片段的扩增反应，由于受当前检测分析仪器的灵敏度所限，通常在对微量核酸样品进行标记和应用前必需对其进行一定程度的扩增，PCR 芯片为快速、大量的获得 DNA 片段提供了有力的工具，美国宾夕法尼亚大学、劳伦斯一利物摩国家实验室和 Perkin-Elmer 公司等研究机构已在此研究领域获得成功。

③检测芯片：常用于生物样品检测，是目前发展最为迅猛的芯片技术，如用于 DNA 突变检测的毛细管电泳芯片，用于表达谱检测、突变分析、多态性测定的 DNA 微点阵芯片（又称基因芯片），用于大量不同蛋白检测和表位分析的蛋白或多肽微点阵芯片（又称蛋白或多肽芯片）。

三种生物芯片的最终发展目标是将样品制备、生化反应到检测分析整个过程集成为微型分析系统，即芯片实验室（Lab on a Chip）。

生物芯片的形式多种多样：以片基材料分，有纸质、聚四氟乙烯薄膜等柔性芯片，通常以丝网印刷或喷涂方法制备，另外有硅、玻璃、陶瓷等片基固态芯片，可通过 MEMS 工艺、半导体加工和 3D 打印等方法制备；以检测的生物信号分，有核酸、蛋白质、生物组织碎片芯片等；以工作原理分，有杂交型、合成型、连接型、亲和识别型芯片等。

从功能和应用角度来看，目前常用的生物芯片主要是三类：即 DNA 芯片（DNA Chip，DNA Microarray）、蛋白质芯片（Protein Chip）、芯片实验室（Lab on a Chip）。

一、DNA 芯片

DNA 芯片（DNA Chip）又称基因芯片（Gene Chip），它是在基因探针上连接一些可检测的物质，根据碱基互补的原理，利用基因探针到基因混合物中识别特定基因的芯片。所谓基因探针只是一段人工合成的碱基序列，基因芯片将大量探针分子固定于支持物上，然后与标记的样品进行杂交，通过检测杂交信号的强度及分布来进行分析，其过程如图 15-4、图 15-5、图 15-6 所示。

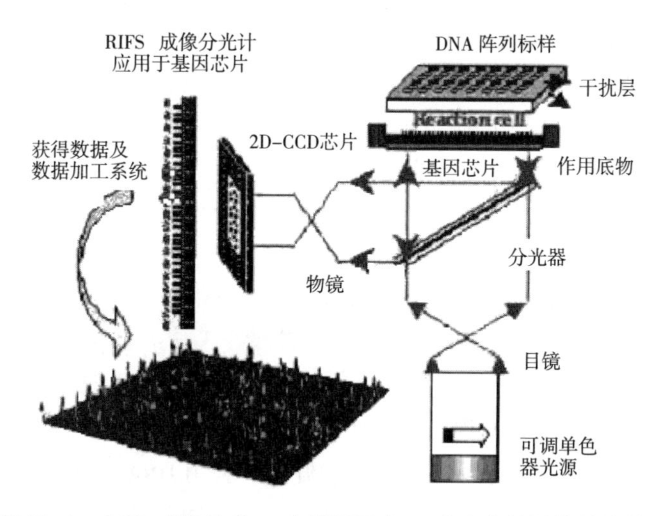

图 15-4　CCD 成像技术：主要用于中、高密度基因芯片的检测

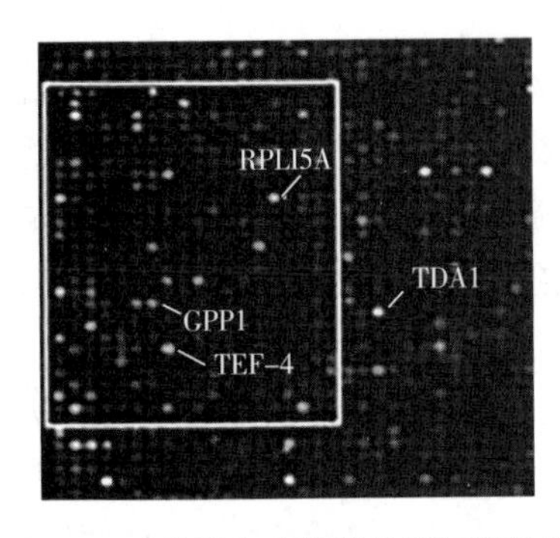

图 15-5　芯片杂交荧光检测扫描结果

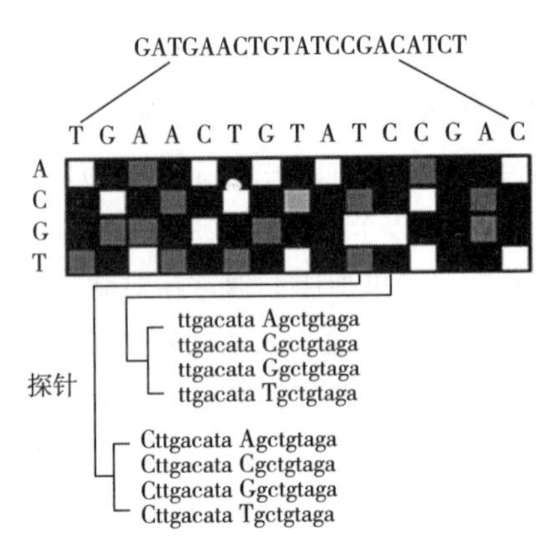

图 15-6　基因芯片杂交结果由计算机综合处理解读生物学意义

DNA 芯片技术比其他芯片技术更为成熟，应用广泛，是生物芯片中极有潜力的一种芯片，它常被用作基因图谱研究、突变分析、追踪基因组的遗传因子表达等。这种芯片可以检测整个基因组范围的众多基因在 mRNA 表达水平的变化，但对芯片点阵的密度要求较高。目前能见到的芯片产品的基因数量从几千到几万不等，与芯片点密度相对应的是点样用的微孔平板型号从 384 孔板到 864、1536、2400、3456、6500、9600、20000 孔板不等，样品的体积也从 125μL 到 50 nL 依次递减。

由于用该技术可以将极其大量的探针同时固定于支持物上，所以一次可以对大量的 DNA 分子或 RNA 分子进行检测分析，从而解决了传统核酸印迹杂交（Southern Blotting 和 Northern Blotting 等）技术复杂、自动化程度低、检测目的分子数量少、效率低（Low through-put）等不足，而且，通过设计不同的探针阵列（Array），用一定的分析方法，还可以用于序列分析，称为杂交测序（Sequencing by Hybridization，SBH）。结构基因组学研究所有基因的结构和染色体定位，用传统方法费时费力；功能基因组学研究基因表达调控和基因表达产物在机体发育、分化及疾病中的作用，需要在基因组尺度进行平行研究。基因芯片的出现为解决以上问题提供了一个新的方法，以其无可比拟的大信息量、高通量，和快速、准确地分析基因的本领，在基因功能研究、临床诊断、食品卫生检测及新药开发等方面显示了巨大的威力，已成为人类捍卫生命的一大利器。DNA 芯片技术的应用如下。

（1）DNA 序列测定　采用 DNA 芯片技术可使人类基因组成分析过程大大简化。与传统基因序列测定技术相比，DNA 芯片破译基因组和检测基因突变的速度要快几千倍。

（2）基因点突变检测和多态性的分析　以往对于基因突变和多态性的研究多采用自动测定、异源双链分析、蛋白截短检测等方法，过程复杂、分辨率低。应用 DNA 芯片可克服这些缺点，并获得更高的分辨率。

（3）基因表达分析和新基因发现　由于 DNA 芯片技术可直接检测 mRNA 的种类及丰富度，所以它在发现新基因及分析各个基因在不同时空表达方面是一项十分有用的技术。

（4）基因诊断与基因药物、食品安全检测的开发　利用 DNA 芯片明晰疾病与基因的相关性，保证了诊断的高效、廉价、快速和简便。此外，在药物开发领域，DNA 芯片对药物靶标的发现、多靶位同步超高量药物筛选、药物作用的分子机理、中医药理论现代化、药物/食品活性及毒性评价等方面有其他方法无可比拟的优越性。

（5）蛋白质组学方面的应用　DNA 芯片的应用有助于阐明细胞中蛋白之间的相互作用以及鉴定配体结合蛋白质的速度。

二、蛋白质芯片

蛋白质芯片（Protein Chip，PC）又称蛋白质微阵列（Protein Microarray）；不同于碱基配对方法，蛋白质芯片利用抗体与抗原结合的特异性即免疫反应来实现检测，如图 15-7 所示。该技术继基因芯片之后，被称为横扫生物科学和医学界的一次“迷你”革命。蛋白质芯片分为两种：一种是细胞来源的天然蛋白质占据芯片上的确定点，研究已知蛋白能否与其他反应物相互作用，这类芯片称为蛋白质功能芯片；另一种是蛋白质检测芯片，有别于天然蛋白本身，而是将高度特异性配体进行点阵，以此识别复杂生物溶液（如细胞提取液）中的目标蛋白质或多肽。由于蛋白质芯片集芯片和质谱于一身，具有分析速度快、简便易行、样品用量少和高通量等特点，在应用上具有明显的优势。

图 15-7　蛋白芯片（Protein Chip）

蛋白质芯片技术的应用如下。

（1）蛋白质研究　目前是蛋白质相关研究中最具有应用前景的一项技术。利用蛋白质芯片和限制性酸水解技术可对蛋白质的氨基酸序列进行分析。与传统的蛋白质水解技术相比，蛋白质芯片技术可以同时对多个蛋白质的氨基酸序列构成进行分析。另外，利用这种方法还可以得到蛋白质 C 末端或 N 末端的不同长度氨基酸片段，将这些片段通过质谱分析，便可以得到待测蛋白质的氨基酸序列构成。

（2）临床应用　蛋白质芯片技术在临床方面有着广泛的应用，尤其是在疾病的诊断和疗效判定方面（即生物学标志物的检测上），具有很大的应用价值和前景。蛋白质芯片可以检测免疫蛋白、肿瘤标志物、抗原抗体和多种生理代谢产物，也可以用于体内药品浓度的测定。另外，蛋白质芯片具有高通量特点，使得疾病标志物的检测速度大大提高。

（3）新药研制　蛋白质芯片具有并行性的特点，可用于寻找新的药靶（即比较正常组织或细胞与病变组织或细胞中大量相关蛋白表达的差异，充分了解细胞信号转导和代谢途径，进而发现一组疾病相关蛋白作为药物筛选靶）、药物筛选、药物毒性和安全性的评价。

目前，对蛋白质芯片正在开展如下研究：①研究新的片基制备与修饰方法，引入纳米功能材料，实现更高效的探针固定技术；②改进特异性探针的灵敏度、选择性和稳定性，加速样品的简化和标识研究；③研究新的筛选、配位和耦合机理，不断扩展检测仪器种类和敏感方法；④开发高度集成化生产的制备系统等。相信随着人们对蛋白质结构和功能认识的不断深入，以及其他辅助学科和技术的发展和成熟，蛋白质芯片技术会在生命科学领域及食品安全检测领域发挥越来越重要的作用。未来会制作出敏感性和特异性更强，固定有多种大量活性蛋白的新型蛋白质芯片用于食品安全检测。

第三节　芯片实验室

芯片实验室（Lab-on-a-Chip，LOAC）是指把生物和化学等领域中所涉及的样品制备、生化反应、分离、检测等基本操作单元集成或基本集成到一块几平方厘米的芯片上，用以完成不同的生化反应过程、并对其产物进行分析的超微型实验室，因此又称微全分析系统（μ-TAS），如图 15-8 所示。1998 年美国纳米基因研究小组利用电子生物芯片在世界上建构了首例微型化生化实验室，即芯片实验室。功能化芯片系统大体包括三个部分，即芯片、信号检测收集装置和芯片功能支持试剂盒。一个完整的微芯片可以提高分析速度、增加分析效率，减少样本试剂消耗并排除人为干扰或污染，自动、高效地完成重复实验。而且，分析系统的微型化可以使野外实验室变得很简单。芯片实验室的潜在应用范围包括高效筛选、环境监测、临床监测、空间生物学、现场分析、高效 DNA 测序等。

1998 年 6 月，美国 Nanogen 公司首次报道了通过芯片实验室来实现从样品制备到反应结果显示的全部分析过程。利用这个装置他们从混有大肠杆菌的血液中成功地分离出细菌，在高压脉冲破胞之后用蛋白酶 K 处理脱蛋白，制得纯化的 DNA，最后用一块电子增强的 DNA 杂交芯片证实胞解所获得的 DNA 是大肠杆菌的基因组 DNA，这是向缩微芯片实验室迈进的一个成功尝试。

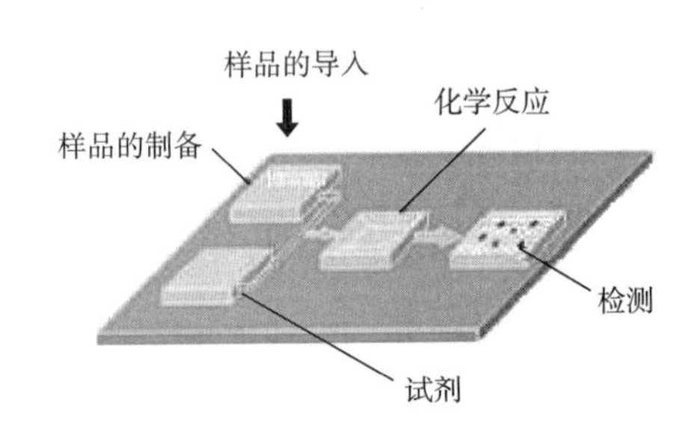

图 15-8　芯片实验室简图

现在已有高度集成化的芯片实验室问世，这类生物芯片能够将微泵、微阀、微流量分配控制、加热/制冷器、微电极、半导体光源和雪崩光电探测器等集成在独立芯片上，并实现样品制备、生化反应、产物过滤、分析检测和芯片清洗等一系列功能。例如可以将样品制备和 PCR 扩增反应同时在一块小小的芯片上完成，再如 GeneLogic 公司设计制造的生物芯片可以从待检样品中分离出 DNA 或 RNA，并对其进行荧光标记，然后当样品流过固定于栅栏状微通道内的寡核苷酸探针时，探针便可捕获与之互补的靶核酸序列。

一、芯片实验室的制作

半导体及集成电路芯片的微细加工技术是芯片实验室的起源，但是芯片实验室微通道的加工尺寸要远大于集成电路的尺寸，芯片通常约为数平方厘米大小（图 15-9），并且芯片实验室设计通道的宽度和深度一般为微米级，所以芯片实验室的加工技术难度相对而言要低一些。此外，对于芯片材料的选择、微通道的设计以及芯片的制作也是芯片实验室研究发展亟待突破的关键性问题。

（一）玻璃芯片实验室的制作

玻璃芯片实验室具备很多良好的性能，尤其是光学性能和支持电渗流特性，并且其易于表面改性，可以便捷地采用传统毛细管电泳分析技术。基于这些独特的性能，玻璃芯片实验室在

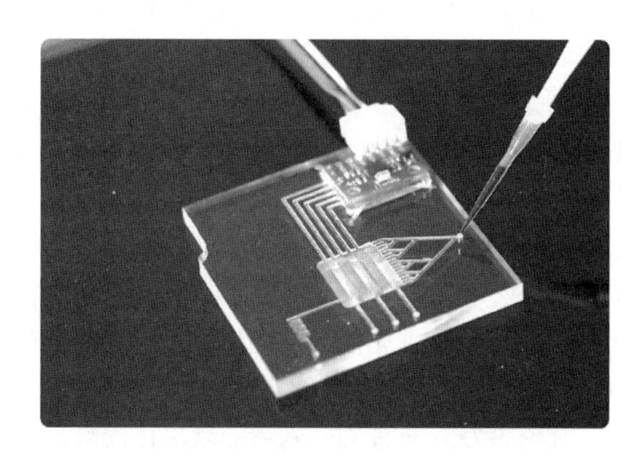

图 15-9　一种联用半导体技术的芯片实验室

芯片实验室发展初期受到了更多研究者的关注与重视，因此获得了更好的发展与应用，在现今的芯片实验室中仍占据重要的地位。

通常可以使用标准光刻技术实现玻璃芯片实验室制备，尤其常用湿法刻蚀和高温键合工艺，其制作流程如图 15-10 所示：一般选择带有铬层、光刻胶的铬版玻璃作为芯片基底；利用 CorelDraw 等计算机辅助设计软件设计微通道途径或网络，并由激光照排机输出至透明胶片上制备掩膜（通常应具有 2400DPI 以上的分辨率）；随后在暗室环境下将光掩膜覆盖在基底上，使用光刻机曝光 50~60s，并浸入 0.7% NaOH 溶液中显影 30s，使用流动的去离子水润洗基底并进行真空高温干燥坚膜（100~110℃，10~15min）。将成膜后的玻璃基片置于去铬液中，适度振荡 2min 左右去除残余铬层、冲洗干净并进行腐蚀操作；在涡旋混合器中进行振荡腐蚀，在保证腐蚀效果前提下尽量减少振荡强度，以获得刻蚀通道表面的高光洁度。腐蚀后的玻璃基片分别以流水、无水乙醇清洗，并使用 2% NaOH 溶液去光胶，直至玻璃表面由红棕色变为亮黄色。随后使用去铬液除去铬层并冲洗干净，获得具有微通道途径或网络的基片。根据设计的网络通道将基片裁成小片，用金刚砂钻头在通道端口处用钻孔用作储液池。之后利用超声清洗器清洁基片以除去碎屑。根据基片的尺寸剪裁抛光片得到盖片，并将基片和盖片一起放入浓硫

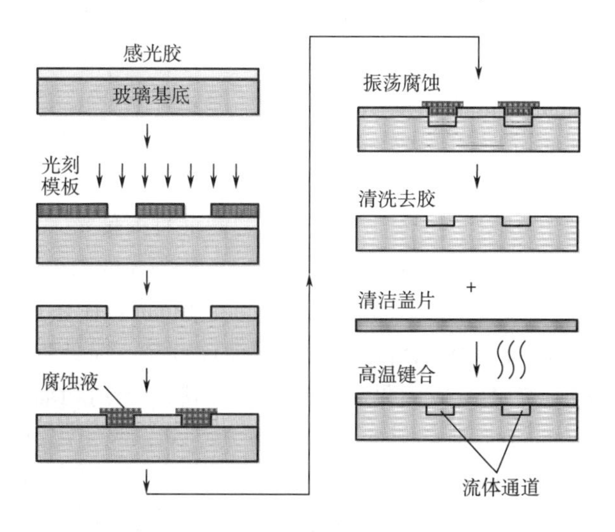

图 15-10　玻璃芯片实验室流程图

酸中浸泡 12h。取出后用流动的去离子水冲洗，同时将基片和盖片对合起来，再用 PTFE 带将基片和盖片固定到刚玉块表面，然后转移至真空干燥箱中干燥（170℃，2h）。随后将 PTFE 带除去，并将基片和盖片连同刚玉块一起放入马弗炉中（150℃，50min），再将温度调整至 300℃维持 1h，最后将温度控制在 580℃（4h），进行高温键合。键合结束后将马弗炉降温到 400℃再保持 1h，关掉马弗炉得到最终的玻璃芯片。

（二） PMMA 芯片实验室的制作

PMMA（聚甲基丙烯酸甲酯）是一种聚合物材料，常用于芯片实验室的制作。常压光聚合模塑法是 PMMA 芯片实验室制作方法。首先把 PTFE 垫圈（聚四氟乙烯，2mm）放置在单晶硅阳模和玻璃片之间，用力夹紧，垫圈厚度即为芯片实验室的基片厚度。在垫圈的一边预留一个用于注入单体溶液的小孔，直径约为 1mm 左右。随后配制单体溶液，将 200μm 的 PMMA 珠粒溶于甲基丙烯酸甲酯溶液中，并将紫外催化剂-苯偶姻甲醚（0.15%）加入上述混合物中，用于催化单体溶液中的单体自由基的聚合。将获得的单体溶液注射至模具中，利用紫外灯进行曝光处理。通常，溶液聚合反应在常温常压下完成，耗时约 4h。聚合完成后将模具置于超声清洗器中超声脱模（40℃，10min），在硅阳模上实现凸起的微通道网络并转移到 PMMA 基片上，得到了具有微通道的 PMMA 基片。将获得的基片进行钻孔处理，清洗除去碎屑，在流动的水流中与 125μm 厚的盖片对合、夹紧，再转移至放入恒温干燥箱中进行干燥处理（108℃，10min），最终 PMMA 芯片制成。

（三） PDMS 芯片实验室的制作

PDMS 是软聚合物，具有优良的物理和化学性质，尤其适用于芯片实验室的相关性能包括：具有单体可低温聚合特性，易加工，成本低，可以灵活制作一次性芯片；具有良好的弹性，脱模时不破坏微通道或阳模，可延长阳模的使用寿命；透光性好，可透过波长大于 280nm 的光，光学检测适用范围宽；具有生物惰性，无毒性，可用于细胞固定，并能够透过气体，在封闭体系中能够为细胞培养提供氧气；具有良好的绝缘性和结合性，表面可以实现多种化学处理；并能够与其他材料如玻璃、聚苯乙烯等结合制成杂交芯片。

软刻蚀技术是制作 PDMS 芯片实验室的通用技术。计算机绘图软件 CAD 用于微通道网络的设计，将设计好的通道网络打印在透明胶片上作为掩膜。采用分辨率为 5080DPI 的激光照排机输出，能够获得 25μm 的横向分辨率；如果采用 20000DPI 的照相绘图仪进行输出，得到的横向分辨率仅为 8μm（如果使用铬板掩膜，低于 8μm 的分辨率可以实现掩膜的制作，但是制作耗时长，费用高）。PDMS 芯片的阳模制作方法：在硅片上涂覆一层薄的光刻胶（例如：SU-8），胶层厚度可以通过使用不同类型、不同黏度的 SU-8，通常胶层厚度可控制在 1~300μm。利用紫外线通过光掩膜使得光刻胶曝光，用显影液将未曝光区域溶解掉。溶解后得到突起 SU-8 表面结构可以用作 PDMS 基片的阳模。上述方法制作的阳模具有良好的性能，比如其结构可以实现较大的深宽比，并且阳模的结构侧壁与基体表面垂直。制作 PDMS 基片的方法：在制备之前，用氟化的硅烷化试剂对硅阳模表面前处理，前处理的目的是防止阳模与 PDMS 发生永久性的键合。按照单体/固化剂 10∶1 的比例混合得到 PDMS 预塑体，将其覆盖模具后进行处理（70℃，60min）得到固化的 PDMS。之后，从阳模上将已经固化的 PDMS 剥离出来，得到具有微通道设计的 PDMS 基片。PDMS 基片仅依靠 PDMS 具备的自然黏合力即可与其盖片对合以形成可逆的封接，通常，其可承受压力高达 34.47kPa（5psi），一般的应用需求都可以满足。此外，所制备的 PDMS 芯片具有可拆卸的可逆封合，适用于蛋白质、细胞或生物分子的表面固定。在进行与盖片对合前利用等离子体对 PDMS 表面作氧化处理，可以在 PDMS 表面形成 O-Si-O 共价键，这样就可以与 PDMS、玻璃、单晶硅、聚苯乙烯等形成永久的封接。永久封接的承受压力一般在 206.84~344.74kPa（30~50psi），远高于前述的可逆封接。仅需制备一个阳模就能够生产多个 PDMS 基片，且制作环境很容易实现，在普通实验室即可完成。

二、芯片实验室的控制技术

（一）通道构型在芯片实验室控制中的作用

流体在芯片实验室内部通道内流动，因此调整通道构型也自然是微流体过程控制的重要手段之一。考虑到微流体控制手段需要结合特定构型通道而实现流体控制，因此通道构型改变往往对流体控制起到决定性的作用。在实现通道构型进行流体控制的各种方法中，改变通道二维构型比较简单易行，可以通过简单调整掩膜设计实现。

通道构型的设计对于芯片实验室的各个功能单元（如驱动、进样、预处理、分离系统等）都具有重要的意义。在芯片实验室的进样系统中，设计不同通道构型用于实现不同的进样操作，如图 15-11 所示。常见的通道构型有 T 形通道、双 T 形通道、多 T 形通道、十字通道等。通道构型的设计对微混合器特别关键，尤其是被动微混合器，通道的构型直接决定了混合器混合效率的高低。良好的通道构型对于提升微芯片色谱柱性能具有很大的促进作用，依托经典色谱理论框架，已经构建了许多通道构型各异的电色谱整体柱。通过改变色谱柱的通道构型，可以调整色谱柱内固定相与流动相的相比、流动相横向和纵向传输通道的距离等关键性参数，最终增强色潜柱的整体性能；此外，巧妙的通道构型设计还可以有效减小色谱柱的“柱壁效应”的影响。

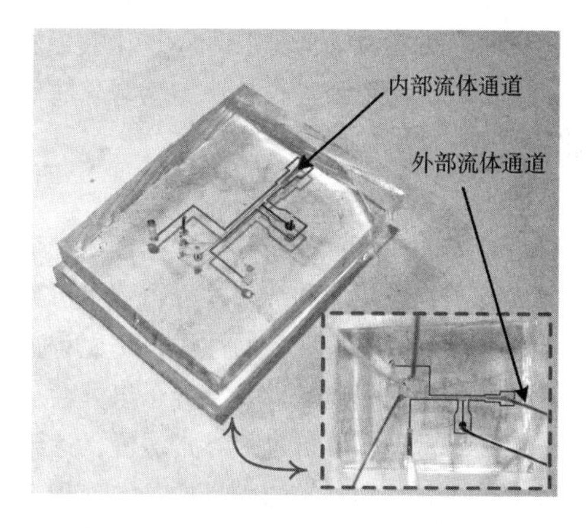

图 15-11 芯片实验室通道构型示例

（二）混合技术

一切化学和生化反应中最基本、最常用的操作就是混合，它是实验反应的必需操作。混合在普通实验室中很简单，一般通过对流的方式就可以实现。但是芯片实验室中，混合操作却并不容易，原因在于芯片实验室的尺寸一般在微米级，甚至更小。而且在微米尺度下，流体的雷诺系数非常小（$Re\approx0.1\sim100$），不具备湍流混合的条件，因为流体完全呈层流状态流动。在这种情况下，扩散是进行混合的唯一途径。这也解释了流体的液层厚度大于典型扩散长度时，扩散混合是一个非常漫长的过程。当流体流速较快或者流体含有扩散系数较低的溶质分子时，利用扩散进行混合的效率更为低下，因为必须具备足够的接触面积和扩散时间才能达到充分的混合。利用芯片实验室进行分析时，如果混合速率小于反应速率，就会出现反应的迟缓甚至停止，此时混合速率就成为芯片实验室分析速度快慢的决定因素，这样芯片实验室快速分析的优势就无从谈起。因此，如何实现流体在微米尺度下快速、充分的混合，一直是芯片实验室研究者热衷的研究方向。传统的混合装置无法与通道尺寸太小的芯片实验室联用，可以通过改变通道构型、引入外力等方法以扩大、增加流体间的接触面积，缩短扩散距离，诱导产生混沌流甚至湍流，最终完成层流状态流体的快速混合。

（三） 溶剂萃取分离法

在化学实验中，溶剂萃取分离法是最常用的分离和净化方法之一。溶剂萃取分离法的原理是：物质在互不相溶的两相中的溶解度不同导致分配比不同而实现分离。在传统的实验室中，溶剂萃取分离法常是将试样溶液与有机溶剂（水不相混溶）加入分液漏斗中进行振荡混合，亲水性组分的仍留在水溶液中，而疏水性的组分就会进入到有机相，然后通过静置，重力作用会使得水相和有机相分层，最终实现疏水性组分与亲水性组分的分离。上述方法具有设备简单、易于操作、分离效果好等优点。其缺点也很明显，比如耗时长、工作量较大、消耗试剂多、对环境污染大。此外，萃取过程中必要的振荡操作，易导致乳浊液的形成，使分离困难。在芯片实验室中，层流效应和扩散效应为溶剂萃取分离法提供了自动化、微型化和集成化的可能性。在芯片实验室的微通路中，微流体的扩散距离短和表面/体积比大是两个突出的特点。缩短扩散距离可大大降低扩散时间。比表面积和通道尺寸成反比，尺寸越小，表面/体积比就越大。基于以上两个因素，芯片实验室溶剂萃取分离法的萃取时间可大幅度缩短，并且无须机械振荡。

（四） 渗析分离技术

渗析分离的原理：依据分子尺寸，通过半透膜进行不同大小分子的分离。在蛋白质、激素及酶等大分子物质浓缩和纯化过程中，渗析分离技术是最常用的技术之一。渗析分离的关键在于半透膜。半透膜具备独特的性质，它允许离子以及小分子物质通过，而将大分子物质阻留。由于渗透压的存在，离子以及小分子组分会从高浓度一侧转移至低浓度一侧，完成不同组分的分离。但是，常规的渗析过程异常缓慢，达到渗透压平衡需要几个甚至十几个小时，并且试样用量较大，在芯片实验室的微量样品的处理上很难实施。

微渗析分离器能够克服传统渗析的局限性，使得渗析分离技术在芯片实验室上得到发展。微渗析分离器非常适合用于微量分析样品的处理，表现出独一无二的优势，具有渗析速度快、效率高等特点。上述优点主要是因为微渗析芯片拥有很大比表面积，同时还采用逆流方式进行连续流动，这样可以维持膜两侧溶液始终保持最大的浓度差，加速了渗析进程。

（五） 预富集技术

尽管具有实验室的芯片上的分析高速，低的样品和试剂的消耗，易集成的其他优点，但也有一定的局限性，例如，由于注入量通常为 pL 甚至 nL，检测器需要较高的灵敏度。一些传统的检测器难以在实验室中应用的芯片中，其主要原因是样品浓度极低。这一局限性限制了许多芯片实验室分析系统中的应用。样品预富集技术是解决这一问题的有效途径。在进行溶剂萃取、渗析或其他操作时也能进行样品的富集。

毛细管电泳在线预富集技术是基于电泳的最常用富集方法。其基本原理：同一物质在电场强度不同的区域其电泳迁移速率不同，依据这一特性能够将目标物富集在不同区域的交界处，从而完成目标物质的预富集。

（六） 电泳分离技术

电泳分离的基本原理：在一特定介质中，溶质在电场中移动，不同的物质在一定电场中的移动速率不同，依据这一特性可以将不同的物质分离在不同的区域。电泳分离技术在样品分离中已经得到了广泛的应用，尤其是毛细管电泳分离分析技术，其在生物分子（例如 DNA，蛋白质等）的检测分析领域展现出巨大的优势，更为重要的是毛细管电泳分离分析技术已经实现了在芯片实验室上应用，极大促进了芯片实验室的进步与发展；介电电泳的原理：处于非匀称电场中的中性微粒，在介电极化的作用下产生平移运动。介电电泳力的大小取决于悬浮微粒的大小、悬浮微粒和所悬浮媒介的电特性、电场强度和频率、悬浮媒介的黏度等参数。与电泳或其他常规分离方法比较，介电电泳拥有更高的选择性、更易的控制性和更高的分离提取效率。因此，在进行生物大分子和细胞的分离时，常使用介电电泳分离技术。

三、芯片实验室的检测技术

由于芯片实验室中的各种各样的反应通常是在极小的几何结构（微米级）内完成，所以对于检测器，芯片实验室系统有一些特殊的要求（图 15-12）。首先，要求检测器具有较高的灵敏度。因为在芯片实验室进行样品分析时，进样体积微乎其微，通常只有 μL 级别，甚至 nL、pL。同时，可用的检测区域也要比传统的检测小得多。因此，芯片实验室对检测器要求更加灵敏的检测性能。其次，芯片实验室对检测器的响应速度也有一定要求。芯片实验室特点就是分析速度快，其中各种生化反应常只需要几秒甚至更短的时间就可以完成，因此，必须配备与芯片实验室反应速度相匹配的、响应速度快的检测器，才能够充分发挥芯片实验室的独特优势。此外。芯片实验室的最终发展目标是将所有的功能单元集成到一块芯片上，这就要求检测器的尺寸紧凑，便于芯片实验室最后的组装与整合。

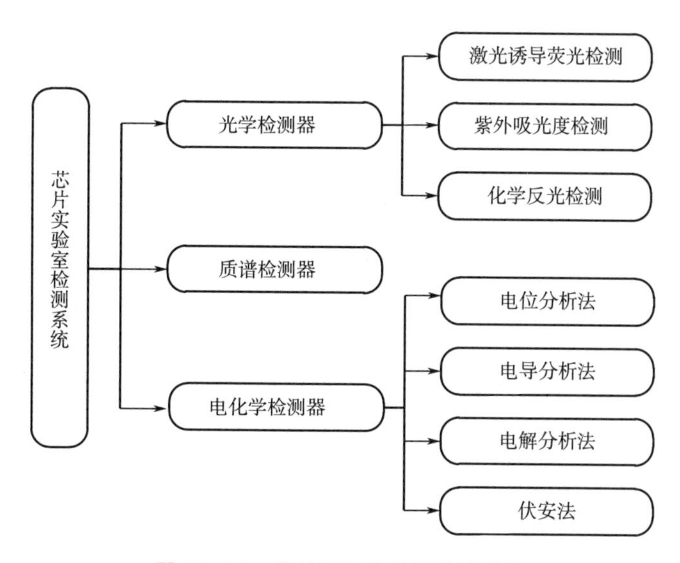

图 15-12　芯片实验室检测技术分类

检测器研究在芯片实验室发展历程中一直是研究者们的研究焦点。现今，多达数十种检测技术在芯片实验室上得到了应用，其中以光电化学检测技术使用最为广泛。此外，凭借强大的分析和鉴定能力，质谱检测器在芯片实验室蛋白组学研究中也占据着不可忽视的地位。

（一）激光诱导荧光检测

激光诱导荧光（Laser Induced Fluorescence，LIF）具有极高的灵敏度，检测限一般可低至 10^{-13} ~ 10^{-9} mol/L。其中，对于某些荧光效率高的物质，甚至可达到单分子检测。由于目前实验室中的研究目标主要为一些自身带有荧光，或者可通过衍生而产生荧光的蛋白质、核酸和氨基酸等生化样品，因此激光诱导荧光已成实验室中为实验室中应用最早和最广泛的光学检测器之一。目前要实现高灵敏度的荧光检测主要手段是降低背景光，特别是激发光对检测光路的影响。在常规荧光分光光度计中，正交型结构设计（检测光路与激发光路垂直）可以有效地消除入射光对荧光检测的干扰。但这种光路设计只适用于样品池体积较大的常量检测。对毛细管电泳及芯片实验室等微小尺度检测对象大多数采用共聚焦型光路设计。

（二） 紫外吸收光度检测

激光诱导荧光具有很高的灵敏度，比较适合芯片微通道对象的高灵敏度检测。由于很多检测目标没有荧光，采用激光诱导荧光检测时，通常需要外来的荧光染料标记。而标记用的荧光染料可能会对检测目标产生一定的影响，这会极大地影响检测结果。因此，对于没有荧光的检测目标，激光诱导荧光具有很大的限制。相对而言，紫外吸收光度检测基于紫外分光光度法原理，利用物质分子对紫外光谱区的辐射吸收来进行分析的一种检测方法。但由于其较短芯片微通道（数十微米至几微米）、有限的吸收光程、较高的芯片材质要求，紫外吸收光度法在芯片实验室中的应用比较有限。但其作为一种基础的检测方法，紫外吸收光度检测在芯片实验室中仍然发挥着重要的作用。

目前在芯片实验室中，紫外吸收光度检测面临的主要问题是检测限有待改善，难以满足低浓度生化样品的检测。通过优化检测器光路结构、选择石英等紫外吸收小的芯片材质、增加吸收光程或预浓缩待检测样品等方法，可以有效提高紫外吸收光度检测的灵敏度。

（三） 化学发光检测

化学发光检测是分子发光光谱分析法中的一类，它主要是依据化学检测体系中待测物浓度与体系的化学发光强度在一定条件下呈线性定量关系的原理，利用仪器对体系化学发光强度而确定待测物含量的一种痕量检测方法，其检测限可低至 $10^{-21} \sim 10^{-18}$ moL。截至目前，化学发光检测已经应用于环境检测、生化分析、临床检验等多个领域，但是高效的化学发光体系种类较少，主要包括过氧草酸酯、草酸盐、光泽精、鲁米诺等化学发光反应体系。由于化学发光不需要光源，仪器设备简单，并易于微型化和集成化，比较适合作为芯片实验室中的检测器。化学发光既不需要发光光源，也不需要复杂的分光和和滤光设备，仅需要一个光检测元件（如光电倍增管和 CCD 摄像头）置于微通道反应池附近，就可以采集光信号。鉴于此，检测池结构设计也是芯片实验室化学发光检测系统的关键：既要满足试剂和样品高效混合和充分反应，又要减少反应体系对检测系统的不利影响。

（四） 电化学检测

电化学检测是应用电化学原理和技术，利用化学电池内被分析溶液的组成及含量与其电化学性质的关系而建立起来的一类检测方法。电化学检测具有操作方便，仪器简单，易于自动化，分析速度快，选择性好，灵敏度高等优点。除此之外，电化学检测还可以与微加工技术兼容，可以获得多种功能的电化学微电极或其他微传感器，具有微型化和集成化的前景。因此，电化学检测是芯片实验室中最为重要的检测方法之一。根据分析中测定的电化学参数不同，电化学分析法可分为四类：电位分析法、电解分析法、电导分析法、伏安法。

（五） 质谱检测

质谱检测是通过对样品离子质量和强度进行定性、定量和结构分析的检测技术，它是直接测量物质微粒的检测技术。质谱检测具备高特异性、高灵敏度和普适性。而且质谱检测能够检测出样品组分中生物大分子的基本结构和定量信息，特别在蛋白质组学领域具有难以替代的作用。例如生物质谱分析是以质谱分析技术用于精确测量生物大分子，如蛋白质，核苷酸和糖类等的相对分子质量，并提供分子结构信息。对存在于生命复杂体系中的微量或痕量小分子生物活性物质进行定性或定量分析。由此可见，质谱检测器在芯片实验室的作用难以取代。

四、 芯片实验室的应用

（一） 芯片实验室在基因分析中的应用

快速、灵敏、特异性、定量和多组分基因分析对疾病诊断具有重大意义。芯片实验室技术完全有可能实现这一目的。微型化和集成化的芯片实验室中可以实现多组分、复杂、低含量和多步骤的生化检测。凝胶毛细管电泳在 1994 年被成功移植到芯片实验室中；芯片实验室毛细管电泳在 1995 年被成功应用于基因测序研究；PCR 反应器在 1996 年被成功被集成到芯片实验室中。这三项重大实验是芯片实验室在基因分析领域的最早应用。目前，芯片实验室仍在核酸的扩增、分离及测序等领域有着重要作用。

此外，研究人员还在芯片实验室中开展了基因表达、基因突变性、基因功能、寻找新基因、分析单核苷酸多态性等应用研究。这些应用研究在临床诊断、病原体鉴定、植物及农作物鉴定、环境生态、卫生检疫等方面都有极大的应用前景。

（二） 芯片实验室在氨基酸及蛋白质分析中的应用

基因是遗传信息的载体，而生命的执行者是蛋白质，它是基因表达的产物。人类基因组计划的完成为所有生物基因序列的测定和未来的生命科学研究奠定了坚实的基础。但是这还不能完全了解各种直接生命活动的分子基础，因此研究者必须研究生命活动的执行机构，也就是蛋白质。在过去的研究中，蛋白质研究仅限于人类生命活动的一个或多个蛋白质，或者是一个发育阶段或特定位置的蛋白质，对于蛋白质还比较缺乏整体的理解。因此，这种有局限性的研究很难对生命活动进行透彻的研究。鉴于此，对蛋白质进行大规模和系统的研究是很有必要的。

一般，蛋白质分析方法包括：从细胞中提取蛋白质；利用一维或二维凝胶电泳进行分离和检测；经带切割；胶内消解；对生成的肽类混合物进行质谱分析。这些传统分析方法具有诸多缺点，如速度慢和劳动强度大。因此发展快速的高通量、自动化的样品分析系统是极其必要的。在芯片实验室毛细管电泳分析系统中可以采用较高的场强，焦耳热效应小，在电动注射进样条件下，试样体积小。因此，凝胶电泳或毛细管电泳分离方法与芯片实验室相结合有着很好的研究前景。

（三） 芯片实验室在细胞分析中的应用

细胞是生物形态和生命活动的基本单位。研究细胞的本质就是研究生命，因此研究细胞具有十分重要的意义。过去的几十年里，细胞研究已经从细胞整体和亚细胞结构深入到分子结构。细胞研究不仅是从形态上（亚显微结构、超微结构和分子结构）研究细胞，还要从细胞功能上（化学组成和新陈代谢、信号传递等生命活动）进行研究。此外，还要阐明它们之间的关系和相互作用，进而发现生物有机体的生长、分化遗传、变异等基本生命活动的规律。

芯片实验室完全可以实现细胞研究：①芯片通道尺寸与典型哺乳类细胞直径相差无几，有助于单细胞操纵、分析；②芯片的多维网络结构形成了相对封闭的环境；这与生理状态下细胞的空间特征接近；③芯片通道微尺度下传热、传质较快，可以提供有利的细胞研究环境；④芯片可以满足高通量细胞分析的需要，可同时获取大量的生物学信息；⑤芯片上多种单元技术的灵活组合使集成化的细胞研究成为可能，诸如细胞进样、培养、分选、裂解和分离检测等过程可在一块芯片上完成。

由于近几年芯片上各种与细胞操纵相关的单元技术，如微泵、微阀、光镊、电泳等技术的发展和细胞培养、细胞分选、细胞裂解等与细胞研究直接相关的核心技术的掌握，芯片实验室已逐渐可以对细胞进行分析检测。

第四节 生物样品处理与芯片杂交

生物样品往往是非常复杂的生物分子和无机物的混合体，除少数特殊样品外，一般不能直接与芯片进行反应。要将样品进行特定的生物处理，获取其中的蛋白质或 DNA、RNA 等信息分子并加以标记，以提高检测的灵敏度和选择性。为促使生物分子在芯片进行响应，需要明晰芯片上生物分子之间的反应机制。通过选择合适的反应条件使生物分子反应处于最佳状况，能够有效减少生物分子之间的错配比率。在此基础上，对生物芯片信号进行检测和分析，从而获取最能反映生物本质的信息。目前最常用的芯片信号检测方法是将芯片置入芯片扫描仪中，通过采集各反应点的荧光强弱和荧光位置，经相关软件分析图像，即可获得有关生物信息，其流程如图 15-13 所示。

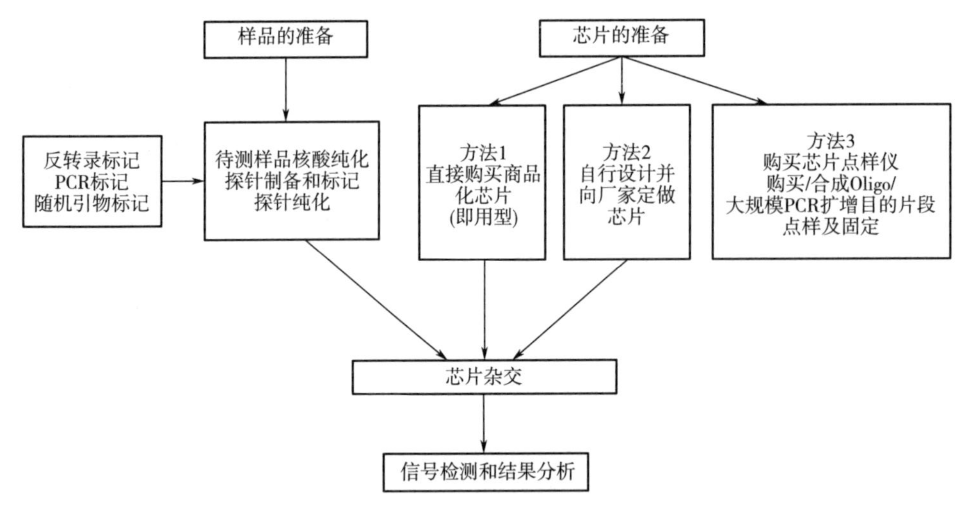

图 15-13 生物芯片总流程图

生物芯片技术之所以成为新技术，就是能够用相对简单快捷的方法完成以往极为复杂、耗时甚至不可能完成的工作。生物芯片技术能够提供极为丰富的信息，而使用芯片的流程却并不复杂。

一、样品的制备和处理

目前，由于灵敏度所限，多数方法需要在标记和分析前对样品进行适当程序的扩增。不过也有不少人试图绕过这一问题，如 Mosaic Technologies 公司引入的固相 PCR 方法，引物特异性强，无交叉污染并且省去了液相处理的烦琐；Lynx Therapeutics 公司引入的大规模并行固相克隆法（Massively Parallel Solid-Phase Cloning），可在一个样品中同时对数以万计的 DNA 片段进行克隆，且无须单独处理和分离每个克隆。高度集成的微型样品处理系统（如细胞分离芯片、基因扩增芯片等）是实现上述目标的有效手段和发展方向。为了获得基因的杂交信号必须对目的基因进行标记，目前采用的最普遍的荧光标记方法与传统方法（如体外转录、PCR、逆转录等）在原理上并无多大差异，只是采用的荧光素种类更多，这可以满足不同来源样品的平行分析。

生物样品往往是十分复杂的生物分子混合体，而我们所需的往往是其中极微量的一部分。如前所述，根据样品来源、基因含量、检测方法和分析目的不同，采用的核酸分离、扩增和标记方法各异。用于基因芯片分析的核酸样品主要有 cDNA、DNA、aDNA（Anti-sense RNA）。cDNA 主要是用于检测基因的表达情况。以 DNA 和 aDNA 为杂交靶样品主要用于基因分型（Gene typing）、单核苷酸多态性（SNP）分析和基因测序（Microsequencing）等。

（一） 单链化处理

杂交 DNA 经 PCR 扩增可得到双链 DNA 产物，杂交前双链结构需经变性处理。一般在较高温度环境（98℃或 100℃）中保温数分钟使双链解离。也可在室温下加入适量强碱（如 0.05mol/L NaOH）或酸性溶液反应数分钟使双链退火，但后续的中和、洗脱过程烦琐，并给杂交体系带入了新的干扰因素。更为重要的是在杂交过程中互补链仍会与探针竞争与靶链 DNA 的杂交，使反应体系中实际用于杂交的靶序列浓度降低，从而影响杂交效率。所以较理想的是只得到大量的单链产物。将 PCR 扩增产物由 T7RNA 聚合酶体外转录成 aRNA，可以为杂交提供足量的单链核酸，比单纯 PCR 产物用于杂交更具有优势。在转录过程中，实现的是单链的重复性线性扩增，易于量化控制。1 个 DNA 分子在转录体系中可得到 100 个有效的 aRNA 分子，完全可以满足用于杂交的核酸靶序列量要求。

（二） Genomic DNA 的分离纯化

对于 Genotyping、SNP 分析和 Genomic Chip 来说，要检测基因组或者染色体上的突变，就需要制备样品的基因组 DNA（而非 RNA）以进行检测。

现在可以根据不同的样品来源选择特定的试剂盒。QIAGEN 公司专利的样品纯化技术可方便快速地从多种样品中纯化高质量的 Genomic DNA，无须酚氯仿抽提和乙醇沉淀等步骤。试剂盒的使用简介如图 15-14 所示。

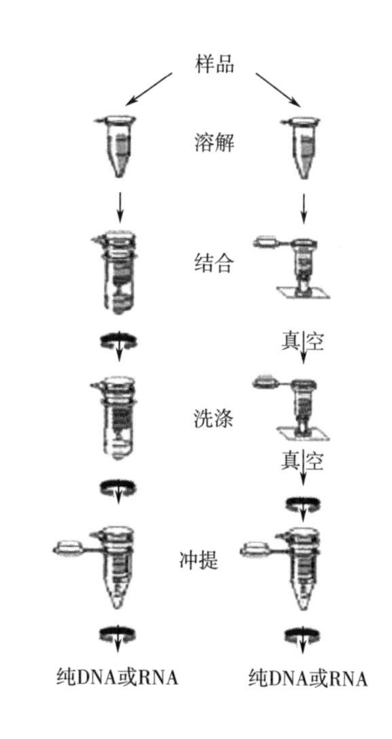

图 15-14　DNA 或 RNA 的分离纯化

（三） 靶序列长度的处理

cDNA 芯片常用于表达谱分析。由于芯片上固定了较长的核酸序列，所以对靶序列长度没有太高的要求。寡核苷酸芯片探针序列较短，一般为 2030 bp 左右；有的公司如 Operon 公司则开发了探针为 70 mer 的寡核苷酸芯片。在一些检测特异性较高的实验中，如杂交测序（SBE）、单核苷酸多态性（SNP）和点突变检测方面具有无比的优越性。由于空间位阻的存在，对靶核酸的长度也有要求：较长的DNA容易形成发卡状二级结构，杂交时形成空间位阻，导致探针与靶样品杂交效率降低。较长的aRNA同寡核苷酸芯片的杂交效果也不甚理想，同样会由于内部的碱基配对，阻碍杂交时异源双链体的形成。

采取适当的方法获取合适长度的寡核苷酸片段（20200 bp），可以避免长链二级结构产生的负面影响，提高杂交效率，增加特异性。用巢式PCR扩增引物，可特异性的扩增得到一定长度的核酸片段。Gennady等用3对特定引物扩增分别得到了176、85、32 bp的DNA片段，然后进行单链化处理。对含较长cDNA片段的样品可对其进行片段化处理。样品的片段化处理方法主要有化学试剂处理、酶法水解、超声波处理和热处理。

（四） 靶样品的标记方法

常用于标记的染料主要有同位素、生物素和荧光染料。不同染料各有利弊。

同位素标记灵敏度较高，所需仪器均为实验室常规使用设备，易于展开相关工作。但在信号检测时，一些杂交信号强，点阵容易产生光晕，干扰周围信号的分析；同位素具有放射性和毒性，危害操作人员健康并引发环境污染。对于阵列密度较小的芯片可以使用同位素标记。

以生物素标记样品通常要联合使用与其他大分子-抗生物素的结合（如结合化学发光底物酶等），再利用结合后的特殊性质获取杂交信号。生物素标记方便，无污染，比同位素标记稳定，有效使用期可达半年，价格也较低。但与底物酶结合化学发光的光强较弱，因而不适合高密度的基因芯片，常用于膜芯片。

荧光染料灵敏度较高，通过适当内参的设置及对荧光信号强度的标化，可以对信号进行定量分析，是目前芯片研究中使用最多的标记染料。使用荧光素标记的最显著优势是可选用多种发射波长不同的荧光素，满足不同来源样品的平行分析。多色荧光技术可以大大提高芯片检测的准确性和检测范围。选用多种荧光染料时应注意它们的发射波长应尽量远离，避免信号间的干扰。最常用的双色荧光组合试剂是Cy3：Cy5。

高密度芯片分析一般采用荧光素标记。但试剂价格昂贵，并且需要昂贵的检测系统如CCD传感器或荧光共聚焦扫描系统进行信号采集和数据分析。

也有研究者用生物素与抗生物素-荧光素结合法通过生物素与抗生物素的结合作用，使荧光携带物定位于芯片上发生杂交的位点，信号检测同上述荧光法。有人联合使用荧光素直接标记法，可得到多波长的荧光杂交信号图谱。标记方法有直接标记法和间接标记法。

（五） 用于多次反复杂交的可洗脱探针制备技术

Ambion公司推出了一种cDNA探针合成标记试剂盒（Strip-EZ RT Kit），该试剂盒专门为尼龙膜及其他预制杂交膜基质微阵列而设计。尼龙膜基质和其他塑料基质的优点之一，是在杂交检测后可以将膜上结合探针洗脱，因而膜可以得到重复使用，能够有效地降低单次使用成本。反之，常规膜再生操作需将膜放在SDS溶液中煮沸一定时间，因而会对膜和膜上的信号造成损耗，通常重复使用3次后已经得不到清晰的信号。

Strip-EZ RT试剂盒的工作原理，是在逆转录酶合成cDNA探针的同时，掺入经修饰过的脱氧核苷酸（这种修饰不会影响探针的杂交特性）和标记核苷酸，合成的探针与膜经过杂交、检测后将膜浸入专用降解溶液中并保持5min，修饰过的脱氧核苷酸降解，探针即被降解为寡核苷酸碎片，再将膜浸入再生缓冲液中，在68℃下温和地洗脱降解的寡核苷酸碎片，膜即可再生。Strip-EZ RT Kit制备的cDNA探针可以在非常温和的条件下（试剂由试剂盒提供）洗脱原有的杂交信号，减轻对膜的伤害，延长膜的使用寿命，降低膜的使用成本。数据表明经过

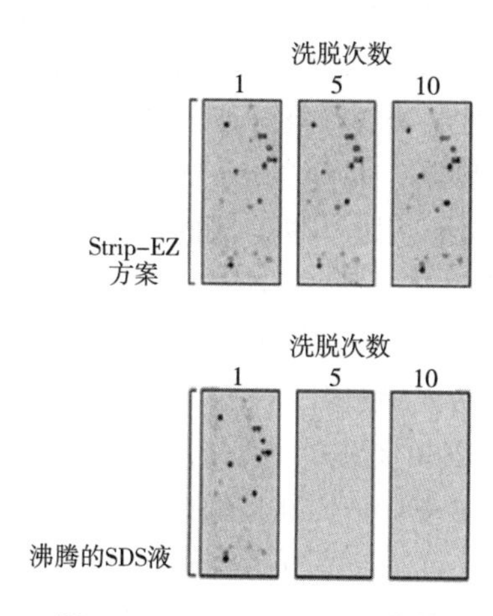

图 15-15　Strip-EZ RT 试剂

9~15 次反复洗脱后的膜，依然能得到清晰的杂交信号（如图 15-15，左边为 STRIP-EZ 标记探针，右边为普通探针，膜经过 1，3，5，10，15 轮反复杂交-洗脱-再杂交后检测信号），这个试剂盒可用于同位素标记和非放射性标记，需要 0.5~1μg 以上的 mRNA 或者 10μg 以上的 total RNA 作为起始材料，不过厂家推荐尽可能地使用纯化的 mRNA，因为使用 total RNA 会导致较高的非特异背景，影响检测。

以上各种方法都要求较大量的起始材料（通常要 1μg 以上的 mRNA），对于细胞数量不少于 1000 或者质量不少于 100μg 的样品，可以使用 Clontech 公司的 SMART PCR 技术。SMART 技术利用逆转录酶在逆转录反应过程中遇到 mRNA5′端帽子结构时会自动加若干个 dCTP 的特性，在反应体系中加入末端带若干个 G 的 SMART Oligonucleotide 与之形成匹配，使逆转录酶以 SMART 引物为模板继续延伸合成的 cDNA，从而使合成的 cDNA5′端带上 SMART 引物的对应序列，就可以直接用 PCR 进行扩增。因此只要少至 50ng 的 total RNA 就可以通过扩增得到足够的材料来合成探针。扩增后的 cDNA 加入基因特异性引物（如果没有，可以用随机引物，但会导致背景升高和灵敏度降低）、Klenow 酶、SMART Blocking Solution 和标记物合成 cDNA 探针。这个 SMART Blocking Solution 可以阻断前面的 SMART 引物，避免对后继的探针合成和杂交产生影响。通过优化 MART 技术，可以保证扩增后的 cDNA 基本保持原始 RNA 样品的复杂度和相对丰度，因而合成的探针也保持同样的代表性。

对于更少的样品，比如用 Laser Capture Nicrodissection 激光显微俘获系统，从组织切片上挑选的少量细胞或者手术切下的小组织块（例如活组织检查切片），则可以考虑以下方法：用带有 T7 序列的 Oligo（dT）和高灵敏度 QIAGEN Sensiscript RT Kit（适用于特别少量的 RNA 样品，如单细胞 RT-PCR）将样品 RNA 反转录为带 T7 序列的 cDNA，再用 Ambion 公司的 MEGAscript High Yield Transcription Kit 进行体外转录，大量扩增 mRNA 后再用不同的方法制备探针。Ambion 公司拥有大规模合成 RNA 的专利技术，可以在较短时间内合成大量 RNA，其产量为常规方法的 10~50 倍，最长可以合成常达 16 kb 的转录本，特别适合少量样品中低丰度的 RNA 扩增。

二、 生物芯片的制作

制作生物芯片需要考虑三个因素：固定在芯片上的生物分子样品、芯片片基结构特点和制作芯片的仪器。研究目的与对象不同，期望实现芯片类型与功能不同，则制备芯片方法也不尽相同。目前生物芯片的主要制作方法有接触点加法、分子印章 DNA 合成法、喷墨法和原位合成法等。

（一） 芯片的制作方法

1. 原位合成法

原位合成有两种主要途径，即原位光刻合成和压电打印法（Piezoelectric Printing）。

原位光刻合成 这是一项由美国 Affymetrix 公司率先开发的寡聚核苷酸原位光刻专利技术，是生产高密度寡核苷酸基因芯片的核心关键技术。该方法的主要优点是可以用很少的步骤合成极其大量的探针阵列。某一含 N 个核苷酸的寡聚核苷酸，通过 $4\times N$ 个化学步骤能合成出 $4\times N$ 个可能结构。例如合成想要 8 核苷酸探针，通过 32 个化学步骤，8h 可合成 65536 个探针。而如果用传统方法合成然后点样，那么工作量将十分巨大。同时，用该方法合成的探针阵列密度可高达 106 个/cm^2。这种方法技术原理建立在合成碱基单体的 5′羟基末端连上一个光敏保护基的操作上。首先使支持物羟基化，并用光敏保护基团将其保护起来。每次选取适当的蔽光膜（Mask）使需要聚合的部位透光，其他部位不透光。光通过蔽光膜照射到支持物上，受光部位的羟基脱保护而活化。因为合成所用的单体分子一端按传统固相合成方法活化，另一端受光敏保护基的保护，所以发生偶联的部位反应后仍旧带有光敏保护基团。因此，每次通过控制蔽光膜的图案（透光与不透光）决定哪些区域应被活化；同时，通过改变所用单体种类和反应次序，可以在待定位点合成大量预定序列寡聚体。使用多种蔽光膜能以更少的合成步骤生产出高密度阵列，在合成循环中探针数目呈指数增长。某一含 N 个核苷酸的寡聚核苷酸，通过 $4\times N$ 个化学步骤能合成出 $4\times N$ 个可能结构（图 15-16）。

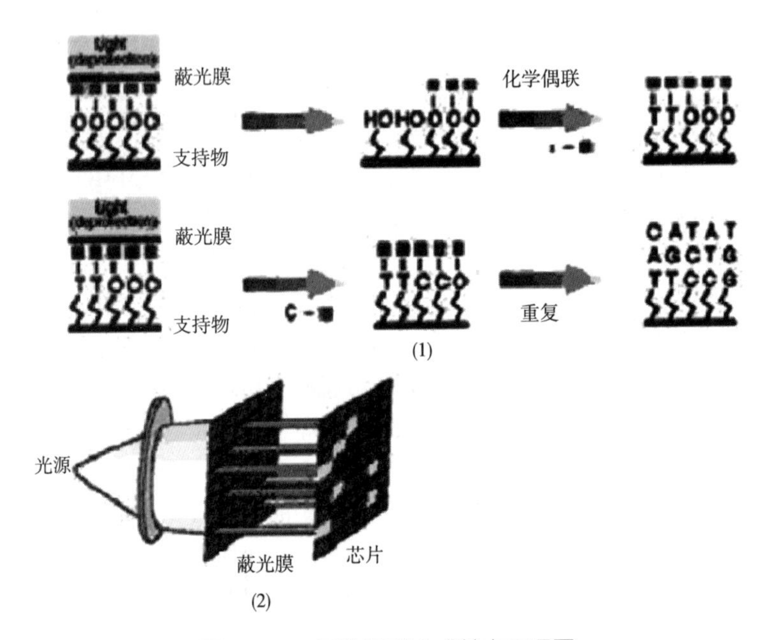

图 15-16　原位光刻合成基本原理图

压电打印法（Piezoelectric Printing）原理与普通彩色喷墨打印机相似，冲洗、去保护、偶联等步骤与一般固相合成技术相同。因为该技术采用的化学机制与传统的 DNA 固相合成一致，所以不需要定制特殊化学试剂。但与常见方法不同的是，装置具有多个芯片喷印头和墨盒，墨盒中装有四种碱基合成试剂。喷印头可在整个芯片上移动。支持物经过包被后，根据芯片上不同位点探针的序列需要，高效地将特定碱基喷印在芯片目标位置。每步产率可达到 99%以上，可以合成出长度为 40 到 50 个碱基的探针。

尽管如此，原位合成方法仍然比较复杂，除了在基因芯片研究方面享有盛誉的 Affymetrix 等公司使用该技术合成探针外，其他中小型公司大多使用合成点样法。

2. 点样法

点样法是将预先通过液相化学合成好的探针、PCR 技术扩增 cDNA 或基因组 DNA 经纯化、定量分析后，引入阵列复制器（Arraying and Replicating Device ARD）或阵列点样机（Arrayer），并由计算机控制机器人准确、快速地将不同探针样品定量点样于带正电荷的尼龙膜、硅片等片基材料的相应位置上（支持物应事先进行特定处理，例如包被以带正电荷的多聚赖酸或氨基硅烷），再由紫外线交联固定得到 DNA 微阵列或芯片。点样的方式分两种：其一为接触式点样，即点样针直接与固相支持物表面接触，将 DNA 样品留在固相支持物上；其二为非接触式点样（即喷点），以压电原理将 DNA 样品通过毛细管直接喷至固相支持物表面。打印法具有探针密度高的优点，通常 $1cm^2$ 可打印 2500 个探针，但是定量准确性及重现性不佳，打印针易堵塞且使用寿命有限。喷印法的优点是定量准确、重现性好、使用寿命长；缺点是喷印斑点面积大、探针密度低，通常 $1cm^2$ 面积只能实现 400 点左右。点样机器人具有一套计算机控制三维移动装置、多个打印/喷印头、一个减震底座，上面可放内盛探针的多孔板和多个芯片。根据需要，还可以增设温度和湿度控制装置、针洗涤装置。打印/喷印针将探针从多孔板取出直接打印或喷印于芯片上。点样仪性能评价指标主要包括点样精度、点样速度、一次点样芯片容量、样点均一性、样品是否有交叉污染及设备操作的灵活性、简便性等。

3. 分子印章原位合成法

分子印章技术与上述两种方法在合成原理上相同，区别仅在于该技术利用预先制作的印章将特定的合成试剂以印章印刷的方式分配到支持物的特定区域。后续反应步骤类似于压电打印原位合成技术。分子印章类似于传统印章，其表面依照阵列合成要求制作成凹凸不平的平面，依此将不同的核酸或多肽合成试剂按印到芯片片基特定位点进而进行合成反应。选择适当的合成顺序、设计凹凸位点不同的印章，即可在支持物上原位合成出位置和序列预定的寡核苷酸或寡肽阵列。从这一点上讲，分子印章原位合成技术与压电打印原位合成技术更为相似。除了可用于原位合成外，分子印章还可以通过点样方式制作微点阵芯片，目前已有分子印章技术用于制备蛋白微点阵芯片的报道。

以上三种原位合成技术所依据的固相合成原理相似，只是在合成前体试剂定位方面采取了不同的解决办法，并由此导致了许多细节上的差异。但三种方法合成时都必须确保不同聚合反应之间的精确定位，这一点对合成高密度寡核苷酸或多肽阵列尤为重要。同时，由于原位合成每步合成产率的局限，较长（＞50nt）的寡核苷酸或寡肽序列很难用这种方法合成。尽管如此，由于原位合成的短核酸探针阵列具有密度高、杂交速度快、效率高等优点，而且杂交效率受错配碱基的影响很明显，所以原位合成的 DNA 微点阵适合于进行突变检测、多态性分析、表达谱检测和杂交测序等需要大量探针和高的杂交严谨性的实验。

（二） 芯片片基的制作

用点样法制作芯片，除了专用的仪器外，还需要选择合适的固相支持物——芯片片基，也就是载体材料。芯片片基可选择经过相应处理的硅片、玻片、瓷片、聚丙烯膜、硝酸纤维素膜或尼龙膜等作为支持物。作原位合成的支持物在聚合反应前要先使其表面衍生出羟基或氨基（视所要固定的分子为核酸或寡肽而定）并与保护基建立共价连接；作点样用的支持物应使其表面带上正电荷以吸附带负电荷的探针分子，通常需包被氨基硅烷或多聚赖氨酸等材料。我们在下面介绍一些常见的相关产品。

膜：与玻片相比，膜的优点是与核酸亲和力强，杂交技术成熟，通常无须另外包被。由于尼龙膜与核酸的结合能力、韧性、强度都比较理想，以膜为基质的芯片绝大多数采用尼龙膜。

玻片：用于制作芯片的玻片必须特别清洁和平滑。玻片表面必须包被合适的功能基团，固定靶 DNA 片段并防止其在杂交洗涤过程中被冲洗掉。作为片基，经表面化学处理的玻片具有多种优点：DNA 样品以共价键的形式结合在玻片上；玻片能够耐高温和高离子强度溶液洗涤；材质内部孔洞少，能使杂交的容量保持最小，有助于提高探针与目标分子的退火效率；材料具有低荧光性，背景影响较小；两种不同探针能够标上不同荧光标记，在一片芯片上同一个反应中同时孵育（尼龙就受到连续或平行杂交的限制）。由上可知，以玻片为载体的芯片具有良好的发展应用前景。

（三） 点样样品

点样样品的制备是非常关键的一步。样品的纯度、杂交特异性直接决定自制芯片的质量和可信度。

Clontech 公司的 Atlas 中的 Glass Array 和 Plastic Array 具有 80 个碱基长寡核苷酸序列，对应 8300 个基因，均经过基因库筛选，以保证同源性最低且可以提供有效杂交信号。这种设计可以保证很高的分辨率、灵敏度，并能够通过基因公司定购特定寡核苷酸来制作专用芯片。满足约 1000 次芯片点样的 8327 个人类基因、5002 个小鼠基因或者将近 4000 个大鼠基因的寡核苷酸片断（冻干）放在 96 孔板中，连同 100 个 Type II 玻片和杂交盒，200mL 杂交液，能够全面满足中小型实验项目的需求。配套寡核苷酸序列数目齐全，质量可靠，能为自制芯片性能提供可靠保证，也避免了合成 8000 多基因过程的不确定性。

对于较大规模制作芯片的用户，由于点样样品数目太多，即使采用高通量试剂盒还是不够方便。作为进一步的解决方案，目前已经出现了分子生物学的标准工作站，即全自动核酸和蛋白纯化工作站。不同于单一样品大量纯化系统，上述工作站适用于多种芯片的少量制作。

（四） 芯片杂交

当两个不同来源的单链 DNA 分子（DNA 片段）的核苷酸序列互补时，在复性条件下可以通过碱基互补配对成为双链“杂种” DNA 分子（DNA 片段），此过程称为 DNA 杂交。如果其中一个单链 DNA 分子（DNA 片段）带有容易检测的标记物（DNA 探针），经杂交后就可以检测到另一个单链 DNA 分子（DNA 片段）。转化子的总 DNA，经过变性处理成为单链 DNA 分子（DNA 片段），用预先根据待检测的重组 DNA 分子制备的 DNA 探针与其杂交，进一步根据标记物检测杂交的 DNA 片段，出现阳性杂交的转化子就是预期的重组子。杂交的方法有 Southern 印迹杂交、斑点印迹杂交和菌落（或噬菌斑）原位杂交等。

Southem 印迹杂交先从转化子中提取总 DNA，经限制性内切核酸酶酶切及琼脂糖凝胶电泳分带，转移到用于杂交的膜上，变性处理后再用 DNA 探针与其杂交。斑点印迹杂交是将提取的转化子总 DNA 直接点样到用于杂交的膜上，变性处理后再用 DNA 探针与其杂交。菌落（或噬菌斑）原位杂交是直接把菌落或噬菌斑印迹转移到用于杂交的膜上，经溶菌和变性处理后使 DNA 暴露出来并与滤膜原位结合，再用 DNA 探针与其杂交。用 Southem 印迹杂交法不仅可以鉴定重组子中是否含有重组 DNA 分子，而且还可以知道待检测的 DNA 分子（DNA 片段）大小以及待检测的 DNA 片段在重组 DNA 分子中的位置，但是此方法操作比较麻烦。后两种方法操作比较简单，但是只能判断是否含有待检测重组 DNA 分子重组子。

DNA 杂交探针是指带有某种标记物的特异性核苷酸序列，能与该核苷酸序列互补的 DNA 进行退火杂交，并且可以根据标记物的性质进行有效的检测。早期较常用 ^{32}P 等放射性物标记

DNA 杂交探针，可用放射自显影检测，灵敏度高；但其具有高放射性，安全性低，^{32}P 标记的核苷酸半衰期短（14.3d），探针不能长期保存。目前已广泛使用生物素（biotin）、地高辛（digoxigenin）或荧光素（fluorescein）等非放射性物标记 DNA 杂交探针，它们可以根据各自的生物化学性质或光学特性进行检测，虽然灵敏度略低于放射性标记，但是具有很好的安全性和保存期。

不论 ONA（片上就位合成寡核苷酸点阵芯片）或 CDA（用微量点样技术制作 cDNA 点阵芯片）都是芯片检测的关键一步。在此步骤中发生靶标样品核酸与探针之间的选择性反应：反应双方中一方固定在芯片上，另一方在标记后通过流路或加样至芯片上。芯片杂交中固定侧通常是大量探针；与之杂交的是经过标记（同位素或荧光）的样品核酸，此靶标样品核酸往往需先经过 PCR 扩增、克隆或逆转录（mRNA），然后打碎成文库。同位素或荧光标记在扩增或逆转录过程中进行。标记的靶标与固定探针在经过试验确定的严谨条件下进行分子杂交。芯片杂交属于固-液相杂交，与膜上杂交相似。互补杂交要根据探针的类型、长度及研究目的优选杂交条件。如用于基因表达检测，杂交时需要高盐浓度、样品浓度高、低温和长时间（往往要求过夜），但严谨性要求则比较低，这有利于增加检测的特异性和低拷贝基因检测的灵敏度；若用于突变检测，要鉴别出单碱基错配，需要在短时间内（数小时）、低盐、高温条件下高严谨性杂交。多态性分析或者基因测序时，每个核苷酸或突变位都必须检测出来。通常设计一套四种寡聚核酸，在靶序列上跨越每个位点，只在中央位点碱基有所不同，根据每套探针在某一特点位点的杂交严谨程度，测定出该碱基的种类。

当杂交混合物中靶标浓度约 10 倍于互补分子时出现假一级反应动力学。此时杂交速率主要决定于探针浓度。探针浓度提高 1 倍，信号也增强 1 倍。假一级反应在结果定量中非常有利于减轻制作点阵芯片中各单元点因靶标浓度不准确所导致的微小差异。这一点对于平行分析尤其重要。

当靶标浓度等于或低于探针浓度时则出现二级反应动力学。此时固定的 DNA（靶标）浓度的微小差异将对杂交速率和信号绝对值产生较大影响。目前合成技术能制造出高浓度的靶标芯片，可以在较宽的样品浓度中呈现出假一级动力学。在大部分已发表的 ONA 和 CDA 分析的论文中，涉及的芯片都含有过剩的固定化靶标 DNA（与探针而言）。

一价阳离子如 Na^+的存在可以提高异源杂交双链生成的速度，其原理是 Na^+可掩蔽带负电磷酸根骨架，后者可影响靶标与探针分子间碱基配对的互相作用。通常在 ONA 和 CDA 芯片杂交时应用的 Na^+浓度为 1mol/L。肽核酸探针杂交几乎不受盐浓度的影响。如果杂交温度显著低于异源杂交物熔点，温度对杂交速率有正效应。一般来说，ONA 和 CDA 试验中杂交温度分别为 25~42℃及 55~70℃。最佳的盐浓度和杂交温度需通过试验来判定。

序列组成是最难控制的参数之一，且对 ONA 的影响要大于 CDA。考虑到 G：C 间形成三个氢键，而 A：T 间形成两个氢键，所以富 GC 区杂交双链的稳定性较好。当这些稳定区长度达到约 50 个碱基时可以产生“成核”区，异源双链由此延伸。考虑到在 1 次芯片杂交中将会形成大量异源杂交物，因此有必要选择出一个最协调的杂交条件，使信噪比对尽可能多的异源双链为最佳。这一条件可引入适当的阳性和阴性对照序列加至芯片，也可以在一些阳性对照中用添加法试验出来。

ONA 的杂交物理化学显然与 CDA 不同。ONA 杂交受 GC 含量影响明显大于较长的 DNA 序列。为了减少这一影响，可以在杂交混合液中加入特定试剂如四甲基氯化铵（TMAC），平衡

AT 及 GC 杂交结合能。而在 0.5~2.0kb 的 CDA 序列中碱基比例的影响要小得多，所以不必用 TMAC。这一因素在用 ONA 芯片的再测序和诊断中需要研究。

杂交后的芯片要经过严格规范的洗涤，除去未杂交的残留物。这一步骤也需要包括在杂交流路中。已经商品化的杂交室有 Affymetrix 公司的 Genechip Fluiditics、Telchem 公司的 Arrayl TTM、Hybn-dization Cassette 和 Nanogen 公司的芯片卡套等。

总的来说，杂交特异性和交叉杂交是重要而复杂的，不论在 ONA 或 CDA 芯片的应用中都要认真考虑。ONA 及 CDA 两种类型的 DNA 芯片的典型制作方法及操作流程见图 15-17 及图 15-18。典型的 CDA 操作程序包括：取得目的基因模板，用 PCR 扩增；经纯化和质控后取5rtl，使用机械手将其印点于涂层载玻片上；测试和参比样品所得的总 RNA 分别用 Cy-3 及 Cy-5-duTP 于反转录时引入标记，荧光标记靶标混合后与芯片上克隆阵列杂交。芯片上杂交固定的荧光靶标用激光光源激发，发射出特定波长荧光；使用激光共聚焦显微镜扫描荧光，获得单色图像并输入软件；测得各点上靶标的信息如基因名称、克隆鉴定、强度和比例、归一化参数和可信限等；1 次杂交试验的数据用归一化（Cy3：Cy5）表示，比例为 1 表示测试与参比样品基因表达水平无变化，比例＞1 表示增高，比例＜1 表示降低；用数据储存方法比较多次观察结果。

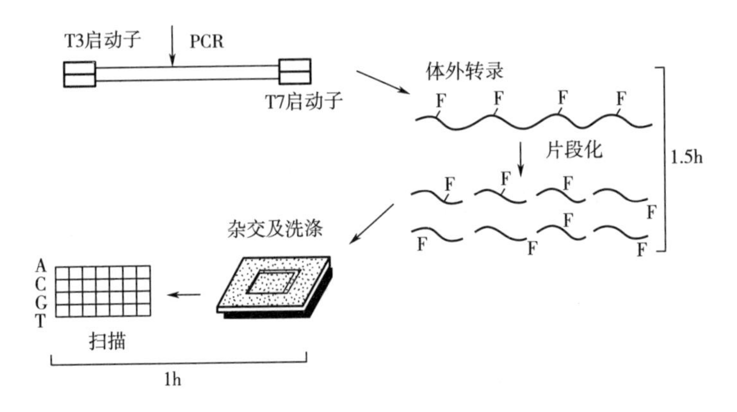

(1)样品制备与寡核苷酸阵列杂交

(2)光导向合成寡核苷酸

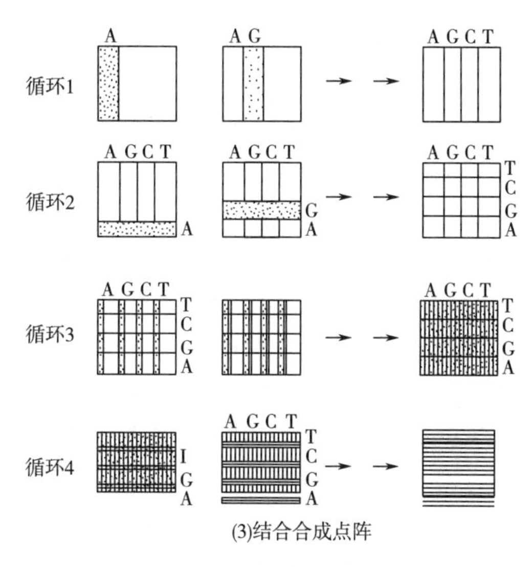

图 15-17　ONA 芯片的合成和杂交

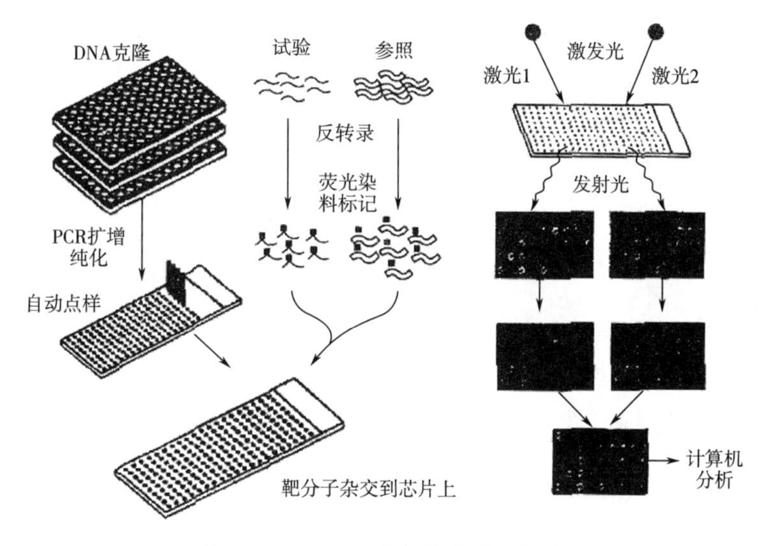

图 15-18　CDA 芯片的合成和杂交

第五节　杂交信号检测和结果运算

一、　杂交信号检测

当生物芯片和样品探针杂交完毕后，就需要对杂交结果进行图像采集和分析。一般膜芯片的杂交都用同位素 ^{32}P、^{33}P 作标记，信号检测需通过传统的磷光成像系统来完成；而对于用荧光标记的玻璃芯片杂交后的检测，则需要用专门的荧光芯片扫描仪。

（一） 磷感屏成像系统

膜芯片的杂交DE信号检测需通过的磷光成像系统来完成。磷屏成像系统（Cyclone Storage Phosphor System）为美国Packard公司生产的第一台集高分辨率、高灵敏度和5个数量级线性范围于一身的计算机控制数字化自动放射成像分析系统，由于其使用方便、快捷、自动化程度、分辨率、图像清晰度均很高，可实现定位和定量测量，目前已广泛应用于核医药学、细胞与分子生物学、生物化学、药理学、基因工程学、药物代谢动力学、放射免疫及受体免疫等多方面实验研究，成为十分方便的有力工具。其优异品质主要得益于Packard专利的激光技术和共聚焦成像系统。应用范围为DNA芯片研究、手工测序、放射性原位杂交等同位素结果检测。使用Cyclon磷屏可以有效缩短研究周期，获得清晰的分辨率。

工作原理：同位素标记的杂交结果在磷屏上曝光，曝光过程中^{32}P等核素核衰变同时发射β射线，首先激发磷屏上分子，使磷屏吸收能量，分子发生氧化反应，以高能氧化态形式储存在磷屏分子中。激光扫描磷屏，诱导激发态高能氧化态磷屏分子发生还原反应，即从激发态回到基态时多余能量以光子形式释放，从而在PMT捕获进行光电转换，磷屏分子回到还原态。计算机接受电信号，经处理形成屏幕图像，并进一步分析和定量。一般化学发光物质如荧光染料标记样品成像过程与放射性类似。

系统特点：具有放射性自显影成像系统，根据不同样品厚度、射线能量有多种型号储存式磷屏可供选择，磷屏可以多次重复使用；灵敏度较X光片高数十倍，可以检测微弱信号，曝光时间可以缩短20倍以上；快速成像，从对磷屏进行扫描到获得完整的的数字化图像，总共需要不到10min的时间，能够实时图像显示并快速报告分析结果；可对放射性位置和强度进行相关的定位、定量分析，具有大于105分贝的线性范围，定量准确；不需胶片、暗室设备、冲洗底片，可以一步到位完成分析过程；能够选配Ouant ArrayTM软件，用于尼龙膜上同位素标计基因组定量分析。

（二） 荧光检测的原理

荧光标记和检测是利用荧光标记的DNA碱基在不同的波长下吸收和发射光。在微阵列分析中，多色荧光标记可以在一个分析中同时对二个或多个生物样品进行多重分析，多重分析能有效增加基因表达和突变检测结果的准确性，排除芯片与芯片间的人为因素。引入荧光使一些先进的数据获得技术成为可能（如共聚焦扫描CCD照相技术）；同时，用于芯片制备的无孔基质表面有助于减少反应体积（5~200μL，明显小于5~50mL的传统分析需求），减少试剂消耗，增加微阵列分析中核酸反应物浓度（0.1~1μmol/L，而传统分析浓度约为0.1~4pmol/L）；浓度增加进一步加快杂交速度，从而减少获得强荧光信号的时间，并可用盖玻片封闭杂交槽进行杂交反应。

对于以核酸杂交为原理的检测技术，首先用生物素标记经扩增（也可使用其他放大技术）的靶序列或样品，然后再与芯片上的大量探针进行杂交。用链霉亲和素（Streptavidin）偶联的荧光素（其他常用荧光素还有Lassamine和Phycoerythrin）作为显色物质，使用荧光显微镜、激光共聚焦显微镜或其他荧光显微装置对片基扫描，由计算机收集荧光信号，并对每个点的荧光强度数字化后进行分析。由于完全正常的Watson-Crick配对双链比具有错配（Mismatch）碱基的双链分子具有更高的热力学稳定性，所以前者荧光强度要比后者大5%~35%。从这一点来说，该检测方法具有一定特异性，且荧光信号的强度与样品中靶分子含量呈一定线性关系。

（三） 荧光探针

目前用荧光探针作为检测信号的仪器，主要是考虑荧光标记所要检测的DNA的效率，以及荧光探针本身的发光效率和光谱特性。

1. PCR过程中的DNA标记

（1）末端标记　在引物上标记有荧光探针，在DNA扩增过程时，使新形成的DNA链末端带有荧光探针。

（2）随机插入　选择四种碱基，使其中一种或几种挂有荧光探针，在PCR过程中，带有荧光探针的碱基和不带荧光探针的碱基同时参与DNA链的形成。由于带有荧光探针的碱基可能影响PCR的产物，因此需要调整荧光标记的碱基与未标记的碱基比率，以使得PCR产量和带有荧光探针的碱基在DNA的插入率达到一个平衡的水平，使杂交信号最强。

2. RNA转录过程的荧光探针标记

某一种碱基标记有荧光，但要求该种碱基标记与非标记按一定比率混合，以达到最佳转录效果。

3. 荧光探针的选择

主要考虑以下几个因素：①荧光探针的激发和发射频谱；②荧光探针的发光效率；③荧光探针对PCR或逆转录效率的影响；④不同荧光探针的发射光谱是否有重叠。

常用的荧光探针：FITC，CY-3，ALEAX488，CY-5，ALEAX564。

（四） 聚焦扫描和CCD扫描仪

一旦荧光标记样品和微阵列反应后，未结合的成分就可洗去，结合到芯片的样品可通过荧光检测装置进行检测。聚焦扫描仪和CCD传感器均已成功地应用于芯片的检测。聚焦扫描仪关注于玻璃基质小区域（约100μm^2），利用透镜使整个影像聚集，每个位点上带荧光样品的发射光通过一系列光路与无用光分离，然后由光电倍增管、半导体雪崩光电二极管等光电器件转换为电信号。这种方法数据获取通常可以在数分钟内完成，远优于需要耗时数天的传统放射自显影方法。快速的荧光检测技术是芯片检测技术的一次革命。CCD传感器利用许多与聚焦扫描仪相同的原理聚焦荧光影像。

（五） 激光共聚焦扫描技术

所有微阵列上的荧光须经荧光扫描装置分析荧光强度和分布。在这些装置中，激光共聚焦扫描仪具有优越的性能，能获取高质量的图像和数据。

微阵列由分子整齐排列于固相表面，这些分子与荧光分子结合，测定荧光分子的荧光强度后可推知结合分子的浓度。典型固相部分是经过表面化学处理的玻片（如22mm×75mm规格载玻片）。在微阵列上包被的分子常能与多种荧光探针通过化学键相互作用而连接，且通常情况下能连接两种荧光分子；在检测不同样品的基因表达区别时，可将其中一样品（如正常组织）标记上发绿光的荧光分子，将另一种样品如肿瘤组织或发病组织标记上另一种发红光的荧光分子，用两种波长的激光激发微阵列上的样品，通过比较两种荧光在微阵列上特定点比例，从而得知某类基因在两种组织中的差异。

微阵列存在由样品组成的点阵，除点之外部分则是背景。如果玻片未经过表面化学处理，样品在玻片上结合不牢固，且容易扩散，造成背景高。若玻片经过表面化学处理后，点样的样品在微阵列上结合牢固，点直径小，不扩散，从而点密度增加，在进行荧光数据分析时，仪器将点上荧光强度与背景强度相比较。如果背景中含有与荧光波段相一致的物质，则背景强度增高，样品的荧光信号将减弱，干扰样品信号的读取。

点阵上的点直径范围通常为25~500μm，目前能达到的直径为（100±50）μm；点直径的变化对扫描结果的读取产生影响，如果点的直径大，荧光分子扩散的范围也大，则观察到的荧光强度相对较弱；因此目前正在进行多种缩小和控制点直径的工作。

如果玻片上存在灰尘、衣物纤维、皮屑、指纹等，扫描结果将可能受到明显影响。微阵列上的点干燥后形成很薄的层，使得激光共聚焦扫描成为可能。精确调整扫描仪焦距，可避免检测出不需要的背景杂质；微阵列上的灰尘、玻璃中自带荧光杂质等因素产生的干扰信号均可通过激光共聚焦的方式将其减少到最低程度。由于杂交因素影响，在微阵列上点与点之间的荧光强度差别很大，因此要求微阵列扫描仪具有较宽范围的灵敏度，通常来说，灵敏度调整为10000：1。

当荧光化合物或染料受到激光激发后将释放出荧光，在某一波长下有最高释放峰。各种荧光化合物有各自特定的激发吸收值。如图15-19是FITC的波长对荧光激发强度曲线。从曲线图可见，在494nm波长下，有一激发高峰，在518nm下有一释放高峰，释放与激发高峰波长相差24nm，这一现象在微阵列使用的染料中较普遍。两高峰波长的差值在专业上称为Strokes shift。激发曲线的绘制过程为：调整激发光（该激发光为单色光）的波长，在不同波长下测定荧光释放强度。通过分析某种荧光染料的激发曲线和释放曲线，可以确定适合该染料的复合扫描激发波长，并保证激发效率至少达到50%~70%的水平。激发波长要避免过度接近释放高峰波长，否则荧光信号易受到干扰。因此应在峰值的左边选择激发波长。如对FITC来说，建议的激发波长在470~495nm。荧光释放强度在某一范围内，与激发光的强度成正比；当荧光释放达到最高峰后，增加激发光强度并不能提高释放强度，因为荧光释放已经达到饱和或光子将染料破坏淬灭。微阵列上各点的荧光分子受到激发后，从各个方向释放荧光光子，散射成球状，所以扫描仪须将这些散射的光子采集到，因此几何球状特征是设计扫描设备的主要根据之一。

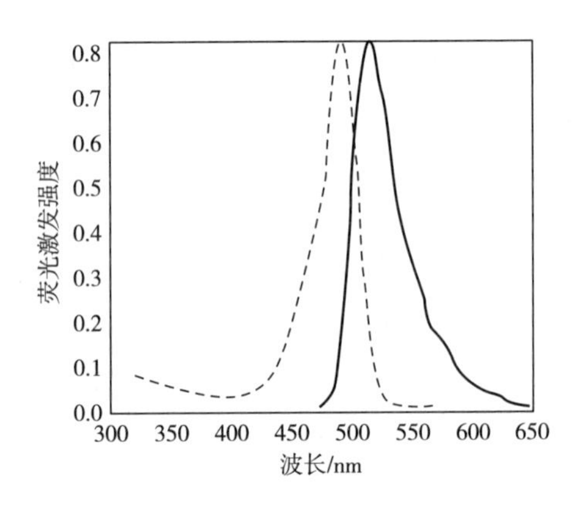

图15-19 FITC的波长对荧光激发强度曲线

二、结果运算

生物芯片的应用过程产生了大量的关系复杂的数据，处理和分析这些数据并从中挖掘出有意义的生物信息已成为限制该技术进一步发展的主要“瓶颈”，寻求有效的数据处理方法成为当前的重点研究对象之一。

（一）原始数据的获取及处理

1. 原始数据的获取

用图像扫描仪捕获芯片上的荧光或同位素信号，由此获得的图像就是基因芯片的原始数据。此后还需用图像分析软件从中提取各点的吸光度值、面积和吸光度比值等数据并转化成基因表达矩阵，才能进行进一步的统计学和生物学分析。

2. 原始数据的处理

当前已开发出许多相关图像处理分析软件。它们能自动定位并识别芯片上每个杂交点，通过背景调整或分割技术除去图像上各种形式的噪声，再进一步定量各点的信号强度比率，最后决定相应基因的表达变化情况。

（1）背景处理　图像上各点的吸光度值包含了样品和背景信号，在提取数据前必须将背景扣除。一般解决办法是以芯片图像中每个方格内除杂交点以外各像素的吸光度平均值作为背景，将各点的强度减去这个背景值。然而这种方法并不准确，且会使1%~5%的点产生无意义的负值。Brown 等提出利用整个芯片杂交点外的平均吸光度值作为背景的 Best-fit 方法，较好地解决了这个问题，并有效地提高了处理数据的质量。

（2）杂交点质量　由于点样或膜变形等原因，目前较多的软件对杂交点的识别定位仍需要人为干预和调整。以玻璃等硬质材料为片基的芯片，其杂交点边缘一般比较清晰易于界定；然而，膜阵列芯片杂交点边缘通常比较模糊不易识别，且难以确定背景，易造成误差。为此，Jain 等开发出一个完全自动化的图像处理软件，斑点划格、定位及吸光度比值计算等步骤均不需要人工干预，并且获得的数据较可靠。

（3）数据的标准化　其目的是避免基因芯片实验中因系统差异（Systematic Variation）造成芯片间数据比较困难。大部分标准化的方法采用调整标准化系数使平均比值（Ratio）为 1 或平均 Ratio 对数值为 0。目前常用“看家基因（House-Keeping Gene）”法，它预先选择一组表达水平不变的看家基因，计算出这组基因平均 Ratio 值为 1 时的标准化系数，然后将其应用于全部的数据以达到标准化的目的。此外，整体平均值法（Global Mean Normalization）和密度依赖（Intensity Dependent）标准化法也很常用。

（二）　标准化数据的统计学分析

原始数据标准化并转化成基因表达矩阵后，通过统计学分析，可从中揭示出一些重要的生物学信息。目前大致有两类分析方法即差异分析和聚类分析。

1. 差异分析

主要目的在于筛选出不同条件下表达明显差异的基因。当比较两个不同生物样本时，可根据 Ratio 值来筛选。然而由于不同实验数据变化差别很大，因此根据实验条件不同来调整域值更为合理。在分析两种生物条件下多个重复样本的数据时，可通过 t 检验来筛选差异基因。最近 Jin 等用无参数的 Mann-Whitney 方法鉴别差异表达基因，观察了卡托普利（Captopril）对心肌梗死大鼠心肌组织基因表达水平的影响，结果用定量 PCR 验证，发现基本没有假阳性，在比较多种生物条件下的芯片数据时，可用 F 检验筛选特异表达的基因。有时需要鉴别基因的某一特定行为，则可采用假表达谱（Pseudo Profile）的方法。此外，聚类中的监督分析方法同样也适于这种情况下的候选基因鉴别。

2. 聚类（Clusting）分析

根据统计分析原理，将具有相同统计行为的基因进行归类，从而发现生物学行为相似或相关的一组基因，常采用监督（Supervised）分析和非监督（Unsupervised）分析策略。监督分析根据已知的参考向量（Vector）对基因进行分类，通过建立分类标准，将未知基因“安排”进已知基因的分类中，以此来预测新基因的功能。非监督分析没有已知参考向量，只是将相同表达行为的基因或样品归为一类，在此基础上寻找相关基因，分析基因的功能。它们均可实现大量表达数据的简化。

第六节　食品微生物自动化仪器检测

微生物检测日益展现出快速、准确、简便、智能化的趋势。近半个世纪来，微生物快速检测技术取得了突飞猛进的进展：20 世纪 60、70 年代，微生物学家对微生物检验技术进行了创新，研制成了快速食品微生物检测试剂盒；在 1990 年前后，随着电子技术、信息技术蓬勃发展，微生物检测领域取得了关键性技术进步，基本实现了自动化快速检测；21 世纪以来，伴随微电子学、计算机技术、滤光技术、生物传感器等领域的突破，微生物快速检测技术得到了突飞猛进的发展；很多生物制品公司利用传统微生物检测原理，结合先进技术，设计了形式各异的微生物检测仪器设备，越来越广泛地应用于食品领域。

一、　梅里埃 New ATB 细菌鉴定智能系统

这种系统用于细菌的快速鉴定：细菌的鉴定是细菌分类的实验过程，即将未知细菌按分类原则放入某系统中的适当位置与已知细菌比较，如果相同就采用已知细菌的名称；不同则按命名原则，确定一个新的名称。

在过去长达百余年的历史里，微生物学实验室一直沿用革兰（Gram）、马斯德（Pasteur）、郭霍（Koch）及皮特里（Petri）等创造的传统微生物学鉴定方法。这些传统的鉴定方法不仅过程烦琐、费时费力，且在结果判定、解释等方面易发生主观错误，难以进行质量控制。

20 世纪 70 年代初诞生的微生物数码分类鉴定法集数学、电子、信息和自动分析等技术于一体，可将已知菌从科鉴定到属、群、种和亚种或生物型，并可对不同来源的标本进行针对性的鉴定，该方法具有标准化、商品化、简易化、微量化和系统化等特点。在 2000 年前后，基于这种工作原理的 ATB Expression 自动化测试系统曾获得了广泛应用；在此基础上，法国梅里埃公司更进一步改进了原有系统，推出了 New ATB 细菌鉴定智能系统。

（一）　系统原理

系统集微生物数值编码鉴定技术、微生物快速生化反应技术、反应结果自动检测查询技术于一个完整体系内，现分别进行阐述。

1. 微生物数值编码鉴定技术

细菌编码鉴定法根据 Bascomb（1978）、Lapage（1973）与 Willcox（1973）等人的理论编制而成，新编码鉴定法采用 21 项生化指标，每 3 项一组，计有 7 个组。每组具有 3 项生化试验，凡阳性结果者其数值分别记为 1、2、4，反应阴性者记为 0。在获得数值中间结果之后，分别将各组数值相加，依次组成一组 7 位数值编码，即代表所鉴定菌株的相应菌名。通过查询《革兰氏阴性杆菌新编码鉴定手册》的检索表，可以得知这 7 位数码相对应的菌名。如一株拟态弧菌的编码为 7206520，查《手册》检索表相对应的菌名为梅氏弧菌（Vibrio Metschnikovii），见表 15-1。

表 15-1　　一株拟态弧菌的编码鉴定计数及菌名检索

编码及指代含义		反应结果	反应数值	组合编码
第 1 位数	ONPG	1 +	1	7
	精氨酸	2 +	2	
	赖氨酸	4 +	4	
第 2 位数	鸟氨酸	1 -	0	2
	柠檬酸	2 +	2	
	硫化氢	4 -	0	
第 3 位数	尿酶	1 +	0	0
	IPA	2 +	0	
	吲哚	4 -	0	
第 4 位数	V-P	1 +	0	6
	明胶	2 -	2	
	葡萄糖	4 +	4	
第 5 位数	甘糖醇	1 +	1	5
	肌醇	2 -	0	
	山梨醇	4 +	4	
第 6 位数	鼠李糖	1 -	0	2
	蔗糖	2 +	2	
	蜜二糖	4 -	0	
第 7 位数	苦杏仁苷	1 -	0	0
	阿拉伯糖	2 -	0	
	氧化酶	4 -	0	
鉴定结果：			梅式弧菌	

注：“+”代表阳性，“-”代表阴性。

2. 微生物快速生化反应技术

通过实验总结不同细菌与不同物质反应规律，设计独特的培养基通过与未知细菌反应，根据反应结果鉴定出细菌。该技术采用生化反应试剂板条，细菌的生化反应板条排列结构如图 15-20 所示。

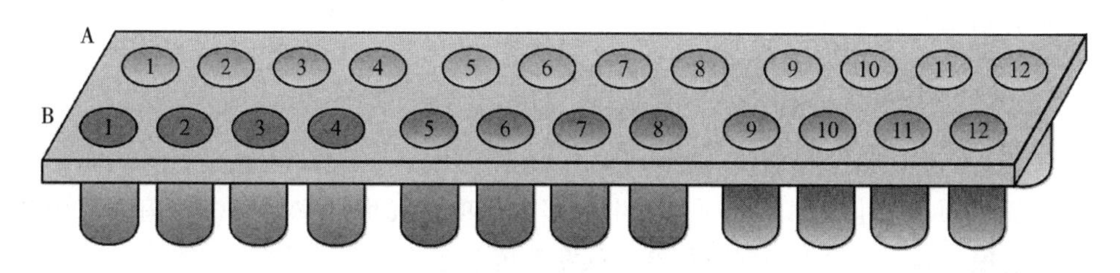

图 15-20　细菌生化反应试剂板条排列结构图

其中：A1～A12，B1～B12 共有 24 种反应来鉴定细菌（A1 即指第 A 行第 1 列孔，其他类推）。根据细菌生理学特点，利用生物化学方法鉴定细菌的类别，主要采用的试验包括：糖（醇）发酵试验、V-P 试验、甲基红试验、七叶苷水解试验、石蕊牛乳试验、靛基质（吲哚）试验、硫化氢试验、明胶液化试验等。

3. 反应结果自动检测查询技术

自动读数仪如图 15-21 所示，主要包括光学成像物镜、光电成像器件（如 CCD 传感器阵列）、视频信号处理电路、A/D 转换电路和微处理器（下位机）等组成部分；光学成像物镜放置在步进电机驱动的二维平面云台上，步进电机由微处理器通过接口电路控制。在典型工作过程中，细菌反应试剂板被光源均匀照明后，经物镜成像在 CCD 传感器阵列上，CCD 信号由视频信号处理电路进行扫描切换和滤波放大后，经 A/D 电路数字化，传送至微处理器暂存；随后控制步进电机，带动 CCD 传感器阵列移动到下一个采样位置并重复采样过程，直到获得整个试剂板的图像数据；最后，CCD 传感器阵列回到初始位置，微处理器暂存数据则通过 RS-232 或 USB 接口传送到计算机（上位机），并通过高效算法确定每一个反应孔的数据结果。考虑到细菌分类入库，不同的细菌对应不同的生化反应产生有差异的结果；因此通过对照未知细菌与各种生化反应结果，能够得到相应的鉴定百分率，从而确定最终结果。

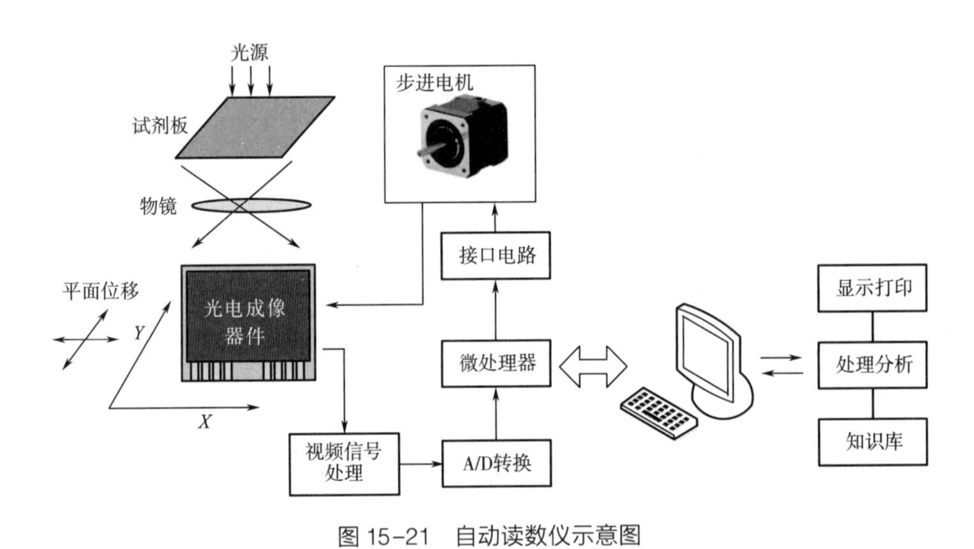

图 15-21　自动读数仪示意图

4. 鉴定方法

系统软件通过计算和比较数据库内每个细菌对 24 个生化反应出现的频率的总和来确定所需鉴定细菌。

（1）假设数据库各细菌对 24 个生化反应的阳性百分率记为 P。

（2）计算未知细菌对 24 个生化反应的出现频率：

$$阳性反应=P/100$$

$$阴性反应=1-(P/100)$$

（3）计算单项总发生频率和多项总发生频率：单项总发生频率即每个细菌条目中各种生化反应频率之积，多项总发生频率即各单项总发生频率之总和。

（4）计算全体鉴定百分率（*ID*%）= 单项总发生频率/多项总发生频率×100%。

（5）按上述计算结果大小排序，通过 *ID%* 值以及其他参考值最终确定未知细菌。

New ATB 细菌鉴定系统见图 15-22。

图 15-22　New ATB 细菌鉴定系统

（二）系统鉴定的特点

New ATB 系统的鉴定数据库源于经典的 API 细菌鉴定标准方法，并将 20 项生化反应增加到 24~32 项，这样系统的鉴定范围更广，鉴定准确性更高。系统的鉴定数据库主要涵盖肠杆菌科细菌、非发酵革兰氏阴性杆菌、葡萄球菌和微球菌、链球菌和肠球菌、酵母样真菌和厌氧菌等；另外，可以通过人工阅读判定的方法鉴定棒状杆菌、弯曲杆菌、革兰氏阳性芽孢杆菌及乳酸杆菌等，鉴定菌种数量在 600 以上。具体技术指标见表 15-2。

表 15-2　ATB 细菌鉴定系统的技术指标

鉴定细菌科别	鉴定时间/h	符合率	鉴定细菌科别	鉴定时间/h	符合率
肠杆菌科	16~18	98.5%	葡萄球菌属	18~24	98.5%
非发酵菌	18~24	96%	链球菌科	18~24	96%
弧菌科	18~24	95.5%	奈瑟氏菌属	18~24	97%
微球菌属	18~24	96%			

这种系统鉴定过程速度快、准确率高。部分肠杆菌科细菌、链球菌、肠球菌和厌氧菌有可能在数小时内实现鉴定，厌氧菌鉴定可以在脱离厌氧环境的工作条件下完成；同时可以实现微生物鉴定过程的微量化、标准化、简易化和系统化，成本较低，如果只鉴定常见肠道菌，每次鉴定所需成本不足 20 元人民币。同时，这种系统也提供了一系列的智能化辅助功能。读数器可自动阅读细菌鉴定试剂条反应结果，对自动阅读和人工阅读的结果进行解释和存储，对存储结果可进行多种形式的统计分析。

二、流式细胞仪

流式细胞仪（Flow Cytometer）是对一种对细胞（包括细菌等微生物）进行自动分析分选的系统，以流式细胞术（Flow Cytometry，FCM）为理论基础发展而来。流式细胞仪集光学、电学、流体力学、细胞化学、生物学、免疫学和信息科学等交叉学科理论技术于一体，同时具有分析和分选细胞功能：不仅可测量细胞大小、内部微观颗粒性状，还可检测细胞内外抗原信息和胞内 DNA、RNA 含量；可在短时间内检测分析大量细胞，也可对样品在单细胞水平进行分析，并分类收集（分选）某一亚群细胞。因此，流式细胞仪在血液学、免疫学、肿瘤学、药物学、分子生物学和食品化学等多学科得到了广泛应用。

（一） 测量原理

使用特异性荧光染料将待测细胞进行染色，染色后的细胞放入样品管中，并由载气驱动注入充满鞘液的流动室。由于存在鞘液约束，因此待测细胞排成单列由流动室的喷嘴喷出，形成细胞柱。流式细胞仪通常以激光为光源并对其进行聚焦整形，形成激励光垂直照射在样品流上；这样，荧光染色后的待测细胞受光照激励，产生散射光和激发荧光。流式细胞仪可以实现多参数测量，其有效信息即主要来自上述特异性荧光信号及非荧光散射信号，这两种信号可以同时被对应方向的光电倍增管或半导体光电雪崩二极管接收，如图 15-23 所示。

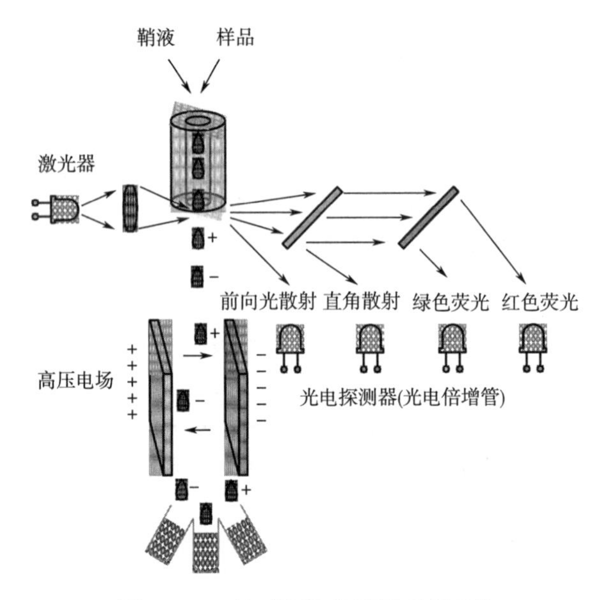

图 15-23　流式细胞仪检测原理示意

光散射信号可以在前向小角度（又称前向角散射）和侧向进行检测。散射光强度及其空间分布信息与细胞的大小、形态、质膜和细胞内部结构等特征密切相关。前向小角度测量能够反映细胞体积的大小等信息。通常来说，前向小角度散射光强度与细胞大小有关，对于同种细胞群体来说，呈现正相关特点，对球形活细胞在一定范围内可更进一步呈现线性关系；但对于形状复杂具有取向性的细胞，特征光强可能呈现一定的不确定性。侧向散射光与细胞体积大小也有一定关系，但对细胞膜、胞质、核膜和细胞器的折射率更为敏感，能对细胞质内较大颗粒给出灵敏反映，因此能够获取细胞内精细结构与颗粒性质的有效信息。

荧光信号通常在与激光束垂直的方向进行检测。使用双色性反射镜和带通滤光片对荧光进行分离，可以得到不同波长的若干荧光信号，荧光信号的光强往往与所测细胞膜表面抗原或核内物质的浓度有关；使用光电倍增管、半导体光电雪崩二极管或集成化的荧光光谱仪模块，可以将荧光信号转换为电信号，并进一步通过 A/D 转换电路获得数字信号送至计算机；通过处理数据获得分析结果，可以灵活地显示、打印、存储或通过网络共享。根据测量参数的不同，结果输出方式也有所不同：单参数数据以直方图的形式表达，其 X 轴为测量强度，Y 轴为细胞数目，通常流式细胞仪坐标轴具有不少于 512 的分辨率；对于双参数或多参数数据，可以在单独显示每个参数直方图的基础上，进一步提供多种更全面的表达模式，如二维的三点图、等高线图、灰度图以及三维的立体视图。

（二） 样品分选原理

除了常规测量外，流式细胞仪可以提供实现细胞分选功能；细胞分选过程由细胞分选器完成，通过分离含有单细胞液滴实现。在流动室喷口安装超高频压电晶体，施加通常不大于100kHz驱动信号产生超音频振动，将喷射液流切割为均匀液滴，且液滴中包含待测定细胞。一般液滴间距数百微米，使用不同孔径的喷孔并调节液流速度，可以改变分选效果。

待分选细胞液滴在静电场中的偏转过程由充电电路和偏转板共同实现。充电电路核心为充电脉冲发生器（用于提供+150V或-150V的充电电压），由逻辑电路控制，往往具有数十毫秒的时间延迟，因此需要对延迟时间进行精确测定和控制。将待分离液滴充以正负不同电荷，当目标液滴流经带有高压的偏转板时（通常可高达数千瓦），在电场作用下偏转，落入收集容器中，经收集后进行更进一步的特定分析；而未充电液滴则进入废液容器进行处理。由此，可以实现待测细胞与其他物质的分离。

（三） 典型流式细胞仪组成

典型流式细胞仪由液流系统、光学系统和数据处理系统等组成。

（1）液流系统包括样本和鞘液两个部分　将待测细胞制备成单个细胞悬液，并使用荧光染料标记的单克隆抗体进行染色并置入样品管，在载气驱动下进入流动室即获得样本流；鞘液包裹在样本流的周围，使样本流保持处于喷嘴中心位置，是一种辅助样本流正常检测、并防止样本流堵塞喷孔（喷孔直径通常为50~300μm）的基质液。

（2）光学系统包括激光光源、分光镜、光束成形器、透镜组和光电倍增管等部分　激光光源常用气冷式氩离子激光器；分色反光镜起高通滤波作用，即反射较长波长的光，通过较短波长的光；光束成形器通常由一对正交的圆柱形透镜组成，聚焦激光束得到椭圆光斑（常见高度15μm，宽度57μm）；透镜组由三个透镜组成，可将激光和荧光转为平行光并去除背景光干扰；滤片包括长通、短通与带通滤片，长通滤片允许长于设定波长的光通过，短通滤片允许短于设定波长的光通过，带通滤片则允许带宽波长内的光通过。光电倍增管检测荧光和散射光，并转换为电信号。

（3）数据处理系统　由计算机及分析软件组成，能对实验分析数据进行进一步的分析和处理；同时，也可以对流式细胞仪检测过程参数进行优化设定。

目前，赛默飞、安捷伦等国际公司的多种流式细胞仪产品均在业内获得了广泛应用。典型流式细胞仪外观如图15-24所示。

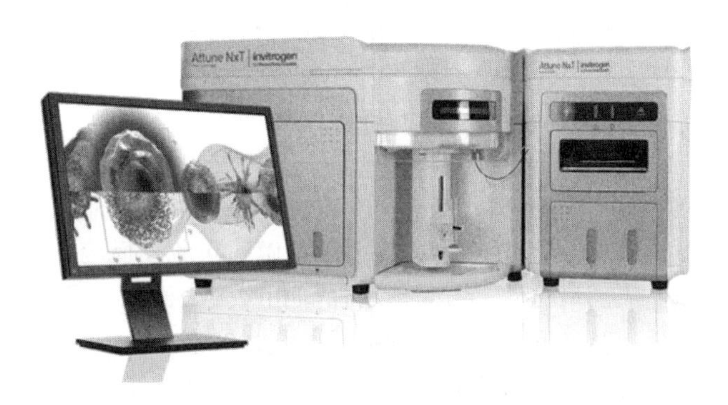

图15-24　赛默飞 Attune NxT 流式细胞仪

三、全自动酶联荧光免疫分析系统（VIDAS）

美国麦道保健系统公司制造了一种称作 VitekAMS 的微生物自动检测系统，该装置的最大特点是无须经过微生物分离培养和纯化过程，就能直接从样品检出特殊的微生物种类和菌群。麦道公司在原有 VitekAMS 的基础上，又推出第二代检测系统，即全自动酶联荧光免疫分析系统（VIDAS），集固相吸附、酶联免疫、荧光检测和乳胶凝集试验诸方法优点于一体。

（一）原理

VIDAS 基于荧光分析技术，通过固相吸附器使用已知抗体捕捉目标生物体，以带荧光的酶联抗体再次结合，经充分冲洗后通过激发光源检测，即能自动读出发光的阳性标本；其优点是检测灵敏度高、速度快，可以在 24~48h 内快速鉴定沙门氏菌、大肠杆菌 O157：H7、单核李斯特菌、空肠弯曲杆菌和葡萄球菌肠毒素等。

以免疫技术捕获目标微生物，可以应用荧光技术进行全自动检测。抗原鉴别是基于在 VIDAS 仪器内进行的酶联荧光免疫分析。VIDAS 检测系统具有灵敏度高、特异性强、操作简单方便等优点。这种系统采用 ELFA 技术为检测原理，ELFA 与荧光读数相结合。底物与荧光物质结合，荧光强弱与标本中被测物浓度相关。由于同时做标本对照，所以系统本身可以自动消除由标本产生的非特异荧光。经扫描后读数与标准比较计算出标本值，根据临界值判断结果并自动打印报告单。

系统中吸液管装置也用作固相容器（SPR）。SPR 包被有高特异的单克隆抗体混合物。将一定量的增菌肉汤加入试剂条，肉汤中的混合物在特定时间内循环于 SPR 内外。抗原存在时则与包被在 SPR 内的单克隆抗体结合。结合碱性磷酸酶的抗体在 SPR 内外循环与结合在 SPR 内壁上的抗原结合，随后引入冲洗步骤去除没有结合的酶标抗体。底物（4-甲基伞形磷酸酮）被 SPR 壁上的酶转换成荧光产物（4-甲基伞形酮）。荧光强度由光学扫描器测定。全自动酶联荧光免疫分析系统见图 15-25 所示。

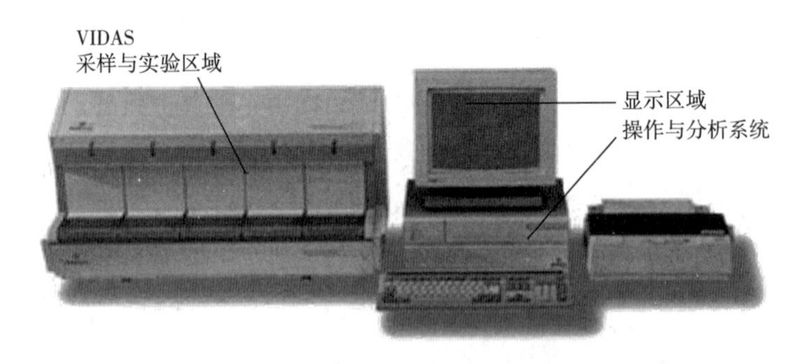

图 15-25　全自动酶联荧光免疫分析系统

（二）系统特点

（1）结果准确　应用免疫夹心方法，对每个标本做两次免疫反应，可以有效提高检测的特异性，从而保证检测结果的可靠性。极大地增加固相吸附表面积，可以提高免疫捕获数量、增加灵敏度。荧光检测方法灵敏度比可见光方法可高出 1000 倍。

（2）检测快速　上机检测时间通常在 40~70min。

（3）检测项目多、使用灵活　独立运行的检测仓可随机进行样品的检测，可在不同的检测仓检测相同或不同的项目，也可在同一检测仓检测相同或不同的项目。

（4）特异性强　标本不需分离出目标微生物即可上机检测。

（5）避免交叉污染　没有采样针，可避免标本之间交叉污染；样品不与仪器接触，仪器内没有抽吸样品的管路，杜绝了标本对环境的污染。

（6）全自动化、操作简便　在标本中加入试剂条并启动仪器后，便可自动完成全部检测过程并自动打印报告；所有免疫试剂都已配制成可直接使用的形式。

（7）稳定性高　试剂有效期长，14d 内只需做一次质控。

（8）可检测单核增生李斯特菌、弯曲菌、大肠杆菌 O157、沙门氏菌和葡萄球菌肠毒素。

四、 RVLM 微生物快速检测仪

RVLM 型微生物快速检测系统（图 15-26）是由德国皇家生物科技公司生产的高性能便携式微生物检测仪，具有便捷、操作简单、检验迅速、高灵敏性、高特异性、消耗成本低、定性半定量测量等诸多优点。在欧洲的实验室试验中，80%～90%的微生物检测实验采用的仪器是 RVLM 型微生物检测系统，其超高的灵敏度可以满足欧盟及其各国内检测标准，RVLM 型微生物快速检测是目前业内最高端的智能优质微生物检测仪。

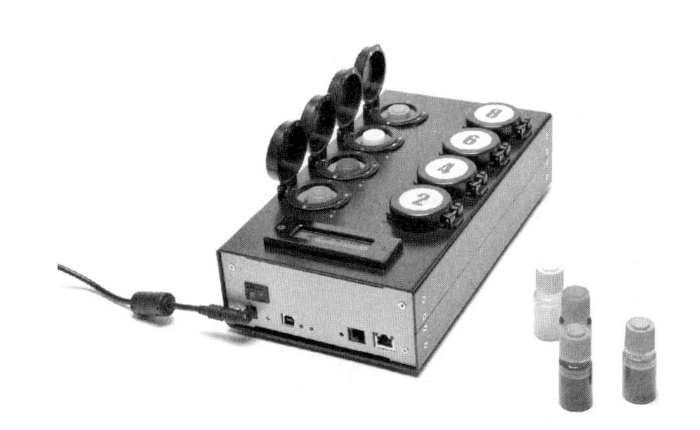

图 15-26　RVLM 微生物快速检测仪

（一） 检测方法

培养皿法、酶法、免疫法、基因法四法合一。

（二） 系统特点

（1）应用范围广　广泛应用于食品、药品、水质、空气微生物检测等众多领域，可检测固态、液态、气态及膏状、浆状等多种样本。

（2）使用方便　一套便携系统即可完成采样、实验、后处理等工作，无须配备多种检测仪器。

（3）操作简单　检测样本只需 1mL 或 1g，且无须前处理，只需 3 个步骤就可完成操作。

（4）高灵敏度　可检测到数量级为 1cfu 的目标微生物，满足国内国际微生物检测标准。

（5）高特异性　特异性高达 99.999%，杜绝非目标微生物造成的实验干扰。

（6）准确度高　可 100%定量分析。

（7）检测数量　8 个插槽可同时提供 8 项不同实验，13 类不同标准培养环境。

(8) 快速检测　最快10min即可得到检测结果，可用于现场检测。

(9) 高智能化　能够自动控制孵育温度和孵育时间，并可自动生成实验报告。

(10) 全自动化　独立、持续地检测并记录瓶中的微生物数量（cfu）。

(11) 无专业人员要求、无专业实验室要求，试剂可在室温保存。

(12) 实验后处理简便　使用后无菌处理，按下摇摇瓶上方按钮，便可丢弃。

（三） 检测对象

活菌总数、大肠菌群、大肠杆菌、肠道杆菌科、金黄色葡萄球菌、铜绿假单胞菌、绿脓杆菌、沙门氏菌、李斯特菌、肠球菌、产气荚膜梭菌、亚硫酸盐还原梭状芽孢杆菌、霉菌（曲霉属真菌、曲霉菌）、酵母菌、军团菌等。

五、 基质辅助激光解吸电离飞行时间质谱

基质辅助激光解吸飞行时间质谱（Matrix-Assisted Laser Desorption/Ionization Time of Flight Mass Spectrometry 简称 MALDI-TOF MS）是近年来发展起来的一种新型的软电离生物质谱。食品微生物实验室开始使用该设备，并广泛用于鉴定大量的细菌和真菌，这种鉴定具有高效性和准确性，而且每次实验的成本很低，已经成为食品微生物鉴定的热门方法。

（一） 结构组成

MALDI-TOF 质谱（图 15-27）主要由两部分组成：基质辅助激光解吸电离离子源（MALDI）和飞行时间质量分析器（TOF）。

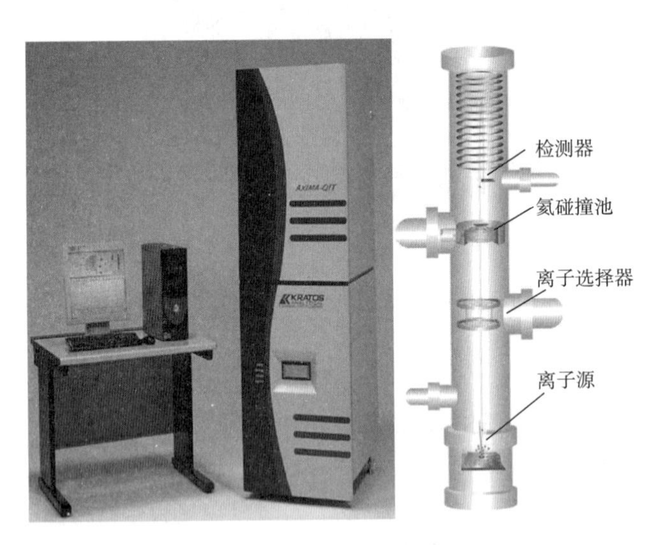

图 15-27　MALDI-TOF-MS（岛津） 及其结构图

（二） 工作原理

其原理是将不同的微生物样品与过量的基质溶液点在样品板上，溶剂挥发后形成样品与基质的共结晶，利用激光作为能量来源辐射结晶体，基质从激光中吸收能量使样本吸附，基质与样本之间发生电荷转移使得样本分子电离，样本离子在加速电场下获得相同的动能，经高压加速、聚焦后进入飞行时间质谱分析器进行质量分析，检测器检测到不同质荷比（m/z）的离子，并以离子质荷比为横坐标，以离子峰为纵坐标形成特异性的病原菌蛋白质组指纹图谱，进

而与图谱库中进行对比，得到鉴定结果并最终确定细菌种类（图 15-28）。

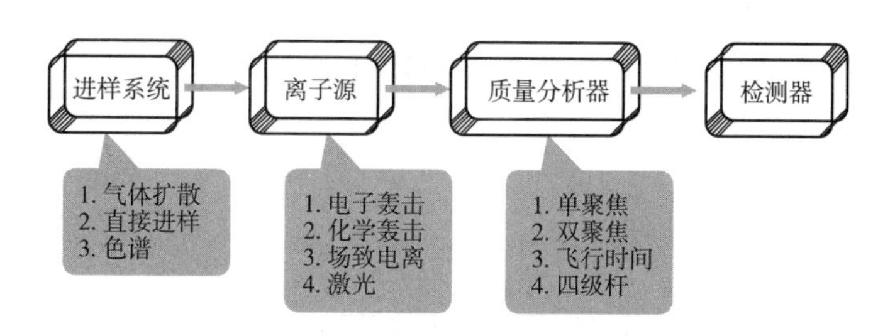

图 15-28　MALDI-TOF-MS 的工作原理

（三） 技术应用

1. 相对分子质量测定

相对分子质量是有机化合物最基本的理化性质参数。相对分子质量正确与否往往代表着所测定的有机化合物及生物大分子的结构正确与否。MALDI-TOF 是一种软电离技术，不产生或产生较少的碎片离子。它可直接应用于混合物的分析，也可用来检测样品中是否含有杂质及杂质的相对分子质量。相对分子质量也是生物大分子如多肽、蛋白质等鉴定中首要的参数，也是基因工程产品报批的重要数据之一。MALDI-TOF 的准确度高达 0.1%～0.01%，远高于目前常规应用的 SDS 电泳与高效凝胶色谱技术，目前可测定生物大分子的分子质量高达 600kDa。

2. 蛋白质组学中的质谱技术——肽质量指纹谱技术（PMF）

蛋白质组学是当前生命科学研究的前沿领域。对蛋白质快速、准确的鉴定是蛋白质组学研究中必不可少的关键性的一步。采用 MALDI-TOF-MS 测得肽质量指纹谱（PMF）在数据库中查询识别的方式鉴定蛋白质，是目前蛋白质组学研究中最普遍应用的最主要的鉴定方法。肽质量指纹谱（Peptide Mass Fingerprinting，PMF）是蛋白质被识别特异酶切位点的蛋白酶水解后得到的肽片段的质量图谱。由于每种蛋白的氨基酸序列（一级结构）都不同，当蛋白被水解后，产生的肽片段序列也各不相同，因此其肽质量指纹图也具有特征性。MALDI-TOF-MS 分析肽混合物时，能耐受适量的缓冲剂、盐，而且各个肽片几乎都只产生单电荷离子，因此 MALDI-TOF 成为进行分析 PMF 的首选方法。

3. 蛋白质组学中的质谱技术——肽序列标签技术（PST）

由于 PMF 鉴定结果的可靠性受诸多因素影响，使得部分鉴定结果往往不是十分明确，特异性不高。多肽氨基酸序列匹配被认为是特异性最好的鉴定方法。在蛋白质组学研究中，利用质谱测序一般采用两种方式：一种是利用串联质谱（MS/MS）测序，另一种是利用源后衰变（PSD）技术测序。

在反射式 MALDI-TOF-MS 测量过程中，当脉冲激光照射到微量样品与饱和小分子基质混合形成的共结晶上时，能量通过基质传递给样品，导致样品被解吸电离，电离后形成的亚稳分子离子在飞经无场区（即飞行管区）时发生裂解（其活化能来自在离子源与基体发生的碰撞，在无场区与残留气体的碰撞，激光辐射及各种热机制等）所产生的子离子（即源后分解碎片离子），可以通过不断改变反射器电压来进行分离、收集并记录于检测器，形成能为多肽和蛋白质一级结构提供十分丰富而有效的结构信息的 PSD 质谱图。利用 PSD 谱图，结合数据库检索可以迅速、高特异性地鉴定蛋白质。

（四）特点

（1）速度快，操作简单。

（2）结果不受生长培养基影响，结果不受细菌生长状态影响。

（3）重复性，稳定性好。

第七节　生物芯片及自动化仪器在食品检测中的应用

一、生物芯片在转基因食品检测中的应用

（一）转基因食品的安全问题

随着转基因技术作物的商品化生产，食品安全性越来越受到广泛的关注。传统的毒理学的食品安全评价方法已不能完全适用于转基因技术食品。1990 年召开的第一届 FAO/WHO 联合专家咨询会议在安全性评估方面迈出了第一步。会议首次回顾了食品生产加工中生物技术的地位，讨论了来源于动物、植物、微生物的各类食品。在对每一类食品讨论时，详细考虑了在进行生物技术食品安全评价时的一般性和特殊性的问题。最后，会议提出了生物技术添加剂的安全评价策略，建议安全评价策略应基于被评价食品成分的分子、生物和化学的特征，并基于以上方面的考虑来决定对该食品进行传统毒理评价的必要性和范围。会议明确阐述转基因食品的安全评价策略是基于对产品加工过程的充分了解，以及产品本身的详细特征描述。1993 年，经济发展合作组织（OECD）提出了食品安全性分析的原则——“实质等同性”（Substantial Equivalence）原则，即如果某个新食品或食品成分与现有的食品或食品成分大体等同，那么它们是同等安全的。1996 年第二届 FAO/WHO 联合咨询会议重申了 1990 年咨询会议的总建议，强调建立一个全面完善的食品法规对于保护人类健康是至关重要的。各国政府应确保这类法规与不断发展的新技术相适应。目前，根据 OECD 的实质等同性原则，各国及国际机构均在积极制定相应的条例，以便在促进生物技术发展的同时，保障环境安全及人类健康。2017 年中国农业部召开了全国农业转基因生物安全监管工作会议，明确提出了转基因作物研究试验、品种审定、种子生产和加工经营等环节需要强化监管，并要求进一步增加番木瓜苗木生产和进口环节监管力度。

基因工程是否可能改变食品既有的营养成分或增加过敏原、毒素，长期食用对于人类健康的影响究竟是什么样的，影响到底有多大？这仍是一个未知数。包括是否会导致人体本来的吸收功能遭受破坏，改变荷尔蒙正常分泌，增加基因突变的概率，或改变代谢途径，产生食物过敏或免疫系统被破坏的可能，人们疑虑重重。

事实上，人们的担心不是多余的。基因改造可能制造出一些无法预测的异种或新病毒、病源，以致增加未来疾病诊断治疗上的困难度，然而这却不是短期安全性评估所能预见的。

人们最为关心的是转基因食品对人体健康是否安全？转基因食品与市场销售常规食品相比较，有无不安全的成分？这样就需对其主要营养成分、微量营养成分、抗营养因子的变化、有无毒性物质、有无过敏性蛋白以及转入基因的稳定性和插入突变等进行检测，重点是检测其特定差异。此外一个比较集中的问题是对转基因产品标记基因的安全性评价。尽管国际社会认为

大部分常用的标记基因是安全的，但仍有一部分标记基的安全性未能肯定。并且所谓可安全使用的标记基因，仅指基因本身，并不包括启动子、终止子、基因多效性及其他多种可能的次生效应。次生效应可因插入位点不同而异，而迄今为止，人类尚无法预测基因的插入位点和准确的做到基因的定点整合。因此，有关标记基因的安全性也是转基因食品安全评价中一个重要的方面。

关于食品和食品成分安全性评价主要包括以下几点：①转基因食品中基因修饰导致的“新”基因产物的营养学评价（如营养促进或缺乏、抗营养因子的改变）、毒理学评价（如免疫毒性、神经毒性、致癌性或繁殖毒性）以及过敏效应（是否为过敏原）；②由于新基因编码过程造成现有基因产物水平的改变；③新基因或已有基因产物水平发生改变后，对作物新陈代谢效应的间接影响，如导致新成分或已存在成分量的改变；④基因改变可能导致突变，例如：基因编码或控制序列被中断，或沉默基因被激活而产生新的成分，或使现有成分的含量发生改变；⑤转基因食品和食品成分摄入后基因转移到胃肠道微生物引起的后果；⑥遗传工程体的生活史及插入基因的稳定性。

（二） 应用生物芯片技术检测转基因食品

1. 转基因食品的检测方法

转基因物质有可能在耕种、收获、运输、储存和加工过程中混入食品中，对食品造成偶然污染。因此，不论是采用何种手段进行防护（如对转基因食品贴示标签、对转基因与非转基食品原料进行分别输送），在食品工业中对转基因原料或成分的检测都是必不可少的；另外需要明确区分转基因与非转基因食品，对转基因食品进行选择性标记、对食品中转基因成分含量进行限制，因此也需要准确有效的检测技术。

转基因食品检测方法是对转基因食品进行确认、生产和管理的必要工具。转基因食品检测的实质就是检测产品中是否存在外源 DNA 序列或重组蛋白产物。转基因农作物的种类多、数量大，所以检测难度很大。与庞大的植物基因组相比，转基因作物中外源 DNA 含量十分微小，因此对检测灵敏度提出了非常高的要求。

由于转基因生物的特征是含有外源基因和表现出导入基因的性状，因此目前国际社会对植物性转基因食品的检测采用的技术路线主要有两条：①检测插入的外源基因，主要应用 PCR、Northern 杂交及 Southern 杂交、生物芯片技术、基因的酶法检测等方法；②检测表达的重组蛋白，主要采用 ELISA 法、Western 杂交及生物学活性检测等。对各种检测对象（如 DNA 与蛋白质）不同，检出敏感度及可检出灵敏度也有所不同。对转基因成分进行检测，必须快速、准确、灵敏、可靠。但是含有转基因成分的农产品种类多、数量大，尤其是在含有转基因成分的食品中，其待检测成分（核酸或蛋白质）往往已被降解或破坏，且含量大多在 10^{-6}甚至在 10^{-9}或 10^{-12}数量级范围，检测难度很大。

2. 转基因食品的生物芯片检测

生物芯片是转基因食品检测的新方法。目前对于转基因食品的检测，先是检测用于制造该食品的植物、动物性原料是不是转基因的。我国成都百奥生物信息科技有限公司生产的 BT-TGP 转基因植物检测型芯片，通过检测外来的基因序列（DNA 序列），可鉴定该植物是否含有转基因成分。这类方法和目前已知的同类 PCR 法相比，除操作简便、快速、结果准确外，具有高通量的特性，解决了转基因检测中样品核酸制备中的困难，同时可降低检测成本和所需时间，这是转基因食品检测的发展方向之一。

上海联合基因科技（集团）有限公司也开发了转基因植物检测基因芯片。

生物芯片技术检测转基因食品的流程如下。

（1）转基因食品原料（作物）检测基因芯片的制备　目前对于外源基因的检测主要是通过对转入的外源基因进行 PCR 扩增，然后进行紫外或荧光检测。要进行 PCR 扩增必须知道待扩增 DNA 的序列。转基因食品中的外源基因不仅仅包括外源蛋白编码序列，还包括选择性标记基因和对于外源基因发挥作用所必需的功能基因。根据所选择的用作模板的外源基因的不同，PCR 实验可分为不同的类型。如果所选择的 DNA 序列是广泛存在于转基因植物中的序列，如35S 启动子和 NOS 终止子，则这种实验将不具有专一性，这种扩增能检测出多种不同的转基因食品。但如果所选择的扩增靶序列既包括启动子又包括特定的外源基因，或者是既包括特定的外源基因又包括终止子，则 PCR 实验将具有专一性。对 35S 启动子和 NOS 终止子进行扩增能检测到大量的转基因食品，通过检测 35S 启动子和 NOS 终止子来检测转基因食品的方法已被瑞士和德国确定，并在 1998 年被欧盟采纳，但这种方法对于不含 35S 启动子和 NOS 终止子而是其他的启动子和终止子的转基因食品来进行检测，易造成假阴性结果。另一方面，由于花椰菜花叶病毒的存在，35S 启动子也存在于一些样品中，因此当通过检测 35S 启动子和 NOS 终止子而认为样品为阳性时，还要进行验证实验。验证实验可以通过两种方式来进行，一是通过用限制性内切酶进行酶解后再进行凝胶电泳分析，二是进行 Southern 杂交。进行 PCR 实验所需的仪器较少，而对操作者的要求却较高。

选择合适的基因片段后，分别设计扩增引物，PCR 扩增得到探针；经纯化、浓缩、高温水浴变性后，利用基因芯片全自动点样仪，将探针和阴性对照点样于包埋有氨基的载玻片上；玻片经水合、干燥、UV 交联后用 SDS 洗涤后稍作处理，晾干备用。

（2）转基因食品原料（作物）DNA 的提取　通常选用转基因作物（如大豆、玉米）颗粒饱满的种子作为检测对象，若转基因作物为有叶作物，则对新鲜叶进行检测。将检测对象浸泡过夜后加入 20mL 提取液，捣碎后加入 Triton-100，搅拌 45min 后过滤；中速离心去上清，沉淀中加入另一提取液，混匀后中速离心去上清。沉淀中加入 SDS 混匀并中速离心 5min，将上清转移到 10mL 的离心管中。加入 10%体积的 NaAc 和 2 倍体积无水乙醇沉淀，70%乙醇清洗后烘干，溶于适量 TE 中。

（3）目的片段的扩增和标记　采用多重 PCR 方法对提取的被检测转基因作物 DNA 样品进行扩增和 Cy3 或 Cy5 标记。选用适当的反应体系和反应程序进行扩增。扩增产物加入 5μg 鲑鱼精 DNA，经酒精共沉淀后再溶解于 15μL 杂交液中。

（4）杂交和洗涤　标记探针于 95℃ 水浴变性后，取 15μL 铺在芯片微点阵表面，用一片盖玻片覆盖其上，然后放置在杂交盒中，于 60℃ 杂交 4~6h；依次用 SDS 水溶液、0.2×SSC 水溶液、SSC 水溶液洗涤芯片并晾干。

（5）杂交结果的检测与结果分析　杂交结果于基因芯片扫描仪上在波长为 560nm（Cy3 标记）或 660nm（Cy5 标记）处进行扫描检测，利用软件分析杂交信号，最后对结果进行分析得到结论。

二、生物芯片在食品营养与安全性检测领域的应用

生物芯片技术在营养研究领域发挥着重要作用，主要涉及营养与肿瘤相关基因表达的研究，例如：癌基因、抑癌基因的表达与突变；营养与心脑血管疾病关系的分子水平研究；营养

与高血压、糖尿病、免疫系统疾病、神经系统、内分泌系统关系的分子水平研究。近年来，在肥胖研究中人们发现了与营养及肥胖有关的蛋白和基因，如瘦素、神经肽 Y、增食因子、黑色素皮质素、载脂蛋白、非偶联蛋白等。采用生物芯片技术研究营养素与蛋白和基因表达的关系，将为揭示肥胖的发生机理及预防打下基础。此外，还可以利用生物芯片技术研究金属硫蛋白/金属硫蛋白基因及锌转运体基因等与微量元素（如锌等）吸收、转运与分布的关系，以及视黄醇受体/视黄醇受体基因与维生素 A 的吸收、转运与代谢的关系等。

目前，食品营养成分的分析，食品中有毒、有害化学物质的分析、检测（农药、化肥、重金属、激素等），食品中污染的致病微生物的检测，食品中生物毒素（细菌毒素、真菌毒素）检测等大量的监督检测工作几乎都可以用生物芯片来完成。

三、 全自动微生物鉴定仪器在食品检测领域的应用

在食品微生物检测方面，人们不断尝试发现新的检测机理，改进已有的检测试剂、设备和技术，以求快速、准确地确定微生物的特性，其中几种比较有代表性的检测技术介绍如下。

（一） ISO-GRID 检测系统

ISO-GRID 检测系统是一种基于多通路疏水性网膜（HGMF）的过滤系统。该系统通过使用具有 1600 个小方格的滤膜，对微生物进行区分、检测和计数。

稀释后的样品通过孔径 5μm 的不锈钢预过滤器过滤，去除可能引起微生物分析误差的样品残渣颗粒；样品通过疏水滤膜过滤，随后将滤膜放在特异性琼脂培养板上培养；培养完成后在膜上检测目标微生物，并记录阳性区域的数量。因为滤膜不会染上琼脂培养基的颜色，所以能够很容易鉴别各种目标微生物并进行记数。此方法快速简便，重复性好，适用于沙门氏菌、酵母、霉菌、大肠菌群及大肠杆菌的检测和计数。

（二） 大肠杆菌快速测定仪

在快速检测大肠杆菌生化反应的色原及成套鉴定系统（Chromogenic or Fluorescence Substrates for Rapid Identification of Bacteria）中，新型色原或荧光底物代替了传统的糖类和氨基酸。新型底物无色，经细菌细胞内或细胞外酶的作用而释放出色原（呈色）或荧光，特异性强、反应迅速，易于自动化检测，明显提高了细菌生化反应的准确性，实现了细菌生化反应的革命性创新。

常用呈色的色原有 α/β 萘酚、邻位或对位硝基酚、对硝基苯胺、酚酞和 2-氨 4-硝基苯等，常用的荧光物有 4-甲基伞形酮（4MU）和 7-氨基-4-甲基伞形酮香豆素等。用这些先进的生化反应底物为基础，已制成各菌属细菌鉴定装置，一次可进行 10~40 项试验，反应结果可由人工或仪器判定，再通过编码得出鉴定结果。先进的细菌自动鉴定系统可在 2~6h 完成鉴定。

结合我国现行卫生标准，已经研制成功了全国产化的大肠菌杆菌荧光法现场快速定量检测系统：利用国际上新近推出的酶-底物反应显色法，将传统的大肠杆菌多管发酵检测法简化为膜荧光菌落计数法（前者耗时 72h，后者仅用 15h），达到快速定量检测的目的；该系统能够有效地排除气单胞菌、假单胞菌等常见水中杂菌干扰，检测结果以水样所含大肠菌群绝对数表示，较现行的 MPN 值表示法更为准确；该系统可直接适用于现场水质大肠杆菌检测工作。经有关卫生防疫单位实际工作验证，膜荧光法大肠杆菌定量检测结果与现行多管法检测结果一致。

（三） 自动菌落计数系统

在细菌检测工作中利用微处理器控制的旋转接种仪，可以进行细菌计数、抗生素敏感试验和诱变性试验。这种技术可以节省50%以上的一次性用品消耗，并节约大量的时间和劳力。在一种典型系统中，Qcount 菌落计数仪与 Autoplate 4000 旋转接种仪联合使用，Qcount 可分辨直径最小为 0.1mm 的菌落，光学装置可以消除环境光线、平皿和琼脂表面反光的影响，并通过菌落或菌落丛内细微色调变化来确定菌落，分析过程小于 1s，每小时能够处理超过 400 个平板（图 15-29）。

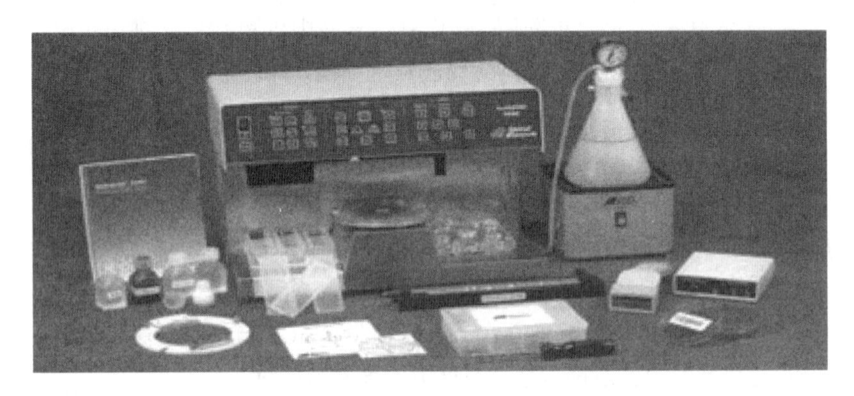

图 15-29 自动螺旋接种、 菌落计数系统——AutoPlate 4000+Qcount

菌落自动计数系统的组成如图 15-30 所示，平皿（内有接种好的菌落）置于光学平台上，通过调节光学平台改变辐射光的幅度与角度，使 CCD 传感器获得最优化的采集图像，使用计算机对菌落图像进行识别，通过一系列的预处理和目标分割后计数，即可以得到菌落个数。

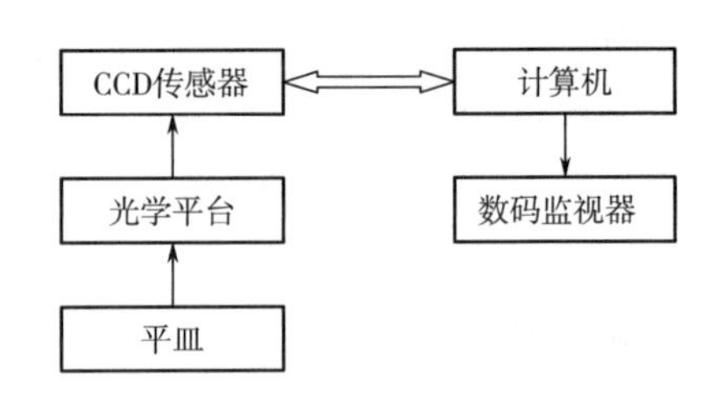

图 15-30 菌落自动计数系统的硬件配置

检测菌落数量是农业、食品、医药卫生分析中进行质量评价的一项基本而重要的工作。例如水中的菌落计数是评价水受污染程度的一项重要指标。目前，国内通常采用国家标准检验法（普通营养琼脂倾注平皿法）进行菌落计数。由于试验样品量往往很大，使用该法不仅工序繁杂、耗时长、效率低，而且依靠人工观察计数带有一定的主观性，误差大、重现性不好，所以亟须改进。菌落自动计数系统不仅计数结果准确、重现性好，且计数结果不受菌落接种方法、菌落种类、形态、大小的影响，完全可以代替传统的人工计数，具有相当可观的推广和应用价值。

（四） 应用电阻抗技术的全自动微生物监测系统——BACTOMETER

电阻抗检测法是应用于细菌检测的一项电化学技术，20 世纪 50 年代美国开始出现以此为原理的自动化仪器。20 世纪 70 年代到 80 年代欧洲也陆续开发出类似的仪器。除平皿分析法之外，电阻抗分析法在 1998 年首先成为被德国标准化协会接受的另一种微生物测定方法。

1. 基本原理

电阻抗法是通过测量微生物代谢引起的培养基电特性变化来测定样品微生物含量的一种快速检测方法。微生物在培养过程中，生理代谢作用使培养基中的电惰性物质（如碳水化合物、类脂、蛋白质）转化为电活性物质，大分子物质转化为小分子物质。随着微生物增长，培养基中电活性分子和离子逐渐取代了电惰性分子，使导电性增强，电阻抗降低。

正是由于微生物在培养过程中的这种新陈代谢，培养基的阻抗（*M*）和电极周围的双电层电极阻抗（*E*）发生变化，并且这种变化与微生物的数量呈特定比例关系。通过评估 *M* 值和 *E* 值的变化，可测定微生物的数量或通过选择性培养基测定某一类特定细菌。

研究表明，电导率随时间的变化曲线与微生物生长曲线十分吻合，均具有延滞期、指数生长期、稳定期。微生物的起始数量不同，出现指数增长期的时间也不同，通过建立二者之间的关系，能通过检测培养基电特性变化推演出微生物的原始菌量。此外，不同微生物的阻抗曲线均不相同，因此阻抗法能够作为微生物鉴定的有利依据。根据测量电极是否直接与培养基接触将检测方法分为直接和间接阻抗测量法。

（1）直接阻抗测量法　这种方法是将培养基装入特制的测量管，接种微生物后在培养基中插入电极，直接测量培养基的电特性变化。直接法使用的培养基需要根据待测菌的特性设计，它既要有利于被测菌的繁殖，又要在检测过程中产生显著的阻抗变化。因此，培养基的选择是决定检测成败的关键因素之一。例如，金黄色葡萄球菌在营养肉汤中能生长，但不能产生明显电反应，而在惠特利阻抗肉汤（由惠特利科技有限公司制造）中不仅能够很好地生长，而且能产生明显的阻抗特性变化。

（2）间接阻抗检测法　某些特殊微生物的培养需要 NaCl、KCl 等高浓度盐，这些盐离子使培养基本身带有很强的导电性，掩盖了微生物代谢产生的阻抗变化，因此不能用直接阻抗法分析，必须用间接阻抗法进行分析。间接阻抗检测法通过检测微生物生长代谢产生的 CO_2 来反映微生物的代谢活性。测试时在阻抗测试管中加入 KOH（需完全浸润电极），装有培养基的小管与测试管相通，接种后培养产生的 CO_2 进入测试管与 KOH 反应生成碳酸盐，其导电性比原始溶液低，记录测试管中溶液的导电性变化即可得到微生物的数量变化。

与直接检测方法相比，间接阻抗法具有如下优点：①可以使用传统培养基，不需要为获得电阻抗变化专门设计培养基；②高浓度盐培养基无法用直接法检测，而间接法可以解决这个问题；③某些微生物（例如酵母）产生导电性变化极微弱，但通过间接法测定这些微生物的产物（CO_2），能够通过放大机制证实目标微生物存在；④直接法中有些食品样品本身会干扰阻抗测量，甚至损害电极，用间接法可以克服这一缺陷。

2. 典型仪器特点

BACTOMETER 是一种阻抗法微生物快速测定仪器，其特点是可以同时对培养基阻抗和电极阻抗进行测量；与传统的阻抗法相比，通过对电极阻抗的测量，大大缩短了测量时间，扩大了样品和培养基的选择范围。有些不适用于传统阻抗法的培养基（如高盐培养基）也可用 BACTOMETER。该仪器包括测量管和计算机控制的培养箱及专用软件。测量管底部为 4 个不锈钢制电极插头，可重复使用。使用时将样品置于测量管中，测量管置于培养箱中培养。依据 *M* 值和 *E* 值的变化，通常在 6~8h 内可得出结果。理论上测量范围可达 $1 \sim 10^8$ cfu/mL，由于 BACTOMETER 也经过微生物的培养增殖过程，因此得到的也是半定量的结果。目前典型的市售商品系统如图 15-31 所示。

该系统用于快速检测食品、化妆品、药品等目标物中的细菌总数、大肠菌群、酵母菌、霉菌、乳酸菌数，经用户开发还可用于高温灭菌产品（UHT）的商业灭菌检测、保藏期预测、发酵法生产食品的噬菌体检测、抗生素残留量测定等。电阻抗检验技术与传统检验方法的比较见表 15-3。

图 15-31　阻抗法全自动微生物监测系统

表 15-3　　电阻抗检测方法与传统方法比较

项目	标准检测时间		项目	标准检测时间	
	传统方法	电阻抗方法		传统方法	电阻抗方法
细菌总数	48h	6~24h	酵母和霉菌数	5d	24~48h
大肠菌群数	24h	6~14h	乳酸菌数	3~5d	24~48h

采用阻抗测量法可以迅速检测出各种微生物对不同底物的作用结果，即在含有几种不同底物的培养基中分别接种适量的被检微生物，经一定时间培养后用阻抗测量仪检测，在检测其生长情况的同时也表述其特征，进而鉴别其属、种。此法广泛用于细菌、酵母菌、霉菌和支原体等的检测和鉴定，具有高敏感性、特异性、快反应性和高度可重复性等优点。

3. 阻抗法及相关技术在食品工业中的应用

（1）活菌总量计数阻抗法　活菌总量计数阻抗法首先是在乳制品行业中得到应用的。1979年 O’corner 用该方法成功地测定了原乳中的细菌总量，其后该方法在各种食品微生物检测领域中得到推广。赵国俊等用阻抗法与传统的平板计数法进行配对试验检测冷冻包菜卷中的细菌总量，结果表明这 2 种方法无显著性差异，但检测时间大大缩短。

（2）大肠杆菌检测　Yang 等设计了基于电化学阻抗技术的叉指微电极阵列，实现了大肠杆菌的定量检测。首先将大肠杆菌抗体固定在叉指微电极阵列上，然后在铁氰化钾溶液中进行电化学阻抗谱测试，发现固定抗体和大肠杆菌细胞结合可以增加电极电子转移速率，从而证明了阻抗谱特征与样品中大肠杆菌细胞浓度之间的相关性。

（3）沙门氏菌检测　Francesca M 等人引入乳链菌肽作为沙门氏菌阻抗谱检测的分子工具。乳链菌肽是一种具有杀灭细菌、真菌和病毒特性的抗微生物肽，在生物传感平台中经常用作分子识别元件。首先将乳链菌肽分子固定在金电极上，通过电化学阻抗谱法获得生物传感器暴露于不同环境后的电化学响应，能够检测出具有不同阻抗反应的细菌浓度梯度，检测限优于 15cfu/mL，可以有效检测牛乳中的沙门氏菌。

总之，阻抗微生物学已经在食品质量监测和特殊食品病原菌的检测中得到广泛应用，它对食品中沙门氏菌的检测已经通过 AOAC 认可，是快速定性定量检测食品微生物的理想方法之一。尽管如此，由于被污染食品中微生物种群繁多，特别是同属相似菌的干扰严重，因此有关直接阻抗测量所需要的特殊培养基及其优化设计还需要进一步试验研究。

参考文献

[1] 任筑山，陈君石. 中国的食品安全：过去、现在与未来[M]. 北京：科学出版社，2016.

[2] 范世福. 分析检测技术与分析仪器的现代化发展[J]. 分析仪器，2003，(1)：1~5.

[3] 魏福祥，韩菊，刘宝友. 仪器分析[M]. 北京：中国石化出版社，2018.

[4] 干宁，沈昊宇，贾志舰，林建原. 现代仪器分析实验[M]. 北京：化学工业出版社，2019.

[5] 史碧波. 现代食品检测技术实训教程[M]. 武汉：武汉大学出版社，2016.

[6] 陈士恩，田晓静. 现代食品安全检测技术[M]. 北京：化学工业出版社，2019.

[7] 马立人，蒋中华. 生物芯片[M]. 北京：化学工业出版社. 2002.

[8] 李传亮. 高灵敏光谱技术在痕量检测中的应用[M]. 北京：电子工业出版社，2017.

[9] 陈培榕，邓勃主编. 现代仪器分析实验与技术[M]. 北京：清华大学出版社，1999.

[10] 方禹之. 分析科学与分析技术[M]. 上海：华东师范大学出版社，2001.

[11] 杨祖英. 食品检验[M]. 北京：化学工业出版社. 2000.

[12] H. T. Michael，A. P. Samuel，M. F. Pina. New Techniques in the Analysis of Foods[M]. New York：Kluwer Academic/Plenum Press，1998.

[13] K. A. Rubinson，J. F. Rubinson. Contemporary Instrumental Analysis(影印版)[M]. 北京：科学出版社，2003.

[14] 孙延一，许旭. 仪器分析[M]. 武汉：华中科技大学出版社，2019.

[15] 刘约权. 现代仪器分析[M]. 北京：高等教育出版社，2012.

[16] 齐美玲. 气相色谱分析及应用(第二版)[M]. 北京：科学出版社，2018.

[17] 叶先曾，张新祥等. 仪器分析教程[M]. 北京：北京大学出版社，2007.

[18] 何金兰，杨克让等. 仪器分析原理[M]. 北京：科学出版社，2002.

[19] 汪正范. 色谱定性与定量[M]. 北京：化学工业出版社，2003.

[20] 黄伟坤等. 食品检验与分析[M]. 北京：中国轻工业出版社，2000.

[21] S. Suzanne Nielsen. 食品分析(第二版)[M]. 北京：中国轻工出版社，2002.

[22] D. R. 沃斯博尔内，P. 福格特等. 食品营养素的分析[M]. 北京：中国轻工出版社，1987.

[23] [日] 松隈昭. 气相色谱实践[M]. 南京：江苏科学技术出版社，1983.

[24] 刘虎威. 气相色谱方法及应用[M]. 北京：化学工业出版社，2003.

[25] 张凤宽，程红，陈晓平等. 食品分析[M]. 长春：吉林科学技术出版社，1997.

[26] 吴烈钧. 气相色谱检测方法[M]. 北京：化学工业出版社，2003.

[27] 张彦明. 无公害动物源性食品检验技术[M]. 北京：中国农业出版社，2003.

[28] 王光亚. 保健食品功效成分检测方法[M]. 北京：中国轻工业出版社，2002.

[29] 何照范，张迪清等. 保健食品化学及其检测技术[M]. 北京：中国轻工业出版社，1999.

[30] 许牡丹，毛根年等. 食品安全性与分析检测[M]. 北京：化学工业出版社，2003.

[31] 王俊德，商振华，郁蕴璐等著. 高效液相色谱法[M]. 北京：化工出版社，1992.

[32] Scoll RPW 著. 现代液相色谱[M]. 天津：南开大学出版社,1992.

[33] 师治贤，王俊德编著. 生物大分子的液相色谱分离和制备[M]. 北京：科学出版社，1999.

[34] 朱明华. 仪器分析[M]. 北京：高等教育出版社，2000(第三版).

[35] 杨祖英. 食品检验[M]. 北京：化学工业出版社，2001.

[36] 傅若农. 反相 HPLC 固定相和色谱柱近年的发展[J]. 国外分析仪器. 2001,(2)：1~8.

[37] 白泉，葛小娟，耿信笃. 反相液相色谱对多肽的分离、纯化与制备[J]. 分析化学研究简报，2002，30(9)：1126~1129.

[38] 郁继诚，郭蓓宁，施耀国. 固相萃取反相高效液相色谱法测定血浆中克林霉素的浓度[J]. 色谱，2003. 21(1)：94~95.

[39] 田庆国，戴军，丁霄霖. 反相液相色谱法制备纯化柠檬苦素类似物配糖体[J]. 色谱，2000,18(2)：109~112.

[40] 李春丽，贺明鑫. 反相液相色谱法测定咖啡豆中咖啡碱含量[J]. 云南热作科技,2000,23(3);10~12.

[41] 李忠，彭光华，陈露. 非水反相液相色谱法测定枸杞子中 β 胡萝卜素含量[J]. 色谱，1997,15(6)：537~538.

[42] 陈锡岭. 叶青双及其降解物的反相液相色谱测定[J]. 色谱，2000,1(2)：173~174.

[43] 陈少洲，吕飞杰，台建祥. 向日葵籽中酚酸含量的高效液相色谱测定方法研究[J]. 食品科学，2003，24(1)：107~110.

[44] 李红陵，魏沙平. 高效液相色谱法测定番茄籽油中的 β-胡萝卜素[J]. 食品科学，2003，24(6)：122~123.

[45] 周春红，董文彬. 固相萃取-高效液相色谱法测定酱油中的防腐剂苯甲酸[J]. 食品科学，2003，24(5)：80~82.

[46] Koutidou M，Grauwet T，Van Loey A，Acharya P. Impact of processing on odour-active compounds of a mixed tomato-onion puree[J]. Food Chem. 2017;228：14-25.

[47] Zhou，ZL；Liu，SP；Kong，XW；Ji，ZW；Han，X；Wu，JF；Mao，J*. Elucidation of the aroma compositions of Zhenjiang aromatic vinegar using comprehensive two-dimensional gas chromatography coupled to time-of-flight mass spectrometry and gas chromatography-olfactometry[J]. Journal of Chromatography A，2017，1487：218-226.

[48] 周杰. 全二维液相色谱的构建及其在鹿茸蛋白分离中的应用[J]. 现代中西医结合杂志(4期)：437-439.

[49] 陈建彪. 在线净化二维液相色谱快速检测食品中维生素 A、D、E[J]. 食品安全质量检测学报，2019，10(6)：1726-1733.

[50] Cohen，L. H.，and A. I. Gusev. Small molecule analysis by MALDI mass spectrometry[J]. *Analytical and Bioanalytical Chemistry*，373：571-86. 2002.

[51] De Hoffmann，Edmond. Mass spectrometry，*Kirk - Othmer Encyclopedia of Chemical Technology*[J]. 2000.

[52] Dettmer, Katja, Pavel A Aronov, and Bruce D Hammock. Mass spectrometry-based metabolomics[J], *Mass spectrometry reviews* 2007, 26: 51-78.

[53] El-Aneed, Anas, Aljandro Cohen, and Joseph Banoub. Mass spectrometry, review of the basics: electrospray, MALDI, and commonly used mass analyzers[J], *Applied Spectroscopy Reviews*, 2009,44: 210-30.

[54] Fenn, John B, Matthias Mann, Chin Kai Meng, Shek Fu Wong, and Craig M Whitehouse. Electrospray ionization for mass spectrometry of large biomolecules[J], *Science*, 1989,246: 64-71.

[55] Griffiths, W. J. Tandem mass spectrometry in the study of fatty acids, bile acids, and steroids[J]. *Mass spectrometry reviews*, 2003,22: 81-152.

[56] Halket, J. M., D. Waterman, A. M. Przyborowska, R. K. P. Patel, P. D. Fraser, and P. M. Bramley. Chemical derivatization and mass spectral libraries in metabolic profiling by GC/MS and LC/MS/MS[J], *Journal of Experimental Botany*, 2005,56: 219-43.

[57] Hu, Q. Z., R. J. Noll, H. Y. Li, A. Makarov, M. Hardman, and R. G. Cooks. The Orbitrap: a new mass spectrometer[J], *Journal of Mass Spectrometry*, 2005,40: 430-43.

[58] Jordan, A., S. Haidacher, G. Hanel, E. Hartungen, L. Mark, H. Seehauser, R. Schottkowsky, P. Sulzer, and T. D. Mark. A high resolution and high sensitivity proton-transfer-reaction time-of-flight mass spectrometer(PTR-TOF-MS)[J], *International Journal of Mass Spectrometry*, 2009,286: 122-28.

[59] Karas, M., M. Gluckmann, and J. Schafer. Ionization in matrix-assisted laser desorption/ionization: singly chargedmolecular ions are the lucky survivors[J], *Journal of Mass Spectrometry*, 2000,35: 1-12.

[60] Liu, J. J., H. Wang, N. E. Manicke, J. M. Lin, R. G. Cooks, and Z. Ouyang. Development, Characterization, and Application of Paper Spray Ionization[J], *Analytical Chemistry*, 2010,82: 2463-71.

[61] Loboda, A. V., A. N. Krutchinsky, M. Bromirski, W. Ens, and K. G. Standing. A tandem quadrupole/time-of-flight mass spectrometer with a matrix-assisted laser desorption/ionization source: design and performance[J], *Rapid Communications in Mass Spectrometry*, 2000,14: 1047-57.

[62] Malik, A. K., C. Blasco, and Y. Pico. Liquid chromatography-mass spectrometry in food safety[J],*Journal of Chromatography A*, 2010,1217: 4018-40.

[63] Pico, Y., C. Blasco, and G. Font. Environmental and food applications of LC-tandem mass spectrometry in pesticide-residue analysis: An overview[J],*Mass spectrometry reviews*, 2004,23: 45-85.

[64] Pittenauer, E., and G. Allmaier. High-Energy Collision Induced Dissociation of Biomolecules: MALDI-TOF/RTOF Mass Spectrometry in Comparison to Tandem Sector Mass Spectrometry[J]. *Combinatorial Chemistry & High Throughput Screening*, 2009,12: 137-55.

[65] Sforza, S., C. Dall'Asta, and R. Marchelli. Recent advances in mycotoxin determination in food and feed by hyphenated chromatographic techniques/mass spectrometry, *Mass spectrometry reviews*, 2006,25: 54-76.

[66] Brosnan, T., Sun, D. Improving quality inspection of food products by computer vision—a

review. Journal of Food Engineering. 2004,(61):3~16.

[67] (美)拉斐尔 C. 冈萨雷斯(Rafael C. Gonzalez),理查德 E. 伍兹(Richard E. Woods). 数字图像处理(第三版)[M]. 北京:电子工业出版社,2017.

[68] 章毓晋. 图像分割[M]. 北京:科学出版社. 2001.

[69] 陈纯. 计算机图像处理技术与算法[M]. 北京:清华大学出版社. 2003.

[70] 阮秋琦. 数字图像处理学[M]. 北京:电子工业出版社. 2001.

[71] (美)戴维·A. 福赛斯(David A. Forsyth),(美)简·泊斯(Jean Ponce). 计算机视觉-一种现代方法(第2版)[M]. 北京:电子工业出版社. 2017.

[72] 孙永海,赵学笃,谭景璐. 膨化食品表面质量的自动检测[J]. 农业机械学报,1999,30(1):63~67.

[73] 孙永海,鲜于建川,石晶. 基于计算机视觉的冷却牛肉嫩度分析方法[J]. 农业机械学报,2003,34(5):102~105.

[74] 孙永海,赵锡维,鲜于建川. 基于计算机视觉的冷却牛肉新鲜度方法[J]. 农业机械学报,2004,35(1):104~107.

[75] Kawamura S,Natsuga M, Takekura K, et al. Development of an automatic rice-quality inspection system[J]. Computers and Electronics in Agriculture, 2003, 40 115-126.

[76] Kawasakia M, Kawamuraa S, Tsukaharaa M, et al. Near-infrared spectroscopic sensing system for on-line milk quality assessment in a milking robot[J]. Computers and electronics in agriculture, 2008, 63:22-27.

[77] Maertens K, Reyns P, De Baerdemaeker J. On-line measurement of grain quality with NIR technology[J]. Transactions of the ASAE, 2004, 47(4):1135-1140.

[78] Meagher L P, Holroyd S E, Illingworth D, et al. At-line near-infrared spectroscopy for prediction of the solid fat content of milk fat from New Zealand butter[J]. J Agric Food Chem., 2007, 55(8):2791-2796.

[79] Montes JM,Utz HF, Schipprack W, et al. Near-infrared spectroscopy on combine harvesters to measure maize grain in dry matter content and quality parameters[J]. Plant Breeding, 2006, 125:591-595.

[80] Rittiron R, Saranwong S, Kawano S. Useful tips for constructing a near infrared-based quality sorting system for single brown-rice kernels[J]. Journal of Near Infrared Spectroscopy, 2004, 12:133-139.

[81] Wenqian Huang, Jiangbo Li, Qingyan Wang, et al. Development of a multispectral imaging system for online detection of bruises on apples[J]. Journal of Food Engineering 2015, 146:62-71.

[82] Yankun Peng, Renfu Lu. Analysis of spatially resolved hyperspectral scattering images for assessing apple fruit firmness and soluble solids content[J]. Postharvest Biology and Technology, 2008, 48:52-62.

[83] 褚小立. 近红外光谱分析技术实用手册[M]. 北京:机械工业出版社,2016.

[84] 鲁超. 近红外光谱技术在液态奶质量评定中的应用研究[D]. 北京:中国农业大学,2006.

[85] 陆婉珍、徐广通,袁洪福. 现代近红外光谱分析技术[M]. 北京:中国石油出版

社, 2000.

[86] 潘璐. 基于近红外技术的砂梨品种鉴别及品质检测研究[D]. 北京: 中国农业大学, 2008.

[87] 王加华, 孙旭东, 潘璐, 等. 基于可见/近红外能量光谱的苹果褐腐病和水心鉴别[J]. 光谱学与光谱分析, 2008, 28(09): 2098-2102.

[88] 王加华. 苹果、洋梨内部品质无损检测信息基础及数学模型开发[D]. 北京: 中国农业大学, 2010.

[89] 许禄, 邵学广 主编. 化学计量学方法[M]. 北京: 科学出版社, 2004.

[90] 严衍禄, 韩东海 等. 近红外光谱分析基础与应用[M]. 北京: 中国轻工业出版社, 2005.

[91] 赵杰文, 孙永海. 现代食品检测技术[M]. 北京: 中国轻工业出版社, 2008.

[92] Yuri Vlasov, AndreyLegin, Non-selective chemical sensors in analytical chemistry: from "electronic nose" to "electronic tongue"[J]. Fresenius J Anal Chem. 1998,361: 255~260.

[93] Julian W. Gardner, Philip N. Bartelet. Electronic nose: Principles and Applications[J].Oxford University Press, 1999. 1~4, 185~207.

[94] Christophe S et al. Potential of semiconductor sensor arrays for the origin Authentication of pure valencia orange Juices[J]. Journal of Agricultural & Food Chemistry, 2001(49): 3151~3160.

[95] Funazaki N, Hemmi A, Ito S, et al. Application of semiconductor gas sensor to quality control of meat freshness in food industry[J]. Sensors and Actuators B, 1995(24-25): 797~800.

[96] Söderström, C. ;Borén, H. Use of an electronic tongue to analyzemold growth in liquid media [J]. International Journal of Food Microbiology, Volume: 83, Issue: 3, June 25, 2003, pp. 253-261.

[97] Vlasov, Yu. G. ;Legin, A. V Electronic tongue—new analytical tool for liquid analysis on the basis of non-specific sensors and methods of pattern recognition Sensors and Actuators B[J]. Chemical, Volume: 65, Issue: 1-3, June 30, 2000, pp. 235~236.

[98] Singh S, Hines E L, Gardner J W, et al. Fuzzy neural computing of coffee and tainted-water from an electronic nose[J]. Sensors and Actuators B, 1996(30): 185~190.

[99] Bourrounet B, Talou T, Gaset A. Application of a multi-gas-sensor device in the meat industry for boar-taint detection[J]. Sensors and Actuators B, 1995(26-27): 250~254.

[100] Gardner J W, Bartlett N. A brief history of electronic nose[J]. Sensors and Actuators B, 1994(18-19): 211~220.

[101] Legin, A. ;Rudnitskaya, et al. AEvaluation of Italian wine by the electronic tongue: recognition, quantitative analysis and correlation with human sensory perception[J]. Analytica Chimica Acta, Volume: 484, Issue: 1, May 7, 2003, pp. 33-44.

[102] Wang P. Artificial nose and Artificial tongue(in Chinese)[J]. science book concern. Beijing, China, 2000.

[103] Zou X. B. Zhao J. W. The study of sensor array signal processing with new genetic algorithms[J]. Sensors and Actuators B, 2002(87): 437~441.

[104] Zou X. B. Wu S. y. Evaluating the quality of cigarettes by an electronic nose system[J]. Journal of Testing and Evaluation, Vol. 30, No. 6, 2002(12).

[105] Zou XB Zhao J. W etc. Vinegar classification based on feature extraction and selection from tin oxide gas sensor array data[J]. Sensors, 2003, Vol 3, pp 101-109.

[106] 邹小波，赵杰文，吴守一. 气体传感器阵列中特征参数的提取与优化[J]. 传感技术学报，2002(4)：p 282-286.

[107] 邹小波，吴守一等. 电子鼻在判别挥发性气体的实验研究[J]. 江苏理工大学学报，2001(2)：1~4.

[108] 赵杰文，邹小波. 遗传算法在电子鼻中的应用研究[J]. 江苏大学学报，2002(1) P9~13.

[109] 吴守一，邹小波. 电子鼻在食品行业的应用研究进展[J]. 江苏理工大学学报，2000(11)：13~17.

[110] 康昌鹤，唐省吾. 气、湿敏感器器件及其应用[M]. 北京：科学出版社，1988.

[111] 张志鸿，刘文龙. 膜生物物理学[M]. 北京：高等教育出版社，1987.

[112] 王平，李容等. 人工味觉及其模式识别的研究[J]. 中国生物医学工程学报，1997(4)：371~377.

[113] 应义斌，蔡东平，何卫国，金娟琴，1997. 农产品声学特性及其在品质无损检测中的应用[J]. 农业工程学报，(03)：213~217.

[114] 吕吉光，吴杰，2019. 基于智能手机声信号哈密瓜成熟度的快速检测[J]. 食品科学，40(24)：287~293.

[115] 刘志刚，王丽娟，喜冠南，彭超华，焦玉全. 水果成熟度检测技术的现状与发展[J]. 农业与技术，2020,40(08)：17-21.

[116] D. Jie, X. Wei, Review on the recent progress of non-destructive detection technology for internal quality of watermelon[J]. Computers and Electronics in Agriculture, 2018,151：156~164.

[117] 危艳君，饶秀勤，漆兵，李江波. 基于声学特性检测西瓜内部空心的研究[J]. 包装与食品机械，2011,29(05)：1~4.

[118] 邹小波，张俊俊，黄晓玮，郑开逸，吴胜斌，石吉勇，2019. 基于音频和近红外光谱融合技术的西瓜成熟度判别[J]. 农业工程学报，35(09)：301~307.

[119] J. Chandrapala, C. Oliver, S. Kentish, M. Ashokkumar, 2012. Ultrasonics in food processing-Food quality assurance and food safety[J]. Trends in Food Science & Technology, 26(2)：88~98.

[120] 马空军，金思，潘言亮，2016. 超声波技术在食品研究开发中的应用现状与展望[J]. 食品工业，37(09)：207~211.

[121] V. Mohammadi, M. Ghasemi-Varnamkhasti, L. A. González. Analytical measurements of ultrasound propagation in dairy products：A review[J]. Trends in Food Science & Technology, 2017, 61：38~48.

[122] 孙宗保，王天真，邹小波，闫晓静，梁黎明，刘小裕. 基于超声成像技术的冷鲜与解冻牛肉鉴别方法[J]. 农业机械学报，2019,50(07)：349-354+166.

[123] 王艳婕，田金河，宋琳琳，张朝辉，张明霞. 计算机辅助 X 光断层扫描对半甜韧性饼干的质构无损量化检测[J]. 食品科学，2018，39(5)：93~98.

[124] 李欢欢. 牛奶中主要有害污染物的表面增强拉曼光谱检测方法研究[D]. 江苏大学学报，2018.

[125] 黄晓玮. 基于色素气敏传感技术的肴肉新鲜度检测研究[D]. 江苏大学学报,2018.

[126] 余俊杰. 基于太赫兹光谱技术的橄榄油品质快速检测方法的研究[D]. 合肥工业大学学报,2018.

[127] Borges T. H., Pereira J. A., Cabrera-Vique C., Lara L., Oliveira A. F., Seiquer I. Characterization of arbequina virgin olive oils produced in different regions of brazil and spain: physicochemical properties, oxidative stability and fatty acid profile[J]. Food Chemistry, 2017, 215: 454~462.

[128] Romero N., Saavedra J., Tapia F., Sepúlveda B., Aparicio R. Influence of agroclimatic parameters on phenolic and volatile compounds of chilean virgin olive oils and characterization based on geographical origin, cultivar and ripening stage[J]. Journal of the Science of Food and Agriculture, 2016, 96(2): 583~592.

[129] Hu B. B., Nuss M. C. Imaging with terahertz waves[J]. Optics Letters, 1995, 20(16): 1716.

[130] Yin M., Tang S., Tong M. Identification of edible oils using terahertz spectrum combined with genetic algorithm and partial least squares discriminant analysis[J]. Analytical Methods, 2016, 8(13): 2794~2798.

[131] Yin M., Tang S. F., Tong M. Identification of edible oils using terahertz spectrum combined with genetic algorithm and partial least squares discriminant analysis[J]. Analytical Methods, 2016, 8: 2794~2798.

[132] Liu W., Liu C., Chen F., Yang J., Zheng L. Discrimination of transgenic soybean seeds by terahertz spectroscopy[J]. Scientific Reports, 2016, 6: 35799.

[133] Baek S. H., Lim H. B., Chun H. S. Detection of melamine in foods using terahertz time-domain spectroscopy[J]. Journal of Agricultural and Food Chemistry, 2014, 62: 5403~5407.

[134] Naito H., Ogawa Y., Shiraga K., Kondo N., Hirai T., Osaka I., Kubota A. Inspection of milk components by terahertz attenuated total reflectance(THz-ATR) spectrometer equipped temperature controller[C]. IEEE/SICE International Symposium on System Integration, Kyoto, 2012, 192-196.

[135] Liu W., Liu C., Hu X., Yang J., Zheng L. Application of terahertz spectroscopy imaging for discrimination of transgenic rice seeds with chemometrics[J]. Food Chemistry, 2016, 210: 415~421.

[136] L. V. R. Beltrami, M. Beltrami, M. Roesch-Ely, et al. Magnetoelastic sensors with hybrid films for bacteria detection in milk[J]. Journal of Food Engineering, 2017, 212(5): 18~28.

[137] H. J. Butler, L. Ashton, B. Bird, et al. Using Raman spectroscopy to characterize biological materials[J]. Nature Protocols, 2016, 11(4): 664-714.

[138] S. Meisel, S. Stckel, M. Elschner, et al. assessment of two isolation techniques for bacteria in milk towards their compatibility with raman spectroscopy[J]. analyst, 2011, 136(23): 4997~5005.

[139] 黄志轩. 乳制品安全拉曼光谱成像分析新方法研究[D]. 天津大学, 2015.

[140] E. Acar-soykut, E. K. Tayyarcan, I. H. Boyaci. A simple and fast method for discrimination of phage and antibiotic contaminants in raw milk by using raman spectroscopy[J]. Journal of Food Science& Technology, 2017, 5(2): 1-8.

[141] S. Fang, H. C. Hung, A. Sinclair, et al. Hierarchical zwitterionic modification of a SERS

substrate enables real-time drug monitoring in blood plasma[J]. Nature Communications, 2016, 7: 13437~13446.

[142] K. Liu, Y. Bai, L. Zhang, et al. Porous Au-Ag Nanospheres with High-Density and Highly Accessible Hotspots for SERS Analysis[J]. Nano Letters, 2016, 16(6): 3675~3681.

[143] A. Eckmann, A. Felten, A. Mishchenko, et al. Probing the nature of defects in graphene by Raman spectroscopy[J]. Nano Letters, 2012, 12(8): 3925~3930.

[144] F. Braun, S. Schwolow, J. Seltenreich, et al. Highly sensitive Raman spectroscopy with low laser power for fast in-line reaction and multiphase flow monitoring[J]. Analytical Chemistry, 2016, 88(88): 9368~9374.

[145] M. Aioub, M. A. Elsayed. A Real-Time Surface Enhanced Raman Spectroscopy Study of Plasmonic Photothermal Cell Death Using Targeted Gold Nanoparticles[J]. Journal of the American Chemical Society, 2016, 138(4): 1258~1264.

[146] Zou Xiaobo, Huang Xiaowei, MalcolmPovey. Non-invasive sensing for food reassurance [J]. Analyst, 2016, 141, 1587~1610.

[147] 卢圣栋. 现代分子生物学实验技术[M]. 北京：高等教育出版社，1993.

[148] 马建岗. 基因工程学原理[M]. 西安：西安交通大学出版社，2001.

[149] 姜军平. 实用 PCR 基因诊断技术[M]. 上海：世界图书出版公司，1996.

[150] 姜昌富，黄庆华. 食源性病原生物检测技术[M]. 武汉：湖北科学技术出版社，2003.

[151] 郑怀竞. 临床基因扩增实验指南[M]. 北京：北京医科大学出版社，1999.

[152] 王晶，王林，黄晓蓉. 食品安全快速检测技术[M]. 北京：化学工业出版社，2002.

[153] 彭秀玲，袁汉英等. 基因工程实验技术(第二版)[M]. 长沙：湖南科学技术出版社，1998.

[154] 梁国栋. 最新分子生物学实验技术[M]. 北京：科学出版社，2001.

[155] 刘志国，屈伸. 基因克隆的分子基础与工程原理[M]. 化学工业出版社，2003.

[156] 张维铭. 现代分子生物学实验手册[M]. 科学出版社，2003.

[157] 伍新尧，罗超权，杨英浩. 基因诊断原理与临床[M]. 中山：中山大学出版社，1995.

[158] 丁振若，苏明权. 临床 PCR 基因诊断技术[M]. 北京：世界图书出版公司，1998.

[159] J. 萨姆布鲁克，M. R. 格林(贺福初 等译). 分子克隆实验指南(第四版)[M]. 科学出版社，2017.

[160] 张霞，刘培，赵贵明，等. SN/T 1632. 2-2013 出口奶粉中阪崎肠杆菌(克罗诺杆菌属)检验方法 第 2 部分：PCR 方法[S]. 北京：中国标准出版社，2013.

[161] 郑秋月，赵彤彤，袁慕云等. 实时荧光 PCR 检测食品中丙型副伤寒沙门氏菌和猪霍乱沙门氏菌[J]. 食品科技，2014，39(2)：297~301.

[162] An N, Zhan G. Expression level of detectingvgb gene by fluorescence realtime quantitative PCR in cotton[J]. Journal of Xinjiang Agricultural University, 2007, 30(3): 6~9.

[163] Bahrdt C, Krech AB, Wurz A et al. Validation of a newly developed hexaplex real-time PCR assay for screening for presence of GMOs in food, feed and seed[J]. Anal Bioanal Chem, 2010,

396：2103~2112.

［164］卢圣栋. 现代分子生物学实验技术［M］，北京：高等教育出版社，1993.

［165］姜昌富，黄庆华. 食源性病原生物检测技术［M］，武汉：湖北科学技术出版社，2003.

［166］王晶，王林，黄晓蓉. 食品安全快速检测技术［M］，北京：化学工业出版社，2002.

［167］彭秀玲，袁汉英等. 基因工程实验技术（第二版）［M］，长沙：湖南科学技术出版社，1998.

［168］孙树汉. 基因工程原理与方法［M］，北京：人民军医出版社，2001.

［169］梁国栋. 最新分子生物学实验技术［M］，北京：科学出版社，2001.

［170］严杰，罗海波等. 现代微生物学实验技术及其应用［M］，北京：人民卫生出版社，1997.

［171］闻玉梅，陆德源. 现代微生物学［M］，上海：上海医科大学出版社，1964.

［172］刘志国，屈伸. 基因克隆的分子基础与工程原理［M］，北京：化学工业出版社，2003.

［173］张维铭. 现代分子生物学实验手册［M］，北京：科学出版社，2003.

［174］J. 萨姆布鲁克等.分子克隆实验指南.（第 3 版）［M］，北京：科学出版社，2002.

［175］梁业楷. 放射免疫及其在微生物免疫学中的应用［M］. 北京：人民卫生出版社，1982.

［176］王亚辉. 分子免疫学［M］. 北京：科学出版社，1982.

［177］海德. 免疫学［M］. 北京：科学出版社，1982.

［178］李洪兴. 兽医微生物学及免疫学［M］. 四川：四川科技出版社，1993.

［179］白惠卿. 医学免疫学和微生物学［M］. 北京：北京医科大学中国协和医科大学出版社，1995.

［180］杜念兴. 兽医免疫学［M］. 北京：中国农业出版社,1997.

［181］余传霖. 分子免疫学［M］. 上海：上海医科大学出版社，复旦大学出版社，2001.

［182］龚非力. 医学免疫学［M］. 北京：科学出版社，2000.

［183］金伯泉. 细胞和分子免疫学［M］. 北京：科学出版社，2001.

［184］刘建欣. 现代免疫学［M］. 免疫的细胞和分子基础. 北京：清华大学出版社，2002.

［185］朱正美. 简明免疫学技术［M］. 北京：科学出版社，2002.

［186］Kanji,Hirai. Current topics in microbiology and immunology［M］. Berlin：Springer Verlag，2000.

［187］Rechard J. Martin,Henk D. F. H. Schallig,Veterinary parasitoligy-resent development in immunology［M］,epidemillogy. Cambridge：Cambridge University press，2000.

［188］王兰兰. 临床免疫学和免疫检验［M］. 北京：人民卫生出版社，2003.

［189］陶义训. 免疫学和免疫学检验［M］. 北京：人民卫生出版社，2001.

［190］晋蕾，曾月，陈姝娟,刘耀文，何利，周康. 分子印迹聚合物在食品残留检测中的应用研究［J］. 化工新型材料，2016，44（7）：246~248.

［191］Jian Yang，Zhe Wang，Kaili Hu，Yongsheng Li，Jianfang Feng,Jianlin Shi. Rapid and specific aqueous-phase detection of nitroaromatic explosives with inherent porphyrin recognition sites in metal-organic frameworks［J］. *ACS Applied Materials & Interfaces*，2015，7：11956~11964.

［192］高利增，阎锡蕴. 纳米酶的发现与应用［J］. 生物化学与生物物理进展，2013，40（10）：892~902.

[193] 潘明飞，杨晶莹，刘凯欣，刘昇森，王硕. 基于纳米材料的表面分子印迹技术在食品安全检测中的应用[J]. 食品安全质量检测学报，2020，11(3)：675~681.

[194] 李会萍，王江涛. 分子印迹纳米材料研究进展[J]. 中国粉体技术，2020，26(1)：22~28.

[195] 谢荧玲，沈博，周兵帅，刘敏，费虹天，孙娇，董彪. 稀土上转换发光纳米材料及生物传感研究进展[J]. 中国激光，2020，47(2)：1~20.

[196] 马龙，范克龙. 纳米酶和铁蛋白新特性的发现和应用[J]. 自然杂志，2020，42(1)：1~11.

[197] 刘秀英，梁维月，苏丽红，朱力杰，汤轶伟，高雪，励建荣. 分子印迹荧光纳米探针在食品安全检测中的研究进展[J]. 食品工业科技，2017，38(1)：369~374.

[198] 李想道. 荧光-分子印迹耦合纳米探针的制备及其在水环境中的应用研究[D]. 大连理工大学，2018 年.

[199] 谭贵良，赖心田. 现代分子生物学及组学技术在食品安全检测中的应用[M]. 广州：中山大学出版社，2014. 6.

[200] 周迎卓，王欣，刘宝林. 基于适配体的功能化纳米探针在食品安全检测中的应用进展[J]. 食品工业科技，2018，39(10)：335~341.

[201] 王海燕. 几种碳基材料的制备及其在荧光传感和光催化方面的应用[D]. 湖南师范大学，2019 年.

[202] Zijie Zhang, Xiaohan Zhang, Biwu Liu, Juewen Liu. Molecular imprinting on inorganic nanozymes for hundred-fold enzyme specificity[J]. *Journal of the American Chemical Society*, 2017, 139: 5412~5419.

[203] 刘虎威，白玉. 脂质组学及其分析方法[J]，色谱，2017,35：86~90.

[204] 宋诗瑶，白玉，刘虎威. 脂质组学分析中样品前处理技术的研究进展[J]，色谱，2020,38：66~73.

[205] 谢遇春，奈日乐，杨峰，马丽娜，米璐，车天宇，郭俊涛，苏馨，赵存，王志新，李金泉，刘志红. 基于非标记蛋白质组学技术筛选影响察哈尔羊肌肉品质的重要分子标记[J]，肉类研究，2019,33：1~6.

[206] 詹丽娜，陈沁，古淑青，邓晓军. 超高效液相色谱-四级杆/静电场轨道阱高分辨质谱检测食品中的牛奶过敏原酪蛋白[J]，色谱，2017,35：405~12.

[207] Bianchi, F., M. Careri, A. Mangia, M. Mattarozzi, M. Musci, I. Concina, M. Falasconi, E. Gobbi, M. Pardo, and G. Sberveglieri. Differentiation of the volatile profile of microbiologically contaminated canned tomatoes by dynamic headspace extraction followed by gas chromatography-mass spectrometry analysis[J], *Talanta*, 2009,77: 962~70.

[208] Böhme,Karola, Pilar Calo-Mata, JorgeBarros-Velázquez, and Ignacio Ortea. Recent applications of omics-based technologies to main topics in food authentication[J], *TrAC Trends in Analytical Chemistry*, 2019,110: 221~32.

[209] Carrera, Mónica, Benito Cañas, and José M. Gallardo. Rapid direct detection of the major fish allergen, parvalbumin, by selected MS/MS ion monitoring mass spectrometry[J], *Journal of Proteomics*, 2012,75: 3211~20.

[210] Chen, Jing, Ying Yuan, Xiaoku Ran, Na Guo, and Deqiang Dou. Metabolomics analysis based on a UPLC-Q-TOF-MS metabolomics approach to compare Lin-Xia-Shan-Shen and garden ginseng[J], *RSC Advances*, 2018, 8: 30616~23.

[211] Fast, Brandon J., Ariane C. Schafer, Tempest Y. Johnson, Brian L. Potts, and Rod A. Herman. Insect-Protected Event DAS-81419-2 Soybean (Glycine max L.) Grown in the United States and Brazil Is Compositionally Equivalent to Nontransgenic Soybean[J], *Journal of Agricultural and Food Chemistry*, 2015, 63: 2063~73.

[212] Frank, Thomas, Richard M. Röhlig, Howard V. Davies, Eugenia Barros, and Karl-Heinz Engel. Metabolite Profiling of Maize Kernels—Genetic Modification versus Environmental Influence[J], *Journal of Agricultural and Food Chemistry*, 2012, 60: 3005~12.

[213] Fu, Wei, Zhixin Du, Yan He, Wenjie Zheng, Chenggui Han, Baofeng Liu, and Shuifang Zhu. Metabolic profiling of virus-infected transgenic wheat with resistance to wheat yellow mosaic virus [J], *Physiological and Molecular Plant Pathology*, 2016, 96: 60~68.

[214] Hamid, Ahmed M., Alan K. Jarmusch, ValentinaPirro, David H. Pincus, Bradford G. Clay, Gaspard Gervasi, and R. Graham Cooks. Rapid Discrimination of Bacteria by Paper Spray Mass Spectrometry[J], *Analytical Chemistry*, 2014, 86: 7500~07.

[215] Jandrić, Z., D. Roberts, M. N. Rathor, A. Abrahim, M. Islam, and A. Cannavan. Assessment of fruit juice authenticity using UPLC-QToF MS: A metabolomics approach[J], *Food Chemistry*, 2014. 148: 7~17.

[216] Kim, Min Sung, So-HyeonBaek, Sang Un Park, Kyung-Hoan Im, and JaeKwang Kim. Targeted metabolite profiling to evaluate unintended metabolic changes of genetic modification in resveratrol-enriched rice (Oryza sativa L.)[J], *Applied Biological Chemistry*, 2017, 60: 205~14.

[217] Lv, Wei, Nan Zhao, Qiang Zhao, Shuai Huang, Dan Liu, Zhenyu Wang, Jin Yang, and Xiaozhe Zhang. Discovery and validation of biomarkers for Zhongning goji berries using liquid chromatography mass spectrometry[J], *Journal of Chromatography B*, 2020, 1142: 122037.

[218] Marqueño, Anna, Maria Blanco, Alberto Maceda-Veiga, and Cinta Porte. Skeletal Muscle Lipidomics as a New Tool to Determine Altered Lipid Homeostasis in Fish Exposed to Urban and Industrial Wastewaters[J], *Environmental Science & Technology*, 2019, 53: 8416~25.

[219] Melvin, Steven D., Chantal M. Lanctôt, Nicholas J. C. Doriean, William W. Bennett, and Anthony R. Carroll. NMR-based lipidomics of fish from a metal(loid) contaminated wetland show differences consistent with effects on cellular membranes and energy storage[J], *Science of The Total Environment*, 2019, 654: 284~91.

[220] Naveena, Basappa M., Deepak S. Jagadeesh, A. Jagadeesh Babu, T. Madhava Rao, VeerannaKamuni, S. Vaithiyanathan, Vinayak V. Kulkarni, and Srikanth Rapole. OFFGEL electrophoresis and tandem mass spectrometry approach compared with DNA-based PCR method for authentication of meat species from raw and cooked ground meat mixtures containing cattle meat, water buffalo meat and sheep meat[J], *Food Chemistry*, 2017, 233: 311~20.

[221] Qu, Liangliang, Yuming Jiang, Xueyong Huang, Meng Cui, Fangjian Ning, Tao Liu, Yuanyuan Gao, Dong Wu, Zongxiu Nie, and Liping Luo. High-Throughput Monitoring of Multiclass

Syrup Adulterants in Honey Based on the Oligosaccharide and Polysaccharide Profiles by MALDI Mass Spectrometry[J], *Journal of Agricultural and Food Chemistry*, 2019, 67: 11256~61.

[222] Song, Shuang, Ling-Zhi Cheong, Hui Wang, Qing-Qing Man, Shao-Jie Pang, Yue-Qi Li, Biao Ren, Zhu Wang, and JianZhang. Characterization of phospholipid profiles in six kinds of nut using HILIC-ESI-IT-TOF-MS system[J], *Food Chemistry*, 2018,240: 1171~78.

[223] Springer, A. E., J. Riedl, S. Esslinger, T. Roth, M. A. Glomb, and C. Fauhl-Hassek. Validated Modeling for German White Wine Varietal Authentication Based on Headspace Solid-Phase Microextraction Online Coupled with Gas Chromatography Mass Spectrometry Fingerprinting[J], *Journal of Agricultural and Food Chemistry*, 2014, 62: 6844~51.

[224] Wei, Wei, Cong Sun, Wendi Jiang, Xinghe Zhang, Ying Hong, Qingzhe Jin, Guanjun Tao, Xingguo Wang, and Zhennai Yang. Triacylglycerols fingerprint of edible vegetable oils by ultra-performance liquid chromatography-Q-ToF-MS[J], *LWT*, 2019, 112: 108261.

[225] Wu, Wei, Qian-Qian Yu, Yu Fu, Xiao-Jing Tian, Fei Jia, Xing-Min Li, and Rui-Tong Dai. Towards muscle-specific meat color stability of Chinese Luxi yellow cattle: A proteomic insight into post-mortem storage[J], *Journal of Proteomics*, 2016, 147: 108~18.

[226] Wu, Yajun, Ying Chen, Bin Wang, Haiyan Wang, Fei Yuan, and Guiming Zhao. 2DGE-coomassie brilliant blue staining used to differentiate pasteurized milk from reconstituted milk[J], *Health*, 2009, 1: 146~51.

[227] Zhang, Jiukai, Ping Wang, Xun Wei, Li Li, Haiyan Cheng, Yajun Wu, Wenbo Zeng, Hong Yu, and Ying Chen. A metabolomics approach for authentication of Ophiocordyceps sinensis by liquid chromatography coupled with quadrupole time-of-flight mass spectrometry[J], *Food Research International*, 2015,76: 489~97.

[228] Fodor S P A, Read J L, Pirning M C, et al. Light-directed spatially addressable parallel chemical synthesis[J]. Science, 1991, 251: 767~773.

[229] Alwine JC, Kemp DJ, Stark GR. Method for detection of specific RNAs in agarose gels by transfer to diazobenzyloxymethyl-paper and hybridization with DNA probes[J]. Proc Natl Acad Sci U S A 1977,74(12): 5350~5354.

[230] Drmanac R, Labat I, Bruket I. Sequencing of megabase plus DNA by hybridization[J]. Theory of the method genomics. 1989, 4: 114~128.

[231] Southern EM. Analyzing polynucleotide sequence[J]. patent PCT GB 89/00460. 1998.

[232] Southern E M, Maskos U. Support bound oligonucleotides[J]. patent PCT GB 89/01114. 1988.

[233] Fodor SP, Read JL, Pirrung MC, Stryer L, Lu AT, Solas D. Light-directed, spatially addressable parallel chemical synthesis[J]. Science, 1991; 251(4995): 767~773.

[234] Barinaga M. Will "DNA chip" speed genome initiative[J]. Science 1991; 253(5027): 1489.

[235] Schena M, Shalon D, Davis RW, Brown PO. Quantitative monitoring of gene expression patterns with a complementary DNA microarray[J]. Science, 1995; 270(5235): 467~470.

[236] 马立人，蒋中华. 生物芯片[M]. 北京：化学工业出版社，2001. 6.

［237］吴坚. 生物芯片-二十一世纪生物技术的领航员［D］，西昌师范高等专科学校学报，2001，15(3)：22~24.

［238］刘彦华等，生物芯片技术及其应用前景［J］，中华检验医学杂志，2000，23(3).

［239］高威，吴庆余. 生物芯片技术［J］，生命科学，2000，12(5)：237~240.

［240］Lueking A, Horn M, Eickhoff H, et al. Protein microarrays for gene expression and antibody screening［J］. Anal Biochem, 1999;270(1)：103~11.

［241］Lemieux B,Aharoni A,Shena M. Overciew of DNA chip technology Molecular Breeding［J］. 1998,4：277~289.

［242］Debouck C,Goodfellow P N. DNA microbaray in drug discovery and development［J］. Net Genet,1999,21(1 supple)：48~50.

［243］Brown C S,Goodwin P C. Image metrics in the statistical analysis of DNA microbaray data［J］. Proc Natl Acad Sci USA,2001,98(16)：8944~8949.

［244］Jain A N,Tokuyasu T . Fully automatic quantification of microarray data［J］. Genome Res, 2002,12(2)：325~332.

［245］Bilban M, Buehler L K, Head S, et al . Normalizing DNA micro array data［J］. Curr Issues Mol Biol,2002,4(2)：57~64.

［246］Sherlock G. Analysis of large-scale gene expression data［J］. Briefings in Bioinformatics, 2001,2(4)：350~362.

［247］Jin H, Yang R, Awad T A, et al . Effects of early ACE inhibition on cardiac gene expression following acute myocardial infarction［J］. Circulation,2001,103(5)：736~742.

［248］RaiphRM 等著,孙全林译,宋之先校. 国外兽医学［J］-畜禽传染病,1998,18(2)：57~59.

［249］谢芝勋,谢志勤,庞耀珊. 中国兽医科技［J］,2001,31(1)：11~14.

［250］王晶主编. 食品安全快速检测技术［M］. 北京：化学工业出版社，2002.

［251］励建荣，李铎. 食品安全、营养与发展［M］. 北京：中国农业出版社，2002.

［252］白毓谦,方善康,高东,等. 微生物学实验技术［M］. 济南：山东大学出版社,1987.

［253］Aguirre PM,Cacho JB,Folgueiraletal. Rapid Fluorescence Method for Screening Salmonella spp from EnterieDifferentiala-gars［J］. JCI in Microbiol,1990,28(1)：148~149.

［254］Quinn C,Ward J. Griffin M,Yearsley D,and Egan J,A comparison of conventional culture andthree rapid methods for the dectection of Salmonella in poultry feeds and environmental samples［J］. Letters in Applie Microbiology. 995,20：89~91.

［255］Fung,D,Y,C. 1995. Rapid methods and automation in food microbiology［M］. NewYork：VCHpublishere,inc.

［256］BertoliniE, Olmos A, Martinez M C, etal. Single-step multiplex RT-PCR for simultaneous and colourimetric detection of six RNA viruses in olive trees. J Virol Methods, 2001,96(1)：33~41.

［257］王关林,方宏筠. 植物基因工程原理与技术［M］. 北京：科学出版社,1998.

［258］Schena M. DNA micro arrays a practical approach. B. D . Hames series edit. The Practical Approach Series［M］. Oxford：Oxford University Press. 1999, 17~42.